Die Stechmücken Deutschlands

Norbert Becker · Dušan Petrić · Marija Zgomba ·
Nil Rahola · Clive Boase · Jonas Schmidt-Chanasit ·
Achim Kaiser

Die Stechmücken Deutschlands

Biologie, Medizinische Relevanz, Forschung,
Taxonomie, Bestimmung und Bekämpfung

Norbert Becker
Universität Heidelberg
Heidelberg, Deutschland

Marija Zgomba
Faculty of Agriculture, University of Novi Sad
Novi Sad, Serbia

Clive Boase
The Pest Management Consultancy
Haverhill, Suffolk, UK

Achim Kaiser
Heidelberg, Deutschland

Dušan Petrić
Faculty of Agriculture, University of Novi Sad
Novi Sad, Serbia

Nil Rahola
University of Montpellier
Montpellier, France

Jonas Schmidt-Chanasit
Bernhard-Nocht-Institut für Tropenmedizin
Hamburg, Deutschland

ISBN 978-3-662-69124-3   ISBN 978-3-662-69125-0 (eBook)
https://doi.org/10.1007/978-3-662-69125-0

Die Deutsche Nationalbibliothek verzeichnet diese Publikation in der Deutschen Nationalbibliografie; detaillierte bibliografische Daten sind im Internet über https://portal.dnb.de abrufbar.

© Der/die Herausgeber bzw. der/die Autor(en), exklusiv lizenziert durch Springer-Verlag GmbH, DE, ein Teil von Springer Nature 2025

Das Werk einschließlich aller seiner Teile ist urheberrechtlich geschützt. Jede Verwertung, die nicht ausdrücklich vom Urheberrechtsgesetz zugelassen ist, bedarf der vorherigen Zustimmung des Verlags. Das gilt insbesondere für Vervielfältigungen, Bearbeitungen, Übersetzungen, Mikroverfilmungen und die Einspeicherung und Verarbeitung in elektronischen Systemen.
Die Wiedergabe von allgemein beschreibenden Bezeichnungen, Marken, Unternehmensnamen etc. in diesem Werk bedeutet nicht, dass diese frei durch jedermann benutzt werden dürfen. Die Berechtigung zur Benutzung unterliegt, auch ohne gesonderten Hinweis hierzu, den Regeln des Markenrechts. Die Rechte des jeweiligen Zeicheninhabers sind zu beachten.
Der Verlag, die Autoren und die Herausgeber gehen davon aus, dass die Angaben und Informationen in diesem Werk zum Zeitpunkt der Veröffentlichung vollständig und korrekt sind. Weder der Verlag noch die Autoren oder die Herausgeber übernehmen, ausdrücklich oder implizit, Gewähr für den Inhalt des Werkes, etwaige Fehler oder Äußerungen. Der Verlag bleibt im Hinblick auf geografische Zuordnungen und Gebietsbezeichnungen in veröffentlichten Karten und Institutionsadressen neutral.

Planung/Lektorat: Stefanie Wolf
Springer ist ein Imprint der eingetragenen Gesellschaft Springer-Verlag GmbH, DE und ist ein Teil von Springer Nature.
Die Anschrift der Gesellschaft ist: Heidelberger Platz 3, 14197 Berlin, Germany

Wenn Sie dieses Produkt entsorgen, geben Sie das Papier bitte zum Recycling.

Vorwort

Dieses Buch basiert auf der englischen Version des umfangreichen Werks Mosquitoes and Their Control, das bereits in drei Auflagen erschienen ist und international weite Verbreitung gefunden hat. Das vorliegende Werk ist ebenfalls ein Gemeinschaftsprojekt dieser Autoren und wurde erstellt, um ihre langjährige Erfahrung in der Forschung über Stechmücken (Culiciden) und deren Bekämpfung Wissenschaftlern und der interessierten Öffentlichkeit im deutschen Sprachraum zugänglich zu machen.

Millionen und Abermillionen Menschen sind an Krankheiten gestorben, die durch von Stechmücken übertragenen Erregern (Zoonosen) verursacht wurden. Dabei handelt es sich insbesondere um Einzeller (Protozoen), die normalerweise der Basis des Tierreichs zugeordnet werden, sowie um Viren. Die Entdeckung dieser Viren erfolgte jedoch meist erst gegen Mitte des 20. Jahrhunderts, nahezu zeitgleich durch Wissenschaftler aus Europa und den USA. Die Lösung für das Problem der durch Stechmücken übertragenen Krankheitserreger war also erst im 20. Jahrhundert möglich, ist aber bis heute in vielen Bereichen noch nicht vollständig gelungen. Es sterben immer noch sehr viele Menschen, insbesondere in warmen Regionen, an von Stechmücken übertragenen Krankheitserregern. Tatsächlich wurde der Zusammenhang zwischen Krankheitserregern und Überträgern (Vektoren) erst spät erkannt, beginnend im frühen 20. Jahrhundert. Unter den Vektoren humanpathogener Organismen nehmen Stechmücken eine führende Rolle ein. Sie haben die Geschichte der Menschheit in einem Ausmaß beeinflusst, das den meisten Menschen nicht bekannt ist. Hier sind zwei Beispiele zu nennen.

Eine Geißel der Tropen war das Gelbfieber, das bis heute Epidemien hervorruft. In betroffenen Ländern in tropischen Regionen ist es in der Regel erforderlich, dass Besucher eine Impfung nachweisen, bevor sie einreisen dürfen. Dies gilt für Regionen in Afrika und Lateinamerika. Vor der Entdeckung der Viren gab es jedoch völlig andere Vorstellungen über diese Krankheit. Die ersten Forscher in Amerika, die mit Stechmücken vertraut waren, wurden wegen ihrer Vorstellungen diskreditiert, auch weil nichts darüber in der Bibel stand. Während der Arbeiten am Panamakanal starben etwa 80 % der Arbeiter an dieser Krankheit. Der Vorschlag, statt „Weißer" Chinesen einzustellen, die bereits ein wenig gelb seien, führte ebenfalls nicht zum gewünschten Ergebnis und erscheint heute grotesk. Die Geißel der Tropen blieb bestehen. Der Tod der infizierten Arbeiter trat innerhalb weniger Tage ein. Die Architekten, darunter Eiffel, nach dem der berühmte Turm in Paris benannt wurde, sowie Lesseps, der Erbauer des Suezkanals, wurden verhaftet. Das Gelbfieber hat Millionen von Menschenleben gefordert. Im 18. und 19. Jahrhundert kam es auch zu Gelbfieberepidemien in Nordamerika, was zu erheblichen Problemen führte, aber auf der anderen Seite wurde dadurch auch ein hocheffektiver Impfstoff gegen diesen viralen Erreger entwickelt. Die Bedeutsamkeit dieser Erkrankung und ihrer Bekämpfung zeigte sich darin, dass der Mediziner Max Theiler 1951 den Nobelpreis für die Entwicklung der Gelbfiebervakzine zugesprochen bekam.

Eine weitere Zoonose aus vergangenen Zeiten ist Malaria. „Malaria" stammt aus dem Lateinischen und bedeutet „schlechte Luft". Im alten Rom wurde die Krankheit mit feuchten Gebieten in Verbindung gebracht, was sich später als nicht ganz falsch herausstellte. Die Erreger sind Protozoen aus der Gattung *Plasmodium* und werden ebenfalls durch Stechmücken übertragen, bei der menschlichen Malaria durch die sogenannten Fiebermücken der Anopheles-Arten. Bis heute besteht in etwa der Hälfte aller Länder die Gefahr einer Infektion, und mehr als die Hälfte der Menschheit ist dem Risiko ausgesetzt, durch einen Mückenstich mit Krankheitserregern infiziert zu werden, die Malaria, Dengue, Gelbfieber, Zika, West-Nil-Fieber oder Chikungunya verursachen, um nur die wichtigsten zu nennen. In der Geschichte des *Homo sapiens* gab es durch diese Krankheiten mehr Todesfälle als durch alle Kriege zusammen.

Ein wichtiger Fortschritt bei der Bekämpfung von Stechmücken war die Entdeckung von *Bacillus thuringiensis israelensis* (Bti) durch Yoel Margalit. Bti tötet die Larven von Mücken, insbesondere von Stechmücken, ab, die in stehenden Gewässern leben, und beeinträchtigt dabei alle anderen Organismen nicht. Dadurch konnte gezielt gegen Stechmücken als Krankheitsüberträger oder lästige Plagegeister vorgegangen werden, ohne die Biodiversität wesentlich zu beeinträchtigen.

Stechmücken übertragen nicht nur gefährliche Krankheiten, sondern breiten sich auch zunehmend global aus. Die Globalisierung und der internationale Handel fördern die Verbreitung gefährlicher Stechmücken, die sich durch den Klimawandel auch fernab ihres Ursprungsgebiets ausbreiten können. Das wohl bekannteste Beispiel in Mitteleuropa ist die Asiatische Tigermücke *(Aedes albopictus)*. Im Jahr 1990 wurde sie mit gebrauchten Autoreifen, in denen sich ihre trocken- und kälteresistenten Eier befanden, von den USA nach Italien eingeschleppt. Sie hat sich schnell als „blinder Passagier" in Fahrzeugen im Mittelmeerraum verbreitet. Im Jahr 2007 wurde sie erstmals in Deutschland nachgewiesen, und heute muss sie in vielen Gemeinden bekämpft werden.

Die Bekämpfung von Stechmücken muss jedoch nicht nur effektiv, sondern auch umweltverträglich sein. Das Prinzip von „One Health für Menschen und Natur" sollte hier ebenfalls angewendet werden. Am Oberrhein wurde daher bereits Ende der 1970er-Jahre nach der Entdeckung von Bti die biologische Bekämpfung von Stechmücken etabliert. Das Erfolgsrezept war und ist die vertrauensvolle Zusammenarbeit zwischen den über 100 Bürgermeisterinnen und Bürgermeistern der von Stechmücken geplagten Gemeinden sowie den Wissenschaftlern der angrenzenden Universitäten (z. B. in Heidelberg und Mainz). Der Landrat von Ludwigshafen und spätere Regierungspräsident, Dr. Paul Schädler, war der Initiator für die Gründung der Kommunalen Aktionsgemeinschaft zur Bekämpfung der Stechmückenplage e. V. (KABS) am Oberrhein und viele Jahre deren Präsident. Die Autoren dieses Buches haben maßgeblich am Erfolg der KABS mitgewirkt und wollen ihr Wissen zur effektiven und umweltverträglichen Bekämpfung der Stechmücken mit diesem Buch weitergeben.

Heidelberg Prof. Dr. Dr. h.c. Volker Storch
Dezember 2023

Vorwort der Autoren

Stechmücken sind von herausragender humanmedizinischer Bedeutung. Sie bedrohen nicht nur die Gesundheit durch die Übertragung gefährlicher Krankheitserreger, sondern mindern als Lästlinge auch erheblich das Wohlbefinden und die Lebensqualität der Menschen. Über Jahrzehnte hinweg haben wir, die Autoren, uns intensiv mit der Biologie, Ökologie und Bekämpfung der Stechmücken auseinandergesetzt. Dies spiegelt sich in der Veröffentlichung von drei umfassenden englischsprachigen Springer-Büchern zu Mosquitoes and Their Control in den Jahren 2003, 2010 und 2020 wider.

In Deutschland hat die Stechmückenforschung in den letzten Jahren, vor allem durch das Auftreten invasiver Arten wie der Asiatischen Tigermücke *(Aedes albopictus)* im Zuge der Globalisierung und des Klimawandels, stark an Bedeutung gewonnen. Das Robert Koch-Institut berichtet jährlich von Hunderten Reiserückkehrern, die mit exotischen Krankheitserregern infiziert sind, und auch infizierte Vögel und Stechmücken tragen zur Einschleppung von exotischen Viren nach Deutschland bei. Seit 2019 wurden in Deutschland autochthone humane West-Nil-Virus-Infektionen dokumentiert. Mit der Ausbreitung der Asiatischen Tigermücke steigt das Risiko, dass weitere exotische Viren wie das Dengue-Virus auf den Menschen übertragen werden.

Die wissenschaftliche Gemeinschaft hat auf diese Entwicklung reagiert. Forschungs- und Fachinstitute wie das Bernhard-Nocht-Institut und das Friedrich-Loeffler-Institut sowie verschiedene Universitäten haben ihre Bemühungen verstärkt. Mit Unterstützung der Politik und Fachbehörden wie dem Robert Koch-Institut und dem Umweltbundesamt wurde die Stechmückenforschung auf nationaler Ebene intensiviert und vernetzt. Seit etwa zehn Jahren fördert das Bundesministerium für Ernährung und Landwirtschaft die Forschung zu einheimischen und exotischen Stechmücken, ihren Rollen als Vektoren und umweltverträglichen Bekämpfungsmethoden. Als Ergebnis dieser Aktivitäten ist das Citizen-Science-Projekt „Mückenatlas" hervorzuheben, welches Bürgern ermöglicht, Informationen über Stechmückenvorkommen zu sammeln und zu teilen.

Dieses Buch konzentriert sich daher nicht auf das individuelle Vorkommen einzelner Stechmückenarten in Deutschland, sondern auf die Verbreitung in der nördlichen Hemisphäre (Holarktis) und dem nichttropischen Teil der Alten Welt (Paläarktis). Es knüpft an die Tradition der angewandten Forschung an, die Anfang des 20. Jahrhunderts von namhaften Forschern wie Erich Martini, Fritz Eckstein, Emil Bresslau und Fritz Glaser begründet wurde. Mittlerweile ist das Wissen über Stechmücken und ihrer Rolle als Krankheitsüberträger durch Forscher wie Fritz Peus und Rolf Garms erweitert worden.

Ein Meilenstein in der Geschichte der Stechmückenbekämpfung war die Gründung der Vereinigung zur Bekämpfung der Stechmückenplage am Oberrhein vor über 100 Jahren, die Vorläuferin der modernen Kommunalen Aktionsgemeinschaft zur Bekämpfung der Schnakenplage e. V. (KABS), die 1976 ins Leben gerufen wurde.

Werner Mohrigs Die Culiciden Deutschlands, erschienen 1969, diente lange als Standardwerk im deutschsprachigen Raum. Unser Buch soll an diese Tradition anknüpfen und sowohl jungen Wissenschaftlern als auch interessierten Laien umfassende Informationen über die Biologie und Systematik der Stechmücken, ihre Rolle als Überträger von Krankheiten und die aktuellen Bekämpfungsmethoden bieten.

Norbert Becker
Dušan Petrić
Marija Zgomba
Nil Rahola
Clive Boase
Jonas Schmidt-Chanasit
Achim Kaiser

Danksagung

Dieses Buch hätte in dieser Form nicht ohne die großartige Unterstützung vieler Kolleginnen und Kollegen sowie nationaler und internationaler Organisationen bzw. Institutionen veröffentlich werden können. Insbesondere die Förderung der Stechmückenforschung durch das Bundesministerium für Ernährung und Landwirtschaft und die Volkswagenstiftung sowie die gute Zusammenarbeit mit den Wissenschaftlern des Bernhard-Nocht- und Friedrich-Loeffler-Instituts und den Mitgliedern der Nationalen Expertenkommission „Stechmücken als Überträger von Krankheitserregern" sind hervorzuheben.

Unser besonderer Dank gilt Dr. Paul Schädler, dem Gründungsvater der Kommunalen Aktionsgemeinschaft zur Bekämpfung der Schnakenplage (KABS), Ehrenpräsident der KABS und früherer Regierungspräsident in Neustadt in der Pfalz, Hartwig Rihm, Präsident der KABS und ehemaliger Bürgermeister von Au am Rhein, den KABS-Vizepräsidenten Marcus Schaile (Bürgermeister von Germersheim) und Klaus Horst (ehemaliger Bürgermeister von Stockstadt am Rhein), dem wissenschaftlichen Direktor der KABS Dirk Reichle, dem KABS-Verwaltungsdirektor Karl-Ernst Gehrke und seiner Nachfolgerin Christiane Blum-Magin. Wir bedanken uns bei den jetzigen und ehemaligen KABS-Mitarbeiterinnen und -Mitarbeitern Frau Ingrid Lützel, Stefanie Keller, Claudia Boos, Sandra Schäffner, Dr. Thin Thin Oo, Dr. Mario Ludwig, Thomas Weitzel, Daniel Hoffmann, Hans Jerrentrup, Klaus Hoffmann, Wolfgang Fischer, Noelle Fynmore und insbesondere bei Antje Lohmann für die Unterstützung beim Erstellen des Manuskripts sowie bei vielen Helfern im Labor und im Gelände.

Ein besonderer Dank geht an den wissenschaftlichen Beirat der Gesellschaft zur Förderung der Stechmückenbekämpfung (GFS), Professor Dr. Volker Storch, der auch bereit war, das Vorwort zu schreiben, den verstorbenen Professor Dr. Herbert W. Ludwig (Universität Heidelberg), Professor Dr. Peter Lüthy (ETH Zürich), Professor Dr. Rainer Sauerborn (Universität Heidelberg), Professor Dr. Thomas Braunbeck (Universität Heidelberg) und Dr. Christian Weisser sowie den GFS-Mitarbeitern Fred Rennholz und Annette Billhard. Zahlreichen Wissenschaftlern im In- und Ausland gebührt unser Dank: Professor Dr. Romeo Bellini, Dr. Arianna Puggioli (Centro Agricoltura Ambiente, Italien), Dr. Eleonora Flacio (Laboratorio Microbiologia Applicata, Bellinzona, Italien), Dr. Francis Schaffner (ETH, Zürich, Schweiz), Grégory L'Ambert und Christophe Lagneau (EID Mediterranée, Frankreich), Dr. Spiros Mourelatos und Sandra Gewehr (Ecodevelopment, Griechenland), Professor Dr. Jan Lundström und Dr. Martina Schäfer (University of Uppsala, Schweden), Françoise Pfirsch (EMCA), Philippe Bindler (Service Démoustication, Haut-Rhin), Dr. Pie Müller (Tropeninstitut, Basel), Dr. Frantizek Rettich (National Institute of Public Health, Tschechien), Susanne Biebinger und Kollegen (Basel-Cantonal Laboratory, Schweiz), Dr. Rubén Bueno-Marí (Laboratorios Lokímica Poligono El Bony, Valencia, Spanien), Dr. Major Dhillon (ehemals Northwest Mosquito and Vector Control District, USA), Professor Dr. Ashwani Kumar (National Institute of Malaria Research, Goa, Indien), Professor Dr. Paulo Pimenta (Fundacao Oswaldo Cruz, Brasilien), Dr. Igor V. Sharakhov und Dr. Maria Sharakhova (Life Science Institute, Virginia Tech, USA), Professor Dr. Till Bärnighausen und Dr. Peter Dambach

(Institute for Public Health, Universität Heidelberg), Professor Dr. Marc F. Schetelig und Dr. Irina Häcker (Justus-Liebig-Universität, Gießen), Dr. Ulla und Scott Gordon (Biogents AG, Regensburg) und Professor Dr. Ulrike Beisel (Freie Universität Berlin), Dr. Renke Lühken, Dr. Anna Heitmann, Dr. Hanna Jöst, Dr. Stefanie Jansen (BNITM, Hamburg), Sophie Min Langentepe-Kong, Isabel Pauly und Jacqueline Otchere (Universität Heidelberg).

Dank geht an die Mitarbeiter der ICYBAC GmbH Jochen Gubener, Claus Boschert, Nebil El Beji und die wissenschaftlichen Mitarbeiter Artin Tokatlian Rodriguez und Selina Stöferle sowie die vielen Helfer bei der Tigermückenbekämpfung.

Für die Mithilfe bei den Illustrationen des Buches bedanken wir uns herzlich bei Miguel Neri (Universität San Carlos, Cebu, Philippinen), Michael Gottwald (Universität Heidelberg), Lucas Auguanno, Sara Šiljegović und Tara Petrić (Novi Sad, Serbien). Für das Sammeln und Zurverfügungstellung und Fotografieren von Stechmückenarten bedanken wir uns bei Dr Goran Vignjević (Universität Josip Juraj Štrosmajer in Osijek, Kroatien) und Dr. Mihaela Kavran (Universität Novi Sad, Serbia).

Für die Mithilfe bei den sprachlichen und inhaltlichen Korrekturen bedanken wir uns bei Antje Lohmann, Dr. Olaf Becker, Daniela Aedes Lanzalaco, Amelie Becker, Jannis Stark, Leander Becker, Walli Becker, Artin Tokatlian Rodriguez, Selina Stöferle sowie für die fachliche Beratung bei Dr. Alexandru Tomazatos (BNITM, Hamburg).

Wir danken dem Springer-Verlag für das Lektorat und die sehr gute Zusammenarbeit, namentlich Frau Stefanie Wolf, Ellen Blasig und Ramkumar Padmanaban, die das Erstellen des Manuskripts tatkräftig unterstützt haben.

Inhaltsverzeichnis

1	**Systematik der Stechmücken (Culicidae)**		1
	Literatur		2
2	**Biologie der Stechmücken**		3
	2.1	Eiablage	5
	2.2	Embryonalentwicklung	8
	2.3	Schlüpfen der Larven	9
	2.4	Larven	13
	2.5	Puppen	15
	2.6	Adulte (Imagines)	16
		2.6.1 Metamorphose	16
		2.6.2 Paarung	17
		2.6.3 Wanderung und Wirtssuche	18
		2.6.4 Blutmahlzeit	20
	2.7	Überleben während ungünstiger Witterungsperioden	21
		2.7.1 Eistadium	21
		2.7.2 Larvenstadium	21
		2.7.3 Adultstadium	21
	Literatur		22
3	**Medizinische Bedeutung von Stechmücken**		25
	3.1	Malaria	25
	3.2	Arboviren	32
		3.2.1 Togaviridae (Alphaviren)	32
		3.2.2 Flaviviridae (Flaviviren)	37
		3.2.3 Peribunyaviridae (Orthobunyavirus)	43
		3.2.4 Phenuiviridae (Phleboviren)	46
		3.2.5 Sedoreoviridae	47
	3.3	Filariasis	47
	3.4	Zukunftsperspektiven und Schlussfolgerungen	49
	Literatur		50
4	**Stechmückenforschung**		63
	4.1	Sammeln von Stechmückeneiern	63
		4.1.1 *Anopheles*-Eier	63
		4.1.2 Eischiffchen	63
		4.1.3 *Aedes*-Eier	64
		4.1.4 Eier in künstlichen Eiablagestätten	65
	4.2	Sammeln von Mückenlarven und -Puppen	68
	4.3	Fangen von adulten Stechmücken	69
		4.3.1 Fangen von fliegenden Stechmücken	69

	4.3.2	Erfassung erwachsener Stechmücken in Innenräumen	70
	4.3.3	Köderfallen	70
	4.3.4	Mückenfallen für adulte Mücken	71
	4.3.5	Techniken zur Markierung, Freilassung und Wiederfangen von Stechmücken	73
4.4	Laborbasierte Forschungstechniken		74
	4.4.1	Mückenaufzucht	74
	4.4.2	Mückenkonservierung	74
	4.4.3	Identifizierung von Stechmückenblutmahlzeiten	76
	4.4.4	Methoden zur Messung des physiologischen Stadiums	76
	4.4.5	Morphologische und taxonomische Techniken	77
4.5	Bewertung der Wirkung von Insektiziden und Repellentien auf Stechmücken		77
	4.5.1	Insektizidempfindlichkeitstest	77
	4.5.2	Untersuchung von Insektizidablagerungen auf Oberflächen	79
	4.5.3	Erfassung der Effektivität von ULV-Insektizidbehandlungen	79
	4.5.4	Untersuchungen zur Wirksamkeit von Mückenschutzmitteln (Repellentien)	79
4.6	Wichtige Dipteren als Beifang in den Stechmückenfallen		80
4.7	Schlussfolgerungen		81
Literatur			81

5 Morphologie der Stechmücken 87

5.1	Adulte		87
	5.1.1	Kopf	87
	5.1.2	Thorax	89
	5.1.3	Abdomen	93
5.2	Larven		93
	5.2.1	Kopf	94
	5.2.2	Thorax	96
	5.2.3	Abdomen	96
5.3	Puppen		99
Literatur			100

6 Bestimmungsschlüssel der Weibchen 101

6.1	Gattung *Anopheles*	102
6.2	Gattung *Aedes*	104
6.3	Gattung *Culex*	114
6.4	Gattung *Culiseta*	115

7 Bestimmungsschlüssel der Larven (4. Stadium) 119

7.1	Gattung *Anopheles*	121
7.2	Gattung *Aedes*	122
7.3	Gattung *Culex*	131
7.4	Gattung *Culiseta*	132

8 Unterfamilie Anophelinae ... 135

8.1 Gattung *Anopheles* Meigen, 1818 ... 135

    8.1.1 *Anopheles (Anopheles) algeriensis* Theobald 1903 ... 136

    8.1.2 *Anopheles (Anopheles) claviger* s.s. (Meigen) 1804 ... 139

    8.1.3 *Anopheles (Anopheles) petragnani* Del Vecchio 1939 ... 139

    8.1.4 *Anopheles (Anopheles) hyrcanus* (Pallas) 1771 ... 141

    8.1.5 *Anopheles (Anopheles) atroparvus* Van Thiel 1927 ... 144

    8.1.6 *Anopheles (Anopheles) daciae* Linton, Nicolescu and Harbach 2004 ... 144

    8.1.7 *Anopheles (Anopheles) maculipennis* s.s. Meigen 1818 ... 144

    8.1.8 *Anopheles (Anopheles) messeae* Falleroni 1926 ... 145

    8.1.9 *Anopheles (Anopheles) plumbeus* Stephens 1828 ... 146

Literatur ... 148

9 Unterfamilie Culicinae ... 151

9.1 Gattung *Aedes* Meigen, 1818 ... 151

    9.1.1 *Aedes (Aedes) cinereus* Meigen 1818 ... 152

    9.1.2 *Aedes (Aedes) geminus* Peus 1970 ... 154

    9.1.3 *Aedes (Aedes) rossicus* Dolbeskin, Gorickaja and Mitrofanova 1930 ... 155

    9.1.4 *Aedes (Aedimorphus) vexans* (Meigen) 1830 ... 157

    9.1.5 *Aedes (Dahliana) geniculatus* (Olivier) 1791 ... 159

    9.1.6 *Aedes (Hulecoeteomyia) japonicus japonicus* (Theobald, 1901) ... 162

    9.1.7 *Aedes (Hulecoeteomyia) koreicus* (Edwards, 1917) ... 164

    9.1.8 *Aedes (Ochlerotatus) annulipes* (Meigen) 1830 ... 166

    9.1.9 *Aedes (Ochlerotatus) berlandi* (Seguy) 1921 ... 168

    9.1.10 *Aedes (Ochlerotatus) cantans* (Meigen) 1818 ... 170

    9.1.11 *Aedes (Ochlerotatus) caspius* (Pallas) 1771 ... 172

    9.1.12 *Aedes (Ochlerotatus) cataphylla* (Dyar) 1916 ... 175

    9.1.13 *Aedes (Ochlerotatus) communis* (De Geer) 1776 ... 177

    9.1.14 *Aedes (Ochlerotatus) cyprius* (Ludlow) 1920 ... 179

    9.1.15 *Aedes (Ochlerotatus) detritus* (Haliday) 1833 ... 180

    9.1.16 *Aedes (Ochlerotatus) diantaeus* (Howard, Dyar and Knab) 1913 ... 182

    9.1.17 *Aedes (Ochlerotatus) dorsalis* (Meigen) 1830 ... 184

    9.1.18 *Aedes (Ochlerotatus) excrucians* (Walker) 1856 ... 186

    9.1.19 *Aedes (Ochlerotatus) flavescens* (Müller) 1764 ... 188

    9.1.20 *Aedes (Ochlerotatus) intrudens* (Dyar) 1919 ... 190

    9.1.21 *Aedes (Ochlerotatus) leucomelas* (Meigen) 1804 ... 191

    9.1.22 *Aedes (Ochlerotatus) nigrinus* (Eckstein) 1918 ... 192

    9.1.23 *Aedes (Ochlerotatus) pionips* (Dyar) 1919 ... 193

    9.1.24 *Aedes (Ochlerotatus) pulcritarsis* (Rondani) 1872 ... 195

    9.1.25 *Aedes (Ochlerotatus) pullatus* (Coquillett) 1904 ... 196

    9.1.26 *Aedes (Ochlerotatus) punctor* (Kirby) 1837 ... 198

    9.1.27 *Aedes (Ochlerotatus) refiki* (Medschid) 1928 ... 200

    9.1.28 *Aedes (Ochlerotatus) riparius* (Dyar and Knab) 1907 ... 201

    9.1.29 *Aedes (Ochlerotatus) rusticus* (Rossi) 1790 ... 202

    9.1.30 *Aedes (Ochlerotatus) sticticus* (Meigen) 1838 ... 205

    9.1.31 *Aedes (Stegomyia) aegypti* (Linnaeus) 1762 ... 207

    9.1.32 *Aedes (Stegomyia) albopictus* (Skuse) 1895 ... 210

	9.2	Gattung *Culex* Linnaeus, 1758	212
		9.2.1 *Culex (Barraudius) modestus* Ficalbi 1890	213
		9.2.2 Culex *(Culex) pipiens* Biotyp *pipiens* (Linnaeus 1758)	215
		9.2.3 *Culex (Culex) pipiens* Biotyp *molestus* Forskal 1775	217
		9.2.4 *Culex (Culex) torrentium* Martini 1925	218
		9.2.5 *Culex (Maillotia) hortensis* Ficalbi 1889	219
		9.2.6 *Culex (Neoculex) martinii* Medschid 1930	221
		9.2.7 *Culex (Neoculex) territans* Walker 1856	223
	9.3	Gattung *Culiseta* Felt 1904	225
		9.3.1 *Culiseta (Allotheobaldia) longiareolata* (Macquart) 1838	226
		9.3.2 *Culiseta (Culicella) fumipennis* (Stephens) 1825	228
		9.3.3 *Culiseta (Culicella) morsitans* (Theobald) 1901	230
		9.3.4 *Culiseta (Culicella) ochroptera* (Peus) 1935	232
		9.3.5 *Culiseta (Culiseta) alaskaensis* (Ludlow) 1906	233
		9.3.6 *Culiseta (Culiseta) annulata* (Schrank) 1776	235
		9.3.7 *Culiseta (Culiseta) glaphyroptera* (Schiner) 1864	238
		9.3.8 *Culiseta (Culiseta) subochrea* (Edwards) 1921	239
	9.4	Gattung *Coquillettidia* Dyar 1905	241
		9.4.1 *Coquillettidia (Coquillettidia) richiardii* (Ficalbi) 1889	241
	9.5	Gattung *Uranotaenia* Lynch Arribalzaga 1891	244
		9.5.1 *Uranotaenia (Pseudoficalbia) unguiculata* Edwards 1913	244
	Literatur		246
10	**Biolologische Bekämpfung**		253
	10.1	Einführung	253
	10.2	Fressfeinde	254
		10.2.1 Wirbeltiere als Fressfeinde	254
		10.2.2 Wirbellose (Invertebrata) als Fressfeinde	259
	10.3	Parasiten	263
		10.3.1 Fadenwürmer (Nematoda)	263
	10.4	Pathogene	263
		10.4.1 Pilze (Fungi)	264
		10.4.2 Bakterien	267
	10.5	*Wolbachia*	281
	10.6	Viren	281
	10.7	Pflanzenextrakte	281
	Literatur		282
11	**Chemische Bekämpfung**		291
	11.1	Einleitung	291
	11.2	Wirkmechanismen der verschiedenen Insektizidklassen	291
	11.3	Die chemischen Gruppen der Insektizide	293
		11.3.1 Die chlorierten Kohlenwasserstoffe	293
		11.3.2 Organophosphate	293
		11.3.3 Carbamate	294
		11.3.4 Pyrethroide	294
		11.3.5 Wachstumsregulatoren	295
		11.3.6 Neuere Insektizidklassen	296
	11.4	Formulierungen	296

	11.5	Anwendungstechniken	297
	11.6	Sichere Anwendung von Insektiziden	298
	Literatur		299

12 Physikalische Bekämpfung ... 303
- 12.1 Einleitung ... 303
- 12.2 Einsatz gegen die Entwicklungsstadien der Stechmücken ... 303
    - 12.2.1 Erdölprodukte ... 303
    - 12.2.2 Dünne Oberflächenfilme ... 303
    - 12.2.3 Ultraschall gegen Stechmückenlarven ... 305
- 12.3 Physikalische Bekämpfung adulter Stechmücken ... 306
- Literatur ... 306

13 Umweltmanagement ... 309
- 13.1 Einleitung ... 309
- 13.2 Umweltmanagement zur Reduktion der Stechmückenpopulationen in städtischen Gebieten ... 309
- 13.3 Umweltsanierung in Feuchtgebieten ... 311
- Literatur ... 312

14 Genetische Bekämpfung von Stechmücken ... 313
- 14.1 Einleitung ... 313
- 14.2 Reduktion der Zielpopulation durch die Sterile-Insekten-Technik (SIT) und ähnlicher Techniken ... 314
    - 14.2.1 Allgemeines ... 314
    - 14.2.2 Massenzucht ... 315
    - 14.2.3 Trennen der männlichen Tiere ... 315
    - 14.2.4 Sterilisation der männlichen Puppen ... 316
    - 14.2.5 Die zytoplasmatische Inkompatibilität (CI) und ihre Anwendung bei der Stechmückenbekämpfung ... 318
    - 14.2.6 Sterile-Insekten-Technik (SIT) in der Praxis ... 318
- 14.3 Ersetzen bzw. Austausch einer Vektorpopulation ... 319
    - 14.3.1 Das Prinzip des Populationsaustauschs ... 319
    - 14.3.2 Unempfänglichkeit der Vektormücke für Krankheitserreger ... 320
    - 14.3.3 Genetische Ausbreitungsmechanismen (Gene drive) ... 321
- Literatur ... 322

15 Individueller Schutz vor Stechmückenstichen ... 327
- 15.1 Einleitung ... 327
- 15.2 Mückenschutzmittel ... 327
    - 15.2.1 Repellentien ... 327
    - 15.2.2 Insektizidbehandelte Kleidung ... 328
- 15.3 Räumliche Schutzmittel ... 328
    - 15.3.1 Anti-Stechmücken-Spiralen ... 328
    - 15.3.2 Verdampfungsmatten ... 329
    - 15.3.3 Flüssigkeitsverdampfer ... 329
    - 15.3.4 Passive Verdampfer ... 329
- 15.4 Moskitonetze und ähnliche Techniken ... 329

		15.4.1	Insektizidbehandelte Stechmückennetze (Insecticide Treated Nets, ITNs)	329
		15.4.2	Insektenschutzgitter für Gebäude	330
	Literatur			330

16 Die Integrierte Stechmückenbekämpfung in der Praxis ... 331

	16.1	Einführung	331
	16.2	Methoden einer integrierten Bekämpfungsstrategie	331
	16.3	Voraussetzungen für die erfolgreiche Umsetzung des Programms	332
		16.3.1 Entomologische Forschung	333
		16.3.2 Kartierung und Charakterisierung der Stechmückenbrutstätten	335
		16.3.3 Geografisches Informationssystem (GIS)	336
		16.3.4 Auswahl geeigneter Anwendungstechniken und Bekämpfungsmethoden	337
		16.3.5 Entwicklung der Bekämpfungsstrategie	338
		16.3.6 Schulung des Personals	338
		16.3.7 Beteiligung der Bürger	339
		16.3.8 Zulassung von Insektiziden	339
		16.3.9 Routinebehandlungen	340
		16.3.10 Öffentliche Informationssysteme	341
	Literatur		341

17 Klimawandel und Stechmücken ... 343

	17.1	Einleitung	343
	17.2	Die Auswirkungen des Klimawandels auf Stechmücken	343
		17.2.1 Einfluss der extremen Niederschlagereignisse auf die Stechmückenentwicklung	344
		17.2.2 Veränderungen des Meeresspiegels	346
		17.2.3 Einfluss der Temperaturerhöhungen auf die Mückenentwicklung	346
	17.3	Einfluss der Temperatur auf die Übertragung von Krankheitserregern	346
	17.4	Stechmückenbekämpfung und Klimawandel	347
	17.5	Zusammenfassung	348
	Literatur		348

Sachindex ... 351

Taxonamischer Index ... 359

Über die Autoren

Norbert Becker, Ph.D., ist Professor an der Universität Heidelberg und lehrt medizinische Entomologie und Ökologie. Er war vier Jahrzehnte Direktor der Kommunalen Aktionsgemeinschaft zur Bekämpfung der Stechmückenplage (KABS) und ist derzeit Direktor des Instituts für Dipterologie (GFS). Er widmet sich vor allem der Stechmückenforschung und der biologischen Bekämpfung von Stechmücken. Als langjähriges Mitglied des Beraterkomitees TDR bei der WHO unternahm er zahlreiche Auslandsreisen, um Malaria und Dengue in Afrika, Asien und Südamerika zu bekämpfen.

Dušan Petrić, Ph.D., ist Professor (Emeritus) an der Universität Novi Sad, Serbien, und war als medizinischer Entomologe Leiter des Zentrums Excellence One Health, wo er Forschungsarbeiten über Stechmücken, Kriebelmücken, Gnitzen und andere stechende Insekten betrieb. Daneben berät er internationale Institutionen, wie das European Centre for Disease Prevention and Control (ECDC), die European Food Safety Agency, die Weltgesundheitsorganisation und die Internationale Atomenergiebehörde (IAIA).

Marija Zgomba, Ph.D., ist Professor (Emeritus) an der Universität in Novi Sad, Serbien, wo sie die Anwendung biologischer und chemischer Strategien zur Bekämpfung von Stech- und Kriebelmücken sowie Pflanzenschutz lehrte, vor allem im Hinblick auf die Wirksamkeit der Maßnahmen gegen Vektoren und den Einfluss der Bekämpfungsmittel auf das Ökosystem. Sie hat zahlreiche internationale Kooperationen sowie die Stechmückenbekämpfung in der Provinz Vojvodina wissenschaftlich betreut.

Clive Boase hat in den Tropen gelebt und in Zusammenarbeit mit nationalen Gesundheitsbehörden an der Bekämpfung von Malaria- und Dengue-Vektoren maßgeblich mitgewirkt. In Europa und den USA hat er Strategien zur Bekämpfung von Stechmücken als Lästlinge erarbeitet und Schulungen zur Mückenbekämpfung durchgeführt. Derzeit ist er Hauptberater bei der Pest Management Consultancy, die wissenschaftliche und technische Unterstützung für die Bekämpfung von Schädlingen im städtischen Bereich anbietet.

Nil Rahola ist seit 2007 als medizinischer Entomologe am nationalen Forschungsinstitut für nachhaltige Entwicklung (IRD) in Montpellier, Frankreich, tätig. Er beschäftigt sich dort insbesondere mit der Taxonomie und Systematik von Arthropoden, die medizinisch bedeutsam sind, und dabei mit dem Schwerpunkt Stech- und Sandmücken. Er sammelte reichhaltige Erfahrung bei seiner Feldarbeit in Afrika und Südostasien, weshalb er auch Kurator der IRD-Sammlung von Arthropoden von medizinischer und veterinärmedizinischer Bedeutung ist.

Jonas Schmidt-Chanasit, Ph.D., ist Professor der Humanmedizin und stellvertretender Direktor des Kooperationszentrums der Weltgesundheitsorganisation für Arboviren und hämorrhagische Fieberviren am Bernhard-Nocht-Institut für Tropenmedizin (BNITM) in Hamburg. Er hat den Lehrstuhls für Arbovirologie an der Universität Hamburg inne und ist Leiter der Abteilung für Arbovirologie und Entomologie am BNITM. Ein Schwerpunkt seiner Forschung liegt auf den durch Stechmücken übertragenen Viren in den Ländern des Globalen Südens.

Achim Kaiser ist seit mehr als drei Jahrzehnten als Entomologe bei der Kommunalen Aktionsgemeinschaft zur Bekämpfung der Stechmückenplage e. V. (KABS) mit den Schwerpunkten Systematik und Lebensweise der einheimischen Stechmücken beschäftigt. Zahlreiche Forschungsreisen führten ihn nach Südostasien, Südamerika und Afrika; außerdem ist er für verschiedene Organisationen als Berater für die biologische Bekämpfung von Stechmücken tätig.

Systematik der Stechmücken (Culicidae)

Die Stechmücken (Culicidae) zählen zum Stamm Arthropoda (Gliederfüßer), dem Unterstamm Hexapoda (Sechsfüßer) und zur Klasse Insecta (Insekten), wo sie der Ordnung Diptera (Dipteren) zugeordnet werden. Die Dipteren (zweiflüglige Insekten) sind zusammen mit den Schmetterlingen (Lepidoptera), beide mit jeweils etwa 160.000 Arten, die zweitartenreichste Ordnung. Sie werden nur von der Ordnung der Käfer (Coleoptera) mit mehr als 350.000 Arten übertroffen. „Diptera" leitet sich vom Griechischen ab und bedeutet „Zweiflügler" (di = zwei, pteron = Flügel). Bei den Zweiflüglern sind nicht wie üblicherweise bei Insekten 4 Flügel ausgebildet, sondern nur die zwei Vorderflügel. Die beiden Hinterflügel sind zu den sogenannten Halteren (Schwingkölbchen) reduziert, die aus einem Stiel und einer endständigen keulenförmigen Verdickung bestehen und der Stabilisierung des Flugs dienen.

Die Ordnung Diptera wird traditionell in zwei Unterordnungen unterteilt: die Mücken (Nematocera) und die Fliegen (Brachycera). Die Unterordnung Fliegen wird dabei als monophyletisch (alle Fliegen sind Nachkommen einer Stammart) und die Mücken werden als paraphyletisch mit unterschiedlichen Stammarten bezeichnet. Beide Unterordnungen unterscheiden sich in ihrem Erscheinungsbild: Die Mücken sind meist filigran, während die Fliegen kompakt gebaut sind. Dieses Erscheinungsbild wird durch den Bau der Antennen unterstrichen und ist für die Namensgebung beider Unterordnungen verantwortlich. Der Name „Nematocera" für Mücken bedeutet im Altgriechischen „Fadenhörner", weil ihre Antennen eine lange, vielgliedrige Geißel tragen. Der Name setzt sich aus nema für „Faden" und ceros für „Horn" zusammen. Bei den Brachycera, den Fliegen, altgriechisch „Kurzhörner" (brachy = kurz, ceros = Horn), sind die Antennen zu einem kurzen gegliederten Geißelrest zurückgebildet, der nur aus 1–3 Segmenten besteht.

Die Zweiflügler umfassen mehr als 150 Familien mit etwas weniger als 160.000 Arten, wobei der Unterordnung der Mücken nur etwa 45 Familien zugeordnet werden (Yeates und Wiegmann 2005), darunter die Familie der Stechmücken (Culicidae) mit etwa 3500 Arten und somit eine Familie mit relativ wenigen Arten (Becker et al. 2020). Trotzdem stehen sie wegen ihrer humanmedizinischen Bedeutung als Überträger von stechmückenassoziierten Krankheiten, wie Malaria, Dengue-, Gelb-, Chikungunya- und Zika-Fieber oder Filariosen oft im Zentrum des wissenschaftlichen und öffentlichen Interesses.

Innerhalb der Unterordnung der Nematoceren werden die Stechmücken der Teilordnung Culicomorpha zugeordnet, die als monophyletisch gilt. Bei Hennig (1966, 1973) sowie Knight und Stone (1977) im „First World Catalogue of Culicidae" umfasste diese Teilordnung neben den Culicidae (Stechmücken) die Chaoboridae (Büschelmücken), Dixidae (Tastermücken) und Chironomidae (Zuckmücken). Später fügten Grimaldi und Engel (2005) zu dieser monophyletischen Teilordnung noch die Corethrellidae (froschbeißende Mücken), Simuliidae (Kriebelmücken) und Ceratopogonidae (Gnitzen) hinzu (Abb. 1.1).

Die Monophylie der Familie Culicidae wird zwar generell anerkannt, allerdings gab es in den letzten Jahrzehnten immer wieder unterschiedliche Zuordnungen der einzelnen Stechmücken-Taxa zu Unterfamilien und Stämmen (Tribus) (Edwards 1932; Belkin 1962; Knight und Stone 1977; Reinert 2000, 2001a, b; Reinert et al. 2004; Reinert und Harbach 2005). Harbach und Kitching (1998, 2002) haben den allgemein gültigen Stammbaum durch phylogenetische Untersuchungen bestätigt, der zwei Unterfamilien der Culicidae enthält: die an der Basis stehende Unterfamilie der Anophelinae und die Unterfamilie Culicinae. Die Übersicht bezieht sich auf Wilkerson et al. 2015. Weitere Informationen kann man abrufen unter http:// Mosquito Taxonomic Inventory.info by R. Harbach (2015) und bei online Systematic Catalog of Culicidae Walter Reed Biosystematic Unit (Gaffigan et al. 2015).

Die Unterfamilie Anophelinae enthält die 3 Genera *Anopheles* (*An.*), *Bironella* (*Bi.*) und *Chagasia* (*Ch.*), wobei die 7 in Deutschland vorkommenden *Anopheles*-Arten alle dem Genus *Anopheles* zugeordnet werden.

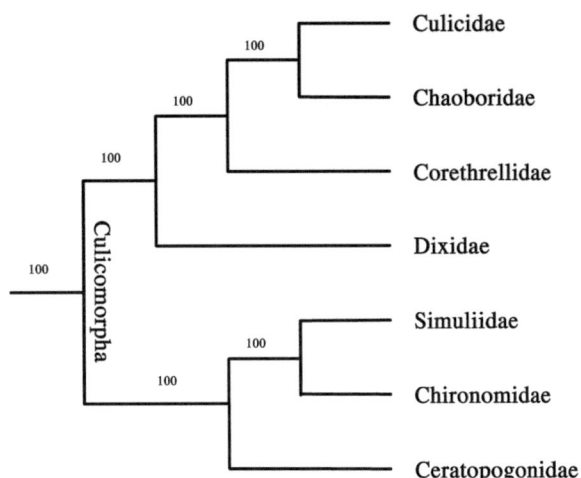

Abb. 1.1 Die Phylogenie der Teilordnung Culicomorpha. (Nach Saether 2000)

Die Unterfamilie Culicinae ist weltweit mit 28 Genera vertreten, die 11 Tribus zugeordnet werden. In Deutschland kommen davon nur Vertreter von 5 Gattungen vor, die folgenden 5 Tribus angehören:

1. Aedini, der die umfangreiche Gattung *Aedes* (*Ae.*) enthält
2. Tribus Culicini mit dem Genus *Culex* (*Cx.*)
3. Tribus Culisetini mit dem Genus *Culiseta* (*Cs.*)
4. Tribus Mansoniini mit dem Genus *Coquillettidia* (*Cq.*)
5. Tribus Uranotaeniini mit der Gattung *Uranotaenia* (*Ur.*).

Insgesamt sind bisher 52 Arten in Deutschland beschrieben (Becker, 2016).

Literatur

Becker N (2016) Einfluss der Globalisierung und Klimaveränderung auf die Stechmückenfauna Deutschlands. In: Lozan JL, Breckle SW, Müller R and Racher E (Hrsg.). Warnsignal Klima: Biodiversität. pp116–122. https://doi.org/10.2312/warnsignal.klima.die-biodiversitaet.03.

Becker N, Petric D, Zgomba M, Boase C, Madoon M, Dahl C, Kaiser A (2020) Mosquitoes – identification, ecology and control, 3. Aufl. Springer, Germany, S 570

Belkin JN (1962) The mosquitoes of the South Pacific I, and II. University of California Press, S 416

Edwards FW (1932) Genera Insectorum. Diptera. Fam. Culicidae. Fascicle 194. Desmet-Verteneuil, Bruxelles, Belgium, S 258

Gaffigan TV, Wilkerson RC, Pecor JE, Stoffer JA, Anderson T (2015) Walter Reed Biosystematics Unit: Systematic Catalog of Culicidae. Online

Grimaldi D, Engel MS (2005) Evolution of the insects. Cambridge University Press, Cambridge, S 755

Harbach RE, Kitching JE (1998) Phylogeny and classification of the Culicidae. Ent SystCulicidae (Diptera). Syst Ent 23:327–370

Harbach RE, Kitching IJ (2002) Phylogeny and classification of the Culicidae (Diptera). Syst Ent 23(4):327–370

Harbach RE (2015 ongoing) Mosquito taxonomic inventory. www.mosquito-taxonomic-inventory.info/

Hennig W (1966) Phylogenetic systematics. Translated by Davis DD, Zangerl R. University of Illinois Press, Urbana, S 263

Hennig W (1973) Diptera (Zweiflügler). In: Helmcke JG, Starck D, Wermuth H (Hrsg) Handbuch der Zoologie IV 2:2:31:1–19

Knight KL, Stone A (1977) A catalog of the mosquitoes of the world (Culicidae: Diptera) 2. Aufl. Thomas say found. Bd. 6. J Ent Soc Am 6:xi+611

Reinert JF (2000) New classification of the composite genus *Aedes* (Diptera: Culicidae Aedini), elevation of subgenus *Ochlerotatus* to generic rank, reclassification of the other subgenera and notes on certain subgenera and species. J Am Mosq Control Assoc 16(3):175–188

Reinert JF (2001a) Revised list of abbreviations of the composite genus *Aedes* (Diptera: Culicidae Aedini), elevation of subgenus *Ochlerotatus* to generic rank, reclassification of the other subgenera and notes on certain subgenera and species. J Am Mosq Control Assoc 16(3):175–188

Reinert JF (2001b) Revised list of abbreviations for genera and subgenera of Culicidae (Diptera) and notes of generic and subgeneric changes. J Am Mosq Control Assoc 17(1):51–55

Reinert JF, Harbach RE (2005) Generic changes affecting european aedine mosquitoes (Diptera: Culicidae: Aedini) with a checklist of species. Eur Mosq Bull 27(19):1–4

Reinert JF, Harbach RE, Kitching EJ (2004) Phylogeny and classification of Aedini (Diptera: Culicidae), based on morphological characters of all life stages. Zool Linn Soc 142:289–368

Reinert JF, Harbach RE, Kitching EJ (2008) Phylogeny and classification of *Ochlerotatus* and allied taxa (Diptera:Culicidae: Aedini) based on morphological data from all life stages. Zool J Linn Soc 153:29–11

Saether AO (2000) Phylogeny of the Culicomorpha (Diptera). Syst Ent 25:233–235

Wilkerson RC, Linton Y-M, Fonseca DM, Schultz TR, Price DC, Strickman DA (2015) A stable classification of Tribe Aedini that balance utility with current knowlege of evolutionary relationships. PloS 10(7):e0133602. 1031/journal.pone

Yeates DK, Wiegmann BM (2005) Phylogeny and evolution of Diptera: recent insights and new perspectives. In: Yeates DK, Wiegmann BM (Hrsg) The evolutionary biology of flies. Columbia University Press, New York, S 14–44

Biologie der Stechmücken

Die Stechmücken (Culicidae) stehen seit mehr als 100 Jahren wegen ihrer humanmedizinischen Bedeutung als Überträger (Vektoren) gefährlicher Krankheiten oder als bedeutende Lästlinge für den Menschen im Mittelpunkt weltweiter entomologischer Untersuchungen (Becker et al. 2020).

Wie alle zweiflügligen Insekten (Diptera) machen die Stechmücken eine vollständige Metamorphose (Holometabolie) durch, d. h., nach dem Schlüpfen aus dem Ei durchlaufen sie 4 Larven- und ein Puppenstadium, in dem die Transformation zur ausgewachsenen Mücke erfolgt. Nach dem Schlüpfen der adulten Mücken (Imagines) erfolgt die Begattung (Kopula), wobei die Mückenmännchen meist einen Tanzschwarm bilden, um mit ihrem Summton die Mückenweibchen anzulocken. Das schnellste Mückenmännchen ergreift das sich dem Schwarm nähernde Weibchen und überträgt das Sperma im Flug in Spermabehälter (Spermatheken). Das Weibchen kann nun ohne erneute Begattung mehrfach nach erfolgten Blutmahlzeiten Eier ablegen. Nach der Begattung benötigen fast alle Stechmückenweibchen eine Blutmahlzeit, um die Eireifung bzw. die Dotterausbildung abzuschließen (Anautogenie). Das Blut benötigen die Weibchen für die Eidotterbildung. Wenige Arten können auch Eier ohne Blutmahlzeit ablegen (Autogenie), wenn die Larven einen ausgeprägten Fettkörper in nährstoffreichen Brutgewässern ausgebildet haben, der bei den geschlüpften Weibchen zur Dotterbildung verwendet wird.

Je nach Stechmückenart werden für die Blutmahlzeiten Säugetiere, aber auch Vögel, Reptilien oder Amphibien bevorzugt. Es stechen nur die weiblichen Mücken, die das Blut für die Eientwicklung benötigen. Beide Geschlechter saugen an Blüten Nektar oder nehmen andere zuckerhaltige Flüssigkeiten auf, um ihren Energiebedarf für Fliegen etc. abzudecken. Wenige Tage nach der Blutmahlzeit sind die Eier im Abdomen der Weibchen entwickelt und können je nach Stechmückengattung als Einzeleier oder verklebt zu Eischiffchen abgelegt werden. Wie man sieht, ist die Biologie der einzelnen Stechmücken sehr unterschiedlich und jeweils an den Lebensraum angepasst, was die Arbeit mit den Stechmücken so interessant macht.

Wenn man sich mit den Stechmücken befasst, muss man unweigerlich erkennen, dass es sich um eine Insektengruppe handelt, die zwar fast jedes Jahr mehr als eine halbe Million Menschenleben durch einen Stich und die damit verbundene Übertragung von Krankheitserregern (z. B. von Malaria und Viruserkrankungen) fordert, aber uns auch Bewunderung für ihre Anpassungsfähigkeit abverlangt (WHO 2024). Man spürt förmlich die Kraft der Evolution, wenn man sich mit Stechmücken beschäftigt. Im Laufe ihrer Evolution von mehr als 100 Mio. Jahren – Stechmücken gab es bereits zu Zeiten der Dinosaurier – haben sich Stechmücken an eine Vielzahl unterschiedlicher Lebensräume und Lebensbedingungen angepasst. Man kann ihre Entwicklungsstadien in fast allen stehenden (selten in leicht fließenden), sowohl natürlichen als auch künstlichen, Gewässern finden. Dies können temporäre oder dauerhafte, nicht oder stark verschmutzte, größere oder auch kleinste Wasseransammlungen sein. Entwicklungsstadien kann man sowohl in wassergefüllten Baumhöhlen, Blumenvasen, Altreifen oder Plastikgefäßen, als auch in temporären Überschwemmungsgewässern entlang von Flüssen und Seen mit Wasserstandsschwankungen, die nur wenige Tage bis Wochen wasserführend sind, sowie in wenig belasteten Dauergewässern oder auch organisch stark belasteten Gewässern, wie Jauchegruben, finden. Je nach Brutplatztyp findet man unterschiedliche Stechmückenarten vergesellschaftet.

Die *Aedes*-Sommerarten können sich bei sommerlichen Hochwässern in den meist extrem temporären Gewässern entlang von Flüssen oder Seen mit Wasserstandsschwankungen in extrem großer Zahl, häufig mehrere Hundert Millionen Entwicklungsstadien pro Hektar Brutgewässer, entwickeln. Wenige Tage nach dem Schlüpfen der adulten Mücken können sie nicht nur in unmittelbarer Nähe der Brutplätze, sondern wegen ihrer oft ausgeprägten Wanderfreudigkeit häufig, mehr als 5 km weit von dem

Brutareal entfernt zur Plage werden (Mohrig 1969; Becker und Ludwig 1981; Schaefer et al. 1997; Bogojevic et al. 2011).

Die Entwicklungsstadien der Frühjahrsarten unter den *Aedes*-Arten treten in sumpfigen Wäldern (z. B. Erlenbruchwäldern) bereits zeitig im Frühjahr nach der Schneeschmelze oder starken Regenfällen auf. In den Tümpeln und Gräben, die gelegentlich noch teilweise mit Eis bedeckt sind, kann man die Larven der *Aedes*-Frühjahrsarten, wie *Ae. rusticus, Ae. communis, Ae. punctor* oder *Ae. cantans,* finden. Manche Arten, wie *Ae. rusticus* können gelegentlich sogar als Larven unter einer Eisbedeckung der Gewässer überwintern. Abb. 2.1 gibt einen Überblick über das zeitliche Auftreten der Entwicklungsstadien der häufigsten Stechmückenarten in Deutschland.

Entlang von Küsten treten halophile Überschwemmungsmücken wie *Ae. caspius* oder *Ae. detritus* auf, die hohe Salzkonzentrationen in ihren Brutgewässern, wie z. B. in Brackwassertümpeln, bevorzugen (Becker et al. 2020).

In Felsenauswaschungen findet man in ihren Ursprungsländern z. B. in Asien, Stechmückenentwicklungsstadien von *Ae. japonicus,* der Japanischen Buschmücke, sowie *Ae. koreicus,* der Koreanischen Buschmücke, die sich auch in Deutschland etabliert haben und nun in kleinen künstlichen Wasseransammlungen, wie Blumenvasen oder Wasserfässern auftreten können (Tanaka et al. 1979; Bueno und Jiménez 2011; Pfitzner et al. 2018). *Aedes japonicus* hat sich innerhalb weniger Jahre in weiten Teile Deutschlands ausgebreitet.

Ein weiteres sehr gutes Beispiel für die enorme Fähigkeit sich an unterschiedliche klimatische oder sich ändernde Umweltbedingungen anzupassen, ist die Asiatische Tigermücke *(Aedes albopictus).* Diese Mücke hat ihre Heimstatt in Südostasien und hat in den vergangenen Jahrzehnten weltweit eine triumphale Ausbreitung durchgemacht. Sie wurde in Deutschland erstmals im Jahr 2007 nachgewiesen (Pluskota et al. 2008).

Ursprünglich ist *Ae. albopictus* eine subtropische bzw. tropische Art. Solche Arten, wie z. B. *Aedes aegypti,* die Afrikanische Tigermücke bzw. Gelbfiebermücke, haben während eines Jahres eine ständige Abfolge von Generationen, da die Temperaturverhältnisse in den Tropen mehr oder weniger über das ganze Jahr relativ stabil sind und eine andauernde Entwicklung ermöglichen Die Asiatische Tigermücke *(Aedes albopictus)* hat hingegen im Zuge ihrer klimabedingten evolutionären Anpassung Mechanismen entwickelt, um ungünstige Perioden für die Entwicklung, wie Winterzeiten, zu überbrücken. Sie entwickeln kälteresistente Eier, bei denen die Embryonen zu Beginn des Winters in eine Diapause eintreten, während der das Schlüpfen verhindert wird. Erst bei ansteigenden Temperaturen im Frühjahr (T >10 °C) wird diese Diapause gebrochen, und die Larven können wieder aus den Eiern schlüpfen und eine neue Population während günstiger Klimabedingungen aufbauen (Hawley et al. 1989; Pluskota et al. 2016).

Abb. 2.1 Zeitliches Auftreten der Entwicklungsstadien verschiedener Stechmückenarten (p=polyzyklisch; m=monozyklisch mit nur einen Generation im Frühjahr)

(Punkt = Schlüpfen der Fluginsekten der ersten Generation; fette Linie= Vorkommen von Larven und Puppen)

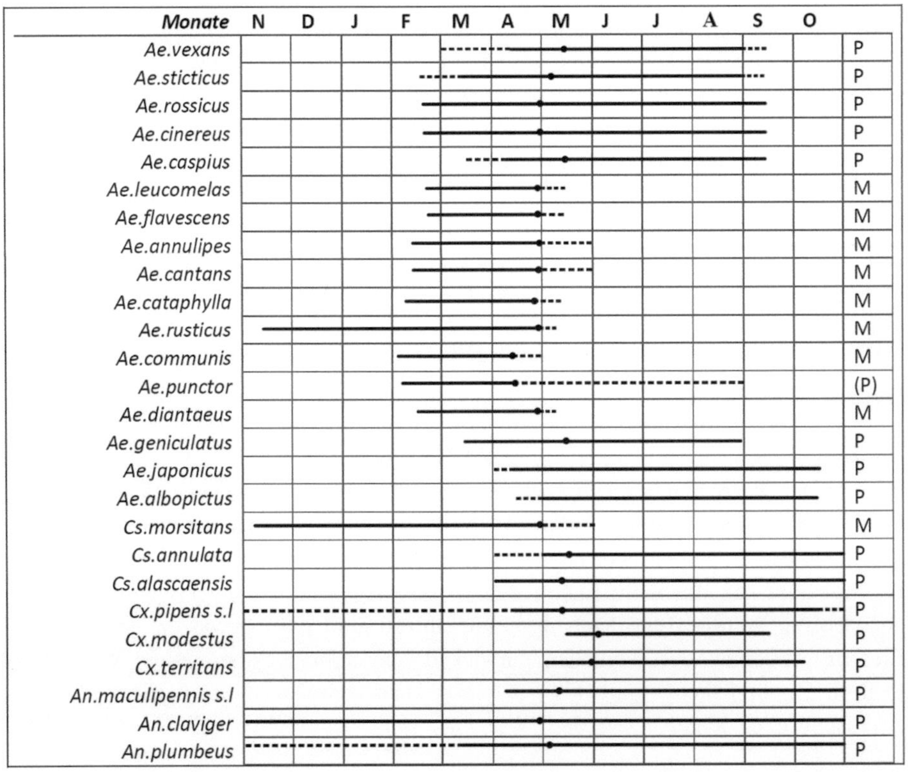

Monate	N	D	J	F	M	A	M	J	J	A	S	O	
Ae.vexans						--------	•------	----	----	----	---		P
Ae.sticticus					--------	•------	----	----	----	---			P
Ae.rossicus					--------	•------	----	----	----	----			P
Ae.cinereus					--------	•------	----	----	----	----			P
Ae.caspius						--------	•------	----	----	----			P
Ae.leucomelas					--------	•----							M
Ae.flavescens					--------	•---							M
Ae.annulipes					--------	----	•----						M
Ae.cantans					--------	----	•----						M
Ae.cataphylla						--------	•----						M
Ae.rusticus		--------	----	----	----	----	•---						M
Ae.communis						--------	•----						M
Ae.punctor					--------	----	•----	----	----	----	----	----	(P)
Ae.diantaeus					--------	----	•---						M
Ae.geniculatus						--------	----	----	----	----			P
Ae.japonicus						--------	----	•---	----	----	----		P
Ae.albopictus						--------	----	•---	----	----	----		P
Cs.morsitans	--------	----	----	----	----	----	•----						M
Cs.annulata						--------	----	•----	----	----	----		P
Cs.alascaensis						--------	----	•----	----	----			P
Cx.pipens s.l	--------	----	----	----	----	----	----	•----	----	----	----	----	P
Cx.modestus								--------	•----	----			P
Cx.territans							--------	•----	----	----			P
An.maculipennis s.l						--------	----	•----	----	----	----		P
An.claviger	--------	----	----	----	----	----	----	•----	----	----	----	----	P
An.plumbeus	--------	----	----	----	----	----	•----	----	----	----	----	----	P

Eine weitere Anpassung der Asiatischen Tigermücken, die ihre Verbreitung bzw. Verschleppung begünstigen, ist ihr Vermögen, sich in kleinen künstlichen Gefäßen bei Ansammlungen von Wasser zu entwickeln. Die Entwicklungsstadien findet man ursprünglich in natürlichen Kleinstgewässern, wassergefüllten Phytothelmen oder Baumhöhlen. Die Mücke hat zunehmend künstliche Kleinstgewässer wie wassergefüllte Glas- oder Plastikgefäße, gebrauchte Autoreifen und Untersetzer von Blumentöpfen als Brutplätze erobert. Die meist kleinen Brutgewässer unterliegen großen Schwankungen, wie z. B. Austrocknung und erneutem Fluten. Dies bedarf einer weiteren Anpassung an diesen temporären, oft lebensfeindlichen Lebensraum. Die *Aedes*-Arten überbrücken diese Phasen im Eistadium. Die Embyonen in den Eiern sind in der Lage, lange Trockenperioden und auch Kältephasen lebensfähig zu überstehen. Diese Anpassungsfähigkeit an gemäßigte klimatische Bedingungen und die Tatsache, dass die Embryonen in den Eiern mehrere Monate lang auf dem Trockenen überleben können, einschließlich der Anpassungsfähigkeit an künstliche Brutstätten wie Reifen und Blumentöpfe, begünstigen die globale Verbreitung über den internationalen Handel mit gebrauchten Reifen und Pflanzen wie *Dracaena* spp. („Glücksbambus"). Innerhalb von Stunden, Tagen oder wenigen Wochen können sie mit Überseecontainern oder Flugzeugen von einem Land oder Kontinent zum anderen transportiert werden (Madon et al. 2002; Becker et al. 2012). Innerhalb eines Landes werden sie daraufhin meist als blinde Passagiere in Fahrzeugen verbreitet (Becker et al. 2022). Die Ausbreitung der Tigermücken ist vor allem wegen ihrer besonderen Fähigkeit, Arboviren (wie Dengue-, Zika- oder Chikungunya-Viren) zu übertragen, aber auch als Plageerreger von großer Bedeutung und erfordert Maßnahmen zur Überwachung und Bekämpfung (Becker et al. 2022).

Selbst in wassergefüllten Baumhöhlen kann man Stechmückenentwicklungsstadien von *Ae. geniculatus* oder *Anopheles plumbeus* finden. Beide Arten besiedeln auch zunehmend in ländlichen Bereichen offene Jauchegruben, in denen sich Regenwasser sammelt. Im Vergleich zu den kleinen Baumhöhlen lassen die offenen Jauchegruben mit organisch angereichertem Wasser eine Massenvermehrung dieser Stechmücken zu, sodass sie lokal auch plageerregend sein können.

In Jauchegruben, Abwassergräben und anderen organisch belasteten Gewässern, aber auch in weniger belasteten Gewässern treten oft die Entwicklungsstadien von *Culex pipiens* s.l. (der sogenannten Hausmücke) auf. Diese Art ist sehr interessant, da sie 2 Biotypen besitzt, die sich in ihrem Verhalten wesentlich unterscheiden: Der erste Biotyp ist *Culex pipiens* Biotyp *pipiens*. Diese brütet meist oberirdisch und kann in relativ sauberem als auch verschmutztem Wasser auftreten. Nach dem Schlüpfen der adulten Mücken bilden die Männchen bei der Begattung Tanzschwärme (sie sind eurygam), um mit ihrem Summton Weibchen anzulocken. Nach der Begattung wird ihre Blutgier entfacht. Die Weibchen benötigen, wie bei den meisten Stechmückenarten, eine Blutmahlzeit für die Eientwicklung (sie sind anautogen). Sie stechen bevorzugt Vögel (sie sind ornithophil) und halten Winterruhe (Diapause), meist in unbeheizten, aber frostgeschützten Räumen (Kellern, Scheunen).

Demgegenüber steht der 2. Biotyp, *Culex pipiens* Biotyp *molestus*. Dieser Biotyp brütet meist unterirdisch in stark organisch angereichertem Wasser, z. B. unterirdischen Jauchegruben. Sie begatten sich ohne Tanzschwarm als Einzeltiere (sie sind stenogam) und können das erste Eigelege ohne Blutmahlzeit ablegen (sie sind autogen) – eine Anpassung an den unterirdischen Lebensraum, in dem Wirte für die Blutmahlzeit selten vorkommen. Eine Überwinterung ist bei diesem Biotyp nicht nötig, da die unterirdischen Brutgewässer eine relativ gleichbleibende Temperatur im Vergleich zu den den Jahreszeiten ausgesetzten oberirdischen Brutgewässern besitzen. Im Gegensatz zu *Cx. pipiens* Biotyp *pipiens*, der ornithophil ist, stechen Weibchen von *Cx. pipiens* Biotyp *molestus* bevorzugt Menschen (sie sind vorwiegend anthropophil).

Dies sind nur einige wenige Beispiele, wie sich die Stechmücken an unterschiedliche Lebensbedingungen erfolgreich angepasst haben. Sie veranschaulichen die enorme ökologische Plastizität der Stechmücken in ihrer Biologie.

Im Folgenden werden im Einzelnen die unterschiedlichen Entwicklungsphasen der Stechmücken bezogen auf ihre Gattungszugehörigkeit diskutiert.

2.1 Eiablage

Nach der Blutmahlzeit legen die weiblichen Mücken etwa 2–4 Tage (bei kühler Witterung auch später) zwischen 50 und 200, gelegentlich auch wesentlich mehr Eier ab. Generell kann man die Mücken in 2 Gruppen unterteilen:

1. Mücken, bei denen die Larven nach abgeschlossener Embryonalentwicklung unverzüglich in den Wasserkörper schlüpfen. Die Weibchen legen ihre Eier entweder zusammengeklebt z. B. als Eischiffchen (Gattungen: *Culex, Coquillettidia, Uranotaenia* und Untergattung *Culiseta*) oder einzeln (*Anopheles*-Arten) auf der Wasseroberfläche ab (Abb. 2.2 und 2.3).

2. Mücken, die ihre Eier oberhalb der Wasseroberfläche am Rande von Gewässern ablegen (vor allem *Aedes*-Arten) und deren Larven erst nach einer Ruhephase bei Überflutung schlüpfen. Bei ungünstigen Entwicklungsbedingungen treten sie in eine Schlüpfhemmung (genetisch induzierte Diapause) ein, um erst nach Mona-

Abb. 2.2 Eischiffchen von *Culiseta annulata* (Größe ca. 5 mm)

Abb. 2.3 Eischiffchen von *Cx. pipiens* s.l. mit schlüpfenden ersten Stadien

ten, gelegentlich nach Jahren, wenn sich günstige Entwicklungsbedingungen ergeben haben, zu schlüpfen.

Die Embryonen dieser Gruppe treten nicht in eine Ruhephase oder Diapause ein und schlüpfen direkt in den Wasserkörper, wenn die Embryonalentwicklung abgeschlossen ist. Diese Arten haben normalerweise mehrere aufeinanderfolgende Generationen und treten in der Regel in länger wasserführenden Gewässern auf. Die Anzahl der Generationen hängt neben dem Nahrungsangebot für die Larven vor allem von der Temperatur ab, die die Entwicklungsgeschwindigkeit bestimmt. In Sommern mit hohen Temperaturen gibt es mehr Generationen als während kühler Sommer. Hier macht sich besonders der Klimawandel bei der Zunahme der Generationen bemerkbar.

Die Parameter, die bei einem ablegebereiten Weibchen die Wahl eines Brutplatzes ausmachen, sind bei vielen Arten noch unbekannt. Es sind aber sicher Faktoren wie Wasserqualität, Lichteinfall und gasförmige Substanzen, die die Brutgewässer abgeben und ein Zeichen für ein ausreichendes Nahrungsangebot sind. Aber auch pheromonartige Düfte, die das Vorhandensein von Larven und Eiern der eigenen Art anzeigen, können entscheidende Faktoren für die Wahl eines günstigen Brutplatzes sein (Bernáth et al. 2008; Fillinger et al. 2009). Gravide Weibchen haben bereits diesen Brutplatz als erfolgsversprechend für die Entwicklung ihrer Brut auserwählt, was weitere Weibchen zur Eiablage stimulieren kann. Man geht auch davon aus, dass die Weibchen die Pheromone von Fressfeinden in den Gewässern registrieren können, um diesen so auszuweichen.

Die Weibchen der Gattungen *Culex* und *Culiseta* legen ihre Eigelege in Form von Schiffchen ab, die aus mehreren Hundert Eiern bestehen können. Während der Eiablage stehen die Weibchen auf oder an der Wasseroberfläche und bilden mit ihren Hinterbeinen eine V-förmige Struktur, in die sie die Eier über die Genitalöffnung abgeben und aneinanderkleben (Clemens 1992). Dadurch kommt die Form eines Schiffchens zustande, bei dem die Eier vertikal auf ihrem vorderen Pol stehen. Bei *Culex* haben die Eier am vorderen Pol eine becherförmige Krone mit einer hydrophilen Innenfläche, die auf der Wasseroberfläche aufliegt, sowie einer Außenfläche, die hydrophob (Wasser abweisend) ist, sodass die daraus resultierende Oberflächenspannung die Schiffchen in Position hält. Driften sie gegen Ränder an der Wassergrenze, so neigen sie dazu, dort zu verbleiben. Unmittelbar nach der Eiablage sind die Eier weich und weiß, aber das Chorion sklerotisiert innerhalb von 1–2 h, sodass sich die Eier dunkel verfärben.

Für *Cx. pipiens* s.l. ist bekannt, dass der Gehalt an organischem Material im Wasser eine wichtige Rolle bei der Anlockung der eiablagebereiten Weibchen spielt. Offensichtlich haben gasförmige Substanzen wie Ammoniak, Methan oder Kohlendioxid, die vom Brutplatz bei der Zersetzung von organischem Material freigesetzt werden, eine anlockende Wirkung auf gravide Weibchen von *Cx pipiens* s.l. (Becker 1989). Sie erkennen dadurch, dass ein solcher Standort ausreichend Nahrung für die Larven und somit für die Entwicklung ihrer Brut bietet.

Ein weiteres Beispiel verdeutlicht, dass das Eiablageverhalten an die ökologischen Bedingungen eines Brutplatzes angepasst ist. Die Weibchen von *Coquillettidia richiardii* (der Wassergrundmücke) legen ihre Eier in Gewässern mit geeigneten Pflanzen ab, bei denen die untergetaucht lebenden Larven und Puppen sich mit ihrem Atemrohr (Siphon) bzw. mit Atemhörnchen in das luftgefüllte pflanzliche Gewebe (Aerenchym) einbohren können, um den notwendigen Sauerstoff aufzunehmen. Dadurch müssen die Entwicklungsstadien nicht zum Atmen an die Wasseroberfläche, was sie zu einer einfachen Beute für Fressfeinde, wie Fische, machen würde. Beim Schlüpfen der adulten Mücken lösen sich die Puppen und schweben an die Wasseroberfläche zum Schlüpfen.

Die Vertreter der 2. Gruppe, die vor allem die *Aedes*-Arten (Überschwemmungsmücken) und Vertreter der Untergattung *Culicella* der Gattung *Culiseta* umfassen, legen ihre Eier einzeln nicht auf der Wasseroberfläche, sondern im feuchten Substrat oberhalb der Wasseroberfläche in kleinen Bodenvertiefungen oder zwischen Pflanzenteilchen wie Moosen an Stellen mit erhöhter Bodenfeuchte ab (Abb. 2.4).

2.1 Eiablage

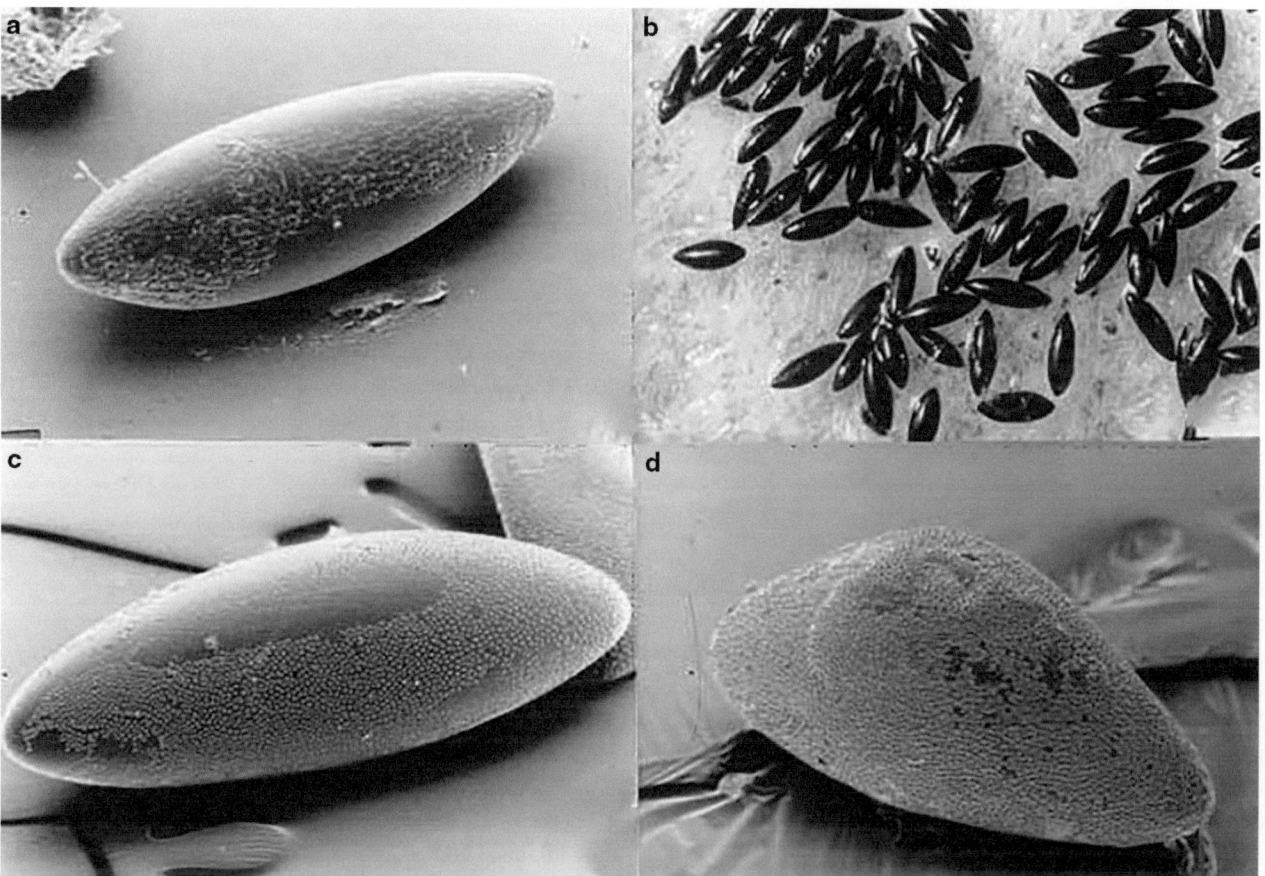

Abb. 2.4 Eier von *Aedes vexans* (**a**: SEM Foto, 50x; **b**:Lichtmikroskop-Foto, 8x); **c**: *Aedes cantans* Ei (SEM, 50x), **d**: *Aedes rusticus* Ei (SEM, 50x)

Dies können auch nasse Ränder von Wassergefäßen sein, wo *Aedes albopictus* seine Eier ablegt. Nach der Eiablage sind die frisch abgelegten Eier zunächst durch Austrocknung gefährdet, bis die sogenannte Vitellinmembran während der Embryonalentwicklung als Schutzschicht gebildet wird. Die Vitellinmembran reguliert den Wasserhaushalt des Eies bzw. der Embryonen im Ei und schützt vor Wasserverlust und Austrocknung (Barr und Azawi 1958; Harwood und Horsfall 1959; Horsfall et al. 1973). Bei *Aedes*-Arten, wie *Aedes vexans* und *Ae. sticticus*, deren Eiablagegebiete häufigen Pegelschwankungen und Trockenphasen ausgesetzt sind, ist die Wahl der richtigen Eiablagestellen von entscheidender Bedeutung für die erfolgreiche Entwicklung der Brut.

Ein geeigneter Eiablageplatz für die Überschwemmungsmücke muss folgende Voraussetzungen erfüllen:

a) Das Substrat muss zum Zeitpunkt der Eiablage ausreichend feucht sein, um sicherzustellen, dass die frisch abgelegten Eier, die bis zur Aushärtung des Chorions und der Bildung der Vitellinmembran sehr empfindlich auf Wasserverlust reagieren, nicht austrocknen (Horsfall et al. 1973; Clements 1992; Jacobs et al. 2013).

b) Der Eiablagehorizont muss nach Überflutung und dem Schlüpfen der Larven ausreichend lang geflutet sein, damit der gesamte Prozess vom Schlüpfen aus dem Ei bis zum Schlüpfen der adulten Mücken ablaufen kann.

c) Das Brutgewässer sollte möglichst wenigen Fressfeinden einen Lebensraum bieten. Durch den temporären Charakter der meisten *Aedes*-Brutgewässer finden z. B. Fische als wichtige Fressfeinde der Stechmücken dort keine Heimstatt.

Die Fähigkeit eines *Aedes*-Weibchens, geeignete Orte für die Eiablage zu finden, die einen maximalen Bruterfolg garantieren, ist noch nicht vollständig verstanden. Respekt gebührt jedoch diesen winzigen Insekten, die durch ihr angepasstes Verhalten die lebensfeindlichen Bedingungen in ihren temporären Brutstätten überwinden. Würden die *Aedes*-Weibchen ihre Eier in tief gelegenen Gebieten mit nahezu permanenter Wasserführung ablegen, würden sie auf entscheidende Nachteile stoßen: Tief gelegene Gebiete werden über lange Zeiträume überschwemmt und fallen selten trocken, damit Eier frisch abgelegt werden können. Auch ist der Wechsel von Trockenheit und Überschwemmung ungünstig, was für das Schlüpfen der *Aedes*-Arten und das Entstehen einer neuen Population essenziell ist. Gebiete mit nahezu permanenter Wasserführung weisen in der Regel eine hohe Konzentration an natürlichen Fressfeinden wie Fischen auf, sodass für die Mückenlarven die Gefahr, gefressen zu werden, sehr hoch wäre.

Legen die Weibchen ihre Eier in höher gelegenen Überschwemmungsgebieten mit sehr kurzer Wasserführung ab, besteht die Gefahr des vorzeitigen Trockenfallens, bevor alle Entwicklungsstadien im Wasser durchlaufen sind.

Das durch die Evolution geprägte Eiablageverhalten der *Aedes*-Weibchen muss Respekt abringen. Es stellt sich die Frage, wie die *Aedes*-Weibchen den optimalen Eiablageplatz finden. Allein der Feuchtigkeitsgehalt des Substrats/Bodens kann es nicht sein, da bei Starkregen viele ungeeignete Gebiet für die Eiablage einen hohen Feuchtigkeitsgrad aufweisen. Eiablagebereite Weibchen z. B. von *Aedes vexans* oder *Ae. sticticus* erkennen offensichtlich den nassen, schluffigen, lehmigen Boden durch seine Ausdünstungen in Überschwemmungsgebieten. Der Grad der Überschwemmungen entscheidet über den Ton- bzw. den Humusgehalt des Bodens. Böden im Überschwemmungsgebiet weisen einen höheren Tonanteil auf als wenig überschwemmte Gebiete, die meist einen höheren Humusanteil oder mehr organisches Material beinhalten (Ikeshoji und Mulla 1970; Strickman, 1980a, b; Becker 1989).

Untersuchungen im Überschwemmungsbereich des Rheins haben ergeben, dass die höchste Eiablagedichte von *Aedes vexans* und *Ae. sticticus* im Gelände oberhalb der 4-m-Marke (Pegel Speyer) bis zu einem Horizont bezogen auf den Pegel von etwa 5 m (Abb. 2.5) zu finden ist. Dies ist der Bereich des oberen Mittelwassers, wo oft Pflanzenassoziationen mit Schilf *(Phragmites australis)* zu finden sind. Diese Zone gewährleistet eine günstige Sequenz zwischen Trockenfallen und eine Wasserführung, die zum einen die komplette Entwicklung bis zum Schlüpfen der adulten Überschwemmungsmücken erlaubt und zum anderen durch den temporären Charakter der Gewässer keinen Lebensraum für die wichtigsten Fressfeinde der Entwicklungsstadien, den Fischen, bietet.

2.2 Embryonalentwicklung

Die Embryonalentwicklung der Stechmücken wird sehr ausführlich von Clements (1992) beschrieben. Diese beginnt fast unmittelbar nach der Eiablage. Je nach Temperatur dauert es 2–7 Tage oder länger, bis die Embryonen vollständig entwickelt sind.

Der Verlauf der Embryonalentwicklung spiegelt auch eine besondere Anpassung an verschiedene abiotische Bedingungen im Larvenhabitat wider (Becker 1989). Die Larven von *Culex, Anopheles, Coquillettidia, Uranotaenia, Orthopodomyia* und der Untergattung *Culiseta* schlüpfen normalerweise kurze Zeit nach Abschluss der Embryonalentwicklung. Die erforderliche Zeitdauer von der Ablage der Eier und dem Schlüpfen der Larven hängt fast ausschließlich von der Temperatur ab. Bei einer Temperatur von 30 °C können die Larven von *Cx. pipiens* s.l. bereits nach etwas mehr als einem Tag nach der Eiablage schlüpfen. Bei 20 °C und 10 °C dauert die Entwicklung 3 bzw. 10 Tage, und bei weniger als 6 °C kann die Embryonalentwicklung von *Cx. pipiens* s.l. nicht vollständig abgeschlossen werden (Abb. 2.6).

Die Embryonalentwicklung von *Aedes*-Arten dauert in der Regel deutlich länger. Beispielsweise sind die Embryonen von *Aedes vexans* bei ständiger Temperatur von 25 °C erst nach ca. 4 Tagen voll ausgebildet und zum Teil schlüpfbereit (Horsfall et al. 1973; Becker 1989). Bei frisch abgelegten Eiern von *Ae. vexans,* die bei 20 °C aufbewahrt wurden, waren immerhin fast 50 % der Embryonen nach 8 Tagen schlüpffähig. Dies bedeutet, dass die embryonale Entwicklung von *Cx. pipiens* s.l. in der Regel nur halb so lange dauert wie bei *Ae. vexans*. Die Dauer der

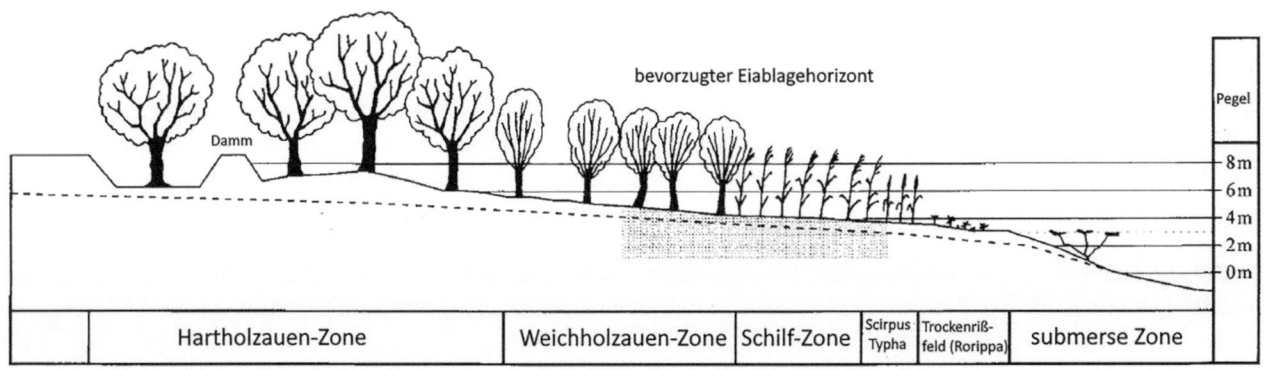

Abb. 2.5 Vegetationszonen der Rheinauen mit bevorzugten Eiablagehorizonten für *Aedes vexans*

Abb. 2.6 Dauer der Embryonalentwicklung von *Cx. pipiens* s.l. bei verschiedenen Temperaturen (t_0 = keine Entwicklung möglich; Balken = Dauer vom ersten bis zum Schlüpfen des letzten Adults)

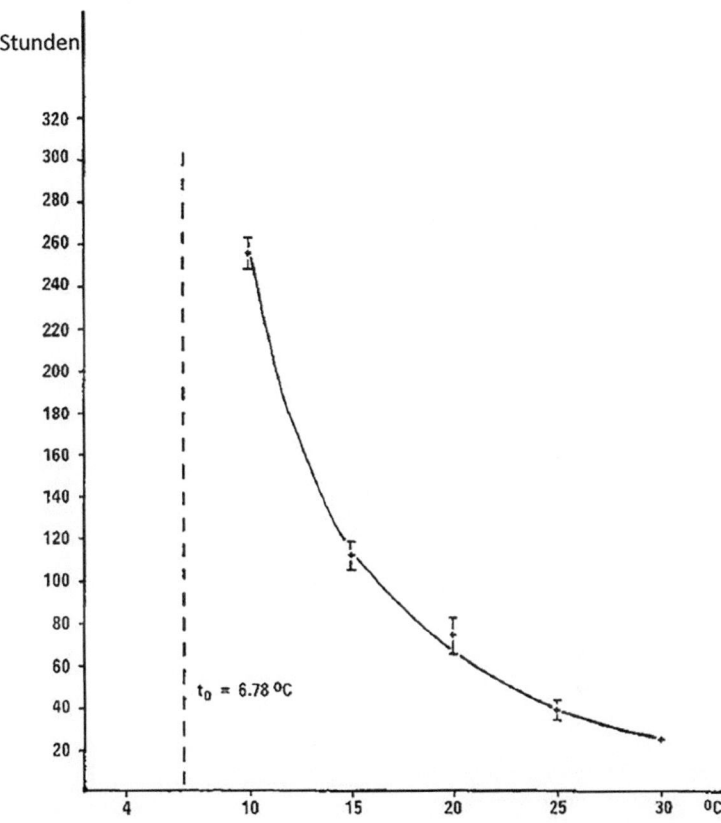

Embryonalentwicklung ist auch an die Biologie der jeweiligen Stechmückenart bzw. an die ökologischen Verhältnisse in den Brutgewässern angepasst. Die kurze Embryonalentwicklungszeit von *Cx. pipiens* s.l. lässt eine schnellere Generationenabfolge zu, was Arten begünstigt, die ihre Eier auf der Wasseroberfläche ablegen und direkt nach Abschluss der Embryonalentwicklung schlüpffähig sind. Die relativ langsame Embryonalentwicklung bei *Aedes*-Arten lässt sich dagegen dadurch erklären, dass diese Mücken ihre Eier in Überschwemmungsgebieten ablegen und dort nur wenige ökologische Faktoren eine schnelle Embryonalentwicklung erfordern. Bis zum nächsten Hochwasser dauert es meist mehr als 1 Woche. Daher ergibt sich bei einer schnellen Entwicklung der Embryonen kein ökologischer Vorteil.

2.3 Schlüpfen der Larven

Besonders eindrucksvoll ist das Schlüpfverhalten von Überschwemmungsmücken wie *Ae. vexans*, deren Schlüpfverhalten eine beeindruckende Anpassung an die stark schwankenden Wasserstände und abiotischen Verhältnisse ihrer temporären Brutgewässer, meist in Überschwemmungsbereichen von Flüssen, ist (Gillett 1955; Telford 1963; Horsfall et al. 1973; Beach 1978; Becker 1989; Andreadis 1990). Der richtige Zeitpunkt des Schlüpfens aus dem Ei stellt die Grundvoraussetzung für eine erfolgreiche Entwicklung in den meist extrem temporären Gewässern der *Aedes*-Arten dar. Ein Blick auf die Unterschiede im Schlüpfverhalten der Frühjahrsarten, z. B. *Ae. cantans, Ae. communis* und *Ae. rusticus* und den Sommerarten, wie *Ae. vexans* und *Ae. sticticus*, verdeutlicht, wie fein das Schlüpfverhalten auf die abiotischen Verhältnisse ihrer Brutgewässer abgestimmt ist.

Die Brutgewässer der *Aedes*-Frühjahrsarten, meist sind es Senken und Gräben in versumpften Wäldern (z. B. Erlenbruchwäldern), werden in Mitteleuropa in der Regel im Spätherbst oder Frühjahr nach der Schneeschmelze oder nach frühjährlichen Regenfällen überschwemmt und weisen einen lang anhaltenden Wasserstand auf. Der Wasserstand erreicht normalerweise im Frühjahr seinen Höchststand, der unter normalen Bedingungen während des Sommers stetig langsam abnimmt, bis die Tümpel und Gräben im Spätsommer wieder trockengefallen sind.

In Abb. 2.7 sind die Entwicklungs- und Diapausephasen der univoltinen *Aedes*-Frühjahrsarten wie z. B. *Ae. communis* oder *Ae. punctor* (monozyklische Arten, die nur eine Generation/Jahr hervorbringen) in Abhängigkeit von den

Wasserstandsänderungen eines Tümpels in den sumpfigen Wäldern Mitteleuropas dargestellt.

Die *Aedes*-Frühjahrsarten haben sich durch ihr Diapausemuster und die entsprechende Reaktion auf Schlüpfreize perfekt an die Bedingungen in ihren Brutstätten angepasst. Nach der Eiablage, meist im Frühsommer, treten die Embryonen der meisten Frühjahrsarten automatisch in die Diapause ein. Sie können während der Sommermonate nicht schlüpfen, wodurch das Risiko eines vorzeitigen Schlüpfens während des zurückgehenden Pegels und der Trockenperioden im Sommer vermieden wird.

In Mitteleuropa können die Larven weniger Arten, wie z. B. *Ae. rusticus* und *Cs. morsitans*, bereits im Herbst aus den Eiern schlüpfen, nachdem sie die zurückgehende Temperatur im Herbst registriert haben und die Diapause aufgehoben wurde. Die meisten Frühjahrsarten, wie z. B. *Ae. communis*, *Ae. punctor* oder *Ae. cantans* schlüpfen allerdings erst während oder nach der Schneeschmelze. Ihre Diapause wird ausgesetzt, wenn die Larven im Ei die sinkenden Temperaturen im Herbst und die kalten Wintertemperaturen sowie die zunehmende Tageslänge registriert haben. Folglich können die Larven dieser Mücken erst während oder kurz nach der Schneeschmelze im Jahr nach der Eiablage schlüpfen. Ihre Fähigkeit, in sehr kalten und sauerstoffreichen Gewässern zu schlüpfen, garantiert das Schlüpfen zu einem Zeitpunkt, wenn günstige Wasserstandsbedingungen existieren. Nach dem Schlüpfen aus dem Ei bieten die semipermanenten Waldtümpel ideale Bedingungen für eine langsame Entwicklung der Larven. In Mitteleuropa schlüpfen die adulten Mücken dieser Frühjahrsarten normalerweise zwischen Ende April und Anfang Mai.

Betrachtet man das Schlüpfverhalten der *Aedes*-Sommerarten (z. B. *Ae. vexans*), die meist in Überschwemmungsflächen von Flüssen oder Seen mit Wasserstandsschwankungen brüten, so erkennt man, wie exakt ihr Schlüpfverhalten an die Wasserführung ihrer temporären Brutgewässer angepasst ist. In Abb. 2.8 sind die Diapausen und Entwicklungsphasen von Ae. vexans am Beispiel des Rheins dargestellt.

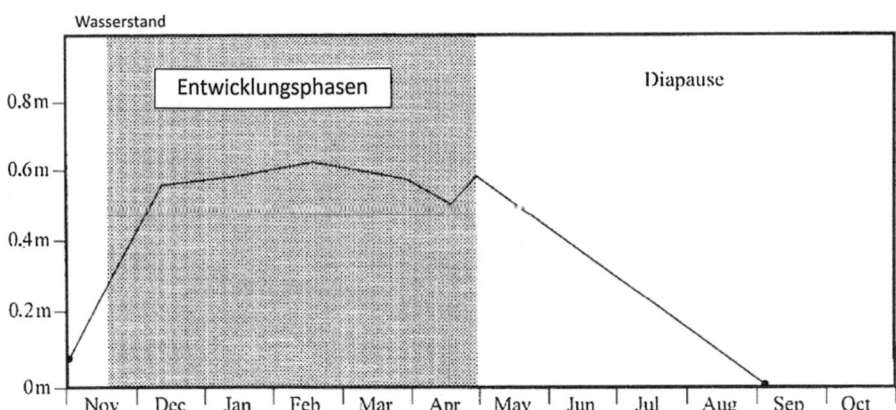

Abb. 2.7 Entwicklungsphasen und Diapause einiger *Aedes*-Frühjahrsarten in Mitteleuropa

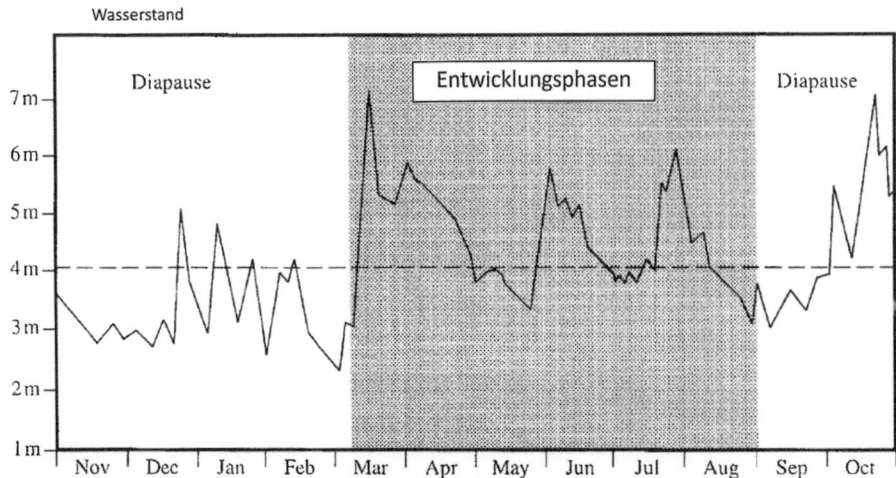

Abb. 2.8 Entwicklungsphasen und Diapause der *Aedes*-Sommerarten in Mitteleuropa

2.3 Schlüpfen der Larven

Im Gegensatz zur semipermanenten Wasserführung der Brutgewässer der *Aedes*-Frühjahrsarten in versumpften Wäldern, die meist über Monate hinweg wasserführend sind und eine lang anhaltende Entwicklung der Larven bei meist niedrigen Temperaturen erlauben, weisen die Brutgewässer der *Aedes*-Sommerarten in den Überschwemmungsgebieten der Flüsse erhebliche und oft schnelle Wasserstandsschwankungen auf. Die Flusspegel sind im Herbst und Winter meist durch Niedrigwasserphasen geprägt, während sie im Frühsommer und Sommer nach der Schneeschmelze im Gebirge bzw. nach starken Regenfällen häufig schnell ansteigen und auch wieder zügig zurückgehen können. Dieser Pegelverlauf lässt keine lange Entwicklungszeit zu, weil dadurch die Gefahr des frühzeitigen Trockenfallens bei schnell zurückgehendem Pegel nach Überflutung besteht. Eine erfolgreiche Entwicklung kann also nur dann abgeschlossen werden, wenn sie schnell verläuft, bevor das temporäre Brutgewässer wieder trockenfällt. Da die Entwicklung im Wasser temperaturabhängig ist, kann dies nur bei höheren Temperaturen im Sommer gewährleistet sein. Exakt an diese abiotischen Verhältnisse der Sequenz des Trockenfallens und Überschwemmung ist das Schlüpfverhalten der *Aedes*-Sommerarten angepasst. Die Larven dieser Mückenarten, wie *Ae. vexans* und *Ae. sticticus,* unterliegen im Herbst, Winter und zeitigen Frühjahr einer Diapause mit einer Schlüpfhemmung. Sie sind erst zwischen März und September schlüpffähig, wenn die Wassertemperaturen eine schnelle Entwicklung zulassen (Telford 1963; McHaffey 1972). Dieses Verhalten lässt es auch zu, dass diese Arten je nach Anzahl der Hochwasserspitzen mehrere Populationen im Jahr hervorbringen können – sie sind multivoltin bzw. polyzyklisch. Dagegen sind die *Aedes*-Frühjahrsarten, wie *Ae. communis* oder *Ae. rusticus*, univoltin (monozyklisch), wenig wanderfreudig und entwickeln bei relativ konstanten Wasserverhältnissen in ihren Brutgewässern nur eine starke Population im Frühling.

Anders sieht es bei den multivoltinen Arten, wie *Aedes vexans* und *Ae. sticticus* aus, die je nach Hochwasserlage und Sequenz des Trockenfallens und erneuter Überschwemmung mehrere Populationen im Sommer hervorbringen und durch die enorm hohe Reproduktionsrate und das ausgeprägte Wanderverhalten oft enorme Belästigungen in den angrenzenden Kommunen erzeugen können.

Analysiert man das Schlüpfverhalten der *Aedes*-Sommerarten im Detail, so zeigt sich, dass das Schlüpfen der Larven zu dem richtigen Zeitpunkt für eine erfolgreiche Entwicklung einem fein abgestimmten Kontrollmechanismus unterliegt, der hauptsächlich durch folgende Faktoren beeinflusst wird:

a) Der Gehalt an gelöstem Sauerstoff im Wasser ist ein wesentlicher Trigger für das Schlüpfen der Larven zum richtigen Zeitpunkt. Während einer Hochwasserspitze fließt das Wasser meist über die überschwemmten Auenbereiche, bis bei zurückgehendem Pegel das Überflutungswasser zum Stehen kommt. Während der Hochwasserspitze und des Fließens des Wassers wäre für die *Aedes*-Erstlarven die Gefahr des Verdriftens und des Gefressenwerdens von in Überschwemmungsbereiche eingedrungenen Fischen sehr groß. Daher schlüpft die Mehrzahl der Larven erst nach Rückgang des Pegels und dem Stillstand des Wassers. Als Folge davon und durch die mikrobielle Aktivität in den Restgewässern nimmt der Sauergehalt des stillstehenden Wassers schnell ab. Der zurückgehende Sauerstoffgehalt signalisiert den Larven, dass das Wasser zum Stillstand gekommen ist und die Gefahr des Verdriftens und des Gefressenwerdens nicht mehr besteht. Der Schlüpfprozess setzt durch das Sprengen der Eihülle mit dem Schlüpfzahn der Larven ein (Hearle 1926; Gjullin et al. 1941; Borg und Horsfall 1953; Travis 1953; Judson 1960; Horsfall et al. 1958, 1973; Burgess 1959; Becker 1989).

b) Die Wassertemperatur spielt eine grundlegende Rolle beim Schlüpfen der Überschwemmungsmücken. Ein vorzeitiges Schlüpfen der *Aedes*-Sommerarten im Herbst oder Winter – also bei niedrigen Temperaturen – würde die Entwicklung der Larven, z. B. von *Ae. vexans,* stark verzögern, sodass eine vollständige Entwicklung unmöglich und ein frühzeitiges Trockenfallen bei stark schwankenden Flusspegeln wahrscheinlich wäre. Wenige Larven dieser Art können im Frühjahr bereits bei Temperaturen unterhalb von 10 °C schlüpfen; die Masse der Larven von *Ae. vexans* schlüpft allerdings bezogen auf das Oberrheingebiet erst ab der 2. Aprilhälfte, wenn die Wassertemperatur 10 °C oder mehr beträgt. Die Larven von *Ae. cinereus/Ae. rossicus* können bereits etwas früher im Jahr Ende Februar/Anfang März und die von *Ae. sticticus* Mitte März schlüpfen (Abb. 2.1). Aber auch bei der letztgenannten Art ist die Schlüpfrate im Sommer am höchsten. Die Anpassung des temperaturabhängigen Schlüpfverhaltens an die klimatischen Bedingungen und die Wasserführung in einem Gebiet in Mitteleuropa lässt sich am Beispiel der Schlüpfreaktion auf eine Wassertemperatur von 15 °C demonstrieren. Während im Frühsommer zahlreiche Larven bereits bei 15 °C schlüpfen, liegt im Herbst bei dieser Temperatur bereits eine teilweise Diapause vor. Dies ist den ungünstigen Entwicklungsbedingungen bei abnehmenden Temperaturen im Herbst geschuldet, die keine vollständige Entwicklung zur adulten Mücke zulassen würden (Becker 1989).

Eine detaillierte Betrachtung der Diapause lässt einen Einblick in die hervorragende Anpassung von *Ae. vexans* an die klimatischen und hydrologischen Verhältnisse eines Gebiets zu. Die Diapause wird im Wesentlichen von dem Temperaturgang beeinflusst. Den Wechsel von einer Schlüpfhemmung bei ansteigenden Temperaturen in einen Zustand der Schlüpfbereitschaft bezeichnet man als Konditionierung und den Wechsel von einer Schlüpfbereitschaft in eine Schlüpfhemmung bei fallenden Temperaturen als Dekonditionierung (Horsfall 1956a, b; Horsfall und Fowler 1961; Clements 1963; Horsfall et al. 1973). Daneben können auch Änderungen in der Tageslänge und die Bedingungen bei der Eiablage wie z. B. der Feuchtigkeitsgrad des Bodens eine Rolle spielen (Brust und Costello 1969). Larven von *Ae. vexans* können während einer Überschwemmung im selben Jahr, in dem die Embryogenese abgeschlossen wurde, bereits zum geringen Teil schlüpfen, vorausgesetzt, die Temperatur bleibt über 20 °C. Abnehmende Temperaturen unter 15 °C führen im Herbst zu einer Schlüpfhemmung. Nach einer kalten Winterphase wirken dagegen Temperaturen von 10 °C bereits konditionierend und unterbrechen im nächsten Frühjahr die Diapause. Erwähnenswert ist auch, dass nach einer Kältewelle die Schlüpfbereitschaft positiv mit dem Temperaturanstieg korreliert ist. Je höher die Temperatur während der Eiablage und je niedriger die Temperatur im Winter ist, desto höher ist die Schlüpfrate im darauffolgenden Sommer. Das komplexe Diapauseverhalten ermöglicht den Larven von *Ae. vexans* zwischen günstigen Entwicklungsbedingungen im Frühjahr und ungünstigen Bedingungen im Spätsommer zu unterscheiden. Selbst im Winter bei extremen Temperaturen weit unter dem Gefrierpunkt können die überwinternden Larven in den Eiern lebensfähig bleiben.

Bemerkenswert ist auch, dass man Unterschiede im Schlüpfverhalten von *Ae. vexans* in verschiedenen Flusssystemen mit unterschiedlicher Wasserführung finden kann. Es scheint, dass *Ae. vexans* sich an die hydrologischen Gegebenheiten des jeweiligen Flusssystems anpassen kann. In Flusssystemen mit geringerem Wasserabfluss (kleinen Flüssen) sind die Überschwemmungszeiten meist kürzer als in Flüssen mit einem hohen Wasserabfluss, was eine schnellere Entwicklung der Stechmückenlarven im Einzugsgebiet kleinerer Flüsse erfordert. Daher schlüpfen die *Aedes*-Larven in diesen Gebieten erst nach einer verlängerten Diapause später im Sommer, um bei höheren Temperaturen eine schnellere Entwicklung zu gewährleisten.

Ein weiteres Verhalten, das eine ausgeklügelte Anpassung an die sehr schwankende Wasserführung und die meist lebensfeindlichen Bedingungen in den Brutplätzen darstellt, ist das sogenannte Schlüpfen auf Raten. Selbst innerhalb eines Eigeleges von *Ae. vexans,* bei dem mehr oder weniger alle Eier den gleichen mikroklimatischen Bedingungen ausgesetzt sind, schlüpfen nach einer Flutung nicht alle Larven gleichzeitig. Ohne Kältephase sind nur wenige Individuen aus einem frisch abgelegten Eigelege eines Weibchens schlüpfbereit, während die Schlüpfbereitschaft der Larven nach dem Durchlaufen einer Kältephase deutlich größer ist. Abgesehen von ihrer ererbten Variabilität bestimmen die Bedingungen, dem jedes Ei ausgesetzt ist (z. B. die Lage des Eies im Eierstock während der Reifung, der Zeitpunkt der Eiablage sowie unterschiedliche mikroklimatische Faktoren am Ort der Eiablage), ob Larven unter bestimmten Überflutungsbedingungen aus den Eiern schlüpfen oder nicht. Die Larven schlüpfen also nach einer Überflutung immer nur „in Raten" und nicht alle gleichzeitig (Wilson und Horsfall 1970; Becker 1989). Dies zeigte sich auch in einem Experiment, bei dem Bodenproben, die Eier von *Ae. vexans* enthielten und bei 25 °C gehalten wurden, mehrfach im Abstand von 4 Wochen nach Trockenphasen überflutet werden. In diesem Experiment schlüpften nach der ersten Überschwemmung 57 % aller Larven, nach der zweiten 10 %, nach der dritten 25 % und nach der vierten 8 % der vorhandenen Eier (Becker 1989). Dieses Verhaltensmuster sichert das langfristige Überleben von Mückenarten, die sich in temporären Gewässern entwickeln. Wenn z. B. bei idealen Überschwemmungsbedingungen alle Larven gleichzeitig schlüpfen würden, der Wasserstandspegel danach jedoch schnell zurückgehen würde und demnach alle Brutplätze trockenfallen würden, bevor die Brut ihre Entwicklung abschließen konnte, wäre durch ein einziges Naturereignis praktisch die gesamte Mückenpopulation ausgelöscht. Durch das Schlüpfen „in Raten" können die *Aedes*-Sommerarten solche potenziell katastrophalen Ereignisse überleben. Nach einem vorzeitigen Trockenfallen eines Brutgebiets verbleibt noch ein großes Kontingent an ungeschlüpften Larven im Brutareal und ermöglicht die Entwicklung einer neuen Population, auch wenn keine neuen Eier mehr abgelegt wurden.

Das passiert übrigens auch nach einer Anwendung von Larviziden, sodass eine kontinuierliche Behandlung notwendig ist. Bemerkenswert ist auch, dass die ungeschlüpften Larven mindestens 4 Jahre – wahrscheinlich deutlich länger – überleben können, ohne ihre Schlüpffähigkeit zu verlieren (Horsfall et al. 1973; Becker 1989).

Das Schlüpfen der Larven aus dem Ei hängt stark vom umgebenden Medium ab. Befinden sie sich auf dem Trockenen und werden sie von Wasser überflutet, erzeugt der Wechsel des Mediums von Luft zu Wasser einen starken Schlüpfreiz, der durch die Abnahme des Sauerstoffgehalts des Wassers noch erhöht wird. Dies bewirkt, dass die Larve im Ei durch die Abnahme des Sauerstoffs den sogenannten Eizahn, der sich dorsal an der Kopfkapsel befindet, durch Muskelkontraktion an die Innenseite der Eischale drückt. Dadurch platzt die Eischale, indem sich am vorderen Pol des Eies eine Kappe abspaltet. Die Larve kann durch diese Öffnung aus dem Ei schlüpfen, indem sie Wasser in den Darm aufnimmt und den Körper so aus der Schale drückt (Clements 1992). Dieser Vorgang dauert nur wenige Minuten.

Die Larven von *Ae. albopictus* zeigen ein ähnliches Schlüpfverhalten, bei dem das Schlüpfen durch den Wechsel des Umgebungsmediums und die Sauerstoffabnahme beeinflusst wird (Hawley 1988). Die Larven in den Eiern treten in Mitteleuropa von Ende Oktober bis April in Diapause. Einige Larven können aufgrund des Polymorphismus in dem Diapauseverhalten auch früher oder später im Jahr schlüpfen. Bei anhaltend milden Temperaturen kann man das Schlüpfen sogar bis in den Spätherbst hinein beobachten (Toma et al. 2003). Der Klimawandel mit höheren Temperaturen und Niederschlägen begünstigt stark die Entwicklung von *Ae. albopictus*-Populationen (Liu-Helmersson et al. 2016).

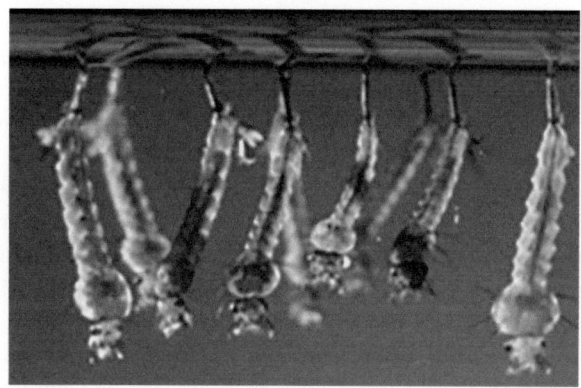

Abb. 2.9 Larve von *Aedes vexans*

2.4 Larven

Bei den beinlosen Stechmückenlarven erkennt man leicht 3 Körperteile:

1. den Kopf (Caput) mit den Mundwerkzeugen, Augen und Antennen,
2. den breiteren Brustteil (Thorax) und
3. das Hinterteil (Abdomen).

Das Abdomen hat 10 Segmente, wobei 7 fast identisch aufgebaut und die 3 letzten Segmente modifiziert sind. Am 8. Abdominalsegment sitzt bei den Culicinae (*Aedes, Culex, Culiseta, Uranotaenia*) ein Atemrohr (Siphon), mit dem die Larven an der Wasseroberfläche atmen (Abb. 2.9). Die Larven sind schwerer als Wasser und müssen durch schlängelnde, peitschenförmige Bewegungen vom Gewässerboden aktiv an die Wasseroberfläche schwimmen. Berühren sie mit ihrem Atemrohr die Wasseroberfläche, so öffnen sich die 5 Stigmenklappen, die die Atemöffnungen (Stigmen) beim Abtauchen verschlossen halten, um Wassereintritt in die Tracheen zu verhindern. Gleichzeitig halten die geöffneten Stigmenklappen die Larven durch die Oberflächenspannung des Wassers in einer ruhigen Position, sodass die Larven kopfüber an der Wasseroberfläche hängen. Beim Abtauchen schließen sich die Stigmenklappen wieder und verhindern so den Wassereintritt in die Tracheen (Luftröhren), die auch durch die Abgabe von hydrophoben Substanzen vor Wassereintritt geschützt sind. Bei Störung an der Wasseroberfläche tauchen die Larven schnell ab und können oft einige Minuten am Gewässerboden verweilen.

Anopheles-Larven besitzen kein Atemrohr, sondern eine Atemplatte, in der die Stigmenöffnungen liegen. Dadurch liegen die Larven horizontal unter der Wasseroberfläche (Abb. 2.10). Am Rücken der Abdominalsegmente befinden sich die wasserabstoßenden Palmhaare, die das Anheften der *Anopheles*-Larven an der Wasseroberfläche ermöglichen. Die horizontale Position der *Anopheles*-Larven direkt unter der Wasseroberfläche ist auch eine evolutionäre Anpassung der Anophelinen an ihren Lebensraum. Während die Larven mit Atemrohr schräg nach unten im Wasserkörper hängen (z. B. *Aedes-*, *Culex-*, *Culiseta-*, *Uranotaenia*-Larven) und so eine leichte Beute von Fischen werden können, ist es für die meisten Fische schwer, *Anopheles*-Larven zu erbeuten (Ausnahme: Fische mit einem oberständigen Maul), wie z. B. die *Gambusia*-Arten (auch Moskitofische genannt). Die meisten *Anopheles*-Arten können daher auch in ausdauernden oder halbausdauernden pflanzenreichen Gewässern brüten. Dagegen weichen *Aedes*-Arten ihrem Fressfeind aus, indem sie in nur kurzzeitig wasserführenden Gewässern brüten, wo Fische keinen oder selten einen Lebensraum finden.

Abb. 2.10 Larve von *Anopheles maculipennis* s.l.

Die horizontale Lage an der Wasseroberfläche ermöglicht den *Anopheles*-Larven, die Mikroben an der Wasseroberfläche abzuweiden. Wie alle Stechmückenlarven besitzen sie am Kopf Mundbürsten, mit denen sie Nahrungspartikel einstrudeln können. Die *Anopheles*-Larven hängen mit der Rückenseite nach oben und den Mundwerkzeugen nach unten gerichtet horizontal unter der Wasseroberfläche. Beim Fressen dreht die Larve ihren Kopf um 180° zur Wasseroberfläche und erzeugt mit ihren schlagenden Mundbürsten einen Wasserstrom, um Nahrung aus dem Oberflächenfilm (der Kahmhaut) in Richtung Mundöffnung zu strudeln.

Generell besteht die Nahrung der Stechmückenlarven aus Mikroorganismen, Algen, Protozoen und Detritus. Aufgrund ihres Fressverhaltens lassen sich die Stechmücken in Filtrierer- oder Weidegänger einteilen. Es gibt auch räuberische Stechmücken, wie *Toxorhynchytis* spp., die kleine Wirbellose und sogar Stechmückenlarven vertilgen. Allerdings gibt es diese Arten in Europa nicht. In Zentraleuropa kann man in den Brutgewässern versumpfter Wälder häufig die Larven der Büschelmücke *Mochlonyx culiciformis* als effektiven Fressfeind der Larven der *Aedes*-Frühjahrsarten finden.

Die Filtrierer hängen meist an der Wasseroberfläche und filtern durch Schlagen ihrer Mundbürste die im Wasser schwebenden Nahrungspartikel heraus (Dahl et al. 1988). Dabei werden alle Partikel einer bestimmten Größe (meist weniger als 50 µm) ohne Selektion aufgenommen. Durch das Schlagen der Mundbürste können sie sich auch an der Wasseroberfläche oder im Wasserkörper langsam bewegen. Das Ausfiltern des Wasserkörpers kann man besonders bei Larven der Gattungen *Culex, Culiseta, Coquillettidia* und seltener bei *Aedes*-Larven (z. B. *Aedes cinereus*/*Ae. rossicus*) beobachten.

Die Weidegänger, dies sind die meisten *Aedes*-Arten, weiden Mikroorganismen, Algen oder Einzeller von der Oberfläche von untergetauchtem Substrat oder von Gefäßwänden ab. Auch kleine Stücke von toten Wirbellosen (z. B. von toten Mückenlarven) und Pflanzenteilen können dabei abgetrennt und vertilgt werden.

Interessant ist auch die Anpassung der *Coquillettidia*-Larven (Wassergrundmücken) an ihren Lebensraum in pflanzenreichen Dauergewässern. Sie besitzen auch einen Siphon, der allerdings an seiner Spitze mit einem Sägemechanismus ausgestattet ist, mit dem die Larve sich in unter Wasser befindliche Pflanzenteile, in das sogenannte Aerenchym, einbohrt. Das Aerenchym der Pflanzen produziert Sauerstoff, das die Larve zum Atmen aufnimmt (Abb. 2.11). Sie hängt so mit dem Kopf nach unten an den Pflanzen und filtriert Mikroorganismen und Schwebepartikel aus dem Wasserkörper: Durch dieses Verhalten muss die Larve sowie auch später die sich ähnlich verhaltende Puppe nicht zum Atmen zur Wasseroberfläche bewegen und ist somit für Fische nahezu unsichtbar. Mit ihren Borsten kann sie auch noch Schwebepartikelchen an ihrem Körper anheften und sich dadurch tarnen. Das ermöglicht den Larven und Puppen dieser Gattung in Dauergewässern zu brüten, in denen sie sich oft an die Stängel der Rohrkolben (*Typha* spp.) oder Schilf (*Phragmites* sp.) anheften. Die Art kann daher oft auch an Seen mit ausgeprägtem Schilfgürtel zur Belästigung führen.

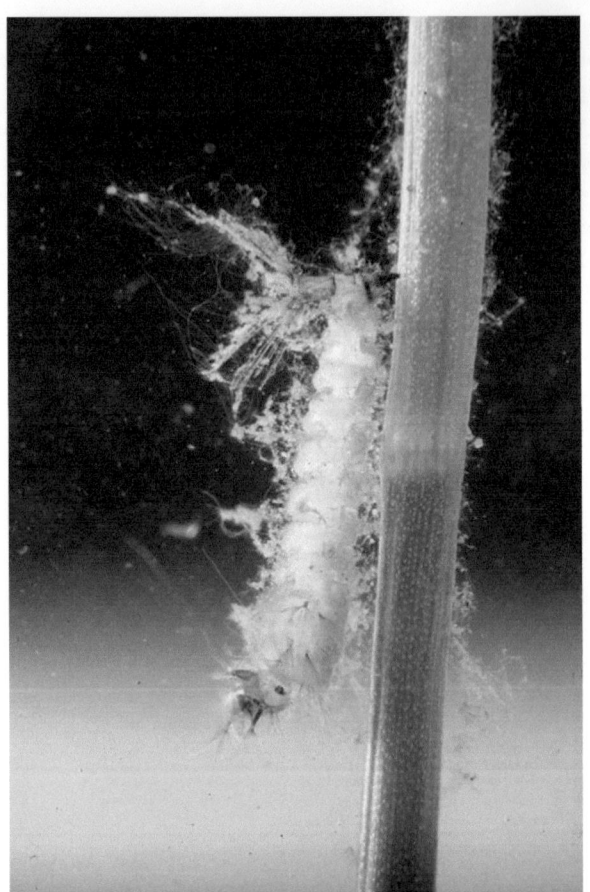

Abb. 2.11 Larve von *Coquillettidia richiardii* haftet an Pflanzengewebe. (Foto, Hollatz)

Die Larven häuten sich generell 4-mal, um bei der 4. Häutung das Puppenstadium zu erlangen. Bei jeder Häutung nimmt die Kopfkapsel der Larve sprunghaft an Größe zu, während der Körper kontinuierlich wächst. Die Größe der Kopfkapsel kann daher auch zur Bestimmung des Larvenstadiums herangezogen werden. Der Zeitpunkt der Häutung wird durch die Konzentration und die Wechselwirkung von Juvenilhormon und Ectyson, als Häutungshormon, bestimmt. Überwiegt im Larvenkörper das Ectyson bei geringerer Konzentration des Juvenilhormons, so setzt die Häutung ein.

Die Entwicklung der Larven ist temperaturabhängig. Es gibt große Unterschiede in der optimalen Temperatur für die Entwicklung bei verschiedenen Mückenarten (Abb. 2.12, 2.13 und 2.14). So können beispielsweise die *Aedes*-Frühjahrsarten, wie *Ae. cantans,* ihre Entwicklung bereits bei Temperaturen um 10 °C abschließen, während sie sich bei Temperaturen über 25 °C nicht erfolgreich entwickeln können (Abb. 2.12). Normalerweise schlüpfen die Larven dieser Arten in Mitteleuropa bereits im Februar aus den Eiern und entwickeln sich bis zum Schlüpfen der adulten Mücken über einen Zeitraum von 2–3 Monaten in ihren

2.5 Puppen

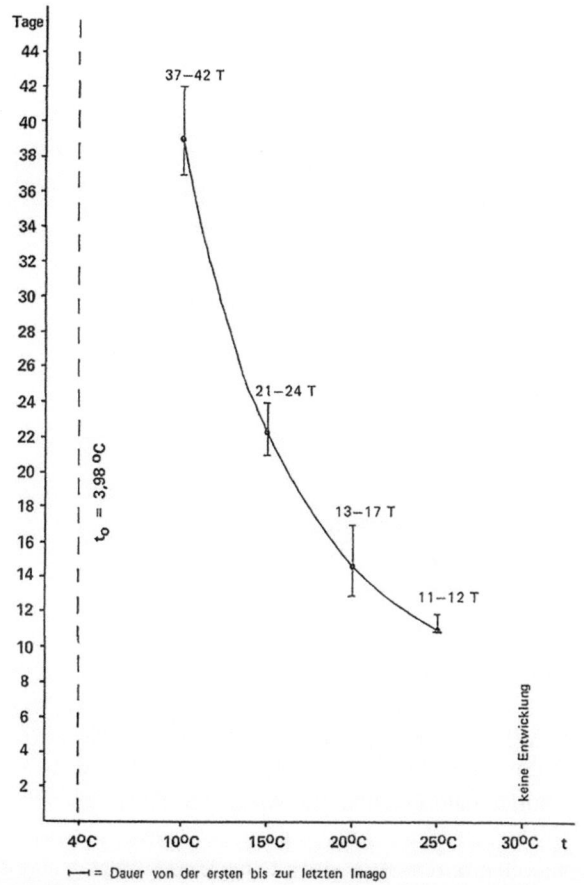

Abb. 2.12 Entwicklung von *Aedes cantans* in Abhängigkeit von der Wassertemperatur (Balken=Dauer vom ersten bis zum Schlüpfen des letzten Adults)

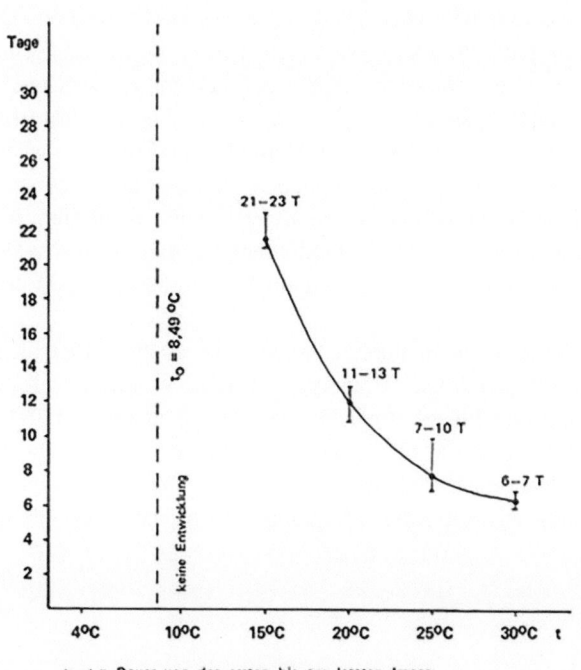

Abb. 2.13 Entwicklung von *Aedes vexans* in Abhängigkeit von der Wassertemperatur (Balken=Dauer vom ersten bis zum Schlüpfen des letzten Adults

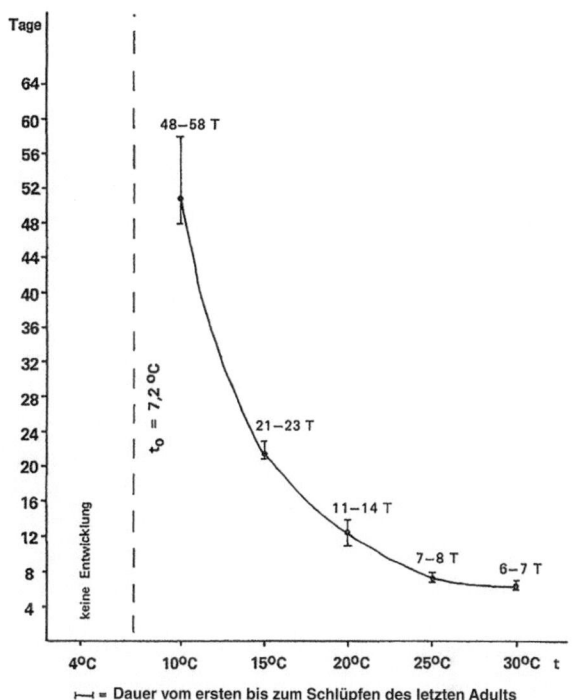

Abb. 2.14 Entwicklung von *Culex pipiens* s.l. in Abhängigkeit von der Wassertemperatur (Balken=Dauer vom ersten bis zum Schlüpfen des letzten Adults)

Brutgewässern. Die Larven mancher Arten, wie *Ae. rusticus* und *Cs. morsitans,* überleben auch im Wasser nahe dem Gefrierpunkt und sogar in Gewässern, die regelmäßig mit Eis bedeckt sind.

Im Gegensatz zu den *Aedes*-Frühjahrsarten entwickeln sich die *Aedes*-Sommerarten (z. B. *Ae. vexans*) bei bedeutend höheren sommerlichen Temperaturen innerhalb eines kurzen Zeitraums, z. B. bei 30 °C innerhalb von 6–7 Tage vom Schlüpfen aus dem Ei bis zum Schlüpfen der Imagines (Abb. 2.13). Wie bereits erwähnt, ist dies nur der sehr kurzzeitigen Wasserführung ihrer Brutgewässer geschuldet. Larven von *Cx. pipiens* s.l. können sich in einem weiten Temperaturbereich (10–30 °C) erfolgreich entwickeln (Abb. 2.14). Die Entwicklung der aquatischen Stadien stellt somit auch eine Anpassung an die ökologischen Verhältnisse in den Stechmückenbrutgewässern dar.

Stechmückenlarven (z. B. von *Ae. vexans*) können gelegentlich an manchen Stellen ihrer Brutgewässer wolkenartig aggregieren, was die Wahrscheinlichkeit für eine einzelne Larve, einem Prädator zum Opfer zu fallen, reduziert.

2.5 Puppen

Wie die Larven leben auch die Puppen ausschließlich aquatisch. Das Puppenstadium dauern normalerweise etwa 2 Tage, jedoch kann diese Zeit bei höheren bzw. niedrigeren

Temperaturen verkürzt oder verlängert werden. Während des Puppenstadiums findet der Prozess der Metamorphose (Verwandlung) statt. Einige Larvenorgane werden lysiert, während der Körper des adulten Insekts aus Imaginalscheiben (Zellen oder Zellgruppen, die bis zum Puppenstadium im Larvenkörper ruhten) gebildet wird. Insbesondere wird der Fettkörper der Larve in das Adultstadium überführt und als Quelle für die Dotterbildung bei einer autogenen Eibildung (Bildung der F1-Eier ohne Blutmahlzeit) sowie als Überwinterungsreserve genutzt.

Der Kopf (Caput) und die Brust (Thorax) der Puppen sind zu einem mehr oder weniger birnenförmigen Komplex, dem Cephalothorax, zusammengewachsen, in dem sich, in Scheiden eingebettet, die Gliedmaßen des späteren Fluginsekts, wie z. B. Flügel, Beine, Fühler und Rüssel, entwickeln. Unter den Flügel- und Beinscheiden lagert die Puppe Luft ein, sodass sie im Gegensatz zu den Larven leichter als Wasser ist und in der Regel an der Wasseroberfläche hängt. Als Atemorgane und zum Anheften an der Wasseroberfläche dienen 2 dorsolaterale Atemhörnchen, die zur Sauerstoffversorgung mit den Stigmen der sich entwickelnden Adulten verbunden sind. Die hydrophoben Ränder der Atemhörnchen durchstoßen zum Atmen die Wasseroberfläche und helfen der Puppe, sich an der Wasseroberfläche festzuhalten, was durch Palmhaare am ersten Hinterleibssegment unterstützt wird.

Das lange schmale Hinterteil mit 8 Hinterleibssegmenten und 2 blattförmigen Anhängen, die als Ruder bezeichnet werden, wird in der Ruhelage an die Unterseite des Vorderkörpers (Cephalothorax) gelegt.

Mückenpuppen sind ziemlich mobil (im Gegensatz zu den Puppen der meisten anderen Insekten). Bei Beunruhigung der Wasseroberfläche führt die Puppe mit dem Hinterleib und den Ruderplatten Schläge aus und flüchtet in die Tiefe, um daraufhin durch die Lufteinlagerungen wieder langsam an die Wasseroberfläche zu steigen. Im Gegensatz zu Larven, die aktiv an die Wasseroberfläche schwimmen müssen, schwimmt die Puppe nach dem Tauchen passiv an die Oberfläche zurück. Im Gegensatz zu den Larven nehmen die Puppen keine Nahrung mehr auf.

Zwischen den Atemhörnchen in der Mitte des Vorderkörpers existiert eine vorgeprägte Naht, die beim Schlüpfen des Fluginsekts aus der Puppe an der Wasseroberfläche aufplatzt und sich die fertige Mücke langsam herauszieht (Abb. 2.15). Geht der Wasserstand in einem Brutplatz schnell zurück und fallen die Brutplätze fast trocken, so können die Fluginsekten gelegentlich trotzdem noch aus den Puppen im feuchten Substrat schlüpfen.

Abb. 2.15 Schlüpfende Mücke

2.6 Adulte (Imagines)

2.6.1 Metamorphose

Die Metamorphose ist abgeschlossen und der Schlüpfprozess beginnt, wenn die zum Schlüpfen bereite Mücke Luft zwischen die Puppenhülle und die Cuticula sowie in den Mitteldarm drückt. Die Puppe streckt das Hinterteil in eine horizontale Position zur Wasseroberfläche und erhöht durch die Aufnahme von Luft den Innendruck, sodass der Cephalothorax dorsal in einer Längslinie aufplatzt und die adulte Mücke sich langsam aus der Puppenhülle (Exuvie) herauszieht (Abb. 2.15). Das schlüpfende Insekt ist in dieser Lage, wenn die Extremitäten noch in der Puppenhülle sind, sehr empfindlich für Windbewegungen oder von einem Fressfeind, wie Wasserläufern, gefressen zu werden. Die schlüpfende Mücke bewegt sich daher sehr vorsichtig, um nicht auf die Wasseroberfläche zu fallen und zu ertrinken.

Bei Puppen von *Coquillettidia* sind die Atemhörnchen ähnlich wie bei ihren Larven modifiziert, sodass sie sich in das Aerenchym der submersen Pflanzen zur Sauerstoffaufnahme einbohren können. Erst beim Schlüpfen brechen die Spitzen der Atemhörnchen ab, die Puppe löst sich und schwebt zum Schlüpfen zur Wasseroberfläche (Mohrig 1969).

Nach dem Schlüpfen erhöht die adulte Mücke den Körperinnendruck (Hämolymphdruck), wodurch sich die Beine und Flügel strecken. Sie stößt dann sofort Flüssigkeitströpfchen aus dem Darm, um ihn zu entleeren und für die Nahrungsaufnahme vorzubereiten. Innerhalb weniger Minuten ist die Mücke flugfähig und hat nach etwa einem

Tag ihren Stoffwechsel als Fluginsekt für die Nahrungsaufnahme angepasst (Gillett 1983).

Die Geschlechtsreife tritt bei männlichen und weiblichen Stechmücken unterschiedlich ein. Während die weiblichen Mücken nach dem Schlüpfen bereits geschlechtsreif sind, dauert es bei den männlichen Mücken noch etwa einen Tag, bis sie zur Paarung bereit sind, da sie ihr Geschlechtsteil (das Hypopygium), einen Klammerapparat am Ende des Hinterleibs, noch um 180° drehen müssen.

Daher schlüpfen die Männchen normalerweise etwa einen Tag vor den Weibchen, um gleichzeitig mit den schlüpfenden Weibchen die Geschlechtsreife zu erreichen. Da das Puppenstadium beider Geschlechter etwa gleich lang ist, findet die Entwicklungsverkürzung der Männchen vor allem im Larvenstadium statt. Folglich sind die männlichen Puppen sowie die adulten männlichen Mücken kleiner als die entsprechenden Weibchen. Dieser sexuelle Dimorphismus ermöglicht auch eine effiziente Trennung von Männchen und Weibchen bei der Anwendung der Sterilen-Insekten-Technik (SIT) (Papathanos et al. 2009; Bellini et al. 2007; Becker et al. 2022).

Nach dem Schlüpfen beginnt für die adulten Mücken mit der Paarung, Nahrungsaufnahme, dem Blutsaugen und der Eiablage ein neuer Lebenszyklus.

2.6.2 Paarung

Die meisten Mücken in der Paläarktis paaren sich, indem Weibchen von Schwärmen fliegender Männchen angelockt werden. Die männlichen Mücken bilden meist in den Morgen- und Abendstunden über markanten Geländemarkierungen Tanzschwärme. Dies sind häufig Gebüsche oder Baumreihen, die sich von der Umgebung abheben. Im Tanzschwarm können sich wenige oder viele Tausend Mückenmännchen zusammenfinden, wobei sie mit dem Kopf in Windrichtung ausgerichtet auf und ab sowie vorwärts und rückwärts fliegen. Bei diesem oszillierenden Flugmuster erzeugen die Männchen z. B. von *Ae. vexans* einen Summton von etwa 600 cs^{-1}, der die weiblichen Mücken anlockt. Diese fliegen in Richtung männlicher Mückenschwarm, wobei ihre Frequenz mit ~500–550 cs^{-1} niedriger ist als der der Männchen. Mit ihren buschigen Antennen registrieren die Männchen das sich nähernde Weibchen, indem das Flagellum der Antennen zu vibrieren beginnt und das Johnston'sche Organ im 2. Antennenglied (dem Pedicellus) stimuliert (Clements 1963; McIver 1982). Kontakt- oder Aggregatpheromone können auch am Paarungsverhalten beteiligt sein, wie es für *Ae. aegypti* von Cabrera und Jaffe (2007) sowie Fawaz et al. (2014) nachgewiesen wurde.

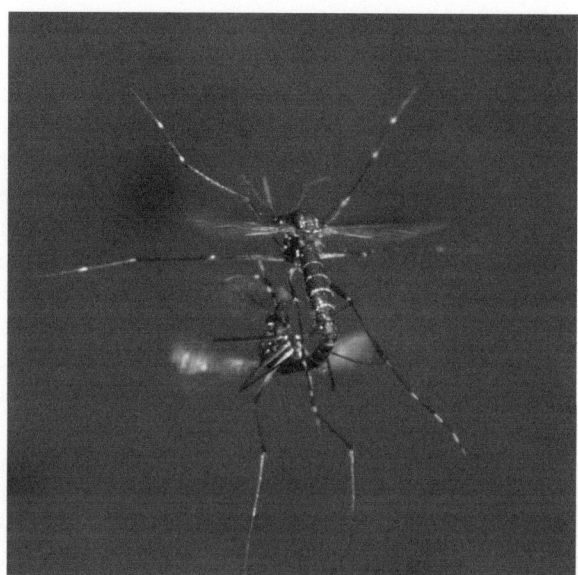

Abb. 2.16 Mückenpärchen bei der Paarung. (Foto Dr. Roland Kuhn, Universität Mainz)

Wenn ein Weibchen sich dem Tanzschwarm nähert, wird es sofort von einem aus dem Schwarm fliegenden Männchen ergriffen. Die Geschlechtspartner kopulieren von Angesicht zu Angesicht, indem sie ein Kopulationsrad bilden und außerhalb des Schwarms für meist weniger als eine halbe Minute gemeinsam fliegen (Abb. 2.16). Mit dem Hypopygium klammert sich das Männchen an das Weibchen und überträgt die Spermien in die Spermatheken (Clements 1963). Das Männchen verschließt danach die weiblichen Geschlechtsorgane mit einer Klebsubstanz, die für das Weibchen weitere Befruchtungen für den Rest ihres Lebens weitestgehend unmöglich macht.

Die Weibchen speichern in ihren Spermatheken genügend Spermien, um nach erneuten Blutmahlzeiten und ohne weitere Paarung neue Eigelege produzieren zu können. Männliche Mücken können sich mehrfach paaren. Die Zeit und der bevorzugte Ort des Schwärmens sind artspezifisch, z. B. schwärmen Männchen von *Ae. albopictus* in der Nähe des potenziellen Wirts, um Weibchen anzulocken (Gubler und Bhattacharya 1972). Das Schwärmen (die sogenannte Eurygamie) ist nicht für alle Arten erforderlich; einige Arten können sich auch ohne Schwarmbildung paaren (sogenannte Stenogamie), z. B. *Cx. pipiens* Biotyp *molestus*, der meist unterirdisch in offenen Jauchegruben brütet.

Normalerweise findet die Begattung kurz nach dem Schlüpfen statt. Nach der Befruchtung wird die Suche nach einem geeigneten Wirt für die Blutmahlzeit und die Blutgier des Weibchens stimuliert, um in die nächste Phase des Fortpflanzungszyklus mit der Aufnahme von Blut für die Eientwicklung einzutreten.

2.6.3 Wanderung und Wirtssuche

Bei den meisten Mückenarten kann die Eientwicklung (Oogenese) nur abgeschlossen werden, wenn die Weibchen eine Blutmahlzeit zu sich nehmen. Es stechen also nur die Weibchen, während beide Geschlechter sich von zuckerhaltiger Flüssigkeit (z. B. Nektar) ernähren, um ihren Stoffwechsel aufrechtzuerhalten. Um einen potenziellen Wirt für die Blutmahlzeit zu finden, haben die Weibchen ein komplexes Wirtssuchverhalten entwickelt. Die Lokalisierung des Wirts basiert in erster Linie auf olfaktorischen, visuellen und thermischen Reizen. Die Weibchen besitzen zahlreiche Rezeptoren für Duftstoffe an ihren Antennen sowie z. T. an den Tastern, die auf Wirtsgerüche reagieren. Die wichtigsten Geruchsreize sind Kohlendioxid, Milchsäure, Buttersäure, Capronsäure, Octenol, Aceton, Butanon und phenolische Verbindungen; größtenteils sind dies Abbauprodukte der langkettigen Fettsäuren vom Bindehautgewebe (Smith et al. 1970). Der Prozess der Wirtssuche kann je nach Jahreszeit und Verfügbarkeit bestimmter Wirte innerhalb der Arten unterschiedlich sein. Es kann jedoch normalerweise in 3 Phasen unterteilt werden (Sutcliffe 1987):

a) Nichtorientiertes Ausbreitungsverhalten, um die Wahrscheinlichkeit zu erhöhen, mit den Reizen potenzieller Wirte für die Blutmahlzeit in Kontakt zu kommen.
b) Orientiertes Wirtssuchverhalten, das nach dem Kontakt mit Wirtsreizen stattfindet. Die Stärke der Stimuli nimmt zu, wenn Mücke und Wirt sich näherkommen.
c) Erkennen eines geeigneten Kandidaten für eine Blutmahlzeit, sobald das Weibchen in unmittelbarer Umgebung des potenziellen Wirts ist.

Das Ausmaß des nichtgerichteten Ausbreitungsverhaltens ist von Art zu Art unterschiedlich. Im Allgemeinen können 3 Verhaltensmuster unterschieden werden:

1. Arten, die normalerweise in der Nähe des Lebensraums ihrer Wirte brüten und somit zur Findung eines Wirts keine großen Entfernungen zurücklegen müssen. Dies sind die meisten in Containern brütenden Mücken, wie z. B. *Ae. albopictus, Ae. aegypti* oder *Cx. pipiens* s.l.
2. Arten, die sich von ihren Brut- oder Rastplätzen in mäßigen Entfernungen zu den Lebensräumen des Wirts ausbreiten. Dies sind einige Arten von *Aedes*-Frühjahrsarten (z. B. *Ae. rusticus*), die in versumpften Wäldern mit einem ausreichenden Wildvorkommen für die Blutmahlzeit brüten und daher nur begrenzt wandern müssen.
3. Arten, die eine Massenvermehrung in Überschwemmungsgebieten, z. B. in den Auen von Flüssen, durchmachen und beträchtliche Entfernungen zurücklegen müssen, um ausreichend Wirte zu finden und ggf. neue geeignete Lebensräume erobern zu können. Dies sind meist Überschwemmungsmücken, wie z. B. *Ae. vexans* und *Ae. sticticus*, die zu den *Aedes*-Sommerarten zählen.

Das Flugverhalten wird von der Temperatur, Luftfeuchtigkeit, Beleuchtungsstärke, Windgeschwindigkeit und dem physiologischen Zustand eines Weibchens beeinflusst. Beispielsweise wandern die meisten *Aedes*-Arten in der Dämmerung, wenn die Temperatur sinkt und die Luftfeuchtigkeit zunimmt. Normalerweise sind sie in mondhellen Nächten aktiver (Bidlingmayer 1964).

Die *Aedes*-Arten mit einer Neigung zu einer ausgeprägten Migration zeigen in der Regel 2 unterschiedliche, nicht orientierte Ausbreitungsverhalten (Provost 1953): zum einen eine Drift mit dem Wind (passive Migration) und zum anderen eine aktive Ausbreitung (Appetitivflug), bei dem sie die Möglichkeit haben, Duftstoffe von einem Wirt zu erfassen.

Bei der passiven Wanderung steigen die Mücken in Schwärmen auf und nutzen den Wind, um sich über weite Strecken verdriften zu lassen. Damit können sie plötzlich in großer Zahl weit weg von ihren Brutplätzen auftreten. Diese nichtorientierte Flugaktivität wird insbesondere durch die Geschwindigkeit und Richtung des Winds beeinflusst. Die passive Schwarmwanderung erfolgt nur kurze Zeit nach dem Schlüpfen (Bidlingmayer 1985).

Während des Appetitivflugs breiten sich weibliche Mücken etwa 24 h nach dem Schlüpfen und der Begattung aktiv aus. Sie fliegen dabei gegen den Wind, wenn die Windgeschwindigkeit unter ihrer Fluggeschwindigkeit von ~ 1 m/s liegt (Bidlingmayer und Evans 1987). Der Flug gegen den Wind erhöht die Wahrscheinlichkeit, auf Reize zu stoßen, die von einem geeigneten Wirt für die Blutmahlzeit stammen. Starke Winde verhindern jedoch eine aktive Ausbreitung. Dieses Verhalten ist artspezifisch und hängt von verschiedenen Geländebeschaffenheiten und meteorologischen Faktoren ab. Das durch den Vegetationstyp beeinflusste Mikroklima, das eine erhöhte Luftfeuchtigkeit und weniger Wind bewirkt, beeinflusst das Ausbreitungsverhalten stark. Daher fliegen die Weibchen normalerweise nahe am Boden oder leicht über den Spitzen der Vegetation. Entsprechend den bevorzugten Mikroklimaansprüchen kommen einige Arten in größter Zahl in offenen Gebieten vor (meist starke Flieger, wie *Ae. vexans*), andere in Wäldern (Waldarten sind mäßige Flieger, wie *Ae. cantans*), eine 3. Gruppe bevorzugt Feld- und Waldränder, und schließlich umfasst die 4. Gruppe Arten im Siedlungsbereich, die normalerweise schwache Flieger sind (Gillies 1972; Bidlingmayer 1975). Experimente zeigten, dass *Ae. vexans* während warmer und feuchter Wetterperioden und bei mäßiger Windgeschwindigkeit ungefähr 1 km/Nacht wandert. Eine zunehmende Anzahl von *Ae. vexans*-Weibchen kann

2.6 Adulte (Imagines)

bereits 8 Tage nach dem Schlüpfen in einer Entfernung von etwa 5 km von ihrem Brutplatz und innerhalb von 2 Wochen in einer Entfernung von 10 km oder mehr in EVS-Fallen (Abschn. 4.3.4.1) gefangen werden. Clarke (1943a, b) registrierte Migrationsentfernungen von markierten *Ae. vexans*-Weibchen von 22 km, Gjullin und Stage (1950) sowie Mohrig (1969) sogar bis zu 48 km. In einer Studie mit markierten Weibchen in Osijek, Kroatien, wurden Weibchen von *Ae. sticticus* 6 Tage nach der Freilassung in einer Entfernung von etwa 12 km von der Freilassungsstelle gefangen (Sudarić Bogojević et al. 2011).

Im Gegensatz zu den *Aedes*-Sommerarten bleiben die *Aedes*-Frühjahrsarten meist in der Nähe ihrer Brutplätze und migrieren keine größeren Distanzen (Schäfer et al. 1997). In Markierungs- und Wiederfangexperimenten konnten von Joslyn und Fish (1986) *Ae. communis*-Weibchen gerade noch in einer Entfernung von bis zu 1600 m von ihren Brutplätzen gefangen werden. Nielsen (1957) berichtete für *Ae. communis* und *Ae. cinereus* ebenfalls eine maximale Flugdistanz von etwa 1600 m, wobei die durchschnittliche Migrationsdistanz weniger als die Hälfte betrug.

In Deutschland konnte gezeigt werden, dass *Ae. rusticus*-Weibchen tagsüber im Wald ruhten und bei Einbruch der Dämmerung an die Waldränder und angrenzenden Felder wanderten. Dabei migrierten die Weibchen in offenem Gelände entlang von Baumreihen, wobei der Beleuchtungskontrast und der visuelle Kontrast von Baumreihen und Waldrändern das Migrieren der *Aedes*-Frühjahrsarten beeinflusst. Offensichtlich folgen die Mücken ihren Wirten für die Blutmahlzeit, z. B. dem Rotwild, nur für wenige Hundert Meter, wenn sie auf den angrenzenden Wiesen grasen (Schäfer et al. 1997).

Die Migration dient hauptsächlich dazu, die wirtssuchenden Weibchen mit einem geeigneten Signal eines potenziellen Wirtstiers in Kontakt zu bringen. Es ist daher wahrscheinlich, dass Arten, die in Gebieten brüten, in denen wenige Wirte verfügbar sind, eine stärkere Migrationstendenz entwickeln als solche, die in der Nähe ihrer Wirte brüten. Zum Beispiel wandern *Ae. albopictus* oder *Cx. pipiens* s.l., die in menschlichen Siedlungen brüten, normalerweise weniger als 500 m weit (Honório et al. 2003). Es ist in der Regel sehr wahrscheinlich, dass wirtssuchende Weibchen im Umkreis von wenigen Hundert Metern Reize von einem geeigneten Wirt registrieren.

In Feldstudien wurde gezeigt, dass sowohl ein horizontales als auch ein vertikales Ausbreitungsverhalten den Wirtssuchprozess unterstützt. Weibchen von *Aedes* spp. (z. B. *Ae. vexans*, *Ae. sticticus*, *Ae. rossicus* oder *Ae. cinereus*) wurden am häufigsten in Bodennähe bis zu einer Höhe von 4 m gefangen, während *Cx. pipiens* s.l. beziehungsweise ornithophile Arten bei Weitem die am häufigsten vorkommenden Arten (99,2 %) in Baumwipfeln in einer Höhe von 10 m waren. Es besteht eine Wechselwirkung zwischen der Verfügbarkeit geeigneter Wirte und der Migration von Stechmückenarten. Für blutsuchende Weibchen ornithophiler Arten (*Cx. pipiens* Biotyp *pipiens* und *Cs. morsitans*) ist es von Vorteil, im Kronendach nach Vögeln zu suchen. Im Gegensatz dazu bevorzugen *Aedes*-Arten Säugetiere als Wirte, was die Dominanz dieser Arten in Bodennähe erklärt.

Nachdem die weibliche Mücke auf Wirtsreize gestoßen ist, ändert sie ihr Verhalten von dem nichtorientierten zu einem orientierten Flugmuster. Sie kann die Duftreize mindestens bis zu einer Entfernung von 20 m wahrnehmen und sich in Richtung Wirt bewegen. Es sind auf diese Entfernung insbesondere die Abgabe von Kohlendioxid durch den Wirt und die Änderung der Kohlendioxidkonzentration in Kombination mit anderen Stimuli, die die Verhaltensreaktionen hervorrufen. Mückenweibchen reagieren empfindlich auf sehr kleine Änderungen des Kohlendioxidgehalts in der Luft. Kellogg (1970) konnte zeigen, dass die Weibchen mit ihren Sensillen an den Tastern (Palpen) Kohlendioxidänderungen von nur 0,01 % registrieren können. Es gibt viele andere Bestandteile des Wirtsatems und -geruchs, die die Rezeptoren an den Antennen der weiblichen Mücken stimulieren, wenn sie zusammen mit Kohlendioxid wahrgenommen werden. Beispielsweise ist Milchsäure ein aktivierender Reiz für Mücken, aber nur, wenn auch Kohlendioxid im Luftstrom vorhanden ist (Smith et al. 1970; Price et al. 1979; Gillies 1980; Cummins et al. 2012). Das Zusammenwirken oder der Synergismus verschiedener Bestandteile des Wirtsgeruchs beim Anlocken ist ein sehr komplexer Prozess, der sich im Laufe der Evolution je nach Mückenart und Zielorganismus für die Blutmahlzeit entwickelt hat. Die Bestandteile des Wirtsgeruchs stimulieren das Mückenweibchen nur dann, wenn sie in einer für den Wirt typischen, unverwechselbaren Mischung vorliegen. Dies ermöglicht es dem Weibchen, zwischen verschiedenen Wirten zu unterscheiden und der durch den Wind verbreiteten Duftwolke mit unterschiedlichen Reizstoffen in Richtung Wirt zu folgen (Murlis 1986). Dabei fliegt die weibliche Mücke in einem Zickzackmuster gegen den Wind, sodass sie ständig in der Duftwolke und erhöhten Reizkonzentrationen verbleibt und sich somit ständig in Richtung der Duftquelle (Wirt) bewegt. In der Endphase der Orientierung nutzen Mücken, insbesondere diejenigen, die tagsüber oder in der Dämmerung stechen, den Sichtkontakt, um den Wirt zu lokalisieren. Die Facettenaugen dienen der Unterscheidung zwischen Form, Bewegung, Lichtintensität, Kontrast und Farbe. Stechmücken reagieren besonders auf blaue, schwarze und rote Farben, während Weiß und Gelb die geringste Anziehungskraft haben (Lehane 1991). Es ist unwahrscheinlich, dass das Vermögen, zwischen Farben zu unterscheiden, bei nachtaktiven Mücken gut entwickelt ist, jedoch können sie auf Kontraste zwischen Hintergrund und Wirt sowie vor allem auf Wärmestrahlung bei der Wirtslokalisierung reagieren.

In unmittelbarer Nähe des Wirts sind neben der Körperwärme – Mücken können problemlos Temperaturunterschiede von 0,2 °C wahrnehmen – noch einmal das Duftbouquet und der Schweiß wichtig, um zwischen einem geeigneten oder ungeeigneten attraktiven Wirt zu unterscheiden (Lehane 1991; Bowen 1991).

2.6.4 Blutmahlzeit

Mücken haben gut entwickelte stechend/saugende Mundwerkzeuge. Männchen und Weibchen ernähren sich von Pflanzensäften als Kohlenhydratquelle, um Energie für das Fliegen oder die Paarung zu gewinnen. Die Aufnahme von Fruchtzucker beeinflusst auch positiv die Lebensdauer von Stechmücken (Foster 1995; Kessler et al. 2015). Während die männlichen Stechwerkzeuge nicht zum Durchdringen der Haut geeignet sind, können die weiblichen Mundwerkzeuge in die Haut des Wirts eindringen, um Blut aus den Blutkapillaren für die Eireifung aufnehmen zu können (Magnarelli 1979; Clements 1992). Die Weibchen können mehrfach Blut aufnehmen. Die Zeitspanne zwischen einer Blutmahlzeit und der Eiablage wird als gonotrophischer Zyklus bezeichnet (Dos Santos et al. 2002). Manche Autoren zählen auch die Zeit zur Wirtsfindung zum gonotrophischen Zyklus (Fernandez-Salas et al. 1994).

Die Mundwerkzeuge der weiblichen Stechmücken sind zu einem Stechrüssel verlängert. Dieser besteht aus einem Bündel Stechborsten, die in der rohrförmigen Unterlippe (Labium) dorsal in eine Rinne eingebettet sind (Abb. 5.3, Kap. 5). Das Stechborstenbündel besteht aus 6 Stechborsten, den paarigen Mandibeln (Oberkiefer) und Maxillen (Unterkiefer) sowie dem unpaarigen Labroepipharynx (Nahrungskanal) und Hypopharynx (dem Speichelkanal), die in der Unterlippe zusammengehalten werden. Mandibel und Maxillen haben ein scharfes spitzes Ende und sind für das Durchdringen der Haut beim Stechakt verantwortlich. Die Maxillen haben an der Spitze Zähnchen, mit denen sie sich im Gewebe alternierend festhalten können und mit einer rotierenden Bewegung des Kopfs die Stechborsten zunehmend in das Gewebe hineintreiben, bis sie eine Blutkapillare erreicht haben. Muskeln an den Maxillen und Zähnchen erlauben das alternierende Verankern und Vorantreiben der Stechborsten in das Gewebe (Clements 1992). Der Stechrüssel der männlichen Mücken ist nicht zum Blutsaugen geeignet, sondern nur zur Aufnahme von Pflanzensäften, wie Nektar oder anderen zuckerhaltigen Flüssigkeiten.

Nachdem die Weibchen auf der Haut des Wirts gelandet sind, können sie die Haut einige Male mit dem an der Spitze des Labiums gelegenen Labellum für eine geeignete Stelle zum Einstechen beproben. Mit den an der ventralen Seite des Labellums gelegenen Sensillen können die Mückenweibchen die Oberflächentemperatur der Haut registrieren. Hautstellen, unter denen Blutkapillare verlaufen, sind wärmer und zeigen der Mücke an, dass dies eine gute Stelle zum Einstechen ist (Davis und Sokolove 1975).

Beim Eindringen der Stechborsten in die Haut wird die rohrförmige Unterlippe zunehmend nach hinten gebogen. Erreichen die Stechborsten eine Blutkapillare, so saugen die Mückenweibchen das Blut bzw. Pflanzensäfte über 2 Pumpen im vorderen Verdauungstrakt in den Darm. Dringen die Stechborsten in ein Blutgefäß ein, so wird der Pumpmechanismus durch im Blut enthaltene Komponenten wie z. B. ADP und ATP, die als Phagostimulanzien fungieren, in Gang gesetzt.

Für die weibliche Mücke ist es wichtig, dass das Blut in flüssiger Form verbleibt und nicht agglutiniert, damit der Nahrungskanal nicht blockiert wird und die Blutmahlzeit erfolgreich beendet werden kann. Um eine Gerinnung des Bluts zu verhindern, injiziert die Mücke vor der Aufnahme des Bluts Speichel in die Wunde, der normalerweise Antikoagulantien – ähnlich dem von blutsaugenden Blutegeln produzierten Hirudin – enthält (Parker und Mant 1979). Das Injizieren des Speichels in das Wirtsgewebe stimuliert gewöhnlich eine Immunantwort des Wirts, die eine Entzündungsreaktion (Quaddelbildung) hervorruft und meist mit einem Juckreiz an der Einstichstelle verbunden ist. Keinesfalls sollte man mit Kratzen auf den Juckreiz reagieren, weil dadurch bakterielle Sekundärinfektionen entstehen können.

Die weibliche Mücke kann mehr als das 3-Fache ihres mittleren Körpergewichts an Blut aufnehmen (Nayar und Sauerman 1975). Dies können bei größeren Arten, wie *Ae. rusticus* oder *Cs. annulata,* mehr als 6 µl und bei kleineren Arten, wie *Ae. cinereus* oder *Ae. vexans,* nur 3,7 µl sein. Das Blut mit seinen Eiweißbestandteilen ist für die Dotterentwicklung und somit die Eiproduktion von nichtautogenen Weibchen (Blutmahlzeit ist obligat) unerlässlich. Nur wenige autogene Arten (erste Blutmahlzeit ist nicht obligat), wie *Cx. pipiens* Biotyp *molestus,* sind in der Lage, ihr erstes Eigelege ohne Blutmahlzeit zu produzieren (Weitzel et al. 2009). Die Larven dieser Mücken durchlaufen ihre Entwicklung in sehr nährstoffreichen eutrophen Gewässern (z. B. offenen Jauchegruben) über einen ausreichend langen Zeitraum, um einen prominenten Fettkörper ausbilden zu können. Dieser Fettkörper reicht dem Weibchen aus, um Dotter zu bilden und das erste Eigelege ohne Blutmahlzeit abzulegen. Zwar ist die Eizahl dann geringer als nach einer Blutmahlzeit, das Verhalten hat aber einen entscheidenden

Vorteil, weil in ihren Lebensräumen (Jauchegruben) Wirte für die erste Blutmahlzeit selten sind und so die Population auch ohne Blutmahlzeit aufrechterhalten wird.

Das Blut wird also mehr für die Eiproduktion und weniger als Energiequelle verwendet. Beide Mückengeschlechter benötigen Pflanzensäfte wie Blütennektar, Saft zuckerhaltiger Früchte oder Honigtau als Energiequelle, z. B. für den Flug (Briegel und Kaiser 1973; Kessler et al. 2015).

Mückenarten unterscheiden sich in ihrem Stech- und Ruheverhalten. Arten, die bevorzugt in Innenräumen stechen, werden als endophag (Endophagie) und solche, die hauptsächlich im Freien stechen, als exophag (Exophagie) bezeichnet. Die Weibchen, die sich nach der Nahrungsaufnahme oder tagsüber im Freien ausruhen, werden als exophil (Exophilie) und diejenigen, die im Haus ruhen, als endophil (Endophilie) bezeichnet. Ornithophil sind Mücken, die sich bevorzugt von Vogelblut ernähren (ornithophile Arten); zoophil, wenn sie vorwiegend Säugetiere stechen (zoophile Arten), und der Begriff „Anthropophilie" wird verwendet, wenn sie bevorzugt Menschen stechen (anthropophile Arten).

2.7 Überleben während ungünstiger Witterungsperioden

Stechmücken in gemäßigten Zonen haben effiziente Überwinterungsmechanismen im Ei-, Larven- oder Erwachsenenstadium entwickelt. Einige Arten, wie *Ae. rusticus* und *Cs. morsitans,* können in mehr als einem Stadium überwintern, sowohl im Larven- als auch im Eistadium. Mehrere Faktoren, insbesondere der Breitengrad (Kälte) und die hydrologischen Bedingungen (Überschwemmungen/Trockenheit), bestimmen die Überwinterungsdauer und können je nach Breitengrad innerhalb einer Art unterschiedlich sein.

2.7.1 Eistadium

In den gemäßigten Klimazonen überwintern die meisten *Aedes*-Arten im Eistadium. Ihre Diapause ist so induziert, dass sie nicht schlüpfen, wenn ungünstige klimatische und hydrologische Bedingungen eine erfolgreiche Entwicklung zum Adultstadium verhindern. Das Auftreten der Larven dieser Arten, die im Eistadium überwintern, kann innerhalb der *Aedes*-Arten sehr unterschiedlich sein. Bei den *Aedes*-Frühjahrsarten hängt der Schlüpfzeitpunkt eng mit der Schneeschmelze zusammen, andere schlüpfen im späten Frühjahr oder Sommer. Embryonen in den Eiern vieler *Aedes*-Arten können extrem niedrige Temperaturen überleben, indem sie den Wassergehalt des Körpers reduzieren und den Gehalt an körpereigenem Glycerin als „Frostschutzmittel" in der Körperflüssigkeit erhöhen, um das Einfrieren des Embryos zu verhindern (Danks et al. 1994).

2.7.2 Larvenstadium

Einige Mücken überwintern bekanntlich im Larvenstadium und können sogar tagelang in Brutstätten mit gefrorener Oberfläche überleben. Während der kalten Jahreszeit ist ihr Stoffwechsel reduziert und die Larvenentwicklung verzögert. Larven von *Ae. rusticus* und *Cs. morsitans,* die im Herbst geschlüpft sind, überwintern im 2. und 3. Larvenstadium. Der hohe Gehalt an gelöstem Sauerstoff in kaltem Wasser oder Sauerstoffblasen unter dem Eis ermöglichen es den Larven, ihren Sauerstoffbedarf zum Überleben zu decken. Während eines strengen Winters kann die Sterblichkeitsrate jedoch sehr hoch sein. Einige *Anopheles*- Arten wie *An. claviger* und *An. plumbeus* können als Larve in Tümpeln *(An. claviger)* bzw. Baumhöhlen oder unterirdischen Jauchegruben *(An. plumbeus)* überwintern. Üblicherweise erfolgt die Überwinterung im 3. oder 4. Larvenstadium in Gewässern, die nicht oder nur kurzzeitig zufrieren. Im Gegensatz zu den oben genannten Arten sind die Larven von *Cq. richiardii*, die meist im 3. oder 4. Stadium überwintern, unempfindlich gegenüber langen Frostperioden, da sie submers in Dauergewässern in größeren Tiefen überdauern.

Larven von *Cx. pipiens* Biotyp *molestus* kann man im Winter häufig in unterirdischen frostgeschützten Brutgewässern finden. Während bei dem anautogenen, ornithophilen, eurygamen *Cx. pipiens* (oft als *Cx. pipiens* Biotyp *pipiens* bezeichnet) die Weibchen überwintern.

2.7.3 Adultstadium

Die meisten Mückenarten der Gattungen *Culex, Culiseta, Uranotaenia* und *Anopheles* als Weibchen überwintern. Sie suchen im Herbst Winterquartiere (frostfreie Orte wie Höhlen, Ställe, Keller, Kanalisationen oder Erdhöhlen) auf und verlassen diese Orte im Frühjahr, wenn die Temperaturen und Tageslängen steigen. Normalerweise nutzen die Weibchen dieser Arten den im Larvenstadium ausgeprägten Fettkörper sowie Pflanzensäfte, die sie vor der Winterruhe aufnehmen, um Lipidreserven für die Diapause zu synthetisieren. Weibchen einiger Arten innerhalb des Anopheles-maculipennis-Komplexes sowie gelegentlich überwinternde Weibchen von *Cs. annulata* können im Winter gelegentlich Blutmahlzeiten zu sich nehmen, um die langen Hungerperioden zu überstehen (Clements 1992).

Literatur

Andreadis TG (1990) Observations on installment egg hatchinh in the brown saltmarsh mosquito *Aedes cantator*. J Am Mosq Control Assoc 6(4):727–729

Barr AR, Azawi A (1958) Notes on the oviposition and the hatching of eggs of *Aedes* and *Psorophora* mosquitoes (Diptera Culicidae). Univ Kans Sci Bull

Beach R (1978) The required day number and timely induction of diapause in geographic strains of the mosquito *Aedes atropalpus*. J Insect Physiol 24:448–455

Becker N (1989) Life strategies of mosquitoes as an adaptation to their habitats. Bull Soc Vector Ecol 14(1):6–25

Becker N, Ludwig HW (1981) Untersuchungen zur Faunistik und Ökologie der Stechmücken (Culicinae) und ihrer Pathogenen im Oberrheingebiet. Mitt dtsch Ges allg angew Ent 2:186–194

Becker NB, Pluskota A, Kaiser & F. Schaffner (2012) Exotic Mosquitoes Conquer the World. Parasitology Research Monographs, Bd 3. Edited by: H. Mehlhorn. Publ. by Springer, Berlin, S 31–60

Becker N, Petric D, Zgomba M, Boase C, Madon MB, Dahl C, Kaiser A (2020) Mosquitoes-identification; ecology and control. Springer, Berlin, S 570

Becker N, Langentepe-Kong SM, Rodriguez AT, Oo TT, Reichle D, Lühken R, Schmidt-Chanasit J, Lüthy P, Puggioli A, & Bellini R (2022). Integrated control of Aedes albopictus in Southwest Germany supported by the Sterile Insect Technique. Parasites & Vectors. 15:9. https://doi.org/10.1186/s13071-021-05112-7

Bellini R, Calvitti M, Medici A, Carrieri M, Celli G, Maini S (2007). Use of the Sterile Insect Technique Against *Aedes albopictus* in Italy: First Results of a Pilot Trial. In: Vreysen, M.J.B., Robinson, A.S., Hendrichs, J. (eds) Area-Wide Control of Insect Pests. Springer, Dordrecht. https://doi.org/10.1007/978-1-4020-6059-5_47

Bernáth B, Horváth G, Gál J, Fekete G, Meyer-Rochow VB (2008) Polarized light and oviposition site selection in the yellow fever mosquito: no evidence for positive polarotaxis in Aedes aegypti. Vision Res 48(13):1449–2145

Bidlingmayer WL (1964) The effect of moonlight on the flight activity of mosquitoes. Ecol 45(1):87–94

Bidlingmayer WL (1975) Mosquito flight paths in relation to the environment. Effect of vertical and horizontal visual barriers. Ann Ent Soc Am 68:51–57

Bidlingmayer WL (1985) The measurement of adult mosquito population changes-some considerations. J Am Mosq Control Assoc 1:328–347

Bidlingmayer WL, Evans DG (1987) The distribution of female mosquitoes about a flight barrier. J Am Mosq Control Assoc 3(3):369–377

Bogojevic SM, Merdic E, Bogdanovic T (2011) The flight dstance of floodwater mosquitoes (Aedes vexans, *Ochlerotatus sticticus* and *Ochlerotatus caspius*) in Osijek, Eastern Croatia. Biologia 66(4):678–683

Borg A, Horsfall WR (1953) Eggs of floodwater mosquitoes. II. Hatching stimulus. Ann Ent Soc Am 46:472–478

Bowen MF (1991) The sensory physiology of host-seeking behavior in mosquitoes. Ann Rev Entomol 36:139–158

Brust RA, Costello RA (1969) Mosquitoes of Manitoba. II. The effect of storage temperature and relative humidity on hatching of eggs of *Aedes vexans* and *Aedes abserratus* (Diptera: Culicidae). Can Ent 101:1285–1291

Briegel H, Kaiser C (1973) Life-span of mosquitoes (Culicidae, Diptera) under laboratory conditions. Gerontologia 19:240–249

Bueno R, Jiménez MR (2011) First confirmed record of *Ochlerotatus mariae* (Sergent & Sergent, 1903) in the Balearic Islands (Spain) and its significance in local mosquito control programmes. Eur Mosq Bull 29:82–87

Burgess L (1959) Techniques to give better hatches of the eggs of *Aedes aegypti*. Mosq News 19(4):256–259

Cabrera M, Jaffe K (2007) An aggregation pheromone modulates lekking behaviour in the vector mosquito *Aedes aegypti* (Diptera: Culicidae). J Am Mosq Control Assoc 23(1):1–10

Clarke JL (1943a) Studies of the flight range of mosquitoes. J Eco Ent 36:121–122

Clarke JL (1943b) Preliminary progress report. Do male mosquitoes fly as far as females? Is the flight range of all mosquitoes the same? Mosq News 3:16–21

Clements AN (1963) The physiology of mosquitoes. Pergamon, Oxford, S 395

Clements AN (1992) The biology of mosquitoes, Vol 1, Development, Nutrition and reproduction. Chapman & Hall, London, S 509

Cummins B, Cortez R, Foppa IM, Walbeck J, Hyman JM (2012) A spatial model of mosquito host-seeking behaviour. PloS Comput Biol 8(5), https://doi.org/10.1371/journal.pcbi.1002500

Dahl C, Widahl LE, Nilsson C (1988) Functional analysis of the suspension feeding system in mosquitoes (Diptera: Culicidae). Ann Ent Soc Am 81:105–127

Danks HV, Kukal O, Ring RA (1994) Insect cold-hardiness: insights from the Arctic. Artic 47(4):391–404

Davis EE, Sokolove PG (1975) Temperature response of the antennal receptors in the mosquito *Aedes aegypti*. J Comp Physiol 96:223–236

Dos Santos RLC, Forattini OP, Burattini MN (2002) Laboratory and field observations on duration of gonotrophic cycle of *Anopheles albitarsis s.l.* (Diptera: Culicidae) in southeastern Brazil. J Med Entomol 39:926–930

Fawaz EY, Allan SA, Bernier UR, Obenauer PJ, Diclaro JW (2014) Swarming mechanisms in the yellow fever mosquito aggregation pheromones are involved in the mating behavior of *Aedes aegypti*. J Vector Ecol 39(2):347–354

Fernandez-Salas I, Rodriguez MH, Roberts DR (1994) Gonotrophic cycle and survivorship of *Anopheles pseudopunctipennis* (Diptera: Culicidae) in the Tapachula foothills of southern Mexico. J Med Entomol 31:340–347

Fillinger U, Sombroek H, Majambere S, van Loon E, Takken W, Lindsay SW (2009) Identifying the most productive breeding sites for malaria mosquitoes in The Gambia. Malar J 8:62. https://doi.org/10.1186/1475-2875-8-62

Foster WA (1995) Mosquito sugar feeding and reproductive energetics. Annu Rev Entomol 40:443–474

Gillies M (1972) Some aspects of mosquito behavior in relation to the transmission of parasites. Zool J Linn Soc Suppl 1(51):69–81

Gillies MT (1980) The role of carbon dioxide in host-finding by mosquitoes (Diptera: Culicidae): a review. Bull Ent Res 70:525–532

Gillett JD (1955) Variation in the hatching-response of *Aedes* eggs. Bull Ent Res 46:241–253

Gillett JD (1983) Abdominal pulses in newly emerged mosquitoes *Aedes aegypti*. Mosq News 43:359–361

Gjullin CM, Hegarty CP, Bollen WB (1941) The necessity of a low oxygen concentration for the hatching of *Aedes* eggs (Diptera: Culicidae). J Cell Comp Physiol 17:193–202

Gjullin CM, Stage HH (1950) Studies on *Aedes vexans* (Meig) and *Aedes sticticus* (Meig), flood water mosquitoes, in the Lower Columbia River Valley. Ann Ent Soc Am 43:262–275

Gubler DJ, Bhattacharya NC (1972) Swarming and mating of Aedes (S.) albopictus in nature. Mosq News 32(2):219–223

Harwood RF, Horsfall WR (1959) Development. Structure and function of coverings of eggs of floodwater mosquitoes, III fuctions of covering. Ann Ent Soc Am 52(2):113–116

Hawley WA, Pumpuni CB, Brady RH, Craig GB Jr (1989) Overwintering survival of *Aedes albopictus* (Diptera: Culicidae) eggs in Indiana. J Med Entomol 26(2):122–129

Hearle E (1926) The mosquitoes of the lower fraser valley, British columbia and their control. Nat Res Counc Can Rep 17:1–94

Honório NA, Silva Wda C, Leite PJ, Goncalves JM, Lounibos LP, Lourenco de Oliveira R (2003) Dispersial of *Aedes aegypti* and *Aedes albopictus* (Diptera: Culicidae) in an urban endemic dengue area in the state of Rio de Janeiro, Brazil. Mem Inst Oswaldo Cruz 98(2):191–198

Horsfall WR (1956a) A method for making a survey of floodwater mosquitoes. Mosq News 16(2):66–71

Horsfall WR (1956b) Eggs of flood water mosquitoes. III. Conditioning and hatching of *Aedes vexans*. Ann Ent Soc Am 49:66–71

Horsfall WR, Lum P, Henderson L (1958) Eggs of floodwater mosquitoes, V effect of oxygen on hatching of intact eggs. Ann Ent Soc Am 51

Horsfall WR, Fowler HW (1961) Eggs of flood water mosquitoes. VIII. Effect of serial temperatures on conditioning of eggs of *Aedes stimulans* Walker (Diptera: Culicidae). Ann Ent Soc Am 54:664–666

Horsfall WR, Fowler HW, Moretti LJ, Larsen JR (1973) Bionomics and embryology of the inland flood water mosquito *Aedes vexans*. University of Illinois Press, Urbana, S 211

Ikeshoji T, Mulla MS (1970) Oviposition attractants for four species of mosquitoes in natural breeding waters. Ann Ent Soc Am 63(5):1322–1327

Jacobs CG, Rezende GL, Lamers GEM, van der Zee M (2013) The extraembryonic serosa protects the insect egg against desiccation. Proc Biol Sci 280(1764):20131082. https://doi.org/10.1098/rspb.2013.1082

Joslyn DJ, Fish D (1986) Adult dispersal of *Ae. communis* using Giemsa self-marking. J Am Mosq Control Assoc 2:89–90

Judson CL (1960) The physiology of hatching of aedine mosquito eggs:Hatching stimulus. Ann Ent Soc Am 53

Kellogg FE (1970) Water vapour and carbon dioxide receptors in *Aedes aegypti*. J Insect Physiol 16:99–108

Kessler S, Vlimant M, Guerin PM (2015) Sugar&#x001E;sensitive neurone responses and sugar feeding preferences influence lifespan and biting behaviours of the Afrotropical malaria mosquito, *Anopheles gambiae*. J Comp Physiol A https://doi.org/10.1007/s00359-015-0978-7

Lehane MJ (1991) Biology of blood-sucking insects. Harper Collins Academic, London, UK, S 288

Liu-Helmersson JL, Quam M, Wilder-Smith A, Stenlund H, Ebi K, MAssad E, Rocklöv J (2016) Climate Change and *Aedes* vextors: 21st century projections for dengue transmission in Europe. EBioMedicine 7:267–277

Madon MB, Mulla MS, Shaw MW, Hazelrigg JE (2002) Introduction and establishment of *Aedes albopictus* in Southern California. Magadino, Ticino, Switzerland

Magnarelli LA (1979) Diurnal nectar-feeding of *Aedes cantator* and *Ae. sollicitans* (Diptera: Culicidae). Environ Ent 8:949–955

McHaffey DG (1972) Photoperiod and temperature influences on diapause in eggs of the floodwater mosquito *Aedes vexans* (Meigen) (Diptera: Culicidae). J Med Entomol 9(6):564–571

McIver SB (1982) Sensilla of mosquitoes (Diptera: Culicidae). J Med Ent 19:489–535

Mohrig W (1969) Die Culiciden Deutschlands. Parasitol Schriftenr 18:260

Murlis J (1986) The structure of odour plumes. In: Payne TL, Birch MC, Kennedy CEJ (Hrsg) *Mechanisms in insect olfaction*. Clarendon Press, Oxford

Nayar JK, Sauerman DM (1975) The effects of nutrition on survival and fecundity in Florida mosquitoes. Part 2. Utilization of a blood meal for survival. J Med Entomol 12(1): 99–103

Nielsen LT (1957) Notes on the flight ranges of Rocky Mountain mosquitoes of the genus *Aedes*. Proc Utah Acad Arts Sci Letters 34:27–29

Papathanos PA, Bossin HC, Bendict MQ, Catteruccia F, Malcolm CA, Alphey L, Crisanti A (2009) Sex separation strategies: past experience and new approaches. Malar J 8(2), https://doi.org/10.1186/1475-2875-8-S2-S5

Parker KR, Mant MJ (1979) Effects of tsetse salivary gland homogenate on coagulation and fibrinolysis. Thromb Haemost 42:743–751

Pfitzner WP; Lehner A; Hoffmann D; Czajka C; Becker N (2018) First record and morphological characterization of an established population of *Aedes (Hulecoeteomyia) koreicus* (Dipter: Culicidae) in Germany. *Parasit Vectors* 2018(11):662. https://doi.org/10.1186/s13071-018-3199-4

Pluskota B, Storch V, Braunbeck T, Beck M & Becker N (2008). First record of *Stegomyia albopictus* (Skuse) (Diptera:Culicidae) in Germany. European Mosq. Bulletin. 26:1–5

Pluskota B, Jöst A, Augsten X, Stelzner L, Ferstl I, Becker N (2016) Successful overwintering of *Aedes albopictus* in Germany. Parasitol Res. https://doi.org/10.1007/s00436-016-5078-2

Price GD, Smith N, Carlson DA (1979) The attraction of female mosquitoes (*Anopheles quadrimaculatus* Say) to stored human emanations in conjunction with adjusted levels of relative humidity, temperature and carbon dioxide. J Chem Ecol 5:383–395

Provost MW (1953) Motives behind mosquito flight. Mosq News 13:106–109

Schäfer M, Storch V, Kaiser A, Beck M, Becker N (1997) Dispersal behavior of adult snow melt mosquitoes in the Upper Rhein Valley, Germany. J Vector Ecol 22(1):1–5

Smith CN, Smith N, Gouck HK, Weidhaas DH, Gilbert IH, Mayer MS, Smittle BJ, Hofbauer A (1970) L-lactic acid as a factor in the attraction of *Aedes aegypti* (Diptera: Culicidae) to human host. Ann Ent Soc Am 63:760–770

Smith SM, Kalpage KSP, Brust RA (2013) Reproductive biology of sub- and low-arctic mosquitoes of the genus *Ochlerotatus* (Diptera: Culicidae), University of Manitoba, Winnipeg, Manitoba, Canada R3T 2N2, published via Figshare. https://doi.org/10.6084/m9.figshare.704842.v2

Strickman D (1980a) Stimuli affecting selection of oviposition sites by *Aedes vexans*: Moisture. Mosq News 40:236–245

Strickman D (1980b) Stimuli affecting selection of oviposition sites by *Aedes vexans*: conditioning of the soil. Mosq News 40:413–417

Sudarić Bogojević M, Merdić E, Bogdanović T (2011) The flight distances of floodwater mosquitoes *(Aedes vexans, Ochlerotatus stcticus and Ochlerotatus caspius)* in Osijek, Eastern Croatia. Biologia 66(4):678–683

Sutcliffe JF (1987) Distance orientation of biting flies to their hosts. Insect Sci Appl 8:611–616

Tanaka K, Mizusawa K, Saugstad ES (1979) A revision of the adult and larval mosquitoes of Japan (including the Ryukyu Archipelago and the Ogasawara islands) and Korea (Diptera: Culicidae). Contr Am Ent Inst Ann Harbor 16:1–987

Telford AD (1963) A consideration of diapause in *Aedes nigromaculis* and other aedine mosquitoes (Diptera: Culicidae). Ann Ent Soc Am 56(4):409–418

Toma L, Severini F, Di Luca M, Bella A, Romi R (2003) Seasonal patterns of oviposition and egg hatching rate of *Aedes albopictus* in Rome. J Am Mosq Control Assoc 19:19–22

Travis BV (1953) Laboratory studies on the hatching of marsh-mosquito eggs. Mosq News 13:190–198

Weitzel T, Collado A, Jöst A, Pietsch K, Storch V, Becker N (2009) Genetic differentiation of populations within the *Culex pipiens* Complex and phylogeny of related species. J Am Mosq Control Assoc 25:6–17

Wilson GR, Horsfall WR (1970) Eggs of floodwater mosquitoes. XII. Installment hatching of *Aedes vexans*. Ann Ent Soc Am 63:1644–1647

World Health Organization (2024). Disease Outbreak News; Dengue – Global Situation Available at: https://www.who.int/emergencies/disease-outbreak-news/item/2023-DON518

Medizinische Bedeutung von Stechmücken

Stechmücken sind für die Übertragung vieler medizinisch wichtiger Krankheitserreger wie Viren, Bakterien, Protozoen und Fadenwürmer verantwortlich, die Krankheiten wie Malaria, Dengue-, Chikungunya- und Zika-Fieber, Japanische Enzephalitis, Gelbfieber oder Filariose verursachen können (Kettle 1995; Beaty und Marquardt 1996; Lehane 1991; Caraballo 2014).

Gemessen an der Morbidität und Mortalität vektorübertragener Krankheiten, sind Stechmücken die gefährlichsten Tiere, mit denen die Menschheit konfrontiert ist. Sie bedrohen ~4 Mrd. Menschen, etwa die Hälfte der Weltbevölkerung, insbesondere in tropischen und subtropischen Regionen, und haben die Entwicklung der Menschheit nicht nur sozioökonomisch, sondern auch politisch maßgeblich beeinflusst (WHO 2017a).

Jährlich erkranken ~400 Mio. Menschen durch von Stechmücken übertragene Krankheitserreger, was zu >440.000 Todesfällen/Jahr führt (im Durchschnitt stirbt jede Minute ein Mensch an einem Stechmückenstich) (WHO, 2017a).

Krankheitserreger können mechanisch (z. B. das Myxoma-Virus, das bei Kaninchen Myxomatose verursacht, das Vogelpockenvirus und das Virus der Lumpy-skin-Krankheit bei Rindern) (Eldrige und Edman 2000; Chihota et al. 2001) oder biologisch übertragen werden. Der letztgenannte Übertragungsmodus ist komplexer, da er von genetischen und physiologischen Faktoren und einer obligatorischen Replikations- und/oder Entwicklungsphase des Erregers im Körper des Vektors abhängt. Weibliche Stechmücken nehmen den Erreger bei der Blutmahlzeit an infizierten Wirbeltieren auf und übertragen ihn bei der nächsten Blutmahlzeit von einem Wirbeltier zum anderen. Der Übertragungszyklus eines von einer Stechmücke übertragenen Krankheitserregers erfordert also mehrere Blutmahlzeiten. Die Vektorkapazität ist die Effizienz eines Vektors bei der Übertragung von Krankheitserregern auf einen Wirt (Garrett-Jones 1964) und basiert auf Faktoren wie der Blutmahlzeit- (Wirtspräferenz oder Opportunismus), der Stechmückenabundanz Stechmücken und Überlebenswahrscheinlichkeit der Stechmücken bei unterschiedlichen Umweltbedingungen. Hocheffiziente Vektoren haben ein räumliches Verbreitungsgebiet, das sich mit dem ihrer Wirte überschneidet. Die Stechmücken müssen außerdem langlebig genug sein, um mehrfach Blut zu saugen, damit sich der Erreger vermehren und/oder im Vektor zu infektiösen Stadien entwickeln kann. Eine Schlüsselkomponente der Vektorkapazität ist die Vektorkompetenz, definiert als die Fähigkeit, einen Erreger aufzunehmen und zu übertragen (Kenney und Brault 2014; Kramer 2016). Die Vektorkompetenz ist daher eine zusätzliche Komponente der Vektorkapazität eines Vektors.

Trotz der Tatsache, dass die weltweite Inzidenz von Arboviren in den letzten Jahrzehnten dramatisch zugenommen hat, ist Malaria nach wie vor die wichtigste vektorübertragene Krankheit, die zu schweren Erkrankungen und Todesfällen führt (WHO 2017a).

3.1 Malaria

Die Malaria wird durch Protozoen (*Plasmodium* spp.) verursacht und ist nach wie vor die wichtigste durch Stechmücken übertragene Krankheit, von der fast die Hälfte der Weltbevölkerung bedroht ist. Von den rund 100 Ländern, die von Malaria betroffen sind, traten 2019 schätzungsweise 227 Mio. Fälle in 85 endemischen Ländern auf (einschließlich des Gebiets von Französisch-Guayana). Es wird angenommen, dass die mit der COVID-19-Pandemie verbundenen Versorgungsunterbrechungen zum Anstieg der weltweiten Malaria-Inzidenz auf schätzungsweise 241 Mio. Fälle im Jahr 2020 beigetragen haben. Auch die Zahl der malariabedingten Todesfälle ist gestiegen, und zwar von über 530.000 im Jahr 2019 auf über 600.000 in der afrikanischen WHO-Region, auf die weltweit etwa 95 % der Erkrankungsfälle und 96 % der Todesfälle entfallen. 80 % aller durch Malaria verursachten Todesfälle in Afrika sind bei Kindern unter 5 Jahren zu verzeichnen (WHO 2021a).

Der enorme Verlust an Leben und Arbeitstagen, die Kosten für die Behandlung der Patienten und die negativen Auswirkungen auf die menschliche Entwicklung machen Malaria zu einer großen sozioökonomischen Belastung. 2016 wurden die jährlichen Kosten von Malaria allein in Afrika auf >3 Mrd. US$ geschätzt (WHO 2017a).

Im Jahr 2016 hat Malaria weltweit 4,3 Mrd. US$ Kosten hervorgerufen, was einem jährlichen Anstieg von 8,5 % seit 2000 entspricht (Haakenstad et al. 2019).

Etwa 20 Plasmodium-Arten infizieren andere Primaten, eine ähnliche Anzahl bei anderen Säugetieren, und jeweils ~40 Arten infizieren Vögel und Reptilien (Garnham 1980, 1988). *Plasmodium* spp., der Menschen infiziert, gehört zu verschiedenen evolutionären Linien *(P. falciparum, P. vivax, P. ovale, P. malariae)* und wird ausschließlich von Anopheles-Stechmücken übertragen (White 2008; Singh und Daneshvar 2013). Neben den 4 *Plasmodium*-Spezies, die den Menschen als Primärwirt haben, gibt es auch zoonotische Malariaerreger, die vor allem nichtmenschliche Primaten infizieren. Das bekannteste Beispiel ist *P. knowlesi*, der Makaken in Südostasien infiziert (Imwong et al. 2019; Singh et al. 2004). Es gibt sogar Hinweise auf anthropozoonotische Zyklen von Malariaparasiten in den Wäldern Südamerikas (Brasil et al. 2017; de Oliveira et al. 2021).

Von den mehr als 400 weltweit bekannten Anopheles-Arten sind etwa 40 Arten wichtige Vektoren für die humanpathogenen Malariaparasiten. Die wichtigsten Vektoren in Afrika südlich der Sahara und die effizientesten weltweit gehören zu *Anopheles gambiae* sensu lato (s.l.). In Afrika sind von den 6 Arten dieses Komplexes *An. gambiae* sensu stricto (s.s.) und *An. arabiensis* die kompetentesten Überträger von *P. falciparum*, dem tödlichsten Malariaerreger des Menschen. Aufgrund ihres anthropophilen und endophilen Fressverhaltens verfügen diese Anophelinen über eine höhere Vektorkapazität als andere eng verwandte Geschwisterarten. Die phänotypische und genotypische Plastizität von Parasiten und Vektoren erschwert die Identifizierung von Vektorpopulationen und die Umsetzung wirksamer Überwachungs- und Kontrollstrategien. Die Genotypisierung von Parasiten mithilfe der Polymerasekettenreaktion (PCR) zur Bestimmung spezifischer genetischer Marker ist heutzutage breit etabliert und ermöglicht die Unterscheidung zwischen Geschwisterarten und/oder definierten Abstammungslinien (Greenhouse und Smith 2015).

Plasmodium-spp.-Parasiten haben einen komplexen Lebenszyklus mit der sexuellen Replikation in Stechmücken und der asexuellen Replikation in Wirbeltieren (Abb. 3.1). Kurz nach der Aufnahme von Blut infizierter Wirbeltiere, das Sexualformen des Parasiten enthält, verschmelzen die Gameten im Stechmückendarm zu einer Zygote, die sich verlängert und zu einer beweglichen Ookinete entwickelt (Abb. 3.2A). Sie dringt in die Außenseite des Mitteldarmepithels ein, siedelt sich dort an und bildet eine Oozyste (Abb. 3.2B). Meiotische und nachfolgende mitotische Teilungen (Sporogonie) innerhalb der Oozyste führen zur Bildung vieler haploider, spindelförmiger Sporozoiten, die die Wand der Oozyste durchbrechen, durch das Hämocoel wandern und sich in den Speicheldrüsen ansammeln (Abb. 3.2C–F). Die infizierte Stechmücke ist nun in der Lage, die Sporozoiten bei der Blutmahlzeit in das Wirbeltier zu injizieren. Sobald die Sporozoiten in einen Wirbeltierwirt eingedrungen sind, infizieren sie das Leberparenchym, wo sie bald einen Zyklus der exoerythrozytären Schizogonie durchlaufen oder sich zu latenten Hypnozoiten entwickeln. Diese Hypnozoiten können manchmal zu einem späteren Zeitpunkt schizogonieren und einen Rückfall verursachen. In jedem großen Schizont werden mehrere Tausend Merozoiten gebildet und in die Blutbahn entlassen (Ende der Präpatenzzeit), wo sie in die Erythrozyten eindringen und die erythrozytäre Schizogonie einleiten. Im infizierten Erythrozyten wird der Merozoit zu einem Trophozoiten, der sich ernährt, und ein ausgewachsener Schizont produziert eine kleine Anzahl neuer Merozoiten (Garnham 1966). Die Merozoiten platzen auf, die Erythrozyten werden freigesetzt und dringen in andere Erythrozyten ein, um den Schizontzyklus zu wiederholen. Jede Freisetzung der Merozoiten aus den Erythrozyten verursacht einen Malariaanfall mit Fieber und anderen klinischen Symptomen. Die Länge des Schizogonie-Zyklus bestimmt das Intervall zwischen den Fieberschüben. In einem Teil der infizierten Erythrozyten entwickeln sich die männlichen und weiblichen Gametozyten, die von einer Vektor-Stechmücke für die Weiterentwicklung der Parasiten aufgenommen werden müssen.

Plasmodium falciparum verursacht maligne tertiäre Malaria, *P. vivax* und *P. ovale* verursachen benigne tertiäre Malaria, die im Abstand von 48 h wiederkehrt (Fieberanfall am 3. Tag); *P. malariae* verursacht quartäre Malaria, die im Abstand von 72 h wiederkehrt, und *P. knowlesi* hat mit ~24 h den kürzesten Zyklus (Kettle 1995; Singh und Daneshvar 2013). Nach mehreren Zyklen der Schizogonie produzieren einige Trophozoiten keine Merozoiten, sondern werden zu Gametozyten, die von Anopheles-Stechmücken aufgenommen werden müssen, um den Entwicklungszyklus zu beenden.

Die durch *P. falciparum* verursachte maligne Malaria des Menschen ist die schwerste Form der Erkrankung, die zu lebensbedrohlichen Komplikationen wie Anämie und zerebraler Malaria führt. Sie ist eine häufige Todesursache bei Kindern und kann ~25 % der nichtimmunen Erwachsenen innerhalb von 2 Wochen töten. Diese Form der Malaria wird als Malaria tropica bezeichnet und tritt vor allem in tropischen und subtropischen Gebieten auf. Sie wird durch eine Sommerisotherme von 20 °C begrenzt, der Temperatur, die für die vollständige Sporenbildung von *P. falciparum* in der Mücke erforderlich ist. Im Gegensatz dazu kann *P. vivax* die Sporogonie in Stechmücken in Gebieten mit

3.1 Malaria

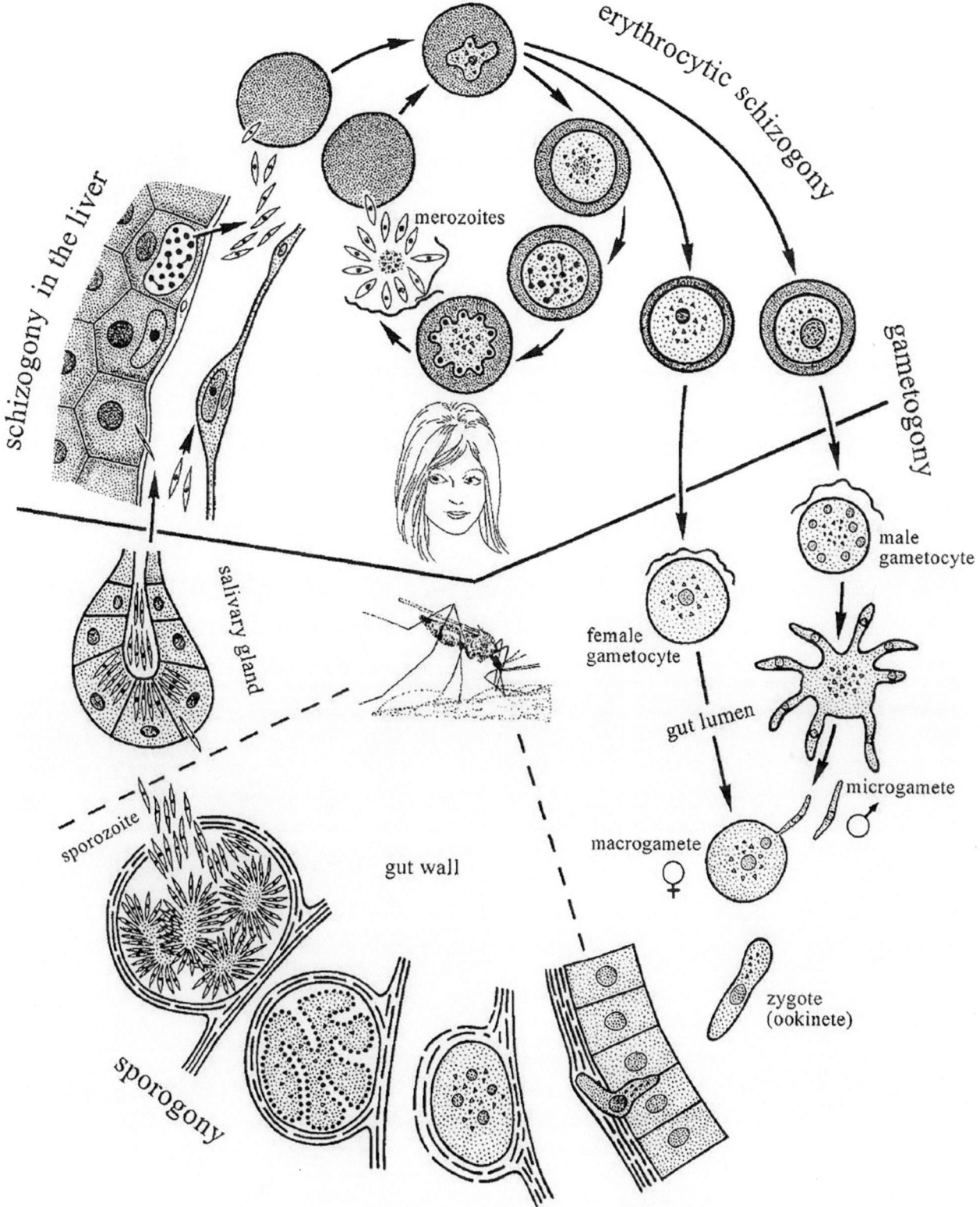

Abb. 3.1 Lebenszyklus der Malariaparasiten in den Stechmückenvektoren *Anopheles* spp. und im menschlichen Wirt

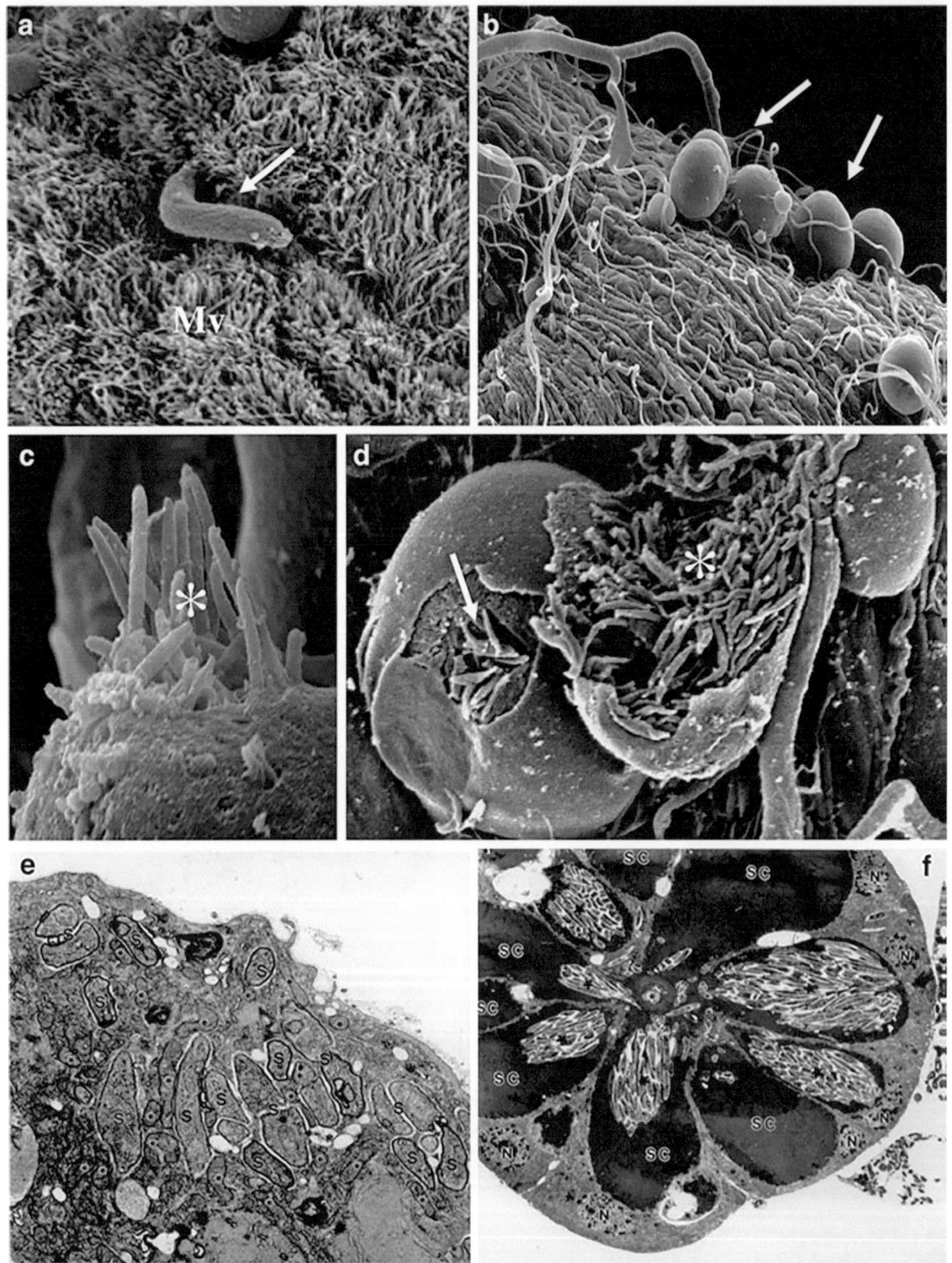

Abb. 3.2 a-f elektronenmikroskopische Aufnahmen (a) Plasmodium Ookinet (Pfeil) an den Mitteldarmzellen mit Mikrovilli beim Durchdringen des Darmepithels. (b) Einige Oozysten am äußeren Mitteldarmepithel einer infizierten Mücke. (c) und (d) aufgebrochene Oozysten die die Sporozoite in das Hämozoel der infizierten Mücke entlassen. (e) und (f) Sporozoite in den Speicheldrüsen der infizierten Mücke.

einer Sommerisotherme von 16 °C abschließen (Wernsdorfer 1980; Schellenberg et al. 1999).

Im langen Kampf gegen die Malaria haben Ressourcenknappheit, das Fehlen einer geeigneten Infrastruktur, mangelndes Wissen und mangelnde Ausbildung sowie Resistenzen gegen Chloroquin und andere Malariamedikamente und Umwelteinflüsse die Fortschritte bei der Malariaprävention und -bekämpfung insbesondere in Afrika behindert (Etang et al. 2004; Mukabana et al. 2006; WHO 2000, 2008, 2017a). Globale Kampagnen gegen Malaria, wie das Malaria-Eradikationsprogramm der WHO und das Programm Roll Back Malaria (RBM), das von großen internationalen Organisationen gefördert wird, zielen darauf ab, diese seit Langem bestehenden Problemen zu mildern (RBM 2008, 2018).

Der Ausbau von Einrichtungen zur schnellen Erkennung und Behandlung von Fällen, Prophylaxe, persönlicher Schutz durch die Verwendung von mit Insektiziden behandelten Bettnetzen (LLINs) gegen Stechmückenvektoren, Indoor Residual Spraying (IRS) und die Vorbereitung auf Epidemien sind die Eckpfeiler der aktuellen Strategien zur Kontrolle von Malariavektoren in Afrika und weltweit (Makundi et al. 2007; Mboera et al. 2007; Protopopoff et al. 2007a,b; RBM 2008, 2018; PMI 2015; WHO 2017a).

Die Gesamtfinanzierung für die Malariabekämpfung und -eliminierung im Jahr 2020 wurde auf 3,3 Mrd. US$ geschätzt und liegt damit unter den 6,8 Mrd. US$, die Schätzungen zufolge weltweit benötigt werden, um bis zum Jahr 2030 das WHO-Ziel zu erfüllen. Trotz der jährlich wachsenden Finanzierungslücke zwischen dem investierten Betrag und den benötigten Mitteln wurden zwischen 2000 und 2020 weltweit schätzungsweise 1,7 Mrd. Malariafälle und 10,6 Malariatodesfälle verhindert (WHO 2021a).

Die Kontrolle der Stechmückenpopulationen in ihren aquatischen Larvenhabitaten bietet eine zusätzliche Möglichkeit, den Schutz durch die bestehenden Vektormanagementstrategien erheblich zu verbessern und die Malariaerkrankungen zu reduzieren (Killeen et al. 2000; Fillinger und Lindsay 2006, 2011; Dongus et al. 2007; Walker und Lynch 2007; Worrall 2007; WHO 2013; Dambach et al. 2014a,b).

In Europa war die Malaria bis Mitte des 20. Jahrhunderts eine ernsthafte Bedrohung. Obwohl die Auswirkungen der Krankheit in Südeuropa gravierender waren, ist gut dokumentiert, dass Malaria auch in Nordeuropa Epidemien hervorgerufen hat (Jetten und Takken 1994; Marchant et al. 1998). So ist beispielsweise bekannt, dass Napoleon bei seinem Einmarsch in das Oberrheintal in Deutschland eine große Zahl von Soldaten durch Malaria verlor. Die beiden wichtigsten in Europa vorkommenden Plasmodium-Arten waren *P. vivax* und *P. falciparum*. Während *P. vivax* auf dem gesamten Kontinent vorkam, war *P. falciparum* auf Südeuropa beschränkt (Jetten und Takken 1994). In Nordeuropa muss der Parasit *P. vivax* gewesen sein, weil er an das kältere Klima angepasst ist. Außerdem ist es wahrscheinlich, dass der Parasit als Hypnozoit in der menschlichen Leber überlebt hat, als es für die Übertragung durch Stechmücken zu kalt war (Marchant et al. 1998). Gegenwärtig verursacht *P. vivax* nur selten eine tödliche Krankheit, was darauf schließen lässt, dass sich *P. vivax* im Laufe des letzten Jahrhunderts als weniger virulent entwickelt hat (Kettle 1995).

Vor dem 2. Weltkrieg war die endemische Malaria in ganz Europa verbreitet (Bruce-Chwatt und de Zulueta 1980). Die meisten endemischen Malariagebiete befanden sich im Süden des Kontinents, wo eine kontinuierliche Übertragung vom Frühjahr bis zum Herbst stattfand. Griechenland galt als das Land mit der höchsten Malaria-Inzidenz. In Griechenland wurden Anfang der 1930er-Jahre jährlich 1–2 Mio. Menschen mit *Plasmodium* spp. infiziert. Weitere schwere Epidemien wurden an der Dalmatinischen Küste in Kroatien, in Küstengebieten in Südspanien, in Süditalien und auf Sardinien gemeldet. In Mitteleuropa war die Inzidenz der Malaria viel geringer als im Süden (Jetten und Takken 1994). In Nord- und Westeuropa erfolgte die Übertragung der Krankheit diskontinuierlich. Malariaepidemien waren hauptsächlich auf die Küstengebiete in Südschweden und Südfinnland, Dänemark, den Niederlanden, Belgien, Deutschland und Nordfrankreich beschränkt. In den östlichen Teilen Europas wurde Malaria hauptsächlich in der südlichen Ukraine und entlang der unteren Wolga beschrieben. Nach dem 2. Weltkrieg verschwand die Malaria langsam vom Kontinent. Dies war vor allem auf die Verringerung der natürlichen Brutstätten durch die Trockenlegung und Kanalisierung von Flüssen, eine bessere landwirtschaftliche Bewirtschaftung, bessere sozioökonomische Bedingungen und eine bessere Therapie zurückzuführen. Eine wichtige Rolle spielten auch die Kampagnen zur Ausrottung der Malaria durch die Anwendung von Insektiziden und die Verfügbarkeit neuer Medikamente. Der letzte europäische Malariafokus verschwand 1975 im griechischen Teil Mazedoniens (Bruce-Chwatt et al. 1975).

Es gibt Hinweise darauf, dass die Malaria in Europa hauptsächlich durch *Anopheles maculipennis* s.l. übertragen wurde, die in der paläarktischen Region weit verbreitet ist. Die Verbreitung von *An. maculipennis* stand jedoch in keinem direkten Zusammenhang mit der Verbreitung der Malaria (Jetten und Takken 1994). Was war der Grund für den „Anophelismus ohne Malaria"? Nach intensiver Forschung wurde festgestellt, dass es sich bei der früher beschriebenen Art *An. maculipennis* nicht um eine einzelne Art handelt, sondern um einen Artenkomplex, der aus mehr als einem Dutzend Geschwisterarten besteht, von denen 9 in Europa vorkommen, darunter die kürzlich beschriebene *An. daciae* (White 1978; Nicolescu et al. 2004; Weitzel et al. 2012).

Die Kenntnis von Artenkomplexen, die Arten enthalten, die morphologisch sehr ähnlich oder identisch sind, sich aber in ihrer Vektorkompetenz stark unterscheiden, hat auch das Interesse der Malariabekämpfungsforschung geweckt, da durch eine gezielte genetische Manipulation der Stechmücken die Kontrolle der Malaria möglich erscheint (Crampton et al. 1990; Crampton 1992; Crampton und Eggleston 1992; Kidwell und Ribeiro 1992; Collins 1994; Carlson 1995; Rai 1995; Alphey et al. 2002; Hammond und Galizi 2017; s. auch Kap. 16).

Neben den Arten der *An. maculipennis* s.l. sind auch einige andere europäische Anophelinen als potenzielle Malariaüberträger bekannt, wie *An. claviger*, *An. sergentii*, *An. cinereus* hispaniola, *An. algeriensis*, *An. superpictus* und *An. plumbeus*. Letztere wird in der Malariaforschung stärker untersucht, da sie sich in den letzten Jahrzehnten infolge ihrer Anpassung von natürlichen (Baumhöhlen) an künstliche Brutplätze (eutrophierte Wasserbecken und Klärgruben) stark vermehrt hat. In neueren Studien wurde nachgewiesen, dass *An. plumbeus* im Gegensatz zu *An. atroparvus*, die mehr oder weniger resistent gegenüber *P. falciparum* ist, in der Lage ist, Oozysten von *P. falciparum* zu entwickeln, wenn sie mit gametozytenhaltigem Blut gefüttert wird (Marchant et al. 1998; Schaffner et al. 2012). Obwohl *An. plumbeus* in unmittelbarer Nähe zu menschlichen Siedlungen lebt, ist das Risiko von Malariaepidemien aufgrund der fehlenden heimischen Übertragung sehr gering. Die Auswirkungen der globalen Erwärmung auf das lokale Klima scheinen jedoch die Vollendung des Sporogonenzyklus von *Plasmodium* spp. in Anophelinen zu begünstigen; Hunderte von Malariafällen, die hauptsächlich durch *P. falciparum* in den Tropen verursacht und nach Europa importiert werden, könnten das Risiko einer heimischen Malariaübertragung erhöhen, auch wenn Malariaepidemien in Mitteleuropa nahezu ausgeschlossen werden können. Ein Temperaturanstieg beschleunigt nicht nur die Vermehrung der Stechmücken, sondern damit auch andere Faktoren ihres Lebenszyklus, wie die Häufigkeit der Blutmahlzeiten und den gonotrophen Zyklus (Zeit von der Blutmahlzeit bis zur endgültigen Entwicklung der Eier). Eine Verkürzung der Dauer des gonotrophen Zyklus erhöht die Häufigkeit der Blutmahlzeiten und damit die Vektorkapazität (Dhiman et al. 2008; Becker 2008; Lindsay und Birley 2016).

Der weltweite Rückgang der Malaria-Inzidenz hat noch nicht zu einem Rückgang der in Europa gemeldeten reisebedingten Fälle geführt. Die Zunahme des internationalen Reiseverkehrs hat dieses Problem noch komplexer gemacht. Nicht nur infizierte Menschen schleppen den Parasiten nach Europa ein, sondern auch infizierte Stechmücken können mit dem Flugzeug nach Europa transportiert werden. Diese Insekten können zu einer Bedrohung für Menschen werden, die auf internationalen Flughäfen arbeiten oder in deren Nähe leben. Seit 1963 wurden über 60 Fälle von „Flughafenmalaria" gemeldet. Im Jahr 1994 infizierten sich allein in der Nähe des Pariser Flughafens Charles de Gaulle 7 Personen mit *P. falciparum*, obwohl sie nie in den Tropen waren. Ähnliche Fälle wurden vom Flughafen Gatwick in London und vom internationalen Flughafen Frankfurt in Deutschland gemeldet (Guillet et al. 1998). Zwischen 2015 und 2019 wurden in Europa jährlich über 8000 bestätigte Malariafälle gemeldet, von denen fast alle importiert wurden. Eine lokale Übertragung von *Plasmodium* spp. ist jedoch weiterhin möglich, insbesondere in Südeuropa, wo jedes Jahr mehrere autochthone Fälle gemeldet werden (Danis et al. 2011; ECDC 2021).

In Nord- und Südamerika wurden 2018 765.000 Malariafälle gemeldet, von denen 340 zum Tod führten (überwiegend in Venezuela) (PAHO 2020). In Nordamerika war Malaria bis ins frühe 20. Jahrhundert mit bis zu 600.000 jährlichen Fällen weit verbreitet (PAHO 1969). Die wichtigsten Vektoren waren *An. freeborni* (vor allem im Westen der USA) und *An. quadrimaculatus* (vor allem in den östlichen, zentralen und südöstlichen Gebieten). Beide Arten sind immer noch weit verbreitet. *Plasmodium vivax* war der am häufigsten übertragenen Erreger. Malariakontrollprogramme wurden 1914 vom US Public Health Service ins Leben gerufen und in der Folge von einer Reihe regionaler oder nationaler Organisationen unterstützt und organisiert, darunter der Tennessee Valley Authority, des National Malaria Eradication Programme und des Center for Disease Control and Prevention (CDC). Nach dem intensiven Einsatz von Dichlordiphenyltrichlorethan (DDT) in den Jahren nach dem 2. Weltkrieg galt die autochthone Malaria in den USA 1951 schließlich als ausgerottet. Seit den 1970er-Jahren gibt es einen Aufwärtstrend bei der Zahl der Malariafälle in den USA, wobei in den letzten Jahren jährlich 1500–1800 Fälle gemeldet wurden (Mace und Arguin 2017). Die meisten sind importiert, d. h., die Person hat die Krankheit im Ausland erworben. Darüber hinaus wurden zwischen 1957 und 2003 jedoch 63 Fälle von autochthoner Malaria gemeldet (CDC 2006), die wahrscheinlich auf die Infektion heimischer Stechmücken durch importierte Malariafälle zurückzuführen sind.

In Mittel- und Südamerika stellt die Malaria nach wie vor ein großes Problem dar. In der gesamten Region ist eine Reihe von Anopheles-Arten an der Übertragung beteiligt. *An. albimanus* ist sehr weit verbreitet und kommt von den südlichen USA im Norden bis nach Nordperu im Süden vor, einschließlich der Karibikregion. Dieser Vektor ist eine tropische Tieflandart, die hauptsächlich in Küstenebenen und entlang von Wasserstraßen vorkommt. Weitere wichtige Arten sind *An. aquasalis*, *An. albitarsus* und *An. pseudopunctipennis*. *Anopheles darlingi* ist der Hauptüberträger der Malaria im Amazonasgebiet und kommt am häufigsten in bewaldeten Gebieten von Mexiko bis Argentinien, von der Atlantik- bis zur Pazifikküste vor. In Gebieten, die von Abholzung und Straßenbau betroffen sind, wurde festgestellt, dass die Stechrate von *An. darlingi* mehr als 270-mal höher ist als in Gebieten mit intaktem Waldbestand (Vittor et al. 2006).

Plasmodium vivax ist der häufigste Malariaparasit, der für etwa 75 % der Fälle verantwortlich ist. Die meisten anderen Malariafälle werden durch *P. falciparum* und *P. malariae* verursacht. Die Malariabekämpfung ist mit einer Reihe von Herausforderungen konfrontiert, darunter der Resistenz gegen Insektizide, urbaner Malaria und den Migrationsbewegungen von Menschen. Nichtsdestotrotz ist die Zahl der Malariafälle von 1,1 Mio. im Jahr 2000 auf 451.242 im Jahr 2015 gesunken (PAHO 2017).

In Australien trat die Malaria früher nur sporadisch in den nördlichen Gebieten auf. Ein Ausbruch von Malaria tropica in Fitzroy Crossing (Westaustralien) im Jahr 1934 führte zu 165 Todesfällen; seit 1981 ist die autochthone Malaria in Australien nahezu besiegt. Die ursprünglich für die Übertragung verantwortlichen Vektoren sind nicht mit Sicherheit bekannt, aber *An. farauti* war wahrscheinlich ein wichtiger Vektor, wobei andere Arten wie *An. amictus*, *An. bancroftii* und *An. hilli* ebenfalls eine Rolle spielten. Die genaue Identifizierung der verantwortlichen Überträgerarten wird durch die Tatsache erschwert, dass mehrere dieser Taxa Teil von Artenkomplexen sind. Derzeit werden jährlich etwa 600 Malariafälle importiert, und es treten auch sehr wenige Fälle von lokal übertragener Malaria auf (Gray et al. 2012).

Asien umfasst ein sehr breites Spektrum von Ökosystemen mit einer großen biogeografischen und kulturellen Vielfalt. Die Vielfalt der Vektoren und Parasiten sowie die Krankheitslast sind ähnlich heterogen. Wichtige Vektoren in West- und Zentralasien sind *An. sacharovi*, *An. stephensi*, *An. culicifacies*, *An. fluviatilis* und *An. superpictus*. Im tropischen Ostasien kommt eine breite Palette wichtiger Arten vor, darunter *An. dirus*, *An. sundaicus*, *An. minimus*, *An. farauti* und *An. sinensis*. Diese Vektoren besiedeln eine Vielzahl von Lebensräumen, von Bächen, Reisfeldern, verschmutzten städtischen Gewässern bis hin zu Regenwäldern. *Plasmodium falciparum*, *P. malariae* und *P. vivax* sind in Asien verbreitet, wobei *P. falciparum* die vorherrschende Parasitenart in Südostasien ist. In der Region Südostasien gab es im Jahr 2020 9 malariaendemische Länder. Hier wurden etwa 5 Mio. Fälle registriert, was 2 % der weltweiten Malariabelastung ausmacht. Die meisten dieser Fälle (83 %) wurden in Indien registriert, ebenso wie die meisten Todesfälle (82 %). Mehr als 1/3 der Fälle in der gesamten Region wurden durch *P. vivax* verursacht. In den letzten 2 Jahrzehnten sind die Malariafälle in dieser Region um etwa 78 % zurückgegangen, von 22,9 Mio. im Jahr 2000 auf 5 Mio. im Jahr 2020 (WHO 2021a).

Afrika ist nach wie vor die am stärksten von Malaria betroffene Region. Politische Instabilität, militärische Konflikte, vertriebene Menschen, Armut und ungeplante Urbanisierung erschweren die Eindämmungsbemühungen. In einigen zuvor malariafreien Hochlandgebieten in Zentralafrika werden Fälle gemeldet, und ein Zusammenhang mit dem Klimawandel wird vermutet (Ryan et al. 2020). Auf dem gesamten Kontinent leben 93 % der Bevölkerung in Gebieten mit endemischer Malaria oder in Gebieten, die von Epidemien bedroht sind. Die wichtigsten Vektoren sind *An. gambiae* s.s., *An. arabiensis* und *An. funestus*, wobei in einigen Gebieten auch *An. pharoensis* von Bedeutung ist (Sinka et al. 2012). *An. gambiae* s.l. gehört zu den effizientesten Malariavektoren und kommt sowohl in ländlichen als auch in städtischen Gebieten vor. Untersuchungen eines atypischen Ausbruchs urbaner Malaria in Dschibuti-Stadt (Horn von Afrika) in den Jahren 2012–2013 mit mehr als 3000 bestätigten Fällen haben dazu geführt, dass *Anopheles stephensi* als verantwortlicher Vektor identifiziert werden konnte (Faulde et al. 2014). Diese Stechmückenart ist als Hauptüberträger der Malaria in Asien bekannt und für die Übertragung in den Städten Indiens, Pakistans und der Arabischen Halbinsel verantwortlich. Nach dem ersten Nachweis in Dschibuti wurde das Vorkommen von *An. stephensi* auch in Somalia, Sudan und Äthiopien bestätigt (Ahmed et al. 2021; Carter et al. 2018; WHO 2021b).

P. falciparum ist nach wie vor der wichtigste Malariaparasit, wobei auch *P. malariae* und *P. Ovale* zirkulieren. *P. vivax* kommt im östlichen und südlichen Afrika vor, scheint aber in Westafrika zu fehlen. Bei der Malariabekämpfung wurden beträchtliche Fortschritte erzielt, und ein wirksamer Malariaimpfstoff wäre ein wichtiges Instrument zur Verringerung der enormen sozioökonomischen Belastung durch diese Krankheit. Der komplexe Lebenszyklus und der hohe Grad an genetischem Polymorphismus ermöglichen es *P. falciparum*, sich der menschlichen Immunantwort zu entziehen. Die genetische Variabilität des Parasiten macht die Wirte anfällig für wiederkehrende oder gleichzeitige Mehrfachinfektionen, selbst bei denjenigen, die mit dem zugelassenen Impfstoff RTS,S/AS01 geimpft wurden (Neafsey et al. 2015). Es handelt sich um den ersten Malariaimpfstoff, der in Routine-Immunisierungsprogrammen in Malariaendemiegebieten eingesetzt und von der WHO zur Malaria-tropica-Prävention bei Kindern aus Regionen mit mittlerem und hohem Übertragungsrisiko empfohlen wird (WHO 2022a). Je nach dem Entwicklungsstadium des Parasiten, auf das sie abzielen, werden die Malariaimpfstoffe in präerythrozytäre Impfstoffe, Impfstoffe gegen das Blutstadium und Impfstoffe gegen die Übertragung unterteilt. Der RTS,S-Impfstoff zielt auf das Circumsporozoitprotein auf der Oberfläche der Sporozoiten ab und greift damit den Parasiten vor der Infektion der Leber an, sodass er als präerythrozytärer Impfstoff gilt (Laurens 2020). Nach 30 Jahren Forschung wurde der RTS,S-Malariaimpfstoff 2016 in Ghana, Kenia und Malawi im Rahmen eines Pilotprogramms durch routinemäßige Kinderimpfungen eingeführt, was zu einem Rückgang der Krankenhausaufenthalte und der Sterblichkeit von Kindern führte (WHO 2022a). In Kombination mit den bestehenden Präventionsinstrumenten könnten diese Vakzine wieder zu Fortschritten in der Malariabekämpfung führen.

3.2 Arboviren

Arboviren (arthropod-borne viruses) stellen keine Kategorie im taxonomischen Sinne dar, sondern sind durch biologische und ökologische Merkmale definiert. Sie werden zwischen hämatophagen Arthropodenvektoren und Wirbeltieren übertragen. Der Arthropodenvektor nimmt das Arbovirus während der Virämie (Viruszirkulation in den peripheren Blutgefäßen) durch Blutmahlzeiten an einem infizierten Wirbeltier auf. Nachdem das Arbovirus anatomische und physiologische Barrieren im Körper des Vektors überwunden hat, vermehrt es sich und wird während einer als extrinsische Inkubationszeit bezeichneten Zeitspanne systemisch verbreitet. Sobald es die Speicheldrüsen des Vektors erreicht hat, ist das Virus bereit, beim nächsten Fütterungsereignis auf einen anderen Wirbeltierwirt übertragen zu werden (horizontale Übertragung) (Young 2018). Arboviren können auch durch transovariale und transstadiale Übertragung (vertikale Übertragung) von einer Arthropodengeneration auf die nächste übertragen werden. So sind einige dieser Viren in der Lage, im Eistadium des Vektors zu überwintern (Lequime et al. 2016).

Mehr als 300 Arboviren werden von Francki et al. (1991) und über 500 von Karabatsos (1985) aufgeführt. Ihre Zahl wurde aber mit dem Aufkommen der Hochdurchsatzsequenzierung rasch revidiert (Shi et al. 2018). Ungefähr 150 Arboviren infizieren den Menschen und 50 infizieren Nutz- und Wildtiere (Monath 1988; Young 2018; Hubálek et al. 2014). Die von Stechmücken übertragenen Viren, die für den Menschen und andere Wirbeltiere medizinisch relevant sind, sind RNA-Viren und gehören zu 6 Familien: den *Togaviridae* (Gattung *Alphavirus*), den Flaviviridae (Gattung *Flavivirus*), den Peribunyaviridae (Gattung *Orthobunyavirus*), den Phenuiviridae (Gattung *Phlebovirus*) und den Sedoreoviridae (Gattung *Seadornavirus*) (Murphy et al. 1995; Eldrige und Edman 2000).

Kleine und schnell mutierende RNA-Genome (mit der einzigen bekannten Ausnahme des von Zecken übertragenen DNA-Virus der Afrikanischen Schweinepest) machen Arboviren zu äußerst anpassungsfähigen Krankheitserregern, deren Ökologie eng mit der ihrer Vektoren und Reservoirwirte verflochten ist. Die stille, inapparente, enzootische Übertragung, gefolgt von Spillover und eruptiver epidemischer Übertragung, ist ein Kennzeichen der Arbovirusepidemiologie. Massive und rasche Umweltveränderungen in den Jahrzehnten nach dem 2. Weltkrieg, wie z. B. die rasche Verstädterung, Industrialisierung und veränderte Landnutzung, haben die Ausbreitung, Anpassung und Etablierung wichtiger Vektoren und der mit ihnen verbundenen zoonotischen und epizootischen Krankheitserreger begünstigt. In dieser Zeit haben die Häufigkeit und Intensität von durch Arboviren hervorgerufenen Epidemien zugenommen, während andere Länder das Auftreten bisher unbekannter Arboviren melden (Gubler 2011). Die durch Arboviren hervorgerufenen Erkrankungen des Menschen werden nach den wichtigsten klinischen Symptomen klassifiziert, die sie verursachen, wie z. B. Enzephalitis, fieberhafte Erkrankungen mit Hautausschlag und Arthritis oder hämorrhagisches Fieber. Diese Infektionen können ein breites Spektrum an leichten oder schweren Symptomen mit erheblicher Morbidität und Mortalität verursachen, insbesondere in tropischen Ländern.

3.2.1 Togaviridae (Alphaviren)

Die Mitglieder der Gattung *Alphavirus* sind die einzigen von Arthropoden übertragenen Viren in dieser Familie. Sie besitzen ein Einzelstrang-RNA-Genom von 11–12 Kilobasen (Weaver et al. 2012). Alphaviren zirkulieren meist enzootisch und infizieren kleine Säugetiere und Vögel. Mit Ausnahme des Chikungunya-Virus und des Ross-River-Virus ist der Mensch ein „Sackgassen"-Wirt, bei dem die Virämie meist nicht hoch genug ist, um den Vektor erneut zu infizieren.

Chikungunya-Virus (CHIKV)

Am typischen enzootischen Zyklus des CHIKV sind Stechmückenvektoren der Gattung *Aedes* spp. und nichtmenschliche Primatenwirte beteiligt. Die wichtigsten Vektoren bei der epidemischen Übertragung sind *Ae. aegypti* und *Ae. albopictus*. Bislang wurden 3 genetische CHIKV-Linien dokumentiert: Westafrika, Ost-/Zentral-/Südafrika (ECSA) und Asien. Auch der Mensch ist als Amplifikationswirt in die CHIKV-Übertragung involviert.

Die Krankheitssymptome beim Menschen treten nach einer Inkubationszeit von 4–8 Tagen auf. Die Krankheit beginnt plötzlich mit Fieber, Schüttelfrost, Kopfschmerzen, Photophobie und Arthralgien. Die Krankheit wurde erstmals 1952 während eines Ausbruchs in Tansania beschrieben. Der etymologische Ursprung von Chikungunya liegt in der Makonde-Sprache im Norden Mosambiks und im Südosten Tansanias (die oft fälschlicherweise dem Suaheli zugeordnet wird); es bedeutet „das, was sich nach oben biegt" oder „sich verrenkt" und bezieht sich auf die gebückte Haltung, die sich als Folge der arthritischen Symptome entwickelt (WHO 2022b). Die starken Gelenkschmerzen (Arthralgie) können etwa 1 Woche lang anhalten. In schweren Fällen kann sich jedoch eine chronische Arthritis entwickeln und eine monatelange Genesungszeit erfordern, insbesondere bei älteren Patienten. Todesfälle aufgrund von Chikungunya-bedingten Komplikationen sind selten und werden in der Altersgruppe der über 60-Jährigen verzeichnet.

Über 60 Länder in Afrika, Asien, Europa und Amerika haben CHIKV-Infektionen gemeldet (Qureshi 2018). Chikungunya-Epidemien haben große Aufmerksamkeit auf sich gezogen, nachdem es im Jahr 2005 auf der Insel La Réunion (Indischer Ozean) zu einem großen Ausbruch mit mehr als 300.000 Infektionen gekommen war. Mutationen eines CHIKV-Stamms, der von der ECSA-Linie abstammt, führten zu einer besseren Übertragbarkeit durch die lokalen Populationen von *Ae. albopictus* (Schuffenecker et al. 2006). Dieser neue Stamm erreichte danach Asien, wo u. a. in Indien mehr als 2 Mio. Menschen infiziert wurden. In der Folge traten die erste Epidemie und die ersten autochthonen Chikungunya-Fälle in Europa von Juli bis Oktober 2007 in Italien auf (Rezza et al. 2007). Die lokale Übertragung durch *Ae. albopictus* erfolgte durch einen infizierten Reisenden, der aus Kerala, Indien, zurückkehrte, und führte zu ~280 Fällen von autochthonem Chikungunya-Fieber. Die Labore müssen diese Fälle gemäß den europäischen Vorschriften zur Verhütung von Infektionen melden (ECDC 2008). Autochthone Fälle, die mit importierten Fällen und invasiven *Ae. albopictus* in Verbindung stehen, wurden in Frankreich 2010 und 2017 im Departement Var und 2014 in Montpellier festgestellt (Amraoui und Failloux 2016; Calba et al. 2017). Die Übertragung des CHIKV in gemäßigten Regionen wird durch die Umgebungstemperatur unterbrochen. Eine transovarielle Übertragung wurde bei *Ae. aegypti* und indischen Wildfängen von *Ae. albopictus* berichtet (Jain et al. 2016; Niyas et al. 2010).

Derzeit gibt es weder einen Impfstoff zur Prophylaxe noch eine spezifische Behandlung für Chikungunya. Ruhe, Flüssigkeitszufuhr und Schmerzmittel können die Symptome lindern, während die Gabe von Aspirin vermieden werden sollte, bis eine Dengue-Virusinfektion ausgeschlossen werden kann, um das Risiko von Blutungen zu verringern (CDC 2022a).

Ross-River-Virus (RRV)
Dieses Virus ist in Australien, Papua-Neuguinea und den Salomonen endemisch und wurde erstmals in den 1950er-Jahren aus Stechmücken im nördlichen Queensland, Australien, isoliert (Yuen und Bielefeldt-Ohmann 2021). Der Übertragungszyklus ist in der Regel ein Stechmücken-Beuteltier-Zyklus mit Pferden, Flughunden, Bürstenschwanztieren und Menschen als möglichen Reservoirwirten in städtischen und periurbanen/ländlichen Umgebungen (Koolhof und Carver 2017). Das Virus wurde zuerst aus *Ae. vigilax* isoliert, aber zahlreiche andere Stechmückenarten, darunter *Ae. aegypti*, *Ae. polynesiensis* und *Mansonia uniformis*, zeigen ein hohes Maß an Vektorkompetenz (Kay und Aaskov 1988). Eine weitere Ausbreitung des Virus ist daher nicht unwahrscheinlich. Von den mehr als 40 Arten, die als kompetente Vektoren des RRV identifiziert wurden, sind 4 je nach Landschaftsstruktur als primäre Vektoren bekannt: *Culex annulirostris* in Binnenlandgebieten, *Ae. notoscriptus* in städtischen Gebieten, *Ae. camptorhynchus* und *Ae. vigilax* in Küstengebieten (Yuen und Bielefeldt-Ohmann 2021).

Neben den endemischen Gebieten wurden auch Ausbrüche in Amerikanisch-Samoa, Neukaledonien, Französisch-Polynesien, Fidschi und auf den Cook-Inseln beschrieben. In Australien werden jährlich 6000–7000 Menschen infiziert (Knope et al. 2016). Die Inkubationszeit beträgt in der Regel 7–9 Tage, und die Symptome variieren stark. Subklinische Infektionen sind häufig. Die Mehrzahl der Fälle (70–90 %) ist gekennzeichnet durch Arthralgie der Knie, Knöchel und Handgelenke, Lethargie/Müdigkeit und Gelenksteifigkeit, begleitet von Myalgie, Hautausschlag und Fieber (Condon und Rouse 1995; Westley-Wise et al. 1996). Bei mehr als der Hälfte der RRV-Patienten besteht 12 Monate nach dem ersten Auftreten der Symptomatik immer noch eine Arthralgie. Obwohl kaum Todesfälle gemeldet wurden, sind seltene Komplikationen wie eine Enzephalitis aufgetreten. Die RRV-Erkrankung kann aufgrund ihrer bewegungseinschränkenden Folgen große Auswirkungen auf die menschliche Produktivität und die Wirtschaft haben (Mackenzie und Smith 1996). Die Patienten erhalten lediglich eine supportive Therapie, die hauptsächlich auf Analgetika und nichtsteroidalen entzündungshemmenden Medikamenten basiert, da es keinen Impfstoff zur Prophylaxe einer RRV-Infektion und keine spezifische Behandlung für RRV-Erkrankungen gibt (Liu et al. 2017).

Östliches Pferdeenzephalomyelitis-Virus (EEEV)
Die durch das EEEV (Eastern Equine Encephalitis Virus) verursachte Krankheit wurde erstmals 1931 während einer Pferdeepidemie in Massachusetts im Osten der Vereinigten Staaten von Amerika gemeldet. Seitdem wurde sie auch in Zentral-/Südamerika und in der Karibik festgestellt. Epizootien bei Pferden sind in den Vereinigten Staaten weiterhin regelmäßig aufgetreten. Das EEEV wurde erstmals 1933 aus dem Gehirn infizierter Pferde isoliert (Giltner und Shahan 1933). Im Jahr 1938 wurden die ersten bestätigten

Fälle beim Menschen festgestellt, als 30 Kinder im Nordosten der USA an Enzephalitis starben. Diese Fälle traten zeitgleich mit Ausbrüchen bei Pferden in denselben Regionen auf.

Das Virus zirkuliert in der Natur in einem Vogel-Stechmücken-Zyklus. Die ornithophilen Stechmücken *Cs. melanura* und *Cs. morsitans* gelten als die primären Vektoren des EEEV, während *Cq. perturbans*, *Ae. vexans*, *Ae. sollicitans* und *Ae. canadensis* als Brückenvektoren bekannt sind, die die Viren von Vögeln auf Säugetierwirte (einschließlich Menschen) übertragen (Morris 1988). Obwohl Vögel die wichtigsten Amplifikationswirte sind, kann das EEEV eine Vielzahl von Wirbeltieren infizieren, darunter Säugetiere, Reptilien und Amphibien.

Bei Pferden treten die Symptome 1–3 Wochen nach der Infektion auf und beginnen mit hohem Fieber, das gewöhnlich 1–2 Tage anhält. Während des fiebrigen Stadiums zeigt das infizierte Pferd nervöse Anzeichen wie Geräuschempfindlichkeit und Unruhe. Hirnläsionen führen zu Schläfrigkeit, hängenden Ohren, Kreisen und abnormalem Gangbild. In der Regel kommt es zu einer vollständigen Lähmung, gefolgt vom Tod 2–4 Tage nach Auftreten der ersten Symptome. Das EEEV kann in 2 Viruslinien unterschieden werden, nämlich das EEEV in Nordamerika und das Madariagavirus in Südamerika. Die beiden Viruslinien haben unterschiedliche Pathogenität, wobei das nordamerikanische EEEV das pathogenere Virus ist. Die Sterblichkeit liegt zwischen 30 und 70 % beim Menschen und bis zu 90 % bei Pferden (Scott und Weaver 1989; Kielian et al. 2018). Infizierte Menschen können eine schwere neurologische Erkrankung (Enzephalomyelitis) entwickeln. Überlebende leiden häufig an neurologischen Folgeerscheinungen wie Krämpfen, Anfällen und Lähmungen, die sich auf die geistigen Fähigkeiten und das Verhalten auswirken können. Die hohe Sterblichkeitsrate und die schwere Morbidität machen das EEEV zu einem wichtigen humanpathogenen Alphavirus (Kehn-Hall und Bradfute 2022). Impfstoffe für Pferde zur Vorbeugung von EEEV-Infektionen sind im Handel erhältlich. Aufgrund des Potenzials des EEEV als Biokampfstoff wird seit Jahrzehnten an Impfstoffen geforscht. Für den Menschen ist jedoch kein Produkt verfügbar (Powers 2022).

Westliches Pferdeenzephalomyelitis-Virus (WEEV)
Das WEEV (Western Equine Encephalomyelitis Virus) kommt vor allem in den westlichen Teilen Nordamerikas vor und wird in einem komplexen enzootischen Zyklus aufrechterhalten, an dem Stechmücken als Überträger und Vögel oder kleine Säugetiere als Reservoirwirte beteiligt sind. Wichtige Vektoren sind Stechmücken der Gattung *Culex* wie *Cx. tarsalis* (westliche Hälfte Nordamerikas), aber auch *Ae. dorsalis* oder *Ae. albifasciatus* (Argentinien) können beteiligt sein (Ryan und Ray 2004).

Das WEEV umfasst 6 Serotypen, die sich in ihrer Virulenz unterscheiden. Eine der größten registrierten WEEV-Epidemien ereignete sich 1930 in Kalifornien und betraf etwa 6000 Pferde. Die Infektion des Menschen kann eine Reihe von Symptomen hervorrufen, die von Symptomlosigkeit, Kopfschmerzen und Fieber bis hin zu aseptischer Meningitis und Enzephalitis reichen. Bei Menschen mit einer schwereren Erkrankung können plötzliches hohes Fieber, Kopfschmerzen, Schläfrigkeit, Reizbarkeit, Übelkeit und Erbrechen auftreten, gefolgt von Verwirrung, Schwäche und Koma. Die Symptome treten in der Regel 5–10 Tage nach dem Stich einer infizierten Stechmücke auf. Das Virus ist besonders für junge Patienten pathogen (>90 % Sterblichkeit bei Kindern unter 1 Jahr), die häufig Krampfanfälle erleiden. Klinische Fälle enden oft tödlich, doch ist die Gesamtsterblichkeitsrate beim WEEV im Vergleich zum EEEV geringer (3–15 %). Die Sterblichkeitsrate bei Pferden beträgt bis zu 30 % (Calisher 1994; Steele und Twenhafel 2010). Die Häufigkeit von WEEV-Infektionen in den Vereinigten Staaten von Amerika ist in den letzten Jahrzehnten zurückgegangen (über 600 menschliche Fälle in den Jahren 1964–2010) (Bergren et al. 2020; Robb et al. 2019), obwohl kürzlich auch über WEEV-Infektionen in Mexiko berichtet wurde (Lecollinet et al. 2019). Für den Menschen steht kein Impfstoff zur Verfügung. Für Pferde wurde ein inaktivierter Impfstoff zugelassen (Kehn-Hall und Bradfute 2022).

Venezolanischer Pferdeenzephalomyelitis-Virus-Komplex (VEEV-Komplex)
Der Komplex umfasst 6 VEEV-Subtypen, die in der westlichen Hemisphäre zirkulieren. VEEV-Stämme bestimmter Varietäten und Subtypen gelten als epizootische Stämme, während andere als enzootische Stämme bezeichnet werden, die unterschiedliche Vorkommen und Virulenz aufweisen (Forrester et al. 2017). Das VEEV (Venezuelan Equine Encephalitits Virus) befällt Pferde, Esel und Maultiere und wurde 1936 nach einer Epizootie bei Pferden in Venezuela entdeckt (Suárez und Bergold 1968). Von 1936 bis 1968 kam es in mehreren südamerikanischen Ländern zu verheerenden Ausbrüchen bei Pferden. In den folgenden Jahren breitete sich die Krankheit über ganz Mittelamerika nach Norden aus und erreichte 1971 Mexiko und Texas. Pferde sind an der epizootischen Übertragung beteiligt. Allerdings können auch kleine Nagetiere und gelegentlich Vögel an der Übertragung beteiligt sein. Obwohl der Mensch eine ähnlich hohe Virämie entwickelt wie das Pferd, gilt er aufgrund seiner geringeren Exposition gegenüber kompetenten Vektoren nicht als relevanter Amplifikationswirt. Die primären (enzootischen) VEEV-Vektoren gehören zur Untergattung *Melanoconion* der Gattung *Culex* spp., obwohl Mitglieder anderer Gattungen wie *Aedes* spp.,

Anopheles spp., *Deinocerites* spp., *Mansonia* spp. und *Psorophora* spp. in bestimmten Ökosystemtypen als sekundäre oder potenzielle Vektoren gelten (Weaver et al. 2004).

Die Inkubationszeit von der Inokulation bis zur ersten Symptomatik beträgt in der Regel 12 h bis 5 Tage. Nach der Infektion können die Pferde plötzlich sterben oder Anzeichen einer fortschreitenden neurodegenerativen Erkrankung zeigen. Gesunde erwachsene Menschen, die sich mit dem VEEV infizieren, können grippeähnliche Symptome aufweisen. Bei immungeschwächten Personen, Kindern oder älteren Menschen kann es jedoch zu schweren Krankheitsverläufen und zum Tod kommen. Es gibt einen experimentellen Impfstoff für Menschen, der selektiv verabreicht wird. Seine Wirksamkeit ist jedoch unbekannt, und die Nebenwirkungen sind beträchtlich. Für Pferde ist ein inaktivierter Impfstoff verfügbar (Kehn-Hall und Bradfute 2022).

O'nyong-nyong-Virus (ONNV)
Dieses Virus ist in Afrika südlich der Sahara endemisch, wo es erstmals 1959 während einer sehr großen Epidemie isoliert wurde, die in Uganda begann und sich über Kenia nach Südostafrika ausbreitete (Haddow et al. 1960). Ähnlich wie beim CHIKV bedeutet der Name der Krankheit („o'nyong-nyong") „schmerzhafte Schwächung der Gelenke"; der etymologische Ursprung der Krankheit ist die Acholi-Sprache in Norduganda. ONNV ist ein enger genetischer Verwandter des CHIKV und bildet eine monophyletische Gruppe innerhalb des Semliki-Forest-Antigenkomplexes. Im Gegensatz zum CHIKV, dessen Hauptvektoren *Aedes*-spp.-Stechmücken sind, sind die Hauptvektoren des ONNV *An. funestus* und *An. gambiae*, die auch Malariaüberträger sind. Die natürlichen Reservoirwirte sind nach wie vor unbekannt, ebenso wie die für die interepidemische Übertragung verantwortlichen enzootischen Vektoren (d. h. der enzootische oder „natürliche" Zyklus) (Rezza et al. 2017).

Das ONNV zeigt ein ausgeprägtes Aktivitätsmuster, das in Ostafrika große Epidemien (mit Millionen von Fällen beim Menschen) auslöst, auf die Jahre mit scheinbarer Virusabwesenheit folgen. Nach dem ersten Ausbruch, der zur Identifizierung des Virus führte (1959–1962) und sowohl Ost- als auch Westafrika betraf (über 2 Mio. Fälle), wurden in diesen Regionen bis zum erneuten Auftreten in Uganda im Jahr 1996 keine Infektionen mehr gemeldet (Rwaguma et al. 1997). Die Isolierung des ONNV aus *An. funestus* in Kenia (1978) und Seroprävalenzstudien deuten jedoch darauf hin, dass auch Übertragungen zwischen den Epidemien stattfanden (Reza et al. 2017).

Die Symptome des O'nyong-nyong-Fiebers ähneln denen des Chikungunya-Fiebers, was eine Differenzialdiagnose erschwert: Fieber, Arthralgie vor allem der großen Gelenke, Kopfschmerzen, Hautausschlag, Lymphadenopathie und Bindehautentzündung. Die Inkubationszeit bis zur akuten Erkrankung beträgt etwa 8 Tage. Die akute Erkrankung dauert mehrere Tage, und die Gelenkschmerzen können bei einigen Patienten länger anhalten. Obwohl die Krankheit selbstlimitierend ist und bisher keine Todesfälle gemeldet wurden, führen Ausbrüche von ONN-Fieber zu erheblicher Morbidität und längerer Arbeitsunfähigkeit der Patienten. Es gibt keine spezifische Behandlung für ONN-Fieber, und es ist noch kein Impfstoff verfügbar, obwohl ein CHIKV-Impfstoffkandidat eine kreuzneutralisierende Antikörperreaktion sowohl gegen das CHIKV als auch das ONNV hervorruft (Partidos et al. 2012).

Mayaro-Virus (MAYV)
Das erste Auftreten dieses Virus wurde 1954 in Trinidad und Tobago dokumentiert, nachdem es aus dem Blut von 5 Arbeitern aus dem Bezirk Mayaro isoliert worden war (Anderson et al. 1957). Das MAYV gehört zum Semliki-Forest-Antigenkomplex und ist in den tropischen Regionen Mittel- und Südamerikas endemisch. Der enzootische (sylvatische) Zyklus umfasst *Haemagogus janthinomys*-Stechmücken und nichtmenschliche Primaten als Hauptwirte. An diesem Zyklus können auch kleine Wirbeltiere als Sekundärwirte beteiligt sein (Nagetiere, Reptilien, Vögel), deren Rolle noch zu klären ist. Stechmücken der Gattungen *Mansonia* spp., *Culex* spp., *Sabethes* spp., *Aedes* spp. oder *Psorophora* spp. können eine sekundäre Rolle bei der MAYV-Übertragung spielen (Mackay und Arden 2016).

Die Mayaro-Krankheit tritt plötzlich auf, und das Fieber erreicht typischerweise 3–5 Tage nach der Infektion seinen Höhepunkt. In der ersten Woche nach Ausbruch der Krankheit kann an Armen und Beinen ein Hautausschlag auftreten, der sich auf Rumpf, Hals und Gesicht ausbreitet. Weitere Symptome sind schwere Arthralgien (Knöchel, Handgelenke, Finger, Ellbogen, Zehen), Schwindel, Schüttelfrost, Kopfschmerzen, Myalgien, retroorbitale Schmerzen, Photophobie, Lymphadenopathie und gastrointestinale Störungen. Tödliche Fälle sind selten. Ein Kennzeichen der Mayaro-Krankheit ist eine lang anhaltende Polyarthralgie, die auf eine virusbedingte Entzündung zurückzuführen ist. Die lähmenden Gelenkschmerzen können Wochen bis Monate andauern und immer wieder auftreten (Mackay und Arden 2016).

Seit seiner Entdeckung im Jahr 1954 wurden Fälle im und um das Amazonasbecken gemeldet. Die meisten Ausbrüche beschränken sich auf ländliche Gebiete, insbesondere am Rand von Waldgebieten. Es wird jedoch erwartet, dass sich das MAYV aufgrund von Landnutzungsänderungen (z. B. Verstädterung, Entwaldung, Landwirtschaft) und der Kompetenz städtischer, anthropophiler Vektoren wie *Ae. aegypti* und *Ae. albopictus* zu einem urbanen Arbovirus entwickelt (Diop et al. 2019; Wiggins et al.

2018). Ausbrüche der Mayaro-Krankheit folgen eng auf die Abfolge von Regen- und Trockenzeiten und fallen oft mit Ausbrüchen von Dengue, Gelbfieber und Chikungunya zusammen (Mackay und Arden 2016).

Obwohl sich Impfstoffkandidaten in Mausmodellen als immunogen erwiesen haben, gibt es keinen zugelassenen Impfstoff für die MAYV-Infektion. Die Behandlung der Mayaro-Krankheit ist in der Regel symptomatisch und ähnelt der Behandlung der Chikungunya-Krankheit.

Sindbis-Virus (SINV)
Dieses Virus wurde erstmals 1952 aus *Culex univitattus*-Stechmücken isoliert, die in dem gleichnamigen ägyptischen Dorf in der Nähe von Kairo gesammelt wurden. Hauptüberträger sind ornithophile *Culex*-spp.-Stechmücken, die das Virus auf Wildvögel übertragen. SINV wurde auch in *Culiseta morsitans*, *Coquillettidia richiardii*, *Mansonia africana*, *Aedes* spp. und *An. hyrcanus* nachgewiesen (Lundström 1994; Hesson et al. 2015; Hubálek et al. 2014); Lvov et al. 1984; Norder et al. 1996). Außerdem wurde SINV aus Hamstern, Fröschen, Sentinel-Hühnern und Kaninchen isoliert (Gresikova et al. 1973; Kozuch et al. 1978; Aspöck 1996). Die erste Isolierung des SINV in Europa wurde 1984 in Schweden aus *Culiseta* spp. durchgeführt (Niklasson et al. 1984). In jüngerer Zeit wurde SINV auch aus *Cx. p. pipiens* und/oder *Cx. torrentium*, *Cs. morsitans*, *An. maculipennis* s.l. und *Ae. cinereus* isoliert (Francy et al. 1989; Hesson et al. 2015; Jöst et al. 2010, 2011a). Antikörper gegen das SINV wurden bei Arten mehrerer Vogelordnungen sowie bei Säugetieren aus mehreren europäischen Ländern nachgewiesen (Lundström 1999; Lundström et al. 2001).

Der erste Fall beim Menschen wurde 1961 in Uganda dokumentiert, und ein Zusammenhang zwischen dem SINV und neurologischen Erkrankungen bei Pferden wurde kürzlich in Südafrika festgestellt (van Niekerk et al. 2015). 6 Genotypen von SINV (I–VI) wurden bisher durch phylogenetische Analysen identifiziert (Strauss und Strauss 1994; Lundström und Pfeffer 2010). Die Phylogeografie der SINV-Genotypen zeigt, dass der Genotyp SINV-I, der für die Erkrankung von Menschen in Europa verantwortlich ist, aus Zentralafrika stammt, von wo er höchstwahrscheinlich durch Zugvögel importiert und regional verbreitet wird (Ling et al. 2019).

Obwohl das SINV in Stechmücken und Vögeln in der gesamten Alten Welt und in Ozeanien nachgewiesen wurde, werden symptomatische Infektionen beim Menschen fast ausschließlich in Nordeuropa (Finnland, Schweden, Russland) und Südafrika gefunden. Der Genotyp I (SINV-I) verursacht die Erkrankung beim Menschen, die als Pogosta-Krankheit (Finnland), Ockelbo-Krankheit (Schweden) oder Karelisches Fieber (Russland) bekannt ist. Die Inkubationszeit der SINV-Infektion ist in der Regel kürzer als 7 Tage. Die Krankheit ist selbstbegrenzend, und häufige Symptome sind Hautausschlag an Rumpf und Gliedmaßen, Fieber, Gelenkschmerzen und -schwellungen, Übelkeit, Kopfschmerzen und Myalgie. Todesfälle aufgrund einer SINV-Infektion sind nicht bekannt. Die meisten Symptome klingen innerhalb von 1–2 Wochen ab, ein großer Teil der SINV-Infektionen führt jedoch zu Langzeitmanifestationen in den Gelenken (Monate oder Jahre), wobei einige Fälle sogar zu chronischer Arthritis führen (ECDC 2022a). Ausbrüche der Sindbis-Krankheit in Europa treten in der Regel im Juli und August auf und verschwinden am Ende des Herbstes. Der Beginn der SINV-Übertragung im Sommer ist noch nicht ganz geklärt, und es wurden Mechanismen für die Viruspersistenz über den Winter vorgeschlagen: saisonale Wiedereinschleppung von SINV, anhaltende Infektion von Wirbeltierwirten und Überwinterung infizierter Stechmücken. Die Einschleppung des Virus über weite Entfernungen durch den Vogelzug wurde durch phylogeografische Studien belegt, allerdings handelt es sich dabei um seltene Ereignisse, die die saisonalen Muster der SINV-Aktivität in endemischen Gebieten nicht erklären können. Die bisher gesammelten Erkenntnisse deuten darauf hin, dass die Persistenz des SINV in überwinternden Weibchen von *Culex* spp. der Hauptmechanismus für die Viruspersistenz in endemischen Gebieten Europas (z. B. Schweden) ist (Bergman et al. 2020).

Semliki-Forest-Virus-Komplex (SFV-Komplex)
Dieser Komplex wurde erstmals 1942 aus Stechmücken isoliert, die im Semliki Forest in Uganda gesammelt wurden. Die Virusspezies SFV ist namensgebend für eine Serogruppe, die 9 Alphaviren aus der Alten und Neuen Welt umfasst. Wildvögel, Haustiere, nichtmenschliche Primaten, Nagetiere und Menschen wurden in Zentral- und Westafrika, Asien und möglicherweise auch in Europa als mit dem SFV infiziert oder krank gemeldet. Der einzige Bericht über eine möglicherweise durch ein SFV verursachte menschliche Erkrankung in Europa stammt aus Albanien (Eltari et al. 1987; Lundström 1999). Obwohl in einer Reihe von Vögeln (z. B. *Ardea cinerea*, *Acrocephalus* spp., *Remiz pendulinus*) Antikörper nachgewiesen und Viren aus *Ae. euedes* in Zentralrussland isoliert wurden (Mitchell et al. 1993), wird das SFV in Europa als epidemiologisch unbedeutend angesehen. Aus Westeuropa sind keine klinischen Fälle gemeldet worden. Menschen und Pferde sind im Vergleich zu anderen Wirten am häufigsten infiziert. Der Übertragungszyklus des SFV ist nach wie vor unklar. Man geht davon aus, dass die meisten SFV-Infektionen beim Menschen asymptomatisch oder subklinisch verlaufen und in einigen Fällen eine fiebrige, selbstlimitierende Erkrankung verursachen. Solche klinischen Fälle sind durch

Fieber, Kopfschmerzen, Muskel- und Gelenkschmerzen gekennzeichnet. Seltene Fälle von Meningoenzephalitis, die zum Tod führen, sind bekannt. Es gibt keine antivirale Behandlung für die Semliki-Forest-Krankheit und keinen verfügbaren Impfstoff.

3.2.2 Flaviviridae (Flaviviren)

Die Flaviviridae sind eine Familie umhüllter Positivstrang-RNA-Viren mit Genomen von etwa 9–13 kb. Die Arten werden in 4 Gattungen unterteilt: *Flavivirus*, *Hepacivirus*, *Pegivirus* und *Pestivirus*. Die meisten Flavivirusarten werden durch Vektoren übertragen, wobei die Übertragungszyklen hämatophage Arthropoden und Wirbeltiere einbeziehen; etwa die Hälfte der Flaviviren wird durch Stechmücken übertragen. Diese Viren können auch durch Bluttransfusionen, Transplantationen und tierische Produkte (z. B. unpasteurisierte Milch) übertragen werden. Die transovarielle Übertragung durch Vektoren trägt zur Weiterverbreitung vieler Flaviviren in der Natur bei. Mehr als die Hälfte der bekannten Flaviviren wurde mit menschlichen Erkrankungen in Verbindung gebracht, wobei die Gattung viele hochrelevante Krankheitserreger umfasst (Simmonds et al. 2017).

Gelbfieber-Virus (YFV)
Gelbfieber ist historisch gesehen die wichtigste und gefährlichste durch Stechmücken übertragene Krankheit. In vielen Ländern Afrikas und Südamerikas ist es immer noch eine wichtige Ursache für hämorrhagische Erkrankungen, obwohl es einen wirksamen Impfstoff gibt. Das Attribut „gelb" bezieht sich auf die Gelbsuchtsymptome, die bei einigen Patienten auftreten. In den 1700er-Jahren brachen in England, Frankreich und Spanien verheerende Gelbfieberepidemien aus. Im 19. Jahrhundert sollen in Spanien mehr als 300.000 Menschen an der Infektion gestorben sein. Bis Anfang des 20. Jahrhunderts verursachte die Ausbreitung von *Ae. aegypti* schwere Gelbfieberepidemien in Regionen Nord- und Mittelamerikas, der Karibik und Europas. Im Jahr 1900 wiesen die Forschungen von Carlos Finlay, Walter Reed und Kollegen die Rolle von *Ae. aegypti* im Übertragungszyklus des YFV (Yellow Feber Virus) nach, woraufhin Präventivmaßnahmen gegen den Vektor und die Verbreitung der Krankheit eingeleitet wurden. YFV wurde erstmals 1927 in Westafrika isoliert (Sosa 1989; Staples und Monath 2008). Zahlreiche Wirbeltiere, insbesondere Primaten, sind für das Virus empfänglich, sodass es in enzootischen Zyklen persistieren kann. Es können 2 verschiedene Übertragungszyklen unterschieden werden:

1. Der Dschungel- oder sylvatische/enzootische Zyklus im tropischen Amerika und Afrika. Affen sind die Hauptwirte, die hauptsächlich von *Haemagogus* spp. in den Urwäldern des tropischen Amerikas oder von *Ae. africanus* in Afrika infiziert werden. In afrikanischen Galeriewäldern oder Savannen können die Überträger des Gelbfiebers *Ae. bromeliae* (Ost- und Zentralafrika) oder *Ae. vittatus* in Westafrika sein. Menschen, die auf der Suche nach Nahrung oder Holz in die Wälder kommen, werden durch Stechmückenstiche infiziert und tragen das Virus in die menschlichen Siedlungen.

2. Der städtische/epidemische Zyklus, der beginnt, wenn infizierte Menschen in ihre Dörfer oder Städte zurückkehren und von *Ae. aegypti* gestochen werden. So wird das YFV von Mensch zu Mensch übertragen, was schließlich zu Epidemien führt.

Die molekulare Entwicklung des YFV deutet auf Afrika als Ursprung dieses Virus hin, von wo aus es sich wahrscheinlich im Zuge des atlantischen Sklavenhandels nach Westen in die Neue Welt (17.–19. Jahrhundert) ausgebreitet hat (Bryant et al. 2007).

Nichtmenschliche Primaten aus Afrika weisen eine hohe Infektionsresistenz auf und bleiben während der Virämie weitgehend asymptomatisch. Im Gegensatz dazu sind Epizootien unter südamerikanischen nichtmenschlichen Primaten häufig und mit hohen Sterblichkeitsraten verbunden (Tuells et al. 2022). In Asien gibt es kein Gelbfieber, was auf unterschiedliche Faktoren zurückzuführen ist (Eldridge und Edman 2000).

Nach dem Stich einer infizierten Mücke vermehrt sich das Virus zunächst lokal und breitet sich dann über das Lymphsystem im restlichen Körper aus, wo es sich in allen Organsystemen, einschließlich Herz, Nieren, Nebennieren und Leberparenchym, ansiedelt; hohe Viruslasten sind auch im Blut vorhanden. Die Inkubationszeit beim Menschen beträgt 3–5 Tage, gefolgt von Schlaflosigkeit, Übelkeit, Fieber, Schüttelfrost, Erbrechen, Verstopfung, Herzrasen und Rückenschmerzen. Aufgrund der Leberfunktionsstörung tritt die Gelbsucht in der Regel am 2. oder 3. Tag nach den ersten Anzeichen der Krankheit auf. Die Patienten entwickeln hämorrhagische Symptome, Leber- und Nierenversagen und verfallen ins Delirium und Koma, häufig gefolgt vom Tod. Die Sterblichkeitsrate liegt bei mehr als 50 % der Patienten, die Gelbsucht entwickeln (Eldridge und Edman 2000).

Gelbfieber ist in 47 Ländern in Afrika, Mittel- und Südamerika endemisch. Im Jahr 2001 schätzte die WHO, dass das YFV in nicht geimpften Bevölkerungsgruppen jährlich etwa 200.000 klinische Fälle und etwa 30.000 Todesfälle verursacht. Schätzungen auf der Grundlage afrikanischer Datenquellen ergaben, dass sich die Belastung durch Gelbfieber im Jahr 2013 auf 84.000–170.000 schwere

Fälle und 29.000–60.000 Todesfälle belief. Daher wurde 2017 unter der Schirmherrschaft der WHO die Strategie zur Eliminierung von Gelbfieberepidemien (EYE) ins Leben gerufen. Ziel der Partnerschaft ist es, gefährdete Bevölkerungsgruppen zu schützen, die internationale Ausbreitung zu verhindern und Ausbrüche schnell einzudämmen. Es wird erwartet, dass bis 2026 mehr als 1 Mrd. Menschen vor der Krankheit geschützt sind (WHO 2018a). Massenimpfungen und Vektorkontrollprogramme in menschlichen Siedlungen können die Belastung durch Gelbfieber verringern (Norrby 2007; WHO 2018). Im Gegensatz zu den aktuellen WHO-Empfehlungen hat Deutschland die Empfehlungen zur Gelbfieberimpfung aktualisiert. So wird allen Reisenden in Gelbfieber-Endemieländern und exponiertem Laborpersonal eine Auffrischungsimpfung ≥10 Jahre nach der Erstimpfung empfohlen (Kling et al. 2022).

Dengue-Virus (DENV)
Dieses Virus umfasst 4 Serotypen (DENV-1, DENV-2, DENV-3 und DENV-4) und ist der Erreger des Dengue-Fiebers. Die ersten gemeldeten Dengue-Fieber-Epidemien traten 1779/1780 in Asien, Afrika und Nordamerika auf, was darauf hindeutet, dass das DENV und seine Stechmückenvektoren seit mehr als 200 Jahren weltweit in den Tropen verbreitet sind. Während des größten Teils dieser Zeit war das Dengue-Fieber eine milde, nicht tödlich verlaufende Krankheit, bis in den 1950er-Jahren das hämorrhagische Dengue-Fieber (DHF) zunächst auf den Philippinen und dann in Thailand epidemisch auftrat. Heute ist das DHF eine der Hauptursachen für Krankenhausaufenthalte und Todesfälle bei Kindern in Regionen mit Dengue-Epidemien (Gubler 2006).

Aedes aegypti ist der primäre DENV-Vektor in städtischen Gebieten, während *Ae. albopictus* ein sekundärer Vektor in suburbanen/ländlichen Gebieten ist. Der Mensch ist als Hauptreservoir bekannt, das DENV im epidemischen Zyklus hält. Nichtmenschliche Primaten sind in Asien und Afrika in den Seuchenzyklus involviert, nach den vorliegenden Daten jedoch nicht in Amerika (Braack et al. 2018).

Nach einer extrinsischen Inkubationszeit von 8–10 Tagen ist die infizierte Mücke in der Lage, das Virus bei der Blutaufnahme zu übertragen, und bleibt für den Rest ihres Lebens infektiös. Eine transovarielle Übertragung des DENV durch weibliche Stechmücken ist ebenfalls möglich, aber die Rolle dieses Mechanismus bei der anhaltenden Übertragung des Virus auf den Menschen ist noch nicht eindeutig geklärt (Yang 2017).

Die Ausbreitung des DENV ist nicht nur auf die zunehmende geografische Verbreitung der 4 DENV-Serotypen zurückzuführen, sondern auch auf ihre Moskitovektoren. Die Populationen von *Aedes aegypti* nehmen vor allem in schnell urbanisierten Gebieten zu, die für die Vermehrung von Stechmücken günstig sind, in denen die Lagerung von Wasser in Behältern in den Haushalten üblich und die Abfallentsorgung unzureichend ist. Dengue-Fieber und DHF sind zu einem wichtigen internationalen Problem für die öffentliche Gesundheit geworden, das tropische und subtropische Regionen auf der ganzen Welt betrifft, vor allem in städtischen und halbstädtischen Gebieten. Das DENV verursacht mehr Todesfälle und Erkrankungen als jede andere arbovirale Infektion in menschlichen Populationen in den Tropen und Subtropen, insbesondere in Asien, aber auch in Afrika, wo diese Fälle zunehmen (Braack et al. 2018). Die weltweite Inzidenz von Dengue-Fieber und DHF hat in den letzten Jahrzehnten dramatisch zugenommen, insbesondere durch die dramatische Zunahme des internationalen Reiseverkehrs. Die globale Vernetzung der Transportwege für Waren und Menschen ermöglicht die Ausbreitung des DENV über infizierte Reisende und invasive Stechmückenvektoren. Obwohl die tatsächliche Zahl der Dengue-Fälle zu niedrig angegeben wird und viele Fälle falsch klassifiziert werden, schätzen Bhatt et al. (2013), dass jedes Jahr 390 Mio. Dengue-Infektionen auftreten, von denen sich etwa 96 Mio. klinisch manifestieren und 500.000 schwere Symptome entwickeln, mit einer Sterblichkeitsrate von etwa 2,5 %, von denen ein hoher Anteil Kinder sind. Brady et al. (2012) schätzen, dass etwa 3,9 Mrd. Menschen in 128 Ländern (darunter 36 bisher Dengue-freie Länder) in Afrika, Asien, der westlichen Pazifikregion, der Karibik, in Mittel- und Südamerika und sogar in einigen Teilen Europas dem Risiko einer DENV-Infektion ausgesetzt sind (WHO 2022c).

In Europa ereignete sich einer der ersten Ausbrüche des Dengue in den Jahren 1927 und 1928 in Athen, Griechenland, wo es eine verheerende Epidemie von Fieber und Polyarthritis verursachte. Etwa 1 Mio. Menschen (80 % der damaligen Einwohner) infizierten sich, und mehr als 1500 starben (Papaevangelou und Halstead 1977). Dengue-Fieber trat auch in Spanien, Italien und im ehemaligen Jugoslawien auf. Die Länder des Mittelmeerraums sind am meisten gefährdet. Dengue ist in Europa wieder endemisch, und mit der steigenden Zahl importierter Fälle (ECDC 2018a) und der Ausbreitung von *Ae. aegypti* und insbesondere *Ae. albopictus* steigt das Risiko weiterer autochthoner Fälle. Nach der Etablierung dieser invasiven Vektoren kam es zu Ausbrüchen oder autochthonen Fällen in Madeira (2012–2013), Südfrankreich (jährlich seit 2010), Kroatien (2013, 2015) und Italien (2020) (Barzon et al. 2021, ECDC 2013; ECDC 2018a; Schmidt-Chanasit et al. 2010; Marchand et al. 2013; Succo et al. 2016). In Frankreich wurde ein starker Anstieg der autochthonen Dengue-Übertragung beobachtet, mit 65 Fällen im Jahr 2022, was die kumulierte Anzahl der zwischen 2010 und 2021 beobachteten Fälle übersteigt (Cochet et al. 2022).

Nach einer Inkubationszeit von 5–7 Tagen zeigen sich die ersten klinischen Merkmale des Dengue-Fiebers: Fieber mit Hautausschlag, starke Kopfschmerzen, Schmerzen hinter den Augen, Myalgien und Arthralgien (starke Schmerzen in Muskeln und Gelenken, die dem Dengue-Fieber den Namen „Knochenbrecherfieber" gaben). Der Dengue-Ausschlag tritt in der Regel zuerst an den unteren Gliedmaßen und auf der Brust auf; bei einigen Patienten breitet er sich über den größten Teil des Körpers aus. Es kann auch eine Gastritis mit einer Kombination aus Bauchschmerzen, Übelkeit, Erbrechen oder Durchfall auftreten (Gubler et al. 1998, 2006; Gubler et al. 2007; Nasci und Miller 1996; Weaver und Reisen 2010). Die Genesung von einer DENV-Infektion verleiht lebenslange Immunität gegen denselben DENV-Serotyp, aber nur einen teilweisen und vorübergehenden Schutz gegen eine nachfolgende Infektion mit den anderen 3 Serotypen. Es gibt gute Belege dafür, dass eine aufeinanderfolgende Infektion mit verschiedenen Serotypen das Risiko, an DHF zu erkranken, erhöht. Die Infektion mit einem Serotyp löst die Produktion verschiedener Antikörper aus, die den jeweiligen Serotyp neutralisieren und nicht in der Lage sind, andere DENV-Serotypen zu neutralisieren, die durch einen 2. infektiösen Stechmückenstich erworben wurden. Die DHF ist eine potenziell tödliche Komplikation, die durch hohes Fieber und hämorrhagische Fieberschübe gekennzeichnet ist, oft mit einer Vergrößerung der Leber und in schweren Fällen mit Kreislaufversagen. Die Krankheit beginnt mit einem plötzlichen Fieberanstieg, begleitet von Gesichtsrötung, anderen grippeähnlichen Symptomen und manchmal Krämpfen. Das hohe Fieber hält in der Regel 2–7 Tage an. Nach einigen Tagen hohen Fiebers kann sich der Zustand des Patienten plötzlich verschlechtern, die Temperatur sinkt. Es kann zu einem Kreislaufversagen kommen, und der Patient kann schnell in einen kritischen Schockzustand geraten und innerhalb von 12–24 h sterben oder sich nach angemessener medizinischer Behandlung schnell erholen (Martina et al. 2009). DENV-2 und DENV-3 wurden mit neurologischen Symptomen wie Enzephalitis, Myelitis, Guillain-Barré-Syndrom und Myositis in Verbindung gebracht (Trivedi und Chakravarty 2022), doch die Neuropathogenese des DENV ist nach wie vor kaum verstanden.

Derzeit sind 2 Dengue-Impfstoffe zugelassen, nämlich Dengvaxia (Sanofi Pasteur, Paris, Frankreich) und Qdenga (Takeda, Tokio, Japan). Dengvaxia, ein tetravalenter Lebendimpfstoff, wurde für die Verabreichung an bereits infizierte Personen im Alter von 9–45 Jahren zugelassen, um eine schwere Dengue-Infektion durch antikörperabhängige Verstärkung zu verhindern (Adams et al. 2022; EMA 2022a). Qdenga wurde 2022 für die Verabreichung an Personen über 4 Jahre zugelassen. Es handelt sich um einen abgeschwächten Lebendimpfstoff mit 2 Dosen, der DENV-2 als Rückgrat und Schlüsselproteine der anderen 3 DENV-Serotypen verwendet (Sridhar et al. 2018; EMA 2022b). Derzeit gibt es keine spezifische Behandlung für Dengue. Öffentliche Aufklärungsarbeit mit Schwerpunkt auf der Beseitigung/Verringerung von Brutstätten von *Ae. aegypti*, verbesserte Wasserversorgungssysteme (z. B. Trinkwasserversorgung), stechmückensichere Tanks/Zisternen und die Verhinderung der Eiablage von Stechmücken in Wasserbehältern sind nach wie vor entscheidend für die Bekämpfung dieser Krankheit. Auch der Einsatz von Larviziden oder Raubtieren wie Copepoden kann die Vektorpopulation reduzieren. Adultizide können in einem Umkreis von etwa 200 m um den festgestellten Dengue-Fall eingesetzt werden, um den Übertragungszyklus zu unterbrechen. Ein neuerer Ansatz beruht auf der Verbreitung bestimmter Wolbachia-Stämme in den Stechmückenpopulationen, wodurch die Fähigkeit der Vektoren, das Virus zu übertragen, stark reduziert wird. Diese Form der Vektorkontrolle hat vielversprechende Ergebnisse gezeigt, nicht nur im Fall des DENV (Ahmad et al. 2021; Ant et al. 2018), sondern auch bei anderen wichtigen durch Stechmücken übertragenen Viren (Aliota et al. 2016a, b; Ant et al. 2022).

Zika-Virus (ZIKV)
Dieses Virus ist ein weiteres wichtiges neu auftretendes Flavivirus, das eng mit dem Dengue- und Gelbfieber-Virus verwandt ist (Yun und Lee 2017). Das erste Isolat wurde 1947 aus dem Blut eines Sentinel-Rhesusmakaken im Zika-Wald in der Nähe von Entebbe isoliert (Petersen et al. 2016). Das Virus ist in Afrika und Asien endemisch (Braak et al. 2018). In Afrika wird das ZIKV in einem sylvatischen Zyklus zwischen nichtmenschlichen Primaten und waldbewohnenden Stechmücken wie *Ae. africanus* übertragen. In städtischen und vorstädtischen Gebieten wird das ZIKV durch *Ae. aegypti* und in geringerem Maße durch *Ae. albopictus* übertragen (Valentine et al. 2019). Experimentelle Studien haben gezeigt, dass *Ae. albopictus* bei Temperaturen über 25 °C für mindestens 2 Wochen eine hohe Vektorkompetenz besitzt, während europäische Taxa wie *Culex pipiens* als Vektoren ausgeschlossen werden konnten (Heitmann et al. 2017). O'Donnell et al. (2017) fanden heraus, dass das Gesamtübertragungspotenzial von *Ae. vexans* für die ZIKV-Übertragung bei ~1 % liegt. Die Übertragungsrate war bei *Ae. vexans* deutlich höher (34 %) als bei *Ae. aegypti* (5 %). Im Gegensatz zu anderen Arboviren kann das ZIKV während der Schwangerschaft und durch sexuellen Kontakt von der Mutter auf den Fötus übertragen werden (Venturi et al. 2016).

Die letzte große ZIKV-Epidemie begann im Jahr 2007 und breitete sich über die pazifischen Inseln von der Insel

Yap in Mikronesien bis nach Amerika im Jahr 2015 aus. Im selben Jahr wurden in Brasilien mehr als 1 Mio. Verdachtsfälle registriert. Im Jahr 2016 hatte sich das Virus in mindestens 33 Ländern und Territorien Amerikas ausgebreitet (WHO 2016). Während der ZIKV-Epidemie in Nordostbrasilien wurde ein Anstieg der Zahl der mit Mikrozephalie geborenen Säuglinge beobachtet.

ZIKV-Infektionen verursachen in der Regel eine milde, fiebrige Erkrankung, können aber zu einem Spektrum neuroimmunologischer Erkrankungen führen, darunter Guillain-Barré-Syndrom, Meningoenzephalitis und Myelitis. Eine ZIKV-Infektion während der Schwangerschaft wurde mit neonatalen Fehlbildungen in Verbindung gebracht, die zu Mikrozephalie und in einigen Fällen zu Fehlgeburten führen. Zika war die erste Arbovirose, die mit Geburtsfehlern beim Menschen in Verbindung gebracht wurde, woraufhin die WHO den internationalen Gesundheitsnotstand erklärte (Gulland 2016). Da es keinen Impfstoff gibt, konzentrieren sich die Behandlung, Prävention und Kontrolle von Zika auf die Behandlung von Symptomen, die Vermeidung von Stechmückenstichen und die Reduzierung der sexuellen Übertragung. Neben der Verwendung von Repellents ist die Vektorkontrolle die effizienteste Strategie, insbesondere für *Ae. aegypti*. Dazu gehören die Verkleinerung der Brutstätten, der Einsatz von Adultiziden und Larviziden, wie Produkte auf der Basis von *B. thuringiensis israelensis* (Kap. 16).

Japanisches Enzephalitis-Virus (JEV)
Dieses Virus ist die wichtigste Ursache für virale Enzephalitis in vielen asiatischen Ländern, in denen jährlich etwa 68.000 klinische Fälle verzeichnet werden. Es gehört zum Serokomplex der Japanischen Enzephalitis, einer Gruppe eng verwandter Flaviviren, zu der auch das St.-Louis-Enzephalitis-Virus, das Murray-Valley-Enzephalitis-Virus und das West-Nil-Virus (WNV) gehören. Das JEV zirkuliert im größten Teil Ost- und Südostasiens, in Nordaustralien, Indien und Sri Lanka, wo fast die Hälfte der Weltbevölkerung dem Risiko einer Infektion ausgesetzt ist (van den Hurk et al. 2009). Die enzootische Übertragung beruht hauptsächlich auf *Cx. tritaeniorhynchus*, *Cx. vishnui* und in einigen Ländern auf *Cx. gelidus* als primäre Vektoren. *Culex quinquefasciatus* ist ebenfalls ein wichtiger Vektor von JEV in Südostasien (Kumari et al. 2013), während *Ae. albopictus* und *Cx. pipiens* unter Laborbedingungen als kompetente JEV-Vektoren nachgewiesen wurden (Wispelaere et al. 2017; Paupy et al. 2009). Mehr als 30 Moskitotaxa können das JEV enzootisch zwischen Schweinen und Vögeln (z. B. Reihern, Rohrdommeln und Reiher), den wichtigsten JEV-Amplifikationswirten, übertragen (Auerswald et al. 2021; Oliveira et al. 2018). Menschen sind „Sackgassen"-Wirte für das JEV, da sie keine ausreichend hohe Virämie entwickeln, um den Vektor erneut zu infizieren. Das JEV wurde 2010 in *Cx. pipiens* in Norditalien nachgewiesen (Ravanini et al. 2012). Seitdem wurden in Europa keine weiteren Nachweise mehr erbracht (ECDC 2022b).

Die Krankheit tritt vor allem in ländlichen und stadtnahen Gebieten auf, wo der Mensch in größerer Nähe zu den Wirbeltierwirten lebt (WHO 2018). Obwohl die symptomatische JEV-Infektion in der Regel mild verläuft und Fieber und Kopfschmerzen verursacht, kann die Sterblichkeitsrate bei neuroinvasiven Verläufen bei bis zu 30 % liegen, was zu etwa 20.000 Todesfällen pro Jahr vor allem bei Kindern führt (WHO 2018b). Die Inkubationszeit beträgt in der Regel 5–15 Tage. Nach dieser Zeit der asymptomatischen Virämie verbreitet sich das JEV systematisch in den wichtigsten Organen, einschließlich der Muskeln, und verursacht eine symptomatische Virämie. Das Syndrom der Japanischen Enzephalitis ist gekennzeichnet durch hohes Fieber, Kopfschmerzen, Nackensteifigkeit, Desorientierung, Krampfanfälle und Koma. Die Wanderung des Virus in das zentrale Nervensystem führt zu dauerhaften neurologischen Schäden. Bei 30–50 % der Patienten mit Enzephalitis treten Lähmungen, wiederkehrende Krampfanfälle und Sprachstörungen auf (Ashraf et al. 2021). Obwohl es mehrere wirksame Impfstoffe gegen die Japanische Enzephalitis gibt, bleibt die Krankheitslast nach wie vor hoch. Änderungen der Landnutzung (z. B. für den Reisanbau) und die Industrialisierung der Geflügel- und Schweinezucht in Asien haben die Amplifikation des JEV verstärkt und damit das Risiko einer epidemischen Übertragung erhöht (Flohic et al. 2013).

West-Nil-Virus (WNV)
Dieses Virus gehört zum Serokomplex der Japanischen Enzephalitis. Es wurde erstmals 1937 aus einem Menschen im West-Nil-Distrikt in Uganda isoliert und später aus vielen anderen Wirbeltieren, darunter Pferden, Hunden, Nagetieren und Fledermäusen (Eldridge und Edman 2000). Die Ökologie wurde in den 1950er-Jahren in Ägypten beschrieben. Work et al. (1953) isolierten das WNV von Nebelkrähen und Felsentauben im Nildelta. Später, im Jahr 1955, postulierten Work et al., dass die heimischen Wildvögel im Nildelta potenzielle WNV-Amplifikationswirte sind. Das WNV ist weltweit in Afrika, Europa, Asien, Ozeanien und Amerika weit verbreitet und umfasst 9 genetische Linien (Pachler et al. 2014; Rizzoli et al. 2015). Am enzootischen Zyklus sind ornithophile *Culex*-spp.-Stechmücken als primäre Vektoren und Vögel als Verstärkerwirte beteiligt. Mehr als 60 Arten wurden als potenzielle WNV-Vektoren in den Vereinigten Staaten von Amerika identifiziert (Hayes et al. 2005). Von diesen wurden 7 in Europa vorkommende Taxa experimentell auf ihre Kompetenz bei der WNV-Übertragung untersucht. Obwohl viele Stechmücken

3.2 Arboviren

eine hohe Anfälligkeit für WNV-Infektionen aufweisen, wurde eine effiziente Übertragung nur für *Ae. albopictus*, *Ae. japonicus*, *Ae. caspius*, *Ae. detritus*, *Cx. modestus*, *Cx. pipiens* s.l. und Hybriden der letzteren untersucht (Martinet et al. 2019; Vogels et al. 2017a, b). Zahlreiche weitere *Culex*-, *Anopheles*-, *Aedes*-, *Culiseta*- und *Uranotaenia*-Arten sind in der Natur positiv auf das WNV getestet worden (Hannoun et al. 1964; Filipe 1972; Labuda et al. 1974; Detinova und Smelova 1973; Chaskopoulou et al. 2016; Petrić et al. 2016; Dinu et al. 2015). *Cx. perexiguus* wurde als primärer Vektor des WNV in Israel und Portugal gemeldet (Orshan et al. 2008; Esteves et al. 2005). Seit der ersten Entdeckung des WNV in den Vereinigten Staaten im Jahr 1999 wurde es in mehr als 60 Stechmückenarten aus einer Vielzahl von Gattungen nachgewiesen (Reisen et al. 2004). Afrika gilt als die evolutionäre Wiege des WNV. Die Ausbreitungsmuster des Virus, die sich aus serologischen und phylogenografischen Daten ergeben, legen nahe, dass das WNV sporadisch durch Zugvögel nach Europa eingeschleppt wird, wo es sich lokal über die ansässige Stechmücken- und Vogelfauna verbreitet (Mancuso et al. 2022; Rappole 2000; Young et al. 2021). In gemäßigten Regionen kann das WNV den Winter in überwinternden *Culex* spp.-Weibchen überleben (Kampen et al. 2021; Nasci et al. 2001). Außerdem wurde gezeigt, dass die vertikale Übertragung die Aufrechterhaltung des WNV fördert (Anderson und Main 2006; Reisen et al. 2006). Das WNV wurde auch aus Pferden mit Enzephalomyelitis in Frankreich, Italien und Portugal isoliert (Jourbert et al. 1970; Filipe 1972; Cantile et al. 2000). Antikörper wurden auch bei anderen domestizierten Säugetieren (z. B. Rindern) sowie in wildlebenden Tieren (z. B. Mäusen, Fledermäusen, Schlangen) nachgewiesen (Aspöck 1996). Die WNV-Linie 4, eine selten nachgewiesene Linie, wurde bei der in Feuchtgebieten vorkommenden Stechmückenart *Ur. unguiculata* nachgewiesen (Dinu et al. 2015).

Sporadische Ausbrüche gab es im Mittelmeerraum in den frühen 1950er-Jahren (Ägypten, Israel), in den 1960er-Jahren (Südfrankreich) und in den frühen 1990er-Jahren (Algerien) (Panthier et al. 1968; Murgue et al. 2001). Epizootien der West-Nil-Krankheit bei Pferden traten in Marokko (1996), in Italien (1998), in den Vereinigten Staaten seit 1999, in Frankreich (2000) und bei Vögeln aus Israel in den Jahren 1997–2001 auf (Zgomba und Petric 2008). Mit dem WNV und seinem nahen Verwandten, dem Usutu-Virus, infizierte Vögel wurden in Deutschland gefunden (Michel et al. 2018). In Europa gilt als erster größerer Ausbruch der West-Nil-Krankheit beim Menschen die Epidemie von 1996 in Bukarest, der Hauptstadt Rumäniens (Tsai et al. 1998). Kurz darauf kam es 1999 zu einer Epidemie ähnlichen Ausmaßes in Wolgograd (Südwestrussland) (Platonov et al. 2001). Die Ausbreitung des WNV in der Neuen Welt wurde durch das erstmalige Auftreten in New York im Jahr 1999 offensichtlich. Seitdem tritt das West-Nil-Fieber regelmäßig in mehr als 40 Bundesstaaten der Vereinigten Staaten mit einer Sterblichkeitsrate von 2,7–4,1 % auf (Hayes und Gubler 2006; Rossi et al. 2010). Innerhalb von 2 Jahrzehnten nach dem ersten Auftreten an der Ostküste Nordamerikas konnte sich das WNV in ganz Südamerika ausbreiten, wenn auch bisher mit überraschend geringen Auswirkungen auf die menschliche Bevölkerung (Lorenz und Chiaravalloti-Neto 2022). Eine neuere Zunahme der WNV-Aktivität zeigte sich in der hohen Inzidenz bei menschlichen und equinen Populationen in Europa im Jahr 2018, als das Virus in den Niederlanden und in Deutschland gemeldet wurde, was auf eine Ausweitung der geografischen Verbreitung des WNV auf dem Kontinent hinweist (Vlaskamp et al. 2020; Ziegler et al. 2019, 2020).

Menschen und Pferde sind „Sackgassenwirte", die nicht zur WNV-Übertragung beitragen. Dennoch können etwa 10 % der Infektionen bei Pferden zu einer schweren neuroinvasiven Erkrankung mit hohen Sterblichkeitsraten oder neurologischen Defiziten bei Überlebenden führen (Paré und Moore 2018). Die meisten Infektionen beim Menschen (70–80 %) bleiben asymptomatisch. Klinische Fälle von West-Nil-Fieber treten in fast 20 % der Fälle auf, wobei ~1 % der infizierten Menschen eine neuroinvasive Erkrankung des zentralen Nervensystems mit Enzephalitis, Meningitis und akuter schlaffer Lähmung entwickelt. Nach einer Inkubationszeit von 3–6 Tagen können die ersten Symptome des West-Nil-Fiebers Unwohlsein mit hohem Fieber, Kopf- und Muskelschmerzen, Halsschmerzen, Hautausschlag und geschwollenen Lymphknoten sein, die etwa 1 Woche lang anhalten (Lundström 1999). In den meisten endemischen Gebieten handelt es sich um eine Kinderkrankheit, da Erwachsene eine Immunität erworben haben (Manson-Bahr und Bell 1987; Tesh 1990). Ältere Menschen und Personen mit Begleiterkrankungen, wie z. B. chronischen Krankheiten, die zu einer Immunsuppression führen, neigen dazu, schwere Formen der neuroinvasiven Erkrankung zu entwickeln, wobei die Morbidität bei Überlebenden im höheren Alter (>50 Jahre) höher ist. Diese Fälle sind durch eine Verschlechterung der kognitiven und motorischen Fähigkeiten (Sprachstörungen, Verwirrung, Muskelschwäche und Zittern), Gesichtsnervenlähmung oder Guillain-Barré-Syndrom gekennzeichnet. Die Morbiditätsrate bei West-Nil-Meningitis ist hoch. Die Sterblichkeitsrate bei West-Nil-Enzephalitis kann bis zu 20 % betragen, und die Überlebenden leiden wahrscheinlich über Monate oder Jahre an neuromotorischen Folgeerscheinungen (Hart et al. 2014). Die klinischen Fälle, die sich zu einer akuten schlaffen Lähmung entwickeln, können eine Sterblichkeitsrate von 50 % aufgrund von neuromuskulärem Atemversagen erreichen (Hughes et al. 2007). Nach dem Auftreten des WNV in den USA im Jahr 1999 wurde festgestellt, dass die Übertragung von WNV von Mensch zu Mensch neben dem häufigsten Übertragungsweg, dem Stechmückenstich, auch über Bluttransfusionen und Organtransplantationen erfolgen kann (CDC 2009; Pealer et al. 2003; Petersen und Hayes 2004). Daher wurden auch in Europa besondere Vorschriften für die Spende von Vollblut oder Blutbestandteilen eingeführt (Garzon Jimenez et al. 2021).

Im Gegensatz zu Pferden, die gegen das WNV geimpft werden können (Desanti-Consoli et al. 2022), gibt es für Menschen noch keinen Impfstoff oder eine spezifische Behandlung. Die Behandlung der West-Nil-Krankheit erfolgt symptomatisch, und die Vektorkontrolle bleibt die wichtigste Strategie zur Epidemieprävention (ECDC 2020).

Usutu-Virus (USUV)
Dieses Virus ist ein weiteres Mitglied der JEV-Serogruppe und ein enger Verwandter des WNV. Es wurde 1959 aus *Cx. neavei* isoliert, die in der Nähe des Usutu-Flusses in Swasiland (Südafrika) gesammelt wurden (McIntosh 1985, 1986; Woodall 1964). Die Ökologie des USUV ist der des WNV sehr ähnlich und weist einen enzootischen Zyklus auf, in dem ornithophile *Culex*-spp.-Stechmücken das Virus auf empfängliche Vögel übertragen, die als Amplifikationswirte fungieren (Nikolay 2015). *Cx. pipiens* Biotyp pipiens ist ein wichtiger Primärvektor, der die enzootische Zirkulation des USUV in Europa vorantreibt (Fritz et al. 2015; Fros et al. 2015; Vogels et al. 2017a, b). *Cx. pipiens* Biotyp molestus und Hybridformen sind die wichtigsten Brückenvektoren. Bislang gehören die meisten der als USUV-positiv nachgewiesenen Stechmückentaxa zur Gattung *Culex*. *Aedes albopictus*, *Ae. japonicus*, *An. maculipennis*, *Cs. annulata*, *Ma. africana*, *Ae. caspius* und *Ae. detritus* wurden im Feld ebenfalls positiv auf das USUV getestet (Calzolari et al. 2012, 2013; Clé et al. 2019).

Das Virus wurde in Europa erstmals im Jahr 2001 in Amseln (Turdus merula) aus Wien identifiziert (Weissenböck et al. 2002). Eine retrospektive Untersuchung von archivierten Gewebeproben aus Italien ergab, dass das USUV bereits 1996 oder früher in Europa zirkulierte (Weissenböck et al. 2013). In den darauffolgenden Jahren verursachte es wiederkehrende Epizootien bei Wildvögeln und in Gefangenschaft gehaltenen Vögeln in Österreich, Belgien, Frankreich, der Tschechischen Republik, Italien, Ungarn, der Schweiz, Deutschland, den Niederlanden und Spanien (Lühken et al. 2017; Vilibic-Cavlek et al. 2020). In Deutschland wurde das USUV erstmals 2010 in Stechmücken nachgewiesen (Jöst et al. 2011b), und der erste nennenswerte Ausbruch des USUV ereignete sich 2011 und 2012, als Hunderttausende von Amseln starben, was zu einem Populationsrückgang von schätzungsweise bis zu 50 % führte (Becker et al. 2012; Cadar et al. 2017b; Konrad 2011; Tietze et al. 2014). Das USUV wurde auch aus toten Fledermäusen der Gattung *Pipistrellus* spp. in Deutschland (Cadar et al. 2014) und aus Nagetieren im Senegal (Diagne et al. 2019) isoliert. Serologische Untersuchungen von Wiederkäuern, Hunden und Schweinen aus dem Mittelmeerraum, aus Mitteleuropa und Nordafrika deuten auf eine weit verbreitete Exposition dieser Tiere gegenüber dem USUV hin (Clé et al. 2019). Die Rolle, die diese Säugetiere bei der Verbreitung des USUV spielen könnten, ist jedoch nach wie vor nicht bekannt.

Bis vor Kurzem basierte die humanmedizinische Bedeutung des USUV auf seltenen und leichten Fällen von Fiebererkrankungen, die in der Zentralafrikanischen Republik (1980er-Jahre) und Burkina Faso (2004) dokumentiert wurden (Nikolay et al. 2011). Sporadische Fälle von leichten Erkrankungen wurden in den letzten 15 Jahren auch im Mittelmeerraum gemeldet, jedoch ist die Zahl der menschlichen Infektionen mit dem USUV und der klinischen Fälle seit 2018 stark angestiegen (Aberle et al. 2018; Benzarti et al. 2020; Nagy et al. 2019). Das klinische Bild von USUV-Infektionen beim Menschen umfasst Fieber, Hautausschlag, Gelbsucht, Kopfschmerzen, Nackensteifigkeit, Handtremor und Hyperreflexie. Sporadische Fälle von humanen USUV-Infektionen mit neurologischen Beeinträchtigungen konnten in Epizootien festgestellt werden (Pecorari et al. 2009; Santini et al. 2015; Lühken et al. 2017). Bei routinemäßigen WNV-Screenings wurden bei gesunden Blutspendern USUV-Infektionen festgestellt, doch bleiben zahlreiche USUV-Infektionen aufgrund der serologischen Kreuzreaktivität bei WNV-Tests unerkannt und werden nicht als USUV-Infektion gemeldet (Allering et al. 2012; Bakonyi et al. 2017; Cadar et al. 2017a; Domanović et al. 2019).

St.-Louis-Enzephalitis-Virus (SLEV)
Dieses Virus ist ein auf dem amerikanischen Kontinent endemisches Flavivirus, dass enzootisch zwischen *Culex*-Stechmücken und Wildvögeln zirkuliert. Es wurde erstmals 1933 nach einem Ausbruch in St. Louis, Missouri (USA), entdeckt (Muckenfuss et al. 1934). Menschen und Haustiere sind „Sackgassen"-Wirte, die keinen epidemiologischen Beitrag zum SLEV-Zyklus leisten. Die häufigsten Vektoren des SLEV sind *Cx. pipiens*, *Cx. quinquefasciatus*, *Cx. tarsalis* und *Cx. nigripalpus* (Simon et al. 2022). Obwohl das SLEV von Kanada bis in die Karibik und Argentinien gefunden wurde, werden die meisten Fälle von Infektionen beim Menschen aus den ländlichen Gebieten der Vereinigten Staaten gemeldet (Gould et al. 2017).

Nach einer Inkubationszeit von 5–15 Tagen kommt es zum Auftreten unspezifischer Symptome, die mehrere Tage andauern können: Fieber, Kopfschmerzen, Übelkeit, Erbrechen, Durchfall und Myalgie. In seltenen Fällen kann sich eine Meningitis oder Enzephalitis entwickeln, die durch Unruhe, Verwirrung und Koma gekennzeichnet ist. Die große Mehrheit der älteren Patienten entwickelt wahrscheinlich eine Enzephalitis, und das allgemeine Risiko einer neuroinvasiven Erkrankung ist bei immungeschwächten oder transplantierten Patienten größer. Ein Impfstoff oder eine wirksame antivirale Therapie für die St.-Louis-Enzephalitis ist nicht verfügbar. Die klinische Behandlung erfolgt symptomatisch und beschränkt sich auf die Verabreichung von intravenöser Flüssigkeit und Antipyretika (fiebersenkenden Medikamenten) (Simon et al. 2022).

3.2.3 Peribunyaviridae (Orthobunyavirus)

Peribunyaviren sind behüllte Negativstrang-RNA-Viren mit einem trisegmentierten Genom (Segmente L, M und S; 10,7–12,5 kb). 7 Genera mit weltweiter Verbreitung sind in dieser Familie enthalten: *Orthobunyavirus*, Herbevirus, Khurdivirus, Lakivirus, Lambavirus, Pacuvirus und *Shangavirus*. Die meisten Peribunyaviren werden von Arthropoden auf Wirbeltiere übertragen, während einige arthropodenspezifisch und Teil des Wirtviroms der Arthropoden sind (d. h., sie infizieren keine Wirbeltiere). Zwischen verschiedenen Serotypen kann es zu einem Reassortment von Genomsegmenten kommen. Dieser evolutionäre Mechanismus kann neue genetische und antigenetische Eigenschaften des Virus hervorbringen und wurde mit Krankheitsausbrüchen in Verbindung gebracht (Briese et al. 2006).

Die Gattung der Orthobunyaviren ist die größte der Familie (>100 Arten). Ihre Mitglieder sind weltweit in einem breiten Spektrum von Arthropoden- und Wirbeltierwirten aus sehr unterschiedlichen ökologischen Nischen zu finden. Die meisten Orthobunyaviren werden durch Stechmücken übertragen. Es ist bekannt, dass die transovarielle Übertragung zur Erhaltung einiger Orthobunyaviren beiträgt. Die Infektion von Wirbeltieren führt zu einem breiten Symptomspektrum, darunter Fieber (Bunyamwera-Virus), Enzephalitis (z. B. La-Crosse-Virus) und virales hämorrhagisches Fieber (z. B. Ngari-Virus). Die von Stechmücken übertragenen Orthobunyaviren werden nach serologischen Kriterien in 3 Gruppen eingeteilt: die California-Serogruppe, der Bunyamwera-Viruskomplex und die Turlock-Virus-Serogruppe.

3.2.3.1 Die kalifornische Serogruppe

Die kalifornische Serogruppe (CSG) umfasst derzeit mindestens 18 verwandte, durch Stechmücken übertragene Viren. Mitglieder dieser Serogruppe nutzen Säugetiere als Amplifikationswirte (Lundström 1994, 1999; Aspöck 1996). Antikörper wurden bei Wild- und Haussäugetieren wie Hasen, Kaninchen, Rindern, Hirschartigen (Rentieren), Fleischfressern sowie bei Igeln *(Erinaceus europaeus)* nachgewiesen. Einige Mitglieder der CSG werden transovarial übertragen, was ihnen möglicherweise die Überwinterung ermöglicht. Auch der Mensch ist für eine Infektion mit CSG-Viren empfänglich, wobei die Krankheitsmanifestationen von leichtem Ausschlag bis hin zu schweren neuroinvasiven Erkrankungen oder einer Beteiligung der Lungen reichen (Webster et al. 2017). Mitglieder dieser Serogruppe sind weltweit verbreitet, doch die Menge an Informationen zu ihrer Ökologie und ihren Auswirkungen auf die Gesundheit von Mensch und Tier ist sehr unterschiedlich (Evans und Peterson 2019). Die meisten Fälle beim Menschen werden in Nordamerika und Europa gemeldet, wo das La-Crosse-Virus, das Jamestown-Canyon-Virus, das Schneeschuhhasen-Virus und das Tahyna-Virus die größte epidemiologische Bedeutung haben.

Kalifornisches Enzephalitis-Virus (CEV)
Dieses Virus wurde erstmals 1943 bei *Ae. melanimon*-Stechmücken aus dem Central Valley in Kalifornien und 1965 bei *Ae. dorsalis* aus Utah, Vereinigte Staaten von Amerika, nachgewiesen (Reeves 1990; Smart et al. 1972). Kaninchen und Eichhörnchen sind die Wirbeltierwirte des CEV (California Encephalitis Virus), jedoch wurden Antikörper auch bei anderen Säugetieren wie Waschbären, Stinktieren, Opossums und Waldratten nachgewiesen (Traavik et al. 1985). Eine Infektion des Menschen mit dem CEV kann zu einer neuroinvasiven Erkrankung (Enzephalitis) führen, wobei Kinder besonders betroffen sind.

La-Crosse-Enzephalitis-Virus (LACV)
Dieses Virus ist nach dem WNV und SLEV das drittwichtigste Arbovirus in Nordamerika. Die ursprüngliche Isolierung erfolgte 1964 aus dem Gewebe eines verstorbenen 4-jährigen Mädchens aus La Crosse (Wisconsin, USA) (Karabatsos 1985). Derzeit ist es in den meisten Bundesstaaten im oder östlich des Mississippi-Tals zu finden. In seinem enzootischen Zyklus wird das LACV hauptsächlich zwischen *Ae. triseriatus* und Hörnchen als Reservoirwirte übertragen (Hubálek et al. 2014). Das LACV wurde bei adulten *Ae. albopictus* und *Ae. japonicus* aus Tennessee (Südosten der USA) nachgewiesen, und die transovarielle Übertragung wurde bei allen 3 *Aedes*-Arten dokumentiert (Westby et al. 2015). Antikörper wurden bei Weißwedelhirschen gefunden (Dupuis et al. 2021); eine transovarielle Übertragung durch Stechmücken wurde dokumentiert (Watts et al. 1973).

Die La-Crosse-Krankheit des Menschen ist durch Fieber, Kopfschmerzen, Erbrechen, Übelkeit, Lethargie und Koma gekennzeichnet. Unter den CSG-Viren ist das LACV eines der Hauptursachen für virale Kinderenzephalitis in den USA (50–100 gemeldete Fälle pro Jahr) (Evans et al. 2022).

Tahyna-Virus (TAHV)
Es ist das erste Arbovirus, das in Europa isoliert wurde, und zwar aus *Ae. vexans* und *Ae. caspius*, die 1958 in den Dörfern Ťahyňa und Križany in der Slowakei gesammelt wurden (Bardos und Danielova 1959). Sein Vorkommen wurde in Europa, Russland, Asien und Afrika beschrieben (Traavik et al. 1978; Aspöck 1979; Pilaski und Mackenstein 1985; Danielova 1992; Lundström 1994; Eldridge und Edman 2000). Seit seiner Entdeckung wurde es in zahlreichen Stechmückenarten der Gattungen *Aedes* spp., *Culiseta* spp., *Culex* spp., *Anopheles* spp. und *Coquillettidia* spp. nachgewiesen (Evans und Peterson 2019; Hubalek et al. 2008) und sogar in Gnitzen der Gattung *Culicoides* spp. (Ceratopogonidae) (Halouzka et al. 1991). Die transovarielle Übertragung durch *Ae. vexans* wurde experimentell nachgewiesen (Bergren und Kading 2018), was darauf hindeutet, dass das TAHV in den Eiern des Vektors überwintern und nach dem Frühjahrshochwasser, wenn die Population von *Ae. vexans* ihren Höhepunkt erreicht, erneut übertragen werden kann. Die wichtigsten Reservoirwirte des TAHV sind Hasentiere, Nagetiere und Igel. Antikörper wurden auch bei anderen Säugetieren wie Wildschweinen, Hirschen, Rindern, Schweinen und Füchsen nachgewiesen. Wie die Vielfalt der TAHV-positiven Stechmücken und Wirbeltiere beweist, ist das TAHV in Europa weit verbreitet. In menschlichen Populationen aus endemischen Gebieten (z. B. in der Tschechischen Republik) wurden hohe Seroprävalenzraten (60–80 %) beobachtet (Hubálek 2021).

Infizierte Menschen bleiben im Allgemeinen asymptomatisch. Im Spätsommer oder Frühherbst kann eine grippeähnliche Erkrankung auftreten, die durch Fieber, gastrointestinale Störungen, Myokarditis und atypische Lungenentzündung gekennzeichnet ist. Seltene Fälle von Meningoenzephalitis sind dokumentiert worden, wobei bisher keine Todesfälle zu verzeichnen waren (Camp et al. 2021).

Schneeschuhhasen-Virus (SSHV)
Dieses Virus wurde erstmals 1958 in Montana (USA) aus einem Schneeschuhhasen *(Lepus americanus)* isoliert, der neben Eichhörnchen *(Sciurus* spp.) der Amplifikationswirt des Virus ist (Drebot 2015). Die Verbreitung des SSHV (Snowshoe Hare Virus) umfasst Gebiete im Nordwesten der USA, Alaska und Kanada. Nachweise einer Infektion wurden bei vielen wildlebenden Wirbeltieren (z. B. Nagetieren, Fleischfressern, Huftieren) sowie bei Haustieren wie Hühnern, Hunden, Pferden und Rindern gefunden. Viele verschiedene Stechmückenarten können das SSHV übertragen, meist aus der Gattung *Aedes* (z. B. *Ae. canadensis*) (Carson et al. 2017). Die transovariale Übertragung durch *Aedes* spp. trägt zur Persistenz des SSHV bei (Rosen 1987).

Der Mensch ist ein Endwirt für das SSHV, dennoch kann eine Infektion zu einer schweren Erkrankung führen. Ähnlich wie beim LACV treten klinische Fälle des SSHV überwiegend bei Kindern auf (Haddow und Odoi 2009; Vosoughi et al. 2018). Die Krankheitsmanifestation reicht von leichten fiebrigen Erkrankungen über akute grippeähnliche Symptome bis hin zu neuroinvasiven Erkrankungen mit Meningitis und Enzephalitis (Fauvel et al. 1980).

Jamestown-Canyon-Virus (JCV)
Dieses Virus ist weit verbreitet und kommt in weiten Teilen des gemäßigten Nordamerikas vor. Die Stechmücken der Gattung *Aedes* spp. gelten als Hauptüberträger des Virus. Das Virus wurde erstmals 1961 in Jamestown Canyon, Colorado (USA), nachgewiesen, als es aus *Cs. inornata* isoliert wurde. Später wurde es auch bei *Ae. cinereus*, *Ae. vexans*, An. walkeri, Cq. perturbans, Cs. morsitans, Cx. restuans, Ae. canadensis, Ae. cantator, Ae. sticticus, Ae. taeniorhynchus und *Ps. ferox* nachgewiesen (Andreadis et al. 2008). Der Weißwedelhirsch *(Odocoileus virginianus)* gilt als Amplifikationswirt des JCV, obwohl auch Elch, Karibu, Bison und Gabelbock *(Antilocapra americana)* an der Übertragung beteiligt sein können (Buhler et al. 2023; Matkovic et al. 2018). Der beträchtliche Anstieg der Weißwedelhirschpopulation in den endemischen Gebieten (Nordosten der USA) in den 1990er- bis 2000er-Jahren fiel mit den ersten dokumentierten Fällen klinischer Erkrankungen beim Menschen zusammen. Wie bei anderen CSG-Viren zeigen Seroprävalenzstudien, dass die Exposition des Menschen gegenüber dem JCV hoch ist (20–30 %) (Mincer et al. 2021).

Es werden nur wenige klinische Fälle von JCV-Infektionen erfasst, sodass die Beschreibung der klinischen Erkrankung immer noch auf spärlichen Daten beruht (10–75 Fälle pro Jahr in den USA seit den 1960er-Jahren) (CDC 2022b). Es wird angenommen, dass viele JCV-Infektionen asymptomatisch verlaufen, ihr Anteil ist jedoch unbekannt. Die meisten symptomatischen Fälle werden von April bis September gemeldet, mit bimodalen Spitzen im Frühjahr und Spätsommer, was wahrscheinlich die Vektoraktivität widerspiegelt (Matkovic et al. 2018). Eine symptomatische JCV-Erkrankung zeigt sich in der Regel mit Fieber, Myalgien und Kopfschmerzen. Es wurden auch respiratorische Symptome wie Halsschmerzen, Rhinitis und Husten dokumentiert. Etwa die Hälfte der gemeldeten Fälle wird stationär behandelt und entwickelt sich zu einer neuroinvasiven Erkrankung (Meningitis oder Meningoenzephalitis), Todesfälle sind jedoch selten (Coleman et al. 2021; Pastula et al. 2015).

Trivittatus-Virus (TVTV)
Dieses Virus wurde erstmals 1948 in North Dakota (USA) aus *Ae. trivittatus* isoliert und in der Folgezeit mehrfach in anderen benachbarten Bundesstaaten aus verschiedenen *Ae-*

des-Arten isoliert. Es bleibt jedoch ein wenig erforschtes CSG-Virus. Hauptüberträger sind wahrscheinlich *Ae. trivittatus* und *Ae. infirmatus*, während Arten von *Culex* spp. und *Anopheles* spp. an der Übertragung beteiligt sein können. Serologische Untersuchungen, die in den 1970er-Jahren an menschlichen Seren durchgeführt wurden, ergaben eine hohe Rate an TVTV-Exposition (Alls 1975). Eine transovarielle und transstadiale Übertragung wurden dokumentiert (Andrews et al. 1977; Christensen et al. 1978). Antikörper gegen das TVTV wurden bei wildlebenden Säugetieren wie Fuchshörnchen, Opossums, Waschbären und Kaninchen gefunden. Die Vektoren sind *Ae. trivittatus* und *Ae. infirmatus*; andere Arten wie *Culex* spp. und *Anopheles* spp. können ebenfalls beteiligt sein (Pinger et al. 1975).

Das TVTV wurde 1981 rückwirkend in einem Fall von neuroinvasiver Krankheit beim Menschen nachgewiesen; seitdem wurden jedoch keine weiteren Fälle mehr gemeldet. Daher ist es unklar, ob das TVTV für den Menschen pathogen ist (Evans und Peterson 2019).

3.2.3.2 Der Bunyamwera-Virus-Komplex
Bunyamwera-Virus (BUNV)

Dieses Virus ist die Typusart der Gattung der Orthobunyaviren. Die erste Isolierung erfolgte 1943 aus *Aedes* spp. im Semliki Forest (Uganda) während der Forschungen zum Gelbfieber-Virus. Es gilt als endemisch in Afrika südlich der Sahara, von Äquatorialguinea bis Tansania und Kenia. In den folgenden Jahren wurden weltweit weitere verwandte Viren isoliert, was zur Benennung des BUNV-Komplexes führte. Derzeit umfasst diese Serogruppe mindestens 26 Viren (Dolgova et al. 2022; Dutuze et al. 2018). Die Klassifizierung des Cache-Valley-Virus (CVV) als BUNV-Stamm erweitert die geografische Reichweite auf die Neue Welt (Tauro et al. 2015). Es wird vermutet, dass *Aedes aegypti* der primäre Vektor ist (Odhiambo et al. 2014). Das BUNV hat ein breites Wirtsspektrum. Infizierte Menschen entwickeln eine fiebrige Erkrankung mit Kopfschmerzen und Arthralgie. Bei Wiederkäuern verläuft die Krankheit schwerer und führt zu Aborten, Frühgeburten und genetischen Defekten (Dutuze et al. 2018).

Batai-Virus (BATV)

Dieses Virus wurde 1955 aus *Culex gelidus* in Malaysia isoliert (Karabatsos 1985) und anschließend in zahlreichen Arten von *Aedes* spp., *Anopheles* spp., *Coquillettidia* spp. und *Culex* spp. aus Europa, Russland, Indien, Australien und China nachgewiesen (Francy et al. 1989; Traavik et al. 1985; Jöst et al. 2011c; Mansfield et al. 2022). Arbovirus-Surveillance-Programme, die in den letzten Jahren in Europa durchgeführt wurden, weisen auf *An. maculipennis* s.l. als primären Vektor des BATV hin (Bardos und Cupkova 1962; Jöst et al. 2011c; Scheuch et al. 2018). Die große Zahl der in Europa und Asien gemeldeten BATV-positiven Stechmückenarten lässt jedoch vermuten, dass es weitere BATV-Vektoren gibt. Der enzootische Zyklus des BATV ist noch nicht vollständig geklärt; es wird jedoch derzeit angenommen, dass Stechmücken und Vögel daran beteiligt sind. Andere mutmaßliche Wirbeltierwirte für das BATV sind Schweine, Pferde und Wiederkäuer (Mansfield et al. 2022).

Mehrere Arten von Haus- und Wildvögeln aus Europa und Asien wurden als BATV-positiv oder seropositiv beschrieben. Serologische Untersuchungen aus Europa zeigten, dass die Exposition von Wiederkäuern (Rinder, Ziegen, Schafen) gegenüber dem BATV groß ist, obwohl im Allgemeinen keine klinische Erkrankung auftritt (Cichon et al. 2021a, b; Lambert et al. 2014; Ziegler et al. 2018). Das Virus wurde auch in Japan und China aus dem Blut von Rindern isoliert, die keine Krankheitsanzeichen zeigten (Liu et al. 2014; Yanase et al. 2006).

Eine BATV-Infektion beim Menschen beschränkt sich in der Regel auf leichte grippeähnliche Symptome, die Fieber, Myalgie, Bronchopneumonie, katarrhalische oder follikuläre Tonsillitis, Erbrechen und Durchfall umfassen können (Sluka 1969). Das Rekombinationspotenzial des BATV bei Koinfektionen kann das epidemiologische Risiko für mit Orthobunyaviren assoziierte Krankheiten erhöhen, wie das Auftreten des Ngari-Virus zeigt.

Ngari-Virus (NRIV)

Bei diesem Virus handelt es sich um die einzige bekannte natürliche Reassortante der Bunyamwera-Serogruppe, die ihre L- und S-Genomsegmente vom BUNV und ihr M-Segment vom BATV enthält (Bowen et al. 2001; Briese et al. 2006). Es wurde erstmals 1979 aus *Aedes simpsoni* isoliert, die in Senegal gefangen wurde (Soldan und González-Scarano 2005). Das NRIV wurde später in *Aedes* spp., *Culex* spp. und *Anopheles* spp. aus Ländern südlich der Sahara und Madagaskar nachgewiesen. Über die Ökologie des NRIV ist nur wenig bekannt; die große Zahl der positiven Nachweise in Stechmücken deutet auf ein breites Vektorspektrum hin.

Bei Ausbrüchen unter kleinen Wiederkäuern und Menschen wurde eine gemeinsame Zirkulation mit dem Rifttalfieber-Virus (RVFV, Rift Valley Fever Virus) festgestellt (Cichon et al. 2021a, b; Dutuze et al. 2020). Die unentdeckte Zirkulation bei Rindern, Ziegen und Schafen in Kenia wurde durch hohe Raten von NRIV-Seropositivität belegt (Omoga et al. 2022). Eine NRIV-Infektion beim Menschen verursacht schweres, oft tödliches hämorrhagisches Fieber (Bowen et al. 2001; Gerrard et al. 2004). Nach außergewöhnlich starken Regenfällen und massiven Überschwemmungen kam es 1997/1998 im Nordosten Kenias und im Süden Somalias zu einem großen Ausbruch von hämorrhagischem Fieber. Die Krankheit zeichnete sich durch akut einsetzendes Fieber und Kopfschmerzen aus, gefolgt von Magen-Darm- und Schleimhautblutungen. In diesem Zeitraum wurden hohe Raten von Spontanaborten und Todesfällen durch Blutungen bei Haustieren verzeichnet (Bowen et al. 2001).

Cache-Valley-Virus (CCV)
Dieser durch Stechmücken übertragene Krankheitserreger ist in Amerika endemisch und kommt vor allem in Nord- und Mittelamerika (Kanada, Vereinigte Staaten und Mexiko) vor. Das Virus wurde erstmals 1965 aus *Cs. inornata* isoliert, die im Cache Valley (Utah, USA) gesammelt wurden (Holden und Hess 1959). Am Übertragungszyklus sind Stechmücken und Säugetiere beteiligt. Mehrere Arten von *Aedes* spp., *Anopheles* spp., *Coquillettidia* spp., *Culiseta* spp. und *Psorophora* spp. wurden in experimentellen Studien als kompetente Vektoren bestätigt (Andreadis et al. 2014; Waddell et al. 2019). Wildlebende Hirscharten gelten als primäre Amplifikationswirte, obwohl Hinweise auf eine Infektion bei einer Vielzahl von Haus- und Wildsäugetieren gefunden wurden (Wadell et al. 2019).

Eine CVV-Infektion schwangerer Wiederkäuer führt während der Trächtigkeit zu Totgeburten oder einem Spektrum von angeborenen Defekten des Skeletts und des zentralen Nervensystems. Gemeldete Fälle von CCV-Erkrankungen beim Menschen sind selten (weniger als 10 Fälle) und wurden alle in den USA gemeldet (CDC 2021). Zu den Symptomen gehören Fieber, Kopfschmerzen, Übelkeit, Erbrechen, Hautausschlag und Verwirrung. Langfristige Manifestationen können anhaltende Kopfschmerzen, Kommunikationsschwierigkeiten sowie Verlust des Gedächtnisses und der motorischen Kontrolle umfassen (Wadell et al. 2019; Nguyen et al. 2013). Bei immungeschwächten Personen wurde eine Meningoenzephalitis dokumentiert, die mit Gedächtnisverlust und Sprachstörungen einhergeht (Wilson et al. 2017). Obwohl nur sehr wenige Fälle bekannt sind und bei noch weniger Fällen der klinische Ausgang bekannt ist, wurde bei einem beträchtlichen Teil der Fälle der Tod aufgrund einer CCV-Erkrankung festgestellt.

3.2.3.3 Die Turlock-Orthobunyavirus-Gruppe
Das Lednice-Virus wurde aus *Cx. modestus* isoliert. Es ist wahrscheinlich, dass das Virus vertikal in Populationen von *Culex* spp. übertragen wird. Wirbeltiere, vor allem Vögel, werden manchmal infiziert (Aspöck 1996; Lundström 1999). Antikörper wurden weder beim Menschen noch bei wildlebenden Säugetieren gefunden, außer bei 2 Hasen (Wojta und Aspöck 1982), sodass das Lednice-Virus keine human- oder tierpathogene Bedeutung zu haben scheint.

3.2.4 Phenuiviridae (Phleboviren)

Diese Familie der Bunyaviren umfasst derzeit über 130 Virusarten in 20 Gattungen. Die Genomstruktur ist typisch für Bunyaviren (Negativstrang-RNA-Viren mit einem segmentierten Genom). Die in dieser Familie enthaltenen Pathogene des Menschen und anderer Säugetiere gehören nur zu den Gattungen *Bandavirus* (durch Zecken übertragen) und *Phlebovirus* (durch Stechmücken und Sandmücken übertragen).

Rifttalfieber-Virus (RVFV)
Diese Virus wurde 1930 bei einem Krankheitsausbruch in der Nähe des Naivasha-Sees im Rift Valley in Kenia entdeckt (Daubney et al. 1931). Das Verständnis der RVFV-Epidemiologie ist immer noch unvollständig. In der Natur wurde eine Vielzahl von Stechmücken der Gattungen *Aedes* spp. und *Culex* spp., aber auch *Eretmapodites* spp. und *Mansonia* spp. mit dem RVFV infiziert. Das Virus kann auch durch direkten Kontakt mit infiziertem Gewebe und Flüssigkeiten übertragen werden (Linthicum et al. 2016). Schafe, Rinder und Ziegen sind die wichtigsten Amplifikationswirte des RVFV in der epizootischen/epidemischen Phase. Hohe Konzentrationen von Anti-RVFV-Antikörpern bei Afrikanischen Büffeln, Warzenschweinen, Giraffen, aber auch domestizierten Kamelen deuten auf eine mögliche Rolle dieser Wirbeltiere bei der interepizootischen und epizootischen Übertragung hin (Britch et al. 2013). Menschen und Vögel gelten als Endwirte (Linthicum et al. 2016). Epizootien und Epidemien treten in ganz Ostafrika in unregelmäßigen Abständen von 5–15 Jahren in feuchten Regionen und etwa 25 Jahren in trockenen Regionen auf (Chambaro et al. 2022; Davies et al. 1985). Das Auftreten des RVFV wurde auch in Mauretanien (Westafrika) und auf der Arabischen Halbinsel gemeldet (Al-Afaleq und Hussein 2011; Faye et al. 2014). Ausbrüche des Rifttalfiebers (Rift Valley Fever, RVF) stehen in engem Zusammenhang mit starken Regenfällen und anschließenden Überschwemmungen und können Monate oder Jahre andauern. Die Ausbrüche treten plötzlich auf und führen zu hohen Abort- und Sterblichkeitsraten bei Wiederkäuern, insbesondere bei Schafen. Die Auswirkungen auf den lokalen Viehbestand sind daher immens und haben schwerwiegende sozioökonomische Folgen.

Die Infektion des Menschen führt zu einem breiten Spektrum an klinischen Symptomen. In den meisten Fällen kommt es zu einer selbstlimitierenden fiebrigen Erkrankung, während etwa 1–2 % der RVFV-Infektionen zu einer schweren Erkrankung mit hoher Sterblichkeit führen. Nach einer Inkubationszeit von 2–6 Tagen treten typische Symptome wie Fieber, Myalgie, Arthralgie, Schwindel und Anorexie auf (Ikegami und Makino 2011). Schwere

Fälle des RVF führen zu Hepatitis und hämorrhagischen Erkrankungen, Augenerkrankungen (Photophobie, Uveitis, Retinitis, Netzhautblutungen) und Enzephalitis (Wright et al. 2019).

3.2.5 Sedoreoviridae

Viren der in der Familie Sedoreoviride haben Genome, die aus 10–12 Segmenten linearer doppelsträngiger RNA bestehen und eine Länge von 18–26 kbp haben. Die Familie umfasst mehrere Genera und über 35 Virusarten, die Säugetiere, Vögel, Krebstiere, terrestrische Arthropoden, Algen und Pflanzen infizieren. Die Anzahl der genomischen Segmente (10–12) ist genusspezifisch, ebenso wie das Wirts-/Vektorspektrum, die Krankheitszeichen und die Kapsidstruktur (Matthijnssens et al. 2022).

Banna-Virus (BAV)
Diese Prototypspezies der Gattung *Seadornavirus*, hat ein Genom, das aus 12 Segmenten besteht und eine Gesamtgenomlänge von etwa 21 kbp aufweist. Das BAV wurde erstmals 1987 aus Seren von Patienten aus Yunnan, China, isoliert, die an Fieber unbekannter Herkunft und Enzephalitis litten (Xia et al. 2018). Das derzeitige Verbreitungsgebiet umfasst Teile von Nordost- und Südostasien (China, Vietnam, Indonesien) (Liu et al. 2010; Nabeshima et al. 2008). Der enzootische Zyklus des BAV ist weitgehend unbekannt. Das Virus wurde aus 10 Stechmückenarten der Gattungen *Culex* spp., *Anopheles* spp. und *Aedes* spp. isoliert. Der Nachweis und/oder die Isolierung wurde auch bei der Untersuchung von Schweinen, Rindern und Zecken gemeldet (Wang et al. 2011; Xia et al. 2018).

Die wichtigsten klinischen Symptome der BAV-Infektion ähneln denen der Japanischen Enzephalitis, nämlich Fieber und Enzephalitis. Die Auswirkungen auf die öffentliche Gesundheit werden möglicherweise unterschätzt, da das BAV in Gebieten gefunden wurde, in denen das JEV endemisch ist, und in *Cx. tritaeniorhynchus*, einem primären JEV-Vektor (Liu et al. 2010). Ein erheblicher Anteil der klinisch diagnostizierten Fälle von Japanischer Enzephalitis war positiv für Anti-BAV-Antikörper, was darauf hindeutet, dass BAV-Ausbrüche möglicherweise als Japanische Enzephalitis fehldiagnostiziert wurden (Tao und Chen 2005).

3.3 Filariasis

Lymphatische Filarien bedrohen 863 Mio. Menschen in 47 Ländern in den Tropen und Subtropen Asiens, Afrikas, des westlichen Pazifiks und Teilen der Karibik und Südamerikas. Eine präventive Chemotherapie ist erforderlich, um die Ausbreitung dieser parasitären Infektion zu stoppen. Im Jahr 2018 waren mehr als 51 Mio. Menschen infiziert, was einem Rückgang von 74 % seit dem Beginn des Globalen Programms der WHO zur Eliminierung der lymphatischen Filariose im Jahr 2000 entspricht, als ~40 Mio. Menschen durch die Krankheit entstellt oder arbeitsunfähig waren (WHO 2017c, 2022d). Die meisten Infektionen (~90 %) werden durch *Wuchereria bancrofti* verursacht. In Asien kann die Krankheit auch durch *Brugia malayi* und *B. timori* verursacht werden. Hunderte von Millionen Menschen sind diesen Parasiten ausgesetzt, die von verschiedenen Stechmücken übertragen werden, von denen *Cx. quinquefasciatus* und *Mansonia* spp. die wichtigsten sind (Eldrige und Edman 2000). 1/3 der infizierten Menschen lebt in Indien, 1/3 in Afrika und der Rest in Südasien, im Pazifik und in Amerika. Die Prävalenz der lymphatischen Filariose nimmt in tropischen und subtropischen Gebieten, in denen die Krankheit endemisch ist, weiter zu. Eine Hauptursache für diesen Anstieg ist die rasche und ungeplante Verstädterung mit unzureichender sanitärer Infrastruktur, die Brutstätten für die Krankheitsüberträger schafft.

Belege für Fälle von lymphatischer Filariose reichen 4000 Jahre zurück. Artefakte aus dem Alten Ägypten (2000 v. Chr.) und der Nok-Zivilisation in Westafrika (500 v. Chr.) zeigen mögliche „Elefantiasis"-Symptome. Der erste eindeutige Hinweis auf die Krankheit findet sich in der antiken griechischen Literatur, wo Gelehrte die oft ähnlichen Symptome der lymphatischen Filariose von denen der Lepra unterschieden.

Die Filarienwürmer des Menschen haben einen komplexen Lebenszyklus, der aus 5 Hauptstadien besteht. Nach der Paarung produziert der weibliche Wurm Millionen von

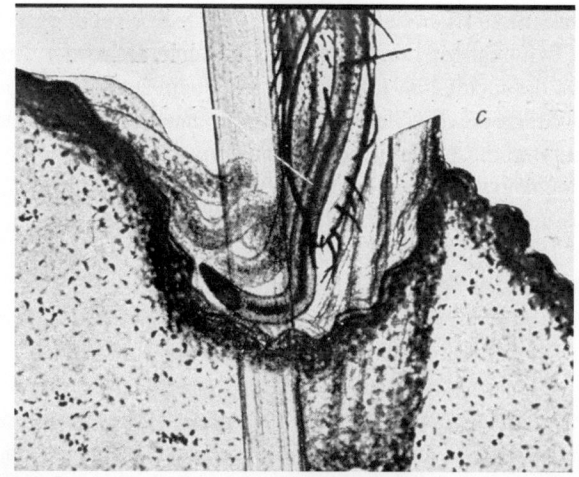

Abb. 3.3 Wurmlarven, die aus dem Stechrüssel in die Haut des Wirts eindringen

Mikrofilarien mit einer Länge von 244–296 µm und einem Durchmesser von etwa 10 µm. Sie sind umhüllt und haben in der Regel eine nächtliche Periodizität, eine Anpassung an das Beißverhalten des Vektors. Die Mikrofilarien wandern in das Lymphsystem und gelangen in die Blutbahn, wo sie die Peripherie erreichen. Von hier aus werden sie vom Stechmückenvektor bei der Blutaufnahme aufgenommen. Nach der Aufnahme verlieren die Mikrofilarien ihre Hüllen und durchdringen die Wand des Proventriculus und den kardialen Teil des Mitteldarms, um in die Thoraxmuskulatur der Mücke zu gelangen. Dort entwickeln sich die Mikrofilarien zu Larven des 1. Stadiums und anschließend zu Larven des 3. Stadiums. Dies dauert in der Regel 7–21 Tage. Die Larven des 3. Stadiums wandern durch das Hämocoel zum Stechapparat der Mücke, um nach dem Stechmückenstich in die Haut einzudringen (Abb. 3.3). Die Symptome treten in der Regel 5–18 Monate nach dem infektiösen Stechmückenstich auf. Nach etwa 1 Jahr durchlaufen die Larven2 weitere Stadien und reifen zum erwachsenen Wurm heran, der sich in der Regel im Lymphsystem des Menschen aufhält. Die erwachsenen Würmer leben 4–6 Jahre lang und produzieren Millionen unreifer Mikrofilarien, die im Blut zirkulieren.

Die meisten Symptome der Filariose werden durch die erwachsenen Würmer verursacht, die im Lymphsystem leben, einem Netz von Knoten und Gefäßen, die das empfindliche Flüssigkeitsgleichgewicht zwischen Gewebe und Blut aufrechterhalten und ein wesentlicher Bestandteil des Immunsystems sind. Die erwachsenen Würmer, die sich in diesem System aufhalten, behindern den normalen Lymphfluss. Die Krankheit ist in der Regel nicht lebensbedrohlich, kann aber das Lymphsystem und die Nieren dauerhaft schädigen. Da das Lymphsystem nicht richtig funktioniert, führt die Flüssigkeitsansammlung zu Schwellungen in Armen, Brüsten, Beinen und Genitalien (wodurch eine Hydrozele entsteht). Diese Schwellung wird als Lymphödem bezeichnet. Das gesamte Bein, der Arm oder die Genitalien können um ein Vielfaches der normalen Größe anschwellen, begleitet von einer Verdickung der Haut und des Unterhautgewebes (Fibrose), daher der Name „Elephantiasis". Im fortgeschrittenen Stadium der Krankheit und der daraus resultierenden verminderten Funktion des Lymphsystems ist die Fähigkeit des Wirts, andere Infektionen zu bekämpfen, eingeschränkt. Einige der Krankheitssymptome werden durch die Immunreaktion des Wirts auf die Infektion verursacht, die meisten sind jedoch die Folge einer bakteriellen Infektion der Haut, bei der die normalen Abwehrkräfte aufgrund der zugrunde liegenden lymphatischen Schädigung teilweise verloren gegangen sind. Eine sorgfältige Reinigung kann für die Heilung infizierter Oberflächenbereiche sehr hilfreich sein und die Schädigung des Gewebes verlangsamen oder sogar rückgängig machen.

Die mit der lymphatischen Filariose verbundene psychologische und soziale Stigmatisierung ist immens. Aufgrund ihrer Prävalenz in abgelegenen ländlichen Gebieten und in unterentwickelten periurbanen und städtischen Gebieten wird die lymphatische Filariose in erster Linie als vernachlässigte tropische Krankheit der Armut betrachtet (Streit und Lafontant 2008).

Eine weitere durch Stechmücken übertragene parasitäre Krankheit ist die Dirofilariose. Dabei handelt es sich um eine zoonotische Krankheit mit 2 Hauptarten, *Dirofilaria immitis* und *D. repens*, die Fleischfresser (Hunde und Katzen) und Menschen befallen. Die erste Erwähnung von Hundefilarien wird Francesco Birago zugeschrieben, einem lombardischen Adligen aus dem 17. Jahrhundert, der *Dirofilaria immitis* (Herzwurm) beschrieb, die er in den Herzen seiner Jagdhunde fand, wobei er sie fälschlicherweise als Larven anderer parasitärer Helminthen identifizierte (Simón et al. 2012). Der Herzwurm verursacht schwere Erkrankungen bei Hunden und anderen Fleischfressern und infiziert gelegentlich auch Menschen. *Dirofilaria repens* verursacht in der Regel eine nicht lebensbedrohliche subkutane Infektion von Hunden und ist der Haupterreger der menschlichen Dirofilariose in der Alten Welt (Capelli et al. 2018). Der erwachsene Hundeherzwurm (*Dirofilaria immitis*) ist 12–31 cm lang und befindet sich normalerweise im Herzen und in der Lungenarterie des Wirts. Infizierte Tiere können an Herzinsuffizienz und Herzversagen leiden. Reife weibliche Würmer geben Mikrofilarien ins Blut ab, die eine nächtliche Periodizität aufweisen und in den Blutgefäßen der Peripherie zirkulieren. Etwa 79 Stechmückenarten aus den Gattungen *Aedes* spp., *Anopheles* spp., *Culex* spp., *Culiseta* spp. und *Coquillettidia* spp. sind mit *Dirofilaria immitis* und *D. repens* infiziert oder werden als potenzielle Überträger vermutet. Die Zahl der Arten, die nachweislich als Vektoren fungieren, ist jedoch viel geringer (etwa 20), und die große Mehrheit gehört zur Gattung *Aedes* spp. (Simón et al. 2012).

Nach der Aufnahme durch eine Stechmücke durchdringen die Mikrofilarien das Darmepithel und gelangen in die Malpighischen Röhren, wo ein Teil von ihnen wächst und sich häutet und unter günstigen klimatischen Bedingungen innerhalb von etwa 2 Wochen das infektiöse 3. Larvenstadium erreicht. Die infektiösen Larven wandern zu den Mundwerkzeugen der Mücke, von wo aus sie in die Haut des Wirts eindringen, wenn die Mücke sticht (Abb. 3.4). Die Entwicklung zum adulten Stadium im Herzen und in der Lungenarterie des Wirbeltierwirts dauert mehrere Monate, und nach >6 Monaten werden wieder Mikrofilarien produziert. Andere den Hund infizierende Filarien wie *Dipetalonema* spp. oder *Mansonella* spp. haben eine ähnliche Biologie wie *D. immitis* (Aranda et al. 1998). Jüngste Funde von *D. immitis*, *D. repens* und

Setaria tundra in Stechmücken in Deutschland deuten auf die Möglichkeit eines lokalen natürlichen Übertragungszyklus hin (Czajka et al. 2014; Kronefeld et al. 2014). Die Endemizität der Dirofilariose wird traditionell den süd- und südosteuropäischen Ländern zugeschrieben (Morchón et al. 2012), obwohl neuere Studien zeigen, dass die autochthone Übertragung von *D. repens* derzeit in Mittel- und Osteuropa endemisch ist (Capelli et al. 2018; Fuehrer et al. 2016). Ebenso wurde in den letzten 10 Jahren die autochthone Übertragung von *D. immitis* in neuen Ländern dokumentiert, die weiter östlich und nordöstlich von bekannten endemischen Gebieten liegen (Morchón et al. 2022).

Der Mensch infiziert sich auf die gleiche Weise wie die typischen Wirte, nämlich durch die Blutmahlzeit eines Stechmückenvektors. Es ist wahrscheinlich, dass die Mehrheit der infektiösen Larven kurz darauf stirbt und die Infektion ohne Symptome abklingt (Capelli et al. 2018). Es wurden verschiedene Ausnahmen dokumentiert, bei denen der menschliche Wirt auf die Infektion mit Rötungen, Schwellungen und Juckreiz reagiert, die bis zu 5–8 Tage andauern können (Pampiglione und Rivasi 2000). In seltenen Fällen können sich erwachsene Würmer entwickeln und sogar in den Blutkreislauf wandern. Die Entwicklungsstadien von *D. repens* wandern bei infizierten Menschen wochen- bis monatelang unbemerkt subkutan und verursachen nur selten Reizungen oder Juckreiz. Während der Wanderung in verschiedene Körperregionen kann *D. repens* die Augen erreichen, was zu Folgeerkrankungen wie Glaukom, Uveitis, Episkleritis und Netzhautablösung und sogar Erblindung führen kann (Capelli et al. 2018, S. 20; Pampiglione et al. 2001; Pampiglione und Rivasi 2000). Ein weiteres, viel selteneres Vorkommen ist die intraorale Dirofilariose, die sich in der Wangenschleimhaut manifestiert (Momčilović et al. 2019; Suresh et al. 2022). Die Gesamtprävalenz der Dirofilariose hat in den letzten 2 Jahrzehnten zugenommen, und dementsprechend auch die Zahl der menschlichen Fälle (Capelli et al. 2018; Genchi und Kramer 2020; Kondrashin et al. 2022; Morchón et al. 2012, 2022).

3.4 Zukunftsperspektiven und Schlussfolgerungen

In der Geschichte gibt es viele Beispiele dafür, dass endemische oder epidemische, durch Vektoren übertragene Krankheiten die Siedlungsmuster der Menschen beeinflusst, den Ausgang von Kriegen verändert oder einfach nur die Geschwindigkeit von Entwicklungsprojekten beeinträchtigt haben. Selbst zu Beginn des 21. Jahrhunderts haben durch Stechmücken übertragene Krankheitserreger trotz mindestens eines Jahrhunderts bedeutender wissenschaftlicher und technologischer Fortschritte noch tiefgreifende und dauerhafte Auswirkungen auf die Gesellschaft. Fast die Hälfte der Weltbevölkerung lebt immer noch mit der drohenden Gefahr von durch Stechmücken übertragenen Krankheitserregern.

In einigen Gebieten hat sich die Zahl der Menschen, die von Krankheiten bedroht sind, sogar erhöht, weil der Vektor und/oder der Erreger ihr Verbreitungsgebiet erweitert oder gefestigt hat. Solche Veränderungen können durch den Welthandel, die Migration von Menschen, die Armut in der Umwelt, den Klimawandel oder die Verschlechterung der Umwelt- und Ökologiebedingungen verursacht werden. Das Auftreten des West-Nil-Virus in den USA im Jahr 1999 ermöglichte es dem Virus, sich innerhalb von 5 Jahren von einer Küste zur anderen auszubreiten, was für die menschliche Bevölkerung und für einige Vogelarten eine hohe Sterblichkeit bedeutet. Die Etablierung und Ausbreitung von *Ae. albopictus* in Europa ist die Ursache für die autochthonen Fälle von Chikungunya und Zika, deren Zahl beispielsweise in Südfrankreich jährlich zunimmt.

Eine Zunahme der durch Vektoren übertragenen Krankheiten kann aber auch die Folge unzureichender Vektorkontrollstrategien sein, etwa aufgrund von Insektizidresistenz, Umweltzerstörung oder fehlendem politischen Willen. Nach militärischen Konflikten, der Vertreibung von Menschen, der Zerstörung von Infrastrukturen und der daraus resultierenden bitteren Armut kommt es häufig zum Ausbruch infektiöser/vektorübertragener Krankheiten. Diejenigen, die in Flüchtlingslagern leben, sind besonders gefährdet. Veränderungen in den politischen Strukturen können auch dazu führen, dass sich Moskitopopulationen entwickeln, wenn es keine Überwachungs- und Kontrollprogramme gibt, wie das Wiederauftreten von Malaria in einigen Gebieten gezeigt hat. Für ländliche Gemeinschaften wird die Stadt oft als Ziel mit besseren Möglichkeiten angesehen. Schon seit Jahrtausenden wandern Menschen vom Land in die Städte. Bei der heutigen Völkerwanderung wird geschätzt, dass der Anteil der Menschen, die in die Städte abwandern, zum ersten Mal 50 % übersteigt. In vielen Ländern liegt der Anteil der Stadtbevölkerung inzwischen bei über 80 %. In Städten, in denen die Dienstleistungen und Infrastrukturen nicht mit dem Tempo der Urbanisierung Schritt halten können, wächst die Gefahr, dass sich Vektoren und Schädlinge, insbesondere Moskitos, ansiedeln und ausbreiten. Unsachgemäße Wasserspeicherung und -entsorgung, sei es in Wohngebieten oder auf Baustellen, und kleine städtische Landwirtschaftsbetriebe mit unsachgemäßer Wasserbewirtschaftung bieten Moskitos tendenziell neue Möglichkeiten. Die Vektorkontrolle in städtischen Gebieten ist mit besonderen Herausforderungen verbunden, die sich von denen in ländlichen Gemeinden unterscheiden.

Von den etwa 30 invasiven Arten, die sich in neuen Gebieten auf der ganzen Welt etabliert haben, verdienen 2 Arten aufgrund ihres Ausbreitungspotenzials und ihrer Fähigkeit,

Krankheiten auf den Menschen zu übertragen, besondere Aufmerksamkeit: *Aedes aegypti* und *Ae. albopictus*. Diesen Arten ist es gelungen, schnell und erfolgreich in neue geografische Regionen einzudringen und stabile Populationen zu etablieren (Kraemer et al. 2019; Hawley 1988; Moore und Mitchell 1997; Madon et al. 2002, 2004; Linthicum et al. 2003; Pluskota et al. 2008; Medlock et al. 2012; Schaffner et al. 2013; Becker et al. 2017; Pfitzner et al. 2018).

Insgesamt kann man sagen, dass in der Zukunft die Bedeutung der durch Stechmücken übertragenen Krankheitserreger weiter zunehmen wird. Der Bedarf an medizinischen Entomologen und Fachleuten in verwandten Bereichen, die einen direkten oder indirekten Einfluss auf Vektorpopulationen haben, ist so dringend wie noch nie. Ökoklimatische Veränderungen schaffen die Voraussetzungen für neue Interaktionen zwischen Wirten und potenziellen Krankheitserregern, die bisher auf sylvatische Zyklen beschränkt waren. Dies schafft die Voraussetzung für Wirtswechsel und Spillover-Infektionen. Zusammenfassend lässt sich feststellen, dass das Risiko des Auftretens und Wiederauftretens von durch Stechmücken übertragenen Krankheitserregern aufgrund anthropogener und ökoklimatischer Faktoren rapide zugenommen hat und weiter zunehmen wird. In der heutigen hochgradig vernetzten Welt erfordern erfolgreiche Maßnahmen im Bereich der öffentlichen Gesundheit einen One-Health-Ansatz, der auf einer multisektoralen und transdisziplinären Zusammenarbeit beruht, die die Zusammenhänge zwischen der Gesundheit von Menschen, Tieren, Pflanzen und ihrer gemeinsamen Umwelt anerkennt (WHO 2017b). Die neuen technologischen Fortschritte wie die Sequenzierung der 2. und 3. Generation bergen ein großes Potenzial für die Gewinnung neuer Erkenntnisse über Diagnostik, Übertragung, Virulenz, Vektorgenomik und Antibiotikaresistenz (Gwinn et al. 2019; Ko et al. 2020; Kothera et al. 2019; Rinker et al. 2016; Shi et al. 2018). Diese vielseitigen Technologien sind auf Infektionserreger, ihre Vektoren und Wirte breit anwendbar und werden immer erschwinglicher, mobiler und genauer.

Ein größerer Bedarf besteht in der Schaffung eines politischen Bewusstseins für eine umfassende Verbesserung der gesamten Infrastruktur in den betroffenen Gebieten. Dies muss unserer Meinung nach Vorrang haben, wenn die Verringerung der durch Vektoren übertragenen Krankheitserreger das vorrangige Ziel ist. Wir empfehlen diese Strategie nachdrücklich als einen ersten Schritt zur Erreichung dieses Ziels.

Trotz des schwierigen Kampfes bei der Bekämpfung von durch Stechmücken übertragenen Krankheitserregern gibt es auch Hoffnung auf bessere Ergebnisse bei der Verringerung der künftigen Auswirkungen dieser lebensbedrohlichen Krankheiten. Der Start der aktuellen Initiative Roll Back Malaria der WHO, einer Allianz aus internationalen, nationalen und staatlichen Institutionen sowie Nichtregierungsorganisationen (z. B. Weltbank, UNICEF, Bill & Melinda Gates Foundation, PMI), ist ein ermutigendes Zeichen dafür, dass die Weltgemeinschaft die Bedeutung der Bekämpfung der Malaria durch verstärkte und koordinierte Anstrengungen auf globaler Ebene erkannt hat. Bekämpfungsstrategien, die auf neuen technischen und wissenschaftlichen Ansätzen beruhen, z. B. molekulare Instrumente, die durch ausreichende finanzielle und politische Unterstützung ergänzt werden, versprechen, dass die Weltbevölkerung von den wissenschaftlichen Fortschritten profitieren kann und die gesamte Infrastruktur der betroffenen Länder in Zukunft verbessert wird.

Literatur

Adams LE, Adams LE, Waterman SH, Paz-Bailey G (2022) Vaccination for dengue prevention. Jama *327*(9). https://doi.org/10.1001/jama.2021.23466

Ahmad NA, Mancini M-V, Ant TH, Martinez J, Kamarul GMR, Nazni WA, Hoffmann AA, Sinkins SP (2021) Wolbachia strain wAlbB maintains high density and dengue inhibition following introduction into a field population of Aedes aegypti. Philos Trans R Soc B, Biol Sci 376(1818):20190809. https://doi.org/10.1098/rstb.2019.0809

Aliota MT, Peinado SA, Velez ID, Osorio JE (2016a) The wMel strain of Wolbachia reduces transmission of Zika virus by Aedes aegypti. Sci Rep 6:28792. https://doi.org/10.1038/srep28792

Aliota MT, Walker EC, Uribe Yepes A, Velez ID, Christensen BM, Osorio JE (2016b) The wMel strain of Wolbachia reduces transmission of Chikungunya virus in Aedes aegypti. PLoS Negl Trop Dis 10(4):e0004677. https://doi.org/10.1371/journal.pntd.0004677

Ant TH, Herd CS, Geoghegan V, Hoffmann AA, Sinkins SP (2018) The Wolbachia strain wAu provides highly efficient virus transmission blocking in Aedes aegypti. PLoS Pathog 14(1):e1006815. https://doi.org/10.1371/journal.ppat.1006815

Ant TH, Mancini MV, McNamara CJ, Rainey SM, Sinkins SP (2022) Wolbachia-Virus interactions and arbovirus control through population replacement in mosquitoes. Pathog Glob Health 1–14. https://doi.org/10.1080/20477724.2022.2117939

Aberle SW, Kolodziejek J, Jungbauer C, Stiasny K, Aberle JH, Zoufaly A, Hourfar MK, Weidner L, Nowotny N (2018) Increase in human West Nile and Usutu virus infections, Austria, 2018. Eurosurveillance 23(43). https://doi.org/10.2807/1560-7917.ES.2018.23.43.1800545

Ahmed A, Khogali R, Elnour M-AB, Nakao R, Salim B (2021) Emergence of the invasive malaria vector Anopheles stephensi in Khartoum State, Central Sudan. Parasites & Vectors 14(1):511. https://doi.org/10.1186/s13071-021-05026-4

Al-Afaleq AI, Hussein MF (2011) The status of Rift Valley fever in animals in Saudi Arabia: a mini review. Vector-Borne Zoonotic Dis 11(12):1513–1520. https://doi.org/10.1089/vbz.2010.0245

Allering L, Jöst H, Emmerich P, Günther S, Lattwein E, Schmidt M, Seifried E, Sambri V, Hourfar K, Schmidt-Chanasit J (2012) Detection of Usutu Virus Infection in a Healthy Blood Donor from South-West Germany, 2012. Euro Surveil: Bull Européen Sur Les Mal Transmissibles = Eur Commun Dis Bull 17(50)

Alls RT (1975) The natural history of trivittatus virus in central Iowa. Iowa State University, Ames, Iowa, United States of America

Alphey L, Beard CB, Billingsley P, Coetze M, Crisanti A (2002) Malaria control with genetically manipulated insect vectors. Science 298:119–121

Amraoui F, Failloux A-B (2016) Chikungunya: An unexpected emergence in Europe. Curr Opin Virol 21:146–150. https://doi.org/10.1016/j.coviro.2016.09.014

Anderson CR, Downs WG, Wattley GH, Ahin NW, Reese AA (1957) Mayaro virus: a new human disease agent: II. Isolation from blood of patients in Trinidad, B.W.I. Am J Trop Med Hyg 6(6):1012–1016. https://doi.org/10.4269/ajtmh.1957.6.1012

Anderson JF, Main AJ (2006) Importance of vertical and horizontal transmission of West Nile virus by Culex pipiens in the Northeastern United States. J Infect Dis 194(11):1577–1579. https://doi.org/10.1086/508754

Andreadis TG, Armstrong PM, Anderson JF, Main AJ (2014) Spatial-temporal analysis of Cache Valley virus (Bunyaviridae: Orthobunyavirus) infection in anopheline and culicine mosquitoes (Diptera: Culicidae) in the northeastern United States, 1997–2012. Vector Borne Zoonotic Dis 14:763–773

Andreadis TG, Anderson JF, Armstrong PM, Main AJ (2008) Isolations of Jamestown Canyon virus (Bunyaviridae: Orthobunyavirus) from field-collected mosquitoes (Diptera: Culicidae) in connecticut, USA: a ten-year analysis, 1997–2006. Vector-Borne Zoonotic Dis 8(2):175–188. https://doi.org/10.1089/vbz.2007.0169

Andrews WN, Rowley WA, Wong YW, Dorsey DC, Hausler WJ Jr (1977) Isolation of trivittatus virus from larvae and adults reared from field-collected larvae of Aedes trivittatus (Diptera: Gulicidae)1. J Med Entomol 13(6):699–701. https://doi.org/10.1093/jmedent/13.6.699

Ashraf U, Ding Z, Deng S, Ye J, Cao S, Chen Z (2021) Pathogenicity and virulence of Japanese encephalitis virus: Neuroinflammation and neuronal cell damage. Virulence 12(1):968–980. https://doi.org/10.1080/21505594.2021.1899674

Aspöck H (1979) Biogeographie der Arboviren Europas Beitr Z Geoökologie d Menschen, 3. Geomed Symp Geograph Z Beiheft 51:11–28

Aspöck H (1996) Stechmücken als Virusüberträger in Mitteleuropa. Nova Acta Leopold 292:37–55

Auerswald H, Maquart P-O, Chevalier V, Boyer S (2021) Mosquito vector competence for Japanese encephalitis virus. Viruses 13(6), Article 6. https://doi.org/10.3390/v13061154

Bakonyi T, Jungbauer C, Aberle SW, Kolodziejek J, Dimmel K, Stiasny K, Allerberger F, Nowotny N (2017) Usutu virus infections among blood donors, Austria, July and August 2017 – Raising awareness for diagnostic challenges. Eurosurveillance 22(41). https://doi.org/10.2807/1560-7917.ES.2017.22.41.17-00644

Bardos V, Cupkova B (1962) The Calovo virus-the second virus isolated from mosquitoes in Czechoslovakia. J Hyg Epid Microbiol Immunol 6:186–192

Bardos V, Danielova V (1959) The Tahyna virus – A virus isolated from mosquitoes in Czechoslovakia. J Hyg Epidemiol Microbiol Immunol 3:264–276

Barzon L, Gobbi F, Capelli G, Montarsi F, Martini S, Riccetti S, Sinigaglia A, Pacenti M, Pavan G, Rassu M, Padovan MT, Manfrin V, Zanella F, Russo F, Foglia F, Lazzarini L (2021) Autochthonous dengue outbreak in Italy 2020: clinical, virological and entomological findings. J Travel Med 28(8):taab130. https://doi.org/10.1093/jtm/taab130

Beaty BJ, Marquardt WC (1996) The biology of disease vectors. University Press of Colorado, Colorado USA, S 632

Benzarti E, Sarlet M, Franssen M, Cadar D, Schmidt-Chanasit J, Rivas JF, Linden A, Desmecht D, Garigliany M (2020) Usutu virus epizootic in Belgium in 2017 and 2018: evidence of virus endemization and ongoing introduction events. Vector-Borne Zoonotic Dis 20(1):43–50. https://doi.org/10.1089/vbz.2019.2469

Becker N (2008) Influence of climate change on mosquito development and mosquito-borne diseases in Europe. Parasitol Res 103:19–28

Becker N, Jöst H, Ziegler U, Eiden M, Höper D, Emmerich P, Fichet-Calvet E, et al (2012) „Epizootic emergence of Usutu virus in wild and captive birds in Germany." Edited by Justin David Brown. PLoS ONE 7(2):e32604. https://doi.org/10.1371/journal.pone.0032604

Becker N, Schön S, Klein AM, Ferstl I, Kizgin A, Tannich E, Kuhn C, Pluskota B, Jöst A (2017) First mass development of Aedes albopictus (Diptera: Culicidae) – its surveillance and control in Germany. Parasitol Res https://doi.org/10.1007/s00436-016-5356

Bergman A, Dahl E, Lundkvist Å, Hesson JC (2020) Sindbis virus infection in non-blood-fed hibernating Culex pipiens mosquitoes in Sweden. Viruses 12(12), Article 12. https://doi.org/10.3390/v12121441

Bergren NA, Haller S, Rossi SL, Seymour RL, Huang J, Miller AL, Bowen RA, Hartman DA, Brault AC, Weaver SC (2020) "Submergence" of Western equine encephalitis virus: evidence of positive selection argues against genetic drift and fitness reductions. PLoS Pathog 16(2):e1008102. https://doi.org/10.1371/journal.ppat.1008102

Bergren NA, Kading RC (2018) The ecological significance and implications of transovarial transmission among the vector-borne bunyaviruses: a review. Insects 9(4), Article 4. https://doi.org/10.3390/insects9040173

Bhatt S, Gething PW, Brady OJ, Messina JP, Farlow AW, Moyes CL et al (2013) The global distribution and burden of dengue. Nature 496:504–507

Bowen MD, Trappier SG, Sanchez AJ, Meyer RF, Goldsmith CS, Zaki SR, Dunster LM, Peters CJ, Ksiazek TG, Nichol ST (2001) A reassortant bunyavirus isolated from acute hemorrhagic fever cases in Kenya and Somalia. Virology 291(2):185–190. https://doi.org/10.1006/viro.2001.1201

Braack L, Gouveia de Almeida AP, Cornel AJ, Swanepoel R, de Jager C (2018) Mosquito-borne arboviruses of African origin: review of key viruses and vectors. Parasit Vectors 11(1):29. https://doi.org/10.1186/s13071-017-2559-9

Brady OJ, Gething PW, Bhatt S, Messina JP, Brownstein JS, Hoen AG et al (2012) (2102) Refining the global spatial limits of dengue virus transmission by evidence-based consensus. PLoS Negl Trop Dis 6:e1760. https://doi.org/10.1371/journal.pntd.0001760

Brasil P, Zalis MG, de Pina-Costa A, Siqueira AM, Júnior CB, Silva S, Areas ALL, Pelajo-Machado M, de Alvarenga DAM, da Silva Santelli ACF, Albuquerque HG, Cravo P, Santos de Abreu FV, Peterka CL, Zanini GM, Suárez Mutis MC, Pissinatti A, Lourenço-de-Oliveira R, de Brito CFA, Daniel-Ribeiro CT (2017) Outbreak of human malaria caused by Plasmodium simium in the Atlantic forest in Rio de Janeiro: a molecular epidemiological investigation. Lancet Glob Health 5(10):e1038–e1046. https://doi.org/10.1016/S2214-109X(17)30333-9

Briese T, Bird B, Kapoor V, Nichol ST, Lipkin WI (2006) Batai and Ngari viruses: M segment reassortment and association with severe febrile disease outbreaks in East Africa. J Virol 80(11):5627–5630. https://doi.org/10.1128/JVI.02448-05

Britch SC, Binepal YS, Ruder MG, Kariithi HM, Linthicum KJ, Anyamba A, Small JL, Tucker CJ, Ateya LO, Oriko AA, Gacheru S, Wilson WC (2013) Rift valley fever risk map model and seroprevalence in selected wild ungulates and camels from Kenya. PLoS ONE 8(6):e66626. https://doi.org/10.1371/journal.pone.0066626

Bruce-Chwatt LJ, Draper CC, Avradamis D, Kazandzoglou O (1975) Sero-epidemiologica: surveillance of disappearing malaria in Greece. J Trop Med Hyg 78:194–200

Bruce-Chwatt LJ, de Zulueta J (1980) The rise and fall of malaria in Europe. A historico-epidemiological study. Unive Press, Oxford, S 240

Buhler K, Dibernardo A, Pilfold N, Harms NJ, Fenton H, Carriere S, Kelly A, Schwantje H, Aguilar XF, Leclerc L-M, Gouin G, Lunn N, Richardson E, McGeachy D, Bouchard É, Ortiz AH, Samelius G, Lindsay LR, Drebot M, Jenkins E (2023) Widespread exposure to mosquitoborne California serogroup viruses in caribou, Arctic fox, red fox, and polar bears, Canada. Emerg Infect Dis J 29(1):54. https://doi.org/10.3201/eid2901.220154

Bryant JE, Holmes EC, Barrett ADT (2007) Out of Africa: a molecular perspective on the introduction of yellow fever virus into the Americas. PLoS Pathog 3(5):e75. https://doi.org/10.1371/journal.ppat.0030075

Cadar D, Becker N, Mendonca Campos R, Börstler J, Jöst H, Schmidt-Chanasit J (2014) Usutu virus in bats, Germany, 2013. Emerg Infect Dis 20(10):1771–1773

Cadar D, Maier P, Müller S, Kress J, Chudy M, Bialonski A, Schlaphof A, Jansen S, Jöst H, Tannich E, Runkel S, Hitzler WE, Hutschenreuter G, Wessiepe M, Schmidt-Chanasit J (2017a) Blood donor screening for West Nile virus (WNV) revealed acute Usutu virus (USUV) infection, Germany, September 2016. EuroSurveill 22(14):30501. https://doi.org/10.2807/1560-7917.ES.2017.22.14.30501

Cadar D, Lühken R, van der Jeugd H, Garigliany M, Ziegler U, Keller M, Lahoreau J, et al (2017b) Widespread activity of multiple lineages of Usutu virus, Western Europe, 2016. Eurosurveillance 22(4). https://doi.org/10.2807/1560-7917.ES.2017.22.4.30452

Calba C, Guerbois-Galla M, Franke F et al (2017) Preliminary report of an autochthonous chikungunya outbreak in France. Euro Surveill 22(39):17–00647

Calisher CH (1994) Medically important arboviruses of the United States and Canada. Clin Microbiol Rev 7(1):89–116. https://doi.org/10.1128/CMR.7.1.89

Calisher CH, Karabatsos N (1988) Arbovirus serogroups: definition and geographic distribution. In: Monath TP (Hrsg) The arboviruses: epidemiology and ecology, Bd 1, CRC Press, Boca Raton (FL), S 9–58

Calzolari M, Gaibani P, Bellini R, Defilippo F, Pierro A et al (2012) Mosquito, bird and human surveillance of West Nile and Usutu viruses in Emilia-Romagna region (Italy). PLoS ONE 7:e38058

Camp JV, Kniha E, Obwaller AG, Walochnik J, Nowotny N (2021) The transmission ecology of Tahyna orthobunyavirus in Austria as revealed by longitudinal mosquito sampling and blood meal analysis in floodplain habitats. Parasit Vectors 14(1):561. https://doi.org/10.1186/s13071-021-05061-1

Calzolari M, Bonilauri P, Bellini R, Albieri A, Defilippo F, Tamba M, Tassinari M, Gelati A, Cordioli P, Angelini P, Dottori M (2013) Usutu virus persistence and West Nile virus inactivity in the Emilia-Romagna region (Italy) in 2011. PlosOne 8(5):e63979

Campbell GL, Ceianu CS, Savage HM (2001) Epidemic West Nile encephalitis in Romania. Annals of the New York academy of sciences. West Nile virus: detect, surveill, control 951(1):Xi–xviii, 1–372. https://doi.org/10.1111/j.1749-6632.2001.tb02688.x

Cantile C, di Guardo G, Eleni C, Aruspici M (2000) Clinical and neuropathological features of West Nile virus equine encephalomyelitis in Italy. Equine Vet J 32(1):31–35

Capelli G, Genchi C, Baneth G, Bourdeau P, Brianti E, Cardoso L, Danesi P, Fuehrer H-P, Giannelli A, Ionică AM, Maia C, Modrý D, Montarsi F, Krücken J, Papadopoulos E, Petrić D, Pfeffer M, Savić S, Otranto D, Silaghi C (2018) Recent advances on Dirofilaria repens in dogs and humans in Europe. Parasit Vectors 11(1):663. https://doi.org/10.1186/s13071-018-3205-x

Caraballo H (2014) Emergency department management of mosquito-borne illness: malaria, dengue, and West Nile virus (2014). Emerg Med Pract 16(5):1–23

Carlson JO (1995) Molecular genetic manipulation of vectors. The biology of disease vectors. University Press of Colorado, Colorado, USA, S 215–228

Carson PK, Holloway K, Dimitrova K, Rogers L, Chaulk AC, Lang AS, Whitney HG, Drebot MA, Chapman TW (2017) The seasonal timing of snowshoe hare virus transmission on the Island of Newfoundland, Canada. J Med Entomol 54(3):712–718. https://doi.org/10.1093/jme/tjw219

Carter TE, Yared S, Gebresilassie A, Bonnell V, Damodaran L, Lopez K, Ibrahim M, Mohammed S, Janies D (2018) First detection of Anopheles stephensi Liston, 1901 (Diptera: Culicidae) in Ethiopia using molecular and morphological approaches. Acta Trop 188:180–186. https://doi.org/10.1016/j.actatropica.2018.09.001

CDC. (2009). West Nile virus transmission via organ transplantation and blood transfusion—Louisiana, 2008. https://www.cdc.gov/mmwr/preview/mmwrhtml/mm5845a3.htm

CDC (2006) Locally acquired mosquito-transmitted malaria: a guide for investigations in the United States. 55(RR13):1–9

CDC (2018) La Crosse encephalitis virus. www.cdc.gov

CDC (2021) Cache Valley virus. https://www.cdc.gov/cache-valley/index.html

CDC (2022a) Chikungunya virus. https://www.cdc.gov/chikungunya/index.html

CDC (2022b) Jamestown Canyon virus. https://www.cdc.gov/jamestown-canyon/index.html

Chaskopoulou A, L'Ambert G, Petric D, Bellini R, Zgomba M, Groen TA et al (2016) Ecology of West Nile fever across four European countries: history of WNV transmission, vector population dynamics & vector control response. Parasit Vectors 9:482

Chambaro HM, Hirose K, Sasaki M, Libanda B, Sinkala Y, Fandamu P, Muleya W, Banda F, Chizimu J, Squarre D, Shawa M, Qiu Y, Harima H, Eshita Y, Simulundu E, Sawa H, Orba Y (2022) An unusually long Rift valley fever inter-epizootic period in Zambia: evidence for enzootic virus circulation and risk for disease outbreak. PLoS Negl Trop Dis 16(6):e0010420. https://doi.org/10.1371/journal.pntd.0010420

Chihota CM, Rennie LF, Kitching RP, Mellor PS (2001) Mechanical transmission of lumpy skin disease virus by Aedes aegypti (Diptera: Culicidae). Epidemiol Infect 126(2):317–321. https://doi.org/10.1017/S0950268801005179

Christensen BM, Rowley WA, Wong YW, Dorsey DC, Hausler WJ (1978) Laboratory studies of transovarial transmission of trivittatus virus by Aedes trivittatus. Am J Trop Med Hyg 27(1):184–186. https://doi.org/10.4269/ajtmh.1978.27.184

Cichon N, Barry Y, Stoek F, Diambar A, Ba A, Ziegler U, Rissmann M, Schulz J, Haki ML, Höper D, Doumbia BA, Bah MY, Groschup MH, Eiden M (2021) Co-circulation of orthobunyaviruses and Rift Valley fever virus in Mauritania, 2015. Frontiers in Microbiol 12. https://www.frontiersin.org/articles/https://doi.org/10.3389/fmicb.2021.766977

Cichon N, Eiden M, Schulz J, Günther A, Wysocki P, Holicki CM, Borgwardt J, Gaede W, Groschup MH, Ziegler U (2021) Serological and molecular investigation of Batai virus infections in ruminants from the state of Saxony-Anhalt, Germany, 2018. Viruses 13(3), Article 3. https://doi.org/10.3390/v13030370

Clé M, Beck C, Salinas S, Lecollinet S, Gutierrez S, de Perre PV, Baldet T, Foulongne V, Simonin Y (2019) Usutu virus: A new threat? Epidemiol Infect 147:e232. https://doi.org/10.1017/S0950268819001213

Cochet A, Calba C, Jourdain F, Grard G, Durand GA, Guinard A, Team I, Noël H, Paty M-C, Franke F (2022) Autochthonous dengue in mainland France, 2022: Geographical extension and incidence increase. Eurosurveillance 27(44):2200818. https://doi.org/10.2807/1560-7917.ES.2022.27.44.2200818

Coleman KJ, Chauhan L, Piquet AL, Tyler KL, Pastula DM (2021) An overview of Jamestown Canyon virus disease. The Neurohospitalist 11(3):277–278. https://doi.org/10.1177/19418744211005948

Collins FH (1994) Prospects for malaria control through genetic manipulation of its vectors. Parasitol Today 10:370–371

Condon RJ, Rouse IL (1995) Acute symptoms and sequelae of Ross River virus infection in South-Western Australia: a follow-up study. Clin Diagn Virol 3(3):273–284. https://doi.org/10.1016/S0928-0197(94)00043-3

Crampton JM (1992) Potential application of molecular biology in entomology. In: Crampton JM, Eggleston P (Hrsg) Insect Molecular Science. Academic Press, San Diego, London, S 4–20

Crampton JM, Eggleston P (1992) Biotechnology and the control of mosquitoes. In: Young WK (Hrsg) Animal parasite control utilizing biotechnology. CRC Press Inc Uniscience Volumes, Boca Raton, FL, S 333–350

Czajka C, Becker N, Jöst H et al (2014) Stable transmission of Dirofilaria repens nematodes, Northern Germany. Emerg Infect Dis 20(2):328–331

Dambach P, Louis Valérie R, Kaiser A, Ouedraogo S, Sié A, Sauerborn R, Becker N (2014a) Efficacy of Bacillus thuringiensis var. israelensis against malaria mosquitoes in northwestern Burkina Faso. Parasites & Vectors 7:371

Dambach P, Traoré I, Becker N, Kaiser A, Sie´ A, Sauerborn R (2014b) EMIRA: Ecologic Malaria Reduction for Africa – innovative tools for integrated malaria control. Glob Health Action 2014 7:25908. https://doi.org/10.3402/gha.v7.25908

Danielova V, Ryba J (1979) Laboratory demonstration of transovarial transmission of Tahyna virus in Aedes vexans and the role of this mechanism in overwintering of this arbovirus. Folia Parasitol 26:361–366

Danielova V (1992) Relationships of mosquitoes to Tahyna virus as determinant factors of its circulation in nature. Academia Publishing House of the Czechoslovak, Acad of Sci, Prague

Danis KA, Baka A, Lenglet A, van Bortel W, TerzM, Papanikolaou E, Balaska A, Gewehr S, Dougas G, Sideroglou T, Economopoulou A, Vakalis N, Tsiodras S, Bonovas S, Kretamistinou J (2011) Autochthonous Plasmodium vivax malaria in Greece. Euro Surveill 16(42):Pii:19993

Daubney R, Hudson JR, Garnham PC (1931) Enzootic hepatitis or rift valley fever. An undescribed virus disease of sheep cattle and man from east africa. J Pathol Bacteriol 34(4):545–579. https://doi.org/10.1002/path.1700340418

Davies FG, Linthicum KJ, James AD (1985) Rainfall and epizootic Rift Valley fever. Bull World Health Organ 63(5):941–943

de Oliveira TC, Rodrigues PT, Early AM, Duarte AMRC, Buery JC, Bueno MG, Catão-Dias JL, Cerutti C, Rona LDP, Neafsey DE, Ferreira MU (2021) Plasmodium simium: population genomics reveals the origin of a reverse zoonosis. J Infect Dis 224(11):1950–1961. https://doi.org/10.1093/infdis/jiab214

Desanti-Consoli H, Bouillon J, Chapuis RJJ (2022) Equids' core vaccines guidelines in North America: considerations and prospective. Vaccines, 10(3), Article 3. https://doi.org/10.3390/vaccines10030398

Detinova TS, Smelova VA (1973) The medical importance of mosquitoes of the fauna of the Soviet Union. Med Parazitol (Mosk) 42:455–471 (in Russian)

Dhiman R, Pahwa S, Dash A (2008) Climate change and malaria in India: Interplay between temperatures and mosquitoes. Reg Health Forum 12(1):27–31

Diagne M, Ndione M, Di Paola N, Fall G, Bedekelabou A, Sembène P, Faye O, Zanotto P, Sall A (2019) Usutu virus isolated from rodents in Senegal. Viruses 11(2):181. https://doi.org/10.3390/v11020181

Dinu S, Cotar AI, Pănculescu-Gătej IR, Fălcuţă E, Prioteasa FL, Sîrbu A, Oprişan G, Bădescu D, Reiter P, Ceianu CS (2015) West Nile virus circulation in south-eastern Romania, 2011 to 2013. Eurosurveillance 20(20). https://doi.org/10.2807/1560-7917.ES2015.20.20.21130

Diop F, Alout H, Diagne CT, Bengue M, Baronti C, Hamel R, Talignani L, Liegeois F, Pompon J, Vargas REM, Nougairède A, Missé D (2019) Differential susceptibility and innate immune response of Aedes aegypti and Aedes albopictus to the haitian strain of the Mayaro virus. Viruses 11(10), Article 10. https://doi.org/10.3390/v11100924

Dolgova AS, Safonova MV, Faye O, Dedkov VG (2022) Current view on Genetic Relationships within the Bunyamwera Serological Group. Viruses 14(6), Article 6. https://doi.org/10.3390/v14061135

Domanović D, Gossner CM, Lieshout-Krikke R, Mayr W, Baroti-Toth K, Dobrota AM, Escoval MA, Henseler O, Jungbauer C, Liumbruno G, Oyonarte S, Politis C, Sandid I, Vidović MS, Young JJ, Ushiro-Lumb I, Nowotny N (2019) West Nile and Usutu virus infections and challenges to blood safety in the European Union. Emerg Infect Dis 25(6):1050–1057. https://doi.org/10.3201/eid2506.181755

Dongus S, Nyika D, Kannady K, Mtasiwa D, Mshinda H, Fillinger U, Drescher AW, Tanner M, Castro MC, Killeen GF (2007) Participatory mapping of target areas to enable operational larval source management to suppress malaria vector mosquitoes in Dar es Salaam, Tanzania. Am J Trop Med Hyg 77:74–74

Drebot MA (2015). Emerging mosquito-borne bunyaviruses in Canada. Can Commun Dis Rep 41(6):117–123. https://doi.org/10.14745/ccdr.v41i06a01

Dupuis AP, Prusinski MA, Russell A, O'Connor C, Maffei JG, Oliver J, Howard JJ, Sherwood JA, Tober K, Rochlin I, Cucura M, Backenson B, Kramer LD (2021) Serologic survey of mosquito-borne viruses in hunter-harvested white-tailed deer (Odocoileus virginianus), New York State. Am J Trop Med Hyg 104(2):593–603. https://doi.org/10.4269/ajtmh.20-1090

Dutuze MF, Ingabire A, Gafarasi I, Uwituze S, Nzayirambaho M, Christofferson RC (2020) Identification of Bunyamwera and possible other Orthobunyavirus infections and disease in cattle during a Rift Valley fever outbreak in Rwanda in 2018. Am J Trop Med Hyg 103(1):183–189. https://doi.org/10.4269/ajtmh.19-0596

Dutuze MF, Nzayirambaho M, Mores CN, Christofferson RC (2018) A Review of Bunyamwera, Batai, and Ngari viruses: understudied Orthobunyaviruses with potential one health implications. Front Vet Sci 5:69. https://doi.org/10.3389/fvets.2018.00069

ECDC (2008) Europe faces heightened risk of vector-borne disease outbreaks such as chikungunya fever

ECDC (2013) Dengue outbreak in Madeira, Portugal. Stockholm, ECDC 2014 ISBN 978-92-9193-564-2

ECDC (2018a) Dengue fever facts. https://ecdc.europa.eu

ECDC (2020) Vector control practices and strategies against West Nile virus

ECDC (2021) European centre for disease prevention and control. Malaria. In: ECDC. Annual epidemiological report for 2019

ECDC (2022a) Facts about Sindbis fever. https://www.ecdc.europa.eu/en/sindbis-fever/facts. Zugegriffen: 30. Jan 2023

ECDC (2022b) Factsheet about Japanese encephalitis. https://www.ecdc.europa.eu/en/japanese-encephalitis/facts. Zugegriffen: 30. Jan 2023

Eldridge BF, Edman JD (2000) Medical Entomology. Kluwer, Dordrecht, Boston, London, S 659

Elliott RM (1997) Mini review emerging viruses: the Bunyaviridae. Mol Med 3:572–577

Eltari E, Zeka S, Gina A, Sharofi F, Stamo K (1987) Epidemiological data on some foci of haemorrhagic fever in our country (in Albanian). Revista Mjekesore 1:5–9

EMA (2022a) Dengvaxia. https://www.ema.europa.eu/en/medicines/human/EPAR/dengvaxia

EMA (2022b) Qdenga. https://www.ema.europa.eu/en/medicines/human/EPAR/qdenga

Esteves A, Almeida AP, Galao RP, Parreira R, Piedade J, Rodrigues JC, Sousa CA, Novo MT (2005) West Nile virus in southern Portugal, 2004. Vector Borne Zoonotic Dis 5:410–413

Etang J, Chandre F, Guillet P, Manga L (2004) Reduced bio-efficacy of permethrin EC impregnated bednets against an Anopheles gambiae strain with oxidase-based pyrethroid tolerance. Malar J 3:46–46

Evans, A. B., & Peterson, K. E. (2019). Throw out the Map: Neuropathogenesis of the Globally Expanding California Serogroup of Orthobunyaviruses. Viruses 11(9), Article 9. https://doi.org/10.3390/v11090794

Evans AB, Winkler CW, Peterson KE (2022) Differences in neuroinvasion and protective innate immune pathways between encephalitic California Serogroup orthobunyaviruses. PLoS Pathog 18(3):e1010384. https://doi.org/10.1371/journal.ppat.1010384

Faulde MK, Rueda LM, Khaireh BA (2014) First record of the Asian malaria vector Anopheles stephensi and its possible role in the resurgence of malaria in Djibouti, Horn of Africa. Acta Trop 139:39–43. https://doi.org/10.1016/j.actatropica.2014.06.016

Fauvel M, Artsob H, Calisher CH, Davignon L, Chagnon A, Skvorc-RAnko R, Belloncik S (1980) California group virus encephalitis in three children from Quebec: clinical and serologic findings. Can Med Assoc J 1228(1):60–64

Faye O, Ba H, Ba Y, Freire CCM, Faye O, Ndiaye O, Elgady I, Zanotto PMA, Diallo M, Sall A (2014) Reemergence of Rift Valley Fever, Mauritania, 2010. Emerg Infect Dis J 20(2):300. https://doi.org/10.3201/eid2002.130996

Filipe AR (1972) Isolation in Portugal of West Nile virus from Anopheles maculipennis mosquitoes. Acta Virol (Praha) 16:361

Fillinger U, Lindsay SW (2006) Suppression of exposure to malaria vectors by an order of magnitude using microbial larvicides in rural Kenya. Trop Med Int Hlth 11:1629–1642

Fillinger U, Lindsay SW (2011) Larval source management for malaria control in Africa: myths and reality. Malar J 10:353

Flohic GL, Porphyre V, Barbazan P, Gonzalez J-P (2013) Review of climate, landscape, and viral genetics as drivers of the Japanese encephalitis virus ecology. PLoS Negl Trop Dis 7(9):e2208. https://doi.org/10.1371/journal.pntd.0002208

Forrester NL, Wertheim JO, Dugan VG, Auguste AJ, Lin D, Adams AP, Chen R, Gorchakov R, Leal G, Estrada-Franco JG, Pandya J, Halpin RA, Hari K, Jain R, Stockwell TB, Das SR, Wentworth DE, Smith MD, Kosakovsky Pond SL, Weaver SC (2017) Evolution and spread of Venezuelan equine encephalitis complex alphavirus in the Americas. PLoS Negl Trop Dis 11(8):e0005693. https://doi.org/10.1371/journal.pntd.0005693

Francki RIB, Fauquet CM, Knudson DL, Brown F (1991) Classification and nomenclature of viruses. Fifth report of the International Committee on Taxonomy of Viruses. Archives of Virology, Suppl 2, Springer Verlag, Wien, S 452

Francy DB, Jaenson TGT, Lundström JO, Schildt EB, Espmark A, Henriksson B, Niklasson B (1989) Ecologic studies of mosquitoes and birds as hosts of Ockelbo virus in Sweden, and isolation of Inkoo and Batai viruses from mosquitoes. Am J Trop Med Hyg 41:355–363

Fritz ML, Walker ED, Miller JR, Severson DW, Dworkin I (2015) Divergent host preferences of above- and below-ground Culex pipiens mosquitoes and their hybrid offspring. Medical and Vet Entomol. 29(2):115–123

Fuehrer H-P, Auer H, Leschnik M, Silbermayr K, Duscher G, Joachim A (2016) Dirofilaria in humans, dogs, and Vectors in Austria (1978–2014)—From Imported Pathogens to the Endemicity of Dirofilaria repens. PLoS Negl Trop Dis 10(5):e0004547. https://doi.org/10.1371/journal.pntd.0004547

Fros JJ, Miesen P, Vogels CB et al (2015) Comparative Usutu and West Nile virus transmission potential by local Culex pipiens mosquitoes in north-western Europe. One Health 1:31–36

Garnham PCC (1966) Malaria Parasites and other Haemosporidia. Blackwell Scientific Publications, Oxford, S 1114

Garnham PCC (1980) Malaria in its various vertebrate hosts. In: Kreier JP (Hrsg) Malaria, Bd 1. Academic Press, New York, S 95–144

Garnham PCC (1988) Malaria parasites of man: life-cycles and morphology (excluding ultrastructure). In: Wernsdorfer WH, McGregor I (Hrsg) Malaria principles and practice of malariology, Bd 1. Churchill Livingstone, Edinburgh, S 61–96

Garrett-Jones C (1964) Prognosis for interruption of malaria transmission through assessment of the mosquito's vectorial capacity. Nature 204(4964):1173–1175. https://doi.org/10.1038/2041173a0

Garzon Jimenez RC, Lieshout-Krikke RW, Janssen MP (2021) West Nile virus and blood transfusion safety: a European perspective. Vox Sang 116(10):1094–1101. https://doi.org/10.1111/vox.13112

Genchi C, Kramer LH (2020) The prevalence of Dirofilaria immitis and D. repens in the old world. Vet Parasitol 280:108995. https://doi.org/10.1016/j.vetpar.2019.108995

Giltner LT, Shahan MS (1933) The 1933 outbreak of infectious equine encephalomyelitis in the eastern states. N Am vet 14:25

Gray TJ, Trauer JM, Fairley M, Krause VL, Markey PG (2012) Imported malaria in the Northern Territory, Australia – 428 consecutive cases. Commun Dis 36(1):149

Gresikova M, Sekeyova M, Batikova M, Bielikova V (1973) Isolation of Sindbis virus from the organs of a hamster in east Slovakia in:1. Internationales Arbeitskolloquium über Naturherde von Infektionskrankheiten in Zentraleuropa, 17–19 April 1973, Illmitz and Graz, S 59–63

Gould E, Pettersson J, Higgs S, Charrel R, de Lamballerie X (2017) Emerging arboviruses: why today? One Health 4:1–13. https://doi.org/10.1016/j.onehlt.2017.06.001

Greenhouse B, Smith DL (2015) Malaria genotyping for epidemiologic surveillance. Proc Natl Acad Sci 112(22):6782–6783. https://doi.org/10.1073/pnas.1507727112

Gubler DJ (2011) Dengue, urbanization and globalization: the unholy trinity of the 21st century. Trop Med Health 39(4SUPPLEMENT):S3–S11. https://doi.org/10.2149/tmh.2011-S05

Guillet P, Germain MC, Giacomini T, Chandre F, Akogbeto M, Faye O, Kone A, Manga L, Mouchet J (1998) Origin and prevention of airport malaria in France. Trop Med Int Health 3(9):700–705

Gubler DJ, Mount GA, Scanlon JE, Ford HR, Sullivan MF (1998) Dengue and dengue haemorrhagic fever. Clinical Microbiol Rev 11:480–496

Gubler DJ (2006) Dengue/dengue haemorrhagic fever: history and current status. Novartis Found Symp 277:3–16

Gubler DJ, Kuno G, Markoff L (2007) Flaviviruses. In: Knipe DM, Howley PM (Hrsg) Fields virology. Lippincott Williams and Wilkins, Philadelphia, PA, S 1153–1252

Gulland A (2016) Zika virus is a global public health emergency, declares WHO. BMJ 352:i657

Gwinn M, MacCannell D, Armstrong GL (2019) Next-generation sequencing of infectious pathogens. JAMA 321(9):893–894. https://doi.org/10.1001/jama.2018.21669

Haakenstad A, Harle AC, Tsakalos G, Micah AE, Tao T, Anjomshoa M, Cohen J, Fullman N, Hay SI, Mestrovic T, Mohammed S, Mousavi SM, Nixon MR, Pigott D, Tran K, Murray CJL, Dieleman JL (2019) Tracking spending on malaria by source in 106 countries, 2000–16: an economic modelling study. Lancet Infect Dis 19(7):703–716. https://doi.org/10.1016/S1473-3099(19)30165-3

Haddow AD, Odoi A (2009) The incidence risk, clustering, and clinical presentation of la crosse virus infections in the Eastern United States, 2003–2007. PLoS ONE 4(7):e6145. https://doi.org/10.1371/journal.pone.0006145

Haddow AJ, Davies CW, Walker AJ (1960). O'nyong-nyong fever: an epidemic virus disease in East Africa 1. Introduction. Trans Roy Soc Trop Med Hyg 54(6):517–522. https://doi.org/10.1016/0035-9203(60)90025-0

Halouzka J, Pejcoch M, Hubalek Z, Knoz J (1991) Isolation of Tahyna virus from biting midges (Diptera: Ceratopogonidae) in Czecho-Slovakia. Acta Virol 35:247–251

Hammond AM, Galizi R (2017) Gene drives to fight malaria: current state and future directions. Pathog Glob Health 111(8):412–423. https://doi.org/10.1080/20477724.2018.1438880

Hannoun C, Panthier R, Mouchet J, Eouzan JP (1964) Isolement en France du virus West-Nile a'partir de malades et du vecteur Culex modestus Ficalbi. C R Acad Sci D Paris 259:4170–4172

Hart J, Tillman G, Kraut MA, Chiang H-S, Strain JF, Li Y, Agrawal AG, Jester P, Gnann JW, Whitley RJ, The NIAID Collaborative Antiviral Study Group West Nile Virus 210 Protocol Team (2014) West Nile virus neuroinvasive disease: Neurological manifestations and prospective longitudinal outcomes. BMC Infect Dis 14(1):248. https://doi.org/10.1186/1471-2334-14-248

Hawley WA (1988) The biology of Aedes albopictus. J Am Mosq Control Association (Suppl.) 4:1–39

Hayes E, Komar N, Nasci R, Montgomery S, O'Leary D, Campbell G (2005) Epidemiology and transmission dynamics of West Nile virus disease. Emerg Infect Dis J 11(8):1167. https://doi.org/10.3201/eid1108.050289a

Hayes RO, Holden P, Mitchell CJ (1971) Effects on ultra-low volume applications of malathion in Hale County, Texas IV. Arbovirus studies. J Med Ent 8(2):183–188

Heitmann A, Jansen S, Lühken R, Leggewie M, Badusche M, Pluskota B, Becker N, Vapalahti O, Schmidt-Chanasit J, Tannich E (2017) Experimental transmission of Zika virus by mosquitoes from central Europe. Euro Surveill 22(2):30437. 10. 2807/1560-7917.ES.2017.22.2.30437

Hesson JC, Verner-Carlsson J, Larsson A, Ahmed R, Lundkvist A, Lundström JO (2015) Culex torrentium mosquito role as major enzootic vector defined by rate of Sindbis virus infection, Sweden 2009. Emerg Infect Dis 21:875–878

Holden P, Hess AD (1959) Cache valley virus, a previously undescribed mosquito-borne agent. Science 130(3383):1187–1188. https://doi.org/10.1126/science.130.3383.1187

Hubálek Z (2021) History of arbovirus research in the Czech Republic. Viruses 13(11), Article 11. https://doi.org/10.3390/v13112334

Hubálek Z, Rudolf I, Nowotny N (2014) Arboviruses pathogenic for domestic and wild animals. In Advances in virus research (Bd 89, S 201–275). Elsevier. https://doi.org/10.1016/B978-0-12-800172-1.00005-7

Hughes JM, Wilson ME, Sejvar JJ (2007) The long-term outcomes of human West Nile virus infection. Clin Infect Dis 44(12):1617–1624. https://doi.org/10.1086/518281

Ikegami T, Makino S (2011) The Pathogenesis of Rift Valley fever. Viruses 3(5), Article 5. https://doi.org/10.3390/v3050493

Imwong M, Madmanee W, Suwannasin K, Kunasol C, Peto TJ, Tripura R, von Seidlein L, Nguon C, Davoeung C, Day NPJ, Dondorp AM, White NJ (2019) Asymptomatic natural human infections with the simian malaria parasites plasmodium cynomolgi and plasmodium knowlesi. J Infect Dis 219(5):695–702. https://doi.org/10.1093/infdis/jiy519

Jain J, Kushwah RBS, Singh SS, Sharma A, Adak T, Singh OP, Bhatnagar RK, Subbarao SK, Sunil S (2016) Evidence for natural vertical transmission of chikungunya viruses in field populations of Aedes aegypti in Delhi and Haryana states in India—A preliminary report. Acta Trop 162:46–55. https://doi.org/10.1016/j.actatropica.2016.06.004

Jetten TH, Takken W (1994) Anophelism without malaria in Europe. A review of the ecology and distribution of the genus Anopheles in Europe. Wageningen Agric Univ, S. 69

Jöst H, Bialonski A, Storch V, Günther S, Becker N, Schmidt-Chanasit J (2010) Isolation and phylogenetic analysis of Sindbis viruses from mosquitoes in Germany. J Clin Microbiol 48(5):1900–1903

Jöst H, Bürck-Kammerer S, Hütter G, Lattwein E, Lederer S, Litzba N, Bock-Hensley O, Emmerich P, Günther S, Becker N, Niedrig M, Schmidt-Chanasit J (2011a) Medical importance of sindbis virus in south-west Germany. J Clin Virol 52(3):278–279

Jöst H, Bialonski A, Maus D, Sambri V, Eiden M et al (2011b) Isolation of Usutu virus in Germany. Am J Trop Med Hyg 85:551–553

Jöst H, Bialonski A, Schmetz C, Günther S, Becker N, Schmidt-Chanasit J (2011c) Isolation and phylogenetic analysis of batai virus, Germany. Am J Trop Med Hyg 84(2):241–243

Jourbert L, Oudar J, Hannoun C, Beytout D, Corniou B, Guillon JC, Panthier R (1970) Epidemiologie du virus West Nile: Etude d'un foyer en Camargue. IV. La meningoencephalomyelite du cheval. Ann Inst Pasteur 118:239–247

Kampen H, Tews BA, Werner D (2021) First evidence of West Nile virus overwintering in mosquitoes in Germany. Viruses 13(12), Article 12. https://doi.org/10.3390/v13122463

Karabatsos N (1985) International catalogue of arboviruses: including certain other viruses of vertebrates, 3. Aufl. Am Soc Trop Med Hyg 1:147

Kay BH, Aaskov JG (1988) Ross River virus disease (Epidemic Poliarthritis) Monath TP (Hrsg) The arboviruses: epidemiology and ecology Bd IV. CRC, Boca Raton, FL, S 93–112

Kehn-Hall K, Bradfute SB (2022) Understanding host responses to equine encephalitis virus infection: implications for therapeutic development. Expert Rev Anti Infect Ther 20(12):1551–1566. https://doi.org/10.1080/14787210.2022.2141224

Kenney JL, Brault AC (2014) The role of environmental, virological and vector interactions in dictating biological transmission of arthropod-borne viruses by mosquitoes. Adv Virus Res 9:39–83. Elsevier. https://doi.org/10.1016/B978-0-12-800172-1.00002-1

Kettle DS (1995) Medical and veterinary entomology. CAB international, 2. Aufl. Oxon, UK, S 725

Kidwell MG, Ribeiro JMC (1992) Can transposable elements be used to drive disease refractoriness genes into vector populations? Parasitol Today 8:325–329

Kielian M, Mettenleiter T, Roossinck M (2018) Advances in virus research. Academic Press, Cambridge, S 258

Killeen GF, McKenzie FE, Foy BD, Schieffelin C, Billingsley PF, Beier JC (2000) A simplified model for predicting malaria entomological inoculation rates based on entomologic and parasitologic parameters relevant to control. Am J Trop Med Hyg 62:535–544

Kling K, Bogdan C, Domingo C, Harder T, Ledig T, Meerpohl J, Mertens T, Röbl-Mathieu M, Wichmann O, Wiedermann U, Zepp F, Burchard G (2022) STIKO-Empfehlung zur Gelbfieber-Auffrischimpfung vor Reisen in Endemiegebiete und für Laborpersonal. Epidemiologisches Bulletin 32:3–35

Knope KE, Kurucz N, Doggett SL, Muller M, Johansen CA, Feldman R, Hobby M, Bennett S, Sly A, Lynch S, Currie BJ, Nicholson (2016) Arboviral diseases and malaria in Australia, 2012–13: Annual report of the National Arbovirus and Malaria Advisory Committee. Commun Dis Intell Q Rep 40(1), Epub

Ko H-Y, Salem GM, Chang G-JJ, Chao D-Y (2020) Application of next-generation sequencing to reveal how evolutionary dynamics of viral population shape dengue epidemiology. Front Microbiol 11:1371. https://doi.org/10.3389/fmicb.2020.01371

Kondrashin AV, Morozova LF, Stepanova EV, Turbabina NA, Maksimova MS, Morozov AE, Anikina AS, Morozov EN (2022) Global climate change and human dirofilariasis in Russia. Int J Environ Res Public Health 19(5), Article 5. https://doi.org/10.3390/ijerph19053096

Konrad A (2011) Usutuviren-Assoziierter Bestandseinbruch Bei Amseln in Der Nördlichen Oberrheinischen Tiefebene Im Sommer 2011. Avifauna-Nordbaden 42

Koolhof IS, Carver S (2017) Epidemic host community contribution to mosquito-borne disease transmission: Ross River virus. Epidemiol Infect 145(4):656–666. https://doi.org/10.1017/S0950268816002739

Kothera L, Phan J, Ghallab E, Delorey M, Clark R, Savage HM (2019) Using targeted next-generation sequencing to characterize genetic differences associated with insecticide resistance in Culex quinquefasciatus populations from the southern U.S. PLOS ONE 14(7):e0218397. https://doi.org/10.1371/journal.pone.0218397

Kozuch O, Labuda M, Nosek J (1978) Isolation of sindbis virus from the frog Rana ridibunda. Acta Virol, Praha 22:78

Kraemer MUG, Reiner RC, Brady OJ, Messina JP, Gilbert M, Pigott DM, Yi D, Johnson K, Earl L, Marczak LB, Shirude S, Davis Weaver N, Bisanzio D, Perkins TA, Lai S, Lu X, Jones P, Coelho GE, Carvalho RG, Golding N (2019) Past and future spread of the arbovirus vectors Aedes aegypti and Aedes albopictus. Nat Microbiol 4(5):854–863. https://doi.org/10.1038/s41564-019-0376-y

Kramer LD (2016) Complexity of virus-vector interactions. Curr Opin Virol 21:81–86. https://doi.org/10.1016/j.coviro.2016.08.008

Kronefeld M, Kampen H, Sassnau R, Werner D (2014) Molecular detection of Dirofilaria immitis, Dirofilaria repens and Setaria tundra in mosquitoes from Germany. Parasit Vectors 7:30. https://doi.org/10.1186/1756-3305-7-30

Kumari R, Rawat A, Singh GR, Yadav NK, Ghauhan LS (2013) First indigenous transmission of Japanese Encephalitis in urban areas of National Capital Territory of Delhi, India. Trop Med Int Health 18(6):743–749

Labuda M, Kozuch O, Gresikova M (1974) Isolation of West Nile virus from Aedes cantans mosquitoes in west Slovakia. Acta Virol Praha 18:429–433

Lambert AJ, Huhtamo E, Di Fatta T, De Andrea M, Borella A, Vapalahti O, Kosoy O, Ravanini P (2014) Serological evidence of batai virus infections, bovines, Northern Italy, 2011. Vector-Borne Zoonotic Dis 14(9):688–689. https://doi.org/10.1089/vbz.2014.1596

Laurens MB (2020) RTS, S/AS01 vaccine (MosquirixTM): an overview. Hum Vaccin Immunother 16(3):480–489. https://doi.org/10.1080/21645515.2019.1669415

Lecollinet S, Pronost S, Coulpier M, Beck C, Gonzalez G, Leblond A, Tritz P (2019) Viral equine encephalitis, a growing threat to the horse population in Europe? Viruses 12(1), Article 1. https://doi.org/10.3390/v12010023

Lehane MJ (1991) Biology of blood-sucking insects. Harper Collins Academic, London, S 288

Lequime S, Paul RE, Lambrechts L (2016) Determinants of arbovirus vertical transmission in mosquitoes. PLoS Pathog 12(5):e1005548

Lindsay SW, Birley MH (2016) Climate change and malaria transmission. Ann Trop Med Parasitol 90(5):573–588

Ling J, Smura T, Lundström JO, Pettersson JH-O, Sironen T, Vapalahti O, Lundkvist Å, Hesson JC (2019) Introduction and dispersal of sindbis virus from Central Africa to Europe. J Virol 93(16):e00620-e719. https://doi.org/10.1128/JVI.00620-19

Linthicum KJ, Kramer VL, Madon MB, Fujioka K, The Surveillance-Control Team (2003) Introduction and potential establishment of Aedes albopictus in California in 2001. J Am Mosq Control Assoc 19(4):301–308

Liu H, Li M-H, Zhai Y-G, Meng W-S, Sun X-H, Cao Y-X, Fu S-H, Wang H-Y, Xu L-H, Tang Q, Liang G-D (2010) Banna virus, China, 1987–2007. Emerg Infect Dis 16(3):514–517. https://doi.org/10.3201/eid1603.091160

Liu H, Shao X, Hu B, Zhao J, Zhang L, Zhang H, Bai X, Zhang R, Niu D, Sun Y, Yan X (2014) Isolation and complete nucleotide sequence of a Batai virus strain in Inner Mongolia, China. Virol J 11(1):138. https://doi.org/10.1186/1743-422X-11-138

Liu X, Tharmarajah K, Taylor A (2017) Ross River virus disease clinical presentation, pathogenesis and current therapeutic strategies. Microbes Infect 19(11):496–504. https://doi.org/10.1016/j.micinf.2017.07.001

Lorenz C, Chiaravalloti-Neto F (2022) Why are there no human West Nile virus outbreaks in South America? Lancet Reg Health – Am 12:100276. https://doi.org/10.1016/j.lana.2022.100276

Lühken R, Jöst H, Cadar D, Thomas SM, Bosch S, Tannich E, Becker N, Ziegler U, Lachmann L, Schmidt-Chanasit J (2017) Distribution of Usutu virus in Germany and its effect on breeding bird populations. Emerg Infect Dis 23(12):1994–2001

Lundström JO (1994) Vector competence of western European mosquitoes for arboviruses: a review of field and experimental studies. Bull Soc Vect Ecol 19:23–36

Lundström JO (1999) Mosquito-borne viruses in Western Europe: a review. J Vect Ecol 24(1):1–39

Lundström JO, Lindström KM, Olsen B, Krakower D, Dufva R (2001) Prevalence of Sindbis virus neutralizing antibodies among Swedish passerines indicates that thrushes are the main amplifying hosts. J Med Entomol 38:289–297

Lundström JO, Pfeffer M (2010) Phylogeographic structure and evolutionary history of Sindbis virus. Vector-Borne Zoonot Dis 10:889–907

Lvov DK, Skvortsova TM, Brerezina LK, Gromashevsky VL, Yakolev BI, Gushchin BV, Aristova VA, Sidorova GA, Gushchina EL, Klimenko SM, Lvov SD, Khutoretskaya NI, Myasinkova A, Khizhnyakova TM (1984) Isolation of Karelian fever agent from Aedes communis mosquitoes. Lancet II:399–400

Mace KE, Arguin PM (2017) Malaria surveillance – United States, 2014. Surveill Summ 66(12):1–24

Mackay IM, Arden KE (2016) Mayaro virus: A forest virus primed for a trip to the city? Microbes Infect 18(12):724–734. https://doi.org/10.1016/j.micinf.2016.10.007

Mackenzie JS, Smith DW (1996) Mosquito-borne viruses and polyarthritis. Med J Aust 164:90–93

Madon MB, Mulla MS, Shaw MW, Hazelrigg JE (2002) Introduction and establishment of Aedes albopictus in Southern California. J Vector Ecol 27(1):149–154

Madon MB, Hazelrigg JE, Shaw MW, Kluh S, Mulla MS (2004) Has Aedes albopictus established in California? J Am Mosq Control Assoc 19:298

Makundi EA, Mboera LEG, Malebo HM, Kitua AY (2007) Priority setting on malaria interventions in Tanzania: strategies and challenges to mitigate against the intolerable burden. Am J Trop Med Hyg 77:106–111

Mancuso E, Cecere JG, Iapaolo F, Di Gennaro A, Sacchi M, Savini G, Spina F, Monaco F (2022) West Nile and Usutu virus introduction via migratory birds: a retrospective analysis in Italy. Viruses 14(2):416. https://doi.org/10.3390/v14020416

Mansfield KL, Folly AJ, Hernández-Triana LM, Sewgobind S, Johnson N (2022) Batai orthobunyavirus: an emerging mosquito-borne virus in Europe. Viruses 14(9), Article 9. https://doi.org/10.3390/v14091868

Manson-Bahr PEC, Bell DR (1987) Manson's tropical diseases. Bailliere-Tindall, London, S xvii + 1557

Marchant P, Eling W, van Gemert GJ, Leake CJ, Curtis CF (1998) Could British mosquitoes transmit falciparum malaria? Parsitol Today 14(9):344–345

Marchand P et al (2013) Autochthonous case of dengue in France, October 2013. Euro Surveill 18(50):20661

Martina BE, Koraka P, Osterhaus AD (2009) Dengue virus pathogenesis: an integrated view. Clin Microbiol Rev 22(4):564–581

Martinet J-P, Ferté H, Failloux A-B, Schaffner F, Depaquit J (2019) Mosquitoes of North-Western Europe as potential vectors of arboviruses: a review. Viruses 11(11):1059. https://doi.org/10.3390/v11111059

Matkovic E, Johnson DKH, Staples JE, Mora-Pinzon MC, Elbadawi LI, Osborn RA, Warshauer DM, Wegner MV, Davis JP (2018) Enhanced arboviral surveillance to increase detection of Jamestown Canyon virus infections, Wisconsin, 2011–2016. Am J Trop Med Hyg 100(2):445–451. https://doi.org/10.4269/ajtmh.18-0575

Matthijnssens J, Attoui H, Bányai K, Brussaard CPD, Danthi P, del Vas M, Dermody TS, Duncan R, Fāng (方勤) Q, Johne R, Mertens PPC, Mohd Jaafar F, Patton JT, Sasaya (笹谷孝英) T, Suzuki (鈴木信弘) N, Wei (魏太云) T (2022) ICTV Virus Taxonomy Profile: Sedoreoviridae 2022. J Gen Virol 103(10):001782. https://doi.org/10.1099/jgv.0.001782

Mboera LEG, Makundi EA, Kitua AY (2007) Uncertainty in malaria control in Tanzania: Crossroads and challenges for future interventions. In: Breman JG, Alilio MS, White NJ (Hrsg) Defining and defeating the intolerable Burden of malaria III: Progress and Perspectives: Supplement to Volume 77(6), Am J Trop Med Hyg 77:112–118

McIntosh BM (1985) Usutu (SAAr 1776), nouvel arbovirus du groupe B. Int Cat Arboviruses 3:1059–60

McIntosh BM (1986) Mosquito-borne virus diseases of man in southern Africa. „Fetschrift" S Afr Med J 11:66–72

Medlock JM, Hansford KM, Schaffner F et al (2012) A Review of the invasive mosquitoes in Europe: ecology, public health risks, and control options. Vector Borne Zoonotic Dis 12(6):435–447. https://doi.org/10.1089/vbz.2011.0814

Michael J, Turell, MJ, O'Guinn ML, Dohm DJ, Jones JW (2001) Vector competence of North American mosquitoes (Diptera: Culicidae) for West Nile virus. J Med Entomol 38(2):130–134

Michel F, Fischer D, Eiden M et al (2018) West Nile virus and Usutu virus monitoring of wild birds in Germany. Int J Environ Res Public Health 15(1):171. https://doi.org/10.3390/ijerph15010171

Mincer J, Materniak S, Dimitrova K, Wood H, Iranpour M, Dibernardo A, Loomer C, Drebot MA, Lindsay LR, Webster D (2021) Jamestown Canyon and snowshoe hare virus seroprevalence in New Brunswick. J Assoc Med Microbiol Infect Dis Can 6(3):213–220. https://doi.org/10.3138/jammi-2021-0009

Mitchell CJ, Lvov SD, Savage HM, Calisher CH, Smith GC, Lvov DK, Gubler DJ (1993) Vector and host relationships of California serogroup viruses in western Siberia. Am J Trop Med Hyg 49:53–62

Momčilović S, Gabrielli S, Golubović M, Smilić T, Krstić M, Đenić S, Ranđelović M, Tasić-Otašević S (2019) Human dirofilariosis of buccal mucosa – First molecularly confirmed case and literature review. Parasitol Int 73:101960. https://doi.org/10.1016/j.parint.2019.101960

Monath TP (1988) The arboviruses: epidemiology and ecology. Vols 1–5. CRC Press, Boca Raton, FL

Moore CG, Mitchell CJ (1997) Aedes albopictus in the United States: ten year presence and public health implications. Emerg Infect Dis 3:329–334

Morchón R, Carretón E, González Miguel J, Mellado Hernández I (2012) Heartworm disease (Dirofilaria immitis) and their vectors in Europe – new distribution trends. Front Physiol 3. https://www.frontiersin.org/articles/10.3389/fphys.2012.00196

Morchón R, Montoya-Alonso JA, Rodríguez-Escolar I, Carretón E (2022) What has happened to heartworm disease in Europe in the last 10 years? Pathogens 11(9), Article 9. https://doi.org/10.3390/pathogens11091042

Morris CD (1988) Eastern equine encephalomyelitis. In: Monath TP (Hrsg) The arboviruses: epidemiology and ecology, Bd 3. CRC Press, Boca Raton, Florida, S 1–20

Muckenfuss RS, Armstrong C, Webster LT (1934) Etiology of the 1933 epidemic of encephalitis. J Am Med Assoc 103(10):731–733. https://doi.org/10.1001/jama.1934.02750360007004

Mukabana WR, Kannady K, Ijumba J et al (2006) Ecologists can enable communities to implement malaria vector control in Africa. Malar J 5:9

Murgue B, Murri S, Triki H, Deubel V, Zeller HG (2001) West Nile in the Mediterranean Basin: 1950–2000. Ann N Y Acad Sci 951(1):117–126. https://doi.org/10.1111/j.1749-6632.2001.tb02690.x

Murphy FA, Fauquet CM, Bishop DHL, Ghabrial SA, Jarvis AW, Martelli GP, Mayo MA, Summers MD (1995) Virus taxonomy-classification and nomenclature of viruses. Sixth report int committee on taxon viruses. Springer-Verlag, Wien, S 586

Nabeshima T, Nga PT, Guillermo P, Parquet M, del C, Yu F, Thuy NT, Trang BM, Hien NT, Nam VS, Inoue S, Hasebe F, Morita K (2008) Isolation and molecular characterization of banna virus from mosquitoes, Vietnam. Emerg Infect Dis J 14(8):1276. https://doi.org/10.3201/eid1408.080100

Nagy A, Mezei E, Nagy O, Bakonyi T, Csonka N, Kaposi M, Koroknai A, Szomor K, Rigó Z, Molnár Z, Dánielisz Á, Takács M (2019) Extraordinary increase in West Nile virus cases and first confirmed human Usutu virus infection in Hungary, 2018. Eurosurveillance 24(28). https://doi.org/10.2807/1560-7917.ES.2019.24.28.1900038

Nasci R, Savage H, White D, Miller J, Cropp B, Godsey M, Kerst A, Bennett P, Gottfried K, Lanciotti R (2001) West Nile virus in overwintering Culex mosquitoes, New York City, 2000. Emerg Infect Dis J 7(4):742. https://doi.org/10.3201/eid0704.017426

Nasci RS, Miller BR (1996) Culicine mosquitoes and the agents they transmit. In: Beaty BJ, Marquardt WC (Hrsg) The biology of disease vectors. University Press of Colorado, Niwot, CO, S 85–97

Neafsey DE, Juraska M, Bedford T, Benkeser D, Valim C, Griggs A, Lievens M, Abdulla S, Adjei S, Agbenyega T, Agnandji ST, Aide P, Anderson S, Ansong D, Aponte JJ, Asante KP, Bejon P, Birkett AJ, Bruls M, Wirth DF (2015) Genetic diversity and protective efficacy of the RTS, S/AS01 malaria vaccine. N Engl J Med 373(21):2025–2037. https://doi.org/10.1056/NEJMoa1505819

Nguyen NL, Zhao G, Hull R, Shelly MA, Wong SJ, Wu G, St George K, Wang D, Menegus MA (2013) Cache valley virus in a patient diagnosed with aseptic meningitis. J Clin Microbiol 51(6):1966–1969. https://doi.org/10.1128/JCM.00252-13

Nikolay B (2015) A review of West Nile and Usutu virus co-circulation in Europe: how much do transmission cycles overlap? Trans R Soc Trop Med Hyg 109:609–618

Nikolay B, Diallo M, Boye CSB, Sall AA (2011) Usutu virus in Africa. Vector-Borne and Zoonotic Dis 11(11):1417–1423. https://doi.org/10.1089/vbz.2011.0631

Niyas KP, Abraham R, Unnikrishnan RN, Mathew T, Nair S, Manakkadan A, Issac A, Sreekumar E (2010) Molecular characterization of chikungunya virus isolates from clinical samples and adult Aedes albopictus mosquitoes emerged from larvae from Kerala, South India. Virol J 7(1):189. https://doi.org/10.1186/1743-422X-7-189

Nicolescu G, Linton YM, Vladimirescu A, Howard TM, Harbach RE (2004) Mosquitoes of the Anopheles maculipennis group (Diptera: Culicidae) in Romania, with the discovery and formal recognition of a new species based on molecular and morphological evidence. Bull Ent Res 94:525–535

Niedrig M, Schmidt-Chanasit J (2011) Letter to the editor; medical importance of Sindbis virus in south-west Germany. J Clin Virol 52(3):278–279

Niklasson B, Espmark Ä, LeDuck JW, Gargan TP, Ennis WA, Tesh RB, Main AJ Jr (1984) Association of a Sindbis-like virus with Ockelbo disease in Sweden. Am J Trop Med Hyg 33:1212–1217

Norder H, Lundström JO, Kozuch O, Magnius LO (1996) Genetic relatedness of Sindbis virus strains from Europe, Middle East and Africa. Virology 222:440–445

Norrby E (2007) Yellow fever and Max Theiler: the only Nobel Prize for a virus vaccine. J Exp Med 2004:2779–2784

O'Donnell KL, Bixby MA, Morin KJ, Bradley DS, Vaughan JA (2017) Potential of a northern population of Aedes vexans (Diptera: Culicidae) to transmit Zika virus. J Med Entomol 54(5):1354–1359. https://doi.org/10.1093/jme/tjx087

Orshan L, Bin H, Schnur H, Kaufman A, Valinsky A, Shulman L, Weiss L, Mendelson E, Pener H (2008) Mosquito vectors of West Nile fever in Israel. J Med Entomol 45(5):939–947

Odhiambo C, Venter M, Chepkorir E, Mbaika S, Lutomiah J, Swanepoel R, Sang R (2014) Vector competence of selected mosquito species in Kenya for Ngari and Bunyamwera viruses. J Med Entomol 51(6):1248–1253. https://doi.org/10.1603/ME14063

Oliveira ARS, Strathe E, Etcheverry L, Cohnstaedt LW, McVey DS, Piaggio J, Cernicchiaro N (2018) Assessment of data on vector and host competence for Japanese encephalitis virus: a systematic review of the literature. Prev Vet Med 154:71–89. https://doi.org/10.1016/j.prevetmed.2018.03.018

Omoga DCA, Tchouassi DP, Venter M, Ogola EO, Eibner GJ, Kopp A, Slothouwer I, Torto B, Junglen S, Sang R (2022) Circulation of Ngari Virus in Livestock. Kenya. MSphere 7(6):e00416-e422. https://doi.org/10.1128/msphere.00416-22

Pachler K, Lebl K, Berer D, Rudolf I, Hubalek Z, Nowotny N (2014) Putative new West Nile virus lineage in Uranotaenia unguiculata mosquitoes, Austria, 2013. Emerg Infect Dis 20(12):2119–2122. https://doi.org/10.3201/eid2012.140921

PAHO (1969) Malaria eradication. http://iris.paho.org

PAHO (2017) Epidemiological Alert-Increase in cases of malaria. https://www.paho.org

PAHO (2020) Epidemiological update: malaria in the Americas in the context of COVID-19 pandemic. 10 June 2020. PAHO/WHO, Washington, D.C.

Pampiglione S, Rivasi F (2000) Human dirofilariasis due to Dirofilaria (Nochtiella) repens: an update of world literature from 1995 to 2000. Parassitologia 42(3–4):231–254

Pampiglione S, Rivasi F, Angeli G, Boldorini R, Incensati RM, Pastormerlo M, Pavesi M, Ramponi A (2001) Dirofilariasis due to Dirofilaria repens in Italy, an emergent zoonosis: report of 60 new cases. Histopathology 38(4):344–354. https://doi.org/10.1046/j.1365-2559.2001.01099.x

Panthier R, Hannoun C, Beytout D, Mouchet J (1968) Epidemiologie du virus West Nile. Etude d'un foyer en Camargue. III. Les maladies humaines. Ann Inst Pasteur 115:435–445

Papaevangelou G, Halstead SB (1977) Infections with two dengue viruses in Greece in the 20th century. Did dengue hemorhagic fever occur in the 1928 epidemic? J Trop Med Hyg 80:46–51

Paré J, Moore A (2018) West Nile virus in horses—What do you need to know to diagnose the disease? Can Vet J 59(10):1119–1120

Partidos CD, Paykel J, Weger J, Borland EM, Powers AM, Seymour R, Weaver SC, Stinchcomb DT, Osorio JE (2012) Cross-protective immunity against o'nyong-nyong virus afforded by a novel recombinant chikungunya vaccine. Vaccine 30(31):4638–4643. https://doi.org/10.1016/j.vaccine.2012.04.099

Pastula DM, Johnson DKH, White JL, Dupuis AP, Fischer M, Staples JE (2015) Jamestown Canyon virus disease in the United States—2000–2013. Am J Trop Med Hyg 93(2):384–389. https://doi.org/10.4269/ajtmh.15-0196

Paupy C, Delatte H, Bagny L, Corbel V, Fontenille D (2009) Aedes albopictus, an arbovirus vector: from the darkness to the light. Microbes Infect 11:1177–1185

Pealer LN, Marfin AA, Petersen LR, Lanciotti RS, Page PL, Stramer SL, Stobierski MG, Signs K, Newman B, Kapoor H, Goodman JL, Chamberland ME (2003) Transmission of West Nile virus through blood transfusion in the United States in 2002. N Engl J Med 349(13):1236–1245. https://doi.org/10.1056/NEJMoa030969

Pecorari M, Longo G, Gennari W, Grottola A, Sabbatini A, Tagliazucchi S, Savini G, et al (2009) First Human Case of Usutu Virus Neuroinvasive Infection, Italy, August-September 2009. Euro Surveill: Bull Eur Sur Les Mal Transmissibles = Eur Commun Dis Bull 14(50)

Petersen LR, Jamieson DJ, Powers AM, Honein MA (2016) Zika Virus. N Engl J Med 374:1552–1563

Petersen LR, Hayes EB (2004) Westward Ho? – the spread of West Nile virus. N Engl J Med 351(22):2257–2259. https://doi.org/10.1056/NEJMp048261

Petrić D, Petrović T, Hrnjaković Cvjetković I, Zgomba M, Milošević V, Lazić G, Ignjatović Ćupina A, Lupulović D, Lazić S, Dondur D, Vaselek S, Živulj A, Kisin B, Molnar T, Janku DJ, Pudar D, Radovanov J, Kavran M, Kovačević G, Plavšić B, Jovanović Galović A, Vidić M, Ilić S, Petrić M (2016) West Nile virus 'circulation' in Vojvodina, Serbia: Mosquito, bird, horse and human surveillance, Molecular and Cellular Probes. https://doi.org/10.1016/j.mcp.2016.10.011

Pfitzner P, Lehner A, Hoffmann D, Czajka C, Becker N (2018) First record and morphological characterization of an established population of Aedes (Hulecoeteomyia) koreicus (Diptera: Culicidae) in Germany. Parasit Vectors 11(1):662. https://doi.org/10.1186/s13071-018-3199-4

Pilaski J, Mackenstein H (1985) Nachweis des Tahyna-Virus bei Stechmücken in zwei verschiedenen europäischen Naturherden. Zbl Bakt Hyg, I Abt Orig B 180:394–420

Pinger RR, Rowley WA, Wong YW, Dorsey DC (1975) Trivittatus virus infections in wild mammals and sentinel rabbits in central Iowa. Am J Trop Med Hyg 24:1006–1009

Platonov AE, Shipulin GA, Shipulina OY, Tyutyunnik EN, Frolochkina TI, Lanciotti RS, Yazyshina S, Platonova OV, Obukhov IL, Zhukov AN, Vengerov YY, Pokrovskii VI (2001) Outbreak of West Nile virus infection, volgograd region, Russia, 1999. Emerg Infect Dis 7(1):128–132

Pluskota B, Storch V, Braunbeck T, Beck M, Becker N (2008) First record of Stegomyia albopicta (Skuse) (Diptera: Culicidae) in Germany. Eur Mosq Bull 26:1–5

PMI (2015) President's malaria initiative strategy 2015–2020. www.pmi.gov

Powers AM (2022) Resurgence of interest in Eastern equine encephalitis virus vaccine development. J Med Entomol 59(1):20–26. https://doi.org/10.1093/jme/tjab135

Protopopoff N, Bortel van Marcotty WT, Herp van M, Maes P, Baza D, Alessandro U, Coosemans M (2007a) Spatial targeted vector control in the highlands of Burundi and its impact on malaria transmission. Malariol J 6

Protopopoff N, Herp van M, Maes P, Reid T, Baza D, d'Alessandro U, Bortel van W, Coosemans M (2007b) Vector control in a malaria epidemic occurring within a complex emergency situation in Burundi: a case study. Malariol J 6

Qureshi A (2018) Zika Virus Disease. Elsevier Inc. S 159

Ravanini P, Huhtamo E, Ilaria V, Crobu MG, Nicosia AM, Servino L, Rivasi F, Allegrini S, Miglio U, Magri A, Minisini R, Vapalahti O, Boldorini R (2012) Japanese encephalitis virus RNA detected in Culex pipiens mosquitoes in Italy. Euro Surveill 17:1–3

Rappole J (2000) Migratory birds and spread of West Nile virus in the Western hemisphere. Emerg Infect Dis 6(4):319–328. https://doi.org/10.3201/eid0604.000401

RBM (2008) The global malaria action plan. The role back malaria partnership/WHO, Geneva, S 271

RBM (2018) https://endmalaria.org/about-us/overview

Reeves WC (1990) Epidemiology and control of mosquito-borne arboviruses in California, 1943–1987. Calif Mosq Vector Control Assoc Sacramento, CA, S 508

Reisen W, Lothrop H, Chiles R et al (2004) West Nile virus in California. Emerg Infect Dis 10:1369–1378

Reisen WK, Fang Y, Lothrop HD, Martinez VM, Wilson J, O'Connor P, Carney R, Cahoon-Young B, Shafii M, Brault AC (2006) Overwintering of West Nile virus in Southern California. J Med Entomol 43(2):344–355. https://doi.org/10.1093/jmedent/43.2.344

Rezza G, Nicoletti L, Angelini R, Romi R, Finarelli AC, Panning M, Cordioli P, Fortuna C, Boros S, Magurano F, Silvi G, Angelini P, Dottori M, Ciufolini MG, Majori GC, Cassone A (2007) Infection with chikungunya virus in Italy: an outbreak in a temperate region. Lancet 370(9602):1840–1846

Rezza G, Chen R, Weaver SC (2017) O'nyong-nyong fever: a neglected mosquito-borne viral disease. Pathog Glob Health 111(6):271–275. https://doi.org/10.1080/20477724.2017.1355431

Rinker DC, Pitts RJ, Zwiebel LJ (2016) Disease vectors in the era of next generation sequencing. Genome Biol 17(1):95. https://doi.org/10.1186/s13059-016-0966-4

Rizzoli A, Bolzoni L, Chadwick EA, Capelli G, Montarsi F, Grisenti M, de la Puente JM, Muñoz J, Figuerola J, Soriguer R, Anfora G, Di Luca M, Rosà R (2015) Understanding West Nile virus ecology in Europe: Culex pipiens host feeding preference in a hotspot of virus emergence. Parasit Vectors 8(1):213. https://doi.org/10.1186/s13071-015-0831-4

Robb LL, Hartman DA, Rice L, deMaria J, Bergren NA, Borland EM, Kading RC (2019) Continued evidence of decline in the enzootic activity of Western equine encephalitis virus in Colorado. J Med Entomol 56(2):584–588. https://doi.org/10.1093/jme/tjy214

Rosen L (1987) Overwintering mechanisms of mosquito-borne arboviruses in temperate climates. Am J Trop Med Hyg 37(3_Part_2):69S–76S. https://doi.org/10.4269/ajtmh.1987.37.69S

Rossi SL, Ross TM, Evans JD (2010) West Nile virus. Clin Lab Med 30(1):47–65

Rwaguma EB, Lutwama JJ, Sempala SDK, Kiwanuka N, Kamugisha J, Okware S, Bagambisa G, Lanciotti R, Roehrig JT, Gubler DJ (1997) Emergence of epidemic O'nyong-nyong fever in Southwestern Uganda, after an absence of 35 Years. Emerging Infectious Disease Journal 3(1):77. https://doi.org/10.3201/eid0301.970112

Ryan SJ, Lippi CA, Zermoglio F (2020) Shifting transmission risk for malaria in Africa with climate change: a framework for planning and intervention. Malar J 19(1):170. https://doi.org/10.1186/s12936-020-03224-6

Ryan KJ, Ray CG (Hrsg) (2004) Sherris medical microbiology, 4. Aufl. McGraw Hill, New york. ISBN0-8385-8529-9

Santini M, Vilibic-Cavlek T, Barsic B, Barbic L, Savic V, Stevanovic V, Listes E, Di Gennaro A, Giovanni Savini G (2015) First cases of human Usutu virus neuroinvasive infection in Croatia, August–September 2013: clinical and laboratory features. J Neurovirol 21(1):92–97. https://doi.org/10.1007/s13365-014-0300-4

Schaffner F, Thiery I, Kaufmann C, Zettor A, Lengeler C, Mathis A, Bourgouin C (2012) Anopheles plumbeus (Diptera: Culicidae) in Europe: a mere nuisance or potential malaria vector. Malar J 11:393

Schaffner F, Medlock JM, van Bortel W (2013) Public health significance of invasive mosquitoes in Europe. Clin Microbiol Infect 19(8):685–692. https://doi.org/10.1111/1469-0691.12189

Schellenberg D, Menendez C, Kahigwa E, Font F, Galindo C, Acosta C, Armstrong Schellenberg J, Aponte J, Kimario J, Urassa H, Hshinda H, Tanner M, Alonos P (1999) African children with malaria in an area of intense plasmodium falciparum transmission: features on admission to the hospital and risk factors for death. Am J Med Hyg 61(3):431–438

Scheuch D, Schäfer M, Eiden M, Heym E, Ziegler U, Walther D, Schmidt-Chanasit J, Keller M, Groschup M, Kampen H (2018) Detection of Usutu, Sindbis, and Batai viruses in mosquitoes (Diptera: Culicidae) collected in Germany, 2011–2016. Viruses 10(7):389. https://doi.org/10.3390/v10070389

Schmidt-Chanasit J, Haditsch M, Schöneberg I, Günther S, Stark K, Frank C (2010): Dengue virus infection in a traveller returning from Croatia to Germany. Euro Surveill 15(40):19677, PMID 20946759

Scott TW, Weaver SC (1989) Eastern equine encephalomyelitis virus: epidemiology and evolution of mosquito transmission. Adv Virus Res 37:277–328

Schuffenecker I, Iteman I, Michault A, Murri S, Frangeul L, Vaney M-C, Lavenir R, Pardigon N, Reynes J-M, Pettinelli F, Biscornet L, Diancourt L, Michel S, Duqueyroy S, Guigon G, Frenkiel M-P, Bréhin A-C, Cubito N, Desprès P, Brisse S (2006) Genome microevolution of chikungunya viruses causing the Indian ocean outbreak. PLoS Med 3(7):e263. https://doi.org/10.1371/journal.pmed.0030263

Shi M, Zhang Y-Z, Holmes EC (2018) Meta-transcriptomics and the evolutionary biology of RNA viruses. Virus Res 243:83–90. https://doi.org/10.1016/j.virusres.2017.10.016

Shirako Y, Niklasson BJ, Dalrymple M, Strauss EG, Strauss JH (1991) Structure of the Ockelbo virus genome and its relationship to other Sindbis viruses. Virology 182:753–764

Simmonds P, Becher P, Bukh J, Gould EA, Meyers G, Monath T, Muerhoff S, Pletnev A, Rico-Hesse R, Smith DB, Stapleton JT, ICTV Report Consortium (2017) ICTV virus taxonomy profile: flaviviridae. J Gen Virol 98(1):2–3. https://doi.org/10.1099/jgv.0.000672

Simón F, Siles-Lucas M, Morchón R, González-Miguel J, Mellado I, Carretón E, Montoya-Alonso JA (2012) Human and animal dirofilariasis: the emergence of a zoonotic mosaic. Clin Microbiol Rev 25(3):507–544. https://doi.org/10.1128/CMR.00012-12

Simon LV, Kong EL, Graham C (2022) St. Louis Encephalitis. In StatPearls. StatPearls Publishing

Singh B, Sung LK, Matusop A, Radhakrishnan A, Shamsul SS, Cox-Singh J, Thomas A, Conway DJ (2004) A large focus of naturally acquired plasmodium knowlesi infections in human beings. The Lancet 363(9414):1017–1024. https://doi.org/10.1016/S0140-6736(04)15836-4

Singh B, Daneshvar C (2013) Human infections and detection of plasmodium knowlesi. Clin Microbiol Rev 26(2):165–184

Sinka ME, Bangs MJ, Manguin S et al (2012) A global map of dominant malaria vectors. Parasit Vectors 5:69

Smart KL, Elbel RE, Woo RFN, Kern ER, Crane GT, Bales GL, Hill BW (1972) California and western encephalitis viruses from Bonneville Basin, Utah in 1965. Mosq News 32:282–289

Sluka F (1969) The clinical picture of the Calovo virus infection. Arboviruses of the California complex and the Bunyamwera group. Proc symposium Smolenice, Publ House Slovak Accad Sci, Bratislava, S 337–339

Soldan SS, González-Scarano F (2005) Emerging infectious diseases: the bunyaviridae. J Neurovirol 11(5):412–423. https://doi.org/10.1080/13550280591002496

Sosa O (1989) Carlos J Finlay and yellow fever: a discovery. Bull Entomol Soc Am 35(2):23–25

Sridhar S, Luedtke A, Langevin E, Zhu M, Bonaparte M, Machabert T, Savarino S, Zambrano B, Moureau A, Khromava A, Moodie Z, Westling T, Mascareñas C, Frago C, Cortés M, Chansinghakul D, Noriega F, Bouckenooghe A, Chen J, DiazGranados CA (2018) Effect of dengue serostatus on dengue vaccine safety and efficacy. N Engl J Med 379(4):327–340. https://doi.org/10.1056/NEJMoa1800820

Staples A, Monath TP (2008) Yellow fever: 100 years of discovery. JAMA 300(8):960–962

Steele KE, Twenhafel NA (2010) Review Paper: pathology of animal models of alphavirus encephalitis. Vet Pathol 47(5):790–805. https://doi.org/10.1177/0300985810372508

Strauss JH, Strauss EG (1994) The alphaviruses: gene expression, replication, and evolution. Microbiol Rev 58:491–562

Streit T, Lafontant JG (2008) Eliminating lymphatic filariasis. Ann N Y Acad Sci 1136(1):53–63. https://doi.org/10.1196/annals.1425.036

Suárez OM, Bergold GH (1968) Investigations of an outbreak of venezuelan equine encephalitis in towns of Eastern venezuela. Am J Trop Med Hyg 17(6):875–880. https://doi.org/10.4269/ajtmh.1968.17.875

Succo T, Leparc-Goffart I, Ferré JB, Roiz D, Broche B, Maquart M, Noel H, Catelinois O, Entezam F, Caire D, Jourdain F, Esteve-Moussion I, Cochet A, Paupy C, Rousseau C, Paty MC, Golliot F (2016) Autochthonous dengue outbreak in Nîmes, South of France, July to September 2015. Euro Surveill 21(21). https://doi.org/10.2807/1560-7917.ES.2016.21.21.30240

Suresh R, Janardhanan M, Savithri V, Aravind T (2022) A rare case of intra-oral dirofilariasis manifesting on the buccal mucosa. Iran J Pathol 17(3):376–380. https://doi.org/10.30699/IJP.2022.548111.2829

Tao S, Chen B (2005) Studies of coltivirus in China. Chin Med J 118(7):581–586

Tauro LB, Rivarola ME, Lucca E, Mariño B, Mazzini R, Cardoso JF, Barrandeguy ME, Teixeira Nunes MR, Contigiani MS (2015) First isolation of Bunyamwera virus (Bunyaviridae family) from horses with neurological disease and an abortion in Argentina. Vet J 206(1):111–114. https://doi.org/10.1016/j.tvjl.2015.06.013

Tesh RB (1990) Undifferentiated arboviral fevers. In: Warren KS, Mahmoud AAF (Hrsg) Tropical and geographical medicine. McGraw-Hill, New York, S 685–691

Tietze DT, Lachmann L, Wink M (2014) Erfasst die Stunde der Gartenvögel aktuelle Trends? Vogelwarte 52:258–259

Traavik T, Mehl R, Wiger R (1978) California encephalitis group viruses isolated from mosquitoes collected in southern and arctic Norway. Acta Path Microbiol Scand Sect B 86:335–341

Traavik T, Mehl R, Wiger R (1985) Mosquito-borne arboviruses in Norway: Further isolations and detection of antibodies to California encephalitis viruses in human, sheep and wildlife sera. J Hyg Camb 94:111–122

Trivedi S, Chakravarty A (2022) Neurological complications of dengue fever. Curr Neurol Neurosci Rep 22(8):515–529. https://doi.org/10.1007/s11910-022-01213-7

Tsai T, Popovici F, Cernescu C, Campbell G, Nedelcu N (1998) West Nile encephalitis epidemic in southeastern Romania. The Lancet 352(9130):767–771. https://doi.org/10.1016/S0140-6736(98)03538-7

Turell MJ, Sardelis MR, Dohm DJ, O'Guinn ML (2001) Potential North American vectors of West Nile virus. Ann N Y Acad Sci 951:317–324

Tuells J, Henao-Martínez AF, Franco-Paredes C (2022) Yellow fever: A perennial threat. Arch Med Res 53(7):649–657. https://doi.org/10.1016/j.arcmed.2022.10.005

Valentine MJ, Murdock CC, Kelly PJ (2019) Sylvatic cycles of arboviruses in non-human primates. Parasit Vectors 12(1):463. https://doi.org/10.1186/s13071-019-3732-0

van den Hurk AF, Ritchie SA, Mackenzie JS (2009) Ecology and geographical expansion of Japanese encephalitis virus. Annu Rev Entomol 54(1):17–35. https://doi.org/10.1146/annurev.ento.54.110807.090510

van Niekerk S, Human S, Williams J, van Wilpe E, Pretorius M, Swanepoel R, Venter M (2015) Sindbis and middelburg old world Alphaviruses associated with neurologic disease in horses, South Africa. Emerg Infect Dis J 21(12):2225. https://doi.org/10.3201/eid2112.150132

Venturi G, Zammarchi L, Fortuna C, et al (2016) An autochthonous case of Zika due to possible sexual transmission, Florence, Italy, 2014. Euro Surveill 21(8)

Vilibic-Cavlek T, Petrovic T, Savic V, Barbic L, Tabain I, Stevanovic V, Klobucar A, MrzljakA, Ilic M, Bogdanic M, Benvin I, Santini M, Capak K, Monaco F, Listes E, Savini G (2020) Epidemiology of Usutu virus: the European scenario. Pathogens, 9(9), Article 9. https://doi.org/10.3390/pathogens9090699

Vittor AY, Gilman RH, Tielsch J, Glass G, Shields T, Lozano WS, Pinedo-Cancino V, Patz JA (2006) The effect of deforestation on the human-biting rate of Anopheles darlingi, the primary vector of falciparum malaria in the Peruvian Amazon. Am J Trop Med Hyg 74(1):3–11. https://doi.org/10.4269/ajtmh.2006.74.3

Vlaskamp DR, Thijsen SF, Reimerink J, Hilkens P, Bouvy WH, Bantjes SE, Vlaminckx BJ, Zaaijer H, van den Kerkhof HH, Raven SF, Reusken CB (2020) First autochthonous human West Nile virus infections in the Netherlands, July to August 2020. Eurosurveillance 25(46). https://doi.org/10.2807/1560-7917.ES.2020.25.46.2001904

Vogels CB, Göertz GP, Pijlman GP, Koenraadt CJ (2017a) Vector competence of European mosquitoes for West Nile virus. Emerg Microbes Infect 6(1):1–13. https://doi.org/10.1038/emi.2017.82

Vogels CBF, Göertz GP, Pijlman GP, Koenraadt CJM (2017b) Vector competence of northern and southern European Culex pipiens pipens mosquitoes for West Nile virus across a gradient of temperatures. Med Vet Entomol 31:358–364

Vosoughi R, Walkty A, Drebot MA, Kadkhoda K (2018) Jamestown Canyon virus meningoencephalitis mimicking migraine with aura in a resident of Manitoba. CMAJ 190(9):E262–E264. https://doi.org/10.1503/cmaj.170940

Waddell L, Pachal N, Mascarenhas M, Greig J, Harding S, Young I, Wilhelm B (2019) Cache Valley virus: a scoping review of the global evidence. Zoonoses Public Health 66(7):739–758. https://doi.org/10.1111/zph.12621

Walker K, Lynch M (2007) Contributions of anopheles larval control to malaria suppression in tropical Africa: review of achievements and potential. J Med Vet Ent 21:2–21

Wang J, Zhang H, Sun X, Fu S, Wang H, Feng Y, Wang H, Tang Q, Liang G-D (2011) Distribution of mosquitoes and mosquito-borne arboviruses in Yunnan Province near the China–Myanmar–Laos Border. Am J Trop Med Hyg 84(5):738–746. https://doi.org/10.4269/ajtmh.2011.10-0294

Watts DM, Pantuwatana S, DeFoliart GR, Yuill TM, Thompson WH (1973) Transovarial transmission of La crosse virus in the mosquito, Aedes triseriatus. Science 182:1140–1141

Weaver SC, Ferro C, Barrera R, Boshell J, Navarro JC (2004) Venezuelan equine encephalitis. Annu Rev Entomol 49:141–174

Weaver SC, Reisen WK (2010) Present and future arboviral threats. Antiviral Res 85(2):328–345

Weaver SC, Winegar R, Manger ID, Forrester NL (2012) Alphaviruses: Population genetics and determinants of emergence. Antiviral Res 94(3):242–257. https://doi.org/10.1016/j.antiviral.2012.04.002

Webster D, Dimitrova K, Holloway K, Makowski K, Safronetz D, Drebot M (2017) California serogroup virus infection associated with encephalitis and cognitive decline, Canada, 2015. Emerg Infect Dis 23(8):1423–1424. https://doi.org/10.3201/eid2308.170239

Weissenböck H, Kolodziejek J, Url A, Lussy H, Rebel-Bauder B, Nowotny N (2002) Emergence of Usutu virus, an African mosquito-borne flavivirus of the Japanese encephalitis virus group, central Europe. Emerg Infect Dis 8(7):652–656

Weissenböck H, Bakonyi T, Rossi G, Mani P, Nowotny N (2013) Usutu Virus, Italy, 1996. Emerg Infect Dis J 19(2):274. https://doi.org/10.3201/eid1902.121191

Weitzel T, Gauch C, Becker N (2012) Identification of Anopheles daciae in Germany through ITS2 sequencing. Parasitol Res 111:2431–2438

Wernsdorfer WH (1980) The importance of malaria in the world. In: Malaria (Kreier JP ed) Academic Press, New York 1:1–93

Westby KM, Fritzen C, Paulsen D, Poindexter S, Moncayo AC (2015) La Crosse encephalitis virus infection in field-collected Aedes albopictus, Aedes japonicus, and Aedes triseriatus in Tennessee. J Am Mosq Control Assoc 31(3):233–241. https://doi.org/10.2987/moco-31-03-233-241.1

Westley-Wise VJ, Beard JR, Sladden TJ, Dunn TM, Simpson J (1996) Ross River virus infection on the North Coast of New South Wales. Aust N Z J Public Health 20(1):87–92. https://doi.org/10.1111/j.1467-842X.1996.tb01343.x

White GB (1978) Systematic reappraisal of the Anopheles maculipennis complex. Mosq Syst 10:13–44

White NJ (2008) Plasmodium knowlesi: the fifth human malaria parasite. Clin Infect Dis 46(2):172–173

WHO (2000) Report of the fourth WHOPES Working Group meeting, Geneva Review of: IR3535; KBR3023;(RS)-Methoprene 20% EC, Pyriproxyfen 0.5% GR and Lambda-Cyhalothrin 2.5% CS. Geneva WHO/CDS/WHOPES/2001.2

WHO (2008) World malaria report 2008. WHO/HTM/GMP/2008

WHO (2013) Larval source management – a supplementary measure for malaria vector control. An operational manual. WHO, Geneva, ISBN: 9789241505604, S 116

WHO (2016) Zika virus microcephaly and GuillainBarré syndrome. World Health Organization, Geneva. http://apps.who.int/iris/bitstream/10665/204633/1/zikasitrep_17Mar2016_eng.pdf. Zugegriffen: 17. März 2016

WHO (2017a) Malaria fact sheet. http://www.who.int/vector-bornediseases. Zugegriffen: Nov 2017

WHO (2017b) One health. https://www.who.int/news-room/questions-and-answers/item/one-health. Zugegriffen: Sept 2017

WHO (2017c) Lymphatic filariasis. WHO fact sheet. http://www.who.int/mediacentre/factsheets/fs102/en/

WHO (2018a) Yellow fever. www.who.int/mediacentre/factsheets/fs100/en/

WHO (2018b) www.who.int/news-room/fact-sheets/detail/japanese-encephalitis

WHO (2021a) World malaria report 2021. World Health Organization, Geneva, 2021. Licence: CC BY-NC-SA 3.0 IGO

WHO (2021b) Malaria threats map: tracking biological challenges to malaria control and elimination. 2021. https://apps.who.int/malaria/maps/threats/?

WHO (2022a) Q&A on RTS, S malaria vaccine. https://www.who.int/news-room/questions-and-answers/item/q-a-on-rts-s-malaria-vaccine. Zugegriffen: 30. Jan 2023

WHO (2022b) Chikungunya fact sheet. https://www.who.int/en/news-room/fact-sheets/detail/chikungunya. Zugegriffen: 30. Jan 2023

WHO (2022c) Dengue and severe dengue. https://www.who.int/news-room/fact-sheets/detail/dengue-and-severe-dengue. Zugegriffen: 30. Jan 2023

WHO (2022d) Lymphatic filariasis key facts. https://www.who.int/news-room/fact-sheets/detail/lymphatic-filariasis. Zugegriffen: 30. Jan 2023

Wiggins K, Eastmond B, Alto BW (2018) Transmission potential of Mayaro virus in Florida Aedes aegypti and Aedes albopictus mosquitoes. Med Vet Entomol 32(4):436–442. https://doi.org/10.1111/mve.12322

Wilson MR, Suan D, Duggins A, Schubert RD, Khan LM, Sample HA, Zorn KC, Rodrigues Hoffman A, Blick A, Shingde M, DeRisi JL (2017) A novel cause of chronic viral meningoencephalitis: cache valley virus. Ann Neurol 82(1):105–114. https://doi.org/10.1002/ana.24982

de Wispelaere M, Després P, Choumet V (2017) European Aedes albopictus and Culex pipiens are competent vectors for Japanese encephalitis virus. PLoS Negl Trop Dis 11(1):e0005294. https://doi.org/10.1371/journal.pntd.0005294

Wojta J, Aspöck H (1982) Untersuchungen über die Möglichkeiten der Einschleppung durch Stechmücken übertragener Arboviren durch Vögel nach Mitteleuropa. Mitt Österr Ges Tropenmed Parasitol 4:85–98

Woodall JP (1964) The viruses isolated from arthropods at the East African virus research institute in the 26 years ending December 1963. Proc E Afr Acad 2:141–146

Work TH, Hurlbut HS, Taylor RM (1953) Isolation of West Nile virus from hooded crows and rock Pigeons in the Nile Delta. Proc Soc Exp Biol Med 84:719–722

Work TH, Hurlbut HS, Taylor RM (1955) Indigenous wild birds of the Nile Delta as potential West Nile virus circulating reservoirs. Amer J Trop Med Hyg 4:872–888

Worrall E (2007) Integrated vector management programs for malaria control-cost analysis for large-scale use of larval source management in malaria control. Bureau Global Hlth, USA Inter Development (USAID) GHS-I-01-03-00028-000-1

Wright D, Kortekaas J, Bowden TA, Warimwe GM (2019) Rift valley fever: biology and epidemiology. J Gen Virol 100(8):1187–1199. https://doi.org/10.1099/jgv.0.001296

Xia H, Wang Y, Atoni E, Zhang B, Yuan Z (2018) Mosquito-associated viruses in China. Virol Sinica 33(1):5–20. https://doi.org/10.1007/s12250-018-0002-9

Yanase T, Kato T, Yamakawa M, Takayoshi K, Nakamura K, Kokuba T, Tsuda T (2006) Genetic characterization of Batai virus indicates a genomic reassortment between orthobunyaviruses in nature. Adv Virol 151(11):2253–2260. https://doi.org/10.1007/s00705-006-0808-x

Yang HM (2017) The transovarial transmission in the dynamics of dengue infection: Epidemiological implications and thresholds. Math Biosci 286:1–15

Young JJ, Haussig JM, Aberle SW, Pervanidou D, Riccardo F, Sekulić N, Bakonyi T, Gossner CM (2021) Epidemiology of human West Nile virus infections in the European Union and European Union enlargement countries, 2010 to 2018. Eurosurveillance 26(19):2001095. https://doi.org/10.2807/1560-7917.ES.2021.26.19.2001095

Young PR (2018) Arboviruses: a family on the move. In Hilgenfeld R, Vasudevan SG (Hrsg) Dengue and Zika: control and antiviral treatment strategies, Bd 1062. Springer, Singapore, S 1–10. https://doi.org/10.1007/978-981-10-8727-1_1

Yuen KY, Bielefeldt-Ohmann H (2021) Ross river virus infection: a cross-disciplinary review with a veterinary perspective. Pathogens 10(3), Article 3. https://doi.org/10.3390/pathogens10030357

Yun SI, Lee YM (2017) Zika virus: An emerging flavivirus. J Microbiol 55(3):204–219

Zgomba M, Petrić D (2008) Risk assessment and management of mosquito-borne diseases in the European region. Proc 6th Int Conf Urban Pests 513:29–40

Ziegler U, Groschup MH, Wysocki P, Press F, Gehrmann B, Fast C, Gaede W, Scheuch DE, Eiden M (2018) Seroprevalance of Batai virus in ruminants from East Germany. Vet Microbiol 227:97–102. https://doi.org/10.1016/j.vetmic.2018.10.029

Ziegler U, Lühken R, Keller M, Cadar D, van der Grinten E, Michel F, Albrecht K, Eiden M, Rinder M, Lachmann L, Höper D, Vina-Rodriguez A, Gaede W, Pohl A, Schmidt-Chanasit J, Groschup MH (2019) West Nile virus epizootic in Germany, 2018. Antiviral Res 162:39–43. https://doi.org/10.1016/j.antiviral.2018.12.005

Ziegler U, Santos PD, Groschup MH, Hattendorf C, Eiden M, Höper D, Eisermann P, Keller M, Michel F, Klopfleisch R, Müller K, Werner D, Kampen H, Beer M, Frank C, Lachmann R, Tews BA, Wylezich C, Rinder M, Lühken R (2020) West Nile Virus Epidemic in Germany Triggered by Epizootic Emergence, 2019. Viruses 12(4):448. https://doi.org/10.3390/v12040448

4 Stechmückenforschung

Grundlegende Kenntnisse über die Verbreitung, Häufigkeit, Saisonalität und Ökologie der relevanten Stechmückenarten sind für das Erarbeiten einer erfolgreichen Bekämpfungsstrategie unerlässlich, insbesondere wenn es sich um Vektoren mit humanmedizinischer Bedeutung handelt. Die Populationsdynamik, das Stech- und Migrationsverhalten sowie die Wechselwirkung zwischen Parasiten/Pathogen, Vektor und Wirt sind entscheidend für die Gestaltung der Bekämpfungsstrategie. Hierfür sind umfangreiche parasitologische und epidemiologische Studien erforderlich, besonders wenn gefährliche von Stechmücken übertragene Krankheiten im Fokus stehen (Becker et al. 2020).

Am Anfang aller Bekämpfungsaktivitäten sollten daher detaillierte entomologische Studien stehen. In diesem Kapitel werden die wichtigsten Methoden der Stechmückenforschung vorgestellt. Eine umfassende Übersicht über das Erfassen und die Analyse der gesammelten Daten wird von Silver und Service (2008) gegeben.

4.1 Sammeln von Stechmückeneiern

Stechmücken legen ihre Eier je nach Art einzeln oder in Eischiffchen in verschiedenen Lebensräumen wie Sümpfen, Tümpeln und einer Vielzahl kleiner natürlicher und künstlicher Wasseransammlungen wie Baumhöhlen, Felsenauswaschungen oder künstlichen Behältern ab. Einige Stechmückenweibchen legen ihre Eier an der Wasseroberfläche ab, während andere sie auf den feuchten Boden des Brutplatzes, am Rand des Gewässers oder oberhalb des Wasserspiegels an der Wand von natürlichen oder künstlichen Gefäßen ablegen. Die Bestimmung der Eiablagedichte in natürlichen Lebensräumen ermöglicht nicht nur ein besseres Verständnis des Eiablageverhaltens der verschiedenen Stechmückenarten, sondern kann auch bei der Vorhersage zukünftiger Larvenpopulationen und potenzieller Bekämpfungsgebiete hilfreich sein. Das unterschiedliche Legeverhalten und die physikalischen Eigenschaften der Eier erfordern je nach Art und Lebensraum unterschiedliche Sammeltechniken.

4.1.1 *Anopheles*-Eier

Anopheles-Weibchen legen ihre Eier auf der Wasseroberfläche ab, wo sie aufgrund von luftgefüllten Kammern, die sich aus der äußeren Eischicht, dem Exochorion, bilden, schwimmen. Die winzigen Eier gruppieren sich oft zu netzartigen Strukturen zusammen, die mit bloßem Auge kaum erkennbar sind. Um die Eier von der Wasseroberfläche zu entnehmen, kann eine modifizierte Schöpfkelle verwendet werden. Die Bodenfläche der Schöpfkelle wird durch ein feinmaschiges Drahtnetz ersetzt, das es ermöglicht, die Eier von der Oberfläche abzusammeln, indem die Schöpfkelle entlang des Wassers gezogen wird. Der Inhalt des Netzes wird dann in eine helle Plastikschale gewaschen, wo die Eier mit einer Pipette abgesammelt werden können. Alternativ kann ein Metallring (10 cm Durchmesser) mit einem Nylonnetz bespannt werden, um die Eier von der Wasseroberfläche abzusammeln. Ein Holzgriff kann für eine leichtere Handhabung angebracht werden (WHO 1975; Service 1993).

4.1.2 Eischiffchen

Arten der Gattungen *Culex*, *Uranotaenia*, *Coquillettidia* und der Untergattung *Culiseta* der Gattung *Culiseta* legen ihre Eier in Eischiffchen auf der Wasseroberfläche ab. Die Eischiffchen sind mehrere Millimeter groß und mit bloßem Auge gut sichtbar, sodass sie mit einem Schöpfer oder einem kleinen Netz gezielt abgesammelt werden können. Anschließend können sie in eine Petrischale mit leicht angefeuchtetem Fließpapier überführt werden, um ein Austrocknen zu verhindern, und anschließend im Labor in einem Wasserkörper zum Schlüpfen gebracht zu werden.

4.1.3 *Aedes*-Eier

Weibchen der Überschwemmungsmücken legen ihre nur wenige Millimeter großen und mit dem Auge kaum oder gar nicht erkennbaren Eier einzeln in feuchtem Boden von Brutstätten oder an der Wand künstlicher und natürlicher Gefäße oberhalb der Wasseroberfläche ab. Die Eier selbst in situ mithilfe einer Lupe zu erkennen, ist äußerst schwierig. Daher ist es notwendig, entweder Bodenproben am Rande der Brutstätten zu entnehmen oder die Innenwand der Brutstätte (z. B. Wassertonnen) mit einer Wurzelbürste zu reinigen. Das entfernte Material im Reinigungswasser wird mit einem Netz aufgefangen oder abgefiltert und in einem hellen, flachen Gefäß mit etwas Wasser suspendiert, um die Eier mittels eines Stereomikroskops zu zählen. Die Larven können zum Schlüpfen gebracht und zur Bestimmung hochgezogen werden. Wenn dieser Prozess bei einer ausreichend großen Anzahl an Containern durchgeführt wird, kann der Container-Index (Zahl der für *Aedes*-Eier positiven Container) ermittelt werden.

Zur Bestimmung der Eidichte der häufigsten Überschwemmungsmücken wie *Ae. vexans* und *Ae. sticticus* kann die sogenannte Flutungsmethode oder die Salzwassermethode angewandt werden. Um die Anzahl der Eier pro Flächeneinheit abzuschätzen, ist es wichtig, die Entnahme der Bodenproben zu standardisieren (Becker 1989; Silber und Service 2008). Dazu eignet sich ein Metallrahmen aus Winkeleisen ($20 \times 20 \times 2{,}5$ cm). Der Rahmen kann mit einem Hammer in den Boden getrieben werden, bis die abgewinkelte Seite bündig mit der Bodenoberfläche aufliegt. Mit einer Kelle kann der Boden entlang der Unterseite des Rahmens horizontal bis zu einer Tiefe von ca. 2,5 cm abgetrennt werden. Die Bodenprobe wird daraufhin vorsichtig in eine Plastiktüte überführt und mit Ort und Datum der Probennahme beschriftet. Auf diese Weise verbleiben die *Aedes*-Eier in ihrem natürlichen Zustand.

Weibchen bevorzugen bestimmte Orte für die Eiablage. Feuchtigkeit und Beschaffenheit des Bodens sowie die Pflanzengemeinschaften, die auf einen bestimmten Überschwemmungsgrad und Bodenfeuchte hinweisen, sind wichtige Faktoren dafür, wo die gravide weibliche Mücke ihre Eier ablegt. Dies führt normalerweise zu einer heterogenen Verteilung der Eier. Um die notwendigen Daten aus verschiedenen Eiablagezonen zu erfassen, wird daher empfohlen, Proben in Transsekten zu entnehmen. Damit kann die Variation der Eidichten in einem potenziellen Brutgebiet bestimmt werden. Entlang der Uferzone eines Brutplatzes sollten in gleichen Abständen Proben genommen werden, beginnend an der tiefsten Stelle bis zum oberen Rand des Brutplatzes. Dadurch wird sichergestellt, dass die Bereiche mit der höchsten Dichte an *Aedes*-Eiern erfasst werden. Oft werden die meisten Eier in Bändern am Rand der Überschwemmungstümpel abgelegt, die bei dem gegebenen Wasserstand bei der Massenablage der graviden Stechmückenweibchen einen hohen Feuchtigkeitsgrad aufweisen.

Bis zur Verarbeitung sollten die Bodenproben außerhalb der Sonne gelagert werden, um ein gänzliches Austrocknen des Bodens und eine mögliche Schädigung der Eier zu vermeiden. Bei mehrtägiger oder wochenlanger Aufbewahrung der Proben sollte der Boden regelmäßig etwas angefeuchtet werden.

Bei der Anwendung der Flutungsmethode zur Berechnung der relativen Eidichte eines bestimmten Brutplatzes sollten die standardisierten Bodenproben in flache Plastikwannen überführt und mit sauerstoffreichem Wasser bei einer geeigneten Temperatur von ca. 20 °C geflutet werden. Die durch den Stoffwechsel der Mikroben im Boden verursachte Reduktion des im Wasser gelösten Sauerstoffs stimuliert das Schlüpfen der Larven. Ascorbinsäure oder Hefe und Zucker können zur weiteren Reduzierung des Sauerstoffs zugesetzt werden, um den Schlüpfreiz zu erhöhen. Die geschlüpften Larven können 1 oder 2 Tage nach dem Überschwemmen gesammelt, gezählt und identifiziert werden, nachdem sie bis zum 4. Larvenstadium oder Erwachsenenstadium aufgezogen wurden. Aufgrund des Schlüpfens „auf Raten" – bei jeder Flutung schlüpft nur ein gewisser Prozentsatz der im Boden vorhandenen Eier (s. Kap. 2) – sollten Proben mit hoher Eidichte wiederholt geflutet werden. Das Wasser der vorangegangenen Flutung sollte vorsichtig dekantiert werden, damit der Boden bis zum nächsten Flutungsvorgang trocknen und die Probe erneut überflutet werden kann. Das abwechselnde Fluten und Trocknen erhöht den Schlüpfreiz der im Boden verbleibenden Eier. Auch nach mehreren Überschwemmungen schlüpfen immer noch Larven. Die Summe aller geschlüpften Larven bei mehrfachem Fluten zeigt die Häufigkeit der Eier pro Flächeneinheit an.

Wenn sich die *Aedes*-Larven in der Diapause befinden und daher auch bei geeigneten Schlüpfbedingungen nicht schlüpfbereit sind, ist es wichtig, die Proben vorher so zu behandeln, dass die Diapause unterbrochen wird und die Larven zum Schlüpfen konditioniert werden. Wenn z. B. die Bodenproben mit *Ae. vexans*-Eiern im Winter gesammelt werden, müssen die Proben mindestens 2 Wochen bei einer Temperatur von über 20 °C gelagert werden, damit die Larven wieder schlüpfbereit sind. Je größer der Unterschied zwischen der niedrigeren Entnahmetemperatur und der höheren Lagerungstemperatur ist, desto höher ist der Schlüpfreiz bei der Flutung mit Wasser von mindestens 20 °C.

Im Gegensatz zur Flutungsmethode ist die von Horsfall (1956) beschriebene Salzwassermethode weniger zeitaufwendig und gewährleistet eine fast 90%ige Erfassung der

Aedes-Eier. Das Prinzip dieser Methode besteht darin, dass die Dichte der wässrigen Lösung durch Zugabe von Kochsalz so erhöht wird, dass sie höher ist als die Dichte der Eier, wodurch die Eier mit einer geringeren Dichte in der gewässerten Bodenprobe an die Wasseroberfläche driften.

Wenn Bodenproben im Sommer aus dem Freiland entnommen werden, sollten sie mindestens 2 Wochen bei 5 °C gelagert werden, um die Larven (z. B. von *Ae. vexans*) in die Diapause zu versetzen und ein Schlüpfen beim Fluten zu verhindern. Um die Eier aus der Bodenprobe zu waschen, sollte die Probe in eine Wanne gelegt und mit kaltem Wasser (<10 °C) überflutet werden. Das kalte Wasser reduziert den Schlüpfreiz weiter. Die geflutete Erdprobe wird dann sorgfältig und gleichmäßig gemischt, damit die leichteren Partikel (Blätter, Holz etc.) zur Oberfläche driften, wo sie von der Wasseroberfläche entfernt werden können (Butterworth 1979). Das Wasser und die feineren Schwebeteilchen im Wasser können dann sorgfältig dekantiert werden. Dieser Vorgang kann mehrmals wiederholt werden, um organische Materialien weitgehend aus der Probe zu entfernen. Zurück bleibt die Erde mit den Eiern.

Nun wird dem Wasser Kochsalz (Natriumchlorid) zugesetzt, bis eine 100%ig gesättigte Salzlösung erreicht wird und sich beim Rühren die Salzkristalle nicht mehr weiter auflösen. Diese wässrige Lösung hat nun eine höhere Dichte als die Eier. Durch gründliches Mischen der Probe steigen daraufhin die Eier an die Oberfläche, wo sie mit einer Pipette oder einem feinen Netz abgesammelt und gezählt werden können.

Die Bestimmung der Eier kann entweder durch das Schlüpfen und Aufziehen der Larven erfolgen; bei einigen Arten kann auch das spezifische Muster der Eierschale (Chorion) zur Artbestimmung herangezogen werden. Die morphologische Identifizierung von Eiern anhand der Chorion-Ornamentik erfordert jedoch Fachwissen und ist in vielen Fällen nicht einfach oder gar nicht möglich (Schaffner et al. 2013). Auch die genetische Identifizierung per PCR (DNA-Barcoding) ist möglich (Batovska et al. 2016). Eine weitere kostengünstige Identifizierungstechnik ist die matrixgestützte Laser-Desorption-Ionisierung (MALDI) mit der Flugzeitanalyse (TOF) freigesetzter Ionen zur Massenspektrometrie, die für die schnelle und genaue Identifizierung von Mikroorganismen in klinisch-diagnostischen Labors entwickelt wurde (Croxatto et al. 2012; Posteraro et al. 2013). Diese Technik hat sich als geeignet für die genaue Identifizierung aller Entwicklungsstadien und der adulten Stechmücken erwiesen (Schaffner et al. 2013).

Die gleiche Methode kann aufgrund des ähnlichen Eiablageverhaltens und der physikalischen Eigenschaften der *Culicella*-Eier zur Ermittlung der Eidichte angewendet werden.

4.1.4 Eier in künstlichen Eiablagestätten

Stechmückenarten bevorzugen unterschiedliche Bruthabitate, die durch abiotische und biotische Faktoren wie Wasserqualität, Lichtintensität, Nahrungsangebot oder Vegetation beeinflusst werden können. Das Wissen über die entscheidenden Faktoren für die Wahl eines Brutplatzes einer bestimmten Stechmückenart ermöglicht den Bau künstlicher Eiablagefallen, auch bekannt als Ovitraps. Diese Eiablagefallen sind nützliche Werkzeuge in Überwachungsprogrammen für spezifische Mückenarten, wie solche, die in künstlichen Behältern oder natürlichen Brutstätten wie Baumlöchern oder Felsenauswaschungen brüten.

In Überwachungsprogrammen für Mückenarten wie *Ae. albopictus* und *Ae. aegypti* werden häufig Ovitraps eingesetzt (Fay und Eliason 1966; Pratt und Jakob 1967; Jakob und Brevier 1969a, b; Evans und Brevier 1969; Thaggard und Eliason 1969; Chadee und Corbet 1987, 1990; Freier und Francy 1991; Service 1993; Bellini et al. 1996; Reiter und Nathan 2001). Durch den Einsatz einer ausreichenden Anzahl von Eiablagefallen (z. B. in einem Gridmuster) in einem bestimmten Gebiet können das Vorkommen und die Populationsgröße beider Arten bestimmt werden (Mogi et al. 1990; Bellini et al. 1996).

Einsatz der Eiablagefallen (Ovitraps)
Üblicherweise werden Ovitraps eingesetzt, um das Vorhandensein einer *Ae. albopictus*-Population sowie deren Populationsdichte anhand der Anzahl der abgelegten Eier zu bestimmen (Bellini et al. 1996; Carrieri et al. 2012). Die Erfassung der Eiablagedichten, ihrer Entwicklung und der Phänologie der *Aedes*-Population kann auch als Qualitätskontrolle Auskunft über den Effekt von Bekämpfungsmaßnahmen geben.

Eine typische Eiablagefalle besteht aus einem schwarzen Kunststoffbehälter mit einem Fassungsvermögen von etwa 1,5 l (Abb. 4.1). Bei der Einrichtung wird er bis zu einem Überlaufloch (oberhalb der Wasserlinie) mit ungefähr 1 l entchlortem Leitungswasser gefüllt. Das etwa 3 mm große Überlaufloch dient dazu, dass Regenwasser abfließen kann, um ein Überlaufen zu verhindern. Ein Holzstab (meist aus Masonit) mit einer glatten und einer geriffelten, rauen Seite (Länge: 17 cm, Breite: 3 cm) wird als Eiablagesubstrat in das Innere der Falle gelegt, sodass die raue Seite nach oben zeigt (Service, 1993; Bellini et al. 2020). Die Eier werden meist in die kleinen Vertiefungen des Holzstabs oberhalb der Wasseroberfläche gelegt (Abb. 4.2). Die Breite des Stabs ist so gewählt, dass das Zählen der Eier durch das Bewegen des Stabs unter einem Binokular bei einer Vergrößerung von 10× erleichtert wird. Alternativ kann anstelle des Holzstabs auch ein kleines Stück Styropor als Ei-

Abb. 4.1 Eiablagefalle zum Überwachen der *Aedes albopictus*-Populationen

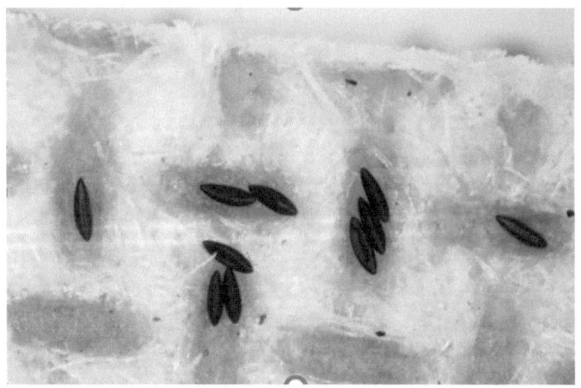

Abb. 4.2 *Aedes*-Eier in den Vertiefungen des Masonit-Stäbchens

ablagesubstrat auf die Wasseroberfläche gelegt werden. Um während der Expositionszeit eine mögliche Entwicklung von Larven zur adulten Mücke zu verhindern, muss dem Wasser ein biologisches Larvizid (z. B. 10 Körner Vectobac-Granulat, Aktivität 200 ITU/mg, Valent BioSciences, Libertyville, USA) oder eine halbe Bti-Tablette (Aktivität: 1000 ITU/mg, Culinex GmbH) zugegeben werden (Becker et al. 2022).

Die Eiablagefallen werden im Untersuchungsgebiet bevorzugt an schattigen Stellen auf dem Boden platziert oder in einer Höhe von maximal 1,5 m, z. B. mit einem Kabelbinder an einem Zaun, Baum oder Pfahl befestigt, um sie für Mensch und Tier schwer zugänglich zu machen. Die Standorte sollten von einem erfahrenen Entomologen ausgewählt und die genauen Koordinaten in einer geeigneten Datenbank (z. B. QGIS/QField) mit einer Beschreibung der Probestelle für einen einfachen Zugriff registriert werden. Jede Eiablagefalle soll mit einem eindeutigen permanenten Code an der Außenwand des Plastikbehälters versehen und während der Saison immer an demselben Ort eingesetzt werden. Die Dichte der Eiablagefallen sollte dem Ziel der Studie angepasst werden, wobei in der Regel 1 Eiablagefalle pro 2 ha in den befallenen und angrenzenden Gebieten platziert wird, um die Ausbreitung der invasiven *Aedes*-Art zu bestimmen. Die Anzahl der Eiablagefallen pro Gebiet kann auch mit der Taylor-Gleichung berechnet werden (Bellini et al. 2020).

Die Holzstäbchen werden in der Regel alle 2 Wochen (manchmal wöchentlich oder alle 3 Wochen) ausgetauscht, und das Wasser wird erneuert. Vor dem Wiederbefüllen müssen die Innenwände des Plastikbehälters gründlich mit Wasser und einem weichen Schwamm gereinigt werden, um Eier ggf. an der Innenwand des Behälters zu entfernen (Bellini et al. 2020).

Die gesammelten Holzstäbchen sind am oberen, aus dem Wasser herausragenden trockenen Ende mit einem wasserfesten Stift deutlich mit dem Ort der Exposition und dem Entnahmedatum zu kennzeichnen. Sie sollten in Papierfolie eingewickelt und in einer Plastiktüte bei Raumtemperatur oder ggf. im Kühlschrank aufbewahrt werden, bis sie mit einem Binokular auf das Vorhandensein von Eiern überprüft werden können.

Eine geschulte Person kann zwischen Eiern der einheimischen Arten, z. B. *Ae. geniculatus*, sowie den exotischen Arten *Ae. albopictus, Ae. japonicus/Ae. koreicus* unterscheiden. Die Ergebnisse sollten jedoch validiert werden, indem einige Eier überflutet und die Larven bis zum 4. Larvenstadium zur morphologischen Bestimmung aufgezogen werden. Die Validierung kann auch mittels PCR oder MALDI-TOF-Massenspektrometrie vorgenommen werden (ECDC 2012).

In Bereichen, in denen die Sterile-Insekten-Technik (SIT) praktiziert wird, kann die Sterilität der Eier auf den Holzstäbchen überprüft werden, indem das Chorion der Eier 48 h lang mit einer 10%igen Wasserstoffperoxidlösung gebleicht und/oder die Eierschale mit einer feinen Nadel angestochen wird, um vorhandene Embryonen oder unsegmentierte weißliche Eimassen nachzuweisen. Durch das

Wasserstoffperoxid wird die Eihülle transparent, sodass die Augen und der Eizahn der Embryonen nach erfolgter Embryonierung zu sehen sind oder das Ei bei Sterilität keine Strukturen im Inneren aufweist.

Als Eiablagefallen für *Cx pipiens* s.l./*Cx. torrentium* können dunkle Plastikgefäße mit einer größeren Wasseroberfläche verwendet werden, die mit mehreren Litern organisch angereichertem Wasser gefüllt werden, z. B. einem Heuaufguss aus 100 g Heu in 5 l Wasser für 5 Tage bei Zimmertemperatur fermentiert (Yasuno et al. 1973; Sharma et al. 1976; Leiser und Beier 1982; Reiter 1983, 1986; O'Meara et al. 1989; Becker 1989; Jackson et al. 2005; Fynmore et al. 2021).

Die graviden *Culex*- oder auch *Culiseta*-Weibchen werden durch das Emittieren von gasförmigen Verbindungen wie Ammoniak, Methan oder Kohlendioxid, die beim Zersetzen von organischem Material freigesetzt werden, angelockt (Mboera et al. 2000). Fettsäuren, n-Caprinsäure oder synthetische Ovipositionspheromone wie Erythro-6-Acetoxy-5-Hexadecanolid können auch als Ovipositionslockstoffe für Weibchen von *Cx. pipiens* s.l. verwendet werden (Barbosa et al. 2007). Zusätzlich zu Lockstoffen können dem Wasser in den Eiablagefallen ein Insektenwachstumsregulator (IGR) oder Toxine von *Bacillus thuringiensis israelensis* oder *Lysinibacillus sphaericus* zugesetzt werden, um die Entwicklung erwachsener Mücken zu verhindern.

Um das Eiablageverhalten bzw. die Populationsdichte von *Culex pipiens* s.l. zu untersuchen, können Eischiffchen in regelmäßigen Abständen abgesammelt und vernichtet werden (Barbosa et al. 2007). In menschlichen Siedlungen mit begrenzter Anzahl natürlicher Brutplätze kann die *Culex*-Population so durch zusätzliches Beseitigen oder Behandeln natürlicher Brutstätten mit einem Larvizid wirksam reduziert werden.

Die *Culex*-Eiablagefalle nach Reiter (1983) wird vorwiegend zum Sammeln von graviden Weibchen von *Culex pipiens* s.l./*Cx. torrentium* verwendet. Der untere Teil der Falle besteht, wie oben beschrieben, aus einem dunklen Plastikgefäß (z. B. 30×40 × 40 cm), in das etwa 5 l Heuaufguss gegeben werden. Es empfiehlt sich, 100 g Heu in 20 l Wasser für 5 Tage bei Zimmertemperatur zu fermentieren. Weitere mögliche Aufgüsse werden von Burkett-Cadena und Mullen (2008) sowie Jackson et al. (2005) angegeben. Auf den Heuaufgussbehälter wird ein geschlossener Behälter (z. B. ein modifizierter Werkzeugkasten) gesetzt, der an der Seite einen batteriebetriebenen Ventilator und am Boden ein Ansaugrohr besitzt, das etwa 5 cm oberhalb der Wasseroberfläche endet und in einen Fangbehälter mit einer Gazeöffnung führt. Durch einen steten Luftstrom werden die graviden Weibchen beim Versuch, Eischiffchen abzulegen, in den Fangbehälter gesogen. Diese können im Fangbehälter abgesammelt und für weitere Untersuchungen, z. B. auf das Vorhandensein von Pathogenen, herangezogen werden. Diese Fallen sammeln fast ausschließlich gravide Weibchen von *Culex pipiens* s.l. und eignen sich dadurch insbesondere für das Monitoring von West-Nil-Virus-Zirkulationen in dem Hauptvektor *Cx. pipiens* s.l. (Tsai et al. 1989; DiMenna et al. 2006; Fynmore et al. 2021). Neben der besonderen Fängigkeit von graviden *Culex*-Weibchen können auch *Aedes*-Arten und *An. plumbeus* gefangen werden (Scott et al. 2001).

Die Reiter-Fallen können gemäß Commings im Fangbehälter mit honiggetränkten FTA-Karten (QIAcard FTA Classic Card, QIAGEN GmbH, Germany) bestückt werden (Abb. 4.3). Die Karten werden im Inneren des Fangbehälters in einem Plastikbeutel/Plastikstutzen mit Öffnung nach innen zusammen mit einem Wattebausch, der mit blaugefärbtem Honig getränkt ist, den gefangenen Stechmücken als Ressource für Kohlenhydrate angeboten. Die FTA-Karten enthalten Chemikalien, die Zellen und Viren lysieren und die DNA bzw. RNA konservieren. Saugt die Stechmücke an der FTA-Karte, gibt sie mit ihrem Speichel Viren ab, deren RNA mittels PCR nachgewiesen werden kann. Dieses Verfahren bedarf keiner Kühlkette, die sonst bei Untersuchungen der Stechmücken auf Virenbefall eingehalten werden muss. Diese Untersuchungen haben sich neben dem Nachweis von Viren in toten Vögeln oder infizierten Pferden bereits als Frühwarnsystem für Viruszirkulationen in mit dem West-Nil-Virus befallenen Gebieten bewährt (Fynmore et al. 2021, 2022).

Abb. 4.3 Reiter-Falle. (Modifiziert nach Commings)

4.2 Sammeln von Mückenlarven und -Puppen

Es gibt viele Techniken, um die Population der aquatischen Stadien von Stechmücken zu erfassen. Diese Techniken werden insbesondere eingesetzt, um die Populationsdynamik von Mücken zu untersuchen oder die Populationsdichten vor und nach einer Larvizidanwendung abzuschätzen. Obwohl Stechmückenlarven in einer Vielzahl von Lebensräumen vorkommen, können einige einfache Techniken zur Bestimmung der Larvenpopulation eingesetzt werden.

Das am häufigsten verwendete Werkzeug ist eine Schöpfkelle, die in Größe und Form variieren kann. Weiße Kunststoff- oder Emailschüsseln sowie große Suppenlöffel mit einem Fassungsvermögen von einigen Hundert Millilitern bis 1 l sind preiswerte und leicht zu handhabende Werkzeuge zum Sammeln von Larven und Puppen. Zu Vergleichszwecken wird empfohlen, immer genormte Schöpfkellen zu verwenden. Üblich ist der Standard Pint Dipper, bestehend aus einem runden, weißen Kunststoffbehälter mit 11 cm Durchmesser und einem Fassungsvermögen von 350 ml (Dixon und Brust 1972; Lemenager et al. 1986). Der weiße Hintergrund hilft beim genauen Zählen der Larven. An der Schöpfkelle ist ein Holzgriff angebracht, um die Wasseroberfläche besser zu erreichen und Störungen durch Betreten des Gewässers zu vermeiden, was zum schnellen Abtauchen der Larven führen würde (Abb. 4.4).

Je nach Größe der Oberfläche des Brutplatzes müssen ausreichend viele Schöpfproben genommen werden, um die Anzahl der Larven- und Puppenstadien abschätzen zu können. Bei größeren Brutgewässern (>20 m^2) sollten 10–20 Proben am Rand und in der Mitte genommen werden. Die Anzahl der verschiedenen Larvenstadien und Puppen pro Schöpfprobe sollte festgehalten werden. Durch die Berechnung bzw. Abschätzung des von Entwicklungsstadien besiedelten Wasservolumens bzw. der Oberfläche des Brutplatzes kann eine grobe Abschätzung der Größe der Stechmückenpopulation vorgenommen werden (Papierok et al. 1975; Croset et al. 1976; Mogi 1978). Silver und Service (2008) geben genauere Methoden zur Evaluierung der Populationsgröße an, die auf der Datenauswertung durch Regressionsanalysen basieren.

In größeren Habitaten kann man mit einem an einem Stiel befestigten Planktonnetz innerhalb kurzer Zeit relativ viele Larven absammeln. Das Netz sollte in Form einer 8 durch das Wasser gezogen werden, um eine möglichst große Zahl an Entwicklungsstadien durch den im Knotenpunkt der 8 erzeugten Sog zu erfassen. In kleineren Gewässern wie Baumhöhlen kann die Probenahme schwierig sein. Larven können direkt von der Oberfläche pipettiert oder durch Absaugen des Wassers gesammelt werden.

Zur Abschätzung der Populationsgröße der beiden wichtigsten Überträger von Arboviren, Ae. aegypti oder *Ae. albopictus*, haben sich verschiedene Indizes bewährt. Der Container-Index (CI) gibt den Prozentsatz an wasserführenden Behältern mit Entwicklungsstadien an (Connor und Monroe 1923), der Haus-Index (HI) ist der Prozentsatz an Häusern, in denen Entwicklungsstadien gefunden wurden. Der Breteau-Index ist definiert als Anzahl der positiven Behälter pro 100 Häuser (Breteau 1954). Keiner dieser Indizes berücksichtigt allerdings die Anzahl der Entwicklungsstadien in einem Behälter. Später schlugen Focks und Chadee (1997) vor, Puppenzählungen und Berechnungen von Puppen pro Person als aussagekräftigere Zahlen im Hinblick auf die Bewertung des Risikos einer Krankheitsübertragung vorzunehmen. Williams et al. (2008) entwickelten einen neuartigen Ansatz für eine schnelle Schätzung der Populationsgröße von *Aedes aegypti* mittels eines Simulationsmodells, indem sie das Moskito-Simulationsmodell (CIMSiM) auf der Grundlage von Sentinel-Key-Containern einsetzten (Williams et al. 2008).

Eine ausreichende Anzahl der im Feld gesammelten Larven/Puppen muss zur Artbestimmung entweder lebend ins Labor transportiert werden; alternativ können Larven im 4. Larvenstadium in 70 % Ethanol im Feld konserviert werden. Zur genauen morphologischen Artbestimmung im Larvenstadium eignen sich Larven im 4. Larvenstadium. Kleinere Stadien müssen bis zum 4. Stadium oder bis zum Adultstadium hochgezogen werden. Für den Transport zum Labor sollte ein Glas- oder Kunststoffbehälter mit dicht schließendem Deckel zu 3/4 mit Wasser vom Standort gefüllt werden. Die Larven können in den Behälter pipettiert werden, oder der Inhalt einer Schöpfkelle oder Netzfänge können direkt in das Transportgefäß gegeben werden. Die Behälter sind sorgfältig mit Datum und Ort der Probenahme zu versehen.

Abb. 4.4 Schöpfkelle

Im Labor können Larven durch heißes Wasser (60 °C) abgetötet und zur weiteren Handhabung in Konservierungsmedien (z. B. 70%iger Ethylalkohol) überführt werden. Alternativ können die Larven im 4. Stadium identifiziert oder in einem Zuchtgefäß zur Bestätigung der Larvenidentifikation bis zum Adultstadium hochgezogen werden (siehe Aufzucht von Mücken). Man kann die Exuvie der Viertlarve bei Einzelzucht aufbewahren und so die Artbestimmung mit dem Adultstadium verifizieren.

Bei Geschwisterarten oder bei Zerstörung der morphologischen Merkmale durch den Transport kann die Artbestimmung in den meisten Fällen auf molekularer Basis durch Barcoding erfolgen (Abschn. 4.4.5).

4.3 Fangen von adulten Stechmücken

Es stehen verschiedenste Methoden zum Sammeln von erwachsenen Stechmücken zur Verfügung, wie z. B. das direkte Absammeln von stechlustigen Mückenweibchen am Körper (sogenannte Human Bait Catches, HBC), das Sammeln mit einem Aspirator, die Verwendung von Saug- oder Lockstofffallen, z. B. die, die Kohlendioxid oder Lockstoffe auf der Basis von Schweißinhaltsstoffen emittieren (z. B. BG-Sentinel-Fallen). Verschiedene Faktoren wie Wetterbedingungen, Aktivitätsmuster der jeweiligen Mückenarten, das Verhalten bei der Wirtssuche oder Ruheverhalten sowie das physiologische Stadium bestimmen die Zusammensetzung eines Fangs. Hier sollen nur die gebräuchlichsten Techniken diskutiert werden. Für zusätzliche Informationen verweisen wir auf Silver und Service (2008).

4.3.1 Fangen von fliegenden Stechmücken

Es gibt relativ wenige Fallen, mit denen man Stechmücken fängt, die sich nicht aktiv in Richtung eines potenziellen Wirts oder eines Lockstoffs orientieren.

Abb. 4.5 Autofalle

Mücken können während des Flugs mithilfe von Auto-Fallen gefangen werden. Diese Fallen bestehen aus einem trichterförmigen Netz, das am Dach eines Fahrzeugs befestigt ist (Abb. 4.5). Das offene Ende des Trichters zeigt nach vorn, und dieser führt in einen kleinen Auffangbehälter. Um die Mücken zu fangen, wird das Fahrzeug auf einer vorher festgelegten Route mit konstanter Geschwindigkeit durch das zu untersuchende Gebiet gefahren. In regelmäßigen Abständen wird das Fahrzeug angehalten, und die Insekten werden aus dem Sammelbehälter entnommen (Tsai et al. 1989; Timmermann und Becker 2017).

Diese Methode ist besonders nützlich, um die Flugzeiten der Mücken festzustellen. Durch die systematische Erfassung der Mückenaktivität können wichtige Erkenntnisse über ihre Verbreitung und ihre Aktivitätsmuster gewonnen werden (Abb. 4.5).

Elektrofallen
Gillies et al. (1978) entwickelten ein elektrifiziertes Drahtgitter, das Stechmücken durch Stromschläge abtötet und einfängt. Solche Gitter können beispielsweise zwischen Brutstätten und Plätzen mit Wirtstieren für die Blutmahlzeit platziert werden. Durch das Sammeln der Mücken in zeitlichen Intervallen unter verschiedenen meteorologischen Bedingungen kann man Rückschlüsse auf das Flugverhalten der Stechmücken ziehen. Neuerdings gibt es auch elektrifizierte Netze, um Stechmücken während der Suche nach Wirten einzufangen (Torr et al. 2008).

Sammeln von ruhenden adulten Stechmücken
Viele Stechmückenarten ruhen sich zu bestimmten Tages- oder Nachtzeiten entweder in der Vegetation oder an geschützten Orten mit günstigen Mikroklimabedingungen aus. Dieses Verhalten kann beim Fangen von Stechmücken ausgenutzt werden. In Deutschland werden z. B. Pop-up-Gartenabfallsäcke erfolgreich als künstliche Ruheplätze verwendet, insbesondere in bewaldeten Gebieten, um adulte Mücken unterschiedlicher Arten entsprechend der Position der Pop-up-Säcke zu sammeln (Jaworski et al. 2021). *Aedes*-Arten werden häufiger in Säcken in Bodennähe gefangen, während *Culex pipiens*-Arten häufiger mehrere Meter über dem Boden gefunden werden. Die Pop-up-Säcke bieten den Vorteil, dass sie leicht transportiert und aufgestellt werden können. Sie sind leicht, platzsparend, kosteneffektiv und erfordern keine komplexe Konstruktion. Sie können auch nützlich sein, um gravide Mücken einzufangen, die sichere Orte für die Eiablage suchen.

Darüber hinaus können Stechmücken natürlich auch mit einem Fangnetz in der Vegetation oder an Überwinterungsplätzen oder direkt mit einem Rucksackaspirator gesammelt werden (Holck und Meek 1991; Clark et al. 1994) (Abb. 4.6).

Abb. 4.6 Rucksackaspirator

4.3.2 Erfassung erwachsener Stechmücken in Innenräumen

Das natürliche Verhalten von Stechmücken in und um Gebäude herum kann durch verschiedene Techniken genutzt werden, um diese Insekten zu fangen. Ein solcher Einsatz kann beispielsweise genutzt werden, um die Effektivität von Insektizidbehandlungen in Innenräumen zu bewerten.

In Gebäuden können Stechmücken mithilfe einer Taschenlampe und eines Staubsaugers gesammelt werden. Typischerweise werden solche Sammelaktivitäten morgens durchgeführt, da die Mücken im Laufe des Tages häufig weiterwandern. Alternativ können ruhende Stechmücken in Innenräumen auch durch den Einsatz eines Pyrethroidsprays abgetötet werden. Ein weißes Laken, auf dem Boden eines ausgewählten Raums ausgebreitet, ermöglicht es, die abgetöteten Stechmücken nach einiger Zeit von der Folie zu sammeln (Magbity et al. 1997).

Das Ein- und Auswandern von Stechmücken aus Gebäuden kann auch mithilfe von trichterartigen Netzfallen erfolgen, die an Fensteröffnungen gut befestigt werden und die Mücken in einem Fangbehälter sammeln. Die Ausrichtung der Falle kann dabei bestimmen, ob die Stechmücken in das Gebäude eindringen oder es verlassen wollen. Je nach Studiendesign können die Stechmücken morgens und/oder abends entfernt werden (Magbity et al. 1997).

4.3.3 Köderfallen

Eine bewährte Methode zur Erfassung adulter Stechmücken besteht darin, weibliche Stechmücken zu zählen, die auf einem Menschen oder einem exponierten Körperteil landen, und die Anzahl der Weibchen pro Zeiteinheit zu protokollieren. Dies ermöglicht Rückschlüsse auf das Aktivitätsmuster der weiblichen Stechmücken in Bezug auf abiotische Faktoren wie Temperatur, relative Luftfeuchtigkeit, Lichtintensität oder Windgeschwindigkeit. Die Stechaktivität vieler Mücken ist z. B. bei Sonnenuntergang oft am höchsten, wenn die Temperatur noch hoch ist und die Luftfeuchtigkeit zunimmt, was optimale Bedingungen für die Blutmahlzeit bietet.

Um die Mücken zu fangen, werden häufig Aspiratoren verwendet, die aus durchsichtigen Kunststoffrohren bestehen und ein engmaschiges Nylonnetz am Ende haben, um ein Einatmen der Stechmücken zu verhindern. Ein kleines Stück Watte oder Zellstoff, das mit einem Abtötungsmittel getränkt ist, kann in das Fangrohr eingeführt werden, um die Stechmücken nach einigen Minuten abzutöten und sie für die spätere Untersuchung vorzubereiten. Alternativ kann das Fangrohr auch in ein Tiefkühlfach (für mindestens 2 Std.) gelegt werden, um die Stechmücken abzutöten oder flugunfähig zu machen.

Ein einfacher selbstgemachter Aspirator kann aus flexiblen Kunststoffschläuchen mit unterschiedlichem Durchmesser und einem engmaschigen Nylonnetz hergestellt werden, um das Einatmen der Stechmücken zu verhindern. Die gefangenen Stechmücken können dann in einen separaten Tötungsbehälter geblasen werden (Abb. 4.7a, b).

Es wird empfohlen, ein Dropnetz (auch als Fangglocke bezeichnet) zu verwenden, wenn Mücken in großer Zahl auftreten (Abb. 4.8). Diese Falle besteht aus einem glockenförmigen Netz mit 3 Metallringen, die an einem Ast eines Baums über dem Sammler befestigt werden können. Die beiden unteren Ringe haben einen Durchmesser von 1 m. Mit Seilen, die an den Ringen befestigt sind, kann der Sammler im Inneren der Glocke den unteren Ring hochziehen, um den Mücken den Zugang zum Sammler als Köder zu ermöglichen. Nach einer Expositionszeit von 2 min oder länger wird das Netz abgesenkt und die Glocke geschlossen. Im Inneren der Glocke kann der Sammler die Mücken mit einem Aspirator absammeln und zählen. Die Messungen können in regelmäßigen Zeitabständen (z. B. stündlich für ca. 2 min) durchgeführt werden, um ein Aktivitätsmuster der Mücken zu erfassen. Zusätzlich

4.3 Fangen von adulten Stechmücken

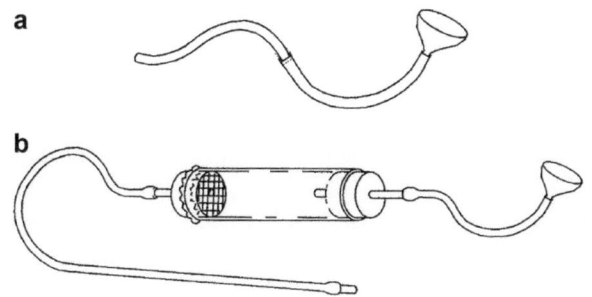

Abb. 4.7 Exhauster mit Fangbehälter (**a**) und einfacher Exhauster (**b**) zum Sammeln erwachsener Stechmücken

Nagetieren und verschiedenen Vogelarten durchgeführt werden, um die Rolle und den Umfang der Zoophilie (Präferenz von Mücken für Tiere als Wirte) zu untersuchen (Amerasinghe et al. 1999; Russell 1987; Service 1993). Die Stechmücken können direkt vom Tier oder in Stallungen abgesammelt werden (Kanoja et al. 2003).

4.3.4 Mückenfallen für adulte Mücken

Es ist bekannt, dass verschiedene Stechmückenarten unterschiedlich auf verschiedene Kairomone und die individuelle Attraktivität einer Person reagieren. Der Erfolg und die Zusammensetzung eines Fangs hängen auch von den Fähigkeiten und der Motivation des Sammlers ab, was zu Variationen in der Fanggröße und Artenzusammensetzung führen kann. Um eine standardisierte Überwachung von erwachsenen Stechmückenpopulationen in großen Gebieten ohne die Notwendigkeit zahlreicher Sammler zu ermöglichen, wurden viele Arten von Mückenfallen entwickelt, um verschiedene Zielarten anzulocken. Besonders häufig werden Stechmücken-Lichtfallen eingesetzt und getestet

können auch die Wetterbedingungen (Temperatur, Windgeschwindigkeit usw.) notiert werden.

Tierköderfänge

Viele der Stechmückenarten, die für die Übertragung von Krankheiten auf den Menschen von Bedeutung sind, können auch Tiere stechen. Daher können Fangversuche mit verschiedenen Tierködern wie Rindern, Ziegen, Schweinen,

Abb. 4.8 Fangglocke

(Service 1993). Einige verlassen sich ausschließlich auf eine konventionelle Glühlampe als Hauptattraktionsquelle, während andere eine ultraviolette Lichtquelle verwenden und oft die Lichtquelle mit Kohlendioxid oder anderen chemischen Lockstoffen ergänzen (Service 1993; Petric et al. 1999). Es gibt verschiedene Modelle solcher Lichtfallen auf dem Markt. Eine umfassende Übersicht über Lichtfallen ist in der Arbeit von Silver und Service (2008) zu finden. Ein erfolgreich eingesetztes Modell ist die EVS-Falle, die im Folgenden ausführlich beschrieben wird.

4.3.4.1 Kohlendioxid-Lichtfalle (EVS-Falle)

Die EVS-Falle (EVS = Encephalitis Virus Surveillance) wurde 1979 von Rohe und Fall entwickelt und später vom Personal des Bureau of Vector Control, California Department of Public Health, und des Orange County Vector Control Districts in Kalifornien weiter modifiziert. Die Falle besteht aus einem 3,5-l-Plastikbehälter, in den etwa 1,5 kg Trockeneis gegeben werden. Der obere Teil der Falle ist mit Polyethylenschaum isoliert, um eine schnelle Sublimierung des Trockeneises zu verhindern. Im unteren Teil des Behälters lassen 2–4 Löcher mit einem Durchmesser von 0,5 cm das sublimierte Kohlendioxid, das als entscheidendes Lockmittel für weibliche Mücken dient, entweichen. Der mittlere Teil der Falle besteht aus einem Kunststoffrohr mit Haltern für 3 1,5-V-Trockenbatterien, die Strom für einen kleinen Ventilator und eine Lampe (1,5 V, 70 mA) liefern, die über einen Ein-/Aus-Schalter betrieben werden können. Weibliche Mücken, die hauptsächlich von Kohlendioxid angezogen werden, nähern sich der Falle in der Annahme, dass sich dort ein Wirt für die Blutmahlzeit befindet. Der Ventilator erzeugt einen Luftstrom, der die anfliegenden Mücken über eine schlitzförmige Öffnung in einen 30 cm langen Nylonfangbeutel saugt (Abb. 4.9). Bei Routineüberwachungsprogrammen wird die Falle mit etwa 1 kg Trockeneis (festes Kohlendioxid) bestückt, was ausreicht, um Mücken während einer Fangnacht zu fangen.

Diese Fallen werden am späten Nachmittag aufgehängt und am nächsten Morgen abgesammelt. Der gesamte Fang, einschließlich des Netzes, kann in einen Behälter mit Trockeneis oder anderen Abtötungsmitteln überführt werden, um die Mücken abzutöten. Im Labor werden dann die Anzahl und die Artenzusammensetzung der gefangenen Mücken bestimmt. Die regelmäßige Durchführung solcher Fangaktionen, beispielsweise alle 2 Wochen, liefert wertvolle Informationen über die Saisonalität und Populationsgröße der adulten Stechmücken. Außerdem ermöglicht der Vergleich der Fangzahlen vor und nach der Behandlung mit Insektiziden eine Abschätzung der Reduktion der Mückenpopulation. Unter günstigen Bedingungen können in einer EVS-Falle pro Nacht mehr als 50.000 weibliche *Ae. vexans* gefangen werden.

Männliche Stechmücken werden am besten während des Schwärmens gesammelt, wenn sie über markanten Geländestrukturen wie Gebüsch schwärmen. Für einige Arten, wie *Ae. aegypti* und *Ae. albopictus*, schwärmen die Männchen in der Nähe der Wirte und paaren sich mit den Weibchen, wenn diese sich dem Wirt für eine Blutmahlzeit nähern. Die Männchen können durch künstliche Fallen, die Kohlendioxid und synthetische Duftstoffe abgeben, gefangen werden, wie z. B. der BG-Sentinel™ und der Mosquito Magnet™.

4.3.4.2 Neuere Mückenfallen

In den letzten Jahrzehnten wurden auch neuartige Mückenfallen entwickelt. Eine davon ist der Mosquito Magnet, der Propangas als interne Energiequelle nutzt, um Kohlendioxid als Lockstoff zu erzeugen und Mücken anzulocken. Eine weitere innovative Falle ist die BG-Sentinel-Falle, die eine attraktive flüchtige Mischung aus Milchsäure, Capronsäure und Ammoniak abgibt, um weibliche Mücken anzulocken. Diese Falle hat sich besonders effektiv im Fangen von *Ae. aegypti* und *Ae. albopictus* erwiesen und wird in Dengue-,

Abb. 4.9 EVS-Falle

4.3 Fangen von adulten Stechmücken

Abb. 4.10 BG-Sentinel-Falle

Abb. 4.11 GAT-Falle

Chikungunya- oder Zika-Kontrollprogrammen eingesetzt (Abb. 4.10).

Die neue GAT-Falle (GAT = Gravid Aedes Trap) wurde entwickelt, um gravide *Aedes*-Weibchen anzulocken, die nach einem Brutplatz für die Eiablage suchen. Diese Falle verwendet Wasser als Lockstoff und lockt die Weibchen durch einen schwarzen Trichter in einen transparenten Behälter, wo sie auf einer Klebekarte gesammelt oder durch Insektizidkontakt getötet werden können, und eignet sich gut zum Monitoring und zur Kontrolle von *Aedes*-Mücken (Abb. 4.11). In dem Projekt Citizen Action through Science (AcTS) wurde die GAT-Falle erfolgreich zur nachhaltigen städtischen Mückenbekämpfung eingesetzt.

Eine weitere innovative Falle ist die In2Care®-Mückenfalle, die mit einem Wachstumsregulator und Pilzsporen Mücken abtötet und dazu beiträgt, die Mückenpopulation zu reduzieren.

Diese neuartigen Mückenfallen bieten vielversprechende Ansätze für die Erfassung und Kontrolle von Mückenpopulationen, um die Verbreitung von Krankheiten einzudämmen.

4.3.5 Techniken zur Markierung, Freilassung und Wiederfangen von Stechmücken

In der Feldforschung werden verschiedene Techniken angewendet, um das Verhalten und die Verbreitung von markierten Stechmücken zu untersuchen, die Überlebensdauer der markierten Insekten zu bestimmen oder die Populationsgröße zu schätzen (Muir und Kay 1998; Russel et al. 2005; Verhulst et al. 2013). Diese Ansätze erfordern eine Markierungstechnik, die für eine gewisse Zeitspanne anhält und gleichzeitig das Verhalten der Mücken möglichst wenig beeinflusst.

Die am häufigsten verwendete Methode ist die Verwendung von fluoreszierenden Pigmenten, die vorsichtig auf die Fluginsekten aufgetragen werden, entweder durch Bestreichen oder Blasen. Diese Markierungen können direkt auf im Labor gezüchtete (SIT-Technik) oder im Freiland gefangene Insekten aufgetragen werden, z. B. durch den Einsatz von Selbstmarkierungsgeräten, bei denen die Mücken mit Pigment markiert werden, wenn sie den natürlichen Brutplatz verlassen (Niebylski und Meek 1989). Alternativ können auch andere Markierungstechniken verwendet werden, wie das Färben der Larven durch Zugabe von Methylenblau oder Methylenrot in das Brutgewässer, was die Larven oder schlüpfenden Fluginsekten einfärbt (Peters und Chevone 1968; Paing und Naing 1988).

Die Rückfangraten bei diesen Techniken sind im Allgemeinen gering, daher müssen relativ große Mengen an Mücken markiert und freigesetzt werden, um aussagekräftige Daten zu erhalten. Ein Beispiel ist eine Studie von Tietze et al. (2003), bei der über 3 Tage hinweg 43.000 Mücken freigesetzt und die Mücken mit CO_2-Köderfallen eingefangen wurden, die bis zu 2,8 km vom Freisetzungspunkt entfernt aufgestellt wurden. Die Wiederfangrate betrug lediglich etwa 0,5 %.

Bei den Fallenfängen können auch Beifänge von Insekten auftreten, die nicht zu den Stechmücken gehören. Je nach Fanggebiet sind dies häufig Kriebelmücken (Simuliidae), Schmetterlingsmücken (Psychodidae), Gnitzen (Ceratopogonidae), Zuckmücken (Chironomidae), Bremsen (Tabanidae) und andere. Einige Beispiele sind in Kap. 4.6 gegeben (Haupt und Haupt 1988).

Die Markierung, Freilassung und der Wiederfang von Stechmücken ermöglichen es den Forschern, wichtige Informationen über das Verhalten und die Verbreitung dieser Insekten zu sammeln, und tragen zur Erforschung der Mückenpopulationen und ihrer Auswirkungen auf die Ökosysteme bei.

4.4 Laborbasierte Forschungstechniken

4.4.1 Mückenaufzucht

Die Aufzucht von Stechmücken bis zum Erwachsenenstadium ist oft erforderlich, um eine eindeutige Identifizierung zu ermöglichen. Dies geschieht in der Regel durch die morphologische Bestimmung der Exuvie (Haut) des 4. Larvenstadiums und des aus der Puppe schlüpfenden erwachsenen Fluginsekts.

Die Züchtung von Stechmücken ist auch wichtig, um die Wirksamkeit von Insektiziden zu untersuchen und die Bionomie einzelner Arten zu erforschen. Es wurden verschiedene Techniken entwickelt, um verschiedene Stechmückenarten im Labor aufzuziehen (Gerberg 1970; Savage et al. 1980; Fritz et al. 1989; Balestrino et al. 2012, 2014; Puggioli et al. 2013).

Die Larven gedeihen am besten im Wasser der Brutstätten, bis sie das Erwachsenenstadium erreichen. Falls kein Wasser aus den ursprünglichen Brutstätten vorhanden ist, kann destilliertes oder chlorfreies Leitungswasser bzw. Brunnenwasser verwendet werden. Wenn destilliertes Wasser oder größere Larvenmengen verwendet werden, ist eine Futterzugabe notwendig, z. B. in Form von Fischfutterpulver (z. B. TetraMin), Trockenhefe oder Leberpulver. Die Futtermenge sollte begrenzt sein, um eine übermäßige Verschmutzung des Aufzuchtmediums zu vermeiden.

Vor dem Schlüpfen der Adulten können Larven im 4. Larvenstadium oder Puppen in ein „Brutgefäß" überführt werden. Die Larvenproben werden in den unteren Teil des Gefäßes gegeben, und durch einen Schraubdeckel mit einem nach oben verengten Trichter können die geschlüpften Fluginsekten in den oberen Teil fliegen, ohne wieder in den unteren Teil zu gelangen. Man kann den oberen Teil für mindestens eine Stunde in ein Tiefkühlfach legen, um die toten oder flugunfähigen Mücken zu entfernen.

Bei der Züchtung einer größeren Anzahl von Larven bis zum Erwachsenenstadium empfiehlt sich ein größerer Käfig, der aus einem quaderförmigen Rahmen mit feinem Nylonnetz besteht. Die Aufzuchttemperatur sollte an die artspezifischen Bedürfnisse der jeweiligen Mückenart angepasst werden.

Die Fütterung von Stechmückenweibchen für die Eiablage kann in verschiedenen Methoden erfolgen, z. B. durch Blutsaugen von einem Versuchstier oder durch Verwendung von künstlichen Membranfütterungssystemen. Die Zucht von Stechmücken erfordert sorgfältige Überlegung und eine angemessene Kontrolle, um eine erfolgreiche und aussagekräftige Aufzucht zu gewährleisten.

Die Aufzucht von Stechmücken ermöglicht es den Forschern, wichtige Informationen über die verschiedenen Entwicklungsstadien und das Verhalten dieser Insekten zu sammeln, was für die Mückenbekämpfung und die Erforschung ihrer biologischen Eigenschaften von großer Bedeutung ist.

4.4.2 Mückenkonservierung

4.4.2.1 Konservierung von Larven

Um Larven schnell und im natürlichen Zustand zu konservieren, empfiehlt sich die Verwendung von heißem Wasser (60 °C). Nach einigen Minuten können die Larven in ein Konservierungsmittel überführt werden, wie z. B. MacGregors Lösung (10 ml 5 % Borax, 80 ml destilliertes Wasser, 10 ml Formaldehyd und 0,25 ml Glycerin) oder 70 % Alkohol, wobei bei längerer Lagerung zum Schutz vor Austrocknung 1 % Glycerin hinzugefügt werden kann. Die Proben können dann entweder in einem gut verschlossenen Glasgefäß aufbewahrt oder in dem Konservierungsmittel unter einem Binokular untersucht werden. Die Glasbehälter sollten klar beschriftet sein, um eine einfache Zuordnung zu ermöglichen. Papierstreifen mit Bleistiftmarkierungen können in das Gefäß gegeben werden, oder wasserfeste Etiketten können außen am Gefäß angebracht werden. Die Etiketten sollten mindestens den Fundort, den Brutplatztyp, das Datum der Probenahme und den Namen des Sammlers enthalten. Für dauerhafte Präparationen können Larven in Euparal, Kanadabalsam, Eukit, Caedax oder Histomount eingebettet werden (Abb. 4.12).

Bei der Anlage von diesen Dauerpräparaten werden die Larven bzw. gelegentlich die abgetrennten Genitalstrukturen zunächst bei Zimmertemperatur – meist über Nacht – in einer 5%igen KOH-Lösung in einem abgedeckten Blockschälchen mazeriert und danach in 5%iger Essigsäure neutralisiert. Anschließend werden sie in einer aufsteigenden Alkoholreihe (50%, 70%, 80%, 96% und Iso-Propanol) entwässert. Die Verweildauer in jeder Stufe beträgt mindestens 30 Minuten. Bei Verwendung von Caedax muss als letzte Stufe Xylol als Intermedium verwendet werden. Vor dem Einbetten können die Larven zwischen dem 2. und 4. Abdominalsegment mit einem Skalpell durchtrennt und derart eingebettet werden, dass das Abdomen mit den entscheidenden Bestimmungsmerkmalen lateral und der Kopf mit seinen zur Bestimmung wichtigen Haaren dorsal betrachtet werden können (Abb. 4.12).

4.4.2.2 Konservierung von Puppen
Präparate von Puppen und Puppenhäuten können wie oben beschrieben hergestellt werden. Wenn Adulte aus Larven und Puppen gezüchtet werden, empfiehlt es sich, das adulte Tier (Imago), die Larve im 4. Stadium und die Puppenhaut zusammen in der Sammlung aufzubewahren. Um eine Puppenhaut einzubetten, sollte der Cephalothorax vom Abdomen abgeschnitten und ventral geöffnet werden, um ihn flach auf dem Objektträger neben dem Abdomen mit der Dorsalseite nach oben zu positionieren.

4.4.2.3 Präparation von adulten Stechmücken
Erwachsene Stechmücken werden am besten mit Äther- oder Ethylacetatdampf abgetötet. Dazu wird ein Stück Watte oder Zellstoff, das mit einigen Tropfen des Tötungsmittels getränkt ist, in ein abschließbares Glasgefäß mit den Stechmücken gelegt. Es können auch Tötungsgefäße mit einer Gipsschicht am Boden verwendet werden, auf die das Tötungsmittel aufgetragen wird. Nach einigen Minuten werden die Fluginsekten betäubt und sterben ab. Ist kein Tötungsmittel vorhanden, kann auch Zigarettenrauch in das Tötungsgefäß geblasen werden.

Die Mücken sollten bald nach dem Abtöten genadelt werden, weil dann ihre Körper noch weich sind und das Abbrechen von Extremitäten wenig wahrscheinlich ist. Dazu wird die Mücke mit einer feinen Pinzette vorsichtig aus dem Tötungsglas entnommen und rücklings auf eine Styroporunterlage gelegt. Ein Minutienstift (etwa 12 mm) wird mittels einer Pinzette vorsichtig senkrecht etwa zu 1/3 der Länge zwischen den Beinen durch den Thorax gesteckt, bis die Minutie das Scutum der Mücke gerade durchstößt. Danach wird die genadelte Mücke im vorderen Drittel eines schmalen Papp- oder Korkstreifens (Länge etwa 2 cm; Breite wenige Millimeter) so fixiert, dass im vorderen Drittel des Pappstreifens die Minutie durch den Kartonstreifen getrieben und die Mücke mit dem Kopf von der Präpariernadel wegzeigend sowie mit dem Hinterteil mehr oder weniger horizontal zur Pappunterlage ausgerichtet wird (Abb. 4.13). Die Präpariernadel (Länge 38 mm, Größe 2) wird am hinteren Ende für etwa 26 mm durch den Pappstreifen gedrückt, sodass im unteren Teil der Präpariernadel 2 Etiketten in ähnlicher Weise wie der Pappstreifen angebracht werden können. Auf dem oberen Etikett werden der Fundort, das Datum und der Name des Sammlers und auf dem unteren Etikett der Artname und der Name der Person, die die Bestimmung durchgeführt hat, notiert.

Eine einfachere und weit verbreitete Methode zum Präparieren der adulten Mücken wird von Bohart und Washino (1978) beschrieben. Dabei werden die Mücken in horizontaler Lage seitlich auf einen Kork- oder Pappstreifen mit einem Tropfen Nagellack aufgeklebt.

Falls die Mücken vor der Präparation ausgetrocknet sind, sollten sie über Nacht in einer Feuchtigkeitskammer (z. B. Petrischale mit feuchtem Zellstoff) angefeuchtet werden, damit die Extremitäten nicht leicht abbrechen können.

Die präparierten Tiere können in einem Insektenkasten aufbewahrt werden, in den kleine Mengen Naphthalinkristalle gegeben werden, um Schädlinge wie den Museumskäfer (*Anthrenus museorum*) abzuhalten.

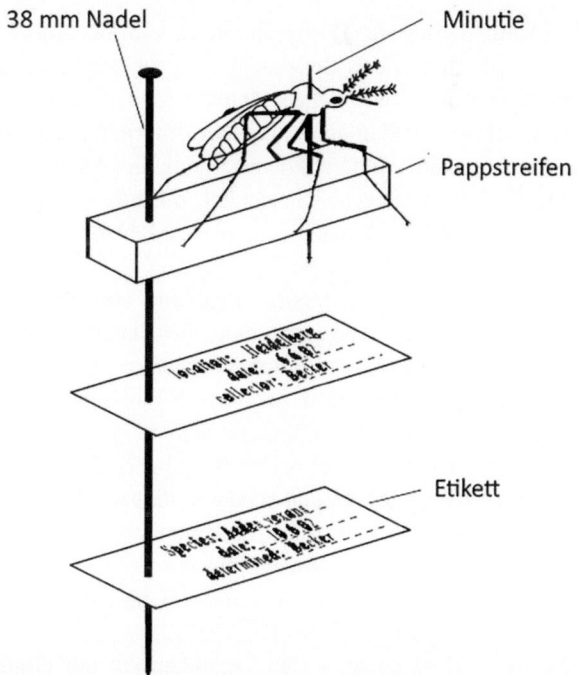

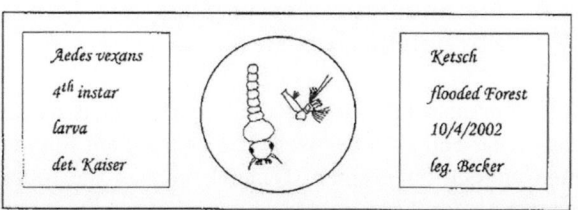

Abb. 4.12 Viertlarve von *Aedes vexans* in Euparal auf Objektträger eingebettet

Abb. 4.13 Genadelte Stechmücke

Für die Identifikation sind in der Regel die äußeren Geschlechtsorgane (Hypopygien) der männlichen Mücken wichtig. Nachdem die Mücke getötet wurde, wird die Spitze des Abdomens zwischen Segment VII und VIII mithilfe einer feinen Schere oder Pinzette abgeschnitten. Das Ende des Abdomens wird für ca. 15 min in eine warme Lösung aus Natrium- oder Kaliumhydroxid zur Mazeration gelegt. Die Genitalien werden dann in Essigsäure überführt, um die Mazeration zu neutralisieren. Anschließend werden sie durch eine aufsteigende Alkoholreihe, dehydriert und in Kanadabalsam oder Euparal eingebettet. Um die beste Ansicht der Genitalien zu gewährleisten, sollte die ventrale Seite des Hypopygiums vor dem Auflegen des Deckglases nach oben zeigen. Der Balsam sollte ausreichend viskos und in ausreichender Menge verwendet werden, um sicherzustellen, dass das Präparat nicht flachgedrückt wird. Der Rest des Männchens wird genadelt; Hypopygium und genadelte Mücke sollten so beschriftet werden, dass ihre Zugehörigkeit dokumentiert wird.

Die beschriebenen Methoden zur Mückenkonservierung sollten sorgfältig und mit Bedacht durchgeführt werden, um qualitativ hochwertige Präparate zu erhalten, die für wissenschaftliche Untersuchungen und Forschungszwecke geeignet sind.

4.4.3 Identifizierung von Stechmückenblutmahlzeiten

Die Identifizierung der Wirtspräferenzen von Stechmücken ist von entscheidender Bedeutung, um ihr Potenzial als Überträger von menschlichen Krankheitserregern zu verstehen. Obwohl Fallenfänge nützliche Informationen über das Stechverhalten liefern können, wird die Analyse der Blutmahlzeiten gefangener Stechmücken häufig verwendet, um die natürlichen Wirtstiere für diese Mahlzeiten zu erfassen.

Die Präzipitin-Testmethode, eingeführt von Bull und King (1923), war viele Jahre lang die Standardtechnik. Dabei wird die unbekannte Blutmahlzeit in ein enges Röhrchen (Kapillare) gegeben, in dem sich bereits eine Schicht Antiserum am Boden des Röhrchens befindet. Ein Ring, der sich an der Grenzfläche der beiden Reagenzien bildet, zeigt eine positive Reaktion an und bedeutet, dass die Blutmahlzeit von derselben Art wie das Antiserum stammt. Weitere serologische Techniken umfassen die fluoreszierende Antikörpertechnik (FA) (Gentry et al. 1967) und den Latex-Agglutinationstest (Boorman et al. 1977).

Seit den 1980er-Jahren sind Techniken auf der Grundlage des Enzyme-Linked Immunosorbent Assay (ELISA) weit verbreitet (Beier et al. 1988). Ursprünglich beschrieb Burkot (1981) eine indirekte Mikrotitrationstechnik, mit der Blutmahlzeiten von *Ae. triseriatus* an Nagetieren und Hunden unterschieden werden konnten. Der Zeitraum zwischen der Blutmahlzeit und der Analyse war entscheidend für die Ergebnisse. Während innerhalb von 8 h nach der Blutmahlzeit noch 100 % der Blutproben immunopositiv waren, zeigten sich 16 h nach dem Stechakt nur noch 40 % der Proben immunopositiv. Gomes et al. (2001) verglichen die Präzipitin- und ELISA-Techniken und stellten fest, dass der Präzipitin-Test eine höhere Spezifität aufwies, während der ELISA-Test eine höhere Empfindlichkeit zeigte.

Gegenwärtig wird eine Reihe von DNA-Techniken zur Identifizierung von Blutmahlzeiten eingesetzt, einschließlich DNA-Profiling. Benedictis et al. (2003) stellten mithilfe von DNA-Profiling mit 4 polymorphen menschlichen Loci Profile für die Bewohner einer Gemeinde her und konnten damit die Blutmahlzeiten von *Ae. aegypti* einzelnen Bewohnern zuordnen. Das Cytochrom b Gen hat sich als mitochondriales Gen mit ausreichender genetischer Variation auf Primärsequenzebene unter Wirbeltiertaxa bewährt, um eine zuverlässige Identifizierung bei der Feststellung der Identität von Mückenblutmahlzeiten zu ermöglichen (Kent und Norris 2005).

Lee et al. (2002) verwendeten ein Heteroduplex-Assay mit Polymerasekettenreaktion (PCR), um Blutmahlzeiten an einer großen Anzahl von Vogelarten von wild gefangenen *Cx. tarsalis*-Weibchen zu unterscheiden. Der Assay verwendete Primer, die ein Fragment des Cytochrom b Gens von Vertebraten, aber nicht von wirbellosen Arten amplifizierten. Die Ergebnisse zeigten, dass es möglich war, Vogelwirte bis zu 7 Tage nach der Blutmahlzeit zu bestimmen, während Blut von Säugetierwirten mit kernlosen Erythrozyten früher getestet werden musste. Ngo und Kramer (2003) entwickelten einen spezifischen PCR-Diagnosetest auf der Basis des Cytochrom b Gens, um Vogelblutmahlzeiten sowie Kent und Norris (2005) ein wirbeltierspezifisches Multiplex-Primer-Set ebenfalls auf der Grundlage von mitochondrialem Cytochrom b entwickelten, um Säugetierwirte von im Feld gesammelten Mücken zu identifizieren. Mit dieser Technik konnten sogar mehrere Blutmahlzeiten von verschiedenen Säugetieren in einer einzigen Mücke nachgewiesen werden.

4.4.4 Methoden zur Messung des physiologischen Stadiums

Die Vektorkapazität einer Stechmückenart hängt maßgeblich von der Fähigkeit der Weibchen ab, mehrere Blutmahlzeiten zu sich zu nehmen. Dadurch können die Mücken Pathogene oder Parasiten von einer infizierten Person aufnehmen und diese nach der Vermehrung der Krankheitserreger in ihrem Körper (extrinsischer Zyklus) bei einem erneuten Stich an eine Person weitergeben. Das Wissen über den physiologischen Zustand einer Mücke ist daher von epidemiologischer Bedeutung. Eine Möglichkeit, den physiologischen Zustand zu bestimmen, besteht darin, die Anzahl der gonotrophischen Zyklen zu beurteilen, die eine weibliche Stechmücke durchlaufen hat. Der gonotrophische Zyklus für Arten, die für jede Eiablage eine einzelne Blutmahlzeit benötigen, wird als die Zeit vom Zeitpunkt der Blutmahlzeit bis zur erneuten Eiablage definiert.

Während des gonotrophischen Zyklus entwickeln sich Eier in den Ovariolen, die nach der Eiablage Restkörper in den Ovariolen hinterlassen. Die Anzahl dieser Restkörper gibt Aufschluss Anzahl der Eiablagen und ermöglicht auch eine Schätzung der Langlebigkeit einer einzelnen Stechmücke und ihrer Bedeutung als Vektor von Krankheitserregern. Je mehr Blutmahlzeiten eine Stechmücke zu sich nimmt, desto größer ist die Wahrscheinlichkeit, dass sie Pathogene aufnehmen und übertragen kann.

Darüber hinaus können Veränderungen an der Ovarstruktur Aufschluss über den physiologischen Zustand und das Alter der Stechmücke geben. Zum Beispiel zeigen entwirrte Tracheolen im Gewebe der Stechmücke an, dass eine Eientwicklung stattgefunden hat, während gewundene Tracheolen auf eine bisherige fehlende Eientwicklung hinweisen.

Für die Untersuchung der Ovarien wird die Stechmücke seziert. Nachdem die weibliche Stechmücke mit Essigsäureäthylester-Dämpfen getötet wurde, wird sie auf einem Objektträger platziert. Die Ovarien und andere Gewebeteile werden sorgfältig untersucht, um Informationen über den physiologischen Zustand der Mücke zu erhalten.

4.4.5 Morphologische und taxonomische Techniken

Obwohl die morphologischen Merkmale der meisten Mückenarten beschrieben sind, besteht weiterhin Bedarf an Studien zur Feststellung der Variabilität innerhalb von Individuen und Populationen einer Art. Nicht nur die Anzahl und Größe von Schuppen und Borsten können variieren, sondern auch die Färbung, Größe und andere Merkmale. Insbesondere der Vergleich von Arten aus verschiedenen Gebieten kann neue Ergebnisse zur Variation aufzeigen. In einigen Fällen sind die morphologischen Merkmale jedoch nicht ausreichend für die Artbestimmung, weshalb auch andere Techniken, insbesondere molekulare Methoden, angewendet werden müssen, vor allem wenn es um Schwesterarten geht.

Eine effiziente Technik zur Identifizierung von Schwesterarten basiert auf zytogenetischen Untersuchungen. Dabei spielen Polytänchromosomen aufgrund ihrer spezifischen Eigenschaften eine wichtige Rolle. Polytänchromosomen entstehen durch mehrere aufeinanderfolgende Replikationen der DNA in bestimmten Mückengeweben. Diese Replikationen führen zu dicht gepackten Bereichen des Euchromatins, die als charakteristische Bänder erscheinen. Die gebänderten Polytänchromosomen können genutzt werden, um zwischen Arten zu unterscheiden und Beziehungen zwischen ihnen zu klären.

Zusätzlich zur zytogenetischen Analyse werden biochemische und molekulare Techniken eingesetzt, um systematische Zugehörigkeiten zu bestimmen. Die Proteinelektrophorese und die DNA-Sequenzierung ermöglichen die Analyse von genetischen Variationen innerhalb von Populationen, die Erkennung von Artengrenzen und phylogenetischen Beziehungen sowie die Beurteilung evolutionärer Prozesse. Zur Identifizierung von Stechmücken können auch DNA-Barcoding-Methoden verwendet werden, die auf der Analyse von kurzen DNA-Sequenzen basieren, die innerhalb von Arten weniger variabel sind als zwischen Arten. Die Verwendung von mehreren Markern erhöht die Genauigkeit der Stechmückenbestimmung, besonders bei eng verwandten Arten. Die Auswahl der geeigneten Techniken sollte entsprechend den Zielen und Ressourcen der Untersuchung erfolgen, um wichtige und nützliche Informationen über Biodiversität und Evolution zu gewinnen.

4.5 Bewertung der Wirkung von Insektiziden und Repellentien auf Stechmücken

4.5.1 Insektizidempfindlichkeitstest

Die Weltgesundheitsorganisation (WHO) hat Testkits entwickelt, um die Empfindlichkeit von adulten Stechmücken und deren Larven gegenüber Insektiziden zu bewerten. Diese Kits sind kommerziell erhältlich und bestehen aus Behältern oder Röhrchen, in denen die Insekten verschiedenen mit Insektiziden behandelten Substanzen ausgesetzt werden. Die getesteten Insektizide gehören den wichtigsten Insektizidklassen an, wie Organochloride, Organophosphate, Carbamate und Pyrethroide. Die Testdosierungen sind so gewählt, dass sie empfindliche Individuen abtöten, aber resistente Individuen überleben lassen. Die WHO legt die kritische Dosis in der Regel auf das Doppelte des LC_{99}-Wertes der jeweiligen Substanz fest. Diese Werte werden durch Bioassays und Extrapolation der Log-Probit-Linie ermittelt (WHO 2001, 2016).

4.5.1.1 Bewertung der Empfindlichkeit von adulten Stechmücken

Das Kit zur Bewertung der Empfindlichkeit von adulten Stechmücken besteht aus 2 miteinander verbundenen Kunststoffröhrchen, die durch einen Schrankenmechanismus getrennt sind. Ein Röhrchen ist mit unbehandeltem Papier ausgekleidet, während das andere mit Papier behandelt ist, das eine spezifische Dosis (2xLC$_{99}$) des gewählten Insektizids enthält. In der Regel werden adulte Stechmücken aus dem Untersuchungsgebiet gesammelt oder gezüchtet. Eine Gruppe von Stechmücken wird in das unbehandelte Röhrchen gegeben und dann durch die Schranke in das mit Insektizid behandelte Papier im anderen Röhrchen überführt. Nach einer festen Einwirkungszeit, abhängig von der Stechmückenart und dem Insektizid (zwischen 0,5 und 4 h), werden die Stechmücken wieder in das Röhrchen mit unbehandeltem Papier überführt. Die Mortalität wird nach einer festen Zeit, normalerweise 24 h nach der Exposition, ermittelt. Zur Kontrolle werden Stechmücken in gleicher Weise in Röhrchen ohne Insektizid behandelt. Wenn die Mortalität im Bereich von 98–100 % liegt, gelten die Stechmücken als empfindlich gegenüber dem getesteten Insektizid. Eine Mortalität von 80–97 % deutet auf eine mögliche Resistenz hin, die bestätigt werden muss, während eine Mortalität von weniger als 80 % auf eine Resistenz hindeutet (WHO 1998, 2016).

Diese Technik kann verwendet werden, um die Empfindlichkeit der Stechmücken gegenüber einem bestimmten Insektizid zu bestimmen, das für den Einsatz vorgesehen ist, und um sich entwickelnde Resistenzerscheinungen frühzeitig zu erkennen und entsprechende Gegenmaßnahmen zu ergreifen.

4.5.1.2 Bestimmung der Wirksamkeit von Larviziden

Labortests zur Bestimmung der Aktivität und Wirksamkeit verschiedener Larvizide gegenüber Larven einer bestimmten Stechmückenart können relativ einfach durchgeführt werden. Zunächst wird eine Stammlösung des Larvizids (typischerweise 10 g Insektizid/l Wasser) als Basis für eine Verdünnungsreihe hergestellt, um die wirksame Konzentration zu ermitteln.

In Einwegbechern werden üblicherweise 4 Replikate der jeweiligen Konzentration und eine Kontrolle ohne Larvizid angesetzt, jeweils mit 100 ml der Dosismischung bzw. nur mit Wasser gefüllt. Anschließend werden je 25 Larven im späten 3. oder frühen 4. Larvenstadium der zu testenden Art in die Becher gegeben, und die Mortalität wird nach 1 oder 2 Tagen ermittelt (Skovmand und Becker 2000). Wachstumsregulatoren (Insect Growth Regulators, IGRs) wie Juvenilhormone oder Chitinsynthesehemmer greifen in den Entwicklungszyklus des Zielorganismus ein, sodass die Larven nicht akut getötet werden. Für Tests mit Wachstumsregulatoren müssen die Larven nach der Behandlung gehältert werden, um ihre Weiterentwicklung zu kontrollieren, und die Schlüpfrate intakter Tiere nach der Behandlung zu bestimmen. Die Wirksamkeit von IGRs wird typischerweise nicht als Mortalität, sondern als Hemmung des Schlüpfens der adulten Tiere in Prozent ausgedrückt (WHO, 2005b).

Bestimmung der Wirksamkeit von mikrobiellen Larviziden

Für die Bestimmung der LC$_{50}$-Werte von mikrobiellen Larviziden wurden standardisierte Methoden entwickelt. Dabei werden Standardformulierungen (z. B. IPS 82 für *B. thuringiensis israelensis*-Tests und SPH 88 für *L. sphaericus*-Tests) als Referenzprodukte im Bioassay gegen das zu testende Produkt verwendet. Die Aktivität des Bti-Standards, z. B. IPS 82, wurde mit 15.000 ITU/mg und SPH 88 mit 1700 ITU/mg festgelegt (ITU = International Toxic Unit). Alternativ kann auch ein Produkt mit bekannter Potenz als Referenzstandard verwendet werden.

Um eine genaue und standardisierte Messung der Aktivität eines Bti- oder Ls-Produkts zu ermöglichen, wird beispielsweise das folgende Verfahren empfohlen:

- 50 mg des Standardpulvers (z. B. 15.000 ITU/mg) werden abgewogen und in einem 20-ml-Plastikgefäß in 10 ml deionisiertem Wasser suspendiert (Konzentration: 5000 ppm).
- Danach werden 15 Glaskugeln (6 mm Durchmesser) hinzugefügt, und die Suspension wird mit einem Schüttler für 10 min kräftig homogenisiert.
- In einem Reagenzglas wird eine Stammlösung hergestellt, indem 0,2 ml der anfänglichen Suspension zu 19,8 ml deionisiertem Wasser gegeben werden (Konzentration: 50 ppm).
- Das Reagenzglas wird einige Sekunden lang mit einem Rührwerk bei maximaler Geschwindigkeit homogen gemischt.
- Von dieser Verdünnung (50 mg Produkt/l) werden weitere Verdünnungen in Einwegplastikbechern hergestellt, die bereits mit 148 ml deionisiertem Wasser gefüllt wurden.
- Mit einer Präzisionspipette werden je Becher Aliquots von 120 µl, 90 µl, 60 µl, 30 µl oder 15 µl hinzugefügt, um Endkonzentrationen von 0,04; 0,03; 0,02; 0,01 bzw. 0,005 mg/l IPS 82 (Bti) oder SPH 88 (Ls) zu erhalten. Für jede Konzentration und für die Kontrolle ohne Wirkstoff werden jeweils 4 Ansätze angesetzt.
- Je 25 Larven des frühen 4. Larvenstadiums von *Aedes aegypti*, wenn Bti-Formulierungen getestet werden, oder 25 Larven von *Cx. pipiens*, wenn Ls getestet wird, werden in 2 ml deionisiertem Wasser mit einer Pipette in die Testgefäße gegeben. Dabei sollten keine späten Viertlarven eingesetzt werden, da diese bei der Verpuppung keine Nahrung mehr aufnehmen. Für den Bioassay, der

länger als 24 h dauert, kann jedem Becher eine sehr kleine Menge Futter (TetraMin) hinzugefügt werden, um Sterblichkeit durch Hunger zu vermeiden.

Vergleichbare Anfangssuspensionen und Verdünnungsreihen werden auf die gleiche Weise mit den Testpräparaten hergestellt, jedoch mit einem Verdünnungsbereich, der über den des Standards hinausgeht, um sicherzustellen, dass eine zuverlässige Regressionsgerade erhalten wird. Vor dem eigentlichen Bioassay kann ein Vorversuch mit einer weitreichenden Konzentrationsreihe durchgeführt werden, um die entscheidenden Wirkkonzentrationsbereiche festzulegen.

Alle Tests sollten bei 25 °C (±1 °C) durchgeführt werden. Die Mortalität wird nach 24 oder 48 h durch Zählen sowohl toter als auch lebender Larven erfasst. Wenn die Sterblichkeit in den Kontrollen 5 % übersteigt, sollten die Mortalitätsraten unter Verwendung der Abbott-Formel (Abbott 1925) korrigiert werden. Testreihen mit Kontrollmortalitäten >10 % sollten verworfen werden. Regressionslinien bezogen auf die Konzentration und Mortalität sollten auf logarithmischem Papier oder einem entsprechenden Computerprogramm angefertigt werden, und die LC_{50}-Werte für den Standard und die Testpräparate sollten abgelesen werden. Die Potenz (Titer) des Testmaterials kann nach folgender Formel bestimmt werden:

$$\frac{\text{Aktivität des Standards(ITU)} \times LC_{50} \text{ des Standards}}{LC_{50} \text{ der Testsubstanz}}$$

Die Potenz oder der Titer des Produkts wird in International Toxic Units (ITUs) ausgedrückt. Um die Präzision zu verbessern, sollten solche Bioassays an mindestens 3 verschiedenen Tagen wiederholt und die Standardabweichung sollte berechnet werden. Zur Verwendung und Bewertung von Larviziden existiert eine umfangreiche Literatur, wobei die WHO (2005b) einen nützlichen Überblick gewährt.

4.5.2 Untersuchung von Insektizidablagerungen auf Oberflächen

Die WHO hat standardisierte Testkits und Verfahren entwickelt, um die Wirksamkeit von auf Wände gesprühten Insektiziden oder in Stechmückennetzen verarbeiteten Insektiziden zu messen (WHO 2006, 2013). Das Testkit besteht aus einem durchsichtigen Kunststoffkegel mit einem Loch an der Spitze. Der Kunststoffkegel wird auf die Oberfläche, z. B. eine mit Insektiziden behandelte Wand, mithilfe von Klebstoff oder Nägeln befestigt. Ein Streifen aus Kunststoffschaum kann an der Basis des Kegels angebracht werden, um einen festen Sitz auf einer unebenen Wandoberfläche zu gewährleisten. Eine bestimmte Anzahl adulter Mücken wird dann durch das Loch an der Spitze des Kegels eingeführt, das danach mit Watte verschlossen wird. Nach einer festgelegten Expositionszeit, normalerweise 1 h, werden die Stechmücken mit einem Aspirator aus dem Kegel entfernt, in einen sauberen Aufbewahrungsbehälter, z. B. einen Pappbecher mit einem feinen Netz, überführt, und die Sterblichkeit wird nach 24 h ermittelt. Zur Kontrolle werden Stechmücken in gleicher Weise einer unbehandelten Wand ausgesetzt. Ähnliche Verfahren werden zur Untersuchung von mit Insektiziden behandelten Moskitonetzen angewendet (WHO, 2005a).

Solche Tests ermöglichen nicht nur die Beurteilung der Qualität von Behandlungen, sondern können auch regelmäßig durchgeführt werden, um die Langlebigkeit der Insektizidablagerungen zu bestimmen (WHO 2006).

4.5.3 Erfassung der Effektivität von ULV-Insektizidbehandlungen

Die Wirksamkeit von ULV-Adultizidbehandlungen wird typischerweise unter Verwendung von in Käfigen gehaltenen Stechmücken überprüft, die kurz vor der Behandlung in den behandelten Bereichen exponiert werden (Perich et al. 1990, 2001). Nach der Behandlung werden die Stechmücken ins Labor gebracht und mit einer 10%igen Zuckerlösung auf einem Wattepad als Energiequelle versorgt. Die Sterblichkeit wird nach 24 h erfasst. Als Kontrolle können Mücken in gleicher Weise in einem unbehandelten Gebiet exponiert und im Labor gehalten werden (Bunner et al. 1989).

4.5.4 Untersuchungen zur Wirksamkeit von Mückenschutzmitteln (Repellentien)

Persönlicher Schutz ist ein wichtiger Bestandteil jedes Programms, das darauf abzielt, Stechbelästigungen und das Infektionsrisiko durch von Stechmücken übertragenen Krankheiten zu reduzieren. Es gibt zahlreiche Mittel, die sowohl auf synthetischer als auch natürlicher Basis, wie Pflanzenextrakte, verwendet werden (Carroll und Loye 2006; Maia und Moore 2011; Xue et al. 2012; Patel et al. 2012; Revay et al. 2013; Rodriguez et al. 2015, 2017). Bekannte synthetische Mittel basieren z. B. auf DEET (Diethyltoluamid) oder Icaridin (1-(1-Methylpropoxycarbonyl)-2-(2-hydroxyethyl)piperidin), während pflanzliche Repellentien oft Citronella, Lavendel oder ähnliche Stoffe enthalten.

Einfache Tests können durchgeführt werden, indem das Repellent in einer bestimmten Dosis auf den Arm aufgetragen wird und der Arm dann in einem Käfig mit ungesaugten Stechmückenweibchen zum Blutsaugen angeboten wird (die Tests erfordern eine ethische Genehmigung) (ASTM 2006a,b; EPA 1999; WHO 1996; Klun und Bebboun 2000). Die Zeit ab dem ersten Stechversuch und die Anzahl der Stechversuche über einen festgelegten Zeitraum werden aufgezeichnet. Man kann verschiedene Dosierungen testen, um die optimale Dosis zu bestimmen, oder die Wirksamkeit des Repellents durch Exposition in unterschiedlichen Zeitabständen untersuchen, um die Wirkdauer zu ermitteln. Tests sollten mit verschiedenen Personen durchgeführt werden (da Mücken unterschiedlich auf verschiedene Personen reagieren) und unter unterschiedlichen Bedingungen, um die Parameter zu erfassen bzw. zu eliminieren, die die Wirkdauer beeinflussen können (Barnard und Xue 2004; Barnard 2005).

Alternative Techniken zur Bewertung von Abwehrmitteln umfassen die Verwendung von Windkanälen mit menschlichem Atem als Lockstoff oder die Verwendung einer Membranfütterungstechnik anstelle eines menschlichen Arms (Cockcroft et al. 1998).

4.6 Wichtige Dipteren als Beifang in den Stechmückenfallen

Häufig können die harmlosen Zuckmücken (Chironomidae), die keinen Stechrüssel, jedoch schnakenähnliches Aussehen besitzen, in den Fallen auftreten (Abb. 4.14). Die positiv phototaktischen Zuckmücken werden insbesondere durch das Licht der Fallen angelockt. Die Zuckmücken fallen dadurch auf, dass sie an windstillen Sommerabenden in riesigen Mengen um Laternen schwärmen oder in beleuchtete Zimmer fliegen, während die meist lichtscheuen Stechmücken grelles Licht meiden. Ähnlich wie viele Überschwemmungsmücken (z.B. *Aedes vexans*) bilden die Zuckmücken über exponierten Geländemarkierungen „Tanzschwärme", die wegen des massenhaften Vorkommens dieser Mücken oft rauchsäulenartig aussehen. Die Zuckmücken kann man durch das Fehlen eines Stechrüssels sowie durch die Haltung ihrer verlängerten Vorderbeine, die sie als Tastbeinpaar nach vorne strecken, von den Stechmücken unterscheiden. Ihr Brustabschnitt bzw. das Schild (Scutum) ist zudem stark aufgewölbt, wodurch sie buckelig aussehen. Viele Zuckmücken sind grünlich gefärbt. Die Masse der Zuckmückenlarven lebt meist in permanenten oft nährstoffreichen Gewässern (Altrheinen, Baggerseen etc.), wo sie zu Tausenden pro m2 die schlickigen Bodenschichten besiedeln. Daher findet man sie häufig in Fallen, die in der Nähe solcher Gewässer aufgestellt werden.

Gelegentlich können die völlig für den Menschen harmlosen Schnaken sowie Stelzmücken (Tipulidae und Limoniidae) in den Fallen gefunden werden (Abb. 4.15). Die Tipuliden haben einen schlanken Körper und verhältnismäßig lange Beine. Wegen ihrer Körpergröße (deutlich größer als die Stechmücken) werden sie oft als besonders gefährlich angesehen. Die Larven mancher Arten (z. B. können durch Massenvermehrung in der Landwirtschaft erhebliche Schäden hervorrufen (z. B. *Tipula oleracea* L., die auch Kohlschnake genannt wird).

Abb. 4.14 Adulte einer Zecke (**a**) und einer Stechmücke (**b**)

Abb. 4.15 Adulte einer Tipulidae (**a**) und einer Libelle (**b**)

Abb. 4.16 Kopf einer Stechmücke (**a**) und einer Stubenfliege housefly? (**b**)

Abb. 4.17 Kopf und Flügel einer Stechmücke (**a, b**) und einer Sandmücke (**c, d**)

Dagegen können die Kriebelmücken (Simuliidae), die eine gedrungene Gestalt wie eine kleine Fliege besitzen, den Menschen, bevorzugt aber Großvieh, sehr schmerzhaft stechen (Abb. 4.16). Ihre Larven und Puppen entwickeln sich ausschließlich in Fließgewässern, weshalb einige Arten in der Nähe von Fließgewässern und gelegentlich auch kilometerweit für den Menschen durch ihren schmerzhaften Stich zur Plage werden können. Bei massenhaftem Auftreten kommt es besonders in Norddeutschland durch den toxischen Speichel der Kriebelmücken gelegentlich zum Sterben von Rindern.

Die Gnitzen (Ceratopogonidae) sind meist nur etwa 2 mm groß und werden als hämatophage Insekten auch gelegentlich in den mit Trockeneis betriebenen Fallen gefunden (Abb. 4.17). Trotz ihrer geringen Größe ist ihr Stich ähnlich bei den Kriebelmücken äußerst schmerzhaft. Wegen ihrer Kleinheit und ihren vorsichtigen Anflug bemerkt man die Gnitzen erst durch ihren Stich. Wirtschaftliche Bedeutung erlangen sie als Überträger der Erreger der Blauzungenkrankheit bei den Wiederkäuern.

4.7 Schlussfolgerungen

Die oben genannten Beispiele repräsentieren die am häufigsten in der Stechmückenforschung verwendeten Techniken. Stechmücken sind nicht nur aufgrund ihrer interessanten Biologie von großem Interesse für Forscher, sondern vor allem aufgrund ihrer herausragenden Bedeutung für die menschliche Gesundheit, insbesondere als Überträger von Krankheitserregern wie Malaria-, Dengue-, West-Nil-, Zika- oder Chikungunya-Viren. Gerade die bekannten Arbovirosen haben in den letzten Jahrzehnten drastisch zugenommen, und es treten auch regelmäßig neue Krankheiten auf, die von Zoonosen auf den Menschen übertragen werden. Um effektive Bekämpfungsprogramme für Stechmücken zu entwickeln, ist ein fundiertes Wissen über ihre Biologie und die jeweilige Situation vor Ort erforderlich, das von spezialisierten Fachleuten erarbeitet werden muss.

Trotz der umfangreichen Literatur zu den verschiedenen Forschungsbereichen werden ständig neue Techniken entwickelt, um der Bedrohung durch Stechmücken und der mit ihnen assoziierten Krankheiten entgegenzuwirken. Bevor ein Forschungsprogramm begonnen wird, ist daher eine sorgfältige Literaturrecherche unerlässlich. Die kontinuierliche Weiterentwicklung der Forschung und die Integration neuer Erkenntnisse werden dazu beitragen, bessere Methoden zur Bekämpfung von Stechmücken und zur Prävention von durch sie übertragenen Krankheiten zu entwickeln. Dies wird letztendlich dazu beitragen, die Gesundheit der Bevölkerung zu schützen und das Auftreten von stechmückenübertragenen Krankheiten weltweit zu reduzieren.

Literatur

Abbott WS (1925) A method of computing the effectiveness of an insecticide. J Eco Ent 18:265–267

Acree FJ et al (1968) L-lactic acid: a mosquito attractant isolated form humans. Science 161:1346–1347

Amerasinghe PH, Amerasinghe FP, Konradsen F, Fonseka KT, Wirtz R (1999) Malaria vectors in a traditional dry zone village in Sri Lanka. Am J Trop Med Hyg 60(3):421–429

ASTM (2006a) Standard test methods of field testing topical applications of compounds as repellents for medically important and pest arthropods (including insects, ticks and mites). ASTM 94:E939

ASTM (2006b) Standard test methods for laboratory testing of non-commercial mosquito repellent formulations on the skin. ASTM 94:E951

Bahnck CM, Fonseca DM (2006) Rapid assay to identify the two genetic forms of *Culex (Culex) pipiens* L. (Diptera: Culicidae) and hybrid populations. Am J Trop Med Hyg 75:251–255

Balestrino F, Benedict MQ, Gilles JR (2012) A new larval tray and rack system for improved mosquito mass rearing. J Med Entomol 49(3):595–605

Balestrino F, Puggioli A, Gilles JR, Bellini R (2014) Validation of a new larval rearing unit for *Aedes albopictus* (Diptera: Culicidae) mass rearing. PLoS One 19 9(3):e91914

Barbosa RM, Souto A, Eiras AE, Regis L (2007) Laboratory and field evaluation of an oviposition trap for *Culex quinquefasciatus* (Diptera: Culicidae). Mem Inst Oswaldo Cruz 102(4):523–529

Barnard DR, Xue RD (2004) Laboratory evaluation of mosquito repellents against *Aedes albopictus*, *Culex nigripalpus*, and *Ochlerotatus triseriatus* (Diptera: Culicidae). J Med Entomol 41(4):726–730

Barnard DR (2005) (2005) Biological assay methods for mosquito repellents. J Am Mosq Control Assoc 21(suppl):12–16

Bar-Zeev M, Maibach HI, Khan AA (1977) Studies on the attraction of *Aedes aegypti* (Diptera: Culicidae) to man. J Med Ent 14:113–120

Batovska J, Blacket MJ, Brown K, Lynch SE (2016) Molecular identification of mosquitoes (Diptera: Culicidae) in southeastern Australia. Ecol Evol 6(9):3001–3011

Becker N (1989) Life strategies of mosquitoes as an adaptation to their habitats. Bull Soc Vector Ecol 14(1):6–25

Becker N, Zgomba M, PetricD LM (1995) Comparison of carbon dioxide, octenol and a host-odor as mosquito attractants. Med Vet Ent 9:56–60

Becker N, Pfitzner WP, Czajka C, Kaiser A (2016) *Anopheles* (*Anopheles*) *petragnani* Del Vecchio 1939 – a new mosquito species for Germany. Parasitol Res. https://doi.org/10.1007/s00436-016-50145

Becker N, Petric D, Zgomba M, Boase C, Madon MB, Dahl C, Kaiser A (2020) Mosquitoes: Identification, Ecology and Control. Springer Berlin, Heidelberg, S 570

Becker N, Langentepe-Kong SM, Tokatlian Rodriguez A, Oo TT, Reichle D, Lühken R et al (2022) Integrated control of Aedes albopictus in Southwest Germany supported by the Sterile Insect Technique. Parasit Vectors 15:9

Beier JC, Perkins PV, Wirtz RA, Koros J, Diggs D, Gargan TP II, Koech DK (1988) Bloodmeal identification by direct enzyme-linked immunosorbent assay (ELISA), tested on *Anopheles* (Diptera: Culicidae) in Kenya. J Med Entomol 25:9–16

Bellini R, Carrieri M, Burgio G, Bacchi M (1996) Efficacy of different ovitraps and binomial sampling in *Aedes albopictus* surveillance activity. J Am Mosq Control Assoc 12:632–636

Bellini R, Michaelakis A, Petrić D, Schaffner F, Alten B, Angelini P et al (2020) Practical management plan for invasive mosquito species in Europe: I. Asian tiger mosquito (Aedes albopictus). Travel Med Infect Dis 35:101691

de Benedictis J, Chow-Shaffer E, Costero A, Clark GG, Edman DD, Scott TW (2003) Identification of the people from whom engorged *Aedes aegypti* took blood meals in Florida, Puerto Rico using PCR-based DNA profiling. Am J Trop Med Hyg 68(4):447–452

Bernier UR et al (2003) Synergistic attraction of *Aedes aegypti* (L.) to binary blends of L-lactic acid and acetone, dichloromethane, or dimethyl disulfide. J Med Entomol 40:653–656

Bhatt RM, Sharma RC, Yadav RS, Sharma VP (1989) Resting of mosquitoes in outdoor pit shelters in Kheda district. Gujerat. Indian J Malariol 26(2):75–81

Bohart RM, Washino RK (1978) Mosquitoes of California. 3rd edition, Univ Calif Div Agr Sci Berkeley, Publ No. 4084, S. 153

Boorman J, Mellor PS, Boreham PFL, Hewett RS (1977) A latex agglutination test for the identification of blood meals of Culicoides (Diptera: Ceratopogonidae). Bull Ent Res 67:305–311

Bosch OJ, Geier M, Boeckh J (2000) Contribution of fatty acids to olfactory host finding of female *Aedes aegypti*. Chem Senses 25(3):323–330

Breteau H (1954) La fièvre jaune en Afrique-Occidentale Française. Un aspect de la médecine préventive massive. Bull World Health Organ 11:453–481

Brown WL, Eisner T, Whittaker RH (1970) Allomones and kairomones: transspecific chemical messengers. Bioscience 20(1):21–22

Buckner EA, Williams KF, Marsicano AL, Latham MD, Lesser CR (2017) Evaluating the vector control potential of the In2Care® Mosquito Trap against *Aedes aegypti* and *Aedes albopictus* under semifield conditions in Manatee County, Florida. J Am Mosq Control Assoc 33(3):193–199

Bull CG, King WV (1923) The identification of the blood meal of mosquitoes by means of the precipitin test. Am J Hyg 3:491–496

Bunner BL, Perich MJ, Boobar LR (1989) Culicidae (Diptera) mortality resulting from insecticide aerosols compared with mortality from droplets on sentinel cages. J Med Ent 26(3):222–225

Burkett-Cadena ND, Mullen GR (2008) Comparison of infusions of commercially available garden products for collection of container-breeding mosquitoes. J Am Mosq Control Assoc 24(2):236–243

Burkot TR, Goodman WG, DeFoliart GR (1981) Identification of mosquito blood meals by immunosorbent assay. Am J Trop Med Hyg 30(6):1336–1341

Butterworth DE (1979) Separation of aedine eggs from soil sample debris using hydrogene peroxide. Mosq News 39(1):139–141

Carrieri M, Angelini P, Venturelli C, Maccagnani B, Bellini R (2012) *Aedes albopictus* (Diptera: Culicidae) Population Size Survey in the 2007 Chikungunya Outbreak Area in Italy. II: Estimating Epidemic Thresholds, Journal of Medical Entomology, 49(2):388–399. https://doi.org/10.1603/ME10259

Carroll SP, Loye J (2006) PMD, a registered botanical mosquito repellent with deet-like efficacy. J Am Mosq Control Assoc 22:507–514

Caterino MS, Cho S, Sperling FA (2000) The current state of insect molecular systematics: a thriving Tower of Babel. Annu Rev Entomol 45:1–54. https://doi.org/10.1146/annurev.ento.45.1.1

Chadee DD, Corbet PS (1987) Seasonal incidence and diel patterns of oviposition in the field of the mosquito, *Aedes aegypti* (L.) (Diptera: Culicidae) in Trinidad, West Indies: a preliminary study. Ann Trop Med Parasitol 81:151–161

Chadee DD, Corbet PS (1990) A night-time role of the oviposition site of the mosquito *Aedes aegypti* (L.) (Diptera: Culicidae). Ann Trop Med Parasitol 84: 429–433

Clark GG, Seda H, Gubler DJ (1994) Use of the „CDC backpack aspirator" for surveillance of *Aedes aegypti* in San Juan, Puerto Rico. J Am Mosq Control Assoc 10(1):119–124

Clements AN (1963) The physiology of mosquitoes. Pergamon, Oxford, S 395

Cockcroft A, Cosgrove JB, Wood RJ (1998) Comparative repellency of commercial formulations of deet, permethrin and citronellal against the mosquito *Aedes aegypti*, using a collagen membrane technique compared with human arm tests. Med Vet Ent 12(3):289–294

Connor ME, Monroe WM (1923) *Stegomyia* indices and their value in yellow fever control. Am J Trop Med Hyg 3:9–19

Cosgrove JB, Wood RJ, Petrić D, Abbott EDT, RHR, (1994) A convenient mosquito membrane feeding system. J Am Mosq Control Assoc 10(3):434–436

Croset H, Papierok B, Rioux JA, Gabinaud A, Cousserans J, Arnaud D (1976) Absolute estimates of larval populations of culicid mosquitoes: comparison of ,capture-recapture', ,removal' and ,dipping' methods. Ecol Ent 1:251–256

Croxatto A, Prod'hom G, Greub G (2012) Applications of MALDI-TOF mass spectrometry in clinical diagnostic microbiology. FEMS Microbiol Rev 36:380–407

Cywinska A, Hunter FF, Herbert N (2006) Identifying Canadian mosquito species through DNA barcodes. Med Vet Entomol 20:413–424

della Torre A, (1997) Polytene chromosome preparation from Anopheline mosquitoes. In: Crampton JM, Beard CB, Louis C (Hrsg) Molecular Biology of Insect Disease Vctors: A Methods Manual. Chapman & Hall, London, S 329–336

Dekker T et al. (2002) L-lactic acid: a human-signifying host cue for the anthropophilic mosquito *Anopheles gambiae*. Medical and Veterinary Entomology, 16: 91–98

Dennett JA, Vessey NY, Parsons RE (2004) A comparison of seven traps used for collection of *Aedes albopictus* and *Aedes aegypti* originating from a large tire repository in Harris County (Houston), Texas. J Am Mosq Control Assoc 20:342–349

DiMenna MA, Bueno R Jr, Parmenter RR, Norris DE, Sheyka JM, Molina JL, La Beau EM, Hatton ES, Glass GE (2006) Comparison of mosquito trapping method efficacy for West Nile virus surveillance in New Mexico. J Am Mosq Control Assoc 22(2):246–253

Dixon RO, Brust RA (1972) Mosquitoes of Manitoba. III Ecology of larvae in the Winnipeg area. Can Ent 104:961–968

ECDC (European Centre for Disease Prevention and Control) (2012). Guidelines for the surveillance of invasive mosquitoes in Europe. Stockholm

Eiras AE, Jepson PC (1994) Responses of female *Aedes aepypti* (Diptera: Culicidae) to host odours and convection currents using an olfactometer bioassay. Bull Entomol Res 84:207–2011

Englbrecht C et al (2015) Evaluation of BG-Sentinel trap as a management tool to reduce *Aedes albopictus* nuisance in an urban environment in Italy. J Am Mosq Control Assoc 31(1):16–25

EPA (Environmental Protection Agency) (1999) Insect repellents for human skin and outdoor premises. OPPTS 810:3700

Evans BR, Brevier GA (1969) Measurements of field populations of *Aedes aegypti* with the ovitrap in 1968. Mosq News 29:347–353

Fansiri T, Fontaine A, Diancourt L et al (2013a) Genetic Mapping of Specific Interactions between *Aedes aegypti* Mosquitoes and Dengue Viruses. Barillas-Mury C, ed. *PLoS Genetics* 9(8):e1003621. https://doi.org/10.1371/journal.pgen.1003621

Fansiri T, Fontaine A, Diancourt L, Caro V, Thaisomboonsuk B, Richardson JH, Jarman RG, Ponlawat A, Lambrechts L (2013b) Genetic mapping of specific interactions between *Aedes aegypti* Mosquitoes and Dengue Viruses. PLoS Genet 9(8):e1003621

Farajollahi A et al (2009) Field efficacy of BG-Sentinel and industry-standard traps for *Aedes albopictus* (Diptera: Culicidae) and West Nile virus surveillance. J Med Entomol 46(4):919–925

Fay RW, Eliason DA (1966) A preferred oviposition site as a surveillance method for *Aedes aegypti*. Mosq News 26:531–535

Focks DA, Chadee DD (1997) Pupal survey: an epidemiologically significant surveillance method for *Aedes aegypti*: an example using data from Trinidad. Am J Trop Med Hyg 56(2):159–167

Foster PG, Bergo ES, Bourke BP, Oliveira TM, Nagaki SS, Sant'Ana DC et al (2013) Phylogenetic analysis and DNA-based species confirmation in *Anopheles* (Nyssorhynchus). PLoS ONE 8:e54063

Freier JE, Francy DB (1991) A duplex cone trap for the collection of adult *Aedes albopictus*. J Am Mosq Control Assoc 7:73–79

French WL, Baker RH, Kitzmiller JB (1962) Preparation of mosquito chromosomes. Mosq News 22:377–383

Fritz GN, Kline DL, Daniels E (1989) Improved techniques for rearing *Anopheles freeborni*. J Am Mosq Cont Assn 2:201–207

Fynmore N, Lühken R, Maisch H, Merz S, Kliemke K, Ziegler U, Schmidt-Chanasit J, Becker N (2021) Rapid assessment of West Nile virus circulation in a German zoo based on honey-baited FTA cards in combination with box gravid traps. Parasit Vectors 14:449. https://doi.org/10.1186/s13071-021-04951-8

Fynmore N, Lühken R, Kliemke K, Lange U, Schmidt-Chanasit J, Lurz PWW, Becker N. (2022) Honey-baited FTA cards in box gravid traps for the assessment of Usutu virus circulation in mosquito populations in Germany. Acta Trop. 235:106649. doi: https://doi.org/10.1016/j.actatropica.2022.106649.

Geier M, Sass H, Boeckh J (1996) A search for components in human body odor that attract females of *Aedes aegypti*. In *Olfaction in mosquito-host interactions*. London, United Kingdom, Ciba Foundation, S 132–148

Geier M, Bosch OJ, Boeckh J (1999a) Influence of odour plume structure on upwind flight of mosquitoes towards hosts. J Exp Biol 202:1639–1648

Geier M, Bosch OJ, Boeckh J (1999b) Ammonia as an attractive component of host odour for the yellow fever mosquito, *Aedes aegypti*. Chem Senses 24:647–653

Gentry JW, Moore CG, Hayes DE (1967) Preliminary report on soluble antigen fluorescent antibody technique for identification of host source of mosquito blood meals. Mosq News 27:141–143

Gerberg EJ (1970) Manual for mosquito rearing and experimental techniques. J Am Mosq Control Assoc 5:1–109

Gillies MT, Jones MDR, Wilkes J (1978) Evaluation of a new technique for recording the direction of flight of mosquitoes (Diptera: Culicidae) in the field. Bull Entomo Res 68:145–152

Gomes LAM, Duarte R, Lima DC, Diniz BS, Serrao ML, Labarthe N (2001) Comparison between precipitin and ELISA test in the blood meal detection of *Aedes aegypti* (Linnaeus) and *Aedes fluviatilis* (Lutz) mosquitoes experimentally fed on feline, canine and human hosts. Memorias do Instituto Oswaldo Cruz, Rio de Janeiro 96(5):693–695

Gonzales KK, Hansen IA (2016) Artificial diets for mosquitoes. Int J Environ Res Public Health 13(12). https://doi.org/10.3390/ijerph13121267

Graziosi C, Sakai RK, Romans P (1990) Method for in situ hybridization to polytene chromosomes from ovarian nurse cells of *Anopheles gambiae* (Diptera: Culicidae). J Med Ent 27:905–912

Green CA (1972) Cytological maps for the practical identification of females of the three freshwater species of the *Anopheles gambiae* complex. Ann Trop Med Parasitol 66:143–147

Green CA, Hunt RH (1980) Interpretation of variation in ovarian polytene chromosomes of Anopheles funestus Giles, and A. parensis Gillies. Genetica 51:187–195

Harbach RE (2007) The Culicidae (Diptera): a review of taxonomy, classification and phylogeny. Linnaeus tercentenary: progress in invertebrate taxonomy. Magnolia Press, Auckland, S 591–688

Harris H, Hopkinson DA (1976) Handbook of enzyme electrophoreses in human genetics. North Holland Publishing Comp, Amsterdam, Oxford, S 512

Hartberg WK (1971) Observations on the mating behaviour of *Aedes aegypti* in nature. Bull World Health Organ 45(6):847–850

Haupt J, Haupt H (1998) Fliegen und Mücken: Beobachtung, Lebensweise. Naturbuch-Verl. S 351

Hebert PDN, Cywinska A, Ball S, deWaard J (2003) Biological identifications through DNA barcodes. Proc R Soc Lond B 270:313–321

Hemmerter S, Slapeta J, Beebe NW (2009) Resolving genetic diversity in Australasian *Culex* mosquitoes: incongruence between the mitochondrial cytochrome c oxidase I and nuclear acetylcholine esterase 2. Mol Phylogenet Evol 50:317–325

Hillis DE (1996) Molecular systematics. 2. Aufl. Sunderland, Mass, S 655

Holck AR, Meek CL (1991) Comparison of sampling techniques for adult mosquitoes and other Nematocera in open vegetation. J Ent Sci 26(2):231–236

Horsfall WR (1956) Eggs of flood water mosquitoes. III. Conditioning and hatching of *Aedes vexans*. Ann Ent Soc Am 49:66–71

Hunt RH (1973) A cytological technique for the study of *Anopheles gambiae* complex. Parasitol 15:137–139

Hutchinson RA, West PA, Lindsay SW (2007) Suitability of two carbon dioxide-baited traps for mosquito surveillance in the United Kingdom. Bull Entomol Res 97(6):591–597

Jackson BT, Paulson SL, Youngman RR, Scheffel SL, Hawkins B (2005) Oviposition preference of *Culex restuans* and *Culex pipiens* (Diptera: Culicidae) for selected infusions in oviposition traps and gravid traps. J Am Mosq Control Assoc 21(4):360–365

Jakob WL, Brevier GA (1969a) Application of ovitraps in the US Aedes aegypti eradication program. Mosq News 29:55–62

Jakob WL, Brevier GA (1969b) Evaluation of ovitraps in the US Aedes aegypti eradication program. Mosq News 29:650–653

Jaworski L, Sauer F, Jansen S, Tannich E, Schmidt-Chanasit J, Kiel E, Lühken R (2021) Artificial resting sites: an alternative sampling-method for adult mosquitoes. Med Vet Entomol 36:139–148

Jiang F, Jin Q, Liang L, Zhang AB, Li ZH (2014) Existence of species complex largely reduced barcoding success for invasive species of Tephritidae: a case study in Bactrocera spp. Mol Ecol Resour 14:1114–1128

Johnson BJ, Brosch D, Christiansen A, Wells E, Wells M, Bhandoola AF, Milne A, Garrison S, Fonseca DM (2018) Neighbors help neighbors control urban mosquitoes. Sci Rep 8:15797. https://doi.org/10.1038/s41598-018-34161

Kanoja PC, Shetty PS, Geevargjese G (2003) A long-term study on vector abundance and seasonal prevalence in relation to the occurrence of Japanese encephalitis in Gorakhpur district, Uttar Pradesh. Indian J Med Res 117:104–110

Kent RJ, Norris DE (2005) Identification of mammalian blood meals in mosquitoes by a multiplexed polymerase chain reaction targeting cytochrome b. Am J Trop Med Hyg 73(2):336–342

Killeen GF, Masalu JP, Chinula D, Fotakis EA, Kavishe DR, Malone D et al (2017) Control of malaria vector mosquitoes by insecticide-treated combinations of Window Screens and Eave Baffles. Emerg Infect Dis 23(5):782–789

Kline DL (1999) Comparison of two American biophysics mosquito traps: the professional and a new counterflow geometry trap. J Am Mosq Control Assoc 15(3):276–282

Kline DL (2002) Evaluation of various models of propane-powered mosquito traps. J Vector Ecol 27(1):1–7

Kline DL (2007) Semiochemicals, Traps/Targets and Mass-Trapping Technology for Mosquito Management. J Am Mosq Control Associ 23(2):241–251

Klun JA, Debboun M (2000) A new module for quantitative evaluation of repellent efficacy using human subjects. J Med Entomol 37(1):177–181

Knols BGJ, Farenhorst M, Andriesse R, Snetselaar J, Suer RA, Osinga AJ, Knols JMH, Deschietere J, Ng'habi KR, Lyimo IN et al (2016) Eave tubes for malaria control in Africa: an introduction. Malar J 15:404

Kröckel U et al (2006) New tools for surveillance of adult yellow fever mosquitoes: Comparison of trap catches with human landing rates in an urban environment. J Am Mosq Control Assoc 22(2):229–238

Lee JH, Hassan H, Hill G, Cupp EW, Higazi TB, Mitchell CJ, Godsey MS, Unnasch TR (2002) Identification of mosquito avian derived blood meals by polymerase chain reaction heteroduplex assays. Am J Trop Med Hyg 66(5):599–604

Lehane MJ (1991) Biology of blood-sucking insects. Harper Collins Academic, London, UK, S 288

Leiser LB, Beier JC (1982) A comparison of oviposition traps and New Jersey light traps for Culex population surveillance. Mosq News 42:391–395

Lemenager DC, Bauer SD, Kauffman EE (1986) Abundance and distribution of immature Culex tarsalis and Anopheles freeborni in rice fields of the Sulter-Yuba M.A.D.: 1. Initial sampling to detect major mosquito producing rice fields, augmented by adult light trapping. Proc Calif Mosq Vect Control Assoc 53:101–104

Lin CP, Danforth BN (2004) How do insect nuclear and mitochondrial gene substitution patterns differ? Insights from Bayesian analyses of combined datasets. Mol Phylogenet Evol 30:686–702

Lindsay SW, Emerson PM, Charlwood JD (2002) Reducing malaria by mosquito-proofing houses.Trends Parasitol 18:510–514

Lühken R, Pfitzner WP, Börstler J, Garms R, Huber K, Schork N, Steinke S, Kiel E, Becker N, Tannich E, Krüger A (2014) Field evaluation of four widely used mosquito traps in Central Europe. Parasit Vectors 7:268

Luo YP (2014) A novel multiple membrane blood-feeding system for investigating and maintaining Aedes aegypti and Aedes albopictus mosquitoes. J Vector Ecol 39(2):271–277

Maciel-de-Freitas R, Eiras AE, Lourenço-de-Oliveira R (2006) Field evaluation of effectiveness of the BG-Sentinel, a new trap for capturing adult Aedes aegypti (Diptera: Culicidae). Mem Inst Oswaldo Cruz 101(3):321–325

Magbity EB, Marbiah NT, Maude G, Curtis CF, Bradley DJ, Greenwood BM, Petersen E, Lines JD (1997) Effect of community-wide use of lambdacyhalothrin-impregnated bed nets on malaria vectors in rural Sierra Leone. Med Vet Ent 11(1):79–86

Maia MF, Moore SJ (2011) Plant-based insect repellents: a review of their efficacy, development and testing. Malar J 10(Suppl 1):11

Mboera LEG, Takken W, Mdira KY, Chuwa GJ, Pickett JA (2000) Oviposition and behavioral responses of Culex quinquefasciatus to skatole and synthetic oviposition pheromone in Tanzania. J Chem Ecol 26(5):1193–1203

McIver SB (1982) Sensilla of mosquitoes (Diptera:Culicidae). J Med Ent 19:489–535

Meeraus WH, Armistead JS, Arias JR (2008) Field comparison of novel and gold standard traps for collecting Aedes albopictus in Northern Virginia. J Am Mosq Control Assoc 24(2):244–248

Mohrig W (1969) Die Culiciden Deutschlands. Parasitol Schriftenreihe 18:260

Mogi M (1978) Population studies on mosquitoes in the rice field area of Nagasaki, Japan, especially on Culex tritaeniorhynchus. Trop Med 20:173–263

Mogi M, Choochote W, Khambooruang C, Suwanpanit P (1990) Applicability of presence-absence and sequential sampling for ovitrap surveillance of Aedes (Diptera: Culicidae) in Chiang Mai, northern Thailand. J Med Ent 27:509–514

Muir L, Kay B (1998) Aedes aegypti survival and dispersal estimated by mark-release-recapture in Northern Australia. Am J Trop Med Hyg 58(3):277–282

Ngo KA, Kramer LD (2003) Identification of mosquito bloodmeals using polymerase chain reaction (PCR) with order-specific primers. J Med Entomol 40:215–222

Niebylski ML, Meek CL (1989) A self-marking device for emergent adult mosquitoes. J Am Mosq Control Assoc 5(1):86–90

Odiere M, Bayoh MN, Gimnig J, Vulule J, Irungu L, Walker E (2007) Sampling utdoor, resting Anopheles gambiae and other Mosquitoes (Diptera: Culicidae) in Western Kenya with Clay Pots. J Med Entomol 44(1):14–22

O'Meara GF, Vose FE, Carlson DB (1989) Environmental factors influencing oviposition by Culex (Culex) (Diptera:Culicidae) in two types of traps. J Med Ent 26:528–534

Pagès F et al (2009) Aedes albopictus mosquito: The main vector of the 2007 chikungunya outbreak in Gabon. PLoS ONE 4(3):e4691

Papierok B, Croset H, Rioux JA (1975) Estimation de l'effectif des populations larvaires d'Aedes (O.) cataphylla Dyar 1916 (Diptera, Culicidae): 2. Méthode utilisant le „coup de louche" ou „dipping". Cah ORSTOM, ser Ent Med parasitolo 13:47–51

Paing M, Naing TT (1988) Marking of mosquito larvae for mark-release-recapture studies on adults. J Commu Diseases 20(4):276–279

Patel EK, Gupta A, Oswal RJ (2012) A review on: mosquito repellent methods. Int. J. Pharm. Chem. Biol. Sci. 2:310–317

Perich MJ, Tidwell MA, Williams DC, Sardelis MR, Pena CJ, Mandeville D, Boobar LR (1990) Comparison of ground and aerial ultra-low-volume applications of malathion against Aedes aegypti in Santa Domingo, Dominican Republic. J Am Mosq Control Assoc 6(1):1–6

Perich MJ, Sherman C, Burge R, Gill E, Quintana M, Wirtz RA (2001) Evaluation of the efficacy of lambda-cyhalothrin applied as ultra-low volume and thermal fog for emergency control of Aedes aegypti in Honduras. J Am Mosq Control Assoc 17(4):221–224

Peters TM, Chevone BJ (1968) Marking Culex pipiens Linn. Larvae with vital dyes for larval ecological studies. Mosq News 28:24–28

Petrić D, Zgomba M, Ludwig M, Becker N (1995) Dependence of CO_2 baited trap captures on temperature variations. J Am Mosq Control Assoc 11(1):6–10

Petrić D, Zgomba M, Bellini R, Veronesi R, Kaiser A, Becker N (1999) Validation of CO_2 trap data in three European regions. Proce 3rd Inter Conference Insect Pests in the Urban Environment, Prague, Czech Republic, S 437–445

Posteraro B, De Carolis E, Vella A (2013) Sanguinetti M (2013) MALDI-TOF mass spectrometry in the clinical mycology laboratory: identification of fungi and beyond. Expert Rev Proteomics 10:151–164

Pratt HD, Jakob WL (1967) Oviposition trap reference handbook. Aedes aegypti handbook series No. 6, National Communicable Disease Centre, S 33

Proft J, Maier W, Kampen H (1999) Identification of six sibling species of the Anopheles maculipennis complex (Diptera: Culicidae) by a polymerase chain reaction assay. Parasitol Res 85, 837–843. https://doi.org/10.1007/s004360050642

Puggioli A, Balestrino F, Damiens D, Lees RS, Soliban SM, Madakacherry O, Dindo ML, Bellini R, Bellini R, Gilles JR (2013) Efficiency of three diets for larval development in mass rearing Aedes albopictus (Diptera: Culicidae). J Med Entomol 50(4):819–825

Puslednik L, Russell RC, Ballard JWO (2012) Phylogeography of the medically important mosquito Aedes (Ochlerotatus) vigilax (Diptera: Culicidae) in Australasia. J Biogeogr 39:1333–1346

Rai KS (1963) A comparative study of mosquito karyotypes. Ann ent Soc Am 56:160–170

Ratnasingham S, Hebert PDN (2007) BOLD: the Barcode of Life Data System (http://www.barcodinglife.org). Mol Ecol Notes 7:355–364

Reinert JF, Harbach RE (2005a) Generic changes affecting European aedine mosquitoes (Diptera: Culicidae: Aedini) with a checklist of species. European Mosquito Bulletin. 19:1–4

Reinert JF, Harbach RE (2005b) Generic and subgeneric status of Aedine mosquito species (Diptera: Culicidae: Aedini) occurring in the Australasian region. Zootaxa 887:1–10

Reinert JF, Harbach RE, Kitching IJ (2009) Phylogeny and classification of tribe Aedini (Diptera: Culicidae). Zool J Linn Soc 157:700–794

Reiter P (1983) A portable, battery-powered trap for collecting gravid Culex mosquitoes. Mosq News 43:496–498

Reiter P (1986) A standardized procedure for the quantitative surveillance of certain Culex mosquitoes by egg raft collection. J Am Mosq Control Assoc 2:219–221

Reiter P, Nathan MB (2001) Guidelines for assessing the efficacy of insecticidal space sprays for control of the dengue vector. Aedes aegypti. Bull World Health Org. 2001:1–40

Revay EE, Junnila A, Xue RD, Kline DL, Bernier UR, Kravchenko VD, Qualls WA, Ghattas N, Müller GC (2013) Evaluation of commercial products for personal protection against mosquitoes. Acta Trop 125:226–230

Ritchie SA, Buhagiar TS, Townsend M, Hoffman A, Van den Hurk AF, McMahon JL, Eiras AE (2014) Field Evaluation of the Gravid Aedes Trap (GAT) for Collection of Aedes aegypti (Diptera: Culicidae). J Med Entomol 51(1):210–219

Rodriguez SD, Drake LL, Price DP, Hammond JI, Hansen IA (2015) The efficacy of some commercially available insect repellents for Aedes aegypti (Diptera: Culicidae) and Aedes albopictus (Diptera: Culicidae). J Insect Sci 15:140. https://doi.org/10.1093/jisesa/iev125

Rodriguez SD, Chung HN, Gonzales KK et al. (2017) Efficacy of Some Wearable Devices Compared with Spray-On Insect Repellents for the Yellow Fever Mosquito, Aedes aegypti (L.) (Diptera: Culicidae). Journal of Insect Science 17(1):24. https://doi.org/10.1093/jisesa/iew117

Rohe DL, Fall RP (1979) A miniature battery powered CO_2 baited light trap for mosquito borne encephalitis surveillance. Bull. Soc. Vector. Ecol. 4:24–27

Russell RC (1987) The mosquito fauna of Conjola State Forest on the south coast of New South Wales. Part 2. Female feeding behaviour and flight activity. Gen Appl Ent 19:17–24

Russel RC, Webb CE, Willimas CR, Ritchie SA (2005) Mark-release-recapture study to measure dispersal of the mosquito Aedes aegypti in Cairns. Queensland, Australia, Medical and Veterinary Entomology 19:451–457

Rutledge LC, Ward RA, Gould DJ (1964) Studies on the feeding response or mosquitoes to nutritive solutions in a new membrane feeder. Mosq News 24:407–419

Savage KE, Lowe RE, Bailey DL, Dame DA (1980) Mass rearing of Anopheles albimanus. J Am Mosq Cont Assn 2:185–190

Schaffner F, Bellini R, Petrić D, Scholte E-J, Zeller H, Marrama Rakotoarivony L (2013) Development of guidelines for the surveillance of invasive mosquitoes in Europe. Parasit Vectors 6:209–210

Scott JJ, Crans SC, Crans WJ (2001) Use of an infusion-based gravid trap to collect adult Ochlerotatus japonicus. J Am Mosq Control Assoc 17(2):142–143

Service MW (1993) Mosquito ecology: field sampling methods, 2. Aufl. Elsevier Science Publishers Ltd, Essex, UK, S 988

Sharakhov IV, Sharakhova MV, Mbogo CM, Lizette L, Koekemoer LL, Yan G (2001) Linear and Spatial Organization of Polytene Chromosomes of the African Malaria Mosquito Anopheles funestus. Genetics 159: 211–218

Sharakhov IV, Sharakhova MV (2008) Cytogenetic and physical mapping of mosquito genomes. In: Verrity JF, Abbington LE (Hrsg) Chromosome mapping research development. Nova Science Publishers, New York, USA, S 35–76

Sharakhova M, George P, Timoshevskiy V, Sharma A, Peery A et al (2015) Mosquitoes (Diptera). In: Protocols for Cytogenetic Mapping of Arthropod Genomes, edited by Sharakhov IV, (Hrsg) CRC Press. Taylor & Francis Group, Boca Raton, FL, S 93–170

Sharma VP, Patterson RS, LaBrecque GC, Singh KRP (1976) Three field release trials with chemosterilized Culex pipiens fatigans Wied in a Delhi village. J Commu Dis 8:18–27

Sharpington PJ, Healy TP, Copland MJW (2000) A wind tunnel assay for screening mosquito repellents. J Am Mosq Control Assoc 16(3):234–240

Silver JB, Service MW (2008) Mosquito Ecology: Field Sampling Methods. Publ Springer

Skovmand O. & Becker N (2000). Bioassays of Bacillus thuringiensis subsp. israelensis. In: Navon A, Ascher K (Hrsg) Bioassays of entomopathogenic microbes and nematodes. CABI Publishing, New York, S 41–47

Smith JL, Fonseca DM (2004) Rapid assays for identification of members of the Culex (Culex) pipiens complex, their hybrids, and other sibling species (Diptera: culicidae). Am J Trop Med Hyg 70:339–345

Snow KR (1990) Mosquitoes. Naturalists' Handbooks 14. Richmond Publishing Co Ltd Slough, England, S 66

Snetselaar J, Andriessen R, Suer RA, Osinga AJ, Knols BGJ, Farenhorst M (2014) Development and evaluation of a novel contamination device that targets multiple life stages of Aedes aegypti. Parasit Vectors 7:200

Sudia WD, Chamberlain RW (1962) Battery-operated light trap, an improved model. Mosq News 22:126–129

Takken W, Kline DL (1989) Carbon dioxide and 1-octen-3-ol as mosquito attractants. J Am Mosq Control Assoc 5:311–316

Takken W (1991) The role of olf-action in host-seeking of mosquitoes: a review. Insect Sci Appl 12:287–295

Thaggard CW, Eliason DA (1969) Field evaluation of components for an Aedes aegypti (L) oviposition trap. Mosq News 29:608–612

Tietze NS, Stephenson MF, Sidhorn NT, Binding PL (2003) Mark-recapture of Culex erythrothorax in Santa Cruz County. California. J Am Mosq Control Assoc 19(2):134–138

Timmermann U, Becker N (2017) Impact of routine *Bacillus thuringiensis israelensis* (Bti) treatment on the availability of flying insects as prey for aerial feeding predators. Bull Entomol Res. https://doi.org/10.1017/S007485317000141

Torr SJ, Della Torre A, Calzetta della M, Costantini C, Vale GA (2008) Towards a fuller understanding of mosquito behaviour:use of electrocuting grids to compare the odour-orientated responses of *Anopheles arabiensis* and *An. quadriannulatus*. Med Vet Ent 22(2):93–108

Tsai TF, Smith GC, Happ CM, Kork LJ, Jakob WL, Bolin RA, Francy DB, Lampert KJ (1989) Surveillance of St Louis encephalitis virus vectors in Grand Junction, Colorado in 1987. J Am Mosq Control Assoc 5(2):161–165

Tsurukawa C, Kawada H (2014) Experiment on mosquito blood feeding using the artificial feeding device. Med Entomology and Zoology 65(3):151–155

Unger MF, Sharakhova MV, Harshbarger AJ, Glass P (2015) Collins FH (2015) A standard cytogenetic map of *Culex quinquefasciatus* polytene chromosomes in application for fine-scale physical mapping. Parasit Vectors 8:307. https://doi.org/10.1186/s13071-015-0912-4

Verhulst N, Loonen J, Takken W (2013) Advances in methods for colour marking of mosquitoes. Parasit Vectors 6. https://doi.org/10.1186/1756-3305-6-200

Versteirt V, Nagy ZT, Roelants P, Denis L, Breman FC, Damiens D et al (2015) Identification of Belgian mosquito species (Diptera: Culicidae) by DNA barcoding. Mol Ecol Resour 15:449–457

Weitzel T, Collado C, Jöst A, Pietsch K, Storch V, Becker N (2009) Genetic differentiation of populations within the *Culex pipiens* complex and phylogeny of related species. J Am Mosq Control Assoc 25(1):6–17

WHO (1975) Manual on practical Entomology in malaria, Part II: Methods and techniques, World Health Organization Offset Publ. Geneva 13:191

WHO (1996) Protocols for the laboratory and field evaluation of insecticides and repellents. CTD/WHOPES/IC/96:1

WHO (1998) Insecticide resistance monitoring. WHO/CDS/CPC/MAL/98:12

WHO (2001) Supplies for monitoring insecticide resistance in disease vectors. WHO/CDS/CPE/PVC/2001:2

WHO (2005a) Guidelines for laboratory and field testing of long-lasting insecticidal mosquito nets. WHO/CDS/WHOPES/GCDPP/2005.11

WHO (2005b) Guidelines for laboratory and field testing of mosquito larvicides. WHO/CDS/WHOPES/GCDPP/2005.13

WHO (2006) Guidelines for testing mosquito adulticides for indoor residual spraying and treatment of mosquito nets. WHO/CDS/NTD/WHOPES/GCDPP/2006:3

WHO (2013) Indoor residual spraying: an operational manual for Indoor Residual Spraying (IRS) for Malaria Transmission Control and Elimination. World Health Organization, Geneva

WHO (2016) Test procedures for insecticide resistance monitoring in malaria vector mosquitoes.apps.who.int

Wilkerson RC, Linton YM, Fonseca DM, Schultz TR, Price DC, Strickman DA (2015) Making mosquito taxonomy useful: a stable classification of tribe Aedini that balances utility with current knowledge of evolutionary relationships. PLoS ONE 10:e0133602

Williams CR et al (2006) Field efficacy of the BG-sentinel compared with CDC backpack aspirators and CO_2-baited EVS traps for collection of adult *Aedes aegypti* in Cairns, Queensland, Australia. J Am Mosq Control Assoc 22(2):296–300

Williams CR, Johnson PH, Long SA, Rapley LP, Ritchie SA (2008) Rapid estimation of *Aedes aegypti* population size using simulation modeling, with a novel approach to calibration and field validation. J Med Entomol 45(6):1173–1179

Xue RD, Qualls WA, Smith ML, Gaines MK, Weaver JH, Debboun M (2012) Field evaluation of the Off! Clip-on Mosquito Repellent (metofluthrin) against *Aedes albopictus* and *Aedes taeniorhynchus* (Diptera: Culicidae) in northeastern Florida. J Med Entomol 49:652–655

Yasuno M, Kazmi SJ, LaBrecque GC, Rajagopalan PK (1973) Seasonal change in larval habitats and population density of *Culex fatigans* in Delhi Villages. WHO/VBC/73, 429:12

Zhimulev IF (1996), Morphology and structure of polytene chromosomes. Adv Genet. Academic Press, USA, S 1–497

Morphologie der Stechmücken

5.1 Adulte

Die Familie der Stechmücken (Culicidae) unterscheidet sich von allen anderen Familien der Unterordnung Nematocera (Mückenartige) durch den Besitz eines langen, mit Schuppen besetzten Stechrüssels. Dieser Stechrüssel wird gebildet durch die Unterlippe (Labium) und die Stilette, ist in jedem Fall länger als der Thorax und weist zusammen mit den Unterkiefertastern (Maxillarpalpen) nach vorn (Abb. 5.1). Letztere sind bei den Männchen der meisten Arten und den Weibchen der Gattung *Anopheles* so lang wie oder länger als der Stechrüssel. Der Kopf, Thorax und Hinterleib sind mit Schuppen und Borsten besetzt, außerdem tragen typischerweise auch die Beine, Flügeladern und die Flügelränder Schuppen. Die größte Ähnlichkeit mit den Stechmücken weisen Vertreter der Kohlschnaken (Tipulidae), Büschelmücken (Chaoboridae), Tastermücken (Dixidae) und Zuckmücken (Chironomidae) auf; letztere werden oft fälschlicherweise für Stechmücken gehalten, besonders in der unmittelbaren Nähe von künstlichen Lichtquellen während der Dunkelheit. Gleichwohl besitzt kein Vertreter der genannten Familien Mundwerkzeuge, die zum Stechen und Saugen geeignet sind. Die kurzen beißend-kauenden Mundwerkzeuge der Tipulidae befinden sich an der Spitze eines verlängerten schnabelförmigen Gnathocephalons, während die Chironomidae normalerweise ein verkürztes Gnathocephalon aufweisen und beißende Mundwerkzeuge besitzen. Darüber hinaus haben die Chironomidae einen ausgeprägt buckeligen Thorax und sehr oft lange, nach vorn gerichtete Vorderbeine.

Die Männchen der meisten Stechmückenarten unterscheiden sich deutlich von den Weibchen durch ihre stark gefiederten Antennen und die langen, mit Borsten besetzten Maxillarpalpen (Abb. 5.2a). Die ersten 12 Segmente (Flagellomere) der männlichen Antennen sind dicht mit langen Borsten besetzt, die mindestens so lang sind wie die Kopfkapsel, die Borsten des letzten Flagellomers sind kürzer als die Kopfkapsel und ähnlich lang wie die Borsten der Weibchen, welche lediglich schwach gefiederte Antennen besitzen (Abb. 5.2b).

Das Integument (lat. *integumentum* = „äußere Haut") der Stechmücken ist in der Regel reichlich mit Schuppen besetzt, was für andere Vertreter aus der Ordnung der Zweiflügler (Diptera) eher unüblich ist. Im Wesentlichen handelt es sich bei diesen Schuppen um abgeflachte Borsten, die verschiedene Pigmente enthalten und oftmals eine gerießte Oberfläche aufweisen. Dadurch kann es zu variablen optischen Effekten kommen, die glänzend metallisch blauen, grünen oder violetten Erscheinungsformen sind aber überwiegend bei tropischen Arten zu finden (z. B. *Haemagogus* spp., *Sabethes* spp.).

Bei den meisten heimischen Arten variiert die Farbe der Schuppen von blässlich weiß bis fast komplett schwarz, sie wird aber aus praktischen Erwägungen heraus bei den Artbeschreibungen als hell oder dunkel angegeben (wegen möglicher Farbveränderungen durch die Betrachtung unter verschiedenen künstlichen Lichtquellen oder durch längere Lagerung). Helle und dunkle Schuppen können vermischt auftreten oder charakteristische Muster bilden. Diese werden dann an den Beinen als Ringe, auf dem Scutum als Streifen und auf den abdominalen Tergiten als Bänder angesprochen. In der Unterfamilie der Culicinae sind sowohl die abdominalen Tergite als auch die Sternite dicht mit Schuppen besetzt, während in der Unterfamilie der Anophelinae das Abdomen ganz oder teilweise unbeschuppt ist. So wie bei anderen Vertretern der Ordnung der Zweiflügler (Diptera) auch tragen die Stechmücken am Kopf, Thorax und Hinterleib Borsten von unterschiedlicher Länge, Form und Farbe, die für die exakte Bestimmung der Arten wichtig sein können.

5.1.1 Kopf

Stechmücken besitzen wie alle geflügelten Insekten (Pterygota) und Thysanura Geißelantennen, d. h., nur ihr basales Segment, oder Scapus, wird von Muskeln bewegt. Die rest-

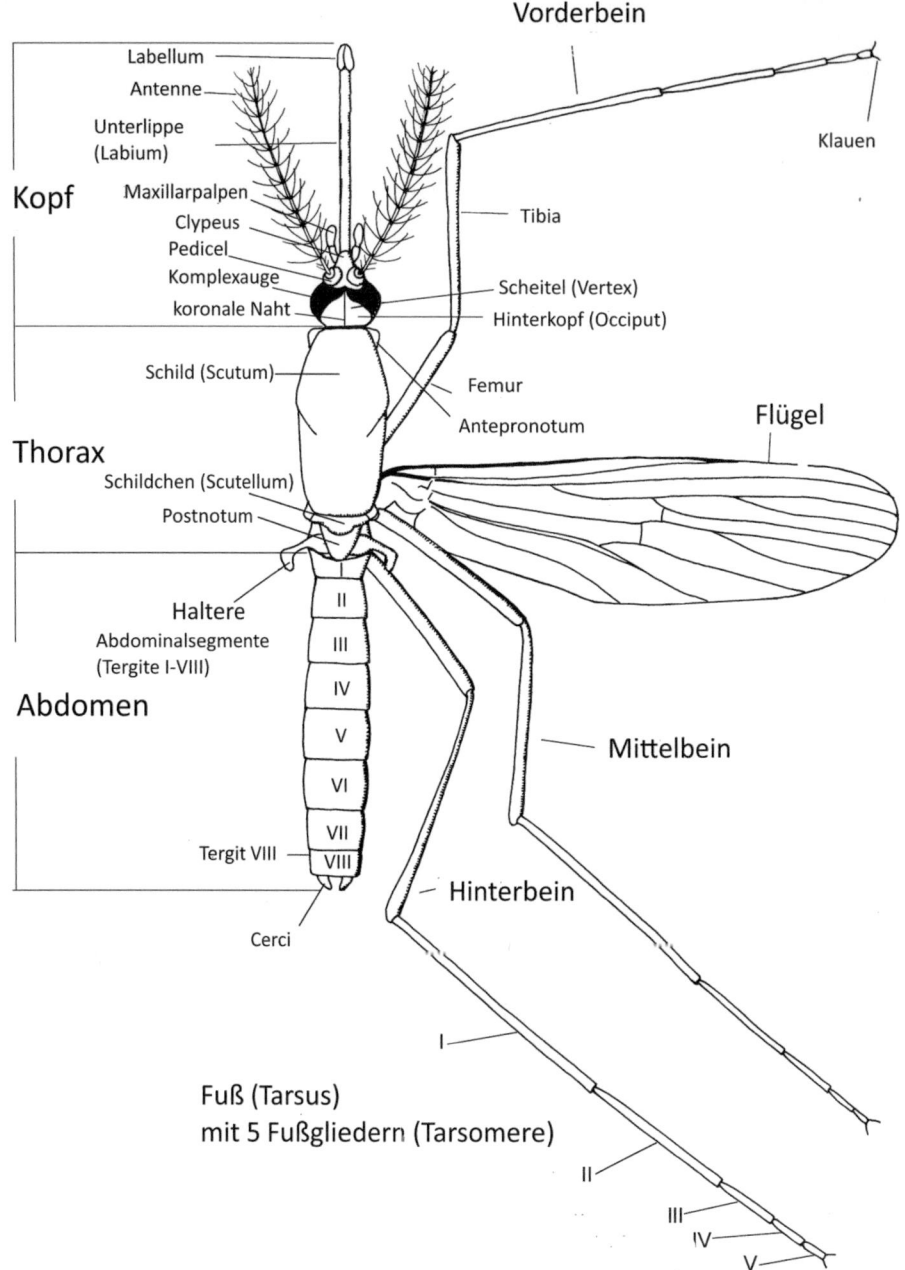

Abb. 5.1 Schema einer weiblichen Stechmücke (Unterfamilie Culicinae). (Nach Marshall 1938)

lichen 13 Abschnitte der Antenne bilden zusammen die Geißel und besitzen keine Muskeln. Der Scapus ist kragenförmig ausgebildet und verborgen hinter einem vergrößerten, kugelförmigen 2. Segment, dem Pedicel (Abb. 5.2a). Bei den Chironomidae und Culicidae ist der Pedicel speziell vergrößert, um einen hochentwickelten Mechano- und Schallrezeptor, das Johnston'sche Organ, aufzunehmen. Üblicherweise sind die Antennen der heimischen Stechmücken von ungefähr gleicher Länge wie der Stechrüssel, in einigen tropischen Gattungen können sie aber auch deutlich länger sein. Die äußere Struktur des Kopfs besteht aus mehreren Skleriten, die zu einer Kopfkapsel verschmolzen sind (Abb. 5.2 und 5.3).

Die Komplexaugen nehmen einen erheblichen Teil des Kopfs ein. Oberhalb der Komplexaugen liegt der Scheitel (Vertex), im hinteren Bereich befindet sich der Hinterkopf (Occiput). Sowohl Vertex als auch Occiput können mit stumpfen oder gegabelten aufrecht stehenden Schuppen und schmalen, gebogenen oder breiten liegenden Schuppen bedeckt sein.

Der Stechrüssel (Proboscis) ist bei allen heimischen Arten nahezu gerade und zylindrisch. Er besteht aus 6 schlanken Stiletten (Abb. 5.3), den paarigen Mandibeln (Oberkiefer) und Maxillen (Unterkiefer) sowie dem unpaarigen Labroepipharynx (Nahrungskanal) und Hypopharynx (Speichelkanal). Diese sind in der Furche des lang

5.1 Adulte

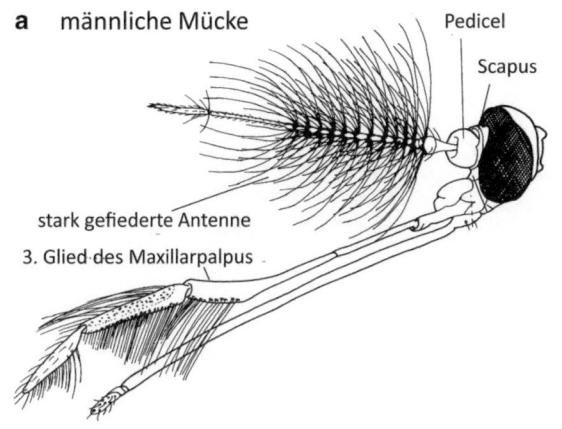

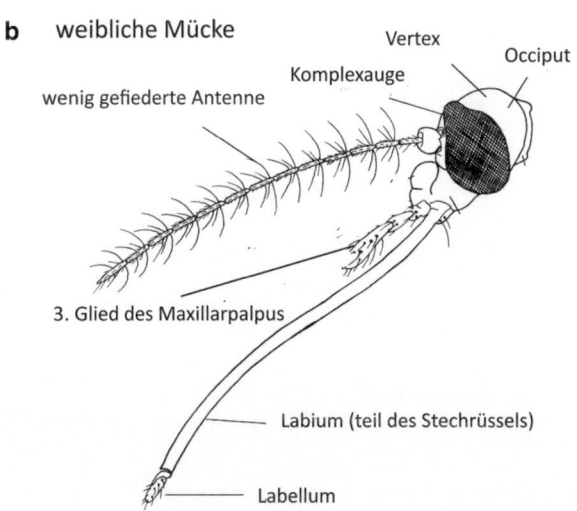

Abb. 5.2 Kopf einer (**a**) männlichen und (**b**) weiblichen Stechmücke (Unterfamilie Culicinae). (Nach Wood et al. 1979)

gestreckten Labiums (Unterlippe) gelagert, das mit einem distal artikulierten Paar Labellen endet (Abb. 5.1 und 5.2). Das Labium dient lediglich als Schutzhülle für die Stilette und wird während des Stechakts und Saugens nach hinten gebogen, ohne das Gewebe des Wirts zu durchdringen.

Bei Männchen sind sowohl die Mandibeln als auch die Maxillen reduziert oder fehlen vollständig und können nicht zum Stechen verwendet werden. Nektar und andere zuckerhaltige Säfte werden lediglich durch den tubulären Labroepipharynx aufgenommen.

Die gut entwickelten Maxillarpalpen (Unterkiefertaster) entspringen dorsolateral zum Stechrüssel (Abb. 5.2 und 5.3) und sind bei den meisten weiblichen Stechmücken weniger als halb so lang wie der Stechrüssel. Lediglich bei weiblichen *Anopheles*-Mücken sind die Palpen ähnlich lang wie der Stechrüssel. Bei fast allen männlichen Stechmücken sind die Maxillarpalpen so lang wie oder länger als der Stechrüssel. Ausnahmen finden sich bei Männchen der Gattung *Uranotaenia* und der Untergattung *Aedes*, bei denen die Palpen eine ähnliche Länge wie bei den jeweiligen Weibchen aufweisen.

5.1.2 Thorax

Die 3 thorakalen Segmente werden als Prothorax, Mesothorax und Metathorax bezeichnet. Bei den Stechmücken und allen anderen Zweiflüglern, bei denen nur die Vorderflügel zum Fliegen verwendet werden, ist der Mesothorax das am besten entwickelte Segment. Der Prothorax und der Metathorax sind stark reduziert bis auf unscheinbare schmale Ringe, die die jeweiligen Beinpaare tragen. Das Scutum ist der Hauptbereich des dorsalen Thorax; es wird in der einschlägigen Literatur auch manchmal irrtümlicherweise als Mesonotum bezeichnet. Das Scutellum liegt direkt hinter dem Scutum (Abb. 5.4). Sein hinterer Rand kann gleichmäßig konvex (Gattung *Anopheles*) oder 3-lappig (alle anderen heimischen Gattungen der Culicinae) ausgebildet sein. Ein zusätzliches, gut entwickeltes Sklerit bildet das Postnotum, an dem die dorsale Längsflugmuskulatur ansetzt. Sowohl das Sutum als auch das Scutellum sind mit Borsten und Schuppen besetzt, die durch ihre Anordnung und Färbung charakteristische Muster bilden können. Schmale oder breite Schuppen können die gesamte Oberfläche des Scutums oder nur einige ihrer Bereiche bedecken; die Menge der Schuppen variiert zwischen verschiedenen Gattungen. Die Schuppen können einheitlich gefärbt oder lineare, longitudinale und fleckenartige Schuppenmuster erzeugen, die oft artspezifisch und daher für die Bestimmung entscheidend sind. Daher ist es von großer Bedeutung, bei der Handhabung und der Präparation von gefangenen Exemplaren Sorgfalt walten zu lassen, um ein Abreiben von Schuppen im zentralen Bereich des Scutums zu vermeiden. Alternativ können auch Larven oder Puppen im Freiland gesammelt und im Labor gehalten werden, bis daraus die adulten Mücken geschlüpft sind. Die hier verwendete Nomenklatur leitet sich von Berlin (1969) ab. Der acrostichale Streifen ist immer eine sehr schmale Reihe von Schuppen, die auf die Mittellinie des Scutums beschränkt ist (Abb. 5.4). Der Streifen kann fehlen oder oft auf einen vorderen acrostichalen Fleck und einen in der Regel größeren hinteren acrostichalen Fleck reduziert sein. Wenn der Streifen vorhanden ist, teilt er den viel breiteren medianen Streifen, der zwischen den dorsozentralen Borstenreihen liegt. Die lateralen Streifen begrenzen das Scutum in unterschiedlichem Maße von der Vorderkante bis zur Flügelbasis und können in mehrere Fragmente aufgeteilt sein. Zwischen den dorsozentralen und lateralen Streifen befinden sich die lanzett- oder halbmondförmigen vorderen und hinteren submedianen Bereiche. Die präscutellar-dorsozentralen Streifen befinden sich seitlich des präscutellaren Areals, das oft ohne Schuppen oder Borsten ist. Borsten können in mehreren Bereichen des Scutums konzentriert oder über einen Großteil seiner Oberfläche verteilt sein. Mehrere Reihen von verstreuten supraalaren Borsten besetzen die hinteren Teile der seitlichen Ränder des Scutums über den Flügelbasen. Das Scutellum der Arten innerhalb der Gattung *Anopheles* trägt

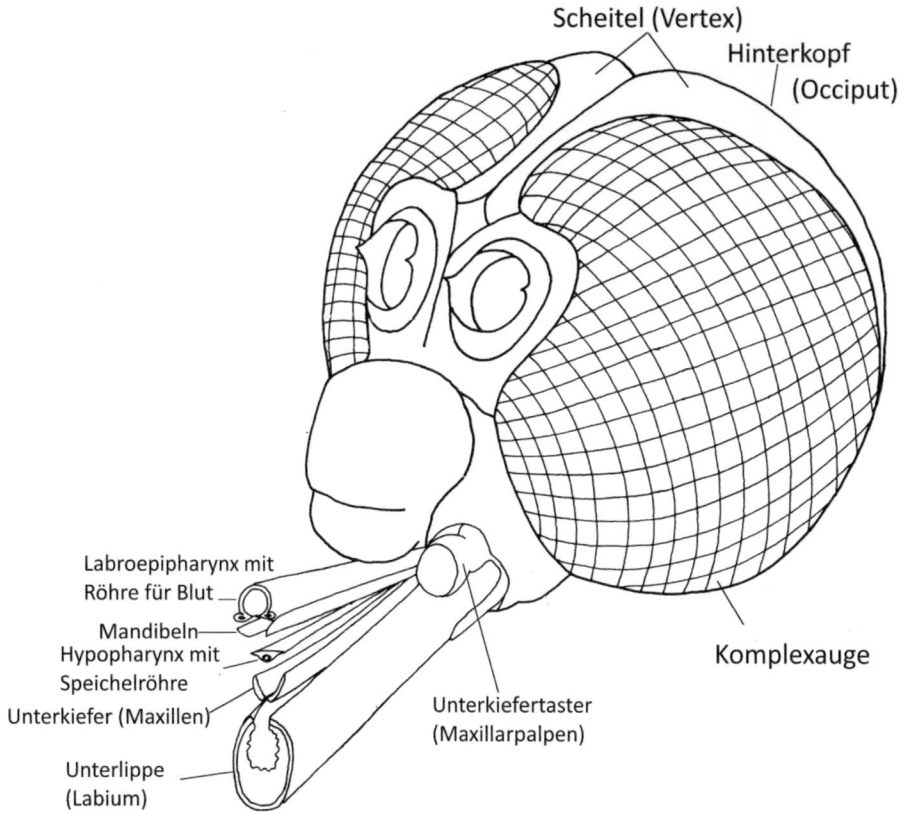

Abb. 5.3 Kopf und Mundwerkzeuge. (Nach Clements 1992)

eine gleichmäßige Reihe von rückwärts gerichteten Borsten entlang seiner gleichmäßig gerundeten hinteren Kante. Bei den anderen Gattungen, die ein 3-lappiges Scutellum haben, sind die Borsten in 3 Gruppen angeordnet: 1 mittlere und 2 seitliche, angeordnet. Das Postnotum ist in der Regel unbehaart.

An den Thoraxseiten sind die Anordnung bestimmter Borstengruppen und deren Anzahl sowie die Beschuppung der Pleurite wichtig für die Bestimmung. Das Postpronotum trägt normalerweise eine vertikale Reihe von Borsten nahe seinem hinteren Rand, die als hintere pronotale Borsten bezeichnet werden (Abb. 5.5). Manchmal können sie die mesothorakale Atemöffnung (Stigma, vorderes Spiraculum) bedecken und leicht mit den präspirakularen Borsten, ein wichtiges Bestimmungsmerkmal für die Gattung *Culiseta*, verwechselt werden. Es ist daher ratsam, sorgfältig auf den Bereich zu achten, an dem die Borsten entspringen. Die Präspirakularborsten inserieren klar außerhalb des Postpronotums unmittelbar in einer vertikalen Reihe vor der Atemöffnung. In der subspirakularen Region finden sich selten Borsten, während der postspirakulare Bereich die taxonomisch signifikanten postspirakularen Borsten tragen kann. 3 Gruppen von Borsten sind typisch für das Mesepisternum. Nahe der Flügelbasis befindet sich die Gruppe der präalaren Borsten. Im mittleren Bereich stehen die oberen mesepister-

nalen Borsten und die unteren mesepisternalen Borsten inserieren in der Regel entlang des hinteren Rands des Pleurits. Das Mesepimeron trägt 2 Gruppen von Borsten, die unteren mesepimeralen Borsten befinden sich in der unteren vorderen Ecke, hinter den oberen mesepisternalen Borsten und die oberen mesepimeralen Borsten sind in der oberen hinteren Ecke zu finden, unmittelbar vor der metathorakalen Atemöffnung (hinteres Spiraculum).

Das Postpronotum ist normalerweise mit Schuppen unterschiedlicher Größe und Form bedeckt. Manchmal ist der Fleck in einen oberen und einen unteren Teil gegliedert, die dann oberer und unterer postpronotaler Schuppenfleck genannt werden (Abb. 5.6). Bei einigen Arten kann die postprocoxale Membran mit Schuppen bedeckt sein; der Schuppenfleck wird entsprechend Postprocoxalfleck genannt, der bisweilen nur durch Vorbiegen des Vorderbeins erkannt werden kann. Eine Gruppe von Schuppen unterhalb der vorderen Atemöffnung wird, wenn vorhanden, als Hypostigmalfleck bezeichnet. Hinter der Atemöffnung befindet sich der postspirakulare Fleck, etwas darunter und nach vorn versetzt unterhalb des Hypostigmalflecks befindet sich der subspirakulare Fleck. Die Schuppen des Mesepisternums sind unterteilt in den präalaren Schuppenfleck nahe der Flügelbasis und den mesepisternalen Schuppenfleck, der manchmal weiter in einen oberen und unteren

5.1 Adulte

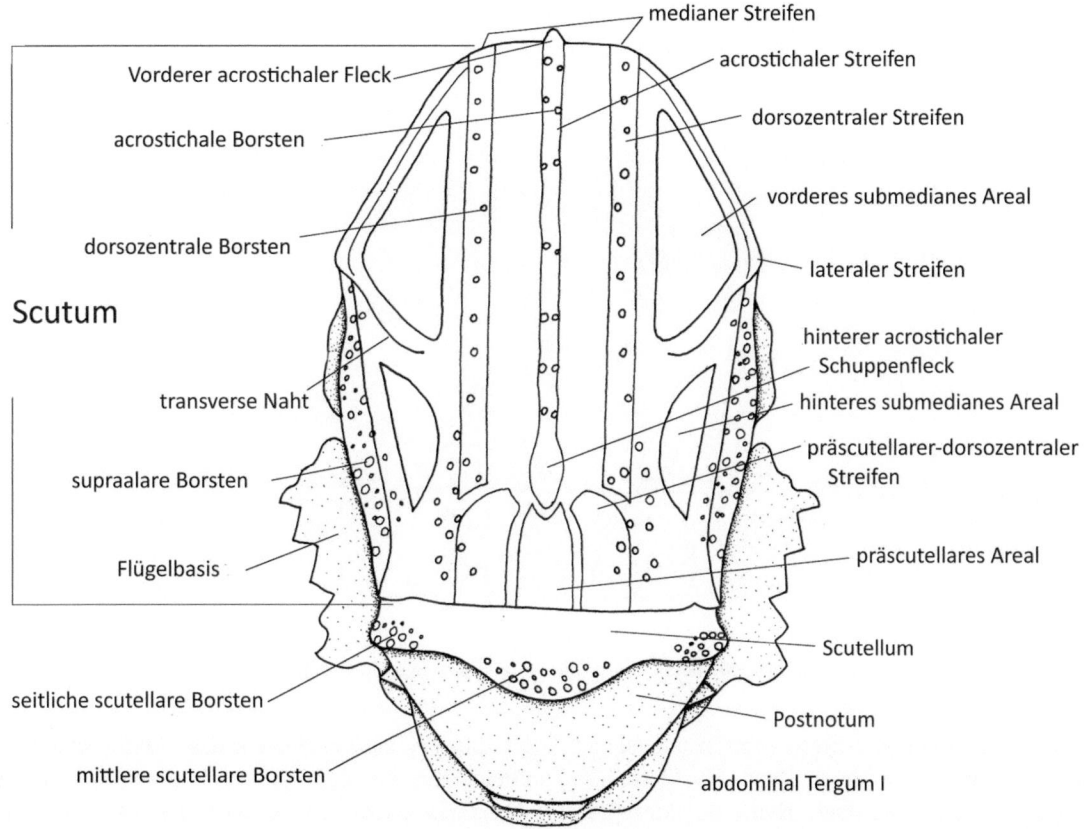

Abb. 5.4 Dorsalansicht des Thorax – Scutum

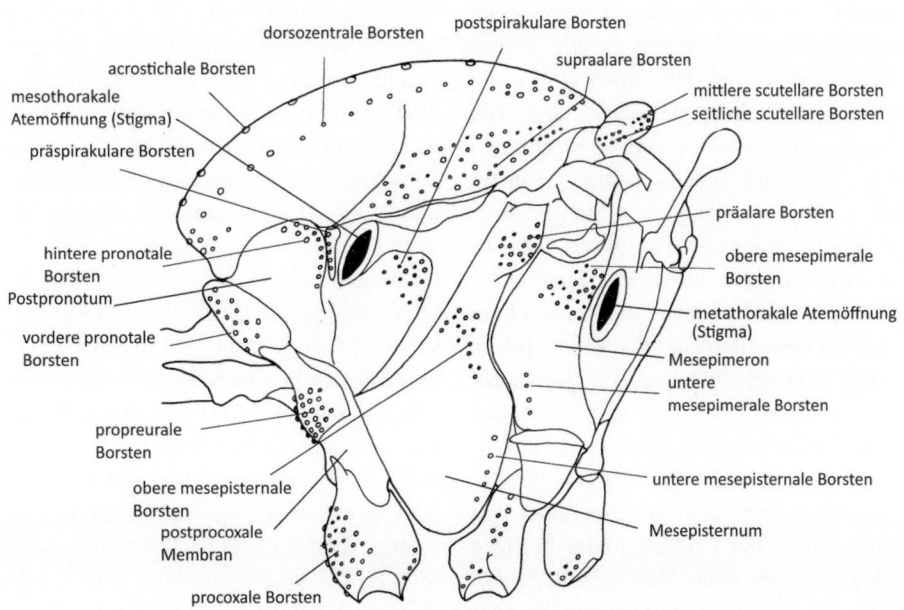

Abb. 5.5 Seitliche Ansicht des Thorax – Beborstung

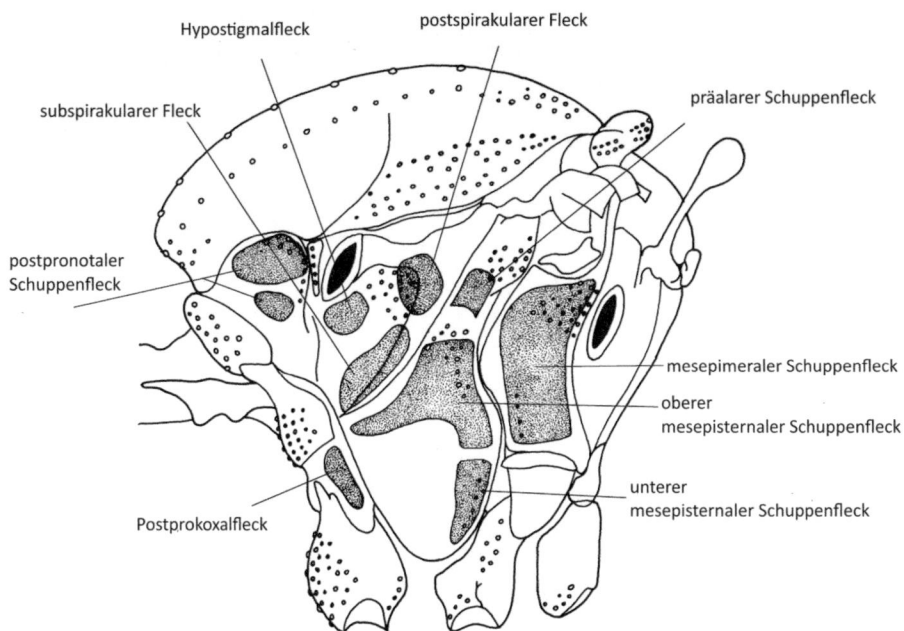

Abb. 5.6 Seitliche Ansicht des Thorax – Schuppenflecke

Fleck unterteilt sein kann. Der Fleck kann in unterschiedlichem Maße bis an den vorderen Rand des Mesepisternums reichen (Abb. 5.6). Die obere Hälfte des Mesepimerons ist normalerweise mit Schuppen bedeckt, dem mesepimeralen Schuppenfleck. Er kann sich in unterschiedlichem Maße nach unten bis zum unteren Rand des Mesepimerons erstrecken.

Adulte Stechmücken besitzen 3 Beinpaare, je ein Paar an jedem der thorakalen Segmente (Abb. 5.1). Diese werden als Vorderbeine, Mittelbeine und Hinterbeine bezeichnet. Jedes Bein ist gegliedert in die mit dem Thorax verbundene Coxa (Hüfte), den Trochanter (Schenkelring), den Femur (Schenkel), die Tibia (Schiene) und den Tarsus (Fuß), die allesamt fast vollständig mit Schuppen bedeckt sind. Die hellen Schuppen können auf einem normalerweise dunklen Hintergrund an Femur, Tibia und Tarsus spezifische Muster bilden, in der Regel in Form von länglichen Streifen und/ oder Ringen. Der Tarsus ist weiterhin unterteilt in 5 Tarsomere (Fußglieder). Zwischen den einzelnen Tarsomeren gibt es keine Gelenke; sie sind durch eine flexible Membran verbunden, sodass sie frei beweglich sind (Chapman 1982). Der distale Tarsomer V trägt den Prätarsus (Endglied), der aus einem Paar Klauen (Ungues) und, falls vorhanden, den paarigen kissenförmigen oder borstigen Haftlappen (Pulvillen) besteht. Die Tarsalklauen aller 3 Beinpaare sind bei den Weibchen der meisten Gattungen einfach ausgebildet und ähnlich geformt; einige Arten der Gattung *Aedes* besitzen jedoch neben den Hauptklauen noch Nebenzähne, wobei die Form der Klauen der Vorderbeine als diagnostisches Merkmal verwendet werden kann. Bei Männchen sind die äußeren Klauen der Vorder- und Mittelbeine viel größer als die inneren Klauen, um das Greifen der Weibchen zu erleichtern. Bei der Lagebeschreibung der Segmente des Beins wird davon ausgegangen, dass es gestreckt geradeaus gehalten wird und einen rechten Winkel zur Längsachse des Körpers bildet. Es kann also von einer vorderen und hinteren, dorsalen und ventralen sowie einer anterodorsalen Oberfläche usw. gesprochen werden (Wood et al. 1979).

Alle Zweiflügler verwenden das vordere (mesothorakale) Flügelpaar zum Fliegen; das hintere (metathorakale) Flügelpaar ist reduziert und zu keulenförmigen Schwingkölbchen (Halteren) umgebildet. Die Halteren schwingen im Gegentakt mit den Vorderflügeln und wirken als Gleichgewichtsorgan, mit dem jede Richtungsänderung wahrgenommen werden kann und somit der Flug stabilisiert wird.

Die Flügel bestehen aus oberen und unteren epidermalen Schichten; die Versteifung der häutigen Abschnitte erfolgt durch die sklerotisierten Flügeladern. Anhand der charakteristischen Aderung können Familien und sogar einzelne Gattungen und Arten unterschieden werden. Ausgehend vom vorderen Rand des Flügels (Abb. 5.7a) ist die erste unverzweigte Ader die Costa (Randader, C), die um den Apex des Flügels herumreicht und dessen vorderen Rand bildet. Die Subcosta (Sc) befindet sich dicht hinter der Costa und ist ebenfalls ungeteilt. Die Radialader (Radius, R) gabelt sich in einen vorderen Ast R_1 und einen hinteren Ast oder Radialsektor R_s, der wiederum in R_{2+3} und R_{4+5} verzweigt. Ader R_{2+3} teilt sich noch einmal in R_2 und R_3, während R_{4+5} unverzweigt bleibt. Die 4. Ader oder Medialader (Media, M) gabelt sich apikal in M_{1+2} und M_{3+4}. Ebenso teilt sich die 5. Ader oder Cubitus (Cu) in Cu_1 und Cu_2. Schließlich ist eine Analader (A) vorhanden. Die Längs-

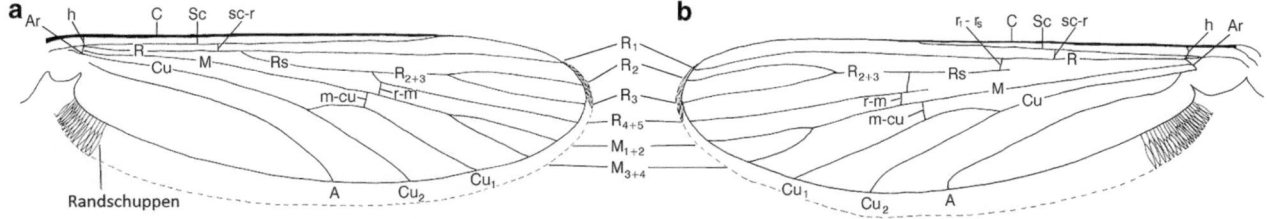

Abb. 5.7. Flügeladerung von Unterfamilie Culicinae (**a**) und Unterfamilie Anophelinae (**b**)

adern können durch 6 verschiedene Queradern verbunden sein. 2 davon befinden sich nahe der Flügelbasis. Die Humeralader (h) erstreckt sich von C bis Sc und Arculus (Ar) von R über M bis Cu. Die anderen 4 Queradern sind zur Flügelmitte hin verschoben. Es sind die Subcostalradialader (sc-r), die von Sc bis R verläuft, die r_1-r_s von R_1 bis R_s (bei Anophelinae sichtbar; Abb. 5.7b) sowie die Radiomedialader (r-m) von R_{4+5} bis M und die Mediocubitalader (m-cu) von M bis Cu (Davies 1992), wobei die relative Lage der beiden letzteren zueinander in der Gattung *Culiseta* von diagnostischer Bedeutung ist.

Fast alle Flügeladern sind sowohl dorsal als auch ventral mit Schuppen besetzt. Die Schuppen können schmal oder breit sein und sind in der Gattung *Coquillettidia* auffällig breit und asymmetrisch geformt. Die Queradern besitzen in der Regel keine Schuppen, außer bei den Gattungen *Anopheles* und *Culiseta*. Der Flügelrand, vom Apex der Costa bis zum Niveau der Basis der Analader, ist mit einer Reihe von Schuppen besetzt (Randschuppen; Fransen). Die Adern und der Flügelrand sind in der Regel mit dunklen Schuppen bedeckt, die sich zu deutlichen Flecken zusammenballen können (z. B. bei einigen Arten von *Anopheles*, *Culiseta* und der Untergattung *Ochlerotatus*). Bisweilen sind aber auch vermischt helle und dunkle Schuppen anzutreffen.

5.1.3 Abdomen

Ein Abdominalsegment umfasst je ein sklerotisiertes Tergit (Rückenplatte) und Sternit (Bauchplatte), die durch membranöse pleurale Regionen verbunden sind. Diese Membranen tragen an den Segmenten I–VII je ein Paar Atemöffnungen (Stigmen) (Knight und Laffoon 1971). Bei den Stechmücken ist das 1. Segment des Abdomens etwas reduziert. Der zentrale Teil von Tergit I ist oft von oben nicht sichtbar; in solchen Fällen sind nur die Laterotergae zu erkennen (Abb. 5.4). Die weiteren Abdominalsegmente II–VII (Weibchen) sowie II–VIII (Männchen) sind gut entwickelt. Der hintere Teil jedes Segments überlappt den vorderen Teil des nächsten Segments, wobei die Segmente durch eine intersegmentale Membran verbunden sind. Sowohl diese Membranen als auch diejenigen der pleuralen Regionen sind außerordentlich dehnbar, sodass bei trächtigen Weibchen oder besonders nach der Blutmahlzeit der Hinterleib stark aufgebläht sein kann. Die Tergite und Sternite der 8 ersten Abdominalsegmente (mit Ausnahme von Sternit I) können vollständig mit Schuppen bedeckt oder nur mit Borsten besetzt sein. Im ersten Fall können helle und dunkle Schuppen charakteristische und artspezifische Muster bilden.

Bei den Weibchen ist das Genitalsegment VIII gut entwickelt, aber kürzer als Segment VII. Die Öffnung der inneren Fortpflanzungsorgane liegt hinter der Grenze dieses Segments. Das Segment IX ist auf weniger als 1/3 der Größe des vorherigen Segments reduziert, oftmals in dieses eingezogen und trägt die Cerci, die die Eiablage unterstützen. Die Cerci (Abb. 5.1) sind lang und bei den meisten Arten der Gattung *Aedes* deutlich sichtbar, während sie bei anderen Gattungen kurz und unauffällig sind.

Bei den Männchen trägt das Abdominalsegment IX die Fortpflanzungsöffnung und ist stark modifiziert zu einem gut entwickelten Begattungsapparat, dem Hypopygium. Die Hypopygien sind sehr charakteristisch in ihrem Bauplan und können zur Gattungs- bzw. Artbestimmung herangezogen werden, erfordern jedoch eine spezielle Präparation und Fertigkeiten. Daher werden in dieser Publikation die männlichen Genitalien nicht weiter behandelt (für weiterführende Informationen s. Becker et al. 2020).

5.2 Larven

Der Körper der Stechmückenlarven ist in 3 Hauptteile gegliedert: die komplett sklerotisierte Kopfkapsel, den abgeflachten Thorax, der aus 3 verschmolzenen Segmenten besteht und bei vollständig ausgewachsenen Larven deutlich breiter ist als die beiden anderen Teile (Kopf und Abdomen), sowie das Abdomen, das aus 10 Segmenten besteht.

Die Larven der Stechmücken unterscheiden sich von den Larven aller anderen Zweiflügler durch die Kombination der folgenden Merkmale: das Vorhandensein von deutlichen Labralbürsten (laterale Palatalbürsten; Ausnahmen finden sich bei carnivoren Arten, z. B. der tropischen *Toxorhynchites* spp.), den erweiterten Thorax und das röhrenförmige oder zylindrische Atemrohr, den Siphon. Der Siphon befindet sich an der dorsalen Oberfläche des Abdominalsegments VIII in allen Gattungen, außer bei Larven der Gattung *Anopheles*, die kein Atemrohr besitzen. Bei den Larven der Dixidae, die zwar Labralbürsten, aber keinen Siphon haben, sind die thorakalen Segmente nicht verschmolzen oder verbreitert. Bei den Larven der Chaoboridae, insbesondere bei *Mochlonyx* spp., die über einen Siphon verfügen, sind die Mundwerkzeuge für ein räuberisches Leben umgewandelt und werden nicht zum Filtrieren verwendet. Sie haben lange, ventral gebogene Greifantennen, die zum Ergreifen von Beute im Wasser geeignet sind. Darüber hinaus besitzen einige der Chaoboridenlarven auffällige hydrostatische Organe, je ein Paar im Thorax, das andere im Abdominalsegment VII, die es den Larven ermöglichen, in horizontaler Position im Wasser zu schweben.

Stechmückenlarven durchlaufen 4 Larvenstadien. Während dieser Entwicklung können sich verschiedene diagnostische Merkmale ändern, z. B. die Größe der Kopfkapsel. Auch kann die Anzahl der Pektenzähne oder der Verzweigungen bestimmter Borsten zunehmen. Aus diesem Grund basiert die Bestimmung der meisten Individuen auf dem 4. Larvenstadium. Dies kann erfordern, dass frühere Stadien im Labor aufgezogen werden müssen, bis das vollständig ausgewachsene 4. Stadium erreicht ist. Die folgende Beschreibung der Morphologie der Larven bezieht sich hauptsächlich auf die taxonomisch wichtigen Merkmale, die in den Schlüsseln verwendet werden. Obwohl sich die Larven der Unterfamilien der Anophelinae und Culicinae in vielerlei Hinsicht voneinander unterscheiden, sind sie strukturell ähnlich. Deshalb werden sie gemeinsam beschrieben, und es wird auf diejenigen Merkmale hingewiesen, die für die eine oder die andere Unterfamilie zutrifft.

Eine Stechmückenlarve ist mit insgesamt 222 Paaren von Borsten oder Haaren besetzt (Forattini 1996). Ihre Anordnung, genannt Chaetotaxie, und Struktur können wichtige taxonomische Merkmale darstellen. Die Borsten sind entweder einfach oder unterschiedlich stark verzweigt. In diesem Zusammenhang sollen nur 2 Sonderformen behandelt werden, die bei der Bestimmung und in den Artbeschreibungen eine Rolle spielen. Zum einen sind die sogenannten Sternhaare zu nennen. Sie besitzen einen sehr kurzen Stamm, sind nahe an der Basis verzweigt, und die steifen Äste strahlen aus dem Stamm in verschiedenen Winkeln aus. Diese Art der Borsten ist vornehmlich an Thorax und Abdomen von Baumhöhlenbrütern wie *Ae. geniculatus* zu finden. Eine weitere Art der spezialisierten Borsten, die sogenannten Palmhaare, sind charakteristisch für die Gattung *Anopheles* und finden sich auf mehreren Abdominalsegmenten (Abb. 5.9b). Ein Palmhaar besteht aus einem kurzen Stamm, von dem aus blattförmige, flache Verzweigungen, ausgehen, die als Federn bezeichnet werden, diese Federn können glatte oder gezackte Ränder haben. Die Anzahl der Federn und ihre Form können bei verschiedenen Arten variieren. Bisweilen können die Federn mehr oder weniger abrupt in der Nähe der Mitte verengt sein und somit in einen breiteren proximalen Teil und einen schmaleren distalen Teil namens Filament unterteilt werden. Die Palmhaare unterstützen die Larve dabei, während der Nahrungsaufnahme in einer horizontalen Position an der Wasseroberfläche zu verharren. Wenn die Larven der Anophelinae horizontal direkt unter der Wasseroberfläche liegen, werden die Palmhaare in einer offenen Position gehalten und die Blättchen auf mindestens 180° ausgebreitet. Wenn die Larven tauchen, werden die Blättchen gefaltet und tragen eine Luftblase im Inneren, die beim nächsten Aufstieg genutzt wird, um den Oberflächenfilm zu durchbrechen.

5.2.1 Kopf

Obwohl sich die Köpfe der Larven der Unterfamilien Culicinae und Anophelinae in Struktur und anderen Merkmalen ähneln, unterscheiden sie sich doch deutlich in ihrer Form. Bei den meisten Arten der Culicinae ist der Kopf wesentlich breiter als lang, während der Kopf der Anophelinae in der Regel länger als breit ist (Abb. 5.8).

Die Kopfkapsel wird von 4 sklerotisierten Platten gebildet: dem Kopfschild (Frontoclypeus), einem großen Sklerit, der die dorsale Seite des Kopfs bildet, 2 epicranialen Platten (Epicranium), die die lateralen Oberflächen sowie die ventrale Oberfläche umfassen, sowie den kragenförmigen Hinterkopfbereich. Bei einigen Arten weist der Frontoclypeus Bereiche dunklerer Färbung auf, die ein spezifisches Muster erzeugen, das bisweilen diagnostischen Wert hat (z. B. bei *An. algeriensis*). In diesem Fall sollte der Kopf der Larve unter geringer Vergrößerung untersucht werden, um dieses Merkmal korrekt bewerten zu können. Das halbmondförmige Labrum befindet sich am vorderen Rand des Frontoclypeus. Seine gut entwickelte ventrale Oberfläche (Palatum) trägt die auffälligen seitlichen Mundbürsten. Jede dieser seitlichen Bürsten besteht aus zahlreichen langen, manchmal sigmoidal geformten Borsten. Die Bürsten können schnell und synchron bewegt werden, um Strömungen im Wasser zu erzeugen und dadurch schwebende Nahrungspartikel in Richtung Mundöffnung zu befördern. Das Vorhandensein oder Fehlen von Sägezähnen auf den Borsten der seitlichen Mundbürsten unterscheidet in der Regel die Larven, die Nahrungspartikel vom Substrat bürsten, von denjenigen Larven, die das Wasser als reine Filtrierer durchkämmen. Der mittlere Teil des Palatums trägt die mittlere Mundbürste, die jedoch viel weniger entwickelt ist als die seitlichen. Die Mundwerkzeuge der Larven werden selten für taxonomische Zwecke verwendet und hier nicht im Detail besprochen (für weitergehende Informationen s. Dahl 2000; Clements 1992; Dahl et al. 1988; Harbach und Knight 1980; Pucat 1965; Belkin 1962).

5.2 Larven

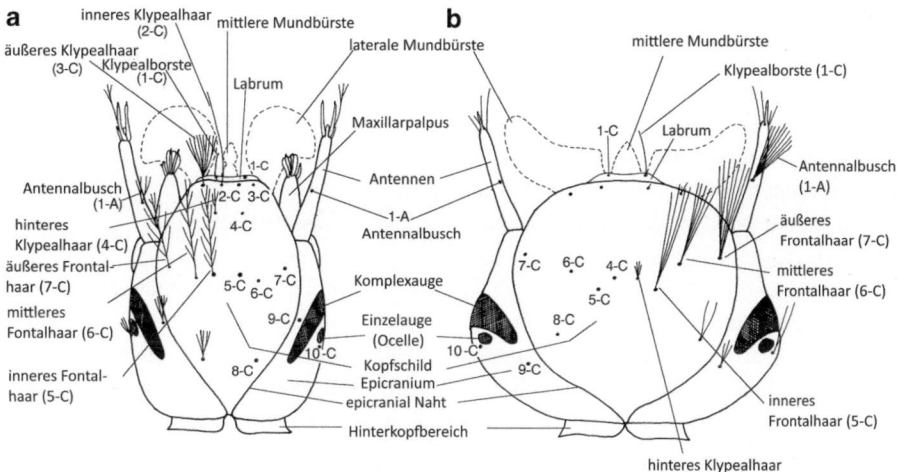

Abb. 5.8 Kopf einer Larve – dorsale Ansicht von Anophelinae (**a**) und Culicinae (**b**)

Die Antennen, die an den vorderen seitlichen Ecken des Kopfs entspringen, sind schlanke und leicht konisch geformte Sinnesanhänge. Sie können kürzer als der Kopf und entweder gerade oder leicht gebogen (z. B. Untergattungen *Aedes* und *Ochlerotatus*, außer *Ae. diantaeus*, und Untergattung *Culiseta*) oder genauso lang oder länger als der Kopf und gleichmäßig gebogen sein (z. B. Gattungen *Culex* und Untergattung *Culicella*). Jede Antenne trägt 6 Borsten, die von 1-A bis 6-A nummeriert sind. Der Antennalbusch 1-A inseriert am Schaft der Antenne; er kann einfach und unauffällig sein (z. B. *Ae. geniculatus*) oder mehrere Äste von beträchtlicher Größe haben (z. B. *Cs. morsitans*). Die genaue Position am Antennenschaft ist oftmals diagnostisch wichtig. Die Borsten 2-A bis 6-A sind klein und unscheinbar und befinden sich an der Spitze der Antenne. Der Antennenschaft ist in der Regel mit kleinen, nach vorn gerichteten kleinen Stacheln bedeckt; nur in der Untergattung *Dahliana* und bei *Ae. pulcritarsis* ist die Oberfläche des Schafts glatt.

2 Augenpaare befinden sich seitlich in der Mitte der Epicranialplatten. Die dunklen, halbmondförmigen vorderen Flecken sind die ursprünglichen Komplexaugen der zukünftigen adulten Stechmücke, die durch die Larvenhaut hindurch scheinen. Die kleineren, einfachen Einzelaugen der Larve (Stemmata) befinden sich direkt dahinter.

Der Kopf trägt bis zu 18 paarig angeordnete Borsten oder Haare, die mit 0-C bis 17-C nummeriert sind. Der Buchstabe C wird verwendet, um anzuzeigen, dass die Borsten am Kopf oder „Caput" lokalisiert sind. Die Borsten und Haare, die für die Artbestimmung von diagnostischer Bedeutung sind, entspringen dem Frontoclypeus und sind nummeriert von 2-C bis 7-C (Abb. 5.8). Sie haben ihren diagnostischen Wert nicht nur durch ihre relative Position, sondern auch durch ihre Länge, den Grad der Verzweigung und andere Merkmale. Eine zusätzliche Borste, 8-C, entspringt ebenfalls dem Frontoclypeus. Die Klypealborste 1-C ist prominent nach vorn gerichtet und befindet sich auf dem Labrum. Die inneren und äußeren Klypealhaare 2-C und 3-C befinden sich nahe dem vorderen Rand des Frontoclypeus. In der Unterfamilie der Culicinae sind sie entweder signifikant verkleinert und nicht leicht sichtbar oder fehlen ganz. Bei den Anophelinae dagegen gehören sie zu den auffälligsten Borsten, und ihre Position zueinander wird verwendet, um mehrere Untergattungen innerhalb von *Anopheles* abzugrenzen. Die hinteren Klypealhaare 4-C befinden sich bei Anophelinae in einiger Entfernung hinter 1-C bis 3-C und sind schwächer entwickelt. Bei den meisten Culicinae sind die hinteren Klypealhaare 4-C sehr kurz, oft mehrfach verzweigt und inserieren näher an der Mittellinie als die Frontalhaare 5-C bis 7-C. Die Frontalhaare bestehen aus 3 Paaren: den inneren (5-C), mittleren (6-C) und äußeren (7-C) Frontalhaaren. Bei den Larven von *Anopheles* entspringen sie mehr oder weniger nebeneinander und bilden eine transversale Reihe. Normalerweise sind sie gefiedert, mit Ausnahme von *An. plumbeus*, die sehr kurze und unverzweigte Frontalhaare besitzt. In den anderen Gattungen, außer einigen Arten von *Aedes*, sind die mittleren Frontalhaare 6-C nach vorn verschoben, manchmal sogar noch vor das Niveau 4-C, und bilden mit ihren beiden Begleitern 5-C und 7-C ein Dreieck. Die Frontalhaare sind meist gut entwickelt und verzweigt. Die äußeren Frontalhaare 7-C entspringen am Rand des Frontoclypeus in der Nähe der Antennenbasen. Sie sind oft stärker verzweigt als 5-C und 6-C. Bei den Larven von *Ur. unguiculata* sind 5-C und 6-C einzigartig ausgebildet; sie sind lang und kräftig und unterstützen die Larve, eine relativ horizontale Position an der Wasseroberfläche einzunehmen, ähnlich der Larven von *Anopheles*. Die Borsten 9-C und 10-C befinden sich am Epicranium, unterhalb der primordialen Komplexaugen, die letzteren sind seitlich verschoben. Alle anderen Borsten entspringen auf der ventralen Seite des Kopfs.

5.2.2 Thorax

Der Thorax ist der auffälligste Teil der Larven. Seine Cuticula ist hauptsächlich oder vollständig membranös und wird im Laufe des Wachstums der einzelnen Larvenstadien im Verhältnis zum Kopf immer größer. Kurz vor der Verpuppung der 4. Larvenstadien ist der Thorax viel breiter als der Kopf. Wie bei den Adulten besteht der Thorax aus 3 Segmenten: dem Pro-, Meso- und Metathorax. Die Segmente sind vollständig verschmolzen, ihre Grenzen können nur durch die Anordnung der Borsten in 3 unterschiedlichen Sätzen bestimmt werden (Abb. 5.9). Die symmetrisch gepaarten Borsten sind am Prothorax von 0-P bis 14-P, am Mesothorax von 1-M bis 14-M und am Metathorax von 1-T bis 13-T nummeriert. Die Nummerierung beginnt mit dem Borstenpaar, das am nächsten zur Mitteldorsallinie liegt, und endet mit dem Paar, das der Mittelventrallinie am nächsten liegt. Die einzige Ausnahme ist die Borste 0-P, die seitlich von 1-P inseriert und zum Mesothorax hin verschoben ist. Einige der 42 Paare der Thorakalborsten können für die Identifikation der Arten nützlich sein, aber nur vereinzelt werden sie in den Bestimmungsschlüsseln und den Artbeschreibungen verwendet, da es andere bequeme Merkmale zur Identifikation gibt, insbesondere am Kopf und an den letzten Abdominalsegmenten. Die Borsten 1-P bis 3-P entspringen normalerweise sehr nah beieinander in einer Linie und können auf den ersten Blick für Zweige einer einzigen Borste gehalten werden. Sie befinden sich oft auf einem sklerotisierten Tuberkel.

5.2.3 Abdomen

Das Abdomen der Stechmückenlarven besteht aus 10 Segmenten, wobei sich die ersten 7 Segmente sehr ähnlich sind (Abb. 5.9a). Das Abdominalsegment I trägt 13 Borstenpaare, und jedes der Segmente II–VII besitzt 15 Borstenpaare. Bei der Bezugnahme auf eine Borste folgt auf ihre jeweilige Nummer die dazugehörige Segmentnummer; z. B. bezieht sich 3-VI auf Borste 3 des Abdominalsegments VI. Die Nummerierung der Borsten folgt demselben Prinzip wie für den Thorax beschrieben. Von allen verfügbaren Borsten auf den Segmenten I–VII werden in den Schlüsseln nur wenige für die Identifizierung verwendet. Bei den Anophelinae ist Borste 1 in einigen oder allen Abdominalsegmenten als Palmhaar ausgebildet, wobei die Anzahl der Segmente mit voll entwickelten Palmhaaren und die Form der einzelnen Federn variieren. Zur Unterscheidung der beiden bisher bekannten Arten im Anopheles Claviger Komplex ist die Anzahl der Verzweigungen der Borsten 2-IV und 2-V von

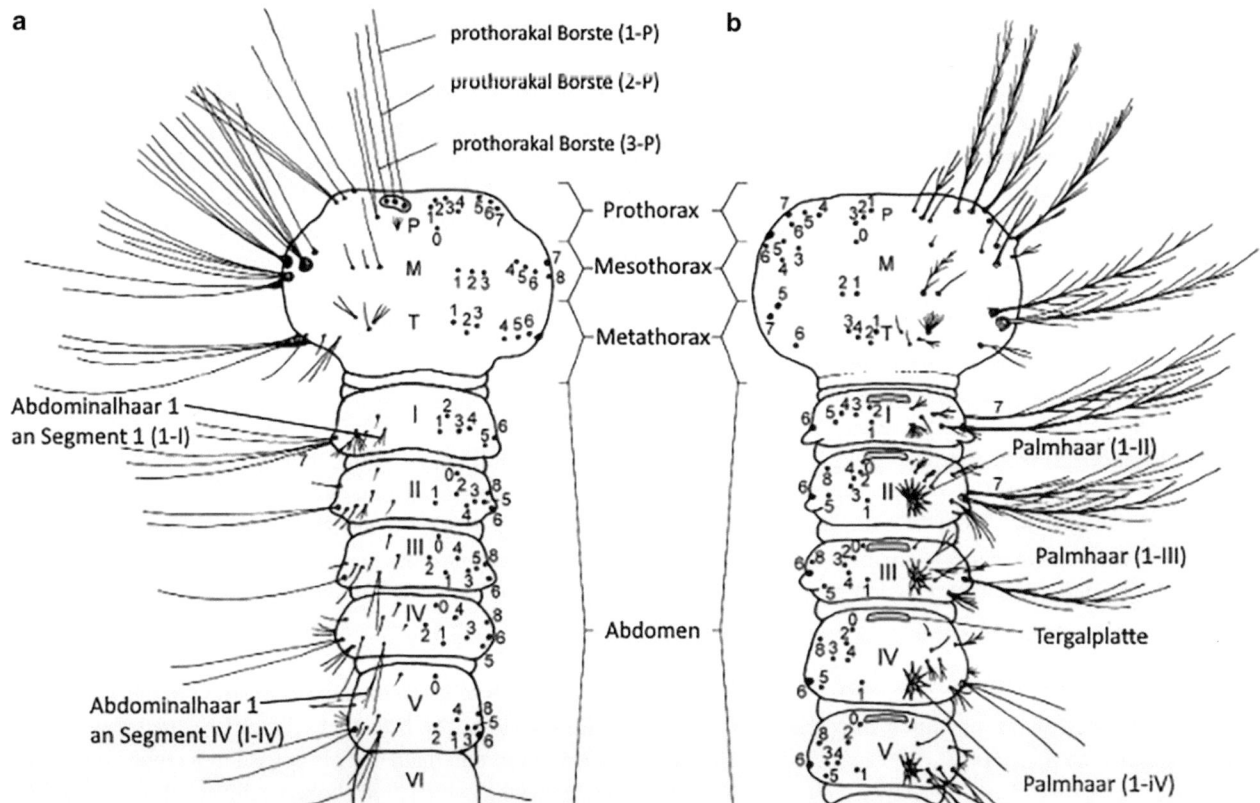

Abb. 5.9 Thorax und Abdomen – dorsale Borsten von Culicinae (**a**) und Anophelinae (**b**)

diagnostischem Wert. Diese Borsten befinden sich vor den Palmhaaren und näher an der dorsomedianen Linie als die Borsten 3–5 der jeweiligen Segmente. In der Gattung *Culex* weisen die Borsten 1 auf den Segmenten III–V eine charakteristische Anzahl von Verzweigungen auf, die zur Unterscheidung der Arten *Cx. pipiens* und *Cx. torrentium* nützlich sind. Bei den Anophelinae trägt üblicherweise jedes der Abdominalsegmente I–VII eine sklerotisierte Tergalplatte im vorderen Bereich. Diese Platten treten bei heimischen Culicinae nicht auf, außerdem sind keine Palmhaare vorhanden. Die am weitesten seitlich platzierten Borsten 6 auf den Segmenten I–VI sind die längsten und auffälligsten (Abb. 5.9a).

Das Abdominalsegment VIII unterscheidet sich vollständig von den vorherigen Segmenten. Es trägt die einzigen funktionsfähigen äußeren Öffnungen des Atmungssystems, die Stigmen, die sich im hinteren Teil der dorsalen Oberfläche des Segments befinden. Bei den Culicinae befinden sich die Stigmen an der Spitze eines langen, röhrenförmigen und zylindrischen Atemrohrs oder Siphon (Abb. 5.10). Bei den Anophelinae ist der Siphon fast vollständig bis auf die Stigmenplatte reduziert und wird oft als nicht vorhanden bezeichnet.

An jeder Seite des Segments VIII befindet sich eine variable Anzahl von abgeflachten Schuppen. Die gesamte Struktur wird als Striegel bezeichnet (Abb. 5.10). Die einzelnen Striegelschuppen sind nach hinten gerichtet und am Rand mit Zähnen besetzt. Alle Zähne können gleich lang sein, oder der mittlere oder terminale Zahn kann besonders ausgeprägt und länger sein als die anderen. Die Form der Zähne kann nur unter ausreichender Vergrößerung angemessen untersucht werden. Daher wird dieses Merkmal in den Bestimmungsschlüsseln nur verwendet, um einige Arten innerhalb der Gattung *Aedes* voneinander abzugrenzen. Die Anzahl der Striegelschuppen variiert signifikant je nach Art und reicht von 5–7 bis mehr als 100. Sie können in einer einzigen Reihe, einer doppelten Reihe oder in einem unregelmäßigen Muster angeordnet sein. Bei *Ur. unguiculata* entspringen die Striegelschuppen vom hinteren Rand einer sklerotisierten seitlichen Platte. Bei den 4. Larven der Anophelinae gibt es keine Struktur, die dem Striegel der Culicinae entspricht.

Bei den Culicinae befinden sich 5 deutlich sichtbare Borstenpaare an den Seiten von Abdominalsegment VIII hinter den Striegelschuppen (Abb. 5.10). Die Borsten 1-VIII, 3-VIII und 5-VIII sind in der Regel stark verzweigt, während die dazwischenliegenden, 2-VIII und 4-VIII, kürzer und fast immer einfach sind. Sowohl Borste 0-VIII im vorderen dorsalen Bereich als auch Borste 14-VIII im ventralen vorderen Bereich des Segments sind klein und unscheinbar und haben keine taxonomische Bedeutung.

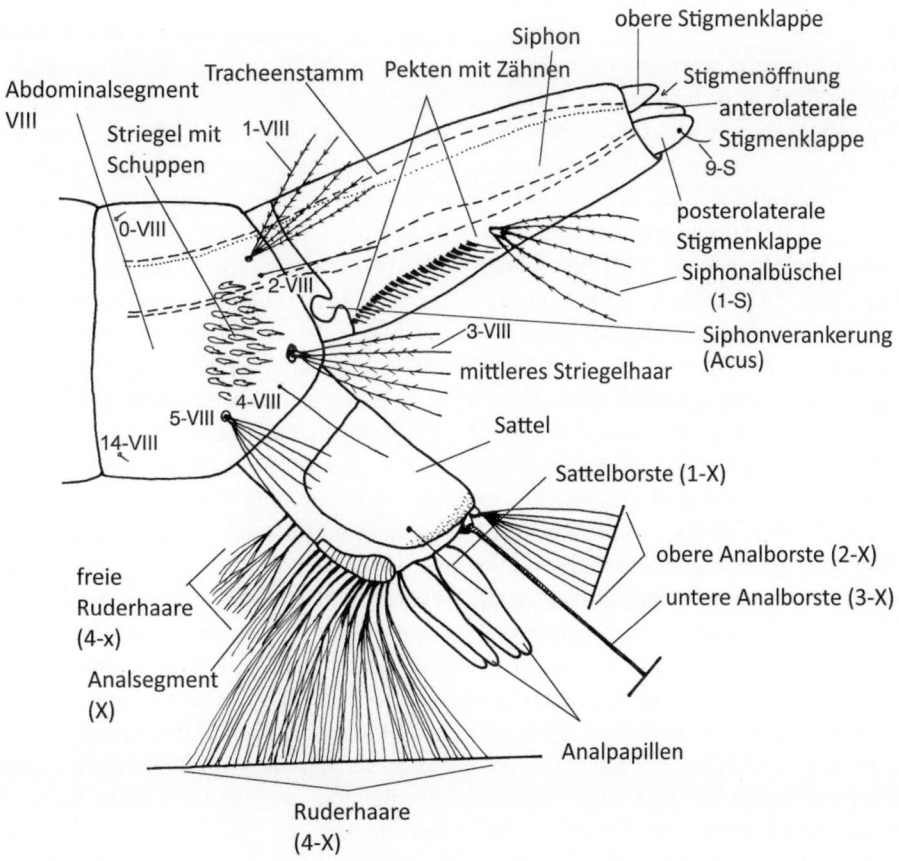

Abb. 5.10 Seitenansicht des Abdomens – Gattung *Aedes*

An der Basis des Atemrohrs befinden sich im ventralen Bereich 2 kleine laterale Vorsprünge, die Siphonverankerung (Acus). Sie dienen als Befestigungspunkte für Muskeln, die es ermöglichen, den Siphon nach hinten zu biegen. Bei allen Arten der Untergattung *Stegomyia* ist der Acus nicht vorhanden. Der Siphon ist eine der hilfreichsten Strukturen zur Artbestimmung der Larven. Seine Form, Proportionen und Beschaffenheit variieren erheblich. Sehr oft wird der sogenannte Siphonalindex zur Identifikation verwendet. Sein Wert ergibt sich aus dem Verhältnis der Länge des Siphons zur Breite an seiner Basis (Forattini 1996; Gutsevich et al. 1974). Der Siphonalindex kann bei einigen Arten, wie z. B. *Ae. mariae*, kleiner als 2,0 und bei anderen Arten, wie z. B. *Cx. hortensis*, größer als 7,0 sein. Am Siphon befindet sich eine paarige ventrolaterale Reihe von kräftigen, sklerotisierten Zähnen, die sogenannten Pektenzähne. Ein einzelner Pektenzahn hat normalerweise 1–4 seitliche Nebenzähne; die Gesamtheit der Zähne wird als Pekten oder Kamm bezeichnet. In der Regel werden die Pektenzähne gleichmäßig größer, je näher sie zur Spitze des Siphons gelegen sind. Alle Zähne können gleichmäßig eng nebeneinander angeordnet sein; in diesem Fall wird der Pekten als geschlossen bezeichnet. Bei einigen Arten aber können die distalen Pektenzähne unregelmäßiger und weiter voneinander entfernt stehen als die basalen Zähne; sie werden dann als distale Pektenzähne getrennt bezeichnet. Der Pekten kann kurz sein und aus wenigen Zähnen bestehen, die nicht die Mitte des Siphons überschreiten, oder er kann sich fast bis zur Spitze des Siphons erstrecken, wie z. B. bei *Ae. cataphylla*. In der Untergattung *Culiseta* befinden sich typische Pektenzähne nur an der Basis des Siphons; ihnen folgt eine Reihe dünner, haarähnlicher Borsten.

Der Siphon und die apikale Stigmenplatte tragen insgesamt 13 Borstenpaare, die als 1-S bis 13-S bezeichnet werden. Am prominentesten sind hierbei die paarigen Siphonalbüschel 1-S, die im ventralen und/oder lateralen Bereich des Siphons inserieren und in Einzahl (Gattungen *Aedes*, *Coquillettidia*, *Culiseta*, *Uranotaenia*) oder Mehrzahl (Gattung *Culex*) auftreten können. Wenn wie bei *Culex* mehr als ein Paar Siphonalbüschel 1-S vorhanden sind, wird das unterste Paar als 1a-S bezeichnet, das nächste in Richtung Spitze des Siphons als 1b-S usw., wobei die Nummerierung distal fortschreitet (Darsie und Ward 1981). Die Siphonalbüschel können symmetrisch angeordnet sein, wobei manchmal das vorletzte Büschel mehr in den dorsalen Bereich verschoben ist, oder sie können in einer mehr oder weniger zickzackförmigen Reihe stehen. Das einzelne, paarige Siphonalbüschel 1-S bei den anderen Gattungen befindet sich entweder zwischen der Mitte und der Spitze des Siphons (Abb. 5.10) oder an dessen Basis, was bei *Culiseta* das wichtigste diagnostische Merkmal dieser Gattung darstellt. Die Länge und Anzahl der Verzweigungen der Siphonalbüschel im Vergleich zur Breite des Siphons am Punkt ihrer Insertion und ihre Position auf dem Siphon können variieren und werden zur Bestimmung der Arten verwendet. Bisweilen wird die Position von 1-S in Bezug auf den Pekten verwendet, um einige Arten der Untergattung *Ochlerotatus* voneinander abzugrenzen. Normalerweise inseriert das Siphonalbüschel 1-S distal vom Pekten, bei manchen Arten entspringt es aber innerhalb des Pektens; außerdem können gelegentlich zusätzliche Borsten auf der dorsalen Oberfläche des Siphons gefunden werden (Untergattung *Rusticoidus*). Die Atemöffnung an der Spitze des Siphons ist umgeben von der Stigmenplatte, die sich aus 5 Klappen zusammensetzt. Diese Stigmenklappen verschließen die Atemöffnung während des Eintauchens der Larve ins Wasser und werden als obere Stigmenklappe und paarige anterolaterale sowie posterolaterale Klappen bezeichnet. Sie tragen mehrere Borsten, 3-S bis 13-S, von denen nur die auf der posterolateralen Stigmenklappe inserierende Borste 9-S in den Bestimmungstabellen Verwendung findet. Sie ist bei einigen Arten der Gattungen *Aedes* und *Culex* verlängert, verdickt und hakenförmig ausgebildet.

Das Abdominalsegment IX ist stark reduziert, seine Überreste sind bei vielen Arten als kleiner Ring an der Basis des Analsegments (X) erkennbar. Es existiert nicht als eigenständige morphologische Einheit und hat keine taxonomische Bedeutung.

Das Abdominalsegment X oder Analsegment ist schmaler als die anderen, bildet einen Winkel an der ventralen Seite des Segments VIII und trägt 4 Borstenpaare, 1-X bis 4-X. Im ventralen Bereich befindet sich eine gekrümmte, sklerotisierte Platte, der Sattel. Bei vielen Arten liegt diese Platte tatsächlich sattelförmig über dem Analsegment, bei anderen Arten kann sie aber das Analsegment vollständig umschließen. Die Form des Sattels hat bei vielen Arten diagnostischen Wert. Er trägt eine laterale Sattelborste 1-X, die nahe an seinem hinteren Rand entspringt. Die Länge der Borste im Verhältnis zur Länge des Sattels wird häufig zur Artbestimmung verwendet. An seinem hinteren Ende trägt das Analsegment X dorsal 2 lange paarige Borsten, die oberen (2-X) und unteren (3-X) Analborsten. In der Regel ist die obere Analborste (2-X) mehrfach verzweigt, und 3-X ist eine lange, kräftige Borste, die in der Regel entweder einfach oder nur wenig verzweigt ist (Abb. 5.10). Entlang der ventralen Mittellinie des Analsegments, nahe seinem Ende, entspringt eine Reihe von langen Borsten 4-X, die zum Großteil fächerförmig ausgebildet sind und in ihrer Gesamtheit das Ruder bilden. Einige oder alle dieser Borsten sind an einem stark sklerotisierten leiterförmigen Gitter befestigt, das für eine erhöhte basale Versteifung sorgt. Diejenigen Borsten, die am Gitter befestigt sind, werden als Ruderhaare, und diejenigen Borsten, die am Segment vor dem Gitter inserieren, als freie Ruderhaare bezeichnet (Abb. 5.10). Die Anzahl der freien Ruderhaare ist ein wichtiges Merkmal, um verschiedene

Arten der Untergattung *Ochlerotatus* voneinander abzugrenzen. Manchmal ist es nicht einfach, zwischen den beiden Borstentypen zu unterscheiden, besonders wenn sie nah beieinander liegen. In diesem Fall sollte die Aufmerksamkeit auf das vordere Ende des Gitters und das erste Ruderhaar gerichtet werden, das daran befestigt ist. Dann sollte die Anzahl der freien Ruderhaare davor gezählt werden. Am Ende des Analsegments X befinden sich 2 Paare von flexiblen Analpapillen, die den Anus umgeben und an der Osmoregulation beteiligt sind. Die Länge der Analpapillen variiert bei verschiedenen Arten beträchtlich. Bei Arten, die in Salzmarschen oder brackigem bzw. alkalischem Wasser brüten, sind die Analpapillen extrem kurz. Bei einigen Arten hängt die Länge der Analpapillen von den physikochemischen Bedingungen des Wassers ab, in dem sich die Larven entwickeln, wie es beispielsweise von *Ae. caspius* bekannt ist. Normalerweise sind beide Paare gleich lang, aber gelegentlich kann ein Paar länger sein als das andere. Die Länge und Form der Analpapillen werden regelmäßig zur Identifizierung von Arten verwendet, sie sind aber oft abgebrochen oder kaum sichtbar, insbesondere in Dauerpräparaten auf Objektträgern.

5.3 Puppen

Die Puppen der Stechmücken liefern weit weniger Merkmale zur Artbestimmung als die Larven oder Adulten. Obwohl es Unterschiede in der äußeren Morphologie und Chaetotaxie der Puppen in verschiedenen Gattungen und sogar auf Artniveau gibt, wird hier kein Versuch unternommen, die Puppen in die Bestimmungsschlüssel zu integrieren. Es ist einfacher, Puppen, die im Freiland gesammelt werden, im Labor bis zum Adultstadium aufzuziehen und dann zu bestimmen. Gleichwohl soll ein kurzer Überblick über die morphologischen Eigenschaften der Stechmückenpuppen gegeben werden.

Der Körper der Puppe besteht aus einem großen kugelförmigen vorderen Teil, dem Cephalothorax, und einem schmaleren gegliederten Abdomen, das in Ruhe unter den Cephalothorax geklappt und zur Fortbewegung beim Schwimmen genutzt wird (Abb. 5.11). Normalerweise verharren die Puppen die meiste Zeit an der Wasseroberfläche, wobei die paarigen Atemhörnchen Kontakt zum atmosphärischen Sauerstoff haben. Im Gegensatz zu den Puppen vieler anderer Insekten sind sie aber sehr beweglich und können schnell von der Wasseroberfläche abtauchen, wenn sie gestört werden.

Das allgemeine Erscheinungsbild der Stechmückenpuppe mit ihrer Aufteilung in nur 2 sichtbare Teile ist hauptsächlich auf die Morphologie der Puppenhülle zurückzuführen. Der Kopf mit den Scheiden der Mundwerkzeuge und der Thorax mit den Scheiden der Flügel und Beine erscheinen zusammen als eine Struktur, der Cephalothorax. Der flache Kopf mit den Mundwerkzeugen befindet sich am vorderen Ende des Cephalothorax. Die Mundwerkzeuge sind entlang der ventralen Oberfläche zum hinteren Teil gebogen. Die Cuticula der Puppen ist transparent, und die Facettenaugen der erwachsenen Mücke sind bereits an den Seiten des Kopfs sichtbar. Die Antennen entspringen oberhalb der Facettenaugen und sind in einer gebogenen Linie über die Seiten des Thorax nach hinten gerichtet. Das breite, gewölbte Scutum des Mesothorax erstreckt sich auf der vorderen dorsalen Oberfläche des Cephalothorax. Entlang der medianen Dorsallinie platzt die Cuticula kurz vor dem Schlupf der erwachsenen Mücke auf. Die Atemhörnchen ragen seitlich aus dem Scutum heraus. Sie sind bei den Culicinae lang und zylindrisch. Eine Ausnahme, ähnlich dem Siphon der Larven, findet sich in der Gattung *Coquillettidia*. In diesem Fall laufen die Atemhörnchen spitz zu und haben einen stark sklerotisierten Haken, der zum Anstechen von untergetauchten Teilen von Wasserpflanzen geeignet ist. Bei Puppen der Anophelinae sind die Hörnchen kürzer und breiter. Hinter den Atemhörnchen befindet sich die Flügelbasis, von der die Scheiden der Flügel auf den Seiten des Cephalothorax nach unten verlaufen. Zwischen den Scheiden der Flügel und denen der Mundwerkzeuge sind die Scheiden der 3 Beinpaare sichtbar, wobei die Tarsi unter dem Flügelapex eingerollt sind.

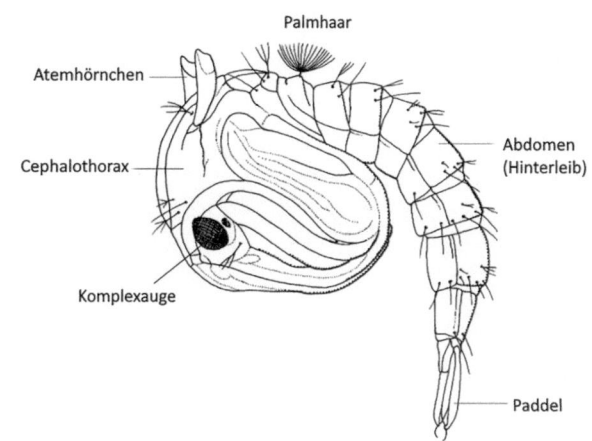

Abb. 5.11 Puppe – seitliche Ansicht des Körpers

Das Abdomen der Puppe ist dorsoventral abgeflacht und besteht aus 9 Segmenten, wobei das letzte sehr klein ist und die terminalen Paddel trägt (Abb. 5.12). Die Segmente sind sklerotisiert, durch intersegmentale Membranen verbunden und frei gegeneinander beweglich. Auf dem Abdominalsegment I befindet sich ein auffälliges paariges Palmhaar, das denen der *Anopheles*-Larven sehr ähnlich ist und die gleiche Funktion erfüllt. Es unterstützt die Puppe dabei, ihren Körper an der Wasseroberfläche in einer aufrechten Position zu halten. Die Paddel sind unregelmäßig

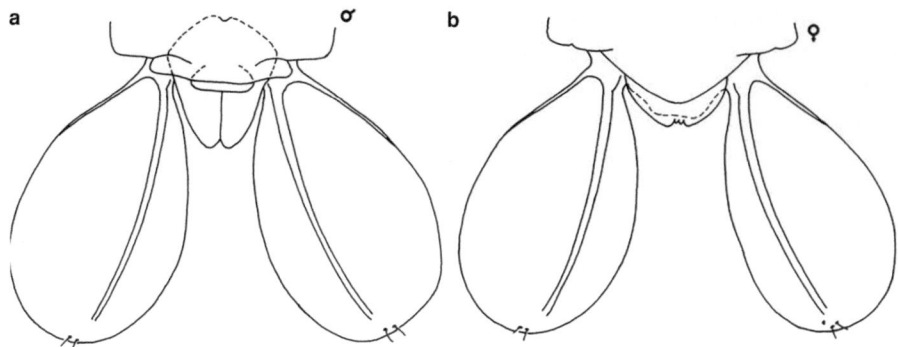

Abb. 5.12 Abdomen der männlichen (**a**) und weiblichen Puppe (**b**)

oval geformt und haben eine eher schmalen Basis. Sie besitzen eine längs verlaufende Versteifung oder Mittelrippe und überlappen sich in Ruhestellung in etwa der Hälfte ihrer Breite. Zwischen den Basen der Paddel befindet sich eine Scheide, welche den sich entwickelnden Genitalien der erwachsenen Stechmücken Schutz bietet, der Genitallobus. Bei den Männchen ist der Lobus relativ groß, kegelförmig und deutlich durch einen tiefen medianen Spalt geteilt, der nahezu komplett bis an die Basis reicht (Abb. 5.12a). Bei den Weibchen ist dieser Lobus wesentlich kleiner und unscheinbarer, hat ein mehr oder weniger stumpfes Ende, und der mediale Spalt ist kurz und teilt den Lobus nicht vollständig (Abb. 5.12b). Das Geschlecht der Puppen kann anhand der Form und Größe des Genitallobus im Verhältnis zur Größe der Paddel und dem Ausmaß des medianen Spalts leicht bestimmt werden.

Literatur

Becker N, Petrić D, Zgomba M, Boase C, Madon M, Dahl C, Kaiser A (2020) Mosquitoes – Identification, Ecology and Control. 3. Aufl., Springer Nature, Heidelberg, Cham, S. 570.
Belkin J (1962) The mosquitoes of the South Pacific (Diptera: Culicidae), Bd 1. University of California Press, Berkeley, S 608
Berlin GW (1969) Mosquito studies (Diptera, Culicidae). XII. A revision of the Neotropical subgenus Howardina of Aedes. Contr Am Ent Inst 4(2):1–190
Chapman RF (1982) The insects: structure and function. Hodder and Stoughton, London, S 919
Clements AN (1992) The biology of mosquitoes. Bd. 1: Development, nutrition and reproduction, Chapman & Hall, London, S. 509.
Dahl C (2000) Feeding in nematoceran larvae: ecology, behavior, mechanisms and principles. In: Caglar SS, Alten B, Özer N (Hrsg) Proceedings of the 13th European SOVE Meeting. Society for Vector Ecology, Ankara, S 21–27
Dahl C, Widahl LE, Nilsson C (1988) Functional analysis of the suspension feeding system in mosquitoes (Diptera: Culicidae). Ann Ent Soc Am 81:105–127
Darsie RF, Ward RA (1981) Identification and geographical distribution of the mosquitoes of North America, north of Mexico. Mosq Syst Suppl 1:1–313
Davies RG (1992) Outlines of entomology. Chapman and Hall, London, S 408
Forattini OP (1996) Culicidologia medica. In: Principios gerais morfologia glossario taxonomico, vol 1. Editora da Universidade de Sao Paulo-Edusp, São Paulo, S 548
Gutsevich AV, Monchadskii AS, Shtakel'berg AA (1974) Fauna SSSR, family Culicidae. Leningrad Akad Nauk SSSR Zool Inst N S No 100 (English translation: Israel Program for Scientific Translations) 3(4):384
Harbach RE, Knight KL (1980) Taxonomists' glossary of mosquito anatomy. Plexus Publishing, New Jersey, S 413
Knight KL, Laffoon JL (1971) A mosquito taxonomic glossary V. Abdomen (except female genitalia). Mosq Syst Newsletter 3 (1):8–24
Marshall JF (1938) The British mosquitoes. Brit Mus (Nat Hist), London, S 341
Pucat AM (1965) The functional morphology of the mouth parts of some mosquito larvae. Quaest Ent 1:41–86
Wood DM, Dang PT, Ellis RA (1979) The mosquitoes of Canada (Diptera: Culicidae), Series: The insects and arachnidae of Canada, part 6, Bd 1686. Biosystematics Res Inst Canada, Dept Agr Publ, Ottawa, S 390

Bestimmungsschlüssel der Weibchen

Gattungen

1 Maxillarpalpen in etwa so lang wie der Stechrüssel. Scutellum gleichmäßig gerundet und regelmäßig mit Borsten besetzt (Abb. 6.1a) .... ***Anopheles***
– Maxillarpalpen deutlich kürzer als der Stechrüssel. Scutellum dreilappig, Borsten inserieren in drei Gruppen (Abb. 6.1b). Abdominalsegmente (Tergite und Sternite) dicht mit Schuppen besetzt.. 2

2 (1) Analader (A) an ihrem Apex stark nach unten gebogen, ihr Ende am Flügelrand liegt in etwa auf der gleichen Höhe wie die Verzweigung der Cubitalader (Cu) (Abb. 6.2a)... ***Uranotaenia unguiculata***
– Analader (A) gleichmäßig geschwungen, ihr Ende am Flügelrand liegt deutlich hinter der Verzweigung der Cubitalader (Cu) (Abb. 6.2b) 3

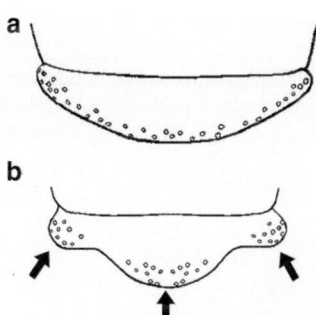

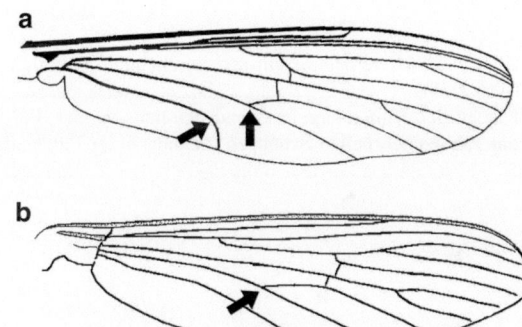

Abb. 6.1 Scutellum von: (**a**) *Anopheles* sp.; (**b**) *Aedes* sp.

Abb. 6.2 Flügel von: (**a**) *Ur. unguiculata*; (**b**) *Ae. vexans*

3 (2) Präspirakulare Borsten vorhanden (Abb. 6.3a)... ***Culiseta***
– Präspirakulare Borsten fehlen (Abb. 6.3b)... 4

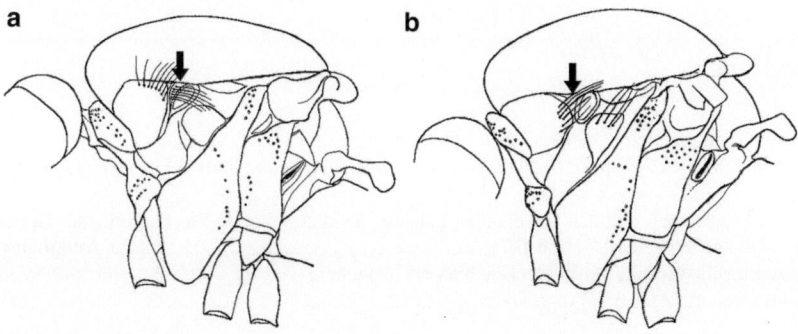

Abb. 6.3 Seitliche Ansicht des Thorax von: (**a**) *Cs. annulata*; (**b**) *Ae. geniculatus*

4 (3) Postspirakulare Borsten vorhanden. Klauen normalerweise mit Nebenzahn. Abdomenende spitz zulaufend, Cerci lang, deutlich sichtbar (Abb. 6.4a).. **Aedes**
Postspirakulare Borsten fehlecn. Klauen einfach, ohne Nebenzahn. Abdomenende gerundet, Cerci kurz, nicht deutlich sichtbar (Abb. 6.4b) 5

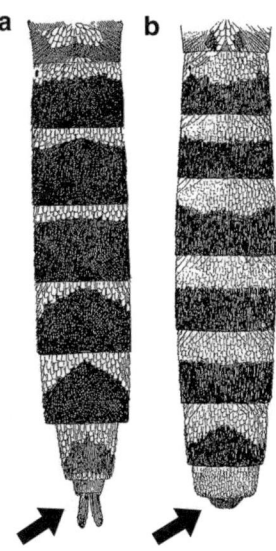

Abb. 6.4 Abdomen von: (**a**) *Aedes* sp.; (**b**) *Culex* sp.

5 (4) Klauen der Hinterbeine klein und unscheinbar. Pulvillen vorhanden. Tarsomere ohne helle Ringe. Schuppen djer Flügeladern schmal (Abb. 6.5a)... **Culex**
Klauen der Hinterbeine groß und deutlich sichtbar. Pulvillen fehlen. Tarsomere mit hellen Ringen. Stechrüssel und Maxillarpalpen mit zahlreichen hellen Schuppen. Schuppen der Flügeladern breit, (helle und dunkle Schuppen gemischt) (Abb. 6.5b).......................
....***Coquillettidia richiardii***

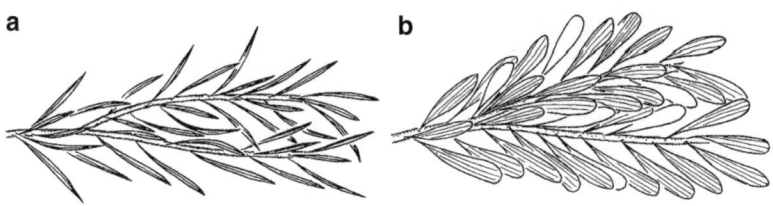

Abb. 6.5 Flügelschuppen von: (**a**) *Culex* sp.; (**b**) *Coquillettidia* sp.

6.1 Gattung *Anopheles*

1 Flügeladern ausschließlich mit dunklen Schuppen besetzt (Abb. 6.6a).. 2
Flügeladern mit hellen und dunklen Schuppen besetzt, die kontrastreiche helle und dunkle Flecken bilden (Abb. 6.6b)............................ 5

2 (1) Dunkle Schuppen an den Queradern und den Gabelungen gehäuft, deutliche dunkle Flecken bildend. Gabelungen von R_{2+3} und M in gleicher Entfernung von der Flügelbasis (Abb. 6.7a)... **Anopheles Maculipennis Komplex**
Dunkle Schuppen gleichmäßig verteilt, keine Flecken bildend. Gabelung von R_{2+3} befindet sich normalerweise etwas näher an der Flügelbasis als Gabelung von M (Abb. 6.7b) 3

6.1 Gattung *Anpheles*

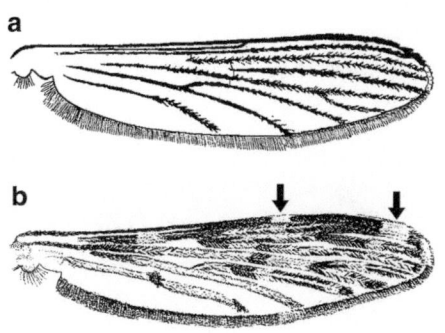

Abb. 6.6 Flügel von: (**a**) *An. claviger* s.l.; (**b**) *An. hyrcanus*

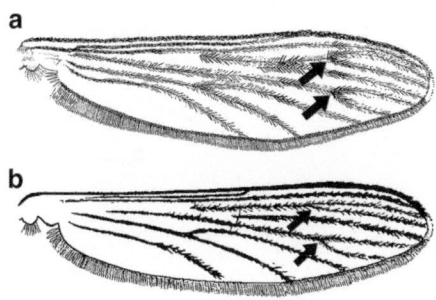

Abb. 6.7 Flügel von: (**a**) *An. maculipennis* s.l.; (**b**) *An. claviger* s.l.

3 (2) Alle Gabelschuppen des Vertex dunkelbraun. Scutum einfarbig braun, ohne mittleren Streifen heller Schuppen (Abb. 6.8a) ....
.... ***An. algeriensis***
Gabelschuppen des Vertex in der Mitte weißlich oder cremefarben, seitliche Partien dunkel. Scutum mit einem Mittelstreifen heller Schuppen (Abb. 6.8b) 4

4 (3) Körper schwarz-gräulich, metallisch glänzend. Vorderer acrostichaler Schuppenfleck deutlich, schneeweiß (Abb. 6.9a)........................
....***An. plumbeus***
Körper gelblich-braun oder braun, ohne Metallglanz. Vorderer acrostichaler Schuppenfleck wenig entwickelt, gelblich (Abb. 6.9b). .... ***An. claviger*** s.s. und ***An. petragnani***

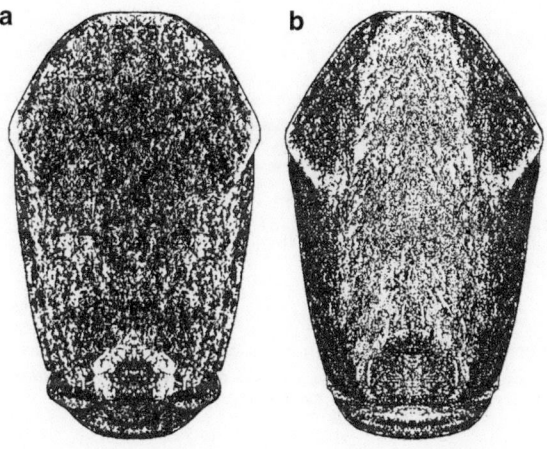

Abb. 6.8 Scutum von: (**a**) *An. algeriensis;* (**b**) *An. plumbeus*

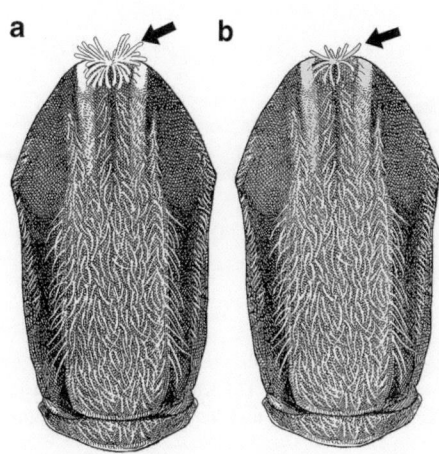

Abb. 6.9 Scutum von: (**a**) *An. plumbeus;* (**b**) *An. claviger* s.l.

5 (1) Tarsomer IV der Hinterbeine überwiegend dunkel beschuppt, helle Schuppen lediglich am Apex (Abb. 6.10a)...................................
....***An. hyrcanus***
Tarsomer IV der Hinterbeine komplett mit hellen Schuppen (Abb. 6.10b).. ***An. hyrcanus*** var. ***pseudopictus***

Abb. 6.10 Hinterer Tarsus von: (**a**) *An. hyrcanus*; (**b**) *An. hyrcanus* var. *pseudopictus*

6.2 Gattung *Aedes*

1   Tarsen mit hellen Ringen, normalerweise deutlicher sichtbar an den Hinterbeinen. Ringe bisweilen sehr schmal (am besten gegen einen dunklen Hintergrund zu beobachten) (Abb. 6.11a).. 2
    Tarsen dunkel beschuppt, ohne helle Ringe (Abb. 6.11b).. 15

2 (1) Die hellen Ringe erstrecken sich über zwei Tarsomere, den Apex des einen und die Basis des folgenden Tarsomers (Abb. 6.12a)............ 3
    Helle Ringe lediglich an der Basis der Tarsomere (Abb. 6.12b).. 5

Abb. 6.11 Hinterer Tarsus von: (**a**) *Ae. cantans;* (**b**) *Ae. rossicus*

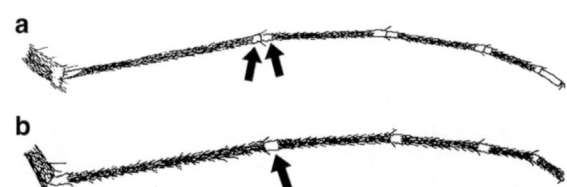

Abb. 6.12 Hinterer Tarsus von: (**a**) *Ae. caspius;* (**b**) *Ae. vexans*

3 (2) Flügeladern normalerweise dunkel beschuppt (in *Ae. berlandi* selten vereinzelte helle Schuppen eingestreut). Tarsomere V aller Beine komplett mit hellen Schuppen besetzt (Abb. 6.13a)... ***Ae. berlandi*** und ***Ae. pulcritarsis***
    Flügeladern mit hellen und dunklen Schuppen gesprenkelt. Tarsomere V der Hinterbeine vollständig hell beschuppt (Abb. 6.13b)............ 4

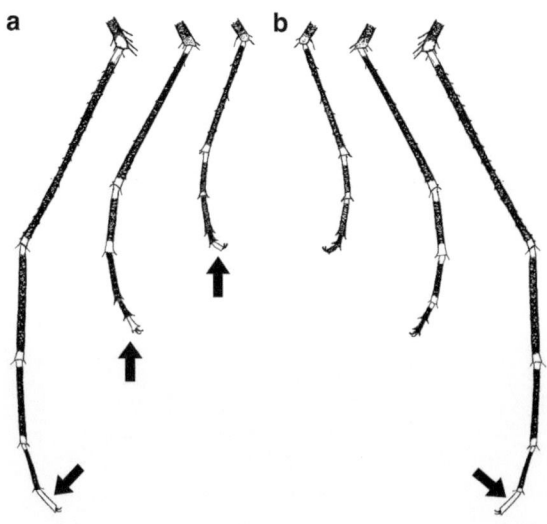

Abb. 6.13 Vordere, mittlere und hintere Tarsen von: (**a**) *Ae. berlandi;* (**b**) *Ae. dorsalis*

4 (3) Scutum gleichförmig rehfarben, mit 2 schmalen dorsozentralen hellen Streifen, die sich bis zum hinteren Ende des Scutums erstrecken. Flügeladern mehr oder weniger gleichmäßig mit hellen und dunklen Schuppen besetzt (Abb. 6.14a,b)............................ ***Ae. caspius***
Scutum mit einem dunkelbraunen medianen Streifen, der sich nicht bis zum Ende des Scutums erstreckt. Die seitlichen Bereiche des Scutums einförmig gräulich weiß beschuppt. Die Basen der Flügeladern C, Sc, und R überwiegend mit hellen Schuppen besetzt (Abb. 6.14c,d).. ***Ae. dorsalis***

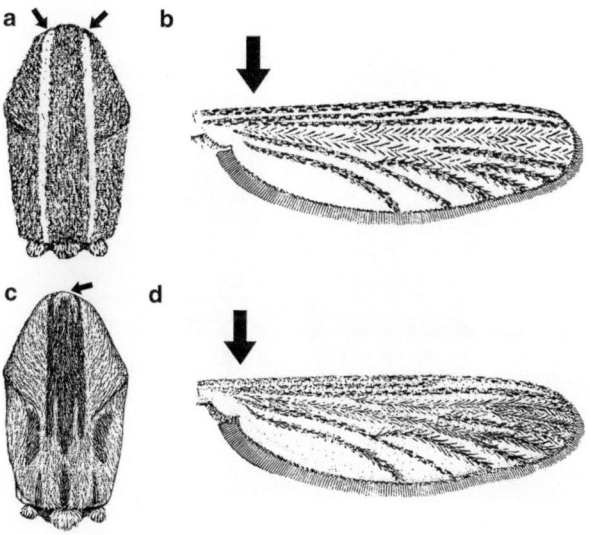

Abb. 6.14 Scutum und Flügel von: (**a**, **b**) *Ae. caspius;* (**c**, **d**) *Ae. dorsalis*

5 (2) Stechrüssel ungefähr so lang wie der Femur der Vorderbeine. Scutellum mit breiten weißlichen Schuppen (Abb. 6.15a) oder mit schmalen, dunklen und hellen Schuppen... 6
Stechrüssel deutlich länger als der Femur der Vorderbeine. Scutellum mit schmalen gelblich oder hellen Schuppen (Abb. 6.15b)............ 9

6 (5) Maxillarpalpen an den Spitzen mit einem weißen Schuppenfleck. Scutum mit einem oder mehreren weißen Längsstreifen. Scutellum mit breiten, weißen Schuppen besetzt (Abb. 6.15a).. 7
Weißer Schuppenfleck an den Spitzen der Maxillarpalpen fehlt. Scutum mit einem oder mehreren gelblichen Längsstreifen. Scutellum mit schmalen gekrümmten dunklen Schuppen auf den seitlichen Lobi... 8

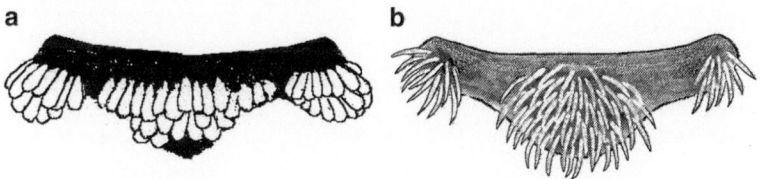

Abb. 6.15 Scutellum von: (**a**) *Ae. aegypti;* (**b**) *Ae. vexans*

7 (6) Scutum mit zwei schmalen dorsozentralen weißen Streifen, die in einiger Entfernung zum Vorderrand beginnen, ein acrostichaler weißer Streifen fehlt. Die seitlichen weißen Streifen sind breit und verlaufen über die transverse Naht bis zum Ende des Scutums (ähnlich der Form einer Lyra) (Abb. 6.16a)... *Ae. aegypti*
Scutum mit einem acrostichalen weißen Streifen, der sich vom vorderen Rand bis zum präscutellaren Areal zieht, wo er sich verzweigt und am vorderen Rand des Scutellums endet. Wenn seitliche Streifen vorhanden sind, so sind sie schmal und verlaufen nie über die transverse Naht (Abb. 6.16b) .... *Ae. albopictus*

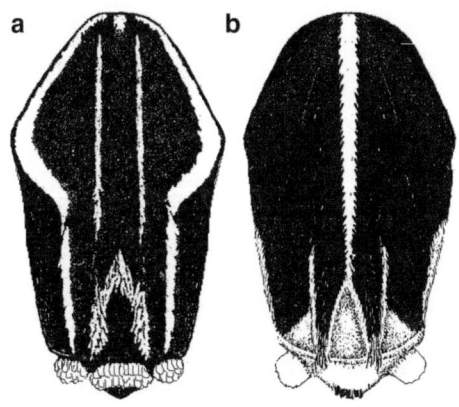

Abb. 6.16 Scutum von: (**a**) *Ae. aegypti;* (**b**) *Ae. albopictus*

8 (6) Basis des hinteren Femur mit einem subbasalen Ring dunkler Schuppen (Abb. 6.17a). Tarsomer IV der Hinterbeine komplett dunkel beschuppt, bisweilen mit wenigen hellen Schuppen an der Basis, die keinen kompletten Ring bilden. Subspirakularer Schuppenfleck fehlt oder selten mit 1–5 breiten, weißen Schuppen.. *Ae. japonicus*
Basis des hinteren Femur komplett hell beschuppt (Abb. 6.17b). Tarsomer IV der Hinterbeine mit einem schmalen hellen Ring. Subspirakularer Schuppenfleck mit einer Vielzahl breiter weißer Schuppen.. *Ae. koreicus*

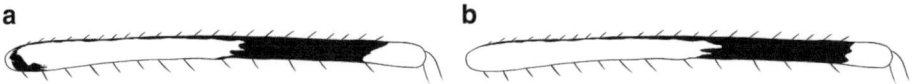

Abb. 6.17 Hinterer Femur von (**a**) *Ae. japonicus*; (**b**) *Ae. koreicus*

9 (5) Helle Ringe der Tarsen schmal, nicht breiter als 1/4 der Länge der jeweiligen Tarsomere. Tergite mit hellen basalen Querbändern, die in der Mitte deutlich verengt sind (Abb. 6.18a, b)... *Ae. vexans*
Helle Ringe der Tarsen breit, an Tarsomer III der Hinterbeine mindestens 1/3 der Länge des Tarsomers umfassend (Abb. 6.18c)........... 10

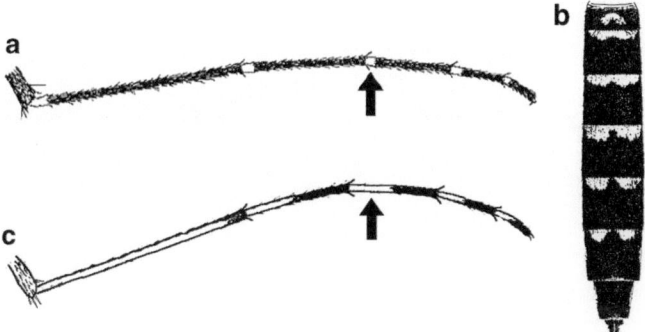

Abb. 6.18 Tarsus (**a**) und Abdomen (**b**) von *Ae. vexans* und Tarsus (**c**) *von Ae. flavescens*

10 (9) Tergite mit hellen Schuppen besetzt, bisweilen vereinzelte dunkle Schuppen eingestreut (Abb. 6.19a).. 11
Tergite überwiegend mit dunklen Schuppen besetzt, helle eingestreute Schuppen können mehr oder weniger deutliche Basalbänder bilden (Abb. 6.19b). Scutum mit dunklem Mittelstreifen oder diffusen hellen Flecken.. 12

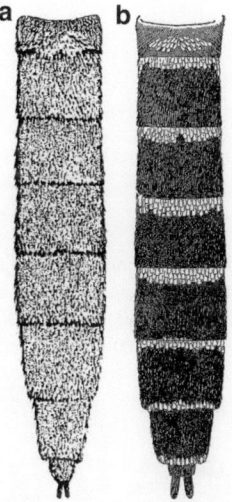

Abb. 6.19 Abdomen von: (**a**) *Ae. flavescens;* (**b**) *Ae. cantans*

11 (10) Scutum mit kupferfarbenen oder bräunlich goldenen Schuppen bedeckt. Schuppen der Tergite strohfarben, deutlich heller als jene des Scutums. Schuppen der Pleurite ebenfalls heller als jene des Scutums. Untere mesepimerale Borsten fehlen (Abb. 6.20a)...........
.... ***Ae. flavescens***
Scutum mit gelblich goldenen Schuppen bedeckt. Schuppen der Tergite und Pleurite gelblich oder cremefarben, in der Färbung den Schuppen des Scutums sehr ähnlich. Untere mesepimerale Borsten vorhanden (Abb. 6.20b)................................... ***Ae. cyprius***

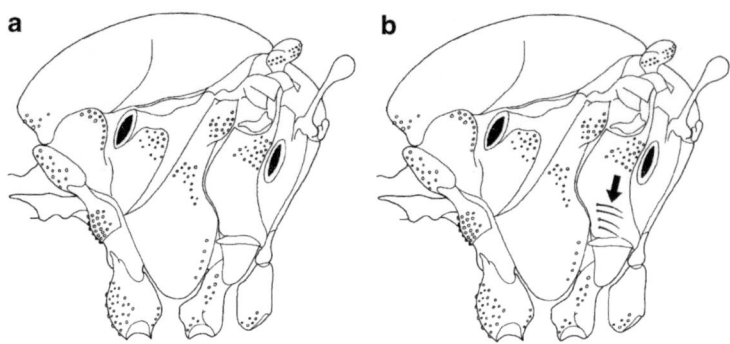

Abb. 6.20 Seitliche Ansicht des Thorax von: (**a**) *Ae. flavescens;* (**b**) *Ae. cyprius*

12 (10) Klaue oberhalb der Basis des Nebenzahns abrupt abgeknickt. Nebenzahn und Hauptzahn bilden einen Winkel von weniger als 25° (Abb. 6.21a)... ***Ae. excrucians***
  Klaue gleichmäßig gebogen. Nebenzahn deutlich abstehend, mit dem Hauptzahn einen Winkel von mindestens 30° bildend (Abb. 6.21b).. 13

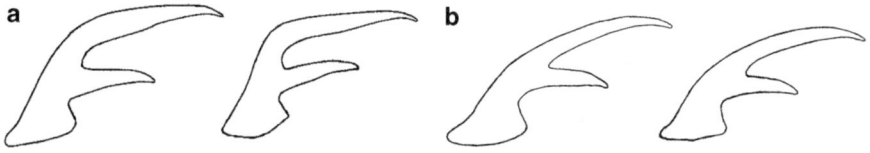

Abb. 6.21 Klauen von: (**a**) *Ae. excrucians;* (**b**) *Ae. riparius*

13 (12) Scutum mit einem mehr oder weniger deutlichen medianen bräunlichen Längsstreifen, ein Paar helle Schuppenflecke im hinteren submedianen Bereich fehlen (Abb. 6.22a). Tergite mit deutlichen hellen Basalbändern.. 14
  Scutum ohne medianen bräunlichen Längsstreifen. Üblicherweise finden sich im hinteren submedianen Bereich ein Paar helle Schuppenflecke (Abb. 6.22b). Helle Basalbänder auf den Tergiten von unterschiedlicher Breite, bisweilen undeutlich .... ***Ae. cantans***

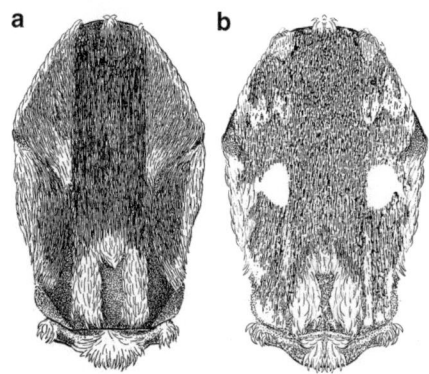

Abb. 6.22 Scutum von: (**a**) *Ae. riparius;* (**b**) *Ae. cantans*

6.2 Gattung *Aedes*

14 (13) Medianer Längsstreifen des Scutums dunkelbraun oder bronze, Integument rötlich braun. Tergite mit deutlichen hellen Basalbändern, auf den Tergiten II-V sind diese Bänder manchmal unterbrochen und bilden dann undeutliche dreieckige Flecken an den Seiten. Darüber hinaus finden sich zumindest auf den Tergiten VI-VIII helle Apikalbänder (Abb. 6.23a). Unterer postpronotaler Schuppenfleck mit schmalen, sichelförmigen Schuppen.. ***Ae. riparius***
Medianer Längsstreifen des Scutums golden- oder rehbraun (manchmal weniger deutlich sichtbar), Integument bräunlich, Mesepimeron honigfarben. Tergite mit deutlichen hellen Basalbändern, helle Schuppen können auch auf den apikalen Bereichen der Tergite eingestreut sein (Abb. 6.23b). Unterer postpronotaler Schuppenfleck mit breiten weißen Schuppen.......................***Ae. annulipes***

Hinweis: Zur Unterscheidung von *annulipes* und *cantans* können die supraalaren Borsten (über den Flügelwurzeln) herangezogen werden. Sie sind strohfarben bei *annulipes* und dunkelbraun bei *cantans*. Über Unterschiede in der allgemeinen Körperfärbung siehe die Artbeschreibungen

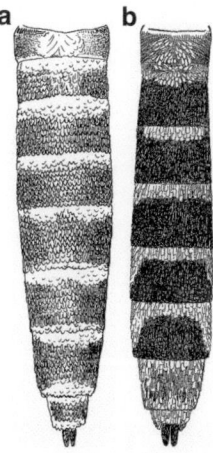

Abb. 6.23 Dorsale Ansicht des Abdomens von: (**a**) *Ae. riparius;* (**b**) *Ae. annulipes*

15 (1) Stechrüssel nicht länger als der vordere Femur (Abb. 6.24a)... 16
Stechrüssel deutlich länger als der vordere Femur (Abb. 6.24b)... 17

16 (15) Schuppen des Scutums rehbraun, Schuppen der Tergite dunkelbraun, farblich deutlich zu unterscheiden. Schuppen der Pleurite gelblich weiß, Schuppen der Sternite gelblich... ***Ae. cinereus*** und ***Ae. geminus***
Schuppen des Scutums und der Tergite von gleicher dunkelbrauner Farbe,. Schuppen der Pleurite und Sternite gräulich weiß.............. .... ***Ae. rossicus***

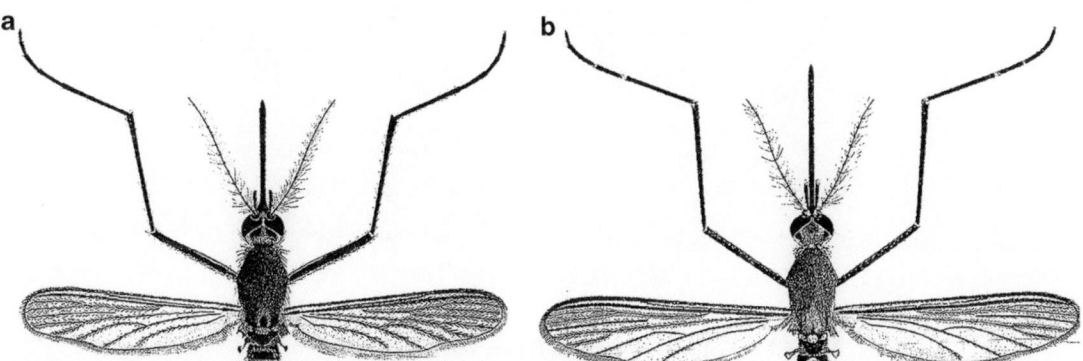

Abb. 6.24 Kopf und Thorax von: (**a**) *Ae. cinereus;* (**b**) *Ae. vexans*

17 (15) Cerci kurz, abgerundet (Abb. 6.25a). Helle Schuppenflecken auf den Tergiten silbrig, mit metallischem Glanz... *Ae. rusticus*

Cerci lang, zur Spitze sich verjüngend (Abb. 6.25b). Helle Schuppen auf den Tergiten, wenn vorhanden, ohne metallischen Glanz...18

18 (17) Apikale Hälfte der Tergite mit eingestreuten hellen Schuppen oder helle Schuppen in der Mehrzahl (Abb. 6.26a).............................. 19
Apikale Hälfte der Tergite mit dunklen Schuppen, helle Schuppen bilden basale Querbänder oder seitliche Flecken (Abb. 6.26b)...... 21

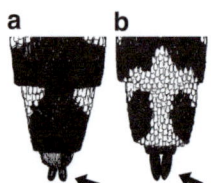
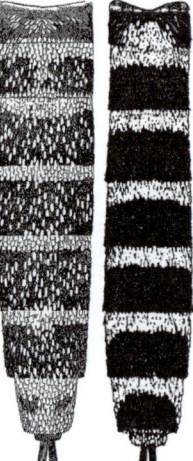

Abb. 6.25 Abdomenende von: (**a**) *Ae. geniculatus;* (**b**) *Ae. rusticus*

Abb. 6.26 Abdomen von: (**a**) *Ae. detritus;* (**b**) *Ae. cataphylla*

19 (18) Postpronotum im oberen Bereich mit breiten, geraden, schwarzen Schuppen. (Abb. 6.27a). Scutum mit einem dunklen medianen Streifen, der durch einen schmalen acrostichalen Streifen hellerer Schuppen geteilt sein kann... 20
Postpronotum im oberen Bereich üblicherweise mit schmalen, gekrümmten Schuppen. (Abb. 6.27b). Sind diese Schuppen ebenfalls breit und gerade, so ist ihre Farbe gelblich oder hellbraun, niemals schwarz. Scutum üblicherweise ohne dunklen medianen Streifen, wenn vorhanden, so ist die Farbe des Streifens bronze oder gelblich.. *Ae. detritus*

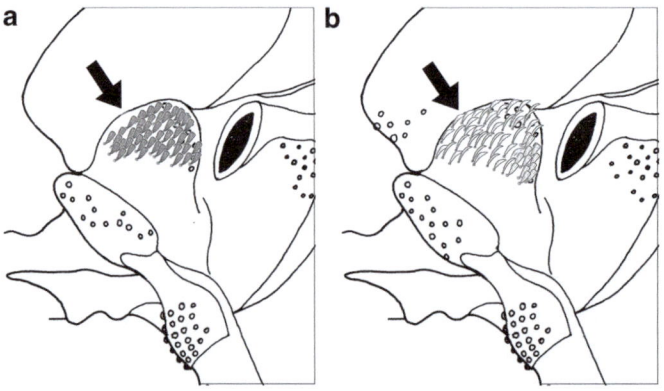

Abb. 6.27 Seitliche Ansicht des Thorax von: (**a**) *Ae. refiki;* (**b**) *Ae. detritus*

6.2 Gattung *Aedes*

20 (19) Tergite mit deutlichen basalen Querbändern, die üblicherweise in der Mitte verbreitert sind. Oft weisen zumindest die apikalen 2–3 Tergite einen durchgehenden mittleren Längsstreifen auf (Abb. 6.28a)... ***Ae. rusticus***
Basale Querbänder auf den Tergiten vorhanden, bisweilen nicht deutlich sichtbar und nicht in der Mitte verbreitert. Apikale Bereiche der Tergite mit eingestreuten hellen Schuppen, gelegentlich sind schmale apikale Querbänder zu finden (Abb. 6.28b)..***Ae. refiki***

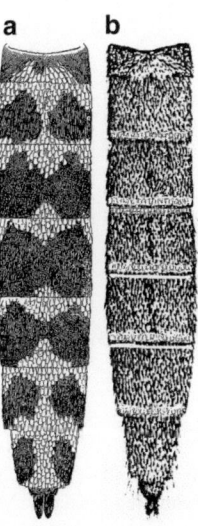

Abb. 6.28 Abdomen von: (**a**) *Ae. rusticus;* (**b**) *Ae. refiki*

21 (18) Flügeladern mit hellen und dunklen Schuppen besetzt, besonders an Costa (C) und R_1... 22
Flügeladern üblicherweise ohne helle Schuppen, wenn vorhanden, beschränken sich die hellen Schuppen auf die basalen Bereiche der Adern... 23
22 (21) Stechrüssel einheitlich dunkel beschuppt... ***Ae. cataphylla***
Stechrüssel mit eingestreuten hellen Schuppen, vornehmlich im mittleren Bereich... ***Ae. leucomelas***
23 (21) Hypostigmaler Schuppenfleck vorhanden, Postprokoxalfleck fehlt (Abb. 6.29a)... 24
Hypostigmaler Schuppenfleck fehlt, Postprokoxalfleck vorhanden oder fehlt (Abb. 6.29b)... 25

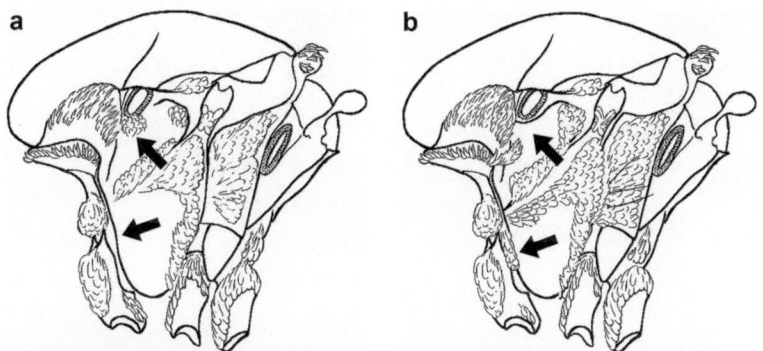

Abb. 6.29 Seitliche Ansicht des Thorax von: (**a**) *Ae. pullatus;* (**b**) *Ae. punctor*

24 (23) Mesepimeraler Schuppenfleck reicht bis zum unteren Rand des Mesepimerons. Untere mesepimerale Borsten vorhanden (Abb. 6.30a) .... *Ae. pullatus*
Mesepimeraler Schuppenfleck reicht nicht bis zum unteren Rand des Mesepimerons. Untere mesepimerale Borsten fehlen üblicherweise (Abb. 6.30b).. *Ae. intrudens*

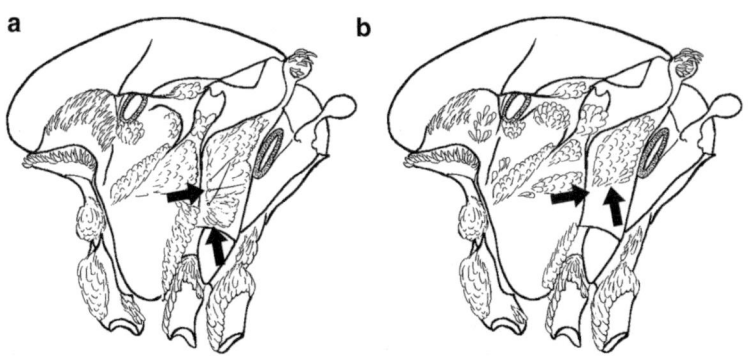

Abb. 6.30 Seitliche Ansicht des Thorax von: (**a**) *Ae. pullatus;* (**b**) *Ae. intrudens*

25 (23) Oberer mesepisternaler Schuppenfleck reicht nicht bis zur vorderen Ecke des Mesepisternums (Abb. 6.31a)...................................... 26
Oberer mesepisternaler Schuppenfleck reicht bis zur vorderen Ecke des Mesepisternums (Abb. 6.31b).. 27

26 (25) Oberer mesepisternaler Schuppenfleck groß, nicht geteilt (Abb. 6.31a). Tergite seitlich mit dreieckigen hellen Schuppenflecken, die zumindest auf den Tergiten IV bis VII durch basale Querbänder miteinander verbunden sind.. *Ae. diantaeus*
Oberer mesepisternaler Schuppenfleck klein, geteilt in zwei oder mehr Teile (Abb. 6.30b). Alle Tergite mit hellen basalen Querbändern.. *Ae. intrudens*

27 (25) Mesepimeraler Schuppenfleck reicht bis zum unteren Rand des Mesepimerons (Abb. 6.32a)... 28
Mesepimeraler Schuppenfleck reicht deutlich nicht bis zum unteren Rand des Mesepimerons (Abb. 6.32b).................................... 30

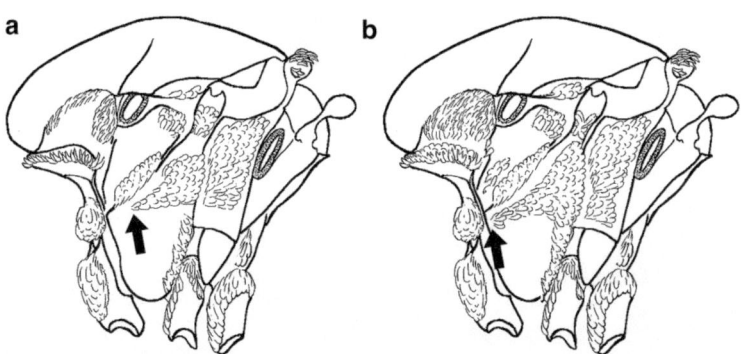

Abb. 6.31 Seitliche Ansicht des Thorax von: (**a**) *Ae. diantaeus;* (**b**) *Ae. communis*

28 (27) Postprokoxaler Schuppenfleck vorhanden (Abb. 6.33a) 29
Postprokoxaler Schuppenfleck fehlt (Abb. 6.33b) .... *Ae. communis*

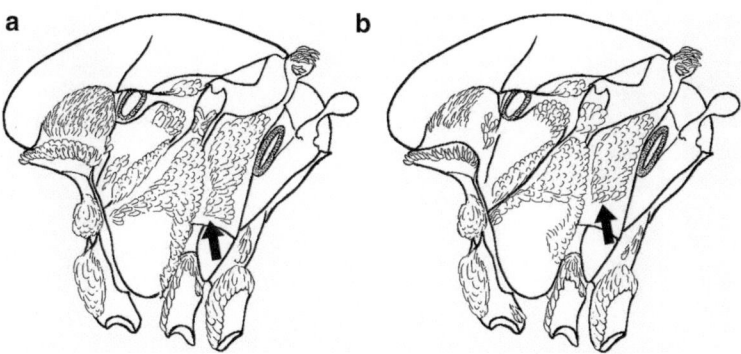

Abb. 6.32 Seitliche Ansicht des Thorax von: (**a**) *Ae. communis*; (**b**) *Ae. sticticus*

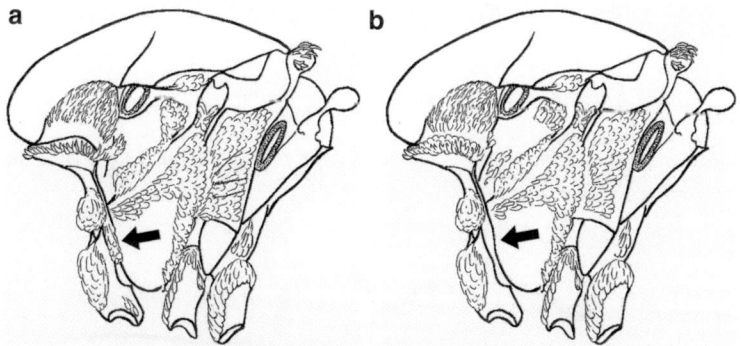

Abb. 6.33 Seitliche Ansicht des Thorax von: (**a**) *Ae. punctor*; (**b**) *Ae. communis*

29 (28) Helle Querbänder auf den Tergiten II-V deutlich verengt in der Mitte (Abb. 6.34a) .... *Ae. punctor*
Helle Querbänder auf den Tergiten II-V ohne oder mit nur geringfügiger Verengung in der Mitte (Abb. 6.34b) ....
.... *Ae. pionips*

30 (27) Flügeladern üblicherweise komplett mit dunklen Schuppen besetzt. Basalbänder der Tergite II-IV deutlich verengt in der Mitte, auf den folgenden Tergiten sind die Bänder unterbrochen und bilden dreieckige seitliche Flecken (Abb. 6.35a). Flagellomer I mit gelblichen Schuppen an der Basis, Flagellomere II und III nicht deutlich verkürzt .... *Ae. sticticus*
Flügeladern mit eingestreuten hellen Schuppen an der Basis von C, der gesamten Sc, und M in der Nähe der Queradern. Tergite mit breiten hellen Basalbändern, die nur unwesentlich in der Mitte verengt sind (Abb. 6.35b). Flagellomer I komplett dunkel beschuppt, Flagellomere II und III deutlich verkürzt .... *Ae. nigrinus*

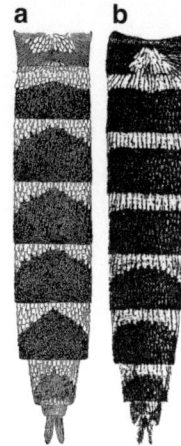

Abb. 6.34 Abdomens von: (**a**) *Ae. punctor;* (**b**) *Ae. pionips*

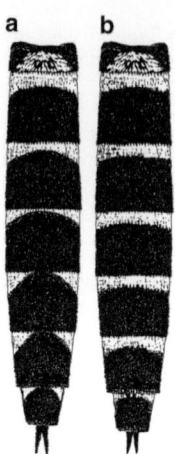

Abb. 6.35 Abdomens von: (**a**) *Ae. sticticus;* (**b**) *Ae. nigrinus*

6.3 Gattung *Culex*

1 Stechrüssel kürzer als der Femur der Vorderbeine (Abb. 6.24a). Tarsomer I der Hinterbeine deutlich kürzer als die Tibia (Abb. 6.36a) .... ***Cx. modestus***
Stechrüssel so lang oder länger als der Femur der Vorderbeine (Abb. 6.24b). Tarsomer I der Hinterbeine in etwa so lang wie die Tibia (Abb. 6.36b) 2

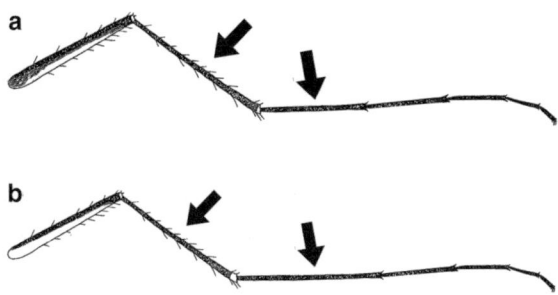

Abb. 6.36 Hinterbein von: (**a**) *Cx. modestus;* (**b**) *Cx. pipiens*

2 (1) Tergite mit hellen Schuppen am Apex (Bänder und/oder seitliche Flecken gut sichtbar gegen einen dunklen Hintergrund) oder komplett dunkel beschuppt.. 3
Tergite mit schmalen Bändern heller Schuppen an der Basis, die sich seitlich erweitern.. ***Cx. pipiens*** und *Cx. torrentium*

Hinweis: Zur Unterscheidung von *pipiens und torrentium* können die prealaren Schuppen herangezogen werden. Sie sind vorhanden bei *torrentium* und fehlen bei *pipiens*

3 (2) Tergite einförmig mit rötlich braunen Schuppen besetzt, helle transverse Bänder fehlen... ***Cx. martinii***
Tergite mit mehr oder weniger gut entwickelten hellen apikalen Bändern, bisweilen sind diese Bänder zu seitlichen Flecken reduziert... 4

4 (3) Maxillarpalpen mit hellen und dunklen Schuppen besetzt. Das Ende von Sc befindet sich nahezu auf gleicher Höhe mit den Gabelungen von R_{2+3} und M (Abb. 6.37a). Die hellen apikalen Bänder der Tergite sind relativ breit und deutlich erweitert in der Mitte auf einigen Segmenten. Apex der hinteren Tibia mit hellem Fleck... ***Cx. hortensis***
Maxillarpalpen mit dunklen Schuppen besetzt. Das Ende von Sc befindet sich deutlich näher an der Flügelbasis verglichen mit den Gabelungen von R_{2+3} und M (Abb. 6.37b). Die hellen apikalen Bänder der Tergite relativ schmal, ohne Erweiterung in der Mitte. Apex der hinteren Tibia ohne hellen Fleck. Abdomen ventral normalerweise grünlich scheinend.. ***Cx. territans***

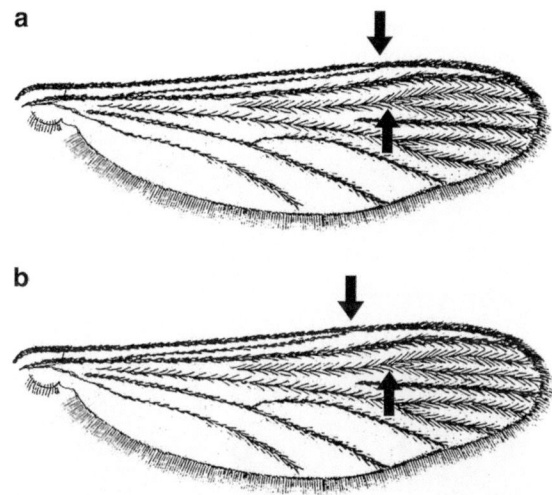

Abb. 6.37 Flügel von: (**a**) *Cx. hortensis;* (**b**) *Cx. territans*

6.4 Gattung *Culiseta*

1 Scutum mit deutlichen hellen Streifen (ähnlich der Form einer Lyra). Femora und Tibiae mit definierten hellen Flecken und Streifen. Costa (C) überwiegend mit hellen Schuppen besetzt... ***Cs. longiareolata***
Scutum ohne helle Streifen. Femora und Tibiae ohne helle Streifen, einfarbig dunkel beschuppt oder mit verstreuten hellen Schuppen. Costa (C) überwiegend oder gänzlich dunkel beschuppt... 2

2 (1) Queradern r-m und m-cu deutlich voneinander getrennt. Die Entfernung zwischen ihnen entspricht mindestens der Länge der Querader m-cu (Abb. 6.38a). Flügel normalerweise ohne dunkle Flecken oder mit einem unscheinbaren Fleck an der Basis von R_{4+5}................... 3
Queradern r-m und m-cu in einer Linie oder nur geringfügig voneinander getrennt. Wenn sie voneinander getrennt sind, dann entspricht die Entfernung nicht der Länge der Querader m-cu (Abb. 6.38b). Flügel mit dunklen Flecken (bisweilen fehlen die Flecken bei *Cs. glaphyroptera*)... 5

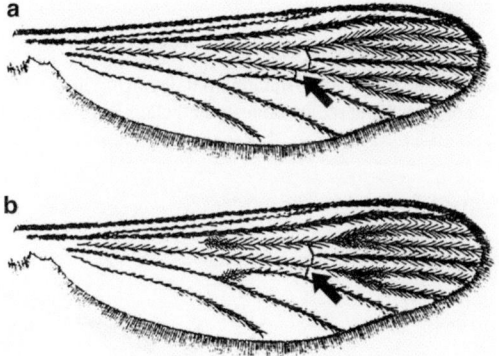

Abb. 6.38 Flügel von: (**a**) Untergattung *Culicella*; (**b**) Untergattung *Culiseta*

3 (2) Stechrüssel mit eingestreuten hellen Schuppen, hauptsächlich im mittleren Abschnitt. Sternite normalerweise mit dunklen Schuppen besetzt in der Form eines inversen „V" (Abb. 6.39a, b)... *Cs. fumipennis*
Stechrüssel einförmig dunkel beschuppt, selten mit wenigen hellen Schuppen in der Mitte (bei *Cs. morsitans*), oder helle Schuppen überwiegen im gesamten Bereich (bei *Cs. ochroptera*). Sternite mit hellen und dunklen Schuppen besetzt, ohne die Form eines inversen „V" zu bilden (Abb. 6.39c, d).. 4

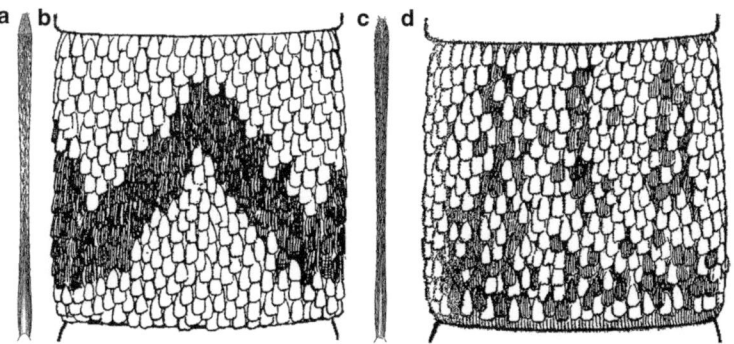

Abb. 6.39 Stechrüssel und Sternit von: (**a, b**) *Cs. fumipennis*; (**c, d**) *Cs. morsitans*

4 (3) Tergite mit schmalen basalen hellen Bändern. Schuppen auf den Flügeladern gleichmäßig verteilt, ohne Flecken zu bilden. Tibia der Vorderbeine überwiegend dunkelbraun beschuppt... *Cs. morsitans*
Tergite mit schmalen unscheinbaren basalen und apikalen hellen Bändern, die selten auch fehlen können. Torgit VIII komplett mit hellen Schuppen besetzt. Ein unscheinbarer dunkler Fleck an der Basis von R_{4+5} kann vorhanden sein. Tibia der Vorderbeine überwiegend gelblich beschuppt... *Cs. ochroptera*

5 (2) Tarsen dunkel (Abb. 6.40a) .... *Cs. glaphyroptera*
Tarsen mit hellen Ringen (Abb. 6.40b)..

6 (5) Femora mit subapikalem hellen Ring. Tarsomer I der Hinterbeine mit einem hellen Ring in der Mitte (Abb. 6.41a)................ 7
Femora ohne subapikalen hellen Ring. Tarsomer I der Hinterbeine ohne einen hellen Ring in der Mitte (Abb. 6.41b)............................
.... *Cs. alaskaensis*

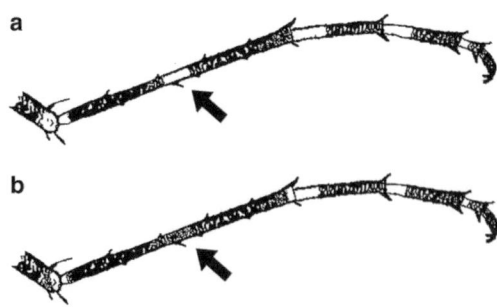

Abb. 6.40 Hinterer Tarsus von: (**a**) *Cs. glaphyroptera*; (**b**) *Cs. annulata*

Abb. 6.41 Hinterer Tarsus von: (**a**) *Cs. annulata;* (**b**) *Cs. alaskaensis*

7 (6) Costa (C) normalerweise komplett dunkel beschuppt, vereinzelte helle Schuppen können auf den Adern C, Sc und R vorhanden sein, Cu komplett dunkel. Dunkle Flecken auf den Flügeln deutlich sichtbar. Tergite mit deutlichen hellen Basalbändern, ohne helle Schuppen in den apikalen Bereichen. Queradern r-m und m-cu in einer Linie (Abb. 6.42a).. ***Cs. annulata***
 Costa, Sc, R und Cu mit eingestreuten hellen Schuppen. Dunkle Flecken auf den Flügeln unscheinbar. Tergite mit unscheinbaren gelblichen Basalbändern und eingestreuten hellen Schuppen in den apikalen Bereichen. Queradern r-m und m-cu leicht versetzt (Abb. 6.42b) .... ***Cs. subochrea***

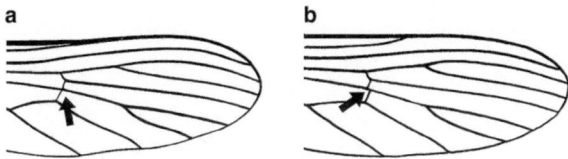

Abb. 6.42 Flügel von: (**a**) *Cs. annulata;* (**b**) *Cs. subochrea*

Bestimmungsschlüssel der Larven (4. Stadium)

Gattungen

1	Abdominalsegment VIII ohne Siphon (Abb. 7.1a)..*Anopheles*
	Abdominalsegment VIII mit deutlich verlängertem Siphon (Abb. 7.1b)...2

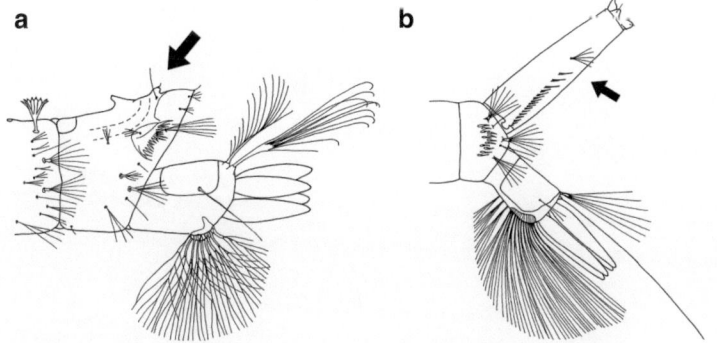

Abb. 7.1 Abdominalsegment VIII von: (a) *Anopheles* sp.; (b) *Aedes* sp.

2 (1)	Siphon kurz, Apex stark sklerotisiert und spitz zulaufend, mit einem sägeähnlichen Apparat (Abb. 7.2a)..*Coquillettidia richiardii*
	Siphon länglich, Apex nicht spitz zulaufend, ohne Sägeeinrichtung (Abb. 7.2b)..3

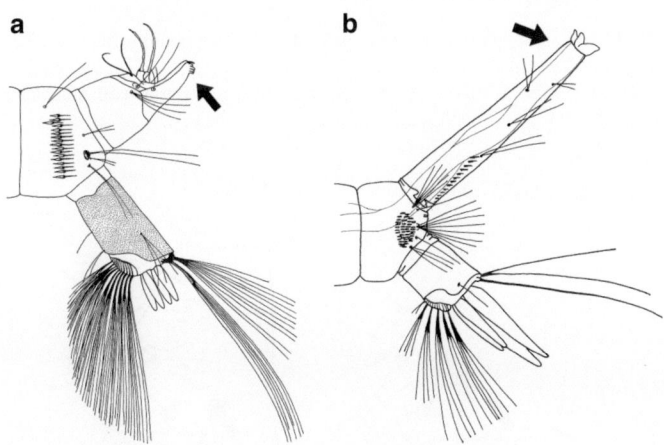

Abb. 7.2 Siphon von: (a) *Cq. richiardii;* (b) *Cx pipiens*

| 3 (2) | Siphon mit mehreren Paaren Siphonalbüscheln (1-S) (Abb. 7.3a)..*Culex* |
| | Siphon mit einem Paar Siphonalbüschel (1-S) (Abb. 7.3b)...4 |

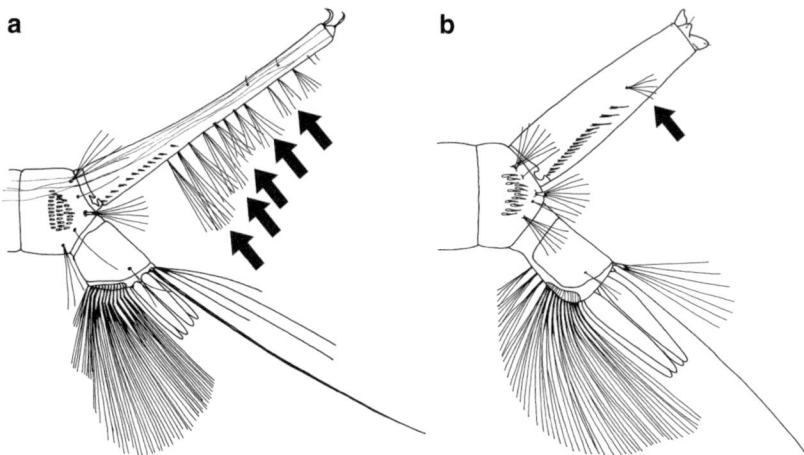

Abb. 7.3 Siphon von: (a) *Cx. hortensis*; (b) *Ae. vexans*

| 4 (3) | Siphonalbüschel (1-S) inseriert an der Basis des Siphons (Abb. 7.4a)...*Culiseta* |
| | Siphonalbüschel (1-S) inseriert in der Mitte oder nahe der Spitze des Siphons (Abb. 7.4b)...5 |

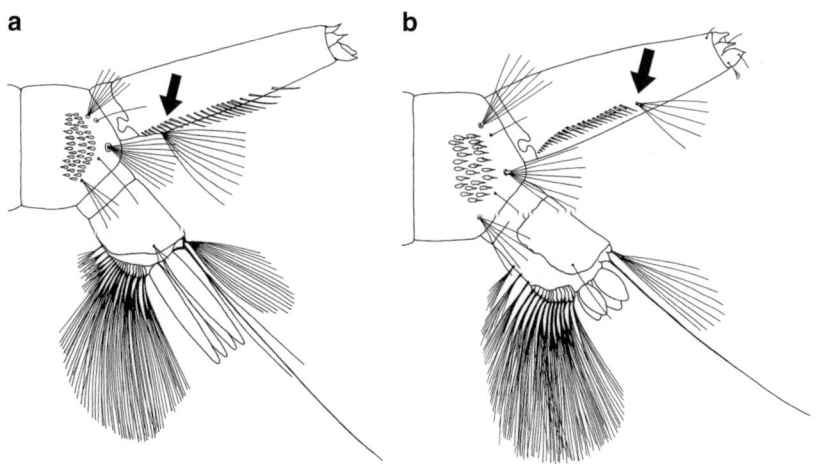

Abb. 7.4 Siphon von: (a) *Cs. annulata*; (b) *Ae. caspius*

| 5 (4) | Abdominalsegment VIII mit sklerotisierten Platten an den Seiten, Striegelschuppen inserieren am hinteren Rand dieser Platte (Abb. 7.5a) ....*Uranotaenia unguiculata* |
| | Abdominalsegment VIII ohne sklerotisierte Platten an den Seiten. Striegelschuppen in unterschiedlicher Anzahl an den Seiten vorhanden (Abb. 7.5b)..*Aedes* |

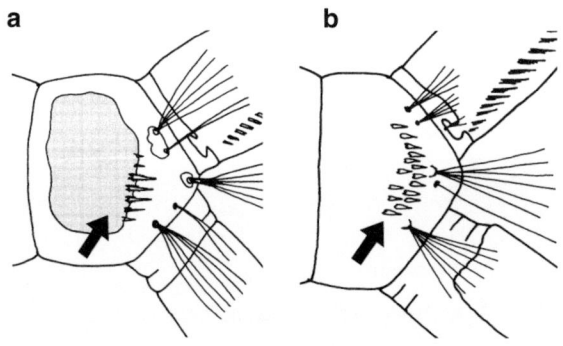

Abb. 7.5 Abdominalsegment VIII: (a) *Ur. unguiculata*; (b) *Ae. cinereus*

7.1 Gattung *Anopheles*

1 (2) Frontalhaare (5-C bis 7-C) lang und verzweigt. Antennen mit feinen Dornen besetzt, zumindest an den Innenseiten (Abb. 7.6a)..............2
Frontalhaare (5-C bis 7-C) kurz und unverzweigt. Antennen glatt, ohne Dornen (Abb. 7.6b)..*An. plumbeus*

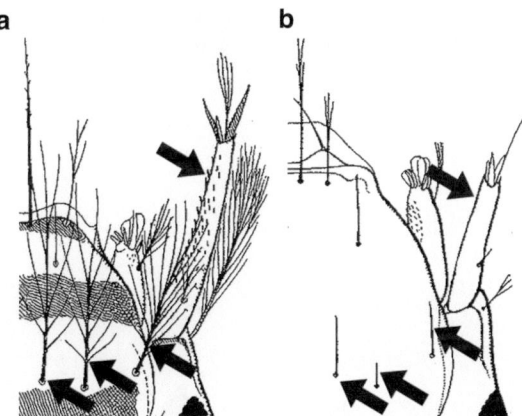

Abb. 7.6 Kopf von: (a) *An. algeriensis*; (b) *An. plumbeus*

2 (1) Äußere Klypealhaare (3-C) einfach oder apikal schwach verzweigt (Abb. 7.7a)..3
Äußere Klypealhaare (3-C) stark verästelt (Abb. 7.7b)...5

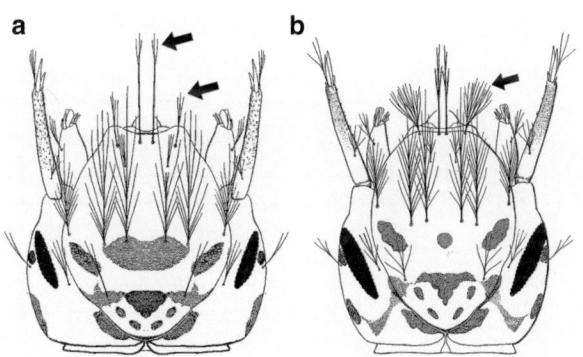

Abb. 7.7 Kopf von: (a) *An. claviger* s.s.; (b) *An. maculipennis* s.l.

3 (2) Kopfschild (Frontoclypeus) mit 3 dunklen Querbändern. Klypealhaare (2-C und 3-C) schwach verzweigt (Abb. 7.8a).........................
....*An. algeriensis*
Kopfschild (Frontoclypeus) mit dunklen Flecken, aber niemals Querbändern. Klypealhaare (2-C und 3-C) einfach oder mit 2–3 apikalen Verzweigungen (Abb. 7.8b)...4

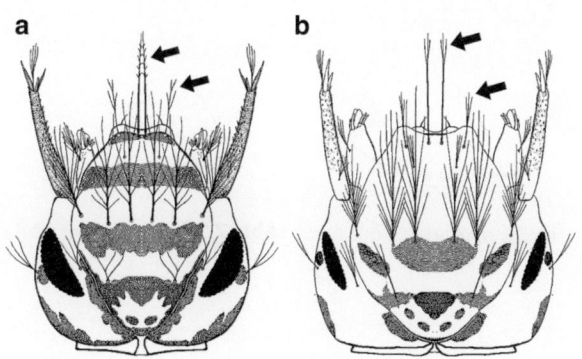

Abb. 7.8 Kopf von: (a) *An. algeriensis*; (b) *An. claviger* s.s.

4 (3)	Hinteres Klypealhaar (4-C) mit 1–2 Zweigen (Abb. 7.9a). Borste 2 der Abdominalsegmente IV und V (2-IV und 2-V) mit 2–3 Zweigen. Palmhaare des Abdominalsegments II (1-II) mit mehr als 15 Federn..*An. petragnani*
	Hinteres Klypealhaar (4-C) mit 2–5 Zweigen. (Abb. 7.9b). Borste 2 der Abdominalsegmente IV und V (2-IV und 2-V) mit 3–5 Zweigen. Palmhaare des Abdominalsegments II (1-II) mit 10–15 Federn...*An. claviger* s.s.
5 (2)	Innere Klypealhaare (2-C) mit kurzen apikalen Verzweigungen. Antennalbusch (1-A) inseriert in etwa in der Mitte der Antenne (Abb. 7.10a) ....*An. hyrcanus*
	Innere Klypealhaare (2-C) mit langen apikalen Verzweigungen. Antennalbusch (1-A) inseriert im basalen 1/4 bis 1/3 der Antenne (Abb. 7.10b)...**Anopheles Maculipennis Komplex**

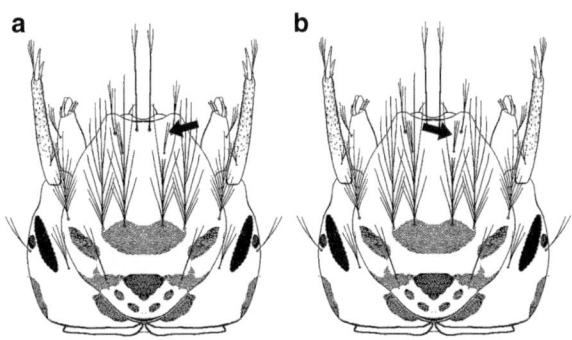

Abb. 7.9 Kopf von: (a) *An. petragnani*; (b) *An. claviger* s.s.

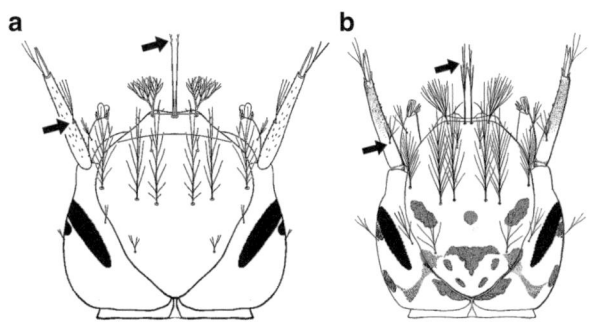

Abb. 7.10 Kopf von: (a) *An. hyrcanus*; (b) *An. maculipennis* s.l.

7.2 Gattung *Aedes*

1	Antennen deutlich länger als der Kopf (Abb. 7.11a)..*Ae. diantaeus*
	Antennen in etwa so lang wie der Kopf oder kürzer (Abb. 7.11b)...2
2 (1)	Siphon sehr lang und schlank, Siphonalindex mindestens 5,5 (Abb. 7.12a)...*Ae. berlandi*
	Siphon kürzer, Siphonalindex niemals größer als 5,5 (Abb. 7.12b)..3

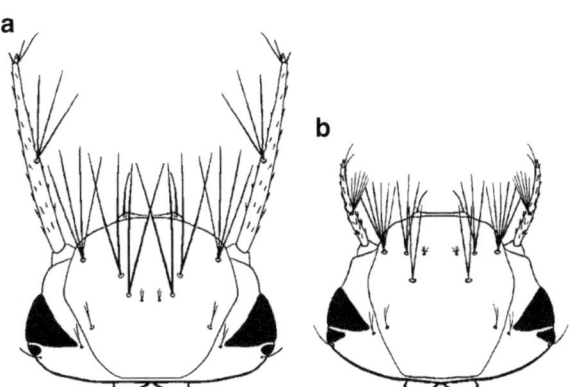

Abb. 7.11 Kopf von: (a) *Ae. diantaeus*; (b) *Ae. riparius*

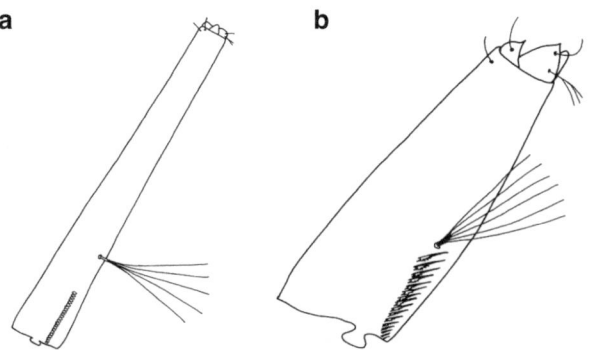

Abb. 7.12 Siphon von: (a) *Ae. berlandi*; (b) *Ae. punctor*

7.2 Gattung *Aedes*

3 (2) Körperoberfläche bedeckt mit feinen Dornen (Abb. 7.13a)...***Ae. cyprius***
Körperoberfläche ohne Dornen. Einige unscheinbare Dörnchen können auf den letzten Abdominalsegmenten vorhanden sein (Abb. 7.13b)
....4

4 (3) Siphonalbüschel (1-S) kurz, ungefähr halb so lang wie die Breite des Siphons an der Insertionsstelle oder kürzer. Büschel inseriert deutlich oberhalb der Mitte des Siphons (Abb. 7.14a)...5
Siphonalbüschel (1-S) länger, mindestens 2/3 so lang wie die Breite des Siphons an der Insertionsstelle oder länger. Büschel inseriert oberhalb oder unterhalb der Mitte des Siphons (Abb. 7.14b)..7

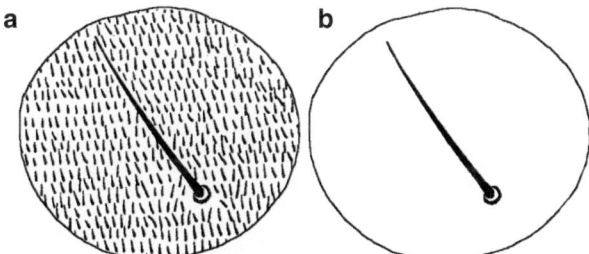

Abb. 7.13 Fragment des Integuments von: (a) *Ae. cyprius*; (b) *Ae. vexans*

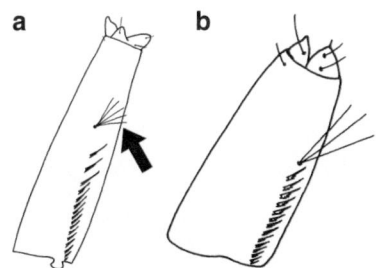

Abb. 7.14 Siphon von: (a) *Ae. vexans*; (b) *Ae. aegypti*

5 (4) Frontalhaare (5-C bis 7-C) dreieckig angeordnet (Abb. 7.15a), 5-C stehen deutlich schräg hinter 6-C. Mundbürste gekämmt ....
....***Ae. vexans***
Frontalhaare (5-C bis 7-C) in einer nach hinten gebogenen Reihe angeordnet (Abb. 7.15b). Alle Borsten der Mundbürste einfach.........6

6 (5) Antennalbusch (1-A) inseriert in der Mitte der Antenne. Prothorakalborste 4-P mit 4 Zweigen, 7-P mit 5–6 Zweigen (Abb. 7.16a).........
....***Ae. rossicus***
Antennalbusch (1-A) inseriert etwas unterhalb der Mitte der Antenne, etwa auf 2/5 der Länge des Antennenschafts. Prothorakalborste 4-P mit 2 Zweigen, 7-P mit 3 Zweigen (Abb. 7.16b)..***Ae. cinereus*** und ***Ae. geminus***

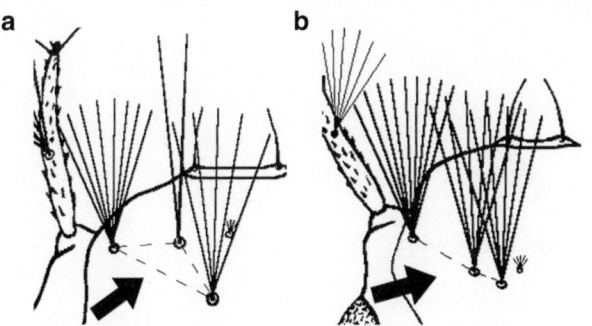

Abb. 7.15 Kopf von: (a) *Ae. vexans*; (b) *Ae. cinereus*

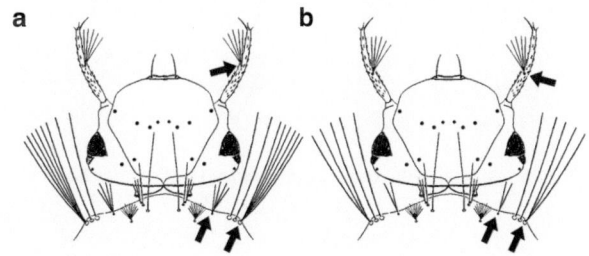

Abb. 7.16 Kopf und Prothorax von: (a) *Ae. rossicus*; (b) *Ae. cinereus*

| 7 (4) | Siphon mit Siphonverankerung (Acus) an der Basis (Abb. 7.17a)..8 |
| Siphonverankerung (Acus) fehlt (Abb. 7.17b)..31 |

| 8 (7) | Antennen glatt, ohne feine Dornen (Abb. 7.18a)...9 |
| Antennen mit mehr oder weniger zahlreichen feinen Dornen besetzt (Abb. 7.18b)..10 |

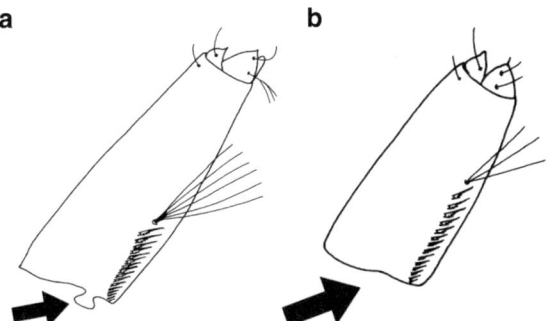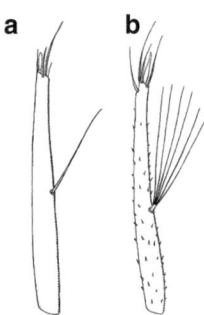

Abb. 7.17 Siphon von: (a) *Ae. punctor*; (b) *Ae. aegypti*   **Abb. 7.18** Antenne von: (a) *Ae. geniculatus*; (b) *Ae. rusticus*

| 9 (8) | Antennalbusch (1-A) einfach (Abb. 7.19a). Thorax und Abdomen mit zahlreichen Sternhaaren besetzt.............***Ae. geniculatus*** |
| Antennalbusch (1-A) mit 3–4 kurzen Zweigen (Abb. 7.19b). Sternhaare fehlen...***Ae. pulcritarsis*** |

| 10 (8) | Dorsalseite des Siphons mit 3-4 zusätzlichen Haarpaaren besetzt (Abb. 7.20a)...11 |
| Dorsalseite des Siphons ohne zusätzliche Haarpaare (Abb. 7.20b)..12 |

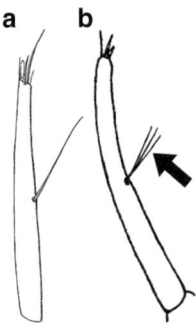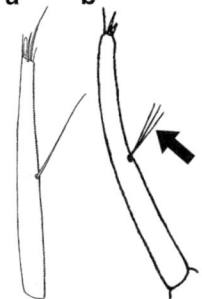

Abb. 7.19 Antenne von: (a) *Ae. geniculatus*; (b) *Ae. pulcritarsis*   **Abb. 7.20** Siphon von: (a) *Ae. rusticus*; (b) *Ae. punctor*

| 11 (10) | Siphonalbüschel (1-S) inseriert innerhalb der oberen Pektenzähne (Abb. 7.21a)..............................***Ae. rusticus*** |
| Siphonalbüschel (1-S) inseriert oberhalb des obersten Pektenzahns (Abb. 7.21b)............................***Ae. refiki*** |

| 12 (10) | Sattel umschließt das Analsegment vollständig (Abb. 7.22a)...***Ae. punctor*** |
| Sattel liegt auf der Dorsalseite des Analsegments auf, lässt die ventralen Bereiche aber unbedeckt (Abb. 7.22b)...................13 |

7.2 Gattung *Aedes*

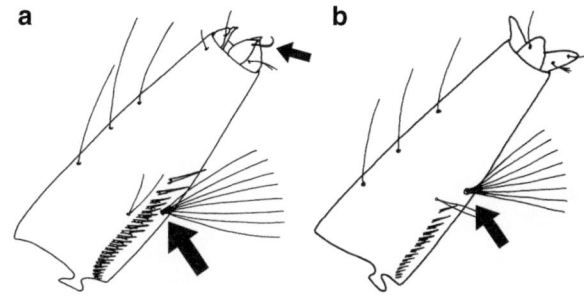

Abb. 7.21 Siphon von: (a) *Ae. rusticus*; (b) *Ae. refiki*

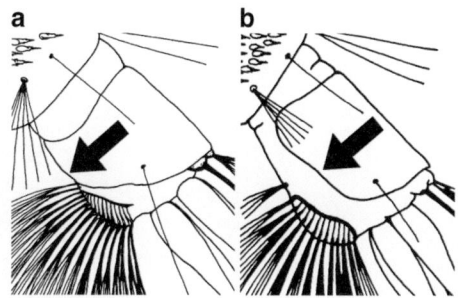

Abb. 7.22 Analsegment von: (a) *Ae. punctor;* (b) *Ae. cataphylla*

13 (12) Analsegment mit 0–3 freien Ruderhaaren (4-X) (Abb. 7.23a)..14
Analsegment mit 4–6 freien Ruderhaaren, bisweilen bis zu 10 vorhanden (Abb. 7.23b)......................26

14 (13) Innere und mittlere Frontalhaare (5-C und 6-C) in einer mehr oder weniger geraden Linie angeordnet, inserieren nahe dem vorderen Rand des Frontoclypeus (Abb.7.24a)...15
Innere und mittlere Frontalhaare (5-C und 6-C) irregulär angeordnet, inserieren im vorderen Drittel des Frontoclypeus (Abb. 7.24b)....
....16

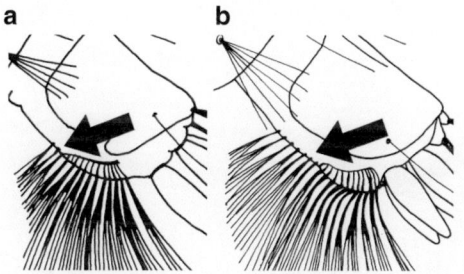

Abb. 7.23 Analsegment von: (a) *Ae. intrudens*; (b) *Ae. annulipes*

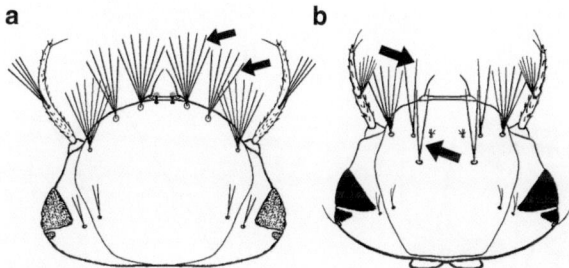

Abb. 7.24 Kopf von: (a) *Ae. japonicus*; (b) *Ae. riparius*

15 (14) Siphonalbüschel (1-S) inseriert innerhalb des Pektens. Distale Pektenzähne (1-4) stehen getrennt (Abb. 7.25a).......................................
....***Ae. japonicus***
Siphonalbüschel (1-S) inseriert knapp oberhalb des Pektens. Pektenzähne gleichmäßig angeordnet, Pekten geschlossen (Abb. 7.25b)..
....***Ae. koreicus***

16 (14) Distale Pektenzähne (1–4) getrennt (Abb. 7.25a)..17
Pektenzähne gleichmäßig angeordnet, Pekten geschlossen (Abb. 7.25b)..18

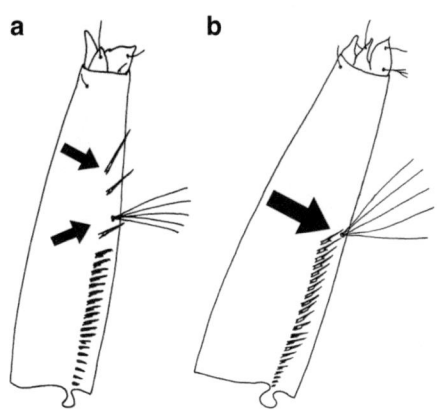

Abb. 7.25 Siphon von: (a) *Ae. japonicus*; (b) *Ae. koreicus*

17 (16) Innere (5-C) und mittlere (6-C) Frontalhaare einfach. Alle getrennt stehenden Pektenzähne (2–4) befinden sich oberhalb der Insertionsstelle des Siphonalbüschels (1-S) (Abb. 7.26a, b)..***Ae. cataphylla***
Innere (5-C) und mittlere (6-C) Frontalhaare mit 3–5 Zweigen. Getrennt stehende Pektenzähne befinden sich üblicherweise unterhalb der Insertionsstelle des Siphonalbüschels (1-S), der oberste Zahn kann auch etwas darüber stehen (Abb. 7.26c, d)................................
....***Ae. intrudens***

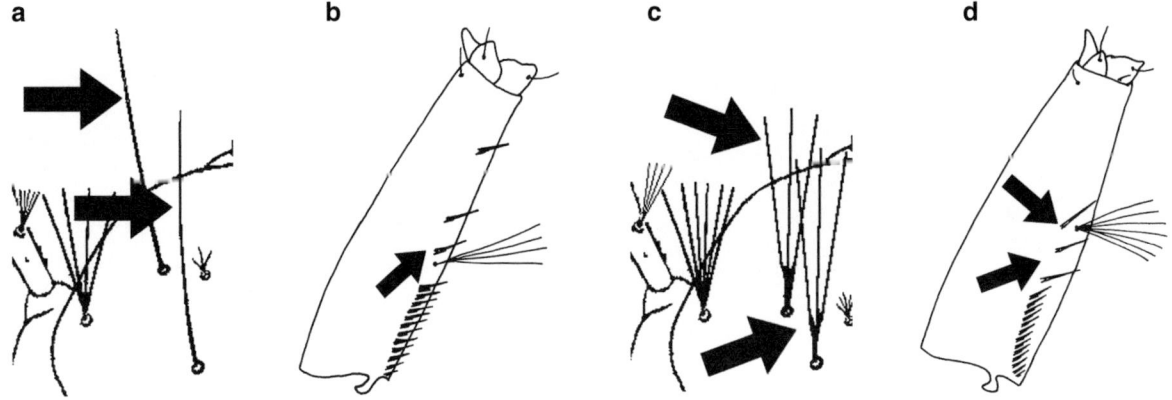

Abb. 7.26 Kopf und Siphon von: (a,b) *Ae. cataphylla*; (c,d) und *Ae. intrudens*

18 (16) Analpapillen normalerweise kürzer als der Sattel (selten in etwa so lang wie oder ein wenig länger als der Sattel in *Ae. dorsalis*) (Abb. 7.27a)...19
Analpapillen mindestens 1,5-mal so lang wie der Sattel, meistens deutlich länger (Abb. 7.27b)...22

19 (18) Striegel mit mehr als 40 Schuppen. Striegelschuppen stumpf (alle Zähne an der Spitze von mehr oder weniger gleicher Länge) (Abb. 7.28a). Innere Frontalhaare (5-C) mit 2–3 Zweigen...***Ae. detritus***
Striegel mit weniger als 35 Schuppen. Striegelschuppen spitz zulaufend (mittlerer Zahn an der Spitze deutlich länger als die seitlichen, zumindest bei einigen der Schuppen) (Abb. 7.28b). Innere Frontalhaare (5-C) normalerweise einfach, vereinzelt mit 2 Zweigen.........20

7.2 Gattung *Aedes*

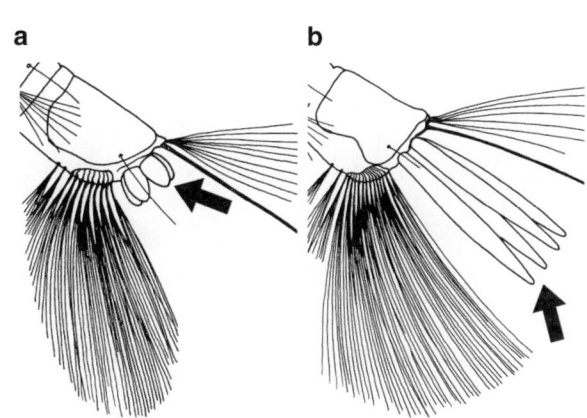 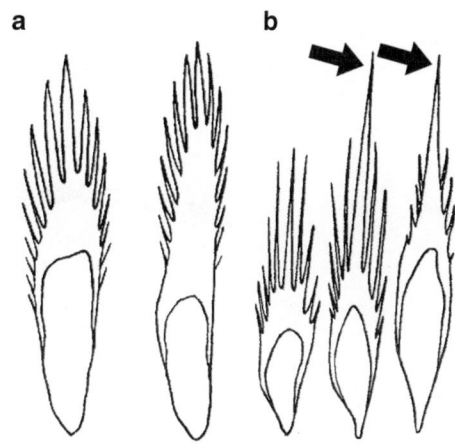

Abb. 7.27 Analsegment von: (a) *Ae. detritus*; (b) *Ae. communis*

Abb. 7.28 Striegelschuppen von: (a) *Ae. detritus*; (b) *Ae. caspius*

20 (19) Siphonalbüschel (1-S) inseriert oberhalb der Mitte des Siphons (Abb. 7.29a)..*Ae. caspius*
Siphonalbüschel (1-S) inseriert normalerweise unterhalb der Mitte des Siphons, sehr selten in etwa in dessen Mitte (Abb. 7.29b).....21

21 (20) Analpapillen spitz zulaufend. Sattelborste (1-X) in etwa so lang wie der Sattel (Abb. 7.30a).............................*Ae. leucomelas*
Analpapillen abgerundet. Sattelborste (1-X) halb so lang wie der Sattel (Abb. 7.30b)..*Ae. dorsalis*

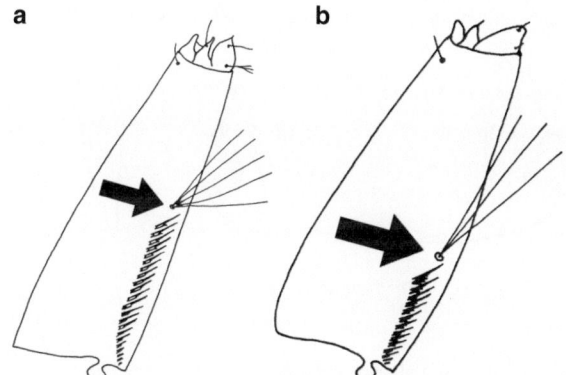 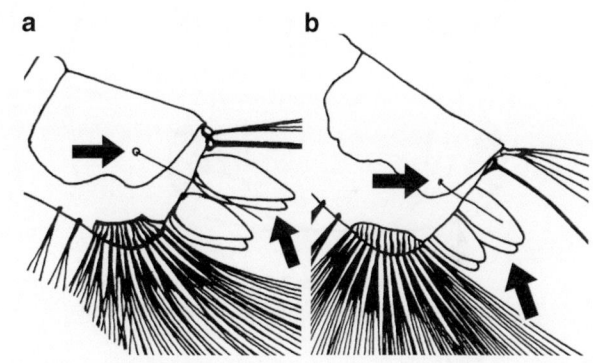

Abb. 7.29 Siphon von: (a) *Ae. caspius*; (b) *Ae. leucomelas*

Abb. 7.30 Analsegment von (a) *Ae. leucomelas*: (b) *Ae. dorsalis*

22 (18) Striegel mit 40 Schuppen oder mehr (Abb. 7.31a)..23
Striegel mit weniger als 40 Schuppen (Abb. 7.31b)...25

23 (22) Innere und mittlere Frontalhaare (5-C und 6-C) einfach, selten eines der beiden Haare mit 2 Zweigen (Abb. 7.32a).............................
....*Ae. communis*
Innere und mittlere Frontalhaare (5-C und 6-C) mit 3 oder mehr Zweigen (Abb. 7.32b)..24

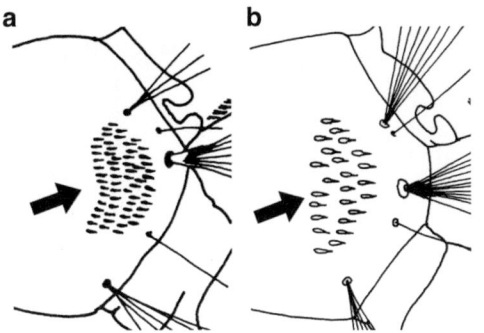
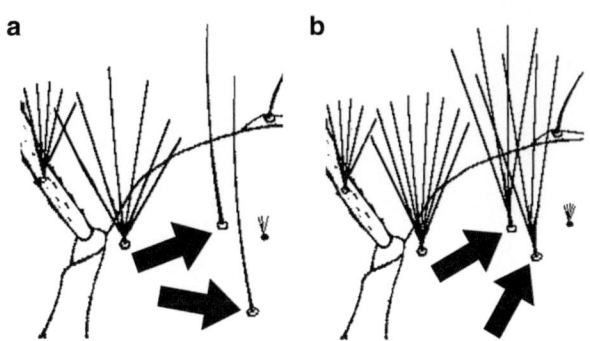

Abb. 7.31 Abdominalsegment VIII von: (a) *Ae. communis*: (b) *Ae. sticticus*

Abb. 7.32 Kopf von: (a) *Ae. communis*; (b) *Ae. pionips*

24 (23) Antennen lang, etwa 2/3 so lang wie der Kopf oder ein wenig länger. Striegelschuppen stumpf, alle Zähne an der Spitze der Schuppen von gleicher Länge (Abb. 7.33a, b)..*Ae. pionips*
Antennen kürzer, etwa halb so lang wie der Kopf. Striegelschuppen erscheinen spitz zulaufend. Zumindest bei einigen seitlichen Schuppen ist der Mittelzahn deutlich länger als die anderen (Abb. 7.33c, d)..*Ae. pullatus*

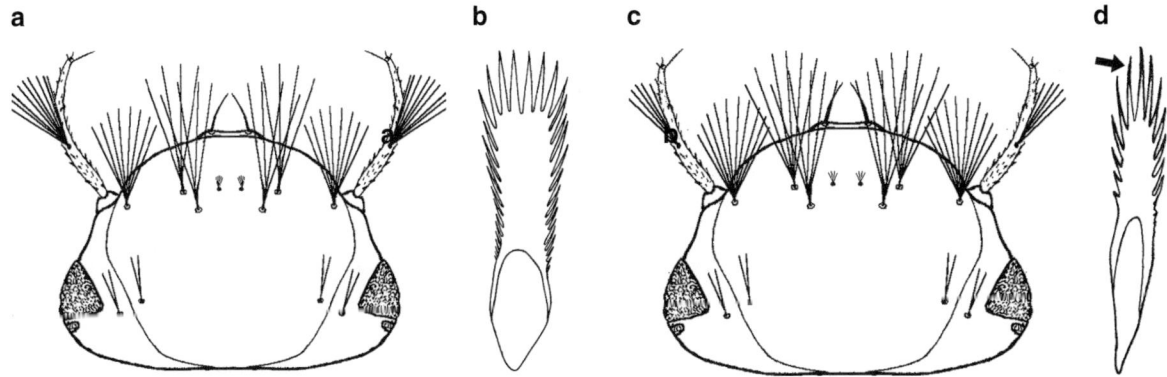

Abb. 7.33 Kopf und Striegelschuppe von: (a,b) *Ae. pionips*; (c,d) *Ae. pullatus*

25 (22) Anzahl der Striegelschuppen 6–16 (Abb. 7.34a). Innere (5-C) und mittlere (6-C) Frontalhaare einfach (selten eines der Haare mit 2 Zweigen)..*Ae. nigrinus*
Anzahl der Striegelschuppen größer als 16 (Abb. 7.34b). Innere (5-C) und mittlere (6-C) Frontalhaare mit 2–4 Zweigen ....
....*Ae. sticticus*

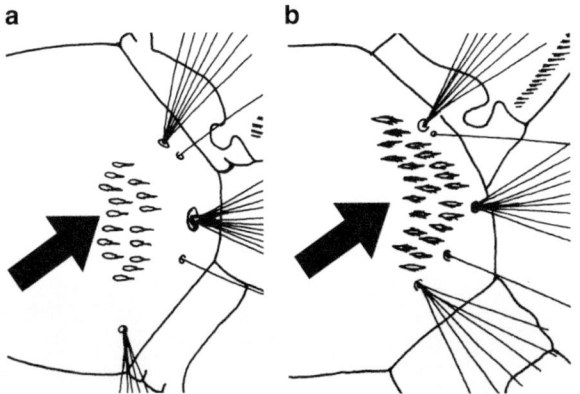

Abb. 7.34 Abdominalsegment VIII von: (a) *Ae. nigrinus*; (b) *Ae. sticticus*

26 (13) Anzahl der Striegelschuppen 6–17 (Abb. 7.35a)..27
Anzahl der Striegelschuppen 20–45 (Abb. 7.35b)..28

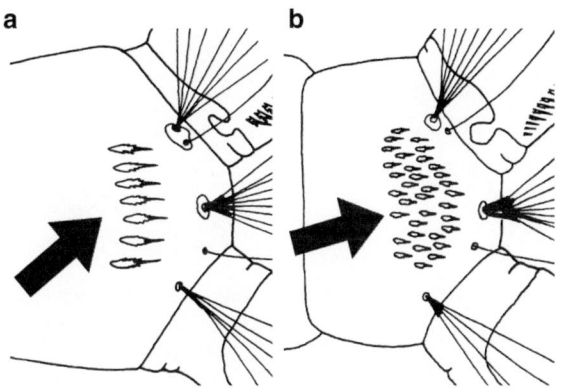

Abb. 7.35 Abdominalsegment VIII von: (a) *Ae. riparius*; (b) *Ae. excrucians*

27 (26) Innere (5-C) und mittlere (6-C) Frontalhaare mit 2–3 Zweigen. Striegelschuppen in einer Reihe angeordnet (Abb. 7.36a, b). Siphonalindex 3,5–4,0..***Ae. riparius***
Innere (5-C) und mittlere (6-C) Frontalhaare einfach (selten eines der Haare mit 2 Zweigen). Striegelschuppen in 2 (selten 3) Reihen angeordnet (Abb. 7.36c, d). Siphonalindex normalerweise 2,0–2,5, nie größer als 3,0..***Ae. nigrinus***

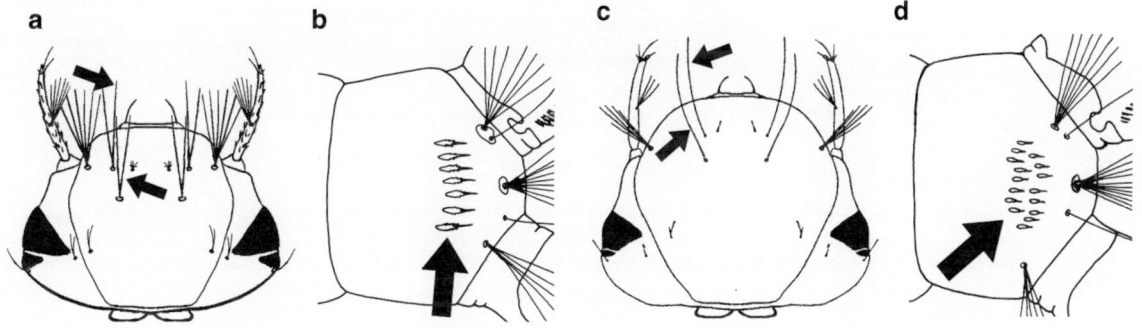

Abb. 7.36 Kopf und Abdominalsegment VIII von: (a, b) *Ae. riparius*; (c, d) *Ae. nigrinus*

28 (26) Borste 9-S der posterolateralen Stigmenplatte kräftig und hakenförmig gebogen (Abb. 7.37a).................***Ae. excrucians***
Borste 9-S der posterolateralen Stigmenplatte relativ dünn und nur leicht gebogen (Abb. 7.37b)............................29

29 (28) Analpapillen kurz, ungefähr halb so lang wie der Sattel. Siphonalindex größer als 3,0 (Abb. 7.38a)...........***Ae. flavescens***
Analpapillen lang, so lang wie der Sattel oder länger. Siphonalindex üblicherweise kleiner als 3,0 (Abb. 7.38b)......29

30 (29) Ruder mit 4-6 freien Ruderhaaren (4-X) und 15–20 Ruderhaaren (4-X) (Abb. 7.39a).......................................***Ae. cantans***
Ruder mit 6–10 freien Ruderhaaren (4-X) und 10–15 Ruderhaaren (4-X) (Abb. 7.39b)..................................***Ae. annulipes***

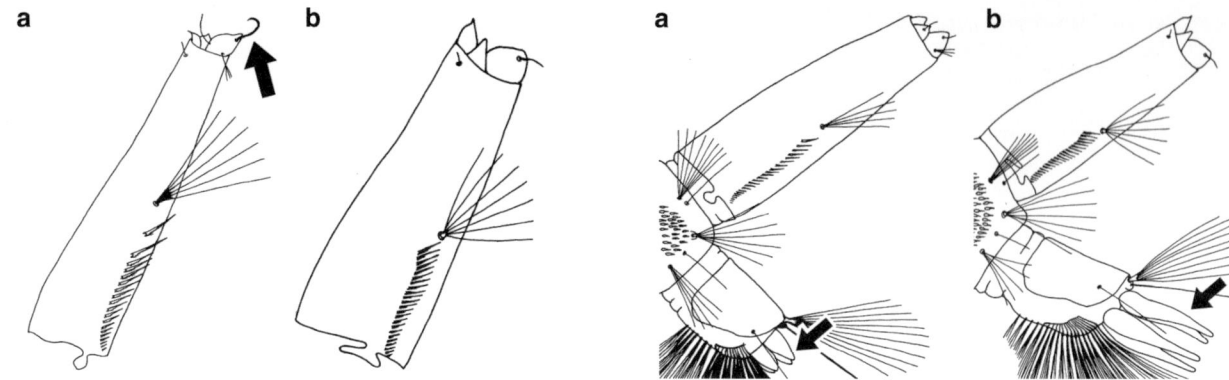

Abb. 7.37 Siphon von: (a) *Ae. excrucians*; (b) *Ae. cantans*

Abb. 7.38 Abdomenende von: (a) *Ae. flavescens*; (b) *Ae. cantans*

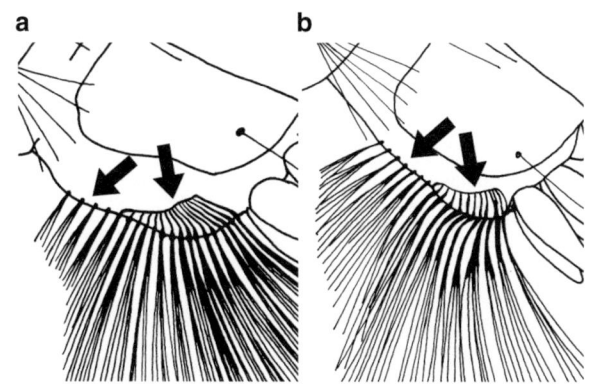

Abb. 7.39 Analsegment von: (a) *Ae. cantans*; (b) *Ae. annulipes*

31 (7) Äußere Frontalhaare (7-C) einfach (Abb. 7.40a). Striegelschuppen mit kräftigen subapikalen Zähnen (Abb. 7.40b)............................
....***Ae. aegypti***
Äußere Frontalhaare (7-C) normalerweise mit 2 oder mehr Zweigen, selten einfach (Abb. 7.40c). Striegelschuppen ohne kräftige subapikale Zähne (Abb. 7.40d)...***Ae. albopictus***

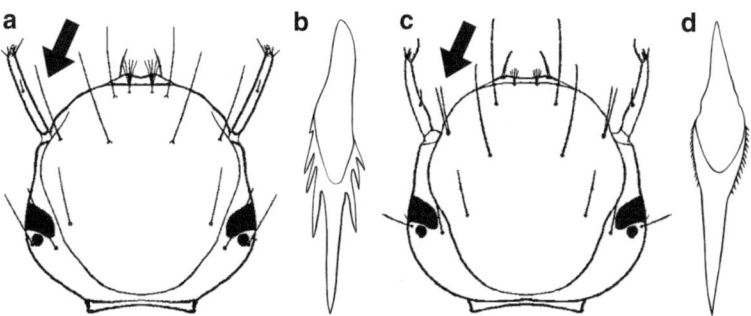

Abb. 7.40 Kopf und Striegelschuppe von: (a, b) *Ae. aegypti*; (c, d) *Ae. albopictus*

7.3 Gattung *Culex*

1   Siphon lang und schmal, Siphonalindex 6,0 oder mehr (Abb. 7.41a)..2
    Siphon kürzer, Siphonalindex üblicherweise geringer als 5,0 (Abb. 7.41b)...4

2 (1) Basale Siphonalbüschel (1a-S) lang, ungefähr 3-mal so lang wie die Breite des Siphons an den Insertionsstellen. Mindestens ein Siphonalbüschel inseriert innerhalb des Pektens. Posterolaterale Stigmenplatte mit starker, kräftig gebogener Borste (9-S) (Abb. 7.42a) ....***Cx. hortensis***
    Basale Siphonalbüschel (1a-S) ungefähr so lang wie die Breite des Siphons an den Insertionsstellen. Alle Siphonalbüschel inserieren oberhalb des Pektens. Borste 9-S nicht verdickt und nur leicht gebogen (Abb. 7.42b)..3

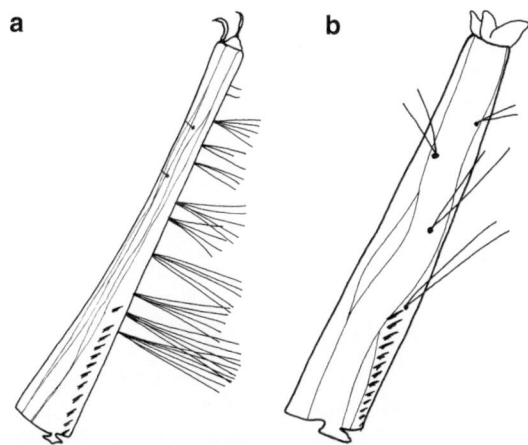

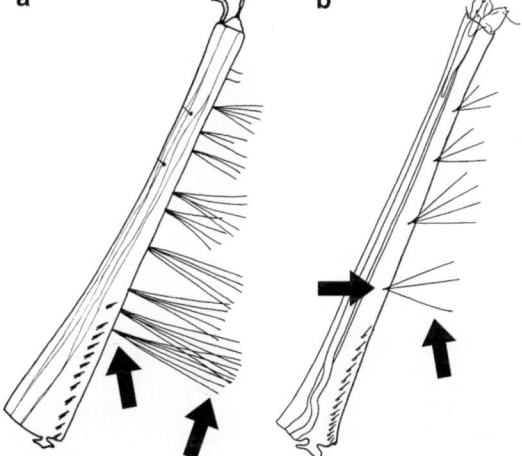

Abb. 7.41 Siphon von: (a) *Cx. hortensis*; (b) *Cx. pipiens*

Abb. 7.42 Siphon von: (a) *Cx. hortensis*; (b) *Cx. territans*

3 (2) Siphon verjüngt sich zur Spitze hin gleichmäßig. Üblicherweise inserieren die beiden apikalen Siphonalbüschel seitlich. Pekten erstreckt sich über das basale 1/5 des Siphons. Analpapillen halb so lang wie der Sattel (Abb. 7.43a)....................***Cx. martinii***
    Siphon erweitert sich zur Spitze hin etwas. Lediglich 1 apikaler Siphonalbüschel inseriert seitlich. Pekten erstreckt sich über mehr als das basale Viertel des Siphons. Analpapillen so lang wie oder etwas länger als der Sattel (Abb. 7.43b)...................***Cx. territans***

4 (1) Alle Siphonalbüschel (1-S) liegen in einer ventralen Zickzackreihe. Die Länge der Büschel verringert sich abrupt zur Spitze des Siphons hin (Abb. 7.44a). Normalerweise inseriert mindestens ein Büschel innerhalb des Pektens. Sattelborste (1-X) mit 2–3 Zweigen...***Cx. modestus***
    Mindestens das vorletzte Siphonalbüschel inseriert an der Seite des Siphons (Abb. 7.44b). Die Länge der Büschel verringert sich gleichmäßig zur Spitze des Siphons hin. Sattelborste (1-X) mit 1–2 Zweigen..5

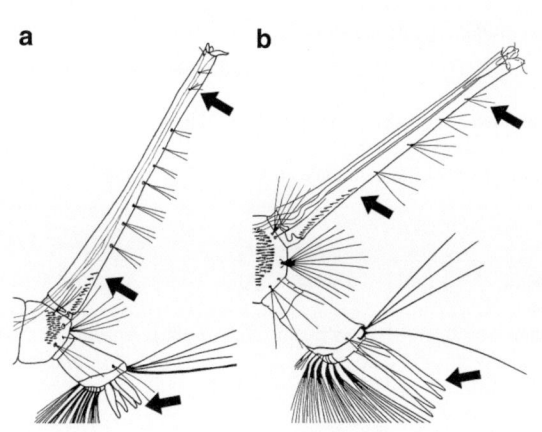

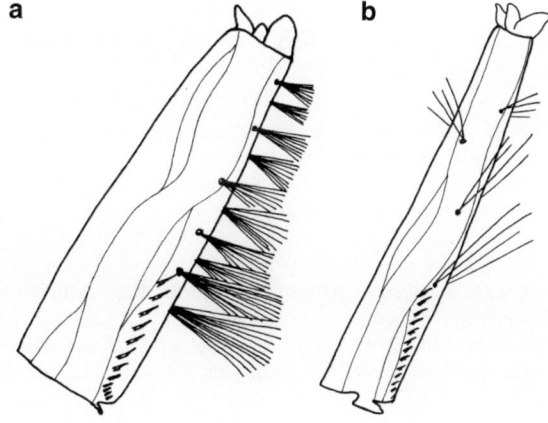

Abb. 7.43 Abdomenende von: (a) *Cx. martinii*; (b) *Cx. territans*

Abb. 7.44 Abdomenende von: (a) *Cx. modestus*; (b) *Cx. pipiens*

5 (4) Metathorax mit Borste 1-T länger als die Hälfte der Länge von 2-T. Borsten 1 der Abdominalsegmente III–V (1–III bis 1–V) normalerweise mit 4–5 Zweigen (die Summe der Zweige auf einer Seite größer als 10). Sattelborste (1-X) normalerweise mit 2 Zweigen (Abb. 7.45a, b)..***Cx. torrentium***

Metathorax mit Borste 1-T kürzer als die Hälfte der Länge von 2-T. Borsten 1 der Abdominalsegmente III–V (1–III bis 1–V) normalerweise mit 1–2 Zweigen (die Summe der Zweige auf einer Seite 6 oder weniger). Sattelborste (1-X) normalerweise unverzweigt (Abb. 7.45c, d)..***Cx. pipiens***

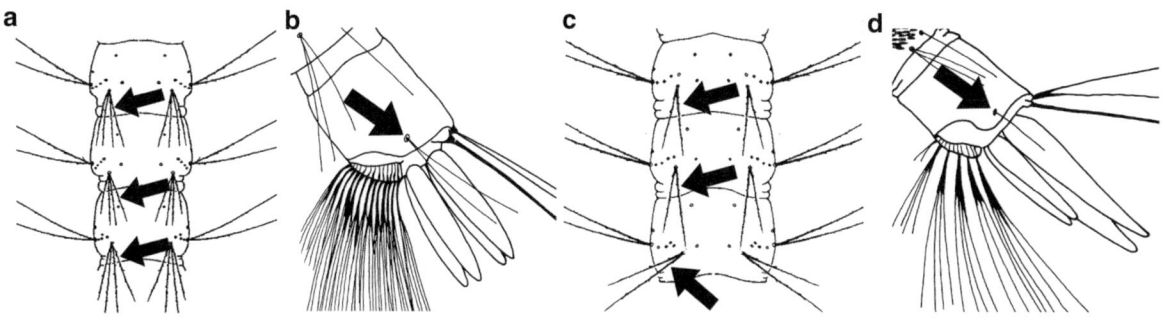

Abb. 7.45 Abdominalsegmente III–V und Analsegment von: (a, b) *Cx. torrentium*; (c, d) *Cx. pipiens*

7.4 Gattung *Culiseta*

1 Antenne kürzer als der Kopf, Antennalbusch (1-A) unscheinbar. Siphon kurz, Siphonalindex kleiner als 4,0 (Abb. 7.46a, b).................2

Antenne länger als der Kopf, Antennalbusch (1-A) deutlich entwickelt. Siphon lang und schmal, Siphonalindex größer als 5,0 (Abb. 7.46c, d)..6

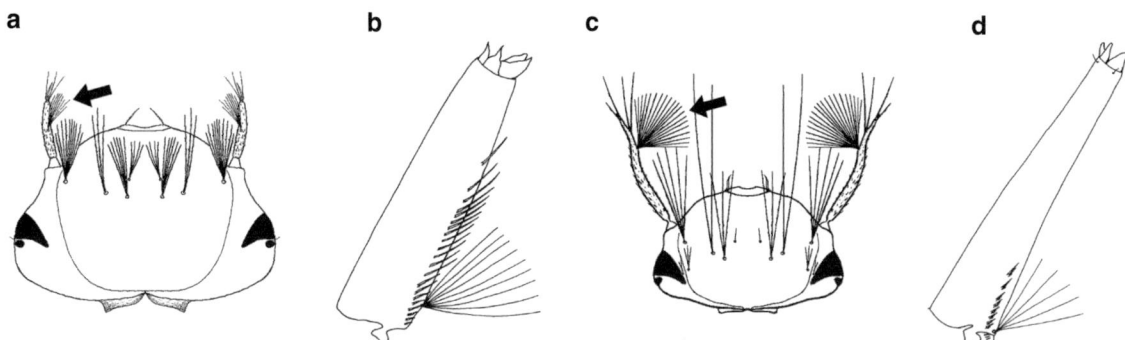

Abb. 7.46 Kopf und Siphon von: (a, b) *Cs. annulata*; (c, d) *Cs. morsitans*

2 (1) Innere (5-C) und mittlere (6-C) Frontalhaare einfach. Siphonalindex 2,0 oder geringer. Sattel liegt auf der Dorsalseite des Analsegments auf (Abb. 7.47a, b)...***Cs. longiareolata***

Innere (5-C) und mittlere (6-C) Frontalhaare mit zahlreichen Verzweigungen. Siphonalindex größer als 2,0. Sattel umschließt das Analsegment vollständig (Abb. 7.47c, d)..3

3 (2) Antenne weniger als halb so lang wie der Kopf. Mittlere Frontalhaare (6-C) mit 1–3 Zweigen (Abb. 7.48a). Anzahl der Striegelschuppen üblicherweise weniger als 50..4

Antenne mindestens halb so lang wie der Kopf. Mittlere Frontalhaare (6-C) mit 4–8 Zweigen (Abb. 7.48b). Anzahl der Striegelschuppen üblicherweise mehr als 60...***Cs. glaphyroptera***

7.4 Gattung *Culiseta*

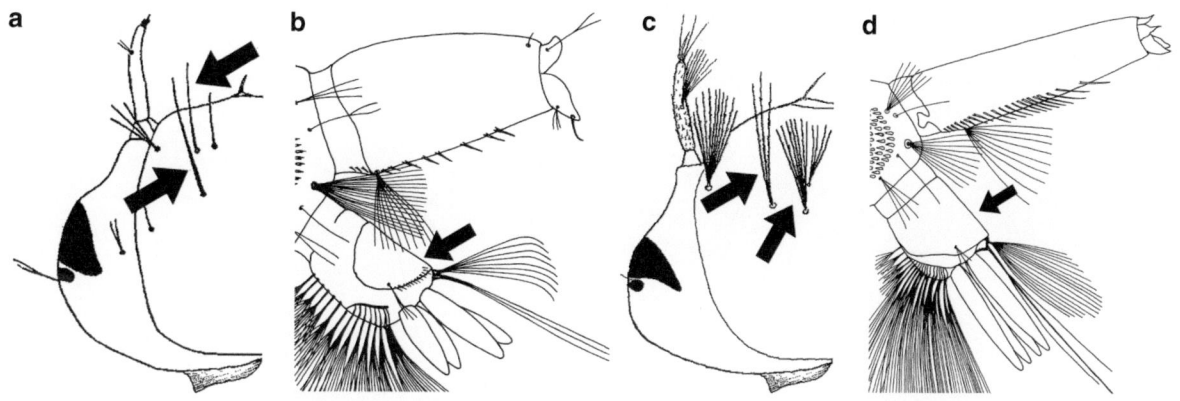

Abb. 7.47 Kopf und Abdomenende von: (a,b) *Cs. longiareolata*; (c,d) *Cs. annulata*

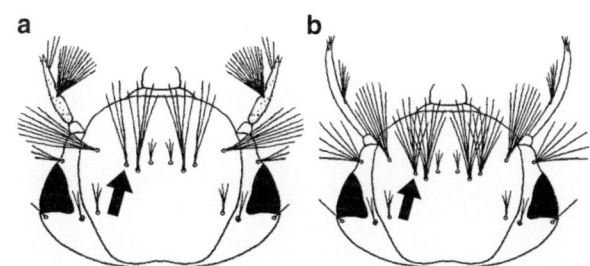

Abb. 7.48 Kopf von: (a) *Cs. alaskaensis*; (b) *Cs. glaphyroptera*

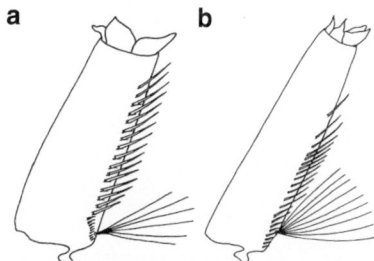

Abb. 7.49 Siphon von: (a) *Cs. alaskaensis;* (b) *Cs. annulata*

4 (3)   Siphonalindex kleiner als 3,0, Siphon verjüngt sich wenig zur Spitze (Abb. 7.49a)..***Cs. alaskaensis***
        Siphonalindex 3,0–4,0, Siphon verjüngt sich deutlich zur Spitze (Abb. 7.49b)..5

5 (4)   Der Abstand der hinteren Klypealhaare (4-C) zueinander ist ähnlich oder größer als der Abstand der inneren Frontalhaare (5-C) zueinander (Abb. 7.50a)...***Cs. annulata***
        Der Abstand der hinteren Klypealhaare (4-C) zueinander ist deutlich geringer als der Abstand der inneren Frontalhaare (5-C) zueinander (Abb. 7.50b)..***Cs. subochrea***

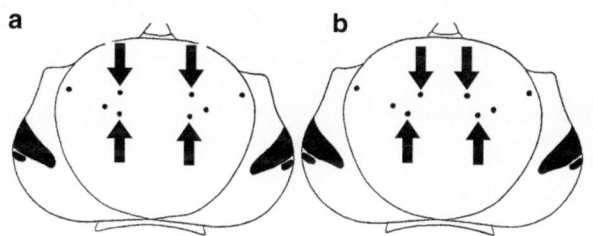

Abb. 7.50 Kopf von: (a) *Cs. annulata*; (b) *Cs. subochrea*

6 (1) Zusätzlich zu den typischen Pektenzähnen befinden sich im ventrolateralen Bereich des Siphons dornförmige Zähne unregelmäßig verteilt (Abb. 7.51a)...***Cs. fumipennis***
Siphon ausschließlich mit typischen Pektenzähnen (bei *Cs. ochroptera* können die 1–2 distalen Zähne getrennt stehen und dornförmig ausgebildet sein) (Abb. 7.51b)..7

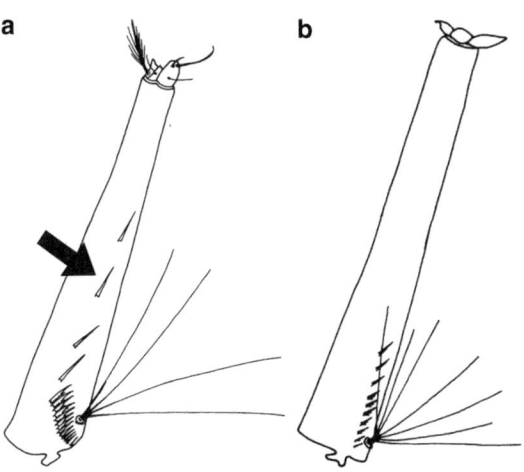

Abb. 7.51 Siphon von: (a) *Cs. fumipennis*; (b) *Cs. ochroptera*

7 (6) Innere Frontalhaare (5-C) mit 5–9 Zweigen. Analpapillen deutlich länger als der Sattel (Abb. 7.52a, b)...............***Cs. ochroptera***
Innere Frontalhaare (5-C) mit 2–4 Zweigen. Analpapillen kürzer als der Sattel Abb. 7.52c, d................................***Cs. morsitans***

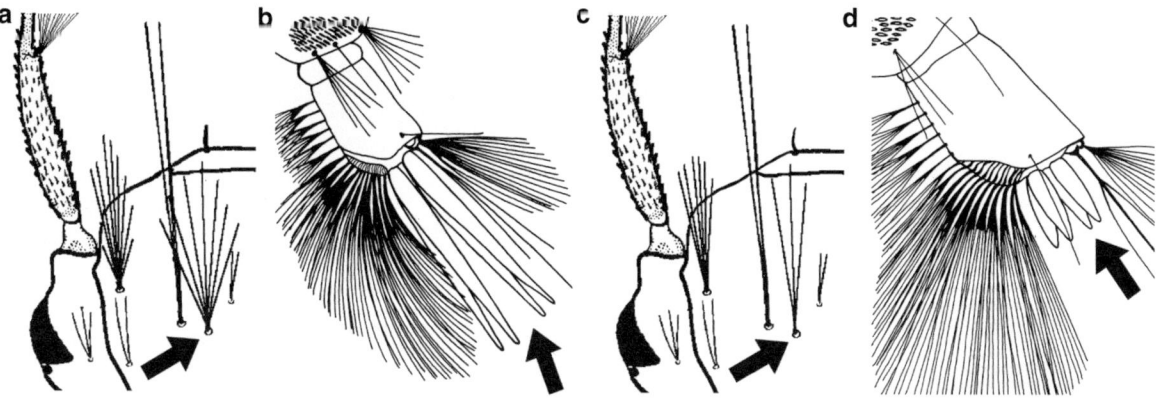

Abb. 7.52 Kopf und Analsegment von: (a, b) *Cs. ochroptera;* (c, d) *Cs. morsitans*

Unterfamilie Anophelinae

Bei Adulten dieser Unterfamilie trägt zumindest das 1. Abdominalsegment (Tergit I) keine Schuppen. Im Allgemeinen ist die Ausbildung von Schuppen nicht so weit entwickelt wie bei der Unterfamilie Culicinae, oft ist der Hinterleib lediglich mit feinen Borsten bedeckt. Die Maxillarpalpen beider Geschlechter sind in etwa so lang wie der Stechrüssel. Die Larven besitzen kein erkennbares Atemrohr (Siphon), und die Borste 1 der meisten Abdominalsegmente ist normalerweise als Palmhaar ausgebildet. Die Unterfamilie umfasst nur 2 Gattungen. *Chagasia* Cruz ist eine kleine und seltene Gattung, deren 4 Arten ausschließlich in der neotropischen Region verbreitet sind. Die meisten Arten der Unterfamilie, darunter alle heimischen Arten, gehören zur Gattung *Anopheles* Meigen, die mit mehr als 400 beschriebenen Arten, Artenkomplexen, Unterarten und Varietäten weltweit verbreitet ist. Erwachsene Anophelinae erkennt man meist sofort an ihrer Haltung, wenn sie an Wänden oder anderen Oberflächen ruhen. Der Stechrüssel wird gerade in einer Linie mit der Körperachse gehalten, nicht in einem Winkel wie bei Vertretern der Culicinae, und der Körper ist zum Kopfende hin stark nach unten geneigt. Dadurch zeigt das Abdomen von der Oberfläche weg, und der gesamte Körper bildet einen Winkel mit ihr. Die meisten Arten bilden mit der Oberfläche, auf der sie ruhen, Winkel von 30–45°, aber bei einigen Arten, wie z. B. *An. hyrcanus*, kann dieser Winkel sogar fast 90° erreichen.

Darüber hinaus haben adulte Anophelinae im Allgemeinen längere Beine als Culicinae. Auch bei den Weibchen sind die Maxillarpalpen verlängert und in etwa so lang wie der Rüssel. Sie werden eng an den Rüssel gehalten (außer während der Nahrungsaufnahme), sodass beide in vivo wie ein einziges Organ wirken. Wenn das Insekt tot und das Gewebe etwas getrocknet ist, trennen sich die länglichen Palpen vom Rüssel und sind leicht zu erkennen. Bei den Männchen sind die beiden apikalen Segmente der Palpen geschwollen und seitlich abgeflacht, was ihnen ein keulenartiges Aussehen verleiht. Die Larven der Anophelinae unterscheiden sich von allen anderen Mücken durch die Art ihrer Nahrungsaufnahme. Sie liegen meist horizontal mit dem Rücken nach oben unter der Wasseroberfläche und ernähren sich von Partikeln aus dem Oberflächenfilm. Der Kopf kann dabei um 180° nach beiden Seiten gedreht werden, sodass seine Ventralseite nach oben zeigt und die Mundwerkzeuge Kontakt zur Oberfläche haben. Die Palmhaare an den Abdominalsegmenten unterstützen die Larven dabei, in der horizontalen Position an der Wasseroberfläche zu verharren. Die Atemhörnchen der Puppen sind in der Regel kürzer als die der Culicinae und verbreitern sich deutlich zu ihrer Spitze hin.

8.1 Gattung *Anopheles* Meigen, 1818

Mitglieder der Gattung *Anopheles* sind normalerweise kleine bis mittelgroße Mücken mit langen und schlanken Beinen und relativ schmalen Flügeln. Ihre allgemeine Färbung kann von grau, braun oder fast schwarz bis blässlich variieren, zeigt jedoch niemals metallischen Glanz. Der Stechrüssel ist gerade, lang und schlank. Die Maxillarpalpen sind bei beiden Geschlechtern normalerweise in etwa so lang wie der Rüssel. Der Hinterkopf ist mit aufrechten, gegabelten Schuppen bedeckt. Das Scutum ist leicht konvex und mit verschiedenfarbigen Borsten besetzt. Das Scutellum ist gleichmäßig gerundet und weist eine mehr oder weniger regelmäßige Reihe langer Borsten auf. In der Regel sind präspirakuläre Borsten vorhanden. Pulvillen sind nicht vorhanden, die Klauen der Weibchen sind einfach, ohne Nebenzahn. Die Flügel sind relativ schmal, die Queradern sind meist deutlich getrennt. Das Integument der Tergite ist meist dunkel und mit verschiedenfarbigen Borsten bedeckt. Das Abdomen endet stumpf, die Cerci der Weibchen sind kurz, rundlich und unauffällig, außerdem besitzen sie lediglich eine Spermatheke (Receptaculum seminis, Samentasche). Der Kopf der Larven ist in der Regel länger als breit, die Antennen sind kürzer als der Kopf. Am vorderen Rand des Kopfs befinden sich 2 Paare Klypealhaare, die inneren (2-C) und die äußeren (3-C). Die Frontalhaare (5-C bis 7-C) sind in der Regel gefiedert, außer bei *An. plumbeus*, die kurze und einfache Frontalhaare besitzt. Die meisten Borsten des Thorax sind gefiedert, variieren in der Länge und sind in 3 Sätzen angeordnet, die den Thoraxsegmenten entsprechen. Borste 1 der Abdominalsegmente I–VII ist normalerweise als Palmhaar ausgebildet, auf den Segmenten I und II ist es oft rudimentär, aber auf den Segmenten III–VII gut entwickelt. Die seitlichen Borsten der ersten 3 Segmente (6-I bis 6-III) sind lang und gefiedert.

Jedes Segment verfügt über 1–2 sklerotisierte median liegende Platten. Die Atemöffnung befindet sich am hinteren Rand der dorsalen Seite des Abdominalsegments VIII und schließt bündig mit dessen Oberfläche ab; ein Atemrohr ist nicht ausgebildet. An den Seiten des Segments VIII befinden sich Pektenplatten mit jeweils einer hinteren Reihe auffälliger Zähne. Beide Platten sind durch ein schmales sklerotisiertes Band verbunden, das die Atemöffnung nach hinten begrenzt. Der Sattel ist plattenförmig und umschließt das Analsegment nicht. Das Ruder besteht aus einer Gruppe fächerartiger Borsten; die Ruderhaare, freie Ruderhaare sind nicht vorhanden. Die Analpapillen enden normalerweise stumpf und haben in etwa die Länge des Analsegments.

Alle heimischen Arten der Gattung gehören der Untergattung *Anopheles* Meigen an, bei denen die Queradern der Flügel und die Verzweigungen von R_{2+3} und M dunkel beschuppt sind. Außerdem sind bei den Larven die Federn der Palmhaare lanzettlich ausgebildet und haben ein mehr oder weniger gut entwickeltes Endfilament. Die Eier von *Anopheles* werden üblicherweise einzeln und direkt auf die Wasseroberfläche abgelegt. Oft haften mehrere von ihnen aneinander und bilden aufgrund der Oberflächenspannung und der Form der Eier charakteristische Muster aus Dreiecken, Sternen oder Bändern. Die Larven von *Anopheles* kommen meist in natürlichen Gewässern und selten in künstlichen Wasseransammlungen vor. Zu den bevorzugten Brutplätzen gehören permanente und semipermanente Teiche, Tümpel, Pfützen oder Gräben mit gut entwickelter aquatischer Vegetation. Man findet sie auch in Reisfeldern, Sümpfen oder an Fluss- und Seerändern. Nur wenige Arten weichen von dieser Regel ab, wie z. B. *An. plumbeus*, die typischerweise in Baumhöhlen, aber auch unterirdisch in Jauchegruben zu finden ist. Die Weibchen sind überwiegend aktiv auf der Suche nach einer Blutmahlzeit in der Dämmerung nach Sonnenuntergang und im Morgengrauen, einige können jedoch schon am frühen Abend und die ganze Nacht über lästig werden (Bates 1949).

8.1.1 *Anopheles* (*Anopheles*) *algeriensis* Theobald 1903

Weibchen (Tafel 1) *An. algeriensis* unterscheidet sich von allen anderen heimischen Arten der Untergattung *Anopheles*, die ungefleckte Flügel haben, durch das Fehlen weißer oder cremefarbener Schuppen auf dem Scheitel und durch ihr einfarbiges Scutum, das von rotbraun bis braun oder dunkelbraun variieren kann (Abb. 6.8a). Der Stechrüssel und die Maxillarpalpen sind braun bis dunkelbraun, letztere fast so lang wie der Rüssel. Die aufrecht stehenden Schuppen am Kopf sind breit und durchgehend dunkelbraun. Das Scutum und das Scutellum sind braun mit schwärzlichen Borsten. Die Farbe der Pleurite ist gleichmäßig dunkel bis graubraun mit 2 präspirakularen Borsten, 3 präalaren Borsten, 2 oberen mesepisternalen Borsten und 10 oberen mesepimeralen Borsten. Die unteren mesepisternalen und unteren mesepimeralen Borsten fehlen. Die Beine sind einheitlich dunkel beschuppt, sehr selten zeigen die Hintertarsen undeutliche helle Ringe. Die Flügeladern sind mit gleichmäßig verteilten dunklen Schuppen bedeckt. Die Tergite sind überwiegend dunkelbraun ohne Querbänder.

Larven Die Antenne ist leicht gekrümmt, dunkel und auf ihrer gesamten Innenfläche mit kleinen Dornen besetzt. Der Antennalbusch (1-A) ist kurz und hat 5–6 Zweige, die nahe der Basis der Antenne entspringen. Das innere Klypealhaar (2-C) ist lang und schwach gefiedert entlang der apikalen Hälfte. Das äußere Klypealhaar (3-C) ist etwa halb so lang wie das innere (2-C), mit 2–3 Ästen nahe der Spitze. Das hintere Klypealhaar (4-C) ist in der Regel unverzweigt, selten mit 2 Ästen an der Spitze. Ein gut geeignetes Merkmale zur Unterscheidung der Larven von *An. algeriensis* von denen der sehr ähnlichen *An. claviger* ist das Muster dunkler Markierungen auf dem Kopf. Bei *An. algeriensis* verlaufen 3 dunkle Querbänder über den Frontoclypeus (Abb. 7.8a). Das vordere Band befindet sich hinter dem hinteren Klypealhaar, das mittlere Band hinter den Frontalhaaren und das hintere Band nahe der Basis des Frontoclypeus. Bei *An. claviger* ist der Frontoclypeus dunkel gefleckt, aber nie gebändert. Die Palmhaare auf den Abdominalsegmenten III–VII (1-III bis 1-VII) bestehen jeweils aus 16–18 Federn mit einem auffällig gesägten Rand. Die sklerotisierte Tergalplatte auf Segment VIII ist so breit wie oder breiter als der Abstand zwischen den Palmhaaren auf Segment VII (1-VII). Die Sattelborste (1-X) inseriert weit innerhalb des Sattels.

Biologie Die Larven kommen in natürlichen oder künstlichen, gut beschatteten Gewässern wie Gräben, Kanälen oder überschwemmten Tümpeln mit üppiger Vegetation (*Phragmites* sp.) vor. Darüber hinaus treten sie oft in schattigen Dauergewässern zwischen dichtem Seggenbewuchs (*Carex* sp.) oder in Sümpfen und Marschen auf. Aufgrund ihrer Toleranz gegenüber einem leichten Salzgehalt werden sie gelegentlich in großer Zahl auch in Brackwasser gefunden. Sie treten mit den Larven von *An. maculipennis* s.l. und *Ur. unguiculata* vergesellschaftet auf, seltener mit denen von *An. claviger* s.l. oder *Cx. hortensis*. In Mitteleuropa erscheinen die Adulten von *An. algeriensis* erstmals im Frühsommer, und die Art überwintert normalerweise im Larvenstadium, aber in ihrem südlichen Verbreitungsgebiet in Nordafrika können in den Wintermonaten sowohl Erwachsene als auch Larven gefunden werden. In diesem Gebiet sind die Larven auch in klaren, kühlen Gebirgsbächen oder in Brunnen und Zisternen zu finden (Senevet und Andarelli 1956). Tagsüber ruhen die Imagines von *An. algeriensis* im Freien in dichter Grasvegetation (Exophilie) und fliegen ihre potenziellen Wirte, Mensch und Tier, ebenfalls im Freien bevorzugt in der Dämmerung und im Morgengrauen an, selten dringen sie in Häuser oder Ställe ein.

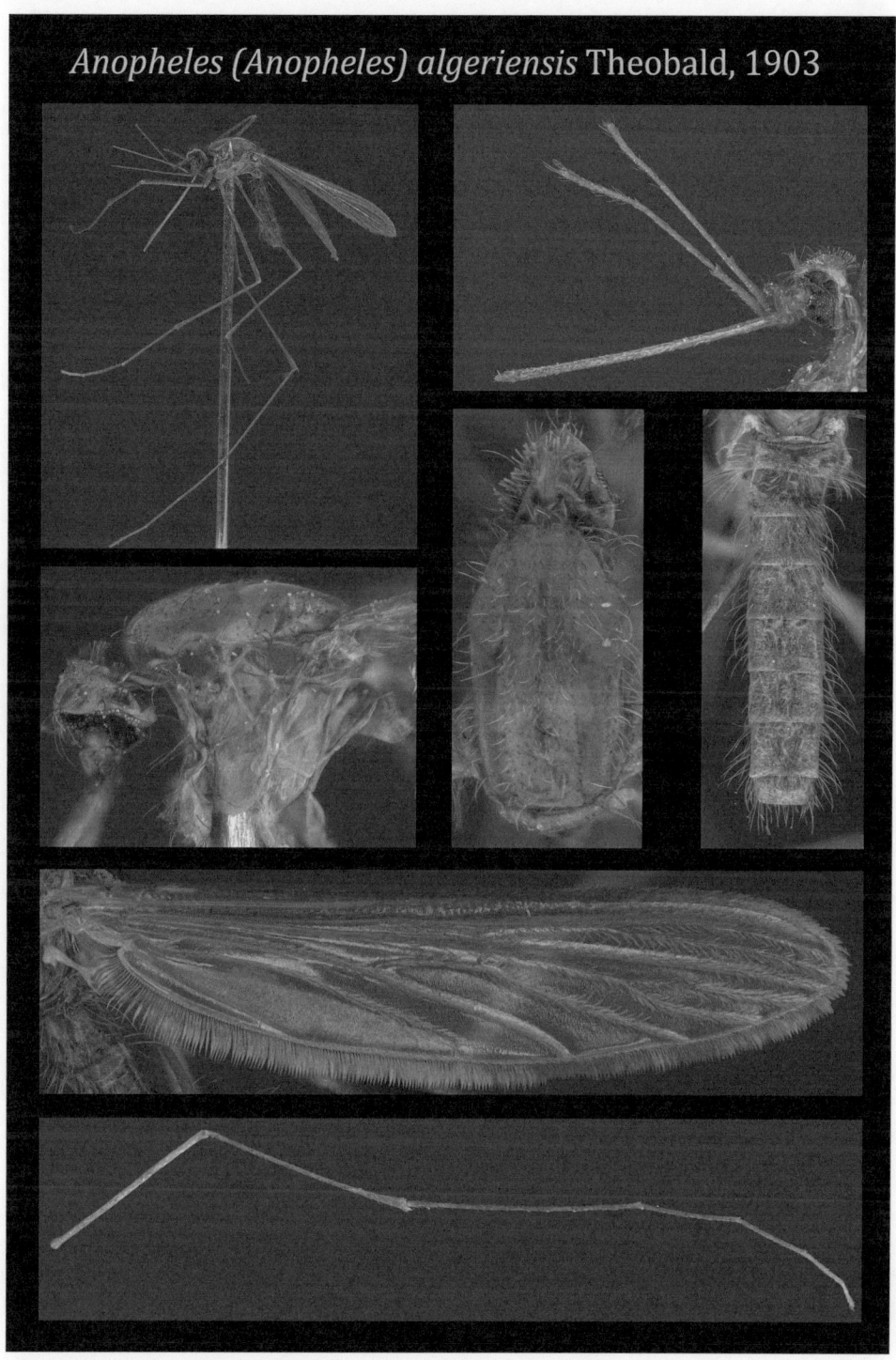

Tafel 1: *Anopheles (Anopheles) algeriensis*

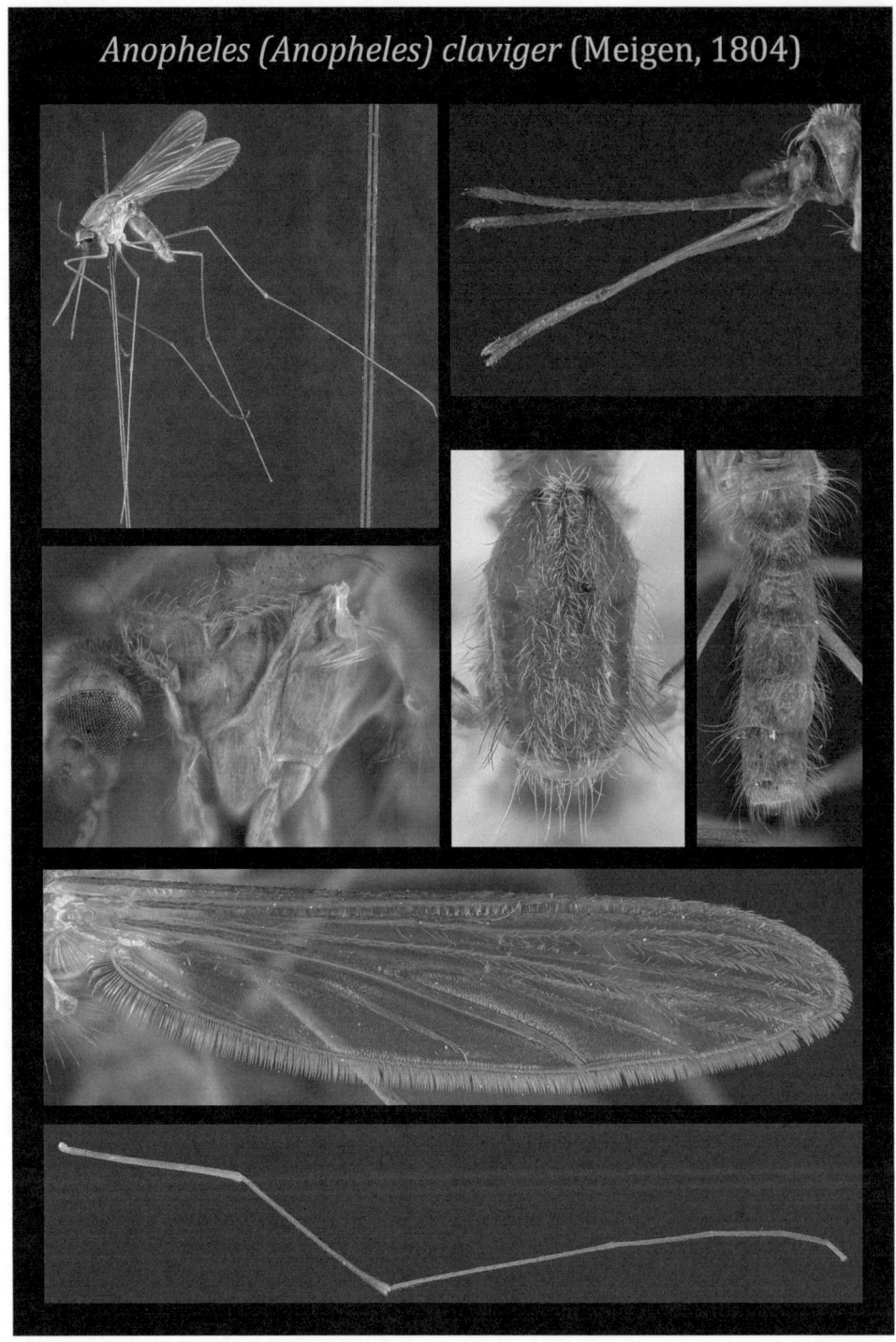

Tafel 2: *Anopheles (Anopheles) claviger*

Verbreitung *An. algeriensis* ist im gesamten Mittelmeerraum weit verbreitet. In Mitteleuropa wird sie aus England, Deutschland, Nordfrankreich, Ungarn und Bulgarien gemeldet (Krüger und Tannich 2013; Tippelt et al. 2018). Im östlichen Teil Europas gibt es einen Nachweis von der Westküste Estlands (Gutsevich et al. 1974).

Medizinische Bedeutung Obwohl die Vektorkapazität von *An. algeriensis* hoch ist (z. B. kann sie im Labor leicht mit *P. falciparum* infiziert werden), wird sie aufgrund ihrer Stechgewohnheiten eher als sekundärer Vektor angesehen. Innerhalb von Ortschaften wird die Art selten angetroffen und die Populationsdichte ist selbst im Freiland selten hoch.

Anopheles Claviger Komplex
Der Komplex besteht momentan aus den beiden Geschwisterarten *An. claviger* s.s. (Meigen) und *An. petragnani* Del Vecchio, die sich lediglich im Larven- bzw.

Puppenstadium voneinander abgrenzen lassen (Coluzzi 1960, 1962; Coluzzi et al. 1965). Im Adultstadium ist eine Unterscheidung der beiden Arten nicht eindeutig möglich.

8.1.2 Anopheles (Anopheles) claviger s.s. (Meigen) 1804

Weibchen (Tafel 2) An. claviger s.s. ist in der Regel größer als die ähnliche An. plumbeus, und die allgemeine Färbung erscheint mehr bräunlich. Die Pleurite und seitlichen Teile des Scutums sind rehbraun oder hellbraun, der helle Mittelstreifen des Scutums ist immer sichtbar, aber nicht so deutlich kontrastiert gegenüber den Seiten und den Tergiten wie bei An. plumbeus. An. claviger s.s. hat einen gleichmäßig dunkelbraunen Rüssel und Maxillarpalpen. Die Antennen sind braun, der Scheitel trägt weißliche und cremefarbene Schuppen, die Borsten sind nach vorn gerichtet. Der Hinterkopf hat schmale, helle Schuppen. Das Integument des Scutums ist braun, mit schmalen bis mäßig breiten, blassen Schuppen, die den Mittelstreifen bilden, der breit ist und mehr als die Hälfte des Scutums bedeckt. Der vordere acrostichale Schuppenfleck ist wenig entwickelt und gelblich (Abb. 6.9b). Das Scutellum ist braun, in der Mitte dunkler mit dunklen Borsten an seinem hinteren Rand. Die Beine sind braun oder dunkelbraun mit einigen blassen Schuppen an den Gelenken. Die Schuppen an den Flügeladern sind dunkel, gleichmäßig verteilt und bilden keine dunklen Flecken. Das Abdomen ist braun, mit undeutlichen blassen apikalen Bändern und langen, hellbraunen Borsten.

Larven Die Antenne ist etwa halb so lang wie der Kopf und mit kleinen Dornen auf der Innenfläche besetzt, die zur Spitze hin an Größe abnehmen und im distalen Drittel bisweilen ganz fehlen können. Der Antennalbusch (1-A) ist kurz, mit 4–7 Zweigen und inseriert in der Nähe der Basis der Antenne. Die inneren Klypealhaare (2-C) sind lang, fast so lang wie die Antenne, die Haare stehen dicht beieinander und sind einfach oder haben manchmal 2–3 Zweige an der Spitze. Die äußeren Klypealhaare (3-C) sind selten einfach, haben häufiger 2–3 apikale Verzweigungen, die hinteren Klypealhaare (4-C) sind kurz und dünn, mit 2–4, selten 5 Ästen (Abb. 7.9b). Die Frontalhaare (5-C bis 7-C) sind deutlich gefiedert. Dunkle Markierungen auf dem Frontoclypeus sind auf Flecken im hinteren Teil beschränkt und nicht gebändert wie bei An. algeriensis. Die Palmhaare des Abdominalsegments II (1-II) mit 10–15 Federn, diejenigen auf den Abdominalsegmenten III–VII (1-III bis 1-VII) haben lanzettliche Federn mit einer verlängerten Spitze, aber ohne langes Filament. Die Borste 2 der Abdominalsegmente IV und V (2-IV and 2-V) haben üblicherweise 4–5 Äste; wenn sie aus 3 Ästen bestehen, sind diese von gleicher Länge. Die sklerotisierte Tergalplatte auf Abdominalsegment VIII ist nicht so breit wie der Abstand der Palmhaare auf Segment VII (1-VII) davor. Die Sattelborste (1-X) entspringt knapp außerhalb des Sattels.

Biologie Die Larven kommen in den unterschiedlichsten Brutgebieten vor, bevorzugen aber mehr oder weniger dauerhafte und saubere Gewässer in eher schattigen Lagen mit kühlem Wasser. So finden sie sich z.B. in unkrautbewachsenen Tümpeln und Gräben, die von Bäumen beschattet sind oder im Schilfbewuchs an den Rändern von Teichen oder Seen. In Berggebieten brüten die Larven in der aquatischen Vegetation an den Rändern kleiner, gut beschatteter Gebirgsbäche. Oft sind sie gemeinsam mit den Larven von Cs. annulata anzutreffen, in ihrem nördlichen Verbreitungsgebiet findet man sie aber auch zusammen mit den Larven von Cs. morsitans und Ae. punctor. Die ersten Erwachsenen erscheinen im Frühjahr, sie sind aber überwiegend in den Sommermonaten bis in den Spätherbst zu finden. Die Weibchen legen ihre Eier nicht wie bei anderen Anopheles-Arten direkt auf der Wasseroberfläche ab, sondern oberhalb des Wasserspiegels in den feuchten Boden. Die Überwinterung erfolgt im 3. oder 4. Larvenstadium in nicht vollständig zugefrorenen Gewässern. Die Larven sind sehr empfindlich gegenüber Störungen und sinken sofort auf den Grund der Brutplätze, wenn sie die geringste Bewegung des Wassers wahrnehmen. Die adulten Weibchen dringen in der Regel nicht in Häuser oder Ställe ein, sondern nehmen ihre Blutmahlzeit im Freien außerhalb von Ansiedlungen (Exophagie). An. claviger s.s. ist eine zoophile Art; ihre bevorzugten Wirte sind große Haustiere.

Verbreitung Die Art ist in der Paläarktis weit verbreitet. Sie kommt in fast ganz Europa vor, von Mittelschweden und Norwegen bis nach Nordafrika und im Kaukasus bzw. auf der Krim.

Medizinische Bedeutung An. claviger s.s. ist ein potenzieller Vektor von Malaria. Obwohl ihre epidemiologische Bedeutung aufgrund ihrer normalerweise kleinen Populationen eher gering ist, war die Art als Hauptüberträger von Malaria im östlichen Mittelmeerraum bekannt (Postiglione et al. 1973).

8.1.3 Anopheles (Anopheles) petragnani Del Vecchio 1939

Weibchen (Tafel 3) Coluzzi (1960) weist darauf hin, dass die erwachsenen Weibchen von An. petragnani eine generell dunklere Färbung aufweisen als diejenigen von An. claviger s.s., aber dieses Merkmal allein ist für die Unterscheidung der beiden Arten von geringerem Wert.

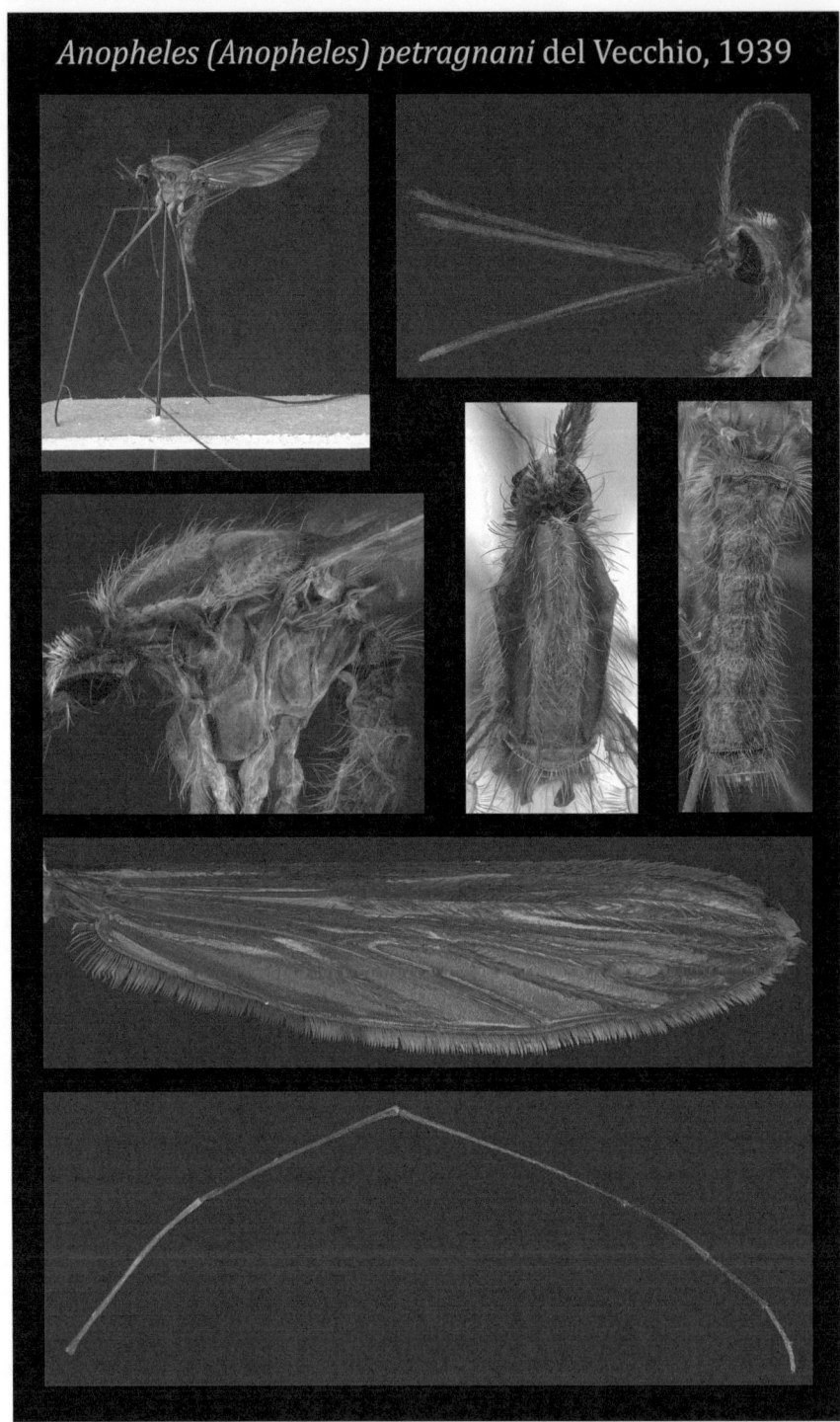

Tafel 3: *Anopheles (Anopheles) petragnani*

Larven Bei *An. petragnani* ist das hintere Klypealhaar (4-C) einfach, selten mit 1–2 Zweigen (Abb. 7.9a). Die Palmhaare des Abdominalsegments II (1-II) haben normalerweise mehr als 15 Federn mit leicht verlängerten Spitzen. Die Borsten 2 der Abdominalsegmente IV und V (2-IV und 2-V) haben 2–3 Äste; wenn 3 Äste vorhanden sind, ist der mittlere Ast kürzer als die äußeren Äste. Bei *An. claviger* s.s. hingegen ist das hintere Klypealhaar (4-C) kurz und dünn, mit 2–4, selten 5 Zweigen (Abb. 7.9b). Die Palmhaare des Abdominalsegments II (1-II) bestehen aus 10–15 Federn. Borste 2 der Abdominalsegmente IV und V (2-IV und 2-V) hat 4–5 Zweige, selten 3 Zweige; wenn 3 Äste vorhanden sind, haben alle die gleiche Länge. Ein weiteres morphologisches Merkmal, das zur Unterscheidung der Geschwisterarten geeignet ist, findet sich bei den Puppen (für nähere Informationen s. Becker et al. 2020).

Biologie Die Larven von *An. petragnani* vertragen etwas höhere Wassertemperaturen als *An. claviger* s.s. Sie konnten in Süßwasserfelslöchern, Gräben, Entwässerungskanälen und an Bach- und Flussrändern vorzugsweise in schattigen Lagen gefunden werden (Marchi und Munstermann 1987; Pires et al. 1982). Die erwachsenen Weibchen zeigen eine ausgeprägte Wirtspräferenz für Nutztiere wie Schweine und Kühe (Ribeiro et al. 1989).

Verbreitung Die Verbreitung von *An. petragnani* scheint hauptsächlich auf die westliche Mittelmeersubregion beschränkt zu sein, wo sie weitgehend sympatrisch mit *An. clavigerc* s.s. anzutreffen ist. Sie ist die vorherrschende Art des Anopheles Claviger Komplex in Süditalien, Sardinien und Korsika, wurde jedoch auch in Deutschland nachgewiesen. Ihr gesamtes Verbreitungsgebiet ist noch nicht vollständig geklärt (Becker et al. 2016).

Medizinische Bedeutung *An. petragnani* ist offensichtlich eine stark zoophile Art, die häufig nur in geringer Zahl vorkommt. Für die Übertragung von Malaria spielt sie offenbar keine Rolle.

8.1.4 Anopheles (Anopheles) hyrcanus (Pallas) 1771

Weibchen Der Stechrüssel ist dunkelbraun beschuppt, die Maxillarpalpen sind fast so lang wie der Rüssel und ebenfalls dunkelbraun, mit einer hellen Spitze und 3 schmalen, hellen Ringen an den Gelenken der Palpomere II-III, III-IV und IV-V. Der Clypeus ist dunkelbraun mit großen Büscheln dunkler Schuppen an jeder Seite. Der Scheitel trägt ein Büschel nach vorn gerichteter, schmaler, weißer Schuppen. Am Hinterkopf befinden sich aufrecht stehende, weiße Schuppen auf der dorsalen Oberfläche und aufrecht stehende, schwarzbraune Schuppen an seinen Seiten. Das Scutum ist braun mit einem Streifen schmaler, grauer Schuppen in der Mitte. Oft ist der Mittelstreifen durch dunkle Längsstreifen in 2 oder 4 schmale, gräuliche Streifen unterteilt. Außerdem sind am vorderen Rand des Scutums einige helle Schuppen vorhanden, die Pleurite sind braun. Die Beine sind braun, aber heller an den ventralen Flächen der Femora, die Basen der vorderen Femora sind deutlich vergrößert. Die Tarsen sind dunkelbraun, und die vorderen und mittleren tragen weiße Ringe an den Spitzen der Tarsomere I–III. Der Tarsomer IV der Hinterbeine trägt an seiner Spitze ebenfalls einen hellen Ring (Abb. 6.10a), bei der var. *pseudopictus* ist der Tarsomer IV komplett hell beschuppt (Abb. 6.10b). Manchmal erstreckt sich die weißliche Beschuppung bis zu den basalen Teilen des hinteren Tarsomers V. Die Flügeladern sind mit dunklen und hellen Schuppen bedeckt, die kontrastierende dunkle und helle Flecken bilden. Der dunkle vordere Rand des Flügels wird in der apikalen Hälfte durch 2 helle Bereiche unterbrochen; der proximale Fleck umfasst C und R_1, und der Fleck in der Nähe des Apex erstreckt sich von C bis R_2 (Abb. 6.6b). Weiße Schuppen dominieren besonders auf Cubitus (Cu) und Analader (A), und manchmal sind diese Adern fast vollständig weiß beschuppt. Die Randschuppen der Flügel sind an der Spitze weiß, ansonsten bräunlich. Es ist jedoch anzumerken, dass *An. hyrcanus* eine beträchtliche intraspezifische Variation in den Flügelzeichnungen aufweisen kann. Das Verhältnis von dunklen zu weißen Bereichen kann ebenso variieren wie die Intensität der Flecken. Das Abdomen ist dunkel und mit langen, dichten, braunen oder goldenen Borsten besetzt; das Sternit VII trägt in seiner apikalen Hälfte ein Büschel dunkelgrauer Schuppen.

Larven Der Kopf ist länger als breit. Die Antennen sind gerade und mit kleinen Dornen auf der Innenseite besetzt. Der Antennalbusch (1-A) ist mehrfach verzweigt und mindestens halb so lang wie der Antennenschaft. Er entspringt etwa in der Mitte der Antenne oder etwas darunter. Die inneren Klypealhaare (2-C) stehen dicht beieinander und weisen kurze apikale Verzweigungen auf (Abb. 7.10a). Die äußeren Klypealhaare (3-C) sind stark verästelt, die Frontalhaare (5-C bis 7-C) sind lang und gefiedert. Die Palmhaare an den Abdominalsegmenten I und II sind rudimentär, aber an den Segmenten III–VII gut entwickelt, und bestehen aus 17–24 Federn. Die sklerotisierten Tergalplatten auf den Abdominalsegmenten sind nicht sehr lang, aber ziemlich breit.

Biologie Die Larven von *An. hyrcanus* werden normalerweise in mehr oder weniger sauberen, stehenden und sonnenexponierten Gewässern gefunden, die reich an aquatischer Vegetation sind. Sie treten häufig in Reisfeldern und dazugehörigen Bewässerungssystemen, in Sümpfen, Teichen, Seerändern oder Gräben und Kanälen mit grasbewachsenen Rändern auf. Sie weisen eine Toleranz gegenüber einem geringen Salzgehalt auf und sind auch in Küsten- und Binnensümpfen zu finden. Bei einer Temperatur von etwa 20 °C dauert die Larvalentwicklung von *An. hyrcanus* etwa 14–16 Tage (Senevet und Andarelli 1956). Die Adulten treten ab Mai in geringer Zahl auf, aber die Größe der Population nimmt zum Herbst hin zu. Normalerweise ruhen die erwachsenen Weibchen tagsüber im Freien in Buschwerk und anderer dichter Vegetation (Exophilie). Sie dringen selten in Häuser ein, sind aber häufig in Viehställen oder Unterständen zu finden, von wo sie nach der Blutmahlzeit ins Freie zurückkehren. In der Dämmerung oder während der Nacht werden hauptsächlich Nutztiere, seltener der Mensch, auch in offenem Gelände zur Blutmahlzeit angeflogen. Gelegentlich können aber auch tagsüber in schattigen Situationen Stechversuche beobachtet werden.

Verbreitung In Europa ist *An. hyrcanus* in den nördlichen Mittelmeerländern weit verbreitet, von Spanien, Südfrankreich, Italien und Griechenland bis zur Türkei. In Mitteleuropa wird sie aus Ungarn (Toth 2003), der Slowakei (Halgos und Benkova 2004), der Tschechischen Republik (Sebesta et al. 2009; Votypka et al. 2008) und Österreich (Lebl et al. 2013) gemeldet.

Medizinische Bedeutung Aufgrund seines exophilen Verhaltens wurde *An. hyrcanus* im Mittelmeerraum nie als gefährlicher Malariaüberträger angesehen. Im Hinblick auf die Verhaltensänderungen des Menschen (z. B. erhöhte Mobilität oder Zunahme der Zahl von Saisonarbeitern auf den Reis- und Baumwollfeldern) sollte seine Rolle als potenzieller Malariaüberträger aber nicht außer Acht gelassen werden.

Hinweis zur Systematik *An. hyrcanus* ist eine der am weitesten verbreiteten und häufigsten Arten der Gattung *Anopheles* und sicherlich eine der variabelsten. Aufgrund ihrer Variabilität wurde eine Reihe verschiedener Formen von verschiedenen Fundorten als Variationen oder Unterarten der Nominativform beschrieben, so auch die westpaläarktische Varietät *pseudopictus*, bei der der Tarsomer IV der Hinterbeine komplett hell beschuppt ist und die hauptsächlich in Süd- und Südosteuropa vorkommt (Glick 1992; Gutsevich 1976; Poncon et al. 2008).

Anopheles Maculipennis Komplex

Die Vertreter des Anopheles Maculipennis Komplex sind das klassische Beispiel eines sogenannten Artenkomplexes, der verschiedene „Geschwisterarten" (*sibling species*) umfasst. Diese sind morphologisch nicht oder nur sehr schwer voneinander abzugrenzen, können sich jedoch in ihrer Biologie und Lebensweise entscheidend voneinander unterscheiden. So ist die Larvalentwicklung einiger Arten auf Süßwasser beschränkt, andere Arten bevorzugen dagegen Brackwasser; die Weibchen bestimmter Arten bevorzugen menschliches Blut, während andere eher Nutztiere als potenzielle Wirte favorisieren (Anthropophilie, Zoophilie). Außerdem existieren Unterschiede im Schwarm- und Paarungsverhalten der Adulten (Stenogamie, Eurygamie). Studien mit Kreuzungsexperimenten, zytotaxonomischen Methoden und Enzymelektrophorese bestätigten die Existenz verschiedener Arten innerhalb des Komplexes (Bullini und Coluzzi 1978; Stegnii und Kabanova 1976; Suzzoni-Blatger et al. 1990). Bisher ist rund ein Dutzend reproduktiv isolierter, aber morphologisch ähnlicher Arten in der nördlichen Hemisphäre bekannt (White 1978), es ist aber zu erwarten, dass durch den Einsatz neuer molekularer Werkzeuge zur Identifizierung auf Grundlage der Differenzierung von Nukleotidsequenzen weitere Arten gefunden werden (Nicolescu et al. 2004). Wie bereits erwähnt, existieren geringe morphologische Unterschiede zwischen den Arten sowohl im Adult- als auch im Larvalstadium, die jedoch für die individuelle Identifizierung einzelner Exemplare nicht oder nur sehr begrenzt anwendbar sind. Die morphologische Identifizierung der Arten basiert weitgehend auf Merkmalen der Eier (Muster der Oberfläche, Vorhandensein von Schwimmkörpern sowie deren Größe, Position und Textur) (für weiterführende Informationen s. Becker et al. 2020). Die heimischen Vertreter des Anopheles Maculipennis Komplexes sind *An. atroparvus*, *An. daciae*, *An. maculipennis* s.s. und *An. messeae*.

Folgende morphologische Merkmale der Weibchen und Larven haben diese Arten gemeinsam:

Weibchen (Tafel 4) Je nach Verbreitung variieren die Größe und Farbe der Individuen, diejenigen südlicher Herkunft sind meist heller und kleiner. Das charakteristische Merkmal, das die Individuen vom Anopheles Maculipennis Komplex von allen anderen heimischen *Anopheles*-Arten unterscheidet, sind die Flügel mit einer Ansammlung dunkler Schuppen, die mehrere deutliche Flecken bilden (Abb. 6.7a). Der Stechrüssel und die Maxillarpalpen sind dunkelbraun, die Palpen sind fast so lang wie der Rüssel. Der Scheitel trägt ein Büschel aus langen, weißlichen, nach vorn gerichteten, schmalen Schuppen und Borsten. Am Hinterkopf finden sich aufrechte, dunkelbraune Schuppen. Das Scutum hat einen breiten, grauen Mittelstreifen, der sich nach vorn verjüngt, und normalerweise 2–3 undeutliche bräunliche Streifen auf der vorderen Hälfte. Die seitlichen Teile des Scutums sind vorn braun und hinten schwarzbraun. Der vordere Acrostichalfleck besteht aus hellen, langen und dünnen Schuppen. Das Scutellum ist braun mit schmalen, goldenen Schuppen, die Pleurite sind dunkelbraun. Die Femora sind auf ihrer dorsalen Oberfläche dunkelbraun und auf der ventralen Seite hellbraun, die Tibiae sind braun, aber an ihren Spitzen etwas heller; die Tarsen sind dunkelbraun. Die Flügel sind mit dunklen Schuppen besetzt, die ungleichmäßig verteilt sind und mehrere dunkle Flecken in der Nähe der Queradern, der Basis von Rs und den Gabelungen von R_{2+3} und M bilden. Die Gabelungen von R_{2+3} und M befinden sich etwa im gleichen Abstand von der Flügelbasis (Abb. 6.7a). Der Rand des Flügels weist an der Flügelspitze einen Fleck heller Schuppen auf. Das Abdomen ist braun oder schwarzbraun mit langen, schmalen, goldbraunen Schuppen.

Larven Je nach Verbreitung ist die Pigmentierung und Größe der Larven sehr variabel. Exemplare aus den nördlichen Teilen Europas sind normalerweise größer und haben eine dunklere Kopfkapsel. Der Kopf ist länger als breit, und die Antennen sind fast gerade, sparsam mit Dörnchen besetzt und etwa 2/3 so lang wie der Kopf. Der Anten-

8.1 Gattung *Anopheles* Meigen, 1818

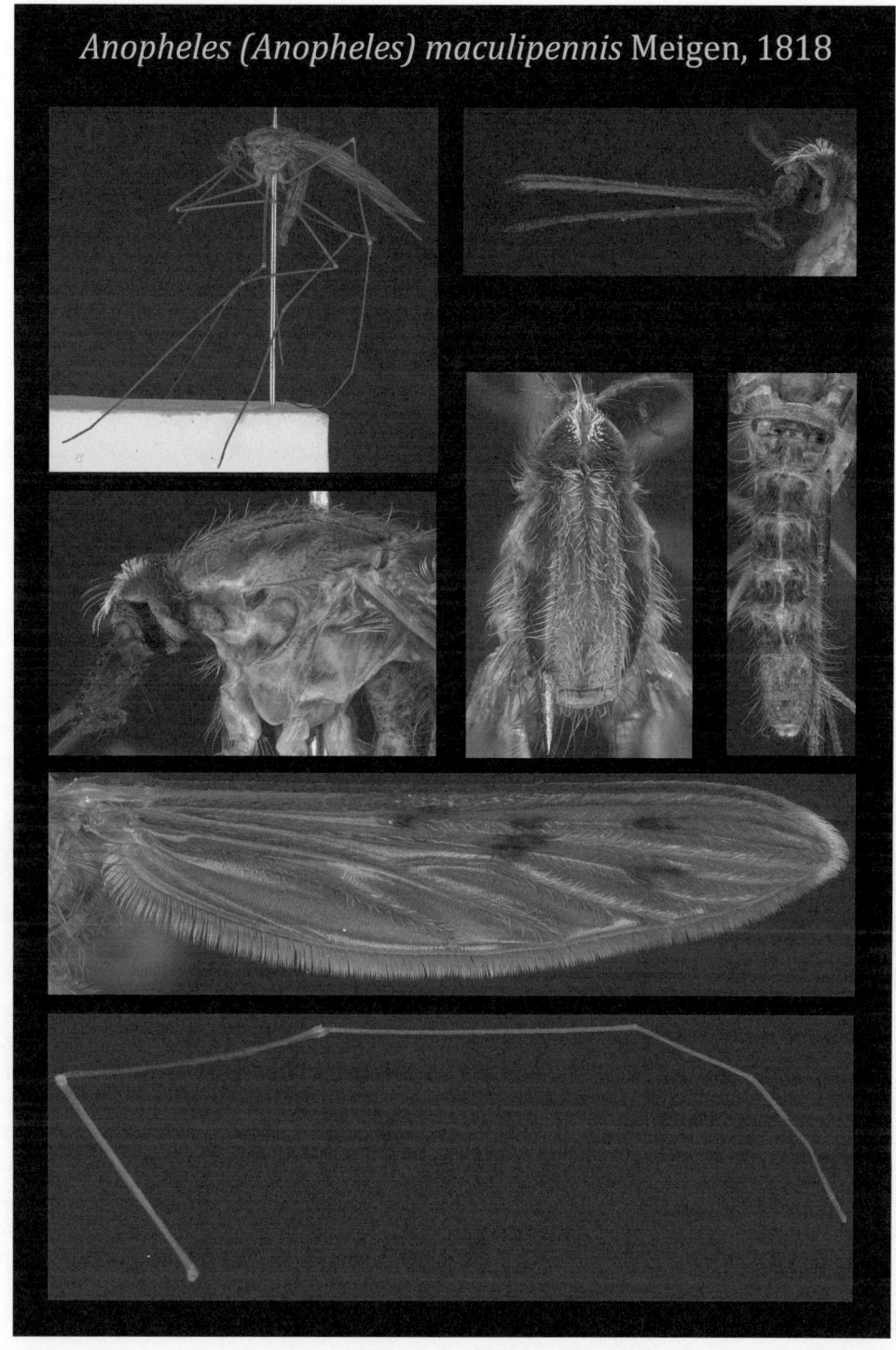

Tafel 4: *Anopheles (Anopheles) maculipennis*

nalbusch (1-A) ist klein, mit 4–6 Ästen, die im basalen 1/3 bis 1/4 des Antennenschafts entspringen. Die inneren Klypealhaare (2-C) liegen dicht beieinander und haben lange apikale Verzweigungen (Abb. 7.10b). Die äußeren Klypealhaare (3-C) sind stark verästelt (Abb. 7.7b). Die Frontalhaare (5-C bis 7-C) sind lang und gefiedert. Die Palmhaare auf den Abdominalsegmenten I und II sind rudimentär, auf den Segmenten III–VII jedoch gut entwickelt, mit 16–24 Federn, die in der Mitte etwas breiter sind. Das Filament ist etwa 1/3 so lang wie der basale Teil der Federn.

8.1.5 Anopheles (Anopheles) atroparvus Van Thiel 1927

Biologie Die Larven kommen in verschiedenen stehenden, semipermanenten oder permanenten Brutstätten vor, sowohl in Salz- als auch in Süßwasser, sie bevorzugen jedoch leichtes Brackwasser. Sie können in Kanälen, Gräben, Sümpfen in Küstengebieten, Flussrändern, Tümpeln in Flussbetten, Reisfeldern und manchmal sogar in Klärgruben vorkommen. Die Gewässer sind normalerweise sonnenbeschienen und weisen eine beträchtliche Menge an Grünalgen und anderer schwimmender und untergetauchter Vegetation auf. *An. atroparvus* überwintert im Adultstadium und zeigt meist eine unvollständige Diapause. Nachdem die Weibchen im Herbst Schutz in Ställen oder Behausungen gefunden haben, bleiben sie im Winter aktiv und können unregelmäßig Blutmahlzeiten zu sich nehmen, ohne dass es zu einer anschließenden Eiablage kommt. Diese Gewohnheit trug zu Beginn des 20. Jahrhunderts vor allem zur Übertragung der Wintermalaria in Innenräumen in Großbritannien, den Niederlanden und anderen Teilen Europas bei. Das Problem verschwand Ende der 1940er-Jahre aufgrund verbesserter sozialer und wirtschaftlicher Bedingungen. Die Dauer der Diapause hängt sowohl von der Tageslänge als auch von der Temperatur ab und variiert daher mit der Verbreitung der Art. Sie kann in Nordeuropa von September bis April und in Südeuropa von November bis Februar dauern.

Die Weibchen gelten als überwiegend zoophil und saugen an verschiedenen Haus- und Nutztieren Blut, stechen aber auch gerne den Menschen. Sie rasten normalerweise innerhalb von Gebäuden, vorwiegend in Ställen und künstlichen Unterständen. Obwohl bei mehreren Gelegenheiten das Schwärmen der Männchen vor der Paarung beobachtet wurde, spielt es im tatsächlichen Paarungsverhalten der Geschlechter vermutlich nur eine untergeordnete Rolle (Cambournac und Hill 1940). Normalerweise paaren sich die Adulten fast ausschließlich in Innenräumen (Stenogamie). Wanderungsentfernungen der Weibchen von mindestens 3 km wurden beobachtet (Cambournac und Hill 1938). *An. atroparvus* kam in der Vergangenheit häufiger vor, ist heute jedoch weniger verbreitet. In den Niederlanden gilt die industrielle Umweltverschmutzung als einer der Gründe für den Rückgang der Individuenzahlen (Jetten und Takken 1994).

Verbreitung Es handelt sich überwiegend um eine Küstenart, die von Südostschweden bis Portugal entlang der Küsten des Atlantiks, der Nord- und Ostsee und des Mittelmeers vorkommt. In Süd- und Südosteuropa ist die Verbreitung mehr punktuell, z. B. von Norditalien und Binnengebieten Mittelitaliens über südwestliche Teile Russlands und die Küstenregion des Schwarzen Meers. In Serbien und Mazedonien ist die Art im Tiefland weit verbreitet, auffällig dominant ist sie jedoch nur in Gebieten mit salzhaltigen/alkalischen Böden in der Pannonischen Tiefebene (Adamovic 1980). In Portugal ist sie die häufigste und am weitesten verbreitete *Anopheles*-Art im ganzen Land (Ribeiro et al. 1988).

8.1.6 Anopheles (Anopheles) daciae Linton, Nicolescu and Harbach 2004

Biologie Im Oberrheintal findet man die Larven vergesellschaftet mit denen der Geschwisterarten *An. messeae* und seltener mit *An. maculipennis* s.s. (Czajka et al. 2020). Allerdings kommen die Arten je nach Qualität der Brutplätze in unterschiedlicher Häufigkeit vor. *An. daciae* ist die häufigste Art des Komplexes im nördlichen Teil des Oberrheintals (in der Mäanderzone des Flusses), während *An. messeae* die am häufigsten vorkommende Art in der Furkationszone ist. In einer aktuellen Studie im Oberrheintal konnte gezeigt werden, dass *An. messeae* regelmäßig von der 1. Maihälfte bis zur 2. Augusthälfte auftrat, während *An. daciae* etwa 2 Wochen später zum 1. Mal erschien und bis zur 1. Septemberhälfte gesammelt werden konnte. *An. messeae* war in der 1. Augusthälfte am häufigsten anzutreffen, während *An. daciae* 2 Spitzenwerte, einen Anfang Juli und einen in der 1. Augusthälfte, zeigte. Diese bimodale Kurve kann auf 2 Generationen von *An. daciae* hinweisen, während die Populationsdynamik von *An. messeae* kontinuierlicher zu sein scheint (Czajka et al. 2020).

Verbreitung Nachdem die Art durch ITS2-Analyse identifiziert werden konnte und aus Rumänien gemeldet wurde (Nicolescu et al. 2004), wurde sie im Anschluss in vielen anderen europäischen Ländern gefunden (Linton et al. 2005): England (Danabalan et al. 2013; Linton et al. 2002), Griechenland (Linton et al. 2001; Patsoula et al. 2007), Deutschland (Czajka et al. 2020; Kronefeld et al. 2012, 2014; Proft et al. 1999; Weitzel et al. 2012), Italien (Di Luca et al. 2004; Marinucci et al. 1999), Polen (Rydzanicz et al. 2017), Türkei (Simsek et al. 2011) und Serbien (Kavran et al. 2018).

8.1.7 Anopheles (Anopheles) maculipennis s.s. Meigen 1818

Biologie Die Larven kommen hauptsächlich in kalten, klaren Gewässern von Hochlandgebieten vor, können aber auch in Ebenen und Küstenzonen gefunden werden (Hackett und Missiroli 1935). Typische Brutstätten sind geschützte Bereiche in Bächen, Flussrändern, Reisfeldern oder künstlichen Tümpeln. In Gebirgsregionen Mitteleuropas kommt die Art in Höhenlagen von 1000 m und mehr vor und ist dort als einziges Mitglied des Komplexes anzutreffen. Aus Bulgarien und der Türkei werden Höhen von 2190–2300 m gemeldet (Bozkov 1966; Postiglione et al. 1973). Die Larven von *An. maculipennis* s.s. zeigen eine bessere Anpassung an die Entwicklung in kleineren Gewässern ohne Vegetation und künstliche Wasseransammlungen mit starken Schwankungen der Wassertemperatur als diejenigen von *An. messeae* (Mohrig 1969). Daher scheint diese Art besser für das Überleben in Kulturland geeignet zu sein, das in den letzten Jahrzehnten in Europa durch Wassermanagementkampagnen und den Einsatz umfangreicher landwirtschaftlicher Techniken in großem Umfang geschaffen wurde. Die Larven kommen häufig in Gewässern mit hohem Gehalt an organischer Substanz vor und treten dort oft zusammen mit denen von *Cx. pipiens* auf. Die Überwinterung erfolgt im Adultstadium, sie kann jedoch in wärmeren Klimazonen von relativ kurzer Dauer sein (Senevet und Andarelli 1956). Die Wintermonate werden meist in verlassenen Gebäuden ohne potenzielle Wirte verbracht. Die erwachsenen Tiere haben normalerweise kaum Kontakt zum Menschen, die Weibchen gelten als stark zoophil und ernähren sich hauptsächlich von Nutztieren (Tovornik 1980; Weyer 1939). Im Falle eines Mangels an geeigneten Wirtstieren kann die Art auch an Menschen Blut saugen, sowohl innerhalb als auch außerhalb von Gebäuden (Barber und Rice 1935). Die Tagesruheplätze liegen innerhalb von Ställen und Behausungen. Die Erwachsenen sind eurygam, d. h., es finden Paarungsschwärme statt.

Verbreitung *An. maculipennis* s.s. ist in ganz Europa weit verbreitet. Mit Ausnahme der südlichen Teile der Iberischen Halbinsel kommt sie in fast allen europäischen Ländern vor. Es handelt sich um eine eher kontinentale Art mit deutlich geringeren Feuchtigkeitsansprüchen als *An. messeae* und *An. atroparvus*. Eine Ausbreitung von *An. maculipennis* s.s. in Nordosteuropa und Nordwestasien könnte womöglich mit dem Klimawandel in Zusammenhang stehen (Novikov und Vaulin 2014).

8.1.8 Anopheles (Anopheles) messeae Falleroni 1926

Biologie Die Larven kommen typischerweise in kühlen, stehenden Gewässern mit reichlichem Wachstum von Unterwasservegetation vor. Sie treten an Fluss- und Seerändern, in Sümpfen, Überschwemmungsgebieten, Tümpeln und Gräben auf. In Mitteleuropa sind die Larven auf Binnengebiete und Süßwasserlebensräume beschränkt und meiden Brutstätten mit hohem Gehalt an organischer Substanz. *An. messeae* bevorzugt größere Gewässer, die vor allem in Tieflandgebieten mit schlecht reguliertem Grundwasserspiegel vorhanden sind (Mohrig 1969). Sie ist häufig die vorherrschende Art des Anopheles Maculipennis-Komplexes in Überschwemmungsgebieten größerer Flüsse, z. B. Donau, Save, Rhone oder Rhein. Entlang der Küsten, und in Bergregionen ist sie eher selten oder fehlt fast vollständig. Die Überwinterung findet als adultes Weibchen statt; die Wintermonate werden meist in verlassenen Gebäuden verbracht. Die Weibchen sind im Wesentlichen zoophil, d. h., sie nehmen ihre Blutmahlzeit fast ausschließlich von Haustieren, sodass der Kontakt mit Menschen in einem landwirtschaftlich genutzten Gebiet mit hohem Viehbestand weitgehend unterdrückt ist (Jetten und Takken 1994). Stechversuche am Menschen werden nur dann vorgenommen, wenn die Dichte von *An. messeae* sehr hoch ist und ein Mangel an geeignetem Nutzvieh herrscht; dann können sie den Menschen auch innerhalb von Gebäuden anfliegen (Barber und Rice 1935; Dahl 1977). Die Art gilt als endophil, da sie tagsüber in Ställen, Scheunen und Kellern sowie in menschlichen Gebäuden ruhend gefunden werden kann (Artemiev 1980). Die Erwachsenen sind eurygam, d. h., es finden Paarungsschwärme statt.

Verbreitung *An. messeae* ist eine der am weitesten verbreiteten Vertreterin des Komplexes. Ihr Verbreitungsgebiet erstreckt sich in der nördlichen Paläarktis von der Atlantikküste im Westen über Skandinavien, Nord- und Mitteleuropa und Asien bis nach China. In Südeuropa, auf der Iberischen Halbinsel, in Süditalien und im östlichen Mittelmeerraum kommt die Art praktisch nicht vor. *An. messeae* gilt als anfälliger gegenüber hohen Temperaturen und niedriger Luftfeuchtigkeit als *An. atroparvus*; diese Tatsache könnte die südliche Verbreitung der Art einschränken.

Medizinische Bedeutung der Arten des Anopheles Maculipennis Komplex Von den heimischen Arten galt die anthropophile *An. atroparvus* in Küstenregionen als der Hauptüberträger der Malaria. Sie ist in Salzwasserlebensräumen am häufigsten anzutreffen, ihre Bedeutung hängt aber von den örtlichen Gegebenheiten ab, z. B. Vorkommen der Art in großer Zahl oder Übertragung von Wintermalaria (Verfügbarkeit menschlicher Wirte in oder in der Nähe von Überwinterungsunterkünften). Aufgrund ihrer wichtigen Rolle bei der Malariaübertragung in nördlichen Gebieten in der Vergangenheit gilt die zoophile *An. messeae* als wichtiger Malariaüberträger in Eurasien (Sinka et al. 2010). Die Art war zusammen mit *An. daciae* höchstwahrscheinlich für die Übertragung von Malaria in begrenzten Regionen Europas verantwortlich, in denen eine hohe Individuendichte mit einem Mangel an Haus- und Nutztieren einherging. Andere zoophile Arten, z. B. *An. maculipennis* s.s., deren Larven sich normalerweise in reinen Süßwasserlebensräumen entwickeln, spielten bei der Übertragung von Malaria sehr wahrscheinlich eine untergeordnete Rolle.

Tafel 5: *Anopheles (Anopheles) plumbeus*

8.1.9 *Anopheles (Anopheles) plumbeus* Stephens 1828

Weibchen (Tafel 5) *An. plumbeus* kann von der ähnlichen *An. claviger* durch ihre geringere Größe und insgesamt dunklere, fast schwarze Färbung unterschieden werden. Die Pleurite des Thorax und die seitlichen Teile des Scutums sind schwarzbraun und bilden einen deutlichen Kontrast zum blassen oder aschgrauen Mittelteil des Scutums. Außerdem sind die Flügel dichter beschuppt und dunkler als die von *An. claviger*. Der Stechrüssel und die Maxillarpalpen sind in etwa gleich lang und schwarz beschuppt. Auf dem Scheitel befinden sich ein Büschel aus schmalen, reinweißen Schuppen, die nach vorn gerichtet sind, und längere, gelbliche Borsten. Der Hinterkopf ist in seinem mittleren Teil mit weißlichen, lanzettlichen und aufrechten Gabelschuppen bedeckt, seitlich mit aufrechten, schwarzen Gabelschuppen. Die Seitenbereiche des Scutums sind schwarzbraun, ein mittlerer grauer Längsstreifen bedeckt mindestens 1/3 der Breite des Scutums. Am vorderen Rand des Scutums steht ein gut entwickeltes anteacrostichales Büschel aus schmalen, reinweißen Schuppen (Abb. 6.9a). Das Scutellum ist braun und mit dunklen Borsten besetzt. Die Pleurite sind schwarzbraun, 5–6 präspirakulare Borsten vorhanden. Die Beine sind schwarz oder schwarzbraun, die Coxae und ventralen Oberflächen der Tibiae sind etwas blasser. Die Flügel sind nicht gefleckt und dicht mit dunkelbraunen, lanzettlichen Schuppen bedeckt, die Queradern sind deutlich voneinander getrennt. Das Abdomen ist schwarz und mit hellbraunen oder dunklen Borsten besetzt.

Larven Larven von *An. plumbeus* unterscheiden sich von allen anderen heimischen Arten der Gattung *Anopheles* durch die kurzen und unverzweigten Frontalhaare (5-C bis 7-C) (Abb. 7.6b). Der Kopf ist mehr oder weniger oval und einheitlich dunkelbraun. Die Antennen sind etwa 1/3 so lang wie der Kopf, gerade und besitzen keine Dornen. Der Antennalbusch (1-A) ist sehr kurz und unverzweigt und inseriert nahe an der Basis der Antenne. Die Klypealhaare (2-C und 3-C) sind dünn und spärlich an der Spitze verzweigt. Der Abstand zwischen den inneren Klypealhaaren (2-C) ist fast gleich dem Abstand zwischen den inneren (2-C) und den äußeren Klypealhaaren (3-C). Die hinteren Klypealhaare (4-C) sind kurz und unverzweigt und stehen weit auseinander. Der Abstand zwischen ihnen ist größer als der Abstand zwischen den äußeren Klypealhaaren (3-C). Die Palmhaare auf den Abdominalsegmenten II–VI (1-II bis 1-VI) sind gut entwickelt. Jedes Palmhaar besteht aus 14–15 lanzettlichen Federn, die spitz zulaufen und kein Filament besitzen; ihr Rand kann in der apikalen Hälfte leicht gesägt sein. Die seitlichen Borsten der Segmente I–VI (6-I bis 6-VI) sind groß und gefiedert. Das Ruder besteht aus 17–19 Ruderhaaren, die einer gemeinsamen sklerotisierten Basis entspringen. Die Analpapillen sind in der Regel kürzer als der Sattel.

Biologie Die Larven von *An. plumbeus* entwickeln sich vorwiegend in Baumhöhlen. Das Wasser ist durch die gelösten Gerbstoffe und Pigmente des Holzes meist dunkelbraun verfärbt und weist eine hohe Salzkonzentration in Verbindung mit Sauerstoffmangel auf (Mohrig 1969). Die Larven werden normalerweise in Baumhöhlen von Buche (*Fagus sylvatica*), Esche (*Fraxinus excelsior*), Ulme (*Ulmus* sp.), Bergahorn (*Acer pseudoplatanus*), Linde (*Tilia* sp.), Eiche (*Quercus* sp.), Birke (*Betula* sp.), Rosskastanie (*Aesculus hippocastanum*) und anderen gefunden, oft zusammen mit den Larven von *Ae. geniculatus*, seltener mit denen von *Ae. pulcritarsis*. Die Eier von *An. plumbeus* werden nicht auf die Wasseroberfläche, sondern an die Seitenwände der Baumhöhlen gelegt und schlüpfen erst, wenn die Höhle geflutet wird. Die Anzahl der Generationen pro Jahr hängt also von der hydrologischen Situation ab. Die Überwinterung erfolgt im Ei- oder Larvenstadium. Die im Herbst geschlüpften Larven entwickeln sich in der Regel bis Ende des Jahres bis zum 2. und 3. Larvenstadium, verpuppen sich aber erst im nächsten Frühjahr. Sie halten sich die meiste Zeit am Boden der Wasseransammlung auf und können längere Zeit bei gefrorener Wasseroberfläche überleben, jedoch ist eine hohe Sterblichkeit zu beobachten, wenn der Wasserkörper und der Schlamm am Boden über einen längeren Zeitraum vollständig gefroren sind (Mohrig 1969). Der Großteil der Larven schlüpft jedoch erst im Frühjahr aus überwinternden Eiern. In Mitteleuropa treten die Imagines meist ab dem späten Frühjahr auf und sind bis Ende September präsent.

Die Weibchen sind während der Dämmerung am aktivsten, wobei sie sich hauptsächlich von Säugetierblut, einschließlich dem des Menschen, ernähren (Service 1971). Gelegentlich wurde beobachtet, dass sie tagsüber in schattigen Situationen entlang von Waldrändern Menschen angreifen. Einige Populationen haben eine starke anthropophile Präferenz gezeigt (Petric 1989). Aufgrund der bevorzugten Lebensräume der Larven ist *An. plumbeus* in Wäldern und ländlichen Gebieten anzutreffen; aber auch im innerstädtischen Bereich, wo sich die Larven in Baumhöhlen in Gärten oder Parks entwickeln, können beträchtliche Populationen gefunden werden. Sie hat ihre Brutplatzwahl jedoch an weit verbreitete künstliche Brutstätten unter der Erde angepasst, wie z. B. Wasserauffangbecken und Klärgruben mit Wasser, das mit organischem Material verunreinigt ist. Daher hat in Mitteleuropa die Zahl von *An. plumbeus* in den letzten Jahrzehnten rasant zugenommen, und die Art besitzt ein großes Belästigungspotenzial insbesondere dort, wo ungenutzte Klärgruben die Massenentwicklung fördern.

Verbreitung *An. plumbeus* ist in ganz Europa überall dort verbreitet, wo Laubbäume stehen, in denen Baumhöhlen oder Fäulnislöcher zu finden sind. Sie ist auch im nördlichen Kaukasus, im Nahen Osten südlich bis in den Iran und Irak sowie in Nordafrika verbreitet.

Medizinische Bedeutung Obwohl Laborstudien gezeigt haben, dass *An. plumbeus* erfolgreich mit *P. vivax* und *P. falciparum* infiziert werden kann (Marchant et al. 1998; Weyer 1939) und die Art ein effizienter Überträger von Malaria ist, wird ihr aufgrund ihrer Lebensweise derzeit eine untergeordnete epidemiologische Bedeutung zugeschrieben.

Literatur

Adamovic ZR (1980) Über die Verbreitung und Bevölkerungsdichte von *Anopheles atroparvus* Van Thiel (Dipt, Culicidae) in Serbien und Mazedonien. Jugoslawien Anz Schädlingskde, Planzenschutz, Umweltschutz 53:83–86

Artemiev MM (1980) Anopheles mosquitoes-main malaria vectors in the USSR. In:International scientific project on ecologically safe methods for control of malaria and its vectors. The USSR state commitee for science and technology (GKNT)/ United Nations Environment Programme UNEP 2:45–71

Barber MA, Rice JB (1935) Malaria studies in Greece: the malaria infection rate in nature and in the laboratory of certain species of *Anopheles* of east Macedonia. Ann Trop Med 29:329–348

Bates M (1949) Ecology of anopheline mosquitoes. In: Boyd MF (Hrsg) Malariology, a comprehensive survey of all aspects of this group of diseases from a global standpoint. Saunders Company, London, S 302–330

Becker N, Pfitzner WP, Czajka C, Kaiser A, Weitzel T (2016) *Anopheles (Anopheles) petragnani* Del Vecchio 1939 – a new mosquito species for Germany. Parasitol Res 115(7):2671–2677. https://doi.org/10.1007/s00436-016-50145

Becker N, Petrić D, Zgomba M, Boase C, Madon M, Dahl C, Kaiser A (2020) Mosquitoes - Identification, Ecology and Control. 3. Aufl., Springer Nature, Heidelberg, Cham, 570 S.

Bozkov D (1966) Krovososushiye komary (Diptera Culicidae) Bolgarii. Entomologicheskoe Obozrenie, Akademia Nauk SSSR XLV 3:570–574

Bullini L, Coluzzi M (1978) Applied and theoretical significance of electrophoretic studies in mosquitoes (Diptera: Culicidae). Parasitol 20:7–21

Cambournac FJC, Hill RB (1938) The biology of *Anohpeles maculipennis* var. *atroparvus* in Portugal. Proc Int Congr Trop Med Mal 2:178–184

Cambournac FJC, Hill RB (1940) Observation on the swarming of *Anohpeles maculipennis* var. *atroparvus*. Am J Trop Med 20(1):133–140

Coluzzi M (1960) Alcuni dati morfologici i biologici sulle forme italiane di *Anopheles claviger* Meigen Riv Malariologia 39:221–235

Coluzzi M (1962) Le forme di *Anopheles claviger* Maigen indicate con i nomi *missirolii* e *petragnanii* sono due specie riproduttivamente isolate. R C accad Lincei 32:1025–1030

Coluzzi M, Sacca G, Feliciangeli ED (1965) Il complesso *An. claviger* nella sottoregione mediteranea. Cah. ORSTOM Ser Ent Med 3(3/4):97–102

Czajka C, Kaiser A, Pfitzner WP, Weitzel T, Becker N (2020) Abundance and distribution of the memebers of the *Anopheles maculipennis* complex (Diptera: Culicidae) along the Upper Rhine valley. Parasitol Res 119:75–84

Dahl C (1977) Verification of *Anopheles (Ano) messeae* Falleroni (Culicisae, Dipt) from Southern Sweden. Ent Tidskr 98:149–152

Danabalan R, Monaghan MT, Ponsonby DJ, Linton YM (2013) Occurrence and host preferences of *Anopheles maculipennis* group mosquitoes in England and Wales. Med Vet Entomol 28(2):169–178. https://doi.org/10.1111/mve.1202

Di Luca M, Boccolini D, Marinucci M, Romi R (2004) Intrapopulation polymorphism in *Anopheles messeae* (*An. maculipennis* complex) inferred by molecular analysis. J Med Entomol 41:582–586

Glick JI (1992) Illustrated key to the females of *Anopheles* of southwestern Asia and Egypt. (Diptera: Culicidae). Mosq Syst 24(2):125–153

Gutsevich AV (1976) On polytypical species of mosquitoes (Diptera, Culicidae). I. *Anopheles hyrcanus* (Pallas 1771). Parazitologiya 10:148–153

Gutsevich AV, Monchadskii AS, Shtakel`berg AA (1974) Fauna SSSR, Family Culicidae. Leningrad Akad Nauk SSSR Zool Inst N S No. 100, English translation:Israel Program for Scientific Translations 3(4):384

Hackett LW, Missiroli A (1935) The varieties of *Anopheles maculipennis* and their relation to the distribution of malaria in Europe. Riv Malariol 14:45–109

Halgos J, Benkova I (2004) First record of *Anopheles hyrcanus* (Diptera: Culicidae) from Slovakia. Biológia 59(15):68

Jetten TH, Takken W (1994) Anophelism without malaria in Europe. A review of the ecology and distribution of the genus *Anopheles* in Europe. Wageningen Agriculture University, Wageningen, S 69

Kavran M, Zgomba M, Weitzel T, Petrić D, Manz C, Becker N (2018) Distribution of *Anopheles daciae* and other *Anopheles maculipennis* complex species in Serbia. Parasitol Res 117(10):3277–3287. https://doi.org/10.1007/s00436-018-6028-y

Kronefeld M, Dittmann M, Zielke D, Werner D, Kampen H (2012) Molecular confirmation of the occurrence in Germany of *Anopheles daciae* (Diptera, Culicidae). Parasit Vectors 5(1):250. https://doi.org/10.1186/1756-3305-5-250

Kronefeld M, Werner D, Kampen H (2014) PCR identification and distribution of *Anopheles daciae* (Diptera, Culicidae) in Germany. Parasitol Res 113(6):2079–2086. https://doi.org/10.1007/s00436-014-3857-1

Krüger A, Tannich E (2013) Rediscovery of *Anopheles algeriensis* Theob. (Diptera: Culicidae) in Germany after half a century. Journal of the European Mosquito Control Association 31:14–16

Lebl K, Nischler EM, Walter M, Brugger K, Rubel F (2013) First record of the disease vector *Anopheles hyrcanus* in Austria. J Am Mosq Control Assoc 29(1):59–60

Linton Y, Harbach R, Samanidou-Voyadjoglou A, Smith L (2001) New occurrence records for *Anopheles maculipennis* and *An. messeae* in northern Greece based on DNA sequence data. Eur Mosq Bull 11:31–36

Linton Y, Smith L, Harbach R (2002) Molecular confirmation of sympatric populations of *Anopheles messeae* and *Anopheles atroparvus* overwintering in Kent, southeast England. Eur Mosq Bull 13:8–16

Linton YM, Lee AS, Curtis C (2005) Discovery of a third member of the Maculipennis Group in SW England. European Mosq Bull 19:5–9

Marchant P, Eling W, van Gemert GJ, Leake CJ, Curtis CF (1998) Could British mosquitoes transmit falciparum malaria? Parsitol Today 14(9):344–345

Marchi A, Munstermann LE (1987) The mosquitoes of Sardinia: species records 35 years after the malaria eradication campaign. Med Vet Ent 1:89–96

Marinucci M, Romi R, Mancini P, Di Luca M, Severini C (1999) Phylogenetic relationships of seven palearctic members of the Maculipennis complex inferred from ITS2 sequence analysis. Insect Mol Biol 8(4):469–480. https://doi.org/10.1046/j.1365-2583.1999.00140.x

Mohrig W (1969) Die Culiciden Deutschlands. Parasitol Schriftenreihe 18:260

Nicolescu G, Linton YM, Vladimirescu A, Howard TM, Harbach RE (2004) Mosquitoes of the *Anopheles maculipennis* group (Diptera: Culicidae) in Romania, with the discovery and formal recognition of a new species based on molecular and morphological evidence. Bull Ent Res 94:525–535

Novikov YM, Vaulin OV (2014) Expansion of *Anopheles maculipennis* s.s. (Diptera: Culicidae) to northeastern Europe and northwestern Asia: causes and consequences. Parasit Vectors 7:389

Patsoula E, Samanidou-Voyadjoglou A, Spanakos G, Kremastinou J, Nasioulas G, Vakalis NC (2007) Molecular characterization of the *Anopheles maculipennis* complex during surveillance for the 2004

Olympic Games in Athens. Med Vet Entomol 21(1):36–43. https://doi.org/10.1111/j.1365-2915.2007.00669.x

Petric D (1989) Seasonal and daily mosquito (Diptera, Culicidae) activity in Vojvodina. Doctoral thesis. University of Novi Sad Faculty of Agriculture, Novi Sad, Yugoslavia, S 134

Pires CA, Ribeiro H, Capela RA, Da RH, C, (1982) Research on the mosquitoes of Portugal (Diptera: Culicidae) VI-The mosquitoes of Alentejo. Ann Inst Hig Med Trop 8:79–102

Poncon N, Toty C, Kengne P, Alten B, Fontenille D (2008) Molecular evidence for similarity between *Anopheles hyrcanus* (Diptera: Culicidae) and *Anopheles pseudopictus* (Diptera: Culicidae), sympatric potential vectors of malaria in France. J Med Entomol 45:576–580

Postiglione M, Tabanli B, Ramsdale CD (1973) The *Anopheles* of Turkey. Riv Parasitol 34:127–159

Proft J, Maier WA, Kampen H (1999) Identification of six sibling species of the *Anopheles maculipennis* complex (Diptera: Culicidae) by a polymerase chain reaction assay. Parasitol Res 85:837–843

Ribeiro H, Ramos HC, Capela RA, Pires CA (1989) Research on the mosquitoes of Portugal (Diptera: Culicidae) XI-The mosquitoes of the Beiras. Garcia de Orta Ser Zool Lisboa 1989–1992 16(1–2):137–161

Ribeiro H, Ramos HC, Pires CA, Capela RA (1988) An annotated checklist of the mosquitoes of continental Portugal (Diptera: Culicidae). Actas III Congr Iberico Ent Granada, S 233–253

Rydzanicz K, Czulowska A, Manz C, Jawien P (2017) First record of *Anopheles daciae* (Linton, Nicolescu & Harbach, 2004) in Poland. J Vec Ecol 42(1):196–199. https://doi.org/10.1111/jvec.12257

Sebesta O, Rettich F, Minar J, Halouzka J, Hubalek Z, Juricova Z, Rudolf I, Sikutova S, Gelbic I, Reiter P (2009) Presence of the mosquito *Anopheles hyrcanus* in South Moravia, Czech Republic. J Med Vet Entomol 23:284–286

Senevet G, Andarelli L (1956) Les *Anopheles* de l'Afrique du Nord et du Bassin Méditerranéen. Lechevalier, Paris, S 280

Service MW (1971) Flight periodicities and vertical distribution of *Aedes cantans* (Mg), *Ae. geniculatus* (Ol), *Anopheles plumbeus* Steph and *Culex pipiens* L (Dipt, Culicidae) in southern England. Bull Ent Res 60:639–651

Simsek FM, Ulger C, Akiner MM, Tuncay SS, Kiremit F, Bardakci F (2011) Molecular identification and distribution of *Anopheles maculipennis* complex in the Mediterranean region of Turkey. Biochem Syst Ecol 39(4–6):258–265

Sinka ME, Bangs MJ, Manguin S, Coetzee M, Mbogo CM, Hemingway J et al (2010) The dominant *Anopheles* vectors of human malaria in Africa, Europe and the Middle East: occurrence data, distribution maps and bionomic precis. Parasit Vectors 3:117

Stegnii VN, Kabanova VM (1976) Cytological study of indigenous populations of the malarial mosquitoes in the territory of the USSR I. Identification of a new species of *Anopheles* in the *maculipennis* complex by cytodiagnostic method. English translation 1978 Mosq Syst 10(1):1–12

Suzzoni-Blatger J, Cianchi R, Bullini L, Coluzzi M (1990) Le complexe *maculipennis*: critères morphologiques et enzymatiques de détermination. Ann Parasitol Hum Comp 65:37–40

Tippelt L, Walther D, Kampen H (2018) Further reports of *Anopheles algeriensis* Theobald, 1903 (Diptera: Culicidae) in Germany, with evidence of local mass development. Parasitol Res 117:2689–2696

Toth S (2003) Sopron Környékének csípőszúnyog-faunája (Diptera, Culicidae). Folia Historiae Naturalis Musei Matraensis 27:327–332

Tovornik D (1980) Podatki o prehranjevanju komarjev (Diptera: Culicidae), zbranih v kmetijskih naseljih v Ljubljanski okolici. Slovenska Akademija Znanosti i Umetnosti, Ljubljana, Razred za prirodoslovne vede. Razprave XXII/1:1–39

Votypka J, Seblova V, Radrova J (2008) Spread of the West Nile virus vector *Culex modestus* and the potential malaria vector *Anopheles hyrcanus* in Central Europe. J Vect Ecol 33(2):269–277

Weitzel T, Gauch C, Becker N (2012) Identification of *Anopheles daciae* in Germany through ITS2 sequencing. Parasitol Res 111:2431–2438. https://doi.org/10.1007/s00436-012-3102-8

Weyer F (1939) Die Malaria-Überträger. Thieme, Leipzig, S 141

White GB (1978) Systematic reappraisal of the *Anopheles maculipennis* complex. Mosq Syst 10:13

Unterfamilie Culicinae

Die meisten Stechmückenarten der Welt gehören zur Unterfamilie der Culicinae. Die adulten Fluginsekten weisen eine hohe morphologische Variabilität auf; sie reicht von Arten mit geringer Schuppenbildung bis hin zu Arten mit deutlichen Schuppenmustern unterschiedlicher Farbe, von Weiß bis Schwarz und sogar metallischem Aussehen. Auch in ihrer Größe können die Arten sehr unterschiedlich sein. Viele Arten weisen markante Schuppen- und Borstenmuster auf dem Scutum auf. Das Scutellum ist 3-lappig mit auf den Lappen gruppierten Borsten, außer bei den tropischen Toxorhynchitini, die ein gleichmäßig gerundetes Scutellum haben. Die Maxillarpalpen der Weibchen sind deutlich kürzer als der Stechrüssel – ein Merkmal, das zusammen mit dem 3-lappigen Scutellum einen elementaren Unterschied zu Mitgliedern der Unterfamilie Anophelinae ausmacht. Die Beine sind oft in einem charakteristischen Muster beschuppt, die Klauen tragen bei einigen Arten einen Nebenzahn. Die Flügel sind oft breiter als die der Anophelinae; die Queradern r-m und m-cu sind deutlich ausgeprägt. Die Weibchen tragen normalerweise 3 Spermatheken (Receptaculum seminis, Samentasche). Die Kopfkapsel der Larven ist mehr oder weniger quadratisch oder abgerundet, und die Antennen können unterschiedlich lang sein. Der Thorax und das Abdomen der Larven sind mit langen, aber weniger gefiederten Borsten besetzt; bei allen einheimischen Arten fehlen Palmhaare. Das verlängerte Atemrohr (Siphon) unterscheidet die Larven der Culicinae von denen der Anophelinae. Die Puppen haben längliche Atemhörnchen, deren Öffnung weniger breit ist als diejenige der Anophelinae. Das Chorionmuster der Eier variiert je nach Art der Eiablage und kann zur Gattungs- und in manchen Fällen auch zur Artbestimmung verwendet werden. Die Weibchen einiger Arten innerhalb der Culicinae gehören zu den aggressivsten Lästlingen, vor allem in den kälteren gemäßigten Regionen der Erde. Im Gegensatz zu den meisten Weibchen der Anophelinae halten sie in Ruhestellung oder auch beim Stechakt ihren Körper eher parallel zur Oberfläche. Einige Arten haben Autogenie entwickelt, d. h., sie besitzen die Fähigkeit, ohne vorherige Blutmahlzeit Eier zu legen. Dies ist meist in extrem kalten Regionen zu beobachten und auch dann, wenn sie enge, z. B. unterirdische, Lebensräume besiedeln. Die Eier können entweder auf der Wasseroberfläche zur direkten Entwicklung in Eischiffchen (*Culex*, Untergattung *Culiseta, Coquillettidia*) oder als einzelne Eier in das Substrat abgelegt werden. Diese können trockenheitsresistent und bis zu mehreren Jahren überlebensfähig sein (die meisten *Aedes* Arten).

9.1 Gattung *Aedes* Meigen, 1818

Die Farbe des Integuments variiert von bräunlich bis schwärzlich. Der Stechrüssel ist lang, gerade und immer vollständig beschuppt. Die Maxillarpalpen der Weibchen sind normalerweise sehr kurz, können aber bei manchen Arten halb so lang wie der Rüssel sein. Am Kopf ist der Scheitel mit schmalen Schuppen besetzt, und der Hinterkopf trägt aufrechte Schuppen. Das Scutum kann ein mehr oder weniger artspezifisches Muster aus breiten und/oder schmalen Schuppen aufweisen. Die Lappen des Scutellums sind mit wenigen Schuppen besetzt, weisen jedoch Borstengruppen auf. Postspirakulare Borsten sind vorhanden. Das Postpronotum – und manchmal auch die Postprocoxalmembran – weist helle Schuppenflecken auf. Das Mesepisternum und Mesepimeron sind besetzt mit Gruppen von Borsten und Flecken mit mehr oder weniger breiten Schuppen. Die Coxae tragen Schuppen, und die Femora und Tibiae weisen deutliche helle und dunkle Schuppenmuster auf. Der Tarsomer IV ist immer deutlich länger als der Tarsomer V, die Pulvillen sind meist kaum entwickelt. Die Klauen tragen oft einen subbasalen Zahn, bei der Untergattung *Aedes* sind an allen Beinen einfache Klauen ausgebildet. Die Flügeladern sind mit zahlreichen dunklen Schuppen bedeckt, manchmal sind vereinzelte helle Schuppen eingestreut, am häufigsten auf der Costa (C), Subcosta (Sc) und dem Radius (R). Das Abdomen ist mit flachen und mehr oder weniger breiten Schuppen bedeckt und unterscheidet sich von anderen Vertretern der Culicinae durch die deutliche Verjüngung der letzten Segmente. Dadurch erscheint das Abdomen spitz zulaufend zu sein, was unterstützt wird durch die ausgeprägten Cerci, die länglich und selten abgerundet sind.

Der Kopf der Larven ist meist breiter als lang und hat einen abgerundeten Vorderrand. Die Antennen sind etwa halb so lang wie der Kopf, gelegentlich auch länger und meist mit mehr oder weniger zahlreichen Dörnchen besetzt. Der Antennalbusch (1-A) ist normalerweise mehrfach verzweigt und entspringt in etwa in der Mitte des Antennenschafts; die inneren Frontalhaare (5-C) inserieren normalerweise vor den mittleren Frontalhaaren (6-C). Die Verzweigungen der Protorakalborsten 1-P bis 7-P sind oft artspezifisch. Das Abdominalsegment VIII trägt wenige bis zahlreiche Striegelschuppen, die in einer oder mehreren unregelmäßigen Reihen angeordnet sind. Der Siphon ist normalerweise mäßig lang, und es ist nur ein Siphonalbüschel (1-S) vorhanden. Es befindet sich nie an der Basis des Siphons, sondern inseriert oft distal des letzten Pektenzahns, etwa in der Mitte des Siphons oder darüber hinaus. Das Analsegment wird normalerweise nicht vollständig vom Sattel umschlossen. Die Sattelborste 1-X entspringt immer auf dem Sattel und ist oft einfach. Das Ruder besteht aus einer variablen Anzahl freier Ruderhaare (4-X). Die Analpapillen sind in Länge und Form unterschiedlich ausgebildet. In der Gattung *Aedes* sind mehr als 40 Untergattungen zusammengefasst, von denen einige auf tropische oder subtropische Gebiete beschränkt sind. Die einheimischen Arten werden den Untergattungen *Aedes, Aedimorphus, Dahliana, Hulecoeteomyia, Ochlerotatus* und *Stegomyia* zugeordnet, wobei die bei Weitem meisten Arten der Untergattung *Ochlerotatus* angehören. Einige der am meisten verbreiteten und gefürchteten Vektoren gehören der Gattung *Aedes* an. Sie können Krankheiten wie Gelb- und Dengue-Fieber sowie andere Arbovirosen aus verschiedenen Familien übertragen, z. B. Enzephalitis bei Menschen und Pferden, und sie sind für die Übertragung von Herzwürmern bei Hunden, Filarien und Bakterien verantwortlich.

9.1.1 *Aedes (Aedes) cinereus* Meigen 1818

Weibchen (Tafel 6) *Ae. cinereus* ist eine mittelgroße bis eher kleine Mücke. Der Stechrüssel ist dunkelbraun mit helleren Schuppen auf seiner ventralen Oberfläche und etwa so lang wie der vordere Femur (Abb. 6.24a). Die Palpen sind vollständig mit dunkelbraunen Schuppen besetzt. Der Kopf ist hauptsächlich mit flachen dunklen Schuppen bedeckt; der Scheitel trägt schmale, gebogene, goldene, Schuppen, und die seitlichen Teile des Hinterkopfs tragen breite, gelbliche Schuppen. Das Integument des Scutums ist rotbraun und mit schmalen, goldbraunen Schuppen bedeckt, die an den Seitenrändern und über den Flügelwurzeln heller sind und dem Scutum eine rehbraune Färbung verleihen. Das Scutellum trägt dunkle Borsten und schmale, helle Schuppen auf jedem Lappen. Das Integument der Pleurite ist hellbraun mit Flecken aus breiten, gelblich weißen oder cremefarbenen Schuppen im postspirakularen Bereich, dem Mesepisternum und dem Mesepimeron. Die Schuppen am Postpronotum sind schmal und lanzettlich, oft ist der untere Teil heller als der obere. Der Präalarbereich ist nicht beschuppt, sondern mit Borsten besetzt. Das Mesepimeron hat in seiner unteren Hälfte keine Schuppen, die unteren mesepimeralen Borsten fehlen. Die Femora und Tibiae sind dunkel beschuppt, mit helleren Schuppen auf ihren jeweiligen Rückseiten. Kleine, undeutliche Flecken heller Schuppen an den Spitzen der Femora können vorhanden sein, die Tarsen sind vollständig dunkelbraun beschuppt, helle Ringe fehlen. Die Flügeladern sind mit dunklen Schuppen besetzt. Die Tergite tragen dunkelbraune Schuppen, die sich farblich deutlich von denen auf dem Scutum unterscheiden; helle Querbänder sind nicht vorhanden. Die seitlichen Flecken heller Schuppen auf jedem Tergit sind normalerweise miteinander verbunden und bilden Längsstreifen an den Seiten des Abdomens, die jedoch in der dorsalen Ansicht nicht gut zu erkennen sind; die Sternite tragen gelbliche Schuppen.

Aufgrund der allgemeinen Färbung der Weibchen könnte *Ae. cinereus* auf den ersten Blick mit *Cx. modestus* verwechselt werden, aber das spitz zulaufende Ende des Abdomens mit den deutlich sichtbaren Cerci, die Klauen mit Nebenzähnen und das Fehlen von Pulvilli weisen die Art leicht als Mitglied der Gattung *Aedes* aus.

Larven Der Kopf ist deutlich breiter als lang, die Antennen sind schlank und fast so lang wie der Kopf. Der Antennalbusch (1-A) entspringt etwas unterhalb der Mitte auf etwa 2/5 der Länge des Antennenschafts (Abb. 7.16b). Die mittleren Borsten der Mundbürste sind einfach und nicht apikal gezahnt. Die hinteren Klypealhaare (4-C) inserieren vor den Frontalhaaren, sind klein und vielfach verzweigt. Die Frontalhaare (5-C bis 7-C) sind in einer nach hinten gebogenen Reihe angeordnet (Abb. 7.15b). Die inneren (5-C) und mittleren (6-C) Frontalhaare haben 5 oder mehr Äste, seltener 3–4, die äußeren Stirnborsten (7-C) sind lang und mehrfach verzweigt. Die Prothorakalborste 4-P hat 2 Zweige, 7-P hat 3 Zweige (Abb. 7.16b). Der Striegel besteht aus 10–16 Schuppen, die in einer unregelmäßigen Zweierreihe angeordnet sind. Jede Striegelschuppe trägt einen langen, kräftigen Mittelzahn und kleinere Seitenzähne. Der Siphon ist schlank; der Siphonalindex beträgt 3,0–4,0 (Abb. 9.1). Der Pekten besteht aus etwa 13–21 schwach sklerotisierten Zähnen, die über die Mitte des Siphons hinausreichen; die distalen Pektenzähne stehen getrennt. Das Siphonalbüschel (1-S) entspringt distal des Pektens und besteht normalerweise aus 3–6 kurzen Zweigen. Der Sattel

9.1 Gattung Aedes Meigen, 1818

ist länger als breit und reicht bis zur Mitte der Seiten des Analsegments X oder darüber hinaus. Die Sattelborste (1-X) hat 2 Äste und ist kürzer als der Sattel. Das Ruder besteht aus 8–10 Ruderhaaren (4-X) auf der gemeinsamen Basis und 2–4 kürzeren freien Ruderhaaren. Die Analpapillen sind lang, mindestens doppelt so lang wie der Sattel.

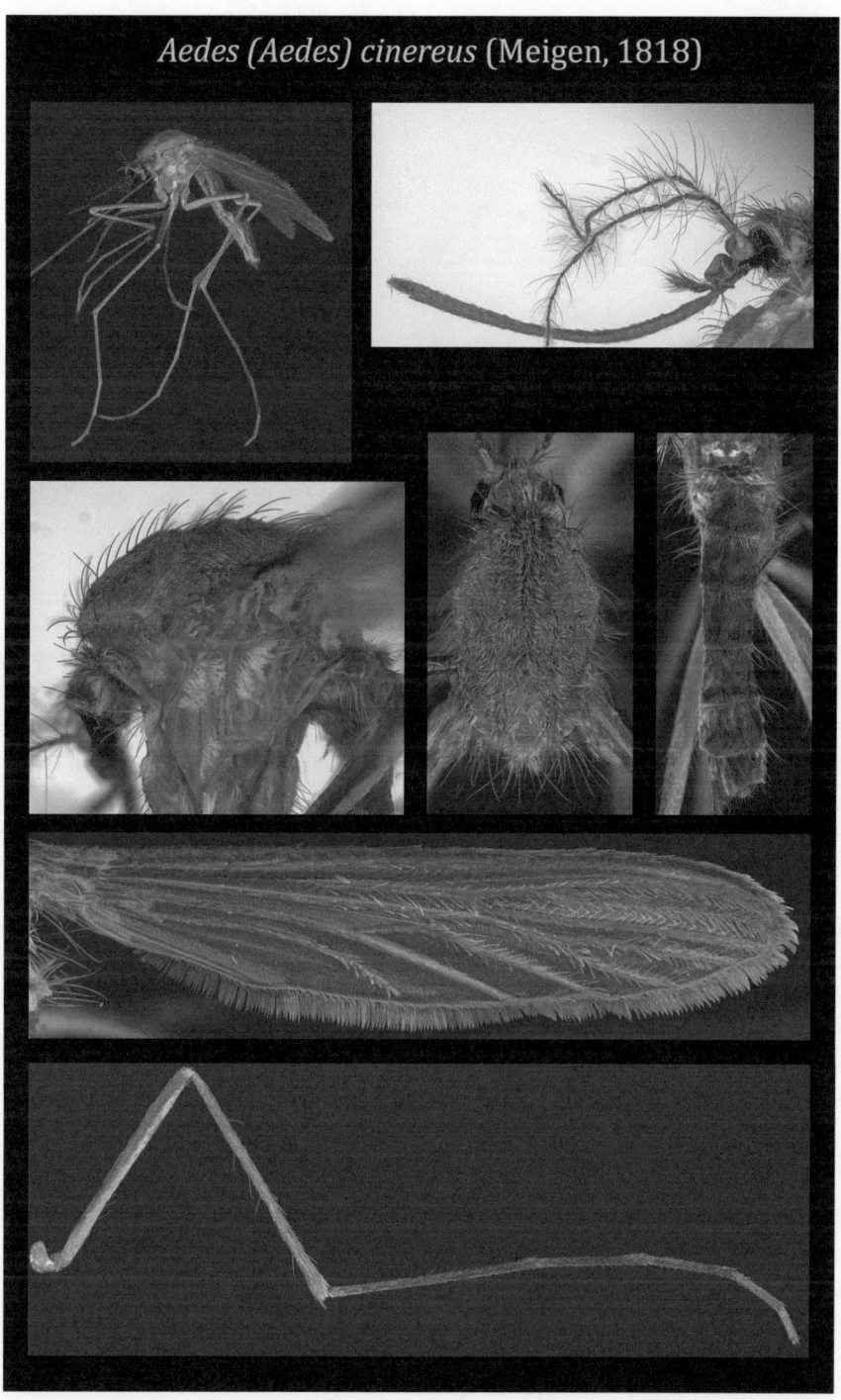

Tafel 6: *Aedes (Aedes) cinereus*

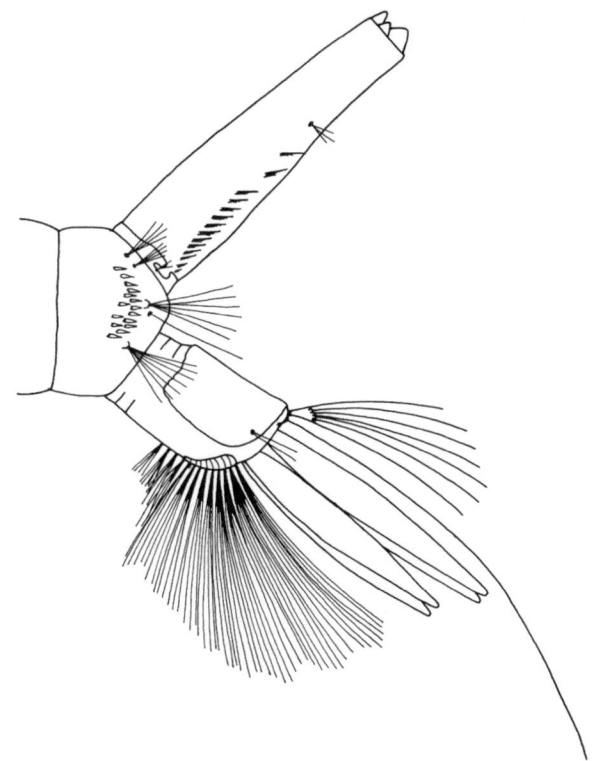

Abb. 9.1 Larve von *Ae. cinereus*

Biologie Die Larven kommen in einer Vielzahl verschiedener Brutgewässer vor, am häufigsten können sie jedoch an den Rändern semipermanenter, teilweise beschatteter Tümpel in Überschwemmungsgebieten, in Sümpfen oder Mooren und an schilfbestandenen Seeufern gefunden werden. *Ae. cinereus* tritt auch in Waldtümpeln auf, benötigt aber für ihre Entwicklung eine höhere Temperatur als die typischen Frühjahrsarten. Die Larven schlüpfen üblicherweise bei einer Temperatur von 12–13 °C, und die Entwicklung beginnt bei 14–15 °C, wobei die optimale Temperatur bei 24–25 °C liegt (Mohrig 1969). Unter diesen Bedingungen entwickeln sich die Larven sehr schnell und beenden ihre Entwicklung innerhalb von 8–10 Tagen. Die Erwachsenen treten später auf als die typischen Frühjahrsarten wie *Ae. rusticus, Ae. communis, Ae. cantans* oder *Ae. punctor*. In Mitteleuropa sind die Larven ab April zu finden, die erwachsenen Tiere treten meist im Mai und in den Sommermonaten bis Ende September in Erscheinung. Die Weibchen nehmen ihre Blutmahlzeit hauptsächlich von Säugetieren und stechen gerne Menschen, wenn diese verfügbar sind. Die größte Stechaktivität entfalten sie in der Dämmerung und im Morgengrauen, sie stechen jedoch sehr selten in exponierter, sonnenbeschienener Umgebung. Tagsüber ruhen sie in der niedrigen Vegetation, stechen aber bei Verfügbarkeit eines potenziellen Wirts bereitwillig im Schatten innerhalb der Vegetationsdecke (Wesenberg-Lund 1921). Die Wanderfreudigkeit von *Ae. cinereus* ist eher weniger ausgeprägt, man trifft sie praktisch nie im offenen, unbeschatteten Gelände an. Die Art entwickelt mindestens 2 Generationen pro Jahr; in ihrem nördlichen Verbreitungsgebiet kann auch nur eine Generation pro Jahr auftreten. Die Überwinterung findet im Eistadium statt. An vielen Orten kommt *Ae. cinereus* in Massen vor und kann für Spaziergänger oder Erholungssuchende in Waldgebieten eine große Belästigung darstellen.

Verbreitung *Ae. cinereus* ist in der nördlichen Holarktis und in Europa weit verbreitet. Man findet sie von Finnland bis Italien und von Spanien bis an die Ostküste der Ostsee und im Nordkaukasus. Sie ist außerdem in Mittelasien, Kasachstan und Sibirien, im Fernen Osten und in Nordamerika anzutreffen.

9.1.2 *Aedes (Aedes) geminus* Peus 1970

Weibchen *Ae. geminus* ähnelt sehr stark der nahe verwandten *Ae. cinereus* und kann allein durch Merkmale am männlichen Kopulationsorgan (Hypopygium) mit Sicherheit identifiziert werden (für weitere Informationen s. Becker et al. 2020). Peus (1972) beschreibt die Weibchen von *Ae. geminus* in der typischen Form als normalerweise kleiner und mit einer allgemein dunkleren Färbung als die größeren und helleren Exemplare von *Ae. cinereus*. Da die Größe der Adulten jedoch eng mit der Ernährungssituation während der Larvalentwicklung zusammenhängt und darüber hinaus die Weibchen von *Ae. cinereus* eine gewisse Variation in ihrer Färbung aufweisen, z. B. können dunklere Formen vorkommen, sind diese Merkmale für die sichere Unterscheidung der beiden Arten von begrenztem Wert.

Larven Bei den Larven lassen sich weder in der Chaetotaxie noch in anderen Merkmalen spezifische Unterschiede zwischen den beiden Arten *Ae. geminus* und *Ae. cinereus* feststellen.

Biologie Die bisher vorliegenden Informationen zur Biologie von *Ae. geminus* sind sehr spärlich. Bei den bevorzugten Brutgewässern gibt es große Überschneidungen mit *Ae. cinereus*; sehr oft kommen beide Arten gemeinsam in denselben Gewässern vor. Peus (1972) berichtet über eine geringere Toleranz von *Ae. geminus* gegenüber sauren Gewässern, da er die Art nicht in mesotrophen und azidooligotrophen Sümpfen finden konnte, in denen *Ae. cinereus* sehr zahlreich auftrat. *Ae. geminus* entwickelt mindestens 2 Generationen pro Jahr, und die Männchen bilden Paarungsschwärme von nur 10 Individuen oder weniger. Die Weibchen stechen gerne Menschen und können starke Belästigungen hervorrufen, wenn sie in großer Zahl auftreten.

Verbreitung Aufgrund der großen Ähnlichkeit mit *Ae. cinereus* ist es schwierig, das gesamte Verbreitungsgebiet von

9.1 Gattung Aedes Meigen, 1818

Ae. geminus anzugeben. Funde von *Ae. cinereus* vor 1970 oder solche, die ausschließlich auf Weibchen oder Larven basieren, sind bestenfalls fraglich. Es ist sehr wahrscheinlich, dass *Ae. geminus* hauptsächlich in Mittel- und Westeuropa verbreitet ist (Peus 1972). Die Art ist mit Sicherheit in England, Nordwestfrankreich, Deutschland, Polen, der Tschechischen Republik und Südschweden nachgewiesen. Sie wurde auch an der Süd- und Ostküste der Ostsee gefunden (Peus 1972).

9.1.3 *Aedes (Aedes) rossicus* Dolbeskin, Gorickaja and Mitrofanova 1930

Weibchen (Tafel 7) *Ae. rossicus* kann von der morphologisch sehr ähnlichen *Ae. cinereus* unterschieden werden durch einen Vergleich der Färbung des Thorax und des Abdomens. Bei *Ae. cinereus* ist die allgemeine Färbung des Scutums rehbraun mit hellbraunen Pleuriten; die Farbe des Abdomens ist dunkelbraun und unterscheidet sich deutlich von der Farbe des Thorax. Bei *Ae. rossicus* hingegen haben das Scutum, das Integument der Pleurite und das Abdomen die mehr oder weniger gleiche dunkelbraune Farbe; die Unterschiede in der Färbung des Thorax und des Abdomens sind undeutlich. Darüber hinaus sind die Schuppen auf den Pleuriten und den Sterniten bei *Ae. cinereus* blassgelb oder gelblich weiß und grauweiß bei *Ae. rossicus,* was zu einem deutlichen Kontrast zwischen der Farbe von Tergiten und Sterniten führt. Der Stechrüssel von *Ae. rossicus* ist auf seiner dorsalen Oberfläche dunkel beschuppt, die ventrale Oberfläche weist hauptsächlich in der basalen Hälfte gemischte helle und dunkle Schuppen auf, die Maxillarpalpen sind mit vermischt hellen und dunklen Schuppen besetzt. Der Kopf trägt schmale, hellbraune und breite, dunkelbraune Schuppen am Scheitel. Die seitlichen Teile des Hinterkopfes sind mit breiten, hellweißen, grauen Schuppen bedeckt, die einen deutlichen Kontrast zu den Schuppen am Scheitel bilden. Die Augen sind von einer schmalen Reihe weißlicher Schuppen umrandet. Das Scutum ist mit schmalen, braunen Schuppen besetzt, oft mit einem unauffälligen hellen Streifen an den Seitenrändern, der im hinteren Teil deutlicher hervortritt. Der obere Teil des Postpronotums weist schmale, dunkle Schuppen auf, im unteren Teil sind die Schuppen breit, flach und von hellerer Farbe. Der Präalarbereich ist mit weißlichen Schuppen und Borsten bestanden, die Schuppen auf dem Mesepisternum reichen nicht bis zu seinem vorderen Winkel und die Schuppen am Mesepimeron nicht bis zum unteren Rand. Das Abdomen trägt auf den Tergiten dunkelbraune Schuppen; helle Querbänder sind nicht vorhanden.

Larven Die Larven von *Ae. rossicus* sind denen von *Ae. cinereus* sehr ähnlich (Abb. 9.2). Beide Arten unterscheiden sich in wenigen kleinen Merkmalen, wie z. B.

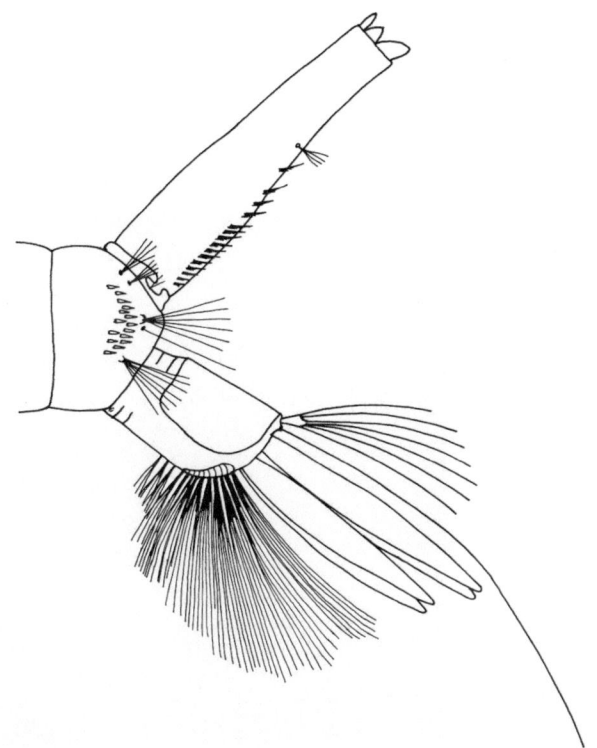

Abb. 9.2 Larve von *Ae. rossicus*

im Insertionspunkt des Antennalbuschs (1-A) oder in der Anzahl der Verzweigungen einiger Borsten des Prothorax, so wie in den Bestimmungsschlüsseln beschrieben (Abb. 7.16a). Oft ist es schwer ersichtlich und kaum zu entscheiden, ob sich der Antennalbusch in der Mitte der Antenne oder etwas darunter befindet. Darüber hinaus können die Prothorakalborsten abgebrochen oder verloren gegangen sein. In diesen Fällen empfiehlt es sich, die Larven bis zum Schlüpfen der Erwachsenen aufziehen und dann im Adultstadium zwischen den beiden Arten zu unterscheiden.

Biologie Die Larven treten von Mitte März bis Anfang September in kleinen temporären Tümpeln auf, wo sie zusammen mit denen von *Ae. cinereus* und *Ae. geminus* anzutreffen sind, aber offenbar erscheint die 1. Generation von *Ae. rossicus* früher im Jahr als die der beiden anderen Arten. Larven von *Ae. rossicus* kommen auch in großen Mengen in den Überschwemmungsgebieten von Flüssen vor, oft in Verbindung mit den Larven von *Ae. vexans* und *Ae. sticticus*. In sumpfigen Wäldern in sauren Brutgewässern sind sie eher selten anzutreffen (Becker und Ludwig 1981). In den Überschwemmungsgebieten des Oberrheintals fliegen die Weibchen auch gerne tagsüber Menschen zum Stechversuch an. Sie verlassen die geschützten und schattigen Gebiete nur selten zur Wirtssuche; ihre Wanderfreudigkeit ist nur schwach ausgeprägt, sodass sie nur gelegentlich im offenen Gelände anzutreffen sind. Die Adulten treten überwiegend in den Sommermonaten auf, normalerweise von Anfang Mai bis Oktober. Gelegentlich sind aber noch im November einzelne Individuen zu finden, wenn andere *Aedes* -Arten bereits verschwunden sind; offenbar haben sie eine höhere Toleranz gegen Kälte.

In den gemäßigten Zonen ihres Verbreitungsgebiets bringt *Ae. rossicus* mehrere Generationen pro Jahr hervor, in ihrem nördlicheren Verbreitungsgebiet können es weniger sein. Die Überwinterung findet im Eistadium statt.

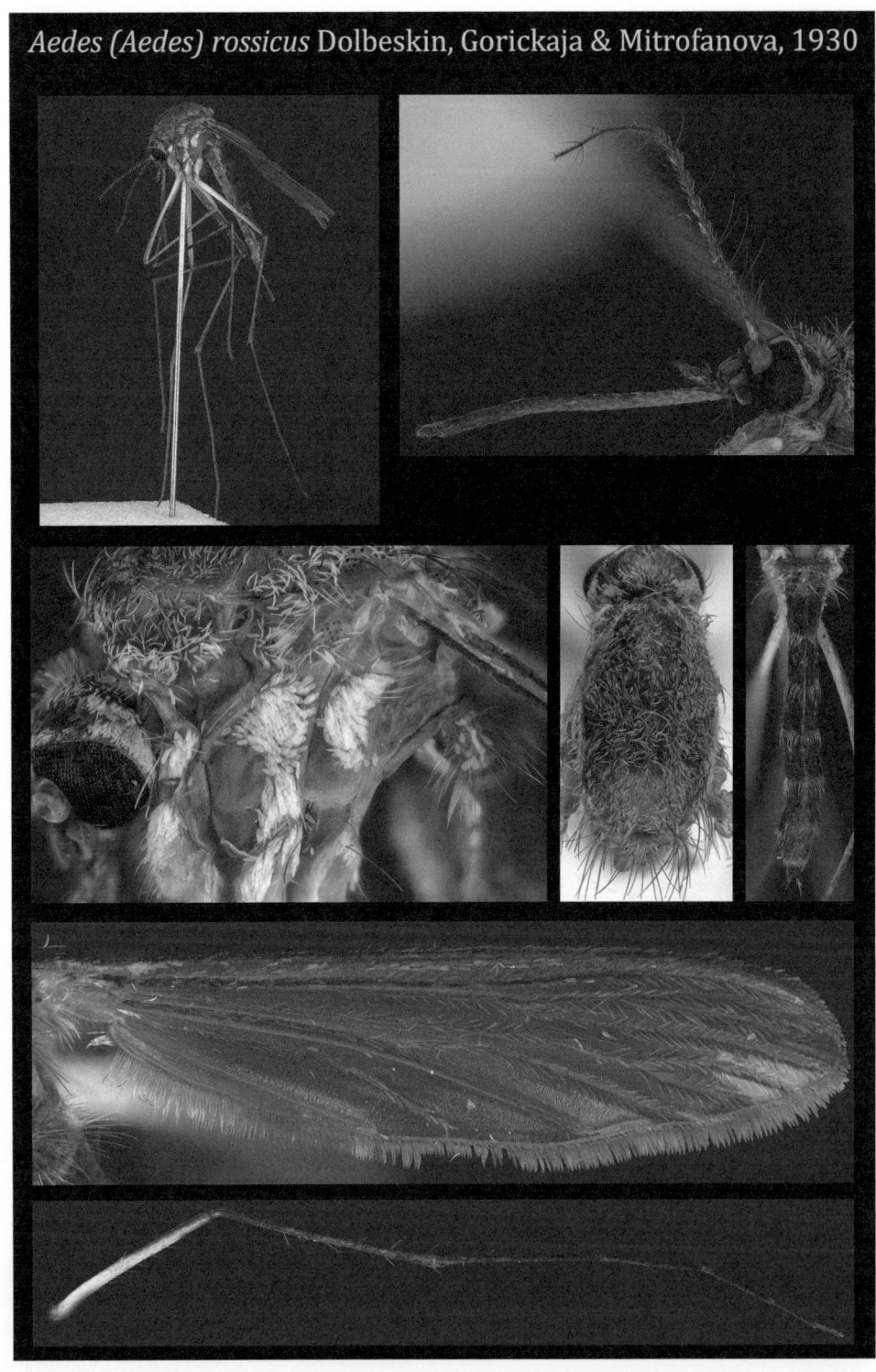

Tafel 7: *Aedes (Aedes) rossicus*

Verbreitung Das westeuropäische Verbreitungsgebiet ist noch nicht gut bekannt. Es wird angenommen, dass *Ae. rossicus* im Westen bis zum Atlantik auftritt. Die Art kommt in Schweden, Norwegen, Frankreich, Deutschland, Ungarn, der Tschechischen Republik und im ehemaligen Jugoslawien vor und kann in der Ukraine und nördlich des Kaukasus bis zu den Westhängen des Urals angetroffen werden. In der Ostpaläarktis ist sie in den nördlichen Regionen des Fernen Ostens zu finden.

9.1.4 *Aedes (Aedimorphus) vexans* (Meigen) 1830

Weibchen (Tafel 8) Die Tarsomere II und III der Vorderbeine, die Tarsomere I–IV der Mittelbeine sowie alle Tarsomere der Hinterbeine tragen schmale, helle basale Ringe, die normalerweise nicht mehr als 1/4 der Länge der jeweiligen Tarsomere einnehmen (Abb. 6.18a). Bei anderen einheimischen *Aedes* -Arten mit hellen Ringen an den Beinen, z. B. *Ae. annulipes, Ae. cantans* oder *Ae. flavescens*, sind die hellen Ringe deutlich breiter. Der Stechrüssel und die Maxillarpalpen sind dunkel beschuppt, die Palpen haben an ihrer Spitze einige helle Schuppen. Der Kopf ist mit schmalen, liegenden, hellen und dunklen Schuppen und zahlreichen dunkelbraunen aufrechten, gegabelten Schuppen bedeckt, die sich nach vorn bis zwischen die Augen erstrecken. Das Integument des Scutums ist dunkelbraun mit schmalen, gebogenen, dunklen und hellen Schuppen bedeckt, die undeutliche Flecken auf den vorderen submedianen und präscutellaren-dorsozentralen Bereichen bilden. Die acrostichalen und dorsozentralen Borsten sind zahlreich und gut entwickelt. Das Scutellum ist mit schmalen, hellgelblichen Schuppen auf den Lappen besetzt (Abb. 6.15b). Der postspirakulare Schuppenfleck ist groß und besteht aus schmalen, gebogenen oder mäßig breiten, blassen Schuppen. Die oberen und unteren mesepisternalen Schuppenflecke sind vorhanden. Das Mesepimeron trägt im oberen Teil einen Fleck aus breiten, hellen Schuppen. Die Tibiae sind dorsal dunkel und ventral hell beschuppt. Die Flügeladern sind mit mäßig breiten, dunklen Schuppen und vereinzelten hellen Schuppen an der Basis der Costa (C) und Subcosta (Sc) bedeckt. Die Abdominaltergite tragen weiße Basalbänder, während die distalen Teile mit dunklen Schuppen besetzt sind. Die Basalbänder der Tergite III–VI sind in der Mitte deutlich verengt und bilden ein zweilappiges Muster (Abb. 6.18b). Alte und abgeflogene Exemplare, die den Großteil ihrer Schuppen bereits verloren haben, sind immer noch eindeutig an der deutlichen V-förmigen Kerbe am apikalen Rand des Sternits VIII zu erkennen.

Larven Die Antenne ist weniger als halb so lang wie der Kopf und mit zahlreichen über den Schaft verstreuten Dörnchen besetzt. Der Antennenbusch (1-A) inseriert unterhalb der Antennenmitte und hat 5–10 Äste. Die mittleren Borsten der Mundbürste sind apikal gezahnt – ein hilfreiches Merkmal zur Abgrenzung von *Ae. vexans* zu den ähnlich aussehenden Larven von *Ae. rossicus* und *Ae. cinereus*, die beide einfache Borsten haben. Die Frontalhaare (5-C bis 7-C) sind in einem Dreieck angeordnet (Abb. 7.15a), die inneren Frontalhaare (5-C) stehen deutlich schräg hinter den mittleren Frontalhaaren (6-C), 5-C mit 1–5 Zweigen, 6-C mit 1–2 (selten 3) Zweigen und 7-C mit 6–12 (normalerweise 7–9) Zweigen. Der Striegel besteht aus 7–13 Schuppen und ist in 1–2 unregelmäßigen Reihen angeordnet (Abb. 9.3). Jede Striegelschuppe besitzt einen langen und kräftigen mittleren Zahn und kleinere Zähne an der Basis. Der Siphonalindex beträgt normalerweise 2,3–3,0. Der Pekten besteht aus 13–18 Zähnen, die apikalen 2–3 Zähne sind größer und getrennt stehend. Das Siphonalbüschel (1-S) inseriert deutlich oberhalb der Mitte des Siphons (Abb. 7.14a), hat 3–8 kurze Äste und ist etwa halb so lang wie die Breite des Siphons an seiner Insertionsstelle oder kürzer. Der Sattel reicht an den Seiten des Analsegments weit nach unten und umschließt deutlich mehr als die Hälfte des Segments; die Sattelborste (1-X) hat 1–2 Äste. Das Ruder hat 3–4 freie Ruderhaare (4-X), die Analpapillen sind deutlich länger als der Sattel.

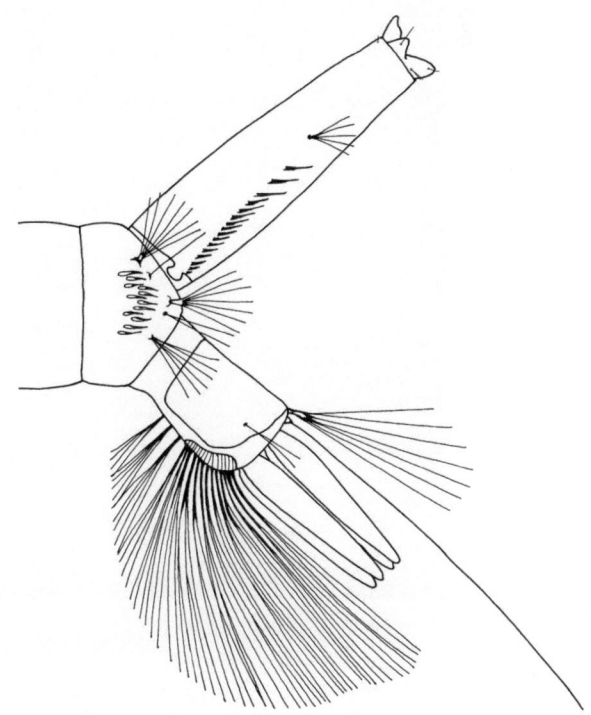

Abb. 9.3 Larve von *Ae. vexans*

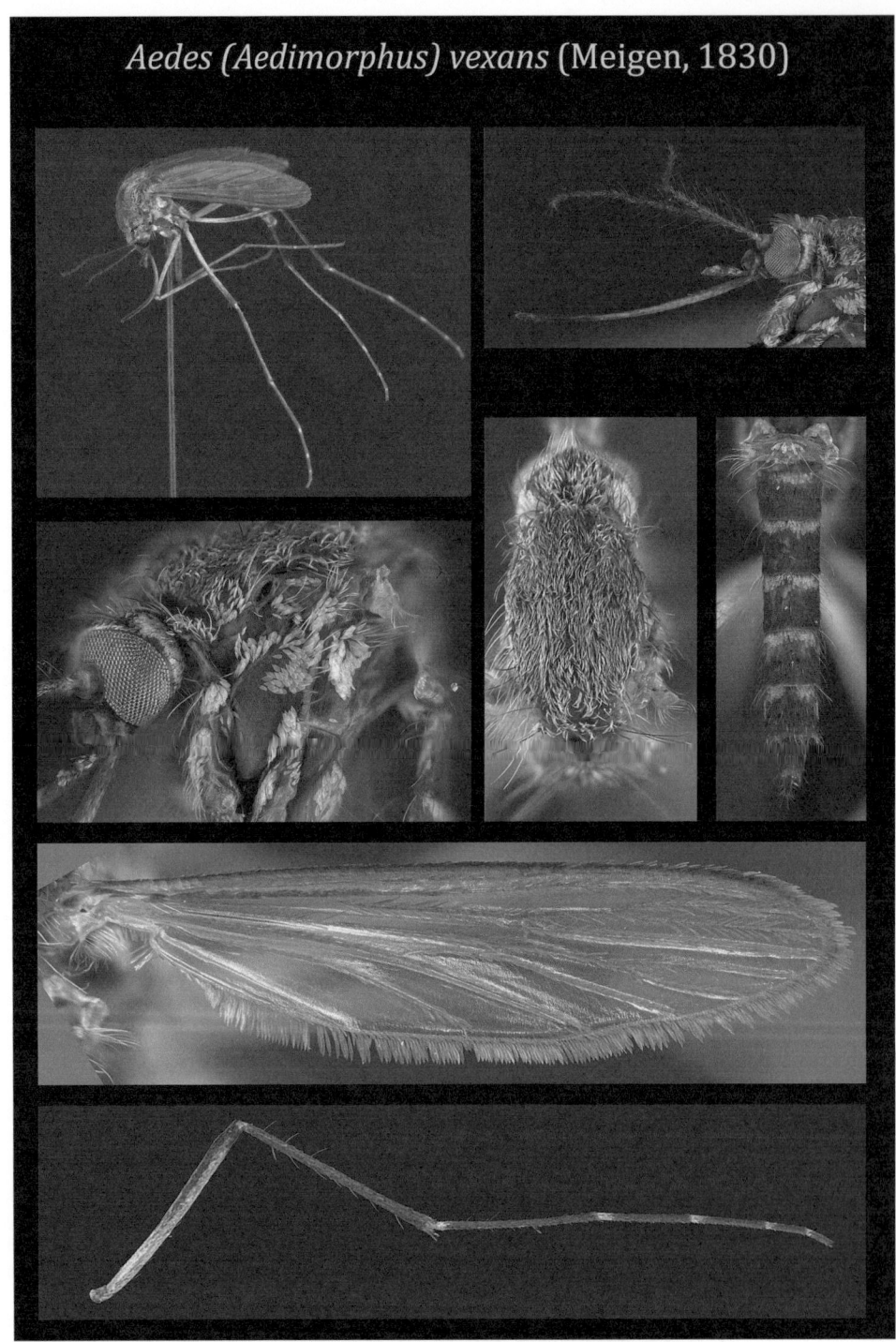

Tafel 8: *Aedes (Aedimorphus) vexans*

Biologie *Ae. vexans* ist eine polyzyklische Art (mehrere Generationen pro Jahr), die überwiegend in Überschwemmungsgebieten von Flüssen oder Seen mit schwankendem Wasserstand brütet. Bevorzugte Brutstätten sind temporäre Gewässer mit neutralem bis alkalischem Wasser, die nur wenige Tage bis Wochen nach einem Hochwasser vorhanden sind, wie z. B. überschwemmte Wiesen, Pappelkulturen, Weiden- und Schilfflächen.

Normalerweise schlüpfen die Larven in großer Zahl, wenn die Wassertemperatur 9 °C überschreitet. Nach der Überflutung der Areale schlüpfen die Larven innerhalb weniger Minuten bis Stunden, wenn das einströmende Wasser stagniert und der Sauerstoffgehalt abnimmt. Das Schlupfverhalten der Larven ist an die temporären Wasserverhältnisse angepasst. Nach Abschluss der Embryogenese, die 4–8 Tage (ca. 1 Woche bei 20 °C) dauern kann, schlüpfen nach einer Überschwemmung nicht aus allen überfluteten Eiern Larven, sondern nur ein Teil davon (Schlupf „in Raten"). Denn sollte eine Larvenpopulation ihre Entwicklung aufgrund von z. B. Austrocknung nicht abschließen können und zugrunde gehen, kann sich bei einem folgenden Hochwasser eine 2. Population entwickeln, auch wenn keine weiteren Eier gelegt werden. Besonders hoch ist die Schlupfrate bei hohen Wassertemperaturen und nach Abschluss einer Diapause, die in gemäßigten Zonen von September bis Anfang März des Folgejahrs dauert. Wenn keine geeigneten Brutbedingungen vorliegen (z. B. fehlende Überschwemmungen im Sommer), sind die Eier für eine lange Zeit (mindestens 5 Jahre) überlebensfähig. *Ae. vexans* hat als „Sommerart" eine optimale Temperatur von 30 °C für ihre Entwicklung. Bei einer Wassertemperatur von 30 °C dauert die Entwicklung vom Schlüpfen der ersten Larven bis zum Schlüpfen der erwachsenen Tiere ca. 1 Woche, bei einer Wassertemperatur von 15 °C sind es ca. 3 Wochen.

Ae. vexans wird in überschwemmungsreichen Sommermonaten häufig zur vorherrschenden Art und ist in gemäßigten Klimazonen oft die wichtigste plageerregende Mücke. Oft sind Hunderte von Larven pro Liter Wasser anzutreffen, häufig sind es mehr als 100 Mio. Larven pro Hektar Wasserfläche. Nach dem massenhaften Schlupf wandern die erwachsenen Tiere häufig über weite Entfernungen, um einen Wirt für die Blutmahlzeit zu finden, und so können sie auch weit entfernt von ihren Brutplätzen zu einer ernsthaften Plage werden, nicht nur in deren Nähe. Eine Wanderung von bis zu 15 km (die Flugkapazität liegt je nach Lage bei ca. 1 km/Nacht), gelegentlich auch ein Vielfaches davon, konnte nachgewiesen werden (Petrić et al. 1999). Die Einwanderung von Weibchen in menschliche Siedlungen, z. B. Gärten und Parks, kann eine erhebliche Belästigung verursachen. Nach der Blutmahlzeit legen die Weibchen die Eier frühestens 5–8 Tage in feuchten Vertiefungen ab. Ein Weibchen kann nach einer einzigen Blutmahlzeit mehr als 100 Eier legen; gelegentlich werden nach wiederholten Blutmahlzeiten mehrere Chargen von Eiern gelegt. Die bevorzugten Wirte sind Säugetiere. Sowohl Weibchen als auch Männchen nehmen zwar Pflanzensäfte zu sich, um ihren Energiebedarf zu decken, ohne Blutmahlzeit der Weibchen können sich jedoch keine Eier entwickeln. Unter optimalen Bedingungen benötigt *Ae. vexans* vom Schlüpfen einer Generation bis zum Schlüpfen der Larven der nächsten Generation weniger als 3 Wochen (Entwicklung im Wasser: ca. 6 Tage; Kopulation: ca. 2 Tage; Blutmahlzeit: ca. 2 Tage; Eientwicklung: ca. 5 Tage und Embryogenese etwa 4 Tage). Es wird vermutet, dass nur ein Teil der ausgewanderten Population nach der Blutmahlzeit zu den ursprünglichen Brutstätten zurückkehrt, während ein beträchtlicher Teil der Population nicht zurückkehrt und weit entfernt von ihren ursprünglichen Brutstätten Eier legt. Daher führt die Migration zu einer natürlichen Regulierung der Populationsdichten.

Medizinische Bedeutung *Ae. vexans* vereint viele Eigenschaften in sich, die sie zu einer idealen Vektorart machen. Sie ist weit verbreitet, kann sehr häufig vorkommen, oft zur selben Zeit, wenn die Virusaktivität ihren Höhepunkt erreicht; sie saugt mit Vorliebe an Menschen und Haustieren Blut und wurde auf natürliche Weise mit verschiedenen Arboviren infiziert (Reinert 1973). Natürliche Infektionen mit dem Western Equine Encephalitis Virus (WEEV, Westliches Pferdeenzephalomyelitis-Virus), dem Eastern Equine Encephalitis Virus (EEEV, Östliches Pferdeenzephalomyelitis-Virus) und Viren der Gruppe der Kalifornischen Enzephalitis (CE) wurden aus Nordamerika gemeldet (Wallis et al. 1960; McLintock et al. 1970; Hayes et al. 1971; Sudia et al. 1971). In Europa ist *Ae. vexans* an der Übertragung des Tahyna-Virus beteiligt (Aspöck 1965; Mattingly 1969; Gligic und Adamovic 1976; Lundström 1994). Es wurde festgestellt, dass sie in Serbien auf natürliche Weise mit dem West-Nil-Virus (WNV) infiziert ist (Petrić et al. 2016). Allerdings ist ihre Rolle bei der Zirkulation des Virus noch nicht vollständig geklärt. Im Zusammenhang mit der Vektorkapazität für das Zika-Virus konnte eine deutlich höhere Übertragungsrate bei *Ae. vexans* (34 %) als bei *Ae. aegypti* (5 %) festgestellt werden (O'Donnell et al. 2017).

Verbreitung *Ae. vexans* ist weltweit verbreitet und kann in nahezu jedem europäischen Land gefunden werden.

9.1.5 *Aedes (Dahliana) geniculatus* (Olivier) 1791

Weibchen (Tafel 9) Die kontrastreiche schwarz-weiße Färbung in Verbindung mit einem auffälligen weißen Kniefleck und den kurzen, abgerundeten Cerci unterscheiden die Weibchen von *Ae. geniculatus* sofort von allen anderen Vertretern der Gattung *Aedes*. Der Stechrüssel und die Maxillarpalpen sind schwarz beschuppt, der Scheitel ist dunkel mit einem mittleren hellen Streifen und einem schmalen Band weißlicher Schuppen entlang der Augenränder. Das Scutum hat 2 schwarze dorsozentrale Streifen, die manchmal vorn zu 1 Streifen verschmolzen sein können; in der Regel sind sie durch einen hellen acrostichalen Streifen vollständig voneinander getrennt. Die submedianen Areale und lateralen Bereiche des Scutums weisen cremefarbene oder silbergraue Schuppen auf, das Scutellum trägt schmale, gelbliche Schuppen. Die Pleurite tragen Flecken mit breiten, weißlichen Schuppen, die Beine sind dunkel, die Spitzen der Femora weisen einen deutlichen weißen Kniefleck auf. Die Tibiae und Tarsen sind vollständig schwarz beschuppt ohne helle Ringe. Die Klauen der Vorder- und Mittelbeine tragen einen Nebenzahn. Die Flügeladern sind mit dunkelbraunen Schuppen bedeckt. Die abdominalen Tergite sind dunkel beschuppt mit auffälligen hellen, dreieckigen seitlichen Flecken auf den Segmenten II–VII. Die dunklen Schuppen haben einen violetten Schimmer, die hellen Schuppen sind silbrig, mit metallischem Glanz, was zu einem kontrastreichen Muster führt. Sternit VIII ist ungewöhnlich breit, und die Cerci sind kurz und abgerundet (Abb. 6.25a).

Larven Anhand der zahlreich vorhandenen Sternhaare auf Thorax und Abdomen können die Larven von *Ae. geniculatus* von allen anderen Vertretern der Gattung *Aedes* abgegrenzt werden. Die Antenne ist etwa halb so lang wie der Kopf, glatt und nicht mit feinen Dornen besetzt (Abb. 7.18a). Der Antennalbusch (1-A) ist normalerweise unverzweigt, genauso wie die inneren Frontalhaare (5-C). Die mittleren Frontalhaare (6-C) haben 1–2 Äste, die äußeren Frontalhaare (7-C) 2–4 Äste. Die Äste der Sternhaare am Abdominalsegment I sind in etwa gleich lang wie das Segment. Der Striegel besteht aus 8–15 Striegelschuppen, die in einer einzelnen Reihe angeordnet sind. Jede einzelne Schuppe ist länglich mit einem ausgeprägten mittleren Zahn und einer verbreiterten Basis, die am Rand mit kleinen Zähnen besetzt ist. Der Siphonalindex beträgt 2,3–3,2 (Abb. 9.4). Der Pekten besteht aus 15–19 Zähnen. Jeder Pektenzahn ist lang und dornförmig, mit einigen unscheinbaren Nebenzähnchen an der Basis. Das Pekten nimmt normalerweise weniger als die basale Hälfte des Siphons ein, das Siphonalbüschel (1-S) inseriert etwa in der Mitte des Siphons oder etwas darunter und hat 4–5 Zweige. Das Analsegment X ist nicht vollständig vom Sattel umgeben, das Ruder besteht aus 7–10 Ruderhaaren (4-X) und 1–2 freien Ruderhaaren (4-X). Die Analpapillen sind breit und länger als der Sattel, wobei das ventrale Paar kürzer ist.

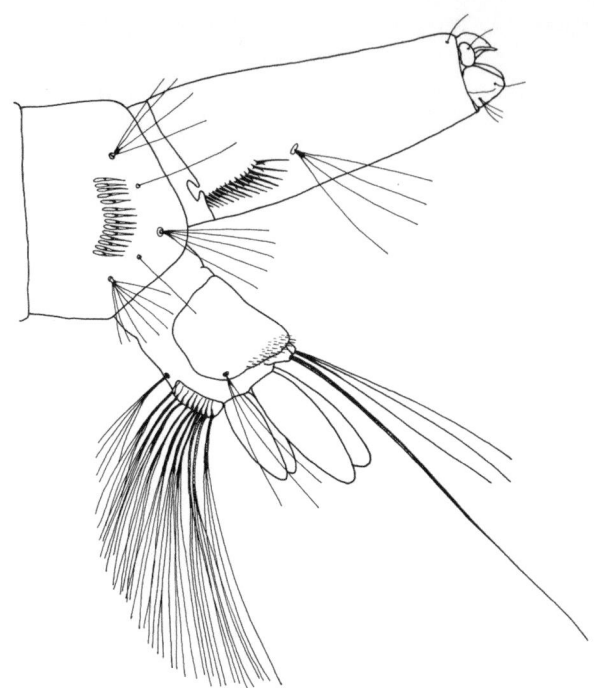

Abb. 9.4 Larve von *Ae. geniculatus*

Biologie Die Larven entwickeln sich in Baumhöhlen in unterschiedlicher Höhe und in offenen Baumstümpfen verschiedener Laubbäume wie Eichen (*Quercus* sp.), Buchen (*Fagus* sp.), Erlen (*Alnus* sp.), Birken (*Betula* sp.) oder Walnuss (*Juglans* sp.); oft können sie zusammen mit den Larven von *An. plumbeus*, seltener mit denen von *Ae. pulcritarsis* angetroffen werden. Sie kommen auch in Mischwäldern in entsprechend alten Bäumen vor, sehr selten aber findet man sie in Nadelwäldern. *Ae. geniculatus* überwintert in nördlichen Gebieten im Eistadium und in südlicheren Regionen im Larvenstadium. Die erwachsenen Tiere erscheinen vermehrt im Sommer, da ihre Entwicklung von den in den Baumhöhlen gesammelten Regenmengen abhängt. Die Weibchen sind am Tag und in der Dämmerung aktiv und fliegen gerne den Menschen für eine Blutmahlzeit an. In Südosteuropa können sie in Massen und plageerregend im offenen Gelände auftreten, sehr selten hingegen dringen sie in städtische Gebiete ein.

Verbreitung *Ae. geniculatus* ist eine paläarktische Art, die in den meisten europäischen Ländern nachgewiesen ist; ihre nördliche Grenze folgt der von Laub- oder Mischwäldern. Im Mittelmeerraum kommt sie im Norden Portugals, auf Sardinien, auf dem italienischen Festland und in Griechenland vor und erstreckt sich östlich bis zum Kaukasus. Auch von Nordafrika bis Kleinasien gemeldet.

9.1 Gattung Aedes Meigen, 1818

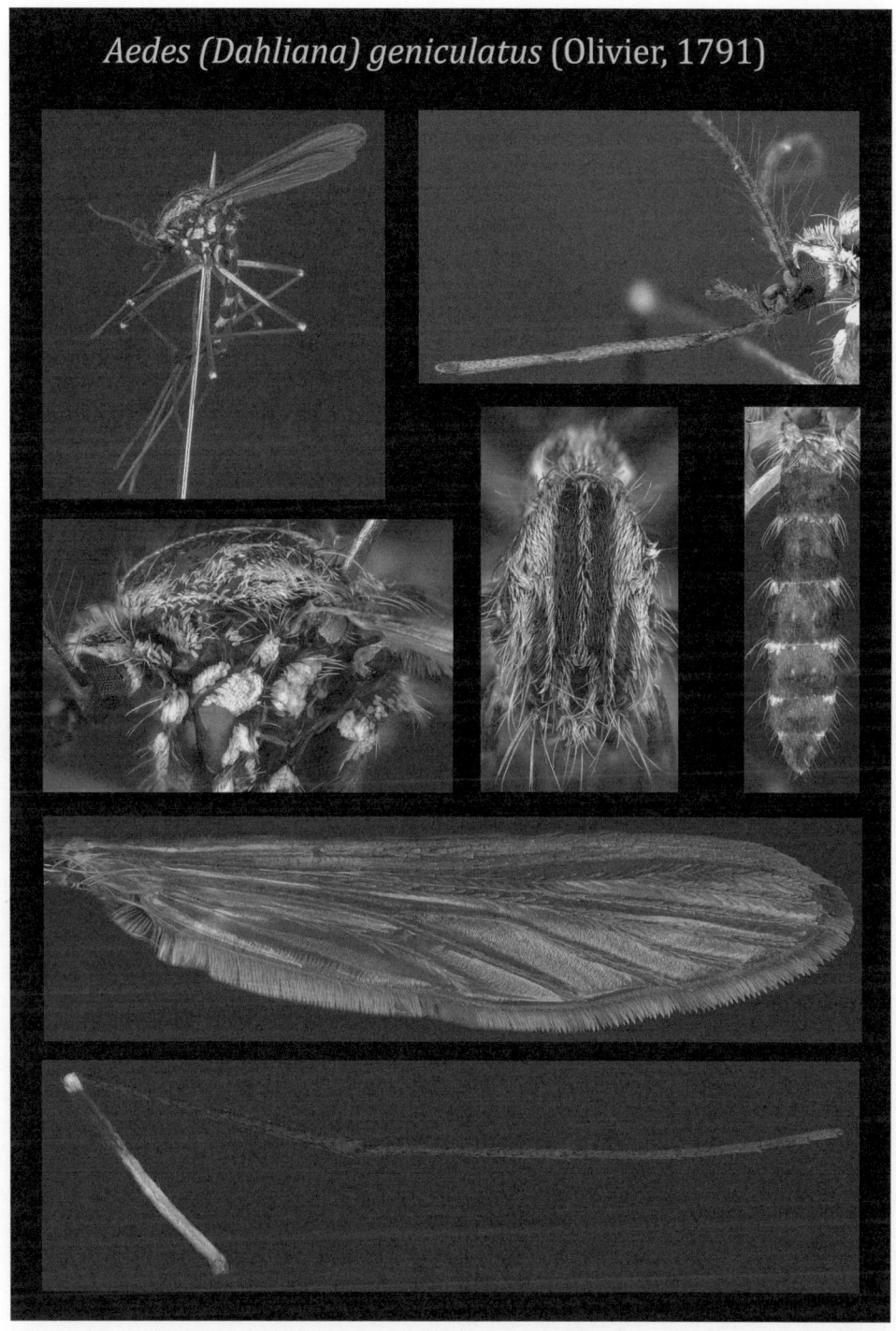

Tafel 9: *Aedes (Dahliana) geniculatus*

9.1.6 Aedes (Hulecoeteomyia) japonicus japonicus (Theobald, 1901)

Weibchen (Tafel 10) *Ae. j. japonicus* ist eine mittelgroße bis große Mücke mit dunkel- bis schwarzbrauner Färbung und weißen Schuppen am Körper und an den Beinen. Sie ähnelt stark der eng verwandten *Ae. koreicus*. Stechrüssel und Maxillarpalpen sind vollständig dunkel beschuppt, der Scheitel trägt schmale, gebogene, gelblich blasse Schuppen. Die Integument des Scutums ist dunkel, sein Schuppenmuster ist charakteristisch mit 5 goldgelben Streifen, 1 mittleren Acrostichalstreifen, 1 Paar dorsozentraler Streifen, die etwa in der Mitte des Scutums unterbrochen werden, und 1 Paar seitlicher Streifen, die sich über die transverse Naht bis an den hinteren Rand des Scutums erstrecken. Das Scutellum trägt gelblich blasse und dunkle schmale, gebogene Schuppen und Borsten auf jedem Lappen. Die Pleurite sind mit Flecken aus breiten, weißen Schuppen besetzt, der mesepimerale Fleck reicht nicht bis zum unteren Rand des Mesepimerons, der subspirakulare Schuppenfleck fehlt meist oder besteht nur aus wenigen Schuppen (1–5). Der Femur der Hinterbeine trägt einen dunklen subbasalen Ring (Abb. 6.17a). Die Tarsomere I–III der Hinterbeine haben breite, helle Basalringe, die hinteren Tarsomere IV und V sind meist vollständig dunkel beschuppt, der Tarsomer IV weist manchmal ein paar helle Schuppen an der Basis oder einen unvollständigen Ring auf. Die Flügeladern sind dunkel beschuppt, die Basis der Costa (C) meist mit einigen hellen Schuppen, deren Anzahl sehr unterschiedlich sein kann. Die Tergite II–VII sind mit dunklen Schuppen und seitlichen Flecken weißer Schuppen an der Basis jedes Segments besetzt; häufig ist ein basomedianer Fleck heller Schuppen vorhanden.

Larven Der Kopf ist breiter als lang, die Antennen sind mit feinen Dörnchen besetzt. Der Antennalbusch (1-A) hat in der Regel 2–4 Zweige. Die hinteren Klypealhaare (4-C) sind sehr klein und haben 2–7 Zweige. Die inneren und mittleren Frontalhaare (5-C und 6-C) sind mehrfach verzweigt und in einer leicht gebogenen Linie nahe der Vorderkante des Frontoclypeus angeordnet (Abb. 7.24a). Die Striegelschuppen sind zahlreich, in einem dreieckigen Fleck angeordnet, und jede einzelne Striegelschuppe ist apikal breit gerundet, mit kleinen Zähnen gleicher Länge gesäumt. Der Siphon verjüngt sich zur Spitze hin, der Siphonalindex beträgt etwa 2,5 (Abb. 9.5). Der Pekten besteht aus 14–28 Zähnen, wobei 1–4 distale Zähne deutlich größer sind und getrennt stehen (Abb. 7.25a). Das Siphonalbüschel (1-S) inseriert innerhalb der distalen Pektenzähne und hat 4–7 Zweige. Der Sattel reicht bis etwa zur Mitte der Seiten des Analsegments, sein hinterer Rand ist mit einer Vielzahl einfacher Dörnchen versehen. Die Sattelborste (1-X) entspringt innerhalb des Sattels an seiner posterolateralen Ecke, mit 1–2 Zweigen. Ruder mit zahlreichen (10–13) Ruderhaaren (4-X), freie Ruder-

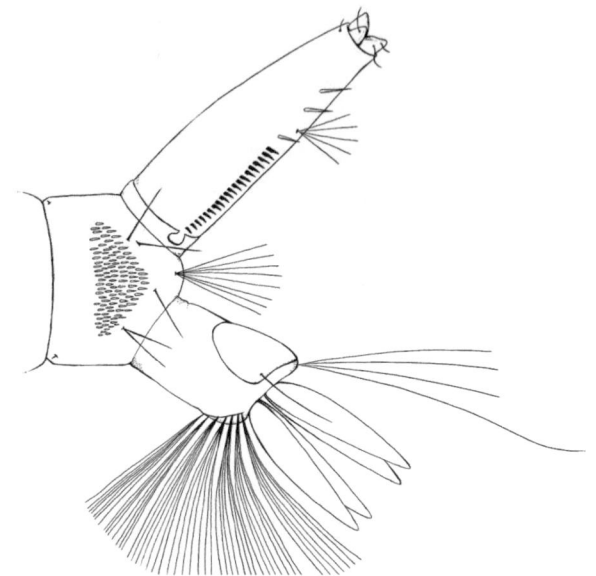

Abb. 9.5 Larve von *Ae. j. japonicus*

haare fehlen in der Regel, gelegentlich scheint 1 freies Ruderhaar vorhanden zu sein. Die Analpapillen sind spindelförmig und länger als das Analsegment.

Biologie Die Weibchen von *Ae. j. japonicus* bevorzugen bewaldete Gebiete und stechen normalerweise tagsüber (Tanaka et al. 1979). Sie saugen an einer Vielzahl von Säugetieren wie Hunden, Schweinen, Hirschen, Nagetieren oder Hühnern und Vögeln (Scott 2003). Sie sind keine so aggressiven Stecher wie z. B. die Überschwemmungsmücken *Ae. vexans* oder *Ae. sticticus*. Diese polyzyklische Art hat sich an kältere Klimazonen angepasst und kann durch ihre austrocknungsresistenten Eier auch in kalten Winterzeiten überleben (Tanaka et al. 1979; Andreadis et al. 2001). Die Larven von *Ae. j. japonicus* sind typischerweise in einer Vielzahl von meist kleinvolumigen natürlichen Wasseransammlungen wie Baumhöhlen, in Bambus oder Felslöchern oder in künstlichen Brutstätten wie Vasen, Dosen, Reifen, Fässern, Eimern, Dachrinnen, gemauerten Regenauffangbecken oder Vogeltränken anzutreffen. Sie bevorzugen Brutstätten, die reich an organischer Substanz, aber nicht stark verschmutzt sind.

Medizinische Bedeutung *Ae. j. japonicus* ist ein kompetenter Laborvektor für mehrere Arboviren, wie das West-Nil-Virus (WNV) und das Japanische Enzephalitis-Virus (JEV), kann aber auch das St.-Louis-Enzephalitis-Virus (SLEV), das Östliche Pferdeenzephalomyelitis-Virus (EEEV), das La-Crosse-Virus, das Dengue- (DENV) und das Chikungunya-Virus (CHIKV) übertragen (Schaffner et al. 2011) und gilt als erhebliches Risiko für die öffentliche Gesundheit (Sucharit et al. 1989; Sardelis und Turell 2001; Sardelis et al. 2002a, 2002b, 2003).

9.1 Gattung Aedes Meigen, 1818

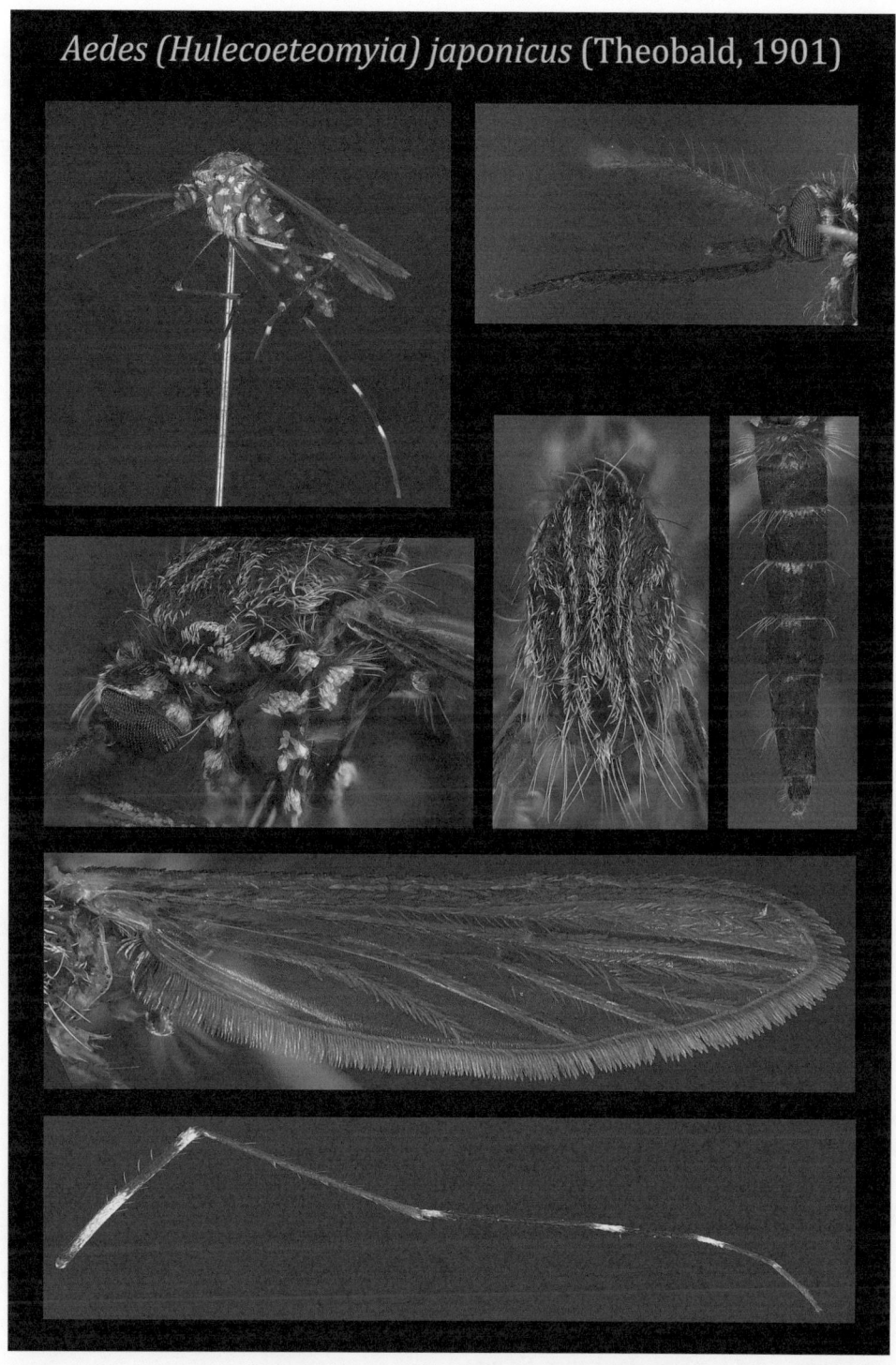

Tafel 10: *Aedes (Hulecoeteomyia) japonicus*

Verbreitung *Aedes j. japonicus* ist eine asiatische Art, die ursprünglich in Japan, Korea, Südchina, Taiwan und im östlichen Teil der Russischen Föderation vorkommt (Tanaka et al. 1979). Sie wurde in den 1990er-Jahren mehrmals in Neuseeland gefunden (Laird et al. 1994; Fonseca et al. 2001). Die Art hat sich 1998 zum 1. Mal außerhalb ihres heimischen Verbreitungsgebiets in den USA etabliert und ist mittlerweile in mindestens 29 anderen Bundesstaaten des Landes, einschließlich Hawaii, sowie in Kanada nachweisbar (Andreadis et al. 2001; Saenz et al. 2006; Williges et al. 2008; Fonseca et al. 2010). Die Art wurde durch internationale Transporte, meist gebrauchter Autoreifen, eingeschleppt (Peyton et al. 1999; Thielman und Hunter 2006). Im Jahr 2000 wurde *Ae. j. japonicus* erstmals in Europa nachgewiesen, und zwar als Larven auf einem Lagerplatz für importierte Altreifen in Frankreich (Schaffner und Chouin 2003), wo sie dank sofortiger Bekämpfungsmaßnahmen erfolgreich eliminiert werden konnte. Seit 2002 ist *Ae. j. japonicus* wiederholt bei einem Gebrauchtreifenunternehmen in Südbelgien beobachtet worden (Versteirt et al. 2009). Im Jahr 2008 wurde die Art in der Nordschweiz nachgewiesen und breitete sich bis ins angrenzende Deutschland aus (Schaffner et al. 2009; Medlock et al. 2012).

Seit 2009 gibt es ein intensives Überwachungsprogramm zur Verbreitung von *Ae. j. japonicus* in Süddeutschland. Mehr als 6500 mit Wasser gefüllte Behälter in 291 Kommunen im gesamten Bundesland Baden-Württemberg wurden auf *Ae. j. japonicus* Larven untersucht. Von 291 Gemeinden waren 54 (18,2 %) positiv (Becker et al. 2011; Huber et al. 2012). Andere unabhängige, aber kleinere Populationen von *Ae. j. japonicus* wurden aus West-, Nord- und Südostdeutschland gemeldet (Schneider 2011; Huber et al. 2014; Kampen und Werner 2014; Kampen et al. 2016; Zielke et al. 2016). In jüngerer Zeit wurde die Art aus einem großen Grenzgebiet zwischen Österreich, Slowenien, Ungarn und Liechtenstein gemeldet (Seidel et al. 2016).

9.1.7 Aedes (Hulecoeteomyia) koreicus (Edwards, 1917)

Weibchen (Tafel 11) Sehr ähnlich der eng verwandten *Ae. j. japonicus*, und obwohl es eine hohe intraspezifische Variabilität gibt, ist durch die Kombination der wichtigsten diagnostischen Merkmale eine eindeutige Abgrenzung möglich. Diese Merkmale sind die Beschuppung an der Basis des hinteren Femurs, der Umfang der hellen Schuppen an der Basis des hinteren Tarsomers IV und das Vorhandensein oder Fehlen eines subspirakularen Schuppenflecks. Bei *Ae. koreicus* ist die Basis des hinteren Femurs vollständig hell beschuppt (Abb. 6.17b); ein dunkler subbasaler Ring ist nicht vorhanden. Der hintere Tarsomer IV trägt einen schmalen Basalring aus hellen Schuppen, und ein subspirakularer Schuppenfleck ist vorhanden, wobei die Anzahl der Schuppen des Flecks sehr unterschiedlich sein kann. Bei *Ae. j. japonicus* trägt die Basis des hinteren Femurs einen dunklen subbasalen Ring (Abb. 6.17a), der hintere Tarsomer IV ist meist vollständig dunkel beschuppt, manchmal mit ein paar hellen Schuppen oder einem unvollständigen hellen Basalring; der subspirakulare Schuppenfleck fehlt normalerweise, selten mit 1–5 vereinzelten Schuppen. Ein weniger geeignetes diagnostisches Merkmal zur Differenzierung der beiden Arten findet sich in der Beschuppung der Flügeladern. *Ae. koreicus* hat normalerweise keine hellen Schuppen an der Basis der Costa (C), bei *Ae. j. japonicus* hingegen ist die Basis der Costa (C) normalerweise mit hellen Schuppen besetzt. Für eine gründliche morphologische Unterscheidung von *Ae. koreicus* (Festland-Korea-Form und Jeju-do-Insel-Form) und *Ae. j. japonicus* s. Pfitzner et al. (2018).

Larven Die Larven von *Ae. koreicus* ähneln denen von *Ae. j. japonicus*, können aber von letzteren anhand des Pektens deutlich unterschieden werden (Abb. 9.6). Bei *Ae. koreicus* sind die Pektenzähne gleichmäßig angeordnet, der Pekten ist geschlossen (Abb. 7.25b), das Siphonalbüschel (1-S) inseriert knapp oberhalb des Pektens. Bei *Ae. j. japonicus* sind 1–4 distale Pektenzähne deutlich größer und getrennt stehend (Abb. 7.25a), das Siphonalbüschel (1-S) inseriert innerhalb der distalen Pektenzähne. Darüber hinaus sind bei *Ae. koreicus* die Dörnchen am hinteren Rand des Sattels von komplexer Form.

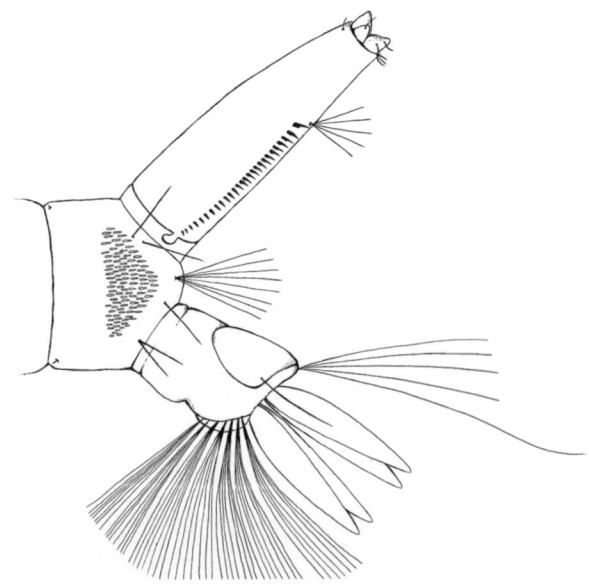

Abb. 9.6 Larve von *Ae. koreicus*

9.1 Gattung Aedes Meigen, 1818

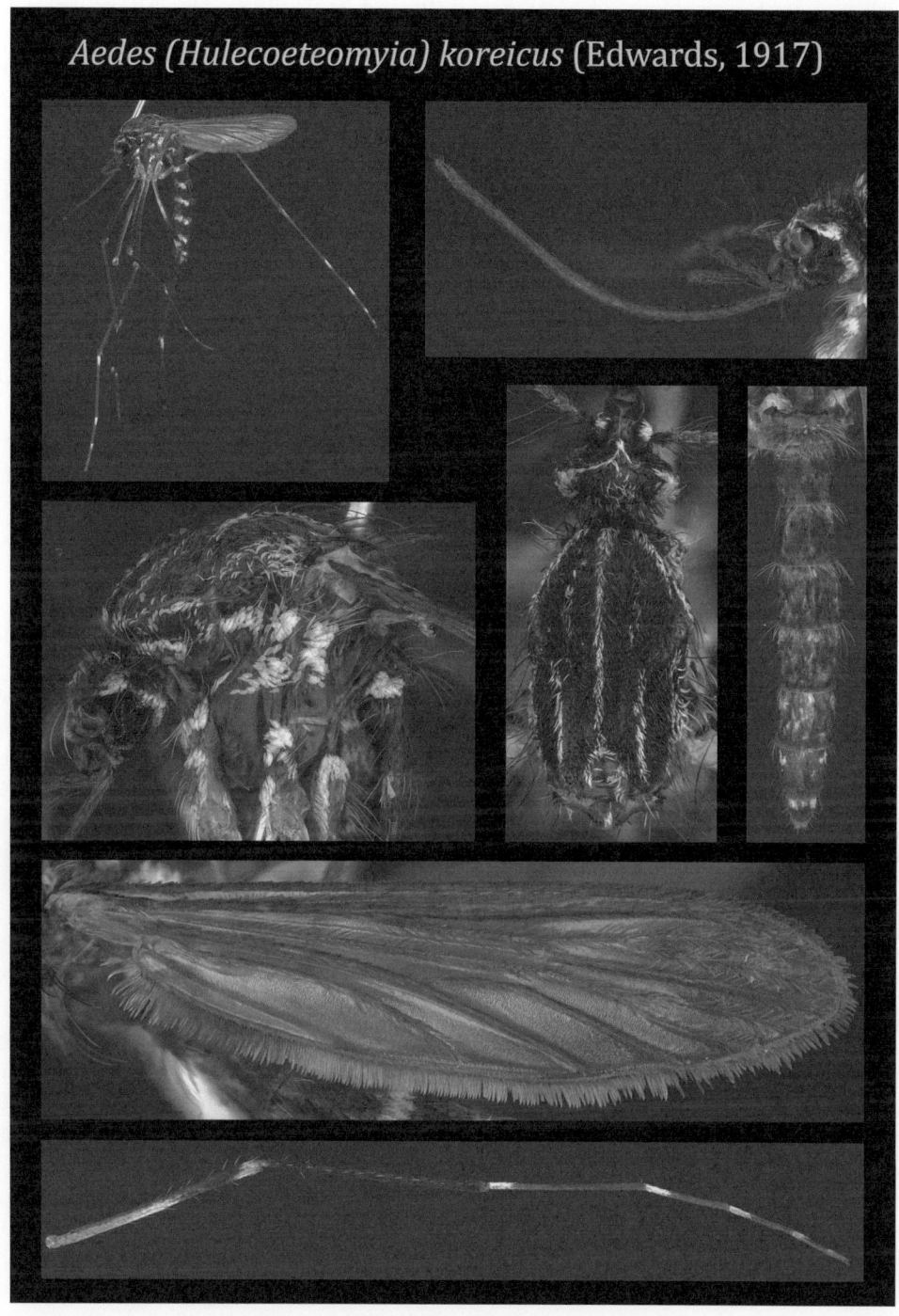

Tafel 11: *Aedes (Hulecoeteomyia) koreicus*

Biologie Die Weibchen stechen tagsüber und nachts und saugen Blut bei Menschen und Säugetieren (Tanaka et al. 1979; Capelli et al. 2011; Becker et al. 2012a). Die Larven finden sich sowohl in natürlichen Brutstätten wie Felsauswaschungen und Baumhöhlen als auch in künstlichen Brutstätten wie Gräben und in einer Vielzahl künstlicher Behälter wie Altreifen, Eimer oder Vasen auf Friedhöfen (Versteirt et al. 2012). In Italien trifft man Larven in Gullys, Eimern und Blumentöpfen an (Capelli et al. 2011) und in Deutschland in Vasen, Regenwasserbehältern und Wasserauffangbecken (Pfitzner et al. 2018); hier wurden sie häufig mit Larven von *Ae j. japonicus, Cx. pipiens/torrentium* und *An. plumbeus* vergesellschaftet gefunden. *Ae. koreicus* überwintert im Eistadium, und die Larven schlüpfen nach der Schneeschmelze.

Medizinische Bedeutung Die Art gilt als potenzieller Überträger einer Anzahl von Arboviren. Das Japanische Enzephalitis-Virus (JEV) wurde im Freilandexemplaren gefunden (Shestakov und Mikheeva 1966), Weibchen können durch Laborfütterung von infiziertem Blut mit dem Chikungunya-Virus (CHIKV) und Mikrofilarien des Hundeherzwurms *Dirofilaria immitis* infiziert werden (Montarsi et al. 2014; Ciocchetta et al. 2018). Allerdings sind Studien zur Vektorkompetenz dringend erforderlich, um die Rolle dieser Mücke bei der Übertragung von Arboviren wie West-Nil-Virus (WNV) und Usutu-Virus (USUV) besser zu verstehen (Capelli et al. 2011).

Verbreitung *Ae. koreicus* ist eine asiatische Art, die in Japan, China, Korea und Ostrussland heimisch ist. Sie wurde erstmals 2008 außerhalb ihres heimischen Verbreitungsgebiets in Belgien gefunden, wo sie sich erfolgreich etablierte (Versteirt et al. 2009, 2012). Im Mai 2011 wurden die Larven von *Ae. koreicus* in der Region Venetien (Italien) aus einem Gully und anderen künstlichen Behältern gesammelt (Capelli et al. 2011). Im Jahr 2013 kam *Ae. koreicus* nachweislich auf einer Fläche von etwa 3000 km^2 vor (Montarsi et al. 2014) und hatte bis 2015 ihre Verbreitung hauptsächlich in südliche und westliche Richtung ausgeweitet (Montarsi et al. 2015). Die Art ist kältetolerant und konnte daher in Belgien und den hügeligen und voralpinen Gebieten Italiens bis zu einer Höhe von etwa 2000 m über dem Meeresspiegel überleben und sich etablieren. Im Rahmen eines nationalen Mückenmonitoringprogramms wurde Mitte 2015 ein in Süddeutschland gesammeltes Mückenexemplar als *Ae. koreicus* identifiziert (Werner et al. 2016). Im Rahmen des Mückenüberwachungsprogramms der KABS wurden 2016 erstmals Larven der Art in Vasen auf einem Friedhof der Stadt Wiesbaden gefunden. Im Jahr 2017 wurde ein Befall einer Fläche von etwa 50 km^2 festgestellt, darunter Brutstätten auf Friedhöfen, Gärten, Wäldern und Industriegebieten (Pfitzner et al. 2018). Die Art breitet sich offensichtlich auch in Deutschland weiter aus. Nach *Ae. j. japonicus* und *Ae. albopictus* scheint sich auch diese Art weltweit auszubreiten (Cameron et al. 2010). Bisher konnte kein Einschleppungsweg nachgewiesen werden, weder direkt aus Asien noch von Belgien nach Italien oder Deutschland. In Europa wird *Ae. koreicus* auch aus Russland, der Schweiz, Ungarn und Slowenien gemeldet (Bezzhonova et al. 2014; Suter et al. 2015; Müller et al. 2016; Kurucz et al. 2016; Kalan et al. 2017).

9.1.8 *Aedes (Ochlerotatus) annulipes* (Meigen) 1830

Weibchen (Tafel 12) Die allgemeine Färbung des Integuments ist bräunlicher, und die Schuppen auf dem Scutum und den Pleuriten sind gelblicher als bei *Ae. cantans*. Die Weibchen der beiden Arten sind sich sehr ähnlich, können aber in der Regel durch das Schuppenmuster des Scutums voneinander unterschieden werden. Der Stechrüssel von *Ae. annulipes* ist überwiegend cremeweiß beschuppt mit eingestreuten dunklen Schuppen. Die Maxillarpalpen weisen gemischte dunkle und blasse Schuppen auf und einen manchmal deutlichen hellen basalen Ring. Der Kopf ist mit bronzefarbenen Schuppen und einem seitlichen Fleck oder Streifen aus cremeweißen Schuppen besetzt. Das Scutum hat einen deutlichen Mittelstreifen aus braunen oder hellbraunen Schuppen, die seitlichen Teile sind mit cremefarbenen oder gräulichen Schuppen bedeckt. Die supraalaren Borsten sind strohfarben. Normalerweise sind einige postprocoxale Schuppen vorhanden. Ein hypostigmaler Fleck fehlt, es sind jedoch 2 deutliche Flecken im subspirakularen und postspirakularen Bereich vorhanden. Das Mesepisternum hat 3 deutliche Flecken und einige verstreute Schuppen am oberen Rand. Das Mesepimeron ist in der oberen Hälfte mit cremeweißen Schuppen bedeckt, in der unteren Hälfte sind einige Schuppen vorhanden. Die Coxen haben vereinzelte helle Schuppen, und die Femora sind meist gelblich beschuppt. Das Vorderbein trägt gelegentlich einen dunklen Fleck oberhalb des Knies, das Mittelbein ist auf der Rückseite etwas dunkler, und alle Beine haben weiße Knieflecken, die bisweilen undeutlich sein können. Die Tibiae tragen eingestreute helle Schuppen, insbesondere die der Vorderbeine. Auf den Tarsomeren I–V befinden sich Basalringe aus weißlichen Schuppen, mit Ausnahme des Tarsomers V der Vorderbeine, der normalerweise vollständig dunkel beschuppt ist. Die hellen Ringe können unterschiedlich breit sein, meist sind sie jedoch breiter als bei *Ae. cantans*. Die Flügeladern sind mit gemischten dunklen und hellen Schuppen bedeckt, wobei die hellen Schuppen meist gelblicher sind als diejenigen von *Ae. cantans*. Das Abdomen hat weißliche Basalbänder auf den Tergiten I–VII; sehr selten können die letzten Segmente schmale apikale Bänder haben. Alle Tergite tragen eingestreute helle Schuppen inmitten der dunkleren (Abb. 6.23b). Die Sternite sind normalerweise gelblich beschuppt, mit einigen gesprenkelten dunklen Schuppen.

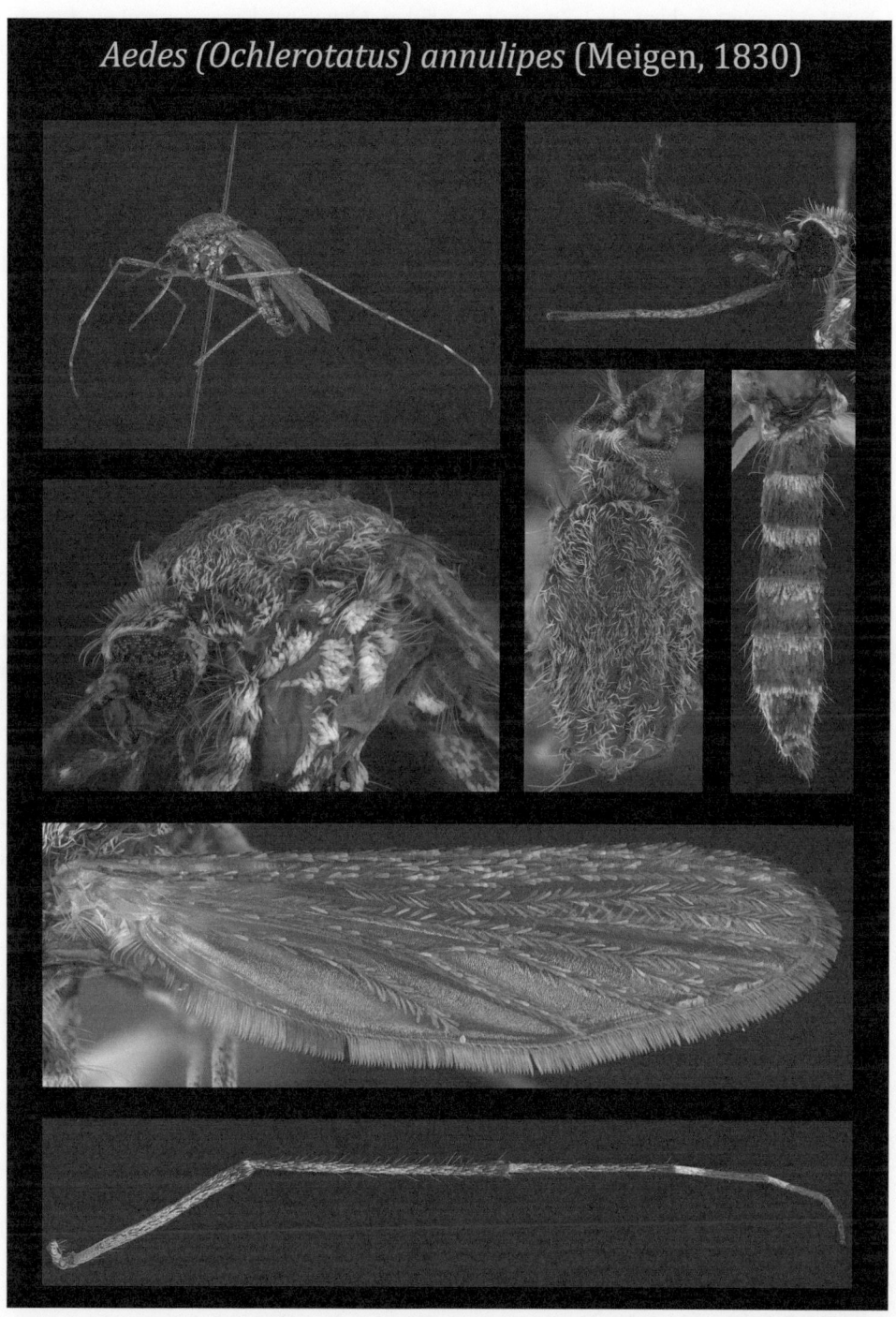

Tafel 12: *Aedes (Ochlerotatus) annulipes*

Larven Die Larven ähneln denen von *Ae. cantans* sehr, aber mit einem konischen distalen Teil des Siphons. Die Antennen sind kürzer als der Kopf, und der Antennalbusch (1-A) hat 3–4 Zweige, die etwa in der Mitte des Antennenschafts entspringen. Die inneren und mittleren Frontalhaare (5-C und 6-C) haben 2–3 Äste. Die prothorakale Formel 1-P bis 7-P lautet wie folgt: 1 (kurz, 1–2 Zweige); 2 (mäßig lang, einzeln); 3 (lang, einzeln); 4 (kürzer als 2-P, einfach); 5 und 6 (einzeln, lang); 7 (lang, 3–4 Zweige). Die Anzahl der Striegelschuppen liegt zwischen 30 und 40, jede Schuppe hat einen deutlich ausgeprägten Mittelzahn (Abb. 9.7). Der Siphonalindex beträgt in etwa 3,0, und die Pektenzähne ähneln denen von *Ae. cantans*. Das Siphonalbüschel (1-S) hat 5–7 Zweige, die etwa in der Mitte des Siphons entspringen. Der Sattel umschließt das Analsegment nicht vollständig, sondern bedeckt 2/3 seiner Seiten. Normalerweise sind 6 oder mehr freie Ruderhaare (4-X) vorhanden – ein Merkmal, das die Larven von denen von *Ae. cantans* abgrenzt die, normalerweise weniger freie Ruderhaare besitzen. Die Analpapillen sind etwa so lang wie der Sattel oder länger.

Biologie *Ae. annulipes* ist eine monozyklische Art (1 Generation pro Jahr), die ab dem Frühjahr in Erscheinung tritt. Sie überwintert im Eistadium, und die Larven schlüpfen zeitgleich mit denen von *Ae. cantans* oder etwas später. Sie brüten bevorzugt in offenen Wiesentümpeln, an Waldrändern und in Laubwäldern, vorzugsweise in semipermanenten Tümpeln mit einem hohen Anteil an Detritus.

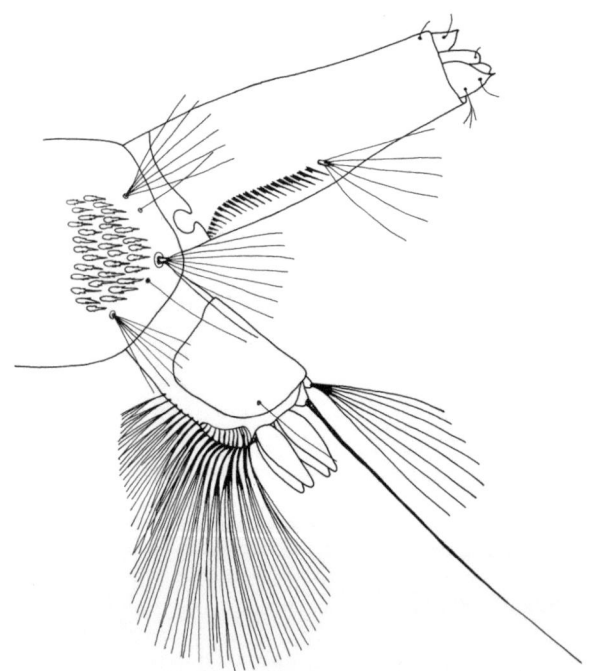

Abb. 9.7 Larve von *Ae. annulipes*

Hier können sie häufig zusammen mit Larven von *Ae. cantans* angetroffen werden. In offeneren Brutgewässern kommen sie auch zusammen mit den Larven von *Ae. flavescens, Ae. riparius* und *Ae. excrucians* vor. Die Männchen halten sich nach dem Schlüpfen mehrere Tage lang in der Nähe der Brutplätze auf. Die Weibchen sind in Gebieten mit hoher Abundanz dämmerungsaktiv. Sie sind je nach lokalem Klima über mehrere Wochen bis Monate im Spätfrühling und Sommer anzutreffen.

Medizinische Bedeutung In Österreich wurde das Tahyna-Virus aus *Ae. cantans/annulipes* isoliert (Lundström 1999).

Verbreitung *Ae. annulipes* ist eine westpaläarktische Art, die von Südskandinavien bis in den Mittelmeerraum vorkommt. In Mitteleuropa kann sie lokal sehr dominant sein.

9.1.9 *Aedes (Ochlerotatus) berlandi* (Seguy) 1921

Weibchen (Tafel 13) Die Maxillarpalpen sind überwiegend dunkel beschuppt, mit vereinzelt eingestreuten hellen Schuppen in der Mitte, die Spitze der Palpen mit weißlichen Schuppen. Der Scheitel ist hell bis weißlich beschuppt mit einigen vermischten dunkleren Schuppen, die am Hinterkopf zahlreicher sind und einen dunklen dreieckigen Fleck bilden. Die Augenränder sind mit langen Borsten besetzt. Das Scutum ist hauptsächlich mit hellgoldenen Schuppen bedeckt, die 1 breiten Mittelstreifen und 2 Seitenstreifen bilden. Dunkelbraune Schuppen bilden deutliche Flecken im vorderen und hinteren submedianen Bereich. Dunkle hintere dorsozentrale Streifen erstrecken sich von der transversen Naht bis zum Ende des Scutums. Post- und subspirakulare sowie präalare Schuppenflecken sind vorhanden. Das Mesepisternum trägt einen größeren oberen und einen kleineren unteren mesepisternalen Schuppenfleck. Das Mesepimeron ist in seiner oberen Hälfte mit 2 kleineren weißlichen Schuppenflecken besetzt. Die Femora und Tibiae sind dunkel beschuppt, es können jedoch vereinzelte helle Schuppen eingestreut sein. Die Tarsen tragen sowohl helle Apikal- als auch Basalringe, die normalerweise auf den Tarsomeren I und II der Vorder- und Mittelbeine sowie auf den Tarsomeren I–III der Hinterbeine vorhanden sind. Der Tarsomer V aller Beine ist vollständig hell beschuppt (Abb. 6.13a). Die Flügeladern sind mit dunklen Schuppen besetzt, selten können einzelne helle Schuppen eingestreut sein. Die Tergite tragen cremeweiße Basalbänder, die seitlich normalerweise leicht verbreitert sind und manchmal zu dreieckigen Flecken erweitert sein können. Die Sternite sind schwarz beschuppt, mit mehr oder weniger entwickelten hellen seitlichen Flecken, die manchmal in der Mitte fast verbunden sind.

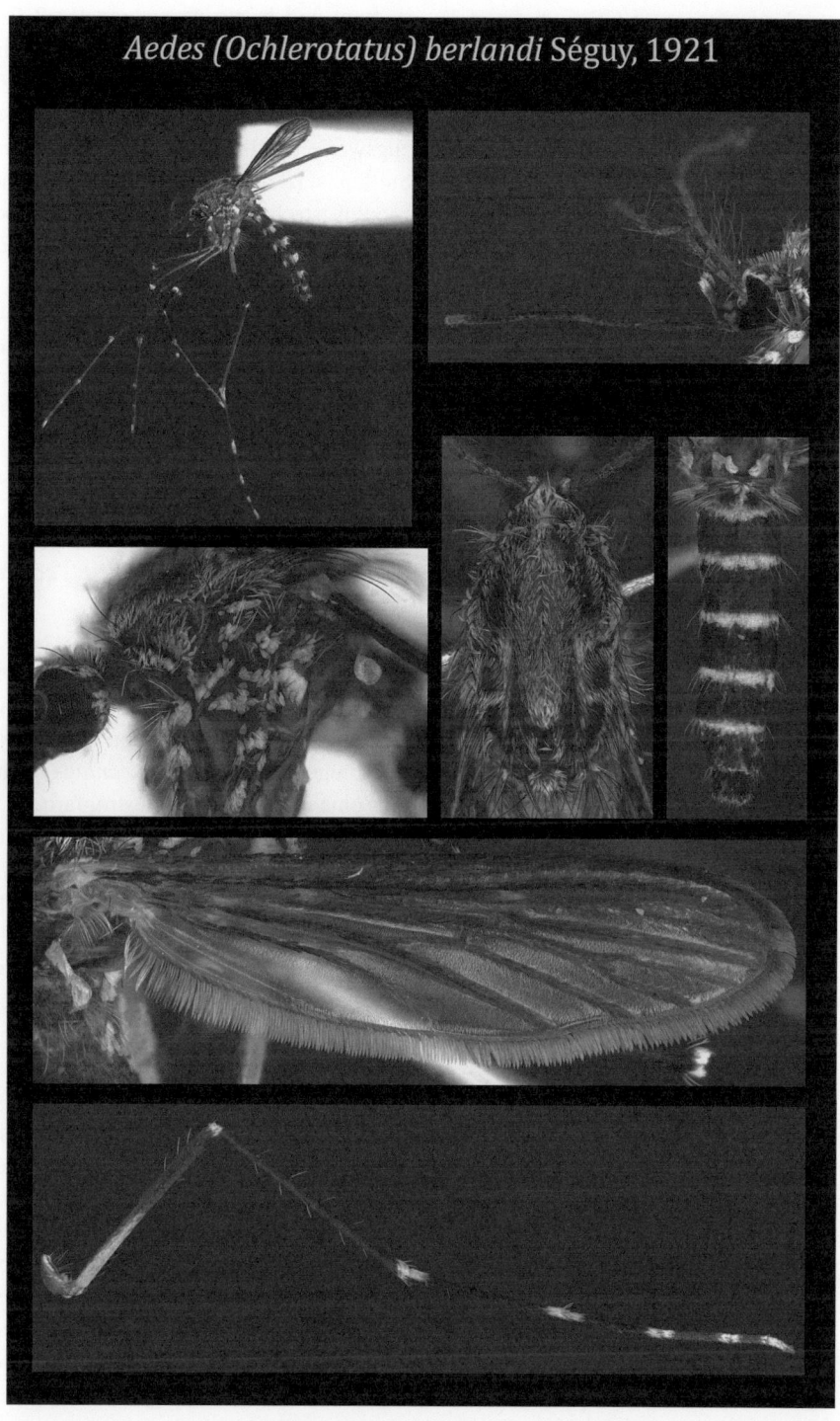

Tafel 13: *Aedes (Ochlerotatus) berlandi*

Larven Der Kopf ist breiter als lang, und die Antennen sind fast so lang wie der Kopf. Der Antennalbusch (1-A) inseriert oberhalb der Mitte des Antennenschafts. Die hinteren Klypealhaare (4-C) sind gut entwickelt und mehrfach verzweigt. Die inneren Frontalhaare (5-C) sind die auffälligsten unter den Frontalhaaren und haben normalerweise 9 Äste. Die mittleren Frontalhaare (6-C) liegen fast auf der gleichen Höhe mit 4-C, sind weniger entwickelt als 5-C und haben normalerweise 8 Äste. Die äußeren Frontalhaare (7-C) sind lang und haben in der Regel 10 Äste. Der Striegel besteht aus 16–20 Schuppen, die in 1–2 unregelmäßigen Reihen angeordnet sind, wobei jede Striegelschuppe einen gut entwickelten und langen mittleren Zahn aufweist. Der Siphon ist sehr lang und schlank, der Siphonalindex beträgt 5,5–7,8 (Abb. 9.8). Der Pekten besteht aus 19–29 kleinen, stumpf zulaufenden Zähnen. Das Siphonalbüschel (1-S) ist lang, mehr als doppelt so lang wie die Breite des Siphons an seinem Insertionspunkt; es entspringt deutlich unterhalb der Mitte des Siphons und hat 3–5 Zweige. Der Sattel nimmt weit mehr als die Hälfte der Seiten des Analsegments ein; die Sattelborste (1-X) ist viel länger als der Sattel und einfach. Die obere Analborste (2-X) hat 4–6 Äste, die untere Analborste (3-X) ist einfach und etwa so lang wie der Siphon. Das Ruder hat 3 freie Ruderhaare (4-X). Die Analpapillen sind länglich, wurstförmig und wesentlich länger als der Sattel, wobei das dorsale Paar länger ist als das ventrale Paar.

Biologie Die Art überwintert im Larven- oder Puppenstadium und bringt normalerweise 2 Generationen pro Jahr hervor. Die Larven brüten ausschließlich in Baumhöhlen, sehr häufig in solchen von *Platanus orientalis* (orientalische Platane), *Quercus ilex*, *Q. suber* (Stein- und Korkeiche), vorzugsweise in alkalischem Milieu, das reich an organischen Stoffen ist (Ramos 1983). Adulte Weibchen sind überwiegend zoophil, stechen aber auch gerne Menschen außerhalb oder innerhalb menschlicher Behausungen (Ribeiro et al. 1988).

Verbreitung *Ae. berlandi* ist im Mittelmeerraum endemisch und wurde in Portugal, Spanien, Frankreich, Italien, Griechenland sowie in Marokko, Algerien und Tunesien nachgewiesen. Während einer 5-jährigen Untersuchung war sie (zusammen mit *Ae. geniculatus*) die vorherrschende Baumhöhlenart auf Sardinien (Marchi und Munstermann 1987).

9.1.10 *Aedes (Ochlerotatus) cantans* (Meigen) 1818

Weibchen (Tafel 14) Ihr gräuliches Integument mit überwiegend dunkler Beschuppung und weniger vereinzelten weißen oder gelblich weißen Schuppen am Körper und an den Flügeln grenzen *Ae. cantans* von *Ae. annulipes* ab, die eine eher gelblich, strohfarbene Beschuppung aufweist. Die weißen Ringe an den Beinen sind nicht so breit wie bei *Ae. annulipes* und *Ae. riparius*. Der Stechrüssel ist mit dunklen Schuppen besetzt, bisweilen sind einige wenige helle Schuppen eingestreut. Die Maxillarpalpen sind dunkel mit einigen weißen Schuppen an der Spitze. Der Scheitel ist weiß beschuppt mit einem seitlichen Fleck aus braunen Schuppen. Der Hinterkopf trägt bräunliche Schuppen und 2 Mittelstreifen aus weißlichen Schuppen. Die Färbung des Scutums ist sehr variabel. Typischerweise ist es mit dunkelbraunen oder bronzebraunen Schuppen bedeckt, die Seitenteile mit grauweißen oder cremefarbenen Schuppen, manchmal sind diese Schuppen jedoch auch hellbraun. Ein Paar deutlich erkennbare, weißliche Flecken ist normalerweise im hinteren submedianen Bereich vorhanden, und manchmal verlaufen schmale, weißliche submediane Streifen von den Flecken bis zum hinteren Rand des Scutums (Abb. 6.22b). Die supraalaren Borsten sind dunkelbraun, das Scutellum trägt weiße und braune Schuppen. Die postprocoxale Membran trägt keine Schuppen. Die weißen Flecken der post- und subspirakularen Bereiche sind miteinander verbunden. Das Mesepisternum hat 1 oberen und 2 deutliche untere Flecken mit weißen Schuppen, das Mesepimeron trägt einen Fleck aus weißen Schuppen. Die Femora und Tibiae haben gemischte dunkle und helle Schuppen. Der Tarsomer I aller Beine hat mehr oder weniger gemischte

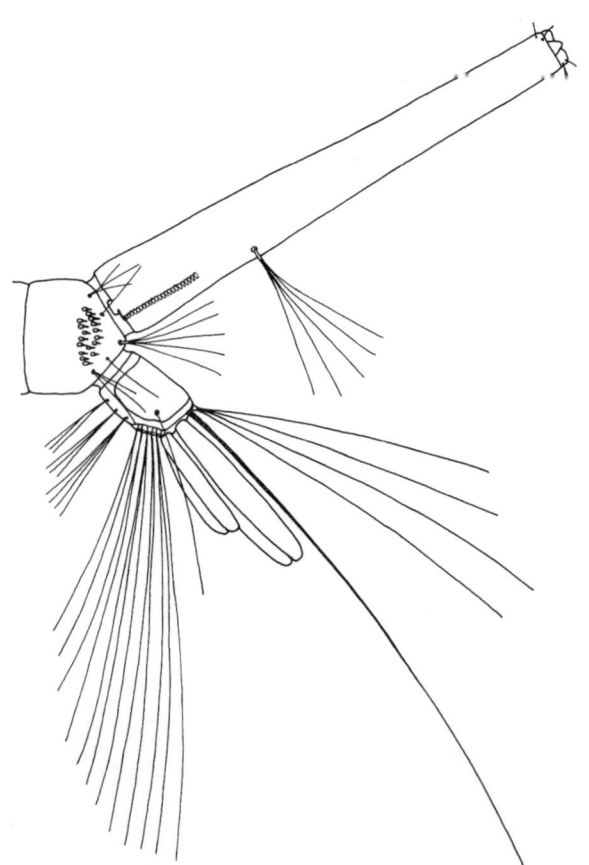

Abb. 9.8 Larve von *Ae. berlandi*

9.1 Gattung Aedes Meigen, 1818

Schuppen, die Tarsomere II–V tragen mäßig breite, weiße Basalringe (Abb. 6.11a), mit Ausnahme des Tarsomers V der Vorderbeine, der vollständig dunkel beschuppt ist. Die Flügel sind überwiegend dunkel beschuppt. Normalerweise sind einige weiße Schuppen auf der Costa (C) und einigen anderen Adern verstreut. Die Abdominaltergite I–VIII tragen weiße Basalbänder (Abb. 6.19b), die bisweilen schmal und undeutlich sein können. Auf den apikalen Teilen der Tergite finden sich mehr oder weniger zahlreiche verstreute helle Schuppen. Die Sternite I–VIII sind weißlich mit dunkleren seitlichen Flecken, die Cerci sind überwiegend dunkel beschuppt und länglich.

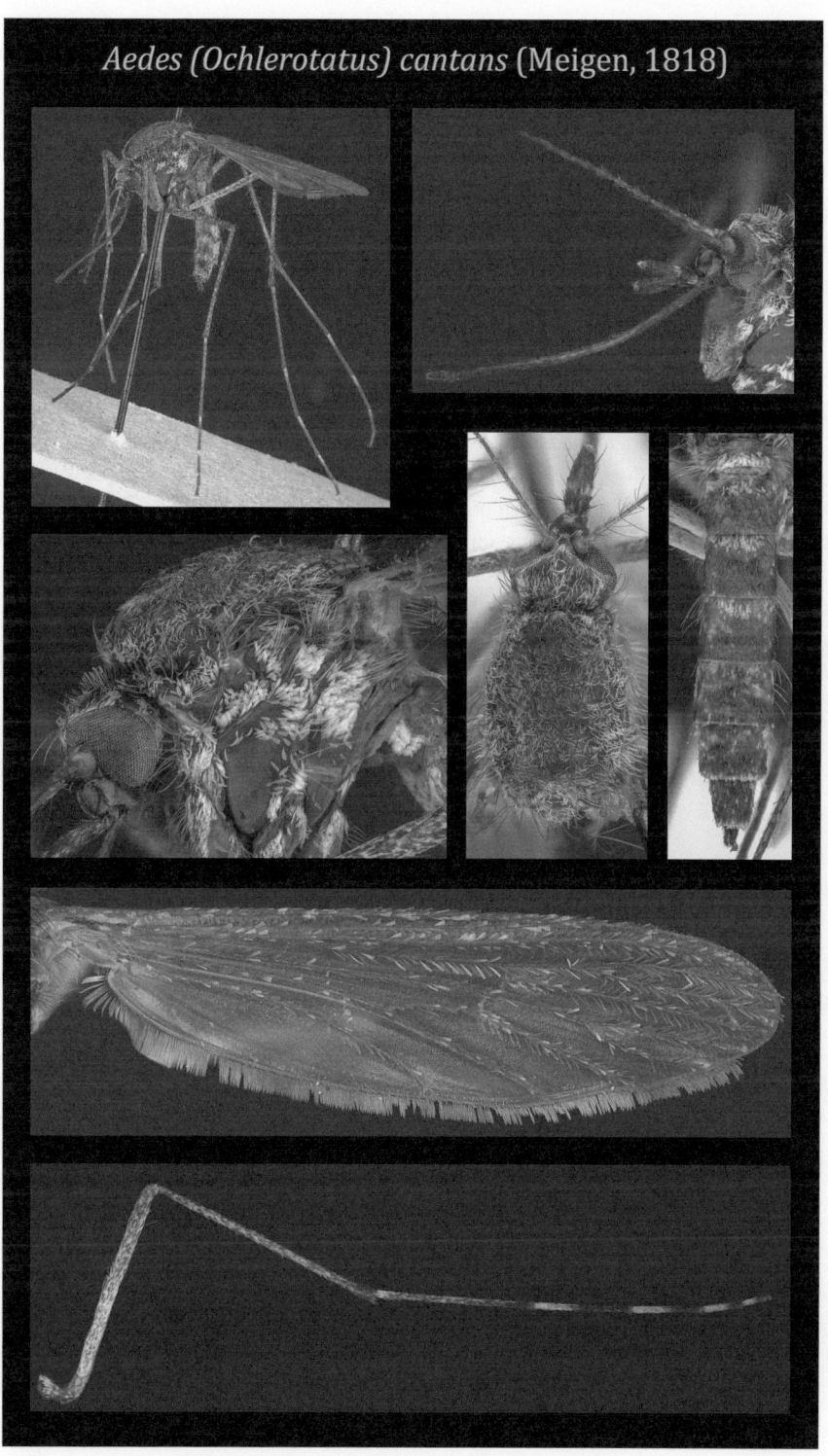

Tafel 14: *Aedes (Ochlerotatus) cantans*

Larven Die Antennen sind kürzer als der Kopf, und der Antennalbusch (1-A) entspringt etwas oberhalb der Mitte des Antennenschafts. Die inneren Frontalhaare (5-C) haben 3–5 Äste, die mittleren (6-C) 2–3 Äste und die äußeren (7-C) 7–8 Äste. Die prothorakale Formel der Borsten 1-P bis 7-P lautet: 1 (kurz, 2–3 Zweige); 2 (mittellang, einfach); 3 (sehr lang, einfach); 4 (kurz, einfach); 5 und 6 (lang, einfach); 7 (lang, 3 Zweige). Die Anzahl der Striegelschuppen beträgt 28–40 (normalerweise etwa 35), die in einem unregelmäßigen Fleck angeordnet sind. Jede Schuppe hat einen mäßig langen mittleren Zahn. Der Siphonalindex beträgt etwa 3,0 oder weniger (Abb. 9.9). Die Pektenzähne stehen geschlossen, jeder Pektenzahn mit 3–4 Nebenzähnen an der Basis. Das Siphonalbüschel (1-S) entspringt oberhalb des Pektens etwa in der Mitte des Siphons, mit 5–12 Zweigen. Der Sattel umschließt das Analsegment nicht und bedeckt 3/4 seiner Seiten; die Sattelborste (1-X) ist einfach und etwa so lang wie der Sattel. Normalerweise sind 4–6 freie Ruderhaare (4-X) vorhanden, in der Regel weniger als bei *Ae. annulipes*. Die Analpapillen sind so lang oder länger als der Sattel.

Biologie *Ae. cantans* ist eine Waldmücke, die weit verbreitet und eine sehr häufige Art ist und zu den Frühjahrsarten gezählt wird (Mohrig 1969). Die Art ist überwiegend monozyklisch, sie kann aber auch 2 Generationen pro Jahr hervorbringen, besonders in ihrem südlichen Verbreitungsgebiet. Die Überwinterung findet im Eistadium statt, die Larven schlüpfen im zeitigen Frühjahr, ihre Entwicklung dauert temperaturabhängig zwischen 2 Monaten und weniger als 4 Wochen. Die Larven kommen in offenen permanenten oder semipermanenten Wiesentümpeln vor, treten aber hauptsächlich in Laub- oder Mischwaldtümpeln mit geringer Wasservegetation und einer dicken Blattschicht am Boden auf, nachdem diese Tümpel durch Schneeschmelze oder Frühjahresregen entstanden sind. In diesen Gewässern können sie gemeinsam mit den Larven von *Ae. annulipes*, *Ae. communis* oder *Ae. punctor* angetroffen werden. Außerdem sind sie in Gräben, in versumpftem Gelände, Brüchen und Knicks an Waldrändern oder an Waldwiesen zu finden (Mohrig 1969). Adulte treten ab Ende Mai auf und sind bis in den August/September anzutreffen (Martini 1931). Die Lebenserwartung der Weibchen beträgt zwischen 1 und 2 Monaten. Sie kommen häufig in dichter Vegetation vor, fliegen aber auch über kurze Distanzen in offenes Gelände wie Weiden und Flussniederungen. Ihre Hauptstechaktivität liegt in der Morgen- und Abenddämmerung, die Weibchen stechen aber auch tagsüber in schattigen Situationen im Wald. Da *Ae. cantans* in jeder Waldformation in großer Anzahl anzutreffen ist und sich durch große Stechfreudigkeit gegenüber dem Menschen auszeichnet, ist die Art als Hauptlästling anzusehen, wo immer sie auftritt.

Medizinische Bedeutung Flavivirus- und Bunyavirus-Isolate wurden aus der Slowakei und Österreich gemeldet (Lundström 1994, 1999). Anhand von Material aus der Slowakei konnte gezeigt werden, dass die Art empfänglich für eine Infektion mit dem Tahyna-Virus ist.

Verbreitung Die Art hat eine westliche paläarktische Verbreitung und kommt von der Taigazone im Norden bis zum Mittelmeerraum im Süden vor.

9.1.11 *Aedes (Ochlerotatus) caspius* (Pallas) 1771

Weibchen (Tafel 15) *Ae. caspius* ist in ihrer allgemeinen Färbung *Ae. dorsalis* sehr ähnlich, unterscheidet sich jedoch normalerweise von letzterer durch 2 weiße dorsozentrale Streifen, die über das helle, rehbraune Scutum verlaufen. Allerdings unterliegt die Färbung von *Ae. caspius* erheblichen Schwankungen. Der Stechrüssel und die Maxillarpalpen sind mit braunen und weißen Schuppen bedeckt. Am Scheitel stehen weiße und gelbbraune Schuppen vermischt. Das Scutum trägt 2 schmale, helle dorsozentrale Streifen, die durchgehend vom vorderen zum hinteren Rand verlaufen (Abb. 6.14a). Die Streifen können auch breit und diffus und, wenn sie eher gelblich sind, vor dem rehbraunen Hintergrund undeutlich sein. Selbst bei Exemplaren, bei denen die Schuppen vom zentralen Teil des Scutums abgerieben wurden, sind die vorderen und/oder hinteren Teile der Längsstreifen regelmäßig gut erhalten und sichtbar. Die Schuppen auf den Pleuriten sind breit und weiß. Die Tarsomere I

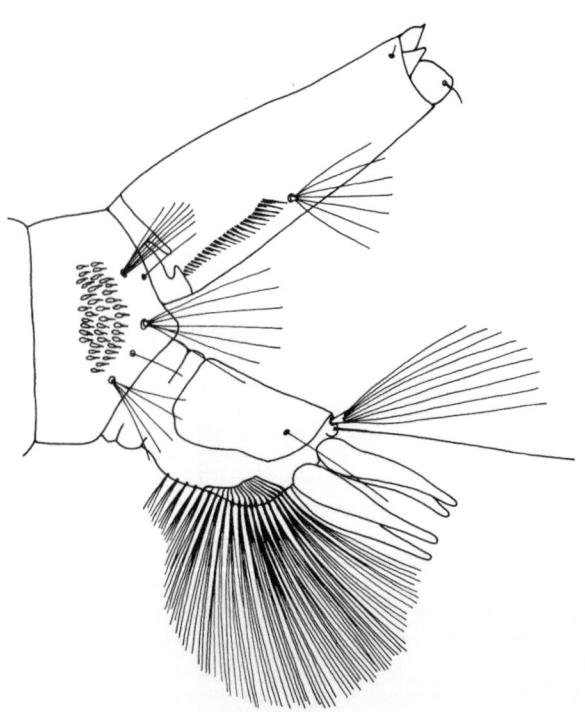

Abb. 9.9 Larve von *Ae. cantans*

9.1 Gattung Aedes Meigen, 1818

und II der Vorder- und Mittelbeine sowie die Tarsomere I–IV der Hinterbeine tragen weiße oder cremefarbene basale und apikale Ringe (Abb. 6.12a). Die hellen Ringe können bisweilen undeutlich sein, der Tarsomer V der Hinterbeine ist vollständig hell beschuppt. Die Flügeladern sind mehr oder wenig gleichmäßig mit hellen und dunklen Schuppen besetzt (Abb. 6.14b). Im Basalviertel der Costa (C) können die dunklen Schuppen überwiegen. Die Tergite sind dunkelbraun und mit gelblichen Schuppen dorsal und weißen Schuppen an den Seiten besetzt. Sie tragen basale und apikale gelbliche Bänder, die in der Mitte am breitesten sind. Ein gelblicher Längsstreifen zieht sich entlang der Mitte der Tergite II-IV, auf den folgenden Tergiten wird der Längsstreifen durch eine mediane Verbreiterung der Querbänder nur angedeutet. Bei einigen Exemplaren ist der Mittelstreifen nur auf dem Tergit II vorhanden. Die Seiten der Tergite sind mit zentralen, dreieckigen, weißen Flecken verziert. Das Tergit VII trägt gemischte dunkle und helle Schuppen.

Larven Die Antennen sind etwa halb so lang wie der Kopf. Der Antennalbusch (1-A) entspringt etwas unterhalb der Mitte des Antennenschafts, normalerweise mit 9 Ästen, die halb so lang wie die Antenne sind. Die hinteren Klypealhaare (4-C) haben 3–5 kurze, dünne Äste. Die inneren Frontalhaare (5-C) liegen weit unterhalb der mittleren Frontalhaare (6-C), beide sind einfach oder selten mit 2–3 Zweigen, die äußeren Frontalhaare (7-C) haben 7–10 Äste. Die mesothorakale Borste 1-M ist unverzweigt und mäßig lang. Der Striegel besteht aus 18–28 (normalerweise 20–25) Schuppen, die in 2–3 unregelmäßigen Reihen angeordnet sind (Abb. 9.10). Zumindest einige der Schuppen sind spitz zulaufend, d. h., der mittlere Zahn an der Spitze ist deutlich länger als die seitlichen (Abb. 7.28b). Der Siphon verjüngt sich in der apikalen Hälfte leicht, und der Siphonalindex beträgt 1,8–2,6. Der Pekten besteht aus 17–26 (normalerweise 20–22) geschlossen stehenden Zähnen, die sich bis etwas oberhalb der Mitte des Siphons erstrecken. Das Siphonalbüschel (1-S) entspringt oberhalb des Pektens und hat 5–10 Zweige (Abb. 7.29a). Der Sattel bedeckt mehr als die Hälfte der Seiten des Analsegment; die Sattelborste (1-X) ist etwa halb so lang wie der Sattel und einfach. Die untere Analborste (3-X) ist länger als der Siphon und einfach. Das Ruder besteht aus 12–17 Ruderhaaren (4-X) und 2–3 freien Ruderhaaren. Die Analpapillen sind kurz, 0,3- bis 0,9-mal so lang wie der Sattel und lanzettlich; das ventrale Paar ist kürzer als das dorsale Paar.

Biologie *Ae. caspius* ist eine polyzyklische, halophile Art. Die Art überwintert im Eistadium. Sie gilt als Küstenmücke, kann aber auch in Binnensalzwiesen und Süßwasser mit 0,5 g NaCl/l vorkommen (Pires et al. 1982). Es handelt sich um eine häufig auftretende Art in den Küstenstreifen des Atlantiks, der Nord- und Ostsee und des Mittelmeers. Die Brutstätten im Küstengebiet Portugals sind meist auf Höhenlagen unter 50 m beschränkt (Ribeiro et al. 1989). Die Larven entwickeln sich in offenen oder schattigen, permanenten oder temporären Gewässern, die durch Schneeschmelze oder Flussüberschwemmungen entstehen oder in Küstensümpfen, die zeitweiligen Überschwemmungen ausgesetzt sind, sowie in Reisfeldern, meist mit wenig Vegetation und schlammigem Boden, oft mit einer hohen Salzkonzentration, die Werte bis zu 150 g/l erreichen kann (Bozicic-Lothrop 1988). Die charakteristischsten Süßwasserhabitate sind Flusstäler, wo sich in den Überschwemmungsgebieten Larven in großer Zahl entwickeln können. Sie können mit Larven vieler Mückenarten, wie z. B. *An. atroparvus, An. maculipennis, Ae. vexans, Ae. annulipes, Ae. cantans, Ae. detritus, Ae. intrudens, Ae. sticticus, Cx. pipiens, Cs. annulata* vergesellschaftet sein (Bozkov et al. 1969; Ramos et al. 1978; Pires et al. 1982; Knoz und Vanhara 1982; Marchi und Munstermann 1987). Obwohl die Weibchen in der Regel im Freien stechen (Exophagie), dringen sie in bewohnte Gebiete, Häuser und Ställe ein, wenn sie in Massen auftreten. Die Weibchen stechen sowohl in ländlichen als auch in städtischen Gebieten gerne Menschen und Tiere (Gutsevich et al. 1974). Sie nehmen ihre Blutmahlzeit oft tagsüber und nachts, die Hauptstechaktivität entfaltet sich aber in der Abenddämmerung. Weibchen werden durch das Licht standardmäßiger CDC-Miniaturlichtfallen abgestoßen. Die Art weist eine hohe Hitze- und Trockenresistenz auf. Weibchen suchen aktiv nach Blut bei Temperaturen zwischen 11,5 und 36 °C und einer relativen Luftfeuchtigkeit zwischen 47 und 92 % (Petrić 1989). Sie können weite Strecken von bis zu 10 km zurücklegen (Veronesi et al. 2012).

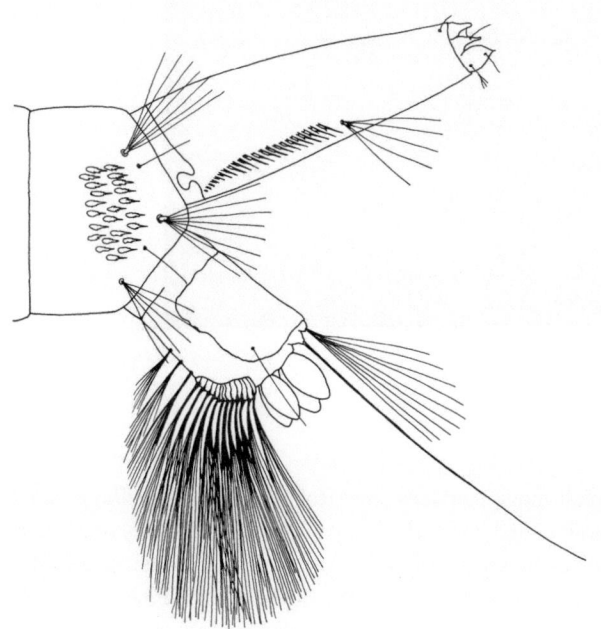

Abb. 9.10 Larve von *Ae. caspius*

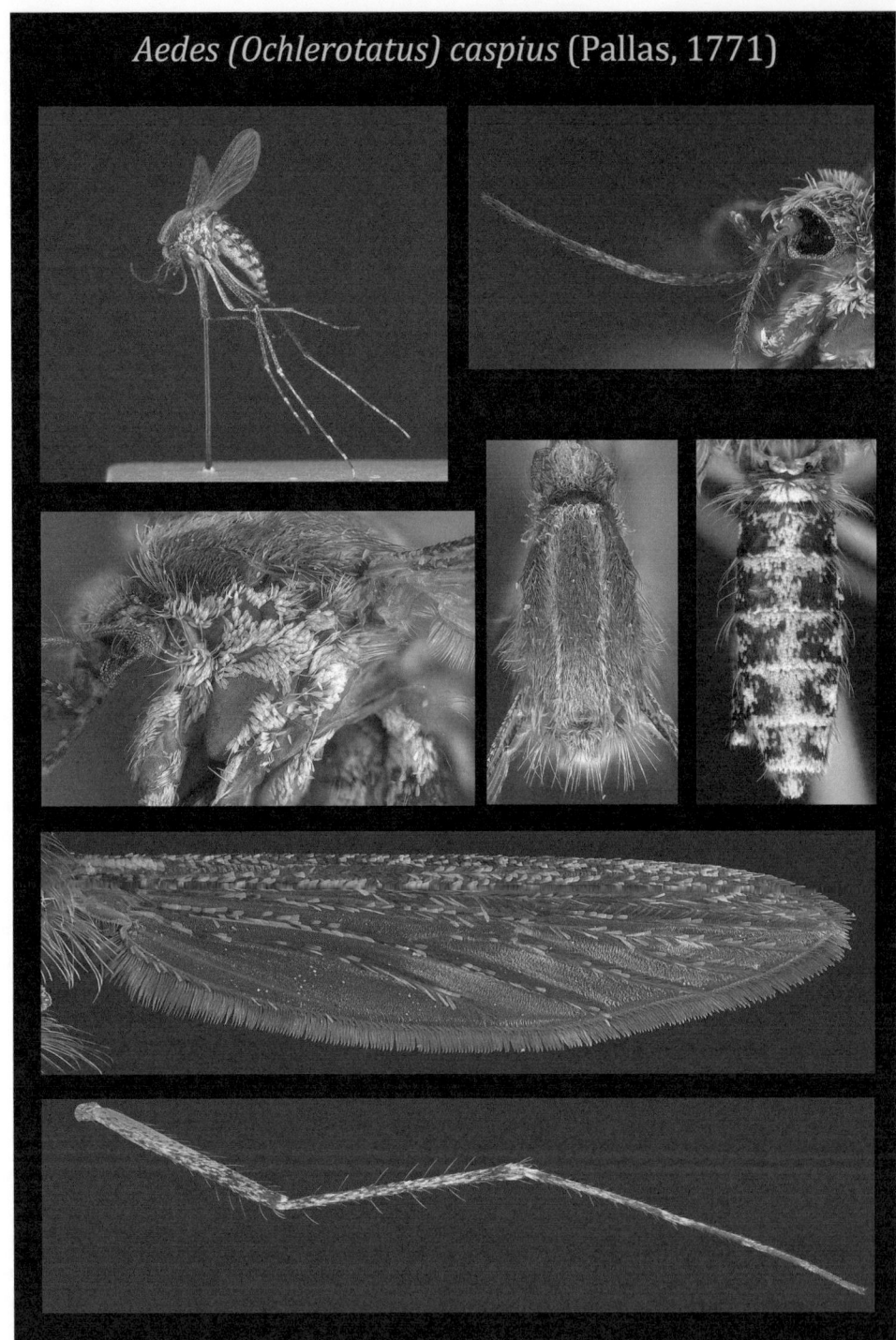

Tafel 15: *Aedes (Ochlerotatus) caspius*

Medizinische Bedeutung West-Nil-Virus (WNV), Tahyna-Virus und das Bakterium *Francisella tularensis*, der Erreger der Tularämie, konnten in natürlichen Populationen nachgewiesen werden (Detinova und Smelova 1973). *Ae. caspius* spielt möglicherweise eine Rolle bei der Ausbreitung von Tularämie und überträgt Tahyna- und Kaninchenmyxomaviren in der ehemaligen Tschechoslowakei, Frankreich und Portugal (Bardos und Danielova 1959; Joubert 1975; Pires et al. 1982).

9.1 Gattung Aedes Meigen, 1818

Verbreitung Es handelt sich um eine paläarktische Art, die von Europa bis zur Mongolei, nach Nord- und Westchina, Nordafrika, West- und Mittelasien verbreitet ist. In Europa kommt sie von England bis in die zentralen Teile Russlands und vom Südwesten bis zum Mittelmeerbecken vor.

9.1.12 Aedes (Ochlerotatus) cataphylla (Dyar) 1916

Weibchen (Tafel 16) Der Stechrüssel ist vollständig mit dunklen Schuppen besetzt, ein Merkmal, das die Art klar abgrenzt von der ähnlichen *Ae. leucomelas*, deren Stechrüssel mit zahlreichen hellen Schuppen gesprenkelt ist. Die Maxillarpalpen von *Ae. cataphylla* tragen dunkle Schuppen mit zahlreichen eingestreuten weißlichen Schuppen. Das Scutum ist normalerweise mit rotbraunen Schuppen bedeckt, die seitlichen Bereiche tragen hellere Schuppen. Manchmal sind ein breiter Mittelstreifen dunklerer Schuppen und dunkle hintere submediane Bereiche vorhanden. Die Pleurite sind großflächig mit Schuppen bedeckt. Der obere postpronotale Schuppenfleck ist überwiegend bräunlich, der untere Fleck mit hellen Schuppen. Hintere pronotale Borsten sind vorhanden, Postprocoxalfleck mit hellen Schuppen. Der subspirakulare Bereich ist mehr oder weniger vollständig mit Schuppen bedeckt, und die hypostigmalen und postspirakularen Flecken sind miteinander verbunden. Der obere und hintere Teil des Mesepisternums sind stark beschuppt, wobei die Schuppen bis in die Nähe des vorderen Winkels reichen. Die Schuppen am Mesepimeron enden vor seinem unteren Rand, mesepimerale Borsten sind vorhanden. Die Femora tragen an ihrer Vorderseite helle und dunkle Schuppen. Die Tibiae und Tarsen sind größtenteils mit dunklen Schuppen besetzt, weisen jedoch vor allem auf der Ventralseite helle Schuppen auf; die Tarsen tragen keine weißen Ringe. Die Klauen sind klein und gleichmäßig gebogen. Die Flügeladern tragen helle Schuppen an der Basis der Costa (C) und verstreute helle Schuppen entlang der Costa, Subcosta (Sc) und R_1, die restlichen Adern sind dunkel beschuppt. Die Tergite tragen breite, weißliche Basalbänder (Abb. 6.26b), manchmal sind die letzten Tergite hauptsächlich mit weißen Schuppen bedeckt.

Larven Die Antenne ist weniger als halb so lang wie der Kopf. Der Antennalbusch (1-A) hat 3–5 Zweige, die ungefähr in der Mitte der Antenne entspringen. Die hinteren Klypealhaare (4-C) haben 2–3 kurze Äste. Die inneren und mittleren Frontalhaare (5-C und 6-C) sind unverzweigt, die mittleren Frontalhaare befinden sich vor den inneren, und die äußeren Frontalhaare (7-C) haben 3–6 Äste (Abb. 7.26a). Der Striegel besteht aus 10–30 (normalerweise 25) Schuppen, die in 2–3 unregelmäßigen Reihen angeordnet sind (Abb. 9.11). Jede Striegelschuppe hat einen langen mittleren

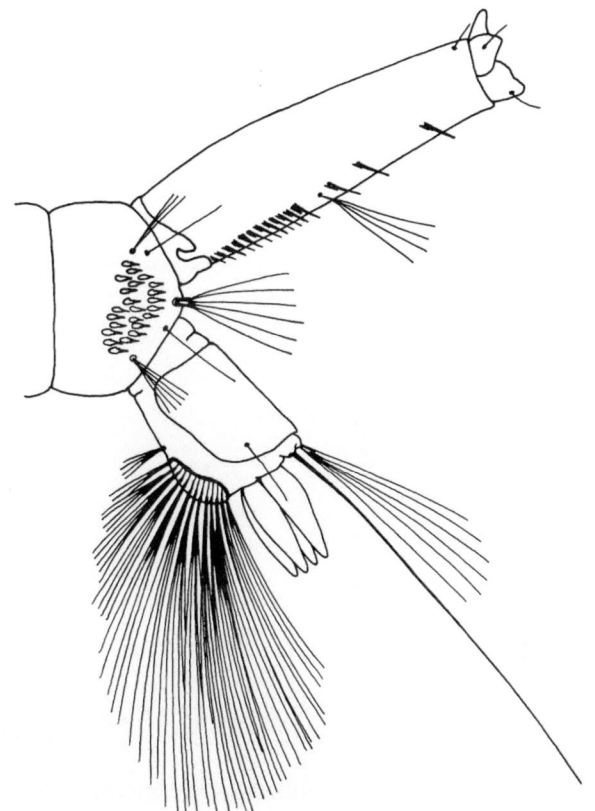

Abb. 9.11 Larve von *Ae. cataphylla*

Zahn und kleinere Zähnchen nahe der Basis. Der Siphonalindex ist ungefähr 3,0. Der Pekten besteht aus 13–25 Zähnen, die etwa 3/4 der Länge des Siphons einnehmen. Die 2–4 distal gelegenen Zähne sind größer als der Rest und getrennt stehend, alle getrennt stehenden Zähne inserieren jenseits des Siphonalbüschels (1-S), das ungefähr in der Mitte des Siphons entspringt und 3–5 Zweige hat. Der Sattel erstreckt sich etwa 2/3–3/4 entlang der Seiten des Analsegments; die Sattelborste (1-X) ist unverzweigt und relativ kurz. Die obere Analborste (2-X) hat 5–8 Äste, und die untere (3-X) ist einfach. Am Ruder finden sich 1–2 freie Ruderhaare (4-X). Die Analpapillen sind spitz zulaufend.

Biologie *Ae. cataphylla* ist eine monozyklische Art. Die bevorzugten Brutstätten sind Tümpel in sumpfigen Wäldern, z. B. Erlenbruchwäldern, mit neutralem bis alkalischem Wasser. In den Tümpeln gibt es normalerweise keine Unterwasservegetation, der Boden ist jedoch häufig mit abgestorbenen Blättern bedeckt. Darüber hinaus können die Larven aber auch in offenem Gelände, z. B. überschwemmten Wiesen, gefunden werden (Wesenberg-Lund 1921; Natvig 1948; Monchadskii 1951). Die Larven schlüpfen unmittelbar nach der Schneeschmelze und können oft vergesellschaftet mit den Larven von *Ae. rusticus*, *Ae. cantans* und *Ae. cinereus* angetroffen werden.

Gelegentlich finden sich aber auch die Larven von *Ae. punctor* oder *Ae. communis* in denselben Brutstätten. In Mitteleuropa erscheinen die ersten Imagines meist in der 1. Aprilhälfte. Die Kopulationsschwärme männlicher Mücken sind häufig in einer Höhe von etwa 1 m an schattigen Stellen zu beobachten. Normalerweise treten die Weibchen von *Ae. cataphylla* nur in Waldgebieten plageerregend in Erscheinung, hier können sie aber auch tagsüber stechen. Wiederholte Blutmahlzeiten und Eiablagen sind möglich (Carpenter und Nielsen 1965).

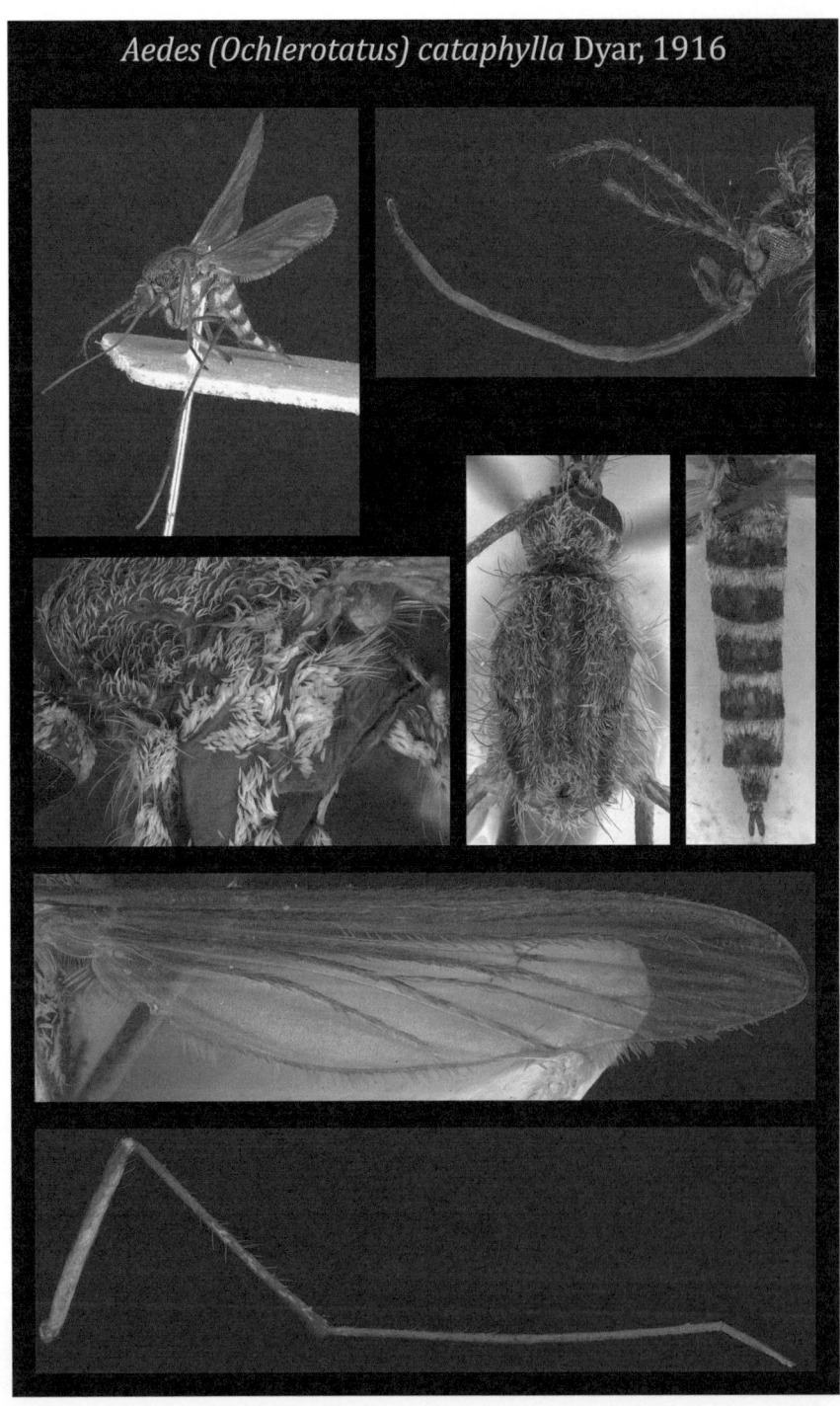

Tafel 16: *Aedes (Ochlerotatus) cataphylla*

9.1 Gattung Aedes Meigen, 1818

Verbreitung Die Art ist in der Holarktis, in Eurasien und Nordamerika sowie Nord- bis Südeuropa verbreitet. In Nordeuropa kommt sie in der Tundra vor, in Mitteleuropa in sumpfigen Wäldern, in Südeuropa hauptsächlich in Gebirgsregionen.

9.1.13 Aedes (Ochlerotatus) communis (De Geer) 1776

Weibchen (Tafel 17) Der Stechrüssel und die Maxillarpalpen sind dunkel beschuppt, die Palpen tragen selten wenige helle, eingestreute Schuppen. Das Schuppenmuster auf dem Scutum ist recht variabel, typischerweise ist das Scutum jedoch mit gelben bis goldenen Schuppen bedeckt. Es sind ein breiter Mittelstreifen und hintere submediane Streifen aus dunklen Bronzeschuppen vorhanden, die in der Regel durch schmale Streifen heller Schuppen getrennt sind. Die Borsten auf dem Scutellum und dem supraalaren Bereich sind dunkelbraun. Ein postprocoxaler Schuppenfleck fehlt (Abb. 6.33b), der hypostigmale Fleck fehlt meist oder weist gelegentlich nur wenige blasse Schuppen auf. Der obere mesepisternale Schuppenfleck reicht bis zur vorderen Ecke des Mesepisternums, der mesepimerale Fleck bis zum unteren Rand des Mesepimerons (Abb. 6.31 b und 6.32a). Es sind untere mesepimerale Borsten vorhanden. Die Femora, Tibiae und der Tarsomer I aller Beine sind dorsal größtenteils mit dunklen Schuppen besetzt, an der ventralen Oberfläche befinden sich einige weißliche Schuppen, die übrigen Tarsomere sind vollständig dunkel beschuppt. Die Klauen sind gebogen und haben einen langen Nebenzahn. Die Flügeladern sind mit dunklen Schuppen besetzt, an der Basis der Costa (C) und des Radius (R) sind einige helle Schuppen eingestreut. Die Tergite sind dunkel beschuppt und tragen breite Basalbänder aus weißen Schuppen.

Larven Die Antennen sind etwa halb so lang wie der Kopf. Der Antennalbusch (1-A) entspringt ungefähr in der Mitte des Antennenschafts und hat 6–7 Äste. Die mittleren Frontalhaare (6-C) liegen vor den inneren (5-C), beide Paare sind in der Regel unverzweigt, selten hat ein Haar 2 Äste. Die äußeren Frontalhaare (7-C) haben 4–8 Äste (Abb. 7.32a). Die Anzahl der Striegelschuppen variiert zwischen 40 und 70, der Durchschnitt liegt jedoch bei etwa 60 Schuppen (Abb. 9.12). Die Schuppen sind in einem unregelmäßigen dreieckigen Fleck angeordnet, wobei jede einzelne Schuppe keinen verlängerten Mittelzahn aufweist und daher apikal abgerundet ist. Der Siphonalindex beträgt 2,3–3,2. Der Pekten besteht aus 17–26 geschlossen stehenden Zähnen, die nicht bis zur Mitte des Siphons reichen. Das Siphonalbüschel (1-S) entspringt oberhalb des Pektens und hat 5–9 Zweige, die etwa so lang sind wie die Breite des Siphons an seinem Insertionspunkt. Der Sattel erstreckt sich über etwa 3/4 der Seiten des Analsegments; die Sattelborste (1-X) ist deutlich kürzer als der Sattel und einfach. Das Ruder hat 2, selten 3 freie Ruderhaare (4-X). Die Analpapillen sind deutlich länger als der Sattel.

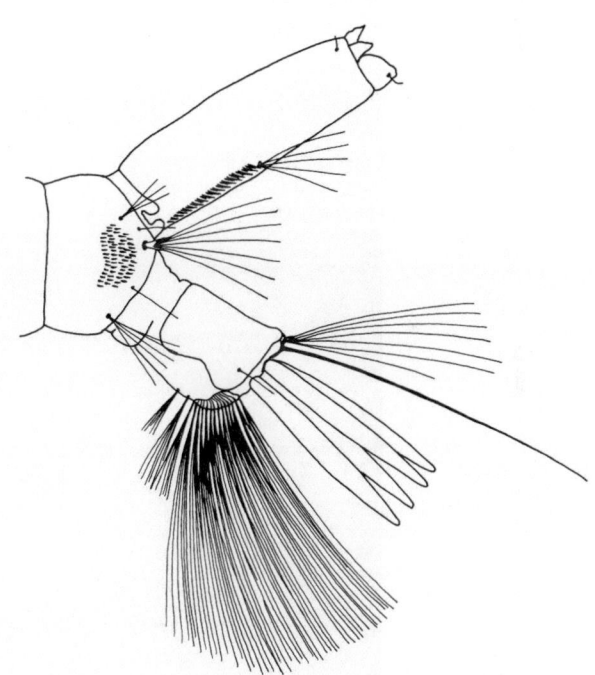

Abb. 9.12 Larve von *Ae. communis*

Tafel 17: *Aedes (Ochlerotatus) communis*

Biologie Ae. communis gilt als eine monozyklische Frühjahrsart, die zu den häufigsten Mücken sumpfiger Wälder gehört. Die bevorzugten Brutstätten sind saure Gewässer, die während der Schneeschmelze oder durch Frühjahresregen mit Wasser gefüllt werden. Larven finden sich vor allem in Senken und Gräben ohne Vegetation, aber mit einer dichten Schicht abgestorbener Blätter am Boden. Häufig findet man sie in stark sauren Gewässern mit einem pH-Wert von wenig über 3,0. Sie kommen nur selten oder gar nicht in neutral reagierenden Gewässern, z. B. in Überschwemmungsgebieten großer Flüsse, vor. Die meisten Larven schlüpfen bei Temperaturen von wenig über 0 °C, wenn die Brutplätze noch teilweise mit Eis bedeckt sind. In Mitteleuropa schlüpfen die Larven ab Februar, die erwachsenen Tiere treten meist im April auf. Im Labor liegt die optimale Temperatur für die Larvalentwicklung bei 25 °C. Bei dieser Temperatur ist die Entwicklung zum Erwachsenenstadium innerhalb von 18 Tagen abgeschlossen; bei Temperaturen über 30 °C und unter 4 °C kann die Entwicklung nicht abgeschlossen werden. In Mitteleuropa sind Weibchen für warmblütige Tiere in Waldgebieten ab April, insbesondere in der Dämmerung, lästig. Das Wanderpotenzial ist gering, die Weibchen entfernen sich nicht weit von ihren Brutstätten. Normalerweise nimmt die Population ab Juli ab, aber vereinzelte frisch geschlüpfte Larven von Ae. communis konnten noch im August gefunden werden (Scherpner 1960).

Verbreitung Die Art ist in der Holarktis, in Nordamerika und Eurasien verbreitet. Außerdem ist sie von Nordeuropa bis in den Mittelmeerraum zu finden.

9.1.14 Aedes (Ochlerotatus) cyprius (Ludlow) 1920

Weibchen Ae. cyprius ist eine große Art mit hellem Integument und goldenen bis gelblichen Schuppen. Sie ähnelt Ae. flavescens (zur Abgrenzung der beiden Arten voneinander s. die Beschreibung der letzteren). Der Stechrüssel ist gelblich beschuppt mit einigen dunklen Schuppen am Labellum. Die Maxillarpalpen haben etwa 1/4 der Länge des Rüssels und tragen gemischte goldene und gräuliche Schuppen. Der Kopf ist hell beschuppt, mit einigen dunklen Schuppen an den Seiten. Das Scutum ist mit schmalen, gelblichen und goldenen Schuppen besetzt, manchmal sind ein schwach ausgeprägter dunkler Mittelstreifen und kurze dunkle Seitenstreifen vorhanden. Das Postpronotum hat schmale, goldene Schuppen und goldene Borsten. Ein postprocoxaler Schuppenfleck ist vorhanden. Das Mesepisternum weist 2 separate cremefarbene Schuppenflecken auf, wobei der untere Fleck bis zum Vorderrand des Pleurits reicht. Der mesepimerale Schuppenfleck reicht fast bis zum unteren Rand des Mesepimerons, untere mesepimerale Borsten sind vorhanden (Abb. 6.20b). Die vorderen und mittleren Femora tragen gemischte gelbliche und dunklen Schuppen, der hintere Femur hat an der Spitze dunkle Schuppen und bisweilen gelbliche undeutliche Knieflecken. Die Tibiae sind überwiegend gelblich beschuppt mit vereinzelten schwarzen Schuppen, die in Richtung der apikalen Teile der mittleren und hinteren Tibiae zahlreicher sind. Die Tarsomere tragen breite, gelbliche Basalringe. Die Flügeladern sind überwiegend mit gelblichen und vereinzelten dunklen Schuppen besetzt. Die Tergite und Sternite tragen gelbliche oder cremefarbene Schuppen, die in ihrer Färbung den Schuppen des Scutums sehr ähnlich sind. Vereinzelt eingestreute dunkle Schuppen können auf den Tergiten vorhanden sein, die aber nie ein durchgehendes Querband bilden.

Larven Der gesamte Körper ist dicht mit feinen dunklen Dornen bedeckt (Abb. 7.13a), was die großen Larven von allen anderen einheimischen Aedes-Arten unterscheidet. Die Antennen sind kürzer als der Kopf, und der Antennalbusch (1-A) hat 1–3 Äste. Die inneren und mittleren Frontalhaare (5-C und 6-C) sind einfach oder haben 2 Äste. Die prothorakalen Borsten nach Peus (1937) folgen der Formel: 1 und 2 (einzeln); 3 (2 Zweige); 4 (einzeln, kurz); 5 (2 Zweige); 6 (einzeln); 7 (3 Zweige). Die Anzahl der Striegelschuppen beträgt 9–15, die in einer unregelmäßigen Reihe angeordnet sind (Abb. 9.13). Der Siphon ist lang und schlank und verjüngt sich leicht zu seiner Spitze hin. Der Pekten besteht normalerweise aus 19–21 Pektenzähnen, wobei mehrere distale Zähne getrennt stehen können. Das Siphonalbüschel (1-S) entspringt jenseits des distalen Pektenzahns und hat 3–4 Äste. Die Sattelborste (1-X) ist etwa so lang wie der Sattel, die Anzahl der freien

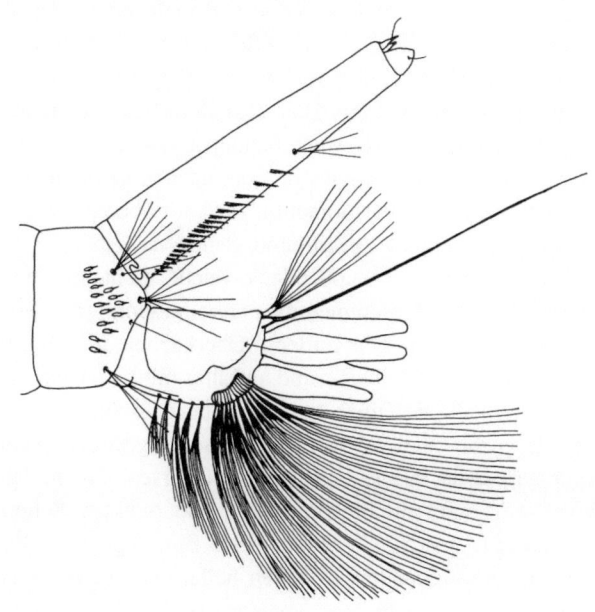

Abb. 9.13 Larve von Ae. cyprius

Ruderhaare (4-X) beträgt 4–5, die Analpapillen sind länger als der Sattel.

Biologie Die Art überwintert im Eistadium. Larven kommen in semipermanenten Tümpeln entlang überschwemmter Flussufer und in Schmelzwassertümpeln vor. Peus (1937) fand die Larven immer in der Mitte der Gewässer mit einer durchschnittlichen Wassertiefe von 50–80 cm, die Art bevorzugt vermutlich kaltes Wasser für ihre Entwicklung. In Schweden wurde Ende Mai eine Larve in einem kalten Brunnen gefunden, die Adulten wurden beim Rasten in der Nähe auf einer überschwemmten Wiese, umgeben von einem Laubwald, gefangen (Dahl 1975). Die Larven treten in der Regel zusammen mit denen von *Ae. flavescens, Ae. excrucians* und *Ae. cantans* auf. Die Weibchen sind aggressive Stecher, die ihre potenziellen Wirte auch in unbeschatteten Situationen anfliegen (Peus 1937).

Verbreitung Im westeuropäischen Raum ist die Art sehr selten. Sie ist in Schweden, Finnland, Deutschland, der Slowakei und Polen nachgewiesen. Man findet sie auch an den östlichen Ufern der Ostsee; das östliche Verbreitungsgebiet erstreckt sich von der ukrainischen Steppe bis nach Zentralkasachstan.

9.1.15 *Aedes (Ochlerotatus) detritus* (Haliday) 1833

Weibchen (Tafel 18) Auf dem Stechrüssel und den Maxillarpalpen sind dunkle und helle Schuppen vermischt. Der Scheitel hat schmale, gebogene, gelblich weiße Schuppen und schwarzbraune aufrechte, gegabelte Schuppen. Das Integument des Scutums ist braun und mehr oder weniger gleichmäßig mit gelblich braunen Schuppen bedeckt, die im hinteren Teil heller sind. Oberhalb der Flügelbasen stehen kräftige schwarze Borsten. Das Scutellum trägt auf jedem Lappen Flecken gelblich weiße Schuppen. Die Pleurite sind dunkelbraun mit Flecken aus breiten, flachen gelblich weißen Schuppen. Das Postpronotum trägt im oberen Bereich üblicherweise schmale, gekrümmte Schuppen (Abb. 6.27b). Der mesepimerale Schuppenfleck reicht nicht bis zum unteren Rand des Mesepimerons; untere mesepimerale Borsten sind vorhanden. Die vorderen Oberflächen der Femora der Vorder- und Mittelbeine sind auffällig mit hellen Schuppen gesprenkelt, die Tibiae und Tarsen haben dunkle Schuppen und mehr oder weniger zahlreiche eingestreute helle Schuppen; helle basale Ringe an den Tarsen fehlen. Die Flügeladern sind mit breiten, hellen und dunklen Schuppen bedeckt, manchmal ist die helle Beschuppung reduziert. Die Abdominaltergite haben helle, quer verlaufende Basalbänder von mehr oder weniger gleichmäßiger Breite; die apikalen Teile der Tergite sind normalerweise mit dunklen und hellen Schuppen bedeckt, wobei auf den ersten Segmenten dunkle und auf den letzten Segmenten helle Schuppen vorherrschen (Abb. 6.26a). Die Sternite sind meist hell beschuppt.

Larven Der Kopf ist breiter als lang. Die Antennen sind kurz, etwa halb so lang wie der Kopf und leicht gebogen. Der Antennalbusch (1-A) entspringt in etwa der Mitte des Antennenschafts, mit 5–8 Ästen. Die hinteren Klypealhaare (4-C) haben 2–3 dünne und kurze Äste. Die inneren und mittleren Frontalhaare (5-C und 6-C) haben normalerweise 2–3 Äste, 5-C kann selten 3–5 Äste haben, liegt aber immer hinter 6-C. Die äußeren Frontalhaare (7-C) haben 7–12 Äste. Der Striegel besteht aus mehr als 40 Schuppen, meist 45–60, die in einem dreieckigen Fleck angeordnet sind. Jede Striegelschuppe endet stumpf, d. h., alle Zähne an der Spitze sind von mehr oder weniger gleicher Länge (Abb. 7.28a). Der Siphon verjüngt sich von der Mitte aus leicht, und der Siphonalindex beträgt 2,2–2,8 (Abb. 9.14). Der Pekten besteht aus etwa 20 (18–27) geschlossen stehenden Zähnen, selten kann der distale Pektenzahn leicht getrennt stehen; jeder Zahn hat 2–3 seitliche Nebenzähne. Das Siphonalbüschel (1-S) inseriert etwa in der Mitte des Siphons außerhalb des Pektens und hat 6–10 Zweige. Der Sattel erstreckt sich über mehr als die Hälfte der Seiten des Analsegments; die Sattelborste (1-X) ist einfach und etwa so lang wie der Sattel. Die obere Analborste (2-X) hat 8–11 Äste, die untere Analborste (3-X) ist unverzweigt und länger als der Siphon. Das Ruder hat 1–3 freie Ruderhaare (4-X), in der Regel ist aber nur 1 freies Ruderhaar vorhanden. Die Analpapillen sind sehr kurz und abgerundet (Abb. 7.27a).

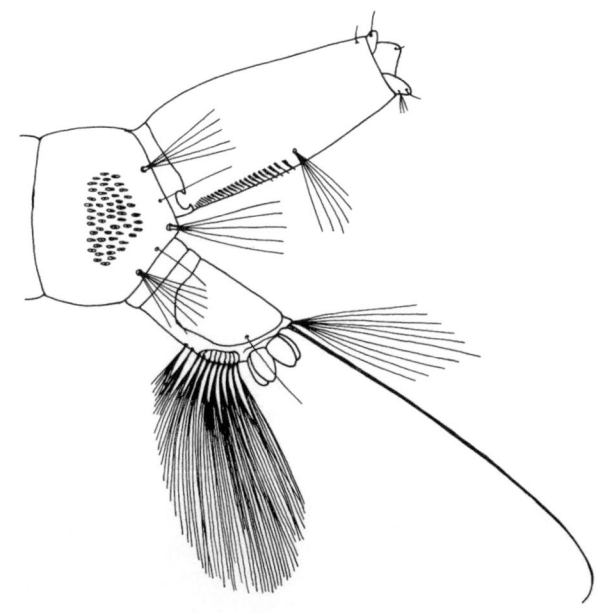

Abb. 9.14 Larve von *Ae. detritus*

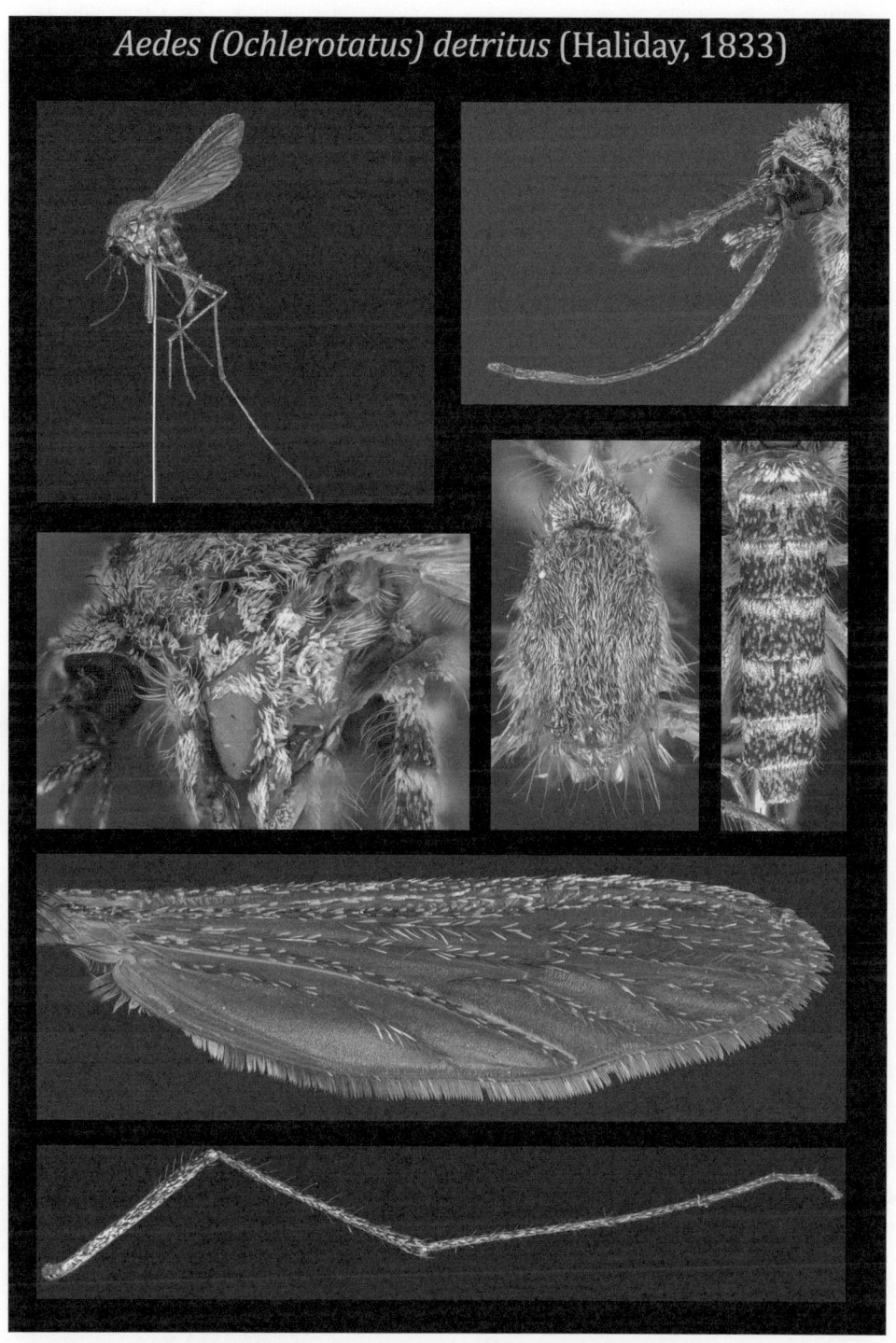

Tafel 18: *Aedes (Ochlerotatus) detritus*

Biologie *Ae. detritus* ist eine polyzyklische Art, die je nach Breitengrad ihres Vorkommens bis zu 3 Generationen pro Jahr hervorbringen kann. Normalerweise überwintert die Art im Eistadium (Gutsevich et al. 1974), und die ersten Larven schlüpfen einige Wochen später als die meisten typischen Frühjahrsarten, wenn die Wassertemperatur der Brutstätten 10 °C übersteigt (Martini 1931; Mohrig 1969). *Ae. detritus* ist eine typische halophile Art, und die Larven kommen fast ausschließlich in Bruthabitaten mit außergewöhnlich hohem Salzgehalt vor; nur gelegentlich findet man sie im Süßwasser. Bevorzugte Brutstätten sind Brackwasser in Flussmündungen und Küstenmarschen. Die Larven kommen in semipermanenten Tümpeln in offenen *Salicornia*- und *Tamarix*-Sümpfen (abhängig von Schwankungen des Wasserspiegels) vor und können auch in stehenden Entwässerungskanälen oder Lagunen mit wenig Wasservegetation gefunden werden. Manchmal treten sie zusammen mit Larven von *Ae. caspius* und *Ae. dorsalis* auf, aber aufgrund der Toleranz gegenüber extremem Salzgehalt kommt die Art häufiger allein in ihrem Brutgewässer vor. In Mitteleuropa treten die Adulten von Anfang Mai bis September auf (Martini 1931; Mohrig 1969). Die Weibchen fliegen gerne den Menschen zum Stechen an, oft in großer Zahl. Sie können tagsüber saugen, sind aber überwiegend in der Dämmerung aktiv. Zusammen mit *Ae. caspius* ist *Ae. detritus* die häufigste Küstenart in Europa und verursacht erhebliche Belästigungen in Dörfern am Meer und in deren Umgebung. Das Wanderungspotenzial der Art wird auf 6–20 km geschätzt (Marshall 1938; Rioux 1958).

Verbreitung *Ae. detritus* ist eine paläarktische Art und kommt entlang der meisten europäischen Küstenlinien vor, z. B. Nord- und Ostsee sowie Atlantik und rund um das Mittelmeer. Darüber hinaus ist die Art verstreut in salzhaltigen Binnengebieten Europas, Nordafrikas und Südwestasiens verbreitet.

9.1.16 *Aedes (Ochlerotatus) diantaeus* (Howard, Dyar and Knab) 1913

Weibchen (Tafel 19) Der Stechrüssel und die Maxillarpalpen sind mit schwarzbraunen Schuppen besetzt. Der Kopf trägt hellgoldene Borsten zwischen den Augen und gelbliche, schmale und aufrecht stehende Gabelschuppen am Scheitel und am Hinterkopf. Das Scutum hat schmale, blassgoldene oder weißliche Schuppen und einen breiten mittleren Streifen aus schmalen, dunklen, bronzefarbenen Schuppen. Das Postpronotum ist mit schmalen, gebogenen, hellgelben oder weißlichen Schuppen besetzt. Die postprocoxalen und hypostigmalen Schuppenflecken fehlen. Der obere mesepisternale Schuppenfleck aus breiten, weißen Schuppen reicht nicht bis zum vorderen Rand des Mesepisternums (Abb. 6.31a). Der mesepimerale Schuppenfleck reicht nicht bis zum unteren Rand des Mesepimerons. Die Borsten der Pleurite sind blassgold. Die vorderen und mittleren Femora sind auf ihrer vorderen Oberfläche dunkel beschuppt, im hinteren Bereich mit hellen Schuppen. Der hintere Femur trägt einen deutlichen weißlichen Kniefleck. Die Tibiae und Tarsomere sind vollständig dunkel beschuppt. Die Flügeladern sind vollständig mit dunklen Schuppen bedeckt. Die Tergite tragen dunkle Schuppen mit vereinzelt eingestreuten hellen Schuppen und große, weiße, dreieckige seitliche Flecken. Die seitlichen Flecken sind zumindest auf den Tergiten IV–VII durch deutliche weiße Basalbänder verbunden, und bisweilen sind auch auf den Tergiten II und III schmale, weiße Basalbänder vorhanden. Die Sternite tragen weißliche Schuppen mit undeutlichen dunklen, dreieckigen Schuppenflecken an der Spitze.

Larven Die Larven unterscheiden sich von allen anderen einheimischen *Aedes*-Arten durch die langen Antennen, die deutlich länger als der Kopf sind (Abb. 7.11a). Der Antennalbusch (1-A) hat 2–4 lange Äste. Die inneren und mittleren Frontalhaare (5-C und 6-C) haben 2–5 Äste. Der Thorax hat die prothorakale Formel 1-P bis 7-P wie folgt: 1 und 2 (einzeln); 3 (2 Zweige); 4 bis 6 (einzeln); 7 (2 Zweige). Der Striegel besteht aus 8–13 Schuppen, jede einzelne Striegelschuppe besitzt einen langen und kräftigen mittleren Zahn. Der Siphon ist lang und spitz zulaufend, der Siphonalindex beträgt 3,2–3,7 (Abb. 9.15). Die letzten beiden Pektenzähne stehen getrennt. Das Siphonalbüschel (1-S) entspringt oberhalb des letzten Pektenzahns und hat 7–8 Äste. Der Sattel reicht weit über die Seiten des Analsegments herab bis nahe an den ventralen Rand; die Sattelborste (1-X) ist einfach und kürzer als der Sattel. Die untere Analborste (2-X)

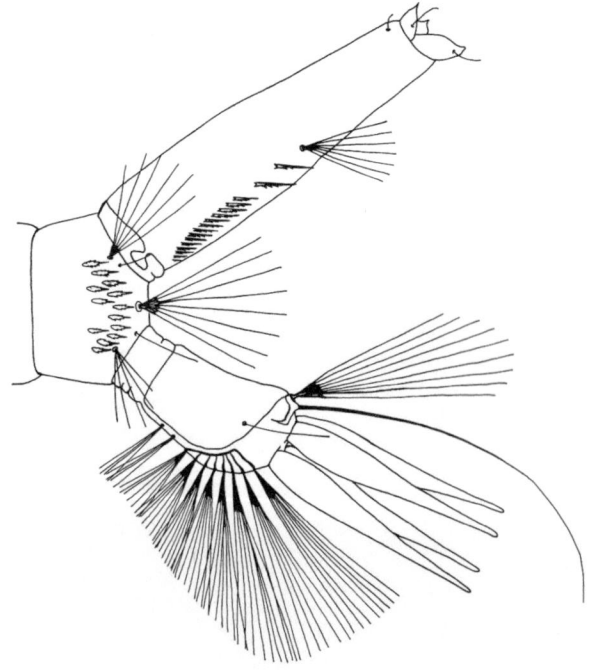

Abb. 9.15 Larve von *Ae. diantaeus*

9.1 Gattung Aedes Meigen, 1818

ist einfach und normalerweise länger als der Siphon. Das Ruder hat 2–3 freie Ruderhaare (4-X), die Analpapillen sind sehr lang und schlank und deutlich länger als der Sattel.

Biologie Die Art überwintert im Eistadium und ist monozyklisch (1 Generation pro Jahr). Die Larven erscheinen im Frühjahr in temporären Gewässern, die nach der Schneeschmelze entstanden sind. Sie können in sumpfigen Gebieten, in schattigen Gräben und Tümpeln in Mischwäldern oder in offenen Wassertümpeln gefunden werden. Normalerweise ist der Boden der Brutstätten mit reichlich Laubresten bedeckt. Es wird vermutet, dass die außergewöhnlich langen Antennen auf ein eigentümliches Fressverhalten hinweisen könnten (Wood et al. 1979). Die Larven sind tolerant gegenüber leicht sauren Verhältnissen und können oftmals zusammen mit den Larven von *Ae. cantans*, *Ae. cataphylla* oder *Ae. communis* gefunden werden. Die Adulten schlüpfen später als die von *Ae. communis* aufgrund einer verzögerten Larvalentwicklung (Gutsevich et al. 1974).

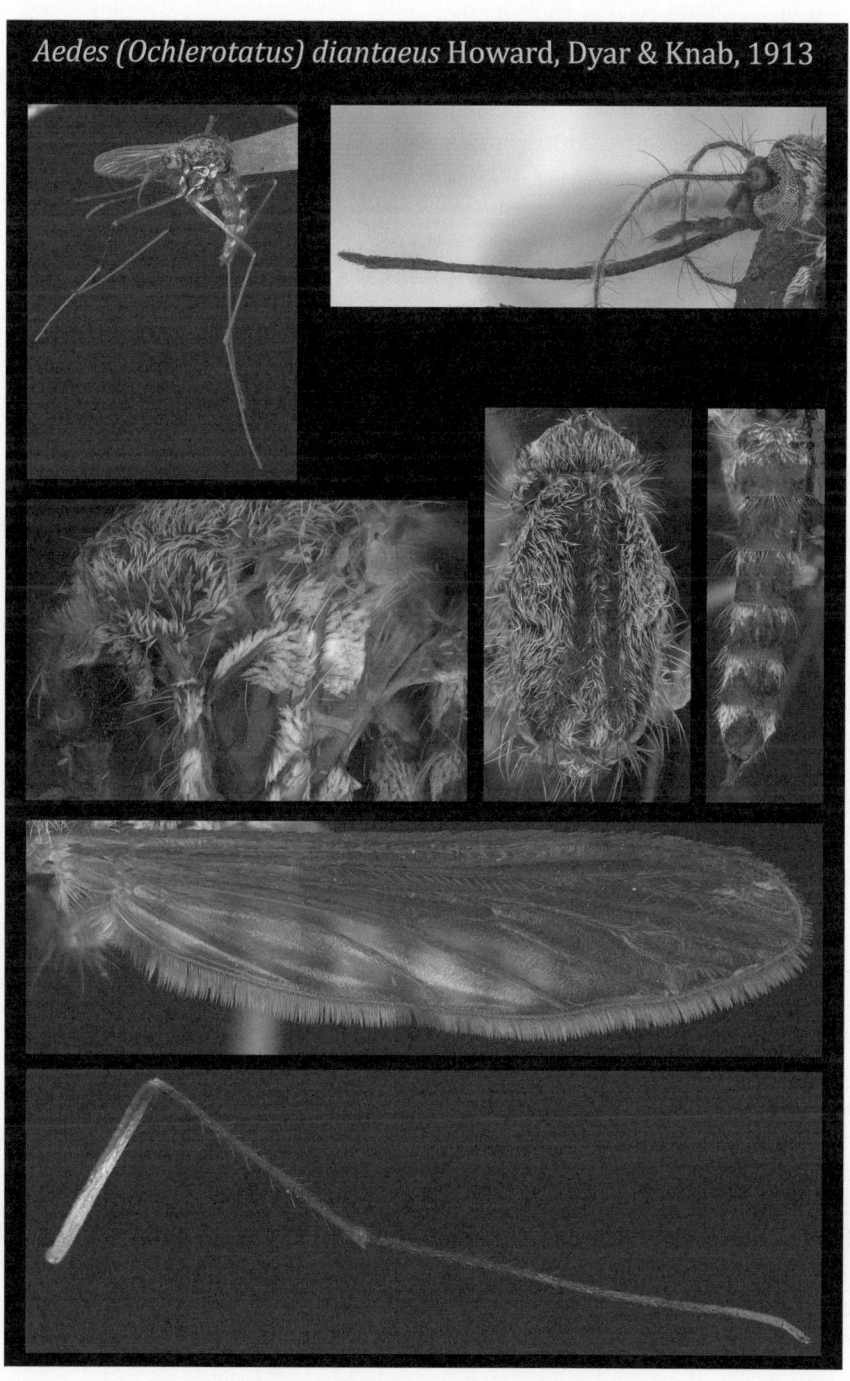

Tafel 19: *Aedes (Ochlerotatus) diantaeus*

Verbreitung *Ae. diantaeus* ist eine nördliche holarktische Art, die in Mittel- und Nordeuropa vorkommt und bis in die Taiga, aber nicht in die arktische Zone verbreitet ist. Sie kommt in den südöstlichen Teilen Russlands und auch in Kanada und den nördlichsten Vereinigten Staaten vor.

9.1.17 Aedes (Ochlerotatus) dorsalis (Meigen) 1830

Weibchen (Tafel 20) *Ae. dorsalis* ist am einfachsten durch das Schuppenmuster auf dem Scutum von der ähnlich aussehenden *Ae. caspius* zu unterscheiden. Die acrostichalen und dorsozentralen Streifen auf dem Scutum von *Ae. dorsalis* sind zu einem dunkelbraunen Mittelstreifen verbunden, der sich bis zu den hellen präscutellaren dorsozentralen Streifen erstreckt. An seinem hinteren Ende ist der Streifen mit 2 schmalen, weißen Linien verziert. Die hinteren submedianen Areale sind deutlich mit dunklen Schuppen besetzt. Die seitlichen Bereiche des Scutums sind einförmig gräulich weiß beschuppt (Abb. 6.14c). 2 deutliche weiße dorsozentrale Streifen, die auf dem Scutum von *Ae. caspius* zu finden sind, sind immer abwesend. Der Rüssel ist im mittleren Drittel mit dunklen Schuppen besetzt, manchmal mit vereinzelten hellen Schuppen. Die Schuppen der Pleurite sind schmal und cremefarben bis strohgelb. Die Tarsomere tragen sowohl basal als auch apikal helle Ringe, der Tarsomer V der Hinterbeine ist vollständig hell beschuppt (Abb. 6.13b). Die Flügeladern sind überwiegend mit hellen Schuppen bedeckt (Abb. 6.14d). Dunkle Schuppen sind auf den apikalen Teil der Costa (C), R_1, R_3 und die gegabelten Teile der Media (M) und des Cubitus (Cu) beschränkt. Das Basalviertel der Costa ist ausschließlich weiß beschuppt – ein Merkmal, das zur Abgrenzung der Art von *Ae. caspius* verwendet werden kann, bei der im Basalviertel der Costa (C) in der Regel die dunklen Schuppen überwiegen. Die Tergite tragen einen weißlich grauen Längsstreifen, der bisweilen nicht auf allen Segmenten vorhanden ist. Es sind undeutliche, schmale basale und helle apikale Querbänder von mehr oder weniger gleichmäßiger Breite vorhanden. Schwarzbraune oder schwarze Schuppen sind auf den Tergiten I–V auf 2 rechteckige Bereiche beschränkt, die Tergite VI und VII sind meist hell beschuppt.

Larven Die Antennen sind etwa halb so lang wie der Kopf und nur spärlich mit feinen Dörnchen besetzt. Der Antennalbusch (1-A) hat 4–7 Zweige, die in der Mitte des Antennenschafts oder etwas darunter entspringen, und ist nicht länger als die halbe Antennenlänge. Die hinteren Klypealhaare (4-C) sind kurz und haben 2–5 dünne Äste. Die inneren Frontalhaare (5-C) befinden sich hinter den mittleren Frontalhaaren (6-C), beide Paare mit 1–2 Ästen. Die äußeren Frontalhaare (7-C) haben 4–8 Äste (normalerweise 5–6). Die mesothorakale Borste 1-M hat 2 lange Zweige – ein Merkmal, das zur Abgrenzung der Art von *Ae. caspius* verwendet werden kann, bei der 1-M unverzweigt und mäßig lang ist. Der Striegel hat 13–35 (normalerweise 20–25) Schuppen, die in 2–3 unregelmäßigen Reihen angeordnet sind (Abb. 9.16). Die Schuppen sind in ihrer Form variabel. Der Siphonalindex beträgt 2,5–3,0, selten weniger. Der Pekten hat 14–23 gleichmäßig oder leicht unregelmäßig verteilte Zähne, die nicht bis zur Mitte des Siphons reichen. Das Siphonalbüschel (1-S) hat 3–8 (normalerweise 4–5) Zweige und entspringt in der Mitte des Siphons oder etwas darunter, normalerweise näher an der Basis als bei *Ae. caspius*. Der Sattel bedeckt lediglich die dorsale Hälfte des Analsegments und ist stark pigmentiert; die Sattelborste (1-X) ist halb so lang wie der Sattel und unverzweigt (Abb. 7.30b). Die Analpapillen sind gerundet, ihre Länge variiert stark mit dem Salzgehalt des Brutgewässers. Sie sind etwa 1,3-mal so lang wie der Sattel im Süßwasser, jedoch nicht mehr als 0,3- bis 0,4-mal so lang wie der Sattel im Salzwasser (Gutsevich et al. 1974).

Biologie *Ae. dorsalis* ist eine polyzyklische und halophile Art, die im Eistadium überwintert. Abhängig von der Anzahl der Überschwemmungen kann sie in Mitteleuropa 2–4 Ge-

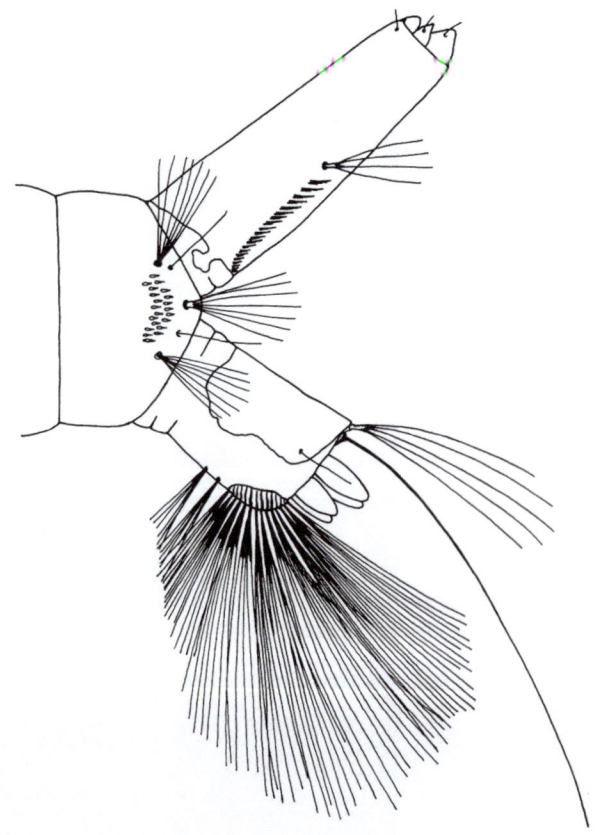

Abb. 9.16 Larve von *Ae. dorsalis*

nerationen pro Jahr hervorbringen. Die Larven kommen vor allem in kleinen, offenen Gewässern und Sümpfen vor; man findet sie in permanenten oder temporären Gewässern, die durch Schneeschmelze, Überschwemmungen, Niederschläge oder Grundwasser entstehen, wie feuchte Wiesen, Gräben an Straßenrändern und Entwässerungsgräben. Die Larven kommen in Gewässern mit einem Salzgehalt von bis zu 12 % und einem pH-Wert zwischen 7,0 und 9,3 vor (Chapman 1960). Sie treten zahlreich in den Küstengebieten des Atlantiks und des Mittelmeers auf, bevorzugen jedoch salzhaltige Binnengebiete in der paläarktischen Region (Bozicic-Lothrop 1988).

An manchen Orten wie Flusstälern, Salztümpeln und Seen können die Weibchen sehr zahlreich sein. Sie fliegen die Menschen bereitwillig an und fügen ihnen schmerzhafte Stiche zu (Richards 1956). Sie sind auch häufig in offenerem Gelände in Mischwäldern und Weiden zu finden. Der Hauptstechaktivität liegt am späten Nachmittag und frühen Abend, aber auch in der Nacht können die Weibchen recht aktiv sein. Sie können auch tagsüber im offenen Gelände nach einer Blutmahlzeit suchen (Cranston et al. 1987). Weibchen stechen in der Regel außerhalb von Behausungen, dringen bisweilen aber auch in Häuser oder Zelte ein (Waterston 1918).

Tafel 20: *Aedes (Ochlerotatus) dorsalis*

Medizinische Bedeutung *Ae. dorsalis* überträgt das Western Equine Encephalitis Virus (WEEV), das St. Louis Encephalitis Virus (SLEV) und das California Encephalitis Virus (CEV) in den Vereinigten Staaten (Hammon und Reeves 1945; Hammon et al. 1952). Das Japanische Enzephalitis-Virus (JEV) und das Bakterium *Francisella tularensis*, der Erreger der Tularämie, wurden aus natürlichen Populationen isoliert (Detinova und Smelova 1973).

Verbreitung *Ae. dorsalis* ist eine weit verbreitete holarktische Salzwiesenart in Europa, Zentralasien, China, Nordrussland und Nordamerika. In Europa erstreckt sich das Verbreitungsgebiet nördlich bis Skandinavien (Natvig 1948) und südlich bis Griechenland (Pandazis 1935).

9.1.18 Aedes (Ochlerotatus) excrucians (Walker) 1856

Weibchen (Tafel 21) *Ae. excrucians* ist eine der größten einheimischen Arten. Das beste Erkennungszeichen der Weibchen ist die Form der Klauen an den vorderen Beinen. Die Klauen sind oberhalb der Basis des Nebenzahns abrupt abgeknickt, und Nebenzahn und Hauptzahn bilden einen Winkel von weniger als 25° (Abb. 6.21a). Die Farbe des Integuments variiert von dunkel bei nördlichen Exemplaren bis bräunlich bei südlichen Exemplaren. Die Farbe der Schuppen variiert von weiß bis cremeweiß und die der dunklen Schuppen von fast schwarz bis sehr dunkelbraun. Die Borsten am Körper sind meist bräunlich golden. Der Stechrüssel ist dunkel beschuppt, manchmal trägt er einen weißen Schuppenfleck in der Mitte. Die Maxillarpalpen haben weiße Ringe im basalen Teil der Palpomere I und II. Der Kopf hat einige auffällige schwärzliche bis bronzefarbene aufrechte, gegabelte Schuppen. Der Scheitel und der Hinterkopf tragen eine gemischte Beschuppung und einen mehr oder weniger ausgeprägten weißen Mittelstreifen sowie einen regelmäßigen dunklen Fleck seitlich. Das Scutum ist mit schmalen, bronzefarbenen Schuppen bedeckt, die an den Seiten meist heller sind, manchmal mit einem undeutlichen breiten Mittelstreifen aus dunkleren Schuppen. Das obere Postpronotum trägt schmale Bronzeschuppen und im unteren Teil einen Fleck breiter, weißer Schuppen. Ein postprocoxaler Schuppenfleck ist vorhanden; normalerweise sind auch deutliche weiße subspirakulare und postspirakulare Flecken vorhanden. Die Beschuppung des Mesepisternums ist je nach Verbreitung der Art variabel. Das Mesepimeron hat einen weißen Schuppenfleck, der die Hälfte des Sklerits einnimmt, aber nie seinen unteren Rand erreicht. Die Femora sind überwiegend weißlich beschuppt mit einigen verstreuten dunklen Schuppen; weiße Knieflecken sind vorhanden. Die Tibiae haben eine gemischte Beschuppung, die am Vorder- und Mittelbein etwas heller ist, wobei die Menge an weißen und dunklen Schuppen variieren kann. Der Tarsomer I aller Beine hat gemischte Schuppen und mehr oder weniger gut definierte weiße Basalringe, die Tarsomere II–IV tragen deutlich ausgebildete weiße Ringe, mit Ausnahme des Vorderbeins, das ein vollständig dunkel beschuppten Tarsomer IV aufweist. Der Tarsomer V der Hinterbeine hat einen weißen Basalring. Die Klauen der Vorderbeine sind wie oben beschrieben. Die Flügeladern sind überwiegend dunkel beschuppt, wobei meist helle Schuppen an der Costa (C) und Subcosta (Sc) vorhanden sind. Die Tergite sind mit dunklen Schuppen besetzt und tragen schmale, helle Basalbänder oder -flecken und mehr oder weniger zahlreich eingestreute helle Schuppen im apikalen Bereich. Die Sternite sind fast vollständig weißlich beschuppt, mit Ausnahme der Sternite II–V, die dunkle apikale Ränder haben.

Larven Die Antennen sind kürzer als der Kopf und mit gut entwickelten Dörnchen besetzt. Der Antennenbusch (1-A) entspringt etwa in der Mitte des Antennenschafts. Die hinteren Klypealhaare (4-C) haben 2–3 kurze, dünne Äste, die inneren Frontalhaare (5-C) 2–3 Äste, die mittleren Frontalhaare (6-C) 2 Äste und die äußeren Frontalhaare (7-C) 6–7 Äste. Die prothorakale Formel 1-P bis 7-P lautet: 1 (2 Zweige, lang); 2 (einfach, mittellang); 3 (4–5 sehr dünne, kurze Zweige); 4 (mittellang, dünn); 5 und 6 (lang, einfach); 7 (3 Zweige). Die Borsten 6 der Segmente I und II (6-I und 6-II) haben 2 Äste, sind aber bei den übrigen Segmenten einfach. Der Striegel besteht aus 30–38 Schuppen, die in einem mehr oder weniger dreieckigen Fleck angeordnet sind, wobei jede einzelne Schuppe einen kräftig entwickelten mittleren Zahn aufweist (Abb. 7.35b). Der Siphonalindex beträgt 3,4–4,5, der distale Teil des Siphons ist deutlich verjüngt (Abb. 9.17). Der Pekten besteht aus 15–24

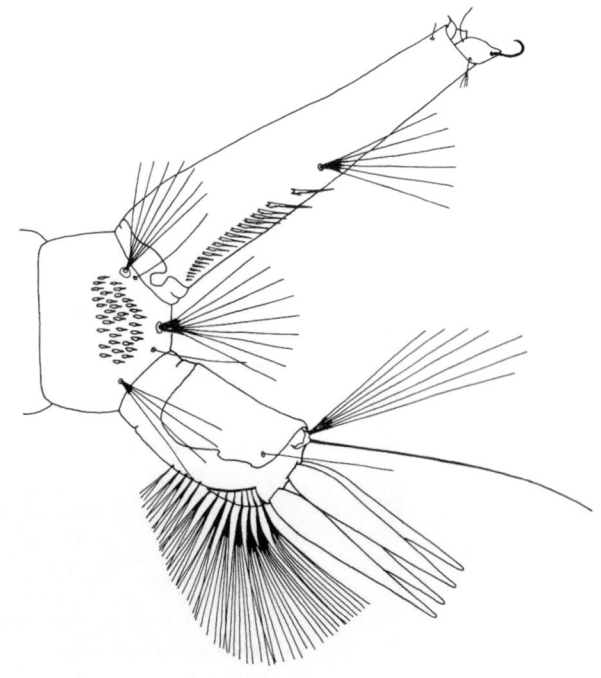

Abb. 9.17 Larve von *Ae. excrucians*

9.1 Gattung Aedes Meigen, 1818

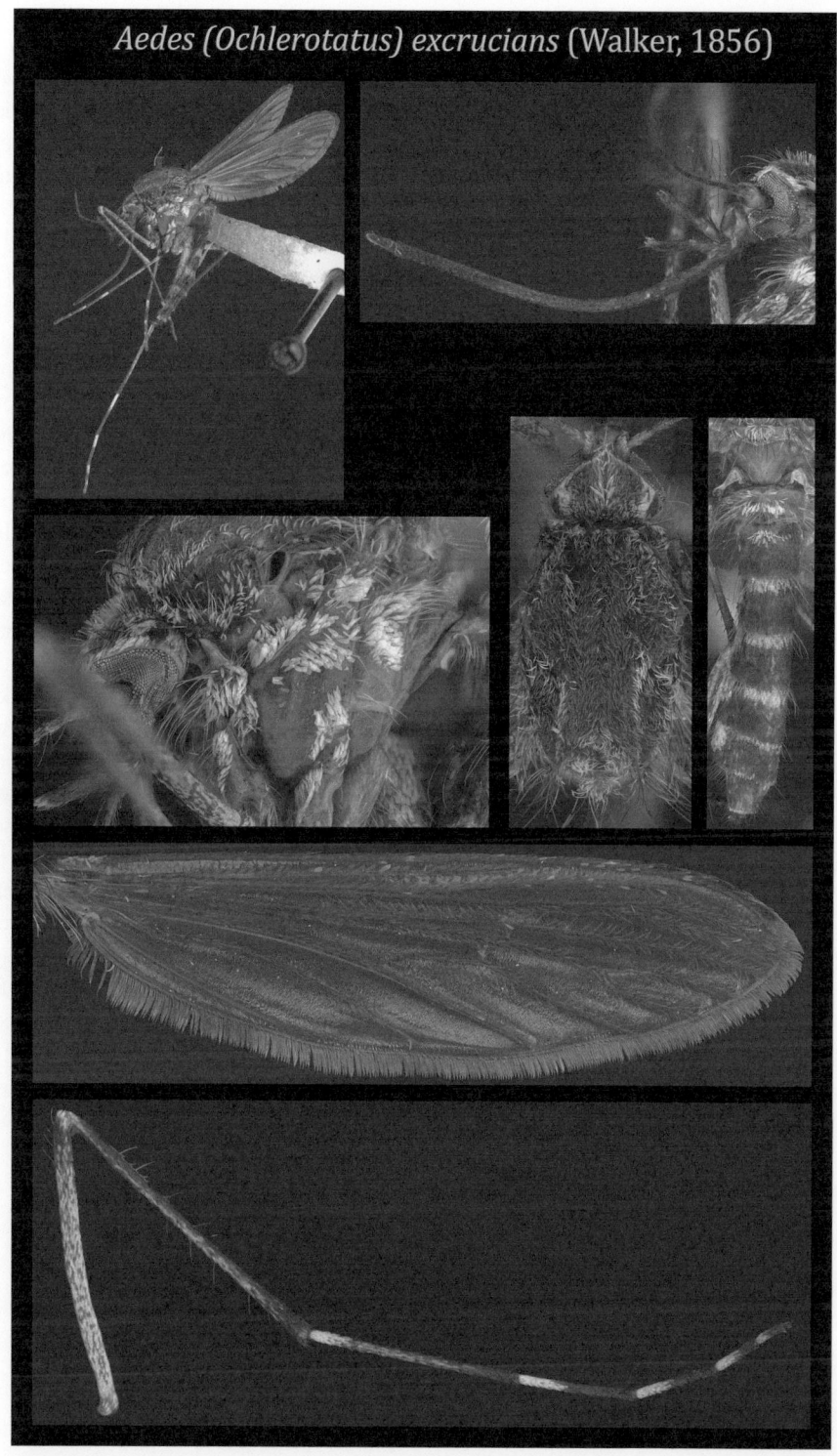

Tafel 21: *Aedes (Ochlerotatus) excrucians*

Zähnen, wobei 1–3 distale Zähne leicht getrennt stehen. Das Siphonalbüschel (1-S) entspringt oberhalb des Pektens und hat 6 lange Äste. Die Borste 9-S der posterolateralen Stigmenplatte ist kräftig entwickelt und hakenförmig gebogen (Abb. 7.37a). Der Sattel erstreckt sich über die Mitte der Seiten des Analsegments hinaus; die Sattelborste ist einfach und etwa so lang wie der Sattel. Das Ruder hat 4–6 freie Ruderhaare (4-X). Die Analpapillen sind schlank, spitz zulaufend und länger als der Sattel.

Biologie *Ae. excrucians* ist eine monozyklische Art. Die Überwinterung findet im Eistadium statt, und die Larven beginnen ab dem zeitigen Frühjahr zu schlüpfen. Sie können aber bis in den Hochsommer in schattigen, permanenten Tümpeln gefunden werden. Sie kommen in größerer Zahl in offenen semipermanenten oder permanenten Tümpeln oder Gräben mit Vegetation wie *Typha* sp. oder *Carex* sp. vor und können zusammen mit den Larven von *Ae. cantans* oder *Ae. cinereus* angetroffen werden. In einer Vielzahl anderer Habitate, insbesondere in Mischwaldregionen, kommen sie in geringerer Häufigkeit vor. Die Larven ernähren sich u. a. von *Euglena* sp. (Augentierchen) und anderen größeren Einzellern. Die Larvalentwicklung kann je nach Wassertemperatur einige bis mehrere Wochen dauern. Die Weibchen sind auch am Tage aggressive Stecher; aus diesem Grund wurden sie „excrucians", was so viel bedeutet wie „qualvoll, fürchterlich, unerträglich" genannt. Sie können bis zum Herbst gefunden werden.

Verbreitung *Ae. excrucians* ist eine holarktische Art. Die tatsächliche Verbreitung in Mittel- und Südeuropa ist schwer zu bestimmen, da einige frühere Nachweise möglicherweise eine Mischung von Geschwisterarten enthalten.

9.1.19 *Aedes* (*Ochlerotatus*) *flavescens* (Müller) 1764

Weibchen (Tafel 22) *Ae. flavescens* kann von anderen *Aedes*-Arten dadurch unterschieden werden, dass ihre Tergite fast vollständig mit hellen Schuppen bedeckt sind und nur wenige vereinzelte dunkle Schuppen eingestreut sein können – ein Merkmal, das nur mit *Ae. cyprius* geteilt wird. Beide Arten können voneinander abgegrenzt werden durch die Färbung der Schuppen auf dem Scutum und den Tergiten. Das Scutum von *Ae. flavescens* ist mit kupfer- oder goldbraunen Schuppen bedeckt, und die Tergite tragen strohfarbene Schuppen, die deutlich heller sind als die Schuppen des Scutums. Im Gegensatz dazu hat *Ae. cyprius* goldgelbe Schuppen auf dem Scutum und normalerweise ocker- oder cremefarbene Schuppen auf den Tergiten, wobei die Färbung auf dem Scutum und den Tergiten mehr oder weniger gleich ist. Der Stechrüssel und die Maxillarpalpen von *Ae. flavescens* tragen dunkle und gelbliche Schuppen, wobei die gelblichen Schuppen auf dem Rüssel in der distalen Hälfte weniger zahlreich sind. Der Scheitel und der Hinterkopf sind mit schmalen, goldenen Schuppen und braunen aufrechten Gabelschuppen sowie breiten, cremefarbenen Schuppen an den Seiten besetzt. Das Scutellum hat schmale, gelbliche oder hellbraune Schuppen und braune Borsten auf den Lappen. Das Postpronotum hat obere schmale, bronzefarbene Schuppen und untere breitere, cremefarbene Schuppen. Die Postprocoxalmembran weist normalerweise einen Fleck heller Schuppen auf. Die hypostigmalen, subspirakularen und postspirakularen Schuppenflecken sind gut entwickelt. Das Mesepisternum hat blassgelbe Schuppen, der obere Fleck reicht bis zum vorderen Winkel des Pleurits. Die hellen Schuppen auf dem Mesepimeron enden kurz vor seinem unteren Rand, untere mesepimerale Borsten fehlen (Abb. 6.20a). Die Femora tragen gemischte braune und gelbliche Schuppen, die Tibiae sind überwiegend gelblich beschuppt, die Tarsomere II–IV der Mittel- und Hinterbeine tragen breite Basalringe aus weißlichen Schuppen (Abb. 6.18c). Die Flügeladern sind mit schmalen, gelblichen Schuppen und vereinzelt eingestreuten dunklen Schuppen bedeckt. Die Tergite sind mit strohfarbenen Schuppen bedeckt, manchmal vermischt mit vereinzelten dunklen Schuppen (Abb. 6.19a). Die Sternite tragen hellgelbe Schuppen.

9.1 Gattung Aedes Meigen, 1818

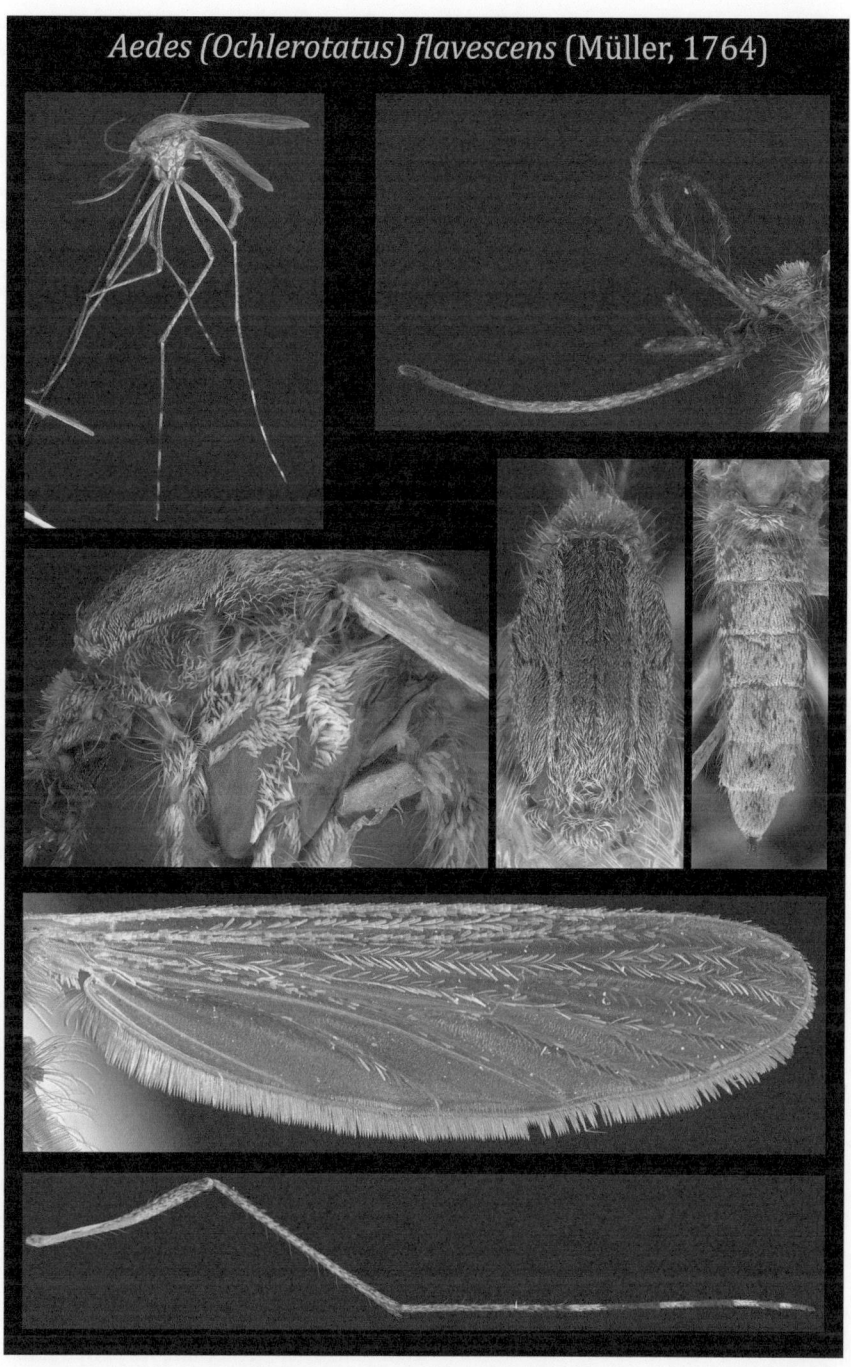

Tafel 22: *Aedes (Ochlerotatus) flavescens*

Larven Ae. flavescens ist eine der größten *Aedes*-Larven. Die Antennen sind weniger als halb so lang wie der Kopf und vollständig mit kleinen Dörnchen bedeckt. Der Antennalbusch (1-A) inseriert nahe der Mitte des Antennenschafts und besitzt 5–8 Äste. Die inneren (5-C) und mittleren (6-C) Frontalhaare haben 2–4 Äste und die äußeren Frontalhaare (7-C) 6–9 Äste. Die Anzahl der Striegelschuppen beträgt 17–36 (normalerweise 20–27), die in 3 unregelmäßigen Reihen angeordnet sind (Abb. 9.18). Jede Schuppe hat einen kräftigen mittleren Zahn; die seitlichen Zähne sind etwa halb so lang wie der Mittelzahn. Der Siphonalindex beträgt 3,2–4,0. Der Pekten besteht aus 17–28 Pektenzähnen, die nicht bis zur Mitte des Siphons reichen; selten können 1 oder 2 distale Zähne getrennt stehen. Das Siphonalbüschel (1-S) hat 4–7 Zweige, die in der Mitte des Siphons entspringen und etwa so lang sind wie die Breite des Siphons an ihren Insertionspunkt. Der Sattel erstreckt sich etwa zu 3/4 über die Seiten des Analsegments; die Sattelborste (1-X) ist unverzweigt und ungefähr so lang wie der Sattel. Die obere Analborste (2-X) hat mehr als 7 Äste, die untere Analborste (3-X) ist einfach und länger als der Siphon. Das Ruder besteht aus 18–19 Ruderhaaren (4-X) und 5–7 freien Ruderhaaren, die fast bis zur Basis des Segments reichen. Die Analpapillen sind normalerweise kurz und etwa halb so lang wie der Sattel.

Biologie Ae. flavescens produziert normalerweise nur 1 Generation pro Jahr (Mihalyi 1959; Trpis 1962). Nach der Überwinterung im Eistadium schlüpfen die Larven im Frühjahr. Sie kommen überwiegend in Schilfgebieten vor, die nicht vollständig beschattet sind. Sie wurden aber auch in Küstenmooren mit Brackwasser (Gjullin et al. 1961; Mohrig 1969) sowie in teilweise beschatteten temporären Süßwassertümpeln in Überschwemmungsgebieten gefunden (Hearle 1929; Rempel 1953). Die Larven dieser Art vertragen ein breites Spektrum an Salzgehalten im Wasser. Normalerweise kommen sie in neutralem oder leicht alkalischem Wasser vor und sind vergesellschaftet mit Larven von Ae. cantans, Ae. rossicus und Ae. sticticus zu finden. In salzhaltigem Wasser können sie jedoch auch zusammen mit den Larven von Ae. detritus oder Ae. caspius angetroffen werden. Die Erwachsenen bevorzugen offenes Gelände, wenn sie auf der Suche nach einer Blutmahlzeit sind; die größte Stechaktivität wird in der Dämmerung und im Morgengrauen erreicht. Wesenberg-Lund (1921) beobachtete das Schwärmen von Männchen gegen Sonnenuntergang über Brennnesseln. Obwohl Ae. flavescens weit verbreitet ist, tritt sie üblicherweise selten in großer Anzahl auf.

Verbreitung Es handelt sich um eine holarktische Art, die in Eurasien und Nordamerika beheimatet ist. In Europa ist die Art mit Ausnahme einiger Mittelmeerländer weit verbreitet.

9.1.20 Aedes (Ochlerotatus) intrudens (Dyar) 1919

Weibchen Ae. intrudens ist eine dunkelgraue Art ohne metallisch glänzende Schuppen. Das Vorhandensein eines hypostigmalen Flecks aus hellen Schuppen unterscheidet die Weibchen von denen von Ae. communis und Ae. diantaeus. Allerdings besteht der Fleck aus nur wenigen Schuppen, die bei älteren Exemplaren oft abgerieben sein können. Diese Tatsache wird in den Bestimmungsschlüsseln berücksichtigt. Der Stechrüssel von Ae. intrudens ist schwarz beschuppt, die Palpen tragen vereinzelt eingestreute weiße Schuppen, und der Kopf hat einige blassgoldene Borsten zwischen den Augen und gelblich weiße, schmale Schuppen am Scheitel. Das Scutum hat 2 dorsozentrale Streifen aus schmalen, gebogenen Bronzeschuppen, die durch einen schmalen, hellen Acrostichalstreifen getrennt sind, der manchmal undeutlich ist. Der vordere submediane Bereich und die gesamten lateralen Bereiche sind mit hellen Schuppen bedeckt, und es sind 2 deutliche hintere submediane dunkle Streifen vorhanden. Das Scutellum trägt hellgelbe Schuppen und Borsten. Das Postpronotum hat schmale, gebogene, gelblich braune Schuppen und einige weißliche Schuppen am hinteren Rand. Der postprocoxale Schuppenfleck fehlt, und in der Regel ist ein hypostigmaler Fleck vorhanden, der aber nur aus wenigen Schuppen besteht. Die sub- und postspirakularen Bereiche weisen Flecken mit weißen Schuppen auf. Der obere mesepisternale Schuppenfleck ist klein und in 2 oder

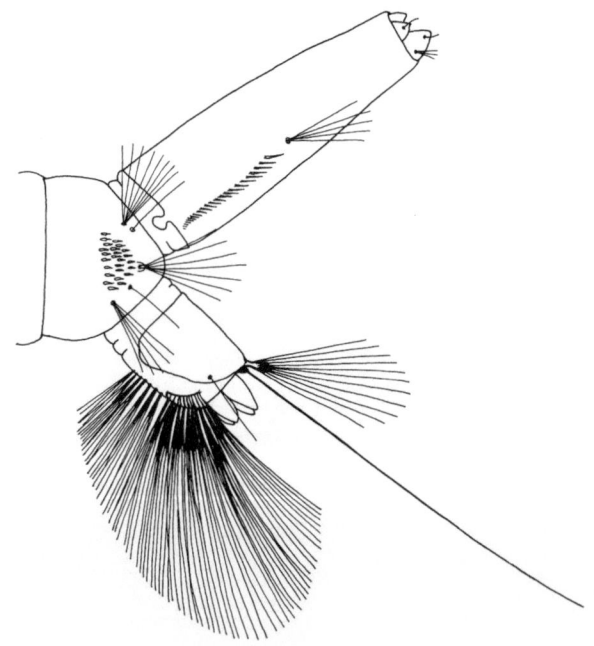

Abb. 9.18 Larve von *Ae. flavescens*

mehr Teile unterteilt, sodass er nicht bis zum vorderen Rand des Mesepisternums reicht. Der präalare Schuppenfleck ist nach oben verschoben, und das untere Drittel des Mesepimerons ist schuppenlos. Der mesepimerale Schuppenfleck reicht nicht bis zum unteren Rand des Mesepimerons. Untere mesepimerale Borsten fehlen üblicherweise (Abb. 6.30b). Die Hüften tragen helle Schuppen; im Übrigen sind alle Beine fast vollständig dunkel beschuppt, nur der vordere Femur weist manchmal vereinzelte weiße Schuppen auf. Die Flügeladern sind fast vollständig mit dunklen Schuppen besetzt, bisweilen sind an der Basis der Costa (C) und des Radius (R) vereinzelte helle Schuppen zu finden. Die Tergite sind mit dunklen Schuppen besetzt und tragen deutliche weißliche Basalbänder.

Larven Der Kopf ist breiter als lang, die Antennen sind kürzer als der Kopf und mit feinen Dörnchen besetzt. Der Antennalbusch (1-A) ist kurz und entspringt unterhalb der Mitte des Antennenschafts. Die inneren Frontalhaare (5-C) haben 3–5, meist 4 Äste, und die mittleren Frontalhaare (6-C) haben 3–5, meist 3 Äste (Abb. 7.26c). Der Striegel besteht aus 12–17 Striegelschuppen, die in 2 unregelmäßigen Reihen angeordnet sind. Jede Striegelschuppe ist spitz zulaufend mit einem langen und prominenten mittleren Zahn und mit kleineren Zähnchen entlang des basalen Teils. Der Siphon verjüngt sich leicht zur Spitze hin (Abb. 9.19). In der Regel sind die 2–3 distal gelegenen Pektenzähne groß, dornförmig, ohne Nebenzähne und getrennt stehend (Abb. 7.26d). Der oberste Zahn befindet sich ungefähr auf der Höhe des Insertionspunkts des Siphonalbüschels (1-S). Das Analsegment ist nicht vollständig vom Sattel umgeben; die Sattelborste (1-X) ist einfach. Das Ruder trägt 1–2 freie Ruderhaare (4-X) (Abb. 7.23a), die Analpapillen sind schlank und länger als der Sattel.

Biologie Die Art ist zumindest in den nördlichen Teilen ihres Verbreitungsgebiets monozyklisch. Ob es in südlichen Gebieten 2 Generationen pro Jahr geben kann, ist nicht bekannt. Die Überwinterung wird im Eistadium vollzogen; die Larven finden sich vom frühen Frühling bis zum Beginn des Sommers in vielen Arten von temporären Waldtümpeln, ohne untergetauchte Vegetation, die aber am Boden mit toten Blättern bedeckt sind. Außerdem können sie in offeneren Bereichen in Graslandschaften sowie in Überschwemmungsgebieten entlang größerer Flüsse gefunden werden. Die Larven treten oft zusammen mit denen von *Ae. communis*, *Ae. diantaeus* und *Ae. punctor* auf, aber die Adulten schlüpfen vor allen anderen genannten Arten (Barr 1958; Wood et al. 1979). Die ersten Adulten erscheinen je nach Breitengrad im zeitigen Frühjahr und kommen bis zum Hochsommer vor. Die Weibchen sind aggressive Stecher, die auf der Suche nach einer Blutmahlzeit auch in Häuser eindringen.

Verbreitung Es handelt sich um eine holarktische Art, die in Europa weit verbreitet ist und von der Steppe in Südosteuropa bis zur Taiga im Norden vorkommt. Das Verbreitungsgebiet scheint sich nicht bis nach Westeuropa zu erstrecken.

9.1.21 *Aedes (Ochlerotatus) leucomelas* (Meigen) 1804

Weibchen *Ae. leucomelas* ähnelt *Ae. cataphylla* durch die vermischten hellen und dunklen Schuppen auf den Flügeladern, unterscheidet sich jedoch durch ihren gesprenkelten Stechrüssel; zahlreiche helle Schuppen stehen hauptsächlich im mittleren Bereich. Bei *Ae. cataphylla* ist der Stechrüssel einheitlich dunkel beschuppt. Die Maxillarpalpen von *Ae. leucomelas* sind dunkelbraun mit vereinzelten hellen Schuppen. Der Scheitel und der Hinterkopf haben schmale, gelblich weiße Schuppen und dunkle aufrechte, gegabelte Schuppen sowie helle, liegende Schuppen an den Seiten. Das Scutum trägt golden bronzefarbene Schuppen, die lateralen und präscutellaren Bereiche weisen meist strohfarbene Schuppen auf. Das Scutellum ist dunkelbraun mit schmalen, gelblich weißen Schuppen. Das Postpronotum hat breite, weiße Schuppen, die im oberen Teil eher gelblich sind; die Schuppen der Pleurite und Beine sind wie bei *Ae. cataphylla*. Die Postprocoxalmembran

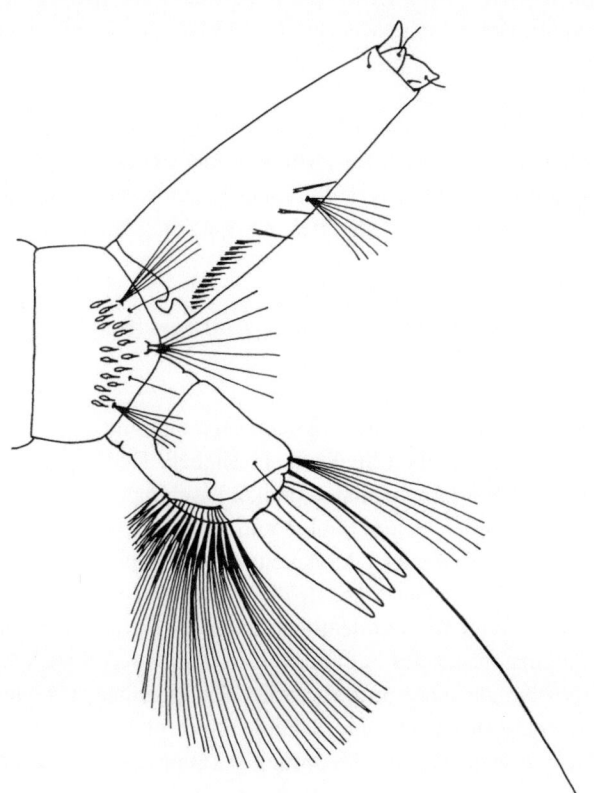

Abb. 9.19 Larve von *Ae. intrudens*

weist einen Fleck heller Schuppen auf. Die hypostigmalen, subspirakularen und postspirakularen Schuppenflecke sind miteinander verbunden. Die Schuppen des Mesepisternums reichen nicht bis zu seinem vorderen Winkel, und der mesepimerale Schuppenfleck endet etwas vor seinem unteren Rand; es sind untere mesepimerale Borsten vorhanden. Die Tibiae und Tarsen sind überwiegend dunkel beschuppt, helle Schuppen finden sich vor allem an der ventralen Oberfläche. Die Tarsen haben keine hellen Ringe. Die Flügel sind mit dunklen Schuppen und zahlreichen verstreuten hellen Schuppen auf allen Adern besetzt. Die Tergite haben breite Basalbänder aus weißen Schuppen, die distalen Teile sind hauptsächlich dunkel beschuppt, und manchmal tragen die letzten Tergite überwiegend helle Schuppen. Die Sternite sind fast vollständig weißlich beschuppt, mit einigen dunklen Schuppen an der Basis.

Larven Der Kopf ist breiter als lang. Die Antennen sind fast halb so lang wie der Kopf, mit schwach entwickelten Dornen, die meist ventral in Reihen angeordnet sind. Der Antennalbusch (1-A) entspringt in der Mitte des Antennenschafts und hat 3–6 Zweige, die halb so lang wie die Antenne sind. Die hinteren Klypealhaare (4-C) haben 4 kurze Äste, die mittleren Frontalhaare (6-C) liegen vor den inneren Frontalhaaren (5-C), beide Paare sind einfach, 5-C selten mit 2 Ästen; die äußeren Frontalhaare (7-C) haben 3–6 Äste. Der Striegel besteht aus 18–30 Schuppen (durchschnittlich 24), die in 2–3 unregelmäßigen Reihen angeordnet sind (Abb. 9.20). Die einzelnen Schuppen variieren in ihrer Form, die ventralen Schuppen haben einen gut entwickelten längeren Mittelzahn; bei den dorsalen Schuppen fehlt dieser. Der Siphon verjüngt sich in seinem apikalen Drittel, und der Siphonalindex beträgt 2,5–3,1. Der Pekten besteht aus 13–18 (normalerweise 15) geschlossen stehenden Pektenzähnen, die sich im basalen Drittel des Siphons befinden. Das Siphonalbüschel (1-S) entspringt oberhalb des Pektens, aber noch unterhalb der Mitte des Siphons und hat 3–8 Zweige (Abb. 7.29b). Der Sattel bedeckt bis zu 2/3 der Seiten des Analsegments; die Sattelborste (1-X) ist einfach und in etwa so lang wie der Sattel. Die obere Analborste (2-X) hat 4–9 Äste, die untere Analborste (3-X) ist einfach und etwa doppelt so lang wie 2-X. Das Ruder besteht aus 15–18 Ruderhaaren (4-X) und 1–3 freien Ruderhaaren. Die Form der Ruderhaare ist charakteristisch; die Verzweigung der Büschel beginnt weit von der Basis entfernt, daher ist der Stiel jedes Büschels besonders lang. Die Analpapillen sind nicht länger als der Sattel und spitz zulaufend, wobei das ventrale Paar etwas kürzer als das dorsale Paar ist (Abb. 7.30a).

Biologie Ae. leucomelas ist eine monozyklische Frühjahrsart. Die Larven erscheinen früh im Jahr nach der Schneeschmelze, jedoch selten in großer Zahl. Sie kommen meist an Waldrändern, in überschwemmten Wiesen oder Schilfgebieten zusammen mit Larven von Ae. cantans, Ae. communis, Ae. rusticus, Ae. rossicus und Ae. sticticus vor. In schattigen Bereichen nimmt die Anzahl der Larven normalerweise ab. Sie können auch in leicht salzhaltigem Wasser in Gesellschaft mit Larven von Ae. detritus, z. B. in überschwemmten Wiesen an Küsten, auftreten; daher sind die Larven offensichtlich tolerant gegenüber Schwankungen im Salzgehalt der Brutstätten. Der pH-Wert kann leicht sauer bis alkalisch sein (Natvig 1948). In Mitteleuropa treten die ersten Adulten normalerweise im Mai auf, ihre Zahl nimmt schon Anfang Juli ab.

Verbreitung Ae. leucomelas ist eine europäische Art. Sie ist hauptsächlich in Nord-, Mittel- und Osteuropa verbreitet und hat eine begrenzte Verbreitung in den südeuropäischen Ländern, wo sie ausschließlich aus Spanien gemeldet wird.

9.1.22 Aedes (*Ochlerotatus*) *nigrinus* (Eckstein) 1918

Weibchen Ae. nigrinus ist eng verwandt mit Ae. sticticus und ihr in allen Stadien sehr ähnlich. Der Stechrüssel und die Maxillarpalpen sind dunkel beschuppt. Der Hinterkopf hat an den Seiten dunkle aufrechte, gegabelte Schuppen. Das Flagellomer I der Antennen ist komplett mit dunklen Schuppen besetzt und leicht geschwollen, die Flagellomere II und III sind deutlich kürzer als die anderen. Das Schuppenmuster des Scutums ähnelt dem von Ae. sticticus; hypostigmale und postprocoxale Schuppenflecke fehlen. Der obere mesepisternale Schuppenfleck erstreckt sich bis zum vorderen Winkel des Mesepisternums, und die hellen Schuppen am Mesepimeron enden deutlich oberhalb von dessen unterem Rand. Die Flügeladern sind mit dunklen

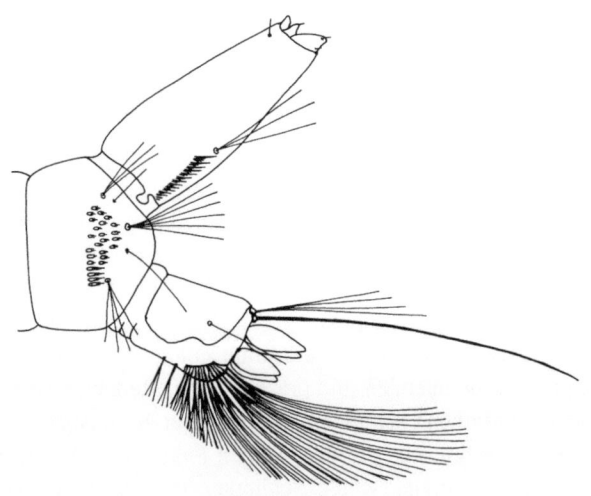

Abb. 9.20 Larve von *Ae. leucomelas*

Schuppen besetzt, mit eingestreuten hellen Schuppen an der Basis der Costa (C), der gesamten Länge der Subcosta (Sc) und der Media (M) in der Nähe der Queradern. Die Tergite sind dunkel beschuppt, mit breiten, hellen basalen Bändern von mehr oder weniger gleichmäßiger Breite (Abb. 6.35b). Bei einigen Tergiten können die Bänder, wenn überhaupt, leicht verengt sein.

Larven Sie sind denen von *Ae. sticticus* sehr ähnlich, können aber anhand der inneren (5-C) und mittleren (6-C) Frontalhaare abgegrenzt werden, die meist einfach sind und sehr selten 2 Zweige haben (Abb. 7.36c). Die Antenne ist etwas weniger als halb so lang wie der Kopf, und der Antennalbusch (1-A) entspringt etwa in der Mitte des Antennenschafts, wobei seine 3–5 Zweige die Spitze der Antenne nicht erreichen. Die Anzahl der Striegelschuppen beträgt meist 10–12, die in 2 (selten 3) Reihen angeordnet sind (Abb. 7.36d). Jede Schuppe hat einen prominenten und verlängerten Mittelzahn. Der Siphon ist kurz und gerade, und der Siphonalindex beträgt etwa 2,5 (Abb. 9.21). Die Pektenzähne sind mehr oder weniger gleichmäßig verteilt und reichen über die Mitte des Siphons hinaus. Das Siphonalbüschel (1-S) inseriert etwas oberhalb des Pektens und hat 4–7 Äste. Der Sattel erstreckt sich weit an den Seiten des Analsegments hinunter; die Sattelborste (1-X) ist einfach und kürzer als der Sattel. Das Ruder hat normalerweise 4, selten 3 freie Ruderhaare (4-X) – eine Tatsache, die in den Bestimmungsschlüsseln berücksichtigt wurde. Die Analpapillen sind sehr viel länger als der Sattel.

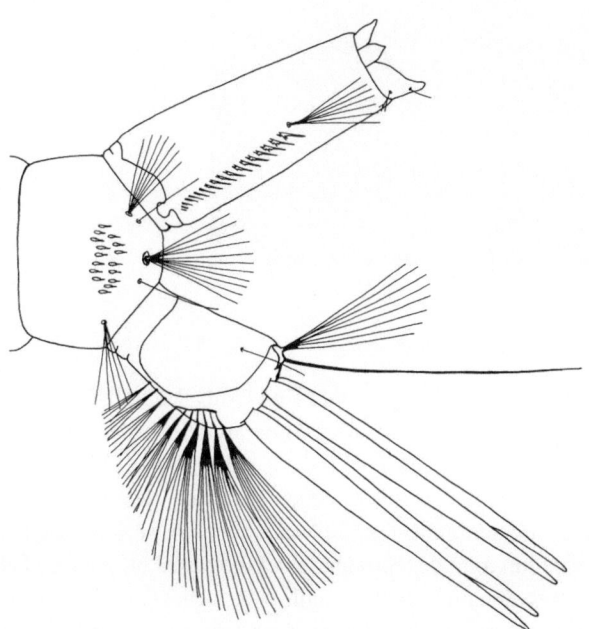

Abb. 9.21 Larve von *Ae. nigrinus*

Biologie *Ae. nigrinus* brütet bevorzugt in offenem Gelände, vorzugsweise auf überschwemmten Wiesen in Flusssenken, meist in Verbindung mit *Ae. vexans*. Sie ist jedoch nicht so weit verbreitet und bei Weitem nicht so zahlreich wie *Ae. vexans* (Eckstein 1918, 1920; Peus 1933).

Verbreitung Sie kommt in Südskandinavien, Finnland, Dänemark, Deutschland, Frankreich, Polen, Estland und im nördlichen Ural bis Westsibirien vor.

9.1.23 *Aedes (Ochlerotatus) pionips* (Dyar) 1919

Weibchen (Tafel 23) *Ae. pionips* ist *Ae. communis* sehr ähnlich, kann jedoch durch das Vorhandensein eines postprocoxalen Schuppenflecks von letzterer unterschieden werden. Es handelt sich um eine mittelgroße Art, normalerweise etwas größer als *Ae. communis*. Stechrüssel und Maxillarpalpen sind vollständig dunkel beschuppt. Der Kopf trägt dorsal schmale, gelblich braune Schuppen und breite, gelbliche Schuppen an den Seiten sowie zahlreiche helle, aufrecht stehende, gegabelte Schuppen. Das Scutum ist mit goldbronzenen oder gelblich grauen Schuppen bedeckt, mit einem dunkelbraunen Mittelstreifen, der gelegentlich durch einen schmalen acrostichalen Streifen aus gelblichen Schuppen und einem hinteren Submedianstreifen aus dunkelbraunen Schuppen geteilt wird. Das Scutellum trägt schmale, gebogene, gelbliche Schuppen und hellbraune bis braune Borsten auf den Lappen. Die Postprocoxalmembran weist einen Fleck heller Schuppen auf. Ein hypostigmaler Fleck fehlt, aber die subspirakularen und postspirakularen Schuppenflecken sind gut entwickelt. Die oberen und unteren Schuppenflecken des Mesepisternums verschmelzen mit dem präalaren Fleck und erreichen die vordere Ecke des Mesepisternums. Das Mesepimeron hat einen hellen Schuppenfleck, der bis zum unteren Rand reicht, und normalerweise sind 1–4 untere mesepimerale Borsten vorhanden. Die Femora sind überwiegend dunkelbraun beschuppt mit vereinzelt eingestreuten hellen Schuppen, ihre hintere Oberfläche ist hell beschuppt. Die Tibiae und Tarsen tragen dunkle Schuppen; helle Basalringe an den Tarsomeren sind nicht vorhanden. Die Flügeladern sind mit schmalen dunklen Schuppen bedeckt, selten können einige helle Schuppen an der Basis der Costa (C) und des Radius (R) vorhanden sein. Die Tergite sind dunkel beschuppt und weisen jeweils ein helles Basalband auf, das auf den Tergiten II–V von mehr oder weniger gleichmäßiger Breite ist (Abb. 6.34b), sich auf den folgenden Tergiten aber an den Seiten leicht verbreitet. Die Sternite sind mit weißlichen Schuppen bedeckt, und es sind mehr oder weniger deutliche schmale dunkle Apikalbänder vorhanden.

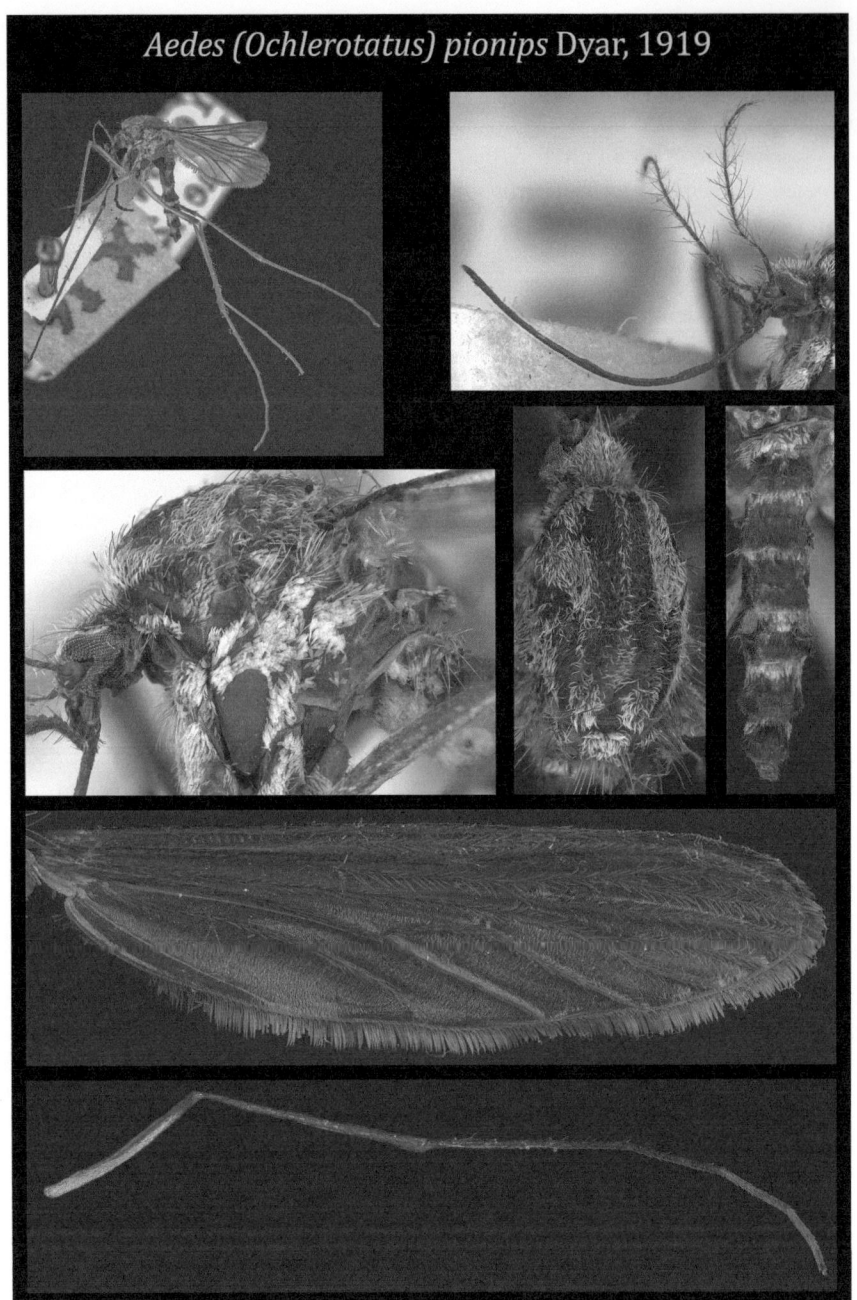

Tafel 23: *Aedes (Ochlerotatus) pionips*

Larven Der Kopf ist breiter als lang. Die Antennen sind etwa 2/3 so lang wie der Kopf, schlank und leicht gebogen, mit feinen Dornen besetzt. Der Antennalbusch (1-A) entspringt unterhalb der Mitte des Antennenschafts und hat 7–13 (normalerweise 9) Äste, die nicht bis zur Spitze der Antenne reichen (Abb. 7.33a). Die hinteren Klypealhaare (4-C) sind klein und haben 3–5 kurze Zweige. Die inneren (5-C) und mittleren (6-C) Frontalhaare haben 3–5 (selten 6) Äste (Abb. 7.32b). Die äußeren Frontalhaare (7-C) haben 5–9 Äste. Der Striegel besteht aus mehr als 60 Schuppen, die unregelmäßig angeordnet sind (Abb. 9.22). Jede Striegelschuppe endet stumpf, alle Zähne an der Spitze der Schuppen sind von gleicher Länge (Abb. 7.33b). Der seitliche Rand ist von kurzen Zähnchen gesäumt, deren Größe zur Basis hin abnimmt. Der Siphon ist gerade, verjüngt sich zur Spitze hin, und der Siphonalindex beträgt 2,5–3,0. Der Pekten besteht aus 18–24 geschlossen stehenden Zähnen, die auf die basale Hälfte des Siphons beschränkt sind. Das Siphonalbüschel (1-S) entspringt oberhalb des Pektens, etwa in der Mitte des Siphons, mit 4–9 Zweigen, die etwas länger

9.1 Gattung Aedes Meigen, 1818

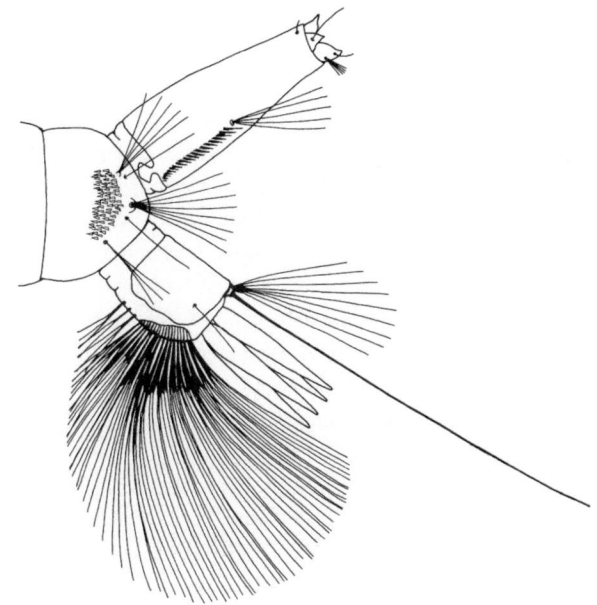

Abb. 9.22 Larve von *Ae. pionips*

Färbung des Scutums. Während bei *Ae. berlandi* das Scutum durch dunkle und blassgoldene Schuppen deutlicher kontrastiert erscheint, weist *Ae. pulcritarsis* ein schwächeres Muster aus hellen und dunklen Schuppen auf, und das Scutum sieht eher gleichmäßig goldbraun gefärbt aus. Allerdings können die Mittel- und Seitenstreifen etwas heller sein als die submedianen Flecken.

Larven Der Kopf ist etwas breiter als lang. Die Antennen sind fast so lang wie der Kopf, und der Antennenschaft ist glatt. Der Antennalbusch (1-A) hat 3–4 Zweige, die etwa in der Mitte des Antennenschafts entspringen (Abb. 7.19b). Die hinteren Klypealhaare (4-C) sind klein und vielfach verzweigt. Alle Frontalhaare (5-C bis 7-C) sind gut entwickelt und mehrfach verzweigt. Der Striegel besteht aus 6–10 (normalerweise 8) Schuppen, die in einer Reihe angeordnet sind (Abb. 9.23). Jede Schuppe ist groß mit einem gut entwickelten langen Mittelzahn und kleineren Zähnen an der Basis der Schuppen. Der Siphon ist dunkel, fast schwarz, verjüngt sich leicht in der apikalen Hälfte, und der Siphonalindex beträgt 4,0–5,0. Der Pekten besteht aus 18–22 geschlossen stehenden Zähnen. Jeder einzelne Zahn hat ein stumpfes Ende und 3–6 stark sklerotisierte seitliche Zähnchen. Das Siphonalbüschel (1-S) hat 3–4 Äste und ist etwa so lang wie die Breite des Siphons an seiner Insertionsstelle. Der Sattel bedeckt etwa die Hälfte des Analsegments; die Sattelborste (1-X) ist einfach und länger als der Sattel. Die obere Analborste (2-X) hat 4–5 Äste unterschiedlicher Länge. Die untere Analborste (3-X) ist einfach und länger als der Siphon. Die Analpapillen sind wurstförmig und um ein Vielfaches länger als der Sattel.

sind als die Breite des Siphons an der Insertionsstelle von 1-S. Der Sattel erstreckt sich weit über die Seiten des Analsegments hinaus; die Sattelborste (1-X) ist unverzweigt und etwas kürzer als der Sattel. Die obere Analborste (2-X) hat 9–13 Äste, die untere Analborste (3-X) ist einfach und viel länger als der Siphon. Das Ruder besteht aus 17–21 Ruderhaaren (4-X) und 2–3 freien Ruderhaaren. Die Analpapillen sind lanzettlich, spitz zulaufend und länger als der Sattel.

Biologie *Ae. pionips* ist wie *Ae. communis* eine typische monozyklische Frühjahrsart, deren Larven während der Schneeschmelze im zeitigen Frühjahr schlüpfen. Ihre Brutstätten sind Schmelzwassertümpel in sumpfigen Wäldern bis zu einer Höhe von mehr als 1000 m, wo die Larven häufig vergesellschaftet mit denen von *Ae. communis, Ae. hexodontus* und *Ae. punctor* anzutreffen sind, sich aber offensichtlich langsamer entwickeln als die anderen genannten Arten (Gjullin et al. 1961). Die Adulten scheinen später aufzutreten und sind oft weniger zahlreich als die anderen Frühjahrsarten.

Verbreitung *Ae. pionips* ist eine holarktische Art und kommt in Nordamerika und Nordeurasien vor. In Deutschland wurde sie von Kuhlisch (2022) im Erzgebirge nachgewiesen.

9.1.24 Aedes (Ochlerotatus) pulcritarsis (Rondani) 1872

Weibchen Sie sind denen von *Ae. berlandi* sehr ähnlich, und es ist fast unmöglich, die beiden Arten voneinander abzugrenzen. Ein geringfügiger Unterschied besteht in der

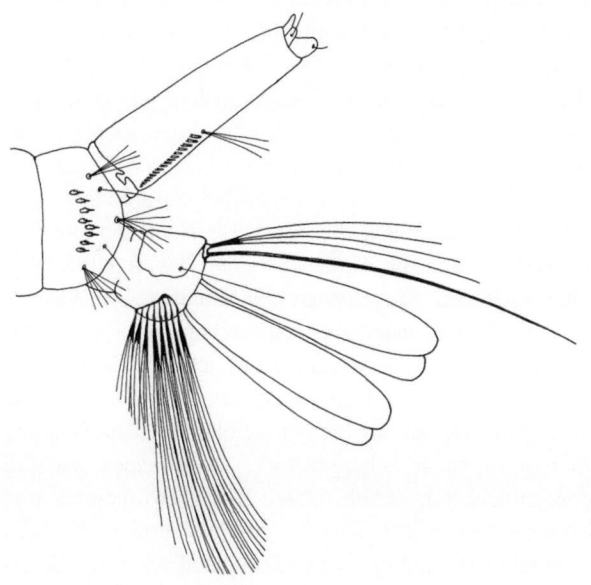

Abb. 9.23 Larve von *Ae. pulcritarsis*

Biologie Die Überwinterung findet im Eistadium statt, und die Art bringt normalerweise 2 Generationen pro Jahr hervor; manchmal kommt es jedoch auch nur zu 1 Generation. Die Larven finden sich in Baumhöhlen, Baumstümpfen und zwischen den Wurzeln von Laubbäumen wie *Quercus* sp., *Platanus* sp. und *Ulmus* sp., wobei letztere bevorzugt wird (Shannon und Hadjinicolaou 1937). Die Wassertemperatur der Brutplätze übersteigt selbst unter südeuropäischen Klimabedingungen nie 21 °C. Ähnliche Beobachtungen wurden entlang der Schwarzmeerküste in Bulgarien gemacht (Bozkov et al. 1969). Die Larvalentwicklung kann bis zu 2 Monate dauern. Die Weibchen sind anthropophil, d. h., sie ernähren sich überwiegend von menschlichem Blut; sie stechen tagsüber im Freien (Rioux 1958). Es wird vermutet, dass die Larven sich auch in künstlichen Kleinstbehältern entwickeln können bzw. die Adulten über eine beträchtliche Migrationsfähigkeit verfügen (Shannon und Hadjinicolaou 1937).

Verbreitung *Ae. pulcritarsis* ist hauptsächlich eine Art aus dem Mittelmeerraum. Ihr nördliches Verbreitungsgebiet reicht bis nach Tschechien. Sie kommt auch in Zentral- und Südostasien vor.

9.1.25 *Aedes (Ochlerotatus) pullatus* (Coquillett) 1904

Weibchen (Tafel 24) *Ae. pullatus* ist eine mittelgroße Art mit einem dunkel beschuppten Stechrüssel und überwiegend dunklen Maxillarpalpen mit einigen vereinzelt eingestreuten hellen Schuppen an den Gelenken der Palpomere. Der Scheitel und der Hinterkopf sind mit schmalen, blassgelben Schuppen bedeckt, dorsal stehen aufrechte, gegabelte Schuppen, während seitlich meist breite, gelblich weiße Schuppen anliegen. Das Integument des Scutums ist schwarz, und das Scutum ist mit schmalen, gebogenen, gelblich braunen Schuppen bedeckt, die durch mehrere kahle Längsstreifen und Bereiche unterbrochen werden, zu denen sie einen Kontrast bilden, hauptsächlich aufgrund des dunklen Integuments. Auch die transverse Naht, der präscutellare Bereich und die seitlichen Enden des Scutums tragen keine Schuppen. Die Borsten des Scutums sind normalerweise goldbraun, manchmal schwarzbraun und im hinteren Teil zahlreicher. Das Scutellum hat schmale, helle Schuppen und gelbbraune Borsten auf den Lappen. Die Pleurite tragen Flecken aus breiten, gelblich weißen Schuppen; ein hypostigmaler Schuppenfleck ist vorhanden, ein Postprocoxalfleck fehlt (Abb. 6.29a). Der obere mesepisternale Schuppenfleck reicht nicht bis zum Vorderrand des Mesepisternums. Der mesepimerale Schuppenfleck reicht bis zum unteren Rande des Mesepimerons, und es sind 1–5 untere mesepimerale Borsten vorhanden (Abb. 6.30a). Die Femora tragen vermischte dunkelbraune und helle Schuppen; helle Knieflecken sind vorhanden. Die Tibiae und der Tarsomer I sind mit dunkelbraunen und mit hellen Schuppen gesprenkelt, insbesondere an ihrer ventralen Oberfläche. Die übrigen Tarsomere sind vollständig dunkel beschuppt. Die Flügeladern sind mit schmalen, dunklen Schuppen bedeckt; an den Basen der Costa (C), des Radius (R) und der Analvene (A) sind Flecken heller Schuppen vorhanden. Der Tergit I hat einen breiten Fleck aus weißen Schuppen; die Tergite II–VII sind schwarzbraun beschuppt mit basalen Querbändern aus hellen Schuppen, die manchmal seitlich leicht verbreitert sind. Die Sternite sind größtenteils weiß beschuppt. Die Cerci sind außergewöhnlich lang und auffällig.

Larven Der Kopf ist etwas breiter als lang. Die Antennen sind etwa halb so lang wie der Kopf, leicht gebogen und mit feinen Dornen besetzt (Abb. 7.33c). Der Antennalbusch (1-A) entspringt unterhalb der Mitte des Antennenschafts und hat 4–5 Äste, die nicht bis zur Antennenspitze reichen. Die hinteren Klypealhaare (4-C) sind klein und haben 4–5 Äste; die Frontalhaare sind mehrfach verzwegt, die inneren (5-C) und mittleren (6-C) Frontalhaare haben mindestens 3 Äste (meistens 4–6), die äußeren Frontalhaare (7-C) haben 8–13 Äste (Abb. 7.33c). Die Prothorakalborsten 2-P und 3-P sind fast so lang und kräftig wie 1-P. Der Striegel besteht aus 40–60 Schuppen, die in einem großen dreieckigen Fleck angeordnet sind. Zumindest bei einigen seitlichen Schuppen ist der Mittelzahn deutlich länger als die anderen (Abb. 7.33d). Der Pekten besteht aus 15–25 geschlossen

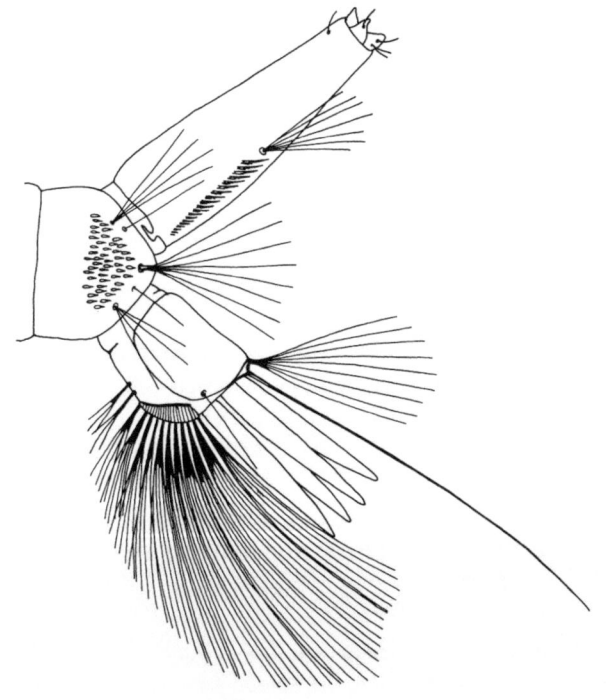

Abb. 9.24 Larve von *Ae. pullatus*

9.1 Gattung Aedes Meigen, 1818

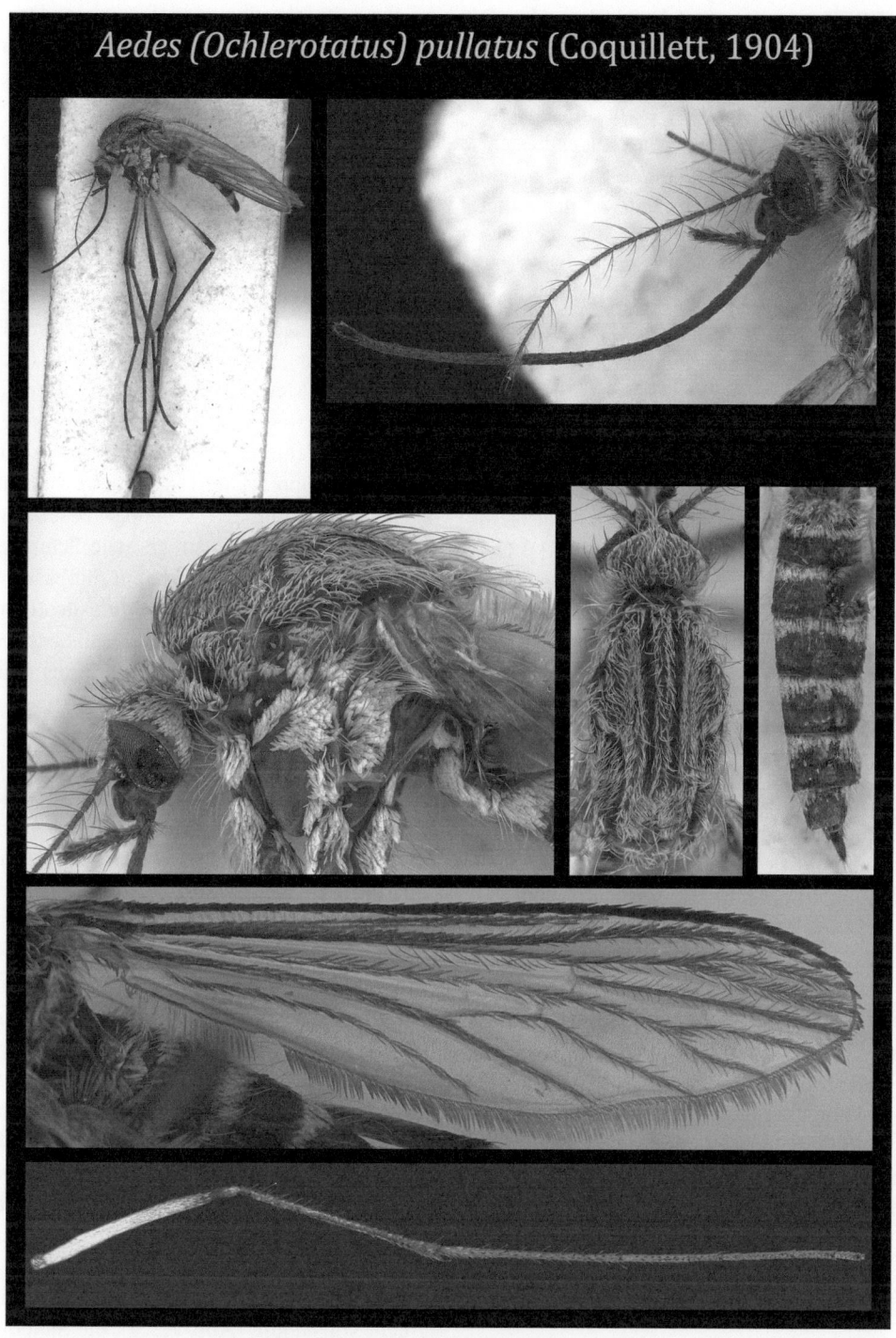

Tafel 24: *Aedes (Ochlerotatus) pullatus*

stehenden Zähnen (Abb. 9.24). Der Siphon verjüngt sich von der Mitte aus gleichmäßig zur Spitze hin, und der Siphonalindex beträgt 3,0–3,5. Das Siphonalbüschel (1-S) entspringt oberhalb des Pektens ungefähr in der Mitte des Siphons und hat 5–8 Zweige. Der Sattel bedeckt mehr als die dorsale Hälfte des Analsegments; die Sattelborste (1-X) ist einfach und ungefähr so lang wie der Sattel oder kürzer. Die obere Analborste (2-X) hat 6–10 Äste, und die untere Analborste (3-X) ist lang und einfach. Das Ruder besteht aus 12–15 Ruderhaaren (4-X) und 1–3 freien Ruderhaaren. Die Analpapillen sind etwa doppelt so lang wie der Sattel und spitz zulaufend.

Biologie *Ae. pullatus* ist eine monozyklische Art. Die Larven schlüpfen vom zeitigen Frühling bis zum Spätsommer aus überwinternden Eiern. Man findet sie in der Tundra meist in kleinen, klaren Schmelzwassertümpeln und in Bergregionen an verschiedenen Brutstätten, z. B. in Pfützen und Tümpeln ohne Vegetation, die durch Überschwemmungen von Gebirgsbächen oder nach starken Regenfällen entstehen, in kleinen klaren Seen mit felsigem Grund oder in sumpfigen Senken (Kaiser et al. 2001). Die Larven können mit denen von *Ae. communis* und *Ae. punctor* vergesellschaftet auftreten. Ihre Entwicklung dauert jedoch länger, und so treten die erwachsenen Tiere später auf, hauptsächlich in den Sommermonaten. In Waldgebieten fliegen die Weibchen ihre potenziellen Wirte zu jeder Tageszeit an. Schwärme von kopulationsbereiten Männchen können nach Sonnenuntergang auf Waldlichtungen beobachtet werden. Die Art tritt normalerweise eher selten in Erscheinung, aber an manchen Orten, die im Allgemeinen weit entfernt von menschlichen Behausungen liegen, können Adulte auch häufiger vorkommen (Carpenter und LaCasse 1955).

Verbreitung *Ae. pullatus* ist eine nördliche holarktische Art. In Mittel- und Südeuropa ist sie auf Gebirgsregionen beschränkt, darunter Pyrenäen, Alpen, Dinarisches Gebirge, Tatra, Karpaten, Balkan und Rhodopen, und kommt bis in sehr hohe Lagen (2000 m und höher) vor. In den nördlichen Teilen ihres Verbreitungsgebiets kommt sie in der arktischen Tundra, im Tiefland und in den Ebenen Eurasiens sowie in Nordamerika vor.

9.1.26 *Aedes (Ochlerotatus) punctor* (Kirby) 1837

Weibchen (Tafel 25) *Ae. punctor* ist eine mittelgroße Art; der Stechrüssel und die Maxillarpalpen sind dunkel beschuppt. Der Hinterkopf trägt in der Mitte schmale, goldgelbe Schuppen und aufrechte, gegabelte, gelbe Schuppen und seitlich breite, anliegende, cremeweiße Schuppen.

Das Scutum ist mit gelblich braunen Schuppen bedeckt, meist mit einem Mittelstreifen aus dunkelbraunen Schuppen, selten geteilt durch einen schmalen acrostichalen Streifen gelblicher Schuppen, die hinteren Submedianbereiche mit dunkelbraunen Schuppen. Das Scutum trägt gelbbraune Schuppen und hellbraune Borsten auf den Lappen. Das Postpronotum hat vorn schmale, gelblich braune Schuppen und am hinteren Rand breitere, hellere Schuppen. Die postprocoxale Membran weist helle Schuppen auf (bei *Ae. communis* nicht vorhanden). Ein hypostigmaler Fleck fehlt, der subspirakulare Fleck ist in einen oberen und einen unteren Teil unterteilt, und der postspirakulare Fleck ist gut entwickelt. Die oberen und unteren Schuppenflecken des Mesepisternums sind miteinander verbunden und erstrecken sich bis zum vorderen Winkel des Mesepisternums, knapp getrennt vom Präalarfleck (Abb. 6.29b). Die Schuppen am Mesepimeron reichen bis zu seinem unteren Rand, und es sind 1–5 untere mesepimerale Borsten vorhanden. Die Femora, Tibiae und Tarsen sind überwiegend dunkel beschuppt. Die Flügeladern sind normalerweise vollständig mit dunklen Schuppen besetzt, selten sind an der Basis der Costa (C) einige helle Schuppen eingestreut. Die Tergite sind dunkel beschuppt mit basalen Bändern aus weißen Schuppen, die in der Mitte deutlich verengt sind (Abb. 6.34a). Die Sternite sind mit grauweißen Schuppen bedeckt, einige Sternite tragen in der Mitte ihres Apex dunkle Schuppen.

Larven Die Antennen sind weniger als halb so lang wie der Kopf und mit zahlreichen Dornen bedeckt. Der Antennalbusch (1-A) entspringt in der Mitte des Antennenschafts oder etwas darunter und hat 4–7 Äste. Die hinteren Klypealhaare (4-C) haben 2–4 kurze Äste. Die inneren (5-C) und mittleren (6-C) Frontalhaare haben 1–3, meist 2 Äste, und die äußeren Frontalhaare (7-C) haben 2–8 Äste. Der Striegel besteht aus 10–25 kleinen Schuppen, die normalerweise in 2–3 unregelmäßigen Reihen oder einem dreieckigen Fleck angeordnet sind; jede Schuppe hat einen markanten und langen Mittelzahn und mehrere kleinere Zähne im Basalteil. Der Siphon verjüngt sich in der apikalen Hälfte, und der Siphonalindex beträgt etwa 3,0 (Abb. 9.25). Der Pekten hat 14–26 geschlossen stehende Zähne, die auf die basale Hälfte des Siphons beschränkt sind. Das Siphonalbüschel (1-S) entspringt oberhalb des Pektens, hat 3–9 Äste und ist etwa so lang wie die Breite des Siphons am Insertionspunkt von 1-S. Der Sattel umschließt das Analsegment vollständig (Abb. 7.22a); die Sattelborste (1-X) ist normalerweise so lang oder etwas länger als der Sattel. Die obere Analborste (2-X) hat 5–9 Äste, und die untere Analborste (3-X) ist einzeln und lang. Das Ruder besteht aus 16–19 Ruderhaaren (4-X) und 1–2 freien Ruderhaaren. Die Analpapillen sind lanzettlich und deutlich länger als der Sattel.

9.1 Gattung Aedes Meigen, 1818

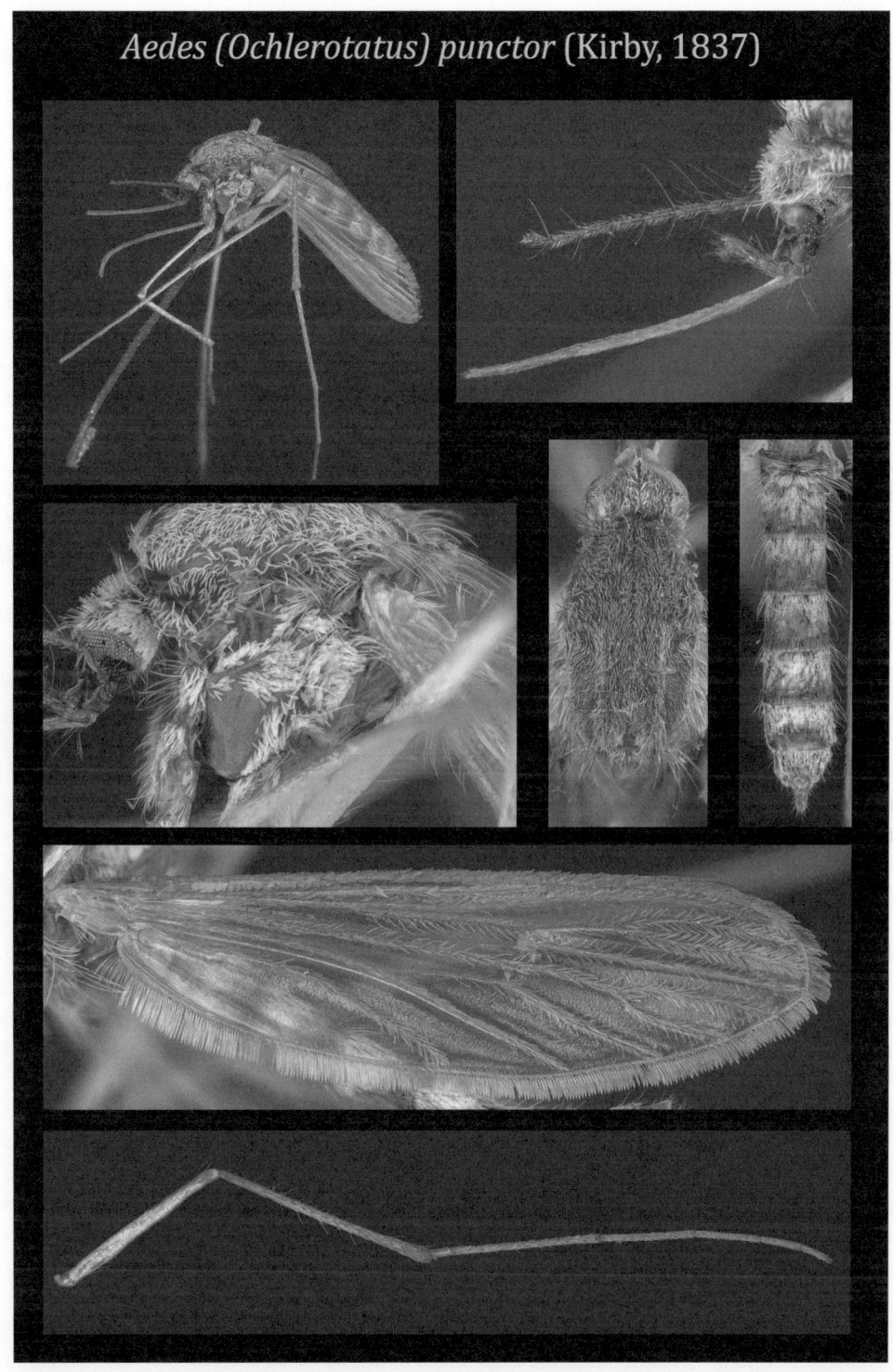

Tafel 25: *Aedes (Ochlerotatus) punctor*

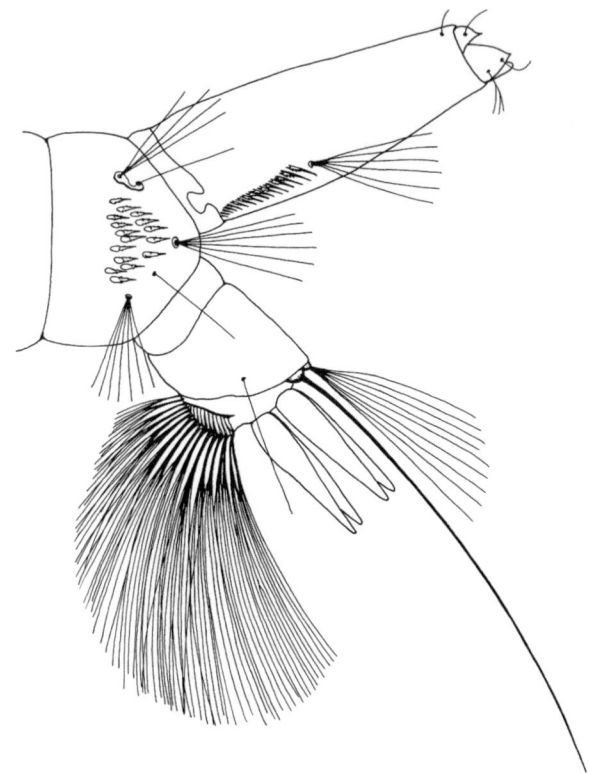

Abb. 9.25 Larve von *Ae. punctor*

Biologie *Ae. punctor* ist eine Frühjahrsart, die sumpfige Wälder mit ihren Gewässern bevorzugt. Die Larven schlüpfen während der Schneeschmelze, wenn die Wassertemperatur nur wenig über 0 °C liegt. Während Monchadskii (1951) und Horsfall (1955) Larven nur im Frühling fanden, kommen sie in Süddeutschland auch im Sommer nach starken Regenfällen manchmal zusammen mit den Larven von *Ae. cinereus* und *Cs. alaskaensis* vor (Peus 1929; Vogel 1933, 1940; Becker und Ludwig 1981). Einige Larven können zusammen mit denen von *Ae. rusticus* und *Cs. morsitans* überwintern. Larven dieser azidophilen Art kommen in großer Zahl in sumpfigen Gewässern mit Bewuchs von *Sphagnum* sp. vor, in denen der pH-Wert unter 4,0 liegen kann. Die optimale Temperatur für die Entwicklung von *Ae. punctor* liegt bei 25 °C, dann dauert die Larven- und Puppenentwicklung etwa 10–17 Tage, bei 10 °C verlängert sich die Entwicklung auf 33–41 Tage. Die Larven schlüpfen im zeitigen Frühjahr und treten zusammen mit denen von *Ae. punctor* und *Ae. communis* auf, etwas früher als die Larven von *Ae. diantaeus* und *Ae. cinereus*. In Mitteleuropa erscheinen die ersten Adulten in der 2. Aprilhälfte, meist später als die von *Ae. communis*, aber früher als *Ae. cantans*. Die erwachsenen Tiere bevorzugen geschütztes Gelände und verlassen selten den Wald. Ihre höchste Stechaktivität liegt in der Dämmerung; an schwülen Tagen und in stark schattigen Situationen können sie aber auch tagsüber lästig sein.

Verbreitung: *Ae. punctor* ist eine holarktische Art und kommt häufig in Nordamerika und Eurasien vor. In Europa ist sie von Skandinavien bis in den Mittelmeerraum verbreitet.

9.1.27 *Aedes (Ochlerotatus) refiki* (Medschid) 1928

Weibchen *Ae. refiki* sieht der nahe verwandten *Ae. rusticus* ähnlich, unterscheidet sich jedoch von letzterer durch das Schuppenmuster auf den Tergiten. Der Stechrüssel und die Maxillarpalpen sind überwiegend dunkel beschuppt, mit vereinzelt eingestreuten hellen Schuppen hauptsächlich an der Basis des Rüssels. Der Scheitel und der Hinterkopf tragen schmale, gelblich weiße Schuppen und aufrechte, gegabelte Schuppen derselben Farbe. Das Integument des Scutums ist schwarzbraun und mit gelblichen Schuppen und einem Mittelstreifen aus dunklen Schuppen bedeckt, der manchmal durch einen schmalen, gelblichen Acrostichalstreifen getrennt ist. Das Scutellum trägt schmale, weißliche Schuppen auf den Lappen. Die Postprocoxalmembran trägt helle Schuppen, und das Postpronotum hat breite, abgeflachte Schuppen, die im oberen Teil dunkelbraun oder schwarz und im unteren Teil weiß sind (Abb. 6.27a). Die hypostigmalen und spirakularen Schuppenflecken sind miteinander verbunden. Die Schuppen auf dem Mesepisternum erstrecken sich bis zum vorderen Winkel und bis zum unteren Rand des Pleurits, der mesepimerale Schuppenfleck erstreckt sich bis zum unteren Rand des Mesepimerons. Die Femora sind überwiegend hell beschuppt, die Tibiae und der Tarsomer I sind größtenteils mit dunklen Schuppen besetzt, die Tarsomere II–V sind vollständig dunkel beschuppt. Die Flügeladern sind mit dunklen Schuppen bedeckt und tragen vereinzelte helle Schuppen an den Basen der Costa (C), Subcosta (Sc) und des Radius (R). Die Färbung der Tergite variiert stark. Oft sind sie mit dunklen Schuppen und undeutlichen hellen, in der Mitte nicht verbreiterten Basalbändern und vereinzelten hellen Schuppen am distalen Teil der Tergite bedeckt, manchmal tragen sie ein schmales Band heller Schuppen am apikalen Rand. Bisweilen überwiegen auf allen Tergiten die hellen Schuppen, mit nur wenigen vereinzelten dunklen Schuppen (Abb. 6.28b). Im Gegensatz zu *Ae. rusticus* zeigen die hellen Schuppen auf den Tergiten nie die Tendenz, in der Mitte einen Längsstreifen zu bilden.

Larven Der Kopf ist breiter als lang. Die Antennen sind weniger als halb so lang wie der Kopf, leicht gebogen und mit feinen Dörnchen bedeckt. Der Antennalbusch (1-A) entspringt etwa in der Mitte des Antennenschafts und hat 5–6 kurze Äste. Die hinteren Klypealhaare (4-C) sind dünn und haben 3 Zweige. Die mittleren Frontalhaare (6-C) sind normalerweise einfach, selten mit 2–3 Ästen, und liegen vor den inneren Frontalhaaren (5-C), die 2–5 (normalerweise 3) Äste haben. Die äußeren Frontalhaare (7-C) haben normalerweise 6–9 Äste. Der Striegel besteht aus 6–11 Schuppen, die in einer Reihe angeordnet sind. Jede einzelne Striegelschuppe hat einen kräftigen Mittelzahn und mehrere kürzere Zähne an der Basis. Der Siphon ist gerade, verjüngt sich allmählich zur Spitze hin, und der Siphonalindex beträgt 3,0–4,0. Auf der Dorsalseite des Siphons befinden sich 3 zusätzliche Borstenpaare, an der Seite des Siphons in der Nähe des obersten Pektenzahns befindet sich eine weitere Borste mit 2–5 kurzen Ästen (Abb. 9.26). Der Pekten besteht aus 12–21 Zähnen, die das basale Drittel des Siphons einnehmen; jeder Pektenzahn hat 3–4 Nebenzähne. Bisweilen stehen 1–2 distale Pektenzähne getrennt. Das Siphonalbüschel (1-S) hat 6–9 Äste und entspringt etwa in der Mitte des Siphons oder etwas darunter, aber immer oberhalb des distalen Pektenzahns (Abb. 7.21b). Der Sattel erstreckt sich bis fast zum unteren Rand des Analsegments; die Sattelborste (1-X) hat 1–3 Äste und ist länger als der Sattel. Die obere Analborste (2-X) hat 7–9 Äste, und die untere Analborste (3-X) ist einfach und länger als der Siphon. Das Ruder besteht aus 13–15 Ruderhaaren (4-X) und 2–3 freien Ruderhaaren. Die Analpapillen sind etwa so lang wie der Sattel und lanzettlich.

Biologie *Ae. refiki* ist eine sehr seltene Art, ihre Lebensweise ähnelt der von *Ae. rusticus*. Die frühen Larvenstadien kann man nach heftigen Regenfällen schon im Spätherbst finden. Sie können auch dann überleben, wenn ihre Brutplätze im Winter mit Eis bedeckt sind. Der Großteil der Population überwintert jedoch im Eistadium, und der Schlupf erfolgt während der Schneeschmelze zu Beginn des Jahres. Typische Brutstätten sind semipermanente Gewässer in sumpfigen Wäldern, z. B. im Erlenbruchwald; gelegentlich finden sich Larven auch in überschwemmten Wiesen (Vogel 1933). Sie können gemeinsam mit den Larven *Ae. rusticus*, *Ae. cantans* und *Ae. cataphylla* auftreten. Das Wasser der Brutstätten hat in der Regel einen neutralen bis alkalischen pH-Wert. In Mitteleuropa verpuppen sich die Larven im April, und die ersten erwachsenen Tiere schlüpfen Ende des Monats oder Anfang Mai. Sie bevorzugen schattige Gegenden, in denen sie auch tagsüber Menschen und Säugetiere stechen können. Die Stechaktivität ist jedoch normalerweise in der Dämmerung am höchsten. Die adulten Tiere wandern nicht weit und halten sich bevorzugt in schattigen Bereichen in der Nähe ihrer Brutplätze auf.

Verbreitung *Ae. refiki* ist eine in Europa weit verbreitete Art und wurde aus Frankreich, Spanien, Italien, Schweiz, Deutschland, und der Tschechischen Republik, dem ehemaligen Jugoslawien, der Slowakei, Ungarn und Rumänien und Schweden gemeldet (Kuhlisch et al. 2017). Außerhalb Europas kommt sie in Kleinasien vor.

9.1.28 Aedes (Ochlerotatus) riparius (Dyar and Knab) 1907

Weibchen Der Stechrüssel ist überwiegend hell beschuppt, die Maxillarpalpen tragen überwiegend dunkle Schuppen mit vereinzelt eingestreuten weißen Schuppen. Der Scheitel und der Hinterkopf sind mit schmalen, goldbronzenen Schuppen bedeckt, mit einem kleinen seitlichen weißen Fleck. Das Integument des Scutums ist rötlich braun und trägt schmale, bronzefarben und golden schimmernde Schuppen; normalerweise ist ein breiter Mittelstreifen dunklerer Schuppen vorhanden. In der Nähe der transversen Naht können kleine helle vordere submediane Flecken vorhanden sein; der präscutellare Bereich ist normalerweise von hellen Schuppen umgeben (Abb. 6.22a). Das Scutellum trägt bronzene Schuppen und einen diffusen hellen Fleck auf dem Mittellappen. Das Postpronotum ist in der oberen Hälfte mit schmalen Bronzeschuppen und in der unteren Hälfte mit schmalen, sichelförmigen, hellen Schuppen bedeckt. Auf der Postprocoxalmembran befindet sich ein kleiner weißer Fleck. Ein postspirakularer heller Schuppenflecken ist vorhanden, manchmal auch ein kleiner hypostigmaler Schuppenfleck. Das Mesepisternum hat 3 deutliche Flecken entlang seines hinteren Randes, der mesepimerale Fleck aus hellen Schuppen bedeckt etwas mehr als die Hälfte des Mesepimerons. Die Hüften haben weiße Schuppenflecken, der vordere Femur und alle Tibiae tragen dorsal gemischte Schuppen, auf den ventralen Oberflächen überwiegen weißliche Schuppen, die Femora der Mittel- und Hinterbeine sind etwas dunkler. Der Tarsomer I aller Beine ist überwiegend weißlich beschuppt mit einem

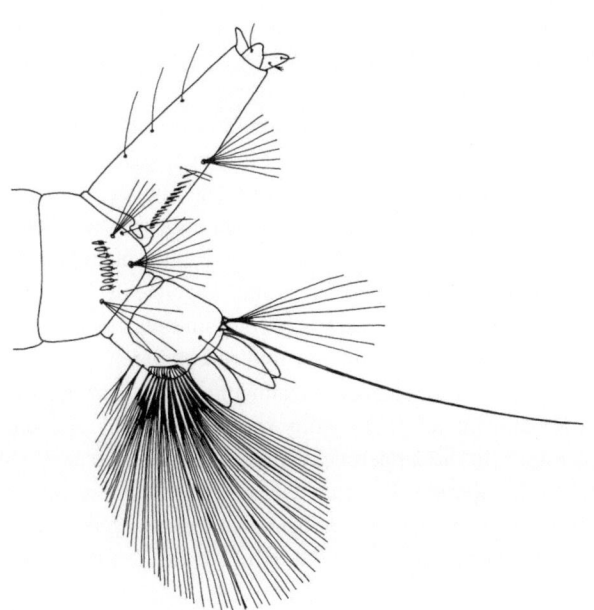

Abb. 9.26 Larve von *Ae. refiki*

undeutlichen Basalring, der manchmal fehlen kann; die Tarsomere II–IV tragen einen unterschiedlich breiten, weißen basalen Ring, der Tarsomer V ist vollständig dunkel beschuppt. Die Klauen sind gleichmäßig gebogen, der Nebenzahn steht deutlich ab (Abb. 6.21b). Die Flügeladern sind mit dunklen Schuppen bedeckt, die an der Costa (C) und Subcosta (Sc) mit hellen Schuppen vermischt sind. Tergite mit deutlichen hellen Basalbändern, auf den Tergiten II–V sind diese Bänder manchmal unterbrochen und bilden dann undeutliche dreieckige Flecken an den Seiten. Alle Tergite tragen apikal verstreute weiße Schuppen, die normalerweise zumindest auf den Tergiten VI–VIII helle Apikalbänder haben (Abb. 6.23a). Die Sternite sind mit breiten, weißen Schuppen bedeckt.

Larven Die Antennen sind kürzer als der Kopf und mit zahlreichen Dornen bedeckt. Der Antennalbusch (1-A) entspringt etwa in der Mitte der Antenne, seine Zweige reichen nicht bis zur Spitze der Antenne (Abb. 7.11b). Die inneren und mittleren Frontalhaare (5-C und 6-C) haben meist 2 Äste (Abb. 7.36a), 5-C hat 3 Zweige. Die prothorakale Formel (1-P bis 7-P) lautet: 1 (lang, einfach); 2 und 3 (kurz, einfach); 4 (mittel, einfach); 5 und 6 (lang, einfach); 7 (lang, 2–3 Zweige). Die Anzahl der Striegelschuppen beträgt 6–12, die in einer Reihe angeordnet sind (Abb. 7.36b). Jede einzelne Schuppe hat einen langen prominenten mittleren Zahn. Der Siphonalindex liegt zwischen 3,5 und 4,0. Die 2–3 letzten Pektenzähne stehen apikal leicht getrennt. Jeder Pektenzahn hat einen größeren und 2–3 kleinere seitliche Nebenzähne. Das Siphonalbüschel (1-S) entspringt jenseits der Mitte des Siphons außerhalb des Pektens und hat 4–5 lange Äste (Abb. 9.27). Der Sattel umschließt das Analsegment nicht vollständig, bedeckt aber einen Großteil seiner Seiten; die Sattelborste (1-X) ist einfach und deutlich kürzer als der Sattel. Das Ruder hat 4–6 freie Ruderhaare (4-X). Die Analpapillen sind etwa so lang wie der Sattel.

Biologie Die Art kommt im größten Teil ihres Verbreitungsgebiets sehr selten vor (Wood et al. 1979), daher ist über ihre Lebensweise wenig bekannt. Sie überwintert im Eistadium und ist wahrscheinlich monozyklisch, obwohl die ganze Saison über Weibchen anzutreffen sind. Die Larven und Adulten treten gleichzeitig mit denen von *Ae. excrucians* und *Ae. cinereus* auf. Bruthabitate sind Tümpel an Mischwaldrändern oder in Laubwäldern, meist reich an Laubresten am Boden. Larven kommen auch in Torfmooren im offenen Gelände vor (Gutsevich et al. 1974).

Verbreitung Es handelt sich um eine Art aus der Nearktis und Nordpaläarktis, die hauptsächlich in Nord- und Mitteleuropa nachgewiesen wurde.

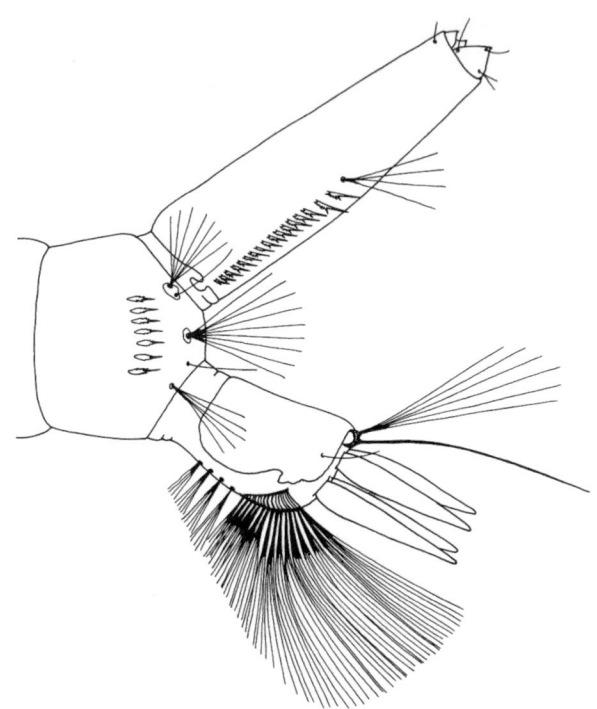

Abb. 9.27 Larve von *Ae. riparius*

9.1.29 Aedes (Ochlerotatus) rusticus (Rossi) 1790

Weibchen (Tafel 26) *Ae. rusticus* ist eine große Mücke mit dunklem Stechrüssel und Palpen, ein paar verstreute helle Schuppen können an der Basis des Rüssels vorhanden sein. Der Scheitel und der Hinterkopf haben schmale, gelblich weiße Schuppen; die Augen sind von schmalen, weißen Schuppen umrandet. Das Integument des Scutums ist schwarzbraun und mit goldenen Bronzeschuppen und einem Mittelstreifen aus dunklen Schuppen bedeckt, der normalerweise durch einen schmalen acrostichalen Streifen getrennt ist. Manchmal gibt es 2 weitere dunkle Streifen in den hinteren Submedianbereichen. Die seitlichen Teile des Scutums haben cremefarbene Schuppen. Das Scutellum ist dunkelbraun mit schmalen, gelblich weißen Schuppen und hellen Borsten auf den Lappen. Die postprocoxale Membran trägt helle Schuppen. Die Pleurite sind großflächig mit gelblichen oder weißen Schuppen bedeckt. Das Postpronotum hat breite, abgeflachte Schuppen, die im oberen Teil schwarzbraun und im unteren Teil weißlich sind. Die hypostigmalen und spirakularen Schuppenflecken sind miteinander verbunden. Der mesepisternale Schuppenfleck reicht bis zum vorderen Winkel und unteren Rand; die Schuppen des Mesepimerons erstrecken sich mehr oder weniger bis zum unteren Rand, untere mesepimerale Borsten sind vorhanden. Die Femora haben blassgelbe Schuppen auf den ventralen Oberflächen und dunkle

Schuppen auf den dorsalen Oberflächen; die Tibiae und der Tarsomer I tragen gemischte helle und dunkle Schuppen, und die Tarsomere II–V sind fast vollständig dunkel beschuppt. Die Flügeladern sind überwiegend mit dunklen Schuppen bedeckt, vereinzelte helle Schuppen finden sich an der Basis der Costa (C) und auf der Subcosta (Sc), am zahlreichsten sind sie an der Spitze der Subcosta. Das Tergit I hat 2 Flecken gelblich weißer Schuppen und heller Borsten, die anderen Tergite sind dunkel beschuppt mit hellen Basalbändern, die normalerweise in der Mitte verbreitert sind und zumindest auf dem apikalen Tergiten die Tendenz zeigen, in der Mitte einen Längsstreifen zu bilden (Abb. 6.28a). Die dunklen Teile der Tergite weisen oft vereinzelt eingestreute helle Schuppen auf. Die Sternite sind überwiegend weißlich beschuppt.

Larven Der Kopf ist breiter als lang. Die Antennen sind etwa halb so lang wie der Kopf, leicht gebogen und mit zahlreichen feinen Dornen besetzt (Abb. 7.18b). Der Antennalbusch (1-A) entspringt etwa in der Mitte des Antennenschafts oder etwas darunter und hat 5–6 Äste. Die mittleren Frontalhaare (6-C) haben 2, selten 3 Äste und liegen vor den inneren Frontalhaaren (5-C), die 3, selten 2 Äste haben; die äußeren Frontalhaare (7-C) haben normalerweise 8 Zweige. Der Striegel besteht aus 10–18 Striegelschuppen, die in 2 unregelmäßigen Reihen angeordnet sind. Jede einzelne Schuppe hat einen kräftigen langen Mittelzahn, 1–2 kürzere Seitenzähne und eine Anzahl kleinerer Zähne an der Basis. Der Siphon ist gerade, verjüngt sich in der apikalen Hälfte, und der Siphonalindex beträgt 3,0–3,5 (Abb. 9.28). Auf der Dorsalseite des Siphons entspringen 3, seltener 4 Paare zusätzlicher Borsten (Abb. 7.20a); eine weitere Borste mit 1–2 dünnen Ästen befindet sich an der Seite des Siphons in der Nähe des Pektens. Der Pekten besteht aus 15–25 Zähnen, die sich über die basale Hälfte des Siphons erstrecken; die basalen und mittleren Zähne haben 2–3 Nebenzähne, 1–3 distale Pektenzähne sind dornartig und getrennt stehend. Das Siphonalbüschel (1-S) entspringt etwa in der Mitte des Siphons innerhalb der distalen Pektenzähne und hat 6–8 Zweige (Abb. 7.21a). Der Sattel bedeckt etwa 3/4 der Seiten des Analsegments; die Sattelborste (1-X) ist einfach und fast so lang wie der Sattel. Die obere Analborste (2-X) hat mehr als 6 Äste und ist halb so lang wie die untere Analborste (3-X), die einfach und länger als der Siphon ist. Das Ruder hat 11–16 Ruderhaare (4-X) und 3–4 freie Ruderhaare. Die Analpapillen sind etwa halb so lang wie der Sattel, das dorsale Paar ist länger als das ventrale Paar.

Biologie *Ae. rusticus* ist eine monozyklische Frühjahrsart, die überwiegend in sumpfigen Wäldern mit hohem Grund-

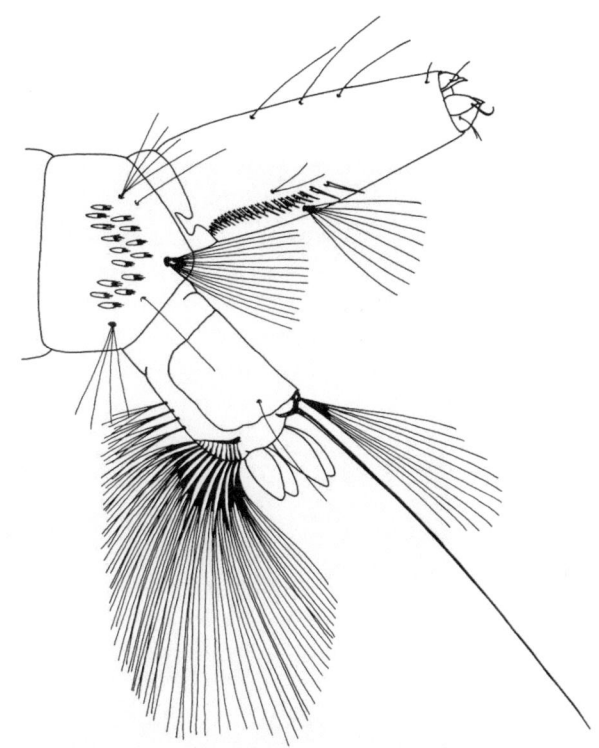

Abb. 9.28 Larve von *Ae. rusticus*

wasserspiegel, seltener auch in Überschwemmungsgebieten vorkommt. Bei starken Regenfällen im Herbst, wenn der Wasserspiegel steigt, können erste Larven schlüpfen. Die Diapause dieser Larven wird durch die sinkenden Temperaturen im Herbst beendet. Normalerweise überwintern diese Larven im 2. und 3. Larvenstadium und können sogar unter einer geschlossenen Eisdecke überleben. Der hohe Gehalt an gelöstem Sauerstoff in kaltem Wasser oder Sauerstoffblasen unter dem Eis, die durch assimilierende Pflanzen entstehen, ermöglichen den Larven, ihren Sauerstoffbedarf zu decken und zu überleben; meist heften sie sich an diese Sauerstoffblasen. Während eines strengen Winters kann die Sterblichkeitsrate jedoch sehr hoch sein. Aus diesem Grund kommt *Ae. rusticus* normalerweise nicht in Gebieten vor, in denen die Januar-Isotherme weniger als −1 °C beträgt (Kirchberg und Petri 1955). Oft können die Larven zusammen mit denen von *Cs. morsitans* oder *An. claviger* gefunden werden. Eine weitere Larvenpopulation von *Ae. rusticus* und *Cs. morsitans* schlüpft im zeitigen Frühjahr kurz nach der Schneeschmelze aus überwinternden Eiern. So sind das 1. und 4. Larvenstadium dieser beiden Arten zusammen mit zahlreichen Larven des 1. Stadiums von *Ae. communis* und *Ae. punctor* zu finden, die normalerweise im zeitigen Frühjahr aus überwinternden Eiern schlüpfen.

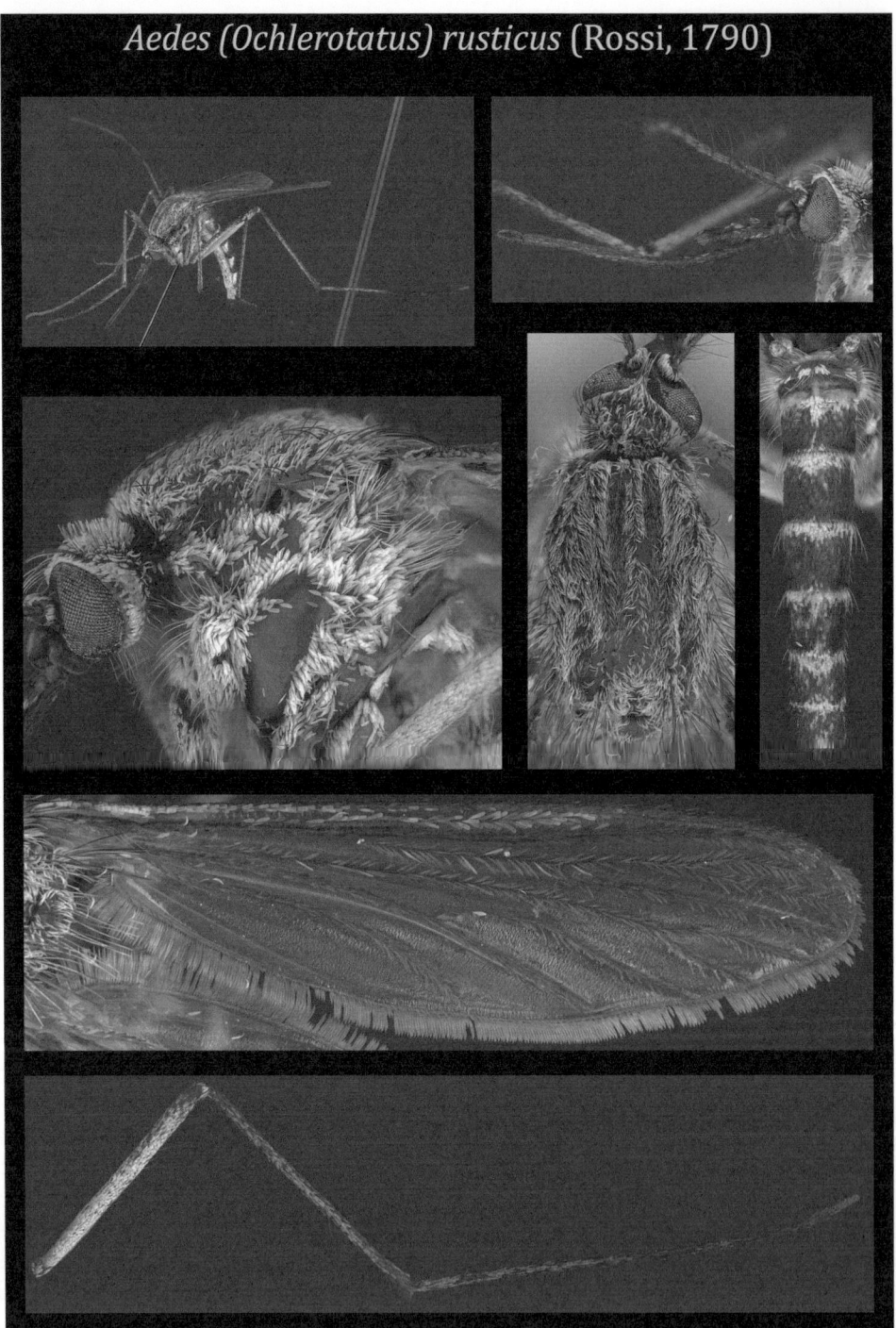

Tafel 26: *Aedes (Ochlerotatus) rusticus*

Verpuppung und Schlupf der Adulten von *Ae. rusticus* dauern dabei länger und vollziehen sich später als bei den anderen Arten. Typische Brutstätten sind Gräben oder tiefere Senken mit Vegetation, z. B. *Carex* sp. oder *Phragmites* sp. Die Larven von *Ae. rusticus* sind selten in flachen Gewässern anzutreffen, da die Gefahr groß ist, dass das gesamte Gewässer zufriert. Larven kommen vorzugsweise in Brutstätten mit einem pH-Wert von 5,0–8,0 vor; in Gewässern mit pH-Werten unter 5,0 sind sie selten oder fehlen. Die optimale Temperatur für die Larvalentwicklung im Labor liegt bei 15–20 °C. Die Entwicklungszeit bei einer konstanten Temperatur von 10 °C beträgt etwa 66 Tage, bei 15 °C dauert sie 28–29 Tage und bei 20 °C etwa 23–25 Tage. In Mitteleuropa schlüpfen die Adulten meist Ende April. Weibchen sind in schattigen Situationen aggressive Stecher. Die erwachsenen Tiere halten sich bevorzugt in Waldgebieten in der Nähe ihrer Brutgewässer auf und legen keine langen Strecken zurück, meist nicht mehr als 2 km (Schäfer et al. 1997).

Verbreitung *Ae. rusticus* ist in ganz Europa weit verbreitet und kommt auch in Nordafrika und Kleinasien vor.

9.1.30 *Aedes (Ochlerotatus) sticticus* (Meigen) 1838

Weibchen (Tafel 27) *Ae. sticticus* ist eine mittelgroße Art mit dunklem Stechrüssel und Maxillarpalpen. Der Scheitel ist überwiegend mit blassgelben Schuppen bedeckt und der Hinterkopf mit hellen aufrechten, gegabelten Schuppen. Das Scutum trägt in der Regel einen dunklen mittleren Längsstreifen, die seitlichen Teile des Scutums sind mit hellgelben Schuppen besetzt und die hinteren submedianen Bereiche sind rötlich bis dunkelbraun. Der obere Teil des Postpronotums ist dunkel beschuppt, das untere Drittel ist überwiegend mit hellen Schuppen besetzt. Ein postprocoxaler und hypostigmaler Schuppenfleck fehlen. Die subspirakularen und postspirakularen Schuppenflecke sind gut entwickelt. Das Mesepisternum trägt grauweiße Schuppen, der obere mesepisternale Fleck erstreckt sich bis in die Nähe des vorderen Endes des Pleurits. Der mesepimerale Schuppenfleck endet deutlich über dem unteren Rand des Mesepimerons, die unteren mesepimeralen Borsten fehlen. Die Tibiae und Tarsen sind überwiegend dunkel beschuppt, der Tarsomer V aller Beine ist größtenteils mit dunklen Schuppen besetzt. Die Flügeladern sind normalerweise vollständig dunkel beschuppt, selten sind einzelne helle Schuppen an der Basis der Costa vorhanden (C). Die Tergite sind dunkel beschuppt, die Tergite II–IV haben helle, in der Mitte deutlich verengte Basalbänder; auf den folgenden Tergiten sind die Basalbänder unterbrochen und bilden an den Seiten dreieckige, helle Flecken (Abb. 6.35a).

Larven Die Antennen sind fast halb so lang wie der Kopf und mit weniger zahlreichen, aber markanten Dörnchen besetzt. Der Antennalbusch (1-A) entspringt etwas unterhalb der Mitte des Antennenschafts und trägt 4–5 Äste, die die Spitze der Antenne nicht erreichen. Die hinteren Klypealhaare (4-C) sind klein und liegen zwischen den mittleren Frontalhaaren (6-C); sie haben 1–4 kurze Äste. Die inneren Frontalhaare (5-C) haben 2–4 Äste, die mittleren Frontalhaare (6-C) normalerweise 2 Äste und die äußeren Frontalhaare (7-C) normalerweise 5 Äste. Der Striegel besteht aus 18–27 Striegelschuppen, angeordnet in 2–3 unregelmäßigen Reihen (Abb. 9.29). Jede einzelne Schuppe hat einen verlängerten mittleren Zahn. Der Siphon ist gerade und verjüngt sich allmählich zur Spitze hin. Der Siphonalindex beträgt 2,5–3,0. Die Pektenzähne stehen mehr oder weniger geschlossen und erstrecken sich über die Mitte des Siphons hinaus; das Siphonalbüschel (1-S) entspringt oberhalb des Pektens und hat 4–6 mäßig lange Äste. Der Sattel erstreckt sich weit über die Seiten des Analsegments hinunter; die Sattelborste (1-X) ist einfach und kürzer als der Sattel. Das Ruder trägt 1–2 freie Ruderhaare (4-X). Die Analpapillen sind lang und spitz zulaufend, oft 2,0- bis 2,5-mal länger als der Sattel.

Biologie *Ae. sticticus* ist eine polyzyklische Art. Die Larven kommen vor allem in temporären Gewässern nach Überschwemmungen vor und werden regelmäßig mit denen von *Ae. vexans* vergesellschaftet gefunden, oft als zweihäufigste Mücke. Die Larven schlüpfen bei niedrigeren Wassertemperaturen (<8 °C) als die Larven von

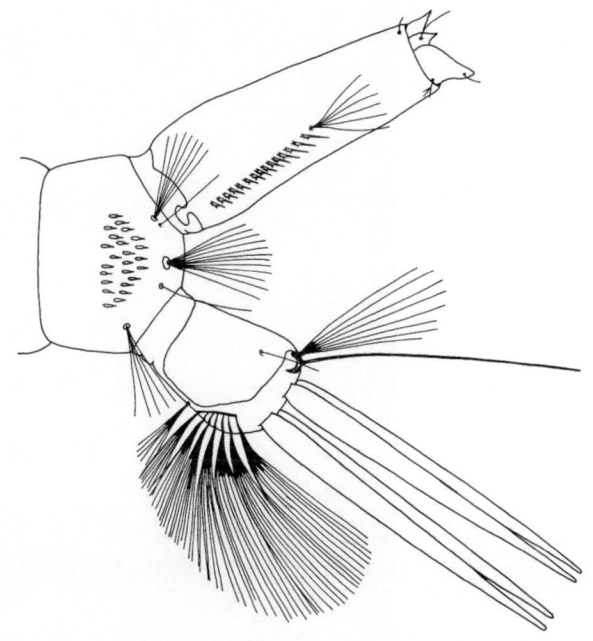

Abb. 9.29 Larve von *Ae. sticticus*

Ae. vexans. In Mitteleuropa können die Larven im Frühling nach Überschwemmungen vergesellschaftet mit denen von *Ae. rossicus, Ae. cinereus* und *Ae. cantans* auftreten, wenn *Ae. vexans* noch nicht bereit ist, in Massen zu brüten. Der Höhepunkt der Entwicklung wird jedoch bei Überschwemmungen im Sommer erreicht. Im Gegensatz zu *Ae. vexans* zeigt *Ae. sticticus* eindeutig eine Vorliebe für schattige Brutgewässer, die oft von Bäumen bedeckt sind. Der pH-Wert der Gewässer liegt meist im neutralen bis alkalischen Bereich. Die optimale Temperatur für die Entwicklung von *Ae. sticticus* liegt bei etwa 25 °C; vom Schlüpfen der Erstlarve bis zum Schlüpfen der erwachsenen Tiere dauert es dann 6–8 Tage. Auf der Suche nach einer Blutmahlzeit können die Weibchen beträchtliche Entfernungen zurücklegen; mehr als 20 km wurden beobachtet (Hearle 1926). Die Adulten von *Ae. sticticus* halten sich vorwiegend in schattigem Gelände auf, z. B. in Überschwemmungsgebieten von Flusssystemen, die mit Bäumen bedeckt sind, wo die Weibchen häufig zu einer Plage werden. Der Höhepunkt der Stechaktivität liegt in der Dämmerung, sie können jedoch auch tagsüber in schattigen Situationen anfliegen.

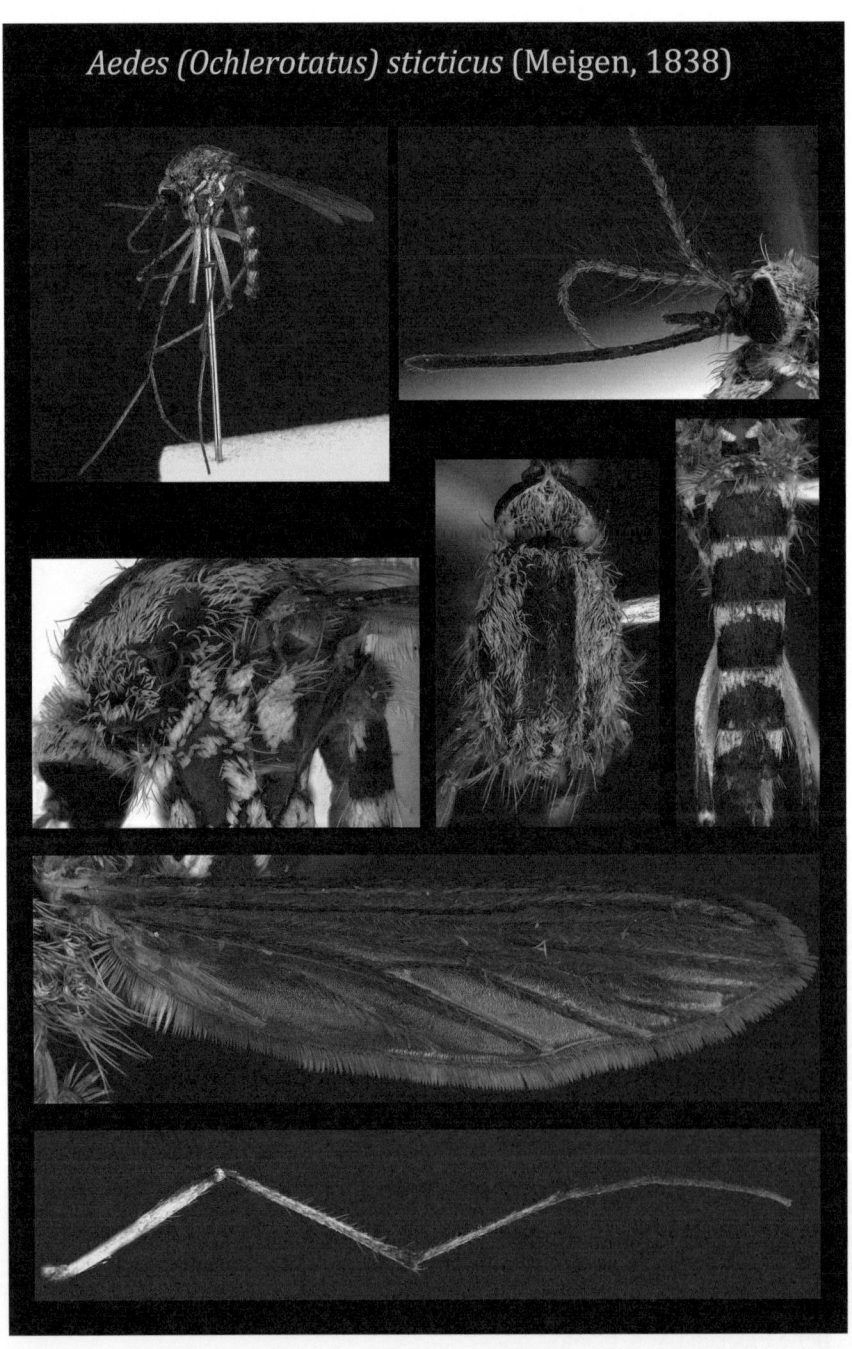

Tafel 27: *Aedes (Ochlerotatus) sticticus*

Verbreitung Die holarktische Art ist in Europa weit verbreitet und kommt von Nordeuropa über den Mittelmeerraum bis nach Sibirien im Osten vor. Sie ist auch aus Nordamerika bekannt.

9.1.31 *Aedes (Stegomyia) aegypti* (Linnaeus) 1762

Weibchen (Tafel 28) *Ae. aegypti* ist eine mittelgroße, dunkle Art mit kontrastreichen silbrig weißen Schuppen an Kopf, Scutum, Beinen und Abdomen. Sie unterscheidet sich von allen anderen einheimischen *Aedes* -Arten durch die weißen Streifen auf dem Scutum, die das typische lyraförmige Muster bilden (Abb. 6.16a). Der Stechrüssel ist dunkel beschuppt, die Maxillarpalpen sind ungefähr 1/5 so lang wie der Rüssel und mit hellen Schuppen auf der apikalen Hälfte besetzt. Der Scheitel trägt eine Mittellinie aus breiten, weißen Schuppen bis zur Rückseite des Hinterkopfs. Aufrecht stehende Schuppen beschränken sich auf den Hinterkopf und sind alle hell. Das Scutum ist überwiegend mit schmalen, dunkelbraunen Schuppen bedeckt und trägt ein charakteristisches Muster heller Schuppen. Ein Paar schmale dorsozentrale Streifen aus schmalen, hellgelben Schuppen erstreckt sich in der vorderen Hälfte des Scutums; außerdem befinden sich im vorderen Bereich weiße seitliche Streifen, die sich über die transverse Naht fortsetzen, über die hinteren submedianen Bereiche bis zum Scutellum reichen und die für die Art typische Form einer Lyra bilden. Das Scutellum ist mit breiten weißen Schuppen auf allen Lappen besetzt (Abb. 6.15a); einige breite dunkle Schuppen befinden sich am Apex des Mittellappens. Das Postpronotum trägt einen Fleck aus breiten, weißen Schuppen und einige schmale, dunkle und blasse Schuppen im oberen Teil. Subspirakularer und hypostigmaler Schuppenfleck sind vorhanden und werden von breiten weißen Schuppen gebildet; der postspirakulare Schuppenfleck fehlt. Es sind obere und untere mesepisternale Schuppenflecke vorhanden; der obere mesepisternale Schuppenfleck reicht nicht bis zur vorderen Ecke des Mesepisternums. Das Mesepimeron trägt einen Schuppenfleck, untere mesepimerale Borsten fehlen. Alle Femora haben weiße Knieflecke, die Vorder- und Mittelfemora einen schmalen, weißen Längsstreifen auf der Vorderfläche. Alle Tibiae sind vorn dunkel; die vorderen und mittleren Tarsen haben einen weißen basalen Ring auf den Tarsomeren I und II; der hintere Tarsus hat breite, weiße basale Ringe auf den Tarsomeren I–IV, und der Tarsomer V ist vollständig weiß beschuppt. Die Klauen der Vorder- und Mitteltarsen haben einen Nebenzahn, die Klauen der Hintertarsen sind einfach. Die Flügeladern sind mit dunklen Schuppen besetzt, bis auf einen kleinen weißen Schuppenfleck an der Basis der Costa (C). Das Tergit I hat seitlich weiße Schuppen und einen mittleren hellen Fleck; die Tergite II bis VI tragen weiße basale Bänder und weiße basolaterale Flecken, die von den Bändern getrennt sind; das Tergit VII hat nur seitlich weiße Flecken. Die Sternite II–IV sind größtenteils hell beschuppt, die Sternite V und VI tragen überwiegend dunkle Schuppen.

Larven Die Antennen sind etwa halb so lang wie der Kopf und nicht mit Dörnchen besetzt. Der Antennalbusch (1-A) ist klein und unverzweigt; er entspringt etwas oberhalb der Mitte des Antennenschafts. Die hinteren Klypealhaare (4-C) und mittleren Frontalhaare (6-C) inserieren weit vorn in der Nähe des vorderen Rands des Kopfs. 4-C liegt etwas vor 6-C und ist gut entwickelt, mit 4–7 kurzen Zweigen. Alle Frontalhaare (5-C bis 7-C) sind lang und unverzweigt (Abb. 7.40a), sehr selten haben die äußeren Frontalhaare (7-C) 2 Äste. An der Basis der meso- und metathorakalen Borsten (9-M bis 12-M und 9-T bis 12-T) befindet sich ein langer, kräftiger Dorn, der spitz und hakenförmig ist. Der Striegel besteht aus 6–12 Schuppen, die in einer einzelnen unregelmäßigen Reihe angeordnet sind. Jede Striegelschuppe hat einen langen mittleren Zahn sowie kräftige und deutlich ausgebildete subapikale Zähne (Abb. 7.40b). Der Siphon ist mäßig pigmentiert; der Siphonalindex beträgt 1,8–2,5; eine Siphonverankerung (Acus) fehlt (Abb. 7.17b). Der Pekten besteht aus 8–22 Zähnen (normalerweise 10–16), die 1–4 seitliche Nebenzähne aufweisen und geschlossen stehen; sehr selten kann der distale Zahn leicht getrennt stehen. Das Siphonalbüschel (1-S) hat 3–4 Zweige, die normalerweise nahe dem distalen Pektenzahn und knapp über der Mitte des Siphons entspringen. Der Sattel reicht weit an den Seiten des Analsegments herunter; die Sattelborste (1-X) hat meist 2 kurze Äste. Das Ruder besteht aus 8–10 Ruderhaaren (4-X), freie Ruderhaare sind nicht vorhanden (Abb. 9.30). Die Analpapillen sind etwa 2,5- bis 3-mal so lang wie der Sattel, wurstförmig und apikal abgerundet.

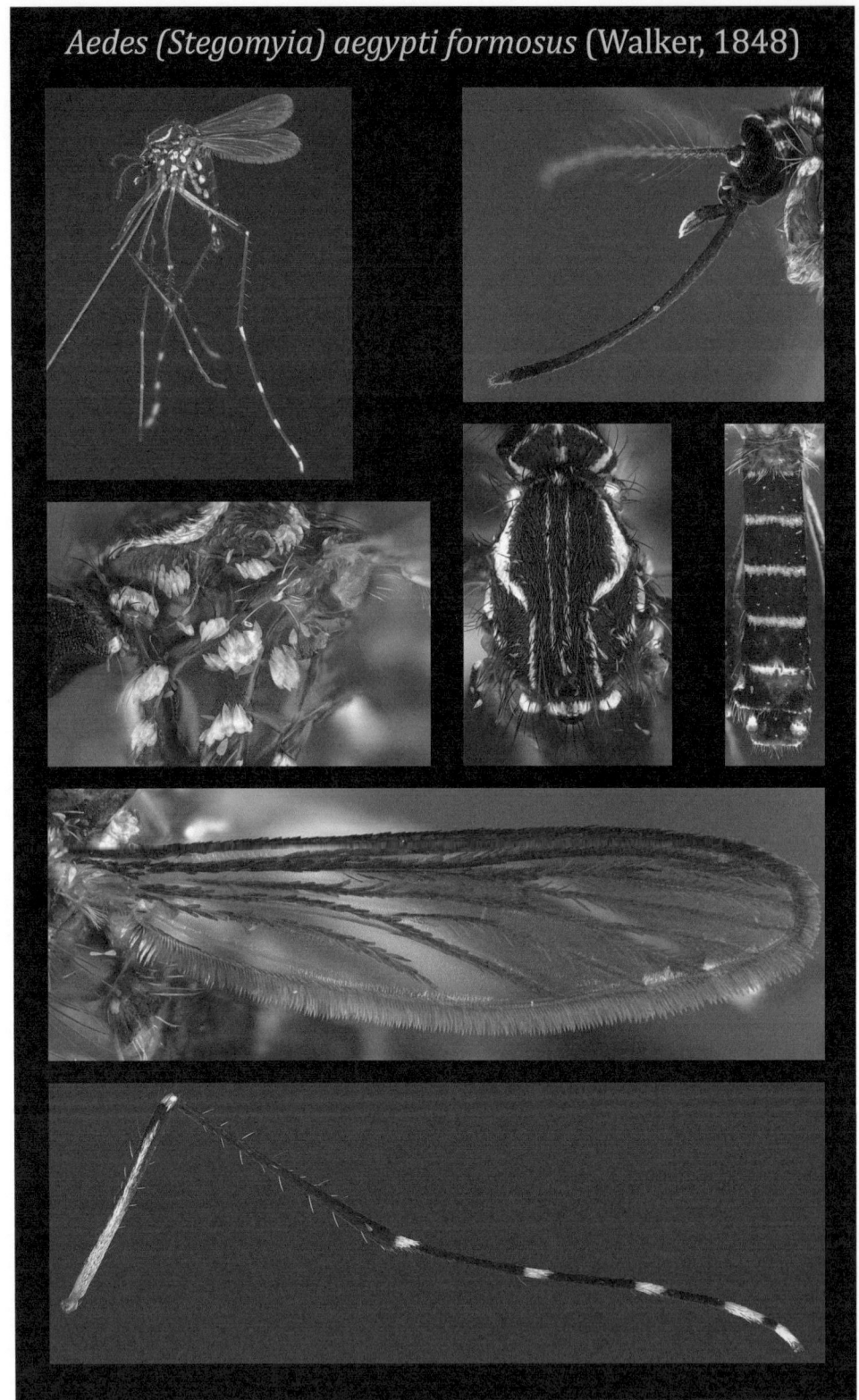

Tafel 28: *Aedes (Stegomyia) aegypti*

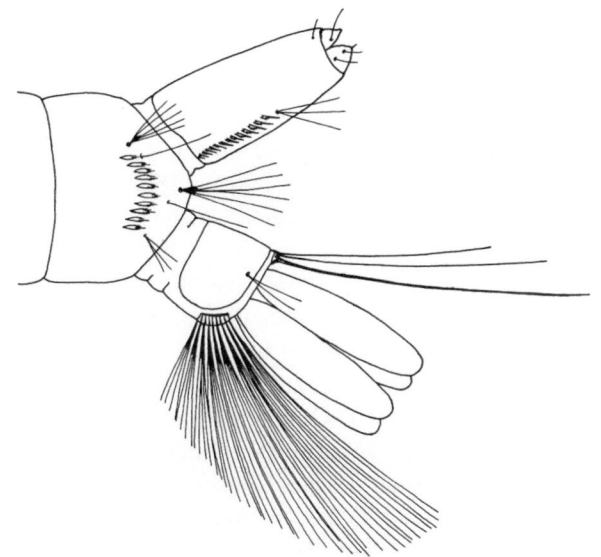

Abb. 9.30 Larve von *Ae. aegypti*

Biologie In den Tropen und Subtropen kommt die Art fast immer in der Nähe menschlicher Siedlungen vor. Die Larven brüten in verschiedenen kleinen, künstlichen Behältern und Wasseransammlungen aller Art, sowohl innerhalb als auch außerhalb menschlicher Behausungen, in Gärten und in einem Umkreis von 500 m um Behausungen, z. B. in Tontöpfen und Wassertanks, offenen Zisternen, mit Regen gefüllten leeren Dosen oder Blumentöpfen, zerbrochenen Flaschen oder ausrangierten Autoreifen. Wenn die Behausungen von Vegetation umgeben sind, können sich die Larven nach starken Regenfällen auch in Baumhöhlen, Blattachseln, Bambusstümpfen oder Kokosnussschalen entwickeln. Sie sind ebenso in allen künstlichen und natürlichen Wassersammlungen in Häfen und auf Schiffen zu finden. Die Brutgewässer sind größtenteils sauber oder weisen einen mäßigen Gehalt an organischen Stoffen auf. Die Larven verbringen lange Zeit unter Wasser und weiden den Boden ihrer Brutstätten ab. Die Eier zeigen eine gewisse Toleranz gegen Austrocknung und werden nahe der Wasserlinie abgelegt. Bei einer Temperatur von 27–30 °C schlüpfen die Larven 2 Tage nach der Eiablage, die Verpuppung erfolgt nach 8 Tagen, und die erwachsenen Tiere schlüpfen 9–10 Tage nach der Eiablage. Die Weibchen nehmen ihre Blutmahlzeit überwiegend tagsüber an schattigen Plätzen und nur gelegentlich nachts in beleuchteten Räumen ein; dabei wird menschliches Blut dem von Haustieren vorgezogen (Carpenter und LaCasse 1955). Die erwachsenen Tiere ruhen häufig innerhalb der Häuser, z. B. in Schränken oder hinter Türen. Sie wandern nicht über große Entfernungen und fliegen selten mehr als einige Hundert Meter von ihren Brutstätten entfernt.

Ae. aegypti ist eine der am besten geeigneten Stechmücken für Laborkolonien und wird in vielen Bereichen häufig als Testorganismus für Laborforschungen eingesetzt. Bei einer konstanten Temperatur von 22–28 °C während der Aufzucht sind die Adulten und Larven einfach zu handhaben, die Aufzucht ist in nahezu allen Käfigtypen und Zuchtbehältern möglich, und die Paarung findet auf kleinstem Raum statt. Die Weibchen saugen an einer Vielzahl kleiner Säugetiere, die als Nahrungsquelle dienen; Blut und die Eier können bei Bedarf über Monate hinweg gelagert werden, ohne ihre Lebensfähigkeit zu verlieren. Die verfügbare Literatur über *Ae. aegypti*, seine biologische und medizinische Bedeutung ist zahlreich, eine anerkannte Monographie wurde 1960 von Christophers veröffentlicht.

Medizinische Bedeutung Als Hauptüberträger des Gelbfieber-Virus ist *Ae. aegypti* seit Langem als Gelbfiebermücke bekannt, aber sie ist auch ein wichtiger Überträger der Dengue-, Chikungunya-(CHIK-) und Zika-(ZIK-)Viren, die Europa bedrohen (Failloux et al. 2017). Sie verursachte in den Jahren 1927 und 1928 in Griechenland massive Dengue-Epidemien (Rosen 1986), und in jüngerer Zeit kam es in Afrika und Asien zu Ausbrüchen von CHIKV (Gould und Higgs 2009).

Verbreitung Die Art soll ihren Ursprung in Afrika haben und ist heute in den tropischen, subtropischen und warmgemäßigten Regionen beider Hemisphären verbreitet. Ihr Verbreitungsgebiet wird hauptsächlich durch die 10 °C-Monats-Isotherme begrenzt, innerhalb derer die Larvalentwicklung über das gesamte Jahr fortgesetzt werden kann (Christophers 1960). Vor 1945 wurden in Europa in allen Mittelmeerländern und den meisten großen Hafenstädten zumindest gelegentliche Einschleppungen von *Ae. aegypti* gemeldet (Mitchell 1995). Die Art kam in Portugal, Spanien, Frankreich, Italien, dem ehemaligen Jugoslawien, Griechenland und Albanien vor, wurde jedoch inzwischen ausgerottet oder ist in vielen Ländern, in denen sie zuvor häufig vorkam, selten geworden. Der letzte Bericht über *Ae. aegypti* in Europa stammt von 1971 aus dem Gebiet des Gardasees in Norditalien (Callot und Delecolle 1972). Lokale Populationen konnten ab 2007 an der Schwarzmeerküste Russlands, Abchasiens und Georgiens (Yunicheva et al. 2008; Medlock et al. 2012) sowie im Nordosten der Türkei gefunden werden (Akiner et al. 2016).

9.1.32 Aedes (Stegomyia) albopictus (Skuse) 1895

Weibchen (Tafel 29) Der Stechrüssel ist dunkel beschuppt und etwa so lang wie der vordere Femur. Die Maxillarpalpen sind ungefähr 1/5 so lang wie der Rüssel und mit hellen Schuppen auf der apikalen Hälfte besetzt. Der Scheitel trägt breite, weiße Schuppen, und der Hinterkopf ist in der Mitte mit weißen und an den Seiten mit dunklen Schuppen besetzt; aufrecht stehende Schuppen fehlen normalerweise. Das Scutum ist hauptsächlich mit schmalen, dunklen Schuppen bedeckt und trägt einen markanten acrostichalen Streifen aus schmalen, weißen Schuppen, der nach hinten schmaler wird und sich vom vorderen Rand des Scutums bis zum Beginn des präscutellaren Bereichs erstreckt, wo er sich gabelt und weiter bis zum Rand des Scutellums verläuft (Abb. 6.16b). An jeder Seite reicht ein schmaler, weißer hinterer dorsozentraler Streifen nicht bis zur Mitte des Scutums. Das Scutellum hat breite, weiße Schuppen auf allen Lappen, der Mittellappen trägt in seinem apikalen Bereich dunkle Schuppen. Das Postpronotum trägt einen großen Fleck breiter, weißer Schuppen und einige schmale, dunkle Schuppen im oberen Teil. Der subspirakulare Schuppenfleck wird von weißen Schuppen gebildet; ein postspirakularer Schuppenfleck fehlt. Der obere und untere mesepisternale Fleck besteht aus weißen Schuppen; das Mesepimeron trägt einen V-förmigen weißen Schuppenfleck, wobei das offene V nach hinten zeigt. Die vorderen und mittleren Femora sind vorn dunkel und hinten heller beschuppt und haben helle apikale Flecken. Der hintere Femur hat einen breiten, weißen Längsstreifen an der Vorderseite, der sich an seiner Basis verbreitert. Die Tibiae sind mit dunklen Schuppen besetzt. Die vorderen und mittleren Tarsen haben schmale, weiße basale Ringe auf den Tarsomeren I und II; der hintere Tarsus hat breite, weiße basale Ringe auf den Tarsomeren I–IV, und der Tarsomer V ist vollständig weiß beschuppt. Die Klauen sind einfach und tragen keinen Nebenzahn. Die Schuppen auf den Flügeladern sind alle dunkel, bis auf einen kleinen weißen Schuppenfleck an der Basis der Costa (C). Das Tergit I trägt seitlich weiße Schuppen, die Tergite II–VII haben weiße basolaterale Flecken. Darüber hinaus tragen die Tergite III–VI schmale, weiße basale Bänder, die sich seitlich verbreitern und nicht mit den lateralen Flecken verbunden sind.

Larven Der Kopf ist ungefähr so lang wie breit. Die Antennen sind etwa halb so lang wie der Kopf und nicht mit Dörnchen besetzt. Der Antennalbusch (1-A) ist klein und unverzweigt; er entspringt nahe der Mitte des Antennenschafts. Die hinteren Klypealhaare (4-C) entspringen nahe dem Vorderrand des Kopfs und haben 6–15 Zweige und einen kurzen Stiel. Die mittleren Frontalhaare (6-C) haben 1–2 Äste, die inneren Frontalhaare (5-C) liegen hinter 6-C, sind etwas länger und einfach, die äußeren Frontalhaare (7-C) haben normalerweise 2–3 Zweige (Abb. 7.40c). Der Striegel besteht aus 6–13 (normalerweise 8–10) länglichen Schuppen, die in einer einzigen Reihe angeordnet sind. Jede Striegelschuppe hat einen langen mittleren Zahn und kleine unscheinbare Zähnchen an den Seiten (Abb. 7.40d); deutlich ausgebildete subapikale Zähne fehlen. Der Siphon ist kurz und verjüngt sich deutlich ab der Mitte; der Siphonalindex beträgt 1,7–2,5, eine Siphonverankerung (Acus) ist nicht vorhanden (Abb. 9.31). Der Pekten besteht aus 8–14 Zähnen, die geschlossen stehen und normalerweise 2 seitliche Nebenzähne besitzen. Das Siphonalbüschel (1-S) hat 2–4 Äste und inseriert etwas oberhalb der Mitte des Siphons außerhalb des Pektens. Der Sattel reicht bis nahe an den ventralen Rand des Analsegments; die Sattelborste (1-X) hat normalerweise 2 Äste, von denen mindestens 1 deutlich länger als der Sattel ist. Die obere Analborste (2-X) hat normalerweise 2 Zweige, selten einfach, die untere Analborste (3-X) ist unverzweigt. Das Ruder besteht aus 8 Ruderhaaren (4-X), freie Ruderhaare sind nicht vorhanden. Die Analpapillen sind wurstförmig und etwa 3-mal so lang wie der Sattel.

Biologie Die Larven kommen in einer Vielzahl kleiner natürlicher und künstlicher Wasseransammlungen vor, z. B. in Baumhöhlen, Bambusstümpfen, Kokosnussschalen, Felslöchern, Pflanzenachseln oder Palmwedeln sowie in Blumentöpfen, Blechdosen, Wasserkrügen, Metall- und Holzeimern oder -fässern, zerbrochenen Glasflaschen oder

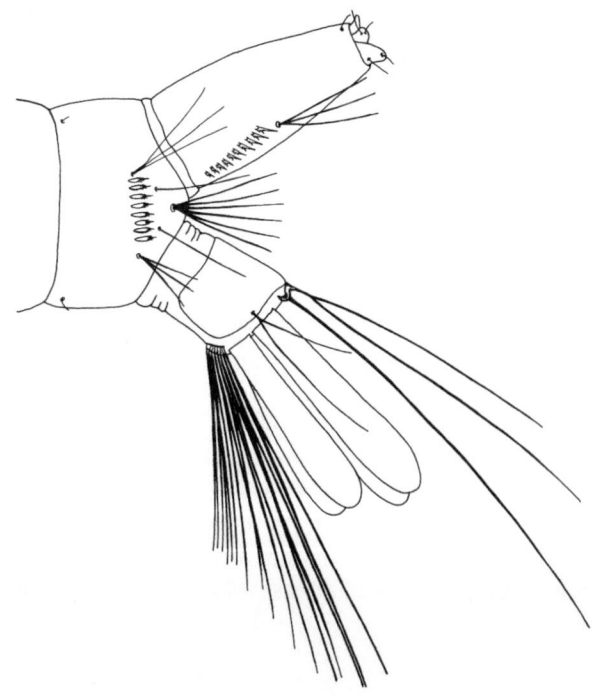

Abb. 9.31 Larve von *Ae. albopictus*

9.1 Gattung Aedes Meigen, 1818

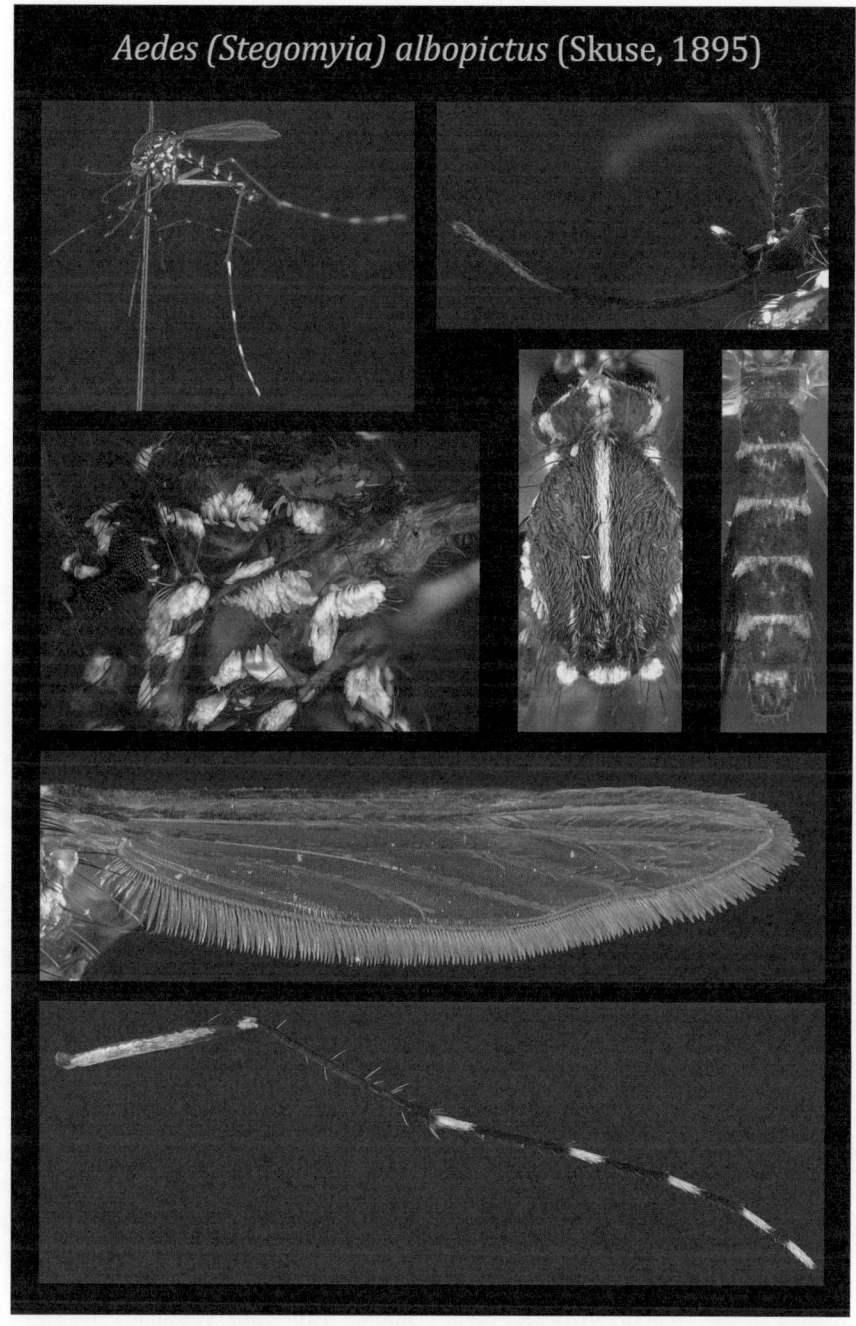

Tafel 29: *Aedes (Stegomyia) albopictus*

weggeworfenen Autoreifen (Huang 1972). Die Eier überstehen längere Phasen der Trockenheit, was ihren Transport in gebrauchten Reifenkarkassen auch über weite Strecken erleichtert. In tropischen und subtropischen Gebieten findet das ganze Jahr über eine kontinuierliche Larvalentwicklung statt, aber in gemäßigten Klimazonen wie Europa existieren Populationen von *Ae. albopictus*, die eine embryonale Diapause einlegen und im Eistadium überwintern. Es können mehrere Generationen pro Jahr auftreten. Die adulten Weibchen saugen vorwiegend an Menschen Blut, können aber auch andere Säugetiere wie Kaninchen, Hunde, Kühe und Eichhörnchen oder gelegentlich sogar Vögel, wie z. B. Passeriformes oder Columbiformes, stechen. Diese Variabilität in der Wahl des potenziellen Wirts weist darauf hin, dass *Ae. albopictus* ein potenter Vektor für die Übertragung einer Vielzahl von Arboviren ist, die Säugetiere und Vögel als Hauptwirte nutzen (Mitchell 1995). Stechversuche werden überwiegend tagsüber außerhalb von Häusern in schattigen Situationen unternommen, in der Dämmerung und in der Nacht dringen die Weibchen aber auch gerne in Wohnungen ein. *Ae. albopictus* ist eine massenhaft vorkommende Art in Ostasien, wo sie an vielen Orten große Belästigungen verursacht. In einigen Gebieten Norditaliens ist die Art zum Hauptplageerreger geworden, obwohl sie vor 1990 in diesen Gebieten noch nicht vorkam. Auch in Deutschland und Mitteleuropa breitet sich *Ae. albopictus* unaufhaltsam aus. Neben dem Handel mit gebrauchten Autoreifen ist eine weitere Möglichkeit, die Eier und Larven von *Ae. albopictus* zu verbreiten, der Handel mit der Zierpflanze *Dracaena* sp. („Glücksbambus", „lucky bamboo"). Diese Pflanzen werden während des Transports von Asien in den Rest der Welt in stehendem Wasser verpackt und ermöglichen ein ideales Insektarium für den Transport, was z. B. zur Einschleppung von *Ae. albopictus* von Asien nach Kalifornien führte (Madon et al. 2004).

Medizinische Bedeutung *Ae. albopictus* ist unter Laborbedingungen ein kompetenter Vektor für 26 verschiedene Arboviren (Paupy et al. 2009), einschließlich West-Nile-Virus (WNV) (Holick et al. 2002; Brustolin et al. 2017) und das Japanische Enzephalitis-Virus (JEV) (Paupy et al. 2009). In Wildpopulationen konnten Infektionen mit dem Usutu-Virus (USUV) und dem Chikungunya-Virus (CHIKV) festgestellt werden (Angelini et al. 2007; Rezza et al. 2007; Calzolari et al. 2012, 2013). Die Art übertrug das CHIKV in Frankreich in den Jahren 2010 und 2014 (Gould et al. 2010; Grandadam et al. 2011; Delisle et al. 2015) sowie das Dengue-Virus in Kroatien im Jahr 2010 (Schmidt-Chanasit et al. 2010; Gjenero-Margan et al. 2011) und in Frankreich in den Jahren 2010, 2013 und 2015 (La Ruche et al. 2010, Marchand et al. 2013, Succo et al. 2016).

Verbreitung In der Vergangenheit war *Ae. albopictus* hauptsächlich in der orientalischen Region und in Ozeanien verbreitet und erhielt daher seinen populären Namen „Asiatische Tigermücke". In der Paläarktis kam sie in Japan und China vor. 1985 wurde sie zum ersten Mal in der Neuen Welt (Houston, Texas) entdeckt; dies war der Beginn einer raschen Ausbreitung (Mitchell 1995). Mittlerweile ist sie in über 25 Bundesstaaten der USA sowie in mehreren Ländern Südamerikas und Afrikas anzutreffen. In Europa tauchte *Ae. albopictus* das erste Mal vermutlich in Albanien im Jahr 1979 auf (Adhami und Reiter 1998). Anfang der 1990er-Jahre wurde die Art in Italien aufgrund des internationalen Handels mit Altreifen, die den Eiern eine geeignete Transportmöglichkeit bieten, passiv eingeführt. Die Art wurde erstmals im September 1990 in Genua entdeckt (Dalla Pozza und Majori 1992), gefolgt von einer raschen Ausbreitung in andere Gebiete Nord- und Mittelitaliens (Romi 1995). Seit 1990 wurde *Ae. albopictus* in verschiedenen süd- und mitteleuropäischen Ländern gefunden, darunter Frankreich (Schaffner et al. 2001), Montenegro (Petrić et al. 2001), Belgien (Schaffner et al. 2004), der Schweiz (Flacio et al. 2004), Griechenland (Samanidou-Voyadjoglou et al. 2005), Kroatien (Klobucar et al. 2006), Spanien (Aranda et al. 2006), den Niederlanden (Scholte und Schaffner 2007) und Deutschland (Pluskota et al. 2008; Becker et al. 2017). Bis 2018 wurde sie aus 31 europäischen Ländern gemeldet, (https://ecdc.europa.eu/en/disease-vectors/surveillance-and-disease-data/mosquito-maps).

9.2 Gattung *Culex* Linnaeus, 1758

Die Angehörigen dieser Gattung sind normalerweise kleine bis mittelgroße Arten mit spärlicher Beschuppung der Pleurite. Das Scutellum ist deutlich 3-lappig, Präspirakularborsten fehlen, alle Klauen sind einfach, ohne Nebenzahn. Das Abdomen endet stumpf und erscheint gerundet, mit kurzen, ovalen Cerci, die nicht deutlich sichtbar sind. Der Stechrüssel ist normalerweise dunkel beschuppt; manchmal können hellere Schuppen eingestreut sein. Die Länge der Maxillarpalpen der Weibchen beträgt etwa 1/3 der Länge des Rüssels, oft sind die Palpen jedoch kürzer. Am Kopf trägt der Scheitel zahlreiche aufrechte Schuppen, der Hinterkopf ist mit schmalen und breiten Schuppen besetzt. Das Scutum ist mit schmalen Schuppen und einer Vielzahl von Borsten bedeckt, selten können acrostichale Borsten fehlen. Der Tarsomer I der Hinterbeine ist so lang wie oder länger als die hintere Tibia (mit Ausnahme der Untergattung *Barraudius*). Pulvillen sind bei den meisten Arten vorhanden. Die Flügel tragen schmale Schuppen auf allen Adern. Alle Abdominalsegmente sind nahezu gleich breit, meist gebändert oder mit seitlichen dreieckigen Flecken heller Schuppen besetzt. Der Kopf der Larven ist viel breiter als lang. Die Antennen sind bei den meisten Arten mit feinen Dornen besetzt und bei vielen Arten länger als der Kopf. Der Antennalbusch (1-A) hat normalerweise mehrere Äste, die in der distalen Hälfte des

Antennenschafts entspringen. Die Mundwerkzeuge sind an die Lebensweise als Filtrierer mit gut entwickelten mittleren und seitlichen Mundbürsten angepasst.

Eine Ausnahme bilden die räuberischen Larven der tropischen Untergattung *Lutzia*, bei denen das Labrum und die Mundbürsten für den Beutefang modifiziert sind. Alle Frontalhaare sind normalerweise mehrfach verzweigt. Die prothorakalen Borsten 1-P bis 3-P entspringen auf einem gemeinsamen sklerotisierten Tuberkel. Die abdominale Borste 4-I ist gefiedert, aber niemals als Palmhaar ausgebildet; die Borsten 6-I bis 6-VII haben eine variable Anzahl langer Zweige. Die Anzahl der Striegelschuppen liegt normalerweise zwischen 40 und 60, wobei jede einzelne Schuppe relativ klein ist. Der Siphonalindex ist variabel, der Siphon der meisten Arten ist normalerweise schlank. Mindestens 4–6 Siphonalbüschel (1-S) entspringen entlang der ventralen Oberfläche des Siphons, entweder paarweise oder in einer geraden oder gezackten Reihe angeordnet. Der Sattel umschließt das Analsegment normalerweise vollständig; die Sattelborste (1-X) ist oft verzweigt. Die freien Ruderhaare (4-X) sind normalerweise in ihrer Anzahl reduziert oder fehlen ganz, die Analpapillen sind in Form und Größe variabel. Die Gattung *Culex* umfasst weltweit mehr als 750 beschriebene Arten aus 24 Untergattungen, wobei nur wenige Arten nicht in den Tropen anzutreffen sind. In Europa kommen Arten der Untergattungen *Barraudius*, *Culex*, *Maillotia* und *Neoculex* vor, von denen die meisten eine mediterrane und/oder mitteleuropäische Verbreitung haben; die Anzahl einheimischer Arten beträgt lediglich 6. Mehrere tropische *Culex*- Arten aus Asien und Afrika sind bekannt für die Übertragung von lymphatischer Filariose und verschiedenen Viruserkrankungen.

9.2.1 *Culex (Barraudius) modestus* Ficalbi 1890

Weibchen (Tafel 30) Der Rüssel ist dunkelbraun, heller auf seiner ventralen Oberfläche von der Basis bis zur Mitte und an der Spitze leicht geschwollen. Die Maxillarpalpen sind ebenfalls dunkelbraun. Der Scheitel trägt dunkelbraune Borsten, die nach vorn zwischen die Augen gerichtet sind. Der Kopf ist mit schmalen, braunen oder gelblichen Schuppen bedeckt, mit einigen breiteren, blassen Schuppen an jeder Seite; der Hinterkopf trägt dunkelbraune, aufrechte und gegabelte Schuppen. Das Integument des Scutums ist braun und mit kastanienbraunen Schuppen bedeckt, am Scutellum und davor etwas heller. Feine schwärzliche Borsten sind am Rand des Scutums, entlang der dorsozentralen Streifen und über den Flügelwurzeln verstreut. Die Borsten sind auf dem Scutellum auffälliger und länger. Die Pleurite sind blassbraun, mit kleinen Flecken heller Schuppen auf dem Mesepisternum und dem oberen Mesepimeron; 3–6 hintere pronotale Borsten und eine untere mesepimerale Borste sind vorhanden. Die Beine sind hauptsächlich dunkelbraun beschuppt, die vorderen und mittleren Femora haben helle Schuppen auf der hinteren Oberfläche, der helle Kniefleck ist deutlich ausgebildet. Die Tibiae sind dorsal dunkelbraun, mit hellen Schuppen auf ihren ventralen Oberflächen. Alle Tarsomere sind dunkel beschuppt, der hintere Tarsomer I ist kürzer als die hintere Tibia (Abb. 6.36a). Die Flügel sind komplett dunkel beschuppt, die Queradern liegen deutlich voneinander getrennt. Das Ende der Subcosta (Sc) am vorderen Flügelrand liegt deutlich näher an der Flügelspitze als die Querader r-m. Die Tergite sind dunkelbraun beschuppt; quer verlaufende helle Bänder fehlen, aber seitliche helle Flecken bilden normalerweise einen durchgehenden hellen Rand auf beiden Seiten des Abdomens. Die Sternite sind gleichmäßig mit hellgelben Schuppen bedeckt. Das Abdomen endet stumpf mit kurzen und unscheinbaren Cerci, was die Art von den ähnlich gefärbten Weibchen von *Ae. cinerus* unterscheidet.

Larven Die Antenne ist etwas länger als der Kopf, gebogen und an der Basis dunkel pigmentiert. Sie verjüngt sich deutlich von der Ansatzstelle des Antennalbuschs (1-A) zur Spitze. Der Busch 1-A inseriert etwas oberhalb der Mitte des Antennenschafts, ist halb so lang wie die Antenne und hat 15–25 Zweige. Die inneren Frontalhaare (5-C) haben 3–5 Äste, die mittleren (6-C) 3–4 Äste und die äußeren (7-C) 7–8 Äste. Der Striegel besteht aus etwa 50 Striegelschuppen, die apikal mehr oder weniger abgerundet sind und gezähnte Ränder haben. Der Siphon ist gerade, die Tracheenstämme sind breit, und der Siphonalindex beträgt etwa 4,0–5,0 (Abb. 9.32). Der Pekten besteht aus etwa

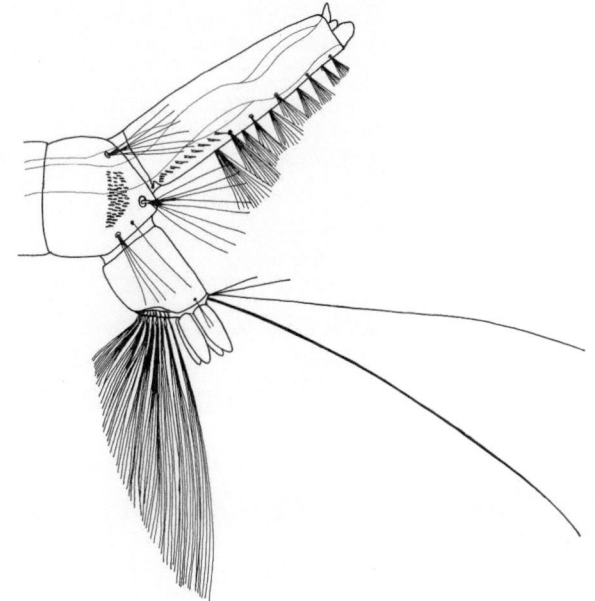

Abb. 9.32 Larve von *Cx. modestus*

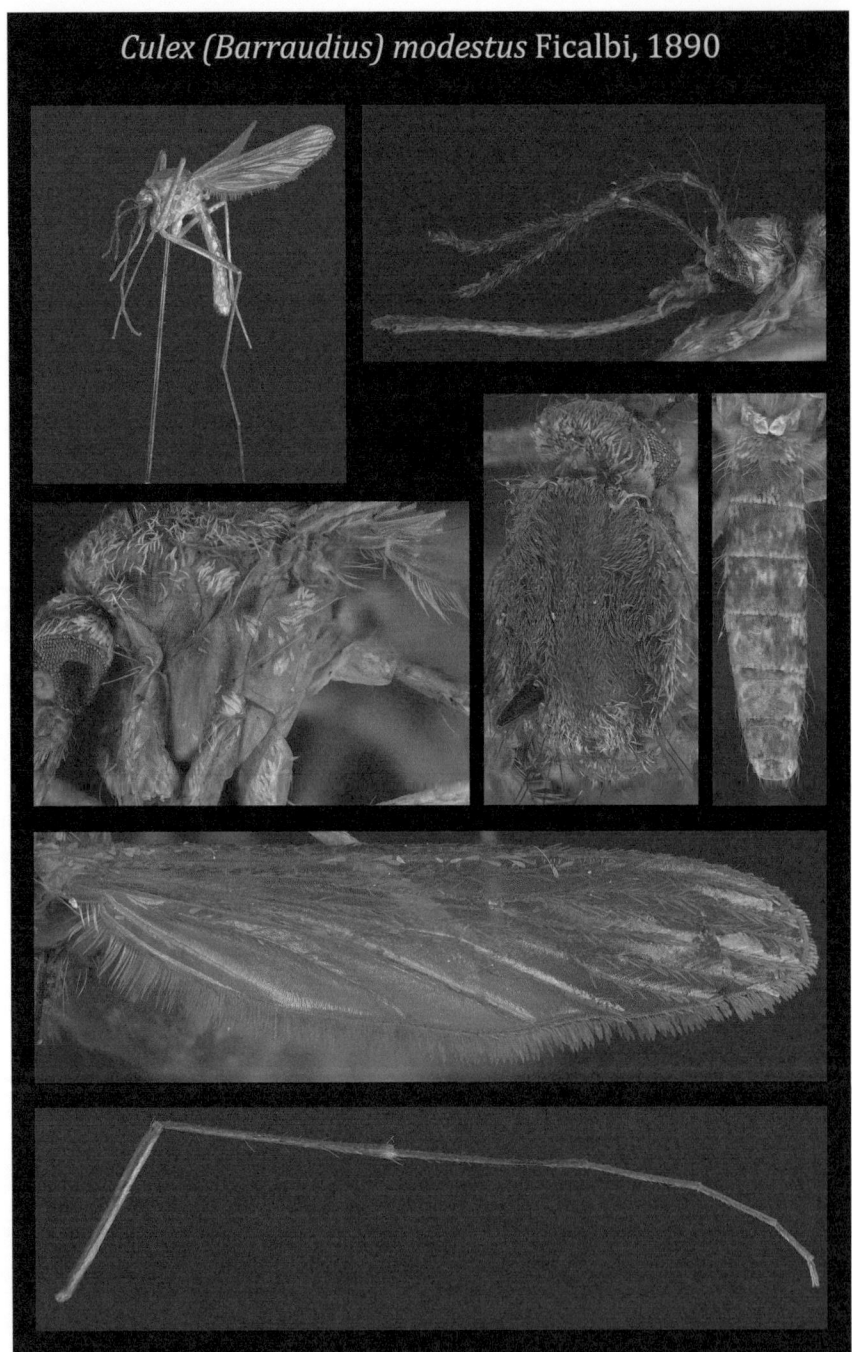

Tafel 30: *Culex (Barraudius) modestus*

12 relativ weit voneinander entfernt stehenden Zähnen, die sich in der basalen Hälfte des Siphons befinden; die meisten Zähne haben 4–5 seitliche Nebenzähne. Die Anzahl der Siphonalbüschel (1-S) liegt bei 10–12, alle Büschel liegen in einer ventralen Zickzackreihe. Die Länge der Büschel verringert sich abrupt zur Spitze des Siphons hin (Abb. 7.44a). Normalerweise inseriert mindestens ein basales Büschel innerhalb des Pektens, und das oberste Büschel befindet sich nahe der Spitze des Siphons. Der Sattel ist so lang wie breit oder etwas länger und umschließt das Analsegment vollständig. Die Sattelborste (1-X) ist klein mit 2–3 Zweigen. Die obere Analborste (2-X) hat 3–4 Äste, wobei ein Zweig länger als die anderen ist; die untere Analborste (3-X) ist lang und unverzweigt. Das Ruder besteht aus 10–13 Ruderhaaren (4-X). Die Analpapillen sind kürzer als der Sattel und spitz zulaufend.

Biologie Die Larven bevorzugen flache, sonnenbeschienene Habitate und sind häufig auf überfluteten Wiesen, in Bewässerungskanälen, Überschwemmungsgebieten von Flüssen oder Reisfeldern zu finden. Weitere übliche Brutgewässer sind Tümpel, Teiche, Sümpfe und Marschen mit reichlich Vegetation, das Wasser kann frisch oder leicht salzhaltig sein. Die Larven treten vom späten Frühjahr bis zum späten Herbst auf und werden oft zusammen mit denen von *An. maculipennis* und *An. claviger* gefunden. In Mitteleuropa wird das saisonale Maximum der adulten Population von Anfang Juli bis Ende September erreicht. In der Regel dringen die Weibchen nicht in Gebäude ein, sondern stechen bereitwillig im Freien, oft tagsüber und auch an sonnen- und windexponierten Stellen. Sie können in manchen Regionen eine erhebliche Belästigung verursachen, besonders im Spätsommer, wenn die Überschwemmungsmücken (*Aedes* sp.) bereits verschwunden sind. Da die Wanderfreudigkeit der Weibchen von *Cx. modestus* nicht stark ausgeprägt ist, beschränken sich die Belästigungen in der Regel auf die unmittelbare Nähe ihrer Brutgewässer (Mouchet et al. 1970).

Medizinische Bedeutung Die Art wurde wiederholt als Überträger von 2 verschiedenen Bunyavirämien – Tahyna und Lednice – beschrieben (Lundström 1994) und gilt auch als potenzieller Überträger des West-Nil-Virus (Ribeiro et al. 1988). Außerdem wurde eine natürliche Infektion mit Tularämie festgestellt (Gutsevich et al. 1974).

Verbreitung *Cx. modestus* ist in der paläarktischen Region von England bis Südsibirien weit verbreitet. Sie kommt in Mittel- und Südwestasien, Nordindien und Nordafrika vor. In Europa ist sie eine häufige Art in den südlichen und zentralen Ländern. Die Verbreitung der Art in ganz Europa ist lückenhaft und beschränkt sich meist auf Süßwasser oder leicht salzhaltige Gewässer von Sümpfen, Bewässerungskanälen und Überschwemmungsgebieten von Flüssen oder Reisfeldern.

Culex Pipiens Komplex
Der Komplex besteht aus mehreren Arten, Unterarten, Formen, Rassen und physiologischen Varianten oder Biotypen. Die einheimischen Arten sind *Cx. pipiens* Linnaeus, der die zwei Biotypen *Cx. pipiens* Biotyp *pipiens* und *Cx. pipiens* Biotyp *molestus* Forskal umfasst, sowie *Cx. torrentium* Martini. Der ehemalige *Cx. pipiens molestus* (Harbach et al. 1984) wird nicht als Unterart von *Cx. pipiens* angesehen und als ihr Biotyp bezeichnet, da keine einzeldiagnostischen genetischen Unterschiede gefunden wurden (Bourguet et al. 1998; Di Luca et al. 2016), obwohl gezeigt werden konnte, dass europäische Populationen beider Biotypen phylogenetisch getrennt sind (Fonseca et al. 2004; Weitzel et al. 2009). *Cx. pipiens* und *Cx. torrentium* sind 2 getrennte Geschwisterarten (Harbach 1985; Harbach et al. 1985; Dahl 1988; Harbach 1988; Miller et al. 1996), die durch genetische Merkmale (Hesson et al. 2010; Weitzel et al. 2011) und unterschiedliche Morphologie in einigen Lebensstadien (männliche Hypopygien) definiert sind.

9.2.2 Culex (Culex) pipiens Biotyp pipiens (Linnaeus 1758)

Weibchen (Tafel 31) *Cx. pipiens* s.s. ist eine mittelgroße Mücke mit einem gelblich braunen bis dunkelbraunen Integument. Die Antennen sind überwiegend dunkel. Der Stechrüssel trägt ventral cremefarbene Schuppen, die Maxillarpalpen sind hauptsächlich schwarz beschuppt. Der Kopf ist mit dunklen gegabelten Schuppen und seitlich einigen helleren Schuppen besetzt. Das Scutum trägt feine goldbraune Schuppen, die seitlich heller sind; das Scutum hat schmale, hellgelbe Schuppen und dunkle Borsten. Das Postpronotum hat goldbraune Schuppen. Die Pleurite haben gelbliche oder weiße Schuppenflecke auf dem Mesepisternum. Postspirakulare und präalare Schuppenflecke fehlen in der Regel, selten können einige vereinzelte Schuppen vorhanden sein. Das Fehlen von präalaren Schuppen bei *Cx. pipiens* s.s. liefert ein halbwegs brauchbares Merkmal zur Trennung von *Cx. torrentium*, die im unbeschädigten Zustand einige Präalarschuppen aufweist. Die Coxae tragen einen kleinen Fleck dunkler Schuppen, die Femora sind dunkel beschuppt mit einem gelblichen apikalen Rand; der hintere Femur trägt hauptsächlich weißliche Schuppen. Tibiae und Tarsen sind vollständig dunkel beschuppt. Die Flügel sind mit dunklen Schuppen besetzt, die Subcosta (Sc) mündet ungefähr auf Höhe der Gabelung von R_{2+3} in die Costa (C) oder etwas jenseits davon. Die Tergite sind überwiegend dunkel beschuppt. Der Tergit II trägt einen kleinen weißlichen basomedianen Fleck; die Tergite III–VII haben schmale Bänder heller Schuppen an der Basis, die sich seitlich erweitern. Die Sternite sind gelblich beschuppt.

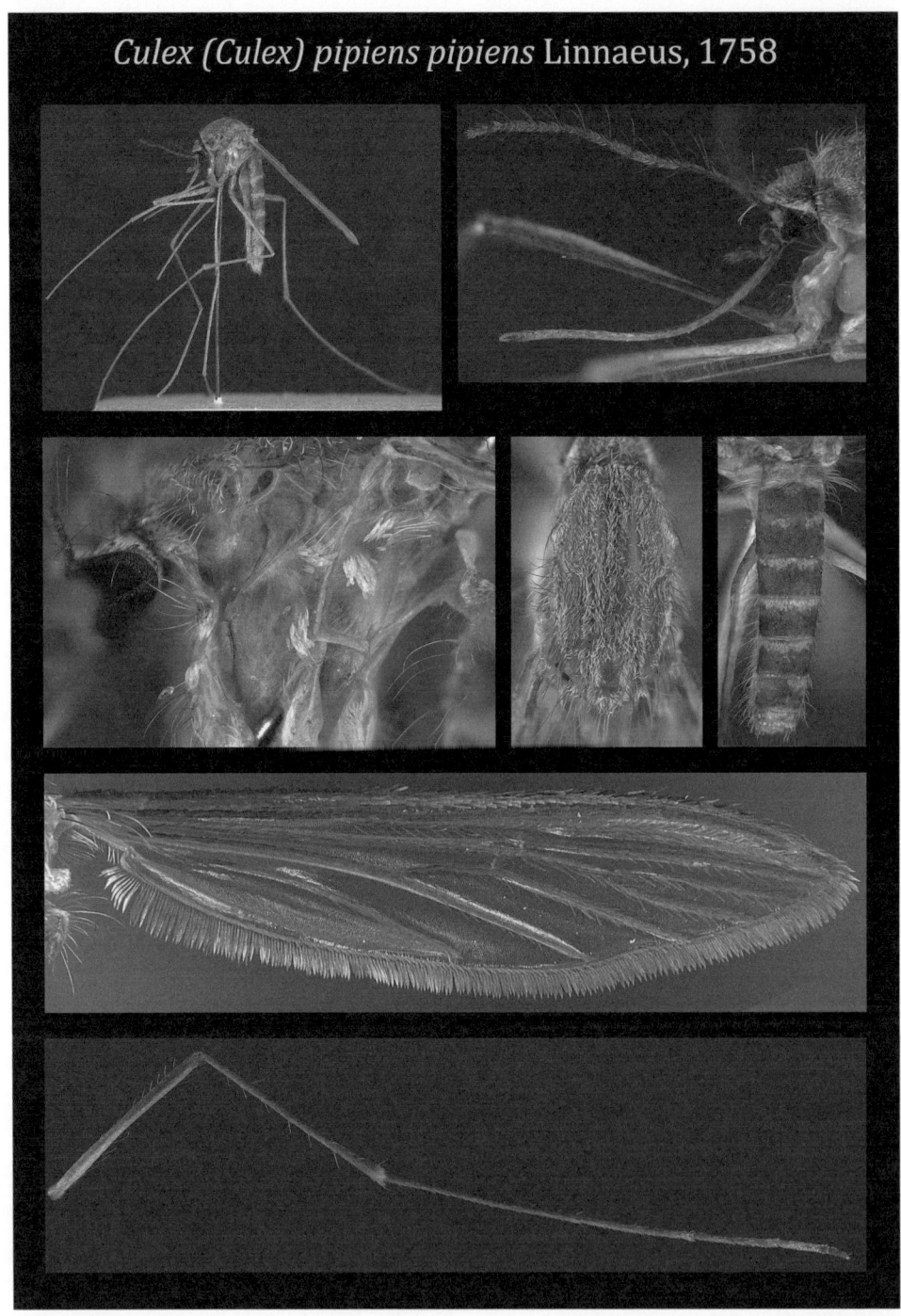

Tafel 31: *Culex (Culex) pipiens*

9.2 Gattung *Culex* Linnaeus, 1758

Larven Die Larven von *Cx. pipiens* s.s. und *Cx. torrentium* lassen sich nur bei sehr gut erhaltenen Exemplaren voneinander trennen; die Unterschiede in der Beborstung am Abdomen sind wie in den Schlüsseln angegeben (Abb. 7.45c). Der Kopf ist breiter als lang, und die Antennen sind kürzer als der Kopf. Die hinteren Klypealhaare (4-C) sind kurz und einfach, alle Frontalhaare sind lang. Die inneren Frontalhaare (5-C) haben 5–6 Äste, die mittleren Frontalhaare (6-C) 4–5 Äste und die äußeren Frontalhaare (7-C) 6 Äste. Die prothorakalen Borsten 1-P bis 3-P sind lang und einfach; 4-P hat 2 Äste und ist etwas kürzer als die anderen Borsten; 5-P und 6-P sind einfach und lang, 7-P hat 2 Äste und ist lang. Der Metathorax mit Borste 1-T ist kürzer als die Hälfte der Länge von 2-T. Die Borsten 1 der Abdominalsegmente III–V (1-III bis 1-V) haben normalerweise 1–2 Zweige; die Summe der Zweige auf einer Seite beträgt 6 oder weniger (Abb. 7.45c). Der Striegel besteht aus etwa 40 Schuppen; jede einzelne Schuppe ist kurz, an der Spitze verbreitert und am Rand mit gleich langen Zähnchen besetzt. Der Siphon ist schlank, zur Spitze hin gleichmäßig verjüngt; der Siphonalindex liegt zwischen 4,8 und 5,0 (Abb. 9.33). Die Anzahl der Pektenzähne beträgt 13–17, die geschlossen bis zum Siphonalbüschel 1a-S stehen. Jeder Pektenzahn ist lang und spitz zulaufend mit 3 seitlichen Nebenzähnen. Das Siphonalbüschel (1-S) besteht aus 4 weit auseinander liegenden Borstenpaaren mit je 2 Ästen; sie sind distal zum Pekten in einer unregelmäßigen Reihe angeordnet. Die Sattelborste (1-X) ist normalerweise unverzweigt (Abb. 7.45d). Die Analpapillen sind länglich, und das dorsale Paar ist etwa doppelt so lang wie der Sattel.

Biologie Die Weibchen legen ihre Eier in sogenannten Eischiffchen, die normalerweise aus 150–240 Eiern bestehen, auf die Oberfläche ihrer Brutgewässer ab. Die Larven schlüpfen innerhalb von 1–2 Tagen nach der Eiablage und vollenden ihre Entwicklung zum adulten Fluginsekt je nach Temperatur in etwa 1 bis wenigen Wochen. Die Larven treten in nahezu jeder Art von Wasseransammlung auf und sind in semipermanenten Gewässern, größeren Tümpeln mit Vegetation, Reisfeldern, entlang von Flussrändern in Stillwasserzonen und in Überschwemmungsgebieten, gelegentlich auch in Baumhöhlen zu finden. Sie sind tolerant gegenüber geringer Salinität und können auch in Felsenbecken vorkommen. Außerdem finden sie sich häufig in künstlichen Gewässern wie überfluteten Kellern, auf Baustellen, in Wasserfäsfvsern und Konservendosen, Metalltanks, Zierteichen und Behältern in Gärten und auf Friedhöfen. In städtischen und vorstädtischen Bereichen konnten sie vermehrt gefunden werden (Becker et al. 2012b). Die Art kann je nach klimatischen Bedingungen mehrere Generationen pro Jahr hervorbringen. Die Weibchen sind anautogen, ornithophil, eurygam und überwintern in obligater Diapause. Gelegentlich wurde beobachtet, dass sie in der freien Natur auch an Säugetieren saugen. Der Biotyp *molestus* tritt häufiger in der Umgebung menschlicher Siedlungen auf.

Medizinische Bedeutung *Cx. pipiens* spielt eine wichtige Rolle in der enzootischen Zirkulation des West-Nil-Virus (WNV) und Usutu-Virus (USUV) in Europa (Nicolescu 1998; Fritz et al. 2015; Fros et al. 2015).

Verbreitung *Cx. pipiens* ist in der Holarktis weit verbreitet und in ganz Europa zu finden. Sie wurde zusammen mit *Cx. torrentium* bis nach Nordschweden und Nordwestrussland gemeldet (Hesson et al. 2014; Vinogradova et al. 2007). Sie wurde in Japan und Australien (Biotyp *molestus*) und auch in Südamerika sowie Ost- und Südafrika eingeschleppt.

9.2.3 *Culex (Culex) pipiens* Biotyp *molestus* Forskal 1775

Der Biotyp *molestus* kann in der äußeren Erscheinung der Adulten nicht von *Cx. pipiens* Biotyp *pipiens* getrennt werden. Es konnten jedoch Unterschiede in genetischen Markern gefunden werden (Mikrosatelliten-DNA (CQ11) und mitochondriale COI Sequenz) (Fonseca et al. 2004; Shaikevich et al. 2016). Darüber hinaus unterscheiden sich beide Formen deutlich in einigen Merkmalen der Biologie und Lebensweise: Bei *molestus* treten Autogenie, fakultative Diapause, Stenogamie und Anthropophilie auf.

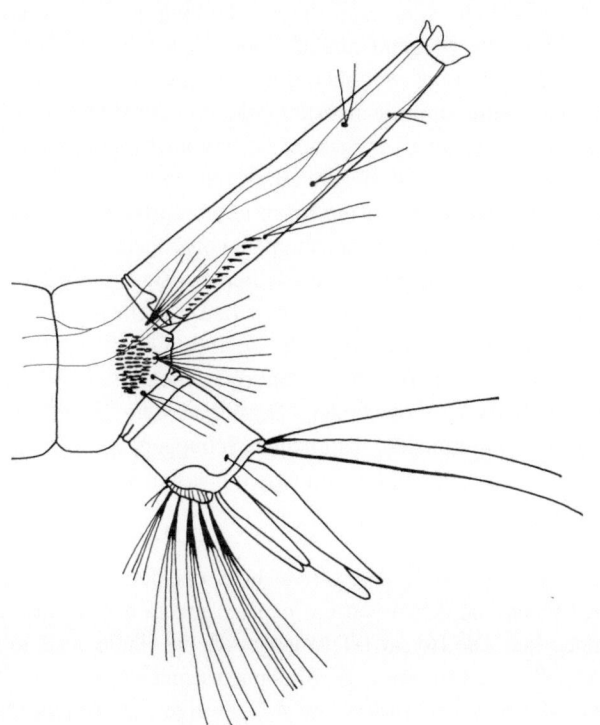

Abb. 9.33 Larve von *Cx. pipiens*

Weibchen Färbung, Borsten und Beschuppung von Kopf, Thorax, Abdomen, Flügeln und Beinen wie bei *Cx. pipiens* (Harbach et al. 1984).

Larven Die morphologischen Eigenheiten sind so variabel, dass nur die Identifizierung auf der Grundlage von 8 Merkmalen mit statistischer Analyse eine gewisse Unterscheidung zwischen *molestus* und *pipiens* zuließ, hier aber auch nur bei im Labor gezüchteten Material (Kruppa 1988). Allerdings weisen einige Autoren darauf hin, dass bei *molestus* ein kürzerer Siphon als bei *pipiens* gefunden werden kann (Olejnicek und Zoulova 1994). Früher wurde dies mit stark organisch belasteten Larvenhabitaten in Verbindung gebracht, die durch einen hohen Ammoniumgehalt gekennzeichnet sind (Gabinaud et al. 1985).

Biologie Wie bereits erwähnt, ist ein biologisches Merkmal des Biotyps *molestus* die Autogenie der Weibchen, d. h., sie können auch ohne vorherige Blutmahlzeit ein 1. Eigelege entwickeln, das jedoch in der Regel aus weniger Eiern besteht (Harbach et al. 1984). Die Weibchen von *Cx. pipiens* Biotyp *pipiens* dagegen müssen unbedingt vor der Eiablage Blut gesaugt haben, dessen Nährstoffe sie für die Eireifung benötigen (Anautogenie). Außerdem durchlaufen die Weibchen des Biotyps *molestus* im Winter keine obligate Diapause, d. h., sie können sich über den gesamten Zeitraum in dunklen und feuchten Kellern großer Gebäude in Städten, unterirdischen Abwasseranlagen, wie z. B. Jauchegruben und künstlichen Wasserbehältern, an dunklen, feuchten Orten vermehren und aktiv sein. Dies ist für Menschen besonders lästig, da sie auch im Winter gestochen werden können. Die Sterblichkeit in den Winterquartieren ist sehr hoch (95–100 %) und wird hauptsächlich durch den Mangel an Fettreserven im Larvenstadium, durch entomopathogene Pilze und Spinnen verursacht. Männchen und unverpaarte Weibchen überleben den Winter nicht (Petrić 1985; Petrić et al. 1986). Die erwachsenen Weibchen vom Biotyp *pipiens* hingegen halten im Winter eine obligatorische Diapause ein und pflanzen sich nicht fort. Des Weiteren können sich die Adulten des Biotyp *molestus* leicht auf engstem Raum paaren, ohne zu schwärmen (Stenogamie); dadurch ist die dauerhafte Besiedlung unterirdischer Lebensräume möglich. Im Unterschied dazu bilden die Männchen von *Cx. pipiens* Biotyp *pipiens* Paarungsschwärme, in die die Weibchen zur Kopulation einfliegen (Eurygamie). Darüber hinaus saugt der Biotyp *molestus* mit Vorliebe an Säugetieren, insbesondere dem Menschen, Blut (Anthropophilie), während der Biotyp *pipiens* eine klare Wirtspräferenz für Vögel zeigt (Ornithophilie) und nur gelegentlich an Säugetieren saugt.

Medizinische Bedeutung *Culex pipiens* Biotyp *molestus* und seine Hybridformen sind die wichtigsten Brückenvektoren des West-Nil-Virus (WNV) und Usutu-Virus (USUV) von Vögeln zu Säugetieren weltweit (Kilpatrick et al. 2005; Fritz et al. 2015; Fros et al. 2015).

Verbreitung Weibchen von *Cx. pipiens*, die als Biotyp *molestus* angesehen wurden, weil sie Menschen sowohl innerhalb als auch außerhalb von Gebäuden gestochen haben, wurden aus vielen der größten Städte in ganz Europa und gemäßigten Regionen der Welt gemeldet. Außerdem gibt es Meldungen der Art aus sehr nördlichen Städten in den europäischen Teilen Russlands. Eine neuere Zusammenfassung der Verbreitung vom Biotyp *molestus* in Europa oder auf anderen Kontinenten ist momentan nicht verfügbar.

9.2.4 *Culex (Culex) torrentium* Martini 1925

Die Art ist in allen Stadien ihrer Geschwisterart *Cx. pipiens* sehr ähnlich, in der freien Natur gefangene Weibchen sind in der Regel etwas größer als die von *Cx. pipiens*; dieses Merkmal ist jedoch zur individuellen Bestimmung einzelner Exemplare weniger gut geeignet. Mit Sicherheit sind die beiden Arten nur am männlichen Hypopygium unterscheidbar (für weiterführende Informationen hierzu s. Becker et al. 2020). Darüber hinaus bestehen genetische Merkmale, die die beiden Arten voneinander abgrenzen (Hesson et al. 2010; Weitzel et al. 2011).

Weibchen Der Stechrüssel ist dunkel mit einem weißlichen Mittelteil und einem hellen ventralen Bereich; die Maxillarpalpen sind dunkelbraun beschuppt. Die Antennen sind überwiegend dunkel. Der Kopf trägt am Scheitel und Hinterkopf gelbliche flache Schuppen, und um die Augen herum sind die Borsten gold- bis dunkelbraun. Die Beschuppung auf dem Scutum ist bräunlich, apikal heller, auf den Pleuriten ist sie bräunlich mit einigen weißlichen Schuppen. Bei den meisten frisch geschlüpften Exemplaren ist ein Fleck von Präalarschuppen vorhanden. Die Coxae haben helle Schuppenflecke, die Femora sind dunkel, ventral weißlich und tragen einen hellen Kniefleck. Die Tibiae sind dunkel beschuppt, die ventrale Oberfläche weißlich. Alle Tarsomere sind dunkelbraun, die ventralen Oberflächen haben einige hellere Schuppen. Die Flügeladern sind mit bräunlichen, länglichen Schuppen bedeckt. Die Tergite sind dunkelbraun und tragen blassgelbe Basalbänder auf allen Segmenten.

Larven Die Larven (Abb. 9.34) unterscheiden sich nur unwesentlich von denen von *Cx. pipiens*, wie in den Schlüsseln angegeben. Die Borste 1-T ist länger als die Hälfte der Länge von 2-T. Die Borsten 1 der Abdominalsegmente III–V (1-III bis 1-V) haben normalerweise 4–5 Zweige (die Summe der Zweige auf einer Seite ist größer als 10). Die Sattelborste (1-X) hat normalerweise 2 Zweige (Abb. 7.45 a,b).

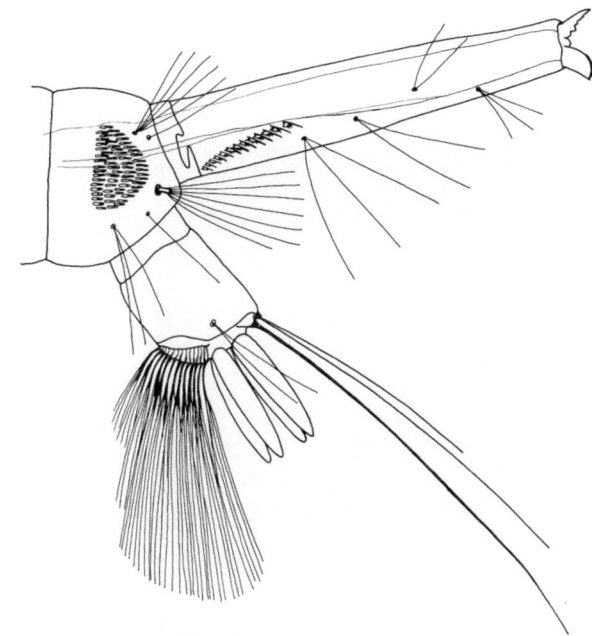

Abb. 9.34 Larve von *Cx. torrentium*

Biologie Die Larven treten überwiegend während der wärmeren Jahreszeit auf, oft zusammen mit denen von *Cx. pipiens*, sowohl in eher sauberen als auch in organisch verschmutzten Brutgewässern, wie z. B. an Rändern von langsam fließenden Bächen, in der Vegetation an Seerändern, in semipermanenten Tümpeln, Sumpfgebieten, künstlichen Behältern und Klärbecken von Kläranlagen. Nördlich der Alpen konnte *Cx. torrentium* zahlreicher und häufiger in künstlichen urbanen Brutstätten gefunden werden als *Cx. pipiens* (Weitzel et al. 2011; Hesson et al. 2014). Die Entwicklung scheint langsamer zu sein als diejenige von *Cx. pipiens*; in ihrem nördlichen Verbreitungsgebiet bringt die Art möglicherweise nur 1 Generation pro Jahr hervor. Die Weibchen sind ornithophil, und es konnte nie beobachtet werden, dass sie Menschen für eine Blutmahlzeit anfliegen, nicht einmal in Laborkolonien. Beide Geschlechter sind zwischen 22 Uhr und 3 Uhr am aktivsten bei der Nektaraufnahme (Andersson und Jaenson 1987).

Medizinische Bedeutung *Cx. torrentium* gilt als ornithophil und kann daher eine wichtige Rolle bei der enzootischen Virusübertragung in Vogelpopulationen spielen. In Nordeuropa wurde das Sindbis-Virus aus *Cx. pipiens/Cx. torrentium* isoliert. In Laboruntersuchungen war die Vektorkompetenz von *Cx. torrentium* um ein Vielfaches höher als die von *Cx. pipiens* (Lundström 1994).

Verbreitung Die Art scheint in der gemäßigten Paläarktis weit verbreitet zu sein. In Europa wurde sie nördlich des 48. Breitengrades bis zum Polarkreis weit verbreitet nachgewiesen (Vinogradova et al. 2007; Weitzel et al. 2011; Hesson et al. 2014).

9.2.5 *Culex (Maillotia) hortensis* Ficalbi 1889

Weibchen (Tafel 32) Die relativ breiten, hellen apikalen Bänder auf den abdominalen Tergiten und ihre deutliche Verbreiterung in der Mitte zumindest auf einigen der basalen Tergite unterscheiden die Weibchen von den ähnlichen *Cx. territans* und allen anderen einheimischen *Culex*-Arten. Außerdem weisen die Weibchen von *Cx. hortensis* normalerweise eine hellere Beschuppung auf als jene von *Cx. territans*. Der Stechrüssel ist normalerweise vollständig dunkel beschuppt, manchmal mit vereinzelten blassen Schuppen auf der ventralen Oberfläche. Die Beschuppung der Palpen ist variabel, oft sind sie mit hellen und dunklen Schuppen besetzt; selten können sie auch ganz dunkel beschuppt sein. Der Hinterkopf trägt helle Schuppen, die Augen sind mit weißlichen Schuppen umrandet, und der Scheitel ist überwiegend weißlich mit einigen eingestreuten dunklen Schuppen. Das Scutum ist meist bräunlich beschuppt und trägt dunkle Borsten; sehr oft bilden schmale, weißliche Schuppen seitliche Streifen, und das Scutellum hat immer schmale, weißliche Schuppen. Die Schuppenflecken auf Mesepisternum und Mesepimeron bestehen aus wenigen hellen Schuppen. Die Coxae tragen weiße Schuppen auf der ventralen Oberfläche, und die Femora sind weißlich geschuppt; auf dem hinteren Femur befinden sich auf der dorsalen Oberfläche dunkle Schuppen. Weiße Knieflecken sind vorhanden, die Tibiae und Tarsomere sind dunkel beschuppt mit einigen weißen Schuppen auf der ventralen Oberfläche. Die Spitze der hinteren Tibia hat in der Regel einen weißen Fleck, der manchmal schwer zu erkennen ist. Die Flügeladern sind vollständig dunkel beschuppt, mit Ausnahme der Basis der Costa (C), die helle Schuppen aufweist. Das Ende der Subcosta (Sc) am vorderen Flügelrand befindet sich nahezu auf gleicher Höhe mit den Gabelungen von R_{2+3} und M (Abb. 6.37a). Mindestens die Tergite I–III haben breite, helle Apikalbänder, die in der Mitte verbreitert sind; der Rest der Tergite trägt schmale, helle Apikalbänder.

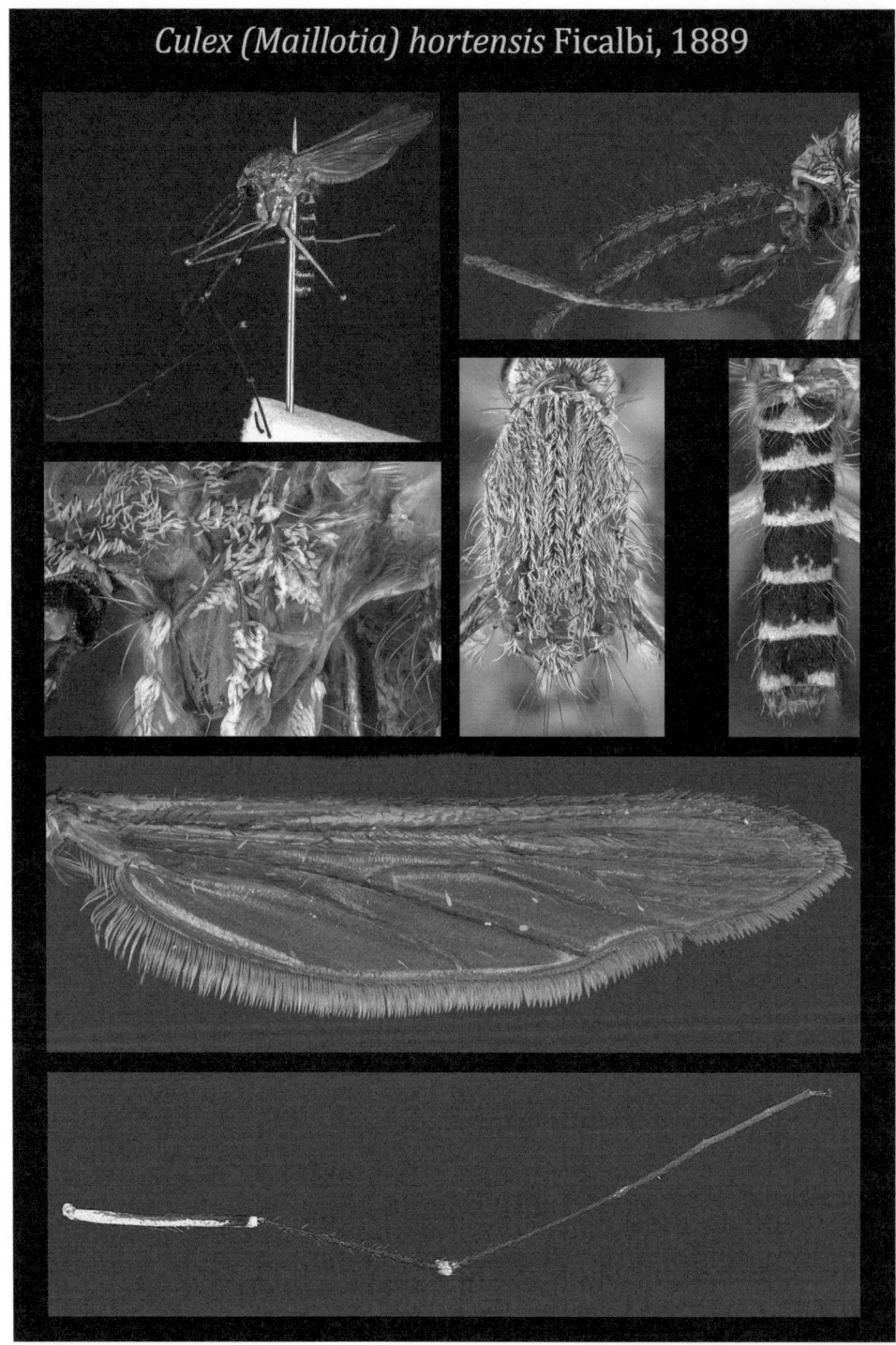

Tafel 32: *Culex (Maillotia) hortensis*

Larven Der Kopf ist viel breiter als lang, und die Antennen sind lang und schlank, apikal mit extrem langen starken Borsten. Der Antennabusch (1-A) hat etwa 10 Äste; um seine Insertionsstelle herum ist der Antennenschaft mit mehreren kurzen Dörnchen besetzt. Die inneren und mittleren Frontalhaare (5-C und 6-C) haben 2 Äste, die äußeren Frontalhaare (7-C) mindestens 5 Äste. Die prothorakale Borste 3-P ist fast so lang wie 1-P und 2-P. Die Striegelschuppen sind in einem unregelmäßigen dreieckigen Fleck angeordnet; die einzelnen Schuppen können 2 Formen haben: entweder lang, schmal und spitz zulaufend oder kürzer und apikal abgerundet. Der Siphon ist lang und schlank; der Siphonalindex liegt zwischen 6,5 und 8,0, wobei mindestens 4–5 Paare langer Siphonalbüschel (1-S) in einer mehr oder weniger ventralen Reihe angeordnet sind (Abb. 9.35). Die basalen Büschel (1a-S) sind ungefähr 3-mal so lang wie die Breite des Siphons an ihrer Insertionsstelle. Mindestens 1 Büschel inseriert innerhalb des Pektens oder in unmittelbarer Nähe seines distalen Endes. Borste 9-S ist kräftig und hakenförmig gebogen. Der Pekten besteht aus 12–14 Zähnen, besonders die distalen sind in einem größeren Abstand zueinander angeordnet. Das Ruder besteht aus 12–14 Ruderhaaren (4-X).

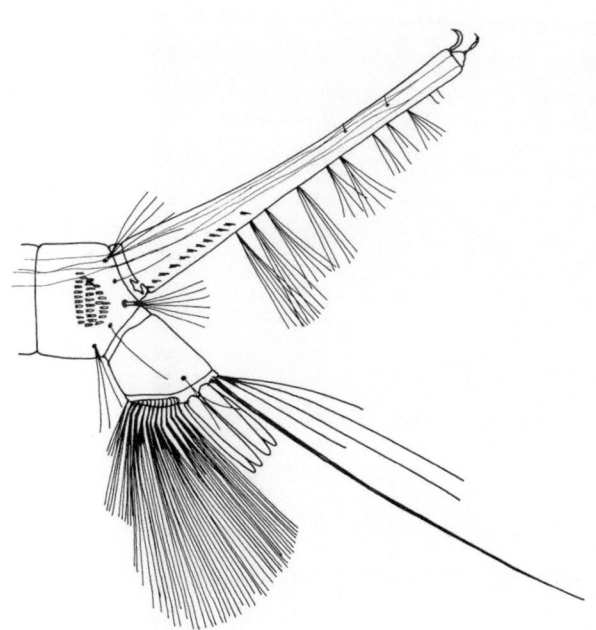

Abb. 9.35 Larve von *Cx. hortensis*

Biologie Über die allgemeine Biologie und Lebensweise von *Cx. hortensis* ist wenig bekannt, da die Art eher selten ist und nur sporadisch in größerer Zahl vorzukommen scheint. Die Larven kommen meist in klarem Wasser mit einer gewissen Algenentwicklung und anderer aquatischer Vegetation vor, aber auch in Reisfeldern, kleinen Teichen, ungenutzten Brunnen oder Blumenkübeln. Die Überwinterung erfolgt als adulte Weibchen; Tagesruheplätze sind dunkle Orte, z. B. Holzställe. Die Weibchen saugen normalerweise nicht an Menschen Blut.

Verbreitung In Europa kommt *Cx. hortensis* häufig im Mittelmeerraum vor. Sie ist auf den Kanarischen Inseln und über Spanien, Frankreich, Italien und Griechenland bis nach Mitteleuropa verbreitet. Sie kann auch in Nordafrika, Mittelasien und Indien gefunden werden.

9.2.6 *Culex (Neoculex) martinii* Medschid 1930

Weibchen (Tafel 33) *Cx. martinii* ist eine kleine Mücke, die sich von fast allen einheimischen *Culex*-Arten durch die Färbung des Abdomens unterscheidet. Die Tergite tragen rotbraune Schuppen, helle apikale oder basale Querbänder fehlen. Die Abdominalzeichnung ähnelt der von *Cx. modestus*, *Cx. martinii* kann aber durch den längeren hinteren Tarsomer I und die Flügeladerung abgegrenzt werden. Die Subcosta (Sc) endet mehr oder weniger auf der Höhe der Querader (r-m), während bei *Cx. modestus* das Ende von Sc deutlich näher an der Flügelspitze liegt als die Querader r-m. Der Rüssel ist dunkel beschuppt und an der Spitze leicht geschwollen, die Palpen sind sehr kurz und tragen dunkle Schuppen. Der Kopf trägt am Scheitel und Hinterkopf kleine, bräunliche Schuppen und Flecken breiterer, heller Schuppen an den Seiten. Das Integument des Scutums ist gelblich und mit kleinen, goldbraunen Schuppen und langen, bräunlichen Borsten bedeckt. Die Pleurite sind bräunlich gelb mit dunklen Borsten. Die Femora tragen bräunliche Schuppen, die auf der ventralen Oberfläche etwas heller sind. Die Tibiae und Tarsen sind ganz dunkel beschuppt; helle Ringe an den Tarsen sind nicht vorhanden. Die Flügel sind vollständig dunkel beschuppt, die Subcosta (Sc) endet mehr oder weniger auf der Höhe der Querader r-m. Die Tergite sind einförmig mit rötlich braunen Schuppen besetzt, helle Querbänder sind nicht vorhanden. Die Sternite sind blassgelblich beschuppt.

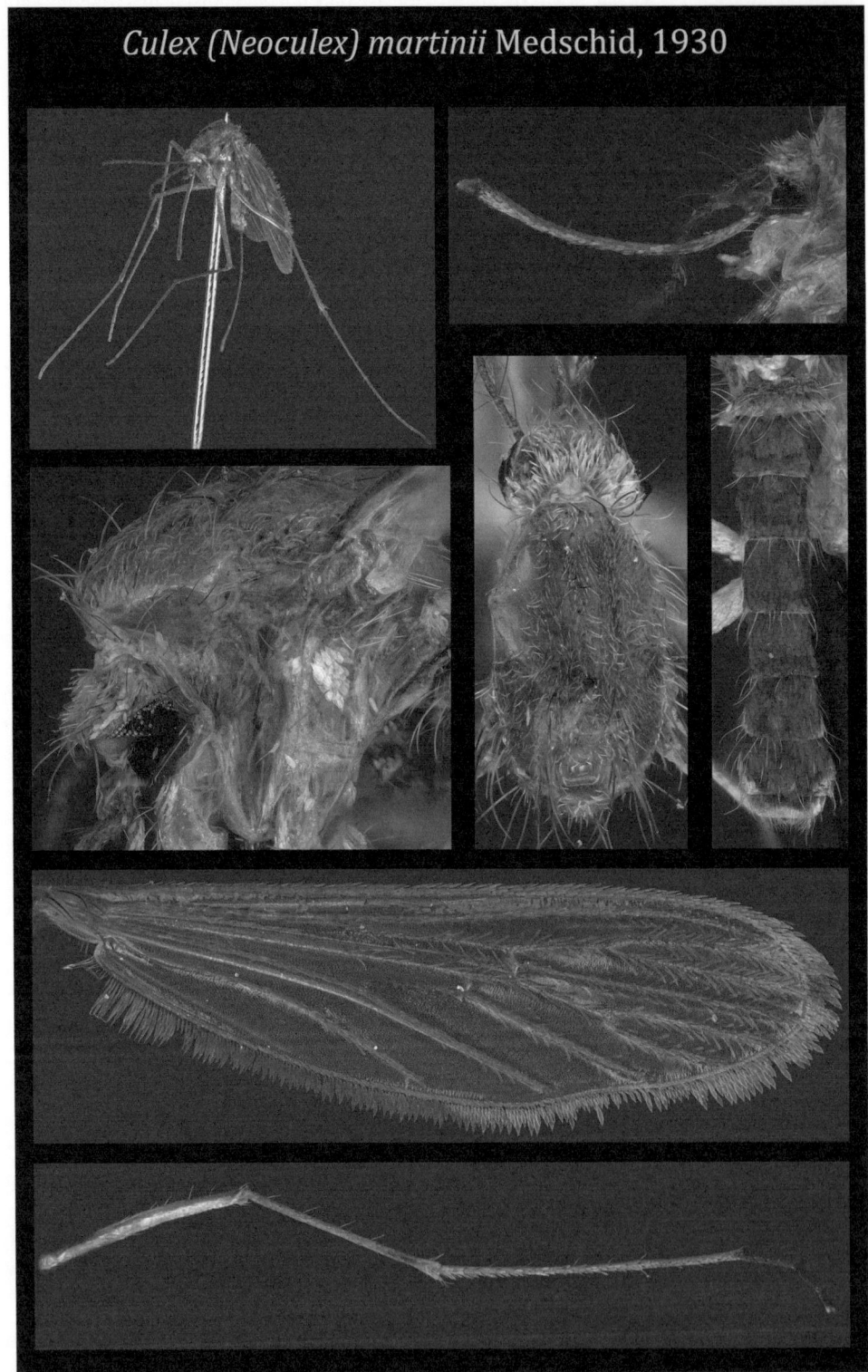

Tafel 33: *Culex (Neoculex) martinii*

Larven Der Kopf ist deutlich breiter als lang. Die Antenne hat etwa 3/4 der Länge des Kopfs, ist im basalen Teil leicht gekrümmt und vollständig mit kleinen Dörnchen bedeckt. Der Antennalbusch (1-A) hat 22–26 Zweige. Die inneren Frontalhaare (5-C) haben 2 Äste, die mittleren Frontalhaare (6-C) sind außergewöhnlich lang und reichen mit 1–2 Ästen bis nahe an die Spitze der Antenne, die äußeren Frontalhaare (7-C) haben in der Regel 5 Zweige. Der Striegel besteht aus 35–40 länglichen Schuppen; die einzelnen Striegelschuppen sind apikal abgerundet und mit dünnen Zähnchen gesäumt. Der Siphon ist lang und schlank, zur Spitze hin gleichmäßig verjüngt; der Siphonalindex beträgt 7,5–11,0, und die Tracheenstämme sind schmal (Abb. 9.36). Der Pekten besteht aus 11–16 Zähnen, die das basale 1/5 des Siphons einnehmen; jeder Pektenzahn besitzt 3–4 kurze seitliche Nebenzähne. 4–6 Paare von Siphonalbüscheln (1-S) sind in einer unregelmäßigen Reihe an der ventralen Oberfläche des Siphons angeordnet, die 1–2 apikalen Büschel sind seitlich versetzt, in der Regel entspringt das unterste Büschel (1a-S) oberhalb des letzten Pektenzahns (Abb. 7.43a). Jedes Büschel hat 2–5 Zweige, die etwas länger sind als die Breite des Siphons an ihrer Insertionsstelle; die apikalen Büschel sind kürzer. Das Analsegment ist länglich und vollständig vom Sattel umgeben. Die Sattelborste (1-X) hat 2 Äste, die obere Analborste (2-X) hat 4 Äste, und die untere Analborste (3-X) ist unverzweigt. Das Ruder besteht aus 11–12 Büscheln von Ruderhaaren (4-X); die Analpapillen sind etwa halb so lang wie der Sattel.

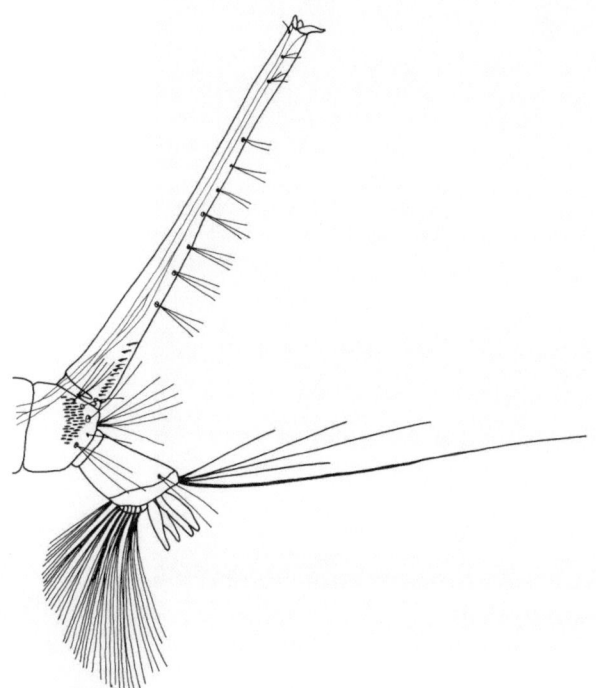

Abb. 9.36 Larve von *Cx. martinii*

Biologie *Cx. martinii* ist keine sehr häufige Art, daher ist das Wissen über ihre Lebensweise eher begrenzt. In heimischen Gefilden wurden in einem sumpfigen Erlenwald im Oktober zahlreiche Larven gefunden (Mohrig 1969). Es ist nicht bekannt, ob dies der bevorzugte Brutplatz der Art ist oder ob sie auch in anderen Habitaten angetroffen werden kann. Über die Anzahl der Generationen pro Jahr, die Art der Überwinterung, den Zeitpunkt des Auftretens der Adulten oder ihre Wirtspräferenzen ist ebenfalls nichts bekannt. Es ist wahrscheinlich, dass die Art nicht an Menschen saugt, sondern Amphibien und/oder Vögel für die Blutmahlzeit bevorzugt, so wie die anderen Vertreter der Untergattung *Neoculex*.

Verbreitung *Cx. martinii* ist hauptsächlich im östlichen Mittelmeerraum, in Klein- und Mittelasien verbreitet. Sie tritt in Italien, dem ehemaligen Jugoslawien, Kroatien, Ungarn, der Türkei, Deutschland und in Nordafrika in Marokko auf. In Deutschland wurde die Art von Peus (1951) nördlich von Berlin gefunden und erneut von Kuhlisch et al. (2018) in Deutschland nachgewiesen.

9.2.7 *Culex (Neoculex) territans* Walker 1856

Weibchen (Tafel 34) Der Stechrüssel und die Maxillarpalpen sind dunkel beschuppt, der Rüssel ist an der Spitze leicht geschwollen. Am Hinterkopf befinden sich schmale, gebogene, blasse bis goldene Schuppen und braune, aufrechte, gegabelte Schuppen und seitlich breite, weißliche Schuppen. Das Integument des Scutums ist normalerweise hellbraun, manchmal dunkler und mit schmalen, hellbraunen Schuppen bedeckt; hellere Schuppen befinden sich an den vorderen und seitlichen Rändern des Scutums und des präscutellaren Bereichs. Die dunklen Borsten am Rand des Scutums sind relativ lang. Das Scutellum ist braun mit schmalen, gräulichen Schuppen und langen, schwarzen Borsten. Die Pleurite sind dunkelbraun oder gräulich mit Flecken aus breiten, weißlichen Schuppen. Die Femora sind an der Vorderfläche dunkel beschuppt, an der Hinterseite heller; kleine helle Knieflecken sind vorhanden. Die Tibiae sind vorn dunkel und auf der ventralen Oberfläche heller; ein heller Fleck am Apex der hinteren Tibia fehlt. Die Tarsen sind vollständig dunkel beschuppt, selten kann auf dem Tarsomer I ein heller Streifen vorhanden sein. Die Flügel sind vollständig mit schmalen, dunklen Schuppen bedeckt, die Queradern sind deutlich getrennt. Das Ende von Sc am vorderen Flügelrand befindet sich deutlich näher an der Flügelbasis verglichen mit den Gabelungen von R_{2+3} und M (Abb. 6.37b). Auf dem Tergit I findet sich ein mittlerer Fleck heller Schuppen; die folgenden Tergite sind dunkelbraun beschuppt mit gleichmäßig schmalen apikalen Bändern heller Schuppen. An den Seiten finden sich normalerweise kleine helle Dreiecke. Der Tergit VIII ist fast vollständig dunkel; die Sternite haben helle Schuppen, oft mit einem grünlichen Schimmer.

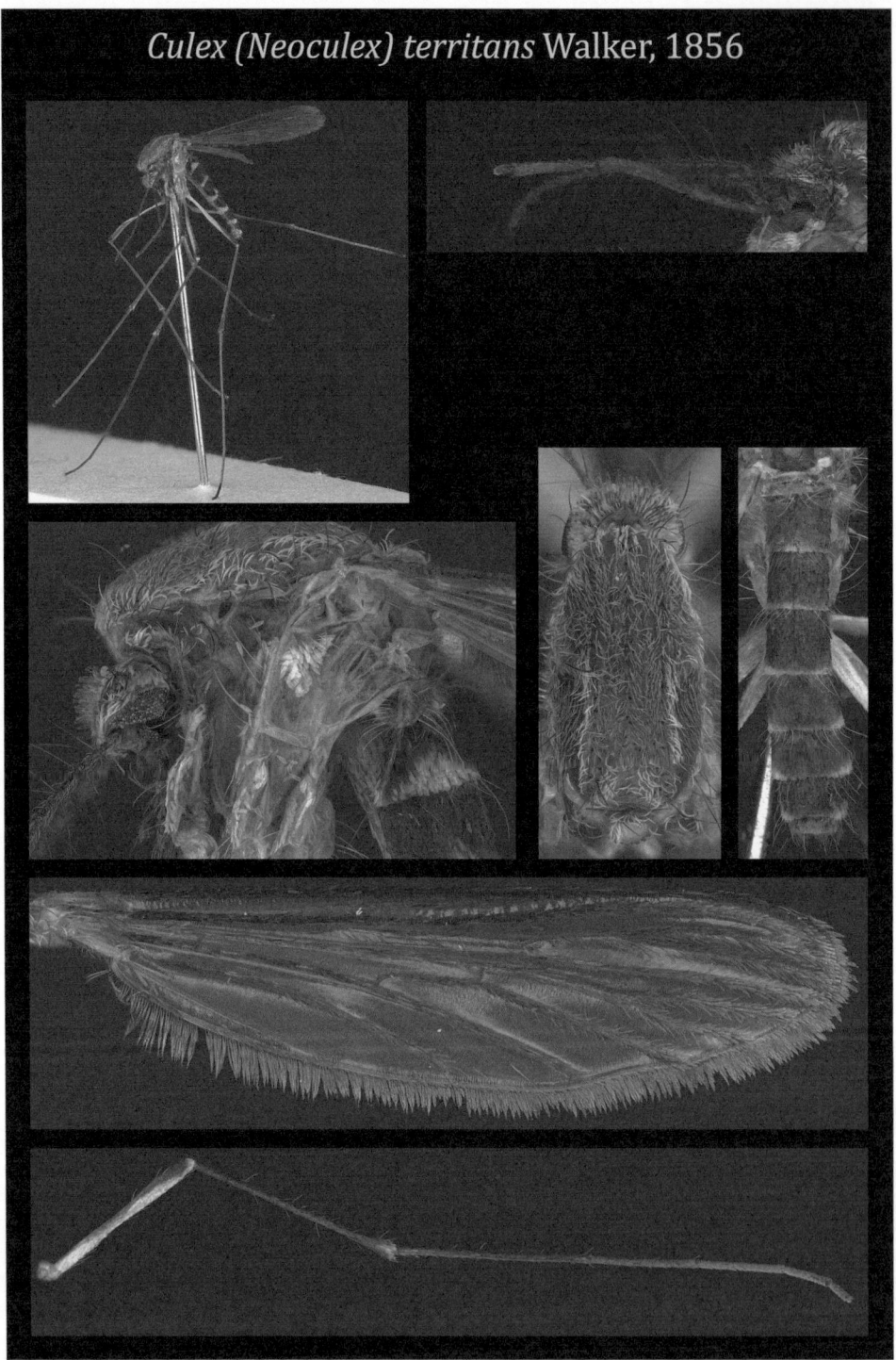

Tafel 34: *Culex (Neoculex) territans*

Larven Der Kopf ist deutlich breiter als lang; die Antennen sind etwa so lang wie der Kopf, nach innen gebogen und von der Basis bis zur Ansatzstelle des Antennalbuschs (1-A) dicht mit Dörnchen besetzt. Ab dort verschmälert sie sich deutlich bis zum Apex. Der Antennalbusch (1-A) hat 25–32 Äste und befindet sich auf etwa 2/3 der Länge des Antennenschafts. Die Frontalhaare sind lang; die inneren (5-C) haben normalerweise 2 Zweige, die mittleren (6-C) sind gewöhnlich einfach und befinden sich nahe vor den inneren Haaren, die äußeren (7-C) haben 8–9 Äste. Der Striegel besteht aus 50 oder mehr apikal gerundeten Schuppen, die vollständig am Rand gezahnt sind. Der Siphon ist lang und schlank; der Siphonalindex beträgt 6,0–7,0 Er verjüngt sich bis nahe der Spitze, wo er sich leicht, aber deutlich erweitert; die Tracheenstämme sind schmal (Abb. 9.37). Der Pekten besteht aus 12–16 Zähnen, die das basale 1/4 bis 1/3 des Siphons einnehmen (Abb. 7.43b). Jeder Pektenzahn besitzt 1–2 recht kräftige Nebenzähne. Die Siphonalbüschel (1-S) bestehen aus 4–6 Paaren, die normalerweise an der Stelle beginnen, an der der Pekten endet; sehr selten kann das basale Büschel (1a-S) innerhalb des Pektens inserieren. Jedes Büschel hat 2–4 Äste von variabler Länge; normalerweise sind sie doppelt so lang wie die Breite des Siphons an ihrem Ursprungspunkt. Das am weitesten apikal gelegene Büschel ist kürzer und inseriert seitlich. Der Sattel umschließt das Analsegment vollständig und trägt feine Dörnchen an seinem hinteren dorsalen Rand. Die Sattelborste (1-X) hat normalerweise 2 Äste, die obere Analborste (2-X) hat 4 Äste, und die untere Analborste (3-X) ist sehr lang und unverzweigt. Das Ruder besteht aus 7 Paaren mehrfach verzweigter Ruderhaare (4-X). Die Analpapillen sind spitz zulaufend und normalerweise so lang oder etwas länger als der Sattel; das ventrale Paar kann etwas kürzer sein als das dorsale Paar.

Biologie In den nördlichen Regionen ihrer Verbreitung bringt *Cx. territans* wahrscheinlich nur 1 Generation pro Jahr hervor, ist aber in ihren südlichen Verbreitungsgebieten polyzyklisch, wie es auch für andere *Culex* -Arten typisch ist. Die Larven werden oft in dauerhaften Gewässern wie Teichen, Sümpfen, Tümpeln an Bachläufen, Seerändern oder Entwässerungskanälen mit langsamer Wasserführung gefunden, oft verbunden mit dichter Vegetation. Sie bevorzugen kühleres Wasser in schattigen Lagen (Mohrig 1969) und treten oft zusammen mit denen von *An. maculipennis* s.l. und *An. claviger* auf. Gutsevich et al. (1974) fanden in gemäßigten Breiten die Larven in stark sonnenexponierten Habitaten, in südlichen Regionen lagen sie jedoch vollständig im Schatten. Die Larven werden selten in stark verschmutzten Gewässern gefunden, in der Nearktis kommen sie auch in künstlichen Behältern und anderen kleinen Gewässern vor (Wood et al. 1979). Adulte Weibchen treten nach der Winterruhe im zeitigen Frühjahr auf, und die Larven können von Ende April, Anfang Mai bis September gefunden werden; das Maximum der Population wird im Spätsommer erreicht. Es ist nicht bekannt, dass die Weibchen Menschen stechen; sie saugen überwiegend an Amphibien, insbesondere *Rana* sp., Reptilien und Vögeln Blut.

Verbreitung *Cx. territans* ist in ganz Europa weit verbreitet. Ihr Verbreitungsgebiet erstreckt sich bis nach Zentralasien und Nordafrika. In der nearktischen Region ist sie aus den Vereinigten Staaten einschließlich Alaska und Kanada bekannt.

9.3 Gattung *Culiseta* Felt 1904

Diese Gattung umfasst hauptsächlich mittelgroße bis große, dunkel gefärbte Mücken. Die Weibchen haben einen geraden Stechrüssel und kurze Maxillarpalpen. Präspirakulare Borsten sind vorhanden und normalerweise von heller Farbe, postspirakulare Borsten fehlen. Der Präalarbereich ist mit Borsten besetzt, ein Schuppenfleck ist normalerweise nicht vorhanden. Die Basis des Radius (R) trägt neben den obligatorischen Schuppen einige Borsten, die auf der ventralen Oberfläche des Flügels zahlreicher sind. Das Abdomen hat ein stumpfes Ende, die Cerci sind kurz und apikal abgerundet. Die Klauen sind einfach, ohne Nebenzahn, Pulvillen fehlen. Die Larven sind groß bis sehr groß,

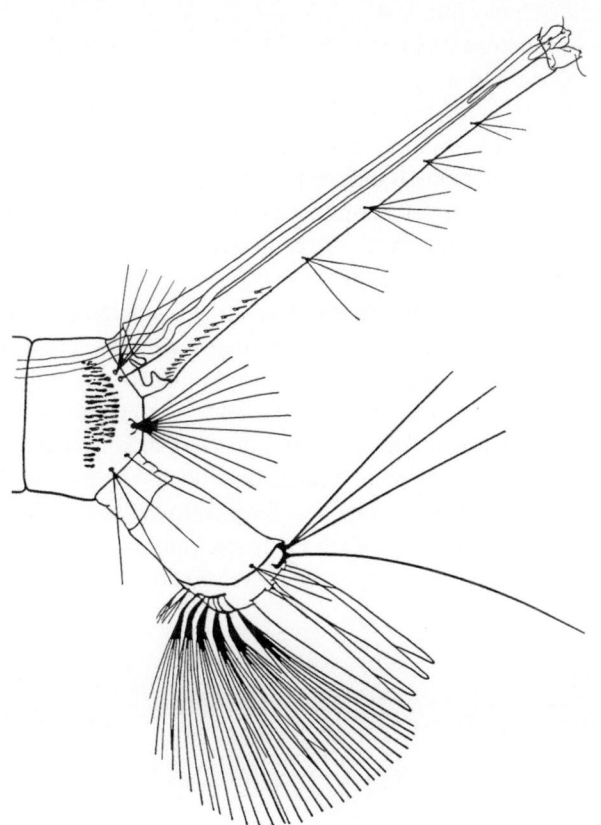

Abb. 9.37 Larve von *Cx. territans*

wobei der Kopf breiter als lang ist. Die Striegelschuppen sind zahlreich und stumpf endend. Das Siphonalbüschel (1-S) ist immer vorhanden und entspringt in der Nähe der Basis des Siphons. Das Analsegment ist vollständig vom Sattel umgeben (außer bei *Cs. longiareolata*), das Ruder hat ein oder mehrere freie Ruderhaare (4-X). Die Larven der Gattung *Culiseta* sind in der Regel in semipermanenten und permanenten Tümpeln zu finden, selten kommen sie an anderen Orten vor. Hinsichtlich der Wirtspräferenz der Weibchen ist bekannt, dass einige Arten ausschließlich an Vögeln Blut saugen, andere jedoch, insbesondere diejenigen aus der Untergattung *Culiseta*, bevorzugt Menschen und andere Säugetiere anfliegen und aggressive Lästlinge sind. Die Verbreitung der Gattung ist nahezu weltweit, jedoch weitgehend auf die gemäßigten Zonen der Holarktis beschränkt. *Culiseta* ist eine relativ kleine Gattung mit etwa 40 beschriebenen Arten; in heimischen Gefilden können 8 Arten aus den 3 Untergattungen *Allotheobaldia*, *Culicella* und *Culiseta* gefunden werden. Bei keiner anderen einheimischen Gattung der Culicidae findet sich ein so großes Maß an Übereinstimmung bei sowohl larvalen als auch adulten Unterscheidungsmerkmalen der Untergattungen.

Darüber hinaus weisen die Untergattungen *Culiseta* und *Culicella* deutliche Unterschiede hinsichtlich ihrer Biologie und Lebensweise auf. So ist in der Untergattung *Culicella* die äußere Morphologie der Larven an ihre Lebensweise als reine Filtrierer angepasst. Die Antennen sind länger als der Kopf, der Antennalbusch (1-A) ist gut entwickelt und in Form eines breiten Fächers mehrfach verzweigt. Der Siphon ist lang und schlank, mit einem Index von mehr als 5,0. Normalerweise atmen sie an der Wasseroberfläche, aber sie können Stunden unter Wasser verbringen und sind manchmal an aktive Atmungsteile von Pflanzen angeheftet, aus denen sie Luftblasen aufnehmen können. Andere legen sich mit dem Rücken nach unten auf den Boden der Brutplätze, erzeugen mit ihren Mundwerkzeugen einen Wasserstrom und filtrieren Mikroorganismen. Die Überwinterung vollzieht sich im Larven- oder Eistadium. Die Eier werden einzeln ins feuchte Substrat oberhalb des Restwasserspiegels abgelegt, wie es normalerweise bei Arten der Gattung *Aedes* der Fall ist. Die Larven der Untergattung *Culiseta* dagegen haben Antennen, die kürzer als der Kopf sind, und der Antennalbusch (1-A) ist schwach entwickelt. Der Siphon ist kurz und der Index kleiner als 4,0. Die Larven sind hauptsächlich Weidegänger; sie verbringen die meiste Zeit unter Wasser am Boden ihrer Brutplätze und weiden das Substrat oder z. B. Steine nach Nahrung ab. Die Überwinterung vollzieht sich im Adultstadium als Weibchen. Sie legen ihre Eier in Eischiffchen auf der Wasseroberfläche ab wie die Arten der Gattung *Culex*.

9.3.1 *Culiseta (Allotheobaldia) longiareolata* (Macquart) 1838

Weibchen (Tafel 35) *Cs. longiareolata* kann leicht von allen anderen einheimischen Arten der Gattung *Culiseta* unterschieden werden wegen ihrer ausgeprägten hellen Längsstreifen auf dem Scutum, die in ihrer Form einer Lyra ähneln. Außerdem bilden die hellen Schuppen auf den Femora und Tibiae auffällige Flecken oder Streifen. Der Rüssel trägt schwarzbraune Schuppen, die Maxillarpalpen sind mit dunkelbraunen und hellen Schuppen besetzt, wobei letztere auf dem dorsalen Teil vorherrschen. Die Spitze der Palpen ist fast vollständig hell beschuppt. Der Kopf weist eine dichte, weiße Beschuppung entlang der Augenränder auf; breite, weiße Schuppen finden sich auch in der Mittellinie des Scheitels und an den seitlichen Partien des Hinterkopfs. Das Scutum ist mit schmalen, hellbraunen Schuppen besetzt. Ein schmaler Acrostichalstreifen aus hellen Schuppen erstreckt sich vom Vorderrand des Scutums bis zum Scutellum. Dazu gesellen sich schmale dorsozentrale und laterale Streifen, die über die transverse Naht verbunden sind. Das Scutellum und die Pleurite haben weißliche Schuppenflecken, mit Ausnahme des oberen Teils des Postpronotums, auf dem die Schuppen eine cremefarbene gelbliche Farbe haben. Die Beine sind mit schwarzbraunen Schuppen besetzt, helle Flecken und Längsstreifen finden sich auf den Femora, Tibiae und den Tarsomeren I. Alle Füße haben helle Basalbänder an den Tarsomeren I–III, der Tarsomer V ist normalerweise vollständig dunkel beschuppt. Die Flügeladern sind dunkel beschuppt, mit Ausnahme der Costa (C), die entlang ihrer gesamten Vorderfläche mit hellen Schuppen bedeckt ist. Dunkle Schuppen treten gehäuft an der Basis von R_S, den Queradern (r-m und m-cu) und an der Gabelung von M und Cu auf und bilden hier dunkle Flecken. Die Queradern sind deutlich voneinander getrennt. Die Schuppen der Tergite können unterschiedlich gefärbt sein, bilden aber meist breite, weiße Basalbänder. Auf den hinteren Tergiten findet sich häufiger eine Mischung aus gelblich cremigen und braunen Schuppen. Der Tergit VIII ist normalerweise vollständig hell beschuppt.

9.3 Gattung *Culiseta* Felt 1904

Tafel 35: *Culiseta (Allotheobaldia) longiareolata*

Larven Die Antennen sind kurz, der Antennalbusch (1-A) inseriert im apikalen Drittel der Antenne, ist ebenfalls sehr kurz und hat gewöhnlich 2 Zweige, sehr selten mit 1 oder 3 Ästen. Die inneren und mittleren Frontalhaare (5-C und 6-C) sind normalerweise unverzweigt, die äußeren Frontalhaare (7-C) haben 3–4 Äste (Abb. 7.47a). Die Anzahl der Striegelschuppen kann stark variieren (40–75), die Borste 3-VIII ist stark entwickelt und hat mehreren Verzweigungen (Abb. 9.38). Der Siphon hat eine mehr oder weniger konische Form mit einem Siphonalindex von 1,5–2,0. Der Pekten besteht aus 7–13 kurzen Zähnen, die in einer unregelmäßigen Reihe angeordnet sind und bis zu 80 % der Länge des Siphons einnehmen. Die unteren Zähne sind kleiner und inserieren im nichtsklerotisierten basalen Teil des Siphons. Das Siphonalbüschel (1-S) ist kürzer als Borste 3-VIII und besteht aus 10–15 Zweigen, die nahe am Rand des sklerotisierten Teils des Siphons entspringen. Der plattenförmige Sattel liegt auf der dorsalen Oberfläche des Analsegments auf und besitzt am hinteren Rand dichte kurze Dornen. Die Sattelborste (1-X) ist kurz und in etwa halb so lang wie der Sattel. Die Länge der Analpapillen kann in Abhängigkeit des Salzgehalts des Brutgewässers variieren, liegt aber in der Regel bei 0,5- bis 1,5-mal der Länge des Analsegments.

Biologie Die Larven findet man in künstlichen Gefäßen aller Art, z. B. in Holz- und Metallfässern oder aus Beton gebauten Tanks und Brunnen. Selten kommen sie in natürlichen Gewässern wie Tümpeln, Gräben oder Entwässerungskanälen vor. Die Weibchen legen die Eier in Form von Eischiffchen auf der Wasseroberfläche ab, ähnlich wie bei den Arten der Gattung *Culex*. Die Larven sind tolerant gegenüber einem leichten Salzgehalt und einem hohen Grad an Verschmutzung und können gemeinsam mit Larven von *Cx. pipiens* gefunden werden. Bei Temperaturen von 20–25 °C dauert die Larvalentwicklung etwa 20–22 Tage. Die Larven verbringen die meiste Zeit an der Oberfläche ihres Brutgewässers und sinken selten auf den Boden ab. Die Puppen von *Cs. longiareolata* dagegen können längere Zeit passiv auf dem Boden ihrer Brutplätze liegen (Peus 1954). Die Überwinterung erfolgt im Larvalstadium. In den gemäßigten Klimazonen sind die Adulten von Februar bis November anzutreffen. Die Weibchen von *Cs. longiareolata* dringen in der Regel nicht in Behausungen ein und saugen selten an Menschen im Freien, gelten aber als Überträger von Blutparasiten bei Vögeln.

Verbreitung *Cs. longiareolata* ist in Europa im Mittelmeerraum von Spanien und Portugal im Westen bis zum europäischen Teil der Türkei im Osten verbreitet. In Frankreich findet man sie nördlich bis nach Paris, außerdem ist sie in der Schweiz und in Südengland anzutreffen. In Süddeutschland wurde sie erstmals im Jahr 2010 nachgewiesen (Becker und Hoffmann 2011). Sie wurde auch auf den Kanarischen Inseln, Madeira und den Azoren nachgewiesen. Die Art kommt in der Südukraine und im unteren Wolgagebiet bis zu den Nordhängen des Kaukasus vor. Außerhalb Europas erstreckt sich ihre Verbreitung von Mittel- und Südwestasien über Indien und Pakistan bis nach Mittelafrika.

9.3.2 *Culiseta (Culicella) fumipennis* (Stephens) 1825

Weibchen (Tafel 36) *Cs. fumipennis* ist eine große Mücke mit einem dunkelbraunen Scutum und ungefleckten Flügeln. Die Tergite sind dunkelbraun beschuppt mit gelblich weißen basalen Bändern von einheitlicher Breite. Die Beine sind größtenteils dunkel beschuppt und tragen schmale, helle Ringe an den Basen der Tarsomere. An den Vorderbeinen erstrecken sich die schmalen, hellen Ringe über die apikalen und basalen Bereiche zwischen den Tarsomeren III und IV sowie IV und V. Die Weibchen ähneln stark denen von *Cs. morsitans*, unterscheiden sich jedoch durch die eingestreuten hellen Schuppen seitlich und ventral im mittleren Drittel des Stechrüssels; außerdem bilden die dunklen Schuppen auf den Sterniten normalerweise die Form eins umgekehrten V (Abb. 6.39 a,b). Bei *Cs. morsitans* ist der Stechrüssel in der Regel komplett dunkel beschuppt, und die dunklen Schuppen der Sternite sind unregelmäßig verstreut. Beide Merkmale können jedoch variieren; so kann der Rüssel von *Cs. morsitans* mit einigen verstreuten hellen Schuppen besetzt oder das dunkle Schuppenmuster auf den Sterniten von *Cs. fumipennis* sehr undeutlich ausgebildet sein.

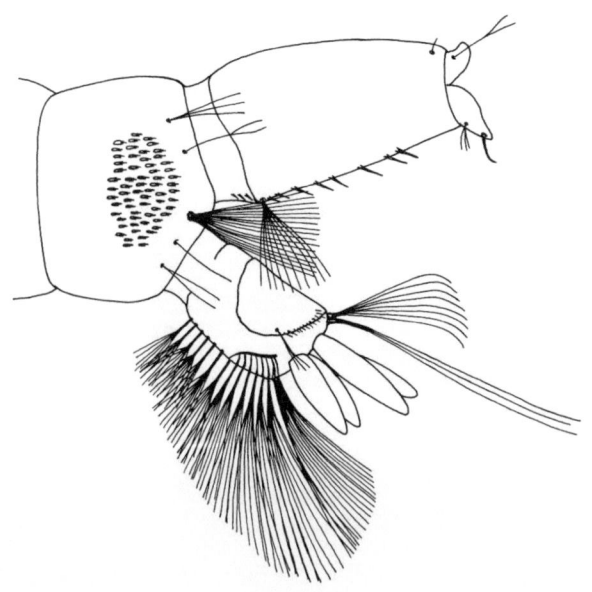

Abb. 9.38 Larve von *Cs. longiareolata*

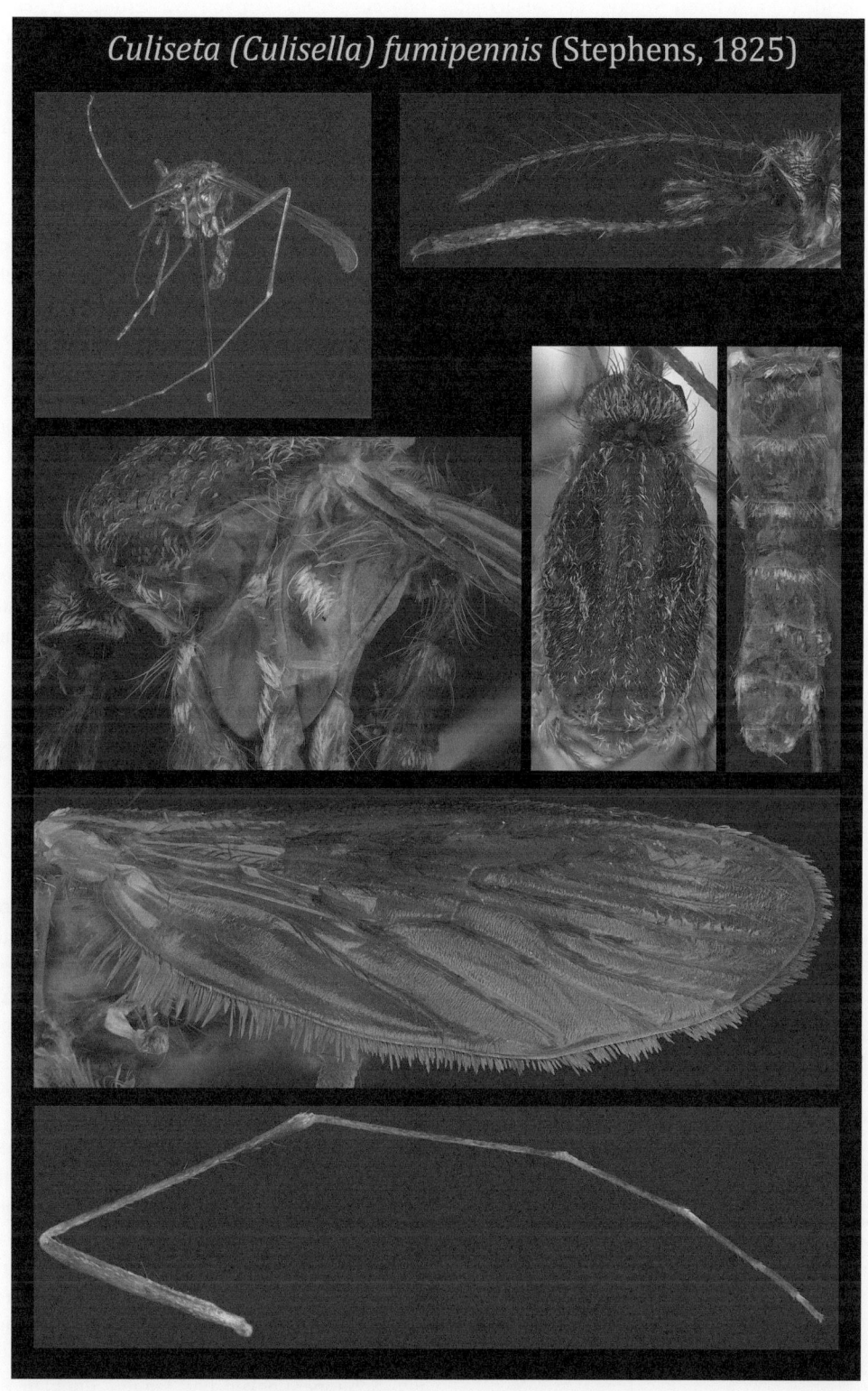

Tafel 36: *Culiseta (Culicella) fumipennis*

Larven Im Larvenstadium ist *Cs. fumipennis* von allen anderen einheimischen Vertretern der Untergattung *Culicella* leicht zu unterscheiden durch ihren Siphon, der zusätzlich zu den Pektenzähnen große isolierte Dornen trägt, die unregelmäßig auf der ventrolateralen Oberfläche verstreut sind (Abb. 7.51a). Der oberste Dorn inseriert weit über der Mitte des Siphons. Die Antennen sind länger als der Kopf, der Antennalbusch (1-A) ist groß und mehrfach verzweigt. Die inneren Frontalhaare (5-C) besitzen 2–4 Äste, die mittleren (6-C) 2 Äste, und die äußeren (7-C) haben 5–6 Verzweigungen. Der Striegel besteht aus 120–160 langen und schlanken Striegelschuppen, die von kleinen, feinen Dornen gesäumt sind. Borste 3-VIII hat 4–6 lange Zweige. Das Siphonalbüschel (1-S) besteht aus 4–5 Ästen und ist deutlich länger als die Hälfte des Siphons. Ein Paar auffällig langer, mehrfach verzweigter Haarbüschel befindet sich dorsal nahe der Spitze des Siphons. Borste 9-S an den posterolateralen Stigmenklappen ist stark entwickelt und hakenförmig ausgebildet. Das Analsegment (X) ist lang und vollständig vom Sattel umgeben, der von 6 Büscheln von freien Ruderhaaren (4-X) durchbohrt wird (Abb. 9.39). Die Sattelborste (1-X) ist unverzweigt, die lanzettlich geformten Analpapillen sind etwa halb so lang wie der Sattel.

Biologie In den nördlicheren und mittleren Bereichen ihres Verbreitungsgebiets treten die Larven von *Cs. fumipennis* im Frühjahr erstmals in den Monaten April und Mai auf, im südlichen Europa wurden sie aber auch schon von Januar bis April gefunden (Marchi und Munstermann 1987).

Die bevorzugten Brutplätze sind offene, nicht beschattete Gewässer wie flache temporäre Tümpel, die üppige Vegetation aufweisen oder mit Wasserlinsen (*Lemna* sp.) bedeckt sind. Die Larven kommen auch an den grasbewachsenen Rändern von Teichen oder Sümpfen vor. Sie treten oft vergesellschaftet mit Larven von *Cs. morsitans, Cx. territans* und *Cx. hortensis* auf. Sie verbringen einen Großteil ihrer Zeit untergetaucht am Boden ihrer Brutgewässer und filtrieren das Wasser nach Mikroorganismen. Sehr selten sind die Larven in stark salzhaltigem Wasser zu finden (Martini 1931). Über das Stechverhalten der Weibchen ist wenig bekannt. Da sie noch nie dabei beobachtet wurden, in Behausungen einzudringen oder Menschen, Haustiere oder andere Säugetiere zu stechen, ist es sehr wahrscheinlich, dass sie ihre Blutmahlzeiten von Vögeln oder Reptilien nehmen, so wie *Cs. morsitans*. Obwohl erwachsene Weibchen Mitte des Jahres, im Juli und August, gefangen wurden, ist nicht bekannt, ob *Cs. fumipennis* mehr als 1 Generation pro Jahr hervorbringt.

Verbreitung *Cs. fumipennis* ist eine holarktische Art, die in ganz Europa weit verbreitet ist und von Südskandinavien bis zum östlichen Baltikum und südlich bis zur Ukraine und zum Nordkaukasus vorkommt. Sie ist in fast allen Ländern Mittel- und Südeuropas anzutreffen und kommt vom Mittelmeerraum bis nach Nordafrika vor.

9.3.3 *Culiseta (Culicella) morsitans* (Theobald) 1901

Weibchen *Cs. morsitans* ist eine eher große Art. Der Stechrüssel ist in der Regel gleichmäßig dunkel beschuppt und im apikalen Teil leicht angeschwollen (Abb. 6.39c). Gelegentlich können jedoch einige verstreute helle Schuppen im mittleren Drittel des Rüssels auftreten. Der Clypeus ist dunkelbraun, die Maxillarpalpen sind etwa 1/4 so lang wie der Rüssel und hauptsächlich mit dunklen Schuppen besetzt; einige blasshelle Schuppen finden sich an seiner Spitze. Der Scheitel trägt lange, dunkle Borsten, am Hinterhaupt befinden sich schmale, gelblich weiße Schuppen und dunkle, aufrechte, gegabelte Schuppen dorsal und breite, gelblich weiße Schuppen seitlich. Das Integument des Scutums ist dunkelbraun und mit schmalen, braunen und gelblich goldenen Schuppen besetzt. Letztere treten auf den acrostichalen und dorsozentralen Streifen, auf beiden Seiten des präscutellaren Bereichs, auf dem vorderen Teil des supraalaren Bereichs und auf dem vorderen submedianen Bereich auf. Das Scutellum ist dunkelbraun mit gelblich weißen Schuppenflecken und langen, dunklen Borsten auf den Lappen. Mesepisternum, Mesepimeron und der untere Teil des Postpronotums tragen kleine, weißliche Schuppenflecken. Die präspirakularen Borsten sind zahlreich und gelblich, postspirakulare Borsten fehlen. Die Femora und

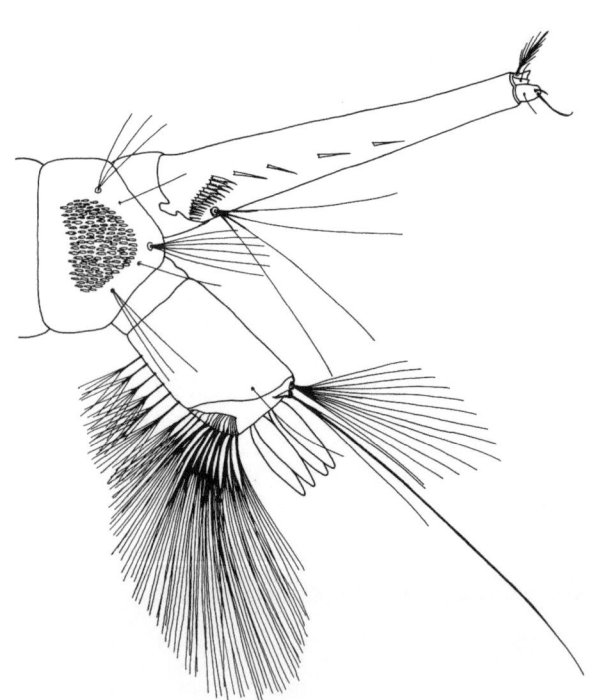

Abb. 9.39 Larve von *Cs. fumipennis*

Tibiae sind dunkelbraun beschuppt, gelegentlich mit blassen Schuppen an der ventralen Oberfläche. Helle Knieflecken sind gut entwickelt, und alle Tibiae haben helle Ringe an ihren Spitzen. Die Tarsen tragen dunkle Schuppen mit matten blassen Ringen, die beide Enden der Gelenke umfassen. An den Vorder- und Mittelbeinen sind die Ringe an den Gelenken der Tarsomere III und IV sowie IV und V unauffällig oder fehlen; an den Hinterbeinen fehlen sie immer. Die Flügeladern sind komplett mit schmalen, dunkelbraunen Schuppen besetzt, Flügelflecken sind nicht vorhanden. Die Queradern r-m und m-cu liegen weit auseinander und tragen keine Schuppen. Die Tergite sind dunkelbraun mit schmalen, gelblich weißen Basalbändern. Die Sternite sind hauptsächlich mit hellen Schuppen bedeckt; einige dunkle Schuppen sind unregelmäßig verstreut und bilden kein Muster (Abb. 6.39d).

Larven Der Kopf ist im Verhältnis zum Körper außergewöhnlich groß und mehr als 1,5-mal breiter als lang. Die Antennen sind so lang oder etwas länger als der Kopf, mit Dornen besetzt und gebogen, die sich verjüngende Spitze ist dunkel pigmentiert. Der fächerförmige Antennalbusch (1-A) ist groß und besteht aus 18–25 Ästen. Er entspringt im oberen Drittel oder Viertel des Antennenschafts und ragt weit über dessen Spitze hinaus. Die hinteren Klypealhaare (4-C) sind klein und befinden sich vor den Frontalhaaren 5-C und 6-C. Die inneren (5-C) und mittleren (6-C) Frontalhaare haben 2–3 Äste, 6-C ist sehr lang (Abb. 7.52c). Die äußeren Frontalhaare (7-C) besitzen 6–8 Äste. Die prothorakalen Borsten (1-P bis 7-P) sind sehr lang und bestehen normalerweise aus 1–2 Zweigen. Die seitlichen Abdominalborsten an den Segmenten I und II (6-I und 6-II) haben 3–4 Zweige, die an den Segmenten III–VI (6-III bis 6-VI) sind unverzweigt. Der Striegel besteht aus mehr als 90 Schuppen, die eng in einer großen dreieckigen Form angeordnet sind (Abb. 9.40). Die einzelnen Striegelschuppen sind an der Basis leicht verbreitert und im apikalen Teil abgerundet und gezähnt. Der Siphon ist gerade, lang und schlank und verjüngt sich leicht zur Spitze hin. Der Siphonalindex reicht von 5,0–7,0. Der Pekten besteht aus 6–11 Zähnen, die über das basale 1/5 oder 1/4 des Siphons verteilt sind; die distalen Zähne stehen getrennt. Das Siphonalbüschel (1-S) hat 4–5 Äste und ist deutlich länger als die basale Breite des Siphons. Das Analsegment (X) ist lang und schmal und vollständig vom Sattel umringt. Die Sattelborste (1-X) ist einfach und etwas kürzer als der Sattel. Das Ruder besteht aus 12–15 Ruderhaaren (4-X) und 5–6 freien Ruderhaaren (4-X), die den Sattel durchbohren. Die Analpapillen sind lanzettlich geformt und kürzer als der Sattel.

Biologie *Cs. morsitans* ist eine monozyklische Art (1 Generation pro Jahr). Die Eier werden im Frühsommer im feuchten Substrat abgelegt. Der Schlupf der Larven erfolgt im Herbst, wenn starke Regenfälle zu einem An-

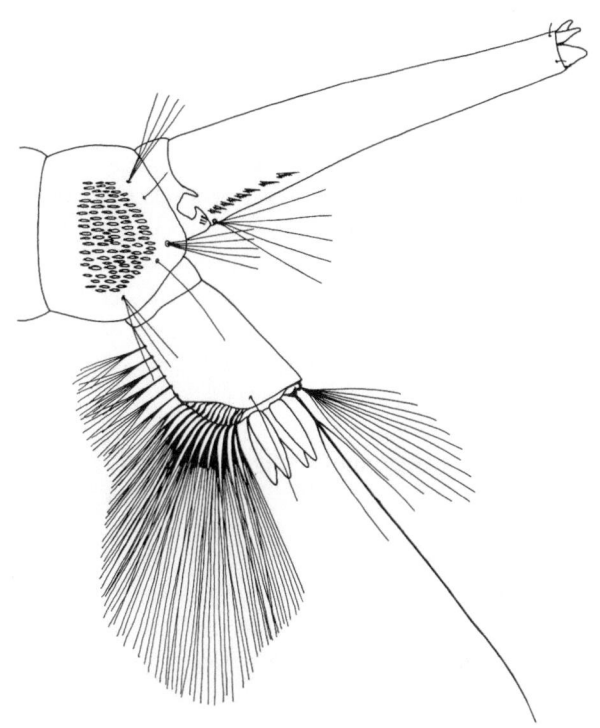

Abb. 9.40 Larve von *Cs. morsitans*

stieg des Wasserspiegels in der Brutstätte führen. Normalerweise entwickeln sich die Larven im selben Jahr bis zum 2. oder 3. Larvenstadium. Es können aber abhängig von den Witterungsbedingungen auch schon im November Viertlarven gefunden werden; die Verpuppung findet dagegen erst im nächsten Frühjahr statt (Marshall 1938). In den Wintermonaten ist die Larvalentwicklung unterbrochen. Die Larven sinken oft auf den Boden der Brutstätte herab, wo sie in umgekehrter Position mit der Ventralseite nach oben liegen, wobei ihre Kopfborsten und die Spitze des Siphons den Boden berühren. Unter einer geschlossenen Eisdecke können sie längere Zeit überleben, aber eine vollständige Vereisung der Brutgewässer führt zu einer hohen Sterblichkeit. Obwohl die Überwinterung normalerweise im Larvenstadium stattfindet, können vereinzelt frisch geschlüpfte Larven im zeitigen Frühjahr beobachtet werden. Dies entspricht der Situation in der Nearktis, wo *Cs. morsitans* in den meisten Teilen Kanadas im Eistadium überwintert und die Erstlarven ab April auftreten (Wood et al. 1979). Hierzulande findet man die Larven vom Herbst bis zum Frühjahr/Frühsommer in einer Vielzahl von Brutstätten, darunter Tümpeln, kleinen Teichen oder Gräben und sogar in langsam fließenden Gewässern. Vorwiegend kommen sie in sumpfigen Wäldern und temporären Gewässern in Wäldern oder an deren Rändern sowohl in offenen als auch in schattigen Lagen vor. Sie vertragen einen beträchtlichen Salzgehalt und entwickeln sich auch in leicht brackigem Wasser. Im Frühjahr findet man die Larven oft zusammen mit denen von *Ae. rusticus* und den Erstlarven von *Ae. punctor* und *Ae. communis*, später im Jahr kommen sie zusammen mit Larven von *An. claviger* vor. Die Adulten schlüpfen ab April und können bis Oktober gefunden werden. Die Weibchen nehmen ihre Blutmahlzeit hauptsächlich von Vögeln und gelegentlich von Reptilien und kleinen Säugetieren auf. Es wird angenommen, dass die Weibchen in Mitteleuropa Menschen sehr selten, wenn überhaupt, stechen. In Osteuropa und in der ehemaligen UdSSR wurde aber über ernsthafte Plagen durch *Cs. morsitans* berichtet (Horsfall 1955). Die Tagesrastplätze der Imagines sind Baumhöhlen und unbewohnte Gebäude oder Keller; seltener findet man sie in laubigem Gebüsch oder in grasbewachsener Vegetation (Service 1971).

Medizinische Bedeutung *Cs. morsitans* wurde in Schweden als Überträger des Ockelbo-Virus identifiziert (Francy et al. 1989).

Verbreitung *Cs. morsitans* ist in der paläarktischen Region weit verbreitet. Sie ist in fast allen europäischen Ländern anzutreffen, und ihr Verbreitungsgebiet erstreckt sich von Südskandinavien bis nach Nordafrika und von der Nordsee und dem Atlantik nach Osten bis nach Westsibirien und Südwestasien.

9.3.4 *Culiseta (Culicella) ochroptera* (Peus) 1935

Weibchen Die Weibchen von *Cs. ochroptera* sind in der Regel kleiner und graziler als diejenigen von *Cs. morsitans*. Die auffälligsten Unterschiede sind die allgemein eher bräunliche Färbung von *Cs. ochroptera* (allgemeine Färbung von *Cs. morsitans* ist eher gräulich) und die überwiegend gelblich helle Beschuppung der vorderen Tibiae, während die vorderen Tibiae von *Cs. morsitans* hauptsächlich dunkle Schuppen tragen. Der Stechrüssel von *Cs. ochroptera* ist normalerweise dicht mit hellen Schuppen bedeckt; an seiner Spitze sind vermehrt dunkle Schuppen zu finden. Der Kopf hat schmale, helle Schuppen und breite, aufgerichtete, schwarze Schuppen. Entlang des Augenrands befinden sich lange, gebogene, dunkle Borsten. Der vordere Teil des Scutums ist gleichmäßig goldbraun oder rostbraun beschuppt; helle Schuppen fehlen. Die supraalaren und präscutellaren Bereiche haben schmale, weißlich messingfarbene Schuppen, die normalerweise undeutliche, schmale Längsstreifen von der Mitte des Scutums bilden. Das Scutellum ist braun mit Flecken von weißlichen messingfarbenen Schuppen auf den Lappen. Am hinteren Rand des Scutellums befinden sich dunkle, leicht gebogene Borsten. Das Postpronotum ist einheitlich braun beschuppt. Die Femora sind auf der Vorderfläche dunkel und auf der Hinterfläche blassgelb beschuppt und weisen an ihren Spitzen einen weißen Kniefleck auf. Die Tibiae der Vorderbeine sind bis auf einen schmalen dunklen Längsstreifen auf der Vorderfläche blassgelblich beschuppt. Die Tibiae der Mittel- und Hinterbeine sind auf der Vorder- und Hinterfläche blass und auf der Ventral- und Dorsalfläche dunkel beschuppt. Die Tarsen der Mittel- und Hinterbeine haben schmale helle Basalringe auf den Tarsomeren I–III; die Tarsomere IV und V sind vollständig dunkel beschuppt. Die hellen Ringe sind oft undeutlich. Die Costa (C) hat eine unterschiedliche Anzahl heller oder ockerfarbener Schuppen entlang des gesamten vorderen Rands, die restlichen Schuppen auf den Flügeladern sind dunkel. An der Basis von R_{4+5} können die dunklen Schuppen gehäuft auftreten und einen kleinen, aber deutlichen dunklen Fleck bilden. Die Färbung der abdominalen Tergite kann variabel sein. Typischerweise sind die Tergite braun beschuppt mit gelblichen Schuppen, die undeutliche schmale basale und apikale Bänder bilden; der Tergit VIII ist vollständig hell beschuppt. Manchmal aber fehlen sowohl das apikale als auch das basale Band, und einzelne helle Schuppen sind an der Basis der Tergite verstreut.

Larven Die Larven von *Cs. ochroptera* können sehr einfach von denen von *Cs. morsitans* unterschieden werden durch die inneren Frontalhaare (5-C), die 5–9 Äste aufweisen (Abb. 7.52a), und die Striegelschuppen, die an ihrem hinteren Rand mit stark sklerotisierten Längsmittelrippen versehen sein können (Abb. 9.41). In *Cs. morsitans* haben die inneren Frontalhaare 2–3 Verzweigungen, und den Striegelschuppen fehlen sklerotisierte Mittelrippen. *Cs. ochroptera* besitzt eine Antenne, die etwas länger als der Kopf und an der Basis und im spitz zulaufenden apikalen Teil dunkel pigmentiert ist. Die hintere Klypealhaare (4-C) haben 2–4 kleine Zweige, die mittleren Frontalhaare (6-C) haben immer 2 Äste und die äußeren (7-C) 7–13 Zweige. Der Striegel besteht aus 60–95 Schuppen unterschiedlicher Form; einige besitzen eine deutliche dunkle Längsmittelrippe. Der Siphon verjüngt sich leicht zu seiner Spitze hin, der Siphonalindex beträgt 5,0–7,0. Der Pekten besteht aus 7–10 Zähnen, wobei die 2–3 distalen Zähne keine Nebenzähne tragen und leicht getrennt stehen. Das Siphonalbüschel (1-S) hat 5–10 Zweige. Das Analsegment (X) ist länger als breit, und der Sattel umschließt das Segment vollständig. Die obere Analborste (2-X) hat 12–23 Verzweigungen, die untere Analborste (3-X) 2–3 Zweige. Das Ruder besteht aus 10–22 Ruderhaaren (4-X) und 5–8 (normalerweise 6) freien Ruderhaaren (4-X). Die Analpapillen sind schmal und lanzettlich und 1,5- bis 2,0-mal länger als der Sattel (Abb. 7.52b).

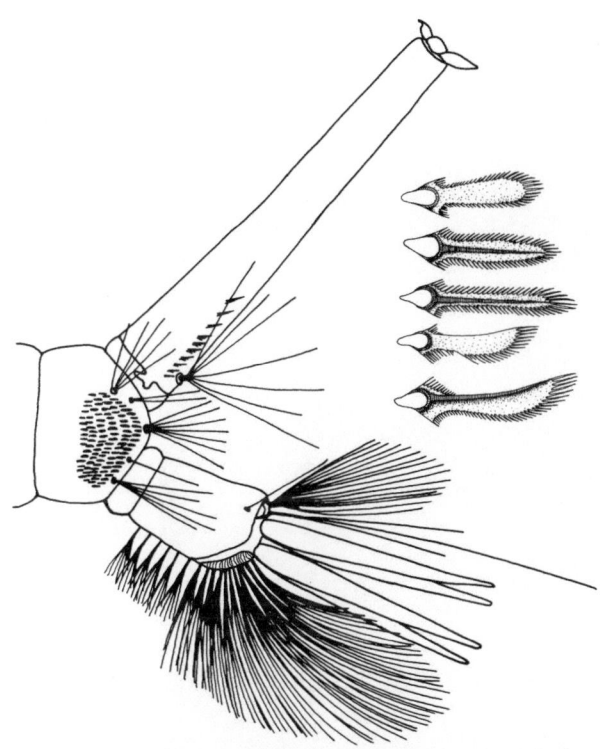

Abb. 9.41 Larve von *Cs. ochroptera* – Striegelschuppen vergrößert

Biologie Da es sich bei *Cs. ochroptera* um eine sehr seltene Mücke handelt, ist nicht sehr viel über ihre Biologie und Lebensweise bekannt. In Mittel- und Osteuropa kommen die Larven in Torfmooren vor, wo sie manchmal zusammen mit Larven von *Cs. alaskaensis* gefunden werden können. In ihrem östlichen Verbreitungsgebiet kommen sie auch in großen Flachmooren, in Waldtümpeln und -gräben oder an den schlammigen Ufern von Seen vor. Es ist sehr wahrscheinlich, dass *Cs. ochroptera* mindestens 2 Generationen pro Jahr hervorbringt und die Überwinterung offenbar im Larven- oder Eistadium stattfindet, aber Gutsevich et al. (1974) konnten auch überwinternde Weibchen in der Ostukraine finden. Die Weibchen fliegen sehr selten Menschen für eine Blutmahlzeit an, sie scheinen hauptsächlich an Vögeln und Amphibien zu saugen.

Verbreitung *Cs. ochroptera* ist in Waldgebieten der Paläarktis von Mitteleuropa über Westsibirien bis Nordostchina verbreitet. Ihr südlichstes Verbreitungsgebiet reicht bis nach Rumänien. Die Art ist auch in Finnland und südöstlich bis zum Kaukasus verbreitet.

9.3.5 *Culiseta (Culiseta) alaskaensis* (Ludlow) 1906

Weibchen (Tafel 37) *Cs. alaskaensis* ist eine sehr große Mücke, die sich durch das Fehlen eines subapikalen weißen Rings an den Femora und eines mittleren weißen Rings an den Tarsomeren I sowohl von *Cs. annulata* als auch von *Cs. subochrea* unterscheidet. Darüber hinaus sind die hellen Basalringe auf den Tarsomeren II–IV weniger deutlich ausgeprägt als bei den anderen beiden Arten. Der Stechrüssel und die Maxillarpalpen sind überwiegend dunkel beschuppt mit einigen vereinzelten hellen Schuppen in der basalen Hälfte des Rüssels und eingestreut auf den gesamten Palpen. Der Hinterkopf besitzt schmale, gebogene, weißliche Schuppen und dunkle, aufrechte, gegabelte Schuppen in seinem dorsalen Bereich und breite, weißliche Schuppen in seinem seitlichen Bereich. Das Integument des Scutums ist dunkelbraun und mit dunklen und weißlichen Schuppen besetzt. 2 undeutliche schmale Längsstreifen oder Flecken heller Schuppen können erkennbar sein, die seitlichen Teile des Scutums sind normalerweise heller als der mittlere Teil. Das Scutellum hat schmale, weißliche Schuppen und dunkle Borsten an den Lappen. Die Pleurite tragen unscheinbare Flecken schmaler, gebogener, blasser Schuppen; die präspirakulären Borsten sind gelblich. Die Femora sind an der Vorderseite dunkelbraun mit eingestreuten hellen Schuppen, die hintere Oberfläche und die Spitzen sind weißlich beschuppt, ein subapikaler heller Ring ist nicht vorhanden. Die Tarsen tragen dunkle Schuppen mit blassen Basalringen auf den Tarsomeren II und III der Vorder- und Mittelbeine und auf den Tarsomeren II–IV der Hinterbeine. Der Tarsomer I des Hinterbeins ist ohne medianen hellen Ring (Abb. 6.41b). Die Flügeladern tragen schmale, dunkle Schuppen, die an manchen Stellen gehäuft auftreten und auffällige dunkle Flügelflecken bilden. Auf Costa (C), Subcosta (Sc) und R_1 befinden sich über ihre gesamte Länge verstreute helle Schuppen. Die Basis der Subcosta (Sc) trägt ein dichtes Büschel gelblicher Borsten auf der ventralen Seite des Flügels. Die Tergite sind schwarzbraun mit ziemlich breiten, weißen basalen Bändern, die seitlich verbreitert sind, besonders an den letzten Segmenten. Auf der Mitte von Tergit II befindet sich ein helles Längsband. Die Sternite sind überwiegend weißlich beschuppt, mit einigen dunklen eingestreuten Schuppen.

Tafel 37: *Culiseta (Culiseta) alaskaensis*

Larven Die Antennen sind weniger als halb so lang wie der Kopf, der Antennalbusch (1-A) ist mehrfach verzweigt und inseriert in Nähe der Mitte der Antenne. Die hinteren Klypealhaare (4-C) sind kurz, dünn und haben 3 Zweige. Die inneren Frontalhaare (5-C) haben 5–7 Äste, die mittleren (6-C) 2–3 Äste und die äußeren (7-C) 8–11 Äste (Abb. 7.48a). Der Striegel besteht aus 35–50 Striegelschuppen, die in einem unregelmäßigen Dreieck angeordnet sind (Abb. 9.42). Der Siphon ist kurz und breit, apikal leicht verjüngt, mit einem Siphonalindex von 2,5–3,0

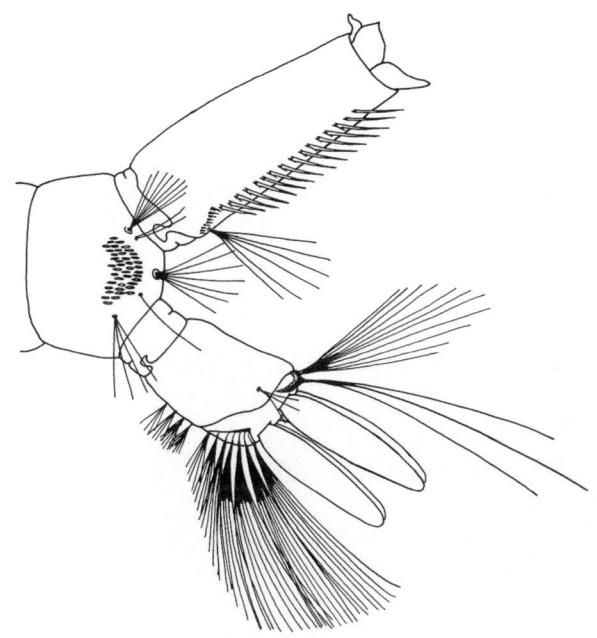

Abb. 9.42 Larve von *Cs. alaskaensis*

(Abb. 7.49a). Der Pekten besteht aus 6–8 dornähnlichen Zähnen, die auf dem basalen 1/5 des Siphons liegen, gefolgt von einer gleichmäßigen Reihe von 16–18 haarähnlichen Borsten, die sich bis in die Nähe des Apex des Siphons erstrecken. Das Analsegment (X) ist vollständig vom Sattel umgeben; die Sattelborste (1-X) ist unauffällig und viel kürzer als der Sattel. Das Ruder ist gut entwickelt mit 3–4 freien Ruderhaaren (4-X), von denen mindestens 2 den Sattel durchbohren. Die Analpapillen sind von variabler Länge, aber mindestens so lang wie der Sattel.

Biologie Die Larven von *Cs. alaskaensis* können ab dem späten Frühjahr in verschiedenen Brutgewässern angetroffen werden. Sie bevorzugen kleine offene Tümpel, die durch Schmelzwasser entstehen und auch im Sommer nicht austrocknen; zudem sind sie in Sümpfen zu finden. In den Brutgewässern findet sich in der Regel eine beträchtliche Menge an Laubstreu am Boden und wenig aquatische Vegetation. Die Larven treten oft mit denen von *Ae. excrucians*, *Ae. flavescens* und *Ae. cantans* vergesellschaftet auf. In den nördlichen Bereichen ihres Verbreitungsgebiets ist *Cs. alaskaensis* offenbar eine monozyklische Art mit 1 Generation pro Jahr. In den gemäßigten südlichen Regionen ist mit mehreren Generationen pro Jahr zu rechnen (Mohrig 1969). In diesem Teil ihres Verbreitungsgebiets ist *Cs. alaskaensis* normalerweise auf die höheren Bergregionen beschränkt. Die Art überwintert offenbar als erwachsenes Weibchen in Baumhöhlen, Höhlen und Kellern, oft zusammen mit denen von *Cx. pipiens*. Die Weibchen verlassen ihre Winterquartiere meist früher als andere Mückenarten. *Cs. alaskaensis* saugt häufig an Menschen Blut. In den Tundrenzonen ist sie als „große Mücke der Schneeschmelze" bekannt, die für Menschen und Rentiere im zeitigen Frühjahr leicht zur Plage werden kann.

Verbreitung *Cs. alaskaensis* ist eine holarktische Art, die typisch für die borealen und Tundrenzonen von Fennoskandinavien, Sibirien und Alaska ist. In der Paläarktis ist sie von Großbritannien und Norwegen im Westen bis in den Fernen Osten verbreitet. In Mitteleuropa erstreckt sich ihre südliche Verbreitung bis zu den Nordhängen der Alpen. In diesem Teil ihres Verbreitungsgebiets ist *Cs. alaskaensis* normalerweise auf die höheren Bergregionen beschränkt. Außerhalb Europas kommt sie in den Bergen Irans, Pakistans und Nordindiens vor.

9.3.6 *Culiseta (Culiseta) annulata* (Schrank) 1776

Weibchen (Tafel 38) *Cs. annulata* ist eine große, dunkelbraune Mücke mit auffälligen weißlichen Bändern und Ringen am Abdomen und an den Beinen, die auch als „große Ringelschnake" bekannt ist. Durch das Vorhandensein von subapikalen weißen Ringen an den Femora und auffälligen weißen Ringen in der Mitte des Tarsomers I kann die Art von *Cs. alaskaensis* abgegrenzt werden. *Cs. annulata* ist eng verwandt mit *Cs. subochrea*; die Merkmale, die die beiden Arten trennen, sind in der Beschreibung der letzteren angegeben. Der Stechrüssel von *Cs. annulata* ist mit hellen und dunklen Schuppen gesprenkelt, die im apikalen Teil dunkler sind; das Labellum ist dunkelbraun. Die Palpen sind dunkel mit eingestreuten hellen Schuppen, die besonders an den Spitzen reichlich vorhanden sind; ein auffälliger heller Fleck befindet sich am Gelenk der Palpomeren II und III. Am Hinterkopf stehen helle, schmale Schuppen und dunkle, aufrechte, gegabelte Schuppen. Die Augen sind von gelblich weißen Schuppen und kräftigen, dunklen Borsten umrandet. Das Scutum trägt schmale, dunkelbraune und helle Schuppen. Im hinteren submedianen Bereich finden sich 2 helle Flecken, und der präscutellare Bereich hat weißliche Schuppen. Das Scutellum ist braun mit weißlichen Schuppen und schwarzen Borsten. Das Postpronotum ist überwiegend hell beschuppt. Auf den Pleuriten werden hypostigmale, subspirakulare und postspirakulare Schuppenflecken von breiten, weißlichen Schuppen gebildet. Der mesepimerale Schuppenfleck reicht fast bis zum unteren Rand des Mesepimerons; untere mesepimerale Borsten sind vorhanden. Die Beine tragen dunkelbraune Schuppen und auffällige weiße Ringe. Die Femora sind überwiegend dunkel beschuppt mit vereinzelten hellen Schuppen und deutlichen weißen subapikalen Ringen und blassen Knieflecken. Der

Tarsomer I hat einen auffälligen weißen Ring in der Mitte, und weiße Ringe finden sich auch an den Basen der Tarsomere II–IV. Der Tarsomer V aller Beine ist vollständig dunkel beschuppt (Abb. 6.41a). Die Flügel sind größtenteils mit dunklen Schuppen bedeckt, die an der Basis von R_S, an den Queradern und den Gabelungen von R_{2+3} und M deutliche dunkle Flecken bilden. Einige verstreute helle Schuppen finden sich hauptsächlich im basalen Teil der Costa (C), Subcosta (Sc) und des Radius (R). Die Cubitalader (Cu) ist vollständig dunkel beschuppt. Die Queradern (r-m und m-cu) bilden meist eine gerade Linie (Abb. 6.42a). Die abdominalen Tergite haben weißliche Basalbänder, die apikalen Teile sind gleichmäßig dunkel beschuppt. Das Tergit II trägt ein schmales Basalband und ein charakteristisches weißes Längsband in der Mitte. Der Tergit VIII ist überwiegend hell beschuppt; die Sternite tragen gelblich weiße Schuppen.

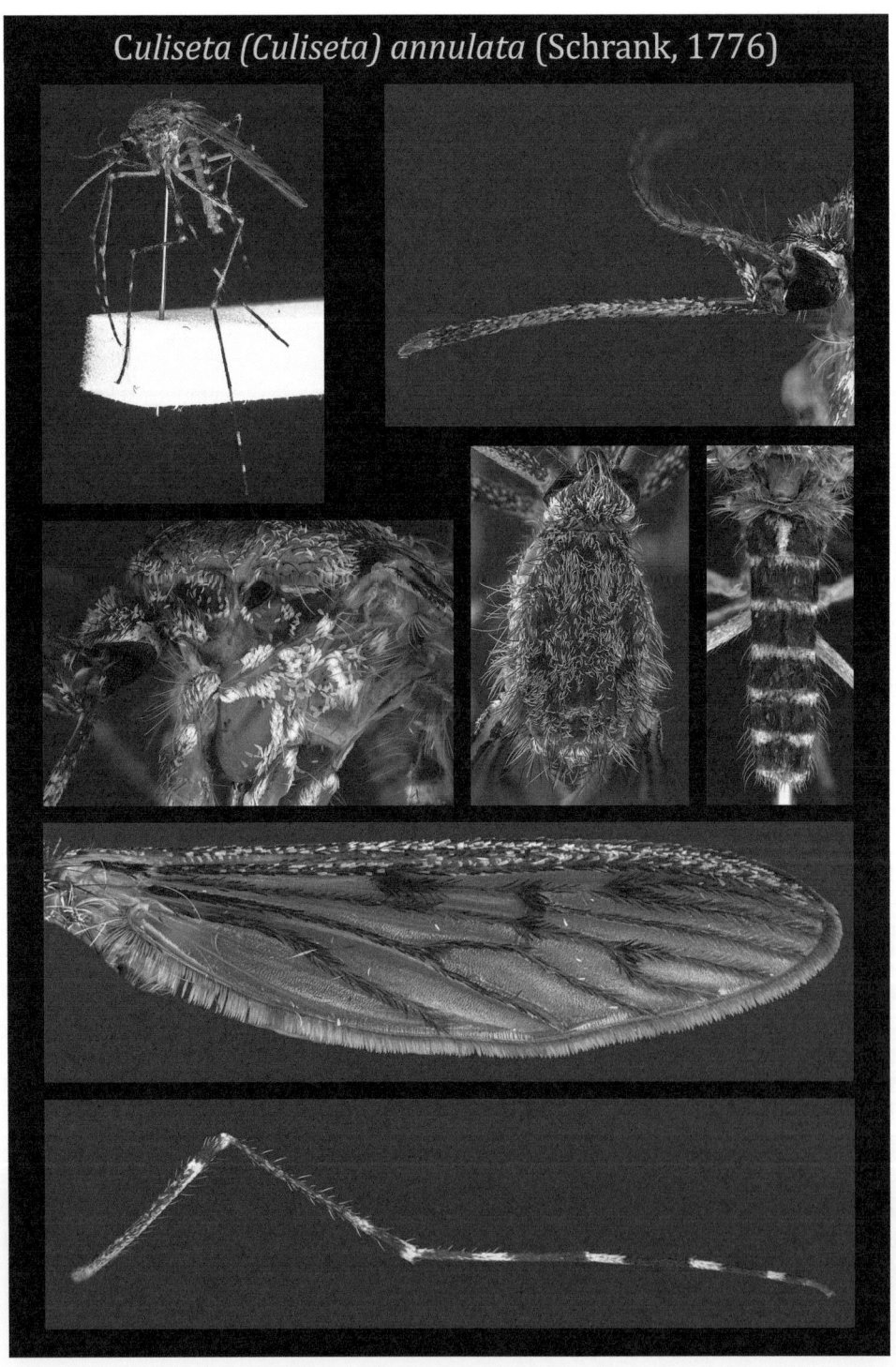

Tafel 38: *Culiseta (Culiseta) annulata*

9.3 Gattung *Culiseta* Felt 1904

Larven Der Kopf ist breiter als lang, die Antennen sind weniger als halb so lang wie der Kopf und gerade. Der Antennalbusch (1-A) inseriert etwa in der Mitte des Antennenschafts und besteht aus 10–15 Zweigen, die nicht bis zur Antennenspitze reichen. Der Abstand zwischen den hinteren Klypealhaaren (4-C) zueinander ist etwa gleich groß wie der Abstand zwischen den inneren Frontalhaaren (5-C) (Abb. 7.50a). 5-C hat 4–8 Äste, die mittleren Frontalhaare (6-C) haben 1–3 Äste und die äußeren (7-C) 6–14 Äste (Abb. 7.46a). Der Striegel besteht meist aus 35–50 Schuppen, selten mehr (Abb. 9.43). Die einzelnen Striegelschuppen sind im Mittelteil leicht verengt, stumpf endend und gleichmäßig von kleinen Zähnen gesäumt. Der Siphon verjüngt sich deutlich zur Spitze hin und weist einen Siphonalindex von 3,2–4,0 auf. Das Siphonalbüschel (1-S) inseriert nahe der Basis des Siphons und besteht in der Regel aus 9–10 Ästen. Der Pekten besteht aus 11–18 dornförmigen Zähnen, gefolgt von einer Reihe von 11–21 dünnen, haarähnlichen Borsten, die ungefähr 2/3 bis 3/4 der Länge des Siphons einnehmen. Der Sattel umschließt das Analsegment vollständig, seine ventrale Oberfläche ist nur halb so lang wie seine dorsale Oberfläche. Die Sattelborste (1-X) ist viel kürzer als der Sattel, normalerweise mit 3 Ästen. Die obere Analborste (2-X) hat 13–19 Zweige, die untere Analborste (3-X) 3 Zweige. Das Ruder besteht normalerweise aus 16–18 Ruderhaaren (4-X) und 2–3 freien Ruderhaaren (4-X), von denen 1–2 den Sattel durchbohren. Die Analpapillen sind lanzettlich und meist so lang wie der Sattel.

Biologie In Mitteleuropa treten die Larven meist ab dem zeitigen Frühjahr auf. Die Population nimmt in den Sommermonaten zu und erreicht im September ihr Maximum; mehrere Generationen pro Jahr sind möglich. Die Eier werden in Eischiffchen, die aus etwa 200 Eiern bestehen, auf der Wasseroberfläche abgelegt. Die Larven können in einer Vielzahl von permanenten und semipermanenten Brutgewässern, einschließlich natürlicher und künstlicher Wasseransammlungen, sowohl in sonnenexponierten als auch in schattigen Lagen, angetroffen werden, z. B. in stehenden Tümpeln, Teichen, Gräben, Wassertrögen und anderen künstlichen Behältern wie Regenfässern. Hohe Populationsdichten konnten auch in Güllegruben gefunden werden, sodass es wahrscheinlich erscheint, dass ein hoher Stickstoffgehalt für die Weibchen einen zusätzlichen Anreiz zur Eiablage darstellt (Mohrig 1969). Die Larven vertragen einen hohen Salzgehalt und kommen auch in Brackwasser vor (Marshall 1938). In künstlichen Behältern können die Larven oft in Verbindung mit denen von *Cx. pipiens* gefunden werden; in natürlichen Brutstätten kommen die Larven zusammen mit denen von *Cs. subochrea* und *Cs. morsitans* vor (Natvig 1948). 3–5 Tage nach der Eiablage erfolgt der Schlupf der Larven, die Larvalentwicklung ist temperaturabhängig. Die Gesamtzeit von der Eiablage bis zum Schlüpfen des erwachsenen Fluginsekts wird auf 18 Tage bei einer Temperatur von 20–23 °C und 16 Tage bei einer Temperatur von 24–27 °C geschätzt (Martini 1931). Normalerweise überwintert die Art im Erwachsenenstadium, und die ersten Weibchen treten im zeitigen Frühjahr auf, wenn sie ihre Winterquartiere verlassen. Zu dieser Zeit greifen sie tagsüber gerne Menschen und Säugetiere an, aber in den Sommermonaten zeigen sie eine eher nächtliche Stechaktivität und dringen häufig in Häuser oder Ställe ein, um an Menschen oder Haustieren zu saugen; gelegentlich werden aber auch Vögel gestochen. Ab dem Frühherbst findet man die Weibchen von *Cs. annulata* oft auch tagsüber in Häusern, wenn sie ihre Winterquartiere aufsuchen. Sie überwintern in Kellern, auf Dachböden von Wohnungen oder in Ställen von Haustieren, wo sie äußerst lästig werden können, wenn die Winterruhe durch steigende Temperaturen unterbrochen wird. Fernab menschlicher Siedlungen kann die Überwinterung auch in Baumhöhlen, Holzstapeln oder anderen natürlichen Unterständen stattfinden. In ihrem südlichen Verbreitungsgebiet kann *Cs. annulata* auch im Larvenstadium überwintern.

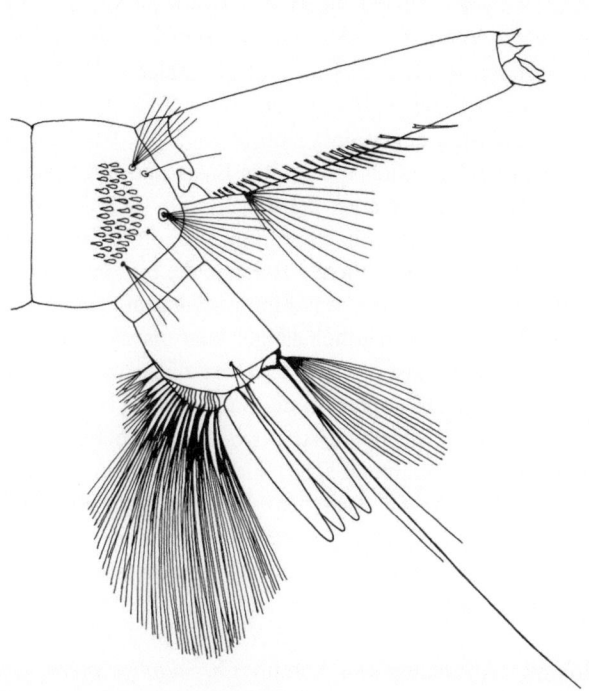

Abb. 9.43 Larve von *Cs. annulata*

Medizinische Bedeutung *Cs. annulata* ist als potenzieller Vektor des Tahyna-Virus (Ribeiro et al. 1988) und als Überträger einiger Plasmodien von Vögeln bekannt (Gutsevich et al. 1974).

Verbreitung *Cs. annulata* ist in ganz Europa weit verbreitet, aber sie kommt im Norden häufiger vor als im Süden, wo sie weitgehend durch *Cs. longiareolata* ersetzt wird (Edwards 1921). Das Verbreitungsgebiet von *Cs. annulata* reicht bis nach Nordafrika, Kleinasien und Südwestasien.

9.3.7 Culiseta (Culiseta) glaphyroptera (Schiner) 1864

Weibchen Am Kopf trägt der Scheitel ein Büschel kurzer heller Schuppen zwischen den Augen, und am Hinterkopf stehen aufrechte dunkelbraune Schuppen. Der Stechrüssel und die Maxillarpalpen sind dunkelbraun beschuppt. Das Integument des Scutums ist dunkelbraun und mit goldbraunen sichelförmigen Schuppen besetzt, die 1 schmalen acrostichalen Streifen auf dem vorderen Teil des Scutums und 2 dorsozentrale und laterale, undeutlichere Streifen bilden. Das Scutellum trägt Schuppen in der gleichen Farbe wie auf dem Scutum. Die Pleurite des Thorax tragen Flecken von weißlichen, flachen Schuppen. Die Anzahl der präspirakularen Borsten reicht normalerweise von 16–22 und die der unteren mesepisternalen Borsten von 12–18. Die Beine sind überwiegend dunkel beschuppt; die Hinterflächen der Femora und Tibiae haben eingestreute helle Schuppen, die manchmal einen Längsstreifen bilden. Der Kniefleck ist deutlich ausgebildet und gelblich weiß. Die Tarsomere sind vollständig mit dunkelbraunen Schuppen bedeckt, helle Ringe fehlen (Abb. 6.40a). Die Flügeladern sind dunkel beschuppt und die Queradern (r-m und m-cu) leicht voneinander getrennt. Flügelflecken fehlen oder sind nur schwach entwickelt. Falls vorhanden, resultieren die Flecken aus Ansammlungen dunkler Schuppen an den Gabelungen von R_{2+3} und M und den Queradern. Die Tergite sind mit dunkelbraunen Schuppen besetzt mit undeutlichen Bändern aus hellbraunen bis blassen Schuppen im basalen Drittel jedes Tergits. Die Sternite sind mehr oder weniger gleichmäßig mit gelblich weißen Schuppen bedeckt; manchmal sind an ihren hinteren Rändern schmale Bänder bräunlicher Schuppen vorhanden.

Larven Der Kopf ist breiter als lang, die Antennen sind 2/3 so lang wie der Kopf und leicht nach innen gebogen. Der Antennalbusch (1-A) inseriert nahe der Mitte des Antennenschafts und ist etwa halb so lang wie dieser. Die hinteren Klypealhaare (4-C) befinden sich vor den inneren

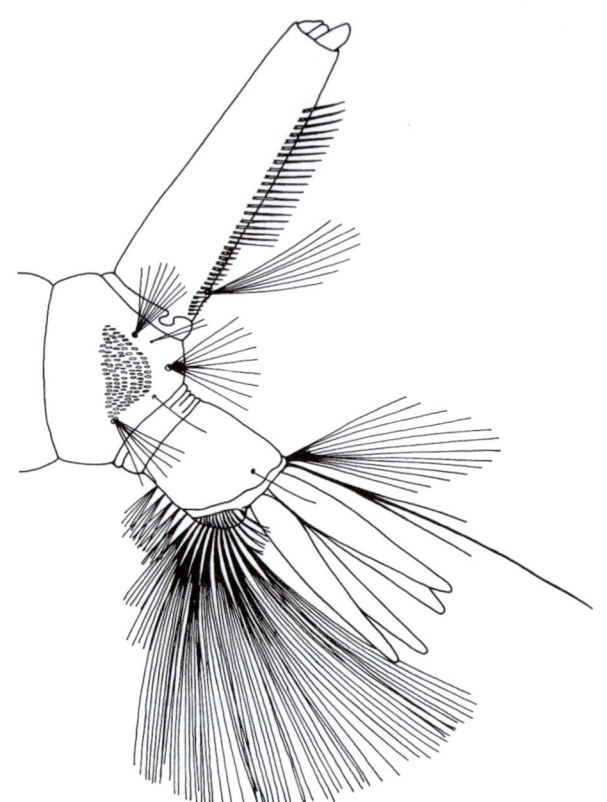

Abb. 9.44 Larve von *Cs. glaphyroptera*

Frontalhaaren und stehen dicht beieinander. Die Frontalhaare sind allesamt gut entwickelt (Abb. 7.48b), die inneren (5-C) haben 7–9 Äste, die bis zum Labrum reichen, die mittleren (6-C) 5–7 Äste und die äußeren (7-C) 8–12 Zweige. Der Striegel besteht aus etwa 70 Schuppen, die halbmondförmig angeordnet sind (Abb. 9.44). Die Striegelschuppen sind länglich mit breiter Basis und abgerundeter Spitze. Der Siphonalindex beträgt 3,4–3,5. Der Pekten hat 15–21 dornförmige Zähne, gefolgt von einer Reihe von 19–22 längeren haarähnlichen Borsten, die bis zum apikalen 1/4 des Siphons reichen. Das Siphonalbüschel (1-S) besteht aus 8 Zweigen, die deutlich länger sind als die Breite des Siphons an ihrer Insertionsstelle. Das Analsegment ist vollständig vom Sattel umgeben; die Sattelborste (1-X) ist kurz mit 1–2 Ästen. Die obere Analborste (2-X) hat normalerweise 14 Äste, die einen Fächer bilden, und die untere Analborste (3-X) hat 3–4 Äste. Das Ruder besteht aus 13–16 Ruderhaaren (4-X) und 5 freien Ruderhaaren (4-X), von denen 3 den Sattel durchbohren. Die Analpapillen sind 1,5- bis 2,5-mal länger als der Sattel und spitz zulaufend.

Biologie Normalerweise kommt *Cs. glaphyroptera* nur in bergigen Regionen vor. Die Larven bevorzugen halbschattige und kühle Brutplätze. Sie sind in der Regel in den Betten kleiner Gebirgsflüsse oder -bäche und in ausgewaschenen Wannen größerer Felsen zu finden, in denen das Wasser nach dem ersten Hochwasser im Frühjahr stehen bleibt. Sie bevorzugen Brutgewässer mit einem gewissen Grad der Eutrophierung, in dem abgefallene Blätter und anderer Detritus zu finden sind; gelegentlich kann man die Larven von *Cs. glaphyroptera* zusammen mit denen von *Cx. territans* finden. In Baumhöhlen in Bergwäldern des ehemaligen Jugoslawiens wurden Larven von *Cs. glaphyroptera* während der Sommermonate vergesellschaftet mit typischen Baumhöhlenbrütern wie *An. plumbeus* und *Ae. geniculatus* gefunden (Apfelbeck 1928). *Cs. glaphyroptera* überwintert im Erwachsenenstadium. Über das Stechverhalten der Weibchen ist wenig bekannt. Es ist wahrscheinlich, dass sie an Vögeln oder kleinen Säugetieren saugen, die den Bergwald bewohnen.

Verbreitung Die Art ist in den gebirgigen Regionen Mittel- und Südosteuropas weit verbreitet und wurde auch in den Bergregionen der Westukraine und der Krim gefunden.

9.3.8 *Culiseta (Culiseta) subochrea* (Edwards) 1921

Weibchen (Tafel 39) *Cs. subochrea* ist der nahe verwandten *Cs. annulata* sehr ähnlich, weshalb hier lediglich die Unterschiede zwischen den beiden Arten erwähnt werden sollen. Bei *Cs. subochrea* sind das Integument des Scutums und die meisten seiner Schuppen gelblich, während in *Cs. annulata* das Integument eher bräunlich und die hellen Schuppen des Scutums cremeweiß sind. Aufgrund einer größeren Anzahl heller Schuppen, die auf den Femora, Tibiae und Tarsomeren I eingestreut sind, sind die Beine von *Cs. subochrea* stärker gesprenkelt als die von *Cs. annulata*. Daher ist im allgemeinen Erscheinungsbild der Kontrast von heller und dunkler Farbe der Beine nicht so auffällig. Außerdem sind bei *Cs. subochrea* die weißen subapikalen Ringe an den Femora weniger deutlich ausgeprägt und die gelblich weißen Basalringe an den Tarsen viel breiter als bei *Cs. annulata*. Die dunklen Flügelflecken sind bei *Cs. subochrea* weniger auffällig ausgeprägt, und neben einigen hellen Schuppen auf der Costa (C), Subcosta (Sc) und dem Radius (R) sind mehr oder weniger zahlreiche helle Schuppen entlang des Cubitus (Cu) verstreut. In *Cs. annulata* ist die Cubitalader (Cu) vollständig mit dunklen Schuppen besetzt. In *Cs. subochrea* sind die Queradern r-m und m-cu meist leicht voneinander getrennt, der Abstand zwischen ihnen ist nicht länger als der der Vene m-cu (Abb. 6.42b), in *Cs. annulata* bilden die Queradern in der Regel eine gerade Linie (Abb. 6.42a). Die Tergite von Cs. *subochrea* haben undeutliche helle Basalbänder aus gelblichen Schuppen, die dunklen Bereiche in der apikalen Hälfte der Tergite sind mit mehr oder weniger zahlreichen gelblichen Schuppen besetzt. In *Cs. annulata* haben die Tergite deutlichere weißliche Basalbänder, und die apikale Hälfte der Tergite trägt keine hellen Schuppen; sie ist gleichmäßig dunkel beschuppt.

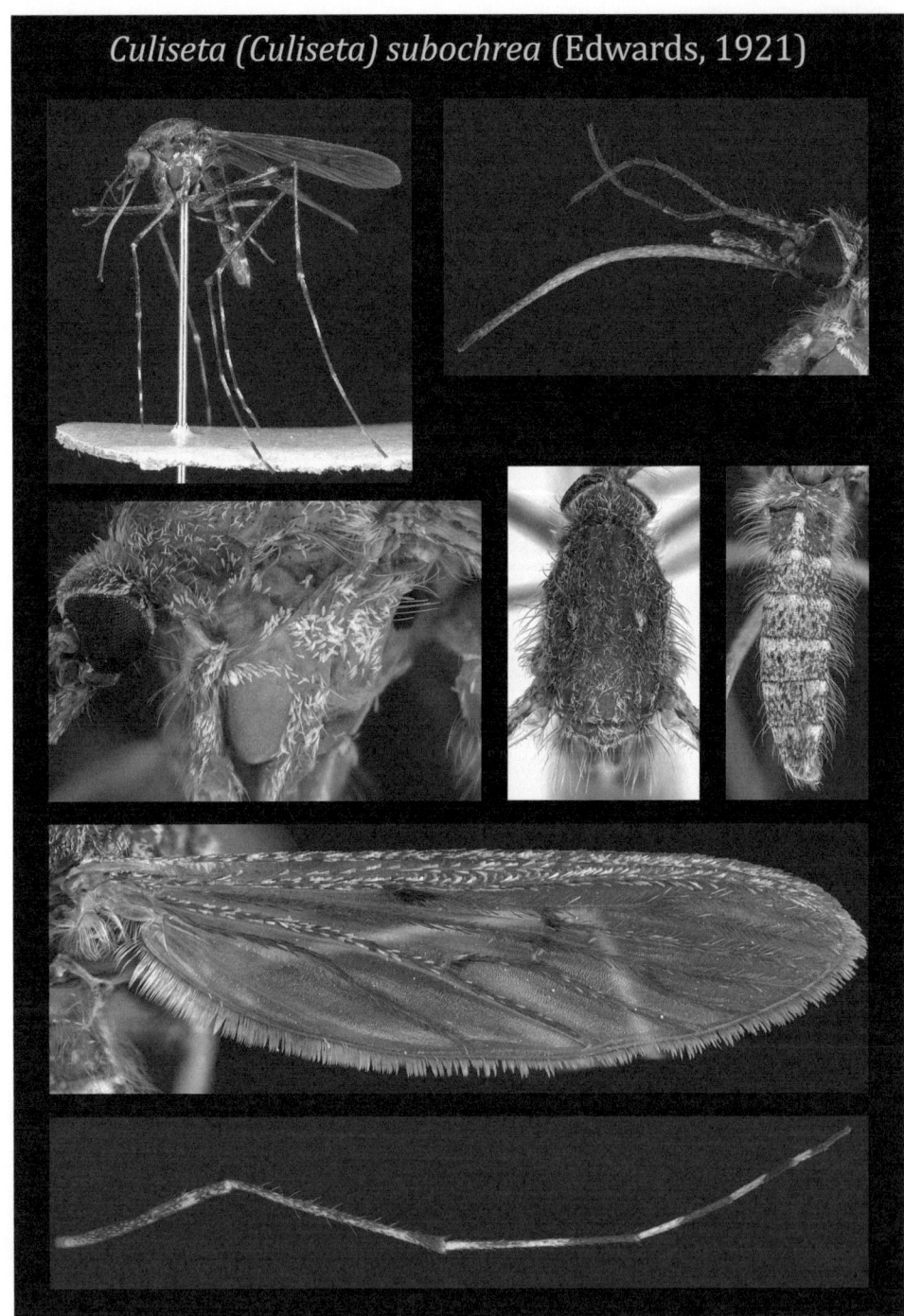

Tafel 39: *Culiseta (Culiseta) subochrea*

Larven In *Cs. subochrea* ist der Abstand zwischen den beiden hinteren Klypealhaaren (4-C) zueinander in der Regel geringer als der Abstand zwischen den beiden inneren Frontalhaaren (5-C) (Abb. 7.50b), während bei *Cs. annulata* beide Borstenpaare normalerweise etwa gleich weit voneinander entfernt stehen. Unglücklicherweise überschneiden sich die beiden Variationsbereiche, und es ist nicht immer möglich, die Larven der beiden Arten mithilfe dieses Merkmals mit Sicherheit zu unterscheiden.

Puppen Ein Merkmal, das konstant zu sein scheint und es ermöglicht, zwischen Individuen von *Cs. subochrea* und *Cs. annulata* zu unterscheiden, kann im Puppenstadium gefunden werden. Die kleinen Zähnchen, die das Paddel der Puppen säumen, sind bei der ersteren Art lang und spitz und bei der letzteren erheblich kürzer und stumpf endend.

Biologie Über die Biologie und Lebensweise von *Cs. subochrea* ist wenig bekannt, sie scheinen aber der von *Cs. annulata* zu ähneln. Die Überwinterung erfolgt als adulte Weibchen meist bevorzugt in Ställen und Kellern, in ihrem südlichen Verbreitungsgebiet überwintern aber auch die Larven. Es können mehrere Generationen pro Jahr auftreten. Wie bei *Cs. annulata* sind die Larven sowohl in natürlichen und künstlichen Süßwasserhabitaten wie Gräben, Teichen oder Wassertrögen als auch in Brutplätzen mit unterschiedlichem Salzgehalt zu finden, für die sie eine bemerkenswerte Vorliebe zeigen (Marshall 1938; Rioux 1958; Mohrig 1969; Gutsevich et al. 1974). Die Weibchen saugen Blut von Menschen und Haustieren, auch tagsüber und weit entfernt von menschlichen Behausungen (Rioux 1958).

Verbreitung *Cs. subochrea* ist eine paläarktische Art, die in fast allen europäischen Ländern vorkommt. Ihr Verbreitungsgebiet reicht vom südlichen Fennoskandinavien bis zum Mittelmeerraum einschließlich West- und Mitteleuropa, aber sie ist keine sehr häufige Mücke. Außerhalb Europas ist sie in Nordafrika, im Nahen Osten und in Mittelasien weit verbreitet.

9.4 Gattung *Coquillettidia* Dyar 1905

Der Stechrüssel der Weibchen ist mäßig lang (etwa 1,5-mal länger als der Thorax); die Maxillarpalpen sind kurz, etwa 1/4 der Länge des Rüssels oder kürzer. Am Kopf ist der Scheitel mit zahlreichen aufrechten Gabelschuppen besetzt. Die acrostichalen, dorsozentralen und lateralen Borsten des Scutums sind zahlreich und gut entwickelt. Die Schuppen auf dem Scutum sind normalerweise schmal und anliegend. Präspirakulare und postspirakulare Borsten fehlen. Die oberen mesepisternalen Borsten sind gut entwickelt, und die oberen mesepimeralen Borsten sind normalerweise vorhanden. Die mesepisternalen und mesepimeralen Schuppenflecke sind klein, mit anliegenden hellen Schuppen. Die Beine tragen normalerweise helle Ringe. Der Tarsomer I der Hinterbeine ist kürzer als die hintere Tibia. Die Klauen sind einfach, ohne Nebenzahn, typische polsterartige Pulvillen fehlen. Die Flügeladern sind mit einer Mischung aus hellen und dunklen, schmalen und breiten Schuppen bedeckt. Das Abdomen endet stumpf, das Abdominalsegment VIII ist kurz und breit. Die Cerci sind kurz und stumpf endend. Der Kopf der Larve ist viel breiter als lang und schwach sklerotisiert. Die Antennen sind extrem lang, mindestens 1,5-mal so lang wie der Kopf. Der Teil jenseits des Insertionspunkts des Antennalbuschs (1-A) ist schlank und peitschenartig. Der Siphon ist kurz, konisch zulaufend und stark sklerotisiert. Er bildet einen sägeähnlichen Stechapparat zum Durchdringen von untergetauchtem Gewebe von Wasserpflanzen, um Sauerstoff zu gewinnen. Das Analsegment X ist lang und schlank, der Sattel umschließt das Segment vollständig. Auch die Puppen durchbohren mit ihren sklerotisierten, spitz zulaufenden und mit einem Haken bewehrten Atemhörnchen das Aerenchym von Wasserpflanzen, um Sauerstoff zu entnehmen. Kurz vor der Häutung zum adulten Fluginsekt brechen die Atemhörnchen an definierten Sollbruchstellen unterhalb ihrer Spitzen ab, und die Puppe kann zur Häutung an die Wasseroberfläche aufsteigen. Die Weibchen legen die Eier in Eischiffchen unterschiedlicher Form auf der Wasseroberfläche ab. Die Arten werden in 3 Untergattungen eingeteilt, die größte davon, die Untergattung *Coquillettidia*, umfasst 43 Arten, wobei mehr als die Hälfte davon im äthiopischen Raum verbreitet ist; einheimisch ist aus dieser Untergattung lediglich *Cq. richiardii*.

9.4.1 *Coquillettidia (Coquillettidia) richiardii* (Ficalbi) 1889

Weibchen (Tafel 40) *Cq. richiardii* ist leicht von allen anderen einheimischen Arten durch die sehr viel breiteren Schuppen auf den Flügeladern zu unterscheiden (Abb. 6.5b). Zusammen mit den vermischten hellen und dunklen Schuppen auf dem Thorax und Abdomen verleihen sie den Individuen oberflächlich betrachtet ein schmutzig-gelbes Aussehen. Die Spitze des Rüssels ist deutlich dunkler als der vorhergehende Teil; manchmal bilden hellere Schuppen einen unauffälligen Ring in seiner Mitte. Die Basis des Rüssels hat gelbliche und braune Schuppen, manchmal überwiegen jedoch die dunklen Schuppen. Die Maxillarpalpen sind kurz, nicht länger als 1/4 der Länge des Rüssels und mit gemischten gelblichen und braunen Schuppen bedeckt. Der Kopf trägt am Scheitel gelblich goldene, schmale, gebogene Schuppen und dunkle, aufrechte Gabelschuppen. Das Integument des Scutums ist braun und besetzt mit schmalen, gebogenen braunen und goldenen Schuppen. Die mesepisternalen und mesepimeralen Schuppenflecke bestehen aus breiten, weißlichen Schuppen. Die Femora und Tibiae tragen in ihren basalen Bereichen gelbliche und braune Schuppen vermischt, die apikalen Bereiche sind hell beschuppt. Der Tarsomer I aller Beine hat einen hellen Ring in der Mitte, der manchmal undeutlich ist oder fehlt. Breite, helle Basalringe sind normalerweise an den Tarsomeren I–III der Vorderbeine und allen Tarsomeren der Mittel- und Hinterbeine vorhanden. Auf den hinteren Tarsomeren sind diese hellen Ringe normalerweise besonders ausgeprägt. Die Flügeladern sind mit breiten, gelblichen und braunen Schuppen bedeckt. Die Tergite sind mit braunen Schuppen besetzt, vereinzelt sind helle Schuppen eingestreut, die an der Basis der Tergite zahlreicher sind. Basolaterale dreieckige Flecken mit gelblichen Schuppen sind vorhanden; die hellen Schuppen können außerdem unauffällige Basalbänder bilden, die ähnlich wie bei *Ae. punctor* in der Mitte verengt sind. Die Sternite sind hell beschuppt.

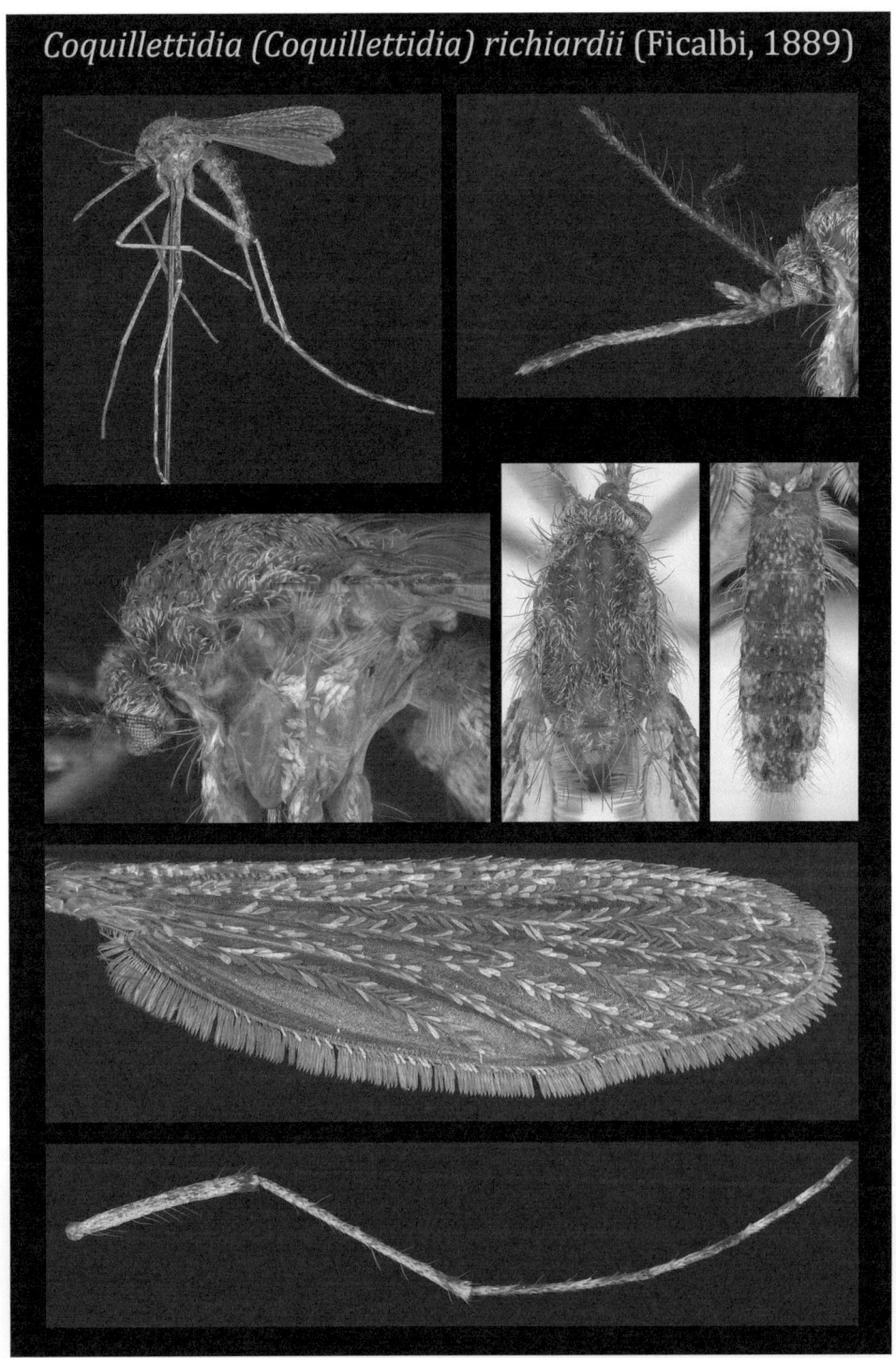

Tafel 40: *Coquillettidia (Coquillettidia) richiardii*

9.4 Gattung *Coquillettidia* Dyar 1905

Larven Der Kopf ist breiter als lang. Die Antennen sind sehr lang, etwa 1,5- bis 2,0-mal länger als der Kopf. Der lange Endfaden ist auf hellem Grund kaum sichtbar. Der Antennalbusch (1-A) hat 15–20 Äste. Die hinteren Klypealhaare (4-C) haben normalerweise 5–6 Äste und befinden sich vor den Frontalhaaren. Die inneren Frontalhaare (5-C) sind kurz, ähnlich den hinteren Klypealhaaren (4-C). Die mittleren Frontalhaare (6-C) sind lang und haben 4–5 Äste, die äußeren Frontalhaare (7-C) haben 9 Äste. Der Striegel besteht aus einer unregelmäßigen Reihe von 10–25 Schuppen; jede einzelne Striegelschuppe hat einen gut ausgebildeten mittleren Zahn. Die Borste 1-VIII entspringt im dorsalen Bereich des Abdominalsegments VIII und hat 2–4 Äste; die Borsten 2-VIII, 3-VIII, 4-VIII und 5-VIII inserieren medioventral und haben jeweils 2–4 Äste. Der Siphon ist sehr kurz und konisch zulaufend, er bildet einen Sägeapparat zum Durchdringen von Pflanzengewebe. Ähnliche Modifikationen finden sich in keiner anderen einheimischen Gattung. Das Siphonalbüschel (1-S) inseriert ventrolateral in der Nähe der Mitte des Siphons; Pektenzähne sind nicht vorhanden. Neben 1-S sind 2 Paare einfacher Borsten und 2 Paare gebogener dornartiger Borsten mit Hakenenden vorhanden, die das Eindringen des Siphons in das Pflanzengewebe unterstützen (Abb. 9.45). Das Analsegment (X) ist länglich, viel länger als breit, und wird vollständig vom Sattel umgeben. Der Sattel ist mit kurzen und kräftigen, meist einzelnen Dörnchen bedeckt, selten finden sich 2 oder 3 auf einer gemeinsamen Basis. Die Sattelborste (1-X) hat 2–3-Zweige und entspringt weit entfernt vom Hinterrand des Sattels. Die oberen (2-X) und unteren (3-X) Analborsten sind mehrfach verzweigt, 2-X ist halb so lang wie 3-X. Das Ruder besteht aus 10–14 Ruderhaaren (4-X) und 2 freien Ruderhaaren (4-X), die weit voneinander entfernt stehen. Die Analpapillen sind lanzettlich und kürzer als der Sattel.

Biologie Abhängig vom Breitengrad ihres Auftretens kann *Cq. richiardii* 1–3 Generationen pro Jahr hervorbringen (Service 1969; Gutsevich et al. 1974). Die Weibchen legen ihre Eier in rundlichen Schiffchen auf die Wasseroberfläche ab; die Larven schlüpfen in Abständen von bis zu 2 Wochen nach der Eiablage (Guille 1975) und überwintern meist im 3. oder 4. Larvenstadium. Sowohl die Larven als auch die Puppen leben dauerhaft unter Wasser und bewegen sich sehr wenig. Sie beziehen Sauerstoff aus dem Aerenchym von Wasserpflanzen. Brutstätten können verschiedene dauerhafte Gewässer sein, die reich an *Acorus* sp., *Typha* sp., *Phragmites* sp., *Glyceria* sp., *Sparganium* sp., *Ranunculus* sp. oder *Carex* sp. sind (Shute 1933; Natvig 1948; Guille 1976). Die Verpuppung erfolgt Ende Mai und Anfang Juni, in den Sommermonaten treten dann die Adulten vermehrt in Erscheinung. Weibchen können in der Umgebung von Sümpfen, Seen, alten Flussbetten und Flussmündungen sehr zahlreich auftreten und starke Belästigungen von Menschen und Haustieren verursachen. Gelegentlich wurde beobachtet, dass sie zur Blutmahlzeit in Häuser eindringen (Shute 1933; Ribeiro et al. 1988). Die Belästigung beschränkt sich normalerweise auf die Umgebung der Brutplätze, aber die Weibchen können aufsteigende Luftströme nutzen, um in beträchtlicher Zahl in Gebiete bis zu einer Höhe von 800–900 m vorzudringen (Gilot et al. 1976). Die Weibchen ernähren sich bevorzugt von Säugetieren (Service 1968; Ribeiro et al. 1988; Petrić 1989), können ihre Blutmahlzeit aber auch von Vögeln (Service 1969) und Amphibien (Shute 1933) aufnehmen. Normalerweise liegt die Hauptstechaktivität der Weibchen nach Sonnenuntergang und kurz nach Sonnenaufgang (Shute 1933; Service 1969). Schwärme von Männchen konnten 1 h nach Sonnenuntergang und im Morgengrauen beobachtet werden (Marshall 1938).

Medizinische Bedeutung In Wildpopulationen wurden Weibchen gefunden, die mit dem West-Nil-Virus (WNV) und dem Omsk-Hämorrhagischen-Fieber-Virus (OHF-Virus) infiziert waren (Detinova und Smelova 1973).

Verbreitung *Cq. richiardii* ist eine in ganz Europa auftretende Art und in der westlichen Paläarktis weit verbreitet.

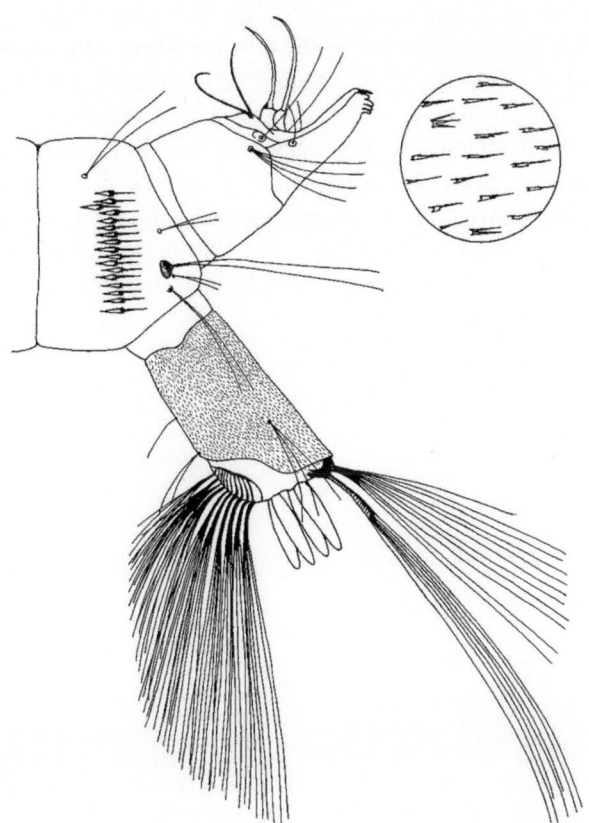

Abb. 9.45 Larve von *Cq. richiardii* – Dörnchen auf dem Sattel vergrößert

9.5 Gattung *Uranotaenia* Lynch Arribalzaga 1891

Die Arten der Gattung *Uranotaenia* sind im Allgemeinen kleine dunkle Mücken, die sich dadurch auszeichnen, dass beide Geschlechter kurze Maxillarpalpen besitzen, der Stechrüssel normalerweise an der Spitze geschwollen ist und die Antennen der Männchen stark behaart sind. Das Scutum hat Streifen oder Flecken aus flachen, metallisch glänzenden Schuppen. Die Borsten der Pleurite sind zahlenmäßig stark reduziert, und die Schuppen bilden normalerweise nur 1 oder 2 Flecken oder Streifen. Die Flügel weisen eine charakteristische Aderung auf, wobei die Analader (A) apikal stark nach unten gebogen ist und kurz vor oder auf gleicher Höhe mit der Gabelung des Cubitus (Cu) am hinteren Flügelrand endet. Das Abdomen der Weibchen endet stumpf, und die Cerci sind kurz und abgerundet. Die Larven sind klein mit dunklem Kopf und kurzen Antennen. Die inneren (5-C) und mittleren (6-C) Frontalhaare sind bei vielen Arten kräftig und dornförmig ausgebildet. Das Abdominalsegment VIII ist seitlich mit charakteristischen sklerotisierten Platten bedeckt. Der Pekten und das Siphonalbüschel (1-S) sind vorhanden, und der Sattel umschließt das Analsegment vollständig. Die Larven ruhen und fressen im Gegensatz zu den meisten anderen Vertretern der Culicinae mit ihrem Körper fast parallel zur Wasseroberfläche und können auf den ersten Blick mit Anophelinae verwechselt werden. Die Eier werden entweder in Eischiffchen oder einzeln auf dem Wasser abgelegt. Über das Stechverhalten der Weibchen ist nur sehr wenig bekannt. *Uranotaenia* ist eine relativ große Gattung, die hauptsächlich in Regionen mit tropischem Klima vorkommt; nur wenige Arten sind in den gemäßigten Zonen der Holarktis anzutreffen. Etwas mehr als 200 Arten sind beschrieben, die in 2 Untergattungen unterteilt sind: *Uranotaenia* Lynch Arribalzaga und *Pseudoficalbia* Theobald (Peyton 1972; Knight and Stone 1977; Ward 1984, 1992). Die einzige in der Paläarktis vorkommende Art, *Ur. unguiculata*, gehört der Untergattung *Pseudoficalbia* an.

9.5.1 *Uranotaenia (Pseudoficalbia) unguiculata* Edwards 1913

Weibchen (Tafel 41) *Ur. unguiculata* ist eine kleine, dunkle Mücke, die durch auffällige Streifen aus flachen, silbrig glänzenden Schuppen am seitlichen Rand des Scutums gekennzeichnet ist. Sie unterscheidet sich von allen anderen einheimischen Arten durch die Form ihrer Analader, die apikal stark nach unten gebogen ist und kurz vor oder auf gleicher Höhe mit der Gabelung des Cubitus (Cu) am hinteren Flügelrand endet (Abb. 6.2a). Der Stechrüssel ist schwarzbraun beschuppt mit hellen Flecken oder einer undeutlichen Linie heller Schuppen auf der ventralen Oberfläche; er ist an seiner Spitze deutlich geschwollen. Die Antennen tragen braune Schuppen. Der Kopf ist hauptsächlich dunkel beschuppt mit silbrigen Schuppen entlang der Augenränder und am Hinterkopf. Das Scutum ist mit schwärzlichen oder dunkelbraunen Schuppen bedeckt. Deutliche seitliche Streifen aus flachen, silbrigen Schuppen erstrecken sich vom Vorderrand des Scutums bis zur Flügelbasis. Ein ähnlicher Streifen verläuft über die Pleurite und erstreckt sich vom Antepronotum bis zum Mesepimeron. Auf dem Scutellum befinden sich schwarzbraune Schuppen. Die Beine sind größtenteils dunkel mit weißen Schuppenflecken an den Spitzen der Femora und Tibiae und hellen Längsstreifen auf der Vorderfläche der vorderen und mittleren Femora. Die Tibiae haben oft einen undeutlichen hellen Ring in der Mitte. Die Tarsen sind komplett dunkel beschuppt, helle Tarsalringe fehlen. Die Flügeladern sind überwiegend dunkel beschuppt, die Basen der Subcosta (Sc) und des Radius (R) tragen eingestreute helle Schuppen. Die Tergite sind mit dunkelbraun glänzenden Schuppen bedeckt, oft mit seitlichen Dreiecken aus weißen Schuppen, die hauptsächlich auf den letzten Segmenten zu finden sind. Die Sternite sind hell beschuppt.

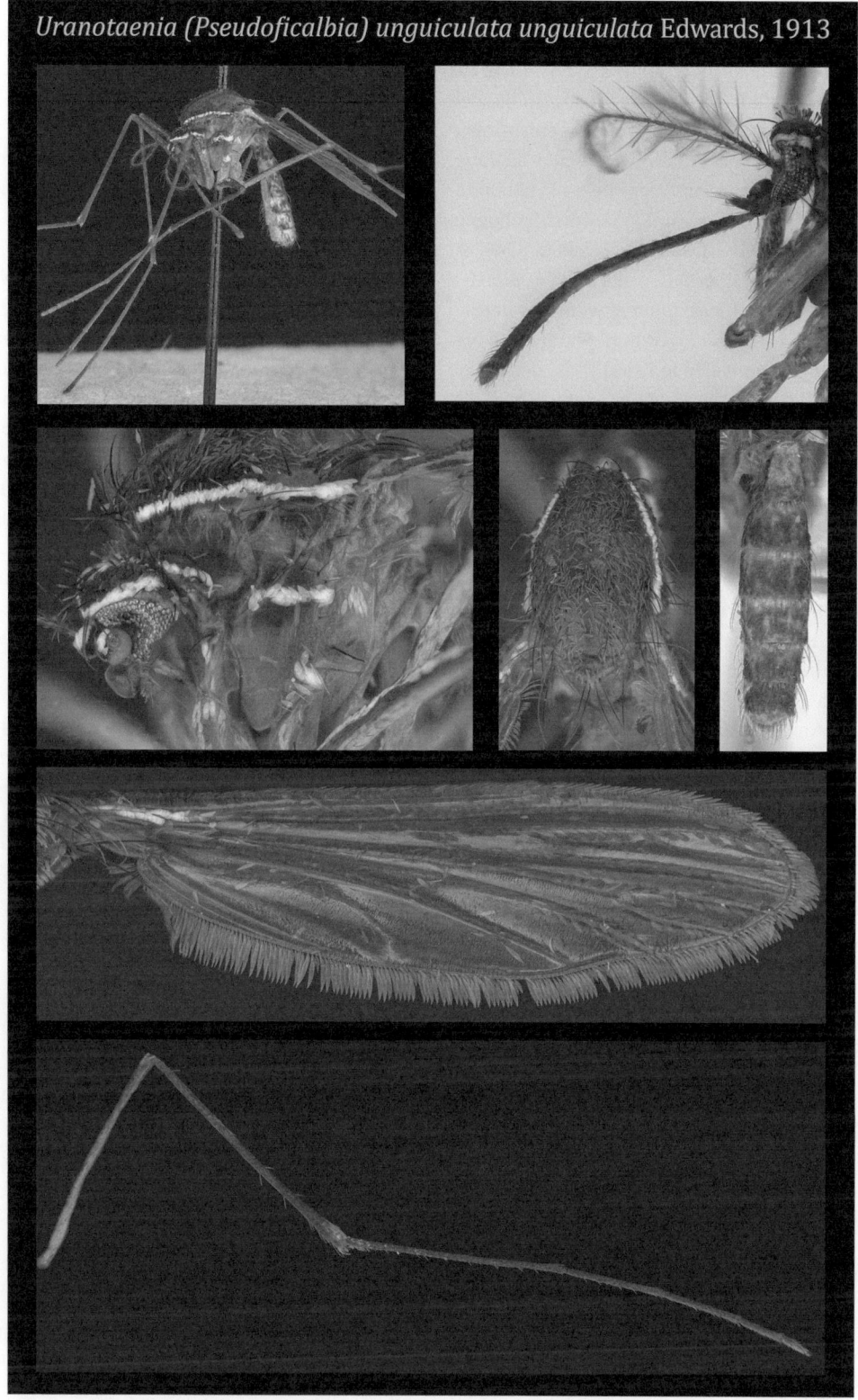

Tafel 41: *Uranotaenia(Pseudoficalbia) unguiculata*

Larven Sie sind leicht von allen anderen einheimischen Arten zu unterscheiden durch die sklerotisierten Platten an den seitlichen Bereichen des Abdominalsegments VIII, aus denen 5–8 (meist 6) dunkle, dornartige Striegelschuppen in einer Reihe entlang des Hinterrands entspringen (Abb. 7.5a). Der Kopf ist dunkel und etwas breiter als lang, wobei die Basis des Labrums weiter vorn liegt als bei anderen Arten. Die Mundbürsten sind apikal deutlich gebogen, und die Klypealborste (1-C) ist stark entwickelt. Dies ist eine Anpassung an das Fressverhalten der Larve, die den Oberflächenfilm des Wassers von unten abweidet, während sie ihren Kopf bei mehr oder weniger horizontaler Körperlage nach hinten beugt. Die Antennen sind kurz, der kleine und unscheinbare Antennalbusch (1-A) ist einfach und entspringt nahe der Mitte des Antennenschafts. Die inneren (5-C) und mittleren (6-C) Frontalhaare sind unverzweigt, lang und kräftig, 5-C selten mit 2–3 Zweigen. Die inneren Frontalhaare (5-C) liegen dicht beieinander hinter den mittleren Frontalhaaren (6-C), die äußeren Frontalhaare (7-C) haben 4–7 Äste. Das Abdominalsegment VIII trägt seitlich die oben erwähnten sklerotisierten Platten. Der Siphon ist nahezu konisch und verjüngt sich leicht zur Spitze hin mit einem Siphonalindex von 3,2–4,0. Der Pekten besteht aus 13–20 schwach pigmentierten Zähnen, wobei der distale Zahn bis zum Ansatzpunkt des Siphonalbüschels (1-S) reicht. Das Büschel (1-S) besteht aus 7–12 Ästen und entspringt etwa in der Mitte des Siphons (Abb. 9.46). Der Sattel umringt das Analsegment vollständig; an seinem hinteren Rand entspringen deutliche kleine Dornen. Die Sattelborste (1-X) ist 3- bis 5-fach verzweigt und hat in etwa die gleiche Länge wie der Sattel. Das Ruder besteht aus 8–11 Ruderhaaren (4-X); freie Ruderhaare (4-X) sind nicht vorhanden. Die Analpapillen sind lanzettlich geformt, am Ende spitz oder leicht abgerundet und kürzer als das Analsegment.

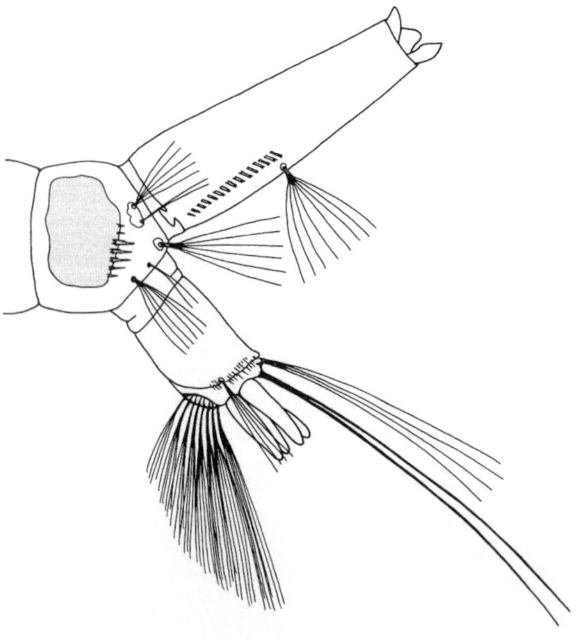

Biologie Larven von *Ur. unguiculata* sind von Mai bis Anfang Oktober anzutreffen, können aber vermehrt im August auftreten. Die bevorzugten Brutstätten sind Tümpel, Gräben oder Kanäle mit stehendem oder schwach fließendem Wasser und einem reichen Bewuchs an Wasserpflanzen. Sie sind auch an flachen Ufern von Seen verbreitet, die mit *Lemna* sp., *Scirpus* sp. und *Phragmites* sp. bewachsen sind. Oft sind sie auch an schattigen Standorten anzutreffen. Die Larven bevorzugen Süßwasser und kommen nur gelegentlich in leicht salzhaltigem Wasser vor. Sie treten oft zusammen mit Larven von *An. hyrcanus*, *Cx. pipiens* und *Cx. modestus* auf. Die Imagines sind im Spätsommer am zahlreichsten, was vermuten lässt, dass die Art auch im Adultstadium überwintert. Es ist sehr wahrscheinlich, dass die Weibchen von *Ur. unguiculata* zwar Blutmahlzeiten einnehmen, aber höchst selten Menschen oder Säugetiere stechen. Von anderen Arten der Gattung ist bekannt, dass sie an Amphibien saugen (Remington 1945).

Verbreitung *Ur. unguiculata* ist eine häufige Art im gesamten Mittelmeerraum. In Mitteleuropa reicht ihr Verbreitungsgebiet bis nach Deutschland (Becker und Kaiser 1995; Tippelt et al. 2017). In Osteuropa tritt die Art in der Südukraine und im Wolgadelta auf mit weiteren Vorkommen in Mittel- und Südwestasien bis Iran und Pakistan.

Abb. 9.46 Larve von *Ur. unguiculata*

Literatur

Adhami J, Murati N (1987) Presence of the mosquito *Aedes albopictus* in Albania. Revista Mjekesöre 1:13–16

Adhami J, Reiter P (1998) Introduction and establishment of *Aedes (Stegomyia) albopictus* Skuse (Diptera: Culicidae) in Albania. J Am Mosq Control Assoc 14(3): 340–343

Akiner MM, Demirci B, Babuadze G, Robert V, Schaffner F (2016) Spread of the invasive mosquitoes *Aedes aegypti* and *Aedes albopictus* in the Black Sea region increases risk of Chikungunya, Dengue, and Zika outbreaks in Europe. PLoS Negl Trop Dis 10(4):e0004664

Andersson IH, Jaenson TGT (1987) Nectar feeding by mosquitoes in Sweden, with special reference to *Culex pipiens* and *Culex torrentium*. Med Vet Ent 1:59–64

Andreadis TG, Anderson JF, Munstermann LE, Wolfe RJ, Florin DA (2001) Discovery, distribution and abundance of the newly introduced mosquito *Ochlerotatus japonicus* (Diptera: Culicidae) in Connecticut, USA. J Med Ent 38:774–779

Angelini R, Finarelli AC, Angelini P, Po C, Petropulacos K, Macini P, Fiorentini C, Fortuna C, Venturi G, Romi R, Majori G, Nicoletti L, Rezza G, Cassone A (2007) An outbreak of chikungunya fever in the province of Ravenna. Italy. Euro Surveill 12:36

Apfelbeck V (1928) Beiträge zur Kenntnis wenig bekannter Stechmücken. Zeitschr wiss Insektenbiol IV:28–31

Aranda C, Eritja R, Roiz D (2006) First record and establishment of *Aedes albopictus* in Spain. Med Vet Ent 20:150–152

Aspöck H (1965) Studies of Culicidae (Diptera) and consideration of their role as potential vectors of arboviruses in Austria. XII Int Congr Ent London, S 767–769

Bardos V, Danielova V (1959) The Tahyna virus-a virus isolated from mosquitoes in Czechoslovakia. J Hyg Epid Microbiol Immunol 3:264–276

Barr AR (1958) The mosquitoes of Minnesota (Diptera: Culicidae). Univ Minn Agric Exp Stn Tech Bull 228:154

Becker N, Kaiser A (1995) Die Culicidenvorkommen in den Rheinauen des Oberrheingebiets mit besonderer Berücksichtigung von *Uranotaenia* (Culicidae, Diptera)einer neuen Stechmückengattung für Deutschland. Mitt dtsch Ges allg angew Ent 10:407–413

Becker N, Hoffmann D (2011) First record of Culiseta longiareolata (Macquart) for Germany. European Mosq. Bulletin. 29:143–150

Becker N, Ludwig HW (1981) Untersuchungen zur Faunistik und Ökologie der Stechmücken (Culicinae) und ihrer Pathogene im Oberrheingebiet. Mitt dtsch Ges allg angew Ent 2:186–194

Becker N, Huber K, Pluskota B, Kaiser A (2011) *Ochlerotatus japonicus japonicus* – a newly established neozoan in Germany and a revised list of the German mosquito fauna. Europ Mosq Bull 29:88–102

Becker N, Jöst A, Weitzel T (2012a) The *Culex pipiens* complex in Europe. J Am Mosq Control Assoc 28(4):53–67

Becker N, Pluskota B, Kaiser A, Schaffner F (2012b) Exotic mosquitoes conquer the world. In: Mehlhorn H (Hrsg) Arthropods as vectors of emerging diseases. Parasitology Research Monographs 3. Springer-Verlag, Berlin, S 31–60

Becker N, Schön S, Klein A-M, Ferstl I, Kizgin A, Tannich E, Kuhn C, Pluskota B, Jöst A (2017) First mass development of *Aedes albopictus* (Diptera: Culicidae) – its surveillance and control in Germany. Parasitol Res. https://doi.org/10.1007/s00436-016-5356-z

Becker N, Petrić D, Zgomba M, Boase C, Madon M, Dahl C, Kaiser A (2020) Mosquitoes-identification, ecology and control. Vol. 3, Springer, Heidelberg, Cham, S 570

Bezzhonova OV, Patraman IV, Ganushkina LA, Vyshemirskii OI, Sergiev VP (2014) The first finding of invasive species *Aedes* (*Finlaya*) *koreicus* (Edwards, 1917) in European Russia. Med Parazitol 1:16–19

Bourguet D, Fonseca D, Vourch G, Dubois MP, Chandre F, Severini C, Raymond M (1998) The acetylcholinesterase gene *Ace*: a diagnostic marker for *Cx. pipiens* and *Cx. quinquefasciatus* forms of the *Culex pipiens* complex. J Am Mosq Control Assoc 14(4):390–396

Bozicic-Lothrop B (1988) Comparative ecology of *Aedes dorsalis* complex in the Holarctic. Proc Calif Mosq Control Assoc 56:139–145

Bozkov D, Hristova T, Canev I (1969) Stechmücken an der bulgarischen Schwarzmeerküste. Bull Inst Zool 29:151–166

Brustolin M, Talavera S, Santamaría C, Rivas R, Pujol N, Aranda C, Marquès E, Valle M, Verdún M, Pagès N, Busquets N (2017) Rift Valley fever virus and European mosquitoes: vector competence of *Culex pipiens* and *Stegomyia albopicta* (=*Aedes albopictus*) Med Vet Entomol, https://doi.org/10.1111/mve.12254

Callot J, Delecolle JC (1972) Entomological notes. VI. Septentrional localization of Aedes aegypti. Ann Parasitol Hum Comp 47(4):665

Calzolari M, Gaibani P, Bellini R, Defilippo F, Pierro A et al (2012) Mosquito, Bird and Human Surveillance of West Nile and Usutu Viruses in Emilia-Romagna Region (Italy) in 2010. PLoS ONE 7(5):e38058. https://doi.org/10.1371/journal.pone.0038058

Calzolari M, Bonilauri P, Bellini R, Albieri A, Defilippo F et al (2013) Usutu Virus Persistence and West Nile Virus Inactivity in the Emilia-Romagna Region (Italy) in 2011. PLoS ONE 8(5):e63978. https://doi.org/10.1371/journal.pone.0063978

Cameron EC, Wilkerson RC, Mogi M, Miyagi I, Toma T, Kim HC, Fonseca DM (2010) Molecular phylogenetics of *Aedes japonicus*, a disease vector that recently invaded Western Europe, North America, and the Hawaiian islands. J Med Ent 47(4):527–535

Capelli G, Drago A, Martini S, Montarsi F, Soppelsa M, Delai N et al (2011) First report in Italy of the exotic mosquito species *Aedes* (*Finlaya*) *koreicus*, a potential vector of arboviruses and filariae. Parasit Vectors 4:188

Carpenter SJ, La Casse WJ (1955) Mosquitoes of North America (north of Mexico). Univ Calif Press illus 127pls, S 360

Carpenter SJ, Nielsen LT (1965) Ovarian cycles and longevity in some univoltine Aedes species in the Rocky Mountains of western United States. Mosq News 25:127–134

Chapman HC (1960) Observation on *Aedes melanimon* and *Aedes dorsalis* in Nevada. Ann Ent Soc Am 53(6):706–708

Christophers SR (1960) *Aedes aegypti* (L), the yellow fever mosquito. Its life history, bionomics, and structure. Cambridge Univ Press, S. 739

Ciocchetta S, Prow NA, Darbro JM, Frentiu FD, Savino S, Montarsi F et al (2018) The new European invader *Aedes* (*Finlaya*) *koreicus*: a potential vector of chikungunya virus. Pathog Glob Health. 2018:1–8

Cranston PS, Ramsdale CD, Snow KR, White GB (1987) Key to the adults, larvae and pupae of british mosquitoes (Culicidae). Freshw Biol Assoc Sci Publ 48:152

Dahl C (1975) Culicidae (Dipt Nematocera) of the Baltic Island of Oland. Ent Tidskr 96(3–4):77–96

Dahl C (1988) Taxonomic studies on *Culex pipiens* and *Culex torrentium*. In: Service MW (Hrsg) Biosystematics of Haematophagous Insects. Syst Assoc Clarendon Press, Oxford, UK 37, S 149–175

Dalla Pozza G, Majori G (1992) First record *of Aedes albopictus* establishment in Italy. J Am Mosq Control Assoc 8(3):318–320

Delisle E, Rousseau C, Broche B, Leparc-Goffart I, L'Ambert G, Cochet A, Prat C, Foulongne V, Ferré JB, Catelinois O, Flusin O, Tchernonog E, Moussion IE, Wiegandt A, Septfons A, Mendy A, MoyanoMB LL, Maurel J, Jourdain F, Reynes J, PatyMC GF (2015) Chikungunya outbreak in Montpellier, France, September to October 2014. Euro Surveill 2015. https://doi.org/10.2807/1560-7917.ES2015.20.17.21108

Detinova TS, Smelova VA (1973) The medical importance of mosquitoes of the fauna of the Soviet Union. Med Parazitol (Mosk) 42(4):455–471 (in Russian)

Di Luca M, Toma L, Boccolini D, Severini F, La Rosa G, Minelli G et al (2016) Ecological Distribution and CQ11 Genetic Structure of *Culex pipiens* Complex (Diptera: Culicidae) in Italy. PLoS ONE 11(1):e0146476. https://doi.org/10.1371/journal.pone.0146476

Eckstein F (1918) Zur Systematik der einheimischen Stechmücken. 1. vorläufige Mitteilung: die Weibchen. Zbl Bakt, Abt 1 Orig 82:57–68

Eckstein F (1920) Aus einer Feldstation für Stechmücken. Z angew Ent 6:338–371

Edwards FW (1921) A revision of the mosquitoes of the Palearctic region. Bull Ent Res 12:263–351

Failloux AB, Bouattour A, Faraj C, Gunay F, Haddad N, Harrat Z, Jancheska E, Kanani K, Kenawy MA, Kota M, Pajovic I, Paronyan L, Petric D, Sarih M, Sawalha S, Shaibi T, Sherifi K, Sulesco T, Velo E, Gaayeb L, Victoir K, Robert V (2017) Surveillance of Arthropod-Borne Viruses and Their Vectors in the Mediterranean and Black Sea Regions Within the MediLabSecure Network. Curr Trop Med Rep. https://doi.org/10.1007/s40475-017-0101-y

Flacio E, Lüthy P, Patocchi N, Guidotti F, Tonolla M, Peduzzi R (2004) Primo ritrovamento di *Aedes albopictus* in Svizzera. Bollettino della Societa Ticinese di Scienze Naturali 92:141–142

Fonseca DM, Campbell S, Crans WJ, Mogi M, Miyagi I, Toma T, Bullians M, Andreadis TG, Berry RL, Pagac B, Sardelis MR, Wilkerson RC (2001) *Aedes* (*Finlaya*) *japonicus* (Diptera: Culicidae), a newly recognized mosquito in the United States: analyses of genetic variation in the United States and putative source populations. J Med Ent 38:135–146

Fonseca DM, Keyghobadi N, Malcolm CA, Mehmet C, Schaffner F, Mogi M, Fleischer RC, Wilkerson RC (2004) Emerging vectors in the *Culex pipiens* complex. Science 303:1535–1538

Fonseca DM, Widdel AK, Hutchinson M, Spichiger SE, Kramer LD (2010) Fine-scale spatial and temporal population genetics of *Aedes japonicus*, a new US mosquito, reveal multiple introductions. Mol Ecol 19:1559–1572

Francy DB, Jaenson TGT, Lundström JO, Schildt EB, Espmark A, Henriksson B, Niklasson B (1989) Ecologic studies of mosquitoes and birds as hosts of Ockelbo virus in Sweden, and isolation of Inkoo and Batai viruses from mosquitoes. Am J Trop Med Hyg 41:355–363

Fritz ML, Walker ED, Miller JR, Severson DW, Dworkin I (2015) Divergent host preferences of above- and below-ground *Culex pipiens* mosquitoes and their hybrid offspring. Med Vet Entomol 29(2):115–123

Fros JJ, Geertsema C, Vogels CB, Roosjen PP, Failloux AB, Vlak JM, Koenraadt CJ, Takken W, Gorben P, Pijlman GP (2015) West Nile virus: high transmission rate in North-Western European mosquitoes indicates its epidemic potential and warrants increased surveillance. PLoS Negl Trop Dis 9(7):e0003956

Gabinaud A, Vigo G, Cousserans J, Rioux M, Pasteur N, Croset H (1985) La mammophilie des populations de *Culex pipiens pipiens* L 1758 dans le Sud de la France: variations de ce caractere en fonction de la nature des biotopes des developpement larvaire, des caracteristiques physio-chimiques de leur eaux et de saisons. Consequences practiques et theoriques. Cah ORSTOM, ser Ent Med Parasitol 23(2):123–132

Gilot B, Ain G, Pautou G, Gruffaz R (1976) Les Culicides de la Region Rhone-Alpes: bilan de dix annees d'observation. Bull Soc Ent France 81:235–245

Gjenero-Margan I, Aleraj B, Krajcar D, Lesnikar V, Klobučar A, Pem-Novosel I, Kurečić-Filipović S, Komparak S, Martić R, Duričić S, Betica-Radić L, Okmadžić J, Vilibić-Čavlek T, Babić-Erceg A, Turković B, Avsić-Županc T, Radić I, Ljubić M, Sarac K, Benić N, Mlinarić-Galinović G (2011) Autochthonous dengue fever in Croatia, August–September 2010. Euro Surveill 16:pii = 19805. http://www.eurosurveillance.org/ViewArticle.aspx?ArticleId=19805

Gjullin CM, Sailer RI, Stone A, Travis BV (1961) The mosquitoes of Alaska. US Dep Agric Handb 182:1–98

Gligic A, Adamovic ZR (1976) Isolation of Tahyna virus from *Aedes vexans* mosquitoes in Serbia. Mikrobiologija 13(2):119–129

Gould EA, Higgs S (2009) Impact of climate change and other factors on emerging arbovirus diseases. Trans R Soc Trop Med Hyg 130:109–121

Gould EA, Gallian P, De Lamballerie X, Charrel RN (2010) First cases of autochthonous dengue fever and chikungunya fever in France: from bad dream to reality? Clin Microbiol Infect 12:1702–1704

Grandadam M, Caro V, Plumet S, Thiberge JM, Souares Y, Failloux AB et al (2011) Chikungunya virus, southeastern France. Emerg Infect Dis 17(5):910–913

Guille G (1975) Recherces eco-ethologiques sur *Coquillettidia (Coquillettidia) richiardii* (Ficalbi 1889) (Diptera: Culicidae) du littoral Mediterraneen Francais. I.-Techniques d'etude et morphologie. Ann Sci Nat Zool 17:229–272

Guille G (1976) Recherces eco-ethologiques sur *Coq. richiardii* du littoral Mediterraneen Francais. Ann Sci Nat 18:5–112

Gutsevich AV, Monchadskii AS, Shtakel'berg AA (1974) Fauna SSSR, Family Culicidae. Leningrad Akad Nauk SSSR Zool Inst N S No. 100, English translation: Israel Program for Scientific Translations 3(4):384

Hammon WMcD, Reeves WC (1945) Recent advances in the epidemiology of the arthropod-borne encephalitides. Am J Publ Hlth 35:994–1004

Hammon WMcD, Reeves WC, Sather G (1952) California encephalitis virus, a newly described agent. II. Isolations and attempts to identify and characterize the agent. J Immunol 69:493–510

Harbach RE (1985) Pictorial key to the genera of mosquitoes, subgenera of *Culex* and the species of *Culex (Culex)* occurring in southwestern Asia and Egypt, with a note on the subgeneric placement of *Culex deserticola* (Diptera: Culicidae). Mosq Syst 17(2):83–107

Harbach RE (1988) The mosquitoes of the subgenus *Culex* in southwestern Asia and Egypt (Diptera: Culicidae). Contrib Am Ent Inst Ann Harbour 24(1):1–240

Harbach RE, Harrison BA, Gad AM (1984) *Culex (Culex) molestus* Forskal (Diptera: Culicidae): neotype designation, description, variation and taxonomic status. Proc Ent Soc Wash 86:521–542

Harbach RE, Dahl C, White GB (1985) *Culex (Culex) pipiens* Linnaeus (Diptera: Culicidae). Concepts, type designations and description. Proc Ent Soc Wash 87:1–24

Hayes RO, Holden P, Mitchell CJ (1971) Effects on ultra-low volume applications of malathion in Hale County, Texas IV. Arbovirus studies. J Med Ent 8(2):183–188

Hearle E (1926) The mosquitoes of the Lower Fraser Valley, British Columbia and their control. Nat Res Counc Can Rep 17:1–94

Hearle E (1929) The life history of *Aedes flavescens* Müller. Trans R Soc Can Third Ser 23:85–101

Hesson JC, Lundström JO, Halvarsson P, Erixon P, Collado A (2010) A sensitive and reliable restriction enzyme assay to distinguish between the mosquitoes *Culex torrentium* and *Culex pipiens*. Med Vet Entomol 24:142–149. https://doi.org/10.1111/j.1365-2915.2010.00871.x. PMID: 20444079

Hesson JC, Rettich F, Merdić E, Vignjević G, Ostman O, Schäfer M, Schaffner F, Foussadier R, Besnard G, Medlock J, Scholte EJ, Lundström JO (2014) The arbovirus vector *Culex torrentium* is more prevalent than *Culex pipiens* in northern and central Europe. Med Vet Entomol 28(2):179–186. https://doi.org/10.1111/mve.12024

Horsfall RW (1955) Mosquitoes, their bionomics and relation to disease. Ronald Press Co, New York, S 723

Holick J, Kyle A, Ferraro W, Delaney RR, Iwaseczko M (2002) Discovery of *Aedes albopictus* infected with West Nile virus in southeastern Pennsylvania. J Am Mosq Control Assoc 18(2):131

Huang YM (1972) Contributions to the mosquito fauna of Southeast Asia. XIV. The subgenus *Stegomyia* of *Aedes* in Southeast Asia. I-The *scutellaris* group of species. Contr Am Ent Inst 9(1):1–109

Huber K, Pluskota B, Jöst A, Hoffmann K, Becker N (2012) Status of the invasive species *Ochlerotatus japonicus japonicus (Diptera: Culicidae)* in South Germany. J Vector Ecol 37(2):462–465

Huber K, Schuldt K, Rudolf M, Marklewitz M, Fonseca DM, Kaufmann C et al (2014) Distribution and genetic structure of *Aedes japonicus japonicus* populations (Diptera: Culicidae) in Germany. Parasitol Res 113(9):3201–3210

Joubert ML (1975) L'arbovirose West Nile, zoonose du midi mediterraneen de la France. Bull Acad Nat Med 159(6):499–503

Kaiser A, Jerrentrup H, Samanidou-Voyadjoglou A, Becker N (2001) Contribution to the distribution of European mosquitoes (Diptera: Culicidae): four new country records from northern Greece. Europ Mosq Bull 10:9–12

Kalan K, Susnjar J, Ivovic V, Buzan E (2017) First record of *Aedes koreicus* (Diptera, Culicidae) in Slovenia. Parasitol Res 116:2355–2358

Kampen H, Werner D (2014) Out of the bush: the Asian bush mosquito *Aedes japonicus japonicus* (Theobald, 1901) (Diptera, Culicidae) becomes invasive. Parasit Vectors 7:59

Kampen H, Kuhlisch C, Fröhlich A, Scheuch DE, Walther D (2016) Occurrence and Spread of the Invasive Asian Bush Mosquito *Aedes japonicus japonicus* (Diptera: Culicidae) in West and North Germany since Detection in 2012 and 2013. Respectively. PLoS One 11(12):e0167948

Kilpatrick AM, Kramer LD, Campbell SR, Alleyne EO, Dobson AP, Daszak P (2005) West Nile virus risk assessment and the bridge vector paradigm. Emerg Infect Dis 11(3):425–429

Kirchberg E, Petri K (1955) Über die Zusammenhänge zwischen Verbreitung und Überwinterungsmodus bei der Stechmücke Aedes (Ochlerotatus) rusticus Rossi. Beiträge zur Kenntnis der Culicidae. III. Z angew Zool 42:81–94

Klobucar A, Merdic E, Benic N, Baklaic Z, Krcmar S (2006) First record of Aedes albopictus in Croatia. J Am Mosq Control Assoc 22(1):147–148

Knight KL, Stone A (1977) A catalog of the mosquitoes of the world (Diptera: Culicidae). 2. Aufl. Thomas Say Found. J Ent Soc Am 6:xi+611p

Knoz J, Vanhara J (1982) The action of water management regulations in the region of South Moravia on the population of haematophagous arthropods in lowland forests. Scripta Fac Sci Nat Univ Purk Brun 12(7):321–334

Kruppa TV (1988) Vergleichende Untersuchungen zur Morphologie und Biologie von drei Arten des Culex pipiens-Komplexes. Ph.D. thesis, University of Hamburg, Germany, S 140

Kuhlisch C (2022) Discovery of Aedes (Ochlerotatus) pionips Dyar, 1919 (Diptera, Culicidae) in Germany. Check List 18 (4):897–906. https://doi.org/10.15560/18.4.897

Kuhlisch C, Kampen H, Walther D (2017) Two new distribution records of Aedes (Rusticoidus) refiki Medschid, 1928 (Diptera: Culicidae) from Germany. Journal of the European Mosquito Control Association 35:18–24

Kuhlisch C, Kampen H, Walther D (2018) Rediscovery of Culex (Neoculex) martinii Medschid, 1930 (Diptera, Culicidae) in Germany. Parasitol Res 117:3351–3354. https://doi.org/10.1007/s00436-018-6056-7

Kurucz K, Kiss V, Zana B, Schmieder V, Kepner A, Jakab F et al (2016) Emergence of Aedes koreicus (Diptera: Culicidae) in an urban area, Hungary, 2016. Parasitol Res 115:4687–4689

La Ruche G, Souares Y, Armengaud A, Peloux-Petiot F, Delaunay P, Despres P et al (2010) First two autochthonous dengue virus infections in metropolitan France, September 2010. Eur Surveill. 15(39):19676

Laird M, Calder L, Thornton RC, Syme R, Holder PW, Mogi M (1994) Japanese Aedes albopictus among four mosquito species reaching New Zealand in used tires. J Am Mosq Control Assoc 10:14–23

Lundström JO (1994) Vector competence of western European mosquitoes for arboviruses: a review of field and experimental studies. Bull Soc Vect Ecol 19:23–36

Lundström JO (1999) Mosquito-borne viruses in Western Europe: A review. J Vect Ecol 24(1):1–39

Madon MB, Hazelrigg JE, Shaw MW, Kluh S, Mulla MS (2004) Has Aedes albopictus established in California? J Am Mosq Control Assoc 19:298

Marchand E, Prat C, Jeannin C, Lafont E, Bergmann T, Flusin O et al (2013) Autochthonous case of dengue in France, October 2013. Eur Surveill. 18(50):20661

Marchi A, Munstermann LE (1987) The mosquitoes of Sardinia: species records 35 years after the malaria eradication campaign. Med Vet Ent 1:89–96

Marshall JF (1938) The British mosquitoes. Brit Mus (Nat Hist), London, S 341

Martini E (1931) Culicidae in: Die Fliegen der palaearktischen Region (Linder E ed), Stuttgart 11/12:398

Mattingly PF (1969) The biology of mosquito-borne disease. Am Elsevier Publ Co Inc New York, S. 184

McLintock J, Burton AN, McKiel JA, Hall RR, Rempel JG (1970) Known mosquito hosts of western equine virus in Saskatchewan. J Med Ent 7(4):446–454

Medlock JM, Hansford KM, Schaffner F, Versteirt V, Hendrickx G, Zeller H, Van Bortel W (2012) A review of the invasive mosquitoes in Europe: ecology, public health risks, and control options. Vector Borne Zoonotic Dis 12(6):435–447

Mihalyi F (1959) Die tiergeographische Verteilung der Stechmückenfauna Ungarns. Acta Zool Ent Acad Sci Hung 4:393–403

Miller BR, Crabtree MB, Savage HM (1996) Phylogeny of fourteen Culex mosquito species, including the Culex pipiens complex, inferred from the internal transcribed spacers of ribisomal DNA. Insect Molecular Biol 5(2):93–107

Mitchell CJ (1995) Geographic spread of Aedes albopictus and potential for involvement in arbovirus cycles in the Mediterranean basin. J Vect Ecol 20:44–58

Mohrig W (1969) Die Culiciden Deutschlands. Parasitol Schriftenreihe 18:260

Monchadskii AS (1951) The larvae of bloodsucking mosquitoes of the USSR and adjoining countries (Subfam Culicinae). Tabl anal Faune URSS 37:1–383

Montarsi F, Drago A, Dal Pont M, Delai N, Carlin S, Cazzin S et al (2014) Current knowledge on the distribution and biology of the recently introduced invasive mosquito Aedes koreicus (Diptera: Culicidae). Firenze (Italy): Atti Accad Naz Ital Entomol 62:169–74

Montarsi F, Drago A, Martini S, Calzolari M, De Filippo F, Bianchi A et al (2015) Current distribution of the invasive mosquito species, Aedes koreicus [Hulecoeteomyia koreica] in northern Italy. Parasit Vectors 8:614

Mouchet J, Rageau J, Laumond C, Hannoun C, Beytout D, Oudar J, Corniou B, Chippaux A (1970) Epidemiologie du virus West Nile: etude d'un foyer en Camargue. V. Le vecteur: Culex modestus Ficalbi (Diptera, Culicidae). Ann Inst Pasteur 118:839–855

Müller P, Suter T, Engeler L, Guidi V, Flacio E, Tonolla M (2016) Nationales Programm zur Überwachung der asiatischen Tigermücke. Zwischenbericht 2015. Basel 2016:22

Natvig LR (1948) Contributions to the knowledge of the Danish and Fennoscandian mosquitoes-Culicini. Suppl Norsk Ent Tidsskr I:567

Nicolescu G (1998) A general characterisation of the mosquito fauna (Diptera: Culicidae) in the endemic area for West Nile virus in the south of Romania. Eur Mosq Bull 2:13–19

O'Donnell KL, Mckenzie AB, Kelsey JM, David SB, Jefferson AV (2017) Potential of a Northern Population of Aedes vexans (Diptera: Culicidae) to Transmit Zika Virus. J Med Entomol 54(5):1354–1359. https://doi.org/10.1093/jme/tjx087

Olejnicek J, Zoulova A (1994) Variation in the morphology of male antenna among strains of Culex molestus and C. pipiens mosquitoes. Akaieka Newsletter, Japan 16(1):1–4

Pandazis G (1935) La faune des Culicides de Grece. Acta Inst Mus Zool Univ Athens 1:1–27

Paupy C, Delatte H, Bagny L, Corbel V, Fontenille D (2009) Aedes albopictus, an arbovirus vector: from the darkness to the light. Microbes Infect Inst Pasteur. 11(14–15):1177–1185

Petrić D (1985) Physiology of hibernating Culex pipiens Complex (Diptera, Culicidae) females. Master Thesis (In Serbian). University of Novi Sad, Faculty of Agriculture, Novi Sad, S. 82

Petrić D (1989) Seasonal and diel biting activity of mosquitoes in the Vojvodina Province. Doctoral thesis. University of Novi Sad, Faculty of Agriculture, Novi Sad, Yugoslavia, S. 134 (in Serbian)

Petrić D, Zgomba M, Srdić Ž (1986) Physiological condition and mosquito mortality of Culex pipiens complex (Dip.Culicidae) during hibernating time. Proc 3rd European Congr Ent Amsterdam, S 188–189

Petrić D, Zgomba M, Bellini R, Veronesi R, Kaiser A, Becker N (1999) Validation of CO_2 trap data in three European regions. Proce 3rd Inter Conference Insect Pests in the Urban Environment, Prague, Czech Republic, S. 437–445

Petrić D, Pajović I, Ignjatović Ćupina A, Zgomba M (2001) *Aedes albopictus* (Skuse, 1894) new mosquito species (Diptera, Culicidae) in entomofauna of Yugoslavia. Plant Doctor, Novi Sad XXIX 6:457–458

Petrić D, Petrović T, Hrnjaković Cvjetković I, Zgomba M, Milošević V, Lazić G, Ignjatović Ćupina A, Lupulović D, Lazić S, Dondur D, Vaselek S, Živulj A, Kisin B, Molnar T, Janku Dj, Pudar D, Radovanov J, Kavran M, Kovačević G, Plavšić B, Jovanović Galović A, Vidić M, Ilić S, Petrić M (2016) West Nile virus ‚circulation' in Vojvodina, Serbia: Mosquito, bird, horse and human surveillance. Molecular and Cellular Probes. https://doi.org/10.1016/j.mcp.2016.10.011

Peus F (1929) Beiträge zur Faunistik und Ökologie der einheimischen Culiciden. I. Teil Z Desinfektor 21:76–98

Peus F (1933) Zur Kenntnis der Aedes-Arten des deutschen Faunengebietes (Dipt, Culicidae). Die Weibchen der *Aedes communis*-Gruppe. Konowia 12:145–159

Peus F (1937) *Aedes cyprius* Ludlow (= *A. freyi* Edwards) und seine Larve (Dipt: Culicidae). Arch Hydrobiol 31:242–251

Peus F (1951) Stechmücken. Die neue Brehm-Bücherei 22: 80S.

Peus F (1954) Über Stechmücken in Griechenland (Diptera, Culicidae). Bonn Zool Beitr 1:73–86

Peus F (1972) Über das Subgenus *Aedes* sensu stricto in Deutschland. (Diptera, Culicidae). Zool Angew Ent 72(2):177–194

Peyton EL (1972) A subgeneric classification of the genus *Uranotaenia* Lynch Arribalzaga, with a historical review and notes on other categories. Mosq Syst 4(2):16–40

Peyton EL, Campbell SR, Candeletti TM, Romanowski M, Crans WJ (1999) *Aedes (Finlaya) japonicus japonicus* (Theobald), a new introduction into the United States. J Am Mosq Control Assoc 15(2):238–241

Pfitzner WP, Lehner A, Hoffmann D, Czajka C, Becker N (2018) First record and morphological characterisation of *Aedes (Hulecoeteomyia) koreicus* (Diptera: Culicidae) in Germany. Parasit Vectors 11(1):662. https://doi.org/10.1186/s13071-018-3199-4

Pires CA, Ribeiro H, Capela RA, Ramos R, Da C (1982) Research on the mosquitoes of Portugal (Diptera: Culicidae) VI-The mosquitoes of Alentejo. Ann Inst Hig Med Trop 8:79–102

Pluskota B, Storch V, Braunbeck T, Beck M, Becker N (2008) First record of Stegomyia albopicta (Skuse) (Diptera: Culicidae) in Germany. Eur Mosq Bull 26:1–5

Ramos, H Da Cunha (1983) Contribuicao fara o estudo dos mosquitos limnodendrofilos de Portugal. Garcia de Orta, Serie de Zoologia 11:133–154

Ramos, H Da Cunha, Ribeiro H, Pires CA, Capela RA (1978) Research on the mosquitoes of Portugal, (Diptera: Culicidae) II-The mosquitoes of Algarve, 1977/78. Ann Inst Hig Med Trop 5(1–4):238–256

Reinert JF (1973) Contributions to the mosquito fauna of Southeast Asia-XVI. Genus *Aedes* Meigen, subgenus *Aedimorphus* Theobald in Southeast Asia. Contr Am Ent Inst 9(5):1–218

Remington CL (1945) The feeding habits of *Uranotaenia lowii* Theobald (Diptera: Culicidae). Ent News 56(32–37):64–68

Rempel JG (1953) The mosquitoes of Saskatchewan. Can J Zool 31:433–509

Rezza G, Nicoletti L, Angelini R, Romi R, Finarelli AC, Panning M et al (2007) Infection with chikungunya virus in Italy: an outbreak in a temperate region. Lancet 370(9602):1840–1846

Ribeiro H, Ramos HC, Pires CA, Capela RA (1988) An annotated checklist of the mosquitoes of continental Portugal (Diptera, Culicidae). Actas do III Congresso Ibérico de Entomologia. S. 233–254

Ribeiro H, Ramos HC, Capela RA, Pires CA (1989) Research on the mosquitoes of Portugal (Diptera: Culicidae) XI-The mosquitoes of the Beiras. Garcia de Orta Ser Zool Lisboa 1989–1992 16(1–2):137–161

Richards CS (1956) *Aedes melanimon* Dyar and related species. Can Ent 88:261–269

Rioux JA (1958) Les culicides du „Midi" *Mediterraneen*. Etude systematique et ecologique. Encyc Ent 35:303

Romi R (1995) History and updating of the spread of Aedes albopictus in Italy. Parassitologia 37:99–103

Rosen L (1986) Dengue in Greece in 1927 and 1928 and the pathogenesis of dengue hemorrhagic fever: new data and a diff erent conclusion. Am J Trop Med Hyg 35:642–653

Saenz VL, Townsend LH, Vanderpool RM, Schardein MJ, Trout RT, Brown GC (2006) *Ochlerotatus japonicus japonicus* in the state of Kentucky. J Am Mosq Control Assoc 22:754–755

Samanidou-Voyadjoglou A, Patsoula E, Spanakos G, Vakalis NC (2005) Confirmation of *Aedes albopictus* (Skuse) (Diptera: Culicidae) in Greece. Europ Mosq Bull 19:10–12

Sardelis MR, Turell MJ (2001) *Ochlerotatus j. japonicus* in Frederick County, Maryland: discovery, distribution, and vector competence for West Nile virus. J Am Mosq Control Assoc 17:137–141

Sardelis MR, Dohm JD, Pagac B, Andre RG, Turell MJ (2002a) Experimental transmission of eastern equine encephalitis virus by *Ochlerotatus j. japonicus* (Diptera: Culicidae). J Med Ent 39:480–484

Sardelis MR, Turell MJ, Andre RG (2002b) Laboratory transmission of LaCrosse virus by *Ochlerotatus j. japonicus* (Diptera: Culicidae). J Med Ent 39:635–639

Sardelis MR, Turell MJ, Andre RG (2003) Experimental transmission of St. Louis encephalitis virus by *Ochlerotatus j. japonicus*. J Am Mosq Control Assoc 19:159–162

Schäfer M, Storch V, Kaiser A, Beck M, Becker N (1997) Dispersal behavior of adult snow melt mosquitoes in the Upper Rhein Valley. Germany. J Vector Ecol 22(1):1–5

Schaffner F, Chouin S (2003) First record of *Aedes (Finlaya) japonicus japonicus* (Theobald, 1901) in metropolitan France. J Am Mosq Control Assoc 19(1):1–5

Schaffner F, Bouletreau B, Guillet B, Guilloteau J, Karch S (2001) *Aedes albopictus* established in metropolitan France. Europ Mosq Bull 9.1–3

Schaffner F, Van Bortel W, Coosemans M (2004) First record of *Aedes (Stegomyia) albopictus* in Belgium. J Am Mosq Control Assoc 20:201–203

Schaffner F, Kaufmann C, Hegglin D, Mathis A (2009) The invasive mosquito *Aedes japonicus* in Central Europe. Med Vet Ent 23:448–451

Schaffner F, Vazeille M, Kaufmann C, Failloux A, Mathis A (2011) Vector competence of Aedes japonicus for chikungunya and dengue viruses. Europ Mosq Bull 29:141–142

Scherpner C (1960) Zur Ökologie und Biologie der Stechmücken des Gebietes von Frankfurt a. M. (Diptera, Culicidae). Mitt Zool Mus Berlin 36:49–99

Schmidt-Chanasit J, Haditsch M, Schöneberg I, Günther S, Stark K, Frank C (2010) Dengue virus infection in a traveller returning from Croatia to Germany. Euro Surveill. http://www.eurosurveillance.org/ViewArticle.aspx?ArticleId=19677

Schneider K (2011) Breeding of *Ochlerotatus japonicus japonicus* 80 km north of its known range in southern Germany. Europ Mosq Bull 29:129–132

Scholte EJ, Schaffner F (2007) Waiting for the tiger: establishment and spread of the *Aedes albopictus* mosquito in Europe. In: Takken W, Knols BGJ (Hrsg), Emerging pests and vector-borne diseases in Europe book series Ecology and control of vector-borne diseases, vol 1, Wageningen Academic Publishers, Wageningen, The Netherlands, 2007, 499 S (241–260)

Scott JJ (2003) The ecology of the exotic mosquito *Aedes (Finlaya) japonicus japonicus* (Theobald 1901) (Diptera: Culicidae) and an examination of its role in the West Nile virus cycle in New Jersey. PhD dissertation. Rutgers, The State University of New Jersey; New Brunswick

Seidel B, Nowotny N, Bakonyi T, Allerberger F, Schaffner F (2016) Spread of *Aedes japonicus japonicus* (Theobald, 1901) in Austria, 2011–2015, and first records of the subspecies for Hungary, 2012, and the principality of Liechtenstein, 2015. Parasit Vectors 9:356

Service MW (1968) Observations on feeding and oviposition in some British mosquitoes. Ent Exp Appl 11:277–285

Service MW (1969) Observations on the ecology of some British mosquitoes. Bull Ent Res 59:161–194

Service MW (1971) The daytime distribution of mosquitoes resting amongst vegetation. J Med Ent 8:271–278

Shaikevich EV, Vinogradova EB, Bouattour A, Almeida APG (2016) Genetic diversity of *Culex pipiens* mosquitoes in distinct populations from Europe: contribution of *Cx. quinquefasciatus* in Mediterranean populations. Parasites & Vectors 9:47. https://doi.org/10.1186/s13071-016-1333-8

Shannon RC, Hadjinicolaou J (1937) Greek Culicidae which breed in tree-holes. Acta Instituti et Musei Zoologici Universitatis Atheniensis. Tom I, Fasc 8:173–178

Shestakov VI, Mikheeva AL (1966) Contribution to study of Japanese encephalitis vectors in Primorye region. Med Parazitol 35:545–550

Shute PG (1933) The life-history and habits of British mosquitoes in relation to their control by anti-larval operations. J Trop Med Hyg 36:83–88

Succo T, Leparc-Goffart I, Ferré J, Roiz D, Broche B, Maquart M, Noel H, Catelinois O, Entezam F, Caire D, Jourdain F, Esteve-Moussion I, Cochet A, Paupy C, Rousseau C, Paty M, Golliot F (2016) Autochthonous dengue outbreak in Nîmes, South of France, July to September 2015. Euro Surveill. https://doi.org/10.2807/1560-7917.ES.2016.21.21.30240

Sucharit S, Surathin K, Shrestha SR (1989) Vectors of Japanese encephalitis virus (JEV): species complexes of the vectors. Southeast Asian J Trop Med Public Health 20:611–621

Sudia WD, Newhouse VF, Calisher CH, Chamberlain RW (1971) California group arboviruses: isolations from mosquitoes in North America. Mosq News 31(4):576–600

Suter T, Flacio E, Farina BF, Engeler L, Tonolla M, Müller P (2015) First report of the invasive mosquito species *Aedes koreicus* in the Swiss-Italian border region. Parasit Vectors 8:402

Tanaka K, Mizusawa K, Saugstad ES (1979) A revision of the adult and larval mosquitoes of Japan (including the Ryukyu rchipelago and the Ogasawara islands) and Korea (Diptera: Culicidae). Contr Am Ent Inst Ann Harbor 16:1–987

Tippelt L, Walther D, Kampen H (2017) The thermophilic mosquito species *Uranotaenia unguiculata* (Diptera: Culicidae) moves north in Germany. Parasitol Res 116:3437–3440

Thielman A, Hunter FF (2006) Establishment of *Ochlerotatus japonicus* (Diptera: Culicidae) in Ontario, Canada. J Med Ent 43:38–142

Trpis M (1962) Ökologische Analyse der Stechmückenpopulationen in der Donautiefebene in der Tschecheslowakei. Biologicke Prace 8:1–115

Veronesi R, Gentile G, Carrieri M, Maccagnani B, Stermieri L, Bellini R (2012) Seasonal pattern of daily activity of *Aedes caspius, Aedes detritus, Culex modestus,* and *Culex pipiens* in the Po Delta of northern Italy and significance for vector-borne disease risk assessment. J Vector Ecol 37(1):49–61

Versteirt V, De Clercq EM, Fonseca DM, Pecor J, Schaffner F, Coosemans M et al (2012) Bionomics of the established exotic mosquito species *Aedes koreicus* in Belgium. Europe. J Med Entomol. 49(6):1226–1232

Versteirt V et al (2009) Arrival and acclimatisation of the exotic mosquito species *Aedes koreicus* in Belgium, European Mosquito vectors Disease: spatial biodiversity, drivers of change, and risk. Final Report. Brussels: Belgian Sci Policy, S 131

Vinogradova EB, Shaikevich EV, Ivanitsky AV (2007) A study of the distribution of the *Culex pipiens* complex (Insecta: Diptera: Culicidae) mosquitoes in the European part of Russia by molecular methods of identification. Comparative Cytogenetics 1:129–138

Vogel R (1933) Zur Kenntnis der Stechmücken Württembergs. II Teil. J Ver vaterl Naturkd Württ 89:175–186

Vogel R (1940) Zur Kenntnis der Stechmücken Württembergs. III Teil. Jh Ver vaterl Naturkd Württ 96:97–116

Wallis RC, Taylor RM, Henderson JR (1960) Isolation of eastern equine encephalomyelitis virus from *Aedes vexans* from Connecticut. Proc Soc Exper Biol Med 103:442–444

Ward RA (1984) Second supplement to „A catalog of the mosquitoes of the world" (Diptera: Culicidae). Mosq Syst 16:227–270

Ward RA (1992) Third supplement to „A catalog of the mosquitoes of the world" (Diptera: Culicidae). Mosq Syst 24:177–230

Waterston J (1918) On the mosquitoes of Macedonia. Bull Ent Res 9:1–2

Weitzel T, Collado A, Jöst A, Pietsch K, Storch V, Becker N (2009) Genetic differentiation of populations within the Culex pipiens Complex and phylogeny of related species. J Am Mosq Control Assoc 25:6–17

Weitzel T, Braun K, Collado A, Jöst A, Becker N (2011) Distribution and frequency of *Culex pipiens* and *Culex torrentium* (Culicidae) in Europe and diagnostic allozyme markers. Euo Mosq Bull 29:22–37

Werner D, Zielke DE, Kampen H (2016) First record of *Aedes koreicus* (Diptera: Culicidae) in Germany. Parasitol 115(3):1331–1334

Wesenberg-Lund C (1921) Contributions to the biology of the Danish Culicidae. Kdanske vidensk Selsk Nat Math Afd 8(7):1–210

Williges E, Farajollahi A, Scott JJ, McCuiston LJ, Crans WC, Gaugler R (2008) Laboratory colonisation of *Aedes japonicus*. J Am Mosq Contr Assoc 24:591–593

Wood DM, Dang PT, Ellis RA (1979) The mosquitoes of Canada (Diptera: Culicidae). Series: The insects and arachnidae of Canada. Biosystematics Res Inst Canada, Dept Agr Publ 1686 6:390

Yunicheva YU, Ryabova TE, Markovich NY et al (2008) First data on the presence of breeding populations of the *Aedes aegypti* L. mosquito in Greater Sochi and various cities of Abkhazia. *Med Parazitol Parazit Bol* 3:40–43

Zielke DE, Walther D, Kampen H (2016) Newly discovered population of *Aedes japonicus japonicus* (Diptera: Culicidae) in Upper Bavaria, Germany, and Salzburg, Austria, is closely related to the Austrian/Slovenian bush mosquito population. Parasit Vectors 9:163

10

Biologische Bekämpfung

10.1 Einführung

Biologische Schädlingsbekämpfung wird im weitesten Sinne als die Reduzierung der Zielpopulation durch den Einsatz von Prädatoren, Parasiten, Pathogenen, Konkurrenten oder Toxinen von Mikroorganismen definiert, wie Woodring und Davidson (1996), Floore (2007), Benelli et al. (2016) sowie Huang et al. (2017) beschreiben. Ziel ist es, die Population der Schädlinge auf ein akzeptables Niveau zu reduzieren, dabei jedoch negative Auswirkungen auf das Ökosystem zu vermeiden. Insbesondere bei der Bekämpfung von Stechmücken sollten Maßnahmen sowohl den Schutz des Menschen vor Mücken als auch den Erhalt der Biodiversität berücksichtigen und toxische oder ökotoxische Effekte vermeiden, wie Becker (1997), Timmermann und Becker (2017) sowie Becker et al. (2023) betonen. Hierbei wird die regulierende Kraft des Ökosystems durch den Schutz der bestehenden Gemeinschaft von Mückenprädatoren gewährleistet.

Der Einsatz von nützlichen Organismen zur Bekämpfung von Stechmücken wurde erstmals Ende des 19. Jahrhunderts anerkannt, als Versuche mit Prädatoren wie Libellen unternommen wurden (Lamborn 1890). Erfolgreiche Einführungen von Prädatoren wie Hydra, Plattwürmern, räuberischen Insekten oder Krebstieren führten jedoch insbesondere bei der Massenzucht zu Problemen. Weniger Probleme traten auf, als Fische wie der Moskitofisch *Gambusia affinis* und *G. holbrooki* in den frühen 1900er-Jahren in vielen Ländern erfolgreich gegen Stechmückenlarven eingesetzt wurden (Bellini et al. 1994; Legner 1995; Walton 2007; Chandra et al. 2008).

Mit der Entdeckung und weit verbreiteten Anwendung synthetischer Insektizide in den 1940er- und 1950er-Jahren verlor die biologische Bekämpfung von Stechmücken an Bedeutung. Jedoch ließ die anfängliche Euphorie über den Erfolg dieser Insektizide nach, da schnell Resistenzen bei den Stechmücken entstanden. Zudem verursachten konventionelle Insektizide aufgrund ihrer Nichtselektivität oft ökologische Schäden. Mit zunehmendem Umweltbewusstsein wurden die Regeln für die Anwendung von Chemikalien strenger, wodurch die biologische Bekämpfung in den 1960er- und 1970er-Jahren eine Renaissance erlebte. Jenkins listete bereits 1964 über 1500 Parasiten, Pathogene und Prädatoren als potenzielle Kandidaten für die biologische Bekämpfung von Stechmücken auf. Heute ist die Literatur über Stechmückenantagonisten umfangreich (Notestine 1971; Lacey und Lacey 1990; Legner 1995; Medrano 1993; Quiroz-Martínez und Rodríguez-Castro 2007; Davidson 2012; Lacey 2017). Ein großer Vorteil der biologischen oder mikrobiellen Bekämpfungsmethoden ist, dass vorhandene natürliche Fressfeinde erhalten bleiben und nach dem Einsatz selektiv wirkender Methoden neu auftretende Stechmückenbrut vertilgen können, was zu einem nachhaltigen Bekämpfungserfolg führt.

Bei dem Einsatz von Stechmückenantagonisten wie Fressfeinden, Parasiten oder Pathogenen gibt es 2 Hauptstrategien, um eine ausreichende Populationsgröße der Antagonisten zu erreichen (Lacey 2017):

a) Das Beimpfen des Stechmückenhabitats durch Freisetzen kleiner Mengen von Antagonisten. Unter günstigen Bedingungen etablieren und vermehren sie sich im neuen Lebensraum, was zu einer nachhaltigen Reduktion der Stechmücken führt. Beispielsweise ist das Freisetzen von Fischen in neu gefluteten Reisfeldern eine gängige Praxis (Lacey und Lacey 1990; Bellini et al. 1994; Walton 2007).

b) Das Überfluten eines Stechmückenlebensraums mit Antagonisten oder ihren Toxinen. Eine solche Massenfreisetzung kann eine sofortige Wirkung haben, jedoch etablieren sich diese Antagonisten selten dauerhaft, sodass sie bei Bedarf erneut ausgebracht werden müssen. Dies ist der Fall bei der Verwendung von Produkten auf Basis von *Bacillus thuringiensis israelensis* (Bti) oder *Lysinibacillus sphaericus* (Ls), wobei Bti sich nicht etabliert, während Ls unter bestimmten Bedingungen reproduzieren kann (Becker et al. 1995a; Lacey 2017).

Eine Voraussetzung für den erfolgreichen Einsatz von Stechmückenantagonisten ist die genaue Kenntnis der Biologie des betreffenden Organismus und dessen Wechselwirkungen mit dem Ökosystem. Die Einführung fremder Faunenelemente als Stechmückenprädatoren birgt das Risiko, dass heimische Organismen zurückgedrängt oder eliminiert werden. Ein umfassendes Verständnis von Räuber-Beute- oder Parasit-Wirt-Beziehungen ist daher für den erfolgreichen und ökologisch sinnvollen Einsatz von Antagonisten unerlässlich. Stechmücken haben im Laufe von mehr als 100 Mio. Jahren Evolution vielfältige Lebensstrategien entwickelt, um sich dem Zugriff von Fressfeinden weitgehend zu entziehen. Zum Beispiel besiedeln *Aedes*-Arten extreme Brutgewässer, in denen Fische selten vorkommen, und *Anopheles*-Larven liegen horizontal an der Wasseroberfläche, was es vielen Fischen erschwert, sie zu erbeuten. Antagonisten können daher nur dann erfolgreich eine Zielpopulation reduzieren, wenn ihre Lebensstrategie an die der Zielpopulation angepasst ist.

10.2 Fressfeinde

Im Allgemeinen sind Fressfeinde, die sich auf die Entwicklungsstadien der Stechmücken spezialisiert haben, effektiver als solche, die auf adulte Mücken abzielen (Abb. 10.1). Die Larven und Puppen der Stechmücken befinden sich üblicherweise konzentriert in ihren Brutstätten, wodurch sie für ihre Fressfeinde leichter erreichbar als die adulten Mücken sind, die sich nach dem Schlüpfen oft weit ausbreiten. Zudem entziehen sich die fliegenden Insekten durch ihre dämmerungs- und nachtaktive Lebensweise häufig ihren tagaktiven Fressfeinden.

Stechmücken sind gemäß ihrer Vermehrungsstrategie typische r-Strategen, d. h., sie weisen hohe Reproduktionsraten und einen relativ kurzen Lebenszyklus auf. Sie produzieren weit mehr Nachkommen, als zur Arterhaltung notwendig wären. Falls ein Großteil ihrer Population durch Umwelteinflüsse (z. B. frühzeitiges Austrocknen der Brutplätze) oder Bekämpfungsmaßnahmen verloren geht, können die überlebenden Mücken durch die Ablage einer sehr großen Anzahl an Eiern die Verluste schnell wieder ausgleichen. Im Gegensatz dazu sind die typischen K-Strategen Arten, die mit hohem Aufwand und durch den Schutz der Muttertiere wenige Nachkommen hervorbringen, aber viel Energie in die Aufzucht investieren, um die Kapazität ihres Lebensraums optimal auszunutzen. Fressfeinde von Stechmücken sind daher besonders effektiv, wenn sie entweder eine ähnlich hohe Reproduktionsrate oder eine hohe Fressrate aufweisen, wie es beispielsweise bei Fischen der Fall ist.

10.2.1 Wirbeltiere als Fressfeinde

10.2.1.1 Fische (Pisces)

Fische gelten als die effektivsten Fressfeinde der Entwicklungsstadien von Stechmücken und werden sogar im Kampf gegen Malaria eingesetzt (Asimeng und Mutinga 1992; Louca et al. 2009; Howard et al. 2007). Zu den bekanntesten aquatischen Fressfeinden der Stechmücken zählen der sogenannte Moskitofisch *Gambusia affinis*, heimisch im südöstlichen Teil der USA, in Ostmexiko und der Karibik, sowie der eng verwandte östliche Moskitofisch *G. holbrooki*, der im östlichen und südlichen Teil der USA vorkommt. Auch der Guppy, *Poecilia reticulata*, der im tropischen Südamerika beheimatet ist und in unseren Aquarien beliebt ist, gehört dazu. Diese Fische sind effektive Fressfeinde, da ihr nach oben gerichtetes Maul es ihnen ermöglicht, Stechmückenlarven zu erbeuten, die an der Wasseroberfläche leben, wie etwa die Larven der *Anopheles*-Mücken. Weitere biologische Merkmale dieser lebendgebärenden Fische sind ihre hohe Reproduktionsrate, geringe Größe (3–6 cm) und hohe Toleranz gegenüber Temperaturschwankungen, organischer Verschmutzung und Salzgehalt. *G. affinis* und *G. holbrooki* können Wassertemperaturen unter 13 °C überstehen und überwintern sogar in Gebieten mit kurzen Frostperioden, während *P. reticulata* auf subtropische und tropische Klimazonen beschränkt ist. Letzterer wird insbesondere in städtischen Gebieten gegen *Cx. quinquefasciatus* eingesetzt, eine nahe verwandte Art unserer Hausmücke *Cx. pipiens* s.l., die oft in stark verschmutzten Gewässern in Massen vorkommt. Allerdings kann die Wirksamkeit der Fische variieren (Sjogren 1972; Davey und Meisch 1977a,b,c; WHO 2003; Dua et al. 2007). Dennoch sind Moskitofische die am häufigsten bei der Stechmückenbekämpfung eingesetzten Wirbeltiere (Walton 2007; Hackett 1937). Der Einsatz von *G. affinis* trug signifikant zur Reduktion von Malaria in der Türkei und im Iran bei (Tabibzadeh et al. 1970; Inci et al. 1992).

In den USA werden Moskitofische von Bekämpfungsorganisationen gezüchtet und selektiv im Rahmen von integrierten Moskito-Management-(IMM-)Programmen freigesetzt. In Kalifornien werden sie beispielsweise erfolgreich in Reisfeldern gegen die Entwicklungsstadien von *An. freeborni* und *Cx. tarsalis* eingesetzt. Das Aussetzen von mehr als 500 weiblichen Moskitofischen pro Hektar in Reisfeldern ermöglichte eine ausgezeichnete Kontrolle von *Cx. tarsalis* (Hoy und Reed 1971; Steward et al. 1983), während signifikante Reduktionsraten gegen *An. freeborni* nur erreicht wurden, wenn mehr als 4000 Fische pro Hektar eingesetzt wurden (Kramer et al. 1987a, b, 1988a, b). In Kalifornien wurde durch das Freisetzen von

10.2 Fressfeinde

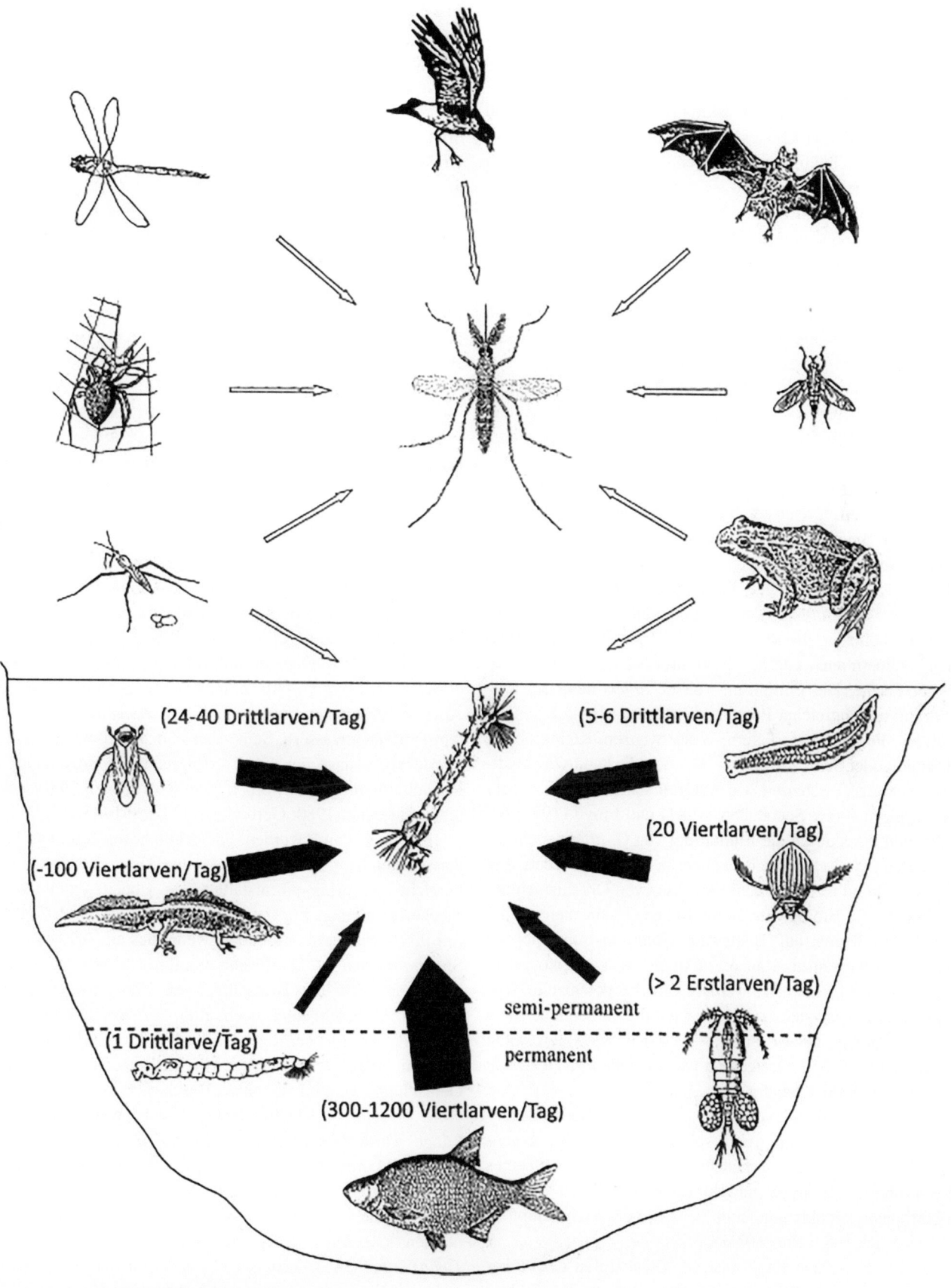

Abb. 10.1 Übersicht über Bedeutung der Freßfeinde (Stärke der Pfeile steht für die Effektivität der Tiergruppen)

Moskitofischen in städtischen Kanälen eine Reduktionsrate von über 70 % bei einer Population von *Cx. quinquefasciatus* beobachtet. Im Allgemeinen sind Moskitofische am effektivsten in Gewässern, bei denen die Vegetation weniger dicht ist und die Moskitolarven besser zugänglich sind. Die südamerikanische *P. reticulata*, auch als Guppy bekannt, lebt häufig in Abwassergräben in subtropischen und tropischen Ländern, wo sie definitiv zur Reduktion der Larvenpopulationen von *Cx. quinquefasciatus* beiträgt, dem Hauptvektor der lymphatischen Filariose. Sasa und Kurihara (1981) berichteten über den Einsatz von Guppys in Filariose-Kontrollprogrammen. In Sri Lanka wurden freilebende Fische gefangen und in Stechmückenbrutstätten eingesetzt (Sabatinelli et al. 1990). In Malaysia werden die Fische auch in Wasserbehältern zur Kontrolle von *Ae. aegypti* eingesetzt, dem Vektor von Dengue- und Dengue-Hämorrhagischem-Fieber. Sjogren (1971) und Mian et al. (1985, 1986) setzten in Südkalifornien Guppys erfolgreich gegen Stechmücken in Kläranlagen ein.

Vor der Entdeckung von Bti galt der Einsatz von Fischen als eine der erfolgreichsten biologischen Methoden zur Kontrolle von Stechmücken. Allerdings ist der Einsatz von nicht endemischen Fischen wegen des möglichen negativen Einflusses auf die heimische Fischfauna problematisch. Zum Beispiel ist *G. affinis* omnivor und ernährt sich nicht nur von Wirbellosen, die selbst nützliche Fressfeinde sein können, sondern auch von den Eiern und Nachkommen heimischer Fische. Die Einführung von *G. affinis* kann zur Zerstörung umfangreicher Populationen aquatischer Fressfeinde führen, die aus Wasserkäfern, Wasserwanzen, Kleinkrebsen, Libellen oder Schwanzlurchen bestehen. Es kann wirtschaftlich wichtige Fischarten wie Karpfen stark reduzieren oder sogar eliminieren. Schoenherr (1981) und Lloyd (1987) berichteten, dass durch die Einführung von *G. affinis* mehr als 30 Arten heimischer Fische negativ beeinflusst wurden. Aus diesem Grund ist es vor dem Freilassen von Organismen unerlässlich, die Biologie der räuberischen Organismen mit besonderem Bezug auf Beutewahl, Reproduktionspotenzial und ihren Nutzen als Räuber zu studieren. Das Ökosystem muss sorgfältig bewertet werden, um die potenzielle Wirkung der freigesetzten Organismen auf die vorhandene Biota zu bestimmen. Dieser Prozess ist noch wichtiger, wenn nichtheimische Arten freigesetzt werden sollen (WHO 2003; Hurst et al. 2006; Chandra et al. 2008).

Die Verwendung von *G. affinis* zur Stechmückenbekämpfung wird aufgrund seiner Aggressivität gegenüber zahlreichen aquatischen Organismen und auch seines zweifelhaften Beitrags zur Kontrolle von durch Mücken übertragene Krankheiten nicht mehr von der WHO empfohlen (Service 1983; Rupp 1995).

In China werden Jungfische der Graskarpfen *Ctenopharygodon idella* und Karpfen *Cyprinus* spp. in Reisfeldern eingesetzt. Während der Flutung der Reisfelder tragen die Fische nicht nur zur Bekämpfung der Stechmückenbrut bei, sondern fressen auch Reisschädlinge wie Heuschrecken, die auf die Wasseroberfläche fallen. Darüber hinaus düngen sie die Reiskulturen mit ihrem Kot. Der Graskarpfen, als Pflanzenfresser, verhindert auch das Wachstum von unerwünschten Pflanzen. Die vorteilhaften Wirkungen des Graskarpfens führten zu einer Erhöhung des Gesamtertrags an Reis um mehr als 20 %. Wenn die Reisfelder vor der Ernte entwässert werden, werden die Fische für ein weiteres Jahr in den permanenten Hauptbewässerungskanälen der Reisbauern gehalten. Aufgrund ihres relativ schnellen Wachstums können Karpfen anschließend für den persönlichen Bedarf entweder als Proteinquelle oder zum Verkauf auf dem Markt verwendet werden (Xu et al. 1992; ICMR Bull. 2000).

Die Vertreter der Cyprinodontidae (Zahnkärpflinge) produzieren hartschalige Eier, die resistent gegen Austrocknung sind. In China wird *Oryzias latipes* zur Bekämpfung von Stechmücken in Reisfeldern erfolgreich eingesetzt (Xu, pers. Mitteilung; Sugiyama et al. 1996). Diese weit verbreiteten Fische werden nur etwa 4 cm groß und fressen vorwiegend Stechmückenlarven oder Insekten, die auf die Wasseroberfläche fallen. Trotz ihrer geringen Größe frisst ein Fisch im Durchschnitt 51 *Anopheles*- oder 118 *Culex*-Viertlarven pro Tag. In Asien sind Arten aus der Familie der Labyrinthfische (Kletterfische), wie *Macropodus opercularis*, *M. chinensis* und *Tanichthys albonubes*, sehr effektive Vertilger von Stechmückenentwicklungsstadien. In Amerika brütet der Cyprinodontide *Cynolebias bellottii* in temporären Gewässern. Seine Eier können Trockenperioden überleben, sodass der Fisch erfolgreich als Fressfeind in Reisfeldern eingesetzt werden kann (Coykendall 1980; Walters und Legner 1980; Gerberich und Laird 1985).

In Deutschland werden gelegentlich im Rahmen von wasserbaulichen Maßnahmen seichte Überschwemmungsbereiche als Massenbrutstätten für Überschwemmungsmücken in permanente Gewässer vertieft oder durch Gräben mit Fischgewässern verbunden, wenn dies aus ökologischer Sicht vertretbar ist. Die Fische und ihre Nachkommen können dann Teile der Brutstätten von Überschwemmungsmücken besiedeln und nachhaltig zur Reduzierung der Stechmückenbrut beitragen. Allerdings sind diese Maßnahmen meist relativ teuer. In Felduntersuchungen in Deutschland zeigten heimische Fischarten eine eindrucksvolle Fressrate (Gebhard 1990). Fische von etwa 5 cm Länge wurden in Käfigen in Stechmückenbrutstätten gehalten und mit Viertlarven von *Ae. vexans* gefüttert. Bei einer durchschnittlichen Wassertemperatur von 22 °C wurden folgende Fressraten von Viertlarvenstadien pro Tag gemessen: *Cyprinus carpio*: 302; *Carassius carassius*: 238; *Tinca tinca*: 185; *Gasterosteus aculeatus*: 178; *Abramis brama*: 148; *Rutilus rutilus*: 147; *Alburnus alburnus*: 113; *Leucaspius delineatus*: 99; *Scardinius erythrophthalmus*:

80 und *Gobio gobio*: 63. Die größeren *C. carassius* und *S. erythrophthalamus* zeigten Fressraten von mehr als 1000 *Aedes*-Larven innerhalb von 12 h (Gebhard 1990).

10.2.1.2 Lurche (Amphibia)

Schwanzlurche (Urodela), wie Molche und ihre Larven, sind wichtige Fressfeinde der Entwicklungsstadien von Stechmücken (Sack 1911; Martini 1920b; Twinn 1931; Beebee 1997; Blum et al. 1997). In Fütterungsexperimenten in Deutschland erwiesen sich *Triturus cristatus* und *T. vulgaris* als effektive Vertilger von Mückenlarven (Kögel 1984). Während 2 Wochen alte Larven von *T. cristatus* 15 Drittlarven von *Cx. pipiens* vertilgten, erbeuteten 5–10 Wochen alte *Triturus*-Larven bereits etwa 100 Viertlarven pro Tag. Die Fressraten von *T. vulgaris* und *T. cristatus* erwiesen sich als ungefähr gleich. Im Gegensatz zu Schwanzlurchen spielen Froschlurche (Anura) kaum eine Rolle als Fressfeinde von Adulten und Entwicklungsstadien der Stechmücken. In einer 3-jährigen Studie in den Überschwemmungsgebieten des Rheins wurden 2163 Anuren-Exemplare der Arten *Rana arvalis, R. temporaria, R. dalmatina, R. esculenta* s.l., *Hyla arborea, Bufo bufo* und *Pelobates fuscus* einem Magenspültest unterzogen (Blum et al. 1997). Die meisten Beutetiere waren Käfer (Coleoptera), Springschwänze (Collembola), Schnecken (Gastropoda), Spinnen (Araneae), Ameisen (Formicidae) und Asseln (Isopoda), die alle zur epigäischen Fauna gehören. Nur 0,1 % der Beute waren Stechmücken (Culicidae), meist adulte *Ae. vexans*. Der einzige Froschlurch, der Stechmücken in höherem Maße konsumiert, ist *Bombina bombina* (Lac 1958).

10.2.1.3 Vögel (Aves)

Im Allgemeinen gelten Vögel nicht als wichtige Fressfeinde von Stechmücken, obwohl diese gelegentlich als Nahrungsquelle für einige Vogelarten dienen können (Blotzheim 1985). Zum Beispiel wurde im Oberrheingebiet beobachtet, dass Stockenten (*Anas platyrhynchos*) wiederholt Larven von *Ae. vexans* in Massenbrutstätten von Überschwemmungsmücken gefressen haben.

Es gibt 2 Hauptgründe für die relativ unbedeutende Rolle von Vögeln als Fressfeinde von adulten Stechmücken. Erstens überlappen sich die Aktivitätsphasen von Stechmücken und Vögeln nur unwesentlich. Die meisten Stechmücken sind in der Dämmerung aktiv, während die meisten Vogelarten tagsüber nach Nahrung suchen, wenn die meisten Stechmücken in der Vegetation ruhen. Zweitens treten Überschwemmungsmücken, die wichtigsten Lästlinge für den Menschen, nur unregelmäßig und lediglich nach Überflutungen auf und sind daher in den Jahreszeiten ohne Überschwemmungen nicht als stabile Nahrungsquelle verfügbar. Folglich sind Insekten wie Zuckmücken (Chironomidae), die hauptsächlich in permanentem Wasser brüten und mehr oder weniger jedes Jahr in großer Zahl auftreten, eine zuverlässigere Nahrungsquelle für Vögel als Überschwemmungsmücken (*Aedes*-Arten). In Deutschland zeigte eine Nahrungsanalyse verschiedener Vogelarten im Oberrheingebiet, dass der Anteil an Stechmücken in der Nahrung der untersuchten Vogelarten gering ist (Timmermann und Becker 2003, 2017). Um die Zusammensetzung der Vogelnahrung zu bestimmen, wurde die sogenannte Halsringmethode bei Nestlingen der Mehlschwalbe (*Delichon urbica*), des Teichrohrsängers (*Acrocephalus scirpaceus*), des Trauerschnäppers (*Ficedula hypoleuca*), der Kohlmeise (*Parus major*) und der Blaumeise (*Parus caeruleus*) angewendet. Auch das Angebot an Fluginsekten im Untersuchungsgebiet wurde mit einer Autofalle im selben Zeitraum und im selben Gebiet untersucht. Die Hauptaktivitätszeit der Überschwemmungsmücken (z. B. *Aedes vexans*) fiel in die Abenddämmerung, zu einem Zeitpunkt, als die Jagdaktivitäten der Mehlschwalben zum Erbeuten von Nestlingsnahrung deutlich abnahmen. Dies könnte die geringe Anzahl von Stechmücken in den Nahrungsballen der Mehlschwalbennestlinge erklären. Von insgesamt 6761 identifizierten Insekten im Nestlingsfutter gehörten weniger als 1 % zur Familie der Stechmücken (Culicidae) (Abb. 10.2). Die Mehlschwalben verfütterten ihren Nestlingen während der 1. Brutsaison vorwiegend Blattläuse (Aphidina), während sie bei der 2. Brut vorwiegend Kurzflügelkäfer (Staphylinidae) und Fliegen (Brachycera) verfütterten.

Zusätzlich wurden 140 Nahrungsballen von Vögeln wie Meisen, Teichrohrsängern und Trauerschnäppern untersucht, die Insekten bevorzugt von oder in der Nähe der Vegetation aufsammeln. Innerhalb dieser Proben wurden nur 5 Mücken gefunden (4,4 % der Gesamtzahl der Nahrungsorganismen), obwohl regelmäßig durchgeführte Fangaktionen mit Autofallen zeigten, dass adulte Stechmücken im Gebiet in großer Zahl vorhanden waren. Die Kohlmeise und die Blaumeise bevorzugten es, ihre Nestlinge mit Larven von Lepidoptera zu füttern, während der Teichrohrsänger und der Trauerschnäpper hauptsächlich flugunfähige Wirbellose (z. B. Raupen, Spinnen, Blattläuse) verfütterten. Unter den 2-flügeligen Insekten (Diptera) waren größere Arten (z. B. Tipulidae, Syrphidae) als Nahrungsorganismen vertreten, während kleinere Mückenarten keinen signifikanten Anteil im Nahrungsspektrum der Vögel ausmachten.

10.2.1.4 Fledermäuse (Chiroptera)

Im Gegensatz zu den meisten insektenfressenden Vögeln jagen Fledermäuse üblicherweise in der Dämmerungsphase oder nachts. Daher können sich die Aktivitätsmuster von Fledermäusen und den meisten Stechmückenarten teilweise überlappen. Bei Einbruch der Dunkelheit verlassen die Fledermäuse ihre Tagesquartiere und beginnen zu jagen, wenn gleichzeitig die Flugaktivität

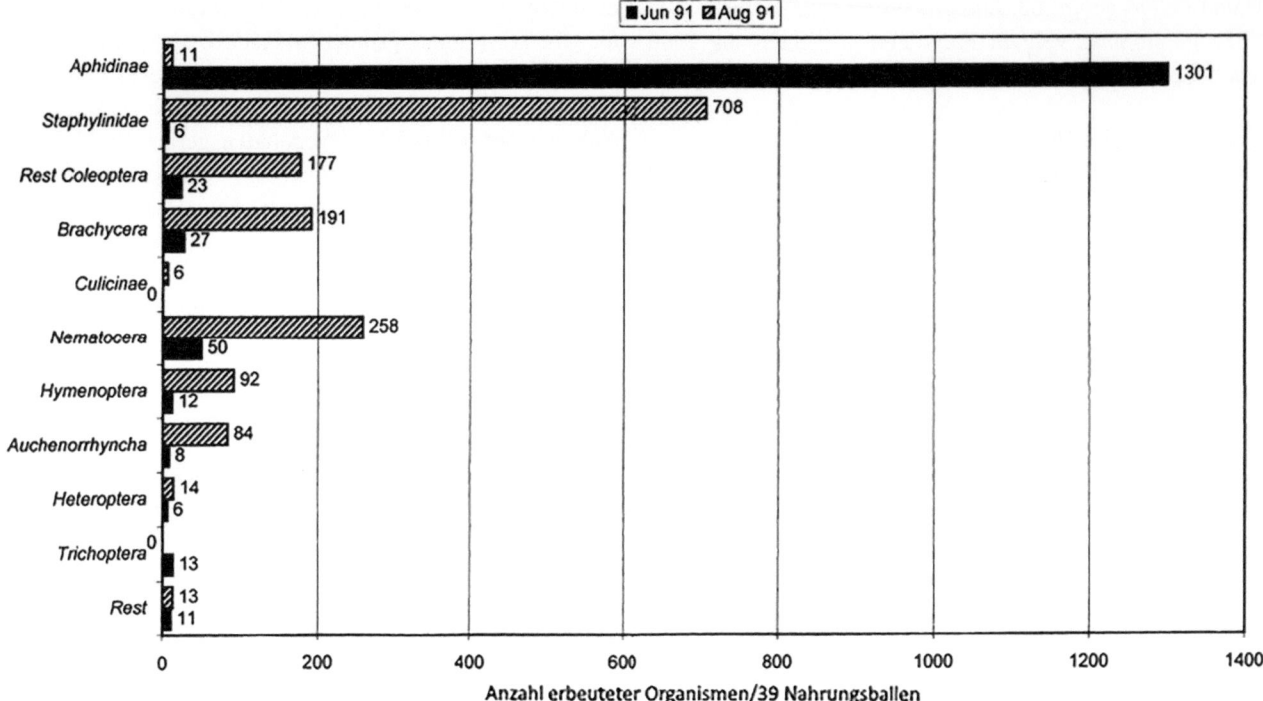

Abb. 10.2 Nahrungsorganismen der Mehlschwalben im Oberrheingebiet

von Überschwemmungsmücken noch hoch ist, z. B. wenn sich männliche Stechmücken zu Paarungsschwärmen versammeln oder Weibchen einen Wirt für die Blutmahlzeit suchen

Frühe Überlegungen, Fledermäuse zur Reduktion von Stechmückenpopulationen einzusetzen, wurden bereits von Campbell (1925) angestellt, der vorschlug, Fledermäuse durch den Bau künstlicher Quartiere in menschlichen Siedlungen anzusiedeln. Ohne Zweifel sind Fledermäuse sehr effektive Insektenjäger. Für große Fledermauskolonien, z. B. 30.000 Individuen von *Myotis austroriparius* in Nordamerika, wurde die jährliche Menge an vertilgten Insekten auf 45 t geschätzt (Zinn und Humphrey 1976). Weltweit sind etwa 1300 Fledermausarten bekannt (Prothero 2017), von denen die Mehrheit ausschließlich insektenfressend ist und eine große Vielfalt an unterschiedlichen Jagdstrategien entwickelt hat. Die effektivsten Mückenjäger sind Arten, wie z. B. die Bechsteinfledermaus (*Myotis bechsteinii*), die ihre Beute eng an der Vegetation jagt bzw. vom Laubwerk sammelt, oder Arten wie die Wasserfledermaus (*M. daubentonii*), die ihre Beute meist über offenen Wasseroberflächen jagt (Arnold et al. 1998).

Stechmücken als Nahrungsorganismen von Fledermäusen wurden meist durch Analyse von Kotproben nachgewiesen, wobei die Menge an verzehrten Stechmücken stark variierte. In New Hampshire (Nordamerika) lag bei der Art *Myotis lucifugus* der Anteil an Mücken bei 77,4 % und bei *Myotis austroriparius* in Florida bei 46,2 %, während *Pipistrellus subflavus* lediglich einen Anteil von 0,7 % aufwies (Whitaker und Long 1998). In Europa zeigen Studien zur Ernährung von Fledermäusen, dass sie eine große Vielfalt an nachtaktiven Insekten als Nahrungsquelle nutzen, wie z. B. Motten (Lepidoptera), Käfer (Coleoptera), Netzflügler (Planipennia), Köcherfliegen (Trichoptera), Eintagsfliegen (Ephemeroptera) und Zuckmücken (Chironomidae) (Swift et al. 1985; Rydell 1986; McAney et al. 1991; Wolz 1993). Eine Studie zur trophischen Ökologie von Wasserfledermäusen und Mückenfledermäusen (*Pipistrellus nathusii*) in Südwestdeutschland zeigte, dass Stechmücken keine wichtige Nahrungsquelle für diese Fledermausarten sind (Arnold et al. 2000). Allerdings weisen Kayikçioğlu und Zahn (2005) in einer Studie darauf hin, dass Stechmücken in der Nähe eines Sees in Südwestdeutschland eine wichtige Beute für die Kleine Hufeisennase (*Rhinolophus hipposideros*) darstellten. Treten Stechmücken in Massen auf, so können sie zur Hauptbeute einiger Fledermausarten, wie der Nördlichen Fledermaus (*Eptesicus nilssonii*), werden, weshalb diese Fledermausart in Nordschweden stark auf 2-flügelige Insekten angewiesen ist (Rydell 1990). Vor allem sehr kleine Fledermausarten sind auf kleine Insekten als Grundnahrung angewiesen. Das Vorkommen von Europas kleinster Fledermaus, der Zwergfledermaus (*Pipistrellus pygmaeus*), ist eng an Flussauenwälder, Seengebiete und Sümpfe gebunden. Daher könnte man annehmen, dass Stechmücken für diese Art als Nahrungsquelle von großer Bedeutung sind. Eine Studie aus der Tschechischen Republik zeigte jedoch, dass Stechmücken nur 2–4 % des Gesamtinsektenanteils bei dieser Fledermausart ausmachten (Bartonicka et al. 2008).

Da die Mehrheit der Fledermäuse opportunistische Jäger sind, die sich von einer Vielzahl an Insekten ernähren, können sie auch wichtig sein, um Schadinsekten zu reduzieren (Gloor 1991; Tuttle 2000). Daher sollten alle verfügbaren Schutzmaßnahmen für Fledermäuse ergriffen werden. Allerdings können Fledermäuse allein das Stechmückenproblem in der Regel nicht lösen (Whitaker und Long 1998).

10.2.2 Wirbellose (Invertebrata) als Fressfeinde

Unzählige Wirbellose sind als Fressfeinde von Stechmücken und insbesondere von deren Larven bekannt. Die Biologie und Bedeutung der wirbellosen Fressfeinde wurden in zahlreichen Studien untersucht (Lamborn, 1890; Hinman 1934; Kühlhorn 1961; Jenkins 1964; James 1967; Service 1977; Kögel 1984; Collins und Washino 1985; Quiroz-Martínez und Rodriguez-Castro 2007; Dida et al. 2015). Obwohl gezeigt werden konnte, dass Wirbellose wirksame Fressfeinde von Stechmücken sein können, werden sie in Bekämpfungsprogrammen aufgrund der großen Schwierigkeiten und hohen Kosten, die mit der Massenzucht dieser Organismen verbunden sind, selten eingesetzt. Ihre Rolle als potenzielle Vertilger von Stechmücken ist jedoch unbestritten. Stechmücken können sich selten in großen Mengen in Stechmückenbrutstätten entwickeln, in denen räuberische Wirbellose reichlich vorhanden sind. In diesem Abschnitt werden verschiedene Gruppen von Wirbellosen und ihre Bedeutung als Fressfeinde diskutiert (Abb. 10.3).

10.2.2.1 Süßwasserpolypen (*Hydra*, Colenterata)

In Fütterungsexperimenten töteten Polypen der Gattung *Hydra* im Durchschnitt etwa 6–21 Stechmückenlarven pro Tag. In permanenten Gewässern können somit Polypen wesentlich zur Reduzierung von Stechmücken beitragen (Qureshi und Bay 1969). Aufgrund ihrer vorteilhaften Wirkungen wurde *Chlorohydra viridissima* (Pallas) in einer Reihe von Feldversuchen eingesetzt (Lenhoff 1978; Cress 1980).

10.2.2.2 Strudelwürmer (Turbellaria)

Strudelwürmer gehören zu den am gründlichsten untersuchten Gruppen von wirbellosen Stechmückenfressfeinden (Legner 1991, 1995). Turbellarien wie *Mesostoma* sp. sondern bei ihrer Bewegung Schleim zum Fangen von Stechmückenlarven ab. Wenn die Stechmückenlarve an einem Schleimfaden festklebt und versucht zu entkommen, bemerkt der Strudelwurm seine Beute und saugt sie mit seinem Pharynx aus.

Einige *Mesostoma*-Arten, wie z. B. *M. ehrenbergii*, können erheblich zur Reduktion der Stechmückenentwicklungsstadien in einem Gewässer beitragen. Case und Washino (1979) berichteten von einer erheblichen Reduktion der Populationen von *Cx. tarsalis* und *An. freeborni* durch *Mesostoma* sp. in kalifornischen Reisfeldern, was in der

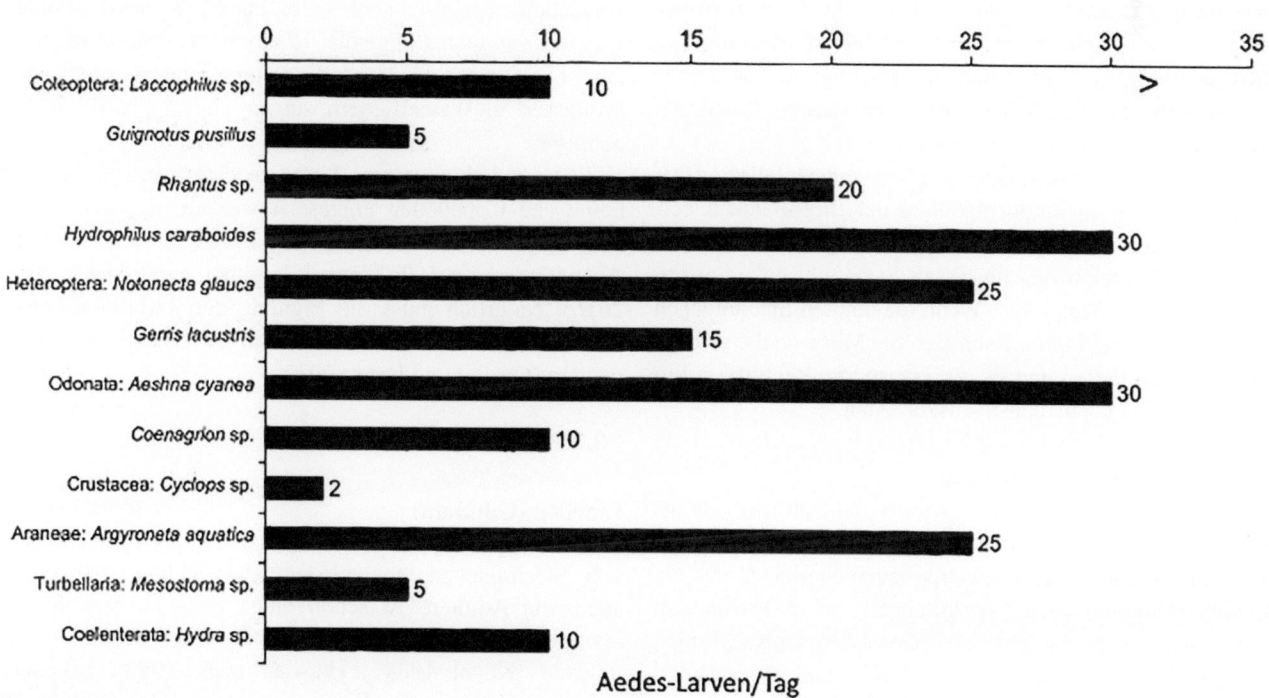

Abb. 10.3 Durchschnittliche Fressrate verschiedener Wirbellosen

Folge zu umfangreichen Untersuchungen über eine Massenzucht dieser Strudelwürmer führte. In Mitteleuropa tritt der Strudelwurm *Bothromesostoma* sp. gelegentlich in ephemeren Gewässern in großer Zahl auf, wo er die Populationen von *Ae. vexans* nahezu vollständig vernichten kann (Becker 1984). Dieser Strudelwurm ist ein effizienter Fressfeind, der hauptsächlich von Stechmückenlarven lebt und daher seine Lebensweise an die der Beute angepasst hat. Wie die Überschwemmungsmücken (*Aedes*-Arten) können die Turbellarien Trockenperioden in trockenresistenten Eiern überstehen und während Überschwemmungen im Sommer zusammen mit ihren Nahrungsorganismen, den *Aedes*-Larven, schlüpfen. Bei hohen Sommertemperaturen entwickeln sie sich innerhalb 1 Woche zu 7 mm langen Würmern, die in der reproduktiven Phase etwa 20 Eier produzieren. In Laborversuchen frisst ein Strudelwurm während seiner Entwicklung bis zu 67 Stechmückenlarven (Becker 1984).

10.2.2.3 Spinnen und Milben (Arachnida)

Spinnen sind allgemein als Prädatoren von adulten Mücken bekannt (Service 1973). Einige Arten sind Fressfeinde von aquatischen Organismen oder Tieren, die auf der Wasseroberfläche oder auch im Wasserkörper leben. Vertreter der Pisauridae und Lycosidae jagen auf der Wasseroberfläche und fangen gelegentlich auch Mückenlarven, Puppen oder schlüpfende Adulte (Bishop und Hart 1931). Ihre Bedeutung als Räuber wird jedoch als gering angesehen (Kühlhorn 1961). Einer der effektivsten Fressfeinde von Stechmückenlarven ist die Wasserspinne *Argyroneta aquatica*. Diese faszinierende Spinnenart baut Netze unter Wasser, um ihre Beute zu fangen. In Aquarienversuchen betrug die maximale Fressrate 29 Stechmückenviertlarven pro Tag (Kögel 1984), und somit können diese Spinnen in dauerhaften Wasseransammlungen zu einer starken Reduktion der Stechmückenpopulation führen.

Wassermilben (*Hydrachnellae*) können ebenfalls zur Dezimierung von Larvenpopulationen der Stechmücken beitragen. Zum Beispiel hat die kleine Wassermilbe *Piona nodata* in Laborversuchen bis zu 18 Stechmückenlarven pro Tag verzehrt (Kögel 1984). Wenn die adulten Stechmücken aus der Puppe schlüpfen, kann sich die Milbe an die schlüpfende Mücke heften und sie als Transportmittel nutzen, um sich in neuen Lebensräumen auszubreiten.

10.2.2.4 Krebse (Crustacea)

Der Urzeitkrebs *Triops cancriformis* (Notostraca) gilt als Fressfeind von Mückenlarven. Die Eier dieses Krebses können mehrere Jahre lang Trockenperioden überleben, und die Larven schlüpfen nach Überflutungen, oft in Verbindung mit *Aedes*-Larven. In ephemeren Gewässern in Kalifornien wurden Versuche unternommen, *Aedes*- und *Psorophora*-Arten mit *T. longicaudatus* zu bekämpfen (Tietze und Mulla 1987, 1991).

Allerdings sind unter den Krebstieren die Copepoden (Hüpferlinge) wegen ihres weit verbreiteten Vorkommens wichtigere Fressfeinde von Mückenlarven (Miura und Takahashi 1985; Marten und Reid 2007; Nasi et al. 2015; Pauly et al. 2022). Es ist eher ihre enorme Anzahl als ihre Fressrate, die sie zu wichtigen Mückenfressfeinden macht. In Laborversuchen fraßen *Megacyclops viridis* und *Acanthocyclops vernalis* durchschnittlich 1–2 Larven des 1. und 2. Larvenstadiums von *Ae. vexans* pro Tag (Kögel 1984). Hintz (1951) berichtete, dass *Cyclops* sp. etwa 5 Larven des 1. und 2. Larvenstadiums von *Ae. aegypti* pro Tag erbeutete. Aufgrund ihrer geringen Größe fangen Copepoden hauptsächlich frühe Larvenstadien der Stechmücken und sind daher als Fressfeinde nur effektiv, wenn sie als adulte Hüpferlinge vor dem Schlüpfen der Mückenlarven vorhanden sind. In Asien hat der Einsatz von *Mesocyclops aspericornis* in künstlichen Behältern, Brunnen und wassergefüllten Erdlöchern zu einer Reduktion von über 90 % von *Ae. aegypti* und *Ae. polynesiensis* geführt (Riviere et al. 1987a, b; Kay et al. 1992; Kay und Nam 2005). Ähnliche Ergebnisse wurden von Nam et al. (1998) im Norden Vietnams erzielt, wo Copepoden der Gattung *Mesocyclops* zur Bekämpfung von *Ae. aegypti* durch Beimpfung von Brunnen, großen Zementtanks, Keramikgefäßen und anderen Haushaltsbehältern zum Aufbewahren von Wasser verwendet wurden. In Deutschland laufen Versuche, *Megacyclops viridis* zur Bekämpfung der Asiatischen Tigermücke, *Ae. albopictus*, in Verbindung mit dem Einsatz von Formulierungen auf der Basis von Bti einzusetzen. In Laborversuchen haben die Hüpferlinge 96 % und in Semifreilandversuchen immerhin noch mehr als 65 % der Erstlarven von *Ae. albopictus* abgetötet (Pauly et al. 2022). Versuche zur Massenzucht der Hüpferlinge und zum anschließenden Freilassen in Wasserfässern zeigen vielversprechende Ergebnisse.

Es muss jedoch immer darauf geachtet werden, dass nur heimische Copepoden eingesetzt werden, da es bei Einführung von nichtheimischem Zooplankton zu negativen Auswirkungen auf die Umwelt kommen kann (Walsh et al. 2016). Natürlich muss die Eignung der jeweiligen Copepodenart als Fressfeind vor dem breiten Einsatz untersucht werden (Coelho und Henry 2017).

10.2.2.5 Insekten (Insecta)

Libellen (Odonata)

Die Bedeutung von Libellen (Odonata) als Konsumenten von Stechmücken, sowohl von Entwicklungsstadien als auch von Adulten, ist schon lange bekannt. Sowohl die Nymphen als auch die erwachsenen Tiere fressen Stechmücken (Kögel 1984; Sebastian et al. 1990). Libellennymphen haben in der Regel eine lange Entwicklungszeit und kommen daher hauptsächlich in dauerhaften Gewässern vor. In Fütterungsexperimenten erwiesen sich die Nymphen von Großlibellen (Anisoptera) als äußerst gefräßig. Laut Kögel (1984) verzehrten Nymphen von *Aeshna cyanea* bis zu 100 Stechmückenlarven pro Tag (durchschnittlich 30 Larven pro Tag). Nymphen von Kleinlibellen (*Zygoptera*) wie *Coenagrion puella* sind in der Regel weniger effektive Prädatoren (im Durchschnitt 10 Stechmückenlarven des 3. Stadiums pro Tag). In Reisfeldern in Japan wurden mehr als 200 Libellennymphen pro Quadratmeter nachgewiesen. Solches Massenvorkommen macht die Libellen zu den wichtigsten Prädatoren von Stechmücken in Reisfeldern (Mogi 1978).

Wanzen (Heteroptera)
Die Mehrheit der Wasserwanzen (Nepomorpha) sind gierige Verzehrer von Stechmückenlarven. Es gibt jedoch erhebliche Unterschiede im Fressverhalten verschiedener Wanzenfamilien.

Ruderwanzen (Corixidae): In Fütterungsexperimenten hat eine der häufigsten Corixiden in Mitteleuropa, *Sigara striata*, 2–3 frühe Larvenstadien von *Ae. vexans* pro Tag erbeutet. Die größere, aber seltener vorkommende Art *Corixa punctata* (1 cm) hat ca. 45 Larven pro Tag und *Cymatia coleoptrata* (6 mm) fast 50 frühe Larvenstadien von *Ae. vexans* pro Tag erbeutet (Kögel 1984). Allerdings ist die Bedeutung der Corixidae als Fressfeinde der Stechmücken wegen ihrer meist omnivoren Ernährungsweise eher gering (Washino 1969).

Schwimmwanzen (Naucoridae): Eine der häufigsten Arten in Europa, *Ilyocoris cimicoides*, erwies sich ebenfalls als extrem gefräßig. Die Fressrate von adulten Wanzen betrug durchschnittlich mehr als 20 Mückenlarven pro Tag, und ihre Nymphen verzehrten bis zu 35 Larven von *Ae. vexans* pro Tag (Kögel 1984).

Skorpionswanzen (Nepidae): Der weit verbreitete Wasserskorpion *Nepa cinerea* hat täglich 10–18 Larven des 4. Larvenstadiums von *Ae. vexans* verzehrt (Kögel 1984). Diese Wasserwanze bewohnt den flachen Uferbereich stehender Gewässer, wo sie sicherlich einer der wichtigsten Prädatoren ist. Die Stabwanze, *Ranatra linearis,* konnte auch häufig beim Fressen von Mückenlarven beobachtet werden (Abb. 10.4).

Rückenschwimmer (Notonectidae): Unter den Wasserwanzen sind die Rückenschwimmer als sehr effektive Fressfeinde von Stechmückenlarven vor allem in permanenten und halb-permanenten Gewässern zu nennen (Hinman 1934; Hazelrigg 1975, 1976; Murdoch et al. 1984; Legner 1995). Aus diesem Grund wurden in Kalifornien *Notonecta undulata* und *N. unifasciata* in Massen für den Einsatz in Reisfeldern gezüchtet (Sjogren und Legner 1989). In Experimenten mit *N. glauca* betrug die durchschnittliche Fressrate 25 Drittlarven von *Ae. vexans* (Kögel 1984).

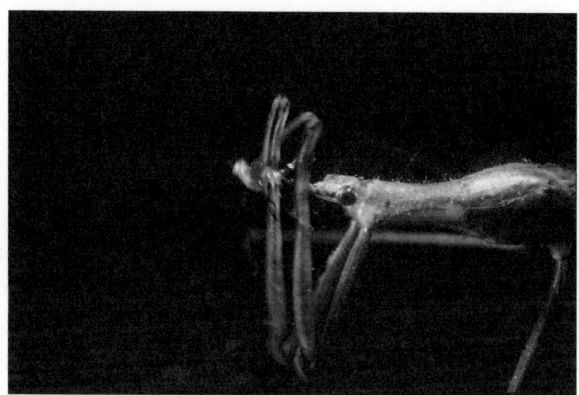

Abb. 10.4 Stabwanze beim Fressen einer Stechmückenlarve

Zwerggrückenschwimmer (Pleidae): Obwohl *Plea leachi* (Größe 2–3 mm) einer der kleinsten Fressfeinde ist, kann er bis zu 20 Stechmückenlarven pro Tag erbeuten (Kögel 1984).

Wasserläufer (Gerridae) und Teichläufer (Hydrometridae): Die Wasser- und Teichläufer leben auf der Wasseroberfläche und ernähren sich hauptsächlich von Insekten, die auf die Wasseroberfläche fallen oder dort schlüpfen. Manchmal kann beobachtet werden, wie *Gerris lacustris* Stechmückenlarven beim Atmen an der Wasseroberfläche ergreift. Während dieses Jagdverhaltens bei den Wasserläufern eher die Ausnahme ist, sind die Teichläufer wie *Hydrometra stagnorum* darauf spezialisiert, Stechmückenlarven oder sogar -puppen aus dem Wasserkörper zu erbeuten. In Laborversuchen fingen Teichläufer etwa 15 Stechmückenlarven pro Tag (Pruthi 1928).

Käfer (Coleoptera)
Die Wasserkäfer zählen aufgrund ihrer Häufigkeit und Vielfalt zu den wichtigsten aquatischen Insektenprädatoren (Baldwin et al. 1955; Trpis 1960; Kühlhorn 1961; Jenkins 1964; James 1966, 1967; Bay 1972; Service 1973; Nelson 1977; Kögel 1984). Ihre Fähigkeit, in großer Zahl in verschiedenen Stechmückenbrutstätten zu leben und sich dort zu vermehren, unterstreicht ihre Bedeutung. Im Folgenden wird ein kurzer Überblick über die Unterschiede zwischen den einzelnen Vertretern der verschiedenen Wasserkäferfamilien als Stechmückenfressfeinde gegeben.

Echte Schwimmkäfer (Dytiscidae): Sie sind die wichtigsten Fressfeinde der Stechmückenentwicklungsstadien unter den Wasserkäfern (Nelson 1977; Becker et al. 2023). Die großen Larven des Gelbrandkäfers (*Dytiscus marginalis*) fressen zwar vorwiegend größere Lebewesen wie Kaulquappen und kleine Fische, seine jungen Larven können jedoch mehr als 100 *Ae. vexans*-Viertlarven pro Tag vertilgen. Unter den mittelgroßen Schwimmkäfern zählen die *Rhantus*-Arten zu den effektivsten Fressfeinden.

In Laborversuchen erbeuteten adulte Tiere von *Rhantus consputus* und *R. suturalis* ca. 40 Dritt- und Viertlarven von *Ae. vexans* (Kögel 1984). Während des Schwimmens können sie ihre Beute gezielt mit ihren Vorderbeinen ergreifen. Nicht nur die Adulten von *Rhantus* spp., sondern auch ihre Larven werden häufig in temporären *Aedes*-Brutstätten gefunden, wo sie hauptsächlich Stechmückenlarven vertilgen. Abhängig vom Larvenstadium verzehren sie bis zu 40 Stechmückenlarven pro Tag. Auch kleinere Dytisciden wie *Coelambus impressopunctatus* oder *Hydroporus palustris* können bis zu 10 *Aedes*-Larven pro Tag verzehren (Kögel 1984). Selbst die sehr kleine Art *Guignotus pusillus* (etwa 2 mm lang) kann zur Reduktion von frisch geschlüpften Stechmückenlarven beitragen.

Taumelkäfer (Gyrinidae): Sie sind aufgrund ihrer Lebensweise an der Wasseroberfläche hauptsächlich räuberische Jäger von *Anopheles*-Larven (Laird 1947; James 1966).

Buckelwasserkäfer (Spercheidae): Während die adulten Exemplare dieser Familie vorwiegend nicht fleischfressend sind, gelten die Larven als effektive Prädatoren mit einer Fressrate von etwa 13 *Ae. vexans*-Larven des 1. und 2. Stadiums pro Tag (Kögel 1984).

Wasserfreunde (Hydrophilidae) Adulte Hydrophiliden ernähren sich bekanntermaßen von Pflanzen; sie sind herbivor. Die Larven einiger Arten ernähren sich jedoch auch räuberisch von Stechmückenlarven und sind daher relativ wichtige Prädatoren der Stechmückenentwicklungsstadien (Nielsen und Nielsen 1953; Hintz 1951). Bemerkenswerterweise können die Larven von *Helochares obscurus* ca. 14 Larven pro Tag erbeuten (Kögel 1984). Von allen im Labor getesteten Käferlarven erwiesen sich die Larven von *Hydrochara caraboides* als die gierigsten. In Laborversuchen verzehrten sie maximal 67 Larven, durchschnittlich 30 *Ae. vexans*-Viertlarven pro Tag. Die Larven werden häufig an der Wasseroberfläche beobachtet, wo sie die Stechmückenlarven beim Atmen an der Wasseroberfläche mit ihren gut entwickelten Mandibeln ergreifen.

Köcherfliegen (Trichoptera): Die Bedeutung der Köcherfliegenlarven als Prädatoren von Stechmücken wird in vielen Veröffentlichungen erwähnt (Martini 1920b; Baldwin et al. 1955; James 1961, 1966; Service 1973a). Sie sind die wichtigsten Prädatoren von Stechmücken, die im Frühjahr in versumpften Wäldern brüten (z. B. *Ae. rusticus*). Die 2–3 cm langen Larven von *Phryganea* sp. und *Limnephilus* sp. wurden oft dabei beobachtet, wie sie Larven dieser Frühjahrsmücken erbeuteten.

Zweiflügler (Diptera): In Europa sind unter den Dipteren besonders carnivore Larven von Büschelmücken (Chaoboridae) als Prädatoren der Stechmücken bekannt. In wärmeren Klimazonen z. B. in Florida treten räuberische Culiciden der Gattung *Toxorhynchites* als Antagonisten von Stechmücken auf (Gerberg und Visser 1978; Trpis 1981; Focks et al. 1982; Lane 1992; Albeny et al. 2011). Die Weibchen dieser carnivoren Stechmücken saugen kein Blut, sondern ernähren sich von Nektar. Sie legen ihre Eier in natürlichen und künstlichen Wasserbehältern ab, wo die räuberischen und kannibalistischen Larven andere Stechmückenlarven fressen. Sie eignen sich daher zur Bekämpfung von in Containern brütenden Stechmücken, wie *Ae. aegypti* und *Ae. albopictus* (Riviere et al., 1987b; Miyagi et al. 1992; Tikasingh 1992). Die Freisetzung von *Toxorhynchites*-Weibchen kann in einem integrierten Bekämpfungsprogramm zu einer signifikanten Reduktion von Stechmücken führen (Focks et al. 1986). Der Vorteil dieses Vorgehens besteht darin, dass die Weibchen von *Toxorhynchites* spp. bei der Suche nach Brutstätten in Lebensräume vordringen können, die für Menschen schwer zu finden und zu behandeln sind. Leider ist der Bekämpfungserfolg in der Regel nicht zufriedenstellend, da *Toxorhynchites*-Weibchen nur wenige Eier produzieren und nicht alle Brutstätten mit Eiern belegen. In Europa, wo *Toxorhynchites*-Arten nicht vorkommen, sind andere Dipteren, wie die Büschelmücken (Chaoboridae), die eng mit Stechmücken verwandt sind, wichtige Prädatoren von Stechmückenlarven.

Die Larven der Büschelmücken liegen horizontal im Wasserkörper und erfassen ihre Beute bei Berührung oder Annäherung mit ihren modifizierten Antennen. In den Brutstätten von *Aedes*-Frühjahrsarten (z. B. *Ae. cantans*) können die Larven von *Mochlonyx culiciformis* erheblich zur Reduktion von Stechmückenlarven beitragen. *Mochlonyx culiciformis* hat ihre Entwicklung an die Entwicklungsbiologie der *Aedes*-Arten weitgehend angepasst, daher kann ihre Larve die Stechmückenbestände erheblich reduzieren, insbesondere wenn die Larven von *Mochlonyx* etwas größer als die der Stechmückenlarven sind.

In Laborversuchen erbeuteten Viertlarven von *M. culiciformis* durchschnittlich 8 Stechmückenzweitlarven oder eine Viertlarve pro Tag (Becker und Ludwig 1983). Ihre Bedeutung als Prädatoren der *Aedes*-Frühjahrsarten ist herausragend angesichts der langen Entwicklungszeit von etwa 2 Monaten und der meist großen Anzahl von *M. culiciformis*-Larven in den typischen Brutgewässern der *Aedes*-Frühjahrsarten (Chodourowski 1968; Becker et al. 2003). In semipermanenten und permanenten Gewässern sind die Larven von *Chaoborus* spp. besonders im Spätsommer effektive Prädatoren. Mit einer durchschnittlichen Fressrate von 4 frühen Stechmückenentwicklungsstadien pro Tag sind sie nicht ganz so gefräßig wie *Mochlonyx culiciformis* (Skierska 1969).

Dipteren, die als Prädatoren erwachsener Stechmücken auftreten können, sind Vertreter der Dolichopodidae, Empididae, Ceratopogonidae und Muscidae (Gattung *Lispe*) (Lamborn 1920; Peterson 1960; Laing und Welch 1963; Service 1965; Clark und Fukuda 1967).

10.3 Parasiten

Parasiten werden in diesem Zusammenhang als vielzellige, wirbellose Tiere definiert, die zumindest eine Phase ihrer Entwicklung innerhalb eines einzigen Wirts abschließen. Die wichtigsten Parasiten von Mücken sind Fadenwürmer (Nematoden) der Familien Mermitidae und Steinernematidae (Petersen 1985; Weiser 1991).

10.3.1 Fadenwürmer (Nematoda)

Vertreter der Steinernematidae, wie *Steinernema* spp. oder *Heterorhabditis* spp., sind effektive Parasiten von im Boden lebenden Larven terrestrischer Insekten und spielen bei der Bekämpfung von Stechmücken keine Rolle (Gaugler und Kaya 1990). Dagegen wurden Mermithiden, wie *Romanomermis*-Arten, als Parasiten von Stechmücken in verschiedenen Teilen der Welt bereits zur biologischen Bekämpfung eingesetzt (Petersen 1985; Rojas et al. 1987; Vladimirova et al. 1990; Platzer 2007; Lacey 2017).

Die Nematodenweibchen legen ihre Eier im Bodensubstrat von Stechmückenbrutstätten ab, wo sie selbst Trockenperioden überleben können. Bei Überflutung und günstigen Umweltbedingungen schlüpfen die jungen Nematodenlarven aus ihren Eiern und dringen als Präparasiten in die Stechmückenlarven ein, indem sie die Cuticula durchstechen. Bei sommerlichen Temperaturen wachsen die Wurmlarven in der Wirtslarve in etwas mehr als 1 Woche zum Postparasiten (1–3 cm lang) heran (bei tiefen Temperaturen dauert es länger). Der Postparasit verlässt den Wirt, indem er sich durch die Larvencuticula bohrt, was zum Tod der Wirtslarve führt (Abb. 10.5). Die Postparasiten reifen im Bodensubstrat des Gewässers bis zur Geschlechtsreife. Nach der Paarung legen die weiblichen Würmer ihre Eier im Bodensubstrat der Gewässer ab, wo sie verbleiben, bis die Mermithidenlarven bei günstigen Bedingungen schlüpfen, an die Gewässeroberfläche schwimmen und dort in eine Larve eines geeigneten Wirts eindringen. In wenigen Fällen sind infizierte Stechmückenlarven in der Lage, sich bis zum adulten Tier zu entwickeln (Blackmore 1994). Auf diese Weise verbreiten allerdings infizierte Stechmücken die Parasiten von Gewässer zu Gewässer.

Mehrere Arten von *Romanomermis* (*R. culicivorax*, *R. iyengari*, *R. nielseni*) sind aufgrund ihres kurzen Lebenszyklus von nur wenigen Wochen und der Möglichkeit der Massenzucht von großem Interesse für die biologische Bekämpfung von Stechmücken (Platzer 2007; Sanad et al. 2013).

In Massenzuchtanlagen legen die Weibchen von *R. culicivorax* ihre Eier in feuchtem Sandsubstrat ab, das in den 1970er-Jahren kommerziell zur Inokulation von Mückenbrutstätten vertrieben wurde (Petersen 1980). Leider gab es Schwierigkeiten beim Transport und bei der Entwicklung der Parasiten in den neuen Brutgewässern mit unterschiedlichen Umweltbedingungen.

Abb. 10.5 Postparasit von *Romanomermis culicivorax* in einer Larve von *Aedes vexans* und beim Durchbohren der Larvencuticula. (Bild: B. Spreier)

Allerdings berichten Pérez-Pacheco et al. (2009) von guten Kontrollergebnissen mit *R. culicivorax* bei *An. albimanus* und *Cx. nigripalpus* in natürlichen Habitaten in Mexiko. *R. iyengari*, heimisch in Indien, hat ebenfalls die Fähigkeit, sich in Mückenhabitaten zu etablieren (Gajanana et al. 1978; Santamarina 1994; Paily und Balaraman 2000; Chandhiron und Paily 2015).

10.4 Pathogene

Makroorganismen wie Fische werden seit Jahrzehnten zur Bekämpfung von Stechmücken eingesetzt. Fische und andere Prädatoren sowie Nematoden haben jedoch spezifische ökologische Anforderungen an ihren Lebensraum und können nur dort eingesetzt werden, wo ihre bevorzugten

Lebensbedingungen erfüllt sind. Die Massenzucht und Freisetzung von Prädatoren oder Parasiten sind oft teuer oder sogar unmöglich. Dies begrenzt ihren großflächigen Einsatz in einer Reihe von spezifischen Lebensräumen. Aus diesem Grund wurde besonderes Augenmerk auf die Suche nach mikrobiellen Bekämpfungsmitteln gelegt (Davidson 2012).

In den letzten Jahrzehnten haben internationale Anstrengungen zur Entdeckung einer großen Vielfalt von Pathogenen geführt, einschließlich entomopathogener Pilze, Protozoen, Bakterien und Viren (Chapman et al. 1972; Weiser 1991; Davidson und Becker 1996; Becnel 2006; Davidson 2012; Lacey et al. 2015; Lacey 2017).

10.4.1 Pilze (Fungi)

Die niederen Pilze, die am häufigsten Insekten infizieren, gehören zu 3 Hauptgruppen: den Entomophthoromycota, den Blastocladiomycota und den Microsporidia (die früher als Protozoen angesehen wurden) (Humber 2008; Boomsma et al. 2014; Lacey 2017).

Innerhalb der höheren Pilze gehört die Mehrheit der entomopathogenen Pilze zur Ordnung Hypocreales (Phylum Ascomycota). Aber auch der Oomycet *Lagenidium giganteum* (Lagenidiales) wurde erfolgreich gegen Stechmücken getestet (Kerwin 2007).

Das Phylum Blastocladiomycota enthält die Dipterenpathogenen Gattungen *Coelomomyces* und *Coelomycidium*. Etwa 30 Arten von *Coelomomyces* (Ordnung Blastocladiales) konnten als Pathogene in mehr als 50 Stechmückenarten gefunden werden. Zunächst war es schwierig, Mückenlarven im Labor zu infizieren. Erst als Whisler et al. (1974) nachwiesen, dass es einen komplexen Wirtswechsel gibt, an dem sowohl Copepoden als auch Mückenlarven beteiligt sind (Abb. 10.6 und 10.7), war eine erfolgreiche Infektion möglich. Nach der Infektion bildet sich ein Myzel im Inneren der Mückenlarve. Gelbliche bis bräunliche Sporangien bilden sich an den Spitzen der Hyphen, in denen sich haploide Zoosporen entwickeln.

Sobald die Zoosporen freigesetzt sind, infizieren sie Copepoden wie *Acanthocyclops vernalis*, in denen der Pilz einen Heterothallus bildet, der Isogameten produziert (Abb. 10.6). Durch Verschmelzung der Isogameten entsteht eine Zygote mit 2 Flagellen. Nur diese ist infektiös für Stechmückenlarven, indem sie durch die Cuticula in das Larvenhämocoel eindringt. Die anfängliche Hoffnung, einen effektiven Parasiten zur Bekämpfung von Stechmücken entdeckt zu haben, wurde durch diesen komplexen Lebenszyklus und die damit verbundenen Schwierigkeiten bei der Massenproduktion der Pilze zunichte gemacht. Das gilt auch für *Coelomycidium* sp. Der Oomycet *Lagenidium giganteum* (Lagenidiales), der eine asexuelle und eine sexuelle Entwicklungsstufe durchläuft, hat die vielversprechendsten Ergebnisse beim Einsatz gegen Stechmücken gezeigt (Lacey und Undeen 1986; Kerwin und Washino 1988; Kerwin 1992, 2007). Wenn er in ein Stechmückenbrutgewässer eingebracht wird, heften sich die beweglichen Zoosporen an die Larvenhülle, dringen in die Larve ein und bilden ein Pilzmyzel im Larvenhämocoel, was innerhalb von 2–3 Tagen zum Tod der Larve führt. Im Kadaver bilden sich Sporangien, in denen asexuell produzierte Zoosporen gebildet werden. Die Zoosporen werden über Vesikel an der Oberfläche des Larvenkadavers freigesetzt. Es finden mehrere weitere asexuelle Zyklen statt, oder der Pilz durchläuft einen sexuellen Zyklus, der mit der Bildung von Oosporen endet. Diese sind ebenfalls infektiös für Stechmückenlarven und zeichnen sich durch ihre große Persistenz in den Brutgewässern aus (Abb. 10.8).

Nach erfolgreicher Massenzucht von *L. giganteum* in einem künstlichen Medium wurde der Pilz in groß angelegten Feldversuchen freigesetzt (Kerwin und Washino 1988). Dabei wurden hohe Infektionsraten erzielt, wenn große Mengen von Zoosporen ausgebracht wurden. Leider sind Zoosporen kurzlebig und verschwinden aus den Brutgewässern in Abwesenheit von Mückenentwicklungsstadien. Die Lagerung der Zoosporen ist ebenfalls schwierig. Andererseits können die Oosporen in den Brutgewässern persistieren, jedoch keimen sie nur asynchron aus, sodass hohe Dichten an Mückenentwicklungsstadien nur selten durch einen Knock-down-Effekt ausreichend eliminiert werden. Eine Kombination verschiedener biologischer Mittel, die zum einen einen Knock-down- (z. B. Bti) und zum anderen einen Langzeiteffekt (Oosporen von *L. giganteum*) gewährleisten, könnte die Wirksamkeit beider Bekämpfungsstoffe verbessern.

Die Konidien der Entomophthoromycota infizieren hauptsächlich terrestrische Insekten. Nur *Entomophthora culicis* kann Mücken infizieren, wenn sie aus ihrer Puppe schlüpfen (Weiser 1991).

Die Krustenkugelpilzartigen (Hypocreales), wie *Beauveria* sp. und *Metarhizium* sp. (Schlauchpilze), sind nicht wirtsspezifisch und keine primären Pathogene von Dipteren. Ihre Konidien können jedoch adulte Mücken infizieren, z. B. an ihren Ruhe- oder Überwinterungsplätzen. In den letzten Jahren wurden *Beauveria bassiana* und *Metarhizium anisopliae* mit sehr ermutigenden Ergebnissen gegen adulte Malariamücken wie *An. gambiae* s.l. und *An. stephensi* getestet (Scholte et al. 2003, 2004, 2005, 2008). Diese pathogenen Pilze können kostengünstig in Massen produziert werden und sind für Wirbeltiere und die meisten Nichtzielorganismen ungefährlich (Zimmermann, 2007a, b). In Laborstudien reduzierte die Infektion von *An. stephensi* mit *Beauveria bassiana* die Malariaübertragung um 98 % (Blanford et al. 2005). Neben der Mortalität zeigen

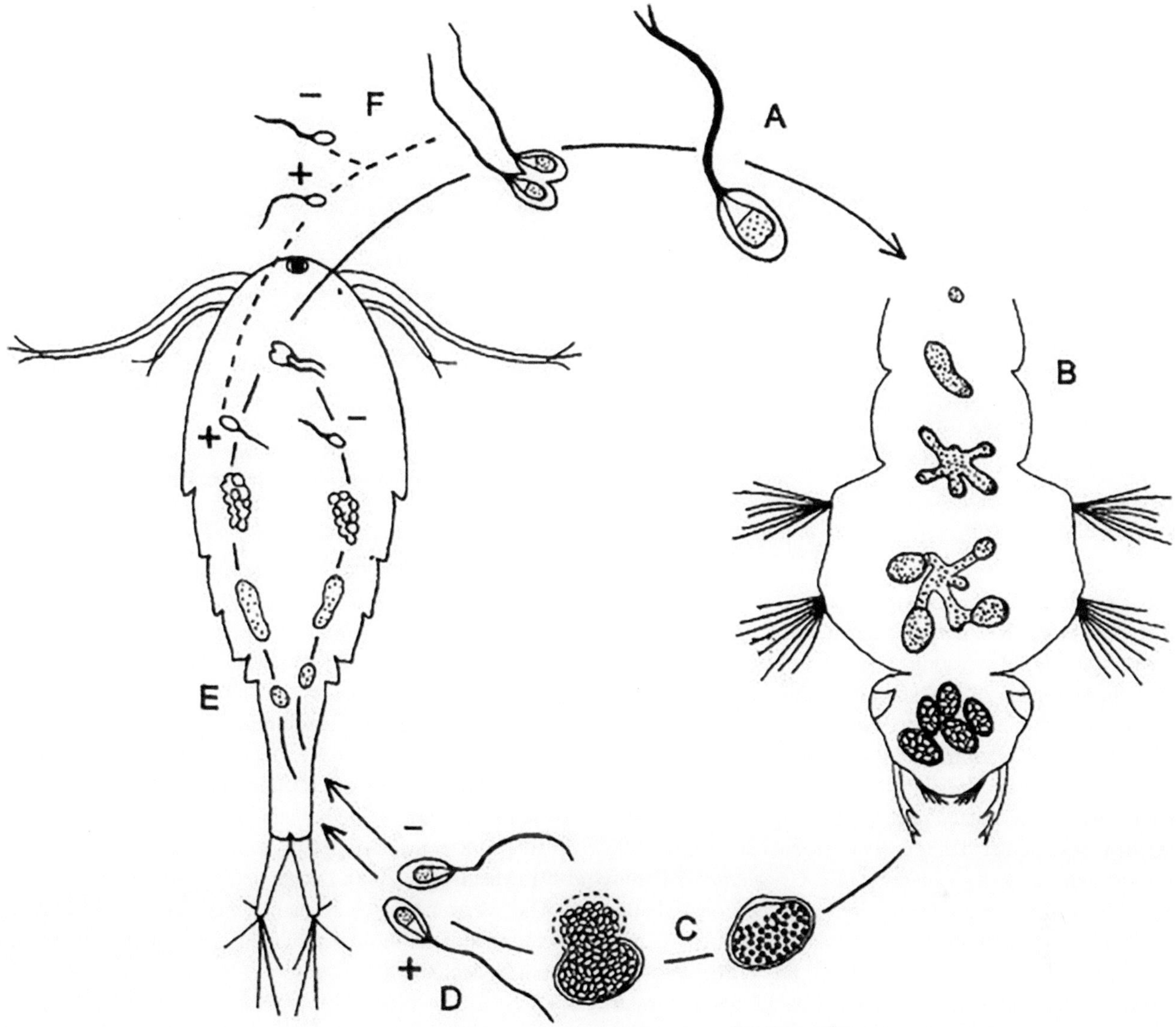

10.4 Pathogene

Abb. 10.6 Lebenszyklus von *Coelomomyces psorophorae*. **a** Zygote infektiös für die Stechmückenlarve. **b** Entwicklung des Myzels und den Sporangien an der Spitze der Hyphen. **c** Austreten der Zoosporen. **d** ±Zoosporen infizieren einen Copepoden. **e** Jede Zoospore entwickelt sich zu einem Thallus, und Gametangien, die Isogameten, werden freigesetzt. +/− Gameten verschmelzen zur Zygote, die eine Stechmückenlarve infizieren kann. (Whisler et al. 1974)

Abb. 10.7 Larve von *Aedes vexans*, die mit *Coelomomyces psorophorae* infiziert ist

überlebende infizierte weibliche Mücken eine reduzierte Aufnahme an Blut und Nektar, wodurch sie eine geringere Fruchtbarkeit und Lebensdauer besitzen (Scholte et al. 2006; Blanford et al. 2011, 2012; Ondiaka et al. 2015).

Ähnliche Ergebnisse wurden mit *M. anisopliae* erzielt (Achonduh und Tondje 2008; Farenhorst et al. 2011; Mnyone et al. 2012). Die infizierten Mücken starben, bevor sie für Menschen infektiös wurden, und somit wurde die Übertragung von *Plasmodium* sp. stark reduziert. In einer Feldstudie wurden schwarze Baumwolltücher mit Konidien von *M. anisopliae* behandelt und in traditionellen Häusern in einem ländlichen tansanischen Dorf aufgehängt, sodass die Mücken mit den Konidien in Berührung kamen. Die Mücken wurden dann 3 Wochen lang in diesen Häu-

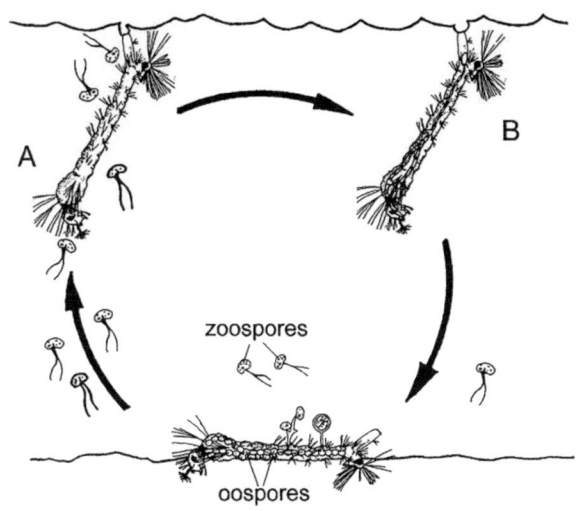

Abb. 10.8 Lebenszyklus von *Lagenidium giganteum*. (Nach Woodring und Davidson 1996)

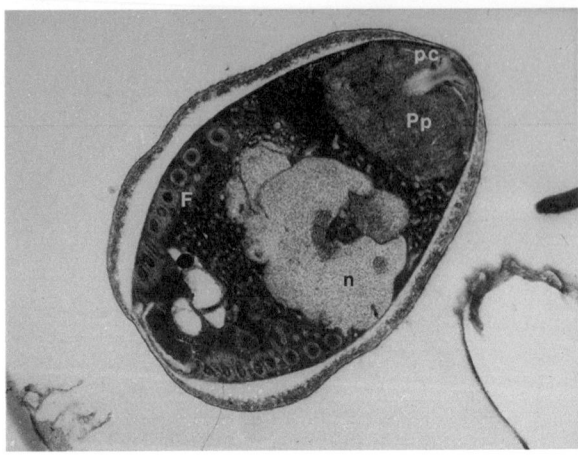

Abb. 10.9 Ultrastruktur einer Mikrosporidien-Spore von *Amblyospora* sp. (F=Polarfilament; Pc=Polarkappe; Pp=Polaroplast; n=Nukleus)

sern gesammelt und auf Langlebigkeit und Pilzinfektionen überprüft. Etwa 23 % der weiblichen *An. gambiae* waren infiziert, was zu einer Verkürzung der Lebensdauer um 4–6 Tage im Vergleich zu Mücken führte, die in unbehandelten Häusern gesammelt wurden. Berechnungen zeigten, dass der Einsatz von pilzinfizierten Tüchern die Anzahl der infektiösen Stiche in Malariagebieten von 1 Stich pro Nacht auf 1 Stich pro 3 Wochen oder noch weniger reduzierte. Abgesehen von seiner Pathogenität gegenüber Vektorstechmücken wie z. B. *An. gambiae* und *Cx. quinquefasciatus* zeigt *M. anisopliae* weitere vielversprechende Eigenschaften wie einfache und kostengünstige Massenproduktion, gute Haltbarkeit der Konidien, Sicherheit für Wirbeltiere und weltweites Vorkommen, was diesen Pilz zu einem attraktiven Organismus für die biologische Bekämpfung der adulten Vektormücken in Subsahara-Afrika macht.

Andere Pilze wie *Tolypocladium* sp. und *Culicinomyces* sp. sind infektiös für Mückenlarven und können auch in künstlichen Medien gezüchtet werden. Wenn die Sporen von *Culicinomyces clavisporus* von Mückenlarven aufgenommen werden, durchdringen sie die Darmwand und vermehren sich im Körper der Larve. Nach dem Tod der Larve sporuliert der Pilz auf der Oberfläche des Kadavers. Eine effektive Verwendung dieses Pilzes in Bekämpfungsprogrammen ist jedoch eher unwahrscheinlich, weil er nicht persistiert oder recycelt und auch nicht gelagert werden kann.

Obwohl die Mikrosporidien sehr gut untersucht sind, können sie nicht im Rahmen der biologischen Bekämpfung von Stechmücken eingesetzt werden. Alle Mikrosporidien entwickeln eine Spore, die im Inneren einen Polarfaden enthält, der im Darm des Wirts ausgeschleudert wird, durch den der infektiöse Zellkern in den Wirt eindringt (Abb. 10.9). Larven, die mit Mikrosporidien infiziert sind, können sogar im Feld anhand ihrer milchig-weißen Farbe leicht erkannt werden. Trotz des großen wissenschaftlichen Interesses an dieser Gruppe von Parasiten ist es bisher niemandem gelungen, sie für die biologische Bekämpfung von Stechmücken zu verwenden. Dies liegt hauptsächlich an ihrem komplexen Lebenszyklus, der eine Massenproduktion schwierig macht, sowie ihrer häufig geringen Pathogenität und Persistenz (Andreadis 1985; Sweeney et al. 1985; Sweeney und Becnel 1991; Miceli et al. 2000; Becnel und Johnson 2000).

Die Verwendung von pathogenen Pilzen gewinnt jedoch zunehmend in dem Maße an Bedeutung, wie die Anwendungstechniken verbessert werden. Ein gutes Beispiel ist die in2care®-Mückenfalle, die Sporen von *Beauveria bassiana* sowie Wachstumshormone auf Gaze enthält (Knols et al. 2016). Die in2care®-Mückenfalle aus schwarzem Polyethylen lockt trächtige (gravide) *Aedes*-Weibchen (Stegomyia) durch das Wasser im Inneren der Falle an, das einen attraktiven Brutplatz simuliert. Wenn das trächtige Weibchen die Falle fliegt, landet es auf einem Schwimmkörper mit einem Gazestreifen, der einen Wachstumsregulator enthält. Dieser tötet nicht nur die in der Falle schlüpfenden Mückenlarven ab, sondern die ausfliegenden Weibchen werden mit Wachstumshormonen kontaminiert und übertragen diese bei erneuten Eiablageversuchen auf nahe gelegene Brutplätze. Zusätzlich infizieren sich die Mückenweibchen mit Sporen von *B. bassiana* auf der Gaze, sodass sie etwa nach einer Woche an der Infektion versterben. Dadurch wird die Langlebigkeit und Fruchtbarkeit der Mücke verringert, was auch die Vektorkapazität einer möglichen Vektormücke reduziert (Blanford et al. 2011, 2012; Ondiaka et al. 2015; Buckner et al. 2017).

10.4.2 Bakterien

Bakterien bzw. deren Toxine zur Stechmückenbekämpfung sind seit den frühen 1960er-Jahren bekannt, als die ersten Stämme von *Bacillus sphaericus* (jetzt *Lysinibacillus sphaericus*) mit larvizider Aktivität entdeckt wurden (Kellen und Meyers 1964). Diese Stämme waren jedoch für eine kommerzielle Entwicklung nicht ausreichend wirksam. Die Entdeckung des grampositiven, endosporenbildenden Bodenbakteriums *Bacillus thuringiensis* ssp. *israelensis* (Bti) durch Yoel Margalit in der Negev-Wüste Israels im Jahr 1976 (Goldberg und Margalit 1977) und potenter Stämme von *L. sphaericus* (Ls) haben ein neues Kapitel in der Bekämpfung von Stechmücken und Kriebelmücken eingeläutet (Singer 1973; Weiser 1984; Krieg 1986; Becker und Margalit 1993; Lacey und Merritt 2003; Lacey 2007, 2017; Davidson 2012; Siegel 2012). Die neu entdeckte Subspezies *israelensis* von Bt ist nur für Mückenlarven toxisch, wobei Stechmücken- und Kriebelmückenlarven besonders empfindlich, während andere Mückenlarven meist weniger empfindlich sind (Becker und Margalit 1993; Lacey und Merritt 2003; Siegel 2012).

Neue Isolate bzw. Stämme von Ls, wie der Stamm 2362, der aus einer adulten Kriebelmücke in Nigeria isoliert wurde (Weiser 1984), und der Stamm 2297, der in Sri Lanka isoliert wurde (Wickramasinghe und Mendis 1980), sind wesentlich wirksamer als die ersten Ls-Isolate und besonders aktiv gegen Larven von *Culex*- und *Anopheles*-Arten wie *An. gambiae* (Ragoonanansingh et al. 1992; Fillinger et al. 2003; Majambere et al. 2007). Die enorme Wirksamkeit gegen Zielorganismen, die leichte Handhabung und die Umweltverträglichkeit waren die wichtigsten Faktoren für die schnelle Registrierung und Kommerzialisierung dieser Bakterienprodukte.

Es wurden darüber hinaus noch weitere neue Pathogene für die Mückenbekämpfung isoliert und identifiziert, die einen anderen Wirtsbereich und eine andere Wirksamkeit als die bereits kommerziell verwendeten Stämme aufweisen (Park et al. 2007; Su 2017). Das Bakterium *Saccharopolyspora spinosa* wurde 1982 aus dem Sediment einer Rumbrennerei auf einer karibischen Insel isoliert (Mertz und Yao 1990). Während der Fermentation produziert dieses Bakterium den Wirkstoff Spinosad, mit dem man eine breite Palette von Insektenschädlingen bekämpfen kann. Obwohl dieses Bioinsektizid eine breite Wirksamkeit gegen viele Gliederfüßer (Arthropoden) aufweist, besitzt Spinosad ein günstiges Profil bezüglich der Säugetiertoxizität (Thompson et al. 1997; Sparks et al. 1998; Salgado 1998; De Deken et al. 2004; Romi et al. 2006; Hertlein et al. 2010; Lawler 2017). In Feldversuchen in Mexiko hat sich Spinosad als äußerst wirksam gegen *Ae. aegypti*, *Ae. albopictus* und heimische *Anopheles*-Arten erwiesen (Marina et al. 2011, 2012, 2014, 2018).

10.4.2.1 *Bacillus thuringiensis israelensis* (Bti)

Wegen der besonderen Eigenschaften dieses Bakteriums finden besonders Formulierungen auf der Basis von *Bacillus thuringiensis israelensis* eine breite Anwendung in der Stechmücken- und Kriebelmückenbekämpfung.

Dieser Bazillus produziert während der Sporulation Eiweiße (sogenannte Endotoxine), die in einem parasporalen Körper (PSB), dem Proteinkristall, konzentriert vorliegen (Ibarra und Federici 1986; Federici et al. 1990; Li und Ellar 1991) (Abb. 10.10). Basierend auf der Serotypisierung des H-Flagellen-Antigens in vegetativen Zellen wurde der Bazillus als *B. thuringiensis* H-14 bezeichnet (de Barjac und Bonnefoi 1968). In den letzten Jahren wurden die Benennung und Klassifizierung nach Proteinsequenzähnlichkeit unter Verwendung von Ganzgenomsequenzierung verwendet (Crickmore et al. 2015).

Nach einer Kaskade von Aktivierungsschritten werden diese Proteine im Darm der Mückenlarven, insbesondere bei Stechmücken- und Kriebelmückenlarven, zum tödlichen Wirkstoff. Die selektive Wirksamkeit der Eiweißtoxine des Bazillus leitet sich aus einer Vielzahl von Faktoren ab. Der Zielorganismus muss den Proteinkristall (inaktives Protoxin) aufnehmen, was von seiner Art der Nahrungsaufnahme abhängig ist. Meist wird der Eiweißkristall von filtrierenden Larven aufgenommen. Zudem muss der Zielorganismus ein alkalisches Milieu des Mitteldarms besitzen (pH > 10), um das Protoxin zu lösen. Weiterhin sind geeignete Proteasen erforderlich, um das Protoxin in biologisch aktive Toxine umzuwandeln. Außerdem muss der Organismus Oberflächenrezeptoren (z. B. Glykoproteine) auf dem Mikrovillisaum der Mitteldarmepithelzellen besitzen, an die die Toxine binden können (Beltrao und Silva-Filha 2007). Dies führt zur Bildung von Poren in den Mitteldarmepithelzellen und stört die osmoregulatorischen Mechanismen der Zellmembran, wodurch Wasser in die Zelle eindringt, die Mitteldarmzellen anschwellen und platzen (Abb. 10.11).

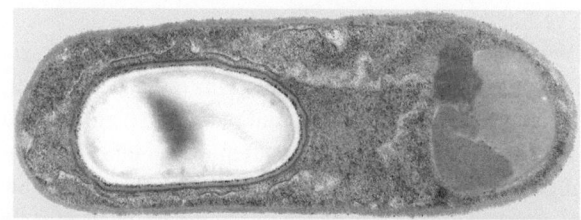

Abb. 10.10 *B. thuringiensis israelensis* mit Spore und dem parasporalen Körper (Eiweißkristall)

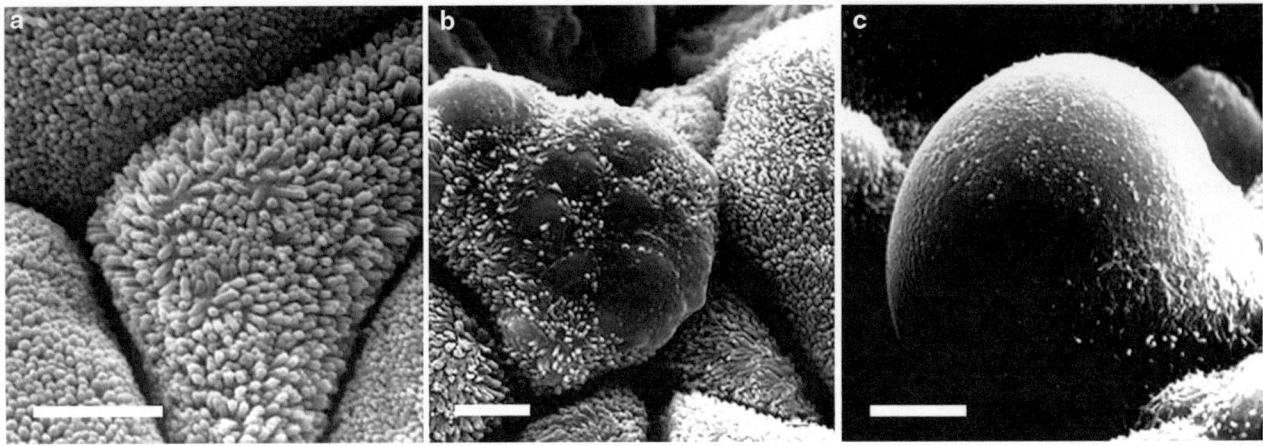

Abb. 10.11 a Mitteldarmepithel einer gesunden *Ae. aegypti*-Larve. b 30 min nach Aufnahme der Bti-Proteinkristalle: Anschwellen der Mitteldarmzelle und Reduktion der Mikrovilli. c 1 h nach Aufnahme der Eiweißkristalle ist die Darmzelle kurz vor dem Platzen. (Aufnahmen: J.-F. Charles; Institut Pasteur, Paris)

Die Masse der Nichtzielorganismen aktiviert das Protoxin nicht zu aktiven Toxinen, weil sie ein saures Darmmilieu besitzen, oder sie bleiben aufgrund des Fehlens spezifischer Rezeptoren an ihren Darmzellen unbeschadet. Die insektizide Wirkung des Bti-Stamms AM65-52 stammt vom parasporalen Körper (PSB), der 4 Haupttoxine unterschiedlicher Molekulargewichte enthält, die als Cry4Aa (125 kDa), Cry4Ba (135 kDa), Cry10Aa (58 kDa) und Cry11Aa (68 kDa) bezeichnet werden. Diese Toxine binden an spezifische Glykoproteinrezeptoren an dem Mikrovillisaum des Larvendarms. Varianten des 5. Toxins, das CytAa oder Cyt2Ba-Protein (27 kDa), binden an Lipide und zeigen nicht den spezifischen Bindungsmechanismus, den die Cry-Proteine aufweisen (Höfte und Whiteley 1989; Federici et al. 1990; Priest 1992; Delecluse et al. 2003; Wirth et al. 2005; Bravo et al. 2007).

Die Protoxinstruktur besteht aus 3 Domänen (Abb. 10.12). Die 1. Domäne besteht aus einem Bündel von 7 Alpha-Helices, die in die Zellmembran des Mückendarms integriert werden und Poren bilden, durch die Ionen in das Innere der Zelle eindringen können. Die 2. Domäne enthält Proteinstrukturen, die an die Rezeptoren im Darm binden. Die 3. Domäne enthält Proteinstrukturen, die offensichtlich eine weitere Spaltung des aktiven Toxins durch Darmproteasen verhindern.

Weder die Sporen noch die lebenden Bakterien sind bei der insektiziden Wirkung beteiligt; diese beruht lediglich auf den Eiweißtoxinen (Alam et al. 2008; Adang et al. 2014). Die toxischen Eigenschaften jedes einzelnen, gereinigten Proteins des PSB wurden in zahlreichen Studien ermittelt. Alle Tests haben gezeigt, dass jedes einzelne Proteintoxin zwar für Stechmücken toxisch ist, aber keines annähernd so toxisch ist wie der intakte PSB, der alle Toxine enthält (Chilcott und Ellar 1988).

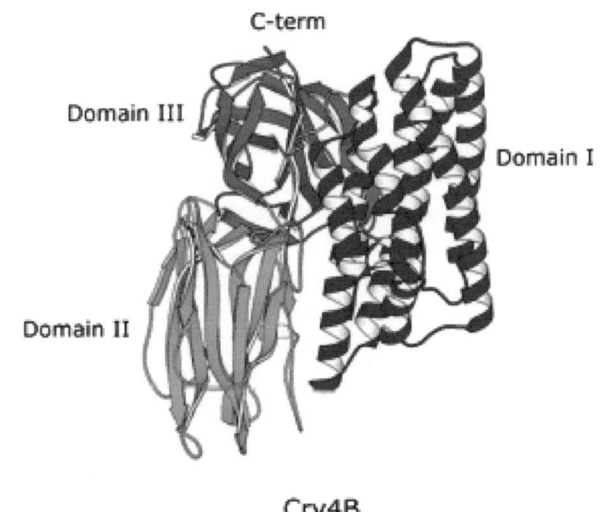

Abb. 10.12 Bti-Toxin-(Cry4B-)Struktur. (Aufnahme: Chanan Angsuthanasomat, Mahihol University, Bangkok, Thailand)

Die hohe Toxizität des PSB resultiert aus der synergistischen Interaktion des 25-kDa-Proteins (abgespalten vom 27-kDa-Protein, CytA) mit einem oder mehreren der höher molekularen Proteine. Es wird vermutet, dass der Synergismus im Wirkmechanismus unter den Proteinen die Wahrscheinlichkeit von Resistenz erheblich reduziert. Die hohe Toxizität des PSB gegenüber einer Vielzahl von Stechmücken- und Kriebelmückenarten ist die bemerkenswerteste Eigenschaft von Bti. Neben den Stechmücken- und Kriebelmückenlarven können meist nur bei höheren Dosierungen andere Vertreter von Mückenfamilien getroffen werden. Neben Mückenlarven werden keine anderen Tiere oder Pflanzen, natürlich auch nicht der Mensch, durch Bti geschädigt (Lüthy und Wolfersberger 2000; Siegel 2001).

In Studien konnte gezeigt werden, dass Plasmide mit einem Molekulargewicht von 60–94 MDa eine wesentliche Rolle bei der Produktion des Kristalltoxins spielen (Bourgouin et al. 1986). Die einzelnen Toxingene wurden charakterisiert und geklont, sodass sich auch die Möglichkeit ergibt, verschiedene Toxingene in Wirtsorganismen zu klonen und so gegebenenfalls die larvizide Wirkung zu erhöhen.

10.4.2.2 *Lysinibacillus sphaericus* (Ls)

Zusätzlich zu Bti ist in den letzten Jahren *Lysinibacillus sphaericus* (Ls), früher als *Bacillus sphaericus* bekannt, immer wichtiger geworden (Ahmed et al. 2007; Lacey 2007, 2017). Das hohe Potenzial von Ls als biologischer Wirkstoff gegen Stechmücken liegt in seinem Wirtsspektrum und seiner Fähigkeit, unter bestimmten Bedingungen in der Natur zu persistieren und zu recyclen, wodurch eine langfristige Kontrolle der Zielorganismen erreicht werden kann (Hertlein et al. 1979; Mulligan et al. 1980; Lacey 1990; Ludwig et al. 1994; Silva-Filha et al. 2001). Dies verlängert den Zeitraum zwischen Nachbehandlungen und reduziert die Personalkosten. Seine Wirksamkeit, vor allem gegen *Culex*-Arten sowie *An. gambiae*, eröffnet die Möglichkeit einer erfolgreichen und kosteneffektiven Bekämpfung. Besonders *Cx. pipiens* s.l., der Vektor von West-Nil-Viren, und *Cx. quinquefasciatus*, der wichtigste Vektor der lymphatischen Filariose, deren Entwicklungsstadien meist in stark verschmutzten Gewässern in städtischen Gebieten zu finden sind, können gezielt bekämpft werden. Charakteristisch für Ls ist seine runde Spore, die terminal in einer geschwollenen Bakterienzelle liegt (Abb. 10.13).

Im Vergleich zu Bti haben die Toxine von Ls ein noch engeres Wirkspektrum und wirken hauptsächlich bei Stechmückenlarven sowie, in höheren Dosierungen, gegen Larven von Schmetterlingsmücken (Psychodidae). Bestimmte Stechmückenarten wie *Cx. quinquefasciatus* und *An. gambiae* sind besonders empfindlich, während *Ae. aegypti* deutlich weniger empfindlich ist. Kriebelmückenlarven sowie Larven anderer Insekten, Säugetiere und Pflanzen werden durch Ls nicht beeinträchtigt. Ein attraktives Merkmal von Ls ist sein Vermögen, unter bestimmten Feldbedingungen zu persistieren und zu recyceln. Geeignete Formulierungen haben gerade in stark organisch belasteten Brutgewässern von *Culex pipiens* und *Cx. quinquefasciatus* eine verlängerte Wirkdauer gezeigt (Hertlein et al. 1979; Nicolas et al. 1987; Davidson und Yousten 1990; Des Rochers und Garcia 1984; Lacey 1990, 2007; Becker et al. 1995; Su 2008). Die Wirkung von Ls basiert auf 2 verschiedenen Toxinarten: dem parasporalen Proteinkristall, der die binären Toxine (Bin) enthält, und den für Stechmücken toxischen Mtx-Toxinen (Mtx1: 100 kDa; Mtx2: 31 kDa; Mtx3: 36 kDa), die bei mehreren Ls-Stämmen als lösliche Proteine während der vegetativen Phase des Bazilluswachstums produziert werden (Carpusca et al. 2006). Der parasporale Proteinkristall, Teil eines umhüllten Sporenkristallkomplexes, besteht aus 2 Proteinen mit unterschiedlichen Molekulargewichten: einem 42-kDa Toxin (BinA) und einem 51-kDa Protein (BinB), das die Bindungsdomäne darstellt. Beide Proteine sind für eine hohe Wirkung gegen Stechmücken erforderlich und kristallisieren während der Sporulation (Broadwell et al. 1990; Baumann et al. 1991; Berry et al. 1991; Priest 1992; Davidson und Becker 1996; Glare et al. 2017). Die Mtx-Toxine bilden keine Kristalle und werden während der vegetativen Phase gebildet, aber auch schnell abgebaut (Park et al. 2007, 2010). Der Wirkmechanismus und die Rezeptorbindung sind ähnlich wie bei Bti (Davidson 1988; Davidson und Youston 1990; Charles und Nielsen-LeRoux 1996; Charles und Nielsen-LeRoux 2000; Silva-Filha et al. 2014; Glare et al. 2017). Die Bindung von BinA/BinB an Rezeptoren führt zur Bildung von Poren in der mit Mikrovilli bedeckten Mitteldarmmembran (Silva-Filha et al. 1999; Glare et al. 2017).

10.4.2.3 Praktische Aspekte bei der Anwendung der mikrobiellen Formulierungen

Diese beiden mikrobiellen Agenzien wurden schnell mit Unterstützung von Industrie, Universitäten und nationalen sowie internationalen Organisationen, wie der Weltgesundheitsorganisation (WHO), bis zur Praxisreife entwickelt. Die Abteilung zur Bewertung von Pestiziden der WHO (WHOPES), die die Prüfung und Bewertung von Pestiziden für öffentliche Gesundheitsprogramme durchführt, hat beide Agenzien als sichere und effiziente Insektizide für öffentliche Gesundheitsprogramme bewertet (WHO 1999; WHO/CDS/WHOPES/2004a, b, c). Nach umfangreichen Sicherheitstests und Umweltverträglichkeitsstudien wurden die Bakterienpräparate schnell in der Praxis eingesetzt. Diese schnelle Anwendung wurde durch eine Reihe nützlicher Eigenschaften der Bakterienpräparate ermöglicht, wie z. B. vergleichsweise einfache Massenproduktion, hohe Effizienz, Umweltverträglichkeit, einfache Handhabung, Stabilität bei sachgemäßer Lagerung, Kosteneffektivität und besondere Eignung für ein integriertes Mückenbekämpfungsmanagement (IMM) auf kommunaler Basis mit Beteiligung der Gemeinden (Becker 1992,

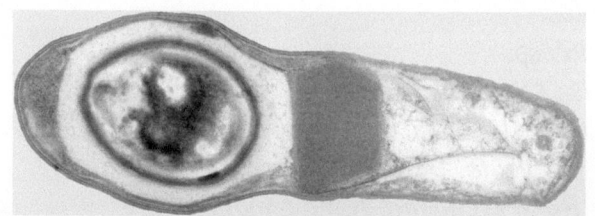

Abb. 10.13 *L. sphaericus* mit runder Spore und Eiweißkristall (rechts der Spore)

1997). Darüber hinaus sind die Kosten für die Entwicklung und Zulassung dieser Mittel wesentlich geringer als die für ein konventionelles chemisches Insektizid. Zudem ist das Risiko der Resistenzentwicklung, insbesondere bei Verwendung von Bti, wesentlich geringer als bei Verwendung konventioneller Insektizide (Becker et al. 2018).

Umweltverträglichkeit
Die außergewöhnliche Umweltverträglichkeit von Bakterienpräparaten wurde in zahlreichen Labor- und Feldtests bestätigt. Die US-amerikanische Umweltschutzbehörde (USEPA) stuft das Risiko, das von Bt-Stämmen für Nichtzielorganismen ausgeht, als minimal bis nicht vorhanden ein und genehmigte die Verwendung von Bti bereits im Jahr 1981. Bei Sicherheitstests an repräsentativen aquatischen Organismen wurde gezeigt, dass neben Pflanzen und Säugetieren auch keine der getesteten Taxa wie Cnidaria, Turbellaria, Rotatoria, Mollusca, Annelida, Acari, Crustacea, Ephemeroptera, Odonata, Heteroptera, Coleoptera, Trichoptera, Pisces und Amphibia beeinträchtigt wurden, obwohl sie im Wasser hohen Dosierungen der bakteriellen Präparate ausgesetzt waren (Abb. 10.14) (Becker und Margalit 1993; Boisvert und Boisvert 2000; Lacey und Merritt 2003; Lacey 2017).

Taxa	Dosierung (ppm)	Species
Cnidaria	100	*Hydra* sp.
Turbellaria	180	*Dugesia tigrina, Bothromesostoma personatum*
Rotatoria	100	*Brachionus calciflorus*
Mollusca	180	*Physa acuta, Aplexa hypnorum, Galba palustris, Anisus leucostomus, Bathyomphalus contortus, Hippeutis complanatus, Pisidium* sp.
Annelida	180	*Tubifex* sp., *Helobdella stagnalis*
Acari	180	*Hydrachnella* sp.
Crustacea	180	*Chirocephalus grubei, Daphnia pulex, Daphnia magna, Ostracoda, Cyclops strenuus, Gammarus pulex, Asellus aquaticus, Orconectes limosus*
Ephemeroptera	180	*Cloëon dipterum*
Odonata	180	*Ischnura elegans, Sympetrum striolatum, Orthetrum brunneum*
Heteroptera	180	*Micronecta meridionalis, Sigara striata, Sigara lateralis, Plea leachi, Notonecta glauca, Ilyocoris cimicoides, Anisops varia*
Coleoptera	180	*Hyphydrus ovatus, Guignotus pusillus, Coelambus impressopunctatus, Hygrotus inaequalis, Hydroporus palustris, Ilybius fuliginosus, Rhantus pulverosus, Rhantus consputus, Hydrobius fuscipes, Anacaena globulus, Hydrophilus caraboides, Berosus signaticollis*
Trichoptera	180	*Limnophilus* sp.
Pisces	180	*Esox lucius, Cyprinus carpio, Perca fluviatilis*
Amphibia (Larven)	180	*Triturus alpestris, Triturus vulgaris, Triturus cristatus, Bombina variegata, Bufo bufo, Bufo viridis, Bufo calamita, Rana esculenta, Rana temporaria*

Abb. 10.14 Organismengruppen, auf die Bti nicht toxisch wirkt

10.4 Pathogene

Selbst innerhalb der 2-flügligen Insekten (Dipteren) ist die Toxizität von Bti lediglich auf Stechmücken und einige andere Mückenfamilien (Nematoceren) beschränkt (Colbo und Undeen 1980; Miura et al. 1980; Ali 1981; Garcia et al. 1981; Molloy und Jamnback 1981; Margalit und Dean 1985; Mulla et al. 1982; WHO/IPCS 1999; Lacey und Merritt 2003; Lacey 2017). Neben den Stechmücken- und Kriebelmücken-Larven sind nur die Larven der Tastermücken (Dixidae), Schmetterlingsmücken (Psychodidae), Zuckmücken (Chironomidae), Trauermücken (Sciaridae) und Schnaken (Tipulidae) unterschiedlich, jedoch meist weniger empfindlich für Bti als Stechmücken-und Kriebelmückenlarven. (Abb. 10.15).

Im Gegensatz zu Bti sind die Toxine von Ls nur für eine viel engere Gruppe von Mückenarten toxisch. Kriebelmückenlarven sowie andere Insekten (mit Ausnahme von Psychodidae), Säugetiere und andere Nichtzielorganismen werden von Ls-Präparaten nicht beeinträchtigt. Toxikologische Tests wurden an verschiedenen Säugetieren durchgeführt. Bti erwies sich bei allen Tests selbst bei hohen Dosen von 10^8 Bakterien pro Tier als unschädlich (WHO 1999). Ein weiterer wichtiger Aspekt ist das weit verbreitete Vorkommen beider Bakterien im Boden. Sie sind natürliche Bestandteile des Bodenbioms und keine künstlich hergestellten Produkte, bei denen nach der Anwendung toxische Rückstände verbleiben können (Becker und Lüthy 2017).

Handhabung

Für die Anwendung von bakteriellen Präparaten wird kein spezielles Gerät benötigt. Im Allgemeinen sind einfache Rückenspritzen oder Handspritzen für das Ausbringen von flüssigen Formulierungen (Suspensionen) in den Brutgewässern ausreichend. Auch Standardvernebelungsgeräte können verwendet werden. Bei dichtem Bewuchs oder sehr weitläufigen Brutgebieten sollte jedoch die Ausbringung von Granulaten aus der Luft mit Hubschraubern oder Drohnen bevorzugt werden. Die Sicherheitsvorkehrungen sind im Vergleich zur Verwendung giftiger chemischer Mittel minimal. Trotzdem müssen die Sicherheitsdatenblätter der verschiedenen Produkte und die lokalen Vorschriften berücksichtigt werden. Aufgrund der schnellen Wirkung und des hohen Wirkungsgrads kann der Erfolg der Behandlung in der Regel innerhalb von 1 oder 2 Tagen nach der Anwendung ermittelt werden.

Kosteneffizienz

Die Anwendung von Präparaten auf Basis von Bti und Ls ist kosteneffektiv, da sie gezielt gegen Stechmückenlarven eingesetzt werden, die konzentriert in ihren Brutgewässern vorkommen. Dadurch muss nur ein begrenztes Areal behandelt werden. Zum Beispiel hat im Oberrheingebiet die Kommunale Aktionsgemeinschaft zur Bekämpfung der Schnakenplage (KABS) erfolgreich gravierende Stechmückenplagen bekämpft, insbesondere durch den Einsatz von Bti-Formulierungen in einem Einzugsgebiet von über 600 km² mit etwa 100 km² tatsächlichen Brutstätten. Das jährliche Budget beträgt etwa 4 Mio. €, wobei über 3 Mio. Bewohner in der Region vor erheblichen Beeinträchtigungen durch Stechmücken geschützt werden. Eine Kosten-Nutzen-Analyse ergab, dass der Nutzen etwa 4-mal höher als die Kosten ist, die pro Person und Jahr etwa 1,5 € betragen (Hirsch et al. 2009). Nicht in monetären Begriffen ausgedrückte Faktoren wie das Wohlbefinden der Menschen und Umweltaspekte sind in dieser Analyse nicht enthalten. Ähnliche Ergebnisse ergaben sich aus Kostenanalysen eines integrierten Malariabekämpfungsprogramms mit Bti in Nouna, wo die durchschnittlichen jährlichen Kosten pro Person für die Bekämpfung der Brutstätten von *An. gambiae* s.s. mit 1,05 US$ berechnet wurden (Dambach et al. 2016a). Worrall und Fillinger (2011) erzielten in Dar es Sallam vergleichbare Ergebnisse.

Resistenz

Die Entwicklung von Resistenz gegen chemische Insektizide ist ein ernsthaftes Problem. Bakterielle Präparate auf Basis von Bti scheinen jedoch weit weniger anfällig für

Familie/Arten	Dosierung (ppm)	Mortalität (%)
Simuliidae		
Simulium damnosum s.l.	0,4	100
Culicidae		
Aedes spp.	0,2	100
Dixidae		
Dixa spp.	2	100
Chaoboridae		
Chaoborus spp.	180	kein Effekt
Psychodidae		
Psychoda alternata	1	100
Sciaridae		
Bradysia sp.	3	90
Chironomidae		
Chironomus spp.	1,8	90
Xenopelopia sp.	4	50
Tipulidae		
Tipula spp.	30	50
Ceratopogonidae	180	kein Effekt
Syrphidae		
Tubifera sp.	180	kein Effekt

Abb. 10.15 Larven verschiedener Mückenfamilien, die unterschiedlich auf Bti reagieren

Resistenzphänomene zu sein, da ihr Wirkungsmechanismus durch das synergistische Zusammenwirken verschiedener Toxine sehr komplex ist (Davidson 1990; Wirth et al. 2005). Dies wird auch dadurch unterstrichen, dass es gegenüber den schmetterlingsspezifischen Bt-kurstaki-Präparaten und auch gegen Ls-Präparate, die weniger komplex zusammengesetzte Toxinkristalle besitzen, Resistenzerscheinungen geben kann (McGaughey 1985; Tabashnik et al. 1990). Es wird angenommen, dass Veränderungen in den Bt-Toxinrezeptoren zur Resistenzbildung führen können (Glare et al. 2017). Ähnliches gilt für die Resistenz gegen Ls, wo Resistenzphänomene mit Veränderungen in der Bindung der Bin-Toxine an die Mitteldarmrezeptoren einhergehen (Silva-Filha et al. 2014). In Deutschland wurden bisher keine Resistenzen gegen Bti beobachtet. Die komplexe synergistische Wirkungsweise der 5 Endotoxine, der Cry- und Cyt-Toxine im Proteinkristall, verhindert oder verzögert erheblich die Entwicklung von Resistenz (Su 2017; Becker et al. 2018). Wenn jedoch ein einzelnes Toxingen in Mikroorganismen geklont und dieses Toxin an Stechmücken, wie z. B. den Larven von *Cx. quinquefasciatus*, verabreicht wird, entwickelt sich schnell Resistenz gegen die einzelnen Toxine, insbesondere bei Abwesenheit des Cyt1A-Toxins (Geoghiou und Wirth 1997). Das Cyt1A spielt offensichtlich eine entscheidende Rolle bei der Verhinderung oder Verzögerung der Resistenzentwicklung (Wirth et al. 2005).

In den letzten 4 Jahrzehnten wurden entlang des Oberrheins über 400.000 Hektar Brutareale, vor allem von *Ae. vexans* und *Ae. sticticus*, mit mehr als 5000 t Bti-Formulierungen behandelt. Die KABS hat regelmäßig Resistenzstudien an Populationen von *Ae. vexans* durchgeführt, die über einen Zeitraum von mehr als 4 Jahrzehnten einem intensiven Selektionsdruck durch Bti ausgesetzt waren. Diese Stechmücken wurden mit Populationen verglichen, die nie Bti ausgesetzt waren und nie unter Selektionsdruck standen. Es konnte keine Veränderung in der Empfindlichkeit dieser Stechmücken festgestellt werden. Somit wurden auch keine Resistenzphänomene gegenüber Bti festgestellt (Becker und Ludwig 1993; Ludwig und Becker 2005; Becker et al. 2018). Ähnliche Ergebnisse wurden von Kurtak et al. (1989) sowie Hougard und Back (1992) erzielt, die feststellten, dass nach 10 Jahren intensiver Anwendung von Bti in Westafrika sich die Empfindlichkeit der Kriebelmückenlarven (*Simulium damnosum* s.l.) nicht verändert hat.

Neben der komplexen Wirkungsweise von Bti trägt auch der große Genpool der Zielorganismen durch ihr Wanderverhalten zum Ausbleiben von Resistenzen bei. Es kommt immer zu einer erheblichen Durchmischung der Populationen und einem signifikanten Genfluss, sodass nicht die gesamte Population dem Selektionsdruck für die Resistenzentwicklung ausgesetzt ist. Jedoch wurde Resistenz gegen Ls sowohl im Labor als auch im Freiland nachgewiesen (Yuan et al. 2000). In Südfrankreich entwickelte eine Population von *Cx. pipiens* nach 18 Anwendungen von Ls eine erhebliche Resistenz (Sinegre et al. 1996). Nielsen-LeRoux et al. (1995) zeigten in einer Laborpopulation von *Cx. pipiens*, dass eine Veränderung des Rezeptors an den Mitteldarmzellen zu einer deutlichen Verringerung der Empfindlichkeit der Zielorganismen gegenüber den Ls-Toxinen führt. In allen Fällen wurde jedoch auch gezeigt, dass die Resistenz rezessiv ist und nach dem Ausbleiben des Selektionsdrucks die Empfindlichkeit wieder zunimmt (Charles und Nielsen-LeRoux 66). Es scheint, dass das Risiko einer Resistenz gegen bakterielle Toxine umgekehrt proportional zur Komplexität des Wirkungsmechanismus ist, der bei Ls weniger komplex ist als bei Bti. Neuerdings vermeidet man Resistenzen bei Ls durch eine Kombination von Ls-Toxinen mit Bti-Toxinen, die das CytA-Toxin enthalten. Diese Kombiprodukte vereinen die positiven Eigenschaften beider Bakterienprodukte: Die Bti-Toxine verringern die Wahrscheinlichkeit der Resistenzbildung, und die Ls-Toxine können eine verlängerte Wirkung erzielen.

Formulierungen

Eine grundlegende Voraussetzung für die erfolgreiche Anwendung von bakteriellen Präparaten ist die Entwicklung von wirksamen Formulierungen, die an die Biologie und die Umweltbedingungen der Zielorganismen angepasst sind. Formulierungen sind z. B. als wasserdispergierbare Mikrogranulate (z. B. Vectobac WDG und Vectolex WDG), Puderformulierungen und Flüssigkonzentrate (z. B. Vectobac 12AS und Aquabac), als Granulate aus Maiskolbenspindelbruch (Vectobac G und Vectolex G, VectoMax FG), Briketts, Pellets oder Tabletten (z. B. Vectobac DT/Culinex-Tabletten) sowie als Eisgranulate mit den Bazillustoxinen erhältlich.

Kombiformulierungen wie VectoMax, die Toxine von Bti und Ls mit verschiedenen Wirkspektren enthalten, kombinieren die Vorteile beider Bazilluspräparate. Die Bti-Toxine sorgen für eine schnelle Wirkung vor allem gegen *Aedes*-Arten und minimieren das Risiko von Resistenzen, während die Ls-Toxine eine hohe Wirksamkeit gegen *Culex*- und *Anopheles*-Arten entwickeln und möglicherweise eine länger anhaltende Wirkung zeigen. Mit der Anwendung eines einzigen Produkts können gemischte Populationen von *Culex*-, *Aedes*- und/oder *Anopheles*-Arten in einer Vielzahl von Habitaten bekämpft werden. Das Risiko für Resistenz gegenüber einzelnen Ls-Produkten kann durch die Bti-Toxine signifikant reduziert oder sogar vermieden werden (Zahiri et al. 2002). VectoMax wird mit der BioFuse™-Technologie hergestellt, die die Wirkstoffe von Bti (Stamm AM65-52) und Ls 2362 (Stamm ABTS 1743) zu einem einzigen Mikropartikel kombiniert.

Es wird ebenfalls diskutiert, genetische „Engineering-Techniken" zu nutzen, um die Zusammensetzung der Toxine von Bti und Ls so zu verändern, dass ihre Wirksamkeit erhöht und das Risiko der Resistenzentwicklung gegenüber Ls-Toxinen verringert wird. Die besten dieser Rekombinanten enthalten alle wichtigen Bti-Endotoxine, speziell Cry4A, Cry4B, Cry11A und Cyt1A, sowie das binäre Endotoxin (Bin) von Ls. Die Anwesenheit von Cyt1A in diesen Rekombinanten verzögert oder verhindert sogar die Resistenzentwicklung gegenüber diesen Proteinen und dem Ls-Toxin und ermöglicht eine langfristige Verwendung dieser Rekombinanten mit wenig bis gar keiner Resistenzentwicklung (Wirth et al. 2005; Federici et al. 2007).

Einige Hundert Gramm der Puderformulierungen, 0,5–2 l Flüssigkonzentrat oder einige Kilogramm Granulat pro Hektar Wasseroberfläche reichen normalerweise bei der Bekämpfung von *Aedes*-Überschwemmungsmücken aus, um alle Larven abzutöten. Unter gewissen Umständen kann eine Langzeitwirkung erzielt werden, wenn größere Aufwandmengen verwendet werden (Becker und Margalit 1993; Becker und Rettich 1994; Russell et al. 2003; Rydzanicz et al. 2009).

Bti-Tabletten, die durch γ-Strahlung sterilisiert und somit keimfrei gemacht werden, enthalten keine Sporen oder lebensfähige Bazillen und können erfolgreich zur Bekämpfung von containerbrütenden Stechmücken wie der Larven der sogenannten Hausmücken *Cx. pipiens* s.l. oder der Tigermücken (*Ae. albopictus* oder *Ae. aegypti*) auch in Brauchwasserbehältern eingesetzt werden (Becker et al. 1991; Kroeger et al. 1995; WHO 1999; Mahilum et al. 2005; Becker et al. 2022).

Zusätzlich zu kommerziell erhältlichen Granulaten wurden kosteneffektive Granulate in Form von Eispellets entwickelt (Becker 2003). Eispellets können leicht hergestellt werden, indem Bti-Wassersuspensionen, die die bakteriellen Toxine enthalten, zu kleinen Eiswürfeln oder -perlen (3–5 mm) gefroren und in Kühlräumen bis zum Gebrauch aufbewahrt werden. Die Vorteile der Verwendung von Eispellets sind vielfältig:

1. Da die spezifische Dichte von Eis geringer ist als die von Wasser, bleiben die Eispellets in der oberen Wasserschicht, wo sie beim Schmelzen die Toxine in der Fraßzone der filtrierenden Mückenlarven freisetzen.
2. Die Eispellets dringen beim Ausbringen mit Fluggeräten auch durch dichte Vegetation und können selbst bei leichtem Regen oder Wind ausgebracht werden.
3. Die Streubreite ist aufgrund reduzierter Reibung durch die physikalischen Eigenschaften von Eis im Applikationsgerät erhöht.
4. Die Toxine sind im Eispellet gebunden, sodass kein aktives Material durch Reibung während der Ausbringung mit dem Hubschrauber verloren geht.
5. Die Herstellung in Pelletierern mit Flüssigstickstoff ist kosteneffektiv und schnell.
6. Der „Träger" ist Wasser und somit sehr umweltverträglich.

Wenn sie angemessen gelagert werden, können die Präparate auf Basis von bakteriellen Toxinen lange Zeit ohne Verlust an Aktivität aufbewahrt werden. Erfahrungen haben gezeigt, dass Pulver- oder Granulatformulierungen als Maiskolbenspindelbruch selbst nach vielen Jahren im Lager wenig an Aktivität verlieren. Die Aktivität von flüssigen Konzentraten kann jedoch labiler sein. Die Präparate sollten daher nach WHO-Richtlinien in Bioassays erneut getestet werden, wenn sie länger als 2 Jahre gelagert wurden. Standardisierte Methoden für Bioassays wurden entwickelt, um die LC50-Werte unter Verwendung von Standardformulierungen zu bestimmen (de Barjac 1983; Dulmage et al. 1990; Navon und Ascher 2000; Skovmand und Becker 2000; Jackson 2017). Das Verfahren für Bioassays wird in Kap. 4 beschrieben.

Welche Faktoren beeinflussen die Wirksamkeit von bakteriellen Präparaten?

Zusätzlich zur unterschiedlichen Empfindlichkeit verschiedener Mückenarten für die bakteriellen Präparate beeinflussen verschiedene andere Faktoren die Wirksamkeit und sollten bei der Festsetzung der Dosierung berücksichtigt werden. Die Wirksamkeit hängt z. B. vom Entwicklungsstadium der Zielorganismen, dem Fressverhalten bzw. der Aufnahme der Toxine beim Fressen, dem Verschmutzungsgrad bzw. dem Gehalt an organischem Material im Wasser sowie von abiotischen Faktoren wie Wassertemperatur und -tiefe, der Sedimentationsrate und somit der Verfügbarkeit der Bti- und Ls-Formulierungen für die Larven der Zielorganismen ab (Mulla et al. 1992; Becker et al. 1993; Su 2017). Die Langzeitwirkung wird auch stark von der Recyclingkapazität des Wirkstoffs beeinflusst (Aly 1985; Becker et al. 1995).

Empfindlichkeitsunterschiede der einzelnen Stechmückenarten und deren Entwicklungsstadien

Die Empfindlichkeit der Larven gegenüber bakteriellen Toxinen nimmt mit zunehmendem Entwicklungsstadium ab (Becker et al. 1992). Zum Beispiel sind Zweitlarven von *Ae. vexans* bei einer Wassertemperatur von 25 °C etwa 11-mal empfindlicher als Viertlarven. Bei einer Wassertemperatur von 15 °C sind die Zweitlarven immerhin noch mehr als doppelt so empfindlich wie die Viertlarven. Bei der Bekämpfung von Zweitlarven wird daher nur die Hälfte der Dosierung im Vergleich zur Bekämpfung von Viertlarven benötigt. Es ist daher empfehlenswert, die Bekämpfungsmaßnahmen in einem frühen Entwicklungsstadium der Larven vorzunehmen.

Große Unterschiede in der Empfindlichkeit können auch zwischen verschiedenen Mückenarten auftreten, bedingt durch Unterschiede in ihren Fressgewohnheiten und ihrer Fähigkeit, die Toxine im Darm zu aktivieren und an Rezeptoren an den Mitteldarmzellen zu binden. Zum Beispiel sind

Larven von *Cx. pipiens* s.l. 2- bis 4-mal unempfindlicher gegen Bti als *Aedes*-Larven im gleichen Larvenstadium. Im Gegensatz dazu sind Larven von *Cx. pipiens* s.l. hochsensibel gegenüber den Toxinen von Ls, während *Aedes*-Larven weit weniger empfindlich sind.

Effekt der Wassertemperatur

Die Fressraten von Mückenlarven werden von der Wassertemperatur beeinflusst (Abb. 10.16). Zum Beispiel nimmt die Fressrate von *Ae. vexans* ab, wenn die Temperatur sinkt; dadurch nehmen die Larven weniger bakterielle Toxine auf. In Laborversuchen waren die Larven von *Ae. vexans* bei 5 °C mehr als 10-mal weniger empfindlich als bei 25 °C (Becker et al. 1992). Daher sollte die Anwendung von mikrobiellen Präparaten in der Regel bei Temperaturen über 8 °C durchgeführt werden.

Effekt der Larvendichte

Laborversuche mit *Ae. vexans* haben gezeigt, dass mit zunehmender Larvenanzahl die benötigte Menge an Bti erhöht werden muss (Becker et al. 1992). Bei einer Dichte von 75 Viertlarven pro 150 ml Wasser mussten die letalen Dosierungen 7-mal höher sein als bei 10 Viertlarven pro 150 ml. Das Vorhandensein anderer filtrierender Organismen wie Wasserflöhen (Cladocera) verursacht ähnliche Effekte.

Einfluss des Ernährungszustands

Der Ernährungszustand und die Menge an verfügbarem Futter beeinflussen die Empfindlichkeit von Stechmücken gegenüber Bti. In Laborstudien wurde festgestellt, dass bei Vorhandensein von zusätzlichem Futter oder verschmutztem Wasser im Vergleich zu sauberem Wasser 2- bis 3-mal mehr Bti benötigt wurde, um das gleiche Mortalitätsniveau zu erreichen (Mulla et al. 1992).

Einfluss der Gewässergröße

Da sich bakterielle Toxine im gesamten Gewässerkörper ausbreiten, erfordern tiefere Gewässer in der Regel etwas höhere Dosierungen als flache Gewässer gleicher Oberfläche.

Einfluss der Sonneneinstrahlung

Starkes Sonnenlicht scheint die larvizide Wirkung der Bakterientoxine zu reduzieren. Zum Beispiel waren Ls-Präparate in beschatteten Gewässern mehr als 3-mal länger aktiv als in sonnenexponierten Gewässern (Sinegre 1990). In Laborversuchen mit Bti waren die letalen Werte (LC_{90}) bei Drittlarven von *Cx. pipiens* s.l. unter sonnigen Bedingungen (6000–12.000 lx für 7 h) etwa 4-mal höher als unter schattigen Bedingungen (<150 lx) zur gleichen Zeit und unter identischen Bedingungen (T = 25 ± 1 °C) (Becker et al. 1992).

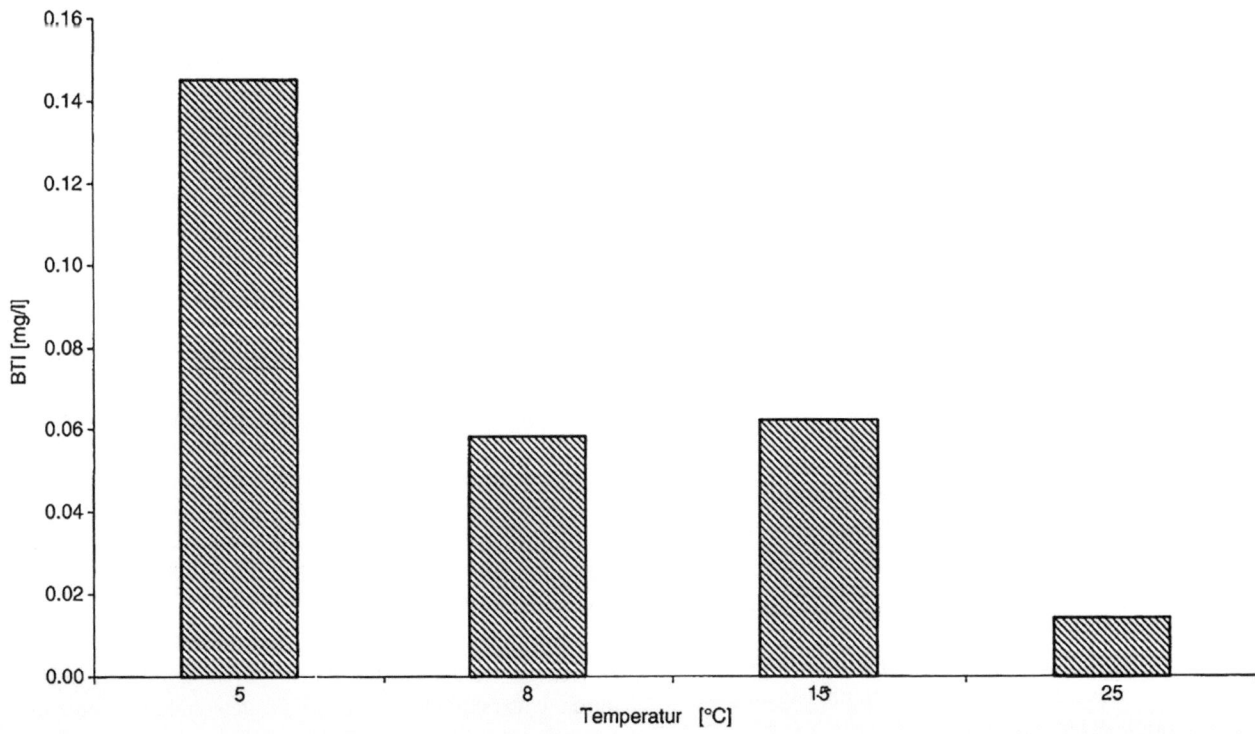

Abb. 10.16 Einfluss der Wassertemperatur auf die Wirksamkeit von Bti gegen Zweitlarven von *Aedes vexans* (angegeben sind die LC_{90}-Werte)

Recyclingprozesse

Attraktive Merkmale von Ls sind seine hohe Wirksamkeit gegen *Culex*-Larven und sein Potenzial, unter bestimmten Feldbedingungen zu persistieren und zu recyceln (Des Rochers und Garcia 1984; Becker et al.1995). Laborversuche zeigten, dass das Vorhandensein von Stechmückenkadavern im Wasser die Langzeitwirkung von Ls erhöht. Larvenkadaver scheinen alle notwendigen Nährstoffe sowohl für die vegetative Vermehrung der Bakterien als auch für die Toxinsynthese im Zusammenhang mit dem Sporulationsprozess zu enthalten. Aly (1985) konnte in Laborexperimenten die Keimung von Bti im Darm von *Aedes*-Larven nachweisen. Im Vergleich zu anderen Umweltbedingungen scheinen Larvenkadaver von entscheidender Bedeutung für Recyclingprozesse zu sein (Becker et al. 1995). Es ist wichtig, die Auswirkungen all dieser Faktoren auf routinemäßige Behandlungen zu verstehen, insbesondere weil sie eine korrekte Berechnung der optimalen Dosierung, die Auswahl der richtigen Formulierung in verschiedenen Umweltsituationen und den optimalen Zeitpunkt für die Anwendung gegen verschiedene Mückenarten ermöglichen (Becker und Rettich 1994; Su 2017). In der Regel sind aber einige Hundert Gramm bzw. 1–2 l Flüssigkonzentrat je nach Aktivität der Formulierung für die Behandlung von 1 ha Brutgewässer ausreichend. Bei kleinen Brutgewässern oder in Containern empfiehlt sich eine höhere Dosierung, um einen Langzeiteffekt und damit eine Reduzierung der Behandlungssequenz zu erzielen.

Eignung von mikrobiellen Bekämpfungsmitteln für die integrierte Bekämpfung von Stechmücken unter Beteiligung der Bevölkerung

Präparate auf Basis von Bti und Ls sind besonders gut für den Einsatz in integrierten Programmen geeignet, da ihre toxische Wirkung selektiv gegen Mücken gerichtet ist und daher natürliche Fressfeinde als helfende Hände der Natur nicht negativ beeinflusst werden. Der nützliche Effekt der Fressfeinde kann somit auch nach der Anwendung der bakteriellen Präparate zum Tragen kommen, was indirekt zu einer langfristigen Reduktion der Stechmückenpopulation führen kann (Mulla 1990; Becker 1992). Bakterielle Larvizide können mit anderen Larviziden, wie Wachstumshemmern (IGRs), gemischt werden, um eine langfristige Wirkung zu erzielen, oder mit Oberflächenfilmen kombiniert werden, die Stechmückenpuppen durch Verstopfung der Atemhörnchen ersticken lassen (Roberts 1989; Bukhari et al. 2011). Dadurch werden auch Stechmückenpuppen abgetötet, die nicht von den bakteriellen Toxinen betroffen sind. Das WHO-Konzept der primären Gesundheitsvorsorge zielt zunehmend darauf ab, lokale Bewohner in die Bewältigung von Gesundheitsproblemen einzubeziehen. Bakterielle Präparate haben gegenüber synthetischen Insektiziden den Vorteil, dass weder Anwender noch Bewohner potenziell gefährlichen Chemikalien ausgesetzt sind. Daher eignen sie sich besonders gut für den Einsatz durch freiwillige Helfer. Bakterielle Toxine schaden weder nützlichen Organismen wie Honigbienen noch aquatischen Tieren in Zuchtanlagen wie Fischen, Garnelen oder Austern. Diese Formulierungen können daher auch in ökologisch sensiblen Gebieten eingesetzt werden, da sie biologisch abbaubar sind und nach ihrem Einsatz keine giftigen Rückstände hinterlassen. Ihre Umweltverträglichkeit erhöht nicht nur die Akzeptanz bei den Genehmigungsbehörden, sondern auch bei der Öffentlichkeit.

Die Verwendung von bakteriellen Präparaten in integrierten Bekämpfungsprogrammen

Häufig bildet eine integrierte biologische Bekämpfungsstrategie die Grundlage für Bekämpfungsprogramme, die sowohl den Schutz des Menschen vor Mücken als auch den Erhalt der Biodiversität zum Ziel haben. Wenn wir das Ökosystem mit einem Netz vergleichen und jede Organismengruppe als Masche betrachten, sollte die Strategie darauf abzielen, die Masche, die für Stechmücken steht, effektiv zu reduzieren, ohne dass andere Maschen im „Nahrungsnetz" beeinträchtigt werden und somit keine Löcher im ökologischen Netz entstehen (Timmermann und Becker 2017). Dieses Ziel kann besonders effektiv erreicht werden, wenn bakterielle Präparate in einer integrierten biologischen Bekämpfungsstrategie (IBS) zum Einsatz kommen. Der Erhalt und die Förderung von Fressfeinden sind wichtige Bestandteile eines IBS-Programms. Daher werden mikrobielle Präparate und andere biologische Methoden in gut durchdachten Umweltmanagementstrategien integriert. Dazu gehören Maßnahmen wie die Verbesserung von Grabensystemen zur Regulierung des Wasserspiegels und die Schaffung dauerhafter Lebensräume für aquatische Fressfeinde wie Fische, die als effektive Fressfeinde dienen. IBS-Programme haben sich bereits in den USA, Québec (Kanada), der Schweiz und besonders in Deutschland bewährt (Becker und Lüthy 2017).

Für einen erfolgreichen Einsatz von bakteriellen Präparaten in IBS-Programmen müssen bestimmte Voraussetzungen erfüllt sein (s. auch Kap. 16):

- In entomologischen Studien müssen die relevanten Stechmückenarten als Zielorganismen untersucht werden, um eine gezielte Bekämpfungsstrategie entwickeln zu können.
- Eine präzise Kartierung aller relevanten Brutplätze ist erforderlich, um die Planung der Einsätze zu unterstützen. Idealerweise erfolgt diese Kartierung in einem GIS-Programm und enthält zusätzliche Daten zur Charakteristik der Brutplätze (z. B. genaue Koordinaten, Größe, Bewuchs, Auftreten der wichtigsten Stechmückenarten und Informationen zur Bekämpfung). Auf Grundlage der Kartierungsergebnisse wird in Zusammen-

arbeit mit den zuständigen Genehmigungsbehörden das Vorgehen in jedem Brutplatzareal erörtert und das Bekämpfungskonzept entwickelt. Es wird z. B. festgelegt, ob vorwiegend zu Fuß oder aus der Luft bekämpft wird. Bei weitläufigen Überschwemmungen oder empfindlicher Vegetation (z. B. Orchideen oder Schilfgebiete) hat die Hubschrauberanwendung Vorrang. Falls empfindliche Tiere berücksichtigt werden müssen, wird die Flughöhe für das Ausbringen des Granulats in Absprache mit den Fachbehörden festgelegt. Beim Ausbringen des Bti-Eis-Granulats kann die Flughöhe aufgrund seiner geringen Anfälligkeit für Wind bis zu 80 m betragen. In einigen Fällen können auch definierte Tabuzonen von der Bekämpfung ausgeschlossen werden. Das Konzept wird den verantwortlichen Mitarbeitern digital oder in Kartenform mitgeteilt.

- Die wirksamen Dosierungen der einzelnen Präparate müssen in Laborversuchen (Bioassays) und unter natürlichen Bedingungen in standardisierten Feldversuchen ermittelt werden.
- Die Anwendungstechniken müssen den Anforderungen im Routineeinsatz angepasst werden.
- Die Bekämpfungsstrategie sollte von erfahrenen Entomologen entwickelt werden.
- Die Bekämpfungsstrategien sollten mit den Fachbehörden (z. B. Naturschutzabteilungen) abgestimmt und die erforderlichen Genehmigungen eingeholt werden.
- Es ist wichtig, das Feldpersonal zu schulen und eine gut funktionierende Infrastruktur für großflächige Einsätze aufzubauen.

Mücken vermehren sich in einer Vielzahl von Habitaten. Nahezu überall, wo stehendes Wasser vorhanden ist, besteht die Wahrscheinlichkeit, Mückenlarven zu finden. Daher müssen die Formulierungen und Dosierungen entsprechend der Ökologie der Zielorganismen, der Beschaffenheit der Brutstätten und der vorherrschenden Umweltfaktoren, die die Wirksamkeit von bakteriellen Präparaten beeinflussen können, sorgfältig ausgewählt werden.

Grundsätzlich gibt es 2 Arten der Anwendung von bakteriellen Präparaten:

1. Die Bodenbehandlung erfolgt in der Regel mit herkömmlichen Rucksacksprühgeräten, die Druckluft verwenden und über Düsen mit einem Durchmesser von 0,8–1 mm verfügen, um die flüssige Suspension mit dem Wirkstoff als feinen Wasserstrahl auf der Wasseroberfläche aufzubringen (Abb. 10.17). Gelegentlich kommen auch motorisierte Rucksackgeräte mit Gebläsen zur Ausbringung von Granulat oder zur Verstäubung zum Einsatz.
2. Die Ausbringung mit Fluggeräten, in der Regel Hubschrauber, wobei auch Drohnen und Kleinflugzeuge ver-

Abb. 10.17 Bodenanwendung einer Bti-Flüssigsuspension mit einer Rückenspritze

wendet werden können. Diese Methode wird häufig bei weitläufigen Überschwemmungen, dichter Vegetation, trittempfindlichen Pflanzen oder unwegsamem Gelände eingesetzt. Die Fluggeräte verfügen normalerweise über rotierende Streugeräte zur Ausbringung von Granulaten (Abb. 10.18). Es können jedoch auch Sprühgeräte zur Vernebelung verwendet werden. Vor dem Einsatz müssen die Geräte kalibriert und die Streubreite ermittelt werden.

Beispiele erfolgreicher Anwendungen bakterieller Insektizide: Weltweit werden verschiedene kommerzielle Produkte von Bti und Ls auf fast allen Kontinenten eingesetzt, wie Studien und Berichte zeigen (Becker und Margalit 1993; Becker 2000; Russell et al. 2003; Puchi 2005; Boisvert 2005; Kahindi et al. 2008; Lacey 2017). In Nordamerika beispielsweise werden bakterielle Präparate seit über 40 Jahren erfolgreich in Programmen zur Bekämpfung von Stechmücken eingesetzt. In Québec, Kanada, werden jährlich mehr als 50 t Bti-Formulierungen ausgebracht, hauptsächlich zur Reduzierung der Populationen potenzieller Überträgermücken des West-Nil-Virus (WNV).

10.4 Pathogene

Abb. 10.18 Anwendung von Bti-Granulat mit Hubschrauber

In Deutschland wird Bti seit über 4 Jahrzehnten erfolgreich gegen Überschwemmungsmücken wie *Aedes vexans* und *Ae. sticticus* sowie Ls gegen Hausmücken wie *Culex pipiens* s.l. eingesetzt. Über 4000 qm² Brutstätten wurden in den letzten 4 Jahrzehnten mit Bti behandelt, was zu einer jährlichen Reduktion der Überschwemmungsmückenpopulationen um mehr als 90 % führte (Becker und Lüthy 2017). Die Überschwemmungsgebiete des Rheins, die normalerweise mehrmals im Sommer überschwemmt werden, hängen in ihrem Ausmaß von der Intensität der Niederschläge im Einzugsgebiet des Rheins und der Schneeschmelze ab. Untersuchungen haben gezeigt, dass die Weibchen der Überschwemmungsmücken ihre Eier bevorzugt im Bereich des oberen Mittelwassers des Rheins im Oberrheingebiet ablegen. Ein Wasserstand etwas oberhalb von 4 m am Pegel Speyer korrespondiert mit diesem Horizont. In höheren Bereichen werden weniger Eier abgelegt, da hier das Wasser schnell zurückgehen kann und somit eine Gefahr des frühzeitigen Trockenfallens für die Mückenbrut besteht. In tieferen Bereichen sind Fische als Fressfeinde präsent, was ebenfalls nachteilig für die Mücken ist.

Vor den Bekämpfungsmaßnahmen werden die Larvendichte und die Larvenstadien von geschultem Personal an repräsentativen Brutstätten durch Schöpfproben mit standardisierten Schöpfern (z. B. WHO-Standard-Schöpfer) erfasst. Die Behandlungsmaßnahmen werden je nach Situation aus der Luft oder vom Boden nach einem festgelegten Konzept mit der richtigen Dosierung und den geeigneten Formulierungen vorgenommen.

Die zu behandelnden Flächen werden in einem GIS-Programm erfasst und die Informationen für die Luftbehandlung digital an die Piloten weitergegeben. Die Flüge werden in Echtzeit durch ein GPS-Tracking-Programm aufgezeichnet, um eine akkurate Abdeckung der Behandlungsflächen zu gewährleisten. 1–2 Tage nach der Anwendung werden erneut stichprobenartig Schöpfproben entnommen, um den Effekt der Behandlung und die Mortalitätsrate zu überprüfen.

Etwa 20–30 % der potenziellen Brutstätten (rund 200 km²) werden routinemäßig von den bis zu 300 Mitarbeitern der KABS behandelt. Für jeden behandelten Hektar werden 200–400 g Vectobac WDG (3000 ITU/mg) oder 0,5–1 l des flüssigen Konzentrats Vectobac 12AS (1200 ITU/mg) in 9–10 l gefiltertem Tümpelwasser suspendiert und mit Rucksackspritzen auf 1 ha Wasserfläche ausgebracht. Bei verschmutzten Brutstätten oder bei Vorhandensein später Larvenstadien muss die Dosierung erhöht werden. Die behandelten Flächen werden ebenfalls in den GIS-Programmen erfasst.

Während großflächiger Überschwemmungen muss in der Regel 1/3 der Fläche mit Bti-Granulat behandelt werden, das mithilfe von Hubschraubern ausgebracht wird (Dosierungen: 8–20 kg/ha). Entlang des Einsatzgebiets am Oberrhein sind 70 Landeplätze für die Hubschrauber eingerichtet. Kühllaster bringen das erforderliche Eisgranulat oder gelegentlich auch Vectobac G zu den Landeplätzen, wo die Hubschrauber mit etwa 400 kg Granulat beladen werden. Dies reicht bei der Verwendung von Eisgranulat für die Behandlung von mehr als 20 ha in etwa 20 min Flugzeit. Von 1981 bis 2018 wurden mehr als 100 t Bti-Pulver und Flüssigkonzentrat sowie mehr als 4000 t Bti-Granulat verwendet, um mehr als 400.000 ha Stechmückenbrutareale entweder zu Fuß oder mit dem Hubschrauber zu behandeln.

Die Bekämpfung der Stechmücken in urbanen Bereichen

Bei der Bekämpfung der Stechmücken in urbanen Bereichen ist vor allem die Mitwirkung der Bevölkerung sehr wichtig. Nur so kann eine effiziente und kostengünstige Kontrolle der Stechmücken gewährleistet werden. Die Bewohner müssen in die Lage versetzt werden, in ihrem Umfeld durch Selbsthilfe das Problem zu lösen, das insbesondere von den Hausmücken (*Culex pipiens* s.l.) und den Asiatischen Tigermücken (*Aedes albopictus*) ausgeht. Dieses Ziel kann nur durch umfangreiche Informationskampagnen erreicht werden, z. B. über Medienpräsenz, Informationsbroschüren, Flyer, Webseiten, Plakate und Informationsveranstaltungen. Neben Informationen zum

Aussehen und zur Biologie der Zielorganismen werden besonders Ratschläge zur Selbsthilfe gegeben (Becker et al. 1991, 2017). Diese umfassen:

a) Beseitigen aller unnötigen Brutstätten bzw. Wasseransammlungen auf privaten Anwesen wie z. B. Eimer, ungenutzte Blumenvasen, Plastikgefäße und Blumentopfuntersetzer. Viele Brutstätten, vor allem die Massenbrutstätten, können oft saniert werden, sodass sich keine Mücken entwickeln können. Bei der Sanierung sollen Eimer, Gießkannen etc. umgedreht oder unter Dächern gelagert werden, damit sich kein Wasser ansammeln kann. Wasserfässer können mit Moskitonetzen lückenlos abgedeckt werden, um die Eiablage zu verhindern. Vor dem Abdecken sollten vorhandene Larven durch das Leeren der Gefäße oder durch die Behandlung mit Bti z. B. Bti-Sprudeltabletten abgetötet werden. Regenfässer sollten regelmäßig auf Mückenbesatz kontrolliert werden. Regenrinnen sollten so eingerichtet werden, dass kein Restwasser verbleibt. Schirmständer oder nach oben offene Zaunpfähle z. B. können mit einem Deckel verschlossen werden, um Wasseransammlungen zu vermeiden. Aushöhlungen, z. B. Baumhöhlen, können mit Sand aufgefüllt werden.
b) Alle anderen potenziellen Brutstätten, die nicht saniert werden können, wie z. B. Gullys, sollten bei Wasserführung etwa alle 2 Wochen mit Bti, z. B. Culinex-Bti-Sprudeltabletten, behandelt werden. Vogel- und Igeltränken stellen keine Brutstätten dar, wenn das Wasser alle 5 Tage ausgewechselt wird. Gartenteiche mit Fressfeinden der Mückenlarven sind in der Regel keine Brutstätten.

Trotz großer Bemühungen zeigen sich oft Grenzen bei der Mobilisierung der Bevölkerung, sei es durch Ignoranz oder Unkenntnis der Bewohner. Daher muss in besonders stark befallenen Gebieten professionelle Hilfe durch ausgebildete Spezialisten in der biologischen Bekämpfung von Mücken erfolgen. In den Befallsgebieten werden dann Tür-zu-Tür-Maßnahmen durchgeführt, bei denen die Anwohner gezielt durch Verteilen von Flyern und im persönlichen Gespräch über die Stechmücken und Möglichkeiten der Bekämpfung informiert werden. Auf den Anwesen werden alle potenziellen Brutstätten (ob mit oder ohne Wasser) mit einer Suspension von Bti (AM62-52) behandelt, deren Dosierung so gewählt ist, dass die Wirkung mindestens 3 Wochen anhält. Beim Begehen empfiehlt es sich, alle Brutstätten und die getroffenen Maßnahmen in einem GIS-Programm zu erfassen. Dies umfasst auch das Verteilen von Moskitonetzen für die Behandlung der Wasserbehälter als Massenbrutstätten. Liegt ein geeignetes GIS-Programm (z. B. auf der Basis von Q-Field) vor, so zeigt das Programm, wann eine erneute Behandlung des Anwesens notwendig ist.

Diese Maßnahmen erfolgen meist im Auftrag der Kommunen, die eine Bescheinigung oder einen Ausweis für die Mitarbeiter ausstellen, damit die Anwesen betreten werden können. Eine enge Zusammenarbeit mit den kommunalen Behörden und den Gesundheitsämtern ist angezeigt, besonders dann, wenn es in dem Befallsgebiet Personen mit Arbovireninfektionen gibt. In diesem Fall müssen eine Reiseanamnese der virämischen Person und eine Inspektion der Brutplätze und Anflugkontrollen im Umkreis von mindestens 50 m um den Wohnort der infizierten Person sowie ggf. Fallenfänge vorgenommen werden. Gullys, z. B. entlang von Straßen oder Kabelschächte mit Wasserkörpern, müssen unbedingt in die Behandlungen mit einbezogen werden, weil sie oft Massenbrutstätten darstellen. Für die Kontrolle von kryptischen oder von schlecht zugänglichen Brutstätten, z. B. Reifenlagern, kann eine Bti-Suspension mit motorisierten Rückensprühgeräten ausgebracht werden (Lam et al. 2010). Je nach Struktur und Vegetationsdichte sollten die Tröpfchen 25–300 µm betragen, um eine gute Durchdringung der Vegetation und flächige Abdeckung des Gebiets zu gewährleisten.

In ländlichen Gegenden, wo ehemals Tierhaltung praktiziert wurde und heute noch ungenutzte Sickergruben vorhanden sind, kann es zu Massenentwicklungen von *Anopheles plumbeus* kommen, was zu erheblichen Belästigungen bis hin zu Plagen führen kann. *An. plumbeus* ist ein Baumhöhlenbrüter und oft mit *Ae. geniculatus* vergesellschaftet. Entwicklungsstadien können gelegentlich auch in künstlichen, meist mit organischem Material (z. B. Falllaub) belasteten Wasseransammlungen gefunden werden. Die Zahl der Entwicklungsstadien in den relativ kleinen Baumhöhlen und künstlichen Wasseransammlungen ist meist gering, sodass *An. plumbeus* in deren Nähe zwar lästig sein kann, aber keine Plage hervorruft. In den letzten Jahrzehnten hat *An. plumbeus* neben den Baumhöhlen ungenutzte, meist unterirdische Sickergruben als Massenbrutplätze besiedelt und führt in deren Umgebung zu massiven Belästigungen für die Bewohner. Die Wasserqualität der ehemals als Jauchegruben genutzten unterirdischen Sickergruben besitzt eine ähnliche Qualität wie Baumhöhlen, deren Wasser durch organische Stoffe belastet ist. Die Weibchen von *An. plumbeus* wandern zwar nicht weit und sind nur im Umkreis von etwa 100 m um den Massenbrutplatz lästig, sind aber erhebliche Plageerreger, weil sie an schattigen Stellen auch am Tage gerne den Menschen anfliegen und so ein ungestörter Aufenthalt im Freien oft nicht möglich ist.

An. plumbeus kann auch entsprechend von Laborergebnissen als Übertrager von Malaria-Erregern, wie *Plasmodium falciparum* (Erreger der Malaria tropica) oder *P. vivax* (Erreger des 3-Tage-Fiebers), infrage kommen (Schaffner et al. 2012).

Malaria-Epidemien sind jedoch in Deutschland nicht zu befürchten, da üblicherweise keine mit Plasmodien infizierten Menschen zum Infizieren der *Anopheles*-Weibchen beim Stechen zur Verfügung stehen und zudem Malariafälle umgehend behandelt werden (Becker 2008). Allerdings kam es in der Vergangenheit offensichtlich in einem Einzelfall zur Übertragung von *Plasmodium falciparum* durch *An. plumbeus*, und zwar bei Personen, die sich nicht außerhalb Deutschlands aufgehalten haben (Krüger et al. 2001).

Eine Bekämpfung wird jedoch von den Betroffenen nicht wegen der Sorge um Malaria, sondern wegen der starken Belästigungen durch *An. plumbeus* gefordert. Die Bekämpfung kann durch die Beseitigung der Sickergruben erfolgen oder durch die Anwendung von Bti. Bewährt hat sich das Ausbringen einer wässrigen Suspension mit Vectobac WG (Dosis: 0,5–2 g Vectobac WG/m^2 Wasseroberfläche). Die Suspension wird mit einer Handspritze als feiner Wasserstrahl an der Wasseroberfläche der Grube verteilt.

Überwachung der Bekämpfungsmaßnahmen (Monitoring)

In jedem Programm muss ein bestimmter Prozentsatz des Budgets für die Überwachung der Stechmückenpopulationen vorgesehen werden. Dies dient dem Nachweis der Notwendigkeit und des Erfolgs der Bekämpfungsmaßnahmen sowie der Erfassung der Auswirkungen auf die Umwelt und von Resistenzphänomenen.

Überwachung der Mückenpopulation in Überschwemmungsgebieten

Die Überwachung der adulten Überschwemmungsmückenpopulationen erfolgt durch das Aufhängen von Mückenfallen im Überschwemmungsgebiet und in den angrenzenden Arealen. Die mit Trockeneis (festes CO^2 als Lockstoff) versehenen EVS-Fallen werden von April bis Oktober 2-mal monatlich über Nacht, meist an einem Ast in Augenhöhe, aufgehängt und am nächsten Morgen abgesammelt. Es empfiehlt sich, einen Behälter mit Trockeneis mitzuführen, in den die gefangenen Mücken samt Fangnetz zum Abtöten (−90 °C) gelegt werden können. Im Labor werden die Mücken nach Arten bestimmt und ausgezählt. Durch das Erfassen der Mückenpopulationen in vergleichbaren bekämpften und unbekämpften Gebieten kann eine Aussage über die Wirksamkeit der Bekämpfung (Reduktion in Prozent) getroffen werden. Im Oberrheingebiet konnte so gezeigt werden, dass seit der Anwendung von Bti gegen *Ae. vexans* und *Ae. sticticus* von 1981 bis heute ein Massenauftreten dieser Stechmücken erfolgreich vermieden wurde, was bei der lokalen Bevölkerung auf äußerst positive Resonanz stieß.

Monitoring der Mückenpopulationen im urbanen Bereich

In Gebieten mit *Ae. albopictus* oder *Aedes aegypti* werden üblicherweise Eiablagefallen (Ovitraps), BG-Sentinel- oder GAT-Fallen eingesetzt (siehe Kap. 4). Es empfiehlt sich z. B. die Eiablagefallen in einem Befallsgebiet in einem Grid-Muster (z. B. 250x250 m) während der Saison aufzustellen und das Eiablagesubstrat (meist Holzstäbchen) in zwei- bis dreiwöchigen Intervallen abzusammeln. Für das Erfassen der Populationen von *Culex pipiens* s.l. eignen sich Gravid-Culex-Fallen (siehe Kap. 4).

Erfassen der Umweltauswirkungen der Bekämpfungsmaßnahmen

Es ist unerlässlich, den Umwelteinfluss von Bti- und Ls-Anwendungen zu dokumentieren, um die Strategie stets zu verbessern und eine wissenschaftliche Basis für Fragen zur Umweltverträglichkeit oder zum selektiven Wirkmechanismus zu bieten. Bevor die großflächige Anwendung von mikrobiellen Bekämpfungsstoffen im Oberrheingebiet erfolgte, wurden die wichtigsten Vertreter verschiedener aquatischer Organismen (von Cnidaria bis Amphibia) auf ihre Sensibilität für mikrobielle Bekämpfungsstoffe im Labor und in kleinen Feldversuchen untersucht. Diese Studien zeigten, dass neben Stechmücken (Culicidae) und Kriebelmücken (Simuliidae) nur wenige andere Vertreter von Mückenfamilien (Nematocera), wie z. B. Zuckmücken (Chironomidae), von Bti betroffen sind (Yiallouros et al. 1999). Es zeigte sich auch, dass die Larvenstadien der meisten Zuckmückenarten wesentlich weniger anfällig für Bti waren als die vergleichbaren Larvenstadien der Stechmücken. Ökologisch relevante Schädigungen der Zuckmückenpopulationen können jedoch ausgeschlossen werden, da die typischen Massenbrutstätten der Zuckmücken (verschlammte Altwässer oder eutrophe Seen) nicht mit Bti behandelt werden.

Bei dem Einsatz von Ls-Präparaten können ebenfalls negative Effekte ausgeschlossen werden, da diese Präparate toxisch für einen noch engeren Bereich von Mücken sind. Während bestimmte Mückenarten wie *Culex*-Arten sehr anfällig für Ls-Präparate sind, zeigen sich *Aedes*-Arten als deutlich weniger anfällig, und Kriebelmückenlarven sowie andere Insekten (außer Schmetterlingsmücken (Psychodidae)) und weitere Nichtzielorganismen sind gänzlich unempfindlich. Den Effekt von Bti-Behandlungen kann man durch die regelmäßige Verwendung von Emergenzfallen zur Überwachung der Insektenentwicklung in behandelten und unbehandelten Gewässern feststellen. Das Auftreten und die Häufigkeit von positiv phototaktischen Insekten wie z. B. der Zuckmücken können mit speziellen Lichtfallen erfasst werden (Becker et al. 2023). Die Fallen können in Bekämpfungsbereichen vor und während flächiger Einsatzperioden bei Neumond positioniert werden, und die Insekten können in regelmäßigen Abständen abgesammelt und im Labor zumindest bis zur Familienzugehörigkeit bestimmt werden. Langzeituntersuchungen im Oberrheingebiet haben gezeigt, dass zwar die Anzahl von *Aedes*-Mücken durch die Bti-Applikationen drastisch reduziert wurde, jedoch alle anderen Insekten weiterhin Vögeln, Amphibien und Fledermäusen als Nahrungsquelle nach den Einsätzen zur Verfügung stehen (Timmermann und Becker 2017). Damit wird das Argument entkräftet, dass durch regelmäßige Bti-Behandlungen gegen Überschwemmungsmücken vor allem Zuckmückenpopulationen als Nahrungsquelle für Schwalben und Libellen signifikant reduziert werden (Poulin et al. 2010; Jakob und Poulin 2016; Poulin und Lefebvre 2016; Brühl et al. 2020; Theissinger et al. 2020). Die meisten aquatischen Zuckmücken brüten im Schlamm von permanenten Gewässern (eutrophen Altwässern, Seen) und nicht in den nach einem Hochwasser auftretenden temporären Brutgewässern der Überschwemmungsmücken (Wesenberg-Lund 1943). Massenbrutstätten von aquatischen Zuckmücken und Überschwemmungsmücken sind also unterschiedlich. Daher ist die Sorge, dass Zuckmücken als Nahrungsquelle für Vögel wie Schwalben oder Libellen signifikant reduziert werden könnten, nicht schlüssig, wenn permanente Gewässer durch Bti-Anwendungen ausgeschlossen werden. Intensive Langzeitstudien über den Effekt von Bti auf die Zuckmückenproduktion und auch andere Insekten nach regelmäßigen Bti-Behandlungen haben gezeigt, dass der Effekt auf Zuckmücken vernachlässigbar ist (Fillinger 1999; Lagadic et al. 2013, 2016; Lundström et al. 2009, 2010; Duchet et al. 2015; Wolfram et al. 2018). Weiterhin hat eine Langzeitstudie zum Auftreten von Wasserkäfern und Wasserwanzen als Fressfeinde der Überschwemmungsmücken gezeigt, dass deren Abundanzen sich während den jahrzehntelangen Behandlungen nicht wesentlich geändert haben (Kögel 2019).

Monitoring der Resistenz gegen Bti
Die Stechmückenpopulationen im Oberrheingebiet werden regelmäßig auf die Entwicklung von Resistenz gegen Bti überprüft. Trotz mehr als 40 Jahren Anwendung von Bti wurde bisher keine Resistenz festgestellt (Ludwig und Becker 2005; Becker et al. 2018). Dies ist eine bemerkenswerte Eigenschaft von Bti, wenn man bedenkt, dass bei herkömmlichen synthetischen Insektiziden oft schon nach wenigen Generationen die ersten Resistenzen auftreten. Wahrscheinlich ist die Coevolution der Bakterien mit den Zielorganismen über Millionen von Jahren der Grund dafür, dass bisher keine Resistenz entwickelt wurde. Ein ökologischer Vorteil der Bodenbakterien, die Toxine produzieren, besteht darin, dass die Larvenkadaver als „Minifermenter" im nährstoffarmen Bodenmilieu eine Massenentwicklung der Bazillen ermöglichen können. Wenn ständig Mutationen an den Rezeptorstellen für die Toxine auftreten würden, könnten die Bakterien möglicherweise ihre Toxinzusammensetzung ändern, um den Resistenzmechanismen zu entgehen. Um die Entwicklung von Resistenz gegen Ls bei *Culex* zu verhindern, werden Ls und Bti abwechselnd rotierend eingesetzt, um den Resistenzdruck gegen Ls zu reduzieren. Kombinationsprodukte wie Vecto-Max, die Toxine beider Bakterien enthalten, können gegen gemischte Populationen von *Aedes*- und *Culex*-Arten eingesetzt werden. Die Bti-Toxine, insbesondere das CytA-Toxin, in den Kombiprodukten tragen dazu bei, Resistenzen zu verhindern.

Die Rolle der mikrobiellen Bekämpfungsstoffe in Vektor-Bekämpfungsprogrammen in tropischen Ländern
Weltweit wird der Malaria, einer schrecklichen Geißel der Menschheit mit mehr als einer halben Million Todesfällen und über 200 Mio. Neuinfektionen, der Kampf angesagt. Diese globale Kampagne, insbesondere in Afrika, wird von großen internationalen Organisationen wie Roll Back Malaria (RBM) Partnership, der Weltgesundheitsorganisation (WHO), der US-Präsidenten-Malaria-Initiative (PMI), der Bill und Melinda Gates Stiftung (BMGF), dem Globalen Fonds zur Bekämpfung von AIDS, Tuberkulose und Malaria (GFATM) und Unicef unterstützt. Das Ziel besteht darin, die malariabedingte Sterblichkeit nach vollständiger Umsetzung des Programms signifikant zu reduzieren (WHO 2014; RBM 2015).

Die Eckpfeiler dieser Strategien sind:

1. Die schnelle Diagnose und Behandlung von plasmodieninfizierten Personen
2. Der persönliche Schutz durch die Anwendung von Bettnetzen, insbesondere von lang anhaltend wirksamen mit Insektiziden imprägnierten Netzen (sogenannte LLINs)
3. Das Besprühen der Wände mit Insektiziden, das sogenannte Indoor Residual Spraying (IRS), das besonders auf *An. gambiae* s.s. abzielt, da diese *Anopheles*-Mücke im Inneren der Häuser sticht (endophag) und dort auch nach der Blutmahlzeit verweilt (endophil)

Diese Bemühungen haben zwischen 2000 und 2013 weltweit zu einer signifikanten Reduzierung der Malariafälle um fast 50 % geführt (WHO 2014, 2017; RBM/WHO 2015). Die Entwicklung von Resistenzen sowohl gegen die verwendeten Insektizide (meist Pyrethroide) als auch gegen Medikamente stellt jedoch die größte Herausforderung für das Erreichen der Programmziele dar (Etang et al. 2004; N'Guessan et al. 2001, 2007; WHO 2016). Außerdem tragen exophage (Mücken, die im Freien stechen) und exophile Arten (die nach der Blutmahlzeit im Freien verbleiben, wie *An. arabiensis*) weiterhin zur Übertragung der Malariaparasiten bei (Mwangangi et al. 2013). Die Ausbreitung der aus Asien stammenden *Anopheles stephensi* in Teilen Afrikas stellt ebenfalls ein Problem dar, da diese Mücke hauptsächlich in künstlichen Wasserbehältern in urbanen Gebieten brütet. Aufgrund dieser Herausforderungen hat man die Strategie modifiziert und setzt nun vermehrt auf integrierte Vektormanagement-(IVM-)Strategien, die lokal, nachhaltig und kosteneffektiv sein sollen (WHO 2004b 2013, 2014). Dazu gehört auch das Management der Larven in ihren Brutstätten, das sogenannte Larval Source Management (LSM), um die Vektorpopulationen zu reduzieren. Dies umfasst den Einsatz von Larviziden wie Bti und Ls oder kombinierten Formulierungen wie VectoMax, den Einsatz von natürlichen Feinden oder wasserbauliche Maßnahmen zur Beseitigung von Brutstätten (Fillinger et al. 2008; Fillinger und Lindsay 2011).

Eine erfolgreiche Anwendung von Larviziden wie Bti und Ls hat sich auch in Bezug auf die Kosten als effektiv erwiesen (Killeen et al. 2002a, b; Fillinger et al. 2003; Yohannes et al. 2005; Fillinger und Lindsay 2006; Majambere et al. 2007; Walker und Lynch 2007; Worrall und Fillinger 2011; Dambach et al. 2014a, b, 2016a, b; Ingabire et al. 2017; Killeen et al. 2017). Die Kosten pro geschützter Person liegen im Bereich anderer Interventionen und sind negativ mit der Bevölkerungsdichte korreliert.

Die Verwendung von Bti und Ls sowie des Kombinationsprodukts VectoMax hat sich bei der Bekämpfung von *Aedes aegypti* und *Ae. albopictus*, den Vektoren von Dengue-, Chikungunya- und Zika-Viren, als wirksam erwiesen (Ritchie et al. 2010). Die Anwendung von Bti in Wasserbehältern kann zur Reduzierung der Vektoren beitragen, insbesondere in Gebieten mit vielen kleinen, schwer zugänglichen Brutstätten. Hierzu gehört auch die Methode des WALS (Wind-Assisted Larvicide Application), bei der feine Tröpfchen einer Bti-Suspension durch Windbewegung kryptische Brutstätten erreichen und kontaminieren. Diese Technik wurde erfolgreich in verschiedenen Ländern eingesetzt, um die Übertragung von Dengue- und Zika-Viren zu verhindern (Seleena und Lee 1998; Lee et al. 2008; Tan et al. 2012; Jacups et al. 2013; Sun et al. 2014; Williams et al. 2014; Faraji und Unlu 2016; Setha et al. 2016; Pruszynski et al. 2017).

10.5 *Wolbachia*

Das gramnegative Bakterium *Wolbachia* ist ein Endosymbiont, der eine Vielzahl von Gliederfüßern (Arthropoden) und Fadenwürmern (Nematoden) infiziert. *Wolbachia* befindet sich hauptsächlich in den Geschlechtsorganen der infizierten Tiere und manipuliert die Fortpflanzung, sodass sich nur infizierte Weibchen erfolgreich fortpflanzen können, wenn sie sich mit einem uninfizierten oder einem mit dem gleichen *Wolbachia*-Stamm infizierten Männchen paaren (Landmann et al. 2009). Paart sich ein uninfiziertes Weibchen mit einem mit *Wolbachia* infizierten Männchen oder mit Männchen, die mit unterschiedlichen *Wolbachia*-Stämmen infiziert sind, führt dies zur Cytoplasmatischen Inkompatibilität (CI), sodass die Nachkommen nicht lebensfähig sind. *Wolbachia* wurde erstmals 1924 in infizierten *Culex*-Mücken nachgewiesen und 1936 als *Wolbachia pipientis* beschrieben (Hertig 1936).

Die Entdeckung von *Wolbachia* führte zu neuen Kontrollstrategien, bei denen mit unterschiedlichen *Wolbachia*-Stämmen infizierte Männchen in Mückenpopulationen freigesetzt werden, um die Reproduktion der Vektorpopulation durch die damit verbundene CI zu unterbinden (Yen und Barr 1971; Dobson 2003; Xi et al. 2005; Mains et al. 2016). *Wolbachia*-Infektionen von Vektormücken können auch die Übertragung von Dengue-Viren negativ beinflussen (Bian et al. 2010; Walker et al. 2011).

10.6 Viren

Keines der gegenwärtig bekannten Viren ist zur Bekämpfung von Stechmücken geeignet, obwohl eine Anzahl von Viren aus zweiflügligen Insekten isoliert worden ist (Hunter-Fujita et al. 1998; Lacey 2017). Iridescent-Virusinfektionen sind gelegentlich bei Stechmückenlarven zu finden (Abb. 10.19). Die infizierten Larven sind blau-grün oder violett irisierend. Keines dieser Viren kann jedoch als mikrobieller Bekämpfungsstoff verwendet werden (Weiser 1991).

10.7 Pflanzenextrakte

Pflanzen haben im Laufe der Evolution Abwehrmechanismen entwickelt, um sich vor Fressfeinden zu schützen. Einige Pflanzen produzieren giftige Substanzen, die auch zur Bekämpfung schädlicher Organismen oder zur Heilung von Krankheiten, wie Malaria beim Menschen, genutzt werden können (Rahuman 2011; Benelli und Pavela

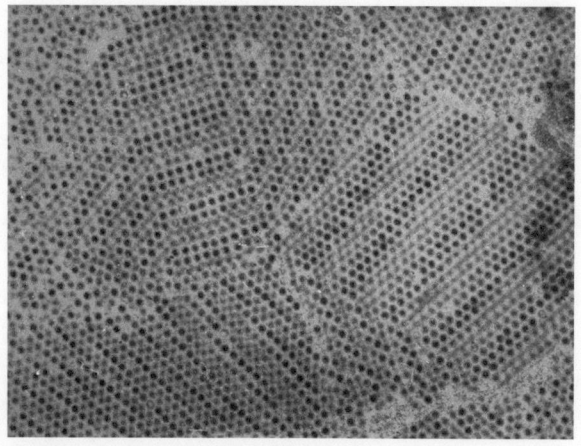

Abb. 10.19 Iridescent-Viren im Fettkörper von *Aedes cantans*-Larven

2018; Benelli et al. 2019). Über 20 % der weltweit vorkommenden Pflanzenarten werden für medizinische Zwecke genutzt. Pflanzen produzieren eine breite Palette von natürlichen Verbindungen, die gegen Stechmücken und Schädlinge wirksam sein können. Bekannte Beispiele sind das Pyrethrum aus Chrysanthemen, Artemisinin aus dem 1-jährigen Beifußgewächs und Extrakte aus dem Niembaum *Azadirachta indica* (Schmutterer 2002; Schmahl et al. 2010; Mehlhorn et al. 2011). Diese Pflanzenextrakte können als Repellentien oder Insektizide eingesetzt werden und haben vielfältige Anwendungen in der Medizin und Landwirtschaft (Schmutterer und Huber 2005; Maggi und Benelli 2018).

Literatur

Achonduh OA, Pierre Roger Tondje PR (2008) First report of pathogenicity of *Beauveria bassiana* RBL1034 to the malaria vector, *Anopheles gambiae* s.l. (Diptera; Culicidae) in Cameroon. Afr J Biotech 7:931–935

Adang M, Crickmore N, Jurat-Fuentes JL (2014) Diversity of *Bacillus thuringiensis* crystal toxins and mechanism of action. In: Dhadialla TS, Gill S (Hrsg) Advances in insect physiology, insect midgut and isecticidal proteins, Bd 47. Academic, San Diego, S 39–87

Ahmed I, Yokota A, Yamazoe A, Fujiwara T (2007) Proposal of *Lysinibacillus boronitolerans* gen. nov. sp. nov., and transfer of *Bacillus fusiformis* to *Lysinibacillus fusiformis* comb. nov. and *Bacillus sphaericus* to *Lysinibacillus sphaericus* comb. Nov. Int J Syst Evol Microbiol 57:1117–1125

Alam KA, Khan SA, Seheli K, Huda N, Wadud A, Reza SH, Ali E, Mandal C, Salam A (2008) Mosquitocidal activity of bti producing cry protein against *Aedes aegypti* mosquito. Res J Environ Sci 2:46–51

Albeny DS, Martins GF, Andrade MR, Krüger RF, Vilela EF (2011) *Aedes aegypti* survival in the presence of *Toxorhynchites violaceus* (Diptera: Culicidae) fourth instar larvae. ZOOLOGIA 28(4):538–540. https://doi.org/10.1590/S1984-46702011000400017

Ali A (1981) *Bacillus thuringiensis* serovar israelensis (ABG-6108) against chironomids and some non-target aquatic invertebrates. J Invert Pathol 38:264–272

Aly C (1985) Germination of *Bacillus thuringiensis* var. *israelensis* spores in the gut of *Aedes* larvae (Diptera: Culicidae). J Invertebr Pathol 45:1–8

Andreadis TG (1985) Experimental transmission of a microsporidian pathogen from mosquitoes to an alternate copepode host. Proc Nat Acad Sci USA 82:5574

Arnold A, Braun M, Becker N, Storch V (1998) Beitrag zur Ökologie der Wasserfledermaus (*Myotis daubentonii*) in Nordbaden.–Carolinea. Karlsruhe 56:103–110

Arnold A, Braun M, Becker N, Storch V (2000) Zur Nahrungsöekologie von Wasser und Rauhhautfledermaus in den nordbadischen Rheinauen Carolinea. Karlsruhe 58:257–263

Asimeng EJ, Mutinga MJ (1992) Field evaluation of *Tilapia zilli* (Gervais) as a biological control agent for mosquito control. Biol Control 2:317–320

Baldwin WF, James HG, Welch HE (1955) A study of predators of mosquito larvae and pupae with a radioactive tracer. Canad Ent 87:350–356

Bartonicka T, Rehak Z, Andreas M (2008) Diet composition and foraging activity of *Pipistrellus pygmaeus* in a floodplain forest. Biologia 63/2: 1–7

Baumann PM, Clark A, Baumann L, Broadwell AH (1991) *Bacillus sphaericus* as a mosquito pathogen: properties of the organism and its toxins. Microbiol Revs 55:425–436

Bay EC (1972) Biological control and its applicability to biting flies In: Proc Symp on Biting Fly Control and Environmental Quality. Univ Alberta, Edmonton, Ottawa, S 65–70

Becker N (1984) Ökologie und Biologie der Culicinae in Südwest-Deutschland. Ph.D. thesis, University of Heidelberg, S 404

Becker N (1992) Community participation in the operational use of microbial control agents in mosquito control programs. Bull Soc Vector Ecol 17(2):14–118

Becker N (1997) Microbial control of mosquitoes: management of the upper Rhine mosquito population as a model programme. Parasitol Today 13(12):485–487

Becker N (2000) Bacterial control of vector-mosquitoes and black flies. In: Charles JF, Delecluse A, Nielsen-le-Roux C (Hrsg) Entomopathogenic bacteria: from laboratory to field applications. Springer, Berlin, S 383–398. http://link.springer.com/chapter/https://doi.org/10.1007/978-94-017-1429-7_21

Becker N (2003) Ice granules containing endotoxins of microbial control agents for the control of mosquito larvae-a new application technique. J Am Mosq Control Assoc 19:63–66

Becker N, Ludwig HW (1983) Mosquito control in West Germany. Bull Soc Vector Ecol 8(2):85–93

Becker N, Djakaria S, Kaiser A, Zulhasril O, Ludwig HW (1991) Efficacy of a new tablet formulation of an asporogenous strain of *Bacillus thuringiensis israelensis* against larvae of *Aedes aegypti*. Bull Soc Vector Ecol 16(1):176–182

Becker N, Zgomba M, Ludwig M, Petric D, Rettich F (1992) Factors influencing the activity of *Bacillus thuringiensis* var. *israelensis* treatments. J Am Mosq Control Assoc 8(3):285–289

Becker N, Margalit J (1993) Control of dipteran pests by *Bacillus thuringiensis* in: *Bacillus thuringiensis*: its uses and future as a biological insecticide. John Wiley & Sons, Ltd Sussex, England

Becker N, Ludwig M, Beck M, Zgomba M (1993) The impact of environmental factors on the efficacy of *Bacillus sphaericus* against *Culex pipiens*. Bull Soc Vector Ecol 18(1):61–66

Becker N, Ludwig M (1993) Investigations on possible resistance in *Aedes vexans* field populations after a 10-year application of *Bacillus thuringiensis israelensis*. J Am Mosq Control Assoc 9(2):221–224

Becker N, Rettich F (1994) Protocol for the introduction of new *Bacillus thuringiensis israelensis* products into the routine mosquito control program in Germany. J Am Mosq Control Assoc 10(4):527–533

Becker N, Zgomba M, Petric D, Beck M, Ludwig M (1995) Role of larval cadavers in recycling processes of *Bacillus sphaericus*. J Am Mosq Control Assoc 11(3):329–334

Becker N, Lüthy P (2017) Mosquito control with entomopathogenic bacteria in Europe. In Lawrence A. Lacey (Hrsg) Microbial control of insect and mite pests from theory to practice. ELSEVIER, S 379–392

Becker N, Schön S, Klein A-M, Ferstl1 I, Kizgin A, Tannich E, Kuhn C, Pluskota B, Jöst A (2017). First mass development of *Aedes albopictus* (Diptera: Culicidae)—its surveillance and control in Germany. Parasitol Res. https://doi.org/10.1007/s00436-016-5356-z

Becker N, Ludwig M, Su T (2018) Lack of resistance in *Aedes vexans* (Diptera: Culicidae) field populations after 36 years of *Bacillus thuringiensis* subsp. *israelensis* (B.t.i.) applications in the Upper Rhine Valley, Germany. J Am Mosq Control Assoc 34(2): 154–157

Becnel JJ, Johnson MA (2000) Impact of *Edhazardia aedis* (Microsporidia: Culicosporidae) on a seminatural population of *Aedes aegypti* (Diptera: Culicidae). Biol Control 18:39–48

Becnel JJ (2006) Biological control of mosquitoes. Tech Bull Floa Mosq Control Assoc 7:48–54

Beebee TJC (1997) Ecology and conservation of amphibians. Chapman and Hall, London, S 214

Benelli G, Jeffries CL, Walker T (2016) Biological control of mosquito vectors: past, present, and future. Cuthbertson AGS. *Insects* 7(4):52. https://doi.org/10.3390/insects7040052

Bellini R, Veronesi R, Rizzoli M (1994) Efficacy of various fish species (*Carassius auratus* [L], *Cyrinus carpo* [L], *Gambusia affinis* [Baird and Girard]) in the control of rice field mosquitoes in Northern Italy. Bull Soc Vet Ecol 19:87–99

Beltrão H, Silva-Filha MH (2007) Interaction of *Bacillus thuringiensis* svar. *israelensis* Cry toxins with binding sites from *Aedes aegypti* (Diptera: Culicidae) larvae midgut. FEMS Microbiol Lett 266(2):163–169s

Benelli G, Pavela R (2018) Beyond mosquitoes-essential oil toxicity and repellency against bloodsucking insects Ind. Crops Prod 117:382–392

Benelli G, Pavela R, Drenaggi E, Maggi F (2019) Insecticidal efficacy of the essential oil of jambu (*Acmella oleracea* (L.) RK Jansen) cultivated in central Italy against filariasis mosquito vectors, houseflies and moth pests. J Ethnopharmacol 229:272–279

Berry C, Hindley J, Oei C (1991) The *Bacillus sphaericus* toxins and their potential for biotechnological development. In: Maramorosch K (Hrsg) Biotechnology for biological control of pests and vectors. CRC Press, Boca Raton, S 35–51

Bian G, Xu Y, Lu P, Xie Y, Xi Z (2010) The Endosymbiotic Bacterium *Wolbachia* Induces Resistance to Dengue Virus in *Aedes aegypti*. *PLoS Pathogens* 6(4):e1000833. https://doi.org/10.1371/journal.ppat.1000833

Bishop SS, Hart RC (1931) Notes on some natural enemies of the mosquitoes in Colorado. J New York Ent Soc 39:151–157

Blackmore MS (1994) Mermithid parasitism of adult mosquitoes in Sweden. Am Midl Nat 132:192–198

Blanford S, Chan BHK, Jenkins N, Sim D, Turner RJ, Read AF, Thomas MB (2005) Fungal pathogen reduces potential for malaria transmission. Science 308:1638–1641

Blanford S, Shi W, Christian R, Marden JH, Koekemoer LL et al (2011) Lethal and pre-lethal effects of a fungal biopesticide contribute to substantial and rapid control of malaria vectors. PLoS ONE 6(8):e23591

Blanford S, Jenkins NE, Read AF, Thomas MB (2012) Evaluating the lethal and pre-lethal effects of a range of fungi against adult *Anopheles stephensi* mosquitoes. Malar J 5(11):365. https://doi.org/10.1186/1475-2875-11-365

Blotzheim UNG (1985) Handbuch der Vögel Mitteleuropas, Bd 14. Aula-Verlag, Wiesbaden

Blum S, Basedow T, Becker N (1997) Culicidae (diptera) in the diet of predatory stages of anurans (Amphibia) in humid biotopes of the Rhine Valley in Germany. J Vector Ecol 22(1):23–29

Boisvert M (2005) Utilization of *Bacillus thuringiensis* var. *israelensis* (*Bti*)-Based Formulations for the Biological Control of Mosquitoes in Canada. 6th Pacific Rim Conference on the Biotechnology of *Bacillus thuringiensis* and its Environmental Impact, Victoria BC, S 87–93

Boisvert M, Boisvert J (2000) Effects of *Bacillus thuringiensis* var. *israelensis* on target and nontarget organisms: a review of laboratory and field experiments. Biocontrol Sci Tech 10:517–561

Boomsma JJ, Jensen AB, Meyling NV, Eilenberg J (2014) Evolutionary networks of insect pathogenic fungi. Annu Rev Entomol 59:467–485

Bourgouin C, Klier A, Rapoport G (1986) Characterization of the genes encoding the haemolytic toxin and the mosquitocidal delta-endotoxin of *Bacillus thuringiensis israelensis*. Mol Gen Genet 205:390–397

Bravo A, Gill SS, Soberon M (2007) Mode of action of *Bacillus thuringiensis* Cry and Cyt toxins and their potential for insect control. Toxicon 49(4):423–435

Broadwell AH, Baumann L, Baumann P (1990) Larvicidal properties of the 42 and 51 kilodalton *Bacillus sphaericus* proteins expressed in different bacterial hosts: evidence for a binary toxin. Curr Microbiol 21:361–366

Buckner E, Williams KF, Marsicano AL, Latham M, Lesser CR (2017) Evaluating the vector control potential of the In2Care® mosquito trap against *Aedes aegypti* and *Aedes albopictus* under semifield conditions in manatee County Florida. J Am Mosq Control Assoc 33(3):193–199. https://doi.org/10.2987/17-6642R.1

Bukhari T, Takken W, Githeko AK, Koenraadt CJM (2011) Efficacy of aquatain, a monomolecular film, for the control of malaria vectors in rice paddies. PLoS ONE 6(6):e21713. https://doi.org/10.1371/journal.pone.0021713

Campbel CAR (1925) Bats, mosquitoes and dollars. University Press of the Pacific

Carpusca I, Jank T, Aktories K (2006) *Bacillus sphaericus* mosquitocidal toxin (MTX) and pierisin: the enigmatic offspring from the family of ADP-ribosyltransferases. Mol Microbiol 62:621–630

Case TJ, Washino RK (1979) Flatworm control of mosquito larvae in rice fields. Science 206(4425):1412–1414

Chandhiron K, Paily KP (2015) Natural parasitism of *Romanomermis iyengari* (Welch) (Nematoda: Mermithidae) on various species of mosquitoes breeding in rice fields in Pondicherry India. Biol Control 83:1–6

Chandra G, Bhattacharjee I, Chatterjee SN, Gosh A (2008) Mosquito control by larvivorous fish. Indian J Med Res 127:13–27

Chodorowski A (1968) Predator-prey relation between *Mochlonyx culiciformis* and *Aedes communis*. Pol Arch Hydrobiol 15:279–288

Chapman HC, Petersen JJ, Fukada T (1972) Predators and pathogens for mosquito control. Am J Trop Med Hyg 21:777–781

Charles JF, Nielsen-LeRoux C (1996) Les bactéries entomopathogénes: mode d'action sur les larves de moustiques et phenomenes de résistance. Ann Inst Pasteur, Actualités 7(4):233–245

Charles JF, Nielsen-LeRoux C (2000) Mosquitocidal bacterial toxins: diversity, mode of action and resistance phenomena. Mem Inst Oswaldo Cruz 95:201–206

Chilcott CN, Ellar DJ (1988) Comparative toxicity of *Bacillus thuringiensis* var. *israelensis* crystal proteins in vivo and in vitro. J Gen Microbiol 134:2551–2558

Clark TB, Fukada T (1967) Predation of *Culicoides cavaticus* (Wirth and Jones) larvae on *Aedes sierrensis* (Ludlow). Mosq News 27:424–425

Coelho PN, Henry R (2017) Copepods against *Aedes* mosquitoes: a very risky strategy. Bioscience 67(6):489. https://doi.org/10.1093/biosci/bix006

Colbo AH, Undeen AH (1980) Effect of *Bacillus thuringiensis* var. *israelensis* on non-target insects in stream trials for control of Simuliidae. Mosq News 40:368–371

Collins FH, Washino RK (1985) Insect predators. Am Mosq Control Assoc Bull 6:25–42

Coykendall RL (Hrsg) (1980) Fishes in Californian mosquito control. Calif Mosq Control Assoc Press, Sacramento, USA, S 63

Cress FC (1980) Other mosquito predators. Calif Berkeley, Agriculture 34(3):20

Crickmore N, Baum J, Bravo A, Lereclus D, Narva K, Sampson K, Schnepf E, Sun M, Zeigler DR (2015) *Bacillus thuringiensis* Toxin Nomenclature. www.btnomencladure.info

Dambach P, Louis Valérie R, Kaiser A, Ouedraogo S, Sié A, Sauerborn R, Becker N (2014a) Efficacy of *Bacillus thuringiensis* var. *israelensis* against malaria mosquitoes in northwestern Burkina Faso. Parasites & Vectors. 7:371. http://www.parasitesandvectors.com/content/7/1/371

Dambach P, Traoré I, Becker N, Kaiser A, Sié A, Sauerborn R (2014b) EMIRA: Ecologic malaria reduction for Africa—innovative tools for integrated malaria control. Glob Health Action 7: 25908 https://doi.org/10.3402/gha.v7.25908.

Dambach P, Schleicher M, Stahl HC, Traoré I, Becker N, Kaiser A, Sié A, Sauerborn R (2016a) Routine implementation costs of larviciding with *Bacillus thuringiensis israelensis* against malaria vectors in a district in rural Burkina Faso. Malar J 15:380. https://doi.org/10.1186/s12936-016-1438-8

Dambach P, Traoré I, Kaiser A, Sié A, Sauerborn R, Becker N (2016b) Challenges of implementing a large-scale larviciding campaign against malaria in rural Burkina Faso—lessons learned and recommendations derived from the EMIRA project. BMC Public Health 16:1023. https://doi.org/10.1186/s12889-016-3587-7

Dambach P, Jorge MM, Traoré I, Phalkey R, Sawadogo H, Zabré P, Kagoné M, Sié A, Sauerborn R, Becker N, Beiersmann C (2018a) A qualitative study of community perception and acceptance of biological larviciding for malaria mosquito control in rural Burkina Faso. BMC Public Health 18:399

Dambach P, Schleicher M, Korir P, Ouedraogo S, Dambach J, Sié A, Dambach M, Becker N (2018b) Nightly biting cycles of *Anopheles* species in Rural Northwestern Burkina Faso. J Med Entomol. https://doi.org/10.1093/jme/tjy043

Davey RB, Meisch MV (1977a) Control of dark rice-field mosquito larvae, *Psorophora columbiae* by mosquito fish, *Gambusia affinis* and green sunfish, *Lepomis cyanellus*, in Arkansas rice fields. Mosq News 37:258–262

Davey RB, Meisch MV (1977b) Dispersal of mosquito fish, *Gambusia affinis* in Arkansas rice fields. Mosq News 37:777–778

Davey RB, Meisch MV (1977c) Low maintenance production studies of mosquitofish, *Gambusia affinis* in Arkansas rice fields. Mosq News 37:760–763

Davidson EW (1988) Binding of the *Bacillus sphaericus* toxin to midgut cells of mosquito larvae: relationship to host range. J Med Ent 25:151–157

Davidson EW, Yousten A (1990) The mosquito larval toxin of *Bacillus sphaericus*. In: de Barjac H, Sutherland D (Hrsg) Bacterial control of mosquitoes and black flies: biochemistry, genetics and applications of *Bacillus thuringiensis israelensis* and *Bacillus sphaericus*. Rutgers Univ Press, New Brunswick, S 237–255

Davidson EW, Becker N (1996) Microbial control of vectors, In: Beaty BJ, Marquardt WC (Hrsg) The biology of disease vectors. University Press of Colorado S 549–563

Davidson EW (2012) History of insect pathology. In: FE Vega, Kaya HK (Hrsg) Insect pathology. Elsevier Inc., S 508

De Barjac H, Bonnefoi A (1968) A classification of strains of *Bacillus thuringiensis* Berliner with a key to their differentiation. J Invertebr Pathol 11(3):335–347

De Barjac H (1983) Bioassay procedure for samples of *Bacillus thuringiensis israelensis* using IPS-82 standard. WHO Report TDR/VED/SWG (5)(81.3), Geneva

De Deken R, Speybroeck N, Gillain G, Sigue H, Batawi K, Van Den Bossche P (2004) The macrocyclic lactone "Spinosad", a promising insecticide for Tsetse fly control. J Med Ent 41(5):814–818

Delecluse A, Barloy F, Rosso ML (1996) Les bactéries pathogénes des larves de diptéres: structure et specificite des toxines. Ann Inst Pasteur Actual 7(4):217–231

Des Rochers B, Garcia R (1984) Evidence for persistence and recycling of *Bacillus sphaericus*. Mosq News 44:160–165

Dida GO, Gelder FB, Anyona DN, Abuom PO, Onyuka JO, Matano AS, Adoka SO, Kanangire CK, Owuor PO, Ouma C, Ofulla AV (2015) Presence and distribution of mosquito larvae predators and factors influencing their abundance along the Mara River Kenya and Tanzania. Springerplus 4:136

Dobson SL (2003) Reversing *Wolbachia*-based population replacement. Trends Parasitol 19(3):128–133

Dua VK, Pandey AC, Rai S, Dash AP (2007) Larvivorous activity of *Poecilia reticulata* against *Culex quinquefasciatus* larvae in a polluted water drain in Hardwar, India. J Am Mosq Control Assoc 23:481–483

Duchet C, Franquet E, Lagadic L, Lagneau C (2015) Effects of *Bacillus thuringiensis israelensis* and spinosad on adult emergence of the non-biting midges *Polypedium nubifer* and *Tanytarsus curticornis* in coastal wetlands. Ecotoxicol Environ Saf 115:272–278

Dulmage HT, Correa JA, Gallegos-Morales G (1990) Potential for improved formulations of *Bacillus thuringiensis israelensis* through standardization and fermentation development. Bacterial control of mosquitoes and blackflies:biochemistry, genetics and applications of *Bacillus thuringiensis israelensis* and *Bacillus sphaericus*. Rutgers Univ Press, New Brunswick, S 16–44

Etang J, Chandre F, Guillet P, Manga L (2004) Reduced bio-efficacy of permethrin EC impregnated bednets against an *Anopheles gambiae* strain with oxidase-based pyrethroid tolerance. Malar J 3:46–46

Farenhorst M, Hilhorst A, Thomas MB, Knols BGJ (2011) Development of fungal applications on netting substrates for malaria vector control. J Med Entomol 48(2):305–313

Federici BA, Lüthy P, Ibarra JE (1990) Parasporal body of *Bacillus thuringiensis israelensis*: Structure, protein composition, and toxicity. In: de Barjac H, Sutherland D (Hrsg) Bacterial control of mosquitoes and blackflies:biochemistry, genetics and applications of *Bacillus thuringiensis israelensis* and *Bacillus sphaericus*. Rutgers Univ Press, New Brunswick, S 45–65

Fillinger U (1999) „Faunistische und ökotoxikologische Untersuchungen mit Bti an Dipteren der nördlichen Oberrheinauen unter besonderer Berücksichtigung der Verbreitung und Phänologie einheimischer Zuckmückenarten (Chironomidae)". Dissertation, University of Heidelberg: S 377

Fillinger U, Knols BGJ, Becker N (2003) Efficacy and efficiency of new *Bacillus thuringiensis* var. *israelensis* and *Bacillus sphaericus* formulations against afrotropical anophelines in western Kenya. Trop Med Int Health 8(1):37–47

Fillinger U, Lindsay SW (2006) Suppression of exposure to malaria vectors by an order of magnitude using microbial larvicides in rural Kenya. Trop Med Int Hlth 11:1629–1642

Fillinger U, Kannady K, William G, Vanek MJ, Dongus S, Nyika D, Geissbuehler Y, Chaki PP, Govella NJ, Mathenge EM, Singer BH, Mshinda H, Lindsay SW, Tanner M, Mtasiwa D, de Castro MC, Killeen GF (2008) A tool box for operational mosquito larval control: preliminary results and early lessons from the Urban Malaria Control Programme in Dar es Salaam. Tanzania Malariol J 7:20

Fillinger U, Lindsay SW (2011) Larval source management for malaria control in Africa: myths and reality. Malar J 10:353

Floore TG (2007) Biorational control of mosquitoes. J Am Mosq Control Assoc 23(2):330

Focks DA, Sackett SR, Bailey DL (1982) Field experiments on the control of *Aedes* aegypti and *Culex quinquefasciatus* by *Toxorhynchites rutilus rutilus* (Diptera: Culicidae). J Med Entomol 19(3):336–339. https://doi.org/10.1093/jmedent/19.3.336

Focks DA, Sacket SR, Klotter KO, Dame DA, Carmichael GT (1986) The integrated use of *Toxorhynchites amboinensis* and ground level ULV insecticide application to suppress *Aedes aegypti* (Diptera: Culicidae). J Med Ent 23:513–519

Gajanana A, Kazmin SJ, Bheema Rao US, Suguna SG, Chandrahas RK (1978) Studies on a nematode parasite (*Romanomermis* sp.: Mermithidae) of mosquito larvae isolated in Pondicherry, India. J Med Res 68:242–247

Garcia R, Des Rochers B, Tozer W (1981) Studies on *Bacillus thuringiensis* var. *israelensis* against mosquito larvae and other organisms. Proc Calif Mosq Vector Control Assoc 49:25–29

Gaugler R, Kaya HK (1990) Entomopathogenic Nematodes in Biological Control. CRC Press, Boca Raton

Gebhard H (1990) Stechmückenbekämpfung mit Fischen. Doctoral thesis, University of Heidelberg, S 238

Georghiou GP, Wirth M (1997) The influence of single vs multiple toxins of *Bacillus thuringiensis* subsp. *israelensis* on the development of resistance in *Culex quinquefasciatus* (Diptera: Culicidae). Appl Environ Microbiol 63(3–4):1095–1101

Gerberg EJ, Visser WM (1978) Preliminary field trial for the biological control of *Aedes aegypti* by means of *Toxorhynchites brevipalpis*, a predatory mosquito larva. Mosq News 38:197–200

Gerberich JB, Laird M (1985) Larvivorous fish in the biocontrol of mosquitoes, with a selected bibliography of recent literature. In: Laird M, Miles J (Hrsg) Integrated mosquito control methodologies. Academic Press, London, S 47–58

Glare TR, Jurat-Fuentes JL, O'Callaghan (2017) Basic and applied research: entomopathogenic bacteria. In: Lawrence A. Lacey (Hrsg) Microbial control of insect and mite pests from theory to practice. ELSEVIER, S 47–67

Gloor S, Stutz HPB, Ziswiler V (1995) Nutritional habits of the Noctule bat Nyctalus noctula (Schreber 1774) in Switzerland. Myotis 32–33:231–242

Goldberg LH, Margalit J (1977) A bacterial spore demonstrating rapid larvicidal activity against *Anopheles sergenti, Uranotaenia unguiculata, Culex univittatus, Aedes aegypti* and *Culex pipiens*. Mosq News 37:355–358

Hackett LW (1937) Malaria in Europe. An ecological study. Oxford Univ Press, S 336

Hazelrigg JE (1975) Laboratory colonization and sexing of *Notonecta unifasciata* (Guerin) reared on *Culex peus* Speiser. Proc Calif Mosq Control Assoc 43:142–144

Hazelrigg JE (1976) Laboratory rate of predation of separate and mixed sexes of adult *Notonecta unifasciata* (Guerin) on fourth-instar larvae of *Culex peus* (Speiser). Proc Calif Mosq Control Assoc 44:57–59

Hirsch H, Becker N (2009) Cost-benefit analysis of mosquito control operations based on microbial control agents in the upper Rhine Vally (Germany). European Mosq Bull 27:47–55

Hertig M (1936) The Rickettsia, *Wolbachia pipientis* (gen. et sp.n.) and associated inclusions of the mosquito, *Culex pipiens*. Parasitology 28(4):453–496

Hertlein BC, Levy R, Miller TWJr (1979) Recycling potential and selective retrieval of *Bacillus sphaericus* from soil in a mosquito habitat. J Invertebr Pathol 33:217–221

Hertlein MB, Mavrotas C, Jousseaume C, Lysandrou M, Thompson GD, Jany W, Ritchie SA (2010) A review of spinosad as a natural product for larval mosquito control. J Am Mosq Control Assoc 26(1):67–68

Hinman EH (1934) Predators of the Culicidae (Mosquitoes). I.The predators of larvae and pupae, exclusive of fish. J Trop Med Hyg 37(9):129–134

Hintz HW (1951) The role of certain arthropods in reducing mosquito populations of permanent ponds in Ohio. Ohio J Sci 51(5):277–279

Höfte H, Whiteley HR (1989) Insecticidal crystal proteins of *Bacillus thuringiensis*. Microbiol Rev 53:242–255

Hougard JM, Back C (1992) Perspectives on the bacterial control of vectors in the tropics. Parasitol Today 8:364–366

Howard AF, Zhou G, Omlin FX (2007) Malaria mosquito control using edible fish in western Kenya: preliminary findings of a controlled study. BMC Public Health 7:199. https://doi.org/10.1186/1471-2458-7-199

Hoy JB, Reed DE (1971) The efficacy of mosquito-fish for control of *Culex tarsalis* in California rice fields. Mosq News 31:567–572

Huang Y-JS, Higgs S, Vanlandingham DL (2017) Biological control strategies for mosquito vectors of arboviruses. *Insects* 8(1):21. https://doi.org/10.3390/insects8010021

Humber RA (2008) Evolution of entomopathogenicity in fungi. J Invertebr Pathol 98(3):262–266. https://doi.org/10.1016/j.jip.2008.02.017

Hunter-Fujita FR, Entwistle PF, Evans HF, Crook NE (1998) Insect viruses and pest management. Wiley West Sussex, England

Hurst TP, Kay BH, Brown MD, Ryan PA (2006) Laboratory evaluation of the effect of alternative prey and vegetation on predation of *Culex annulirostris* immatures by Australian native fish species. J Am Mosq Control Assoc 22:412–417

Ibarra JE, Federici BA (1986) Isolation of a relatively nontoxic 65-kilodalton protein inclusion from the parasporal body of *Bacillus thuringiensis* subsp. *israelensis*. J Bacteriol 165(2):527–533

ICMR (2000) Urban mosquito control–a case study 30(3):9

Inci R, Yildirim M, Bagei N, Inci S (1992) Biological control of mosquito larvae by mosquito-fish (*Gambusia affinis*) in the Batman-Siirt Arva, Turkiye. Parazitoloji Dergisi 16:60–66

Ingabire CM, Hakizimana E, Rulisa A, et al (2017) Community-based biological control of malaria mosquitoes using *Bacillus thuringiensis* var. *israelensis* (Bti) in Rwanda: community awareness, acceptance and participation. *Malar J* 16:399. https://doi.org/10.1186/s12936-017-2046-y

Jackson TA (2017) Entomopathogenic bacteria: mass production, formulation, and quality control. In: Lawrence A. Lacey (Hrsg) Microbial control of insect and mite pests from theory to practice. ELSEVIER, S 125–139

Jacups SP, Rapley LP, Johnson PH, Benjamin S, Ritchie SA (2013) *Bacillus thuringiensis* var. *israelensis* misting for control of *Aedes* in cryptic ground containers in North Queensland, Australia. *The American Journal of Tropical Medicine and Hygiene* 88(3):490–496. https://doi.org/10.4269/ajtmh.12-0385

James HG (1961) Some pradators of *Aedes stimulans* (Walk) and *Aedes trichurus* (Dyar) (Diptera: Culicidae) in woodland pools. Can J Zool 39:533–540

James HG (1966) Insect predators of univoltine mosquitoes in woodland pools of the precambrian shield in Ontario. Canad Ent 98:550–555

James HG (1967) Seasonal activity of mosquito predators in woodland pools in Ontario. Mosq News 27(4):453–457

Jenkins DW (1964) Pathogens, parasites and predators of medically important arthropods: annotated list and bibliography. Bull WHO 30:1–150

Kahindi SC, Midega JT, Mwangangi JM, Kibe LW, Nzovu J, Luethy P, Githure J, Mbogo C (2008) Efficacy of Vectobac DT and Culinexcombi against mosquito larvae in unused swimming pools in malindi, Kenya. J Am Mosq Control Assoc 24:538–542

Kay BH, Cabral CP, Sleigh AC, Brown MD, Ribeiro ZM, Vasconcelos AW (1992) Laboratory evaluation of Brazilian *Mesocyclops* (Copepoda: Cyclopidae) for mosquito control. J Med Ent 29:599–602

Kay BH, Nam VS (2005) New strategy against *Aedes aegypt* in Vietnam. The Lancet 365:613–617

Kayikçioğlu AA, Zahn A (2005) Zur Bedeutung von Mücken (Culiciden und Chironomiden) als Nahrung für die Kleinhufeisennase (*Rhinolophus hipposideros*) Nyctalus N F 10:71–75

Kellen WR, Meyers CM (1964) *Bacillus sphaericus* Neide as a pathogen of mosquitoes. J Invert Pathol 7:442–448

Kerwin JL, Washino RK (1988) Field evaluation of *Lagenidium giganteum* and description of a natural epizootic involving a new isolate of the fungus. J Med Ent 25:452–460

Kerwin JL (1992) EPA registers *Lagenidium giganteum* for mosquito control. Soc Inv Path Newsl 24(2):8–9

Kerwin JL (2007) Oomycetes: *Lagenidium giganteum*. J Am Mosq Control Assoc 23(2):50–57. https://doi.org/10.2987/8756-971X(2007)23[50:OLG]2.0.CO;2

Killeen GF, Fillinger U, Kiche I, Gouagna LC, Knols BGJ (2002a) Eradication of *Anopheles gambiae* from Brazil: lessons for malaria control in Africa? Lancet Infect Dis 2:618–627

Killeen GF, Fillinger U, Knols BGJ (2002b) Advantages of larval control for African malaria vectors: low mobility and behavioural responsiveness of immature mosquito stages allow high effective coverage. Malariol J 1:1–7

Killeen GF, Tatarsky A, Diabate A et al (2017) Developing an expanded vector control toolbox for malaria elimination. BMJ Glob Health 2(2):e000211. https://doi.org/10.1136/bmjgh-2016-000211

Knols BGJ, Farenhorst M, Andriessen R, Snetselaar J, Suer RA, Osinga AJ et al (2016) Eave tubes for malaria control in Africa: an introduction. Malar J 15:404

Kögel F (1984) Die Prädatoren der Stechmückenlarven im Ökosystem der Rheinauen. Ph. D. thesis, University of Heidelberg, S 347

Kramer VL, Garcia R, Colwell AE (1987a) A preliminary evaluation of the mosquitofish and the inland silverside as mosquito control agents in wild rice fields. Proc Calif Mosq Vector Control Assoc 55:44

Kramer VL, Garcia R, Colwell AE (1987b) An evaluation of the mosquito fish, *Gambusia affinis*, and the inland silverside, *Menidia beryllina*, as mosquito control agents in California wild rice fields. J Am Mosq Control Assoc 3:626–632

Kramer VL, Garcia R, Colwell AE (1988a) An evaluation of *Gambusia affinis* and *Bacillus thuringiensis* var. *israelensis* as mosquito control agents in California wild rice fields. J Am Mosq Control Assoc 4:470–478

Kramer VL, Garcia R, Colwell AE (1988b) *Gambusia affinis* and *Bacillus thuringiensis* var. *israelensis* used jointly for mosquito control in wild rice. Mosq Contr Res Univ Calif 1987 Annu Rept, S 18–20

Krieg A (1986) *Bacillus thuringienis*, ein mikrobielles Insektizid. Acta Phytomedica 10:191

Kroeger A, Dehlinger U, Burkhardt G, Anaya H, Becker N (1995) Community based dengue control in Columbia: people's knowledge and practice and the potential contribution of the biological larvicide B. thuringiensis israelensis (*Bacillus thuringiensis israelensis*). Trop Med Parasitol 46:241–246

Kühlhorn F (1961) Untersuchungen über die Bedeutung verschiedener Vertreter der Hydrofauna und flora als natürliche Begrenzungsfaktoren für *Anopheles*-Larven (Dipt.: Culicidae). Z Angew Zool 48:129–161

Kurtak D, Back C, Chalifour A (1989) Impact of Bti on black-fly control in the onchocerciasis control programm in West Africa. Israel J Ent 23:21–38

Lac J (1958) Beitrag zur Nahrung der *Bombina bombina* L Biologia (Bratislav). Czech, with German summary 13:844–853

Lacey LA, Undeen AH (1986) Microbial control of black flies and mosquitoes. Ann Rev Ent 31:265–296

Lacey LA (1990) Persistence and formulation of *Bacillus sphaericus*. In: de Barjac H, Sutherland D (Hrsg) Bacterial control of mosquitoes and blackflies: biochemistry, genetics and applications of *Bacillus thuringiensis israelensis* and *Bacillus sphaericus*. Rutgers Univ Press, New Brunswick, S 284–294

Lacey LA, Merritt RW (2003) The safety of bacterial microbial agents used for black fly and mosquito control in aquatic environments. In Hokkanen, H. M. T., Hajek A. E. (Hrsg) Environmental impacts of microbial insecticides: need and methods for risk assessment. Dordrecht: The Netherlands Kluwer Academic Publishers, S 151–168

Lacey LA (2007) *Bacillus thuringiensis* serovariety *israelensis* and *Bacillus sphaericus* for mosquito control. Am Mosq Control Assoc Bull 7:133–163

Lacey LA, Grzywacz D, Shapiro-Ilan DI, Frutos R, Brownbridge M, Goettel MS (2015) Insect pathogens as biological control agents: back to the future. J Invertebr Pathol 132:1–41

Lacey LA, Lacey CM (1990) The medical importance of rice land mosquitoes and their control using alternatives to chemical insecticides. J Am Mosq Control Assoc 2(6):1–93

Lacey LA (2017) Microbial control of insect and mite pests—from theory to practice. Academic press, Elsevier Inc., S 461

Lagadic L, Roucaute M, Caquet T (2013) Bti sprays do not adversely affect non-target aquatic invertebrates in French Atlantic coastal wetlands. J Appl Ecol 1–12. https://doi.org/10.1111/1365-2664.12165

Laing JE, Welch HE (1963) A dolichopodid predacious on larvae of *Culex restuans* Theob. Proc Ent Soc Ontario 93:89–90

Laird M (1947) Some natural enemies of mosquitoes in the vicinity of Palmalmal. New Britain. Trans Roy Soc NZ 76(3):453–476

Lam PHY, Boon CS, Yng NY, Benjamin S (2010) *Aedes albopictus* control with spray application of *Bacillus thuringiensis israelensis*, strain AM 65–52. Southeast Asian. J Trop Med Public Health 41(5):1071–1081

Lamborn RH (1890) Dragon flies vs. mosquitoes. Can the mosquito pest be mitigated? Studies in the life history of irritating insects, their natural enemies, and artificial checks by working entomologists. D Appleton Co, New York, S 202

Lamborn WA (1920) Some further notes on the tsetse flies of Nyasaland. Bull Ent Res 11(2):101–104

Landmann F, Orsi GA, Loppin B, Sullivan W (2009) *Wolbachia*-mediated cytoplasmatic incompatibility is associated with impaired histone deposition in the male pronucleus. PLoS Pathog 5:e1000343

Lane CJ (1992) *Toxorhynchites auranticauda* sp.n., a new Indonesian mosquito and the potential biocontrol agent. Med Vet Ent 6:301–305

Lawler SP (2017) Environmental safety review of methoprene and bacterially-derived pestticides commonly used for sustaines mosquito control. Ecotoxicol Environ Saf 139:335–343

Legner EF (1991) Formidable position on turbellarians as biological mosquito control agent. Proc Calif Mosq Vect Control Assoc 59:82–85

Legner EF (1995) Biological control of Diptera of medical and veterinary importance. J Vector Ecol 20(1):59–120

Lenhoff HM (1978) The hydra as a biological mosquito control agent. Mosquito Control Research University California Annual Report, S 58–61

Li J, Carroll J, Ellar DJ (1991) Crystal Structure of Insecticidal Endotoxin from *Bacillus thuringiensis* at 2.5 Å resolutions. Nature 353(6347):815–821

Lloyd L (1987) An alternative to insect control by "mosquitofish" *Gambusia affinis* In: Proceedings 4th Symposium Arbovirus Research in Australia. QIMR, Brisbane 4:156–163

Louca V, Lucas MC, Greeb C, Majambere S, Fillinger U, Lindsay SW (2009) Role of Fish as Predators of Mosquito Larvae on the Floodplain of the Gambia River. J Med Entomol 46(3):546–556

Lüthy P, Wolfersberger MG (2000) Pathogenesis of *Bacillus thuringiensis* toxins. In: *Entopathogenic* bacteria form laboratory to field application. Kluwer Academic Publishers, Dordrecht, S 524

Ludwig M, Beck M, Zgomba M, Becker N (1994) The impact of water quality on the persistance of *Bacillus sphaericus*. Bull Soc Vector Ecol 19(1):43–48

Ludwig M, Becker N (2005) Gibt es Resistenz nach 20 Jahren B.t.i.? DpS 1:15–17

Lundström JO, Schäfer ML, Petersson E, Persson Vinnersten TZ, Landin J, Brodin Y (2009) Production of wetland Chironmidae (Diptera) and the effects of using *Bacillus thuringiensis israelensis* for mosquito control. Bull Entomol Res 100:117–125

Lundström JO, Brodin Y, Schäfer ML, Persson Vinnersten TZ, Östman Ö (2010) High species richness of Chironomidae (Diptera) in temporary flooded wetlands associated with high species turn-over rates. Bull Entomol Res 100:433–444

Maggi F, Benelli G (2018) Essential oils from aromatic and medicinal plants effective weapons against mosquito vectors of public health importance. In: Mosquito-borne diseases, Springer, S 69–129

Mahilum MM, Ludwig M, Madon MB, Becker N (2005) Evaluation of the present dengue situation and control strategies against *Aedes aegypti* in Cebu City, Philippines. J Vector Ecol 30:277–283

Mains JW, Brelsfoard CL, Rose RI, Dobson SL (2016) Female adult *Aedes albopictus* suppression by *Wolbachia*-Infected male mosquitoes. Sci Rep 6:33846. https://doi.org/10.1038/srep33846

Majambere S, Lindsay SW, Green C, Kandeh B, Fillinger U (2007) Microbial larvicides for malaria control in The Gambia. Malariol J 6:76

Margalit J, Dean D (1985) The story of *Bacillus thuringiensis israelensis* (B.t.i.). J Am Mosq Control Assoc 1:1–7

Marina CF, Bond JG, Casas M, Muñoz J, Orozco A, Valle J, Williams T (2011) Spinosad as an effective larvicide for control of *Aedes albopictus* and *Aedes aegypti*, vectors of dengue in southern Mexico. Pest Manag Sci 67(1):114–121

Marina CF, Bond JG, Muñoz J, Valle J, Chirino N, Williams T (2012) Spinosad: a biorational mosquito larvicide for use in car tires in southern Mexico. Parasit Vectors 5:95. https://doi.org/10.1186/1756-3305-5-95

Marina CF, Bond JG, Muñoz J, Valle J, Novelo-Gutiérrez R, Williams T (2014) Efficacy and non-target impact of spinosad, Bti and temephos larvicides for control of *Anopheles* spp. in an endemic malaria region of southern Mexico. *Parasit Vectors* 7:55. Published 2014 Jan 30. https://doi.org/10.1186/1756-3305-7-55

Marina CF, Bond JG, Muñoz J, Valle J, Quiroz-Martínez H, Torres-Monzón JA, Williams T (2018) Efficacy of larvicides for the control of dengue, Zika, and chikungunya vectors in an urban cemetery in southern Mexico. Parasitol Res 117(6):1941–1952

Marten GG, Reid JW (2007) Cyclopoid copepods. J Am Mosq Control Assoc 23:65–92

Martini E (1920) Über Stechmücken, besonders deren europäische Arten und ihre Bekämpfung. Beih Arch Schiffs-u Tropenhyg 24(1):1–267

Mc Aney C, Shiel C, Fairley J (1991) The analysis of bat droppings. Occasional publication of the Mammal Society, London 14:1-48

McGaughey WH (1985) Insect resistance to the biological insecticide *Bacillus thuringiensis*. Science 229:193–195

Medrano G (1993) Field records of some predators of freshwater mosquitoes in Flager Country, Florida. J Floa Mosq Control Assoc 64:24–25

Mehlhorn H, KAS Al-Rasheid, Abdel-Ghaffar F (2011) The neem tree story: extracts that really work. In: Nature helps. How plants and other organisms contribute to solve health problems. Parasitology Research Monographs 1, Springer Verlag Berlin, Heidelberg, S 77–108

Mertz FP, Yao RC (1990) *Saccharopolyspora spinosa* sp. nov. Isolated from Soil Collected in a Sugar Mill Rum Still. Int J Syst Bacteriol 40(1):34–39. https://doi.org/10.1099/00207713-40-1-34. ISSN0020-7713

Mian LS, Mulla MS, Chaney JD (1985) Biological strategies for control of mosquitoes associated with aquaphyte treatment of waste water. University of California, Mosquito Control Research, Annual Report, S 91–92

Mian LS, Mulla MS, Wilson BS (1986) Studies on potential biological control agents of immature mosquitoes in sewage wastewater in southern California. J Am Mosq Control Assoc 2:329–335

Micieli MV, Garcia JJ, Becnel JJ (2000) Horizontal transmission of *Amblyospora albifasciati* Garcia and Becnel 1994 (Microsporidia: Amblyosporidae), to a copepod intermediate host and the neotropical mosquito *Aedes albifasciatus* (Marquart 1837). J Invertebr Pathol 75:76–83

Miura T, Takahashi RM, Mulligan FS (1980) Effects of the bacterial mosquito larvicide, *Bacillus thuringiensis* serotype H-14 on selected aquatic organisms. Mosq News 40:619–622

Miura T, Takahashi RM (1985) A laboratory study of crustacean predation on mosquito larvae. Proc Calif Mosq Contr Assoc 52:94–97

Miyagi I, Toma T, Mogi M (1992) Biological control of container-breeding mosquitoes, *Aedes albopictus* and *Culex quinquefasciatus*, in a Japanese island by release of *Toxorhynchites splendens* adults. Med Vet Ent 6:290–300

Mnyone LL, Lyimo IN, Lwetoijera DW, Mpingwa MW, Nchimbi N et al (2012) Exploiting the behaviour of wild malaria vectors to achieve high infection with fungal biocontrol agents. Malar J 11:87

Mogi M (1978) Population studies on mosquitoes in the rice field area of Nagasaki, Japan, especially on *Culex tritaeniorhynchus*. Trop Med 20:173–263

Molloy D, Jamnback H (1981) Field evaluation on *Bacillus thuringeinsis* var. *israelensis* as a blackfly biocontrol agent and its effect on non-target stream insects. J Econ Ent 74:314–318

Mulla MS, Federici BA, Darwazeh HA (1982) Larvicidal efficacy of *Bacillus thuringiensis* serotype H-14 against stagnant water mosquitoes and its effects on non-target-organisms. Environ Ent 11:788–795

Mulla MS, Darwazeh HA, Zgomba M (1992) Effect of some environmental factors on the efficacy of *Bacillus sphaericus* 2362 and *Bacillus thuringiensis* (H-14) against mosquitoes. Bull Soc Vector Ecol 15:166–175

Mulligan FS III, Schaefer CH, Wilder WH (1980) Efficacy and persistence of *Bacillus sphaericus* and *B. thuringiensis* H-14 against mosquitoes under laboratory and field conditions. J Econ Ent 73:684–688

Murdoch WW, Bence JR, Chesson JA (1984) Effects of the general predator, Notonecta (Hemiptera) upon a freshwater community. J Anim Ecol 53:791–808

Mwangangi JM, Mbogo CM, Orindi BO et al (2013) Shifts in malaria vector species composition and transmission dynamics along the Kenyan coast over the past 20 years. Malar J 12:13. https://doi.org/10.1186/1475-2875-12-13

Nam VS, Yen NT, Kay BH, Marten GG, Reid JW (1998) Eradication of *Aedes aegypti* from a village in Vietnam, using copepods and community participation. Am J Trop Med Hyg 59(4):657–660

Nasi S, Abbas S, Jabeen F, Nasir I, Hussain SM, Faisal Hafeez F (2015) Biological control of dengue mosquito (*Aedes aegypti* L.) with the copepod (*Mesocyclops aspericornis* D.) and fish (Tilapia nilotica L.). Int J Biosci 6(9): 82–89

Navon A, Ascher KRS (2000) Bioassays of entomopathogenic microbes and nematodes. CABI Publishing, Wallingford, S 324

Nelson FRS (1977) Predation on mosquito larvae by beetle larvae, *Hydrophilus triangularis* and *Dytiscus marginalis*. Mosq News 37:628–630

N'Guessan R, Darriet F, Doannio JM, Chandre F, Carnevale PO (2001) Nett efficacy against pyrethroid-resistant *Anopheles gambiae* and *Culex quinquefasciatus* after 3 years' field use in Côte d'Ivoire. Med Vet Ent 15:97–104

N´Guessan R, Knols BGJ, Pennetierbd C, Rowlanda M (2007) DEET microencapsulation:a slow-release formulation enhancing the residual efficacy of bed nets against malaria vectors. Trans Royal Soc Trop Med Hyg 102(3):259–262

Nicolas L, Dossou-Yovo J, Hougard J (1987) Persistence and recycling of *Bacillus sphaericus* 2362 spores in *Culex quinquefasciatus* breeding sites in West Africa. Appl Microbiol Biotech 25:341–345

Nielson ET, Nielson AT (1953) Field observations on the habits of *Aedes taeniorhynchus*. Ecology 34(1):141–156

Nielsen-LeRoux C, Charles JF, Thiery I, Georghiou GP (1995) Resistance in a laboratory population of *Culex quinquefasciatus* (Diptera: Culicidae) to *Bacillus sphaericus* binary toxin is due to a change in the receptor on midgut brush-border membranes. Europ J Biochem 228:206–210

Notestine MK (1971) Population densities of know invertebrate predators of mosquito larvae in Utah marshland. Mosq News 31:311–334

Ondiaka SN, Masinde EW, Koenraadt CJ, Takken W, Mukabana WR (2015) Effects of fungal infection on feeding and survival of *Ano-*

pheles gambiae (Diptera: Culicidae) on plant sugars. Parasit Vectors 8(1):35

Paily KP, Balaraman K (2000) Susceptibility of ten species of mosquito larvae to the parasitic nematode *Romanomermis iyengari* and its development. Med Vet Entomol 14(4):426–429

Park HW, Sabrina R. Hayes SR, Stout GM, Day-Hall G, Latham MD, John P, Hunter JP (2007) Identification of two mosquitocidal *Bacillus cereus* strains showing different host ranges. J Invert Pathol 100:54–56

Park HW, Bideshi DK, Federici BA (2010) Properties and applied use of the mosquitocidal bacterium *Bacillus sphaericus*. J Asia-Pacific Entomol 13:159–168

Pérez-Pacheco R, Santamarina-Mijares A, Vásques-López A, Martínez-Tómas SH, Suárez-Espinosa J (2009) Efectividad y supervivencia de *Romanomermis culicivorax* en criaderos naturales de larvas de mosquitos. Agrociencia 43:861–868

Petersen JJ (1980) Mass production of the mosquito parasite *Romanomermis culicivorax*: effect of density. J Nematol 12:45–48

Peterson JJ (1985) Nematodes as biological control agents. In: Baker JR, Muller R (Hrsg). Adv Parasitol Acad Press. London, S 307–344

Peterson BV (1960) Notes on some natural enemies of Utah black flies (Diptera: Simuliidae). Canad Ent 92:266–274

Platzer EG (2007) Mermithid nematodes. J Am Mosq Control Assoc 23:58–64

Poulin B, Lefebvre G, Paz L (2010) Red flag for green spray: adverse trophic effects of *Bti* on breeding birds. J Appl Ecol 47:884–889

Priest FG (1992) Biological control of mosquitoes and other biting flies by *Bacillus sphaericus* and *Bacillus thuringiensis*. J Appl Bacteriol 72:357–369

Prothero DR (2017) "Laurasiatheria: Chiroptera". The Princeton Field Guide to Prehistoric Mammals. Princeton University Press: 112–116. ISBN 978-0-691-156Mammals. 82–8

Pruszynski CA, Hribar LJ, Mickle R, Leal AL (2017) A Large scale biorational approach using *Bacillus thuringiensis israeliensis* (Strain AM65-52) for managing *Aedes aegypti* populations to prevent dengue Chikungunya and Zika transmission. PLoS ONE 12(2):e0170079. https://doi.org/10.1371/journal.pone.0170079

Pruthi HS (1928) Some insects and other enemies of mosquito larvae. Indian J Med Res 16:153–157

Puchi ND (2005) Factors affecting the efficency and persistance of *Bacillus thuringiensis* var. *israelensis* on *Anopheles aquasalis* Curry (Diptera:Culicidae), a malaria vector in Venezuela. Entomotropica 20:213–233

Quiroz-Martínez H, Rodríguez-Castro A (2007) Aquatic insects as predators of mosquito larvae. J Am Mosq Control Assoc 23:110–117

Qureshi AH, Bay EC (1969) Some observations on *Hydra americana* Hyman as a predator of *Culex peus* Speiser mosquito larvae. Mosq News 29(3):465–471

Ragoonanansingh RN, Njunwa KJ, Curtis CF, Becker N (1992) A field study of *Bacillus sphaericus* for the control of culicine and anopheline mosquito larvae in Tanzania. Bull Soc Vector Ecol 17(1):45–50

Rahuman AA (2011) Efficacies of medicinal plant extracts against blood-sucking parasites. In: Mehlhorn (Hrsg) Nature helps. How plants and other organisms contribute to solve health problems. Parasitology Research Monographs 1, Springer_Verlag Berlin, Heidelberg, S 19–53

RBM-Roll Back Malaria Partnership/World Health Organization (2015) *Action and Investment to Defeat Malaria 2016–2030* (World Health Organization on behalf of the Roll Back Malaria Partnership Secretariat, 2015)

Ritchie SA, Rapley LP, Benjamin S (2010) *Bacillus thuringiensis* var.*israelensi* (Bti) Provides Residual Control of *Aedes aegypti* in Small Containers. Am J Trop Med Hyg 82(6): 1053–1059. https://doi.org/10.4269/ajtmh.2010.09-0603

Riviere F, Kay BH, Klein JM, Sechan Y (1987a) *Mesocyclops aspericornis* (Copepoda) and *Bacillus thuringiensis* var. *israelensis* for the biological control of *Aedes* and *Culex* vectors (Diptera: Culicidae) breding in crap holes, tree holes and artificial containers. J Med Ent 24:425–430

Riviere FY, Sechan Y, Kay BH (1987b) The evaluation of predators for mosquito control in French Polynesia. In: Proceedings of 4th Symposium Arbovirus Research in Australia (1986) QIMR, Brisbane, S 150–154

Roberts GM (1989) The combination of *Bacillus thuringiensis* var. *israelensis* with a monomolecular film. Israel J Ent 23:95–97

Rojas W, Northrup J, Gallo O, Montoya AE, Montoya F, Restrepo M, Nimnich G, Arango M, Echavarria M (1987) Reduction of malaria prevalence after introduction of *Romanomermis culicivorax* (Mermithidae:Nematoda) in larval *Anopheles* habitats in Colombia. Bull WHO 65:331–337

Romi R, Proietti S, DiLuca M, Cristofaro M (2006) Laboratory evaluation of the bioinsecticide spinosad for mosquito control. J Am Mosq Control Assoc 22:93–96

Rupp HR (1995) Adverse assessments of *Gambusia affinis*. American Curr Summer 21(3):9–14

Russell TL, Brown MD, Purdie DM, Ryan PA, Brian H, Kay BH (2003) Efficacy of VectoBac (*Bacillus thuringiensis* variety *israelensis*) formulations for mosquito control in Australia. J Econ Ent 96:1786–1791

Rydell J (1986) Foraging and diet of the northern bat, *Eptesicus nilssoni*, in Sweden. Holarct Ecol 9:272–276

Rydell J (1990) The northern bat of Sweden: taking advantage of a human environment. Bats 8(2):8–11

Rydzanicz K, Lonc E, Kiewra D, De Chant P, Krause S, Becker N (2009) Evaluation of two application techniques of three microbial larvicide formulations against *Culex p. pipiens* in irrigation fields in Wroclaw Poland. J Am Mosq Control Assoc 25(2):140–148

Sabatinelli G, Majori G, Blanchy S, Fayaerts P, Papakay M (1990) Testing of the larvivorous fish, *Poecilia reticulata* in the control of malaria in the Islamic Federal Republic of the Comoros, in French WHO/MAL 90.1060:1–10

Salgado VL (1998) Studies on the mode of action of spinosad: Insect symptoms and physiological correlates. Pestic Biochem Physiol 60:91–102

Sanad MM, Shamseldean MSM, Elgindi A-EY, Gaugler R (2013) Host Penetration and Emergence Patterns of the Mosquito-Parasitic Mermithids *Romanomermis iyengari* and *Strelkovimermis spiculatus* (Nematoda: Mermithidae). J Nematol 45(1):30–38

Santamarina AM (1994) Actividad parasitaria de *Romanomermis iyengari* (Nematoda, Mermithidae) en criaderos naturales, de larvas de mosquito. Misc Zool 17:59–65

Sasa M, Kurihara T (1981) The use of poeciliid fish in the control of mosquitoes. In: Laird M (Hrsg) Biocontrol of medical and veterinary pests. Praeger, New York, S 36–53

Schoenherr AA (1981) The role of competition in the displacement of native fishes by introduced species. In: Naiman RJ, Stoltz DL (Hrsg) Fishes in North American deserts. Wiley Inter science, New York, S 173–203

Scholte EJ, Njiru BN, Smallegange RC, Takken W, Knols BGJ (2003) Infection of malaria (*Anopheles gambiae* s.s.) and filariasis (*Culex quinquefasciatus*) vectors with entomopathogenic fungus *Metarhizium anisopliae*. Malar J 2:29

Scholte EJ, Knols BGJ, Samson RA, Takken W (2004) Entomopathogenic fungus for mosquito control: A Revs. J Insect Sci 4:19

Scholte EJ, Ng'habi K, Kihonda J, Takken W, Paaijmans K, Abdulla S, Killeen G, Knols BGJ (2005) An entomopathogenic fungus for control of adult African malaria mosquitoes. Science 10(308):1641–1642

Schmahl G, Al-Rasheid KAS, Abdel-Ghaffar F, Klimpel S, Mehlhorn H (2010) The efficacy of neem seed extract (Tre-san®, MiteStop®)

on a broad spectrum of pests and parasites. Parasitol Res 107:261–269

Schmutterer H (2002) The neem tree, 2. Aufl. Neem Foundation, Mumbai, S 893

Schmutterer H und Huber J (2005) Natürliche Schädlingsbekämpfungsmittel. Verlag Eugen Ulmer, S 263

Scholte EJ, Knols BG, Takken W (2006) Infection of the malaria mosquito *Anopheles gambiae* with the entomopathogenic fungus Metarhizium anisopliae reduces blood feeding and fecundity. J Invertebr Pathol 91(1):43–49 Epub 2005 Dec 22

Scholte EJ, Knols BGJ, Takken W (2008) An entomopathogenic fungus (*Metarhizium anisopliae*) for control of the adult African malaria vector *Anopheles gambiae*. Entomol Berich 68:21–26

Service MW (1965) Predators of the immature stages of *Aedes* (*Stegomyia*) *vittatus* (Bigot) (Diptera: Culicidae) in water-filled rockpools in Northern Nigeria WHO/EBL/33.65, S 19

Service MW (1973a) The biology of *Anopheles claviger* Meigen (Diptera: Culicidae) in southern England. Bull Ent Res 63:347–359

Service MW (1973b) Study of the natural predators of *Aedes cantans* (Meigen) using the precipitin test. J Med Ent 10:503–510

Service MW (1977) Mortalities of the immature stages of species B of the *Anopheles gambiae* complex in Kenya:comparison between rice fields and temporary pools, identification of predators and effects of insecticidal spraying. J Med Ent 13:535–545

Service MW (1983) Biological control of mosquitoes-has it a future? Mosq News 43:113–120

Setha T, Chantha N, Benjamin S, Socheat D. (2016) Bacterial Larvicide, *Bacillus thuringiensis israelensis* Strain AM 65-52 Water dispersible granule formulation impacts both dengue vector, *Aedes aegypti* (L.) Population density and disease transmission in Cambodia. *PLoS Neglected Tropical Diseases* 10(9):e0004973. https://doi.org/10.1371/journal.pntd.0004973

Siegel JP (2001) The mammalian safety of *Bacillus thuringiensis*-based insecticides. J Invertebr Pathol 77(1):13–21

Siegel JP (2012) Testing the pathogenicity and infectivity of entomopathogens to mammals. In: LAcey LA (Hrsg) Manual of Techniques in Invertebrate Pathology, 2 Aufl. Academic Press/Elsevier, S 441–450

Silva-Filha MH, Nielsen-Leroux C, Charles JF (1999) Identification of the receptor for *Bacillus sphaericus* crystal toxin in the brush border membrane of the mosquito *Culex pipiens* (Diptera: Culicidae). Insect Biochem Mol Biol 29:711–721

Silva-Filha MH, Regis L, Oliveira CMF, Furtado AF (2001) Impact of a 26-month *Bacillus sphaericus* trial on the preimaginal density of *Culex quinquefasciatus* in an urban area of Recife, Brazil. J Am Mosq Control Assoc 17:45–50

Silva-Filha MHNL, Berry B, Regis L (2014) *Lysinibacillus sphaericus*: toxins and mode of action, applications for mosquito control and resistance management. Adv Insect Physiol 47:89–176

Sinegre G, Babinot M, Quermel JM, Gavon B (1994) First field occurrence of *Culex pipiens* resistance to *Bacillus sphaericus* in southern France. Abstr VIIIth Europ Meet Soci Vector Ecol, Barcelona, S 17

Singer S (1973) Insecticidal activity of recent bacterial isolates and their toxins against mosquito larvae. Nature 244:110–111

Sjogren RD (1971) Evaluation of the mosquitofish *Gambusia affinis* (Baird and Girard) and the common guppy *Poecilia reticulata* Peters for biological control of mosquitoes in dairy waste lagoons. Ph.D. Thesis, University of California, Riverside, S 105

Sjogren RD (1972) Minimum oxygen threshold of *Gambusia affinis* (Baird and Girard) and *Poecilia reticulata* (Peters). Proc Calif Mosq Contr Assoc 40:124–126

Sjogren RD, Legner EF (1989) Survival of the mosquito predator, *Notonecta unifasciata* (Guerin) (Hemiptera: Notonectidae) embryos at low thermal gradients. Entomophaga 34:201–208

Skierska B (1969) Larvae of Chaoborinae occurring in small reservoirs. I. Some observations on larvae of *Chaoborus crystallinus* (DeGeer 1776) and on the possiblity of their predacity in relation to larvae of biting mosquitoes. Bull Inst Mar Med Gdansk 20:101–108

Skovmand O, Becker N (2000) Bioassays of *Bacillus thuringiensis* subsp. *israelensis*. 41–47. In: Navon A, Ascher KRS (Hrsg) Bioassays of Entomopathogenic Microbes and Nematodes. CABI Publishing, Oxon, S 324

Sparks TC, Thompson CD, Kirst HA, Hertlein MB, Larson LL, Worden TV, Thibault ST (1998) Biological activity of the spinosyns. new fermentation derived insect control agents on tobacco budworm (Lepidoptera: Noctuidae) larvae. J Econ Entomol 91:1277–1283

Stewart RJ, Schaefer CH, Miura T (1983) Sampling *Culex tarsalis* immatures on rice fields treated with combinations of mosquito fish and *Bacillus thuringiensis* H-14 toxin. J Econ Ent 76:91–95

Su T (2008) Evaluation of water soluble pouches of *Bacillus sphaericus* applied as pre-hatch treatment against *Culex* mosquitoes in simulated catch basins. J Am Control Assoc 24:54–60

Su T (2017) Microbial control of pest and vector mosquitoes in North America north of Mexic. In: Lawrence A. Lacey (Hrsg) Microbial control of insect and mite pests from theory to practice. ELSEVIER, S 393–407

Sweeney AW, Hazard EI, Graham MF (1985) Intermediate host for an *Amblyospora* sp. (Microspora) infecting the mosquito, *Culex annulirostris*. J Invertebr Pathol 46:98–102

Sweeney AW, Becnel JJ (1991) Potential of microsporidia for the biological control of mosquitoes. Parasitol Today 7:217–220

Swift SM, Racey PA, Avery MI (1985) Feeding ecology of *Pipistrellus pipistrellus* (Chiroptera: Vespertilionidae). Myotis 30:7–74

Tabashnik BE, Cushing NL, Finson N, Johnson MW (1990) Development of resistance to *Bacillus thuringiensis* in field populations of *Plutella xylostella* in Hawaii. J Econ Ent 83:1671–1676

Tabibzadeh I, Behbehani C, Nakhai R (1970) Use of *Gambusia* fish in the malaria eradication programme of Iran. Bull WHO 43:623–626

Thompson GD, Michel KH, Yao RC, Mynderse JS, Mosburg CT, Worden TV, Chio EH, Sparks TC, Hutchins SH (1997) The discovery of *Saccharopolyspora spinosa* and a new class of insect control products. Down to Earth 52:1–5

Tietze NS, Mulla MS (1987) Tadpole shrimp (*Triops longicaudatus*), new candidates as biological control agents for mosquitoes. Calif Mosq Vet Control Assoc Biol Briefs 113(2):1

Tietze NS, Mulla MS (1991) Biological control of *Culex* mosquitoes (Diptera: Culicidae) by the tadpole shrimp, *Triops longicaudatus* (Notostraca, Triopsidae). J Med Ent 28:24–31

Tikasingh ES (1992) Effects of *Toxorhynchites moctezuma* larval predation on *Aedes aegypti* populations: experimental evaluation. Med Vet Ent 6:266–271

Timmermann U, Becker N (2003) Die Auswirkung der Stechmückenbekämpfung auf die Ernährung auenbewohnender Vogelarten. Carolinea 61:145–165

Timmermann U, Becker N (2017) Impact of routine *Bacillus thuringiensis israelensis* (Bti) treatment on the availability of flying insects as prey for aerial feeding predators. Bull Entomol Res. https://doi.org/10.1017/S007485317000141

Trpis M (1960) Stechmücken der Reisfelder und Möglichkeiten ihrer Bekämpfung. Biologicke prace, Bratislava 6:117

Trpis M (1981) Survivorship and age specific fertility of *Toxorhynchites brevipalpis* females (Diptera: Culicidae). J Med Ent 18:481–486

Tuttle M (2000) Bats, man-made roosts, and mosquito control. Bats 8(2):8

Vladimirova VV, Pridantseva EA, Gafurov AK, Muratova ME (1990) Testing the mermithids *Romanomermis iyengari* and *R. culicivorax* for the control of blood-sucking mosquitoes in Tadznik SSR. Meditsinskaya Parazitologiya i Parazitarnye Bolezni 3:42–45

Walker T, Johnson PH, Moreira LA, Iturbe-Ormaetxe I, Frentiu FD, McMeniman CJ, Leong YS, Dong A, Kriesner P, Lloyd AL, Ritchie SA, O'Neill SL, Hoffmann AA (2011) The wMel *Wolbachia* strain blocks dengue and invades caged *Aedes aegypti* populations. Nature 476:450–455

Walker K, Lynch M (2007) Contributions of *Anopheles* larval control to malaria suppression in tropical Africa: review of achievements and potential. J Med Vet Ent 21:2–21

Walsh JR, Carpenter SR, Zanden MJV (2016) Invasive species triggers a massive loss of ecosystem services through a trophic cascade. Proc Natl Acad Sci 113:4081–4085. https://doi.org/10.1073/pnas.160036611

Walters LL, Legner EF (1980) Impact of the desert pufish, *Cyprinodon macularius*, and *Gambusia affinis affinis* on fauna in pond ecosystems. Hilgardia 48(3):1–18

Walton WE (2007) Larvivorous fish including *Gambusia*. J Am Mosq Control Assoc 23:184–220

Ward ES, Ellar DJ (1988) Cloning and expression of two homologous genes of *Bacillus thuringiensis* subsp. *israelensis* which encode 130-kilodalton mosquitocidal proteins. J Bacteriol 170:727–735

Weiser J (1984) A mosquito-virulent *Bacillus sphaericus* in adult *Simulium damnosum* from Northern Nigeria. Zbl Mikrobiol 139:57–60

Weiser J (1991) Biological Control of Vectors. John Wiley & Sons Ltd., West Sussex, S 189

Wesenberg-Lund C (1943). Biologie der Süsswasserinsekten. Springer, Berlin, S 682

Whitaker O, Long R (1998) Mosquito feeding by bats. Bat Res News 39(2):59–61

WHO (1999) *Bacillus thuringiensis*, Environmental Health Criteria S 217

WHO (2003) Use of fish for mosquito control. World Health Organization, Regional Office for the Eastern Mediterranean. S 74. http://www.who.int/iris/handle/10665/116355

WHO (2013) Larval source management—a supplementary measure for malaria vector control. An operational manual. S 116. **ISBN**: 9789241505604

WHO (2014). World Malaria report 2014

WHO (2015) *Global Technical Strategy for Malaria 2016–2030*. ISBN 978 924 156499 1

WHO (2016) Global report on insecticide resistance in malaria vectors: 2010–2016. **ISBN**:978 92 4 151405 7, S 72

WHO (2017). World Malaria report 2017

Wickramasinghe B, Mendis CL (1980) *Bacillus sphaericus* spores from Sri Lanka demonstrating rapid larvicidal activity on *Culex quinquefasciatus*. Mosq News 40:387–389

Wirth MC, Park HW, Walton WE, Federici BA (2005) Cyt1A of *Bacillus thuringiensis* delays evolution of resistance to Cry11A in the mosquito *Culex quinquefasciatus*. Appl Environ Microbiol 71:185–189

Wolz I (1993) Untersuchungen zur Nachweisbarkeit von Beutetierfragmenten im Kot von *Myotis bechsteini* (Kuhl 1818). Myotis 31:5–25

Woodring J, Davidson EW (1996) Biological control of mosquitoes. In: Beaty BJ, Marquardt WC (Hrsg) The biology of disease vectors. University Press of Colorado, USA, S 530–548

Worrall E (2007) Integrated Vector Management Programs for Malaria Control-Cost Analysis for Large-Scale Use of Larval Source Management in Malaria Control. Bureau Global Hlth, USA Inter Development (USAID) GHS-I-01-03-00028-000-1

Worrall E, Fillinger U (2011) Large-scale use of mosquito larval source management for malaria control in Africa: a cost analysis. Malar J 10:338. https://doi.org/10.1186/1475-2875-10-338

Xi Z, Dean JL, Khoo C, Dobson SL (2005). Generation of a novel *Wolbachia* infection in *Aedes albopictus* (Asian tiger mosquito) via embryonic microinjection. *Insect biochemistry and molecular biology* 35(8):903–910. https://doi.org/10.1016/j.ibmb.2005.03.015

Xu B, N Becker, X Xianqi, H Ludwig. (1992). Microbial control of malaria vectors in Hubei Province, P.R.-China. Bull Soc Vector Ecol 17(2): 140–149

Yen JH, Barr AR (1971) New hypothesis of the cause of cytoplasmic incompatibility in *Culex pipiens* L. Nature 232(5313):657–658

Yiallouros M, Storch V, Becker N (1999) Impact of *Bacillus thuringiensis* var. *israelensis* on larvae of *Chironomus thummi thummi* and *Psectrocladius psilopterus* (Diptera: Chironomidae). J Invertebr Pathol 74:39–47

Yohannes M, Haile M, Ghebreyesus TA, Witten KH, Getachew A, Byass P, Lindsay SW (2005) Can source reduction of mosquito larval habitat reduce malaria transmission in Tigray, Ethiopia? Tropical Med Int Hlth 10:1274–1285

Yuan ZM, ZhangYM CQX, Liu EY (2000) High-level field resistance to *Bacillus sphaericus* C3 41 in *Culex quinquefasciatus* from Southern China. Biocontrol Sci Tech 10:41–49

Zahiri NS, Su T, Mulla MS (2002) Strategies for the Management of Resistance in Mosquitoes to the Microbial Control Agent *Bacillus sphaericus*. J Med Ent 39:513–520

Zimmermann G (2007a) Review on safety of the entomopathogenic fungus *Metarhizium anisopliae*. Biocontrol Sci Tech 17(9):879–920. https://doi.org/10.1080/09583150701593963

Zimmermann G (2007b) Review on safety of the entomopathogenic fungi *Beauveria bassiana* and *Beauveria brongniartii*. Biocontrol Sci Tech 17(5/6):553–596

Zinn L, Humphrey SR (1976) Insect communities available as prey and foraging of the southeastern brown bat. Proceedings of 7th Annual North American Symposium on Bat Research

Chemische Bekämpfung

11.1 Einleitung

Die chemische Bekämpfung ist besonders dort von großer Bedeutung, wo Stechmücken nicht nur Plagegeister, sondern Überträger von gefährlichen Krankheitskeimen sind (Romi et al. 2009; ECDC 2012; Ravula und Yenugu 2021). Während man bei der Bekämpfung von Plagegeistern zunächst immer umweltfreundlichen, biologischen Methoden und Umweltsanierung den Vorrang geben sollte, kann man die Weitergabe von Krankheitskeimen durch infizierte Stechmückenweibchen vor allem durch den Einsatz von synthetischen Adultiziden verhindern. Der Einsatz von synthetischen Insektiziden begann mit der Entdeckung von DDT (Dichlordiphenyltrichlorethan) Mitte des 20. Jahrhunderts. DDT ist sehr wirksam gegen eine breite Palette von Insekten, zeigt eine langanhaltende Wirkung und eine geringe akute Toxizität für Säugetiere. Durch das Besprühen von Wänden in Wohngebäuden mit DDT konnten die endophilen *Anopheles*-Weibchen als Malariaüberträger erfolgreich abgetötet werden, sodass die Malaria in vielen Gebieten erfolgreich bekämpft werden konnte. Die anfänglich großen Erfolge bei der Schädlings- und Vektorbekämpfung führten schnell zur weitflächigen Anwendung des Insektizids. Allerdings zeigten sich bald die negativen Auswirkungen des großflächigen Einsatzes, wie die Bildung von Resistenzen (Entwicklung von Unempfindlichkeiten gegen das Insektizid) und umwelttoxische Erscheinungen mit z. T. gravierenden Folgen für die Umweltwelt.

DDT als Molekül ist sehr stabil, und auch seine Abbauprodukte verbleiben lange in der Umwelt. Zudem ist DDT fettlöslich und hat daher eine starke Tendenz, sich im Fettkörper insbesondere von Wirbeltieren und somit in der Nahrungskette anzureichern. Als Reaktion wurde der Einsatz von DDT in den USA und in vielen Ländern Europas inklusive Deutschland in den 1970er-Jahren verboten. Außerdem suchte man daraufhin nach Insektiziden, die nicht lange in der Umwelt verbleiben. Als Ergebnis hat man nach den Organochloridverbindungen in den 1950er- und 1970er-Jahren eine neue Gruppe von Insektiziden, die Organophosphate (OPs), eingeführt. Diese Insektizide werden zwar schneller abgebaut, aber einige sind auch um ein Vielfaches toxischer für Warmblüter als DDT. Den OPs folgten die Carbamate in den 1970er-Jahren, die wiederum weniger toxisch für Warmblüter sind als einige OPs. Etwa 10 Jahre später wurden die ersten photostabilen synthetischen Pyrethroide (z. B. Deltamethrin) entwickelt, die nicht nur äußerst wirksam gegen Insekten, sondern für Warmblüter weitgehend ungefährlich sind. Die Pyrethroide finden heute eine breite Anwendung in der Schädlingsbekämpfung. Im Kampf gegen Malaria nehmen sie im Rahmen des Partnership-Programms „Roll Back Malaria" (RBM) eine herausragende Stellung durch das Imprägnieren von Moskitonetzen ein, wodurch eine langanhaltende Wirkung erzielt wird. In den zurückliegenden 2 Dekaden wurden dadurch viele Tausend Menschenleben, vor allem von Kindern, besonders in dem stark betroffenen Afrika, gerettet. Leider ist das Einsetzen von Resistenzen auch hier ein sehr großes Problem. Intensive Forschungsarbeiten zur Entwicklungsphysiologie der Insekten führten zu einer neuen Gruppe von biorationalen Insektiziden, den synthetischen Wachstumshormonen für Insekten und den Chitinsynthesehemmern. Die Wachstumshormone wirken spezifisch auf Insekten und die Chitinsynthesehemmer auf Gliederfüßer und sind somit für Warmblüter ungefährlich.

Diese Stoffe können eine Langzeitwirkung erzielen, allerdings ist die akute Wirkung wegen der verzögerten Mortalität schwierig nachzuweisen. Durch intensive Grundlagenforschung werden zunehmen neue Bekämpfungsstoffe entwickelt, um vor allem das Resistenzproblem zu bekämpfen.

11.2 Wirkmechanismen der verschiedenen Insektizidklassen

Die Insektizide werden üblicherweise in Gruppen mit ähnlicher chemischer Struktur unterteilt. Dazu zählen die chlorierten Kohlenwasserstoffe (z. B. DDT), die Organophosphate (z. B. Malathion oder Temephos), die Carbamate

(z. B. Bendiocarb), die Pyrethroide (z. B. Permethrin), die Analoga des Juvenilhormons (z. B. Methopren) sowie die Acylharnstoffe als Chitinsynthesehemmer (z. B. Diflubenzuron). In jüngerer Zeit wurde eine Reihe neuerer Klassen von Insektiziden entwickelt, darunter die Neonicotinoide (z. B. Clothianidin) und die Oxadiazine (z. B. Indoxacarb).

Zusätzlich zu den synthetischen Insektiziden gibt es auch diejenigen natürlichen bakteriellen Ursprungs, wie die Endotoxine von *Bacillus thuringiensis israelensis* oder natürliche Spinoside, die von dem Bakterium *Saccharopolyspora spinosa* gebildet werden (Kap. 10).

Je nach ihrer Wirkung auf die verschiedenen Entwicklungsstadien der Insekten werden die Insektizide auch als Larvizide, wenn sie Larven, oder als Adultizide, wenn sie die Adulten abtöten, bezeichnet.

Weiterhin können die Insektizide auch nach ihrem Wirkmechanismus eingruppiert werden:

a) Insektizide mit Wirkung im Nerven- und Muskelbereich
Diese Verbindungen stören die Funktion des Nervensystems des Insekts. Hier kann man entsprechend dem Wirkort 2 Gruppen von Insektiziden unterscheiden:

– Acetylcholinesterasehemmer
Bei der Weiterleitung eines Nervensignals von einer Nervenzelle auf eine andere wird Acetylcholin von der hinleitenden Nervenzelle in den synaptischen Spalt zwischen den beiden Nervenzellen abgegeben (Gekle 2010). Dort bindet es an Rezeptoren an der ableitenden Nervenzelle und erzeugt ein neues Reizsignal (Aktionspotenzial). Das Acetylcholin wird durch die Acetylcholinesterase sofort in Cholin und Essigsäure aufgespalten, wodurch die Reizung an der Synapse aufgehoben wird und ein erneuter Reiz erfolgen kann. Wird jedoch die Acetylcholinesterase durch ein Gift (z. B. Schlangen- oder Spinnengifte) bzw. durch ein synthetisches Insektizid gehemmt, wird das Acetylcholin nicht an den Rezeptoren der reizableitenden Nervenzelle oder bei der Reizübertragung am Muskel (motorischen Endplatten) abgebaut, und es kommt zu einer Anreicherung von Acetylcholin, was zu einem anhaltenden Muskelzucken und letztendlich zum Tod des Organismus führt. Dieser Wirkmechanismus liegt bei den Organophosphaten und Carbamaten vor.

– Natriumkanalmodulatoren

Die chlorierten Kohlenwasserstoffe (Organochlorine) und Pyrethroide blockieren als Kontaktgifte die spannungsabhängigen Natriumkanäle in der Zellmembran. Im Ruhezustand besteht an einer Zellmembran durch den unterschiedlichen Zustand von Ionenkanälen ein Membranpotenzial, das sogenannte Ruhepotenzial, von etwa -70 mV im Zellinneren (Gekle 2010). Erfolgt ein Reiz, so werden die Natriumkanäle in der Membran geöffnet, und die positiv geladenen Natriumionen strömen in die Zelle ein, sodass das Membranpotenzial depolarisiert wird und sich ein Aktionspotenzial aufbaut, bei dem das Zellinnere jetzt für wenige Millisekunden positiv geladen ist. Dieses Aktionspotenzial breitet sich als elektrisches Signal (Nervenimpuls) über die Zellmembran aus. Zum Wiederaufbau des Ruhepotenzials muss der Natriumkanal innerhalb weniger Millisekunden wieder geschlossen werden, sodass sich, unterstützt durch die Natrium-Kalium-Pumpe, wieder das Ruhepotenzial einstellt. Ein neuer Reiz kann erfolgen. Durch das Anlagern eines chlorierten Kohlenwasserstoff- oder Pyrethroidinsektizids an die Natriumkanäle wird das Verschließen der Natriumkanäle verhindert, und es kommt zum ungehinderten Einströmen von Natriumionen in die Zelle, wodurch das Membranpotenzial neutralisiert bzw. aufgehoben wird. Es können keine Aktionspotenziale mehr aufgebaut werden, und Reizweiterleitungen werden verhindert. Es kommt zu einer Dauerreizung, zu Krämpfen und Lähmung des Insekts, bis der Tod eintritt.

Auch die Modulatoren des nikotinischen Acetylcholinrezeptors (nACHR) und die Oxadiazine beeinträchtigen die Nervenweiterleitung durch ihre Modulation der Ionenkanäle.

Die nikotinischen Acetylcholinrezeptoren sind Rezeptoren in der Membran von Nerven- und Muskelzellen, deren Untereinheiten eine Pore als Ionenkanal darstellen, der durch das Substrat Acetylcholin als Neurotransmitter bezüglich der Durchlässigkeit von Kationen ($Na+$ und $K+$) gesteuert wird. Dieser Ionenkanal kann auch durch Nikotin oder verwandte Substanzen aktiviert werden. Die allosterischen Modulatoren wie Neonicotinoide und Spinosyne binden an den nikotinischen Acetylcholinrezeptor, sie werden aber nicht wie das Acetylcholin durch die Acetylcholinesterase abgebaut. Der Rezeptor wird dadurch dauerhaft stimuliert, und es kommt zu einem Dauerreiz mit Krämpfen des Insekts, die schließlich zum Tod führen.

Die Oxadiazine haben eine ähnliche Wirkung. Der bekannteste Vertreter dieser Gruppe ist das Indoxacarb, dessen Wirkung auch auf der Blockade der Natriumkanäle beruht, allerdings einen anderen Wirkmechanismus als die Pyrethroide hat und somit dort eingesetzt werden kann, wo es Resistenzen gegen Pyrethroide, z. B. bei den Moskitonetzen, gibt.

b) Wachstums- und Entwicklungshemmer

Die insektiziden Wachstumsregulatoren (Insect Growth Regulators, IGRs) wirken, indem sie die Metamorphose stören oder die Bildung der Cuticula mit Chitin beeinträchtigen.

- Das Juvenilhormon (JH) bestimmt bis zu einer gewissen Konzentration im Verhältnis zum Häutungshormon Ectyson die Larvalhäutung. Nimmt die Konzentration des JHs ab, so leitet das Ectyson die Puppen- bzw. Adulthäutung ein. Durch Verabreichung von Juvenilhormonanaloga, z. B. in die Brutgewässer, wird die Konzentration an JH in den Entwicklungsstadien künstlich hochgehalten, sodass es Entwicklungsstörungen von überzähligen Larvalhäutungen und zu Missbildungen und letztendlich zum Tod vor Erreichen des fortpflanzungsfähigen Adultstadiums kommt (Mulligan et al. 1990; Miura und Takahashi 1975).

- Die Acylharnstoffe als Chitinsynthesehemmer sind chemische Verbindungen, die durch die Acylierung von Harnstoff entstehen. Werden sie von den Larven aufgenommen, wird die Synthese von Chitin gehemmt und die Cuticula (Haut) der Larven nicht ausreichend gebildet, was zu deren Tod führt.

Beide genannten Stoffgruppen sind wenig wirbeltiertoxisch, zeigen jedoch eine breite Wirkung auf Insekten bzw. Arthropoden.

11.3 Die chemischen Gruppen der Insektizide

11.3.1 Die chlorierten Kohlenwasserstoffe

Als Organochlorpestizid (OCP) ist DDT (Dichlordiphenyltrichlorethan) das bekannteste Mitglied der Gruppe der Chlorkohlenwasserstoffe, aber auch andere Verbindungen wie Dieldrin und Gamma-HCH wurden Mitte des 20. Jahrhunderts zur Schädlingsbekämpfung eingesetzt. DDT galt wegen seiner guten Wirksamkeit gegen Schadinsekten, seiner relativ geringen Toxizität für Säugetiere sowie kostengünstigen Herstellung als Wundermittel insbesondere im Kampf gegen Malaria (Bruce Chwatt 1971). Allerdings stellten sich nach wenigen Jahren der breiten Anwendung vielerorts Resistenzen ein, sodass die Euphorie bald verflog. Das breite Wirkungsspektrum der chlorierten Kohlenwasserstoffe, ihre Persistenz, und dadurch ihre Gefahr für die Umwelt und die Nahrungskette sind der Grund, warum ihr Einsatz in der Schädlingsbekämpfung heute weitgehend als unangemessen betrachtet wird, obwohl es immer noch Situationen gibt, in denen DDT eine wichtige Komponente im Kampf gegen Malaria ist. Dies vor allem in den Ländern, in denen die Stechmücken gegenüber DDT noch empfindlich sind und eine aktive Übertragung von Malaria stattfindet (Rehwagen 2006).

DDT öffnet als Neurotoxin die spannungsabhängigen Natriumionenkanäle, was zu Krämpfen und zum Tod des Insekts führt. Typischerweise wird DDT für das Besprühen der Wände und Decken (Indoor Residual Spraying, IRS) von Ruheflächen der endophilen Stechmücken wie von *An. gambiae* s.s. verwendet. In Abhängigkeit von der Dosierung und des Substrats kann die Wirkung von DDT 6–12 Monate anhalten. Bruce-Chwatt (1971) wies darauf hin, dass DDT allein durch die Malariabekämpfung etwa 15 Mio. Menschenleben gerettet hat.

Allerdings persistieren DDT sowie seine Abbauprodukte in der Umwelt und reichern sich im Fettgewebe an, insbesondere in Organismen im oberen Bereich der Nahrungspyramide (Prädatoren) (Mahobiya 2020; Kesic et al. 2021). Durch seine Wirkung legten beispielsweise Greifvögel, wie der Weißkopfseeadler, das Wappentier der USA, Eier mit dünnen Schalen ab, die beim Brüten zerbrachen. Die Produktion und Verwendung von DDT sind daher durch eine internationale Vereinbarung streng eingeschränkt (Stockholmer Übereinkommen über persistente organische Schadstoffe von 2007; www.pops.int/documents/contex). Es wurde jedoch eine Ausnahme für die Produktion und den öffentlichen Gesundheitsgebrauch von DDT für IRS zur Kontrolle von durch Vektoren übertragenen Krankheiten gemacht, hauptsächlich aufgrund des Mangels an ebenso wirksamen und effizienten Alternativen.

11.3.2 Organophosphate

Zahlreiche Organophosphate (OPs) wurden als Insektizide ab den 1950er-Jahren entwickelt, um teilweise die persistierenden chlorierten Kohlenwasserstoffe in der Anwendung zu ersetzen. Die OPs sind allesamt Neurotoxine, haben jedoch eine andere Wirkungsweise als die Organochlorverbindungen. Die OPs hemmen die Aktivität der Acetylcholinesterase an den Nervensynapsen der Insekten. Dadurch wird der Neurotransmitter Acetylcholin in den Synapsen angereichert und nach seiner Bindung an die Rezeptoren der ableitenden Nervenzelle nicht abgebaut, wodurch es zu einer Dauerreizung und zu Krampfanfällen der Insekten kommt, die schließlich zum Tod führen.

Im Vergleich zu den chlorierten Kohlenwasserstoffen haben die OPs eine geringere chemische Stabilität und reichern sich nicht in der Nahrungspyramide an. Dafür weisen die OPs meist eine höhere akute Toxizität für Wirbeltiere auf und haben oft einen charakteristischen unangenehmen Geruch.

Malathion ($C_{10}H_{19}O_6PS_2$), ein Dithiophosphorsäureester, wurde 1950 entwickelt und wird vor allem in den Tropen zur Bekämpfung von adulten Stechmücken im städtischen Bereich durch ULV-Vernebelung (ULV = Ultra Low Volume) eingesetzt.

Temephos ($C_{16}H_{20}O_6P_2S_3$), auch als Abate bekannt, wird seit vielen Jahren vor allem in den Tropen als Larvizid eingesetzt. Wegen seiner geringen Säugetiertoxizität wird es auch in Wassercontainern gegen *Ae. aegypti* und *Ae. albopictus* angewendet, um den Ausbruch von Arbovirosen zu verhindern. Die Temephos-EC-Formulierung ist sehr wirksam gegen alle Larvenstadien von Stechmücken, allerdings beeinflusst es auch Nichtzielorganismen wie Libellen (Odonata), Eintagsfliegen (Ephemeroptera) oder Käfer (Coleoptera) (Zgomba et al. 1983; Zgomba 1987). Resistenz gegen Temephos ist in einigen Gebieten nach intensivem Einsatz der Verbindung aufgetreten (Sinegre 1984; Grandes und Sagrado 1988).

Andere OPs, die vorwiegend als Larvizide eingesetzt werden sind: Fenitrothion, Fenthion und Chlorpyrifos sowie Pirimiphos-methyl, das in Gebieten mit Resistenzen gegen andere OPs, Carbamate und Pyrethroide im Kampf gegen Malaria eingesetzt wird. Zum Teil sind diese OPs toxisch für Fische (z. B. Chlorpyrifos) oder Vögel (z. B. Fenthion). Neben der Resistenzentwicklung stellt die Toxizität mancher OPs auch gegen Wirbeltiere ein Problem dar, weshalb sie in der EU keine Anwendung bei der Stechmückenbekämpfung finden.

11.3.3 Carbamate

Als Derivate der Carbamidsäure wurden die Carbamate erstmals in den 1950er-Jahren eingeführt. Wie die OPs hemmen sie die Acetylcholinesterase, wodurch sie als Fraß- und Kontaktinsektizid ein breites Wirkungsspektrum besitzen. Sie können wirksam gegen Vektoren auch dort eingesetzt werden, wo sich Resistenzen gegen chlorierte Kohlenwasserstoffe (OCPs) entwickelt haben. Die häufig in den Tropen angewandten Carbamate sind Propoxur (o-Isopropoxyphenylmethylcarbamat) und Bendiocarb (2,2-Dimethyl-1,3-benzodioxol-4-ol-methylcarbamat), die zum Behandeln von Wänden und Decken als Ruheplätze für Stechmücken und z. T. auch in der ULV-Ausbringung Verwendung finden (Evans 1993).

11.3.4 Pyrethroide

Die Pyrethroide spielen heute eine wichtige Rolle bei der Bekämpfung von adulten Stechmücken, insbesondere von *Anopheles*-Arten im Kampf gegen Malaria. Sie leiten sich von den natürlich vorkommenden Pyrethrinen im Pyrethrumextrakt ab, die aus den getrockneten Blüten von verschiedenen *Tanacetum*-Arten (Synonym: *Chrysanthemum*, Familie der Korbblütler: Asteraceae) gewonnen werden. Natürliche Pyrethrine werden seit Jahrhunderten zur Bekämpfung von Insekten entweder als Extrakt oder einfach durch pulverisierte Blüten (Pyrethrumblüten) verwendet. Bekannt ist z. B. das dalmatinische Insektenpulver, das aus *Tanacetum cinerariifolium* gewonnen wird (Shi et al. 2011). Die *Tanacetum*-Arten gedeihen besonders gut in gemäßigten Klimazonen (z. B. in Europa oder Tasmanien) oder in höheren Lagen (>2000 m) in den Tropen (z. B. Kenia, Tansania, Ruanda) und werden in der Größenordnung von Tausenden Tonnen jährlich geerntet (Matsuo 2019). Allerdings wird der natürliche Pyrethrinextrakt schnell durch Sonnenlicht inaktiviert, weshalb man synthetische Analoga der natürlichen Pyrethrine, die sogenannten Pyrethroide, entwickelte, die besser wirken und in der Regel auch photostabiler als natürliche Pyrethrine sind (Elliott 1989). Die Pyrethrine und Pyrethroide bestehen aus verschiedenen Molekülen, die sich in der Anordnung der Atome nur leicht unterscheiden und Ester aus einem Säure- und Alkoholrest sind (Ravula und Yenugu 2021). Meist enthalten sie variable Alkoholreste und einen Chrysanthemumsäurerest, in den Dichlor-, Dibrom- oder Difluorvinylgruppen eingefügt werden können, um photostabilere Pyrethroide wie Permethrin, Deltamethrin oder Cypermethrin herzustellen (Davies 1985).

Pyrethrine und Pyrethroide sind als Kontaktgift neurotoxisch und entfalten ihre insektizide Wirkung wie die OCPs (z. B. DDT) an den spannungsabhängigen Natriumkanälen in den Zellmembranen der Nervenzellen (Axonmembranen) des Insekts (Gajendiran und Abraham 2018). Die Natriumkanäle werden irreversibel blockiert, sodass Na^+-Ionen vom extrazellulären in den intrazellulären Raum ungehindert einströmen. Das Ruhepotenzial von -70 mV wird dadurch langfristig aufgehoben, und durch die Depolarisierung der Zelle kann kein neues Aktionspotenzial zur erneuten Reizweiterleitung aufgebaut werden; es kommt zur Lähmung und Immobilisierung des Insekts (Knock-down-Effekt), der zum Tod führt.

Resistenzen gegen Pyrethroide entstehen durch die vermehrte Produktion von Esterasen und Oxidasen, die die Pyrethroide abbauen oder durch Mutationen (kdr-Knock-down-Resistenz) an den Proteinen des Natriumkanals, sodass die Pyrethroide den Kanal nicht mehr blockieren können. Da die Pyrethroide und die OCPs (z. B. DDT) den gleichen Wirkort haben, können Insekten, die z. B. gegen DDT resistent sind, auch gegen Pyrethroide resistent sein, was man als Kreuzresistenz bezeichnet.

In kommerziellen Produkten werden Pyrethrine und Pyrethroide manchmal mit Synergisten wie Piperonylbutoxid (PBO) kombiniert. Synergisten sind von sich aus nicht insektizid, erhöhen jedoch die Wirksamkeit der Insektizidformulierung, indem sie den biologischen Abbau des Insektizids im Insekt hemmen (Yamamoto 1973).

Die WHO empfiehlt die Verwendung von Pyrethroiden zur Mückenbekämpfung aufgrund ihrer hohen Wirksamkeit und ihrer günstigen Sicherheits- und Umweltprofile im Vergleich zu früheren Klassen von Insektiziden. Synthetische Pyrethroide haben die Verwendung von OCPs, OPs und Carbamaten in mehreren Bereichen der Schädlings- und Vektorbekämpfung teilweise ersetzt oder ergänzt.

11.3 Die chemischen Gruppen der Insektizide

Die derzeit auf dem europäischen Markt verfügbaren Pyrethroide gemäß der Biozidrichtlinie sind entsprechend der European Chemicals Agency (ECHA) (Stand August 2023): Alpha-Cypermethrin ($C_{22}H_{19}Cl_2NO_3$), Cyfluthrin ($C_{22}H_{18}Cl_2FNO_3$), Deltamethrin ($C_{22}H_{19}Br_2NO_3$), Etofenprox ($C_{25}H_{28}O_3$), Lambda-Cyhalothrin ($C_{23}H_{19}ClF_3NO_3$), Metofluthrin ($C_{18}H_{20}F_4O_3$) und Permethrin ($C_{21}H_{20}Cl_2O_3$).

Permethrin war das erste photostabile Pyrethroid, das wegen seiner langanhaltenden hohen Wirksamkeit und guten Verträglichkeit für Menschen häufig als Mückenschutzmittel auf Kleidung und Bettnetzen Verwendung findet. Allerdings gibt es wegen der häufigen Anwendung auch Resistenzprobleme, z. B. bei *Ae. aegypti* (Vontas et al. 2012; Garcia et al. 2009; Chen et al. 2021; Taconet et al. 2022). Deltamethrin wird ebenfalls weit verbreitet insbesondere bei der Bekämpfung von Malaria zum Imprägnieren der Moskitonetze oder zum Besprühen der Ruheplätze (Wände) der Anophelinen und zur ULV-Behandlung eingesetzt. Alpha-Cypermethrin und Etofenprox werden zum Besprühen von Innenflächen und zum Imprägnieren von Bettnetzen benutzt (Khambay 2002). Cyfluthrin wird meist gegen exophile Stechmücken im Freien verwendet. Lambda-Cyhalothrin wird in den USA zur Barrierebehandlung in suburbanen Wohngebieten mit einer Wirkung von etwa 6 Wochen eingesetzt (Trout et al. 2007). Metofluthrin zeigt eine hohe Flüchtigkeit, weshalb es wegen seiner geringen Säugetiertoxizität in Moskitospiralen oder Verdampfern Verwendung findet.

Aufgrund des weit verbreiteten Einsatzes von Pyrethroiden treten jedoch Resistenzen als eine bedeutende Herausforderung für die weltweiten Bemühungen zur Malariabekämpfung, insbesondere in Afrika, auf. Die WHO und ihre Partner haben daher einen globalen Plan für das Management von Insektizidresistenzen (GPIRM) entwickelt, der darauf abzielt, die wirksame Lebensdauer der derzeit verfügbaren Insektizide zu verlängern (Hemingway und Ranson 2000; WHO 2006a, b, 2016; Nauen et al. 2008; Beier et al. 2008).

Obwohl die akute Toxizität von Pyrethroiden bei Warmblütern gering ist, muss auf ihre breite Wirksamkeit bei Insekten und Gefährlichkeit für Wirbeltiere wie Fische hingewiesen werden. Die Pyrethroide gehören zu den toxischsten Insektiziden für aquatische Organismen, weshalb ihr Einsatz in Gewässernähe unterbleiben sollte (Rösch et al. 2019; Nationale Expertenkommission für Stechmücken 2022).

11.3.5 Wachstumsregulatoren

Die Entwicklung der Wachstumsregulatoren (Insect Growth Regulators, IGRs) beruht auf intensiven entomologischen Studien zur Entwicklungsphysiologie von Insekten. Sie greifen entweder als Stoffe mit vergleichbarer Wirkung (Analoga) wie Juvenilhormone oder als Chitinsynthesehemmer gezielt in den Lebenszyklus von Arthropoden ein (Goodmann und Cusson 2012; Cusson et al. 2013). Daher besitzen sie eine geringe Toxizität für Wirbeltiere und wirken oft spezifischer als herkömmliche Insektizide. Allerdings wirken auch sie nicht so spezifisch gegen Stechmückenlarven wie mikrobielle Produkte auf der Basis von *B. thuringiensis israelensis* oder *Lysinibacillus sphaericus* (Becker et al. 2020).

Eine Eigenschaft der Wachstumshemmer ist, dass ihre Wirkung auf die Larven nicht sofort eintritt, sondern sich erst zeigt, wenn die Larve sich ihrer nächsten Häutung nähert (Becker et al. 2020). Daher muss die Überwachung der Wirksamkeit nach der Behandlung der Gewässer diese verzögerte Wirkung berücksichtigen.

Die beiden Hauptgruppen von Wachstumsregulatoren haben die folgenden Wirkungsweisen:

1. Die Chitinsynthesehemmstoffe (Inhibitoren) sind Benzamide und Benzoylharnstoffe wie Diflubenzuron, Cyromazin, Triflumuron und Novaluron. Diese hemmen die Synthese und Ablagerung von Chitin bei der Bildung der neuen Insektenhaut (Cuticula), was zur Störung der Häutung und zum Tod der Insekten führt.
Das Benzamid Diflubenzuron ($C_{14}H_9ClF_2N_2O_2$) war der erste kommerzialisierte Chitinsynthesehemmer, der Mitte der 1970er-Jahre entwickelt wurde (Ali und Mulla 1978; Mulla, 1995; WHO 2001, 2005). Bellini et al. (2009) konnten unter Feldbedingungen in Norditalien eine gute Wirksamkeit und Persistenz von bis zu 5 Wochen nach der Behandlung nachweisen. In Italien zeigte Diflubenzuron gute Ergebnisse bei der Larvenbekämpfung von *Ae. albopictus* und *Cx. pipiens* s.l. vor allem in Abwasserschächten und Gullys (Fonseca et al. 2013; Caputo et al. 2015).
2. Juvenilhormon-Analoga (JHA) behindern die Metamorphose der Insekten (Verwandlung der Entwicklungsstadien zum adulten Fluginsekt). Bei Anwendung in den Brutgewässern wird die Konzentration an JHA in den Larven künstlich im Vergleich zum Häutungshormon Ectyson hochgehalten, sodass es zu überzähligen Larvalhäutungen, zu Missbildungen und zur Unterbindung der Verpuppung und damit nicht zur erfolgreichen Entwicklung zum adulten Insekt kommt. Die Liste der zugelassenen Insektizide bei der ECHA (Stand August 2023) enthält 2 JHA:
   – S-Methoprene ($C_{19}H_{34}O_3$) ist eines der am häufigsten verwendeten JHA und kann in flüssigen, pellet- und brikettartigen Formulierungen zur Anwendung kommen. Es kann auch als Sandgranulat mit flüssiger Methoprenformulierung aufbereitet und mit Granulatstreuern ausgebracht werden. Die Pellet- und Brikettformulierung können eine Wirkung über einige

Wochen bis Monate bewirken (Becker et al. 2020). Über 40 Jahre Feldforschung haben gezeigt, dass Methopren eines der umweltverträglichsten Mückenbekämpfungsmittel ist (Siddall 1976). Dennoch führte eine 3-jährige Behandlung von Feuchtgebieten in Minnesota mit Methopren zu einem signifikanten Rückgang der Anzahl von wirbellosen Fressfeinden (Mazzacano und Black 2013).

- Pyriproxyfen ($C_{20}H_{19}NO_3$) ist ähnlich wie das verwandte Fenoxycarb ein Derivat des Pyridins und steht strukturell nicht direkt mit dem natürlichen Juvenilhormon in Verbindung, zeigt aber ähnliche Wirkungen. Pyriproxyfen ist bereits in extrem niedrigen Konzentrationen für Entwicklungsstadien der Stechmücken tödlich. Dadurch eignet es sich neben der direkten Anwendung zur Autodissemination, d. h., dass sich weibliche Mücken, z. B. von *Ae. albopictus*, in eigens hergestellten Fallen mit genügend Pyriproxyfen am Körper kontaminieren können, um den Wirkstoff bei der erneuten Eiablage in neue Wasserbehälter übertragen zu können. Dies kann eine signifikante tödliche Wirkung auf sich entwickelnde Stechmücken ausüben (Dell und Apperson 2003; Devine et al. 2009; Caputo et al. 2012; Gaugler et al. 2012). Neben der konventionellen Sprühbehandlung von Stechmückenbrutgewässern können ULV-Behandlungen mit auf Fahrzeugen montierten Verneblern vorgenommen werden, die bei Mehrfachbehandlung zu einer erheblichen Reduktion von *Ae. albopictus*- Entwicklungsstadien führten (Doud et al. 2014; Unlu et al. 2017).
- Die WHO (2006a, b) führt Pyriproxyfen in einer Liste von Larviziden, die zur Behandlung von Trinkwasser geeignet sind.

11.3.6 Neuere Insektizidklassen

Trotz internationaler Bemühungen in der Forschung und Industrie sowie durch nationale und internationale Organisationen wurden in den letzten Jahrzehnten nur wenige neue Insektizide für die Vektorstechmückenbekämpfung entwickelt. Die Gründe hierfür sind die hohen Entwicklungskosten, umfangreiche behördliche Anforderungen sowie die vergleichsweise geringen Marktgrößen verbunden mit dem finanziellen Risiko durch möglicherweise schnelles Auftreten von Resistenzen, bevor die Entwicklungskosten eingespielt werden können.

Um die Entwicklung neuer Insektizide für die Vektorbekämpfung voranzutreiben, ermutigt die WHO Hersteller, neuartige Verbindungen für die Vektorbekämpfung im Rahmen des WHO Pesticide Evaluation Scheme (WHOPES) zu evaluieren. Die in den letzten Jahren entwickelten Neonicotinoide und Oxadiazine sind Beispiele:

- Neonicotinoide: Die Neonicotinoide als Insektizide wurden 1991 eingeführt und sind mittlerweile weltweit gegen Schadinsekten und zum Teil auch gegen Stechmücken im Einsatz. Sie zielen auf die nikotinischen Acetylcholinrezeptoren der Insekten ab, haben jedoch einen anderen Wirkmechanismus als frühere Insektizidklassen, weshalb sie bei der Bekämpfung von pyrethroidresistenten Stechmücken von Bedeutung sein könnten (Hemingway 2014). Das Neonicotinoid Clothianidin wurde im Jahr 2018 von der WHO für das Behandeln von Wänden als Ruheplätze von Anophelinen in Afrika und Asien bei Resistenzen gegen Pyrethroide empfohlen (Agossa et al. 2018). Allerdings haben die Neonicotinoide negative Auswirkungen auf Insektenbestäuber und Nichtzielorganismen, weshalb ihre Verwendung in einigen Regionen, wie der Europäischen Union, eingeschränkt ist.
- Oxadiazine: Indoxacarb wurde im Jahr 2001 auf den Markt gebracht und war das erste neurotoxische Insektizid aus der Gruppe der Oxadiazine (EPA 2000). Wie DDT und die Pyrethroide blockiert es die Natriumkanäle an den Axonen, was zu Lähmung und Tod der Insekten führt (Wing et al. 2000). Indoxacarb setzt zwar auch wie DDT und die Pyrethroide an den Natriumkanälen an, allerdings hat es einen anderen Wirkort, weshalb es gegen pyrethroidresistente Stechmücken nach erfolgter Zulassung eingesetzt werden kann (Scott 1988).

11.4 Formulierungen

Der Wirkstoff (Active Ingredient, AI) eines Insektizids ist selten für die direkte Anwendung in reiner Form geeignet. Nach der Herstellung des Wirkstoffs muss er formuliert werden, d. h., er wird mit verschiedenen inerten Bestandteilen gemischt, die nicht am direkten Wirkprozess des Insektizids beteiligt sind. Die inerten Substanzen können z. B. Stabilisatoren, Emulgatoren, Lösungsmittel oder Trägerstoffe sein. Diese Kombination aus Wirkstoff und inerten Substanzen wird als Formulierung bezeichnet und ist die Form, in der das Insektizid auf dem Markt erhältlich ist. Die Hauptfunktion der Formulierung besteht darin, die Abgabe des Wirkstoffs an das beabsichtigte Ziel in der erforderlichen Konzentration sowie eine einfache Handhabung zu gewährleisten. Die Formulierungen können Suspensionskonzentrate (SC), emulgierbare Konzentrate (EC), wasserlösliche Pulver (WDP/WP), Mikrokapselsuspensionen (CS/MC), Aerosole oder ULV-Formulierungen sein. Granulate können als Feststoffe entweder vom Boden oder mit Fluggeräten ausgebracht werden. Die Ausbringungsgeräte müssen vor dem Einsatz für das spezifische Granulat und das Fluggerät sorgfältig kalibriert werden. Pellets, Briketts oder Tabletten werden in die Brutgewässer gegeben, wo sie sich direkt oder verzögert auflösen und den Wirkstoff oft über einen längeren Zeitraum freisetzen. Die Formulierungen werden oft mit verschiedenen Konzentrationen des Wirkstoffs geliefert. Wichtig ist, dass die Herstellerhinweise bei der Ausbringung beachtet werden.

11.5 Anwendungstechniken

Häufig werden Insektizide in Wasser gelöst oder suspendiert und mit Hochdrucksprühgeräten auf Oberflächen oder in den Brutgewässern ausgebracht. Je nach Beschaffenheit der Düsen erfolgt dies als feiner Nebel, um Oberflächen zu beschichten, oder als feiner Strahl, um Brutgewässer mit Larviziden zu behandeln (Abb. 11.1). Selbstverständlich müssen die Spritzen vor der Anwendung entsprechend der gewünschten Ausbringmenge pro Zeit- und Flächeneinheit kalibriert werden (Wade 1997).

Als Adultizide sind zurzeit in Europa lediglich Pyrethrine und Pyrethroide wegen ihrer geringen Toxizität für Menschen und hohen Wirksamkeit bei geringen Dosierungen zugelassen, die gelegentlich mit dem Synergisten Piperonylbutoxid angewendet werden (Scholte et al. 2010; Flacio et al. 2015; Pichler et al. 2018; Baldacchino et al. 2015). Die Anwendung erfolgt entweder im ULV-Verfahren (ULV = Ultra Low Volume), bei dem das minimale effektive Volumen eines Insektizids ohne Verdünnung mit einem Kalt- oder Thermalvernebelungsgerät oder in verdünnter Form als Niedervolumenspray (LV) ausgebracht wird. Der Vorteil des ULV-Verfahrens besteht darin, dass nur eine kleine Menge Wirkstoff pro Flächeneinheit zum Einsatz kommt. Entscheidend für den Erfolg der Anwendung sind die Tröpfchengröße, der richtige Zeitpunkt und die Sequenz der Anwendung in Abhängigkeit von der Aktivität des Zielorganismus, der Witterung (z. B. Windrichtung) und des Anwendungsorts (z. B. Bebauung und Vegetationsbedeckung). Für die Anwendung vom Boden aus z. B. mit auf Fahrzeugen montierten Vernebelungsgeneratoren (Abb. 11.2) wird eine Tröpfchengröße von 5–25 µm empfohlen (Mount et al. 1998; WHO 2018). Die Tröpfchengröße bestimmt die Anzahl der produzierten Tröpfchen pro eingesetztem Volumen des Insektizids und damit die Wahrscheinlichkeit, mit der das Fluginsekt mit den Tröpfchen in Berührung kommt. Auch das Verhalten des Aerosols in der Luftsäule wie z. B. das Schwebverhalten wird maßgeblich durch die Tröpfchengröße bestimmt. Die Tröpfchengröße und Dichte können durch das Exponieren von Fotopapier erfasst werden, bei dem die Tröpfchen als Punkte sichtbar sind. Das Driftverhalten hängt wesentlich von Wetterfaktoren wie der Windgeschwindigkeit, -richtung sowie der Temperatur ab, was bei der Anwendungsplanung berücksichtigt werden muss (Baldacchino et al. 2015, 2017; Gratz 1991). Die Anwendungszeit hängt vor allem vom Verhalten des Zielorganismus ab. Da viele Stechmücken ihre höchste Flugaktivität in der Dämmerung haben, bieten sich Anwendungen in der Morgen- oder Abenddämmerung bei Windstille oder schwachem Wind an (Romi et al. 2009; Bonds 2012; ECDC 2012). Die Einbeziehung moderner Technik wie des Geographic Information System (GIS) in Verbindung mit dem Global Positioning System (GPS) erlaubt eine präzise Ausführung und Aufzeichnung der Anwendungen.

Das Vernebeln von Insektiziden soll nur in Betracht gezogen werden, wenn die Gefahr einer lokalen Übertragung von Krankheitserregern gegeben ist (Nationale Expertenkommission für Stechmücken am FLI 2022). In der Regel wird die Anwendung aus der Luft wegen der Gefahr der Verdriftung des Adultizids in Europa nicht in Erwägung gezogen. Da die Öffentlichkeit dem Vernebeln sehr kritisch gegenüber steht, muss das Vorgehen den Bewohnern umfassend erklärt werden.

Die Wirkstoffe müssen entsprechend der EU-Biozid-Verordnung zugelassen sein, oder es muss eine Ausnahmegenehmigung aufgrund einer Gefahr für die öffentliche Gesundheit, Tiergesundheit oder Umwelt gegeben sein (Nationale Expertenkommission für Stechmücken am FLI 2022). Eine Liste der zugelassenen Produkte kann auf der Webseite der European Chemical Agency (ECHA) eingesehen werden (http:/echa.europa.eu). Es muss betont wer-

Abb. 11.1 Ausbringung einer Insektizidflüssigsuspension mit einem Hochdrucksprühgerät

Abb. 11.2 Anwendung eines Pyrethroids mit einem Vernebelungsgenerator auf einem Fahrzeug

den, dass Pyrethroide neben der hohen Wirksamkeit toxisch für eine Vielzahl von Nichtzielorganismen sind, wobei die Toxizität für Fische und andere aquatische Organismen hervorzuheben ist (Bonds 2012).

11.6 Sichere Anwendung von Insektiziden

Dieser Abschnitt erhebt nicht den Anspruch, eine umfassende Darstellung aller Sicherheitsfragen im Zusammenhang mit der Arbeit mit Insektiziden zu geben. Es sollen aber einige wichtige Aspekte angesprochen werden, die den Gebrauch von Insektiziden sicher machen sollen. Chemische Insektizide zielen häufig auf das Nervensystem von Insekten ab, das auch in ähnlicher Weise bei anderen Lebewesen, inklusive des Menschen, vorhanden ist. Es besteht daher bei Nichtbeachtung der Zulassungs- und Sicherheitsbedingungen die Gefahr von Gesundheits- und Umweltproblemen. Die WHO hat daher einen Verhaltenskodex für das Pestizidmanagement erstellt (WHO 2003, 2010, 2013, 2014).

- Zulassung: Ein Insektizid muss von den nationalen und internationalen Behörden zugelassen sein. Dazu muss der Hersteller umfangreiche Daten bezüglich der Säugetier- und Umwelttoxizität für die behördliche Prüfung zur Verfügung stellen. Im Rahmen der Genehmigung werden die Bedingungen festgelegt, wie das jeweilige Produkt zu verwenden ist. Diese Bedingungen sind meist rechtlich verbindlich und auf dem Produktetikett sowie dem dazugehörigen Sicherheitsdatenblatt festgehalten.
- Sicherheitshinweise: Das Sicherheitsdatenblatt (MSDS) und die Produktetiketten enthalten detaillierte Informationen zur Anwendung in Bezug auf Anwendungsmengen und Anwendungstechniken sowie wer für die Anwendung autorisiert ist. Weiterhin enthält das MSDS sowohl Informationen über die Zusammensetzung und die physikalisch-chemischen Eigenschaften als auch

toxikologische Informationen bezüglich der Wirkung auf Säugetiere und Umwelt. Das MSDS enthält zudem Informationen zur persönlichen Schutzausrüstung bei der Anwendung der Insektizide. Diese Verhaltensregeln werden auch verbindlich im nationalen Arbeitsschutzgesetz formuliert (BAuA, EPA 2023).

- **Lagerung:** Insektizide müssen getrennt von Wohngebäuden in speziell gekennzeichneten Lagerräumen gelagert werden und sollen nur für autorisierte Personen zugänglich sein. Spezielle Vorkehrungen für Gefahrenmomente müssen vorhanden sein. Dies umfasst eine Liste der gelagerten Substanzen, Lagersicherheitsvorkehrungen, Erste-Hilfe-Materialien, Feuerlöscher u. a. (Health and Safety Executive 2010).
- **Entsorgung:** Insektizide und deren Abfälle sollten nur über spezialisierte und autorisierte Entsorgungsunternehmen und keinesfalls in Gewässern oder Abfalldeponien wild entsorgt werden. Die Entsorgung ist meist durch nationale Gesetzgebung geregelt (Nesheim und Fishel 2017).
- **Schulungen:** Das Personal, das im Rahmen seiner Arbeit mit Insektiziden umgeht, sollte in ihrer sicheren und effektiven Anwendung geschult werden, bevor es zur Anwendung der Insektizide kommt. Die Schulung sollte in regelmäßigen Abständen aktualisiert werden.

Literatur

Agossa FR, Padonou GG, Koukpo CZ, Zola-Sahossi J, Azondekon R, Akuoko OK et al (2018) Efficacy of a novel mode of action of an indoor residual spraying product, SumiShield® 50WG against susceptible and resistant populations of Anopheles gambiae (sl) in Benin, West Africa. Parasit Vectors 11:1–13

Ali A, Mulla MS (1978) Effects of chironomid larvicides and diflubenzuron on non-target invertebrates in residental-recreational lakes. Environ Ent 7:21–27

Baldacchino F, Bussola F, Arnoldi D, Marcantonio M, Montarsi F, Capelli G et al (2017) An integrated pest control strategy against the Asian tiger mosquito in northern Italy: a case study. Pest Manag Sci 73:87–93

Baldacchino F, Caputo B, Chandre F, Drago A, Della Torre A, Montarsi F, Rizzoli A (2015) Control methods against invasive Aedes mosquitoes in Europe: a review. Pest Management 71(11):1471–1485

Becker N, Petric D, Zgomba M, Boase C, Madon M, Dahl C, Kaiser A (2020) Mosquitoes, identification, ecology and control. Springer Nature, Swirtzerland, S 570

Beier J, Keating J, Githure J, Macdonald M, Impoinvil D, Novak R (2008) Integrated vector management for malaria control. Malar J 7:S4

Bellini R, Albieri A, Carrieri M, Colonna R, Donati L, Magnani M et al (2009) Efficacy and lasting activity of four IGRs formulations against mosquitoes in catch basins of northern Italy. Eur Mosq Bull 27:33–46

Bonds JAS (2012) Ultra-low-volume space sprays in mosquito control: a critical review. Med Vet Entomol 26(2):121–130

Bruce-Chwatt LJ (1971) Insecticides and the control of vector-borne diseases. Bull WHO 44:419–424

Caputo B, Ienco A, Cianci D, Pombi M, Petrarca V et al (2012) The "auto-dissemination" approach: a novel concept to fight Aedes albopictus in urban areas. PLoS Negl Trop Dis 6(8):e1793. https://doi.org/10.1371/journal.pntd.0001793

Caputo B, Ienco A, Manica M, Petrarca V, Rosà R, Della Torre A (2015) New adhesive traps to monitor urban mosquitoes with a case study to assess efficacy of insecticide control strategies in temperate areas. Parasite Vectors 8:134. https://doi.org/10.1186/s13071-015-0734-4

Chen TY, Smartt CT, Shin D (2021) Permethrin resistance in Aedes aegypti affects aspects of vectorial capacity. Insects 12(1):71

Cusson M, Sen S E, Shinoda T (2013) Juvenile hormone biosynthetic enzymes as targets for insecticide discovery. Advanced technologies for managing insect pests 31–55

Davies J H (1985) The pyrethroids: an historical introduction. In: Leahey JP (Hrsg) The pyrethroid. Insecticides. Taylor and Francis, Philadelphia, S 1–41

Dell C, Apperson CS (2003) Horizontal transfer of the insect growth regulator pyriproxyfen to larval microcosms by gravid Aedes albopictus and Ochlerotatus triseriatus mosquitoes in the laboratory. Med Vet Entomol 17(2):211–220

Devine GJ, Perea EZ, Killeen GF, Stancil JD, Clark SJ, Morrison AC (2009) Using adult mosquitoes to transfer insecticides to Aedes aegypti larval habitats. Proc Natl Acad Sci 106(28):11530–11534

Doud CW, Hanley AM, Chalaire KC, Richardson AG, Britch SC, Xue RD (2014) Truck-mounted area-wide application of pyriproxyfen targeting Aedes aegypti and Aedes albopictus in Northeast Florida1. J Am Mosq Control Assoc 30(4):291–297

Elliott M (1989) The pyrethroids: early discovery, recent advances and the future. Pestic Sci 27(4):337–351

EPA (2023) Personal protective equipment for pesticide handlers. https://www.epa.gov/pesticide-worker-safety/personal-protective-equipment-pesticide-handlers

EPA US (2000). Pesticides - Fact Sheet for Indoxacarb. https://www3.epa.gov/pesticides/chem_search/reg_actions/registration/fs_PC-067710_30-Oct-10.pdf

European Centre for Disease Prevention and Control ECDC (2012) Guidelines for the surveillance of invasive mosquitoes in Europe. ECDC Technical Report, Stockholm S 95

Evans RG (1993) Laboratory evaluation of the irritancy of bendiocarb, lambda-cyhalotrin and DDT to Anopheles gambiae. J Am Mosq Control Assoc 9:285–293

Flacio E, Engeler L, Tonolla M, Lüthy P, Patocchi N (2015) Strategies of a thirteenyear surveillance programme on Aedes albopictus (Stegomyia albopicta) in southern Switzerland. Parasit Vectors 8:208

Fonseca DM, Unlu I, Crepeau T, Farajollahi A, Healy SP, Bartlett-Healy K, Strickman D, Gaugler R, Hamilton G, Kline D, Clark GG (2013) Area-wide management of Aedes albopictus. Part 2: Gauging the efficacy of traditional integrated pest control measures against urban container mosquitoes. Pest Manag Sci 69:1351–1361

Gajendiran A, Abraham J (2018) An overview of pyrethroid insecticides. Front Biol 13:79–90

Garcıa GP, Flores AE, Fernandez-Salas I, Saavedra-Rodrıguez K, Reyes-Solis G et al (2009) Recent Rapid Rise of a Permethrin Knock Down Resistance Allele in Aedes aegypti in Mexico. PLoS Negl Trop Dis 3(10):e531. https://doi.org/10.1371/journal.pntd.0000531

Gaugler R, Suman D, Wang Y (2012) An autodissemination station for the transfer of an insect growth regulator to mosquito oviposition sites. Med Vet Entomol 26(1):37–45

Gekle M (2010) Taschenlehrbuch Physiologie Thieme, Stuttgart, ISBN 978-3-13-144981-8, S. 116

Goodman W G, Cusson M (2012) The juvenile hormones: in Insect Endocrinology. L. I. Gilbert (Hrsg). Academic Press, New York, NY, USA, S 310–365

Grandes AE, Sagrado EA (1988) The susceptibility of mosquitoes to insecticides in salamanca province Spain. J Am Mosq Control Assoc 4(2):168–172

Gratz NG (1991) Emergency control of *Aedes aegypti* as a disease vector in urban areas. J Am Mosq Control Assoc 7:69–72

Hemingway J (2014) The role of vector control in stopping the transmission of malaria: threats and opportunities. Philosophical Transactions of the Royal Society B: Biological Sciences 369(1645):20130431

Hemingway J, Ranson H (2000) Insecticide resistance in insect vectors of human disease. Annu Rev Entomol 45:371–391

Kesic R, Elliott J E, Fremlin K M, Gauthier L, Drouillard K G, Bishop C A (2021) Continuing Persistence and Biomagnification of DDT and Metabolites in Northern Temperate Fruit Orchard Avian Food Chains. Environ Toxicol Chem 40(12):3379–3391. https://doi.org/10.1002/etc.5220. Epub 2021 Nov 10. PMID: 34559907; PMCID: PMC9299171

Khambay BPS (2002) Pyrethroid insecticides. Pest Outlook 13(2):49–54

Killeen GF, Masalu JP, Chinula D, Fotakis EA, Kavishe DR, Malone D, Okumu F (2017) Control of malaria vector mosquitoes by insecticide-treated combinations of window screens and eave baffles. Emerg Infect Dis 23(5):782–789. https://doi.org/10.3201/eid2305.160662

Mahobiya P (2020) An overview of toxicants. Vishwagayan Prakashan. New Delhi, India

Matsuo N (2019) Discovery and development of pyrethroid insecticides. Proc Jpn Acad Ser B Phys Biol Sci 95(7):378–400. https://doi.org/10.2183/pjab.95.027.PMID:31406060;PMCID:PMC6766454

Mazzacano C, Black SH (2013) Ecologically sound mosquito management in wetlands. The Xerces Society for Invertebrate Conservation. Portland OR

Miura T, Takahashi RM (1975) Effects of the IGR, TH-6040, on nontarget organisms when utilized as a mosquito control agent. Mosq News 35:154–159

Mount GA (1998) A critical review of ultralow-volume aerosols of insecticide applied with vehicle-mounted generators for adult mosquito control. J Am Mosq Control Assoc 14:305–334

Mulla MS (1995) The future of insect growth regulators in vector control. J Am Mosq Control Assoc 11(2):269–274

Mulligan FS III, Schaefer CH (1990) Efficacy of a juvenile hormone mimic, Pyriproxyfen (S-31183), for mosquito control in dairy wastewater lagoons. J Am Mosq Control Assoc 6(1):89–92

Nationale Expertenkommission für Stechmücken am FLI (2022) Integriertes Management von vektorkompetenten Stechmücken in Deutschland unter Berücksichtigung der Anwendung von Adultiziden. https://www.openagrar.de/servlets/MCRFileNodeServlet/openagrar_derivate_00049699/Handlungsempfehlung_Management_inkl_Anwendung_Adultizide_08-11-2022_bf.pdf

Nauen R, Jeschke P, Copping L (2008) In focus: neonicotinoid insecticides editorial. Pest Manag Sci Form Pest Sci 64(11):1081–1081

Nesheim N, Fishel F M (2017) Proper disposal of pesticide waste. https://edis.ifas.ufl.edu/publication/PI010

Pichler V, Bellini R, Veronesi R, Arnoldi D, Rizzoli A, Paolo Lia R et al (2018) First evidence of resistance to pyrethroid insecticides in Italian Aedes albopictus populations 26 years after invasion. Pest Manag Sci 7(4):1319–1327

Ravula AR, Yenugu S (2021) Pyrethroid based pesticides–chemical and biological aspects. Crit Rev Toxicol 51(2):117–140

Rehwagen C (2006) WHO recommends DDT to control malaria. BMJ. 2006 Sep 23; 333(7569): 622. https://doi.org/10.1136/bmj.333.7569.622-b. PMID: 16990319; PMCID: PMC1570869

Romi R, Toma L, Severini F, Di Luca M, Boccolini D, Ciufolini MG et al (2009) Guidelines for control of potential arbovirus mosquito vectors in Italy. Ist Super Sanità Rapporti ISTISAN 09(11):1–52

Rösch A, Beck B, Hollender J, Stamm C, Heinz Singer H (2019) Geringe Konzentrationen mit grosser Wirkung – Nachweis von Pyrethroid- und Organophosphatinsektiziden in Schweizer Bächen im pg·l⁻-Bereich. Aqua & Gas. 11:54–66

Scholte EJ, Den Hartog W, Dik M, Schoelitsz B, Brooks M, Schaffner F et al (2010) Introduction and control of three invasive mosquito species in the Netherlands, July–October 2010. Eurosurveillance 15(45):19710

Scott JG (1988) Pyrethroid insecticides. ISI Atlas Sci Pharmacol 2(2):125–128

Shi Z., Humphries C J, Gilbert M G (2011) Tanacetum coccineum, Seite 766 - textgleich online wie gedrucktes Werk. In: Zheng-yi, W, Raven, P. H., Hong, D. (Hrsg) Flora of China. Vol. 20–21: Asteraceae. Science Press und Missouri Botanical Garden Press, Beijing/St. Louis, ISBN 978-1-935641-07-0

Siddall JB (1976) Insect growth regulators and insect control: a critical apprisal. Environ Hlth Persp 14:119–126

Sinegre G (1984) La résistance des Diptères Culicides en France in: Colleque sur la réduction d'efficacoté des traitements insecticides et acaricides et problèmes de résistance, Paris, S 47–57

Taconet P, Soma DD, Zogo B, Mouline K, Simard F, Koffi AA, Dabiré RK, Cédric Pennetier C, Moiroux N (2022) Insecticide resistance and feeding behavior of malaria vectors in two areas of rural West-Africa: spatiotemporal distribution, drivers, and predictability. The European Society for Vector Ecology, Abstract book, S 31

Trout RT, Brown GC, Potter MF, Hubbard JL (2007) Efficacy of two pyrethroid insecticides applied as barrier treatments for managing mosquito (Diptera: Culicidae) populations in suburban residential properties. J Med Ent 44(3):470–477

Unlu I, Suman DS, Wang Y, Klingler K, Faraji A, Gaugler R (2017) Effectiveness of autodissemination stations containing pyriproxyfen in reducing immature Aedes albopictus populations. Parasites vectors 10(1):1–10

Van den Berg H, Zaim M, Yadav RS, Soares A, Ameneshewa B, Mnzava A, Hii J, Dash AP, Ejov M (2012) Global trends in the use of insecticides to control vector-borne diseases. Environ Health Perspect 120(4):577

Vontas J, Kioulos E, Pavlidi N, Morou E, Della Torre A, Ranson H (2012) Insecticide resistance in the major dengue vectors Aedesalbopictus and Aedes aegypti. Pestic Biochem Physiol 104:126–131

Wade JO (1997) An examination of pesticide application methods & pesticide formulations. Crawling insect control and the compression sprayer. Arch Toxicol Kinet Xenobiot Metab 5(2):69–75

WHO (2001) Chemistry and specifications of pesticides. WHO Tech Rep Ser 899:1–68

WHO (2003) Space spray application of insecticides for vector and public health pest control: a practitioner's guide (No. WHO/CDS/WHOPES/GCDPP/2003.5). World Health Organization

WHO (2005) Guidelines for laboratory and field testing of mosquito larvicides. WHO/CDS/WHOPES/GCDPP/2005.13

WHO (2006a) Pesticides and their application for the control of vectors and pests of public health importance, 6th ed. Geneva, World Health Organization, Department of Control of Neglected Tropical Diseases, Pesticide Evaluation Scheme. WHO/CDS/NTD/WHOPES/GCDPP/2006.1. http://whqlibdoc.who.int/hq/2006/WHO_CDS_NTD_WHOPES_GCDPP_2006.1_eng.pdf

WHO (2006b) Pesticides and their application: for the control of vectors and pests of public health importance (No. WHO/CDS/NTD/WHOPES/GCDPP/2006.1). World Health Organization

WHO (2010) Inter-organization programme for the sound management of chemicals, & world health organization. The WHO recommended classification of pesticides by hazard and guidelines to classification. World Health Organization

WHO (2013) Safe use of pesticides. http://whqlibdoc.who.int/trs/WHO_TRS_634.pdf. Accessed: 8 Januar 2013

WHO (2014) The international code of conduct on pesticide management. WHO/HTM/NTD/WHOPES/2014.1

WHO (2016) Monitoring and managing insecticide resistance in Aedes mosquito populations: interim guidance for entomologists. WHO/ZIKV/VC/16.1 https://www.who.int/publications/i/item/WHO-ZIKV-VC-16.1

WHO (2018) Equipment for vector control specification guidelines, second edition. Geneva: World Health Organization; Licence: CC BY-NC-SA 3.0 IGO

Wing K D, Sacher M, Kagaya Y, Tsurubuchi Y, Mulderig L, Connair M et al (2000) Bioactivation and mode of action of the oxadiazine indoxacarb in insects. Crop Prot 19(8–10): 537–545

Yamamoto I (1973) Mode of action of synergists in enhancing the insecticidal activity of pyrethrum and pyrethroids in: Pyrethrum, the Natural Insecticide. (Casida JE ed). Academic Press, New York, S 195–209

Zgomba M (1987) Impact of larvicides used for mosquito (Diptera, Culicidae) control on aquatic entomofauna in some biotops of Vojvodina, PhD Thesis, Univ Novi Sad, S 101

Zgomba M, Petric D, Srdic Z (1983) Effects of some larvicides used in mosquito control on Collembola. Mitt dtsch Ges all gangew Ent 4:92–95

Physikalische Bekämpfung

12.1 Einleitung

Die physikalische Bekämpfung wird als die direkte Abtötung der Stechmücken durch physikalische Methoden verstanden. Dieser Ansatz steht im Gegensatz zur Verwendung von Insektiziden, welche Insekten mithilfe chemischer oder biochemischer Substanzen töten, sowie zu Umweltmaßnahmen, die Insekten nicht direkt eliminieren, sondern ihre Entwicklung oder Belästigung durch Modifikation des Lebensraums verhindern. In der Praxis existieren einige Schnittmengen zwischen diesen verschiedenen Konzepten.

Physikalische Bekämpfungsmethoden können sowohl gegen die Mückenlarven (z. B. durch Oberflächenfilme oder Polystyrolkügelchen) als auch gegen adulte Stechmücken (z. B. durch den Einsatz von Massenfallen) gerichtet sein. Obwohl physikalische Bekämpfungsmaßnahmen separat angewandt werden können, sind sie häufig Bestandteil eines integrierten Bekämpfungsprogramms, in dem mehrere Strategien kombiniert werden. Ein Vorteil der physikalischen Bekämpfung besteht darin, dass die Entwicklung von Resistenzen gegenüber physikalischen Techniken unwahrscheinlich ist.

12.2 Einsatz gegen die Entwicklungsstadien der Stechmücken

12.2.1 Erdölprodukte

Seit dem Bau des Panamakanals im 19. Jahrhundert bis heute werden Erdölfraktionen zur Bekämpfung der Entwicklungsstadien der Stechmücken verwendet. Eine breite Palette von Erdölen verschiedener Qualitäten sowie ihrer Raffinerieprodukte können als Larvizide eingesetzt werden. In vielen Fällen ist die genaue Zusammensetzung der verwendeten Produkte unbekannt. Diese Öle umfassen verschiedene paraffinische und aromatische Anteile sowie unterschiedliche Kohlenstoffkettenlängen. In einigen Fällen werden Tenside oder andere Zusatzstoffe hinzugefügt, um Eigenschaften wie das Spreitverhalten zu verbessern (Schultz et al. 1983; Mulla et al. 1971). Die erforderlichen Aufbringungsraten sind im Allgemeinen relativ hoch und bewegen sich typischerweise zwischen 10 und 100 l/ha. Öle haben unterschiedliche Auswirkungen auf die Stechmücken. Öle mit einem hohen Paraffingehalt wirken auf physikalische Weise, indem sie die Sauerstoffaufnahme der Entwicklungsstadien unterbinden und dadurch zum Ersticken führen. Öle mit einem höheren aromatischen Anteil und größerer Flüchtigkeit gelten zudem als toxisch (Hagstrum und Mulla 1968). Die Ölschicht behindert auch die Eiablage der Stechmücken auf der Wasseroberfläche und verzögert so die Wiederbesiedlung des behandelten Gebiets um bis zu 9 Tage (Beehler und Mulla 1996). Nach der Anwendung verdunstet der Ölfilm und kann auch durch bakterielle Aktivität abgebaut werden.

Mehrere Studien haben die Auswirkungen von Ölfilmen auf aquatische Nichtzielorganismen untersucht. Mulla und Darwazeh (1981) zeigten, dass in Gewässern bodenlebende wirbellose Tiere wie Eintagsfliegenlarven, Libellenlarven sowie Kaulquappen durch die Behandlung mit einem Ölfilm bei einer Dosis von 35 l/ha nahezu unbeeinflusst blieben. Allerdings waren Wasserkäfer und Wasserwanzen, die sich an der Wasseroberfläche bewegen oder atmen, stark betroffen. Einige Ölfilme schädigten sogar Muschelkrebse (Ostrakoden) und zeigten phytotoxische Effekte, was jedoch bei raffinierten Produkten viel seltener auftritt (Floore et al. 1998).

12.2.2 Dünne Oberflächenfilme

Dünne Oberflächenfilme sind eine Weiterentwicklung der ursprünglich erdölbasierten Larvizide. Wenn Tenside und monomolekulare organische Oberflächenfilme gegen Stechmücken eingesetzt werden, verändern sie ebenfalls die Luft-Wasser-Grenzfläche und verringern die Oberflächenspannung des Wassers. Dadurch können die Entwicklungsstadien der Stechmücken an der Wasseroberfläche nicht mehr atmen oder sich zum Atmen nicht festhalten (Garrett und White 1977). Die Tenside bewirken die Benetzung der Tracheenstrukturen der Entwicklungsstadien, wodurch Wasser in die Tracheen eintreten kann, was die Atmung unterbindet und letztendlich zur Anoxie und zum Tod führt (Mulla 1967a, b).

12.2.2.1 Liparol

Liparol ist ein selbstverbreitender biologisch abbaubarer Oberflächenfilm, der von Schnetter und Engler (1978) entwickelt wurde. Diese Substanz ist eine Mischung aus Sojalecithin und Paraffin, wobei die Kohlenstoffketten zwischen 12 und 14 Kohlenstoffatomen lang sind. Lecithin, als Makromolekül mit einem hydrophilen und hydrophoben Ende, breitet sich mit seinem hydrophilen (wasserfreundlichen) Ende auf der Wasseroberfläche aus, während sein hydrophobes (wasserabstoßendes) Ende den Paraffinfilm an der Luft-Wasser-Grenzfläche hält. Die Wirkungsweise basiert teilweise auf der Wechselwirkung des hydrophoben Endes des Lecithinmoleküls mit den wasserabweisenden hydrophoben Schichten in den Puppenhörnchen und dem Atemrohr der Larven. Diese Schichten in den Atmungsorganen verhindern das Eindringen von Wasser in die Tracheen. Kommen jedoch die Entwicklungsstadien beim Atmen an der Wasseroberfläche mit Liparol in Berührung, legt sich das Lecithinmolekül mit seinem hydrophoben Ende über die hydrophoben Schutzschichten der Atmungsorgane, sodass die hydrophilen Enden des Lecithinmoleküls in das Innere der Atmungsorgane weisen. Tauchen die Entwicklungsstadien unter, wird die hydrophobe Schutzschicht durch das hydrophile Ende des Lecithins neutralisiert, wodurch Wasser in die Tracheen eindringen kann. Der Eintritt von Luft in die Tracheen wird verhindert, sodass die Entwicklungsstadien ersticken.

Darüber hinaus können die Puppen und die Larven aufgrund der verringerten Oberflächenspannung und der abstoßenden Wirkung der hydrophilen Enden der Lecithinmoleküle im Atemapparat und am Oberflächenfilm die Wasseroberfläche nicht mehr zum Atmen durchdringen und sich auch nicht mehr an der Wasseroberfläche anheften. Bei einer Ausbringungsmenge von 0,6–1,0 ml/m² ist die Lecithinmischung wirksam gegen Larven im späten 4. Stadium und vor allem gegen Puppen, die meist innerhalb 1 h nach einer Anwendung sterben. Dagegen sind Larven in frühen Stadien weniger empfindlich, da sie ausreichend im Wasser gelösten Sauerstoff über die Haut aufnehmen können. Um maximale Wirksamkeit zu gewährleisten, sollte die Anwendung erfolgen, wenn in den Brutstätten hauptsächlich Larven im 4. Stadium und Puppen auftreten. Abhängig von Umweltfaktoren wie Wassertemperatur und Sonneneinstrahlung ist der Film nur 6–10 h wirksam. Wie andere Oberflächenfilme hat Liparol nachteilige Auswirkungen auf an der Wasseroberfläche atmende oder sich bewegende Wasserlebewesen, wie Wasserkäfer und Wasserwanzen. Aquatische Organismen, die ausschließlich im Wasser (z. B. Fische) oder am Gewässerboden leben, werden nicht beeinträchtigt (Becker und Ludwig 1981).

12.2.2.2 Monomolekulare Oberflächenfilme

Monomolekulare Oberflächenfilme werden auf der Wasseroberfläche aufgetragen und breiten sich dort spontan und schnell aus, wobei sie einen extrem dünnen Film mit einer Dicke von etwa einer Moleküllage (monomolekulare Schicht) bilden. Ihre physikalische Wirkungsweise beruht auf der Verringerung der Oberflächenspannung, sodass sich die Entwicklungsstadien nicht mehr an der Wasseroberfläche festhalten können, ähnlich wie bei Liparol. Sie basiert auch auf der Benetzung der Tracheenstrukturen, wodurch Wasser in die Tracheen eindringen kann, was letztendlich zum Ersticken führt.

Monomolekulare Oberflächenfilme zur Stechmückenbekämpfung wurden in den 1980er-Jahren entwickelt und sind wegen ihrer geringen Toxizität in einigen Ländern für die Verwendung in Trinkwasser zugelassen. Derzeit sind 3 monomolekulare Oberflächenfilme zum Bekämpfen von Larven und Puppen bekannt: Arosurf® MSF (ISA-2OE oder 66-E2), Agnique® MMF und Aquatain AMF. Die Verwendung von Arosurf MSF (Iso-Stearylalkohol 20E) als Larvizid wurde erstmals von Garrett (1976) beschrieben, die von Agnique Ende der 1990er-Jahre von Ali (2000) und Aquatain erstmals von Bukhari und Knols (2009). Arosurf und Agnique sind chemisch identisch (ethoxylierter Iso-Stearylalkohol), während Aquatain zusätzlich Polydimethylsiloxan enthält, um das Spreiten und die Persistenz des Films zu verbessern. Die Filme werden aus erneuerbaren Pflanzenölen hergestellt und meist ohne Verdünnung oder verdünnt mit Wasser auf der Wasseroberfläche ausgebracht (Mulla et al. 1983).

Seit ihrer ersten Verwendung wurde die Wirksamkeit von monomolekularen Oberflächenfilmen in einer Vielzahl von aquatischen Lebensräumen gegen unterschiedliche Stechmückenarten nachgewiesen (Levy et al. 1981, 1982; Mulla et al. 1983; Takahashi et al. 1984). Diese Autoren zeigen, dass Arosurf in verschmutzten Gewässern bei einer Dosierung von nur 0,33 ml/m² mehr als 95 % der Entwicklungsstadien von *Culex* sp. abtötet. Ähnliche Ergebnisse wurden in Salzmarschen in Florida bei einer Boden- sowie Luftausbringung gegen Entwicklungsstadien von *Ae. taeniorhynchus* und *Ae. infirmatus* erzielt. Eine von Bashir et al. (2008) durchgeführte Studie zeigte, dass die Anwendung von Agnique MMF in Teichen im Sudan gegen die Entwicklungsstadien von *An. arabiensis* bei einer Dosis von 0,25 ml/m² innerhalb von 24 h eine vollständige (100 % gegen Puppen) und selbst nach 1 Woche noch eine Reduktion von Dritt- und Viertstadien um 92,6 % bewirkte.

Aquatain wurde sowohl im Labor als auch im Feld in Zentralamerika, Europa, Afrika, Asien und Australien bei Dosierungen von 1–2 ml/m^2 getestet und hat unter geeigneten Bedingungen eine gute Wirksamkeit gegen die Entwicklungsstadien von *Anopheles-*, *Aedes-* und *Culex-*Arten gezeigt (Strachan 2014). Die Untersuchungen mit Aquatain in Japan gegen *Aedes aegypti* ergaben, dass es am wirksamsten gegen Puppen und am wenigsten auf junge Larven war (ChihYuan et al. 2013). Im Allgemeinen zeigte die Wirksamkeit auf Entwicklungsstadien von Stechmücken die folgende Rangfolge: Puppen > 4. und 3. Larvenstadien > 2. und 1. Larvenstadium. Die monomolekularen Oberflächenfilme wirkten schlechter in Gewässern mit hohem physikalisch gelösten Sauerstoffgehalt, da die kleineren Larvenstadien in der Lage sind, Sauerstoff über die Haut aufzunehmen. Puppen können dies aufgrund der stark ausgeprägten Cuticula nicht in ausreichendem Maße. Obwohl die Oberflächenfilme, die Siloxan enthalten, die Entwicklung von Stechmücken unter Umständen mehrere Wochen unterbinden können (Webb und Russell 2012; Mbare et al. 2014), kann die Integrität des Oberflächenfilms durch Wind, starken Regen oder durch Vegetation und organisches Material an der Wasseroberfläche gestört und die Wirksamkeit reduziert werden. Der meist schnelle Abbau der Filme erfordert daher eine Wiederbehandlung nach wenigen Tagen.

Mulla et al. (1983) haben Arosurf MSF mit 4,67–7,0 l/ha in Feldversuchen getestet und keine negativen Auswirkungen auf im Wasserkörper oder am Gewässerboden lebende Nichtzielorganismen wie Larven und Nymphen der Eintagsfliegen (*Callibaetis pacificus*) oder Kleinkrebse gefunden. Dagegen konnte Takahashi et al. (1984) Nebenwirkungen auf Wasserwanzen (Rückenschwimmer), Wasserkäfer und auch Muschelkrebse nachweisen. Bukhari et al. (2011) weisen auf ähnliche Nebenwirkungen beim Einsatz von Aquatain hin. Da einige Biozide wie die Eiweißtoxine von *Bacillus thuringiensis israelensis* und *Lysinibacillus sphaericus* nur Stechmückenlarven und keine Puppen abtöten, kann die Mischung von Oberflächenfilmen mit den Eiweißtoxinen sowohl die Larven als auch die Puppen abtöten. Zudem können durch das Spreiten der Oberflächenfilme die Toxine an der Wasseroberfläche verteilt werden. Die Oberflächenfilme sollten aber nur in Gebieten eingesetzt werden, in denen keine oder nur wenige sich an der Wasseroberfläche bewegende oder atmende Nichtzielorganismen wie Wasserkäfer und Wasserwanzen vorkommen, da sie wichtige Fressfeinde der Stechmücken sind.

12.2.2.3 Polystyrolperlen
Die Entwicklungsstadien der Stechmücken müssen (abgesehen von *Coquillettidia*-Larven und Puppen) die Wasseroberfläche durchdringen, um Luft zu atmen. Bei der Verwendung von Oberflächenfilmen kann man insbesondere die Puppen und späten Viertlarven effektiv bekämpfen. Allerdings ist die Wirkung der Oberflächenfilme nur auf wenige Tage beschränkt, sodass sie bei Stechmücken mit einer kontinuierlichen Generationenabfolge, wie z. B. bei *Culex pipiens*, in regelmäßigen Abständen aufgetragen werden müssen. Eine interessante Lösung für dieses Problem wurde von Reiter (1978) sowie Curtis und Minjas (1985) durch die Verwendung von Polystyrol-Perlen (EPB = expandiertes Polystyrol) vorgeschlagen. Die unexpandierten Polystyrolperlen enthalten Pentan, das beim Erhitzen auf etwa 100 °C expandiert und 2–5 mm große Perlen erzeugt. Etwa 2 mm große Perlen sind auch im Handel erhältlich. Eine etwa 2 cm dicke Schicht aus 2 mm großen Perlen reicht aus, um die Entwicklungsstadien der Stechmücken über einen längeren Zeitraum hinweg abzutöten. Da die Perlen lange Zeit persistieren, aber für die Umwelt inert sind, kann eine anhaltende Wirkung über viele Monate erzielt werden (Curtis und Minjas 1985). Selbst bei Austrocknung und erneuter Flutung der Brutgewässer können die Perlen erneut wirksam sein. Die Anwendung kann natürlich nur an ausgewählten Brutplätzen erfolgen und empfiehlt sich besonders in Latrinen oder Jauchegruben, die oft Massenbrutstätten für *Culex*-Arten und auch *Anopheles plumbeus* sind.

In großangelegten Bekämpfungsversuchen in Sansibar wurden in einer Gemeinde mit 12.000 Einwohnern etwa 500 Grubenlatrinen mit einer 1 cm dicken Schicht von 2 mm großen Polystyrolperlen behandelt. Das führte für mehrere Monate zu einer Reduktion der *Culex*-Population um 98 %. Eine effektive Kontrolle der Stechmückenpopulation durch Polystyrolperlen ist nur dann möglich, wenn die Wasseroberfläche homogen von den Perlen abgedeckt werden kann und keine Nischen zum Ablegen von Eischiffchen oder zum Atmen der Entwicklungsstadien gegeben sind.

12.2.3 Ultraschall gegen Stechmückenlarven

Ein interessanter Ansatz besteht in der Verwendung von hochfrequentem Ultraschall zur Abtötung von Stechmückenlarven. Der hochfrequente Ultraschall, der unter Wasser erzeugt wird, schädigt die für die Atmung notwendigen Tracheenstämme der Larven, was letztendlich zu ihrem Tod führt (Fredregill et al. 2015). In Laborversuchen mit einem Ultraschallgenerator, der Frequenzen von 18–30 kHz emittierte (Larvasonic SD Mini Acoustic Larvicide), wurden Dritt- und Viertlarven von *Aedes aegypti* bei einer Einwirkzeit von nur 10 s abgetötet (Britch et al. 2016). Mit demselben Gerät wurden in Feldversuchen in Gräben und einem verwahrlosten Swimmingpool Larven von *Culex quinquefasciatus* im Umkreis von 0,9 m zum Gerät abgetötet. Allerdings wurde auch eine gewisse Sterblichkeit bei Larven von Kleinlibellen und aquatischen Wanzen festgestellt.

12.3 Physikalische Bekämpfung adulter Stechmücken

Mit der Entwicklung von verbesserten Fallen zum Fangen adulter Stechmücken nimmt das Interesse an der Bekämpfung adulter Stechmücken mit Fallen zu. Die kommerziell erhältlichen Fallen verwenden verschiedene Kombinationen von Licht, Kohlendioxid, Wasserdampf, Octenol und schweißähnlichen Lockstoffen (Kline 2007). In diesen Fallen werden die Stechmücken entweder durch Austrocknung oder durch Hochspannungsgitter, gegebenenfalls in Kombination mit Insektiziden, abgetötet. Kline (2007) beschreibt den operativen Einsatz der Mosquito-Magnet-Mückenfalle auf einer isolierten Insel, die von Salzmarschen umgeben ist und in der *Ae. taeniorhynchus* sehr häufig in Massen vorkommt. Bei einem Einsatz von einem Gerät pro 0,5 ha konnte die Mückenpopulation um 80 % reduziert werden. Die BG-Sentinel-Fallen (Biogents AG, Regensburg) verwenden den Lockstoff BG-Lure, einen schweißähnlichen Lockstoff. Diese Fallen wurden erfolgreich zur Überwachung von Tigermückenpopulationen eingesetzt (Cilek et al. 2017; Gibson-Corrado et al. 2017). In Manaus, Brasilien, konnte dadurch eine erhebliche Reduzierung der *Aedes aegypti*-Population in einem Testgebiet erzielt werden (Degener et al. 2015). Im Rahmen der Dengue-Kontrolle in Australien verwendeten Rapley et al. (2009) in einem städtischen Gebiete letale Eiablagefallen zur Bekämpfung von *Ae. aegypti*, wobei sie eine erhebliche Reduzierung der Vektoren nachweisen konnten. Dennoch gibt es auch zahlreiche Berichte über die Anwendung der Massenfangmethoden, die nicht so erfolgreich waren (Henderson et al. 2006; Smith et al. 2010; Degener et al. 2015). Aufgrund des Potenzials für eine schnelle Vermehrung der Stechmücken und der Wanderfreudigkeit bestimmter Stechmückenarten herrscht in der Fachwelt Skepsis gegenüber der breiten Anwendung von Massenfangtechniken in Stechmückenbekämpfungsprogrammen, und sie können vor allem nur unter speziellen Bedingungen, beispielsweise auf abgegrenzten Flächen wie Inseln, erfolgreich eingesetzt werden. Auf jeden Fall sollte die Massenfangmethode in ein integriertes Bekämpfungsprogramm eingebunden sein, in dem mehrere Methoden zum Einsatz kommen.

Einzelne Stechmücken können mit einer elektrischen „Mückenklatsche" getötet werden, die die Form eines Tennisschlägers hat. Mittels einer Batterie wird zwischen den netzartigen Elektroden, die über den Schläger gespannt sind, eine Hochspannung erzeugt. Wenn Stechmücken mit der Mückenklatsche gefangen werden, gelangen sie zwischen die netzartigen Elektroden und werden durch einen Stromschlag, der für Menschen ungefährlich ist, abgetötet.

Es gibt auch Berichte über die Entwicklung eines Lasergeräts zur Mückenbekämpfung. Das Gerät soll in der Lage sein, einzelne fliegende Stechmücken zu erkennen und sie mit einem Laserstrahl abzutöten.

Physikalische Bekämpfungsmethoden umfassen eine breite Palette von Techniken – von der Verwendung von Ölen in den frühen Tagen der Stechmückenbekämpfung über den Einsatz von monomolekularen Oberflächenfilmen, Polystyrolperlen, bis hin zu effektiven Fallen zum Fangen adulter Stechmücken und sogar Lasergeräten. Die Technologien entwickeln sich kontinuierlich weiter. Physikalische Bekämpfungsmethoden haben zurzeit noch den Vorteil, dass sie in der Regel nicht denselben regulatorischen Beschränkungen wie Pestizide unterliegen und die Entwicklung von Resistenzen unwahrscheinlicher ist als bei vielen chemischen Insektiziden. Dennoch sind physikalische Bekämpfungsmethoden in ihrer Anwendung relativ begrenzt und nicht universell für alle Mückenbekämpfungssituationen geeignet. Die Forschung und Entwicklung auf diesem Gebiet schreiten voran, um noch effizientere und nachhaltigere Lösungen für die Stechmückenbekämpfung im Rahmen von integrierten Schädlingsbekämpfungsstrategien (IPM) zu finden.

Literatur

Ali A (2000) Evaluation of Agnique MMF in man-made ponds for the control of pestiferous midges (Diptera: Chironomidae) J Am Mosq Cont Assn 16:313–320

Bashir A, Hassan AA, Salmah MR, Rahman WA (2008) Efficacy of Agnique® (MMF) Monomolecular Surface Film against immature stages of *Anopheles arabiensis* Patton and *Culex spp.* (Diptera: Culicidae) in Khartum, Sudan. SE Asian J Trop Med 39(2):222–228

Becker N, Ludwig HW (1981) Untersuchungen zur Faunistik und Ökologie der Stechmücken (Culicinae) und ihrer Pathogene im Oberrheingebiet. Mitt dtsch Ges allg angew Ent 2:186–194

Beehler JW, Mulla MS (1996) Larvicidal oils modify the oviposition behaviour of *Culex* mosquitoes. J Vector Ecol 21(1):60–65

Britch SC, Nyberg H, Aldridge RL, Swan T, Linthicum KJ (2016) Acoustic control of mosquito larvae in artificial drinking water containers. J Am Mosq Control Assoc 32(4):341–344

Bukhari T, Knols BGJ (2009) Efficacy of Aquatain AMF against aquatic stages of the malaria vectors *Anopheles stephensi* and *An. gambiae* in the laboratory. A J Trop Med Hyg 80(5):758–763

Bukhari T, Takken W, Githeko AK and Koenraadt CJM (2011) Efficacy of Aquatain, a monomolecular film, for the control of malaria vectors in rice paddies. PLoS ONE June:e21713

Cilek J, Knapp J, Richardson A (2017) Comparative efficiency of Biogents Gravid Aedes trap, CDC autocidal gravid ovitrap, and CDC gravid trap in Northeastern Florida. J Am Mosq Control Assoc 33(2):103–107

ChihYuan W, HwaJen T, SiJia L, Cheo L, JhyWen W, HoSheng W (2013) Efficacy of various larvicides against *Aedes aegypti* immatures in the laboratory. Jpn J Infect Dis 66(4):341–344

Curtis CF, Minjas J (1985) Expanded polystyrene beads for mosquito control. Parasitol Today 1:36

Degener CM, de Ázara TMF, Roque RA, Rösner S, Rocha ESO, Kroon EG, Codeço CT, Nobre AA, Ohly JJ, Geier M, Eiras ÁE

(2015) Mass trapping with MosquiTRAPs does not reduce *Aedes aegypti* abundance. Mem I Oswaldo Cruz 110(4):517–527

Floore TG, Dukes JC, Cuda JP, Schreiber ET, Greer MJ (1998) BVA 2 Mosquito Larvicide – A New Surface Oil Larvicide for Mosquito Control. J Am Mosq Control Assoc 14(2):196–199

Fredregill CL, Motl GC, Dennett JA, Bueno R, Debboun M (2015) Efficacy of two Larvasonic units against *Culex* larvae and effects on common aquatic nontarget organisms in Harris County. Texas. J Am Mosq Control Assoc 31(4):366–370

Garrett WD (1976) Mosquito control in the aquatic environment with monomolecular organic surface films. Naval Research Labor (Washington DC), Report 8020, S 13

Garret WD, White SA (1977) Mosquito control with monomolecular organic surface films: I-selection of optimum film-forming agent. Mosq News 37:344–348

Gibson-Corrado J, Smith ML, Rue-De Xue, and Feng-Xia Meng. Comparison of two new traps to the Biogents BG sentinel trap for collecting *Aedes albopictus* in North Florida. J American Mosquito Control Association 33, no. 1 (2017):71–74

Hagstrum DW, Mulla MS (1968) Petroleum Oils as Mosquito Larvicides and Pupicides. I Correlation of Physicochemical Properties with Biological Activity. J Econ Ent 61(1):220–225

Henderson JP, Westwood R, Galloway T (2006) An assessment of the effectiveness of the Mosquito Magnet Pro Model for suppression of nuisance mosquitoes. J Am Mosq Control Associ 22(3):401–407

Kline DL (2007) Semiochemicals, Traps/Targets and Mass-Trapping Technology for Mosquito Management. J Am Mosq Control Assoc 23(2):241–251

Levy R, Chizzonite JJ, Garret WD, Miller TW Jr (1981) Ground and aerial application of a monomolecular organic surface film to control salt-marsh mosquitoes in natural habitats of southwesten Florida. Mosq News 41:291–301

Levy R, Chizzonite JJ, Garret WD, Miller TW Jr (1982) Efficacy of the organic surface film isosteryl alcochol containing two oxyethylene groups for control of *Culex* and *Psorophera* mosquitoes: Laboratory and field studies. Mosq News 42:1–11

Mbare O, Lindsay SW, Fillinger U (2014) Aquatain® mosquito formulation (AMF) for the control of immature *Anopheles gambiae sensu stricto* and *Anopheles arabiensis*: dose-responses, persistence and sub-lethal effects. Parasite Vector 7(438):16

Mulla MS (1967a) Biocidal and biostatic activity of aliphatic amines against southern house mosquito larvae and pupae. J Econ Ent 60:515–522

Mulla MS (1967b) Biological activity of surfactants and some chemical intermediates agains pre-imaginal mosquitoes. Proc Calif Mosq Contr Assoc 35:111–117

Mulla MS, Arias JR, Darwazeh HA (1971) Petroleum oil formulations against mosquitoes and their effects on some non-target insects. Proc 39th Ann Conference Calif Mosq Vector Control Assoc S 131–136

Mulla MS, Darwazeh HA (1981) Efficacy of petroleum larvicidal oils and their impact on some aquatic non target organisms. Proc 49th Ann Conference Calif Mosq Vector Control Assoc S 84–87

Mulla MS, Darwazeh HA, Luna LL (1983) Mono-layer films as mosquito control agents and their effects on non-target organisms. Mosq News 43:489–495

Rapley LP, Johnson PH, Williams CR, Silcoc RM, Larkman M, Long SA, Russell RC, Ritchie SA (2009) A lethal ovitrap-based mass trapping scheme for dengue control in Australia: II. Impact on populations of the mosquito *Aedes aegypti*. Med Vet Entomol 23(4): 303–316

Reiter P (1978) Expanded polystyrene balls: an idea for mosquito control. Ann Trop Med Parasitol 72:595

Schnetter W, Engler S (1978) Oberflächenfilme zur Bekämpfung von Stechmücken. In: Döhring E, Iglisch I (Hrsg) Probleme der Insekten- und Zeckenbekämpfung. E Schmidt Verlag, Berlin, S 115–121

Schultz GH, Mulla MS, Hwang YS (1983) Petroleum oil and nonanoinic acid as mosquitocides and oviposition repellents. Mosq News 43:315–318

Smith JP, Cope EH, Walsh JD, Hendrickson CD (2010) Ineffectiveness of mass trapping for mosquito control in St. Andrews State Park, Panama City Beach, Florida. J Am Mosq Control Assoc 26(1): 43–49

Strachan G (2014) Efficacy trials on mosquitoes with new monomolecular film. Proceedings of the 8th International Conference on Urban Pests, Editors: G. Müller, R. Pospischil and W.H. Robinson: 409–411

Takahashi RM, Wilder WH, Miura T (1984) Field evaluation of ISA-20E for mosquito control and effects on aquatic non target arthropods in experimental plots. Mosq News 44:363–367

Webb CE, Russell RC (2012) Does the monomolecular film Aquatain® Mosquito Formula provide effective control of container-breeding mosquitoes in Australia? J Am Mosq Control Assoc 28(1):53–58

Umweltmanagement

13.1 Einleitung

Oftmals wird das Umweltmanagement im Kontext der physikalischen Bekämpfung betrachtet. In diesem Buch wird bewusst eine Unterscheidung zwischen dem Umweltmanagement, das nicht primär darauf abzielt, Stechmücken direkt zu eliminieren, sondern ihren Lebensraum zu verändern, sowie der eigentlichen physischen Bekämpfung getroffen. Bei letzterer werden Stechmücken mittels hauptsächlich mechanischer oder physikalischer Methoden direkt abgetötet. Das Umweltmanagement umfasst eine vielfältige Palette von Maßnahmen, die darauf abzielen, den Lebensraum für die Entwicklung von Stechmücken langfristig ungünstig zu gestalten. Hierbei kann zwischen Umweltmodifikationen unterschieden werden, die eine dauerhafte physische Veränderung der Lebensräume einschließen, und Umweltmanipulationen, bei denen temporäre Veränderungen der Umweltbedingungen vorgenommen werden, um die Entwicklung von Stechmücken zu verhindern. Zudem können geeignete Maßnahmen ergriffen werden, um den Kontakt zwischen Stechmücken und Menschen zu reduzieren (Kap. 15). Während bestimmte Maßnahmen wie wasserbauliche Eingriffe, beispielsweise die Modifikation von Brutgebieten oder das Wassermanagement durch Gräben, in staatlicher Verantwortung liegen, gibt es zahlreiche Maßnahmen, wie die Beseitigung oder Sanierung von kleinen Brutstätten, die im Rahmen der Bürgerbeteiligung von Einzelpersonen im Siedlungsbereich durchgeführt werden können. Dies hat besondere Bedeutung bei der Bekämpfung von Stechmücken, die in Containern brüten, wie z.B. die Asiatische Tigermücke *Aedes albopictus*.

13.2 Umweltmanagement zur Reduktion der Stechmückenpopulationen in städtischen Gebieten

In diesem Abschnitt liegt der Fokus auf der aktiven Einbindung der Bürger in die Bekämpfung von Stechmücken. Das Ziel besteht darin, die Bürger von passiven Zuschauern zu aktiven Teilnehmern im Kampf gegen Stechmücken zu machen. Dies erfordert intensive Aufklärungskampagnen, die Bürger über die Biologie, den Entwicklungszyklus, das Erscheinungsbild der Stechmücken, geeignete Maßnahmen zur Prävention der Stechmückenentwicklung und Anlaufstellen für weiterführende Beratungen informieren. Es ist von Bedeutung, die Bürger in die Lage zu versetzen, Maßnahmen zur Selbsthilfe zu verstehen und anzuwenden. Dadurch können sie in ihrem eigenen Wohngebiet die Stechmückenpopulation minimieren und das Risiko von durch Stechmücken übertragenen Krankheiten verringern, wenn auch nicht gänzlich eliminieren. Die aktive Beteiligung der Bevölkerung ist ein entscheidender Beitrag zur nachhaltigen und kosteneffizienten Kontrolle von containerbrütenden Stechmücken wie der Tigermücke (*Ae. albopictus*) oder der Gemeinen Hausmücke (*Cx. pipiens* s.l.). Die Vermittlung von Informationen kann auf verschiedene Weisen erfolgen, darunter die Verteilung von Informationsbroschüren (Flyern), Webseiten, Radio- und Fernsehbeiträge, regelmäßige Zeitungsaufrufe, Plakate, Workshops oder Vorträge in Schulen und Gartenvereinen. Besonders wichtig ist die Vermittlung von Informationen über das Aussehen der jeweiligen Stechmückenarten, um exotische Stechmücken melden zu können. Dabei sollte erklärt werden, wo diese Stechmücken brüten und warum ihre Bekämpfung notwendig ist. Ein passives Meldesystem ermöglicht es den Bürgern, Stechmückenfunde zu melden. Dies unterstützt die Verifikation des Vorkommens, insbesondere von exotischen Stechmücken, und ermöglicht eine zügige Reduzierung der Population.

Die Aufrechterhaltung der Motivation der Bürger über einen längeren Zeitraum hinweg ist entscheidend. Im Folgenden sind einige Beispiele einfacher Selbsthilfemaßnahmen aufgeführt: Die folgende Aufzählung mit a) b) c) bitte ändern in Aufzählung mit Blickfangpunkten.

a) Beseitigung von stehendem Wasser: Das Entfernen von allen unnötigen Wasseransammlungen, einschließlich kleiner Behältnisse wie Plastikbehälter, Joghurtbecher, ungenutzte Blumenvasen, Altreifen und Plastikplanen, in denen Regenwasser gesammelt werden kann. Dabei ist darauf zu achten, dass keine Eier verschleppt werden und keine Larven in andere Wasseransammlungen gelangen. Die Behältnisse sollten richtig entsorgt oder gereinigt werden, bevor sie erneut verwendet werden.

b) Sanierung von Brutstätten: Gießkannen, Eimer oder ungenutzte Blumenkübel sollten umgedreht oder abgedeckt gelagert werden, um die Ansammlung von Regenwasser zu verhindern. Schirmständer oder Zaunrohre, die nach oben offen sind, sollten mit einem Deckel verschlossen werden. Besondere Aufmerksamkeit ist auf Regentonnen zu richten, da diese oft als Massenbrutstätten dienen. Sie sollten entweder mit einem Deckel oder einem engmaschigen Mückennetz lückenlos abgedeckt werden, da selbst kleine Öffnungen oder Ritzen den Mückenweibchen zur Eiablage dienen können. Vor dem Abdecken sollten eventuell vorhandene Stechmückenlarven mit Bti abgetötet werden (Kap. 10). Alternativ können Regentonnen komplett entleert, gereinigt und anschließend mit einem Mückennetz inklusive Zippverschluss lückenlos abgedeckt werden. Geeignete Mückennetze mit Zippverschluss sind im Handel erhältlich.

Schiefe oder verstopfte Regenrinnen, in denen Wasser stehen bleibt, müssen so saniert werden, dass ein ungehinderter Wasserabfluss gewährleistet ist.

Astgabeln oder Aushöhlungen an Zäunen können mit Sand aufgefüllt werden, um eine freie Wasseroberfläche zu verhindern.

Vogel- und Igeltränken sind besonders in sehr trockenen und heißen Sommern wichtig. Sie stellen keine Brutstätten dar, wenn das Wasser mindestens alle 5 Tage gewechselt wird. Bei längerer Abwesenheit sollten die Behältnisse entleert und umgedreht gelagert werden, um die Ansammlung von Regenwasser zu vermeiden.

Nassgullys dienen oft als Brutstätten für Stechmücken, insbesondere für *Culex pipiens* s.l. und *Aedes albopictus*. Da Gullys nicht immer umfassend saniert werden können, sollten sie regelmäßig kontrolliert und bei Bedarf mit Bti behandelt werden. Es gibt auch Bemühungen in den Gemeinden, Nassgullys durch Trockengullys zu ersetzen. In diesen bleibt nach Regenfällen kein Restwasser stehen, wodurch sie keine Brutstätten für Stechmücken sind.

Gartenteiche mit einer Vielzahl von Fressfeinden wie Wasserkäfern, Wasserwanzen, Molchen oder Fischen dienen nicht als effektive Brutstätten für Stechmücken (Kap. 10). Allerdings können sich in frisch angelegten Teichen ohne ausgewogene Ökosysteme Stechmücken wie *Cx. pipiens* entwickeln. Tigermücken sind in der Regel nicht in Gartenteichen anzutreffen.

Gut gepflegte Swimmingpools mit Chlorzusatz und bewegtem Wasser bieten keine Brutstätten für Stechmücken. Allerdings können vernachlässigte Pools zu Brutstätten werden. Diese können entweder gereinigt und neu mit Wasser gefüllt oder bei ausreichender Größe mit Fischen wie Goldfischen besetzt werden, die die Stechmückenbrut rasch dezimieren. Falls nötig, kann auch eine Behandlung mit Bti in Betracht gezogen werden.

c) Weitere wichtige Maßnahmen gegen Stechmücken im urbanen Bereich:

Friedhöfe sind oft ideale Standorte für die Entwicklung von Stechmücken, da sie zahlreiche kleine künstliche Gewässer wie Blumenvasen als Brutstätten aufweisen. Zudem bieten sie häufig viele Blütenpflanzen, die den adulten Stechmücken Nektar liefern, sowie Gebüsch, in dem die adulten Mücken während heißer Perioden Schutz finden. Nicht zuletzt dienen die Friedhofsbesucher gerne als Wirte für Blutmahlzeiten, insbesondere für Tigermücken. Auch hier ist die Bevölkerung aufgefordert, bei der Bekämpfung zu helfen. In der Praxis haben sich wasserfeste Hinweisschilder an den Zugängen mit Empfehlungen zur Vermeidung von Stechmücken als äußerst nützlich erwiesen. Im mediterranen Raum werden fast ausschließlich Kunstblumen verwendet, um sicherzustellen, dass die Vasen kein Wasser enthalten. Die Vasen werden mit Sand gefüllt, um die Ansammlung von Regenwasser zu verhindern. Kupfervasen können ebenfalls die Entwicklung von Stechmücken verhindern (Becker et al. 2015).

In meist ländlichen Gemeinden können ungenutzte Sickergruben, in denen Regenwasser mit organisch belastetem Wasser vermischt werden kann, gelegentlich zu Massenbrutstätten für *Anopheles plumbeus* und *Cx. pipiens* Biotyp *molestus* werden. Oft ist es nicht möglich, diese Gruben komplett luftdicht abzudecken. Daher sollten sie, wenn möglich, vollständig aufgefüllt werden, um jegliche verbleibenden Wasseransammlungen zu verhindern. Zisternen können gelegentlich mit Netzen vollständig abgesichert werden. Beachten Sie: Auch Einläufe für Regenwasser sollten sorgfältig abgedichtet werden, da die Mücken dort eindringen können. Wenn diese Maßnahmen nicht umsetzbar sind, sollte eine Behandlung mit Bti in Erwägung gezogen werden (Kap. 10).

Abgesehen von wenigen *Aedes*-Arten, die gelegentlich im Wohnbereich gedeihen oder eindringen, sind es hauptsächlich die Hausmücken (*Cx. pipiens* s.l.), die in die Häuser gelangen und aufgrund ihrer nächtlichen Stichaktivität den Schlaf empfindlich stören können. Während Überschwemmungsmücken im Freien in der Dämmerung oft zahlreich auftreten, genügen oft 1 oder

2 weibliche Hausmücken im Schlafzimmer, um einen erholsamen Schlaf unmöglich zu machen. In der Dunkelheit hört man das Summen in der Nähe des Kopfs, da dort die CO_2-Konzentration als Lockstoff durch das Ausatmen am höchsten ist. Sobald das Licht eingeschaltet wird, verbergen sich die weiblichen Hausmücken, da sie das Licht meiden. Bei Dunkelheit erfolgt dann eine erneute Attacke, und oft wird man an empfindlichen Stellen gestochen, was den Juckreiz besonders unangenehm macht. Am nächsten Morgen entdeckt man das vollgesogene Mückenweibchen an der Wand. Wenn man es tötet, ist es zwar bereits zu spät, aber der Blutfleck an der Wand erinnert an die nächtliche Aktivität der Mücke. Die Hausmücken haben eine fortlaufende Abfolge von Generationen, die etwa von April bis Ende Oktober dauert, weshalb sie besonders zahlreich im Spätsommer auftreten. Im Oktober und November suchen die überwinternden Weibchen ihre Winterquartiere auf, meist frostgeschützte Keller (Kap. 2). Neben der konsequenten Kontrolle der Brutplätze kann die Verwendung von Mückenfenstern empfohlen werden (Ross 1913; Anaele et al. 2021). Diese sind mittlerweile kostengünstig erhältlich und einfach zu montieren.

13.3 Umweltsanierung in Feuchtgebieten

Die Verantwortung für diese Maßnahmen liegt hauptsächlich bei staatlichen Stellen, die sie nach gründlicher Planung umsetzen sollten. Es ist wichtig zu betonen, dass wasserbauliche Eingriffe zwar nachhaltig, aber auch kostspielig sein können. Daher werden meist nur kleinere Flächen saniert. In der Vergangenheit wurde das Vorhandensein von Feuchtgebieten oft als Ursache für Stechmückenplagen angesehen. Es bestand der Wunsch, das Stechmückenproblem durch vollständige Entwässerung oder Auffüllung der Senken zu lösen (Carlson 2006). Die wasserbaulichen Maßnahmen hatten häufig das Ziel, den Grundwasserstand zu senken und so die Brutplätze der Mücken zu beseitigen. Ein berühmtes Beispiel ist die Rheinkanalisation durch den Wasserbauingenieur Gottfried Tulla im 19. Jahrhundert. Durch die Kanalisation wurde der Oberlauf des Rheins verkürzt, was die Strömungsgeschwindigkeit erhöhte und die Erosion des Flussbettes förderte. Obwohl diese Maßnahme die *Anopheles*-Mückenpopulation verringerte und Malariafälle zurückgingen, führte sie zum Verschwinden wertvoller Wasserlebensräume. Heutzutage wird erkannt, dass natürliche Feuchtgebiete einen ökologischen Wert für die Biodiversität haben. Das Trockenlegen und die Zerstörung der Auen wurden weitgehend eingestellt. Die wasserbaulichen Maßnahmen zielen nun darauf ab, die natürlichen Fressfeinde der Stechmückenpopulation zu erhalten und zu fördern. Einheimische Weißfische wie Karauschen oder Rotfedern können mehr als 1000 Stechmückenlarven in 12 h fressen. Amphibien wie Molche können mehrere Hundert Larven in 24 h vertilgen. Wasserinsekten wie Schwimmkäfer und deren Larven sowie Wasserwanzen wie der Rückenschwimmer (*Notonecta glauca*) können mehr als 30 Larven pro Tag fressen. Plattwürmer wie *Mesostoma ehrenbergii* und Büschelmücken wie *Mochlonyx culiciformis* sind ebenfalls wichtige Fressfeinde der Stechmückenlarven (Kap. 10). Dies sind die Gründe, warum in Fischgewässern oder ökologisch ausgewogenen, wasserinsektenreichen Gewässern nur wenige oder gar keine Stechmückenlarven überleben können.

Heutzutage werden wasserbauliche Maßnahmen vor allem mit dem Ziel durchgeführt:

a) Temporäre Gewässer werden durch das Vertiefen in dauerhafte oder halbdauerhafte Gewässer umgewandelt, die als Lebensraum und Laichgebiet für Fische, Amphibien und Wasserinsekten dienen. In Teichen mit länger anhaltendem Wasserstand siedeln sich meist eine Vielzahl natürlicher Freßfeinde der Stechmückenlarven an. Dazu gehören insbesondere Jungfische, die in die flachen Überschwemmungsgebiete, die bevorzugten Orte für die Entwicklung der Überschwemmungsmücken, eindringen können. Zusätzlich sind Amphibien, Kleinkrebse, Wasserkäfer, Wasserwanzen und deren Larven in der Lage, die geschlüpften Stechmückenlarven in kurzer Zeit nach einem Hochwasser zu dezimieren. Daher kommt es vorwiegend in Gewässern ohne diese natürlichen Feinde zu massiven Stechmückenlarvenpopulationen. Produktive Brutplätze für Stechmückenlarven können durch Vertiefung so gestaltet werden, dass sie einerseits von April bis Oktober Wasser führen und andererseits nicht zu schnell durch Verlandung wieder das kritische Niveau erreichen. Durch diese Vertiefung und die Ablagerung von Aushubmaterial wird das Gelände facettenreicher, was zu einem erhöhten Ufergefälle führt.
 – Dies hat folgende Auswirkungen:
   Bei Schwankungen des Wasserstands wird nur ein kleiner Bereich des Ufers, der mögliche Eiablagegebiete für *Aedes*-Arten enthält, neu überflutet.
   Durch diese Differenzierung wird der Feuchtigkeitsbereich am Rand der Gewässer als geeignete Eiablagefläche verringert.
   Es entstehen verschiedene Vegetationszonen am Ufer, wie sie typisch für intakte Auenlandschaften sind (submerse Zone, Trockenrisselfeld, *Carex*- und Binsenzone, Schilf- und Weichholzaue sowie Hartholzaue).
 – Das Ausmaß der Vertiefung beinflusst auch die Zusammensetzung der Populationen der natürlichen Fressfeinde:

Wenn ein temporäres Gewässer in ein mehr oder weniger dauerhaftes Gewässer umgewandelt wird, entsteht ein neuer Lebensraum für Fische. Dies kann besonders effektiv sein, wenn gleichzeitig eine Verbindung zu einem bestehenden Fischgewässer hergestellt wird. Allerdings sind in Fischgewässern Wasserinsekten und Amphibien selten anzutreffen, da Fische auch Fressfeinde für diese Organismen und ihre Entwicklungsstadien sind.

Wenn keine Verbindung zu einem Fischgewässer hergestellt und die Vertiefung so durchgeführt wird, dass das Gebiet bei niedrigem Wasserstand teilweise trockenfällt, entsteht zwar kein Fischgewässer, aber ein Lebensraum für andere natürliche Feinde der Stechmücken. Dazu zählen beispielsweise Wasserkäfer, Amphibien und deren Larven.

b) Stechmückenbrutgewässer können durch Gräben mit Fischgewässern verbunden werden, und bei Bedarf kann eine Wasserstandsregulierung durch Schließen vorgenommen werden. Erfahrungen in der Stechmückenbekämpfung haben gezeigt, dass die Stechmückenlarven in kürzester Zeit zur Beute der in die überschwemmten Gebiete eindringenden Fische werden, wie z. B. Brachsen, Rotaugen, Rotfedern, Hechte oder Barsche. Wo es ökologisch vertretbar ist, sollten bestehende Senken durch Gräben oder Kanäle an größere Fischgewässer angeschlossen werden. Dadurch erhalten die Fische auch Zugang zu geeigneten Laichplätzen. Dies ist besonders wichtig, da viele Baggerseen mit steilen Ufern keine angemessenen Laichplätze für Fische bieten. Bei den meisten heimischen Arten entwickeln sich die Jungfische bereits wenige Tage nach dem Ablaichen (abhängig von der Temperatur), wodurch ein Austrocknen der Fischbrut bei sinkendem Hochwasserstand nahezu ausgeschlossen ist. Das Grabensystem sollte so gestaltet sein, dass die Jungfische sich bei abnehmendem Wasserstand aus dem Überschwemmungsgebiet zurückziehen können und bei erneutem Hochwasser als natürliche Fressfeinde wirksam werden.

Zusätzlich kann der Wasserstand durch den Einbau von Schließen, beispielsweise am Anfang größerer Grabensysteme, reguliert werden. Dadurch können größere Wasserstandschwankungen vermieden werden, die für die Entwicklung der Überschwemmungsmücken erforderlich sind. Ebenso kann bei sinkendem Pegel des Rheins durch das Öffnen von Absperrschiebern überschwemmendes Wasser schnell abgeleitet werden, was dazu führt, dass die Stechmückenlarven entweder austrocknen oder sich in leichter zu kontrollierenden verbleibenden Gewässern konzentrieren.

Literatur

Anaele BI, Varshney K, Ugwu FSO et al (2021) The efficacy of insecticide-treated window screens and eaves against *Anopheles* mosquitoes: a scoping review. *Malar J* 20:388. https://doi.org/10.1186/s12936-021-03920-x

Becker N, Oo TT, Schork N (2015) Metallic copper spray- a new control technique to combat invasive container-inhabiting mosquitoes. Parasit Vectors 8(575):1–10

Carlson DB (2006) Source reduction in Florida's salt marshes: management to reduce pesticide use and enhance the resource. J Am Mosq Control Assoc 22(3):534–537

Ross R (1913) Malaria prevention in Greece. British Med J 1:1186

14 Genetische Bekämpfung von Stechmücken

14.1 Einleitung

Die Geschichte der genetischen Stechmückenbekämpfung reicht mehr als ein halbes Jahrhundert zurück. Nachdem der Entomologe E. F. Knipling (1959) erkannt hatte, dass die Fruchtbarkeit meist monogamer (sich nur einmal paarender) Stechmückenweibchen erheblich eingeschränkt werden konnte, wenn sie sich mit einem sterilisierten Stechmückenmännchen paarten. Seit dieser Zeit haben sich die Wissenschaft und die Technologien im Bereich der traditionellen und modernen genetischen Bekämpfung von Vektorstechmücken rasant entwickelt. Dies ist vor allem auf die Fortschritte in der Gentechnik zurückzuführen (Schetelig und Wimmer 2011; Alphey 2014). Die genetische Bekämpfung unterscheidet sich von allen anderen Bekämpfungsmethoden durch ihre artspezifische Wirkung. Auf diese Weise kann gezielt gegen eine einzelne Art vorgegangen werden, wodurch die Auswirkungen auf das Ökosystem minimiert werden (Scott und Benedict 2015). Dies ist jedoch nur dann effektiv, wenn lediglich eine Art als Lästling oder Überträger von Krankheitserregern infrage kommt. Die genetische Bekämpfung zeigt ihre besondere Effektivität, wenn sich eine Art wie z. B. die invasive Art *Ae. albopictus* in einem definierten oder isolierten Gebiet ausbreitet oder wenn eine Art der Hauptüberträger von Krankheitserregern ist. Dennoch sollten alle Bekämpfungsansätze stets Teil einer integrierten Bekämpfungsstrategie sein.

Die Technologie der rekombinanten DNA hat die Wissenschaft revolutioniert und einen praktischen Einfluss auf die Entwicklung neuer Bekämpfungsstrategien bewirkt (Antonelli et al. 2016). Die Veröffentlichung der vollständigen Genomsequenz von *An. gambiae* hat Wissenschaftler in die Lage versetzt, Stechmücken auf molekularer, biochemischer und genetischer Ebene zu untersuchen und neuartige Ansätze für deren Management zu entwickeln (Holt et al. 2002). Als die Herstellung transgener Stechmücken Ende der 1990er-Jahre möglich wurde, entwickelten Wissenschaftler die Idee, transgene Stechmücken oder, anders ausgedrückt, „bessere Stechmücken" zu kreieren, die beispielsweise für die Übertragung von Pathogenen oder Parasiten nicht mehr geeignet sind.

Dennoch bestehen insbesondere in der Öffentlichkeit nach wie vor große Bedenken hinsichtlich des Einsatzes von genetisch modifizierten Organismen (GMOs). Daher ist es wichtig, dass vor dem Einsatz von GMOs eine umfassende Risikobewertung durch Spezialisten hinsichtlich der Effektivität der Maßnahme und ihrer Auswirkungen auf die Umwelt durchgeführt sowie die Öffentlichkeit transparent über umweltrelevante Aspekte informiert wird. Eine enge Zusammenarbeit mit den Genehmigungsbehörden ist unerlässlich.

Angesichts der globalen Herausforderungen bei der Bekämpfung von Stechmücken und den damit verbundenen Krankheiten, die mit dem Rückgang verfügbarer Instrumente zur Bekämpfung von Vektorstechmücken und der Behandlung von Krankheiten einhergehen und häufig mit der Entwicklung von Resistenzen gegen Insektizide und Arzneimittel verbunden sind, ist die Suche nach neuen Wegen wie der genetischen Bekämpfung von Stechmücken von großer Bedeutung.

Die Aussicht, genetische Bekämpfungstechniken für die Praxis entwickeln zu können, führte zur Entwicklung einer genetisch basierenden Strategie zur Verringerung oder sogar Eliminierung einer krankheitsübertragenden oder schädlichen Insektenpopulation, um den globalen Gesundheitsherausforderungen gerecht zu werden (Varmus et al. 2003). Detaillierte Kenntnisse der Stechmückenbiologie, ihrer Rolle im Ökosystem und der Nahrungskette sowie des Übertragungszyklus der von Stechmücken übertragenen Krankheiten sind erforderlich, um die Effektivität einer genetischen Bekämpfung einschätzen zu können und die Reaktion des Ökosystems auf den genetischen Bekämpfungsansatz zu verstehen. Die WHO hat in Zusammenarbeit mit Experten Richtlinien für die Anwendung von GMOs entwickelt, die 4 Phasen umfassen (WHO 2014; Coulibaly et al. 2016; James et al. 2018):

1. Laborstudien zur Sicherheit und Wirksamkeit des Versuchsansatzes
2. Erprobungen in kleinen, begrenzten und kontrollierten Testgebieten
3. Größere kontrollierte Freilandversuche mit präziser Auswertung der Ergebnisse
4. Praktische Anwendung mit regelmäßiger systematischer Überwachung der Wirksamkeit und Effekte

Gegenwärtig werden weltweit 2 Strategien bei der genetischen Stechmückenbekämpfung angewendet:

1. Reduktion der Zielpopulation durch die Sterile-Insekten-Technik (SIT) und ähnliche Techniken. Ziel ist es, die Mückenpopulation auf ein akzeptables Niveau zu reduzieren oder sogar zu eliminieren, indem massenhaft durch Gammabestrahlung sterilisierte männliche Mücken in betroffenen Gebieten freigesetzt werden. Diese paaren sich mit heimischen wilden Weibchen, bringen jedoch keine lebensfähigen Nachkommen hervor. Dieser Ansatz wird im Allgemeinen als Sterile-Insekten-Technik (SIT) bezeichnet und bereits seit vielen Jahren angewendet (Bellini et al. 2013a, b; Sutiningsih et al. 2017; Becker et al. 2022). Neuere Entwicklungen in der Genommanipulation erzielen ähnliche Ergebnisse auch ohne Bestrahlung, und die durch *Wolbachia* induzierte zytoplasmatische Inkompatibilität kann zu ähnlichen Ergebnissen führen (Black et al. 2011; O'Connor et al. 2012; Wilke und Marelli 2012; Alphey et al. 2014, Carvalho et al. 2015; Mains et al. 2016).
2. Ersetzen oder Austausch einer krankheitsübertragenden Zielpopulation durch eine transgene Stechmückenart, die nicht in der Lage ist, Krankheiten zu übertragen (Antonelli et al. 2016; Wilke et al. 2018). Das Ziel ist es, Gene zu identifizieren oder genetische Konstrukte zu erstellen, die die Stechmücken gegen die betreffenden Krankheitserreger resistent oder refraktär machen, d. h., in den transgenen Mücken können sich die Krankheitserreger nicht entwickeln. Diese refraktären Gene können mit einem Gen verknüpft sein, das den transgenen Stechmücken ökologische Vorteile gegenüber der Wildpopulation verschafft, sodass diese allmählich durch die modifizierte, harmlose Population ersetzt wird (Kean et al. 2015; Adelman 2016).

14.2 Reduktion der Zielpopulation durch die Sterile-Insekten-Technik (SIT) und ähnlicher Techniken

14.2.1 Allgemeines

Die genetische Bekämpfung ist nicht nur eine Alternative zu konventionellen Bekämpfungstechniken, sondern bietet auch einige Vorteile. Die Methode basiert auf der natürlichen Fähigkeit der freigelassenen Stechmückenmännchen, Weibchen der heimischen wilden Population zu finden und sich mit ihnen zu paaren (Abb. 14.1). Die freigelassenen sterilen Männchen sind gewissermaßen „Helfer mit Flügeln", da sie Orte wie kryptische Brutplätze oder schwer zugängliche Areale mit Brutstätten erreichen können, die bei konventioneller Bekämpfung nur schwer oder gar nicht erreichbar sind. Weitere Vorteile ergeben sich daraus, dass die SIT gezielt nur gegen eine Art eingesetzt werden kann, während andere Stechmückenarten – selbst nahe verwandte Arten oder andere Insekten – nicht betroffen sind. Dadurch sind nur geringe oder keine Auswirkungen auf die Biodiversität oder die öffentliche Gesundheit zu erwarten. Trotzdem erfordert der verantwortungsvolle Einsatz dieser innovativen Technologie eine sorgfältige Abwägung der potenziellen Risiken und die Vermeidung unbeabsichtigter Konsequenzen. Beide Strategien der genetischen Kontrolle, die gezielte Reduzierung der Zielpopulation durch massenhaftes Freisetzen steriler Männchen sowie der Austausch der Zielpopulation durch transgene Tiere, werden im Folgenden erläutert.

Eine Grundvoraussetzung für das erfolgreiche Anwenden der SIT ist das weitgehend monogame Paarungsverhalten der Stechmückenweibchen. Das bedeutet, sie paaren sich nur 1-mal und nutzen das in ihren Spermatheken gespeicherte Sperma zur Befruchtung jeder nach einer erneuten Blutmahlzeit folgenden Eiablage. Wenn diese Paarung mit einem sterilisierten Männchen erfolgt, legt das Weibchen nur sterile Eier und trägt somit nicht zur Fortpflanzung der nächsten Mückengeneration bei. Wenn

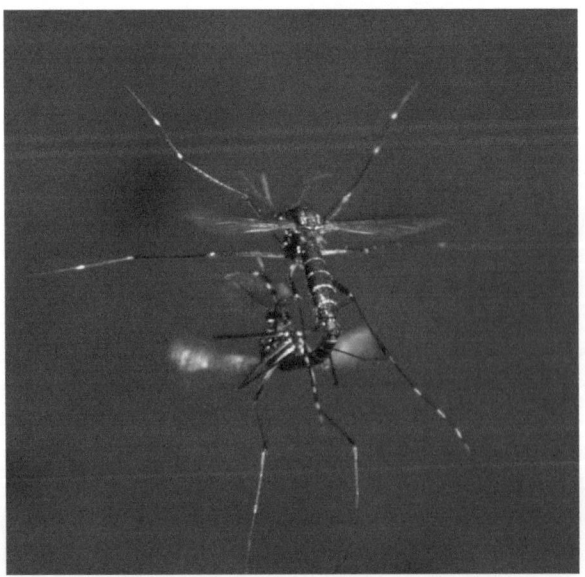

Abb. 14.1 Paarung von *Aedes albopictus* (Foto Dr. Roland Kuhn, Universität Mainz)

sterilisierte Männchen in ausreichender Anzahl und über einen ausreichend langen Zeitraum in einem betroffenen Gebiet mit vorheriger Reduktion der wilden *Ae. albopictus*-Population freigelassen werden, können die sterilen Männchen bei der Paarung mit den Wildmännchen konkurrieren. Dies führt dazu, dass die Population erheblich zurückgeht, bis hin zum Ziel der Ausrottung. Laborversuche haben gezeigt, dass ein Verhältnis von einem Wildmännchen zu 5 sterilisierten Männchen eine geeignete Grundlage für das Erreichen dieser Ziele ist (Becker et al. 2022).

Zusammenfassend sind die herausragenden Vorteile der SIT-Technik

- Die Technik ist äußerst spezifisch und richtet sich nur gegen eine Zielart.
- Durch das Freisetzen von sterilisierten, ansonsten aber unbeeinträchtigten männlichen Stechmücken können gezielt Weibchen derselben Art gefunden werden, die sich z. B. in kryptischen Brutstätten entwickelt haben und die mit herkömmlichen Bekämpfungsmethoden wie dem Einsatz von Insektiziden schwer zu erreichen sind.
- Durch kontinuierliches Freisetzen könnte eine Ausrottung der Art in einem bestimmten Gebiet erreicht werden.

Nachdem Knipling (1959) das Potenzial dieser Technik zur Schädlingsbekämpfung erkannt hatte, folgte die Entwicklung einer Reihe praktischer Anwendungen. Die bekannteste SIT-Anwendung war die gegen die Neuwelt-Schraubenwurmfliege (*Cochliomyia hominivorax*), die in den USA und Zentralamerika eine ernsthafte Bedrohung für Rinder darstellte. Als Antwort darauf wurden die Massenzucht der Schraubenwurmfliege sowie die Sterilisation im Puppenstadium und die Ausbringung der sterilen Tiere aus der Luft erfolgreich umgesetzt (Krafsur et al. 1987; Scott und Benedict 2015). Die ersten Feldversuche fanden bereits in den frühen 1950er-Jahren statt, und 1959 wurde Florida für schraubenwurmfliegenfrei erklärt. Später wurde die Fliege nicht nur in den USA, sondern bis zum Panamakanal in Zentralamerika ausgerottet (Wyss 2000). Der Erfolg dieses Programms trug wesentlich dazu bei, dass weitere Forschungen, Entwicklungen und Anwendungen in diesem Bereich stattfanden, was zu weiteren erfolgreichen Programmen gegen die Mittelmeerfruchtfliege (*Ceratitis capitata*) in Mittel- und Nordamerika, die Karibik-Fruchtfliege (*Anastrepha suspensa*) sowie die Mexikanische Fruchtfliege (*A. ludens*) in Mexiko und Zentralamerika führte (Dyck et al. 2005).

Die erfolgreiche praktische Anwendung der SIT, wie z.B. zur Bekämpfung von *Aedes albopictus*, erfordert mehrere Schritte, wie die Massenzucht des Zielorganismus, das Trennen der Geschlechter bzw. die Selektion der männlichen Tiere, die geeignete Sterilisation der männlichen Tiere, insbesondere in Bezug auf die Dosis pro Zeiteinheit, sowie die optimale Freisetzung der sterilen Männchen im Zielgebiet.

14.2.2 Massenzucht

Angesichts der Notwendigkeit, die heimische Stechmückenpopulation numerisch zu überbieten, ist eine Massenzucht der Zielart erforderlich (Abb. 14.2). Die Massenzuchteinrichtung muss eine hohe Anzahl an Insekten von gleich bleibender Qualität zu akzeptablen Kosten liefern. Dies erfordert intensives Forschen in den Bereichen Handhabung und Fütterungstechniken, Krankheitsabwehr und eine weit reichende Automatisierung der Zucht (Dame et al. 1974; Lees et al. 2014; Balestrino et al. 2014). In Europa hat das gemeinsame Forschungszentrum (FAO-IAEA) der Ernährungs- und Landwirtschaftsorganisation der Vereinten Nationen (FAO) und der Internationalen Atomenergie-Organisation (IAEA) in Wien die Grundlage für die Massenzucht von *Aedes albopictus* gelegt, um flächendeckende SIT-Programme zu ermöglichen. Balestrino et al. (2014) beschreiben die Massenzuchteinrichtung und ihre Handhabung im Detail. Die Zuchtbedingungen werden von Bellini et al. (2013a, 2014) beschrieben. Es ist wichtig, dass die für die Massenzucht verwendeten Tiere aus demselben Gebiet stammen, in dem die sterilen Tiere später freigesetzt werden, um die Freisetzung eines anderen Genotyps zu vermeiden.

14.2.3 Trennen der männlichen Tiere

Beim Freilassen der sterilisierten Männchen muss darauf geachtet werden, möglichst keine weiblichen Stechmücken freizusetzen, da diese zu Stichbelästigungen führen und sich auch mit den sterilisierten Männchen paaren könnten, was den Einfluss auf die Wildpopulation mindern würde. Die männlichen Tiere müssen daher effektiv von den weiblichen getrennt werden. Bei *Aedes*-Arten können die männlichen und weiblichen Puppen aufgrund ihres Größenunterschieds mechanisch getrennt werden (Abb. 14.3). Weibliche Puppen sind größer als männliche Puppen. Für *Ae. albopictus* werden kalibrierte Metallsiebe mit 1,4 mm großen Maschenlöchern verwendet, um männliche Puppen von den weiblichen zu trennen und für die Weiterbehandlung bei der Sterilisation zu sammeln (Bellini et al. 2007, 2013a). Eine weitere oft angewandte Trennungstechnik ist die sogenannte Fay-Morlan-Methode, bei der Glasplatten im geeigneten Abstand die männlichen Puppen separieren (Focks 1980). Die effiziente mechanische Geschlechtertrennung erfordert standardisierte Zuchttechniken und eine konsistente Puppengröße. Selbst unter optimierten Zuchtbedingungen

Abb. 14.2 Massenzucht von *Aedes albopictus* im Centro Agricultura Ambiente (CAA), Crevalcore, Italien

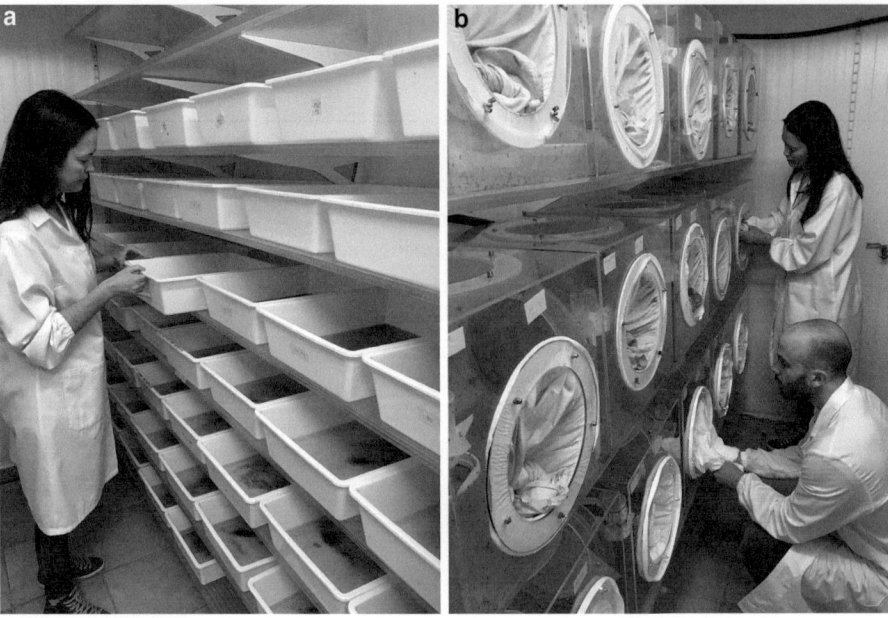

Abb. 14.3 Trennung der männlichen von den weiblichen *Aedes*-Puppen durch 7. (Zur Verfügung gestellt vom Centro Agricultura Ambiente, CAA, Crevalcore, Italien)

können jedoch gelegentlich Weibchen unter den sterilisierten Männchen auftreten. Diese sollten jedoch weniger als 0,5 % betragen (Carvalho et al. 2015, 2014). Bei einigen Stechmückenarten (z. B. *Anopheles*-Arten) sind die Größenunterschiede zwischen den Geschlechtern nicht ausreichend. Daher wurden Stechmückenmutanten entwickelt, bei denen ein Resistenzgen gegen Insektizide auf dem Y-Chromosom eingeführt wurde. Durch Exposition der Zuchttiere mit dem entsprechenden Insektizid können weibliche Tiere abgetötet werden, während die resistenten Männchen überleben. Dieses genetische Verfahren kann jedoch instabil sein und erfordert sorgfältige Kontrolle, um das Auftreten resistenter Weibchen zu verhindern (Coleman und Alphey 2004). Weitere Entwicklungen zur Geschlechtertrennung

beinhalten die Integration eines fluoreszierenden Gens in die Zielart, um sie visuell zu identifizieren (Catteruccia et al. 2005; Marois et al. 2012; Adelman 2016).

14.2.4 Sterilisation der männlichen Puppen

Die Sterilisation der männlichen Puppen kann auf verschiedene Weisen erfolgen: Die Chemosterilisation wird typischerweise durch Eintauchen der Puppen in eine Standardlösung einer alkylierenden Aziridinylverbindung wie Thiotepa für eine festgelegte Zeit durchgeführt. Hohe Sterilitätsraten können dabei mit minimalem Verlust an Fitness erreicht werden (Seawright et al. 1977). Der Einsatz von Chemosterilisation wird jedoch kritisch betrachtet, da Mitarbeiter mit potenziell mutagenen Chemikalien arbeiten.

Die Sterilisation durch Bestrahlung ist die häufigste Technik. Sie wird normalerweise im Puppenstadium mittels Gammabestrahlung angewendet, kann aber auch bei adulten Mücken durchgeführt werden (Abb. 14.4). Die verwendeten Bestrahlungsquellen sind meist Cobalt-60 oder Cs-137, wobei die Dosis üblicherweise im Bereich von 30–120 Gy liegt. Die Strahlenexposition führt zu dominanten letalen Mutationen in den Spermien der männlichen Mücken. Niedrigere Dosen führen zu teilweiser Sterilisation, während höhere Dosen zu vollständiger Sterilisation führen, jedoch mit Schädigungen der somatischen Zellen in der männlichen Mücke, was zu vermindertem Fitnessniveau und geringerer Wettbewerbsfähigkeit gegenüber wilden Männchen führt (Helinski und Knols 2009). Die Strahlendosis muss so gewählt werden, dass einerseits eine hohe Sterilität und andererseits die Erhaltung der Fitness gegeben sind (Helinski et al. 2006). In Dosimetriestudien

Abb. 14.4 Sterilisation der männlichen *Aedes*-Puppen durch Gammabestrahlung (Dosis: 35 Gy). (Zur Verfügung gestellt vom Centro Agricultura Ambiente, CAA, Crevalcore, Italien)

an *Ae. albopictus*-Puppen haben Balestrino et al. (2010) die optimale Dosis von 30 Gy als ausgewogene Wahl bestimmt, bei der die Konkurrenz der sterilisierten Männchen im Paarungsverhalten mit wilden Männchen erhalten bleibt (Bellini et al. 2013b). Neben der Gammabestrahlung wird auch die Verwendung von Röntgenstrahlung zur Sterilisation diskutiert (Yamada et al. 2014).

Eine vielversprechende Strategie zur Verhinderung von weiblichen Nachkommen ist die Verwendung frühembryonaler Letalitätssysteme, bei denen weibliche Nachkommen durch Überexpression eines tödlichen Gens in der frühen Embryonalentwicklung nicht überleben. Solche Systeme wurden erfolgreich bei landwirtschaftlichen Schädlingen eingesetzt (Schetelig und Handler 2012a, b; Schetelig et al. 2009; Ogaugwu et al. 2013; Schetelig et al. 2016).

Die RIDL-Technik (RIDL = Release of Insects with a Dominant Lethal gene) ist eine Variante der SIT, die derzeit getestet wird. Bei dieser Technik wird eine Population von Stechmücken erzeugt, die ein unterdrückbares dominantes letales Gen tragen. Der Repressor unterdrückt die Letalität während der Aufzucht. Nach der Freisetzung der Zuchttiere, die homozygot für das dominante letale Gen sind, paaren sie sich mit freilebenden Individuen. Die Nachkommen sind heterozygot für das dominante letale Gen und sterben bei Abwesenheit des Repressors. Diese Methode hat den gleichen Effekt auf die Reduzierung der Populationsgröße der nächsten Generation wie die Sterilisation durch Bestrahlung. Eine *Ae. aegypti*-RIDL-Population (OX513A) wurde erfolgreich für Feldversuche in Brasilien eingesetzt (Carvalho 2015). Die Kombination des tödlichen Gens mit einer weiblich-spezifischen Expression (Aktivieren des Gens bei weiblichen Nachkommen) führt nur zum Tod weiblicher Nachkommen (fs-RIDL; Fu et al. 2007). Die Entfernung des Repressors während der Massenzucht ermöglicht die Produktion ausschließlich männlicher Stechmücken. Dieses System kann als Sexing-System verwendet werden, um Weibchen zu entfernen. Die Männchen können anschließend durch Bestrahlung sterilisiert werden. Die Männchen könnten jedoch auch ohne Bestrahlung freigesetzt werden, da sie homozygot sind und 2 Kopien des weiblich-spezifischen tödlichen Gens tragen. Paarungen zwischen den RIDL-Männchen und wilden Weibchen führen daher zu männlichen Nachkommen. Diese Männchen tragen das RIDL-Genkonstrukt in heterozygoter Form und können zur Unterdrückung oder sogar zur Eliminierung von Weibchen in den folgenden Generationen beitragen (Alphey und Andreasen 2002; Black et al. 2011; Alphey 2014).

Während bestehende RIDL-Systeme die Nachkommen in späten Larven- oder Puppenstadien durch die Produktion eines toxischen Proteins töten, töten embryonale Letalitätssysteme die Nachkommen bereits früh in der embryonalen Entwicklung (Schetelig et al. 2009; Schetelig und Handler 2012a, b). Eine mediterrane Fruchtfliegenart, die ein solches transgene embryonale Letalitätssystem trägt, wird auf ihre Verwendung unter Massenzuchtkonditionen für die mediterrane Fruchtfliegen-SIT evaluiert. Insgesamt gibt es vielversprechende Ansätze in der Gentechnik, die jedoch noch Genehmigungsverfahren und kontrollierte Praxiserfahrungen erfordern.

14.2.5 Die zytoplasmatische Inkompatibilität (CI) und ihre Anwendung bei der Stechmückenbekämpfung

Die zytoplasmatische Inkompatibilität (CI) wurde frühzeitig als Bekämpfungsstrategie eingesetzt, nachdem erkannt worden war, dass Kreuzungen von Stechmücken derselben Art, aber aus verschiedenen Orten, keine lebensfähigen Nachkommen erzeugten. Das Freisetzen von mit dem lokalen Stamm inkompatiblen Stechmücken hatte ähnliche Auswirkungen wie die Sterilisation durch Bestrahlung oder Chemikalien (Laven 1967). Später wurde entdeckt, dass die CI auf das Bakterium *Wolbachia* zurückzuführen ist, ein Endosymbiont, der hauptsächlich in den Fortpflanzungsorganen infizierter Tiere vorkommt und die Fortpflanzung des Wirts so manipuliert, dass nur infizierte weibliche Stechmücken Nachkommen hervorbringen können. Dies gewährleistet die mütterliche Vererbung des Bakteriums als Endosymbiont (Landmann et al. 2009).

CI ist das Versagen von Spermien und Eizellen unter bestimmten Bedingungen, lebensfähige Nachkommen zu erzeugen. Wenn Spermien eines *Wolbachia*-infizierten Stechmückenmännchens Eier einer nichtinfizierten weiblichen Mücke befruchten, führt dies zu einem frühen embryonalen Tod, wodurch keine lebensfähigen Nachkommen entstehen. Dies wird einseitig induzierte CI genannt. Ein weiterer Mechanismus ist die beidseitig induzierte CI, bei der Männchen und Weibchen unterschiedliche *Wolbachia*-Stämme tragen, was ebenfalls zum Tod der Nachkommen führt. Lebensfähige Nachkommen entstehen nur, wenn beide Geschlechter entweder nicht infiziert sind, denselben *Wolbachia*-Stamm tragen oder sich eine infizierte weibliche Mücke mit einem nichtinfizierten Männchen paart (Walker et al. 2011; Mains et al. 2016). Dieser Mechanismus fördert die Ausbreitung von *Wolbachia* und erzeugt einen Selektionsdruck auf nichtinfizierte Weibchen sowie auf bestimmte *Wolbachia*-Stämme. Diese Entdeckungen haben zu neuen Kontrollstrategien geführt, bei denen geeignete, mit *Wolbachia* infizierte Männchen in Mückenpopulationen freigesetzt wurden, um die Fortpflanzung der Vektorpopulationen von *Aedes aegypti* und *Ae. albopictus* zu unterbinden. Die Fähigkeit von *Wolbachia*, CI zu induzieren oder einen reproduktiven Vorteil für Weibchen zu bieten, hat zu 2 Bekämpfungsstrategien geführt

1. Populationsreduktion durch Freisetzung von mit *Wolbachia* infizierten männlichen Mücken, die bei Paarungen mit nichtinfizierten Weibchen sterile Nachkommen erzeugen, was zu einer Verringerung der Mückenpopulation führt (Xi und Joshi 2016). Diese Technik ähnelt der Sterilen-Insekten-Technik (SIT) und wird als inkompatible Insektentechnik (IIT) bezeichnet.
2. Populationsaustausch durch Freisetzung von mit *Wolbachia* infizierten Weibchen, die ein zusätzliches Anti-Pathogen-Gen tragen. Dadurch können Krankheitserreger in diesen Mücken nicht überleben. Der reproduktive Vorteil dieser Weibchen führt zur Ausbreitung des Anti-Pathogen-Gens in der Wildpopulation, wodurch die Fähigkeit zur Übertragung von Krankheiten wie Dengue reduziert wird (Ye et al. 2015). Walker et al. (2011) zeigten auch, dass bestimmte *Wolbachia*-Stämme die Lebensdauer der Adulten *Ae. aegypti*-Weibchen reduzieren können, wodurch das Potenzial für die Übertragung von Dengue verringert wird. *Wolbachia*-befallene und virusinfizierte Vektormücken überleben nicht lange genug, um die extrinsische Inkubationszeit zu vollenden, die die Zeit umfasst, die für die Vermehrung und das Eindringen von Viren in die Speicheldrüsen erforderlich ist.

Obwohl viele Stechmückenarten wie *Cx. pipiens* s.l. von *Wolbachia* infiziert sind, sind *Aedes*- und *Anopheles*-Arten oft natürlicherweise nicht infiziert. Nach der Entwicklung von Methoden zur künstlichen Infektion uninfizierter Stechmücken mit *Wolbachia* wurden neue Strategien zur Bekämpfung von *Aedes*-Arten als Vektoren von Arboviren wie Dengue entwickelt (Dobson 2003; Xi et al. 2005; Bian et al. 2010; Walker et al. 2011; Mains et al. 2016; Xi und Joshi 2016).

14.2.6 Sterile-Insekten-Technik (SIT) in der Praxis

Die SIT-Methode wurde bereits mehrfach in der Praxis zur Bekämpfung von Stechmücken eingesetzt, nicht nur zur Erprobung und Validierung, sondern auch als Teil der routinemäßigen Bekämpfung (Benedict und Robinson 2003; Bellini et al. 2013a; Becker et al. 2022). Die Freisetzung sterilisierter Männchen sollte idealerweise zu einem Zeitpunkt erfolgen, zu dem die Anzahl der wilden Zielstechmücken minimal ist, um ein günstiges Verhältnis zwischen freigelassenen sterilisierten Männchen und wilden Männchen zu gewährleisten (Abb. 14.5). Dies kann erreicht werden, indem konventionelle Bekämpfungsmaßnahmen vor der

Abb. 14.5 Freisetzung der sterilen Männchen von *Aedes albopictus* in Deutschland

ersten Freisetzung der sterilisierten Männchen durchgeführt werden oder zu Zeiten, in denen die Anzahl der Zielorganismen aufgrund saisonaler Faktoren niedrig ist. Die Zielarten umfassen *Ae. aegypti*, *Ae. albopictus*, *Cx. quinquefasciatus*, *Cx. tritaeniorhynchus*, *An. albimanus*, *An. culicifacies* und *An. gambiae*. Die Anzahl der in verschiedenen Studien freigelassenen sterilisierten Männchen variierte von <10.000 bis hin zu mehreren Hundert Millionen über einen Zeitraum von 2 Jahren.

Beispiele für frühe erfolgreiche SIT-Studien sind das Projekt von Patterson et al. (1970) auf einer kleinen isolierten Insel (<1 km^2) in den Florida Keys. Während eines Freisetzungszeitraums von 12 Wochen wurden täglich zwischen 8000 und 16.000 chemosterilisierte männliche *Cx. quinquefasciatus* freigelassen. Am Ende des Freisetzungszeitraums konnte eine Reduktion von über 99 % der heimischen Mücken erreicht werden. Lofgren et al. (1974) setzten über einen Zeitraum von 22 Wochen mehr als 4 Mio. chemosterilisierte männliche *An. albimanus* in einer isolierten Mückenpopulation auf einem 15 km^2 großen Gebiet in El Salvador aus. Am Ende der Studie wurde eine vollständige Eliminierung der heimischen Mücken erreicht.

Erfolgreich war die SIT-Methode immer dann, wenn die sterilisierten Männchen trotz Massenzucht und Sterilisation immer noch gut konkurrenzfähig waren und keine Männchen aus unbehandelten Gebieten einwandern konnten.

In jüngerer Zeit führten Bellini et al. (2013a) Feldversuche in 4 italienischen Stadtgebieten mit bestrahlten *Ae. albopictus*-Männchen durch. Bei der Freisetzung von 1000 sterilisierten Männchen pro Hektar und Woche wurde eine Sterilität der abgelegten Eier von 47–69 % erreicht. In Deutschland wurden ähnliche Ergebnisse bei der Anwendung der SIT-Methode in Ludwigshafen, Heidelberg und Freiburg erzielt. Nach erfolgreicher Beseitigung, Sanierung und Behandlung der Brutplätze mit Bti erreichte die Restpopulation durch wöchentliche Freisetzung von etwa 1000 sterilisierten Männchen eine Sterilität der abgelegten Eier von über 80 %, was zu einer nachhaltigen Reduktion der Population führte (Becker et al. 2022). In Indonesien setzten Sutiningsih et al. (2017) sterilisierte *Ae. aegypti* frei und erzielten damit Eisterilitäten von etwa 70 %.

Im Bundesstaat Bahia im Norden Brasiliens wurden in städtischen Siedlungen etwa 1,5 Mio. Männchen des RIDL-Stamms OX513A von *Ae. aegypti* wöchentlich freigesetzt. Diese Tiere enthielten ein letales Gen, das durch eine Repressorsubstanz im Zuchtwasser während der Zucht unterdrückt wurde. Nach der Freisetzung der RIDL-Tiere wurde in Abwesenheit der inhibierenden Repressorsubstanz das letale Gen bei den Weibchen des RIDL-Stamms exprimiert; das dadurch produzierte toxische Eiweiß führte zum Absterben der Weibchen, während die männlichen Tiere mit dem letalen Gen überlebten (Carvalho et al. 2014, 2015). Durch diese Freisetzung der RIDL-Männchen mit dem letalen Gen, das bei weiblichen Nachkommen zum Tod führt, konnte die Population der wilden Mücken in einem definierten städtischen Gebiet über einen Zeitraum von mehr als 1 Jahr um 80–95 % reduziert werden (Carvalho 2015). Erst mehrere Monate nach Beendigung des Programms stieg die Population aufgrund von Migration aus den umliegenden Gebieten wieder an (Garziera et al. 2017).

14.3 Ersetzen bzw. Austausch einer Vektorpopulation

14.3.1 Das Prinzip des Populationsaustauschs

Die Möglichkeit der genetischen Modifikation und Freisetzung von Stechmücken, die gegenüber menschlichen Krankheitserregern resistent sind, wurde erstmals von Curtis (1968) vorgeschlagen. In ihrer einfachsten Form erfordert diese Methode mehrere grundlegende Schritte:

1. Die Identifikation oder Konstruktion eines Gens oder genetischen Elements, das die gewählte Stechmückenart für den entsprechenden Krankheitserreger unempfindlich (refraktär) macht.

2. Einen Ausbreitungsmechanismus (Gene Drive), der die Verbreitung und Etablierung der neuen resistenten Gene innerhalb der Zielpopulation erleichtert.
3. Die Verknüpfung des refraktären Gens mit dem Ausbreitungsmechanismus.
4. Die Freisetzung der genetisch veränderten Tiere.

Sobald die modifizierte Mückenart freigelassen wird, sollte der Prozess der Ausbreitung und des Populationsaustauschs sich eigenständig fortsetzen. In der Theorie könnte sich durch die Freisetzung einer einzigen veränderten Mücke das refraktäre Gen in der gesamten Population verbreiten. In der Praxis ist jedoch eine Freisetzung vieler modifizierter Tiere über einen längeren Zeitraum und eine große Fläche hinweg erforderlich, um eine schnelle Verbreitung und Durchdringung der bestehenden Wildpopulation mit den transgenen Mückenvarianten sicherzustellen (Marshall und Akbari 2016). Die Entwicklung von refraktären Stechmückenstämmen erfordert jedoch eine umfassende Kenntnis der molekularen und genetischen Beziehungen zwischen Parasit und Vektor (und in einigen Fällen auch der Endosymbionten). Zum Beispiel durchlaufen Plasmodien eine komplexe Entwicklung innerhalb der Vektormücke, bei der die verschiedenen Stadien von der befruchteten Eizelle bis zu den Sporozoiten 2 separate Zellbarrieren der Mücke, nämlich das Mitteldarm- und Speicheldrüsenepithelium, überwinden müssen. Der Parasit kann in jedem dieser Stadien anfällig für refraktäre Prozesse sein.

14.3.2 Unempfänglichkeit der Vektormücke für Krankheitserreger

14.3.2.1 Natürliche Immunitätsmechanismen

In den letzten Jahren wurde die Forschung zum Immunsystem von *An. gambiae* intensiviert, um das Verständnis für die unterschiedliche Empfänglichkeit einzelner Stechmückenarten oder Varianten für *Plasmodium*-Infektionen zu verbessern (Ramphul et al. 2015; Habtewold et al. 2017). Die Verwendung genetischer und molekularer Verfahren wie Mikrosatellitenmarker und Mikroarray-Techniken, kombiniert mit der Anwendung von RNA-Interferenz (RNAi), hat dazu beigetragen, das Funktionieren des Immunsystems der Stechmücken aufzuklären. Zum Beispiel haben Liu et al. (2017) die Komplexität der antiviralen Systeme innerhalb von Stechmücken beschrieben.

Die Melanisierung (Pigmentierung) ist eine bekannte Immunreaktion bei Insekten, die Parasiten durch Einkapselung mit Proteinen abwehrt und somit eine wichtige Rolle in der Beziehung zwischen der Vektorstechmücke und Parasiten wie z. B. Plasmodien spielt. Es konnte gezeigt werden, dass bei einem spezifischen *An. gambiae*-Stamm (L3–5) die Ookineten (bewegliche befruchtete Eizellen von Plasmodien) melanisiert werden, wodurch das Eindringen der Parasitenstadien in die Darmwand behindert wird (Collins et al. 1986). Auch kann es zur Zerstörung (Lyse) der Ookineten innerhalb der Darmepithelzellen kommen. Dies verdeutlicht die Komplexität der evolutionären Prozesse zwischen Überträgermücke und Parasit (Blandin et al. 2004; Osta et al. 2004). Es gibt einerseits eine Reihe von Genen, die an der Lyse und Melanisierung von Plasmodien beteiligt sind, und andererseits Gene, die den Parasiten vor diesen Prozessen zu schützen scheinen.

Die Arbeiten zur Stechmückenresistenz gegen Dengue-Viren haben ebenfalls interessante Ergebnisse hervorgebracht. Ramos-Castanada et al. (2008) haben die Rolle von Stickstoffmonoxid untersucht, das natürlicherweise in den Epithelzellen des Mitteldarms von Stechmücken produziert wird und die Vermehrung der Dengue-Viren in der Mücke verhindert.

14.3.2.2 Künstlich hergestellte refraktäre Mechanismen

Neben der Erforschung natürlicher Immunitätsmechanismen lassen sich auch gezielt verschiedene refraktäre Mechanismen in Vektorstechmücken erzeugen, die beispielsweise die Funktionsweise des Darms oder der Speicheldrüsen beeinflussen können. Durch die Expression von kleineren Eiweißmolekülen wie Peptiden SM1 oder Cecropin A in transgenen Stechmücken wird es möglich, die Entwicklung und Übertragung bestimmter Parasiten zu unterbinden (Yoshida et al. 2001; Blandin et al. 2002; Ito et al. 2002; Kim et al. 2004; Franz et al. 2006; Meredith et al. 2011). Jedoch kann die unspezifische Immunität, die durch die Überexpression künstlicher Gene, beispielsweise im Darm der Stechmücke, hervorgerufen wird, auch negative Folgen haben. In diesem Zusammenhang könnten diese Stechmücken womöglich ihre Empfindlichkeit gegenüber biologischen Larviziden wie Bti verlieren (Christophides 2005).

Generell haben die Forschungsergebnisse zur Schaffung von Unempfindlichkeiten bei Vektormücken gegenüber Parasiten (Refraktorität) gezeigt, dass noch bedeutende Herausforderungen zu bewältigen sind. Die Effektivität des refraktären Ansatzes muss besonders hoch sein, um einen wirkungsvollen Einfluss auf die Krankheitsepidemiologie zu erzielen (Boete et al. 2014). Gleichzeitig dürfen die Fitnesskosten für die Stechmücken aufgrund der refraktären Gene nicht zu hoch sein, um eine lang anhaltende Wirkung zu gewährleisten (Franz et al. 2014).

14.3.3 Genetische Ausbreitungsmechanismen (Gene drive)

Aufgrund der genannten Aspekte ist es von entscheidender Bedeutung, dass vorteilhafte genetische Konstrukte in der Zielpopulation schneller verbreitet werden können, als dies allein durch die klassische Mendel'sche Vererbung möglich wäre. Allerdings gehen Modifikationen im Erbgut in der Regel mit Fitnesskosten einher, die rasch zum Verschwinden des künstlichen Merkmals führen könnten. Daher wird intensiv nach Mechanismen gesucht, die eine schnelle Verbreitung genetischer Konstrukte in wilden Stechmückenpopulationen ermöglichen.

14.3.3.1 Transposons – Springende Gene

Transposons, umgangssprachlich als springende Gene bezeichnet, sind DNA-Sequenzen im Genom, die ihre Position verändern und sich rasch vermehren können, was sie zu interessanten Genübertragungsmechanismen macht. Durch genetisch veränderte Transposons können vergleichsweise unkompliziert transgene Tiere erzeugt werden. Natürliche Transposons wurden bereits in *Anopheles gambiae* entdeckt (Arensburger et al. 2005). Laborstämme von *Anopheles stephensi*, *Anopheles albimanus* und *Anopheles gambiae* wurden durch die Einführung von Transposons mit spezifischen Markern in die Keimbahn transformiert. Die Erforschung des potenziellen Einsatzes von Transposons als praktische Genübertragungsmittel in wilden Populationen erweckt derzeit großes Interesse.

14.3.3.2 Meiotischer Drive

Eine Vielzahl von meiotischen Drive-Mechanismen ist in der Natur bei Insekten und Säugetieren weit verbreitet. Der meiotische Drive-Mechanismus weicht von der 2. Mendel'schen Regel der Vererbung, der Spaltungsregel, ab (Terrence 1991; Lyttle 1993). Normalerweise gelangen homologe Gene oder homologe Chromosomen in gleicher Häufigkeit in die Geschlechtszellen. Gene, die einen Drive aufweisen, sind hingegen in den Gameten überrepräsentiert und können daher überproportional an die Nachkommen weitergegeben werden. Meiotische Drive-Systeme sind beispielsweise bei *Aedes aegypti* und *Culex pipiens* bekannt. In Käfigversuchen mit *Aedes aegypti* wurde die Fähigkeit eines starken meiotischen Drives (T37-Stamm) zur Populationsergänzung vielversprechend untersucht (Cha et al. 2006).

14.3.3.3 CRISPR/Cas-Technologie (Clustered Regularly Interspaced Short Palindromic Repeats/Cas)

Diese Technologie, auch als Genschere bekannt, leitet sich von einem natürlichen Reparaturmechanismus in Bakterien ab, bei dem schädliche Viralgene im Bakteriengenom erkannt und herausgeschnitten werden. Das CRISPR-System besteht aus einem RNA-Segment (Guide-RNA), das spezifische Sequenzen im Zielorganismusgenom erkennt, und einem Cas-Protein, das die DNA an dieser Stelle schneidet. An dieser Schnittstelle können gezielte DNA-Veränderungen vorgenommen werden. So kann jedes Gen präzise im Zielorganismusgenom verändert werden. An diesen Stellen können gewünschte Gene eingefügt werden, z. B. solche, die die Vektorkompetenz von Stechmücken negativ beeinflussen. Diese Technik wurde in den letzten Jahren zur Bearbeitung verschiedener Insektengenome, einschließlich Stechmücken, erforscht, um gewünschte Genkonstrukte in Stechmückenpopulationen einzuführen (Aumann et al. 2018; Kalajdzic und Schetelig 2017; Dong et al. 2015). Dong et al. (2015) berichteten erfolgreich von der Anwendung der CRISPR-Technologie zur Bearbeitung des *Aedes aegypti*-Genoms, und Gantz et al. (2015) beschrieben, wie mit CRISPR-Technologie Anti-*P. falciparum*-Effektorgene in das *Anopheles stephensi*-Genom eingeführt wurden, um die zukünftige Übertragung des Malariaparasiten zu verhindern. Allerdings wiesen Hammond et al. (2017) auf die Entstehung von Resistenz gegen einen synthetischen CRISPR-Gene-Drive in einer *Anopheles*-Zucht nach 25 Generationen hin. Diese Resistenz basierte auf Mutationen im Zielgen, sodass das Gene-Drive-Konstrukt den Zielort an der DNA nicht mehr erkennen konnte.

14.3.3.4 Intrazelluläre und extrazelluläre Symbionten als Driver

Intrazelluläre Symbionten wie *Wolbachia* können sich relativ zügig über den Mechanismus der CI in Populationen verbreiten. Daher wurde vorgeschlagen, dass geeignete Gene oder Genkonstrukte in diese Bakterien integriert werden und sie als Vehikel für die Verbreitung in der Zielpopulation dienen könnten. Eine Voraussetzung hierfür war die vollständige Genomsequenzierung des *Wolbachia*-Stamms, der in *Culex quinquefasciatus* gefunden wurde (Salzburg et al. 2009). Seitdem laufen vielversprechende Forschungsarbeiten, etwa mit *Aedes albopictus* und *Anopheles gambiae*, bei denen das Bakterium erfolgreich übertragen wurde (Sinkins 2004; Rasgon et al. 2006).

14.3.3.5 Anforderungen an geeignete Gene-Drive-Mechanismen

Mit der vollständigen Sequenzierung der Genome bedeutender Stechmückenarten, der Krankheitserreger wie Malaria-Parasiten oder Arboviren, sowie der Erforschung geeigneter Gene-Drive-Mechanismen eröffnen sich vielversprechende Optionen für die herkömmliche Bekämpfung von Vektoren. Dennoch müssen diese Mechanismen bestimmte

Kriterien erfüllen, wie von Braig und Yan (2001), Coleman und Alphey (2004) sowie James (2005) festgelegt. Der Gene-Drive-Mechanismus muss bezüglich der Refraktorität für die Übertragung des jeweiligen Krankheitserregers hinreichend wirksam sein und sich rasch in der Vektorpopulation ausbreiten können. Dabei sollten etwaige Nachteile in Form von Fitnesskosten, die aus der Genommodifikation der Stechmücken resultieren, durch die Vorteile des neuen integrierten Genkonstrukts mehr als kompensiert werden. Die künstlichen Genkonstrukte müssen einfach herstellbar sein, sodass sie für mehrere Vektormückenarten modifiziert werden können. Außerdem müssen sie stabil hinsichtlich genetischer Rekombinationen sein, um ihre Effektivität zu gewährleisten. Der Gene-Drive-Mechanismus darf sich nicht über die Zielart hinaus ausbreiten können und sollte auch keine Selektion für pathogene Organismen induzieren, die gegenüber dem refraktären Mechanismus resistent sind. Des Weiteren sollte es möglich sein, den Gene-Drive-Mechanismus bei Auftreten schädlicher Nebenwirkungen in der Stechmückenpopulation zu unterdrücken.

Die Bedenken im Zusammenhang mit Gentechnik sind weit verbreitet und betreffen die Öffentlichkeit, Umweltschutzorganisationen und die Medien. Daher ist eine transparente und umfassende Kommunikation mit der betroffenen Öffentlichkeit sowie Fach- und Genehmigungsbehörden unerlässlich. Vor der Freisetzung transgener Stechmücken sollte eine gründliche Risikoanalyse in Zusammenarbeit mit unabhängigen Instituten, Fachbehörden und Genehmigungsinstanzen erfolgen. Bei positiver Bewertung im Hinblick auf Ethik, Recht und Politik sollte eine sorgfältig geplante und durchgeführte begrenzte Freilassung in kontrolliertem Umfeld unter Einbindung der Öffentlichkeit und Fachbehörden erfolgen. Die wissenschaftliche Überwachung und Auswertung der Versuche sind vonnöten, um mögliche Auswirkungen bei zukünftigen breitflächigen Anwendungen zu bewerten (Knols et al. 2007; Marshall 2010; WHO 2014, 2015).

Es wäre wünschenswert, eine unabhängige internationale Koordinationsstelle für genetische Technologien bei der Bekämpfung von Vektoren und vektorübertragenen Krankheiten einzurichten. Diese Organisation sollte Vorgehensstandards festlegen und somit einen breiten Konsens in der wissenschaftlichen Gemeinschaft, der Öffentlichkeit und der Politik erreichen. Insgesamt kann man hoffen, dass die Fortschritte in der Gentechnologie und ihre Anwendung dazu beitragen können, das weltweite Leiden, insbesondere in den tropischen Regionen, das durch von Stechmücken übertragene Krankheiten verursacht wird – mit jährlich über 500.000 Todesfällen (Benedict et al. 2008; Alphey 2014; Gabrieli et al. 2014; Oye et al. 2014; Brown et al. 2014; Adelman 2016) – zu mildern.

Literatur

Adelman ZN (2016) Genetic Control of Malaria and Dengue. Elsevier, Academic Press, S 486

Alphey L (2014) Genetic control of mosquitoes. Annu Rev Entomol 59:205–224

Alphey L, Andreasen M (2002) Dominant lethality and insect population control. Mole Biochem Parasitol 121:173–178

Alphey L, Koukidou M, Morrison NI (2014) Conditional dominant lethals – RIDL. Transgenic insects: techniques and applications, Ed. Benedict, M. Q. 101–116

Antonelli T, Clayton A, Hartzog M, Webster S, Zilnik G (2016) Transgenic pests and human health: A short overview of social, cultural, and scientific consideration. In: Adelman ZN (Hrsg) Genetic control of Malaria and dengue. Elsevier, Academic Press, S 1–30

Arensburger P, Kim YJ, Orsetti J, Aluvihare C, O'Brochta DA, Atkinson PW (2005) An active transposable element, Herves, from the African malaria mosquito *Anopheles gambiae*. Genetics 169(2):697–708

Aumann RA, Schetelig MF, Hacker I (2018) Highly efficient genome editing by homology-directed repair using Cas9 protein in Ceratitis capitata. Insect Biochem Mol Biol 101:85–93

Balestrino F, Medici A, Candini G, Carrieri M, Maccagnani B, Calvitti M, Maini S, Bellini R (2010) γ ray dosimetry and mating capacity studies in the laboratory on *Aedes albopictus* males. J Med Entomol 47:581–591

Balestrino F, Puggioli A, Bellini R, Petric D, Gilles JRL (2014) Mass production cage for *Aedes albopictus* (Diptera: Culicidae). J Med Entomol 51(1):155–163

Becker N, Langentepe-Kong SM, Tokatlian Rodriguez A, Oo TT, Reichle D, Lühken R, ... Bellini, R. (2022). Integrated control of *Aedes albopictus* in Southwest Germany supported by the Sterile Insect Technique. Parasites & vectors, 1–19

Bellini R, Calvitti M, Medici A, Carrieri M, Celli G, Maini S (2007) Use of the sterile insect technique against *Aedes albopictus* in Italy: first results of a pilot trial. Area-wide control of insect pests: from research to field implementation. S 505–515

Bellini R, Medici A, Puggioli A, Balestrino F, Carrieri M (2013a) Pilot field trials with *Aedes albopictus* irradiated sterile males in Italian urban areas. J Med Entomol 50(2):317–325

Bellini R, Balestrino F, Medici A, Gentile G, Veronesi R, Carrieri M (2013b) Mating competitiveness of *Aedes albopictus* radio-sterilized males in large enclosures exposed to natural condictions. J Med Entomol 50(1):94–102

Bellini R, Puggioli A, Balestrino F, Medici BP, A, Urbanelli S, Carrieri M (2014) Sugar administration to newly emerged *Aedes albopictus* males increases their survival probability and mating performance. Acta Trop 1325:116–123

Benedict MQ, Robinson AS (2003) The first releases of transgenic mosquitoes:an argument for the sterile insect technique. Trends Parasitol 19:349–355

Benedict M, D'Abbs P, Dobson S et al (2008) Guidance for contained field trials of vector mosquitoes engineered to contain a gene drive system: recommendations of a scientific working group. Vector Borne Zoonotic Dis 8(2):127–166

Bian G, Xu Y, Lu P, Xie Y, Xi Z (2010) The endosymbiotic bacterium *Wolbachia* induces resistance to dengue virus in *Aedes aegypti*. PLoS Pathog 6(4):e1000833

Black WC IV, Alphey L, James AA (2011) Why RIDL is not SIT. Trends Parasitol 27:362–370

Blandin S, Moita LF, Kocher T, Wilm M, Kafaris FC, Levashina EA (2002) Reverse genetics in the mosquito *Anopheles gambiae*: targeted disruption of the *Defensin* gene. Europ Mole Biol Organ Rep 3:852–856

Blandin S, Shiao SH, Moita LF, Janse CJ, Waters AP, Kafatos FC, Levashina EA (2004) Complement-like protein TEP1 is a determinant of vectorial capacity in the malaria vector *Anopheles gambiae*. Cell 116:661–670

Boëte C, Agusto FB, Reeves RG (2014) Impact of mating behaviour on the success of malaria control through a single inundative release of transgenic mosquitoes. J Theor Biol 347:33–43

Braig HR, Yan G (2001) The spread of genetic constructs in natural insect populations. In Genetically Engineered Organisms: Assessing Environmental and Human Health Effects. CRC Press, Boca Raton

Brown DM, Alphey LS, McKemey A, Beech C, James AA (2014) Criteria for identifying and evaluating candidate sites for open-field trials of genetically engineered mosquitoes. Vector Borne Zoonotic Dis 14(4):291–299

Carvalho DO (2015) Suppression of a field population of *Aedes aegypti* in Brazil by sustained release of transgenic male mosquitoes. PLoS Negl Trop Dis 9(7):e0003864

Carvalho DO, Nimmo D, Naish N, McKemey AR, Gray P, Wilke AB et al (2014) Mass production of genetically modified *Aedes aegypti* for field releases in Brazil. J Vis Exp 83:e3579

Carvalho DO, McKemey AR, Garziera L, Lacroix R, Donnelly CA, Alphey L, Malavasi A, Capurro ML (2015) Suppression of a field population of *Aedes aegypti* in Brazil by sustained release of transgenic male mosquitoes. PLoS Negl Trop Dis 9(7):e0003864

Catteruccia F, Benton JP, Crisanti A (2005) An *Anopheles* transgenic sexing strain for vector control. Nat Biotech 23(11):1414–1417

Cha SJ, Mori A, Chadee DD, Severson DW (2006) Cage trials using an endogenous meiotic drive gene in the mosquito *Aedes aegypti* to promote population replacement. Am J Trop Med Hyg 74(1):62–68

Christophides GK (2005) Transgenic mosquitoes and malaria transmission. Cell Microbiol 7(3):325–333

Coleman PG, Alphey L (2004) Genetic control of vector populations: an imminent prospect. Trop Med Inter Hlth 9(4):433–437

Collins FH, Sakai RK, Vernick KD, Paskewitz S, Seeley DC, Miller LH (1986) Genetic selection of a Plasmodium-refractory strain of the malaria vector *Anopheles gambiae*. Science 234:607–610

Coulibaly MB, Traore SF, Toure YT (2016) Consideration for disrupting malaria transmission in Africa using genetically modified mosquitoes, ecology of anopheline disease vectors, and current methods of control. In: Adelman ZN (Hrsg) Genetic control of Malaria and Dengue. Elsevier, Academic Press. S 55–67

Curtis CF (1968) Possible use of translocations to fix desirable genes in insect populations. Nature 218:368–369

Dame DA, Lofgren CS, Ford HR, Boston MD, Baldwin KF, Jeffrey GM (1974) Release of chemosterilised males for the control of *Anopheles albimanus* in El Salvador. II Methods of rearing, sterilisation and distribution. Am J Trop Med Hyg 23(2):282–287

Dobson SL (2003) Reversing *Wolbachia*-based population replacement. Trends Parasitol 19(3):128–133

Dong SZ, Lin JY, Held NL, Clem RJ, Passarelli AL, Franz AWE (2015) Heritable CRISPR/Cas9-mediated genome editing in the yellow fever mosquito Aedes *aegypti*. PLoS ONE 10(3):e0122353

Dyck VA, Hendrichs J, Robinson AS (2005) Sterile insect technique – principles and practice in area-wide integrated pest management. Springer, Dordrecht

Focks DA (1980) An improved separator for the developmental stages, sexes, and species of mosquitoes (Diptera: Culicidae). J Med Entomol 17(1980):567–568

Franz AWE, Sanchez-Vargas I, Adelman ZN, Blair CD, Beaty BJ, James AA, Olson KE (2006) Engineering RNA interference-based resistance to dengue virus type 2 in genetically modified *Aedes aegypti*. Proc Nat Acad Sci USA 103(11):4198–4203

Franz AWE, Sanchez-Vargas I, Raban RR, Black WC, James AA, Olson KE (2014) Fitness impact and stability of a transgene conferring resistance to dengue-2 virus following introgression into a genetically diverse *Aedes aegypti* strain. PLoS Negl Trop Dis 8(5):e2833

Fu G, Condon KC, Epton MJ, Gong P, Jin L, Condon GC, Morrison NI, Dafa'alla TH, Alphey L (2007) Female-specific insect lethality engineered using alternative splicing. Nat Biotechnol 25(3):353–357

Gabrieli P, Smidler A, Catteruccia F (2014) Engineering the control of mosquito-borne infectious diseases. Genome Biol 15(11):535

Gantz VM, Jasinskiene N, Tatarenkova O, Fazekas A, Macias VM, Bier E, James AA (2015) Highly efficient Cas9-mediated gene drive for population modification of the malaria vector mosquito *Anopheles stephensi*. Proc Natl Acad Sci U S A. 8;112(49):E6736–43

Garziera L, Pedrosa MC, Almeida de Souza F, Gómez M, Moreira MB, Virginio JF, Capurro ML, Carvalho DO (2017) Effect of interruption of over-flooding releases of transgenic mosquitoes over wild population of *Aedes aegypti*: two case studies in Brazil. Entomologia Experimentalis et Applicata 164(3):327–339

Habtewold T, Groom Z, Christophides GK (2017) Immune resistance and tolerance strategies in malaria vector and non-vector mosquitoes. Parasites and Vectors10(186)

Hammond AM, Kyrou K, Bruttini M, North A, Galizi R, Karlsson X, Kranjc N, Carpi FM, D'Aurizio R, Crisanti A, Nolan T (2017) The creation and selection of mutations resistant to a gene drive over multiple generations in the malaria mosquito. PLoS Genet 13(10):e1007039

Helinski MEH, Knols BGJ (2009) Sperm quantity and size variation in un-irradiated and irradiated males of the malaria mosquito *Anopheles arabiensis* Patton. Acta Tropica 109(1):64–69

Helinski MEH, Parker AG, Knols BGJ (2006) Radiation-induced sterility for pupal and adult stages of the malaria mosquito *Anopheles arabiensis*. Malariol J 5(41)

Holt RA et al (2002) The Genome Sequence of the Malaria Mosquito *Anopheles gambiae*. Science 298: 129

Ito J, Ghosh A, Moreira LA, Wimmer EA, Jacobs-Lorena M (2002) Transgenic anopheline mosquitoes impaired in transmission of a malaria parasite. Nature 417:452–455

James AA (2005) Gene drive systems in mosquitoes: rules of the road. Trends Parasitol 21(2): 64-67

James S, Collins FH, Welkhoff PA, Emerson C, Godfray HCJ, Gottlieb M, Greenwood B, Lindsay SW, Mbogo CM, Okumu FO, Quemada H, Savadogo M, Singh JA, Tountas KH, Touré YT (2018) Pathway to deployment of gene drive mosquitoes as a potential biocontrol tool for elimination of malaria in sub-Saharan Africa: recommendations of a scientific working group. American Journal of Tropical Medicine and Hygiene 98(6):1–49

Kalajdzic P, Schetelig MF (2017) CRISPR/Cas-mediated gene editing using purified protein in *Drosophila suzukii*. Entomol Exp Appl 164(3):350–362

Kean J, Rainey SM, McFarlane M, Donald CL, Schnettler E, Kohl A, Pondeville E (2015) Fighting arbovirus transmission: natural and engineered control of vector competence in *Aedes* mosquitoes. Insects 6(1):236–278

Kim W, Koo H, Richman AM, Seeley D, Vizoli J, Klocko AD, O'Brochta DA (2004) Ectopic expression of a cecropin transgene in the human malaria vector mosquito *Anopheles gambiae* (Diptera: Culicidae): effects of susceptibility to *Plasmodium*. J Med Ent 41:447–455

Knipling EF (1959) Sterile-male method of population control. Science 130:902–904

Knols BGJ, Bossin HC, Mukabana WR, Robinson AS (2007) Transgenic Mosquitoes and the Fight against Malaria:Managing Technology Push in a Turbulent GMO World. Am J Trop Med Hyg 77(6):232–24

Krafsur ES, Whitten CJ, Novy JE (1987) Screwworm Eradication in North and Central America. Parasitol Today 3(5):131–137

Landmann F, Orsi GA, Loppin B, Sullivan W (2009) *Wolbachia*-mediated cytoplasmic incompatibility is associated with impaired histone deposition in the male pronucleus. PLoS Pathog 5(3):e1000343

Laven H (1967) Eradication of *Culex pipiens fatigans* through cytoplasmic incompatibility. Nature 216:383–384

Lees RS, Knols B, Bellini R, Benedict MQ, Bheecarry A, Bossin HC, Chadee DD, Charlwood J, Debire RK, Djogbenou L, Egyir-Yawson A, Gato R, Gouagna LC, Hassan MM, Khan SA, Koekemoer LL, Lemperiere G, Manoukis NC, Mozuraitis R, Pitts RJ, Simard F, Gilles JRL (2014) Review: Improving our knowledge of male mosquito biology in relation to genetic control programmes. Acta Trop 1325:2–11

Liu T, Wang X, Gu J, Yan G, Che XG (2017) Antiviral systems in vector mosquitoes. Dev Comp Immunol 83:34–43. https://doi.org/10.1016/j.dci.2017.12.025

Lofgren CS, Dame DA, Breeland SG, Weidhaas DE, Jeffrey G, Kaiser R, Ford HR, Boston MD, Baldwin KF (1974) Release of chemosterilised males for the control of *Anopheles albimanus* in El Salvador. III. Field methods and population control. Am J Trop Med Hyg 23:288–297

Lyttle TW (1993) Cheaters sometimes prosper: distortion of mendelian segregation by meiotic drive. Trends Genet 9(6):205–10. https://doi.org/10.1016/0168-9525(93)90120-7. PMID: 8337761

Mains JW, Brelsfoard CL, Rose RI, Dobson SL (2016) Female Adult *Aedes albopictus* Suppression by *Wolbachia*-Infected Male Mosquitoes. Sci Rep 6:33846. https://doi.org/10.1038/srep33846

Marois E, Scali C, Soichot J, Kappler C, Levashina EA, Catteruccia F (2012) High-throughput sorting of mosquito larvae for laboratory studies and for future vector control interventions. Malaria Journal 11(302) (28 August 2012)

Marshall JM (2010) The Cartagena protocol and genetically modified mosquitoes. Nat Biotechnol 28(9):896–897

Marshall JM, Akbari OS (2016) Gene drive strategies for population replacement. In: Adelman ZN (Hrsg) Genetic control of Malaria and Dengue. Elsevier, Academic Press. S 169–200

Meredith JM, Sanjay B, Nimmo DD, Larget-Thiery I, Warr EL, Underhill A, McArthur CC, Carter V, Hurd H, Bourgouin C, Eggleston P (2011) Site-specific integration and expression of an antimalarial gene in transgenic *Anopheles gambiae* significantly reduces *Plasmodium* infections. PLoS ONE No. 6(1):e14587

Nirmala X, Schetelig MF, Yu F and Handler AM (2013) An EST database of the Caribbean fruit fly, *Anastrepha suspensa* (Diptera: Tephritidae). Gene 517(2): 212–217

O'Connor L, Plichart C, AyoCheong S, Brelsfoard CL, Bossin HC, Dobson SL (2012) Open release of male mosquitoes infected with a *Wolbachia* biopesticide: field performance and infection containment. PLoS Negl Trop Dis 6(11):e1797

Ogaugwu CE, Schetelig MF, Wimmer EA (2013) Transgenic sexing system for *Ceratitis capitata* (Diptera: Tephritidae) based on female-specific embryonic lethality. Insect Biochem Mol Biol 43(1):1–8

Osta MA, Christophides GK, Kafatos FC (2004) Effects of mosquito genes on *Plasmodium* development. Science 303:2030–2032

Oye KA, Esvelt K, Appleton E et al (2014) Biotechnology. Regulating gene drives. Science 345(6197):626–628

Rasgon JL, Ren XX, Petridis M (2006) Can *Anopheles gambiae* be infected with *Wolbachia pipientis*? Insights from an in vitro system. Appl Environ Microbiol (12):7718–7722

Patterson RS, Weidhaas DE, Ford HR, Lofgren CS (1970) Suppression and elimination of an island population *Culex pipiens quinquefasciatus* with sterile males. Science 168:1368–1370

Ramos-Castaneda J, Gonzalez C, Jimenez A, Duran J, Hernandez-Martinez S, Rodriguez MH, Lanz-Mendoza H (2008) Effect of nitric oxide on dengue virus replication in *Aedes aegypti* and *Anopheles albimanus*. Interviro 51(5):335–341

Ramphul UN, Garver LS, Molina-Cruz A, Canepa GE, Barillas-Mury C (2015) *Plasmodium falciparum* evades mosquito immunity by disrupting JNK-mediated apoptosis of invaded midgut cells. Proc Natl Acad Sci USA 112(5):1273–1280

Salzburg SL, Puiu D, Sommer DD, Nene V, Lee NH (2009) Genome sequence of the *Wolbachia* endosymbiont of *Culex quinquefasciatus* JHB. J Bacteriol 191(5):1725

Schetelig MF, Wimmer EA (2011) Insect Transgenesis and the Sterile Insect Technique. Springer, Insect Biotechnology. A. Vilcinskas, S 169–194

Schetelig MF, Handler AM (2012a) Strategy for enhanced transgenic strain development for embryonic conditional lethality in *Anastrepha suspensa*. Proc Natl Acad Sci U S A 109(24):9348–9353

Schetelig MF, Handler AM (2012b) A transgenic embryonic sexing system for *Anastrepha suspensa* (Diptera: Tephritidae). Insect Biochem Mol Biol 42(10):790–795

Schetelig MF, Caceres C, Zacharopoulou A, Franz G, Wimmer EA (2009) Conditional embryonic lethality to improve the sterile insect technique in *Ceratitis capitata* (Diptera: Tephritidae). BMC Biol 7:4

Schetelig MF, Targovska A, Meza JS, Bourtzis K, Handler AM (2016) Tetracycline-suppressible female lethality and sterility in the Mexican fruit fly, *Anastrepha ludens*. Insect Mol Biol 25(4):500–508

Scott MJ, Benedict MQ (2015) Concept and history of genetic control. In: Adelman ZN (Hrsg) Genetic Control of Malaria and Dengue. Elsevier, Amsterdam, S 31–54

Seawright JA, Kaiser PE, Dame DA (1977) Mating competitiveness of chemosterilised hybrid males of *Aedes aegypti* (L.) in field tests. Mosq News 37(4):615–619

Sinkins SP (2004) *Wolbachia* and cytoplasmic incompatibility in mosquitoes. Insect Biochem Mole Biol 34(7):723–729

Sutiningsih D, Rahayu A, Puspitasari D (2017) The level of egg sterility and mosquitoes age after the release of sterile insect technique (SIT) in Ngaliyan Semarang. Journal of Tropical Life Science 7(2):133–137

Terrence W (1991) Lyttle: *Segregation distorter*s. Annu Rev Genet 25:511–557

Varmus H, Klausner R, Zerhouni E, Acharya T, Daar AS, Singer PA (2003) Public health: grand challenges in global health. Science 302:398–399

Walker T, Johnson PH, Moreira LA, Iturbe-Ormaetxe I, Frentiu FD, McMeniman CJ, Leong YS, Dong A, Kriesner P, Lloyd AL, Ritchie SA, O'Neill SL, Hoffmann AA (2011) The wMel *Wolbachia* strain blocks dengue and invades caged *Aedes aegypti* populations. Nature 476:450–455

WHO (2014) Guidance Framework for testing genetically modified mosquitoes. World Health Organization, Geneva, S 159. ISBN: ISBN 978 92 4 150748 6

WHO (2015) Biosafety for human health and the environment in the context of the potential use of genetically modified mosquitoes (GMMs): a tool for biosafety training based on courses in Africa, Asia and Latin America, 2008–2011. Pub: World Health Organization, Geneva, Switzerland

Wilke AB, Marrelli MT (2012) Genetic control of mosquitoes: population suppression strategies. Rev Inst Med Trop Sao Paulo 54(5):287–292

Wilke AB, Beier JC, Benelli G (2018) Transgenic mosquitoes-fact or fiction? Trends Parasitol 34:456–465

Wyss JH (2000) Screwworm eradication in the Americas. Annals New York Acad Sci 916:186–193

Xi Z, Dean JL, Khoo C, Dobson SL (2005). Generation of a novel *Wolbachia* infection in *Aedes albopictus* (Asian tiger mosquito) via embryonic microinjection. *Insect biochemistry and molecular biology* 35(8):903–910. https://doi.org/10.1016/j.ibmb.2005.03.015

Xi Z and Joshi D (2016) Genetic control of malaria and dengue using *Wolbachia*. In: Adelman ZN (Hrsg) Genetic Control of Malaria and Dengue. Elsevier, Academic Press, S 305–333

Yamada H and others (2014) X-Ray-Induced Sterility in *Aedes albopictus* (Diptera: Culicidae) and Male Longevity Following Irradiation. *Journal of Medical Entomology* 51(4):811–816. https://doi.org/10.1603/ME13223

Ye YXH, Carrasco AM, Frontiu FD, Chenoweth SF, Beebe NW, van den Hurk AF, Simmons CP, O'Neill SL, McGraw EA (2015) *Wolbachia* reduces the transmission potential of dengue-infected *Aedes aegypti*. PLoS Negl Trop Dis 9(6):e0003894

Yoshida S, Ioka D, Matsuoka H, Endo H, Ishii A (2001) Bacteria expressing single-chain immuno-toxin inhibit malaria parasite development in mosquitoes. Mole Biochem Parasitol 113:89–96

Individueller Schutz vor Stechmückenstichen

15.1 Einleitung

Maßnahmen zum Schutz von Einzelpersonen vor Mückenstichen sind ein wesentlicher Bestandteil bei der Prävention von Mückenstichen und der von Mücken übertragenen Krankheiten. Es gibt verschiedene Möglichkeiten, sich zu schützen. Zunächst kann man sich einfach fern von Stechmücken aufhalten, z. B. in stechmückensicheren Häusern, oder Kleidung tragen, bei der wenig Haut zum Stechen der Mücken exponiert wird. Das ist jedoch oft schwierig umzusetzen. Deshalb greifen viele Menschen auf Mückenschutzmittel zurück, die entweder als Repellentien auf die Haut aufgetragen werden oder in Innenräumen, meist in Form von Pyrethroiden, verdampft werden. Ein weiterer Schutz sind Mückenfenster oder Moskitonetze, die verhindern, dass Stechmücken in die Häuser eindringen.

In diesem Kapitel werden einige der wichtigsten persönlichen Schutzmaßnahmen erläutert.

15.2 Mückenschutzmittel

15.2.1 Repellentien

Mückenschutzmittel stellen vor allem in den Industrieländern, die am häufigste verwendete Methode zum persönlichen Schutz vor Stechmücken und anderen blutsaugenden Arthropoden dar. Sie dienen auch der Infektionsprävention von durch Arthropoden übertragenen Erregern. Die gängigen Schutzpraktiken basieren in der Regel auf der Anwendung von Repellentien, die auf die Haut aufgetragen werden, wobei die Behandlung von Kleidung nur eine untergeordnete Rolle spielt. Die Verwendung von Repellentien und anderen persönlichen Schutzmitteln spielt eine wichtige Rolle in Gebieten, in denen keine Stechmückenbekämpfung stattfindet oder der Schutz durch Stechmückennetze oder räumliche Maßnahmen unzureichend ist.

Repellentien sind in verschiedenen Formen erhältlich, wie Lotionen, Cremes, Sprays, Roll-ons oder sogar in Seifen. Um sich generell vor Stechmücken zu schützen, werden alle exponierten Körperteile wie Arme, Beine und das Gesicht (mit Ausnahme von Augen und Mund) behandelt.

Zum Eigenschutz gegen Stechmücken wurden mehrere synthetische abweisende Wirkstoffe entwickelt, wobei der bekannteste und effektivste DEET (Diethyltoluamid) ist. Dieser Wirkstoff wurde in den 1940er-Jahren entdeckt und entwickelt, zunächst für den Einsatz durch die US-Streitkräfte und später für die allgemeine Öffentlichkeit zugänglich gemacht. Die genaue Wirkungsweise von DEET auf Stechmücken und andere stechende Insekten ist nicht vollständig verstanden, scheint jedoch die Geruchsrezeptoren in den Antennen des Insekts sowohl aus der Ferne als auch bei Kontakt mit der behandelten Haut zu beeinträchtigen (Dickens et al. 2013). Die Repellentien enthalten DEET normalerweise in Konzentrationen von 10–50 %. Diese Produkte bieten in der Regel, je nach Situation, Schutz vor Insektenstichen und Zeckenbissen für einen Zeitraum von bis zu 6 h. Die Verwendung von Multipolymerformulierungen mit verzögerter Freisetzung hat die Schutzdauer verlängert. Ein praktischer Nachteil von DEET ist, dass es Kunststoffe wie Brillengestelle, Uhrenarmbänder, Mobiltelefone und einige Textilien angreifen kann. Laut der US-Umweltschutzbehörde (EPA 2014) sind Produkte mit DEET sicher und können, wenn die Anweisungen auf dem Etikett genau befolgt werden, auch bei Kindern ab dem 2. Lebensmonat verwendet werden.

Obwohl DEET das erste erfolgreiche synthetische Repellent war, wurden seitdem weitere synthetische Alternativen entdeckt, entwickelt und vermarktet (Patel et al. 2016). Die beiden wichtigsten synthetischen Alternativen sind Icaridin (auch als Picaridin bekannt) und IR3535. Picaridin wurde in Deutschland als Ergebnis der Erforschung von Piperidin, einem natürlich vorkommenden Insektenschutzmittel, entdeckt und entwickelt. Es wird seit 2000 verkauft und heute oft als DEET-Alternative verwendet. Im Gegensatz zu DEET hat es keine signifikanten Auswirkungen auf Kunststoffe. Icaridin wird in der Regel in Konzentrationen von bis zu 20 % in Produkten verwendet und bietet einen Schutz von bis zu 6 h. Bei äquivalenten Konzentrationen hat es eine weitgehend ähnliche Schutzabwehrwirkung wie DEET, obwohl DEET in der Regel einen längeren Schutz bietet, wenn es in höheren Konzentrationen (z. B. 50 %) verwendet wird (Leggewie 2011; Goodyer und Schofield 2018). IR3535 (Ethylbutylacetylaminopropionat) wurde ebenfalls in Deutschland entwickelt und hat ein ähnliches Schutzprofil wie Picaridin. Es ist in Konzentrationen von bis zu 20 % im Handel erhältlich.

Trotz der offiziellen Empfehlungen bestehen nach wie vor Bedenken in der Öffentlichkeit hinsichtlich der Sicherheit synthetischer Repellentien. Dies hat zu einer gesteigerten Nachfrage nach aus Pflanzen gewonnenen Repellentien geführt. Pflanzliche Insektenschutzmittel sind seit Jahrhunderten ein Teil der traditionellen Volksmedizin. Die Wirksamkeit einer großen Anzahl von Pflanzenextrakten und ätherischen Ölen als Repellent wurde mittlerweile untersucht, darunter Quwenling (gewonnen aus der Zitronen-Eukalyptuspflanze in China), Neemöl (gewonnen aus den Früchten und Samen des Baums *Azadirachta indica*), PMD (Para-Menthan-3–8-Diol, gewonnen aus einer Eukalyptusart), Limonen, Linalool, Geraniol, Citronella und andere. Die meisten dieser Pflanzenextrakte und ätherischen Öle sind flüchtig. Selbst wenn sie anfänglich Schutz bieten, verfliegt dieser bald nach der Anwendung, obwohl PMD eine längere Wirkung erzielen kann. Eine Vergleichsstudie von Fradin und Day (2002) in den USA zeigte, dass DEET-basierte Produkte immer noch den längsten Schutz bieten. Eine ähnliche Studie von Leggewie an der Universität Heidelberg im Jahr 2008 gelangte zu weitgehend gleichen Ergebnissen. Trotz dieser Befunde sind Mückenschutzmittel, die in der Regel eine Mischung mehrerer pflanzlicher Wirkstoffe enthalten, mittlerweile weit verbreitet im Handel erhältlich.

15.2.2 Insektizidbehandelte Kleidung

Die Behandlung von Kleidung mit einem Insektenschutzmittel stellt eine alternative Schutzmethode dar und wird häufig von Angehörigen des Militärs und Personen, die im Freien arbeiten, genutzt. Ein vorübergehender Schutz kann durch das Auftragen eines abweisenden Aerosols auf die Oberfläche der Kleidung erreicht werden. Für einen länger anhaltenden Schutz wird jedoch die Kleidung bereits während ihrer Herstellung behandelt. Solche vorbehandelte Kleidung ist in Industrieländern weit verbreitet. Der bevorzugte Wirkstoff zur Behandlung von Kleidung ist das Pyrethroid-Insektizid Permethrin, das zusätzlich Schutz vor einer Vielzahl anderer stechender oder beißender Arthropoden, einschließlich Zecken, bietet. Connally et al. (2019) konnten nachweisen, dass mit Permethrin behandelte Kleidung trotz wiederholter Trage- und Waschzyklen über einen langen Zeitraum hinweg wirksam bleibt. Wenn das Risiko von Mückenstichen oder der Übertragung von Krankheiten hoch ist, sollten alle Hautstellen, die trotz des Tragens imprägnierter Kleidung exponiert sind, wie Hände oder Gesicht, zusätzlich mit einem Repellent behandelt werden.

Zusammenfassend lässt sich festhalten, dass eine breite Palette von Mückenabwehrprodukten, basierend auf verschiedenen Wirkstoffen, der breiten Öffentlichkeit zur Verfügung steht. Für geringe oder nicht vorhandene Infektionsrisiken bieten die meisten Produkte einen gewissen Schutz. Wenn jedoch das Risiko von Insektenstichen hoch ist oder die Gefahr der Erregerübertragung besteht, bleibt DEET nach wie vor das bevorzugte Repellent.

15.3 Räumliche Schutzmittel

Räumliche Schutzmittel dienen dazu, die Luft in einem Raum, wie beispielsweise einem Schlafzimmer, mit einem abweisenden Dampf zu behandeln, um Stechmücken daran zu hindern, in den Raum einzudringen. Sollten sie dennoch eindringen, wird verhindert, dass sie stechen. Die wichtigsten räumlichen Schutzgeräte, die für den Stechmückenschutz verwendet werden, sind Anti Stechmücken-Spiralen, elektrische Moskitomatten, Flüssigkeitsverdampfer und passive Verdampfer. Diese Geräte verdampfen Insektizide entweder mithilfe von Verbrennungswärme oder Elektrizität und geben sie in die Luft ab, oder die Insektizide sind so flüchtig, dass sie von selbst ohne Wärme verdampfen (passive Verdampfer).

15.3.1 Anti-Stechmücken-Spiralen

Stechmückenspiralen bestehen aus einer Mischung von Insektiziden und brennbaren, inerten Inhaltsstoffen. Sie werden vor allem in tropischen Regionen eingesetzt, wobei weltweit etwa 2 Mrd. Menschen sie jährlich verwenden (Zhang et al. 2010). In Mückenspiralen kommen in der Regel Pyrethroide wie d-Allethrin, Prallethrin und Metofluthrin als Insektizide zum Einsatz. Das Insektizid wird freigesetzt, wenn die Spirale verbrennt, und hält Stechmücken in ihrer unmittelbaren Umgebung vom Stechen ab. Dadurch kann sogar verhindert werden, dass Stechmücken überhaupt in die Häuser gelangen. Die Anzahl der Stechmückenstiche, die zur Übertragung von Krankheitserregern führen, kann um bis zu 80 % reduziert werden (WHO 1997).

Stechmückenspiralen sind insbesondere dann nützlich, wenn keine Stromversorgung zur Verfügung steht. Ihr großer Nachteil besteht jedoch in den möglichen gesundheitlichen Auswirkungen auf die Anwender, insbesondere wenn sie wiederholt in einem mit Rauch gefüllten Raum schlafen müssen. Die Schadstoffkonzentrationen, die durch das Verbrennen von Mückenspiralen entstehen, können die Luftqualitätsstandards erheblich überschreiten, und die Exposition gegenüber dem Rauch kann sowohl akute als auch chronische Gesundheitsgefahren hervorrufen.

15.3.2 Verdampfungsmatten

Elektrische Verdampfungsmatten sind zu einer weit verbreiteten und beliebten Methode geworden, um sich im Haushalt vor Insekten zu schützen. Sie bestehen aus einer Verdampfungsmatte, die normalerweise mit einem Insektizid, wie beispielsweise dem Pyrethroid Prallethrin behandelt ist. Das Heizgerät wird für die Erhitzung in eine Steckdose gesteckt, wodurch es sich auf eine optimale Temperatur von 110 °C erhitzt und dadurch den Insektiziddampf im Raum freisetzt. Dies übt eine subletale Wirkung auf die Stechmücken aus sowie es das Eindringen in Räumlichkeiten und das lästige Stechen verhindert. Bei anhaltender Exposition kann es sogar zur Tod der Stechmücken führen. Der Vorteil der Verwendung von Matten im Vergleich zu Spiralen liegt darin, dass kein unangenehmer Rauch entsteht. Allerdings sind die Nachteile, dass Strom benötigt wird und Ersatzmatten in der Regel teurer sind als Anti-Stechmücken-Spiralen.

15.3.3 Flüssigkeitsverdampfer

Das Funktionsprinzip dieser Produkte ähnelt dem der Verdampfungsmatten. Ein Flüssigkeitsverdampfer besteht aus einem Heizgerät, einem Docht und einer Flasche mit flüssigem Insektizid. Ebenso wie bei den Verdampfungsmatten erfordert der Flüssigkeitsverdampfer Wärme und muss daher bei Verwendung in eine Steckdose gesteckt werden. Die Flüssigkeit, bestehend aus einer Mischung aus einem Pyrethroid und einem Lösungsmittel, wird durch einen beheizten Docht angesaugt, wodurch das Insektizid verdampft wird.

15.3.4 Passive Verdampfer

Alle bisherigen räumlichen Schutzmittel erfordern eine externe Energiequelle (Strom oder Verbrennung), um das Insektizid zu verdampfen. Im späten 20. Jahrhundert wurde jedoch eine Reihe von Pyrethroiden mit ungewöhnlich hohen Dampfdrücken entdeckt. Insbesondere Wirkstoffe wie Transfluthrin und Metofluthrin ermöglichten die Entwicklung von Geräten, die allein auf Umgebungstemperaturen angewiesen sind, um wirksame Insektizidkonzentrationen in der Luft zu erzeugen. Diese Geräte sind einfach zu handhaben und können in einer Vielzahl von Situationen verwendet werden.

Typischerweise bestehen sie aus einem Reservoir mit Insektizid auf einem absorbierenden Substrat. Die passive Verdampfung des Insektizids aus dem Reservoir unter Umgebungsbedingungen erzeugt eine lokale abweisende Wirkung auf Stechmücken. Außentests von Transfluthrin-passiven Verdampfern zeigten, dass sie das Stechen von *Anopheles*-, *Culex*- und *Mansonia*-Stechmücken um mindestens 75 % reduzierten (Ogama et al. 2017).

Zusammenfassend kann festgehalten werden, dass Stechmückenspiralen, Verdampfungsmatten und Flüssigkeitsverdampfer typischerweise mit Pyrethroiden als Insektizidformulierung oft Verwendung finden. Dennoch sollte der Schwerpunkt bei der Bekämpfung soweit als möglich auf der Prävention von Stechmücken liegen, anstatt sich allein auf die Eigeninitiative der Bewohner für ihren persönlichen Schutz zu verlassen.

15.4 Moskitonetze und ähnliche Techniken

15.4.1 Insektizidbehandelte Stechmückennetze (Insecticide Treated Nets, ITNs)

Herkömmliche Stechmückennetze für Betten, die dazu dienen, Anwender vor Mückenstichen zu schützen, werden seit vielen Jahrzehnten in tropischen Regionen und in geringerem Maße in Ländern mit mäßigem Stechmückenvorkommen verwendet. Untersuchungen in den 1980er-Jahren zeigten jedoch, dass Stechmücken oft aufgrund unsachgemäßer Handhabung, beispielsweise durch Löcher oder schlecht sitzende Netze, in das Innere der Netze eindringen können. Dies führte häufig zu noch mehr Stichen und nicht zu einer Reduktion. Diese Beobachtungen bewirkten, die Netze zusätzlich mit Insektiziden zu behandeln, um die unsachgemäße Verwendung und Beschädigung von Moskitonetzen auszugleichen.

Seit den 1980er-Jahren wurden insektizidbehandelte Stechmückennetze für Betten (ITNs) zur Bekämpfung von Malaria und anderen durch Vektoren übertragenen Krankheiten entwickelt. Dies hat dazu geführt, dass ein großer Teil der gefährdeten Bevölkerung ITNs aktuell verwendet. Frühe Ergebnisse mit diesen ITNs zeigten eine dramatische Verringerung der Stiche, selbst wenn die Netze beschädigt waren oder nicht perfekt passten. Frühzeitige groß angelegte epidemiologische Studien zeigten einen tiefgreifenden Einfluss auf die Malariaübertragung, insbesondere in Afrika südlich der Sahara (Cuzin-Ouattara et al. 1999). Die ersten ITNs wurden vor Ort hergestellt, indem die Netze manuell in verdünntes Insektizid getaucht und zum Trocknen aufgehängt wurden. Allerdings wurde festgestellt, dass der Wirkstoff durch wiederholtes Waschen allmählich aus diesen Netzen ausgewaschen wurde. In jüngerer Zeit hat die Entwicklung neuer Methoden zur Bindung von Insektiziden an die Textilfasern zu langlebigen Insektizidnetzen (Long-Lasting Insecticide Nets, LLINs) geführt, die über die gesamte Lebensdauer des Netzes hinweg wirksam bleiben (WHO 2022).

Permethrin war das erste Insektizid, das zur Behandlung von Stechmückennetzen für Betten verwendet wurde, und seitdem wurden weitere Wirkstoffe eingeführt. Zahlreiche Studien kamen zu dem Schluss, dass ITNs bei bestimmungsgemäßer Verwendung keine übermäßige Gefahr für die Anwender darstellen (Lu et al. 2015; WHO 2016).

Infolgedessen hat der Einsatz von ITNs zum Schutz vor Krankheitsvektoren in Afrika seit dem Jahr 2000 enorm zugenommen und schätzungsweise etwa 450 Mio. Malariafälle zwischen dem Jahr 2000 und dem Jahr 2015 verhindert. In Afrika sind derzeit rund 50 % der gefährdeten Bevölkerung durch Netze geschützt, in einigen Ländern sogar über 80 %. Seit 2016 scheint die Wirkung der ITN-Nutzung jedoch ein Plateau erreicht zu haben (Bertozzi-Villa et al. 2021), und der erneute Anstieg der Malariafälle in manchen Bereichen Afrikas ist zudem auf die zunehmenden Resistenzphänomene gegen Pyrethroide zurückzuführen (Enayati und Hemingway, 2010a, b; WHO 2022).

15.4.2 Insektenschutzgitter für Gebäude

In den Industrieländern sind Insektenschutzgitter käuflich zu erwerben und einfach anzubringen, weshalb sie weit verbreitet sind, um das Eindringen von Insekten durch Fenster und Türen in Gebäude zu verhindern. Sie dienen oft der Abwehr der gemeinen Hausfliege (*Musca domestica*), aber in einigen Gebieten mit hohem Auftreten von Stechmücken setzen insbesondere auch Hausbesitzer auf den Einsatz von Insektenschutzgittern. Bei fachgerechter Installation können Fenster und Türen mit Insektenschutzgittern bei warmem Wetter geöffnet bleiben, ohne dass Stechmücken ins Gebäude gelangen. Eine Maschenweite von 1,2 mm wird in der Regel zur Abwehr von Stechmücken eingesetzt, obwohl kleinere Maschenweiten, um sehr kleine stechende Insekten wie beispielsweise Gnitzen (Ceratopogonidae) fernzuhalten, noch effektiver sind. In Ländern, in denen die Übertragung von Malaria ein Risiko darstellt, können Öffnungen wie Türen und Fenster mit insektizidbehandelten Vorhängen oder Netzen versehen werden, um Vektormücken abzuhalten (Anaele et al. 2021).

Literatur

Anaele BI, Varshney K, Ugwu FSO et al (2021) The efficacy of insecticide-treated window screens and eaves against *Anopheles* mosquitoes: a scoping review. Malar J 20:388. https://doi.org/10.1186/s12936-021-03920-x

Bertozzi-Villa A, Bever CA, Koenker H et al (2021) Maps and metrics of insecticide-treated net access, use, and nets-per-capita in Africa from 2000–2020. Nat Commun 12:3589. https://doi.org/10.1038/s41467-021-23707-7

Connally NP, Rose DA, Breuner NE, Prose R, Fleshman AC, Thompson K, Wolfe L, Broeckling CD, Eisen L (2019) Impact of wearing and washing/drying of permethrin-treated clothing on their contact irritancy and toxicity for Nymphal *Ixodes scapularis* (Acari: Ixodidae) Tick. J Med Entomol 56(1):199–214

Cuzin-Ouattara N, Van den Broek AHA, Habluetzel A, Diabate A, Sanogo-Ilboudo E, Diallo DA, Cousens SN, Esposito F (1999) Widescale installation of insecticide-treated curtains confers high levels of protection against malaria transmission in a hyperendemic area of Burkina Faso. Trans R Soc Trop Med Hyg 93:473–479

Dickens JC, Jonathan D, Bohbot JD (2013) Mini review: mode of action of mosquito repellents. Pesticide Biochem and Physiol. 106(3):149–155

Enayati A, Hemingway J (2010a) (2010) Malaria management: past, present, and future. Annu Rev Entomol 55(55):569–591. https://doi.org/10.1146/annurev-ento-112408-085423

Environmental Protection Agency (2014) https://www.epa.gov/insect-repellents/deet

Enayati A, Hemingway J (2010) Malaria Management: past, Present, and Future. Ann Rev Entomol 55:569–591

Fradin MS, Day JF (2002) Comparative efficacy of insect repellents against mosquito bites. New Engl J Med 347:13–18

Goodyer L, Schofield S (2018) Mosquito repellents for the traveller: does picaridin provide longer protection than DEET? J Trav Med 25(Suppl 1):S10–S15

Leggewie M (2011) Arm in cage testing of six customary available insect repellents against *Anopheles stephensi* to compare the efficacy of synthetic and natural active agents. Bachelor thesis. Ruprecht-Karls University of Heidelberg

Lu G, Traoré C, Meissner P, Kouyaté B, Kynast-Wolf G, Beiersmann C, Coulibaly B, Becher H, Müller O (2015) Safety of insecticide-treated mosquito nets for infants and their mothers: randomized controlled community trial in Burkina Faso. Mal J 14(527)

Ogoma SB, Mmando AS, Swai JK, Horstmann S, Malone D, Killeen GF (2017) A low technology emanator treated with the volatile pyrethroid transfluthrin confers long term protection against outdoor biting vectors of lymphatic filariasis, arboviruses and malaria. PLoS Negl Trop Dis 11(4):e0005455

Patel RV, Shaeer KM, Patel P, Garmaza A, Wiangkham K, Franks RB, Pane O, Carris NW (2016) EPA-registered repellents for mosquitoes transmitting emerging viral disease. Pharmacotherapy 36(12):1272–1280

WHO (1997) WHO Pesticide Evaluation Scheme. Chemical methods for the control of vectors and pests of public health importance (Chavasse DC, Yap HH eds): 129 Seiten

WHO (2016) Report of the 19th WHOPES Working Group Meeting. Geneva

WHO (2022) World Malaria report. World Health Organisation, Geneva. ISBN 978-92-4-006490-4

Zhang L, Jiang Z, Tong J, Wang Z, Han Z, Zhang J (2010) Using charcoal as base material reduces mosquito coil emissions of toxins. Indoor Air 20(2):176–184

16 Die Integrierte Stechmückenbekämpfung in der Praxis

16.1 Einführung

Die effektivste Strategie zur flächendeckenden Bekämpfung von Stechmücken auf kommunaler Ebene ist die Umsetzung eines IVM-Plans (IVM = Integriertes Vektormanagement). Hierbei werden alle geeigneten Maßnahmen entsprechend der jeweiligen Situation ausgewählt und durch die Schaffung adäquater Infrastrukturen umgesetzt (Bellini et al. 2020; Michaelakis et al. 2021). Ziel ist es, die Stechmückenpopulationen ökologisch vertretbar, epidemiologisch sinnvoll und kosteneffizient zu reduzieren. Dies soll Belästigungen durch Stechmücken auf ein akzeptables Niveau bringen und gleichzeitig das Risiko von durch Stechmücken übertragenen Krankheitserregern minimieren (WHO 2004). Eine erfolgreiche und kosteneffektive Umsetzung eines IVM-Programms erfordert umfassende Kenntnisse über Biologie, Vorkommen, relative Häufigkeit, Phänologie und Vektorkompetenz der relevanten Stechmückenarten.

Die Anwendung einer einzelnen Bekämpfungsmethode ist selten ausreichend. Vielmehr müssen, angepasst an die jeweilige Situation, alle verfügbaren Methoden kombiniert und nach besten Praktiken eingesetzt werden (Bellini et al. 2020; Michaelakis et al. 2021; Rafatjah 1982; WHO 1982, 1983, 2004). Die IVM-Strategie kann biologische, chemische, physikalische, genetische Methoden sowie Umweltmanagement umfassen. Die Methoden müssen durch interdisziplinäre Zusammenarbeit von Spezialisten und vor allem durch die Einbeziehung der Bevölkerung realisiert werden. Bei der Planung und Umsetzung der Programme sollte stets nach dem Prinzip des One-Health-Ansatzes vorgegangen werden, der auf dem Verständnis beruht, dass Gesundheit von Menschen, Tieren und Umwelt eng miteinander verbunden sind. Dieser Ansatz zielt vor allem auf Prävention ab und fördert die interdisziplinäre Zusammenarbeit, insbesondere zwischen Humanmedizin, Tiermedizin und Umweltwissenschaften, mit einem zentralen Fokus auf den Schnittstellen zwischen Menschen, Tieren und den Ökosystemen, in denen sie leben.

16.2 Methoden einer integrierten Bekämpfungsstrategie

a) Die Biologische Bekämpfung von Stechmücken (siehe Kap. 10)

Zum einen beinhaltet die biologische Bekämpfung den Einsatz oder die Förderung von natürlichen Fressfeinden der Stechmücken, wie etwa Fischen oder Kleinkrebsen. Zum anderen umfasst sie das Ausbringen von natürlichen Wirkstoffen sowie Pathogenen, beispielsweise mikrobiellen Produkten auf Basis von *Bacillus thuringiensis israelensis* (Bti) oder *Lysinibacillus sphaericus* (Ls) (Becker et al. 2020; Woodring und Davidson 1996). Letztere haben sich im Routineeinsatz bewährt, da sie selektiv nur Mückenlarven abtöten und zudem kostengünstig in großen Mengen produziert sowie einfach ausgebracht werden können. In Deutschland werden am Oberrhein und anderen Flüssen sowie Seen mit Wasserstandsschwankungen Bti-basierte Produkte seit über 4 Jahrzehnten erfolgreich gegen Überschwemmungsmücken (*Ae. vexans, Ae. sticticus, Ae. cantans* etc.) eingesetzt. Granulatformulierungen, wie Bti-Eis-Granulat oder Maisspindelbruch, können mittels Hubschraubern mit Streugeräten verteilt werden. Puderformulierungen oder wasserlösliche Mikrogranulate (z. B. Vectobac WG) lassen sich in Wasser suspendieren und mit Rückenspritzen applizieren. Bti-Tabletten eignen sich zur Bekämpfung von in Containern brütenden Stechmücken wie *Ae. albopictus* oder *Cx. pipiens* s.l.

b) Chemische Bekämpfung (Kap. 11)

Obwohl die chemische Bekämpfung ein wesentlicher Bestandteil im Kampf gegen Malaria in den Tropen ist, spielt sie in Deutschland bei der Bekämpfung von Stechmücken als Lästlingen eine untergeordnete Rolle. Bei endophagen und endophilen Stechmücken, die bevorzugt in Wohnungen stechen und dort verweilen, erfolgt das Besprühen von Innenwänden mit Adultiziden. Dies wird insbesondere gegen *An. gambiae* s.s., den Hauptüberträger der Malariaparasiten in Afrika, angewendet. Früher wurde häufig DDT eingesetzt, heute dominieren Pyrethroide wie Permethrin, auch aufgrund von DDT-Resistenzen. Pyrethroide werden auch zur Imprägnierung von Moskitonetzen verwendet. Jedoch entwickeln sich vermehrt Resistenzen gegen diese Substanzen (Rinkevich et al. 2013). Stechmücken, die mit Adultiziden in Berührung kommen, sterben ab oder werden vom Eindringen in Häuser abgehalten (Brown 1976; D'Alessandro 2001; Lacey und Lacey 1990; Lengeler und Snow 1996; Takken 2002). Adultizide können auch im Freien durch Vernebelung ausgebracht werden, besonders wenn das Risiko von bodenständigen Krankheitsübertragungen durch infizierte Stechmücken besteht. Der Einsatz unselektiver Adultizide sollte jedoch aufgrund von Umweltschutz und gesundheitlichen Aspekten gemäß den Empfehlungen der Nationalen Expertenkommission für Stechmücken (2022) sorgfältig abgewogen werden. Umweltverträgliche Substanzen wie Wachstumsregulatoren (IGRs) oder Chitinsyntheseinhibitoren können ökologische Schäden reduzieren. Dennoch sollte, wenn möglich, der biologischen Bekämpfung mit selektiv wirkenden Produkten wie Bti und Ls der Vorzug gegeben werden.

c) Physikalische Bekämpfungsmaßnahmen (Kap. 12)
Physikalische Maßnahmen zielen auf das direkte Abtöten der Stechmücken ab, entweder in Larven- oder Adultform. Sie sind besonders effektiv als Teil eines integrierten Bekämpfungsprogramms. Eine Methode ist die Kombination von Oberflächenfilmen, die hauptsächlich Stechmückenpuppen abtöten, mit Toxinen von Bti oder Ls, die spezifisch Larven abtöten. Dies erhöht gleichermaßen die Wirksamkeit gegen Populationen von Larven und Puppen.

d) Die Genetische Bekämpfung (Kap. 14)
Zur Reduktion oder Eliminierung von Zielpopulationen (z. B. *Ae. albopictus*) werden Techniken wie die Sterile-Insekten-Technik (SIT) und *Wolbachia*-induzierte Sterilität eingesetzt. In den betroffenen Gebieten werden sterilisierte Männchen oder mit *Wolbachia*-Stämmen infizierte Männchen freigesetzt, die sich mit wilden Weibchen paaren, aber keine lebensfähigen Nachkommen hervorbringen (Alphey et al. 2010; Alphey et al. 2014; Becker et al. 2022; Bellini 2005; Bellini et al. 2013; Black et al. 2011; Carvalho et al. 2015; Knipling 1955, 1959; Mains et al. 2016; O'Connor et al. 2012; Phuc et al. 2007; Sutiningsih et al. 2017; Wilke und Marrelli 2012). Der Einsatz dieser Techniken ist besonders effektiv, wenn die Anzahl der Wildindividuen natürlich niedrig ist oder durch vorherige Bekämpfungsmaßnahmen reduziert wurde (Bellini 2005; Becker et al. 2022).

e) Das Umweltmanagement (Kap. 13)
Das Umweltmanagement beinhaltet sowohl die kurzfristige Beseitigung oder Sanierung von Brutplätzen als auch deren langfristige Umgestaltung, um die Lebensbedingungen für Stechmücken zu verschlechtern. Insbesondere in urbanen Gebieten ist die Beteiligung der Bevölkerung bei der Bekämpfung von Stechmückenarten wie *Ae. albopictus* und *Cx. pipiens* s.l. wichtig. Intensive Informationskampagnen können die Aufmerksamkeit der Bevölkerung schärfen und ihre Mitwirkung intensivieren. Wassertonnen können mit Moskitonetzen oder dicht schließenden Deckeln versehen werden, um Eiablage zu verhindern. Gullys oder Schächte sollten so gestaltet sein, dass kein Restwasser zurückbleibt. Geländemodifikationen sollten interdisziplinär von Fachleuten aus verschiedenen Bereichen durchgeführt werden, um den Wasserhaushalt und die biologische Vielfalt zu berücksichtigen (MacCormack und Snow 1986; Takken 2002; Schreck und Self 1985).

16.3 Voraussetzungen für die erfolgreiche Umsetzung des Programms

Die Entwicklung und Aufrechterhaltung einer angemessenen lokalen, regionalen oder internationalen Infrastruktur für die Stechmückenbekämpfung stellen das Kernstück eines erfolgreichen IVM-Programms) dar. Dazu zählen eine gut strukturierte Personalorganisation mit klar definierten Verantwortlichkeiten, politische Unterstützung zur Gewährleistung der Nachhaltigkeit des Programms, solide Finanzierung sowie enge Zusammenarbeit mit Wissenschaftlern. Der politische Wille, lästige Stechmückenpopulationen erfolgreich zu reduzieren, ist dabei von entscheidender Bedeutung. Viele Bekämpfungsprogramme scheitern trotz verfügbarer effektiver Methoden an mangelnder und nachhaltiger Infrastruktur sowie unzureichender Finanzierung.

Für die Umsetzung eines Bekämpfungsprogramms werden folgende Schritte empfohlen:

a) Erfassung entomologischer Daten. Diese sollten beinhalten:
- Die Phänologie und Häufigkeit der verschiedenen Stechmückenarten unter Berücksichtigung abiotischer Faktoren wie von Temperaturverläufen und Niederschlägen, die für Überflutungen der Brutgebiete verantwortlich sind. Dies ist entscheidend, um den optimalen Zeitpunkt für Interventionen zu bestimmen.

- Informationen über das Wanderverhalten und Stechverhalten der Arten, um das Interventionsgebiet festzulegen. Bei wanderfreudigen Arten ist es notwendig, die Entwicklungsstadien auch in einigen Kilometer Entfernung vom Belästigungsort zu bekämpfen.
- Bewertung parasitologischer und epidemiologischer Daten bei Beteiligung der Stechmücken als Krankheitsvektoren, inklusive Bestimmung der Vektorkompetenz, Vektorkapazität und Infektionsraten.

b) Kartierung: Eine exakte Kartierung und individuelle Nummerierung jeder bedeutenden Brutstätte, einschließlich der Erfassung in einem GIS-Programm, sind unerlässlich, besonders wenn Larvizide eingesetzt werden. Dies ermöglicht einen gezielten, schnellen und kosteneffizienten Einsatz.

c) Auswahl geeigneter Bekämpfungssubstanzen und Anwendungssysteme: Die Auswahl muss auf den jeweiligen Brutplatztyp der Zielarten abgestimmt sein, z. B. ob der Einsatz aus der Luft oder zu Fuß erfolgen muss.

d) Festlegung der optimalen Dosierung: Die Dosierung der Produkte muss entsprechend den ökologischen Bedingungen festgelegt werden, um eine effiziente Anwendung und die Einhaltung nationaler Vorschriften zu gewährleisten.

e) Bekämpfungsstrategie: Diese muss von Spezialisten entsprechend der jeweiligen Situation entwickelt und mit den Genehmigungsbehörden sowie Interessensgruppen abgestimmt werden.

f) Schulung des Bekämpfungspersonals: Eine umfassende Schulung gewährleistet den sachgerechten Einsatz der Bekämpfungsstoffe und die korrekte Kommunikation mit der Bevölkerung.

g) Einhaltung lokaler und nationaler Vorschriften: Die Einhaltung der Vorschriften in Bezug auf den Einsatz von Insektiziden, Umwelt- und Sicherheitsfragen muss gemäß den Richtlinien der Bundesanstalt für Arbeitsschutz und Arbeitsmedizin (BAuA) sichergestellt werden.

h) Intensive Öffentlichkeitsarbeit: Dies ist wichtig, um die aktive Beteiligung der Bürger zu gewährleisten.

16.3.1 Entomologische Forschung

Eine detaillierte Kenntnis über die Artenzusammensetzung, Häufigkeit und Phänologie (Populationsdynamik) der relevanten Stechmückenarten ist für die Entwicklung eines effektiven Bekämpfungsprogramms unerlässlich. Es ist entscheidend, die Biologie der einzelnen Arten zu verstehen, einschließlich der Aspekte wie Schlüpfverhalten, Überwinterung, Diapausen und Entwicklungsgeschwindigkeit. Diese Faktoren sind bei der Planung in Relation zu den klimatischen Bedingungen wie Niederschläge und Hochwasserphasen zu sehen. Zusätzlich muss die räumliche und zeitliche Verteilung, einschließlich des Wanderverhaltens der einzelnen Stechmückenarten, berücksichtigt werden. Aufgrund der erheblichen Unterschiede in der Biologie der Stechmücken zwischen urbanen und ländlichen Gebieten ist ein differenziertes Monitoring in diesen unterschiedlichen Bereichen notwendig.

1. Überwachung verschiedener Stechmückenpopulationen

a) Überwachungsprogramm (Monitoring) von Überschwemmungsmücken (z. B. *Ae. vexans* und *Ae. sticticus*)

Überschwemmungsmücken, wie die Sommerarten *Ae. vexans* und *Ae. sticticus*, zeichnen sich durch ihr plötzliches massenhaftes Auftreten nach früh- oder hochsommerlichen Hochwassern aus, was oft kurzfristig zu erheblichen Plagen führen kann. Aufgrund dieser Massenvermehrung zeigen diese Arten ein ausgeprägtes Wanderverhalten und können bei der Suche nach Wirten für ihre Blutmahlzeiten in Siedlungsbereiche eindringen. Dieses Wanderverhalten der relevanten Arten muss bei der Festlegung der Bekämpfungsstrategie berücksichtigt werden, indem die Überschwemmungsmücken in ihren Entwicklungsstadien auch fernab der Belästigungsorte bekämpft werden. Zur Überwachung der Überschwemmungsmückenpopulationen werden üblicherweise CO_2-köderbetriebene Saugfallen (EVS-Fallen) eingesetzt, um wirtssuchende adulte weibliche Mücken zu fangen (Kap. 4). Die Fallen werden regelmäßig im Befallsgebiet an Ästen vom späten Nachmittag bis zum nächsten Morgen aufgehängt. Die gefangenen Mücken werden anschließend in einem Trockeneisbehälter oder einem Tötungsglas mit Ethylacetat abgetötet und im Labor nach Arten identifiziert und gezählt. Durch das Aufstellen von Fallen in einem isolierten Massenbrutplatz und in konzentrischen Kreisen, z. B. mit 2, 5 und 10 km Durchmesser, lässt sich das horizontale Ausbreitungsverhalten der schlüpfenden Adulten in Bezug auf Windgeschwindigkeit, Temperatur oder Vegetation bestimmen. Die Fallenergebnisse ermöglichen zudem eine Einschätzung des Erfolgs vorangegangener Bekämpfungsmaßnahmen.

Durch das Aufhängen von Fallen in vergleichbaren, behandelten und unbehandelten Gebieten kann auch die prozentuale Reduktion der Mückenpopulation grob ermittelt werden. Human Bait Catches (Anflugkontrollen) während der Aktivitätsphasen der Mücken geben Auskunft über die Anthropophilie der Stechmücken, da dabei die Mücken gefangen werden, die bevorzugt Warmblüter, wie Menschen, zur Blutmahlzeit aufsuchen. Werden diese Kontrollen regelmäßig mit einer Fangglocke (Kap. 4) durchgeführt, können Aussagen über das tageszeit- und wetterabhängige Stechaktivitätsmuster der einzelnen Arten getroffen werden. Zusätzlich empfiehlt sich, in ausgewählten Brutstätten im Kontrollgebiet Larvensammlungen durchzuführen, um die

Artenzusammensetzung und Häufigkeit der Entwicklungsstadien im Verhältnis zu den adulten Mücken zu bewerten und ggf. nach einem festgelegten Schwellenwert die Bekämpfung einzuleiten. Üblicherweise werden 10 oder mehr Schöpfproben mit einem Standardschöpfer entnommen, um durchschnittliche und vergleichbare Daten zu erhalten. Die Larvenstadien werden erfasst, und eine repräsentative Anzahl von Larven wird ins Labor gebracht, um die Artenzusammensetzung zu bestimmen.

b) Überwachung der Tigermückenpopulationen

Zur Überwachung der Tigermückenpopulationen werden üblicherweise Eiablagefallen eingesetzt (Kap. 4, Abb. 4.1). Diese dienen dazu, das Vorhandensein sowie die Populationsdichte der Art anhand der Anzahl der abgelegten Eier zu bestimmen (Bellini et al. 1996; Carrieri et al. 2012). Die Erfassung der Eiablagedichten während der Bekämpfungsphasen kann auch als Qualitätskontrolle Aufschluss über den Effekt der Bekämpfungsmaßnahmen geben. Eine solche Eiablagefalle besteht aus einem schwarzen Kunststoffbehälter, der mit etwa 1 l entchlortem Wasser gefüllt wird. Dies dient als Lockmittel für die eiablagebereiten Weibchen. Ein Holzstab, häufig aus Masonit, dient als Eiablagesubstrat (Bellini et al. 2020; Becker et al. 2022; Service 1993). Die Eier werden meist in die kleinen Vertiefungen an der Staboberfläche oberhalb der Wasseroberfläche gelegt (Kap. 4). Um die Entwicklung von Larven zu adulten Mücken während der Expositionszeit zu verhindern, wird dem Wasser ein biologisches Larvizid, z. B. Bti, zugesetzt (Becker et al. 2022).

Die Eiablagefallen werden im Untersuchungsgebiet bevorzugt an schattigen Stellen auf dem Boden platziert oder in einer Höhe von maximal 1,5 m angebracht, beispielsweise mit einem Kabelbinder an einem Zaun, Pfahl oder Baumstamm. Die Koordinaten der Fallen sollten in einer geeigneten Datenbank registriert werden. Die Dichte der Eiablagefallen sollte entsprechend dem Ziel der Studie angepasst werden, wobei in der Regel eine Falle pro 2 ha in den befallenen und angrenzenden Gebieten platziert wird, um die Ausbreitung der invasiven *Aedes*-Art zu erfassen. Die Holzstäbchen werden normalerweise alle 2 Wochen, manchmal wöchentlich oder alle 3 Wochen, ausgetauscht, und das Wasser wird erneuert. Dies geschieht in der Regel von Ende April bis Mitte Oktober. Die Holzstäbchen werden mit einem permanent Marker am trockenen Ende so markiert (z.B. mit Nummern und Datum), dass sie nach dem Absammeln der jeweiligen Falle zugeordnet werden können.

Im Labor werden die Eier auf den Stäbchen gezählt. Erfahrene Mitarbeiterinnen und Mitarbeiter können sie makroskopisch einzelnen Arten wie *Ae. albopictus*, *Ae. japonicus* oder *Ae. geniculatus* zuordnen. Die Artzuordnung kann durch molekularbiologische Methoden wie PCR oder durch das Schlüpfenlassen der Embryonen und die Aufzucht bis zum 3. bzw. 4. Larvenstadium zur morphologischen Bestimmung validiert werden, z. B. nach Becker et al. (2020). Die Ergebnisse können in GIS-Programme mit kartenmäßiger Zuordnung eingepflegt werden, um Gebiete zu identifizieren, die bei der Bekämpfung besondere Aufmerksamkeit erfordern (Bellini et al. 2020).

Zur Überwachung einer Stechmückenpopulation können auch Gravid-Aedes-Fallen (GATs) oder BG-Sentinel-Fallen eingesetzt werden. Diese haben den Vorteil, dass sie adulte Tiere fangen und gleichzeitig abtöten, was eine unmittelbare und einfache Bestimmung der gefangenen Tiere ermöglicht und ggf. die Stechmückenpopulation reduziert. BG-Sentinel-Fallen benötigen allerdings eine Stromversorgung.

c) Überwachung der *Culex*-Arten im Siedlungsbereich

CO_2-köderbetriebene Saugfallen (EVS-Fallen) können auch zum Fangen von wirtssuchenden Weibchen der *Culex pipiens* s.l.-Arten eingesetzt werden. Allerdings sind diese Fallen für *Cx. pipiens* s.l. nicht so effektiv wie für *Aedes*-Sommerarten (Lühken et al. 2014; Petrić et al. 2014). Stattdessen empfiehlt es sich, *Culex*-Eiablagefallen nach der Methode von Reiter (1983) zu verwenden (Fynmore et al. 2021, 2022). Diese Fallen locken keine wirtssuchenden, sondern vorwiegend gravide (schwangere) *Culex*-Weibchen an. In der Regel werden mehr als 90 % gravide *Culex*-Weibchen mit diesen Fallen gefangen (Fynmore et al. 2022). Dies reduziert den Beifang von Nichtvektorstechmücken, der bei molekularbiologischen Untersuchungen erhebliche zusätzliche Kosten verursachen kann. Insbesondere für das Virusscreening, beispielsweise auf West-Nil-Viren, ist es wichtig, vor allem eiablagewillige *Culex*-Weibchen zu fangen, die bereits eine Blutmahlzeit aufgenommen haben und somit eine höhere Wahrscheinlichkeit einer Virusinfektion aufweisen. Dadurch werden vornehmlich die Zielorganismen erfasst, die als Hauptvektoren für die Übertragung von West-Nil-Viren gelten (Fynmore et al. 2021). Die Konstruktion der Falle wird in Kap. 4 beschrieben (Kap. 4, Abb. 4.3).

An der Innenseite des Mückenfangbehälters kann ein in einem nach innen offenen Plastikbeutel positionierter, mit Honig getränkter Wattebausch als Kohlenhydratquelle angeboten werden. Bei einem Virenscreening können die gefangenen Mücken direkt untersucht werden, oder es kann zusätzlich über dem honiggetränkten Wattebausch eine FTA-Karte angebracht werden, die ebenfalls mit Honig getränkt ist. Wenn die Mückenweibchen, die möglicherweise infiziert sind, an der FTA-Karte saugen, hinterlassen sie Viren auf der Karte. Die RNA der Viren wird konserviert und kann mittels RT-qPCR auf den Karten nachgewiesen werden. Der Honig kann mit Lebensmittelfarbpulver (z. B. Brillantblau) gefärbt werden, um festzustellen, ob die gefangenen Weibchen an den FTA-Karten gesaugt haben.

16.3.1.1 Schwellenwerte als Bestandteil des integrierten Mückenmanagements (IMM)

a) Schwellenwerte bei Mücken als Lästlinge

Das Konzept der integrierten Schädlingsbekämpfung wurde ursprünglich in den 1970er-Jahren für die Landwirtschaft entwickelt, um den routinemäßigen und flächendeckenden Einsatz von Insektiziden zu reduzieren. Ziel war es, Schadinsekten situationsbezogen zu bekämpfen, um Umweltschäden und die schnelle Resistenzbildung durch übermäßigen Insektizideinsatz zu vermeiden (Rabb 1972). Dies umfasst die Bestimmung der Zielart und deren Biologie, Häufigkeit und Phänologie in Abhängigkeit von Umweltfaktoren sowie die Beurteilung des Belästigungs- und Infektionsrisikos. Ein wesentlicher Punkt ist die Festlegung von Schwellenwerten für Belästigung oder ein erhöhtes Übertragungsrisiko von Krankheitserregern. Die Toleranzschwellen für das Empfinden einer Belästigung können variieren und sich im Laufe der Zeit ändern. Es ist zu berücksichtigen, dass beispielsweise die nächtliche Belästigung durch *Cx. pipiens* s.l. während der Nachtruhe anders gewichtet wird als Stiche durch einheimische *Aedes*-Arten tagsüber oder in der Dämmerung im Freien. Headle definierte in New Jersey 1932 die Toleranzgrenze für Mückenstiche mit 4 Stichen pro Nacht. Robinson und Atkins fanden 1983 in Virginia, USA, dass bereits 3 Stiche pro Nacht problematisch waren. In Texas ergaben Umfragen, dass 5,7 Stiche pro Stunde kaum ein Problem darstellten, jedoch 11,5 Stiche pro Stunde als schwerwiegendes Problem angesehen wurden. Wenige Organisationen haben die Bevölkerung aktiv in die Festlegung von Toleranzgrenzen einbezogen. In Italien wurden jedoch öffentliche Umfragen durchgeführt, um Toleranzgrenzen zu ermitteln und diese in Beziehung zu den Fängen in Stechmückenfallen und der Intensität der Bekämpfung zu setzen (Carrieri et al. 2008). In Deutschland zeigte sich, dass Überschwemmungsmücken wie *Ae. vexans* und *Ae. sticticus* in menschlichen Siedlungen zum Problem werden, wenn mehr als 50 Individuen in einer CO_2-köderbetriebenen EVS-Falle etwa 2 km von der Siedlung entfernt gefangen wurden. Die Erfahrung zeigt, dass die Toleranz der Bevölkerung gegenüber Mückenstichen tendenziell abnimmt. Beispielsweise wurden im Oberrheingebiet Belästigungen durch Mücken vor umfangreichen Bekämpfungsmaßnahmen noch als akzeptabel angesehen, was nach jahrzehntelanger Bekämpfung und Reduktion der Stechmückenpopulation als starke Belästigung wahrgenommen wurde. Dies bedeutete, dass die Bekämpfungsbemühungen im Laufe der Zeit intensiviert werden mussten, was zu höheren Kosten führte. Es ist kostengünstiger, die Belästigung von 20 Stichen auf 5 Stiche pro Nacht zu reduzieren, als anschließend von 5 Stichen auf 1 Stich pro Nacht. Daher muss klar kommuniziert werden, ob eine Reduktion der Stechrate um 75 %, 85 %, 95 % oder auf nahezu 0 angestrebt wird und welche Kosten damit verbunden sind.

b) Schwellenwerte bei Mücken als Krankheitsüberträger in Endemiegebieten

Bei der Bekämpfung von Stechmücken als Überträger von Krankheitserregern ist es entscheidend, neben deren Vektorkompetenz auch deren Häufigkeit und das damit verbundene Risiko einer Krankheitsübertragung zu erfassen. Ziel ist es, Epidemien zu vermeiden, die mit spezifischen Krankheits- und Sterberaten verbunden sind. Zur Abschätzung der Wahrscheinlichkeit eines Malariaausbruchs wird häufig auf die entomologische Inokulationsrate (EIR) zurückgegriffen. Diese gibt an, wie oft eine Person innerhalb eines bestimmten Zeitraums (meist ein Jahr) infektiösen Stichen ausgesetzt ist, und ermöglicht eine Einschätzung des Übertragungsrisikos (Killeen et al. 2000a,b; Koella 1991). Ein weiterer wichtiger Parameter ist die Parasitenprävalenz. Dies ist der Prozentsatz der Personen mit positivem Blutausstrich bzw. Parasiten im Blut, was ein Maß für die Intensität der Übertragung ist (Macdonald 1957). Die Übertragungsschwelle für Dengue basiert auf der Anzahl der *Aedes*-Puppen pro Person oder pro Fläche. Das Risiko eines Dengue-Ausbruchs wird als gering eingestuft, wenn die Anzahl unter der Schwelle liegt, die auf 0,5–1,5 *Ae. aegypti*-Puppen pro Person für bestimmte Bedingungen geschätzt wird. Zudem kann die Eidichte in Eiablagefallen für Tigermücken als Indikator für das epidemische Risiko herangezogen werden. Carrieri et al. (2012) haben während des Chikungunya-Ausbruchs in Italien die epidemische Risikoschwelle für einen Ausbruch auf durchschnittlich 44 Eier pro Falle pro Woche festgelegt.

16.3.2 Kartierung und Charakterisierung der Stechmückenbrutstätten

16.3.2.1 Überschwemmungsmücken

Eine präzise Kartierung und individuelle Nummerierung jeder bedeutenden Brutstätte ist für eine schnelle und effektive Kommunikation zwischen den Mitarbeitern im Bekämpfungsprozess unerlässlich und bildet eine solide, essenzielle Grundlage für den erfolgreichen Einsatz von Larviziden wie Bti. Während der Kartierung können zusätzlich wichtige Parameter erfasst werden:

1. Bestimmung der vorkommenden Mückenarten und deren Häufigkeit im Brutgebiet
2. Charakterisierung der Brutstätten nach ihrer Produktivität für Stechmücken, um die Bedeutung des Brutplatzes für die Bekämpfung einzuschätzen

3. Bewertung der ökologischen Bedingungen der wichtigsten Brutstätten, wie z. B. Pflanzengesellschaften als Indikatoren für Überschwemmungshäufigkeit oder das Vorkommen von seltenen und empfindlichen Organismen, um ein umweltverträgliches Vorgehen bei der Bekämpfung zu ermöglichen. Die Daten sollten in ein GIS-Programm eingepflegt werden, um präzise Karten und Auswertungen schnell erstellen zu können.

16.3.2.2 Containerbrütende Stechmücken im Siedlungsbereich

Die systematische Erfassung von Brutstätten containerbrütender Stechmücken, wie beispielsweise der Asiatischen Tigermücke, ist essenziell, um eine effiziente und kostengünstige Bekämpfung, etwa durch Tür-zu-Tür-Maßnahmen, durchführen zu können. Bei der Inspektion von Grundstücken durch geschultes Personal sollten alle Brutstätten erfasst werden, wobei besonderes Augenmerk auf Massenbrutstätten, wie große Wasserbehälter, gelegt wird. Die gesammelten Daten können in einem GIS-Programm gespeichert werden, um bei wiederholten Inspektionen gezielt jene Grundstücke zu überprüfen, auf denen ohne Bekämpfung eine Massenvermehrung zu erwarten ist. Die mögliche Reduktion der Anzahl von Brutstätten pro Grundstück ermöglicht auch eine Einschätzung der aktiven Beteiligung der Bevölkerung bei der Bekämpfung und Vermeidung von Brutstätten. Grundstücke ohne Brutstätten müssen nicht so häufig inspiziert werden. Während der Kartierung können nachhaltige Maßnahmen empfohlen werden, wie die Behandlung mit Bti und anschließendes vollständiges Abdecken der Wassertonnen, beispielsweise mit einem Moskitonetz. Der Umfang und das Datum der Bekämpfungsmaßnahmen pro Grundstück können im GIS-Programm registriert werden, das so programmiert werden kann, dass es den Bekämpfern automatisch anzeigt, wann die Grundstücke erneut besucht und die Brutplätze behandelt werden müssen.

Insgesamt bieten moderne Techniken der Datenerfassung mit GIS-Programmen zahlreiche Möglichkeiten, die Bekämpfung besser zu koordinieren und zu optimieren.

16.3.3 Geografisches Informationssystem (GIS)

Mit dem GIS können mittels geeigneter Computerhardware und Software geografisch referenzierte Informationen erfasst, gespeichert, analysiert und visuell als Karten oder Grafiken dargestellt werden. Moderne Informationstechnologie ermöglicht die Integration des GIS-Programms mit Datenbanktechnologien und digitalen mobilen Felddatenerfassungssystemen (z. B. auf einem Smartphone), unterstützt durch ein Global Positioning System (GPS). Eine umfassende Übersicht über die Rolle vom GIS findet man bei Khormi und Kumar (2015).

Die Anwendung vom GIS und von Informationstechnologie in der Mückenbekämpfung kann die Erfassung, Logistik und Dokumentation von Bekämpfungsmaßnahmen erheblich verbessern. Die möglichen Anwendungen reichen von der direkten digitalen Standortkartierung mithilfe von GPS-unterstützten mobilen Geräten bis zur zeitnahen Zusammenfassung von Einsatzberichten. Eine räumlich referenzierte Datenbank, die alle relevanten Merkmale enthält, bildet die Grundlage für weitere Datensammlungen und Analysen. Dieses räumliche Element ermöglicht es, thematisch verwandte Merkmale (z. B. Häufigkeit bestimmter Arten) in separaten Informationsschichten zu erfassen, zu analysieren und darzustellen (Rydzanicz et al. 2011).

Mögliche Anwendungen des GIS in der Mückenbekämpfung umfassen:

- Analyse und Abfrage von verfügbaren digitalen Karten, Luftaufnahmen oder Satellitenbildern sowie thematischen Karten (z. B. hydrologische Daten zu Überschwemmungsgebieten), um potenzielle Brutareale zu identifizieren.
- Raumbezogene Analysen zur Bestimmung von Beziehungen zwischen menschlichen Belästigungen oder Krankheiten und dem Vorkommen von Brutstätten.
- GPS-unterstützte Felddatenerfassung und Inspektion von Brutstätten, einschließlich detaillierter Brutplatzkartierung. Die Verwendung von Smartphones mit geeigneter Software ermöglicht die Synchronisation der Daten mit der Hauptdatenbank und somit eine genaue und zeitnahe Verarbeitung von Ergebnissen.
- Prognose für Zeitpunkt und Ort geeigneter Bekämpfungsmaßnahmen auf Basis von Zusammenhängen zwischen räumlichem Auftreten von Auslöseereignissen für die Larvenentwicklung (z. B. lokale Wetterdaten, Regenereignisse, Hochwässer).
- Erstellung von Managementkarten zur Verbesserung der Logistik, Berechnung der benötigten Mengen an Bekämpfungsstoffen und Arbeitskräften sowie Abschätzung der Dauer und Kosten der Behandlung.
- Speicherung von historischen und aktuellen Daten in Bezug auf Auslöseereignisse für die Bekämpfung, um Vorhersagen für künftige Entwicklungen der Stechmückenpopulationen zu ermöglichen.
- GPS-unterstützte Operationen ermöglichen die Verfolgung und direkte digitale Dokumentation von Feldaktivitäten.
- Berichte und Dokumentationen von Untersuchungen und Bekämpfungsmaßnahmen können durch benutzerdefinierte Datenbank- und Kartenauswertungen unterstützt werden, die sofortigen Zugriff auf in der Datenbank gespeicherte Informationen bieten.

Für detailliertere und aktuelle Informationen zu dieser sich schnell entwickelnden Technologie wird empfohlen, die Webseiten von kommerziellen GIS-Entwicklern oder Mückenkontrollbehörden zu konsultieren.

16.3.4 Auswahl geeigneter Anwendungstechniken und Bekämpfungsmethoden

Die Anwendungstechniken und Bekämpfungsmethoden werden entsprechend der Biologie der Zielarten, deren Belästigungs- oder Vektorpotenzials, der ökologischen sowie der epidemiologischen Situation ausgewählt. Bei der Bekämpfung von Lästlingen sollte vorrangig auf umweltverträgliche Methoden zurückgegriffen werden, wie den Einsatz von Produkten auf Basis mikrobieller Formulierungen (z. B. mit Eiweißtoxinen von Bti und Ls), anstatt auf breitenwirksame Insektizide. Dies ist ein prophylaktisches Vorgehen, da Stechmücken in ihren Brutgewässern als Entwicklungsstadien bekämpft werden, bevor sie zu Lästlingen oder Überträgern von Krankheiten werden.

Bei autochthonen Übertragungen gefährlicher Krankheitserreger, wie Arboviren, kann der Einsatz von Adultiziden wie Pyrethroiden erforderlich sein, um infizierte Stechmückenweibchen abzutöten, bevor sie Krankheitserreger übertragen können. Die Nationale Expertenkommission für Stechmücken (2022) hat hierfür Kriterien festgelegt und Handlungsanweisungen empfohlen.

Die Anwendungstechnik und das Applikationsgerät müssen entsprechend den Eigenschaften der auszubringenden Formulierung gewählt werden. Zunächst sollte im Labor und in kleinen Freilandversuchen die Wirksamkeit des Bekämpfungsstoffs im Rahmen der nationalen Zulassung getestet werden. Danach werden die geeignete Anwendungstechnik und Formulierung für die Ausbringung des Bekämpfungsstoffs in verschiedenen Lebensräumen ausgewählt (z. B. Ausbringung zu Fuß oder aus der Luft). Die optimale Verwendung eines Produkts erfordert eine homogene Verteilung des Materials im Zielbereich innerhalb eines bestimmten Zeitraums in der empfohlenen Dosierung. Beispielsweise hängt das Verdünnungsverhältnis eines Stoffs von der Art der Ausrüstung (Größe der Düsen, Druck des Systems und Anwendungsgeschwindigkeit) ab, um die gewünschte Dosierung pro Flächeneinheit zu erreichen. Die Emissionsrate in Bezug auf die Anwendungsgeschwindigkeit muss vor routinemäßigen Behandlungen kalibriert werden, um eine korrekte Dosierung sicherzustellen. Je nach Art der Anwendung müssen auch die Wetterbedingungen berücksichtigt werden, um eine ordnungsgemäße Anwendung sicherzustellen. Unzureichendes Wissen und mangelnde Schulung des Personals in Bezug auf die Verwendung der Produkte und Wartung der Ausbringungsgeräte können zu unbefriedigenden Ergebnissen und einer unsachgemäßen Anwendung der Bekämpfungsstoffe führen. Die Bekämpfungsaktionen und deren Effekt sollten von unabhängigen Kontrolleuren bewertet werden (Bellini et al. 2020). Auf der Grundlage aller verfügbaren Daten muss für jeden größeren Einsatz und jede Situation eine Interventionsstrategie erarbeitet werden, die ökologische, epidemiologische und soziologische Aspekte berücksichtigt und verschiedene Methoden integriert.

Die Ermittlung der effektiven Dosierung von mikrobiellen Formulierungen, wie z. B. Formulierungen auf Basis von Bti, wird von einer Vielzahl biotischer und abiotischer Faktoren beeinflusst. Dazu zählen die Empfindlichkeit der Zielmückenart und des Entwicklungsstadiums, das Fressverhalten der Mückenlarven, die Dichte der Larvenpopulationen, die Temperatur und der Verschmutzungsgrad des Wassers, die Intensität des Sonnenlichts und das Vorhandensein von filtrierenden Nichtzielorganismen wie Wasserflöhen (*Daphnia* spp.) (Becker et al. 1992; Becker und Rettich 1994; Lacey und Oldacre 1983; Mulla et al. 1990). Auch die Eigenschaften der verwendeten Formulierungen, wie Aktivität, physikalische Eigenschaften und Haltbarkeit, können die Wirksamkeit beeinflussen. Daher ist es wichtig, die Auswirkungen dieser Faktoren während der routinemäßigen Behandlung zu berücksichtigen, insbesondere in Bezug auf die Berechnung der effektiven Dosierung, die Auswahl der geeigneten Formulierung für die jeweilige Situation und den richtigen Zeitpunkt für die Behandlung:

- Bestimmung der effektiven Dosierungen: Bevor neue Formulierungen im Feld verwendet werden, wird ihre Wirksamkeit im Labor in Bioassays gegen einheimische Mückenarten (Erfassen der minimal wirksamen Dosierung) und danach in Feldversuchen (Erfassen der optimalen Dosierung) evaluiert. Alle Bioassays werden gemäß den Richtlinien der Weltgesundheitsorganisation (WHO) durchgeführt (WHO 2005). Die Potenz der Formulierungen (Internationale Toxizitätseinheiten = ITUs) wird nach der Formel in Kap. 4 bestimmt.
- Bestimmung der minimalen effektiven Dosierung (LC_{99}): Verschiedene Stadien der einheimischen Mückenarten werden im Feld gesammelt, und ihre Empfindlichkeit wird in Bioassays bestimmt. Statt destilliertem Wasser sollte Wasser aus dem Brutplatz verwendet werden, um drastische Veränderungen der Lebensbedingungen der Larven zu vermeiden. Dies könnte die Bewertung der Empfindlichkeit der getesteten Arten beeinflussen. Jede Formulierung wird mindestens 3-mal in 5–7 verschiedenen Konzentrationen getestet, bei denen die Mortalitäten zwischen 0 und 100 % liegen sollten. Der mit einem Probit-Programm bestimmte LC_{99}-Wert der im Feld gesammelten Larven wird als

„minimale wirksame Dosierung" definiert und dient als Richtlinie für die Durchführung der Feldversuche.
- Bestimmung der optimalen wirksamen Dosierung in Feldversuchen: Basierend auf den im Labor erhaltenen Ergebnissen wird die optimale wirksame Dosierung in Feldversuchen für die Routineanwendung z. B. von Bti-Formulierungen gegen die Larven einheimischer Mückenarten bestimmt. In definierten Brutplätzen der Zielarten werden 1-, 2-, 4- oder sogar 8-mal die im Labor erfasste minimal wirksame Dosierung (LC_{99}-Wert) getestet. Jede Konzentration sollte in den charakteristischen Brutstätten in 3-facher Ausführung angewendet werden, und unbehandelte Brutstätten sollten als Kontrolle dienen. Man kann z. B. einen Graben mit ausreichendem Larvenbesatz in Sektionen unterteilen, in denen man die unterschiedlichen Konzentrationen testet und die Mortalitäten nach 24, 48 und 72 h nach Applikation bestimmt.

16.3.5 Entwicklung der Bekämpfungsstrategie

Nach Erhebung aller entomologischen und ggf. epidemiologischen Daten sowie der Kenntnis der verfügbaren Bekämpfungsstoffe und Applikationstechniken sollte die Bekämpfungsstrategie für groß angelegte Aktionen in Abhängigkeit von den ökologischen Verhältnissen von erfahrenen Spezialisten erstellt werden. Dabei bestimmen die spezielle Situation, wie das Lästlings- oder Vektorpotenzial sowie die Biologie der Zielart, das Vorgehen. Bei der Festlegung der Strategie sollte nicht nur das Wohl der Menschen, sondern auch der Schutz der Ökosysteme und ihrer Biozönosen gemäß dem One-Health-Ansatz berücksichtigt werden. Der Erhalt funktionsfähiger Ökosysteme und der Biodiversität trägt wesentlich zum Wohlergehen der Menschen bei. Daher sollte das Vorgehen in einer interdisziplinären Zusammenarbeit zwischen Entomologen, Umweltexperten und ggf. Medizinern abgestimmt werden, z. B. beim Auftreten von mit Stechmücken assoziierten Krankheiten.

Folgende Parameter sind bei der Festlegung der Strategie wichtig:

a) Kenntnisse über das Wanderverhalten der Zielart. Bei Lästlingsarten wie den *Aedes*-Sommerarten, die beim Suchen nach einem Wirt weit migrieren können, ggf. mehr als 15 km, ist das Ziel der Strategie, diese Mücken von menschlichen Siedlungen fernzuhalten. Bei Arten wie *Ae. vexans* mit stark ausgeprägtem Migrationsverhalten müssen Massenbrutstätten in einer Entfernung bis maximal 10 km behandelt werden. Im Gegensatz dazu wandern Arten, die im Siedlungsbereich brüten, wie *Cx. pipiens* s.l. oder *Ae. albopictus*, meist nur wenige hundert Meter, sodass sie innerhalb dieses Radius bekämpft werden müssen. Überschwemmungsmücken wie *Ae. cantans* migrieren normalerweise nicht weiter als 2 km und bleiben bevorzugt in dicht bewachsenen Gebieten. Diese Mücken können in Pufferzonen von etwa 2 km Durchmesser um Dörfer herum kontrolliert werden (Schäfer et al. 1997).

b) Es wird empfohlen, zunächst umweltverträgliche Larvizide einzusetzen und nur bei der Gefahr von Übertragungen von Krankheitserregern zusätzlich auf Adultizide zurückzugreifen. Das Produktionspotenzial eines Brutplatzes muss als Kriterium für die Relevanz dieser Brutstätte herangezogen werden, was auch die Anwendung des Schwellenwerts für die Bekämpfung ermöglicht.

c) Das Diapauseverhalten der jeweiligen Art sowie klimatische Bedingungen, wie Regenperioden, Änderungen des Wasserstands oder Temperaturschwankungen, beeinflussen die Populationsdynamik der Stechmücken und müssen bei der Planung berücksichtigt werden.

d) Die Eigenschaften des Bekämpfungsstoffs bestimmen über die Dosierung und den Zeitpunkt von Wiederbehandlungen, insbesondere bei Arten mit kontinuierlicher Generationenfolge.

e) Die Anpassung der Anwendungstechniken an die ökologischen Bedingungen ist ein weiterer zu berücksichtigender Gesichtspunkt. Je nach ökologischen Gegebenheiten, wie Wasserstand und Vegetation, sollten die geeignetste Formulierung und Anwendungsausrüstung ausgewählt werden. Zum Beispiel kann die Anwendung in leicht zugänglichen Gebieten ohne störungsempfindliche Organismen manuell, jedoch muss sie in dicht bewachsenen oder bei weitflächigen Überflutungen aus der Luft vorgenommen werden. Insbesondere mit den Umweltbehörden muss das Vorgehen je nach Biozönose abgestimmt und in einem Strategieplan an die Bekämpfer vor Ort weitergegeben werden.

f) Die Entwicklung einer integrierten Bekämpfungsstrategie, einschließlich des Umweltmanagements und der Beteiligung der Bürgerschaft, erfordert intensive Zusammenarbeit zwischen politischen Entscheidungsträgern, öffentlichen Behörden, Wissenschaftlern, Medien und der Öffentlichkeit.

g) Die Umsetzung der Bekämpfungsstrategie ist nur mit ausreichenden finanziellen und personellen Ressourcen möglich.

16.3.6 Schulung des Personals

Ein entscheidender Bestandteil eines erfolgreichen Bekämpfungsprogramms ist gut ausgebildetes Personal. Einerseits muss das Programm gut organisiert sein, andererseits sollte das Bekämpfungsteam flexibel genug sein, um auf jede individuelle Situation mit den geeignetsten Techniken und zum optimalen Zeitpunkt reagieren zu können. Das Außendienstpersonal muss in der Biologie und Ökologie der Stechmücken, den Grundlagen der Methodik, der Wirkungsweise der Bekämpfungsmittel, den Anwendungstechniken sowie in der Auswahl der richtigen Techniken für die jeweilige Behandlung geschult sein. Die Teams sollten regelmäßige Treffen abhalten, um Erfahrungen aus dem Feld auszutauschen und sich kontinuierlich weiterzubilden.

16.3.7 Beteiligung der Bürger

Die Mückenbekämpfung ist besonders erfolgreich, wenn die örtliche Bevölkerung gut informiert und zur aktiven Beteiligung an der Lösungssuche für Mückenprobleme ermutigt wird, insbesondere bei Mücken, die in Siedlungsbereichen brüten (Becker 1992). Die Verantwortung für die Ausarbeitung der Strategie, Planung und regionale Organisation des Bekämpfungsprogramms liegt bei der zuständigen Institution, aber bereits in der Planungsphase sollte die Zusammenarbeit mit der Bürgerschaft angestrebt werden (Halstead et al. 1985; Yoon 1987). Besonders bei der Bekämpfung von in Containern brütenden Stechmücken im Siedlungsbereich ist zu überlegen, wie die Beteiligung der Bürgerschaft bestmöglich gewährleistet werden kann (Diesfeld 1989). Das Einbeziehen der Bevölkerung ermöglicht es den Menschen, aktiv zur Lösung des Mückenproblems in ihrer eigenen Siedlung beizutragen. Dies kann durch umfassende Aufklärungskampagnen über die Biologie der Mücken und verfügbare Kontrollmethoden erreicht werden, die auf Webseiten, in sozialen Medien, durch Informationsbroschüren (Flyer), Zeitungen, TV-Berichte, Rundschreiben, Plakate, Videos und Ausstellungen vermittelt werden können. Auf diese Weise kann „Hilfe zur Selbsthilfe" geboten werden. Es ist wichtig, das Engagement der Bevölkerung über einen längeren Zeitraum aufrechtzuerhalten. Die Menschen sind sich oft des Problems bewusst, ergreifen aber möglicherweise keine geeigneten Maßnahmen oder sind nur kurzzeitig engagiert. Die Beteiligung der Gemeinschaft kann am besten erreicht werden, wenn die Entwicklungsstadien von Mücken, die in oder in der Nähe von menschlichen Siedlungen brüten, kontrolliert werden, beispielsweise die der Asiatischen Tigermücke (*Ae. albopictus*), der Hausmücke *Cx. pipiens* s.l. oder von *Anopheles plumbeus*.

Die wichtigsten Methoden zur Selbsthilfe sind:

a) Beseitigung aller unnötigen Wasseransammlungen, z. B. Behälter, in denen sich Regenwasser sammeln kann.
b) Sanierung aller potenziellen Brutstätten. Gießkannen, Eimer und Blumenkübel umdrehen oder unter Dach lagern, damit sich kein Regenwasser ansammeln kann. Vor der Beseitigung mit einer Bürste gründlich reinigen, um Mückeneier an den Gefäßwänden zu entfernen.
c) Vogel- und Igeltränken sind keine Brutplätze, sofern das Wasser mindestens alle 5 Tage gewechselt wird.
d) Größere Wasserbehälter wie Regentonnen restlos entleeren und ggf. mit einer Bürste reinigen, um Mückeneier an den Innenwänden zu beseitigen, und danach mit einem fest schließenden Deckel oder Moskitonetz lückenlos abdecken. Mücken können auch durch kleine Ritzen eindringen. Sind das Entleeren und Reinigen nicht möglich, kann mit Bti-Tabletten behandelt werden, um vorhandene Larven vor dem Abdecken abzutöten.
e) Gullys, Zaunpfähle, Rohre, Schirmständer und andere nach oben offene Behältnisse mit Bti-Tabletten behandeln und danach abdecken, um Wasseransammlungen zu verhindern.
f) Kleinere Vertiefungen, in denen sich Regenwasser sammeln kann, mit Sand oder Zement auffüllen, um freie Wasserkörper zu vermeiden.
g) Wenn keine dieser Methoden praktikabel ist, sollten Bti-Tabletten gemäß der Gebrauchsanweisung verwendet werden. Der biologische Wirkstoff auf Basis von *Bacillus thuringiensis israelensis* (Bti) tötet nur Mückenlarven ab und ist für andere Tiere und Pflanzen unschädlich.

16.3.8 Zulassung von Insektiziden

In den meisten Ländern unterliegen die Zulassung und Verwendung von Insektiziden gesetzlichen Regelungen. Internationale und nationale Zulassungsbehörden, wie etwa die Environmental Protection Agency (EPA) in den USA oder die Europäische Chemikalienagentur (ECHA), fordern umfassende Nachweise, dass ein bestimmtes Biozid für den vorgesehenen Gebrauch und Verkauf geeignet ist. Diese Nachweise beinhalten Informationen über die physikalisch-chemischen Eigenschaften des Biozids, seine Auswirkungen auf die Zielorganismen sowie auf Anwender, Bevölkerung und Umwelt. Innerhalb der Europäischen Union werden Wirkstoffe gemäß der EU-Verordnung über Biozidprodukte (Verordnung Nr. 528/2012) reguliert, während einzelne Formulierungen auf nationaler Ebene registriert werden können.

Die Produktzulassung ist ein zeitaufwendiger und kostspieliger Prozess, weshalb die Anzahl der zugelassenen Produkte begrenzt ist. Zusätzlich zur nationalen oder regionalen Zulassung können Biozidprodukte auch international durch Organisationen wie die WHO (WHOPES = WHO Pesticide Evaluation Scheme) bewertet werden (WHO 1997). Für Endanwender von Insektiziden schreibt der Gesetzgeber in der Regel eine Vielzahl von Anforderungen vor, die sich auf dem Produktetikett und den Beipackzetteln befinden müssen. Das Bekämpfungspersonal muss mit allen Details der ordnungsgemäßen Anwendung vertraut sein und alle Vorschriften vollständig einhalten:

•Benutzer: Einige Insektizide sind nur für den professionellen Gebrauch durch fachlich geschultes Personal bestimmt, andere können auch von Laien verwendet werden. Wichtig ist die Verwendung persönlicher Schutzausrüstung: Personal, das an der Mischung und Anwendung von Insektiziden beteiligt ist, muss bestimmte Schutzausrüstung wie Schutzanzüge, Handschuhe und Gesichtsschutz tragen, um eine persönliche Kontamination zu verhindern und bei Bedarf geeignete Schutzmaßnahmen zu ergreifen.

•Zielorganismen: Das Etikett gibt in der Regel an, gegen welche Zielorganismen das Produkt verwendet werden kann.

•Anwendungsgeräte und Dosierungen: Die zulässige Anwendungsrate eines Biozidprodukts wird von den nationalen Zulassungsbehörden festgelegt und resultiert aus einer umfassenden Bewertung der Wirksamkeit und des möglichen Eintrags in die Umwelt. Zudem geben die Beipackzettel normalerweise an, welches Anwendungsgerät verwendet werden soll, z. B. Rückenspritzen, motorisierte Granulatstreuer, ULV-Geräte etc., sowie die zu erzielenden Tröpfchengrößen. Die Anwendungsgeräte sollten in gutem Zustand gehalten und regelmäßig kalibriert werden, um eine genaue Dosierung sicherzustellen. Verdünnungen und Dosierungen werden auf dem Etikett angegeben, und diese Anweisungen müssen befolgt werden. Nur durch sorgfältige Kalibrierung und Überwachung der Geräteleistung kann sichergestellt werden, dass die richtige Menge des Bekämpfungsstoffs aufgebracht wird, um eine hohe Wirksamkeit zu erzielen und gleichzeitig negative Umweltauswirkungen zu vermeiden.

•Zeitpunkt und Häufigkeit der Behandlungen: Die Beipackzettel und Etiketten geben normalerweise Hinweise darauf, wann die Behandlung für maximale Wirksamkeit erfolgen sollte, z. B. gegen bestimmte Entwicklungsstadien des Zielorganismus oder unter bestimmten meteorologischen Bedingungen. Im Interesse des Resistenzmanagements kann es auch Beschränkungen für die Häufigkeit des Biozideinsatzes geben. Alle diese Bedingungen sollten sorgfältig befolgt werden. Der Erfolg der Anwendung sollte nach der Anwendung (Vor- und Nachbehandlungsbewertungen) überprüft werden.

•Biozidlagerung: Alle Biozide müssen sicher und geschützt gelagert werden, um mögliche Unfälle durch unbefugten Zugang durch die Öffentlichkeit sowie durch Feuer oder extreme Wetterbedingungen zu vermeiden. Viele Länder haben gesetzliche Vorschriften für die Lagerung von Bioziden.

•Ordnungsgemäße Entsorgung von gebrauchten Insektizidbehältern: Um mögliche Verschmutzungen oder Kontaminationen zu vermeiden, sollten leere Behälter entsprechend den örtlichen Vorschriften entsorgt werden.

Wichtige Hinweise befinden sich in den Sicherheitsdatenblättern. Diese können vom Hersteller, Lieferanten oder von der nationalen Zulassungsbehörde bezogen werden. Die Sicherheit von Menschen und Umwelt während der Bekämpfungsmaßnahmen muss immer auch gemäß dem One-Health-Ansatz sichergestellt sein.

16.3.9 Routinebehandlungen

Jedes Bekämpfungsprogramm erfordert bestimmte Kernkomponenten, darunter eine effektive Verwaltung und Organisation mit angemessenen Infrastruktur- und Personalstrukturen sowie ausreichender Finanzierung. Eine umfangreiche Öffentlichkeitsarbeit ist notwendig, um die Transparenz der Maßnahmen zu gewährleisten. Die Strategie muss vom geschulten Personal während des Einsatzes an die speziellen Bedürfnisse jeder Situation angepasst werden, beispielsweise durch die Auswahl einer geeigneten Formulierung, die zu den ökologischen Bedingungen und der Bionomie der Zielorganismen passt. Die Operationen sollten durch das Monitoring der Zielorganismen und ein Umweltüberwachungsprogramm unterstützt werden, ergänzt durch zielgerichtete Forschungsarbeiten. Intensive Öffentlichkeitsarbeit fördert die Beteiligung und Unterstützung der breiten Öffentlichkeit.

Wichtige Voraussetzungen für den erfolgreichen Routinebetrieb von großangelegten Bekämpfungsaktionen sind:

- Die Planung und Durchführung der Bekämpfung sollten auf einen langfristigen Betrieb mit dauerhaft angestelltem Personal ausgerichtet sein. Qualifizierte Personen, die mit den örtlichen Bekämpfungsbedingungen vertraut sind und sich für den Erfolg des Programms verantwortlich fühlen, sind unerlässlich. Die Nachhaltigkeit eines erfolgreichen Programms muss gewährleistet sein.
- Klar definierte Verantwortlichkeiten sollten jeder handelnden Person im Programm auf jeder Ebene der Operation zugewiesen werden. In der Regel sind die Ressourcen und der Zeitrahmen für Bekämpfungsmaßnahmen begrenzt, daher müssen diese effizient organisiert werden.
- Die Ergebnisse der Aktionen sollten von erfahrenen Wissenschaftlern evaluiert werden. Fehler können dadurch schnell erkannt und korrigiert werden, um die Wirksamkeit der Bekämpfungsmaßnahmen zu optimieren.
- Die Einbindung und Motivation des Personals sind entscheidend für den Erfolg des Programms.

16.3.10 Öffentliche Informationssysteme

Angemessene Informationen tragen zur Steigerung des öffentlichen Bewusstseins und der Akzeptanz von Bekämpfungsbemühungen bei. In regelmäßigen Abständen sollten die Medien über aktuelle Operationen und die Ergebnisse der Bekämpfungsmaßnahmen informiert werden, um das Wissen der Bevölkerung über Mücken und durch sie übertragene Krankheiten sowie über laufende Operationen zu verbessern (Lwin et al. 2016; Marques-Toledo et al. 2017). Webseiten sollten Informationen zu den Operationen und aktuellen Interessenfragen wie z. B. die Beschreibung exotischer und invasiver Mückenarten enthalten. Die Public-Relations-Aktivitäten können die Öffentlichkeit dazu motivieren, sich an der Überwachung und Bekämpfung zu beteiligen. Im Rahmen von Citizen-Science-Projekten können exotische Mücken gemeldet werden; so kann auch durch ein passives Monitoring die Ausbreitung von Stechmücken überwacht werden (Pernat et al. 2021).

Literatur

Alphey L, Benedict M, Bellini R, Clark GG, Dame DA et al (2010) Sterile-insect methods for control of mosquito-borne diseases: an analysis. Vector Borne Zoonotic Diseases 10:295–311

Alphey L, Koukidou M, Morrison NI (2014) Conditional dominant lethals – RIDL. Transgenic insects: techniques and applications, Ed. Benedict, M Q 101–116

Becker N (1992) Community participation in the operational use of microbial control agents in mosquito control programs. Bull Soc Vector Ecol 17(2):114–118

Becker N, Zgomba M, Ludwig M, Petric D, Rettich F (1992) Factors influencing the activity of *Bacillus thuringiensis* var. *israelensis* treatments. J Am Mosq Control Assoc 8(3):285–289

Becker N, Rettich F (1994) Protocol for the introduction of new *Bacillus thuringiensis israelensis* products into the routine mosquito control program in Germany. J Am Mosq Control Assoc 10(4):527–533

Becker N, Petric D, Zgomba M, Boase C, Madon MB, Dahl C, Kaiser A (2020) Mosquitoes: Identification, Ecology and Control, Bd 3. Springer, Berlin, Heidelberg, S 570

Becker N, Langentepe-Kong SM, Rodriguez AT, Oo TT, Reichle D, Lühken R, Schmidt-Chanasit J, Lüthy P, Puggioli A, Bellini R (2022) Integrated control of *Aedes albopictus* in Southwest Germany supported by the Sterile Insect Technique. Parasit Vectors 15:9. https://doi.org/10.1186/s13071-021-05112-7

Bellini R, Carrieri M, Burgio G, Bacchi M (1996) Efficacy of different ovitraps and binomial sampling in *Aedes albopictus* surveillance activity. J Am Mosq Control Assoc 12:632–636

Bellini R (2005) Applicazione della tecnica del maschio sterile nella lotta ad *Aedes albopictus*. DiSTA-Università degli Studi di Bologna, Tesi di Dottorato Entomologia Agraria, S 82

Bellini R, Medici A, Puggioli A, Balestrino F, Carrieri M (2013) Pilot field trials with *Aedes albopictus* irradiated sterile males in Italian urban areas. J Med Entomol 50(2):317–325

Bellini R, Michaelakis A, Petric D, Schaffner F, Alten B, Angelini P, Aranda C, Becker N, Carrieri M, Di Luca M, Fâlcuţă E, Falcio E, Klobučar A, Lagneau C, Merdić E, Mikov O, Pajovic I, Papachristos D, Sousa CA, Stroo A, Toma L, Vasquez MI, Velo E, Venturelli C, Zgomba M (2020) Practical Management Plan for invasive mosquito species in Europe: I. Asian tiger mosquito (*Aedes albopictus*). The Lancet Infectious Diseases

Black WC IV, Alphey L, James AA (2011) Why RIDL is not SIT. Trends Parasitol 27:362–370

Brown AWA (1976) How have entomologists dealt with resistance?. Proc Amer Phytopath Soc 3:67

Carrieri M, Bellini R, Maccaferri S, Gallo L, Maini S, Celli G (2008) Tolerance thresholds for *Aedes albopictus* and *Aedes caspius* in italian urban areas. J Am Mosq Control Assoc 24:377–386

Carrieri M, Angelini P, Venturelli C, Maccagnani B, Bellini R (2012) *Aedes albopictus* (Diptera: Culicidae) population size survey in the 2007 chikungunya outbreak in Italy. II: estimating epidemic thresholds. J Med Entomol 49:388–399

Carvalho DO, McKemey AR, Garziera L, Lacroix R, Donnelly CA, Alphey L, Malavasi A, Capurro ML (2015) Suppression of a field population of *Aedes aegypti* in Brazil by sustained release of transgenic male mosquitoes. PLoS Negl Trop Dis 9(7):e0003864

D'Alessandro U (2001) Insecticide treated bed nets to prevent malaria. BMJ 322:249–250

Diesfeld HJ (1989) Gesundheitsproblematik der dritten Welt. Wiss Buchges, Darmstadt, S 161

Fynmore N, Lühken R, Maisch H, Risch T, Merz S, Kliemke K, Ziegler U, Schmidt-Chanasit J, Becker N (2021) Rapid assessment of West Nile virus circulation in a German zoo based on honey-baited FTA cards in combination with box gravid traps. Parasit Vectors 14(1):1–9

Fynmore N, Lühken R, Kliemke K, Lange U, Schmidt-Chanasit J, Lurz PW, Becker N (2022) Honey-baited FTA cards in box gravid traps for the assessment of Usutu virus circulation in mosquito populations in Germany. Acta Trop 235:106649

Halstead SB, Walsh JA, Warren KD (1985) Good health at low cost. Proceedings of a conference sponsored by the Rockefeller foundation, Bellagio, Italy

Khormi HM, Kumar L (2015) Modelling interactions between vector-borne diseases and environment using GIS. CRC Press Inc., London

Killeen GF, McKenzie FE, Foy BD, Schieffelin C, Billingsley CPF, Beier JC (2000a) The potential impact of integrated malaria transmission control on entomologic inoculation rate in highly endemic areas. Am J Trop Med Hyg 62:545–551

Killeen GF, McKenzie FE, Foy BD, Schieffelin C, Billingsley PF, Beier JC (2000b) A simplified model for predicting malaria entomological inoculation rates based on entomologic and parasitologic parameters relevant to control. Am J Trop Med Hyg 62:535–544

Knipling EF (1955) Possibilities of insect control or eradication through the use of sexually sterile males. J Econ Ent 48:459–462

Knipling EF (1959) Sterile-male method of population control. Science 130:902–904

Koella JC (1991) On the use of mathematical models of malaria transmission. Acta Trop 49:1–25

Lacey LA, Oldacre S (1983) The effect of temperature, larval ages and species of mosquito on the activity of an isolate of *Bacillus thuringiensis* var. *darmstadtiensis* toxic for mosquito larvae. Mosq News 43:176–180

Lacey LA, Lacey CM (1990) The medical importance of rice land mosquitoes and their control using alternatives to chemical insecticides. J Am Mosq Control Assoc 2(6):1–93

Lengeler C, Snow RW (1996) From efficacy to effectiveness: insecticide-treated bed nets in Africa. Bull WHO 74:325–332

Lühken R, Pfitzner WP, Börstler J, Garms R, Huber K, Schork N et al (2014) Field evaluation of four widely used mosquito traps in Central Europe. Parasit Vectors 7:1–11

Lwin MO, Vijaykumar S, Foo S, Fernando ON, Lim G, Panchapakesan C, Wimalaratne P (2016) Social media-based civic engagement solutions for dengue prevention in Sri Lanka: results of receptivity assessment. Health Educ Res 31(1):1–11

MacCormack C, Snow RW (1986) Gambian cultural preferences in the use of insecticide treated bed nets. J Trop Med Hyg 89:295

MacDonald G (1957) The epidemiology and control of malaria. University Press, London, Oxford

Mains JW, Brelsfoard CL, Rose RI, Dobson SL (2016) Female Adult *Aedes albopictus* Suppression by *Wolbachia*-Infected Male Mosquitoes. Sci Rep 6:33846. https://doi.org/10.1038/srep33846

de Marques-Toledo C, A, Degener CM, Vinhal L, Coelho G, Meira W, Codeço CT, Teixeira MM, (2017) Dengue prediction by the web: tweets are a useful tool for estimating and forecasting Dengue at country and city level. PLoS Negl Trop Dis 11(7):e0005729

Michaelakis A, Balestrino F, Becker N, Bellini R, Caputo B, Torre AD, Figuerola J, L'Ambert G, Petric D, Robert V, Roiz D, Saratsis A, Sousa CA, Wint WGR, Papadopoulos NT (2021) A Case for Systematic Quality Management in Mosquito control Programmes in Europe. Int J Environ Res Public Health 18:3478. https://doi.org/10.3390/ijerph18073478

Mulla MS, Darwazeh HA, Zgomba M (1990) Effect of some environmental factors on the efficacy of *Bacillus sphaericus* 2362 and *Bacillus thuringiensis* (H-14) against mosquitoes. Bull Soc Vector Ecol 15:166–175

Nationale Expertenkommission für Stechmücken (2022) Integriertes Management von vektorkompetenten Stechmücken in Deutschland unter Berücksichtigung der Anwendung von Adultiziden. https://www.openagrar.de/servlets/MCRFileNodeServlet/openagrar_derivate_00049699/Handlungsempfehlung_Management_inkl_Anwendung_Adultizide_08-11-2022_bf.pdf

O'Connor L, Plichart C, AyoCheong S, Brelsfoard CL, Bossin HC, Dobson SL (2012) Open release of male mosquitoes infected with a Wolbachia biopesticide: field performance and infection containment. PLoS Negl Trop Dis 6(11):e1797

Pernat N, Kampen H, Jeschke JM, Werner D (2021) Citizen science versus professional data collection: Comparison of approaches to mosquito monitoring in Germany. J. of Applied Ecology; 214 223

Petrić D, Bellini R, Scholte EJ et al (2014) Monitoring population and environmental parameters of invasive mosquito species in Europe. Parasites Vectors 7:187. https://doi.org/10.1186/1756-3305-7-187

Phuc HK, Andreasen MH, Burton RS, Vass C, Epton MJ et al (2007) Late-acting dominant lethal genetic systems and mosquito control. BMC Biol 5:11

Rabb RL (1972) Principles and concepts of pest management. In:Implementing Practical Pest management Strategies, proceedings of a USDA Co-operative Extension Service workshop. Purdue University, West Lafayette, Indiana, S. 6–29

Rafatjah HA (1982) Prospects and progress on IPM in world-wide malaria control. Mosq News 42:41–97

Reiter P (1983) A portable battery-powered trap for collecting gravid *Culex* mosquitoes. Mosq News 43:496–498

Rinkevich FD, Du Y, Dong K (2013Jul 1) Diversity and Convergence of Sodium Channel Mutations Involved in Resistance to Pyrethroids. Pestic Biochem Physiol 106(3):93–100. https://doi.org/10.1016/j.pestbp.2013.02.007.PMID:24019556;PMCID:PMC3765034

Rydzanicz K, Hoffman K, Jawień P, Kiewra D, Becker N (2011) Implementation of *Geographic information system* (GIS) in an environment friendly mosquito control programme in irrigation fields in Wrocław (Poland). European Mosquito Bulletin 29:1–12

Schäfer M, Storch V, Kaiser A, Beck M, Becker N (1997) Dispersal behavior of adult snow melt mosquitoes in the Upper Rhein Valley. Germany. J Vector Ecol 22(1):1–5

Schreck CE, Self LS (1985) Bed nets that kill mosquitoes. World Health Forum 6:342–344

Service MW (1993) Mosquito ecology: field sampling methods, 2. Aufl. Elsevier Science Publishers Ltd, Essex, UK, S 988

Sutiningsih D, Rahayu A, Puspitasari D (2017) The level of egg sterility and mosquitoes age after the release of sterile insect technique (SIT) in Ngaliyan Semarang. Journal of Tropical Life Science 7(2):133–137

Takken W (2002) Do insecticide-treated bed nets have an effect on malaria vectors? Trop Med Int Hlth 7(12):1022–1030

Wilke AB, Marrelli MT (2012) Genetic control of mosquitoes: population suppression strategies. Rev Inst Med Trop Sao Paulo 54(5):287–292

WHO (1982) Manual on environmental management for mosquito control. WHO, Geneva

WHO (1983) Integrated vector control. 7th Rep WHO Exp Comm VBC Tech Rep Ser, S 688

WHO (1997) WHO Pesticide Evaluation Scheme. Chemical methods for the control of vectors and pests of public health importance (Chavasse DC, Yap HH eds), S 129

WHO (2004) Global strategic framework for interated vector management. Geneva WHO/CDS/CPE/PVC/2004.10

WHO (2005) Guidelines for laboratory and field testing of mosquito larvicides. WHO/CDS/WHOPES/GCDPP/2005.13

Woodring J, Davidson EW (1996) Biological control of mosquitoes. In: Beaty BJ, Marquardt WC (Hrsg) The biology of disease vectors. University Press of Colorado, S 530–548

Yoon SY (1987) Community participation in the control and prevention of DF/DHF:is it possible? Dengue News l 13:7–14

17 Klimawandel und Stechmücken

17.1 Einleitung

Die Erdtemperatur wird maßgeblich durch das Gleichgewicht zwischen der einfallenden Infrarotstrahlung der Sonne und der von der Erde in den Weltraum abgegebenen Wärmestrahlung bestimmt. Treibhausgase wie Kohlendioxid, Methan und Stickstoffoxid spielen eine wesentliche Rolle, indem sie die Rückstrahlung von Wärme in den Weltraum einschränken und dadurch zur Erwärmung beitragen. Seit der industriellen Revolution hat die starke Abhängigkeit unserer Gesellschaft von kohlenstoffbasierten fossilen Brennstoffen für Verkehr, Stromerzeugung, Heizung, industrielle Prozesse und weitere Aktivitäten zugenommen. Die Verbrennung dieser Brennstoffe führt zur Freisetzung von Kohlendioxid in die Atmosphäre, was eine stetige Erderwärmung, besonders seit Mitte des 20. Jahrhunderts, zur Folge hat (Abb. 17.1).

Der Zusammenhang zwischen Treibhausgasen, menschlichen Aktivitäten und globalen Temperaturveränderungen ist seit Mitte des 20. Jahrhunderts bekannt. Trotz anfänglicher Kontroversen ist er heute in der wissenschaftlichen Gemeinschaft gut dokumentiert und akzeptiert. Die weltweit 10 heißesten Jahre seit Beginn der Aufzeichnungen traten alle seit 2010 auf. Faktoren wie wärmere Ozeane, erhöhte Luftfeuchtigkeit, Verlust von Polareis und Gebirgsgletschern sowie Veränderungen in der Erdumlaufbahn um die Sonne (Milankovic-Zyklen) führen zu einer komplexen und schwer vorhersagbaren Klimasituation (IPCC 2023). Neben steigenden Temperaturen werden zunehmend extreme Wetterereignisse wie heftige Stürme, lange Dürreperioden, ausgedehnte Waldbrände, Starkregen und schwere Überschwemmungen (z. B. im Ahrtal 2021) beobachtet. Mit dem Erreichen von Kipppunkten wird das lokale Wetter noch unvorhersehbarer, und extreme Wetterereignisse werden noch häufiger.

Überlagert wird dieser Temperaturanstieg von anderen meteorologischen Phänomenen, wie der El Niño-Southern Oscillation (ENSO), die zyklisch globale Temperaturen beeinflusst und beispielsweise im Sommer 2023 zu Rekordtemperaturen in Europa führte. Die Auswirkungen der ENSO auf die Stechmückenentwicklung beschrieben Heft und Walten (2008). In Großstädten trägt der Wärmeinseleffekt (Urban Heat Island, UHI) durch Bodenversiegelung und mangelnde Vegetationsbedeckung zu höheren städtischen Temperaturen im Vergleich zu umliegenden ländlichen Gebieten bei.

Es ist wahrscheinlich, dass die globalen Temperaturen trotz Bemühungen zur Reduzierung der Treibhausgasemissionen weiterhin für mehrere Jahrzehnte steigen werden. Internationale Bemühungen zielen darauf ab, den globalen Temperaturanstieg auf 1,5 °C über dem Niveau Mitte des 20. Jahrhunderts zu begrenzen, obwohl dieses Ziel in manchen Regionen bereits überschritten wurde (Abb. 17.1). Klimamodelle prognostizieren für den Zeitraum bis Ende des 21. Jahrhunderts überwiegend steigende Temperaturen, abhängig vom Ausmaß der Emissionsreduktion. Die Auswirkungen auf biologische Systeme, einschließlich der Dynamik der Stechmückenpopulationen und der von ihnen übertragenen Krankheiten, werden sich voraussichtlich weiter verschärfen.

17.2 Die Auswirkungen des Klimawandels auf Stechmücken

Frühere Untersuchungen zu den Auswirkungen des Klimawandels auf Stechmücken und die von ihnen übertragenen Krankheiten deuteten darauf hin, dass ein moderater Temperaturanstieg wahrscheinlich keine gravierenden Folgen haben würde (Reiter 2001). Dabei wurde angenommen, dass andere anthropogene Einflüsse auf die lokale Umwelt einen größeren Einfluss auf Mückenpopulationen und Krankheitsrisiken hätten. In den letzten Jahrzehnten führten jedoch umfassendere und detailliertere Studien zu einem vertieften Verständnis der tatsächlichen und potenziellen Auswirkungen des Klimawandels auf Stechmücken und durch sie übertragene Krankheiten (Carvalho et al. 2017; Heitmann et al. 2017; Carlson et al. 2023).

Abb. 17.1 10-jährige Temperaturmittel von 1947-2022 an der Wetterstation Mannheim in Grad Celsius (°C)

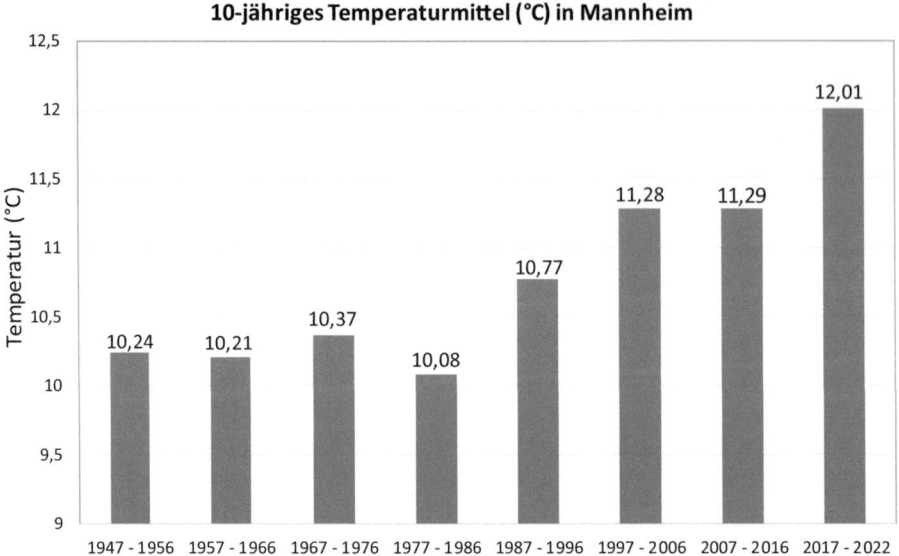

Die Auswirkungen des Klimawandels auf Stechmückenpopulationen und die damit einhergehenden Herausforderungen sind vielschichtig. Generell sind Wasserangebot und Temperatur die beiden Hauptfaktoren, die die Entwicklung von Stechmücken beeinflussen. Wasser ist für Stechmücken essenziell, da sie für ihre Entwicklung stets Gewässer benötigen. Diese können dauerhaft oder halbdauerhaft sein, wie bei *Coquelettidia richiardii*, *Anopheles*- und *Culex*-Arten, oder temporär, wie bei *Aedes*-Arten in Überschwemmungsgebieten. Insbesondere bei Überschwemmungsmücken spielt daher der Niederschlag eine entscheidende Rolle. Die Entwicklung der Stechmücken ist temperaturabhängig: Höhere Temperaturen beschleunigen den Entwicklungsprozess über die 4 Larven- und das Puppenstadium im Wasserkörper. Jede Stechmückenart hat ihr eigenes Temperaturoptimum (Becker 1989). Zudem verkürzt sich bei höheren Temperaturen der gonotrophische Zyklus (die Zeit von der Blutmahlzeit bis zur Eiablage), was wiederum die Frequenz der Blutmahlzeiten erhöht und die Wahrscheinlichkeit der Übertragung von Krankheitserregern steigert (Becker 2008).

In den folgenden Abschnitten werden einige der bereits stattfindenden und in naher Zukunft erwarteten Auswirkungen näher beschrieben.

17.2.1 Einfluss der extremen Niederschlagereignisse auf die Stechmückenentwicklung

Die meisten großen Flüsse in Mitteleuropa, wie Rhein, Donau und Rhône, haben ihre Quellen in den Alpen und werden hauptsächlich im Frühjahr und Frühsommer durch das Schmelzen von Schnee und Eis in den Bergen gespeist. Das Einzugsgebiet jedes Flusses ist dabei entscheidend für seine Wasserführung. Am Beispiel des Rheins resultierte dies früher in einem dreigipfligen Muster:

1. Im Frühjahr führten Schneeschmelze im Mittelgebirge (Schweizer Jura, Alpenvorland, Schwarzwald und Vogesen) und die frühjährlichen Regenfälle typischerweise zu Hochwasserspitzen im Februar/April.
2. Eine meist lang anhaltende Hochwasserwelle im Sommer folgte, ausgelöst durch die Schneeschmelze in den Alpen über 1500 m und sommerliche Regenfälle im südlichen Einzugsgebiet, was zu extremen Hochwasserspitzen führen konnte.
3. Hochwasserspitzen im Herbst und Winter waren auf starke Regenfälle im Spätherbst in den Mittelgebirgen zurückzuführen (Abb. 17.2).

In den letzten Jahren hat der Schneefall in den Alpen jedoch stetig abgenommen, was zu einem Mangel an Schmelzwasser führte, sodass die typischen sommerlichen Hochwasserwellen seltener auftraten (Carrer et al. 2023). Folglich sanken die Pegelstände zeitweise erheblich, wie z. B. im Jahr 2022, und der saisonale Zyklus von Überschwemmungen und Stechmückenbelästigungen wurde weniger konstant. Stattdessen treten Starkregenereignisse häufiger auf, die zu schnell ansteigenden Hochwasserspitzen führen. Die sommerlichen Hochwasserwellen sind oft weniger ausgeprägt und zeigen ein sägezahnartiges Muster in ihren Pegelgangkurven (Abb. 17.3). Die Anzahl der sommerlichen Hochwasserspitzen variiert von Jahr zu Jahr, was von extrem trockenen Jahren wie 2022 bis zu Sommern mit vielen Starkregenereignissen wie 2020 reicht. Dies macht die Stechmückenbekämpfung, die auf der biologischen Bekämpfung von *Aedes*-Larven beruht, un-

Abb. 17.2 Pegelkurve des Rheins im Jahr 1980

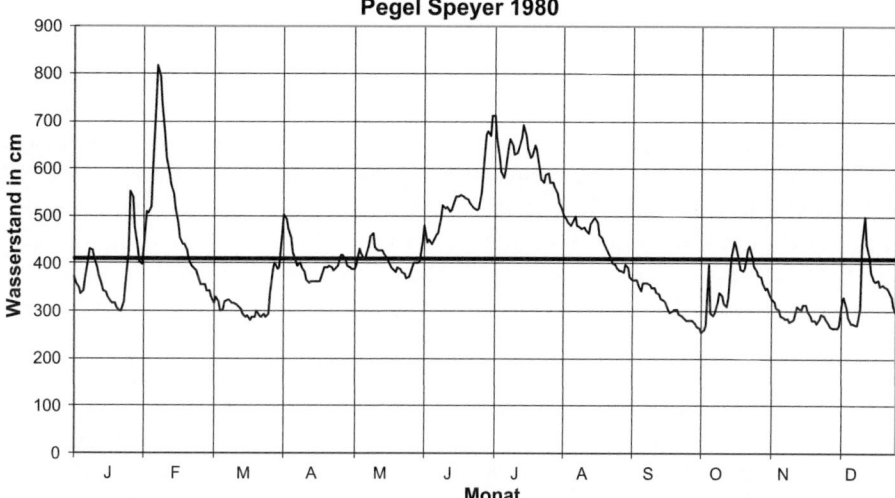

Abb. 17.3 Pegelkurve des Rheins im Jahr 2022

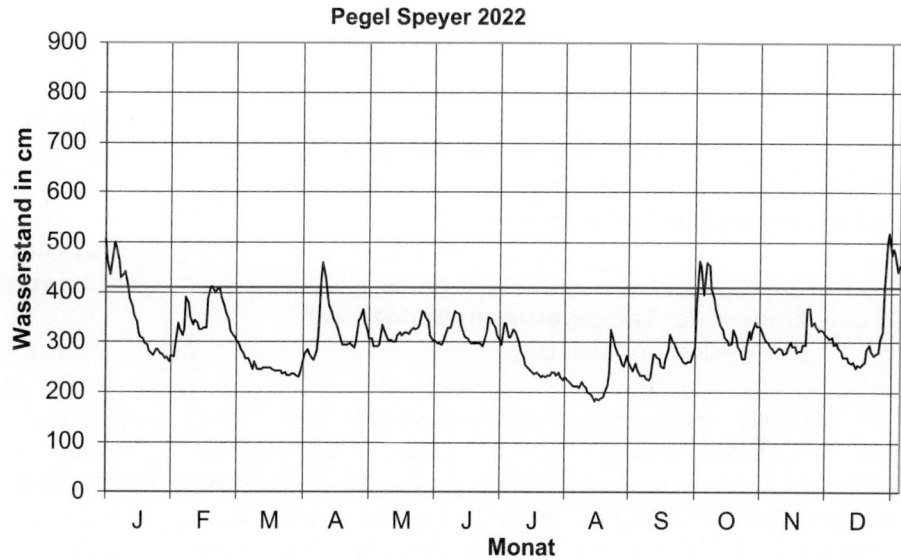

berechenbar und erfordert eine schnelle Anpassung an plötzlich auftretende Ereignisse. Bei jeder Hochwasserspitze können Tausende von Hektaren überschwemmt werden, was ein Massenschlüpfen von *Aedes*-Arten, insbesondere *Ae. vexans* und *Ae. sticticus*, verursacht. Zudem erfordern die Starkregenereignisse, verbunden mit katastrophalen Überschwemmungen, den Einsatz zusätzlicher Retentionsräume und Regenrückhaltebecken, die bei der Stechmückenbekämpfung berücksichtigt werden müssen.

Sturzfluten, die oft dramatische und manchmal tragische Folgen haben, sind in Europa als Folge des Klimawandels häufiger geworden. Sie entstehen in der Regel aus extremen Regenfällen, die lokale Entwässerungssysteme überfordern. Dadurch entstehen nicht nur ausgedehnte Überschwemmungsgebiete als Brutplätze für Stechmücken, sondern es können auch Keller überflutet werden, die dann dem stark anthrophilen *Cx. pipiens* Biotyp *molestus* als Brutplatz dienen. Dieser Biotyp ist ein wichtiger Vektor des West-Nil-Virus.

Die Wetterereignisse beeinflussen auch die Entwicklung der containerbrütenden Stechmücken, wie *Cx. pipiens* s.l. und *Ae. albopictus*. Bei stärkerem Regen füllen sich übliche Brutstätten, wie Regenfässer, Kübel, Plastikgefäße, Gullys und schiefe Regenrinnen, mit Wasser, wodurch die Larven der Asiatischen Tigermücke schlüpfen und neue Brutstätten für Hausmücken entstehen. Regelmäßiges Austrocknen und erneutes Füllen der Kleinstgewässer bei weiteren Regenfällen können zu neuen Population der Tigermücken führen.

Man könnte vermuten, dass extrem trockene Sommer die Tigermückenpopulationen zum Erliegen bringen würden. Jedoch haben Erfahrungen gezeigt, dass die Bürger während Trockenperioden Wasserspeicher wie Regenfässer,

Wassertonnen oder Zisternen anlegen, die regelmäßig bei Regenfällen oder künstlich durch Zugabe von Wasser gefüllt werden. Dadurch bleiben viele Brutstätten der Stechmücken bestehen, was trotz Trockenperioden zu Stechmückenbelästigugen führen kann. Hier ist es wichtig, die Bürger zu informieren, dass diese Brutstätten behandelt und ggf. lückenlos z. B. mit Mückennetzen abgedeckt werden müssen. Der Einsatz von Kleinkrebsen als Fressfeinde (z. B. *Megacyclops viridis*) kann eine nachhaltige Reduktion der Tigermückenlarven in Massenbrutstätten bewirken.

17.2.2 Veränderungen des Meeresspiegels

Durch die globale Erwärmung und das damit verbundene Schmelzen des Polareises und der Gletscher steigt der Meeresspiegel an. Dies führt dazu, dass halophile Stechmückenarten, die in Brackwasser vorkommen, wie *Ae. detritus* und *Ae. caspius*, in vielen Küstenbereichen durch die Entstehung neuer Brackwassergebiete verbesserte Brutmöglichkeiten finden könnten (Schuldt et al. 2020). Zudem werden sich manche Gebiete von Brackwasser- zu Salzwassergewässern wandeln. Insgesamt ist zu erwarten, dass Küstenregionen zunehmend versumpfen, was die Entwicklung von Stechmücken begünstigen kann.

17.2.3 Einfluss der Temperaturerhöhungen auf die Mückenentwicklung

Alle Insekten, einschließlich der Stechmücken, sind wechselwarm (poikilotherm), was bedeutet, dass ihr Stoffwechsel und damit ihre Entwicklung stark von der Umgebungstemperatur abhängen. Hohe Temperaturen beschleunigen, während niedrige Temperaturen die Entwicklung verlangsamen. Unterhalb des für jede Art spezifischen Entwicklungsnullpunktes (t_0) ist keine Entwicklung möglich. Beispielsweise halbiert sich bei der Hausmücke *Cx. pipiens* s.l. die Entwicklungsdauer von 2 Wochen bei 20 °C auf nur eine Woche bei 30 °C. In warmen Sommern können daher mehr Mückengenerationen entstehen, was die Population stark anwachsen lässt. Da die Zunahme der Stechmückenzahl von Generation zu Generation exponentiell erfolgt, kann dies zu einem enormen Anstieg führen. Nach dem Schlüpfen und der Kopulation benötigen Mückenweibchen eine Blutmahlzeit zur Eireifung. Der Zeitraum von der Blutmahlzeit bis zur Eiablage (gonotrophischer Zyklus) ist ebenfalls temperaturabhängig. Bei *Aedes aegypti* dauert dieser Zyklus bei 28 °C etwa 3 Tage, fast doppelt so lange wie bei 20 °C (Clements 1992). Höhere Temperaturen erhöhen somit die Frequenz der Blutmahlzeiten und dadurch die Wahrscheinlichkeit einer Krankheitsübertragung (Becker 2008). Auch die Lebensdauer von Stechmücken ist temperaturabhängig und oft bei sehr hohen Temperaturen kürzer. Der Entwicklungsnullpunkt liegt bei Mücken aus gemäßigten Klimazonen meist niedriger als bei Arten aus den Subtropen und Tropen. So liegt t_0 bei der einheimischen Art *Ae. vexans* bei 8,49 °C, bei der wärmeliebenden *Ae. albopictus* bei 9,97 °C und bei der tropischen Art *Ae. aegypti* bei 11,39 °C. Dadurch können sich wärmeliebende Arten bei höheren Temperaturen leichter ausbreiten. *Ae. albopictus*, eine der 100 bedeutendsten invasiven Arten weltweit, wurde erstmals 2007 in Deutschland nachgewiesen (Lowe et al. 2000). Bis 2017 hatte sie sich in 7 Kommunen etabliert, 2020 bereits in 24 und bis 2023 in über 60, auch in nördlicheren Regionen wie Berlin. Die exotische, aber weniger wärmeliebende Art *Ae. japonicus* hat sich in Deutschland noch stärker ausgebreitet. Wichtig ist, dass manche Stechmückenarten eine hohe ökologische Plastizität aufweisen und sich an neue klimatische Bedingungen anpassen können (Stoeckli et al. 2012; Lim et al. 2021). Die steigenden Temperaturen führen auch dazu, dass sich das Verbreitungsgebiet der Stechmücken polwärts und in höhere Lagen in Berggebieten ausdehnt, wo sie zunehmend günstige Bedingungen für ihre Vermehrung vorfinden (Feehan et al. 2009).

17.3 Einfluss der Temperatur auf die Übertragung von Krankheitserregern

Mit der Ausbreitung von *Ae. albopictus*, einem wichtigen Vektor für Arboviren (durch Gliederfüßer übertragene Viren), steigt auch in Deutschland das Risiko für autochthone (heimische) Übertragungen von Krankheiten wie Dengue, Chikungunya oder Zika. Oft denkt man zuerst an Malaria, da sie weltweit eine der tödlichsten von Stechmücken übertragenen Krankheiten ist und weil sie in Deutschland bis vor über 100 Jahren noch verbreitet war. Sumpfgebiete in Norddeutschland waren aufgrund von Malaria unbesiedelbar.

Die Überträger der menschlichen Malaria sind ausschließlich *Anopheles*-Arten (Fiebermücken), von denen es in Deutschland 7 Arten gibt. Höchstwahrscheinlich übertrugen diese Arten in Deutschland ausschließlich *P. vivax*, den Erreger des Dreitagefiebers, der gut an gemäßigte Klimabedingungen angepasst ist. Er bildet Hypnozoiten, Überdauerungsstadien in der Leber infizierter Personen, die auch im Winter überleben. Im Frühjahr beginnt der Malariazyklus erneut. In Deutschland sind seit Ende des 19. Jahrhunderts keine großen Malariaepidemien mehr aufgetreten. Rückfälle gab es nach den Weltkriegen, hauptsächlich durch eingeschleppte Fälle. Der Rückgang der Malaria in Deutschland ist auf mehrere Faktoren zurückzuführen: Die Entdeckung des Chinins zur Behandlung der Infizierten und Abtöten der Parasiten (dadurch wird der

Übertragungszyklus unterbrochen), veränderte Lebensgewohnheiten (die Menschen kamen seltener mit *Anopheles*-Mücken in Kontakt) und die Kanalisierung der Flüsse, wodurch ideale Brutstätten für *Anopheles*-Mücken seltener wurden (Becker 2012). In Europa gibt es nur vereinzelt autochthone Malariaübertragungen, hauptsächlich in Mittelmeerländern (ECDC 2024).

Die Malariaerreger sind in Mitteleuropa ausgerottet worden, jedoch werden häufig Malariaerreger aus den Tropen, insbesondere *P. falciparum*, eingeschleppt. Dies geschieht vor allem durch Touristen. In Europa werden jährlich etwa 5000 Malariafälle registriert, in Deutschland mehr als 500 (Vygen-Bonnet und Stark 2018). Da die Infizierten schnell behandelt werden, kommt es zu keiner Weiterverbreitung. Die Frage ist jedoch, ob importierte Malariafälle aufgrund des Klimawandels zu einer Bedrohung werden können. Die Entwicklung der Parasiten in den Mücken ist temperaturabhängig. Höhere Temperaturen beschleunigen diese Entwicklung. Das Temperaturoptimum für die Übertragung liegt bei *P. vivax* und *An. messeae* bei 22–28 °C und bei *P. falciparum* und *An. gambiae* bei 28–32 °C. Warme Sommer könnten also das Risiko einer Malariaübertragung in Deutschland erhöhen (Becker 2008; Fischer et al. 2020). Zudem hat sich gezeigt, dass die einheimische Mücke *An. plumbeus* ein guter Vektor für *P. falciparum* ist (Schaffner et al. 2012). Sie breitet sich zunehmend in ländlichen Gebieten aus und nutzt ungenutzte Sicker- und Jauchegruben als Brutplätze.

Dennoch sind Malariaepidemien in Deutschland unwahrscheinlich, da bei Auftreten der Parasiten sofort eine medizinische Behandlung erfolgt und der Infektionszyklus unterbrochen wird. Zudem kommen Menschen seltener mit den Vektoren in Kontakt. Anders verhält es sich mit *Ae. albopictus*. Ihre massive Ausbreitung kann zu einer erheblichen Plage führen. Hunderte Reiserückkehrer bringen jährlich Dengue-, Zika- oder Chikungunya-Viren mit. Eine Laborstudie von Heitmann et al. (2017) zeigte, dass *Ae. albopictus* in Südwestdeutschland eine hohe Vektorkompetenz für Zika-Viren besitzt. Die Viren können sich in den Mücken vermehren und werden beim Stechen übertragen, wenn die Temperaturen konstant bei 27 °C liegen. In einheimischen Mückenarten wie *Cx. pipiens* s.l. oder *Cx. torrentium* konnten sich die Zika-Viren nicht entwickeln. Die Gefahr einer autochthonen Übertragung von Dengue-, Zika- oder Chikungunya-Viren in Deutschland sollte daher nicht unterschätzt werden.

Nach der Einschleppung von *Ae. albopictus* nach Italien 1990 kam es dort weniger als 20 Jahre später zu regelmäßigen autochthonen Übertragungen von Chikungunya- und Dengue-Viren. Der erste autochthone Dengue-Fall in Deutschland trat 2010 bei einem deutschen Touristen in Kroatien auf. Die größte in Europa registrierte Dengue-Epidemie trat 1927/28 in Griechenland mit über 1 Mio. Infizierten und über 1500 Toten auf. Dengue ist somit nicht nur eine Tropenkrankheit, sondern kann auch in Klimaverhältnissen wie im Mittelmeerraum zur Gefahr werden (Buchs et al. 2022). Eine Übertragung ist möglich, wenn eine infizierte Person in ein von Tigermücken befallenes Gebiet einreist, sich in der virämischen Phase befindet, Tigermücken gehäuft auftreten und die Temperaturen oberhalb von 25 °C liegen. Die Entwicklung der Temperaturen in Deutschland lässt eine Übertragung durch den Klimawandel nicht mehr ausschließen, auch wenn das Risiko im Vergleich zum Mittelmeerraum noch gering ist. Entsprechend den Erfahrungen in Italien benötigen Tigermückenpopulationen für eine Übertragung ein bestimmtes Populationsniveau, das in Deutschland noch selten erreicht wird (Carrieri et al. 2012).

In Europa kommt es bereits zu regelmäßigen Übertragungen von Arboviren in Form von West-Nil-Viren (Zia et al. 2023). Diese Viren wurden erstmals 1937 in Uganda nachgewiesen und führen regelmäßig zu West-Nil-Fieber-Ausbrüchen auf fast allen Kontinenten. 2018 wurden in Europa etwa 1500 Infektionen bei Menschen mit mehr als 150 Toten registriert (ECDC 2018, 2021, 2022). Das West-Nil-Virus ist ein zoonotisches Virus, das zwischen Vögeln und Stechmücken zirkuliert, aber auch Menschen und Pferde infizieren kann. Die Viren werden u. a., über Vogelzüge verbreitet. Seit 2019 kommt es auch in Deutschland zu Übertragungen dieser humanpathogenen Arboviren bei Menschen. Von 2019 bis 2022 traten die Fälle im Osten Deutschlands auf, mit einer Tendenz zur Ausbreitung nach Westen. Die Zahl der nachgewiesenen Fälle in Deutschland ist noch gering und liegt unter 30 pro Jahr (RKI 2024). Allerdings verlaufen die Infektionen bei etwa 80 % der Infizierten asymptomatisch, nur ca. 20 % entwickeln Fieber und etwa 1 % kann schwere Komplikationen wie Enzephalitis entwickeln, selten auch mit Todesfolgen, insbesondere bei älteren und immungeschwächten Personen. Daher ist von einer hohen Dunkelziffer auszugehen. Als wichtigster Vektor gilt *Cx. pipiens* s.l., der flächendeckend in Deutschland verbreitet ist und ebenfalls durch gestiegene Temperaturen in seiner Entwicklung begünstigt wird (Farooq et al. 2023).

17.4 Stechmückenbekämpfung und Klimawandel

In Deutschland galten Stechmücken bis vor einigen Jahren hauptsächlich als Plagegeister und nicht als Überträger humanpathogener Erreger. Deshalb erfolgt die routinemäßige Bekämpfung von Überschwemmungsmücken (*Aedes*-Arten) seit etwa 50 Jahren in einigen Fluss- und Seengebieten ausschließlich biologisch. Dabei werden neben dem Umweltmanagement hauptsächlich Präparate auf der Basis von *Bacillus thuringiensis israelensis* (Bti) verwendet. Dieser integrierte Ansatz ermöglicht eine selektive Bekämpfung im Sinne des One-Health-Konzepts, das die Gesundheit von Mensch und Tier sowie den Erhalt der Biodiversität und den Schutz der Umwelt gleichermaßen berücksichtigt. Die Bekämpfung der Entwicklungsstadien der Stechmücken sollte daher immer Vorrang haben. Bei der Gefahr einer bodenständigen Übertragung humanpathogener Erreger müssen jedoch manchmal Adultizide, meist auf Basis von nichtselektiven Pyrethroiden, eingesetzt werden, um möglicherweise infizierte Stechmückenweibchen abzutöten, bevor sie Menschen infizieren können. Diese Maßnahmen müssen gemäß dem Infektionsschutzgesetz (§ 17 Abs. 5) von den zuständigen Behörden sorgfältig abgewogen und geplant werden, basierend auf einem Surveillance-System für Arbovirusinfektionen bei Menschen, Vögeln und Pferden (Ziegler et al. 2022).

Eine enge Zusammenarbeit mit den Gesundheitsbehörden auf nationaler und internationaler Ebene ist dabei unerlässlich. Die nationale Expertenkommission für Stechmücken (2022) liefert konkrete Handlungsempfehlungen zur Bekämpfung von Stechmücken, um die Ausbreitung stechmückenassoziierter Infektionskrankheiten zu verhindern.

Großflächige Bekämpfungsmaßnahmen gegen Stechmücken werden in der Regel von einem aktiven professionellen Monitoringprogramm begleitet. Allerdings können eingeschleppte exotische Stechmückenarten, insbesondere *Ae. albopictus*, unerwartet an bestimmten Orten auftreten und dort auch lästig werden. Daher ist es wichtig, die Bevölkerung in das passive Überwachungsprogramm einzubeziehen und dazu aufzufordern, verdächtige exotische Stechmücken zu melden. Dies ermöglicht eine schnelle Bekämpfung neu etablierter Populationen (Walther und Kampen 2017; Werner et al. 2020; Giunti et al. 2023).

17.5 Zusammenfassung

Der menschengemachte Klimawandel ist eine globale Herausforderung mit schwerwiegenden und weitreichenden Auswirkungen auf Lebensqualität, Gesundheit und Biodiversität. Stechmücken, insbesondere durch die Ausbreitung invasiver Arten wie der Asiatischen Tigermücke und der Rolle einheimischer Stechmücken als Überträger von Arbovirosen, verdienen besondere Aufmerksamkeit. Durch die Klimaveränderungen, einschließlich Temperaturerhöhungen und extremen Regenereignissen, verbessern sich die Entwicklungsbedingungen für Stechmücken, und das Risiko vektorbasierter Übertragung von Krankheitserregern steigt. Diese dynamische Situation erfordert eine detaillierte und umfassende Wachsamkeit, um aufkommende Bedrohungen frühzeitig zu erkennen und darauf reagieren zu können.

Literatur

Becker N (1989) Life strategies of mosquitoes as an adaptation to their habitats. Bull Soc Vector Ecol 14(1):6–25

Becker N (2008) Influence of climate change on mosquito development and mosquito borne diseases in Europe. Parasitol Res Supp 1(103):S19–S28

Becker N (2012) Landnutzungsänderungen und ihr Einfluss auf die Insektenwelt am Beispiel der Stechmücken (Culicidae). In: Lozan JL, Breckle SW, Graßl H, Kasang D (Hrsg.). Warnsignal Klima: Boden&Landnutzung: 155–161. www.warnsignal-klima.de. https://doi.org/1025592/warnsignal.klima.boden-landnutzung. 21.

Buchs A, Conde A, Frank A, Gottet C, Hedrich N, Lovey T, Shindleman H, Schlagenhauf P (2022) The threat of dengue in Europe. New Microbes New Infect Nov 30:49–50

Carlson CJ, Bannon E, Mendenhall E, Newfield T, Bansal S (2023) Rapid range shifts in African *Anopheles* mosquitoes over the last century. Biol Let. https://doi.org/10.1098/rsbl.2022.0365

Carrer M, Dibona R, Prendin AL, Brunetti M (2023) Recent waning snowpack in the Alps is unprecedented in the last six centuries. Nat Clim Chang 13:155–160

Carrieri M, Angelini P, Venturelli C, Maccagnani B, Bellini R (2012) *Aedes albopictus* (Diptera: Culicidae) population size survey in the 2007 chikungunya outbreak in Italy. II: estimating epidemic thresholds. J Med Entomol 49:388–399

Carvalho1 BM, Rangel EF, Vale MM (2017) Evaluation of the impacts of climate change on disease vectors through ecological niche modelling. Bulletin of Entomological Research 107:419–430

Clements AN (1992) The biology of mosquitoes, Vol 1, Development, Nutrition and reproduction. Chapman & Hall, London, S 509

European Centre for Disease Prevention and Control (ECDC) (2018) Factsheet about West Nile virus infection. 2018 [updated 29 Nov 2018]. https://www.ecdc.europa.eu/en/west-nile-fever/facts/factsheet-aboutwest-nile-fever

European Centre for Disease Prevention and Control (ECDC) (2021) West Nile virus infection. In: ECDC. Annual epidemiological report for 2019. Stockholm: ECDC; 2021. Stockholm, March 2021 © European Centre for Disease Prevention and Control, 2021

European Centre for Disease Prevention and Control (ECDC) (2022) Weekly updates: 2022 West Nile virus transmission season. Weekly updates: 2021 West Nile virus transmission season (europa.eu)

European Centre for Disease Prevention and Control (2024). Malaria. In: ECDC. Annual epidemiological report for 2022. Stockholm

Farooq Z, Sjödin H, Semenza JC, Tozan Y, Sewe MO, Wallin J, Rocklöv J (2023) European projections of West Nile virus transmission under climate change scenarios. One Health 16:100509. https://doi.org/10.1016/j.onehlt.2023.100509. PMID: 37363233; PMCID: PMC10288058

Feehan J, Harley M, van Minnen J (2009) Climate change in Europe. 1. Impact on terrestrial ecosystems and biodiversity. A review. Agron Sustain Dev 29:409–421

Fischer L, Gültekin N, Kaelin MB, Fehr J, Schlagenhauf P (2020) Rising temperature and its impact on receptivity to malaria transmission in Europe: a systematic review. Travel Medicine and Infectious Disease 36(July–August):101815

Giunti G, Becker N, Benelli G (2023) Invasive mosquito vectors in Europe: From bioecology to surveillance and management. Acta tropica 239, 106832

Heft DE, Walton WE (2008) Effects of the El Niño – Southern Oscillation (ENSO) cycle on mosquito populations in southern California. J Vector Ecol 33(1):17–29

Heitmann A, Jansen S, Lühken R, Leggewie M, Badusche M, Pluskota B, Becker N, Vapalahti O, Schmidt-Chanasit J, Tannich E (2017) Experimental transmission of Zika virus by mosquitoes from central Europe. Euro Surveill 22(2). https://doi.org/10.2807/1560-7917.ES.2017.22.2.30437

IPCC (2023) Climate Change 2023: Synthesis Report. Contribution of Working Groups I, II and III to the Sixth Assessment Report of the Intergovernmental Panel on Climate Change [Core Writing Team, H. Lee and J. Romero (eds.)]. IPCC, Geneva, Switzerland: 35–115

Lim AY, Cheong HK, Chung Y (2021) Mosquito abundance in relation to extremely high temperatures in urban and rural areas of Incheon Metropolitan City, South Korea from 2015 to 2020: an observational study. Parasites Vectors 14:559

Lowe S, Browne M, Boudjelas S, De Poorter M (2000) 100 of the World's Worst Invasive Alien Species (PDF). A selection from the Global Invasive Species Database. Published by The Invasive Species Specials Group (ISSG), a specialist group of the Species Survival Commission (SSC) of the World Conversation Union (IUCN), 12 S, abgerufen am 05.10.2022

Nationale Expertenkommission (2022) Integriertes Management von vektorkompetenten Stechmücken iN Deutschland unter Berücksichtigung der Anwendung voN Adultiziden (Friedrich Löffler Institut, Insel Rims). 19 S

Reiter P (2001) Climate change and mosquito-borne disease. Reviews in Environmental Health 109(1):141–161

RKI (2024) West-Nil-Fieber im Überblick. rki.de/DE/Content/InfAZ/W/WestNilFieber/West-Nil-Fieber-Überblick.html

Schaffner F, Thiery I, Kaufmann C, Zettor A, Lengeler C, Mathis A, Bourgouin C (2012) *Anopheles plumbeus* (Diptera: Culicidae) in Europe: a mere nuisance or potential malaria vector. Malaria Journal 11:393

Schuldt C., Schiewe J., Kröger J. 2020. Sea-Level Rise in Northern Germany: A GIS-Based Simulation and Visualization. Journal of Cartography and Geographic Information, 70 145–54. https://link.springer.com/journal/42489

Stoeckli S, Hirschi M, Spirig C, Calanca P, Mathias W, Rotach MW, Samietz J (2012) Impact of Climate Change on Voltinism and Prospective Diapause Induction of a Global Pest Insect – *Cydia pomonella* (L.). PLOS ONE 7(4):e35723. https://doi.org/10.1371/journal.pone.0035723

Vygen-Bonnet S, Stark K (2018) Changes in malaria epidemiology in Germany, 2001–2016: a time series analysis. Malar J 17:28. https://doi.org/10.1186/s12936-018-2175-y

Walther D, Kampen H (2017) The Citizen Science Project ,Mueckenatlas' helps monitor the distribution and spread of invasive mosquito species in Germany. J Med Entomol 54(6):1790–1794

Werner D, Kowalczyk S, Kampen H (2020) Nine years of mosquito monitoring in Germany, 2011–2019, with an updated inventory of German culicid species Parasitology Research 119:2765–2774

Zia F, Sjodin H, Semenza JC, Tozan Y, Sewe MO, Wallin J, Rocklov J (2023) European projections of West Nile virus transmission under climate change scenarios. One Health 16(June)

Ziegler U, Bergmann F, Fischer D, Müller K, Holicki CM, Sadeghi B, Sieg M, Keller M, Schwehn R, Reuschel M et al (2022) Spread of West Nile Virus and Usutu Virus in the German Bird Population, 2019–2020. Microorganisms 10:807. https://doi.org/10.3390/microorganisms10040807

Sachindex

A
Abdomen, 97, 103
Abdominalsegment, 13
Acetylcholin, 267
Acylharnstoffe, 266, 267
ADP, 20
Adultizide, 39, 271, 324
Adultstadium, 21
Aerenchym, 6, 14
Aerosole, 270
Aggregatpheromone, 17
Agnique® MMF, 278
Aktionspotential, 266
aktive Toxine, 239
aktivierender Reiz, 19
Aktivitätsmuster, 70
alkalisches Milieu des Mitteldarms, 239
allosterischen Modulatoren, 266
Alpha-Cypermethrin, 269
Ameisen, 229
Ammoniak, Methan, 6
Ammoniak, 73
Analader (A), 96
Analborsten, 102
Analgetika, 33
Analoga des Juvenilhormons (JHA), 269
Analpapillen, 103
Analsegment, 102
Anämie, 26
anautogen, 5
Anautogenie, 3
Anorexie, 46
Antennalbusch 1-A, 99
Antennen, 17, 99
Antennenschaft, 99
anthropophil, 5
anthropophile Arten, 21
Antikoagulantien, 20
Anti-Stechmückenspiralen, 302
Anus, 103
Anwendungen von GIS, 312
Appetitivflug, 18
Aquabac, 244
Aquatain AMF, 278
aquatische Fressfeinde, 247
Arboviren, 68
Arbovirus-Infektionen, 324
Arculus (Ar), 96
Arosurf® MSF, 278, 279
Arosurf MSF, 279
Arthralgie, 33, 35, 46
Arthritis, 33, 36

Ascomycota, 236
Asiatische Tigermücke, 4
Aspiratoren, 70
Asseln, 229
Atemhörnchen, 16, 103
Atemöffnungen (Stigmen), 97
Atemrohr (Siphon), 6
ätherische Öle, 302
ATP, 20
Aufklärungskampagnen, 283
Ausbreitungsverhalten, 18
Ausbringung mit Fluggeräten, 248
Austausch einer Vektor-Population (Population replacement), 293
Auswirkungen des Klimawandels, 319
autochthon, 30
Autochthone, 33
autochthonem, 33
autochthone Übertragung, 323
Auto-Dissemination, 270
Auto-Fallen, 69
Autogenie, 3

B
Bacilluswachstums, 241
Bakterien, 238
Balsam, 76
Barcoding, 69
Barrierebehandlung, 269
Baumhöhlen, 5
Behandlung von Kleidung, 302
Beinpaare, 96
Bekämpfung der Stechmücken in urbanen Bereichen, 250
Bekämpfungsstrategie, 63, 248, 309
Bendiocarb, 266
Benzamide, 269
Benzoylharnstoffe, 269
Beseitigen aller unnötigen Brutstätten, 250
Beseitigung von stehendem Wasser, 283
Bestimmung der effektiven Dosierungen, 313
Bestimmung der Wirksamkeit von Larviziden, 78
Beteiligung der Bevölkerung, 247
Bettnetze, 253
BG-Lure, 280
BG Sentinel, 252
Bienenläuse, 84
Bill und Melinda Gates Stiftung (BMGF), 253
Bin-Toxine, 243
Bioassays, 245
Biodiversität, 225
BioFuse™-Technologie, 244
Biolologische Bekämpfung, 225

Biotyp, 5
Biozidlagerung, 316
Biozidrichtlinie, 269
Blattläuse, 229
Blaumeise, 229
Blutgefäß, 20
Blutkapillare, 20
Blutmahlzeit, 19, 20, 76
Bodenbakterien, 252
Bodenbehandlung, 248
Bodenfeuchte, 6, 64
Bodenproben, 64, 65
Brackwasser, 322
Bremsen, 80, 83
Breteau-Index, 68
Briketts, 244
Bronchopneumonie, 45
Brückenvektoren, 34
Brutgefäß, 74
Bruthabitate, 65
B.t.i., 243
B.t.i.-Formulierungen, 244
Bti-Tablette, 66
B.t.i.-Toxine, 244
B.t.-Toxinrezeptoren, 243
Bt-kurstaki, 243
Buckelwasserkäfer, 234
Büschelmücken, 91, 234
Buttersäure, 18

C
Carbamate, 265, 268
Carbamidsäure, 268
Cephalothorax, 16, 103
Ceratopogonidae, 235
Cerci, 97
Chaetotaxie, 98
Charakterisierung der Brutstätten, 311
Chemische Bekämpfung, 265, 307
chemische Stabilität, 267
Chemosterilisation, 290
Chikungunya-Virus, 5
Chitin, 266, 267, 269
Chitinsynthesehemmer, 266, 267, 269
Chlorkohlenwasserstoffe, 267
Chlorpyrifos, 268
Cholin, 266
Chorion, 66
Circumsporozoit, 32
Citronella, 302
Clothianidin, 266, 270
Co-Evolution, 252
Containerbrütende Stechmücken, 312
Container-Index, 64
Copepoden, 39, 232, 236
Costa (Randader, C),, 96
Coxa (Hüfte), 96
CRISPR-System, 295
Cry-Proteine, 239
Cubitus (Cu), 96
Culinex-Tabletten, 244
Cuticula, 100, 266
Cyfluthrin, 269
Cyromazin, Triflumuron, 269
Cytochrom-b-Gen, 77

Cytoplasmische Inkompatibilität (CI), 253
Cyt-Toxine, 243

D
Darmproteasen, 240
DDT (Dichlordiphenyltrichlorethan), 265, 267
DEET (N,N-Diethyl-m-toluamid), 301
Dekonditionierung, 12
Deltamethrin, 265, 269
Dengue, 292, 322
Diapause, 5, 6, 10, 21, 64
Dieldrin, 267
Diflubenzuron, 266, 269
Dipteren, 242
Dithiophosphorsäureester, 267
DNA-Barcoding-Methoden, 77
DNA-Profiling, 76
DNA-Sequenzierung, 77
Dolichopodidae, 235
dominantes letales Gen, 291
Dotterbildung, 16
Dotterentwicklung, 20
Drop-Netz, 70
Duftstoffe, 18

E
Echte Schwimmkäfer, 233
Ectyson, 14
Eiablage, 5–8
Eiablagefallen, 65, 310
Eiablage-Substrat, 65
Eiablageverhalten, 6, 8, 67
Einsatz der Eiablagefallen (Ovitraps), 65
Eintagsfliegen, 230
Eischale, 12
Eischiffchen, 3, 5, 63
Eispellets, 245
Eiweißtoxine, 239
elektrische Moskitomatten, 302
Elektrofallen, 69
El Niño-Southern Oscillation (ENSO), 319
Embryogenese, 12
Embryonalentwicklung, 6, 7
Embryonen, 7, 21, 66
Emergenzfallen, 252
Empfindlichkeitsunterschiede, 246
Empididae, 235
Endophagie, 21
endophil (Endophilie), 21
endosporenbildenden Bodenbakteriums, 239
Endotoxine, 239, 243
entomologische Inokulationsrate (EIR), 311
Entzündungsreaktion (Quaddelbildung), 20
Enzephalitis, 34, 39–41, 43, 323
enzootisch, 40
Enzyme Linked Immuno-Sorbent Assay (ELISA), 76
Epidemie, 40
Epizootien, 33, 42
Erlenbruchwälder, 9
erythrozytäre Schizogonie, 26
Erythrozyten, 26
Essigsäure, 266
Esterasen, 268
Ethylacetatdampf, 75

Sachindex

Ethylalkohol, 69
Etofenprox, 269
EU-Biozid-Verordnung, 271
European Chemical Agency (ECHA), 272
eurygam, 5
Evolution, 8
EVS-Falle (EVS = Encephalitis Virus Surveillance), 72
Exochorion, 63
exoerythrozytären Schizogonie, 26
Exophagie, 21
exophil (Exophilie), 21
extrinsischer Zyklus, 77
Exuvie, 16, 69

F
Fadenwürmer, 235
Fangglocke, 70
Federn, 98
Femur (Schenkel), 96
Fenoxycarb, 270
Fettkörper, 20
Feuchtigkeitsgehalt, 8
Feuchtigkeitskammer, 76
Fibrose, 48
Filament, 98
Filarienwürmer, 47
Filariosen, 1
Fischbrut, 286
Fische (Pisces), 226
Fischgewässer, 286
Fitness, 291
Flagellomere, 91
Flugaktivität, 18
Flügeladern, 96
fluoreszierende Pigmente, 74
Flüssigkeitsverdampfer, 302, 303
Flüssigkonzentrate, 244
Flutungsmethode, 64
Fressfeinde, 226, 229, 247
Fressgewohnheiten, 246
Friedhöfe, 284
Frühjahrsarten, 9
FTA-Karte, 310

G
Gameten, 26
Gametozyten, 26
Gamma-HCH, 267
Gartenteiche, 250, 284
gastrointestinale, 35
Geißelantennen, 91
Geländemodifikationen, 308
Genetische Ausbreitungsmechanismen (Gene Drives), 295
Genetische Bekämpfung, 287, 308
genetisch manipulierten Organismen (GMOs), 287
Genitallobus, 104
Genitalöffnung, 6
Genotyp, 36
Genschere, 295
Gentechnik, 296
Geographisches Informationssystem (GIS), 312
Geraniol, 302
GIS-Programm, 249, 251, 312
Globalen Fonds, 253

globale Verbreitung, 5
Glycerin, 21
Glykoproteine, 239
Glykoproteinrezeptoren, 239
Gnitzen, 1, 80, 82, 304
Goldaugenbremse, 84
gonotrophischer Zyklus, 322
Granulate, 270
Graskarpfen, 228
Gravid Aedes Trap (GAT), 73
Gravid-Culex-Fallen, 252
gravide Mücken, 69
Großlibellen, 233
Guillain-Barré-Syndrom, 39–41
Gullys, 250, 251

H
Haftlappen (Pulvillen), 96
Halsring-Methode, 229
Halteren, 1
hämatophage Arthropoden, 37
Hämocoel, 26, 48
Hämolymphdruck, 16
Hausfliege, 304
Haus-Index (HI), 68
Hausmücke, 5
Häutungshormon Ectyson, 266
Hepatitis, 47
Heterothallus, 236
heterozygot, 291
Hinterbeine, 96
Hinterkopf (Occiput), 92
Hirudin, 20
Hochspannungsgitter, 280
Holzstab, 65
Human Bait Catches (HBC), 69
Humeralader (h), 96
Humusgehalt, 8
Hüpferlinge, 232
hydrophob, 6
hydrophobe Schutzschicht, 278
hydrostatische Organe, 98
Hyphen, 236
Hypnozoit, 29
Hypnozoiten, 26, 322
Hypocreales, 236
Hypopharynx (Speichelkanal), 92
Hypopygium, 17, 97
Hypostigmalfleck, 94

I
Icaridin, 301
Identifizierung von Stechmückenblutmahlzeiten, 76
Imaginalscheiben, 16
Imagines, 3
Immunantwort, 20
importierte Malaria-Fälle, 323
In2Care® Mückenfalle, 73
Indoor Residual Spraying (IRS), 253
Indoxacarb, 266, 270
Inkubationszeit, 33, 36
Insect Growth Regulators, 266
Insekten, 232
Insektenbestäuber, 270

Insektenschutzgitter, 304
Integument, 91
Internationalen Atomenergie-Organisation IAEA, 289
International Toxic Units, 79
intersegmentale Membran, 97
Intrazelluläre und extrazelluläre Symbionten, 295
Inzidenz, 25
IR3535 (Ethylbutylacetylaminopropionat), 302
Iridescent-Virusinfektionen, 254
IRS, 267
Isogameten, 236
Isopropoxyphenylmethylcarbamat, 268
Iso-Stearylalkohol, 278

J
Jauchegruben, 251
Johnstonsche Organ, 17, 92
Juckreiz, 20
Juvenilhormon (JH), 266

K
Käfer, 233
Kahmhaut, 14
Kältephasen, 5
Kalt- oder Thermal-Vernebelungsgerät, 271
Kanalisierung, 322
Karibik-Fruchtfliege, 289
Karpfen, 228
Kartierung, 309, 311
kdr-Knockdown Resistenz, 268
Klärgruben, 20
Klauen (Ungues), 96
Kleine Hufeisennase, 230
Kleinlibellen, 233
Klimawandel, 6, 319
Klypealborste 1-C, 99
knockdown-Effekt, 268
Köcherfliegen, 230, 234
Köder-Fallen, 70
Kohlendioxid, 6, 18, 19, 69
Kohlmeise, 229
Kohlschnaken, 91
Komplexaugen, 92, 99
Konditionierung, 12
Konservierungsmittel, 75
Konservierung von Larven, 75
Konzept der primären Gesundheitsvorsorge, 247
Kopf (Caput), 13
Kopfkapsel, 91, 92, 97, 98
Kopfschild (Frontoclypeus), 98
Kopulationsrad, 17
Korbblütler, 268
Körperwärme, 20
Kosten-Nutzen-Analyse, 243
Kotproben, 230
Krebse, 232
Kriebelmücken, 1, 80, 82, 239
Kriebelmückenlarven, 242, 244
K-Strategen, 226
künstlichen Eiablagestätten, 65
künstlichen Gen-Konstrukte, 296
Kurzflügelkäfer, 229

L
Labellen, 93
Labium, 20
Labralbürsten (laterale Palatalbürsten), 97
Labroepipharynx (Nahrungskanal), 20, 92
Labrum, 98
Lagerung, 273
Lambdacyhalothrin, 269
Lambda-Cyhalothrin, 269
Larvalhäutungen, 269
Larval Source Management (LSM), 253
Larvenhämocoel, 236
Larvenkadaver, 252
Larvenstadium, 21
laterale Sattelborste 1-X, 102
Lateroterga, 97
Latex-Agglutinationstest, 76
LC50-Werte, 245
LC99-Werte, 78
Lecithinmoleküle, 278
letale Eiablagefallen, 280
Lethargie, 43
Libellen, 232
Lichtfallen, 252
Lichtintensität, 19
Liparol, 278
Lipidreserven, 21
Lockstoff, 285
Long-Lasting Insecticide Nets (LLIN), 304
Lurche, 229
Lymphadenopathie, 35
.lymphatische Filariose, 47, 228

M
Maiskolbenspindelbruch, 244
Malaria, 3, 267, 268
Malaria tropica, 251
Malathion, 265, 267
MALDI-TOF-Massenspektrometrie, 66
Mandibeln (Oberkiefer), 92
Massenbrutstätten, 250
Massenfangtechniken, 280
Massenfreisetzung, 225
Massenvermehrung, 18
Massenzucht, 289
Maxillarpalpen (Unterkiefertaster), 93
Maxillen (Unterkiefer), 92
Mazeration, 76
Medialader (Media, M), 96
Mediokubitalader (m-cu), 97
Mehlschwalbe, 229
Meiotischer Drive, 295
Melanisierung, 294
Membran-Fütterungssystemen, 74
Meningitis, 34, 43, 44
Meningoenzephalitis, 40, 44
Merozoit, 26
Mesepimeron, 94
Mesepisternum, 94
mesothorakale Atemöffnung, 94
mesothorakale Flügelpaar, 96
Mesothorax, 93, 100
Metamorphose (Holometabolie), 3

Sachindex

Metamorphose, 16
metathorakale Flügelpaar, 96
metathorakalen Atemöffnung, 94
Metathorax, 93, 100
Methopren, 266
Methylenblau, 74
Methylenrot, 74
Metofluthrin, 269, 303
Mexikanische Fruchtfliege, 289
Microsporidien, 238
Migration, 18
Migrationsdistanz, 19
Migrationsentfernungen, 19
Mikroarray-Techniken, 294
Mikrofilarien, 47, 48
Mikrokapselsuspensionen, 270
mikroklimatischen Bedingungen, 12
Mikrosatelliten-Marker, 294
Mikrozephalie, 40
Milankovich-Zyklen, 319
Milchsäure, 18, 19
Minutienstift, 75
Mittelbeine, 96
Mitteldarm-Epithelzellen, 239
Mitteldarmzellen, 244
Mittelmeerfruchtfliege, 289
Mittelrippe, 104
Monitoring, 309
Monitoring der Resistenz gegen B.t.i., 252
monogames Paarungsverhalten, 288
Monomolekulare Oberflächenfilme (MMF), 278
monophyletische Gruppe, 35
Monophylie, 1
Morbidität, 25
Morphologische und taxonomische Techniken, 77
Mortalität, 25
Mortalitätsrate, 249
Moskitofisch, 226
Moskitonetz, 312
Moskito-Simulationsmodell, 68
Mosquito Magnet-Mückenfalle, 280
motorische Endplatte, 266
Mückenartige, 91
Mückenfledermäuse, 230
Mückenklatsche, 280
Mückenkonservierung, 75
Mückenschutzmittel, 301
Mückenspiralen, 302
Multiplex-Primer-Set, 77
multivoltin, 11
Mundbürste, 14
Mundwerkzeuge, 20, 91
Myalgie, 33, 36, 42, 45, 46
Myelitis, 39, 40
Myokarditis, 44
Myositis, 39
Myxomatose, 25

N
Na^+-Ionen, 268
Nahrungskette, 265, 267
Nahrungsnetz, 247
Nahrungsorganismen, 229, 230
Nahrungspartikel, 14
Nahrungspyramide, 267
Nahrungsquelle, 229, 252
Nahrungsquelle für Schwalben, 252
Naphthalinkristalle, 76
Natrium-Kalium-Pumpe, 266
Natriumkanäle, 266
Natriumkanal-Modulatoren, 266
Natürliche Immunitätsmechanismen, 294
Natürliche Transposons, 295
Neemöl, 302
Nektar, 3
Netzflügler, 230
Neurotoxin, 267
Neuwelt-Schraubenwurmfliege, 289
Nicht orientiertes Ausbreitungsverhalten, 18
Nichtzielorganismen, 252
Niederschlagereignissen, 320
Niedervolumenspray (LV), 271
Niembaum, 254
nikotinischen Acetylcholin-Rezeptors (nACHR), 266
nikotinischen Acetylcholinrezeptoren, 270
N,N-Diethylmethyl-3-methylbenzamid, 301
Novaluron, 269

O
Oberflächenfilme, 277
Oberflächenrezeptoren, 239
Oberflächenspannung, 277
OCP, 267
Octenol, 18, 280
Öffentliche Informationssysteme, 317
Öffnungen des Atmungssystem, 101
ökologische Plastizität, 5, 322
Ölfilm, 277
One Health-Konzept, 323
Oogenese, 18
Ookinet, 26
Oomycet, 236
Oosporen, 236
Oozyste, 26
Organochloride, 265
Organophosphate (OPs), 265
Orientiertes Wirtssuchverhalten, 18
ornithophil, 5
ornithophile Arten, 19, 21
Ovipositionspheromone, 67
Ovitraps, 65, 252
Oxadiazine, 266, 270
Oxidasen, 268

P
Paarung, 17
Paddel, 103
Palatum, 98
Palmhaare, 13, 16, 98
Paraffin, 278
Parasiten, 235
Parasitenprävalenz, 311
Parasit-Wirt-Beziehungen, 226
parasporaler Körper (PSB), 239
passive Migration, 18
Passive Verdampfer, 303
Pathogene, 236
PCR, 66
Pedicel, 92

Pegelschwankungen, 7
Pekten oder Kamm, 102
Pektenzähne, 98, 102
Pellets, Briketts, 271
Permethrin, 266, 269, 302, 304
Persistenz, 267
Personalorganisation, 308
Persönlicher Schutz, 80
Pflanzenextrakte, 254
Pflanzensäften, 20
Pheromonartige Düfte, 6
Photophobie, 35, 47
Phylogeographie, 36
Physikalische Bekämpfung, 277
Phytothelmen, 5
Picaridin, 301
Pilze, 236
Pilzmücken, 80
Piperidin, 301
Piperonylbutoxid (PBO), 268
Pirimiphos Methyl, 268
Planktonnetz, 68
Plasmide, 240
Pleurite, 94
Polyarthralgie, 35
Polydimethylsiloxan, 278
Polymorphismus, 13, 31
Polystyrolkügelchen, 277
Polytänchromosomen, 77
polyzyklisch, 11
Populationsaustausch, 292
Populationsdichte, 65, 67
Populationsdynamik, 68
Populationsreduktion, 292
Pop-up-Gartenabfallsäcke, 69
positiv phototaktischen Insekten, 252
Postnotum, 93
postprokoxale Membran, 94
Postprokoxalfleck, 94
Postpronotum, 94
Prädatoren, 225
Prallethrin, 303
Präpariernadel, 75
Präspirakularborsten, 94
Prätarsus (Endglied), 96
Prävention von Mückenstichen, 301
präzise Kartierung, 248
Precipitin-Testmethode, 76
Prinzip des Populationsaustauschs, 293
Proteasen, 239
Proteinkristall, 243
Prothorax, 93, 100
Protoxin-Struktur, 240
Proventriculus, 48
Pteron, 1
Puderformulierungen, 244
Puppe, 16
Puppenhülle, 16
Pyrethrine, 268
Pyrethroide, 266, 268
Pyrethrum Blüten, 268
Pyriproxyfen ($C_{20}H_{19}NO_3$), 270
Pyrthrumextrakt, 268

Q
Queradern, 96
Quwenling, 302

R
Radialader (Radius, R), 96
Radiomedialader (r-m), 97
Randschuppen, 97
Reassortante, 45
Recyclingkapazität, 246
Recyclingprozesse, 247
Reduktion der Zielpopulation, 288
refraktäre Mechanismen, 294
Regenbremse, 84
Regressionsanalysen, 68
Reiseanamnese, 251
Reiserückkehrer, 323
Reiter-Fallen, 67
rekombinante DNA, 287
Release of Insects with a Dominant Lethal (RIDL), 291
Repellentien, 254, 301
Reproduktionsrate, 226
Reservoir-Wirte, 32
Resistenz, 243, 244
Restkörper, 77
Retinitis, 47
Rezeptorbindung, 241
Rheinkanalisation, 285
Rhinitis, 44
Rinderbremsen, 84
Risikoanalyse, 296
RNA-Interferenz (RNAi), 294
Roll Back Malaria (RBM), 265
r-Strategen, 226
RT qPCR, 310
Rückenschwimmer, 233
Rucksack-Aspirator, 69
Ruder, 102
Ruderplatten, 16
Ruderwanzen, 233
Ruhephase, 5
Ruhepotential, 266, 268

S
Salzwassermethode, 64
Sammeln von Mückenlarven und -Puppen, 68
Sammeln von ruhenden adulten Stechmücken, 69
Sammeln von Stechmückeneiern, 63
Sandmücken, 80, 82
Sanierung von Brutstätten, 284
Sattel, 102
Sauerstoff, 21
Sauerstoffabnahme, 13
Scapus, 91
Scheitel (Vertex), 92
Schizogonen-Zyklus, 26
Schizogonie, 26
Schizont, 26
Schlüpfbereitschaft, 12
Schlüpfen, 8
Schlüpfen auf Raten, 12

Schlüpfens auf Raten, 64
Schlüpfhemmung, 12
Schlüpfprozess, 11
Schlüpfreaktion, 11
Schlüpfreiz, 12
Schlüpfverhalten, 9, 11
Schlüpfzahn, 11
Schmetterlingsmücken, 82, 241, 242
Schnaken, 242
Schnecken, 229
Schneeschmelze, 10
Schöpfkelle, 63, 68
Schöpfproben, 68, 249
Schulung des Personals, 314
Schuppen, 91
Schwanzlurche, 229
Schwimmwanzen, 233
Schwingkölbchen (Halteren), 96
Scutellum, 93
Scutum, 93
Sensillen, 20
Seroprävalenzraten, 44
Sichere Anwendung von Insektiziden, 272
Sicherheitsdatenblatt (MSDS), 272
Sickergruben, 284
Siloxan, 279
Siphon, 13, 97, 102
Siphonalbüschel 1-S, 102
Siphonalindex, 102
Siphonverankerung (Acus), 102
sklerotisierte Tergalplatte, 101
Skorpionswanzen, 233
S-Methoprene, 269
Sojalecithin, 278
spannungsabhängige Natriumkanäle, 268
Speicheldrüsenepithelium, 294
Spercheidae, 234
Spermatheken, 3, 17
Spermien, 17
Spill Over, 32
Spinnen, 229
Spinnenfliegen, 84
Spinnen und Milben, 232
Spinosad, 239
Spinosyne, 266
Sporangien, 236
Sporenkristallkomplexes, 241
Sporogonenzyklus, 30
Sporogonie, 26
Sporozoiten, 26, 32
Sporulation Eiweiße, 239
Springschwänze, 229
Stallfliege, 85
Stechborsten, 20
Stechmücken, 1, 81, 82, 229, 239, 242
Stechmücken-Antagonisten, 225
Stechmückenbrutgewässer, 286
Stechmückenforschung, 63
Stechmücken in Innenräume, 69
Stechmückenlarven, 12
Stechmückenmännchens, 292
Stechmückenpopulation, 68
Stechmückenresistenz, 294
Stechrüssel (Proboscis), 92
Stechwerkzeuge, 20

Stelz- oder Kohlschnaken, 80
Stemmata, 99
stenogam, 5
Sterblichkeitsrate, 21
Sterile Insektentechnik (SIT), 288
Sterilisation, 290
sterilisierte Männchen, 289
Sternhaare, 98
Sternit (Bauchplatte), 97
Stigma, vorderes Spirakulum, 94
Stigmen, 13, 101
Stigmenklappen, 13, 102
Stigmenplatte, 102
Stilette, 91
Stockholmer Übereinkommen, 267
Streubreite, 245
Striegel, 101
Striegelschuppen, 101
Strudelwürmer, 231
Stubenfliege, 85
Sturzfluten, 321
Subcosta (Sc), 96
Subkostalradialader (sc-r), 97
Summton, 17
Surveillance-System, 324
Swimmingpools, 284
sylvatische Zyklen, 50
symptomatische Virämie, 40
Syndrom, 40
synthetische Pyrethroide, 265
synthetische Wachstumshormone, 265

T
Tabletten, 244, 271
Tanzschwarm, 17
Tarsomere (Fußglieder), 96
Tarsus (Fuß), 96
Tastermücken, 1, 91, 242
Taumelkäfer, 234
Taylor-Gleichung, 66
Teichläufer, 233
Teichrohrsängers, 229
Temephos, 265, 267
Temperaturerhöhungen, 322
Temperaturoptimum, 320
Temporäre Gewässer, 285
Tenside, 277
Tergit (Rückenplatte), 97
Tergite, 91
Thorakalborsten, 100
Thorax, 13, 16, 91, 97
Tibia (Schiene), 96
Tierköderfänge, 70
Toleranzschwellen, 311
Tötungsbehälter, 70
Toxingene, 240
Mtx-Toxine, 241
Tracheen, 13, 278
Tracheenstrukturen, 278
Tracheolen, 77
Transfluthrin, 303
transgene Stechmücken, 287
transovarial, 43
transovarielle, 33, 38, 43, 45

Transposons – Springende Gene, 295
Trauermücken, 80, 242
Trochanter (Schenkelring), 96
Trockeneis, 72
Trockenperioden, 5
Tröpfchengröße, 271
Trophozoiten, 26
Tür-zu-Tür-Maßnahmen, 250, 312

U
Überschwemmungsmücken, 6, 18, 229, 311
Übertragung von Krankheitserregern, 322
Überwachung der Bekämpfungsmaßnahmen (Monitoring), 251
Überwachung der Tigermückenpopulationen, 310
Überwinterungsmechanismen, 21
Ultra Low Volume (ULV)-Verfahren, 271
Ultraschall gegen Stechmückenlarven, 279
Umweltauswirkungen, 252
Umweltmanagement, 283, 308, 323
Umweltmanipulationen, 283
Umweltmodifikationen, 283
Umweltsanierung in Feuchtgebieten, 285
Umweltverträglichkeit, 241
Unempfänglichkeit der Vektormücke für Krankheitserreger, 294
univoltin (monozyklisch), 11
Unterkiefertastern (Maxillarpalpen), 91
Unterlippe (Labium), 91
Untersuchungen, 77
US-amerikanische Umweltschutzbehörde (USEPA), 241
US-Präsidenten-Malaria-Initiative (PMI), 253
Uveitis, 47

V
Vectobac 12AS, 244
Vectobac G, 244, 250
Vectobac WDG, 244
Vectolex G, 244
Vectolex WDG, 244
VectoMax, 244, 253
Vektoren, 3, 38
Vektorkapazität, 25, 26, 30
Vektorkompetenz, 25, 33
Vektorpopulationen, 50
Verdampfungsmatten, 303
Vernebelungsgeneratoren, 271
Verringerung der Oberflächenspannung, 278
vertikales Ausbreitungsverhalten, 19
Virämie, 34, 40
Viren, 254
Viruserkrankungen, 3
Virusscreening, 310
Vitellinmembran, 7
Vögel, 229
Vogel- und Igeltränken, 250, 284

Vogelzüge, 323
Vorderbeine, 96

W
Wachstumsregulatoren, 269
Wanderung und Wirtssuche, 18
Wanderverhalten, 314
Wanzen, 233
wasserbaulichen Maßnahmen, 228
wasserdispergierbare Mikrogranulate, 244
Wasserfledermaus, 230
Wassergrundmücke, 6
Wasserkäfer, 252
Wasserläufer, 233
wasserlösliche Pulver, 270
Wassermanagement, 283
Wassermilben, 232
Wasserspinne, 232
Wasserstoffperoxidlösung, 66
Wasserwanzen, 252
wechselwarm (poikilotherm), 322
Weidegänger, 14
Weltgesundheitsorganisation (WHO), 253
West-Nil-Virus, 67
WHO Pestizid-Evaluation Scheme, 315
WHO-Standard-Schöpfer, 249
Wiederfangen von Stechmücken, 74
Windgeschwindigkeit, 18
Winterruhe, 21
Wintertemperaturen, 10
Wirbellose, 231
Wirbeltiere als Fressfeinde, 226
Wirkmechanismen der verschiedenen Insektizidklassen, 265
Wirksamkeit von bakteriellen Präparaten, 245
Wirtsfindung, 20
Wirtsreize, 19
Wirtswechsel, 236
Wolbachia-induzierte Sterilität, 308

Z
Zecken, 81
Zika, 322
Zika-Viren, 5, 253, 323
Zitronen-Eukalyptuspflanze, 302
Zoonosen, 85
Zoophilie, 70
Zoosporen, 236
Züchtung, 74
Zuckmücken, 80, 91, 229, 230, 242
Zulassung von Insektiziden, 315
Zweiflügler, 1, 81, 91, 234
Zwergfledermaus, 230
Zwergrückenschwimmer, 233
Zygote, 26, 236

Taxonamischer Index

A

Abramis brama, 228
Acanthocyclops vernalis, 232, 236
Acrocephalus scirpaceus, 229
Acrocephalus spp., 36
Ae. aegypti, 17, 18, 32, 33, 36–40, 68, 73, 228, 232, 267, 280, 293
Ae. africanus, 37, 39, 291
Ae. albifasciatus, 34
Ae. albopictus, 4, 7, 13, 17–19, 32, 33, 36, 38–41, 43, 49, 50, 65, 66, 68, 73, 232, 250, 267, 269, 270, 283, 287, 289, 292, 293, 295, 308, 310, 321–323
Ae. albopictus-Populationen, 252
Ae. bromeliae, 37
Ae. camptorhynchus, 33
Ae. canadensis, 34, 44
Ae. cantans, 4, 9, 10, 14, 18
Ae. cantator, 44
Ae. caspius, 4, 41, 42, 44, 103, 322
Ae. cataphylla, 102
Ae. cinereus, 11, 19, 20, 36, 44
Ae. communis, 4, 9–11, 19
Ae. detritus, 4, 41, 42, 322
Ae. diantaeus, 99
Ae. dorsalis, 34, 43
Ae. euedes, 36
Ae. geniculatus, 98, 99, 251, 310
Ae. infirmatus, 45, 278
Ae. japonicus, 4, 41–43, 66, 310, 322
Ae. koreicus, 4, 66
Ae. mariae, 102
Ae. melanimon, 43
Ae. notoscriptus, 33
Ae. polynesiensis, 33, 232
Ae. pulcritarsis, 99
Ae. punctor, 4, 10
Ae. rossicus, 11, 14, 19, 157
Ae. rusticus, 4, 9–11, 15, 18–21
Ae. sollicitans, 34
Ae. sticticus, 7–9, 11, 18, 19, 44, 64, 244, 252
Ae. taeniorhynchus, 44, 278, 280
Ae. triseriatus, 43, 76
Ae. trivittatus, 44, 45
Ae. vexans, 7–12, 15, 17–20, 34, 39, 44, 64, 65, 244, 252
Ae. vigilax, 33
Ae. vigilax isoliert, 33
Ae. vittatus, 37
Aedes, 2, 13, 35, 41, 43, 44, 226
Aedes-Frühjahrsarten, 4
Aedini, 2
Aeshna cyanea, 233
Alburnus alburnus, 228
Alphavirus, 32

A. ludens, 289
Amphibia, 229
Amphicorisa, 233
An. albimanus, 30, 293
An. albitarsus, 30
An. algeriensis, 30, 98
An. amictus, 31
An. aquasalis, 30
An. arabiensis, 26, 31, 278
An. atroparvus, 30
An. bancroftii, 31
An. cinereus hispaniola, 30
An. claviger, 21, 30
An. culicifacies, 31, 293
An. daciae, 29
An. darlingi, 31
An. dirus, 31
An. farauti, 31
An. fluviatilis, 31
An. freeborni, 30, 226, 231
An. funestus, 31, 35
An. gambiae, 26, 31, 35, 287, 293, 295, 323
An. gambiae s.s., 31, 253, 308
An. hilli, 31
An. hyrcanus, 36
An. maculipennis, 29, 30, 36, 42, 45
An. messeae, 323
An. minimus, 31
An. pharoensis, 31
An. plumbeus, 21, 30, 99, 251, 279, 284, 323
An. pseudopunctipennis, 30
An. quadrimaculatus, 30
An. sacharovi, 31
An. sergentii, 30
An. sinensis, 31
An. stephensi, 31, 253, 295
An. sundaicus, 31
An. superpictus, 30, 31
An. walkeri, 44
Anas platyrhynchos, 229
Anastrepha suspensa, 289
Anisoptera, 233
Anopheles, 1, 2, 8, 13, 21, 91, 97, 226, 320
Anopheles albimanus, 295
Anopheles-Arten, 5
Anopheles Claviger Komplex, 100
Anopheles darlingi, 31
Anopheles-Larven, 13
Anophelinae, 1, 91, 98, 101
Antilocapra americana, 44
Anura, 229
Aphidina, 229

Arachnida, 80, 81, 232
Araneae, 229
Ardea cinerea, 36
Argyroneta aquatica, 232
Armigeres, 234
Asteraceae, 268
Aves, 229
Azadirachta indica, 254, 302

B

Bacillus thuringiensis ssp. *israelensis* (B.t.i.), 40, 47, 67, 225, 238, 239, 240, 253, 266, 279, 307, 323
Bandavirus, 46
Banna-Virus, 47
Batai-Virus, 45
Beauveria bassiana, 236, 238
Beauveria sp., 236
Bironella, 1
Blastocladiales, 236
Blastocladiomycota, 236
Bombina bombina, 229
Brachycera, 1, 83, 229
Brugia malayi, 47
Bufo bufo, 229
Bunyamwera-Virus, 43, 45

C

Cache-Valley-Virus, 45, 46
Callibaetis pacificus, 279
Carassius carassius, 228
C. carassius, 229
Ceratitis capitata, 289
Ceratopogonidae, 1, 80, 82, 304
Chagasia, 1
Chaoboridae, 1, 91, 234
Chikungunya-Virus (CHIKV), 32
Chironomidae, 1, 80, 91, 92, 229, 230, 242
Chiroptera, 229
Chlorohydra viridissima, 231
Chrysanthemen, 254
Chrysanthemum, 268
Chrysops spp., 84
Cochliomyia hominivorax, 289
Coelambus impressopunctatus, 234
Coelomomyces, 236
Coelomycidium, 236
Coenagrion puella, 233
Coleoptera, 229, 233
Collembola, 229
Coquelettidia richiardii, 320
Coquillettidia, 2, 5, 8, 14, 16, 48, 63
Coquillettidia richiardii, 6, 36
Corethrellidae, 1
Corixa punctata, 233
Corixidae, 233
Cq. perturbans, 34, 44
Cq. richiardii, 21
Crustacea, 232
Cs. annulata, 20, 21, 42
Cs. inornata, 44, 46
Cs. melanura, 34
Cs. morsitans, 10, 15, 19, 21, 34, 36, 44, 99
Ctenopharygodon idella, 228
Culex, 42

Culex, 2, 5, 6, 8, 13, 14, 21, 34, 35, 42, 63
Culex-Eiablagefalle, 67
Culex gelidus, 45
Culex-Larven, 13
Culex pipiens, 21, 36, 39, 40, 42, 69, 101, 295
Culex pipiens Biotyp *molestus*, 5
Culex pipiens s.l., 5, 6, 8, 9, 15, 18, 19, 67, 250, 283
Culex quinquefasciatus, 40, 280, 295
Culex spp., 35, 36, 42, 44–48
Culex univitattus, 36
Culicella, 6
Culicidae, 1, 3, 81, 82, 229
Culiciden, 1
Culicinae, 1, 91, 98, 101
Culicini, 2
Culicinomyces clavisporus, 238
Culicinomyces sp., 238
Culicoides spp., 44, 82
Culicomorpha, 1
Culiseta, 2, 5, 6, 8, 13, 14, 21, 41, 63, 97
Culiseta-Larven, 13
Culiseta morsitans, 36
Culisetini, 2
Cx. gelidus, 40
Cx. hortensis, 102
Cx. modestus, 41, 46
Cx. neavei, 42
Cx. nigripalpus, 42
Cx. pipiens Biotyp molestus, 5, 17, 20, 21, 284, 321
Cx. quinquefasciatus, 42, 47, 226, 243, 293
Cx. restuans, 44
Cx. tarsalis, 34, 42, 77, 226, 231
Cx. torrentium, 36, 67, 323
Cx. tritaeniorhynchus, 40, 47, 293
Cx. vishnui, 40
Cyclops sp., 232
Cyclorrhapha, 83
Cymatia coleoptrata, 233
Cynolebias bellottii, 228
Cyprinodontidae, 228
Cyprinus carpio, 228
Cyprinus spp., 228

D

D. immitis, 48, 49
D. repens, 48, 49
Deinocerites spp., 35
Delichon urbica, 229
Dengue, 39
Dengue-Virus, 38
Dipetalonema spp, 48
Diptera, 3, 81, 91, 229, 234
Dipteren, 1
Dirofilaria immitis, 48
Dirofilaria repens, 48
Dixidae, 1, 91, 97, 242
Dracaena spp, 5
Dytiscidae, 233
Dytiscus marginalis, 233

E

Entomophthora culicis, 236
Entomophthoromycota, 236
Ephemeroptera, 230

Eptesicus nilssonii, 230
Eretmapodites, 234
Erinaceus europaeus, 43

F
Familie *Phenuiviridae* (Gattung *Phlebovirus*), 32
Ficedula hypoleuca, 229
Flaviviridae (Gattung *Flavivirus*), 32
Flaviviridae, 37
Flavivirus, 37
Fledermäuse, 229
Formicidae, 229
Fungi, 236

G
G. affinis, 228
Gambusia affinis, 225, 226
Gasterosteus aculeatus, 228
Gastropoda, 229
Gattung *Aedes*, 96
Gattung *Anopheles*, 97
Gattung *Uranotaenia*, 93
Gelbfieber-Virus, 37, 39
Gerridae, 233
Gerris lacustris, 233
G. holbrooki, 225, 226
Gobio gobio, 229
Gyrinidae, 234

H
Haemagogus, 37
Haemagogus janthinomys, 35
Haematopota spp., 84
Helochares obscurus, 234
Hepacivirus, 37
Herbevirus, 43
Heteroptera, 233
Heterorhabditis spp., 235
Hexapoda, 1
Hippoboscidae, 84
Hydra, Colenterata, 231
Hydra, 231
Hydrachnellae, 232
Hydrochara caraboides, 234
Hydrocorisa, 233
Hydrometra stagnorum, 233
Hydrometridae, 233
Hydrophilidae, 234
Hydroporus palustris, 234
Hyla arborea, 229

I
Ilyocoris cimicoides, 233
Insecta, 232
Invertebrata, 231
Isopoda, 229

J
Jamestown-Canyon-Virus, 43, 44
Japanisches Enzephalitis-Virus, 40

K
Käfer (*Coleoptera*), 230
Kalifornische Enzephalitis-Virus, 43
Khurdivirus, 43

L
La-Crosse-Enzephalitis-Virus, 43
La-Crosse-Virus, 43
Lagenidium giganteum (Lagenidiales), 236
Lagenidium giganteum, 236
Lakivirus, 43
Lambavirus, 43
Lednice-Virus, 46
Lepus americanus, 44
Leucaspius delineatus, 228
Limnephilus sp., 234
Limoniidae, 80
Lispe, 235
L. giganteum, 236
L.s., 253
L. sphaericus (L.s.), 239
Lycosidae, 232
Lysinibacillus sphaericus, 67, 225, 238, 240, 279, 307

M
M. chinensis, 228
M. daubentonii, 230
M. ehrenbergii, 231
Ma. africana, 42
Macropodus opercularis, 228
Mansonella spp, 48
Mansonia africana, 36
Mansonia spp., 35, 46, 47
Mansonia uniformis, 33
Mansoniini, 2
Mayaro-Virus, 35
Megacyclops viridis, 232
Melanoconion, 35
Mermitidae, 235
Mesocyclops, 232
Mesocyclops aspericornis, 232
Mesostoma sp., 231
Metarhizium anisopliae, 236
Metarhizium sp., 236
Microsporidia, 236
Mochlonyx culiciformis, 14, 234
Mochlonyx spp, 98
Motten (*Lepidoptera*), 230
Murray-Valley-Enzephalitis-Virus, 40
Musca domestica, 85, 304
Muscidae, 80, 85, 235
Mycetophiliden, 80
Myotis austroriparius, 230
Myotis bechsteinii, 230
Myotis lucifugus, 230

N

Naucoridae, 233
Nematocera, 1, 81, 91
Nematoda, 235
Nepa cinerea, 233
Nepidae, 233
Ngari-Virus, 43, 45
N. glauca, 233
Notonecta undulata, 233
Notonectidae, 233
N. unifasciata, 233
Nycteribiidae, 84

O

Odocoileus virginianus, 44
Odonata, 232
Orthobunyavirus, 43
Orthopodomyia, 8
Oryzias latipes, 228
Östliches Pferde-Encephalomyelitis-Virus (EEEV), 33
O'nyong-nyong-Virus, 35

P

P. falciparum, 26, 29–31, 251, 323
P. knowlesi, 26
P. malariae, 26, 31
P. ovale, 26, 31
P. reticulata, 228
P. vivax, 26, 29, 31, 323
Pacuvirus, 43
Parus caeruleus, 229
Parus major, 229
Pegivirus, 37
Pelobates fuscus, 229
Peribunyaviridae (Gattung *Orthobunyavirus*), 32, 43
Pestivirus, 37
Phenuiviridae, 46
Phlebotominae, 80, 82
Phlebovirus, 46
Phragmites australis, 8
Phragmites sp, 14
Phryganea sp., 234
Piona nodata, 232
Pipistrellus nathusii, 230
Pipistrellus pygmaeus, 230
Pipistrellus spp., 42
Pipistrellus subflavus, 230
Pisauridae, 232
Planipennia, 230
Plasmodium, 26, 29
Plasmodium vivax, 30, 31
Plea leachi, 233
Pleidae, 233
Poecilia reticulata, 226
Psorophora, 232, 234
Psychodidae, 241, 242
Pterygota, 91
Pyrethrum, 254

R

Rana arvalis, 229
R. culicivorax, 235
R. dalmatina, 229

Remiz pendulinus, 36
R. esculenta s.l., 229
Rhantus consputus, 234
Rhantus spp., 234
Rhinolophus hipposideros, 230
Rift-Valley-Fieber-Virus, 46
R. iyengari, 235
R. nielseni, 235
Romanomermis, 235
Ross-River-Virus, 32, 33
R. suturalis, 234
R. temporaria, 229
Rutilus rutilus, 228

S

Sabethes spp., 35, 91
Saccharopolyspora spinosa, 239, 266
Scardinius erythrophthalamus, 228
Schmetterlingsmücken (Psychodidae), 252
Schneeschuhhasen-Virus, 43, 44
Sciaridae, 242
Sciariden, 80
Sciurus spp., 44
Sedoreoviridae (Gattung *Seadornavirus*), 32, 47
Sedoreoviride, 47
S. erythrophthalamus, 229
Semliki-Forest-Virus, 36
Setaria tundra, 48
Shangavirus, 43
Sigara striata, 233
Simuliidae, 1, 80, 82
Simulium damnosum s.l., 244
Sindbis-Virus, 36
St. Louis-Enzephalitis-Virus, 40, 42
Staphylinidae, 229
Steinernema spp., 235
Steinernematidae, 235
Stomoxys spp., 80

T

Tabanidae, 80, 83
Tabanus spp.), 84
Tahyna-Virus, 43, 44
Tanacetum-Arten, 268
Tanacetum cinerariifolium, 268
Tanichthys albonubes, 228
Thysanura, 91
Tinca tinca, 228
Tipulidae, Syrphidae, 229
Tipulidae, 80, 91, 242
T. longicaudatus, 232
Togaviridae (Gattung *Alphavirus*), 32
Togaviridae, 32
Tolypocladium sp., 238
Toxorhynchites, 234
Toxorhynchytis spp, 14
Tribus, 1, 2
Trichoptera, 230, 234
Triops cancriformis (Notostraca), 232
Triturus cristatus, 229
Trivittatus-Virus, 44
Turbellaria, 231
Turdus merula, 42
T. vulgaris, 229

Taxonamischer Index

Typha spp, 14

U
Untergattung *Aedes*, 93
Untergattung *Dahliana*, 99
Untergattung *Ochlerotatus*, 97, 103
Untergattung *Rusticoidus*, 102
Untergattung *Stegomyia*, 102
Ur. unguiculata, 41, 99, 101
Uranotaenia, 2, 5, 8, 13, 21, 41, 63
Uranotaenia-Larven, 13
Uranotaeniini, 2
Urodela, 229
Usutu-Virus, 42

V
Venezolanischer Pferd-Enzephalomyelitis-Virus, 34
Virulenz, 34

W
Westliches Pferde-Enzephalomyelitis-Virus, 34
West-Nil-Virus, 40, 49
Wolbachia, 253, 288, 292, 295
Wolbachia pipientis, 253
Wolbachia-Stamm, 292
Wuchereria bancrofti, 47

Z
Zika-Virus, 39
zweiflügligen Insekten, 242
Zygoptera, 233

MIX
Papier aus verantwortungsvollen Quellen
Paper from responsible sources
FSC® C105338

If you have any concerns about our products,
you can contact us on
ProductSafety@springernature.com

In case Publisher is established outside the EU,
the EU authorized representative is:
**Springer Nature Customer Service Center GmbH
Europaplatz 3, 69115 Heidelberg, Germany**

Printed by Libri Plureos GmbH
in Hamburg, Germany